高 等 学 校 自 动 化 专 业 系 列 教 材
教育部高等学校自动化专业教学指导分委员会牵头规划

国家级一流本科课程教材

Advanced Applied Mathematical Problem Solutions with MATLAB (Fifth Edition)

高等应用数学问题的 MATLAB求解（第五版）

薛定宇 著
Xue Dingyu

清華大學出版社
北 京

内 容 简 介

本书首先介绍 MATLAB 语言程序设计的基本内容，在此基础上系统介绍各个应用数学领域的问题求解，如基于 MATLAB 的微积分问题、线性代数问题、积分变换与复变函数问题、非线性方程与最优化问题、常微分方程与偏微分方程问题、数据插值与函数逼近问题、概率论与数理统计问题的解析解和数值解方法等；还介绍了较新的非传统方法，如模糊逻辑与模糊推理、神经网络、深度学习、进化寻优算法、小波分析、粗糙集数据处理及分数阶微积分的计算方法等。

本书可作为一般读者学习和掌握 MATLAB 语言的教科书或高等学校理工科各类专业的本科生和研究生学习计算机数学语言的教材或参考书，也可供科技工作者、教师学习和应用 MATLAB 语言解决实际数学问题时参考，还可作为读者查询数学问题求解方法的手册。

图书在版编目(CIP)数据

高等应用数学问题的 MATLAB 求解/薛定宇著. —5 版. —北京：清华大学出版社，2023.2
高等学校自动化专业系列教材
ISBN 978-7-302-62750-0

Ⅰ. ①高…　Ⅱ. ①薛…　Ⅲ. ①数学－算法语言－Matlab 软件－高等学校－教材　Ⅳ. ①O245

中国国家版本馆 CIP 数据核字(2023)第 014658 号

责任编辑：王一玲
封面设计：傅瑞学
责任校对：李建庄
责任印制：沈　露

出版发行：清华大学出版社
网　　址：http://www.tup.com.cn，http://www.wqbook.com
地　　址：北京清华大学学研大厦 A 座　　**邮　　编**：100084
社 总 机：010-83470000　　**邮　　购**：010-62786544
投稿与读者服务：010-62776969，c-service@tup.tsinghua.edu.cn
质量反馈：010-62772015，zhiliang@tup.tsinghua.edu.cn
课件下载：http://www.tup.com.cn，010-83470236
印 装 者：三河市铭诚印务有限公司
经　　销：全国新华书店
开　　本：203mm×260mm　　**印　张**：30.75　　**字　　数**：830 千字
版　　次：2004 年 8 月第 1 版　2023 年 3 月第 5 版　　**印　　次**：2023 年 3 月第 1 次印刷
印　　数：1～1500
定　　价：129.00 元

产品编号：098587-01

第五版前言

本书从作者最早酝酿至今二十年过去了。当初创建这门课程的初衷，是想让学生掌握国际科学研究领域一线的利器，重新审视工科数学各个分支的问题，探讨通用的求解方法，极大地提升求解科学运算问题的水平。应该说，本书实现了这样的预期。

若干年之前，作者看到了钱学森先生在1985年提出的中国工科数学课程改革的思想，其中心思想是尽量教会学生使用计算机求解数学问题，而不是一味使用传统数学课程讲述的方法，利用底层推导的方法去求解。事实上，在实际应用中遇到的很多问题，用传统数学课程介绍的方法是不可能求解的，因而，借助计算机与强大的计算机数学语言求解科学运算问题已经成为必然。从某种意义上讲，围绕本书的近二十年的教学与研究工作是大师理念的一种实践，并取得了一些有益的成果。

基于本教材建设的课程“现代科学运算——MATLAB语言与应用”在2020年入选首批国家级一流本科课程，相应的慕课课程从2017年开始一直在中国大学慕课网站上开放，选课总人数达几十万人次。课程的英文版也已在中国大学慕课网站上正式开放。2021年录制了若干更新的授课内容。所有授课视频在书中相应位置均以二维码形式标出，读者在学习本书时，可以扫描相应的二维码，观看相应的视频。

本书以双色印刷的形式出版，在版式设计上也有很大改进，使得全书的可读性更强。

特别感谢团队的同事潘峰博士在相关课程建设、教材建设与教学团队建设中的出色贡献和所做的具体工作。特别感谢美国加利福尼亚大学Merced分校的陈阳泉教授二十多年来的真诚合作及对诸多问题的有意义的探讨。我几十年来与同事、学生、同行甚至网友进行了有益的交流，其中有些内容形成了本书的重要素材，在此一并表示感谢。本书的出版还得到了美国MathWorks公司图书计划的支持，在此表示谢意。

最后但同样重要，我衷心感谢相濡以沫的妻子杨军教授，她数十年如一日的无私关怀是我坚持研究、教学与写作的巨大动力。感谢女儿薛杨在文稿写作、排版与视频转换中给出的建议和具体帮助。

薛定宇
2022年6月

第四版前言

科学运算问题是科学与工程中的重要问题。在当前一般高校理工科课程设置中，高等数学、线性代数、概率论与数理统计等为必修课程，有些专业还有复变函数、积分变换、最优化、数值分析等选修课程。有了这些数学基础，很多专业课程相应的数学模型就可以建立起来，而这些数学问题的求解就成了不容回避的问题。

在总结多年实际教学经验的基础上，作者曾在首届MathWorks亚洲研究与教育峰会（2014年11月，东京）上提出了数学问题的“三步求解方法”，其第一步是用简单的语言理解要求解数学问题的物理意义，第二步是如何用计算机能接受的方式将数学问题输入计算机，第三步是调用恰当的函数将数学问题的解求出来。有了这样的思路，普通研究者可以直接利用计算机工具在短时间内解决已经学习过甚至根本没有学习过的数学分支的应用问题。

本书书名中的“高等应用数学”不等于“高等数学”，而是预期尽可能广地覆盖理工科数学分支，本书对数学分支的涵盖范围是非常广泛的。书中涉及了大量的数学公式，作者没有期望读者能读懂这些公式，大概理解它们的物理意义就足够了，侧重点还是应该放在学习基于MATLAB的实际求解方法。尽管较好理解数学公式可能对学习数学问题的求解方法有所帮助，但这不是必要的。

虽然数学问题的求解在以后的课程学习与科学研究中是不可避免的，那些自认为数学基础比较薄弱的读者也不必担心，因为本书介绍的方法是尽可能地避开烦琐的、深奥的数学，将数学问题及其求解过程用MATLAB能够接受的形式全盘推给计算机去求解，充分发挥计算机的潜能去替你完成任务，最终收获问题的解。尽管这样的方式有时得不到一些数学家的接受与认可，但这对应用科学家与工程技术人员足矣。

例如，本书介绍了代数方程的求解方法。在实际应用中，数学家或其他科研工作者可能面对下面的代数方程组束手无策：

$$\begin{cases} x+3y^3+2z^2=1/2 \\ x^2+3y+z^3=2 \\ x^3+2z+2y^2=2/4 \end{cases}$$

而你却完全可以利用本书介绍的方法将该方程推给计算机去求解，在几秒钟之内得出原方程组全部27组根，将根代入原方程，误差可能达到10^{-34}级别。另外，对用户而言，如果使用工具，求解这样的方程组与求解鸡兔同笼方程一样简单。

再如，如果已知矩阵$\boldsymbol{A}$，数学家无法求出复合矩阵函数$\psi(\boldsymbol{A})=\mathrm{e}^{\boldsymbol{A}\cos\boldsymbol{A}t}$或$\boldsymbol{A}^k$时，你可以轻而易举地借助计算机得出所需的矩阵函数与乘方的解析解。

可以想象一下，当数学家只能利用其巧妙的构思去判定1993^{1993}的个位数是几的时候，你却能易如反掌地将其全部6576位数字都列出来；当数学家在苦思冥想给定的矩阵方程$\boldsymbol{AX}+\boldsymbol{XD}-\boldsymbol{XBX}^{\mathrm{T}}+\boldsymbol{C}=\boldsymbol{0}$到底有多少个根的时候，你却有能力利用本书的方法将其实数根与复数根一次性地全部求解出来；当数学家津津乐道地描述“(a,b)区间内至少存在一个ξ”的时候，你却能将满足条件的ξ的所有可能值都精确地实实在在地找出来；当数学家在纠结到底用哪种技巧去求出某个函数的不定积分的时候，你却能借助计算机在几秒钟之内用直接方法求出该不定积分的解析解；当数学家因为想使用神经网络而苦苦学习相关知识的时候，你却能通过几分钟基础概念的学习之后熟练地利用神经网络解决实际问题，你是不是应该建立起对求解实际应用数学问题能力的自信心呢？是不是会有龟兔赛跑中兔子的优越感呢？这样的例子不胜枚举，所以不要惧怕数学，因为如果系统地学习掌握了本书中介绍的方法和思路，你求解实际应用数学问题的能力将远远超过不会或不擅用计算机工具的一流数学家。

本书继承了以前版本的写作风格，不是按手册的方式，即MATLAB能求解什么就介绍什么，而是按介绍数学理论与系统知识的需求，组织教学材料、求解方法与求解工具，使得读者有能力直接求解相关的数学问题。如果MATLAB能求解某类问题，作者会直接建议使用现有函数去求解，如果没有现成函数时，作者会编写出通用的函数，可以同样直接地求解这类问题。本书比较典型的、独到的求解方法包括矩阵的任意非线性函数求解、矩阵任意乘方的求解、任意多解非线性矩阵方程的求解、有约束非线性规划问题的全局求解方法、分数阶微积分的高精度数值计算等，通过实际例子的介绍，同时演示了将求解思路变成代码的过程与技巧。

从数学问题解析运算的角度看，由于基于Maple符号运算引擎的MATLAB R2008a版本已经淡出了历史舞台，本书早期版本中很多内容已经不能正常使用，新版本提供的功能也有待系统地利用与介绍，所以需要一个新的版本。本书引入的新内容包括三维隐函数等图形绘制新方法、场论的解析运算、无穷级数的收敛性判定、曲线曲面积分解析运算的通用求解函数、数值积分曲线曲面的绘制、Diophantine方程求解、矩阵任意乘方的计算、数值积分变换方法与应用、Laurent级数展开、非线性矩阵方程的数值解法、非线性规划问题的全局搜索函数、常微分延迟微分方程的框图解法、alpha稳定分布与Lévy飞行、离群值检测、全新的分数阶微积分高精度计算方法、基于框图的复杂分数阶系统建模与求解通用方法等。本书在不显著增加页码的前提下最大限度地压缩了排版的空间浪费，融入了新的内容，并对使用的语句做出了更详尽的注释，使得读者能更好地理解涉及的代码，更有效地学习本书的内容。

本书的前几版在本科生、研究生实际教学中已经使用十余年，配备了较全面的交互性计算机辅助教学材料，相应的课程“现代科学运算——MATLAB语言与应用”目前为辽宁省精品资源共享课程。读者可以观看该课程的全部授课视频，享用全套教学资源，也建议有相关想法的教师在本校开设相应的课程，使得更多的理工科学生受益。英文版教材*Scientific Computing with MATLAB*（*Second Edition*）2016年由美国CRC出版社出版，可以作为双语课程或全英文课程的材料。与此同时，本书全英文课程视频制作也在计划之中，预计将在本书正式出版时完成。感谢向日葵教育科技公司李婷女士在视频制作过程中提供的帮助。

书稿完成之际要感谢的人很多，感谢教学团队成员的共同努力，学生们在课程建设中所做的扎实的工作，诸多热心读者的建议，出版界朋友的辛勤工作，特别地感谢挚爱的家人一如既往的支持与鼓励。

薛定宇

2017年6月

第三版前言

本书第二版出版于2008年的8月，MATLAB当时最新的版本是MATLAB R2008a版，不过之后一两个月内，MATLAB R2008b就推出来了，最大的变化就是符号运算引擎从Maple变成了MuPAD，这样，书中有些基于符号运算的内容，尤其是为符号变量类编写的重载函数在新版本下就全部失效了，当时一直建议采用补救与变通的方法。现在，MATLAB的新版本的使用已经成为主流，新推出的MATLAB R2012b（MATLAB 8.0版）还出现了许多求解科学运算问题全新的方法和函数结构（如数值积分、延迟微分方程求解等），因此，亟待使用新的途径重新建立起相关问题的求解方法和机制，本书侧重于对符号运算方面的内容和科学运算求解的新方法等方面的更新。

很多理工科课程与科学研究都是建立在应用数学各个分支基础上的，所以科学运算问题的求解能力会从某些方面直接影响科学研究的水平。本书根据理工科学生和学者的需求，全面介绍高等应用数学各个分支典型问题的求解。本书内容看似在介绍数学，但最终目的是期望读者在理解相关数学领域最基本概念的前提下，绕开纯数学和底层烦琐的推导过程，直接由计算机数学语言得出数学问题的解。因此，学习本课程将使读者提高数学素养，掌握解决实际科学运算问题的方法，为下一步学习并实践其他课程打下一个较好的基础。

这里所说的“绕开”纯数学，其基本思想就是用MATLAB语言能理解的方式将科学运算的问题描述出来，然后调用现有的函数或自编的MATLAB函数，将问题的解直接求出来。例如，对传统意义下看起来难以求解的非线性微分方程问题，可以编写一段代码将微分方程描述出来，以后调用相应的求解函数将其数值解求出来，再用绘图语句将得出的解绘制出来。这样的求解方法和理工科的需求完全一致，将复杂、烦琐的求解中间过程全部推给计算机去求解，这样可以把研究者从繁重的“体力”工作中解放出来，将精力集中到更高层次的研究中去，以取得更多的成果。

本书在新版中增加了很多内容，如体视化绘图方法、区间极限、分段函数、数值积分全新解法、任意矩阵的定义与运算、数值Laplace变换与反变换、差分方程解析解方法、多解矩阵方程的数值求解、延迟微分方程求解方法、Mittag–Leffler函数的数值求解、非零初值分数阶微分方程求解等，另外由于篇幅限制，舍弃了前版的一些内容，如分形问题的求解等。

本书部分新的内容融合了作者和教学团队的几位老师（尤其是东北大学潘峰博士、陈大力博士）在相关课程的教学实践与研究成果，分数阶非零初值微分方程求解部分也有博士生白鹭等人的贡献，在代码验证与课件开发等工作中，研究生郭晓静、王伟楠、刘禄等同学做了大量的工作，在此一并表示感谢。

薛定宇
2013年5月

第二版前言

数学问题是科学研究中经常需要解决的问题。研究者通常对自己研究的问题用数学建模的方法建立起数学模型，然后通过求解数学模型的方法获得所研究问题的解。

本书有两个目标。其一是系统地介绍基于MATLAB语言的应用数学问题求解方法，这里涉及的内容涵盖理工科学生本科或研究生期间所接触的几乎所有数学分支，而深度与广度远远超过相关数学课程的内容。对于非数学专业的读者来说，通过系统地学习本书的方法和思路，求解应用数学问题的能力会有质的提升。本书另一个目标是作为实用数学问题求解手册供研究者参考。读者在实际研究工作中遇到数学问题的时候，完全可以套用本书的相关内容和语句直接求解，这无疑对读者会有巨大的帮助。

自本书第一版于2004年出版以来，作者在教学研究中又有了很多新的想法，同时得到了很多读者的反馈信息，为本书出版新版增添了新的素材。本书第二版在写作风格和格局上沿用第一版成功的经验，仍然根据系统求解数学问题的需要，组织MATLAB语言求解的材料，由浅入深地系统介绍数学问题的求解方法，侧重点仍然放在基于MATLAB的数学问题求解上。除了MATLAB语言版本上的更新外，本版进一步充实、完善了很多第一版的原有内容；另外添加了多重数值积分、差分方程递推求解、分形、线性矩阵不等式、多目标规划、动态规划、矩阵方程与矩阵微分方程求解、切换微分方程与随机微分方程求解、特殊函数、主成分分析、Monte Carlo方法、径向基神经网络、粒子群优化等诸多新的主题，分数阶微积分学一节融入了作者许多新的研究成果，所以本版的内容更充实、更全面。

本书的英文版*Solving Applied Mathematical Problems with MATLAB*将由CRC出版社于2008年出版，而本书第二版的内容略多于英文版的内容。本书配备的习题参考解答是配合英文版编写的，可以作为本书的习题参考。本书还配备了中、英文版的教学课件可供直接使用。

在本书新版写作过程中仍得到师长、朋友和学生的支持和建议，特别感谢东北大学徐心和教授、新加坡国立大学葛树志教授、首都师范大学赵春娜博士等。在写作过程中和同事潘峰博士、石海滨博士、陈大力博士、胡清河博士、庞哈利教授、张雪峰副教授、王斐博士等的有益讨论也为本版最终成型起了重大作用。另外，学生鄂大志、张玲敏、熊鲲、董雯彬、彭军、罗映等为本书的勘误、代码验证和辅助教学课件开发等起了重要作用，在此表示深深的感谢。

作者

2008年7月

第一版前言

美国The MathWorks公司推出的MATLAB语言一直是国际科学界应用和影响极为广泛的三大计算机数学语言之一。从某种意义上讲，在纯数学以外的领域中，MATLAB语言有着其他两种计算机数学语言Mathematica和Maple无法比拟的优势和适用面。在很多领域，MATLAB语言是科学研究者首选的计算机数学语言。目前关于MATLAB语言和应用的书籍在国际上数以千计，但从其覆盖面和应用水平来说，往往难以达到日益增长的MATLAB语言使用者的要求。国内外出版的著作从涵盖面及深度与广度上缺乏高层次、全面系统介绍高等应用数学问题各个分支的计算机求解的书籍㊀。本书试图填补这个空白，在更高层次上系统介绍MATLAB语言在高等应用数学各个分支中的应用，包含的应用数学分支为微积分、线性代数、积分变换和复变函数、非线性方程与最优化、常微分方程与偏微分方程、数据插值与函数逼近、概率论与数理统计以及新的非传统方法，如模糊逻辑与模糊推理、神经网络、遗传算法、小波分析、粗糙集及分数阶微积分学等。本书不同于现有的类似于MATLAB手册的著作，不是MATLAB有什么内容就介绍什么内容，而是根据系统求解数学问题的需要，组织MATLAB语言求解的材料，由浅入深地介绍数学问题的求解方法。本书比作者所见识到的国内外任何一部基于MATLAB语言的应用数学著作都要全面、系统。

由于工作性质，作者接触过众多非数学专业的本科生、研究生、博士生，感觉大多数学生缺乏对应用数学问题的较全面了解，他们对什么问题能用数学描述、什么样的数学问题能求解不清楚，以至于在学习与研究中走了很多弯路。作者坚信，通过阅读本书可以使读者的数学能力，尤其是数学问题求解能力上一个很大的台阶。即使读者在阅读本书时对有些数学公式理解得不太透彻，只要学习本书的MATLAB求解方法，也能容易地求解类似的数学问题。本书的重要目标是让数学基础不深厚的读者同样能轻易地利用计算机解决较高深的应用数学问题。

本书是为东北大学自动化专业新课程“MATLAB与数学运算”编写的教材，但内容完全脱离了自动化专业的背景，同样适用于其他理工科专业的本科生、研究生教学。本书的大部分内容在东北大学自动化专业本科生以及全校研究生选修课中讲授过，受到普遍欢迎。由于MATLAB语言在很多理工科专业的后续课程中有很大作用，建议有条件的学校也开设相应的课程，使学生能认识和掌握该语言，提高应用数学问题求解的水平。为此，本书配有全套的、适用于计算机辅助教学的CAI课件材料。

作者从1988年开始系统地使用MATLAB语言进行程序设计与科学研究，积累了丰富的第一手经验，也了解MATLAB语言的最新动态。作者用MATLAB语言编写的程序曾作为英国Rapid Data软件公司的商品在国际范围内发行，新近编写的几个通用程序在The MathWorks公司的网站上可以下载，其中反馈系统分析与设计程序CtrlLAB长期高居控制类软件的榜首，已经用于国际上很多高校的实际教学。

㊀ 由对The MathWorks图书网站列出的全部相关书目及目录的分析得出的结论。

多年来，作者一直在试图以最实用的方式将MATLAB语言介绍给国内的读者，并在清华大学出版社出版了四部有关MATLAB语言及其应用方面的著作，受到了国内外广大中文读者的普遍欢迎。其中，1996年出版的《控制系统计算机辅助设计——MATLAB语言与应用》被公认为国内关于MATLAB语言方面书籍中出版最早、影响最广的著作，被国内期刊文章引用近千次。

本书合作者陈阳泉博士现在美国Utah州立大学任教，任自组织与先进智能控制中心执行负责人，是IEEE学会高级会员，在先进智能控制、分数阶系统理论及设计、机器人导航与控制等领域均有很深的造诣和学术影响，2002年与本人合作在清华大学出版社出版的《基于MATLAB/Simulink的系统仿真技术与应用》在中文读者中有很大影响，并被广为引用。

本书主要介绍目前最新的MATLAB 7.0版，即MATLAB Release 14，但相应的内容对MATLAB及相关工具箱的版本依赖程度不高，所以这里介绍的算法函数绝大部分均可以在MATLAB 6.x甚至更早期版本下正常运行。同时，考虑到在将来很长一段时间内两个版本可能并存，所以在很多地方也将介绍MATLAB 6.x的解法。

本书从使用者的角度出发，并结合作者十数年的实际编程经验和丰富的教学经验，系统地介绍MATLAB语言的编程技术及其在科学运算中的应用，书中融合了作者的许多编程思想和第一手材料，内容精心剪裁，相信仍然会受到读者的欢迎。

作者的一些同事、同行和朋友也先后给予作者许多建议和支持，包括东北大学信息学院的徐心和教授、东北大学信息学院院长王福利教授、北京交通大学机电学院院长朱衡君教授等，还有在互联网上交流的众多知名的和不知名的同行与朋友。本书部分内容由博士生张雪峰、潘峰编写，部分辅助程序与模型由硕士生陈大力编写，计算机辅助教学材料由硕士生刘莹莹开发，在此表示深深的谢意。

本书的出版得到了清华大学出版社欧振旭编辑细心的加工，得到清华大学出版社蔡鸿程总编的关怀，本书的出版还得到了美国The MathWorks公司图书计划的支持，在此表示谢意，并特别感谢Noami Fernandez女士、Courtney Esposito先生为作者提供的各种帮助，感谢大连威尔思德科技发展有限公司王龙飞先生为教学网站MATLAB大观园提供的各种帮助。

由于作者水平所限，书中的缺点和错误在所难免，欢迎读者批评指教。

谨以本书献给我的妻子杨军和女儿薛杨。在编写本书时花费了大量本该陪伴她们的业余时间，没有她们一如既往的鼓励、支持和理解，本书不可能顺利完成。

薛定宇

2004年7月6日于东北大学

目　　录

第1章　计算机数学语言概述 ········ 1
1.1　数学问题计算机求解概述 ········ 1
1.1.1　为什么要学习计算机数学语言 ········ 1
1.1.2　数学问题的解析解与数值解 ········ 4
1.1.3　数学运算问题软件包发展概述 ········ 5
1.1.4　常规计算机语言的局限性 ········ 6
1.2　计算机数学语言简介 ········ 7
1.2.1　计算机数学语言的出现 ········ 7
1.2.2　有代表性的计算机数学语言 ········ 8
1.3　关于本书及相关内容 ········ 8
1.3.1　本书框架设计及内容安排 ········ 9
1.3.2　MATLAB 语言学习方法与资源 ········ 9
1.3.3　本课程与其他相关课程的关系 ········ 10
1.3.4　数学问题三步求解方法概述 ········ 10
1.4　习题 ········ 12
第2章　MATLAB 语言程序设计基础 ········ 13
2.1　MATLAB 程序设计语言基础 ········ 14
2.1.1　MATLAB 语言的变量与常量 ········ 14
2.1.2　数据结构 ········ 14
2.1.3　MATLAB 的基本语句结构 ········ 16
2.1.4　冒号表达式与子矩阵提取 ········ 17
2.2　基本数学运算 ········ 18
2.2.1　矩阵的算术运算 ········ 18
2.2.2　矩阵的逻辑运算 ········ 20
2.2.3　矩阵的比较运算 ········ 20
2.2.4　解析结果的化简与变换 ········ 21
2.2.5　基本离散数学运算 ········ 22
2.3　MATLAB 语言的流程结构 ········ 23
2.3.1　循环结构 ········ 24

2.3.2 条件转移结构 …… 25
2.3.3 开关结构 …… 25
2.3.4 试探结构 …… 26
2.4 函数编写与调试 …… 26
2.4.1 MATLAB语言函数的基本结构 …… 27
2.4.2 变元检测段落 …… 29
2.4.3 可变输入输出个数的处理 …… 30
2.4.4 匿名函数与inline函数 …… 31
2.4.5 伪代码与代码保密处理 …… 31
2.5 二维图形绘制 …… 32
2.5.1 二维图形绘制基本语句 …… 32
2.5.2 多纵轴曲线的绘制 …… 34
2.5.3 其他二维图形绘制语句 …… 35
2.5.4 隐函数绘制及应用 …… 36
2.5.5 图形修饰 …… 37
2.5.6 数据文件的读取与存储 …… 38
2.6 三维图形表示 …… 39
2.6.1 三维曲线绘制 …… 39
2.6.2 三维曲面绘制 …… 40
2.6.3 三维图形视角设置 …… 43
2.6.4 参数方程的表面图 …… 44
2.6.5 球面与柱面绘制 …… 44
2.6.6 等高线绘制 …… 45
2.6.7 三维隐函数图形绘制 …… 46
2.6.8 三维曲面的旋转 …… 47
2.7 四维图形绘制 …… 48
2.7.1 三维动画 …… 48
2.7.2 体视化数据显示 …… 48
2.7.3 体视化处理工具 …… 49
2.8 面向对象编程入门 …… 50
2.8.1 面向对象编程的基本概念 …… 50
2.8.2 类的设计 …… 51
2.8.3 类的创建及对象显示 …… 52
2.8.4 重载函数的编写 …… 54
2.9 习题 …… 57
第3章 **微积分问题的计算机求解** …… 62
3.1 极限问题的解析解 …… 62
3.1.1 单变量函数的极限 …… 63

3.1.2 多元函数的极限 …… 65
3.2 函数导数的解析解 …… 67
3.2.1 函数的导数和高阶导数 …… 67
3.2.2 多元函数的偏导数 …… 68
3.2.3 多元函数的Jacobi矩阵与Hesse矩阵 …… 70
3.2.4 参数方程的导数 …… 71
3.2.5 隐函数的偏导数 …… 71
3.2.6 场的梯度、散度与旋度 …… 73
3.3 积分问题的解析解 …… 73
3.3.1 不定积分的推导 …… 74
3.3.2 定积分与无穷积分计算 …… 75
3.3.3 多重积分问题的MATLAB求解 …… 75
3.4 函数的级数展开与级数求和问题求解 …… 76
3.4.1 Taylor幂级数展开 …… 76
3.4.2 Fourier级数展开 …… 79
3.4.3 级数求和的计算 …… 81
3.4.4 序列求积问题 …… 82
3.4.5 无穷级数的收敛性判定 …… 83
3.5 曲线积分与曲面积分的计算 …… 85
3.5.1 曲线积分及MATLAB求解 …… 85
3.5.2 曲面积分与MATLAB语言求解 …… 87
3.6 数值微分问题 …… 88
3.6.1 数值微分算法 …… 88
3.6.2 高精度数值微分算法的MATLAB实现 …… 88
3.6.3 二元函数的梯度计算 …… 89
3.7 数值积分问题 …… 91
3.7.1 由给定数据进行梯形求积 …… 91
3.7.2 单变量数值积分问题求解 …… 93
3.7.3 广义数值积分问题求解 …… 95
3.7.4 积分函数的数值求解 …… 96
3.7.5 双重积分问题的数值解 …… 96
3.7.6 三重定积分的数值求解 …… 99
3.7.7 多重积分数值求解 …… 99
3.8 习题 …… 100
第4章 线性代数问题的计算机求解 …… 106
4.1 特殊矩阵的输入 …… 106
4.1.1 数值矩阵的输入 …… 107
4.1.2 稀疏矩阵的输入 …… 110

4.1.3 符号矩阵的输入 111
4.2 矩阵基本分析 112
4.2.1 矩阵基本概念与性质 112
4.2.2 逆矩阵与广义逆矩阵 117
4.2.3 矩阵的特征值问题 121
4.3 矩阵的基本变换与分解 123
4.3.1 相似变换与正交矩阵 123
4.3.2 矩阵的三角分解和Cholesky分解 123
4.3.3 矩阵的相伴变换、对角变换和Jordan变换 128
4.3.4 矩阵的奇异值分解 131
4.4 矩阵方程的计算机求解 133
4.4.1 线性方程组的计算机求解 133
4.4.2 Lyapunov方程的计算机求解 136
4.4.3 Sylvester方程的计算机求解 139
4.4.4 Diophantine方程的求解 141
4.4.5 Riccati方程的计算机求解 142
4.5 非线性运算与矩阵函数求值 143
4.5.1 面向矩阵元素的非线性运算 143
4.5.2 矩阵函数求值 143
4.5.3 一般矩阵函数的运算 146
4.5.4 矩阵的乘方运算 148
4.6 习题 150
第5章 **积分变换与复变函数问题的计算机求解** 155
5.1 Laplace变换及其反变换 155
5.1.1 Laplace变换及其反变换的定义与性质 155
5.1.2 Laplace变换的计算机求解 156
5.1.3 Laplace变换问题的数值求解 158
5.2 Fourier变换及其反变换 161
5.2.1 Fourier变换及其反变换的定义 161
5.2.2 Fourier变换的计算机求解 162
5.2.3 Fourier正弦变换和余弦变换 163
5.2.4 离散Fourier正弦变换和余弦变换 164
5.2.5 快速Fourier变换 164
5.3 其他积分变换问题及求解 165
5.3.1 Mellin变换 165
5.3.2 Hankel变换及求解 166
5.4 z变换及其反变换 168
5.4.1 z变换及其反变换的定义 168

5.4.2　z 变换的计算机求解 ········· 168
5.4.3　双边 z 变换 ········· 169
5.4.4　有理函数 z 反变换的数值求解 ········· 169
5.5　复变函数问题的计算机求解 ········· 170
5.5.1　复数矩阵及其变换 ········· 170
5.5.2　复变函数的映射 ········· 170
5.5.3　Riemann 面绘制 ········· 171
5.6　复变函数问题的求解 ········· 173
5.6.1　留数的概念与计算 ········· 173
5.6.2　有理函数的部分分式展开 ········· 174
5.6.3　Laplace 反变换求解 ········· 177
5.6.4　Laurent 级数展开 ········· 177
5.6.5　封闭曲线积分问题计算 ········· 180
5.7　差分方程的求解 ········· 181
5.7.1　一般差分方程的解析求解方法 ········· 182
5.7.2　线性时变差分方程的数值解法 ········· 183
5.7.3　线性时不变差分方程的解法 ········· 184
5.7.4　一般非线性差分方程的数值求解方法 ········· 185
5.8　习题 ········· 186
第6章　**代数方程与最优化问题的计算机求解** ········· 191
6.1　代数方程的求解 ········· 191
6.1.1　代数方程的图解法 ········· 191
6.1.2　多项式型方程的准解析解法 ········· 192
6.1.3　一般非线性方程数值解 ········· 195
6.1.4　求解多解方程的全部解 ········· 197
6.1.5　更高精度的求根方法 ········· 201
6.1.6　欠定方程的求解 ········· 203
6.2　无约束最优化问题求解 ········· 204
6.2.1　解析解法和图解法 ········· 204
6.2.2　基于 MATLAB 的数值解法 ········· 205
6.2.3　全局最优解与全局最优解法 ········· 207
6.2.4　利用梯度求解最优化问题 ········· 209
6.2.5　带有变量边界约束的最优化问题求解 ········· 211
6.3　有约束最优化问题的计算机求解 ········· 211
6.3.1　约束条件与可行解区域 ········· 211
6.3.2　线性规划问题的计算机求解 ········· 212
6.3.3　二次型规划的求解 ········· 217
6.3.4　基于问题的描述与求解 ········· 217

6.3.5 一般非线性规划问题的求解 …… 219
6.3.6 一般非线性规划问题的全局最优解尝试 …… 223
6.4 混合整数规划问题的计算机求解 …… 223
6.4.1 整数规划问题的穷举方法 …… 224
6.4.2 整数线性规划问题的求解 …… 225
6.4.3 一般非线性整数规划问题与求解 …… 226
6.4.4 0–1规划问题求解 …… 228
6.4.5 指派问题的求解 …… 230
6.5 线性矩阵不等式问题求解 …… 231
6.5.1 线性矩阵不等式的一般描述 …… 232
6.5.2 Lyapunov不等式 …… 232
6.5.3 线性矩阵不等式问题分类 …… 234
6.5.4 线性矩阵不等式问题的MATLAB求解 …… 234
6.5.5 基于YALMIP工具箱的最优化求解方法 …… 236
6.6 多目标优化问题求解 …… 237
6.6.1 多目标优化模型 …… 237
6.6.2 无约束多目标函数的最小二乘求解 …… 238
6.6.3 多目标问题转换为单目标问题求解 …… 238
6.6.4 多目标优化问题的Pareto解集 …… 241
6.6.5 极小极大问题求解 …… 242
6.6.6 目标规划问题求解 …… 243
6.7 动态规划及其在路径规划中的应用 …… 243
6.7.1 图的矩阵表示方法 …… 244
6.7.2 有向图的路径寻优 …… 244
6.7.3 无向图的路径最优搜索 …… 247
6.7.4 绝对坐标节点的最优路径规划算法与应用 …… 247
6.8 习题 …… 248
第7章 **微分方程问题的计算机求解** …… 254
7.1 常系数线性微分方程的解析解方法 …… 254
7.1.1 常系数线性微分方程解析解的数学描述 …… 254
7.1.2 微分方程的解析解方法 …… 255
7.1.3 微分方程组的解析求解 …… 257
7.1.4 线性状态空间方程的解析解 …… 258
7.1.5 特殊非线性微分方程的解析解 …… 258
7.2 微分方程问题的数值解法 …… 259
7.2.1 微分方程问题算法概述 …… 259
7.2.2 四阶定步长Runge–Kutta算法及MATLAB实现 …… 261
7.2.3 一阶微分方程组数值解 …… 261

7.2.4 微分方程数值解的验证 265

7.3 微分方程转换 266

7.3.1 单个高阶常微分方程处理方法 266

7.3.2 高阶常微分方程组的变换方法 268

7.3.3 矩阵微分方程的变换与求解方法 271

7.4 特殊微分方程的数值解 273

7.4.1 刚性微分方程的求解 274

7.4.2 隐式微分方程求解 277

7.4.3 微分代数方程的求解 279

7.4.4 切换微分方程的求解 281

7.4.5 随机线性微分方程的求解 282

7.5 延迟微分方程求解 284

7.5.1 典型延迟微分方程的数值求解 284

7.5.2 变时间延迟微分方程的求解 286

7.5.3 中立型延迟微分方程的求解 288

7.6 边值问题的计算机求解 289

7.7 偏微分方程求解入门 292

7.7.1 偏微分方程组求解 292

7.7.2 二阶偏微分方程的数学描述 294

7.7.3 偏微分方程的求解界面应用举例 295

7.8 基于 Simulink 的微分方程框图求解 300

7.8.1 Simulink 简介 300

7.8.2 Simulink 相关模块 301

7.8.3 微分方程的 Simulink 建模与求解 302

7.9 习题 308

第8章 **数据插值与函数逼近问题的计算机求解** 313

8.1 插值与数据拟合 313

8.1.1 一维数据的插值问题 313

8.1.2 已知样本点的定积分计算 316

8.1.3 二维网格数据的插值问题 318

8.1.4 二维散点分布数据的插值问题 319

8.1.5 高维插值问题 321

8.1.6 基于样本数据点的离散最优化问题求解 322

8.2 样条插值与数值微积分问题求解 323

8.2.1 样条插值的 MATLAB 表示 323

8.2.2 基于样条插值的数值微积分运算 325

8.3 由已知数据拟合数学模型 328

8.3.1 多项式拟合 328

8.3.2 函数线性组合的曲线拟合方法 …… 329
8.3.3 最小二乘曲线拟合 …… 331
8.3.4 多变量函数的最小二乘函数拟合 …… 333
8.4 已知函数的有理式逼近方法 …… 333
8.4.1 Padé近似 …… 333
8.4.2 给定函数的特殊多项式近似 …… 335
8.5 特殊函数及曲线绘制 …… 337
8.5.1 误差函数与补误差函数 …… 337
8.5.2 Gamma函数 …… 338
8.5.3 Beta函数 …… 339
8.5.4 Bessel函数 …… 340
8.5.5 Legendre函数 …… 341
8.5.6 超几何函数 …… 342
8.6 Mittag-Leffler函数 …… 343
8.7 信号分析与数字信号处理基础 …… 347
8.7.1 信号的相关分析 …… 347
8.7.2 信号的功率谱分析 …… 348
8.7.3 滤波技术与滤波器设计 …… 349
8.8 习题 …… 352
第9章 概率论与数理统计问题的计算机求解 …… 355
9.1 概率分布与伪随机数生成 …… 355
9.1.1 概率密度函数与分布函数概述 …… 355
9.1.2 常见分布的概率密度函数与分布函数 …… 356
9.1.3 随机数与伪随机数生成 …… 361
9.2 概率问题的求解 …… 361
9.2.1 离散数据的直方图与饼图表示 …… 361
9.2.2 连续事件的概率计算 …… 363
9.2.3 基于Monte Carlo法的数学问题求解 …… 364
9.2.4 随机游走过程的仿真 …… 365
9.3 基本统计分析 …… 366
9.3.1 随机变量的均值与方差 …… 366
9.3.2 随机变量的矩 …… 367
9.3.3 多变量随机数的协方差分析 …… 368
9.3.4 多变量正态分布的联合概率密度函数及分布函数 …… 369
9.3.5 离群值、四分位数与盒子图 …… 370
9.4 数理统计分析方法及计算机实现 …… 372
9.4.1 参数估计与区间估计 …… 372
9.4.2 多元线性回归与区间估计 …… 373

9.4.3 非线性函数的最小二乘参数估计与区间估计 ··· 375
9.4.4 极大似然估计 ··· 377
9.5 统计假设检验 ··· 378
9.5.1 统计假设检验的概念及步骤 ··· 378
9.5.2 随机分布的假设检验 ··· 380
9.6 方差分析与主成分分析 ··· 382
9.6.1 方差分析 ··· 382
9.6.2 主成分分析 ··· 386
9.7 习题 ··· 388
第10章 数学问题的非传统解法 ··· 391
10.1 集合论、模糊集与模糊推理 ··· 391
10.1.1 经典可枚举集合论问题及MATLAB求解 ··· 391
10.1.2 模糊集合与隶属度函数 ··· 393
10.1.3 模糊推理系统及其MATLAB求解 ··· 397
10.2 粗糙集理论与应用 ··· 400
10.2.1 粗糙集理论简介 ··· 400
10.2.2 粗糙集的基本概念 ··· 400
10.2.3 信息决策系统 ··· 401
10.2.4 粗糙集数据处理问题的MATLAB求解 ··· 403
10.2.5 粗糙集约简的MATLAB程序界面 ··· 405
10.3 人工神经网络与深度学习 ··· 406
10.3.1 神经网络基础知识 ··· 406
10.3.2 前馈型神经网络 ··· 408
10.3.3 径向基网络结构与应用 ··· 414
10.3.4 深度学习简介 ··· 415
10.4 进化算法及其在最优化问题中的应用 ··· 419
10.4.1 遗传算法的基本概念及MATLAB实现 ··· 419
10.4.2 MATLAB全局优化工具箱简介 ··· 420
10.4.3 无约束最优化的全局最优求解 ··· 421
10.4.4 有约束优化问题的全局最优求解 ··· 423
10.4.5 混合整数规划的全局最优求解 ··· 424
10.5 小波变换及其在数据处理中的应用 ··· 425
10.5.1 小波变换及基小波波形 ··· 425
10.5.2 小波变换技术在信号处理中的应用 ··· 428
10.5.3 小波问题的程序界面 ··· 431
10.6 分数阶微积分学问题的数值运算 ··· 431
10.6.1 分数阶微积分的定义 ··· 432
10.6.2 不同分数阶微积分定义的关系与性质 ··· 433

10.6.3　分数阶微积分的计算方法 · · · · · · · · · · 434
10.6.4　分数阶微分方程的求解方法 · · · · · · · · · · 439
10.6.5　基于框图的非线性分数阶微分方程近似解法 · · · · · · · · · · 443
10.7　习题 · · · · · · · · · · 447
参考文献 · · · · · · · · · · 451
MATLAB函数名索引 · · · · · · · · · · 457
术语索引 · · · · · · · · · · 464

第1章 计算机数学语言概述

1.1 数学问题计算机求解概述

数学问题是科学研究中不可避免的问题。研究者通常将自己研究的问题用数学建模的方法建立起数学模型，然后通过求解数学模型的方法获得所研究问题的解。建立数学模型需要所研究领域的专业知识，而有了数学模型则可以采用本书介绍的通用数值方法或解析方法去直接求解。本章将首先对计算机数学语言给出简单介绍，通过实例介绍为什么需要学习计算机数学语言，然后介绍计算机数学语言和数学工具发展简况。本章最后将介绍本书的框架，列出涉及的数学分支并进行概述。

1.1.1 为什么要学习计算机数学语言

求解数学问题时手工推导当然是有用的，但并不是所有的问题都是能手工推导的，故需要由计算机来完成相应的任务。用计算机求解的方式有两种：其一是用成型的数值分析算法、数值软件包与手工编程相结合的求解方法；其二是采用国际上有影响力的专门计算机语言来求解问题，这类语言包括MATLAB、Mathematica[1]、Maple[2]等，本书统一称之为“计算机数学语言”。顾名思义，用数值方法只能求解数值计算的问题，至于像公式推导等数学问题，例如求解 $x^3+bx+c=0$ 方程的解，在 b,c 不是给定数值时，数值分析的方式是没有用的，必须使用计算机数学语言来求解。

本书将涉及的问题求解方法称为“数学运算”，以区别于传统意义下的“数学计算”，因为后者往往对应于数学问题的数值求解方法。本书将介绍的内容还尽可能地包括解析解求解方法，如果解析解不存在则将介绍数值解方法。

在系统介绍本书的内容之前，先介绍几个例子，读者可以思考其中提出的问题，从中体会学习本书的必要性。相应的MATLAB语句后面还将详细介绍。

例1-1 考虑一个“奥数”题目：2023^{2023} 最后一位数是什么？如果不借助计算机工具，数学家能知道的就只有这么多了。事实上，这样的解在现实生活中没有任何意义和价值，因为一个很昂贵的物品人们不会纠结其售价的个位数是1还是9。人们更感兴趣的是这个数有多少位，其最高位是几，每位数是什么等。对这些问题的求解，数学家是无能为力的，只能借助于专用的计算机工具求解。借助计算机数学语言可以直接得出该数的精确值 $1070707\cdots84567$，共有6689位数，该数可以充满本书的两页多。

例1-2 大学的高等数学课程介绍了微分与积分的概念和数学推导方法，实际应用中也可能遇到高阶导数的问题。已知 $f(x)=\sin x/(x^2+4x+3)$ 这样的简单函数，如何求解出 $\mathrm{d}^4f(x)/\mathrm{d}x^4$？当然，用手工推导是可行的，由高等数学的知识先得出 $\mathrm{d}f(x)/\mathrm{d}x$，对结果求导得出二阶导数，对结果再求导得出三阶导数，继续进一步求导就能求出所需的 $\mathrm{d}^4f(x)/\mathrm{d}x^4$，重复此方法还能求出更高阶的导数。这个过程比较机械，适合用计算机实现,用现有的计算机数学语言可以由一行语句求解问题。

```
>> syms x; f=sin(x)/(x^2+4*x+3); y=diff(f,x,4)    %描述原函数并直接求导
```

上述语句得出的结果为

$$\frac{\mathrm{d}^4 f(x)}{\mathrm{d}x^4}=\frac{\sin x}{x^2+4x+3}+4\frac{(2x+4)\cos x}{(x^2+4x+3)^2}-12\frac{(2x+4)^2\sin x}{(x^2+4x+3)^3}+12\frac{\sin x}{(x^2+4x+3)^2}-24\frac{(2x+4)^3\cos x}{(x^2+4x+3)^4}+48\frac{(2x+4)\cos x}{(x^2+4x+3)^3}+24\frac{(2x+4)^4\sin x}{(x^2+4x+3)^5}-72\frac{(2x+4)^2\sin x}{(x^2+4x+3)^4}+24\frac{\sin x}{(x^2+4x+3)^3}$$

显然，若依赖手工推导，得出这样的结果需要很繁杂细致的工作，稍有不慎就可能得出错误的结果，所以应该将这样的问题推给计算机去求解。实践表明，利用MATLAB语言，在4s内就可以精确地求出$\mathrm{d}^{100}f(x)/\mathrm{d}x^{100}$。

例1-3　在许多学科的实际应用中经常需要求出多项式方程的根。著名的Abel–Ruffini定理已经有了定论,五次或以上的多项式方程没有通用的解析解法,但在实际应用中经常需要求解高次代数方程的根,故可以采用数值方法求解,如使用林士谔–Bairstrow算法,这是数值分析中最常见的方法。

考虑多项式方程

$$s^6+9s^5+\frac{135}{4}s^4+\frac{135}{2}s^3+\frac{1215}{16}s^2+\frac{729}{16}s+\frac{729}{64}=0$$

用林士谔–Bairstrow算法得出的结果是$s_{1,2}=-1.5056\pm \mathrm{j}0.0032$，$s_{3,4}=-1.5000\pm \mathrm{j}0.0065$，$s_{5,6}=-1.4944\pm \mathrm{j}0.0032$。将$s_1$代入原始方程,则可容易计算出方程左侧为$-8.7041\times10^{-14}-\mathrm{j}1.8353\times10^{-15}$。虽然这个例子误差不大,毕竟对这类问题来说,数值方法可能导致错误的结论。采用计算机数学语言能得出更精确的结果,即所有的根均为$-3/2$。下面列出的是本例使用的MATLAB求解语句:

```
>> p=[1 9 135/4 135/2 1215/16 729/16 729/64];
   x1=roots(p)                   %表示多项式并求数值解
   p1=poly2sym(p); x2=solve(p1)  %直接求解析解
```

例1-4　你会求解下面两个方程吗?

$$\begin{cases}x+y=35\\2x+4y=94\end{cases}\qquad\begin{cases}x+3y^3+2z^2=1/2\\x^2+3y+z^3=2\\x^3+2z+2y^2=2/4\end{cases}$$

解　第一个方程是鸡兔同笼问题,即使不使用计算机也可以直接求解。如果使用MATLAB语言,即使不了解底层的求解方法,仍可以用下面的命令直接求解该方程:

```
>> syms x y;
   [x0,y0]=vpasolve(x+y==35,2*x+4*y==94)    %直接解方程
```

有了MATLAB这样的高水平计算机语言，求解第二个方程与鸡兔同笼问题一样简单，只须将方程用符号表达式表示出来,就可以由vpasolve()函数直接求解,得出方程的全部27个根。将根代入方程,则误差范数达到10^{-34}级。仿照上面的解方程语句,第二个方程的求解代码如下:

```
>> syms x y z;              %用符号表达式表示方程,更利于检验
   f1(x,y,z)=x+3*y^3+2*z^2-1/2; f2(x,y,z)=x^2+3*y+z^3-2;         %描述方程
   f3(x,y,z)=x^3+2*z+2*y^2-2/4; [x0,y0,z0]=vpasolve(f1,f2,f3)   %求解方程
   size(x0), norm([f1(x0,y0,z0) f2(x0,y0,z0) f3(x0,y0,z0)])      %检验结果
```

如果没有计算机和强大的计算机数学语言,则不可能求解第二个方程。

例1-5 线性代数课程中介绍了求解矩阵行列式的方法。例如，用代数余子式的方法可以将一个n阶矩阵的行列式问题化简成n个$n-1$阶矩阵的行列式问题，而$n-1$阶的又可以化简为$n-2$阶的问题，这样用递归的方法可以最终化简成一阶矩阵的行列式求解问题，而该问题是有解析解的，就是该一阶矩阵本身，所以数学家可以得出结论，任意阶矩阵的行列式都可以直接求解出解析解。

事实上，该结论忽略了计算复杂度问题，这样的算法计算量很大，高达$(n-1)(n+1)!+n$，例如$n=25$时，运算次数为9.679×10^{27}，相当于在12.54亿亿次每秒的神威太湖之光（2017年世界上最快的超级计算机）上204年的计算量，虽然用代数余子式的方法可以求解，但求解是不现实的。其实在某些领域中甚至需要求解成百上千阶矩阵的问题，所以用代数余子式的方法是不可行的。

数值分析中提供了求解行列式问题的各种算法，但传统的方法对某些矩阵有时会得出错误的结果，特别是接近奇异的矩阵。考虑Hilbert矩阵

$$\boldsymbol{H}=\begin{bmatrix}1 & 1/2 & 1/3 & \cdots & 1/n\\ 1/2 & 1/3 & 1/4 & \cdots & 1/(n+1)\\ \vdots & \vdots & \vdots & \ddots & \vdots\\ 1/n & 1/(n+1) & 1/(n+2) & \cdots & 1/(2n-1)\end{bmatrix}$$

并假设$n=80$，用数值分析方法或软件很容易得出$\det(\boldsymbol{H})=0$的不精确结果，从而导致矩阵奇异这样的错误结论。事实上，用计算机数学语言MATLAB很容易在1.79 s内得出该行列式的精确解为

$$\det(\boldsymbol{H})=\frac{1}{\underbrace{99030101466993477878867678410192 51\cdots00000}_{\text{全部3789位，因排版的限制省略了中间的数字}}}\approx1.00979\times10^{-3790}$$

求解一般高阶矩阵逆矩阵的问题需要计算机数学语言，对特殊的矩阵问题更需要这样的语言，以免得出错误的结果。本例采用的MATLAB语句为`H=sym(hilb(80)); det(H)`。

例1-6 考虑著名的非线性微分方程——van der Pol方程$y+\mu(y^2-1)y+y=0$。当μ很大时，例如$\mu=1000$，传统的数值分析方法求解可能有问题，需要用专用的刚性方程求解算法进行求解，而不能利用数值分析类课程中介绍的定步长Runge–Kutta算法求解。利用MATLAB语言，只需下面两行语句即可求解该方程，并用图形显示方程的结果。

```
>> mu=1000; f=@(t,x)[x(2); -mu*(x(1)^2-1)*x(2)-x(1)];      %描述微分方程
   [t,x]=ode15s(f,[0,3000],[-1;1]); plot(t,x)              %求解并绘制出结果
```

如果一阶微分方程可以写成$y(t)=-0.1y(t)+0.2y(t-30)/[1+y^{10}(t-30)]$，这样的方程称为延迟微分方程，一般的数值分析教材和软件包中均不提供这种方程的数值解法，所以只能采用计算机数学语言，如MATLAB中的延迟微分方程求解函数`dde23()`或图形化建模仿真工具Simulink来求解这样的问题。在本书后面相应的内容中将介绍此方程的解法。

例1-7 考虑最优化问题，假设线性规划问题的数学描述如下：

$$\min_{\boldsymbol{x}\ \text{s.t.}\left\{\begin{array}{l}2x_2+x_3+4x_4+2x_5\leqslant54\\ 3x_1+4x_2+5x_3-x_4-x_5\leqslant62\\ x_1,x_2\geqslant0,x_3\geqslant3.32,x_4\geqslant0.678,x_5\geqslant2.57\end{array}\right.}(-2x_1-x_2-4x_3-3x_4-x_5)$$

因为上述问题是有约束问题，不能用高等数学中令目标函数导数为0，得出若干方程再用求解方程的方式求解最优化问题，而必须用线性规划中介绍的专用算法来求解，例如，使用如下代码：

```
>> clear; P.f=[-2 -1 -4 -3 -1]; P.Aineq=[0 2 1 4 2; 3 4 5 -1 -1];
   P.Bineq=[54 62]; P.lb=[0;0;3.32;0.678;2.57]; P.solver='linprog';
```

```
P.options=optimset; x=linprog(P)        %描述线性规划问题并求解
```

得出所需的最优解 $x_1 = 19.7850, x_2 = 0, x_3 = 3.3200, x_4 = 11.3850, x_5 = 2.5700$。

这样的求解借助数值分析或最优化方法等课程介绍的数值算法可以容易地实现。但如果再添加约束，例如需要得出该最优化问题的整数解，原来的问题就变成了整数规划问题。很少有相关书籍、软件能直接求解这样的问题。而利用计算机数学语言可以求出该整数规划问题的解为 $x_1 = 19$, $x_2 = 0$, $x_3 = 4$, $x_4 = 10$, $x_5 = 5$。

许多课程要用到的高等应用数学分支，如积分变换、复变函数、微分方程、数据插值与拟合、概率论与数理统计、数值分析等，课程考试之后您还记得其中问题的求解方法吗？

现代科学技术在其发展过程中，催生了若干新的数学分支，如模糊集合与粗糙集合、人工神经网络等。如果不借助于计算机工具，要想利用其中任何一个分支去解决实际问题都是一个耗时并困难的任务。因此，首先要了解相关领域的来龙去脉，弄清算法并将算法用计算机语言正确地实现。然后利用这些新分支的数学工具解决某些特定的数学问题，这是比较容易的，因为可以借助前人已经开发好的工具和框架直接求解问题。

很多专门的课程，如电路、电子技术、电力电子技术、电机与拖动、自动控制原理等，在介绍原理与方法时一般采用简单的例子，刻意回避高阶的或复杂的例子。究其原因，是当时缺少高水平计算机数学语言甚至数值分析技术的支持，所以在这些课程中很多方法不一定适合于复杂问题的求解。在实际研究中遇到稍复杂一点的问题时，只靠手工推导的方法是得不出精确结果的，所以需要特殊的专业软件或语言来解决问题，而计算机数学语言，如MATLAB语言通常可以较好地解决相关问题。

从上面的例子可以看出，解决数学问题用手工推导的方法虽然有时可行，但对很多复杂问题不现实或不可靠，用传统数值分析课程甚至成型的软件包得出的结果有时也是错误的，故需要学习计算机数学语言，以更好地解决以后学习和研究中遇到的问题。

1.1.2 数学问题的解析解与数值解

现代科学与工程的进展离不开数学。数学家们感兴趣的问题和其他科学家、工程技术人员所关注的问题是不同的。数学家往往对数学问题的解析解，或称闭式解（closed-form solution）和解的存在性、唯一性的严格证明感兴趣，而工程技术人员一般对解的值、有多少解等问题更关心。换句话说，能用某种方法获得问题的解则是工程技术人员更关心的问题。而获得这样解的最直接方法就是通过数值解法技术。

数学问题解析解不存在的情况是很常见的。例如，定积分 $\dfrac{2}{\sqrt{\pi}}\displaystyle\int_0^a e^{-x^2}dx$ 在上限为有穷时就没有解析解。数学家可以发明新的函数 $\mathrm{erf}(a)$ 去定义这样的解，但解的值到底多大却不是一目了然的。因此，要想获得积分的值，就必须采用数值解技术。

再例如，圆周率π的值本身就没有解析解，中国古代的数学家、天文学家祖冲之（429—500）早在公元480年就算定了该值在3.1415926和3.1415927之间。在一般科学与工程应用中，取这样的值就能保证较高的精度，而对于粗略估算来说，使用公元前20世纪古埃及人的3.16045或公元前250年(?)阿基米德（公元前287—前212）的3.1418都未尝不可，而没有必要非去追求不存在的解析解。在这样的问题上，数值解法的优势就显示出来了。

数学问题的数值解法已经成功地应用于各个领域。例如，在力学领域，常用有限元法求解偏微分方程；在航空、航天与自动控制领域，经常用到数值线性代数与常微分方程的数值解法等解决实际问题；在工程与非工程系统的计算机仿真中，核心问题的求解也需要用到各种差分方程、常微分方程的数值解法；在高科技的数字信号处理领域，离散的快速Fourier变换（FFT）已经成为其不可或缺的工具。在科学工程研究中能掌握一个或多个实用的计算工具，无疑会为研究者提供解决实际问题的强有力手段。

1.1.3 数学运算问题软件包发展概述

数字计算机的出现给数值计算技术的研究注入了新的活力。在数值计算技术的早期发展中，出现了一些著名的数学软件包，如美国的基于特征值的软件包EISPACK[3,4] 和线性代数软件包LINPACK[5]，英国牛津数值算法研究组（Numerical Algorithm Group，NAG）开发的NAG软件包[6] 及享有盛誉的著作（文献[7]）中给出的程序集（这里称Numerical Recipes软件包）等，这些都是在国际上广泛流行的、有着较高声望的软件包。

美国的EISPACK和LINPACK是基于矩阵特征值和奇异值解决线性代数问题的专用软件包。限于当时的计算机发展状况，这些软件包大都是由FORTRAN语言编写的源程序组成的。例如，若想求出N阶实矩阵$\boldsymbol{A}$的全部特征值（用$\boldsymbol{W}_{\rm R}$，$\boldsymbol{W}_{\rm I}$数组分别表示其实部和虚部）和对应的特征向量矩阵$\boldsymbol{Z}$，则EISPACK软件包给出的子程序建议调用路径为

```
CALL BALANC(NM,N,A,IS1,IS2,FV1)
CALL ELMHES(NM,N,IS1,IS2,A,IV1)
CALL ELTRAN(NM,N,IS1,IS2,A,IV1,Z)
CALL HQR2(NM,N,IS1,IS2,A,WR,WI,Z,IERR)
IF (IERR.EQ.0) GOTO 99999
CALL BALBAK(NM,N,IS1,IS2,FV1,N,Z)
```

由上面的叙述可以看出，要求取矩阵的特征值和特征向量，首先要对一些数组和变量依据EISPACK的格式给出定义和赋值，并编写出主程序，然后经过编译和连接过程，形成可执行文件，最后才能得出所需的结果。

NAG软件包和Numerical Recipes软件包则包括了各种各样数学问题的数值解法，二者中NAG的功能尤其强大。NAG的子程序都是以字母加数字编号的形式命名的，非专业人员很难找到适合自己问题的子程序，更不用说能保证以正确的格式去调用这些子程序了。这些程序包使用起来极其复杂，每个函数有很多变元，很难保证一般使用者不出错。

Numerical Recipes软件包是一个在国际上广泛应用的软件包，子程序有C、FORTRAN和Pascal等版本，适合于科学研究者和工程技术人员直接使用。该书的程序包由200多个高效、实用的子程序构成，这些子程序一般有较好的数值特性，比较可靠，为各国的研究者所信赖。

具有FORTRAN和C等高级计算机语言知识的读者可能已经注意到，如果用它们设计程序，尤其当涉及矩阵运算或画图时，编程会很麻烦。例如，若想求解一个线性代数方程，用户得首先去编写一个主程序，然后编写一个子程序去读入各个矩阵的元素，之后再编写一个子程序，求解相应的方程（如使用Gauss消去法），最后输出计算结果。如果选择的计算子程序不是很可靠，则所得的计算结果往往会出现问题。如果没有标准的子程序可以调用，则用户往往要将自己编好的子程序逐条地输入计算机，然后进行调试，最后进行计算。这样一个简单的问题往往需要用户编写100条左右的源代码，输入与调试程序

也是很费事的，并无法保证所输入的程序完全可靠。求解线性方程组这样一个简单的功能需要100条源代码，其他复杂的功能往往要求有更多条语句，如采用双步QR法求取矩阵特征值的子程序则需要500多条源代码，其中任何一条语句有毛病，或调用不当(如数组维数不匹配)都可能导致错误结果的出现。

尽管如此，数学软件包仍在继续发展，其发展方向是采用国际上最先进的数值算法，提供更高效、更稳定、更快速、更可靠的功能。例如，在线性代数计算领域，LAPACK[8]已经成为当前最有影响的软件包，但其目的似乎已经不再为一般用户提供解决问题的方法，而是为数学软件提供底层的支持。新版的MATLAB语言以及自由软件Scilab[9]等著名的计算机数学语言已经放弃了一直使用的LINPACK和EISPACK，而采用LAPACK为其底层支持软件包。

针对一些数学的专门分支，相关的数学程序库也出现了，它们支持FORTRAN、C++等语言直接调用与编程，MATLAB可以通过特殊接口的形式直接调用这些程序。在互联网上同样有大量的MATLAB语言和其他计算机数学语言的数学工具箱。遇到典型问题的数学求解时，可以直接利用相关的工具箱来求解，因为其中大部分工具箱毕竟还是在相应领域有影响的专家编写的，得出的结果往往比外行自己查阅书籍、论文编写底层程序的可信度要高得多。

1.1.4 常规计算机语言的局限性

人们有时习惯用其他计算机语言(如C和FORTRAN)解决科学计算问题。毋庸置疑，这些计算机语言在数学与工程问题求解中起过很大的作用，而且它们曾经是实现MATLAB这类高级语言的底层计算机语言。然而，对于一般科学研究者来说，利用C这类语言去求解数学问题是远远不够的。首先，一般程序设计者无法编写出符号运算和公式推导类程序，只能编写数值计算程序；其次，数值分析类教科书中介绍的数值算法往往不是求解实际数学问题的最好方法。除了上述局限性外，采用底层计算机语言编程，由于程序冗长难以验证，即使得出结果也不敢相信与依赖该结果。因此，应该采用更可靠、更简洁的专门计算机数学语言来进行科学研究，这样可以将研究者从烦琐的底层编程中解放出来，更好地把握要求解的问题，避免“只见树木、不见森林”的现象，这无疑是受到更多研究者认可的解决问题方式。

例 1-8　已知Fibonacci序列的前两个元素为$a_1 = a_2 = 1$，随后的元素可以由$a_k = a_{k-1} + a_{k-2}$ ($k = 3, 4, \cdots$)递推地计算出来。试用计算机列出该序列的前100项。

解　C语言在编写程序之前需要首先给变量选择数据类型，因为此问题需要的是整数，所以很自然会选择int或long来表示序列的元素。若选择数据类型为int，则可以编写出如下的C语言程序：

```
main()
{  int a1, a2, a3, i;
   a1=1; a2=1; printf("%d  %d  ",a1,a2);
   for (i=3; i<=100; i++){  a3=a1+a2; printf("%d  ",a3); a1=a2; a2=a3;
}}
```

只用了上面几条语句，问题就看似轻易地被解决了。然而该程序是错误的！运行该程序会发现，该序列显示第24项时突然出现了负数，而再显示后几项会发现时正时负。显然，上面的程序出了问题。问题出在int整型变量的选择上，因为该数据类型能表示数值的范围为$[-32767, 32767]$，超出此范围则会导致错误的结果。即使采用long整型数据定义，也只能保留31位二进制数值，即保留9位十进制有效数字，超过这个数仍然返回负值。可见，采用C语言，如果某些细节考虑不周，则可能得出完全错误的结论。用MATLAB语言则不必考虑这些烦琐的问题,可以直接编写下面的底层程序。

```
>> a=[1 1]; for i=3:100, a(i)=a(i-1)+a(i-2); end; a(end)   %循环计算
```

另外,由于long整型数据只能保持9位有效数字,而double型只能保留15位有效数字,如果得出的结果超出此范围,则精度将存在局限性。采用MATLAB的符号运算则可以避免这类问题,只需将第一个语句修改成 a=sym([1,1]) 就可以得出 a_{100} 的值为354224848179261915075,甚至用类似的语句能在24 s内得出 a_{5000} 的全部1045位有效数字,该结果是采用任何数值型计算语言都无法得出的。

例1-9 试编写两个矩阵 $\boldsymbol{A}$ 和 $\boldsymbol{B}$ 相乘的C语言通用程序。

解 若 $\boldsymbol{A}$ 为 $n\times p$ 矩阵,$\boldsymbol{B}$ 为 $p\times m$ 矩阵,则由线性代数理论,可以得出 $\boldsymbol{C}$ 矩阵,其元素为

$$c_{ij}=\sum_{k=1}^{p}a_{ik}b_{kj},\quad i=1,2,\cdots,n;\ j=1,2,\cdots,m$$

分析上面的算法,容易编写出C语言程序,其核心部分为三重循环结构。

```
for (i=0; i<n; i++){for (j=0; j<m; j++){
   c[i][j]=0; for (k=0; k<p; k++) c[i][j]+=a[i][k]*b[k][j]; }}
```

看起来这样一个通用程序通过这几条语句就解决了。事实不然,这个程序有一个致命的漏洞,就是没考虑两个矩阵是不是可乘。如果 $\boldsymbol{A}$ 矩阵的列数等于 $\boldsymbol{B}$ 矩阵的行数,则两个矩阵可乘,所以很自然地想到应该加一个判定语句:

if $\boldsymbol{A}$ 的列数不等于 $\boldsymbol{B}$ 的行数,给出错误信息

其实这样的判定可能引入新的漏洞,因为若 $\boldsymbol{A}$ 或 $\boldsymbol{B}$ 为标量,则 $\boldsymbol{A}$ 和 $\boldsymbol{B}$ 无条件可乘,而增加上面的if语句反而会给出错误信息。这样在原来的基础上还应该增加判定 $\boldsymbol{A}$ 或 $\boldsymbol{B}$ 是否为标量的语句。

其实即使考虑了上面所有的内容,程序还不是通用的程序,因为并未考虑矩阵为复数矩阵的情况。这也需要特殊的语句处理。

从这个例子可见,用C这类语言处理某类标准问题时需要特别细心,否则难免会有漏洞,致使程序出现错误,或其通用性受到限制,甚至可能得出有误导性的结果。在MATLAB语言中则没有必要考虑这样的琐碎问题,因为 $\boldsymbol{A}$ 和 $\boldsymbol{B}$ 矩阵的积由 $C=A*B$ 直接求取,若可乘则得出正确结果,如不可乘则给出出现问题的原因。

当然,在实时性与实时控制等领域,C语言也有它的优势。虽然MATLAB的代码也可以自动翻译成C语言程序,但这不在本书叙述的范围内。

1.2 计算机数学语言简介

1.2.1 计算机数学语言的出现

MATLAB语言为数学问题的计算机求解,特别是控制系统的仿真和CAD发展起到了巨大的推动作用。1978年,美国New Mexico大学计算机科学系的主任Cleve Moler教授认为用当时最先进的EISPACK和LINPACK软件包求解线性代数问题过程过于烦琐,所以构思了一个名为MATLAB(MATrix LABoratory,即矩阵实验室)的交互式计算机语言。该语言一开始为免费的。1984年,The MathWorks公司(现名MathWorks公司)成立,并推出了MATLAB 1.0版。MATLAB语言的出现正赶上控制界基于状态空间的控制理论蓬勃发展的阶段,所以很快就引起了控制界学者的关注,用MATLAB语言编写的控制系统工具箱也应运而生,在控制界产生了巨大的影响,MATLAB成为了控制界的标准计算机语言。后来由于控制界及相关领域提出的各种各样要求,MATLAB语言得到了持续发展,其功能越来越强

大。可以说，MATLAB语言是由计算数学专家首创的，但是由控制界学者"捧红"的新型计算机语言。最初其大部分工具箱都是面向自动控制和相关学科的，但随着MATLAB语言的不断发展，目前MATLAB也在其他领域广泛使用。稍后出现的Mathematica及Maple等计算机语言也是当前应用广泛的计算机数学语言。

此外，法国国家信息与自动化研究院（INRIA）开发的自由软件Scilab也可以部分解决常用的数学问题，其最显著的特色是完全免费且源代码全部公开，但在求解数学问题的功能上尚无法和MATLAB等计算机数学语言媲美。

1.2.2 有代表性的计算机数学语言

目前在国际上有3种计算机数学语言最有影响：MathWorks公司的MATLAB语言、Wolfram Research公司的Mathematica语言和Waterloo Maplesoft公司的Maple语言。这3种语言各有特色，其中MATLAB长于数值运算，其程序结构类似于其他计算机语言，因而编程很方便。Mathematica和Maple有强大的解析运算和数学公式推导、定理证明的功能，相应的数值计算能力比MATLAB要弱，这两种语言更适合于纯数学领域的计算机求解。此外，德国MuPAD[10] 也是较好的计算机数学语言。

和Mathematica及Maple相比，MATLAB语言的数值运算功能是很出色的。除此之外，更有一个另两种语言不可替代的优势，MATLAB语言对各领域均有专业领域专家编写的工具箱，可以高效、可靠地解决各种各样的问题。早期MATLAB版本的符号运算工具箱利用Maple作为其符号运算引擎，能直接求解常用的符号运算问题。另外，MATLAB提供了对Maple全部函数的接口，无须安装Maple就可以调用Maple所有的数学函数，这大大地增强了MATLAB的符号运算功能，使之在这方面的功能也不逊色于Mathematica和Maple。新版本的MATLAB符号运算工具箱采用MuPAD为其符号运算引擎，有些符号运算的能力较以前版本有改善，也有很多功能不如早期版本，本书将针对具体问题建议采用合适的MATLAB版本。

本书采用MATLAB语言为主要计算机数学语言，系统地介绍其在数学及一般科学运算问题求解中的应用。读者掌握了该语言将提高自己求解数学问题的能力，提高数学水平，拓广知识面，使得原来看起来无从下手的高深应用数学问题的实际求解变得轻而易举。

1.3 关于本书及相关内容

本书相应的课程是一门新型的课程。此前一些高校陆续开出了相应课程，如"数学实验"课程简略介绍了计算机数学语言在一些应用数学分支中的最基本的分析方法，但缺乏如何利用实用的计算机数学语言系统、深入地与各个数学分支的数学问题求解有机结合。另一门相关的课程"MATLAB语言及应用"更侧重于MATLAB语言的编程内容，对数学问题求解介绍也不全面。从作者本人多年一线教学经验看，如果能找出一种中间途径，既介绍MATLAB编程的基本方法，又能全面系统地介绍其在应用数学各个分支的问题求解中的应用，无疑将会对读者大有裨益，这就是编写本书的初衷。

本书的前几版在本科生、研究生实际教学中已经使用十余年，配备了较全面的交互性计算机辅助教学材料，本书相应的课程"现代科学运算——MATLAB语言与应用"入选首批国家级一流本科课程，相关的视频在本书中以二维码形式给出。

1.3.1　本书框架设计及内容安排

本书各章的安排如下：

第1章为计算机数学语言概述，介绍学习本课程的必要性及本课程与其他课程之间的关系。

第2章为MATLAB语言程序设计基础，以比较简洁的形式对MATLAB语言编程、科学绘图等方面进行介绍，为学习本课程打下必要的基础。

第3章为微积分问题的计算机求解，包括极限和基本微积分问题的解析解法、场论与计算、函数的级数展开与逼近、级数求和与序列求积、无穷级数的收敛性判定、曲线积分和曲面积分、数值微分、数值积分，其中，解析解部分基本涵盖了高等数学课程的全部计算内容。

第4章为线性代数问题的计算机求解，包括矩阵基本分析、矩阵基本变换、线性方程组的计算机求解、矩阵函数的求解等，这部分比传统线性代数课程的内容更广泛。

第5章为积分变换与复变函数问题的计算机求解，包括Laplace变换、Fourier变换、z变换及其反变换等问题的计算机直接推导及数值求解方法，复变函数的留数、部分分式展开计算，还介绍差分方程解析与数值求解方法、复平面映射等内容。

第6章为代数方程与最优化问题的计算机求解，包括非线性方程的解析解与数值解、无约束最优化、有约束最优化、整数规划等内容。本章还引入了线性矩阵不等式问题的求解、多目标规划和动态规划问题求解等新内容。

第7章为微分方程问题的计算机求解，包括微分方程的解析解法、常微分方程数值解概述、常微分方程组初值问题的MATLAB求解、特殊微分方程与延迟微分方程的求解、边值问题的求解、偏微分方程求解入门，还将介绍基于Simulink框图的微分方程数值解方法。

第8章为数据插值与函数逼近问题的计算机求解，包括插值与数据拟合、样条插值函数及基于样条插值的数值微积分运算、曲线拟合与平滑、特殊函数计算、数字信号处理、滤波技术与滤波器设计等。

第9章为概率论与数理统计问题的计算机求解，包括概率分布与随机数生成、统计量分析、数理统计方法、统计假设检验、方差分析和主成分分析等。

第10章为数学问题的非传统解法，包括模糊逻辑与模糊推理、人工神经网络与深度学习、全局优化算法、小波理论在数据处理中的应用、粗糙集理论与应用、分数阶微积分学理论与计算等。这里给出相关领域的入门知识，读者可以由此为起点，利用MATLAB语言提供的工具直接求解相关的问题。

本书内容看似在介绍数学，但最终目的是期望读者在理解相关数学领域最基本概念的前提下，绕开纯数学和底层烦琐的推导过程，直接由计算机数学语言得出数学问题的解。所以学习本课程将使读者提高数学素养，掌握解决实际科学运算问题的方法，为下一步学习并实践其他课程也打下较好的基础。

1.3.2　MATLAB语言学习方法与资源

学好MATLAB语言，可以将30字的学习准则作为座右铭，即“要带着问题学，活学活用，学用结合，急用先学，立竿见影，在用字上狠下功夫”。学习MATLAB的一个关键环节是“用”。

本书系统深入地介绍了MATLAB语言在各个应用数学分支中的应用，然而，再厚的一本书也不可能包括所有的内容和解答，用户在学习使用MATLAB语言时应该充分地利用各种资源。例如，Math-

Works公司网站（http://www.mathworks.com）上免费提供了全套MATLAB语言及工具箱手册的HTML版和PDF版电子文档，和本书相关的手册参见文献[11~21]。系列著作[22~27]更详尽、深入地探讨了本书各个方面的内容。

MathWorks公司的网站还提供了File Exchange子网站，公布用户开发的各种实用程序，让用户进行交流，强大的用户组能为MATLAB语言的学习与应用提供各种帮助。

联机帮助系统是MATLAB提供的重要帮助手段，读者应该学会灵活使用联机帮助系统。联机帮助信息可以由MATLAB命令窗口的Help菜单获得。选择其中的Documentation菜单项将打开联机帮助窗口。用户可以通过联机帮助窗口查询MATLAB函数的使用方法。用户也可以在MATLAB命令窗口下输入`help`或`doc`命令直接显示帮助信息。还可以使用`lookfor`命令查询某关键词，以获得帮助信息。

1.3.3 本课程与其他相关课程的关系

本书对应的课程不是数值分析类课程的MATLAB版本介绍，应该理解成是从更高层次、采用更有效的方法，解决实际中可能遇到的数学问题的方法论。数值分析课程更侧重于介绍经典的算法，侧重于介绍原始的、能充分显示问题来龙去脉的算法，而在实际问题求解中这些方法通常是不适用的，甚至是根本不使用的。例如，在求解常微分方程初值问题时，数值分析课程最侧重介绍的是四阶定步长Runge-Kutta算法，但从实际求解的实践来看，采用定步长算法是有问题的。其一，由于算法不如变步长算法高效，有时在求解中可能花费难以接受的时间；其二，也是更重要的，定步长算法在求解过程中对解的正确性没有检测环节，在求解过程中出现误差也无从知晓，故得出结果的可靠性存在问题，而采用变步长算法能根据误差自动选择计算步长，保证求解的正确性。另外很多内容，如在实际应用中经常遇到的延迟微分方程、微分代数方程等的求解在传统数值分析课程中也是不介绍的。

高等数学和各类应用数学的计算问题均可以由介绍的方法直接求解，但这并不意味高等数学类课程的理论不重要。读者可以在学好高等数学、应用数学理论的基础上更好地理解问题，更利于解决问题。

1.3.4 数学问题三步求解方法概述

作者倡导了一种数学问题的三步求解方法[28]，这三个步骤分别是“是什么”“如何描述”“求解”。在“是什么”步骤中，侧重于数学问题的物理解释和含义。即使学生没有学习过相关的数学分支，也可能通过简单的语言叙述大致理解要求解问题的物理含义。在“如何描述”步骤中，用户应该知道如何将数学问题用MATLAB描述出来。在“求解”步骤中，用户应该知道调用哪个MATLAB函数将原始数学问题直接求解出来。如果有现成的MATLAB函数，则应该调用相应函数直接求解出问题，如果没有现成函数，则编写通用程序来求解问题。

例1-10　用例1-7中的线性规划问题求解来演示三步求解方法。

$$\min_{\boldsymbol{x}\ \text{s.t.}\ \begin{cases}2x_2+x_3+4x_4+2x_5\leqslant 54\\3x_1+4x_2+5x_3-x_4-x_5\leqslant 62\\x_1,x_2\geqslant 0,\ x_3\geqslant 3.32,\ x_4\geqslant 0.678,\ x_5\geqslant 2.57\end{cases}} -2x_1-x_2-4x_3-3x_4-x_5$$

解　有的读者很可能没有系统地学习过最优化相关的课程。不过不要紧，即使没有学习过相关的理论知识，也可以通过下面的三步求解方法得出问题的解。

(1) “是什么”。本书中先理解每个数学问题的物理含义。在这个具体问题中，读者可以将原始问题从字面

上理解为：在满足下面联立不等式约束

$$\begin{cases} 2x_2 + x_3 + 4x_4 + 2x_5 \leqslant 54 \\ 3x_1 + 4x_2 + 5x_3 - x_4 - x_5 \leqslant 62 \\ x_1, x_2 \geqslant 0,\ x_3 \geqslant 3.32,\ x_4 \geqslant 0.678,\ x_5 \geqslant 2.57 \end{cases}$$

的前提下，怎么发现一组决策变量 x_i 的值，使得目标函数 $f(\boldsymbol{x}) = -2x_1 - x_2 - 4x_3 - 3x_4 - x_5$ 的值为最小，所以，即使没有学习过最优化课程的读者也不难从字面上理解该问题的数学公式。

（2）“如何描述”。读者将学会如何将数学问题用MATLAB函数描述出来，在例1-7的代码中，用下面的方法建立一个变量P来描述整个数学问题。

```
>> clear; P.f=[-2 -1 -4 -3 -1];                    %描述目标函数的系数向量
   P.Aineq=[0 2 1 4 2; 3 4 5 -1 -1];
   P.Bineq=[54 62]; P.lb=[0;0;3.32;0.678;2.57]; %描述线性不等式约束
   P.solver='linprog';      %描述所用的求解器
   P.options=optimset;      %将整个线性规划问题用结构体变量P描述出来
```

（3）“求解”。调用线性规划专门求解函数 linprog() 直接求解问题，得出问题的解。

```
>> x=linprog(P)             %调用linprog()函数求解数学问题
```

例1-11 人工神经网络是近年来应用较广泛的智能类数学工具，擅长于数据拟合与分类等运算。假设由下面的语句生成样本点数据，试利用样本点建立人工神经网络模型，并绘制函数曲线。

```
>> x=0:0.1:pi; y=exp(-x).*sin(2*x+2);
```

解 如果不想花时间或没有时间去学习人工神经网络的系统理论，只想使用神经网络解决本例的数据拟合问题，则可以考虑利用前面介绍的三步求解方法，花几分钟了解神经网络基本概念与使用方法，就能利用人工神经网络求解数据拟合问题。回到前面提及的三步求解方法：

（1）什么是人工神经网络。没有必要去了解人工神经网络的技术细节，只需将人工神经网络看作一个信息处理单元，它带有内部可调参数，接收若干路输入信号并对其处理，得出输出信号。

（2）将神经网络的数学模型建立起来，选择 fitnet() 函数建立空白神经网络模型，用 train() 训练神经网络，得出可用的人工神经网络模型，如图1-1所示。

```
>> net=fitnet(5); net=train(net,x,y), view(net)
```

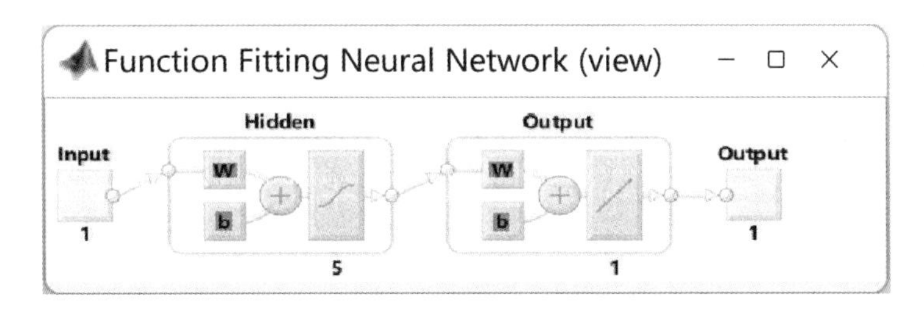

图1-1 人工神经网络的结构

（3）使用神经网络绘制曲线，并与理论值比较，如图1-2所示。可见，即使没有系统学习人工神经网络，也可以直接利用人工神经网络解决实际问题。用户还可以调整神经网络的结构参数，如修改节点个数等，通过实践观察和比较不同参数下曲线拟合的效果。

```
>> t0=0:0.01:pi; y1=net(t0); y0=exp(-t0).*sin(2*t0+2); plot(t0,y0,t0,y1)
```

从表面上看，本书涉及大量的数学公式，有些甚至看起来很深奥，即使读者的数学基础不是很好，也不要害怕，因为本书的目标不是讲解数学问题的底层细节，本书的最终目标是帮助读者在大概理解该问

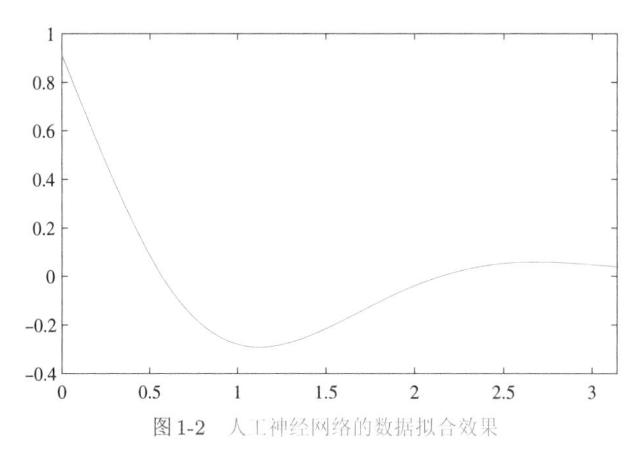

图 1-2　人工神经网络的数据拟合效果

题物理含义的前提下,绕开底层烦琐的数学求解方法,将问题用计算机能理解的格式推给计算机,直接得出问题的可靠解。借助计算机能提供的强大工具,求解实际应用数学问题的能力完全可以远超不会或不擅用计算机工具的一流数学家。期望通过学习本书的内容,读者能显著地提高应用数学问题的实际求解水平。

1.4　习题

1.1　在计算机上安装MATLAB语言环境,并输入`demo`命令,由给出的菜单系统和对话框原型演示程序,领略MATLAB语言在求解数学问题方面的能力与方法。

1.2　考虑2023^{2023}的例题。用C语言常用的数据结构有可能表示该数据吗?如果不能,试利用MATLAB计算该结果(提示:应该用`sym(2023)`表示2023)。本书每行能显示90位数字,试将其全部数字显示出来。

1.3　人们到底能记住圆周率π的前多少位?试试`vpa(pi,50)`命令,让计算机帮助“记忆”,将50再换成更大的数试试。科学运算问题靠记忆是不靠谱的,即使记得住π,还能记得住$\sqrt{\pi}$、$\sqrt[3]{\pi}$吗?可以再试试`vpa(sym(pi)^(1/15),500)`,能猜出来该命令是做什么的吗?

1.4　假设已知广义Lyapunov方程如下:

$$\begin{bmatrix}8&1&6\\3&5&7\\4&9&2\end{bmatrix}\boldsymbol{X}+\boldsymbol{X}\begin{bmatrix}16&4&1\\9&3&1\\4&2&1\end{bmatrix}=\begin{bmatrix}1&2&3\\4&5&6\\7&8&0\end{bmatrix}$$

试利用`lookfor lyapunov`命令查询和关键词`lyapunov`有关的函数名,并用`doc`或`help`命令获得相关函数的进一步调用信息,观察是否能得出该方程的解,并检验得出解的精度。

1.5　利用联机帮助命令`doc sym/diff`查询符号运算工具箱中的求导函数`diff()`,在了解所提供帮助信息的基础上试着求解例1-2中给出的问题,并和该例比较得出的结果。另外,试通过积分运算还原原函数。

第2章 MATLAB语言程序设计基础

MATLAB语言是当前国际上自动控制领域的首选计算机语言，也是很多理工科专业最适合的计算机数学语言。本书以MATLAB语言为主要计算机语言，系统、全面地介绍在数学运算问题中MATLAB语言的应用。掌握该语言不但有助于更深入地理解和掌握数学问题的求解思路，提高求解数学问题的能力，而且还可以充分利用该语言进行有目的的编程，在其他专业课程的学习中得到积极的帮助。

和其他程序设计语言相比，MATLAB语言有如下的优势：

（1）简洁高效。MATLAB程序设计语言集成度高，语句简洁，往往用C/C++等程序设计语言编写的数百条语句，用MATLAB语言一条语句就能解决问题，其程序可靠性高、易于维护，可以大大提高解决问题的效率和水平。

（2）科学运算功能。MATLAB语言以矩阵为基本单元，可以直接用于矩阵运算。另外，最优化问题、数值微积分问题、微分方程数值解问题、数据处理问题等都能直接用MATLAB求解。

（3）绘图功能。MATLAB语言可以用最直观的语句将实验数据或计算结果用图形的方式显示出来，并可以将以往难以显示的隐函数直接用曲线绘制出来。MATLAB语言还允许用户用可视的方式编写图形用户界面，其难易程度和Visual Basic相仿，这使得用户可以很容易地利用该语言编写通用程序。

（4）庞大的工具箱与模块集。MATLAB是被控制界的学者“捧红”的，是控制界通用的计算机语言，在应用数学及控制领域几乎所有的研究方向均有专属的工具箱，而且由专业领域内知名专家编写，可信度比较高。随着MATLAB的日益普及，在其他工程领域也出现了工具箱，这也大大促进了MATLAB语言在诸多领域的应用。

（5）强大的动态系统仿真功能。Simulink提供的面向框图的仿真及物理仿真功能，使得用户能容易地建立复杂系统模型，准确地对其进行仿真分析。Simulink的多领域物理建模与仿真模块集允许用户在一个框架下对含有控制环节、机械环节和电子、电机环节的机电一体化系统进行建模与仿真，这是目前其他计算机语言无法做到的。

2.1节将介绍MATLAB语言编程的最基本内容，包括数据结构、基本语句结构和重要的冒号表达式与子矩阵提取方法。2.2节将介绍MATLAB语言中矩阵的基本数学运算，包括代数运算、逻辑运算、比较运算及简单的离散数学运算函数。2.3节将介绍MATLAB语言的基本编程结构，如循环语句结构、条件转移结构、开关结构和试探结构，介绍各种结构在程序设计中的应用。2.4节将介绍MATLAB语言编程中最重要的程序结构——M函数的结构与程序编写技巧。2.5节、2.6节将分别介绍基于MATLAB语言的二维、三维图形绘制的方法，如各种二维曲线绘制、隐函数的曲线绘制、三维图形绘制及视角设置等，并将介绍图形修饰方法。2.7节将给出四维图形的绘制方法，包括基于时间的三维动画和体视化方法。2.8节将给出面向对象编程的入门知识。

限于篇幅，本章只能介绍MATLAB语言最基础的入门知识，更详细的内容可以参见文献[22]。初步掌握MATLAB语言的基本功能，就能更好地理解和使用该语言，研究科学运算问题求解的内容，还可以为相关后续课程的学习打下良好的基础。

2.1 MATLAB程序设计语言基础

2.1.1 MATLAB语言的变量与常量

MATLAB语言变量名应该由一个字母引导，后面可以跟字母、数字、下画线等。例如，`MYvar12`、`MY_Var12`和`MyVar12_`均为有效的变量名，而`12MyVar`和`_MyVar12`为无效的变量名。在MATLAB中变量名是区分大小写的，也就是说，`Abc`和`ABc`两个变量名表达的是不同的变量，在使用MATLAB语言编程时一定要注意。在MATLAB语言中还为特定常数保留了一些名称，虽然这些常量都可以重新赋值，但建议在编程时应尽量避免对其重新赋值。

(1) 误差限eps。即计算机的浮点运算误差限。PC上`eps`的默认值为2.2204×10^{-16}，即2^{-52}。若某个量的绝对值小于`eps`，则可以认为这个量为0。

(2) 虚数单位i和j。若`i`或`j`变量不被改写，则它们表示纯虚数$\mathrm{j}=\sqrt{-1}$。但在MATLAB程序编写过程中经常可能改写这两个变量，如在循环过程中常用它们表示循环变量，所以应该确认使用这两个变量时没有被改写。如果想恢复该变量，则可以用语句`i=sqrt(-1)`设置。

(3) 无穷大Inf。`Inf`是无穷大量$+\infty$的MATLAB表示，也可以写成`inf`。同样地，$-\infty$可以表示为`-Inf`。在MATLAB程序执行时，即使遇到了以0为除数的运算，也不会终止程序的运行，而只给出一个"除0"警告，并将结果赋成`Inf`，这样的定义方式符合IEEE的标准。从数值运算编程角度看，这样的实现形式明显优于C这样的非专业语言。

(4) 不定式NaN。不定式(not a number)通常由0/0运算、`Inf/Inf`、`0*Inf`及其他可能的运算得出。`NaN`是一个很奇特的量，如`NaN`与`Inf`的乘积仍为`NaN`。

(5) 圆周率pi。圆周率π的双精度浮点表示。

2.1.2 数据结构

1. 数值型数据

强大方便的数值运算功能是MATLAB语言最显著的特色。为保证较高的计算精度，MATLAB语言中最常用的数值量为双精度浮点数，占8字节(64位)，遵从IEEE记数法，有11个指数位、52位尾数及一个符号位，值域的近似范围为$-1.7\times10^{308}\sim1.7\times10^{308}$，其MATLAB表示为`double()`。考虑到一些特殊的应用，比如图像处理，MATLAB语言还引入了无符号的8位整型数据类型，其MATLAB表示为`uint8()`，其值域为$0\sim255$，这样可以大大地节省MATLAB的存储空间，提高处理速度。此外，在MATLAB中还可以使用其他的数据类型，如`int8()`、`int16()`、`int32()`、`uint16()`、`uint32()`等，每一个类型后面的数值表示其位数，其含义不难理解。

2. 符号型数据

MATLAB还定义了“符号”型变量，以区别于常规的数值型变量，可以用于公式推导和数学问题的解析解法。进行解析运算前需要首先将采用的变量声明为符号变量，这需要用**syms**命令来实现。该语句具体的用法为`syms␣变量列表␣变量属性`，其中，“变量列表”列出需要声明的变量名，可以同时声明多个变量，中间用空格分隔，而不能用逗号等分隔。如果需要，还可以进一步声明“变量属性”，可以使用的属性为**positive**、**real**等。如果需要将a，b均定义为符号变量，则可以用`syms a b`语句声明，该命令还支持对符号变量具体形式的设定，如`syms a real`。

MATLAB符号变量的类型可以由**assumptions()**函数读出。例如，若用`syms a real`语句声明变量a，则`assumptions(a)`将返回a **in R-**。

符号型数值可以通过变精度算法函数**vpa()**以任意指定的精度显示出来，其调用格式为`vpa(A)`或`vpa(A,n)`，其中，A为需要显示的表达式或矩阵，n为指定的有效数字位数，前者以默认的32位十进制位数显示结果。

例2-1 在表示数值上符号型数值与双精度数值有什么区别呢？考虑1/3这个量。双精度数据结构是不能存储1/3的，只能存储成0.333333333333333，后面的各位都被截断了，而符号型的`sym(1/3)`全程存储和参与运算的都是1/3，没有误差。事实上，双精度数据结构存储1/3时，15位以后被截断的部分并不全是0，可以由`num2str(1/3,20)`命令显示的实际存储内容的字符串表示为0.33333333333333331483。

例2-2 试显示出圆周率π的前300位有效数字。

解 使用符号运算工具箱中提供的**vpa()**函数可以按任意精度显示符号变量的值，故题中要求的结果可以用下面语句立即显示出来：

```
>> vpa(pi,300)    %显示圆周率π的前300位，还可以选择更多的位数，如3000、30000等
```

这样可以显示出π的值为3.141592653589793238462643383279502884197169399375105820974944592307816406286208998628034825342117067982148086513282306647093844609550582231725359408128481117450284102701938521105559644622948954930381964428810975665933446128475648233786783165271201909145648566923460348610454326648213393607260249141273。若不指定位数n，则`vpa(pi)`命令将得出结果为π=3.1415926535897932384626433832795。不过，这样的直接显示方法最多可以显示32767位十进制数值，若想得到更多位数，则可以由`char(vpa(A,n))`命令将其转换为字符串，然后利用循环结构分段显示π的值。

例2-3 如何显示无理数e的前100位数值？

解 如果想得出e的前100位数，可以尝试`vpa(exp(1),100)`命令，不过该命令会先在双精度框架下得出e，再显示其前100位，所以显示的结果是不精确的，只有前15位有效数字是正确的。正确的方法是在符号运算的框架下先计算e，再利用**vpa()**函数显示前100位。使用的语句应该为`vpa(exp(sym(1)),100)`。

符号变量的属性还可以由**assume()**与**assumeAlso()**函数进一步设置。例如，若x为实数，且$-1 \leqslant x < 5$，则可以用下面的MATLAB语句直接设定：

```
>> syms x real; assume(x>=-1); assumeAlso(x<5);          %设定 -1≤x<5
```

例2-4 试声明一个不超过3000的正整数型符号k，使其为13的倍数。

解 可以计算出3000/13比230稍大，这样可以给出下面的MATLAB命令声明正整数k：

```
>> syms k1; assume(k1,'integer'); assumeAlso(k1<=230);    %计算上界
```

```
assumeAlso(k1>0); k=13*k1    %声明变量的下界,且指定整数变量k为13的倍数
```

如果在MATLAB工作空间中已有a变量，则原则上可以通过A=sym(a)将其转换成符号变量，不过有时应该做特殊的处理，这里将通过下面的例子做出演示。

例2-5　试用符号型数据结构表示数值12345678901234567890。

解　这个问题看似很简单，可以给出命令A=sym(12345678901234567890)直接输入，不过你可能对得出的结果感到困惑不解，因为得到的是A=12345678901234567168，显然这不是我们期望的。从MATLAB的执行机制看，该语句首先将数据转换成双精度结构，然后再转换成符号变量，从而出现偏差，所以，在数据类型转换时应该格外注意。正确的解决方法是用字符串表示多位的数字，然后再用sym()函数转换。下面的语句可以原封不动地输入50位整数。

```
>> B=sym('12345678901234567890123456789012345678901234567890')
```

3. 其他数据结构

MATLAB还支持下面的数据结构：

(1) 字符串型数据。MATLAB支持字符串变量，可以用它来存储相关的信息。和C语言等程序设计语言不同，MATLAB字符串是用单引号括起来的，而不是用双引号。

(2) 多维数组。三维数组是一般矩阵的直接拓展，可以这样理解，三维数组可以直接用于彩色数字图像的描述，在控制系统的分析上也可以直接用于多变量系统的表示上。在实际编程中还可以使用维数更高的数组。

(3) 单元数组。单元数组是矩阵的直接扩展，其存储格式类似于普通的矩阵，而矩阵的每个元素不是数值，可以认为能存储任意类型的信息，这样每个元素称为“单元”(cell)，例如，$A\{i,j\}$可以表示单元数组A的第i行、第j列的内容。

(4) 类与对象。MATLAB允许用户自己编写包含各种复杂信息的变量，即类变量，该变量可以包含各种下级的信息，还可以重新对类定义其计算，这在很多领域都特别有用，后面遇到的时候将通过例子介绍相关的编程方法。

2.1.3　MATLAB的基本语句结构

MATLAB的语句有两种最基本的结构——直接赋值结构和函数调用结构。

1. 直接赋值语句

直接赋值语句的基本结构为赋值变量=赋值表达式，这一过程把等号右边的表达式直接赋给左边的赋值变量，并返回到MATLAB的工作空间。如果赋值表达式后面没有分号，则将在MATLAB命令窗口中显示表达式的运算结果。若不想显示运算结果，则应该在赋值语句的末尾加一个分号。如果省略了赋值变量和等号，则表达式运算的结果将赋给保留变量ans。所以说，保留变量ans将永远存放最近一次无赋值变量语句的运算结果。

例2-6　试在MATLAB工作空间中依次输入如下矩阵：

$$\boldsymbol{A}=\begin{bmatrix}1&2&3\\4&5&6\\7&8&0\end{bmatrix},\quad \boldsymbol{A}=\left[\begin{array}{ccc|c}1&2&3&1\\4&5&6&2\\7&8&0&3\\\hline 1&2&3&4\end{array}\right]$$

解 在MATLAB语言中表示前一个 $\boldsymbol{A}$ 矩阵是很容易的事，可以由下面的MATLAB语句将该矩阵直接输入工作空间中。

```
>> A=[1,2,3; 4 5,6; 7,8 0]          %矩阵的直接输入语句
```

该语句将矩阵赋给变量 $\boldsymbol{A}$，同时，在命令窗口中按照下面的格式显示该矩阵。为阅读方便，本书后续内容将不再给出MATLAB格式的显示，而直接给出数学格式的显示。其中的>>为MATLAB的提示符，由机器自动给出，在提示符下可以输入各种各样的MATLAB命令。矩阵的内容由方括号括起来的部分表示，在方括号中的分号表示矩阵的换行，逗号或空格表示同一行矩阵元素间的分隔。给出了上面的命令，就可以在MATLAB的工作空间中建立一个 $\boldsymbol{A}$ 变量了。如果不想显示中间结果，则应该在语句末尾加一个分号，如：

```
>> A=[1,2,3; 4 5,6; 7,8 0];         %不显示结果,但进行赋值
```

后一个 $\boldsymbol{A}$ 矩阵可以依照MATLAB矩阵输入规则直接构造，在原来 $\boldsymbol{A}$ 矩阵下补一个行向量，再在右侧补一个列向量，构造新的 $\boldsymbol{A}$ 矩阵。可见，在MATLAB下可以动态地修改矩阵的维数，且保留原矩阵的信息。

```
>> A=[[A; [1 2 3]], [1;2;3;4]];   %矩阵维数动态变化
```

例2-7 试在MATLAB环境中输入复数矩阵。

$$\boldsymbol{B}=\begin{bmatrix}1+9\mathrm{j} & 2+8\mathrm{j} & 3+7\mathrm{j}\\ 4+6\mathrm{j} & 5+5\mathrm{j} & 6+4\mathrm{j}\\ 7+3\mathrm{j} & 8+2\mathrm{j} & 0+\mathrm{j}\end{bmatrix}$$

解 复数矩阵的输入同样也是很简单的，在MATLAB环境中定义了两个记号i和j，可以用来直接输入复数矩阵，这样可以通过下面的MATLAB语句对复数矩阵直接进行赋值。

```
>> B=[1+9i,2+8i,3+7j; c4+6j 5+5i,6+4i; 7+3i,8+2j 1i]   %j最好表示成1i,不建议用i
```

2.函数调用语句

函数调用的基本结构为[返回变量列表]=函数名(输入变量列表)，其中，函数名的要求和变量名的要求是一致的，一般函数名应该对应在MATLAB路径下的一个文件。例如，函数名`my_fun`应该对应于`my_fun.m`文件。当然，还有一些函数名需对应于MATLAB内核中的内核函数(built-in function)，如`inv()`函数等。

返回变量列表和输入变量列表均可以由若干变量名组成，它们之间应该分别用逗号分隔。返回变量还允许用空格分隔，例如 $[U\ \ S\ \ V]$=svd($\boldsymbol{X}$)，该函数对给定的 $\boldsymbol{X}$ 矩阵进行奇异值分解，所得的结果由 $\boldsymbol{U}$，$\boldsymbol{S}$，$\boldsymbol{V}$ 这三个变量返回。如果不感兴趣某个返回变量，例如，若不感兴趣 $\boldsymbol{U}$ 矩阵，则可以用~表示，调用语句可以修改成[~,S,V]=svd($\boldsymbol{X}$)，注意，这时的逗号不能省略。

2.1.4 冒号表达式与子矩阵提取

冒号表达式是MATLAB中很有用的表达式，在向量生成、子矩阵提取等很多方面都是特别重要的。冒号表达式的格式为 v=s_1:s_2:s_3，该函数将生成一个行向量 $\boldsymbol{v}$，其中，s_1 为向量的起始值，s_2 为步长，该向量将从 s_1 出发，每隔步长 s_2 取一个点，直至不超过 s_3 的最大值就可以构成一个向量。若省略 s_2，则步长取默认值1。

例2-8 试探不同的步长，在 $[0,\pi]$ 区间取出一些点构成向量。

解 先试一下步长0.2，这样可以用下面的语句生成一个向量：

```
>> v1=0:0.2:pi      %注意,最终取值为3而不是π,因为下一个点3.2大于π
```

该语句将生成行向量 $\boldsymbol{v}_1=[0,0.2,0.4,0.6,0.8,1,1.2,1.4,1.6,1.8,\ 2,2.2,2.4,2.6,2.8,3]$。

下面还将尝试冒号表达式不同的写法,并得出如下的结果:

```
>> v2=0:-0.1:pi, v3=0:pi, v4=pi:-1:0     %不同的冒号表达式,请对照结果理解
```

这样产生的 $\boldsymbol{v}_2$ 向量为 1×0 空矩阵,$\boldsymbol{v}_3=[0,1,2,3]$,$\boldsymbol{v}_4=[3.1416,2.1416,1.1416,0.1416]$。

提取子矩阵的具体方法是 $B=A(v_1,v_2)$,其中,$\boldsymbol{v}_1$ 向量表示子矩阵要保留的行号构成的向量,$\boldsymbol{v}_2$ 表示要保留的列号构成的向量,这样从 $\boldsymbol{A}$ 矩阵中提取有关的行和列,就可以构成子矩阵 $\boldsymbol{B}$ 了。若 $\boldsymbol{v}_1$ 为:,则表示要提取所有的行,$\boldsymbol{v}_2$ 亦有相应的处理结果。关键词end表示最后一行(或列,取决于其位置)。

例2-9　下面将列出若干命令,并加以解释,读者可以自己由测试矩阵体会这些子矩阵提取语句。

```
>> A=[1,2,3; 4 5,6; 7,8 0];    %矩阵输入。由于语句末尾有分号,矩阵不显示
   B1=A(1:2:end,:)             %提取A矩阵全部奇数行、所有列
   B2=A([3,2,1],[1,1,1])       %提取A矩阵3,2,1行、反复三次由首列构成子矩阵
   B3=A(:,end:-1:1)            %将A矩阵左右翻转,即最后一列排在最前面
   B4=A([2 2 2],[2 2 2])       %可以对照结果理解这个语句
```

上述的语句将生成下面的各个矩阵:

$$\boldsymbol{B}_1=\begin{bmatrix}1&2&3\\7&8&0\end{bmatrix},\ \boldsymbol{B}_2=\begin{bmatrix}7&7&7\\4&4&4\\1&1&1\end{bmatrix},\ \boldsymbol{B}_3=\begin{bmatrix}3&2&1\\6&5&4\\0&8&7\end{bmatrix},\ \boldsymbol{B}_4=\begin{bmatrix}5&5&5\\5&5&5\\5&5&5\end{bmatrix}$$

2.2　基本数学运算

2.2.1　矩阵的算术运算

算术运算指的是能够通过有限次四则运算、乘方和开方实现的运算。

如果一个矩阵 $\boldsymbol{A}$ 有 n 行,m 列元素,则称 $\boldsymbol{A}$ 矩阵为 $n\times m$ 矩阵;若 $n=m$,则矩阵 $\boldsymbol{A}$ 又称为方阵。MATLAB语言中定义了下面各种矩阵的基本算术运算:

(1) 矩阵转置。在数学公式中一般把一个矩阵的转置记作 $\boldsymbol{A}^{\mathrm{T}}$,假设 $\boldsymbol{A}$ 矩阵为一个 $n\times m$ 矩阵,则其转置矩阵 $\boldsymbol{B}$ 的元素定义为 $b_{ji}=a_{ij},i=1,2,\cdots,n;j=1,2,\cdots,m$,故 $\boldsymbol{B}$ 为 $m\times n$ 矩阵。如果 $\boldsymbol{A}$ 矩阵含有复数元素,则对之进行转置时,其转置矩阵 $\boldsymbol{B}$ 的元素定义为 $b_{ji}=a_{ij}^*,i=1,2,\cdots,n;j=1,2,\cdots,m$,即首先对各个元素进行转置,然后再逐项求取其共轭复数值。这种转置方式又称为Hermite转置,其数学记号为 $\boldsymbol{B}=\boldsymbol{A}^*$。MATLAB中用 A' 可以求出 $\boldsymbol{A}$ 矩阵的Hermite转置,矩阵的转置则可以由 A.' 求出。

(2) 加减法运算。假设在MATLAB工作空间下有两个矩阵 $\boldsymbol{A}$ 和 $\boldsymbol{B}$,则可以由 C=A+B 和 C=A-B 命令执行矩阵加减法。若 $\boldsymbol{A}$,$\boldsymbol{B}$ 的维数相同,则自动地将 $\boldsymbol{A}$,$\boldsymbol{B}$ 的相应元素相加减,从而得出正确的结果,并赋给 $\boldsymbol{C}$ 变量。若二者之一为标量甚至向量,则应该将其遍加(减)于另一个矩阵。在其他情况下,MATLAB将自动地给出错误信息,提示用户两个矩阵的维数不匹配。

(3) 矩阵乘法。假设有两个矩阵 $\boldsymbol{A}$ 和 $\boldsymbol{B}$,其中,$\boldsymbol{A}$ 矩阵的列数与 $\boldsymbol{B}$ 矩阵的行数相等,或其一为标量,则称 $\boldsymbol{A}$,$\boldsymbol{B}$ 矩阵是可乘的,或称 $\boldsymbol{A}$ 和 $\boldsymbol{B}$ 矩阵的维数是相容的。假设 $\boldsymbol{A}$ 为 $n\times m$ 矩阵,而 $\boldsymbol{B}$ 为 $m\times r$ 矩阵,则 $\boldsymbol{C}=\boldsymbol{AB}$ 为 $n\times r$ 矩阵,其各个元素为 $c_{ij}=\sum\limits_{k=1}^{m}a_{ik}b_{kj}$,其中,$i=1,2,\cdots,n;j=1,2,\cdots,r$。MATLAB语言中两个矩阵的乘法由 C=A*B 直接求出,且这里并不需要指定 $\boldsymbol{A}$ 和 $\boldsymbol{B}$ 矩阵的维数。若 $\boldsymbol{A}$ 和 $\boldsymbol{B}$ 矩阵的维数相容,则可以准确无误地获得乘积矩阵 $\boldsymbol{C}$;如果二者的维数不相容,则将给出错误信息,通知用

户两个矩阵不可乘。

(4) 矩阵的左除。MATLAB中用"\"运算符号表示两个矩阵的左除，$A\backslash B$ 为方程 $\boldsymbol{AX}=\boldsymbol{B}$ 的解 $\boldsymbol{X}$。若 $\boldsymbol{A}$ 为非奇异方阵，则 $\boldsymbol{X}=\boldsymbol{A}^{-1}\boldsymbol{B}$。如果 $\boldsymbol{A}$ 矩阵不是方阵，也可以求出 X=$A\backslash B$，这时将使用最小二乘解法来求取 $\boldsymbol{AX}=\boldsymbol{B}$ 中的 $\boldsymbol{X}$ 矩阵。

(5) 矩阵的右除。MATLAB中定义了"/"符号，用于表示两个矩阵的右除，相当于求方程 $\boldsymbol{XA}=\boldsymbol{B}$ 的解。$\boldsymbol{A}$ 为非奇异方阵时 B/A 为 $\boldsymbol{BA}^{-1}$，但在计算方法上存在差异，更精确地，有 B/A=(A'\$B$')'。

(6) 矩阵翻转。MATLAB提供了一些矩阵翻转处理的特殊命令，如 B=fliplr(A) 命令将矩阵 $\boldsymbol{A}$ 进行左右翻转再赋给 $\boldsymbol{B}$，即 $b_{ij}=a_{i,n+1-j}$，而 C=flipud(A) 命令将 $\boldsymbol{A}$ 矩阵进行上下翻转并将结果赋给 $\boldsymbol{C}$，即 $c_{ij}=a_{m+1-i,j}$。命令 D=rot90(A) 将 $\boldsymbol{A}$ 矩阵逆时针旋转90°后赋给 $\boldsymbol{D}$，即 $d_{ij}=a_{j,n+1-i}$。函数 rot90(A,k) 还可以旋转该矩阵 $90k°$，其中 k 为整数；如果 k 是负值，则可以顺时针旋转矩阵。

(7) 矩阵乘方运算。一个矩阵的乘方运算可以在数学上表述成 $\boldsymbol{A}^x$，而前提条件是要求 $\boldsymbol{A}$ 矩阵为方阵。如果 x 为正整数，则乘方表达式 $\boldsymbol{A}^x$ 的结果可以将 $\boldsymbol{A}$ 矩阵自乘 x 次得出。如果 x 为负整数，则可以将 $\boldsymbol{A}$ 矩阵自乘 $-x$ 次，然后对结果进行求逆运算就可以得出该乘方结果。如果 x 是一个分数，例如 $x=n/m$，其中，n 和 m 均为整数，则相当于将 $\boldsymbol{A}$ 矩阵自乘 n 次，然后对结果再开 m 次方。在MATLAB中统一表示成 F=A^x，该命令中，x 甚至可以为无理数或复数。

例2-10 重新考虑例2-6中的 $\boldsymbol{A}$ 矩阵，试求出其全部三次方根并检验结果。

解 由^运算可以容易地得出原矩阵的一个三次方根。

```
>> A=[1,2,3; 4,5,6; 7,8,0]; C=A^(1/3), e=norm(A-C^3)   %求三次方根并检验
```

具体表示如下，经检验误差为 $e=1.0145\times10^{-14}$，比较精确。

$$\boldsymbol{C}=\begin{bmatrix}0.7718+\mathrm{j}0.6538 & 0.4869-\mathrm{j}0.0159 & 0.1764-\mathrm{j}0.2887\\ 0.8885-\mathrm{j}0.0726 & 1.4473+\mathrm{j}0.4794 & 0.5233-\mathrm{j}0.4959\\ 0.4685-\mathrm{j}0.6465 & 0.6693-\mathrm{j}0.6748 & 1.3379+\mathrm{j}1.0488\end{bmatrix}$$

事实上，矩阵的三次方根应该有三个结果，而上面只得出其中的一个。对该方根进行两次旋转，即计算 $\boldsymbol{C}\mathrm{e}^{\mathrm{j}2\pi/3}$ 和 $\boldsymbol{C}\mathrm{e}^{\mathrm{j}4\pi/3}$，则将得出另外两个根，经检验得出的根是正确的。

```
>> j1=exp(sqrt(-1)*2*pi/3); A1=C*j1, A2=C*j1^2   %通过旋转求另外两个根
   e1=norm(A-A1^3), e2=norm(A-A2^3)               %矩阵方根的直接检验
```

这样可以得出另外两个根如下，误差都是 10^{-14} 级别。

$$\boldsymbol{A}_1=\begin{bmatrix}-0.9521+\mathrm{j}0.3415 & -0.2297+\mathrm{j}0.4296 & 0.1618+\mathrm{j}0.2971\\ -0.3814+\mathrm{j}0.8058 & -1.1388+\mathrm{j}1.0137 & 0.1678+\mathrm{j}0.7011\\ 0.3256+\mathrm{j}0.7289 & 0.2497+\mathrm{j}0.9170 & -1.5772+\mathrm{j}0.6343\end{bmatrix}$$

$$\boldsymbol{A}_2=\begin{bmatrix}0.1803-\mathrm{j}0.9953 & -0.2572-\mathrm{j}0.4137 & -0.3382-\mathrm{j}0.0084\\ -0.5071-\mathrm{j}0.7332 & -0.3085-\mathrm{j}1.4931 & -0.6911-\mathrm{j}0.2052\\ -0.7941-\mathrm{j}0.0825 & -0.9190-\mathrm{j}0.2422 & 0.2393-\mathrm{j}1.6831\end{bmatrix}$$

还可以考虑在符号运算的框架下计算已知矩阵的三次方根，精度将达到 7.2211×10^{-39}。

```
>> A=sym([1,2,3; 4,5,6; 7,8,0]);
   C=A^(sym(1/3)); C=vpa(C); norm(C^3-A)   %符号运算框架下高精度解
```

(8) 点运算。MATLAB中定义了一种特殊的运算，即所谓的点运算。两个矩阵之间的点运算是它们对应元素的直接运算。例如，C=A.*B 表示 $\boldsymbol{A}$ 和 $\boldsymbol{B}$ 矩阵的相应元素之间直接进行乘法运算，然后将结

果赋给 $\boldsymbol{C}$ 矩阵，即 $c_{ij}=a_{ij}b_{ij}$。这种点乘积运算又称为Hadamard乘积。注意，点乘积运算要求 $\boldsymbol{A}$ 和 $\boldsymbol{B}$ 矩阵的维数相同。可以看出，这种运算和普通乘法运算是不同的。

点运算在MATLAB中起着很重要的作用。例如，当 $\boldsymbol{x}$ 是一个向量时，则求取数值 $[x_i^5]$ 时不能直接写成 **x^5**，而必须写成 `x.^5`。在进行矩阵的点运算时，同样要求运算的两个矩阵的维数一致，或其中一个变量为标量。其实一些特殊的函数，如 `sin()` 也是由点运算的形式进行的，因为它要对矩阵的每个元素求取正弦值。

矩阵点运算不只可以用于点乘积运算，还可以用于其他运算的场合。例如对前面给出的 $\boldsymbol{A}$ 矩阵作 `B=A.^A` 运算，则新矩阵的第 (i,j) 元素为 $b_{i,j}=a_{ij}^{a_{ij}}$，这样可以得出下面的结果：

```
>> A=[1,2,3; 4 5,6; 7,8 0]; B=A.^A   %对应元素单独运算可以求点乘方
```

该语句将计算并生成如下的矩阵

$$\boldsymbol{B}=\begin{bmatrix}1^1 & 2^2 & 3^3\\ 4^4 & 5^5 & 6^6\\ 7^7 & 8^8 & 0^0\end{bmatrix}=\begin{bmatrix}1 & 4 & 27\\ 256 & 3125 & 46656\\ 823543 & 16777216 & 1\end{bmatrix}$$

2.2.2 矩阵的逻辑运算

早期版本的MATLAB语言并没有定义专门的逻辑变量。在MATLAB语言中，如果一个数的值为0，则可以认为它为逻辑0，否则为逻辑1。新版本支持逻辑变量，且上面的定义仍有效。假设矩阵 $\boldsymbol{A}$ 和 $\boldsymbol{B}$ 均为 $n\times m$ 矩阵，则在MATLAB下定义了如下的逻辑运算：

(1) 矩阵的与运算。在MATLAB下用 `&` 号表示矩阵的与运算。例如，`A&B` 表示矩阵 $\boldsymbol{A}$ 和 $\boldsymbol{B}$ 相应元素的与运算。若两个矩阵相应元素均非零，则该结果元素的值为1。否则，该元素为0。如果 $\boldsymbol{A}$、$\boldsymbol{B}$ 都是标量，则可以使用 `&&` 进行与运算。

(2) 矩阵的或运算。在MATLAB下用 `A|B` 表示矩阵 $\boldsymbol{A}$, $\boldsymbol{B}$ 的或运算，如果两个矩阵相应元素存在非零值，则该结果元素的值为1；否则，该元素为0。标量的或运算可以由 `||` 实现。

(3) 矩阵的非运算。可以采用 `~A` 表示矩阵 $\boldsymbol{A}$ 的非运算。若矩阵元素为0，则结果为1，否则为0。

(4) 矩阵的异或运算。MATLAB下矩阵 $\boldsymbol{A}$ 和 $\boldsymbol{B}$ 的异或运算可以表示成 `xor(A,B)`。若相应的两个数一个为0，一个非零，则结果为1，否则为0。

2.2.3 矩阵的比较运算

MATLAB语言定义了各种比较关系，如 `C=A>B`，当 $\boldsymbol{A}$ 和 $\boldsymbol{B}$ 矩阵满足 $a_{ij}>b_{ij}$ 时，$c_{ij}=1$，否则 $c_{ij}=0$。MATLAB语言还支持等于关系，用 `==` 表示；大于或等于关系，用 `>=` 表示；还支持不等于关系，用 `~=` 表示，其意义是很明显的，可以直接使用。

例2-11 考虑例2-6中的 $\boldsymbol{A}$ 矩阵，试将其中大于5的元素都置为5。

解 如果使用循环和转移结构，则可以对 $\boldsymbol{A}$ 矩阵逐个元素进行判断。若元素大于5，则可以将该元素置为5。事实上，处理这样的问题有更简洁的方法：先用 `B=A>5` 命令得出 $\boldsymbol{B}$ 矩阵，该矩阵是逻辑矩阵，只含有逻辑0和1。这样，就可以由 `A(B)=5` 语句完成题中指定的设置。上面的语句还可以合并成下面的简洁形式。

```
>> A=[1,2,3; 4 5,6; 7,8 0]; B=A>5, A(A>5)=5   %中间语句可以略去
```

得出的结果为

$$B=\begin{bmatrix}0&0&0\\0&0&1\\1&1&0\end{bmatrix},\quad A=\begin{bmatrix}1&2&3\\4&5&5\\5&5&0\end{bmatrix}$$

例2-12 MATLAB还提供了一些特殊的函数，在编程中也是很实用的。其中，find()函数可以查询出满足某关系的数组下标。例如，若想查出矩阵 A 中数值大于或等于5的元素的下标，则可以直接给出如下命令：

```
>> A=[1,2,3; 4 5,6; 7,8 0]; i=find(A>=5)'    %找出元素大于或等于5的单下标
```

这样找出的下标 $i=[3,5,6,8]$。可以看出，该函数相当于先将整个 A 矩阵按列重新排列构成新的列向量，然后再判断哪些元素大于或等于5，返回其下标。类似地，find(isnan(A))函数将查出 A 变量中为NaN的各元素的下标。还可以用下面的格式同时返回行和列坐标。

```
>> [i,j]=find(A>=5)                    %找出元素大于5的行列位置双下标
```

这样得出的双下标向量分别为 $i=[3,2,3,2]^{\mathrm{T}}$，$j=[1,2,2,3]^{\mathrm{T}}$，其 (i,j) 元素对大于或等于5。此外，all()和any()函数也是很实用的检测函数。

```
>> a1=all(A>=5), a2=any(A>=5)        %观察并理解得出的两个向量
```

前一个命令当 A 矩阵的某列元素全都大于或等于5时，相应元素为1，否则为0。而后者在某列元素中大于或等于5时，相应元素为1，否则为0。故而得出的向量分别为 $a_1=[0,0,0]$，$a_2=[1,1,1]$。例如若想判定一个矩阵 A 是否元素均大于或等于5，则可以简单地写成all(A(:)>=5)。

2.2.4 解析结果的化简与变换

符号运算工具箱可以用于推导数学公式，但其结果往往不是最简形式，或不是用户期望的格式，所以需要对结果进行化简处理。MATLAB中最常用的化简函数是simplify()函数，该函数的调用格式为 s_1=simplify(s)，将自动对表达式 s 尝试各种化简函数，最终得出计算机认为最简的结果 s。早期版本的化简函数simple()已不能使用。

除了simplify()函数外，还有其他专门的化简函数，如collect()函数可以合并同类项，expand()可以展开多项式，factor()可以进行因式分解，numden()可以提取多项式的分子和分母等。这些函数的信息与调用格式可以由help命令得出。

例2-13 假设已知含有因式的多项式 $P(s)=(s+3)^2(s^2+3s+2)(s^3+12s^2+48s+64)$，试用各种化简函数对之进行处理，并理解得出的变换结果。

解 首先应该定义符号变量 s，这样就可以表示该多项式了。有了多项式，则先尝试得到MATLAB认为的最简形式。

```
>> syms s; P=(s+3)^2*(s^2+3*s+2)*(s^3+12*s^2+48*s+64)          %输入P并保持原状
   P1=simplify(P), P2=expand(P), P3=factor(P), P4=prod(P3)     %不同变换
```

这里，化简后的多项式为 $P_1=(s+3)^2(s+4)^3(s^2+3s+2)$。该多项式展开后的结果为

$$P_2=s^7+21s^6+185s^5+883s^4+2454s^3+3944s^2+3360s+1152$$

函数factor()可以得出多项式的各个因式并由prod()函数乘起来，P_4 为因式分解的结果，即

$$\boldsymbol{P}_3=[s+3,s+3,s+2,s+1,s+4,s+4,s+4],\quad P_4=(s+1)(s+2)(s+3)^2(s+4)^3$$

符号运算工具箱中有一个很有用的变量替换函数subs()，其调用格式为

f_1=subs(f,x_1,x_1^*)　　　　%变量简单替换，相当于点运算

f_1=subs(f,{$x_1,x_2,\cdots,x_n$},{$x_1^*,x_2^*,\cdots,x_n^*$})　%同时替换多个变量

其中，f 为原表达式。该函数的目的是将其中的 x_1 替换成 x_1^*，生成新的表达式 f_1。后一种格式表示可以一次性替换多个变量。

符号运算工具箱的结果可以通过`latex()`函数转换成科学排版语言LaTeX能支持的字符串，该字符串可以直接嵌入LaTeX文档[29]，得出更好的科学排版效果。

例2-14　考虑例2-13中给出的多项式 $P(s)$，试用 $s=(z-1)/(z+1)$ 对原式进行双线性变换，化简得出的结果并得出其LaTeX排版格式。

解　下面语句可以直接完成双线性变换，并得出结果的最简表达式。

```
>> syms s z; P=(s+3)^2*(s^2+3*s+2)*(s^3+12*s^2+48*s+64);    %输入多项式
   P1=simplify(subs(P,s,(z-1)/(z+1))), latex(P1)            %变量替换并转换
```

该语句将得出如下的字符串:

```
\frac{8\, z\, {\left(2\, z + 1\right)}^2\, \left(3\, z + 1\right)\,
{\left(5\, z + 3\right)}^3}{{\left(z + 1\right)}^7}
```

而该字符串在LaTeX排版语言下可以显示为

$$P_1(z)=8\,\frac{\left(2z+1\right)^2 z\left(3z+1\right)\left(5z+3\right)^3}{\left(z+1\right)^7}$$

对于非科技文献排版工具，如Microsoft Word等，则没有直接的转换程序。

2.2.5　基本离散数学运算

MATLAB语言还提供了一组简单的数据变换和基本离散数学计算函数，如表2-1所示。下面将演示其中若干函数的应用。读者还可以自己选定矩阵对其他函数实际调用，观察得出的结果，以便更好地体会这些函数。

表2-1　基本数据变换和离散数学函数表

函数名	调用格式	函数说明
floor()	n=floor(x)	将 x 中元素按 $-\infty$ 方向取整，即取不足整数，得出 n，数学上记作 $n=[x]$
ceil()	n=ceil(x)	将 x 中元素按 $+\infty$ 方向取整，即取过剩整数，得出 n
round()	n=round(x)	将 x 中元素按最近的整数取整，即四舍五入，得出 n
fix()	n=fix(x)	将 x 中元素按离0近的方向取整，得出 n
rat()	[n,d]=rat(x)	将 x 中元素变换成最简有理数，n 和 d 分别为分子和分母矩阵
rem()	B=rem(A,C)	A 中元素对 C 中元素求模得出的余数
gcd()	k=gcd(n,m)	求取两个整数 n 和 m 的最大公约数，如果输入变元为多项式，则得出最大公因式
lcm()	k=lcm(n,m)	求取两个整数 n 和 m 的最小公倍数(式)
factor()	v=factor(n)	对 n 进行质因数(式)分解，其各个质因数(式)由向量 v 返回，对多项式表达式而言，如果想得出因式分解表达式，可以使用 prod(v) 命令
isprime()	v_1=isprime(v)	判定向量 v 中的各元素是否为质数，若是则 v_1 向量相应的值置1，否则为0
perms()	V=perms(v)	对向量 v 的元素全排列，结果由矩阵 V 返回，其中，v 的长度不能超过10

例2-15　考虑一组数据 $-0.2765, 0.5772, 1.4597, 2.1091, 1.191, -1.6187$，试用不同的取整方法观察所得出的结果，并进一步理解取整函数。

解　可以用下面的语句将数据用向量表示，调用取整函数则得出如下的结果:

```
>> A=[-0.2765,0.5772,1.4597,2.1091,1.191,-1.6187];
   v1=floor(A), v2=ceil(A), v3=round(A), v4=fix(A)   %不同取整函数及结果
```

采用不同的取整函数将得出

$$\boldsymbol{v}_1=[-1,0,1,2,1,-2],\ \boldsymbol{v}_2=[0,1,2,3,2,-1],\ \boldsymbol{v}_3=[0,1,1,2,1,-2],\ \boldsymbol{v}_4=[0,0,1,2,1,-1]$$

例2-16 假设3 × 3的Hilbert矩阵可以由 $\boldsymbol{A}$=hilb(3) 生成,试对其进行有理数变换。

解 用下面的语句可以进行所需变换,并得出所需结果。

```
>> A=hilb(3); [n,d]=rat(A)   %矩阵的有理变换,提取分子与分母矩阵
```

这时得出的两个整数矩阵分别为

$$\boldsymbol{n}=\begin{bmatrix}1&1&1\\1&1&1\\1&1&1\end{bmatrix},\quad \boldsymbol{d}=\begin{bmatrix}1&2&3\\2&3&4\\3&4&5\end{bmatrix}$$

例2-17 试求两个数1856120,1483720的最大公约数与最小公倍数,并得出最小公倍数的质因数分解。

解 由于数值较大,不适合用MATLAB的数值形式显示,所以有必要将其转换成符号变量,并由下面的语句直接解出所需的结果

```
>> m=sym(1856120); n=sym(1483720);
   gcd(m,n), lcm(m,n), v=factor(lcm(n,m))
```

即其最大公约数为1960,最小公倍数为1405082840,后者的质因数分解为 $(2)^3(5)(7)^2(757)(947)$。

这里使用的gcd()和lcm()函数只能用于求解两个整数或多项式的相应运算。这两个函数还能处理多项式,得出最大公约式与最小公倍式。如果想求多个数的最大公约数与最小公倍数,则可以嵌套使用这些函数,如gcd(gcd(m,n),k)。

例2-18 试列出1~1000内的全部质数。

解 用下面的语句就可以立即求出所有满足条件的质数。在实际求解过程中,直接调用函数isprime($\boldsymbol{A}$)测出每个整数是否为质数,最后用下标提取的方式将这些质数提取出来。该结构比较特殊,起的作用是将向量isprime($\boldsymbol{A}$)中下标为1的那些位保留下来。更简单地,由primes(1000)命令就可以直接列出这些质数。

```
>> A=1:1000; B=A(isprime(A))   %注意,这也是一种子矩阵提取方法
```

例2-19 假设有5个人(编号1~5)站成一横排照合影,请列出所有的排列形式。

解 这是一个标准的全排列(permutation)问题,因为人们不光感兴趣有多少种排列方式,还想知道具体有哪些可能的排列方式。可以给出下面的求解语句,返回的 $\boldsymbol{P}$ 矩阵为 120×5 矩阵,列出所有的排列方式,其中每一行就是一种排列方式,且 $120=5!$。

```
>> P=perms(1:5), size(P) %得出全排列并计算有多少种排列方式
```

如果这些人的标识为'a'~'e',则可以使用命令 P=perms('abcde')。

2.3 MATLAB语言的流程结构

作为一种程序设计语言,MATLAB提供了循环语句结构、条件语句结构、开关语句结构以及与众不同的试探语句结构。本节将介绍各种语句结构。

2.3.1 循环结构

循环结构可以由for或while语句引导,用end语句结束,在这两个语句之间的部分称为循环体。这两种语句结构的使用方法不尽相同:

1. for语句的一般结构: for $i=v$, 循环结构体, end

在for循环结构中,$\boldsymbol{v}$为一个向量,循环变量i每次从$\boldsymbol{v}$向量中取一个数值,执行一次循环体的内容,如此下去,直至取完$\boldsymbol{v}$向量中所有的分量,将自动结束循环体的执行。由此可见,这样的格式比C语言的相应格式灵活得多。如果$\boldsymbol{v}$是矩阵,则每次i取一个列向量。

2. while循环语句的基本结构: while (条件式), 循环结构体, end

while循环中的条件式为逻辑表达式,若其值为真(非零),则将自动执行循环体的结构,执行完后再判定"条件式"的真伪,为真则仍然执行结构体,否则将退出循环体结构。

while与for循环结构是不同的,下面将通过例子演示它们的区别及适用场合。

例2-20 用循环结构求解$S=\sum\limits_{i=1}^{100} i$。

解 利用循环语句中的for结构和while结构,可以按下面的语句分别编程,并得出相同的结果,即$s_1=s_2=5050$。

```
>> s1=0; for i=1:100, s1=s1+i; end, s1      %两种不同的循环结构
   s2=0; i=1; while (i<=100), s2=s2+i; i=i+1; end, s2
```

其中,for结构的编程稍简单些。事实上,前面的求和用sum(1:100)就能够得出所需的结果,这样做借助了MATLAB的sum()函数对整个向量进行直接操作,故程序更简单了。

例2-21 求出满足$S=\sum\limits_{i=1}^{m} i>10000$的最小$m$值。

解 这样的问题用for循环结构就不便求解,而应该用while结构来求出所需的m值。具体的语句如下:

```
>> s=0; m=0;
   while (s<=10000), m=m+1; s=s+m; end, s, m    %和大于10000时终止循环
```

得出的结果为$s=10011, m=141$,该结果也可以通过sum(1:m)命令检验。

循环语句在MATLAB语言中是可以嵌套使用的,也可以在for下使用while,或相反使用。另外,在循环语句中如果使用break语句,则可以结束上一层的循环结构。

3. 向量化编程

在MATLAB程序中,循环结构的执行速度较慢。所以在实际编程过程中,如果能对整个矩阵进行运算时,尽量不要采用循环结构,这样可以提高代码的效率。

向量化编程(vectorized programming)是对整个向量或矩阵直接操作的编程方法,是MATLAB程序设计中很有特色的程序结构。向量化编程的使用会使得MATLAB程序具有美感,而过多使用循环的程序会被业内人士认为代码质量不高。下面将通过例子演示循环与向量化编程的区别。

例2-22 假设有一组圆,其半径分别为$r=1.0,1.2,0.9,0.7,0.85,0.9,1.12,0.56,0.98$,试求这些圆的面积。

解 圆面积公式为$S=\pi r^2$,有C语言基础的MATLAB初学者可能给出下面命令:

```
>> r=[1.0,1.2,0.9,0.7,0.85,0.9,1.12,0.56,0.98];
   for i=1:length(r), S(i)=pi*r(i)^2; end, S    %通过循环逐一计算
```

这些命令可以正确地计算出这组圆的面积，不过这不是地道的MATLAB编程。如果使用MATLAB的向量化编程结构，则上面一整行循环语句应该替换成如下的一条语句，得出的结果与前面是完全一致的，但程序漂亮得多。

```
>> S=pi*r.^2    %向量化编程,可以避免循环,结构更简洁
```

例2-23 求解级数求和问题 $S=\sum_{i=1}^{10000000}\left(\frac{1}{2^i}+\frac{1}{3^i}\right)$。

解 用循环语句和向量化方式的执行时间分别可以用tic，toc命令测出，可见对这个问题来说，向量化所需的时间相当于循环结构的一半以下，故用向量化的方法可以节省时间。

```
>> tic, s=0; N=10000000; for i=1:N, s=s+1/2^i+1/3^i; end;    %普通循环运算
   toc, tic, i=1:N; s=sum(1./2.^i+1./3.^i); toc              %向量化编程
```

2.3.2 条件转移结构

条件转移结构是一般程序设计语言都支持的结构。MATLAB下的最基本的转移结构是 if ··· end 型的，也可以和else语句和elseif语句扩展转移语句，其一般结构如下：

```
if (条件1)         %如果条件1满足,则执行下面的语句组1
   语句组1         %这里也可以嵌套下级的if结构
elseif (条件2) %否则如果满足条件2,则执行下面的语句组2
   语句组2
   ⋮                %可以按照这样的结构设置多种转移条件
else                %上面的条件均不满足时,执行下面的语句组
   语句组n+1
end
```

例2-24 用for循环和if语句的形式求解例2-21的问题。

解 例2-21中提及只用for循环结构不便于实现求出和式大于10000的最小i值，利用该结构必须配合if语句结构才能实现。

```
>> s=0; for i=1:10000, s=s+i; if s>10000, break; end, end
```

可见，这样的结构较烦琐，不如直接使用while结构直观、方便。

2.3.3 开关结构

开关语句的基本结构如下：

```
switch 开关表达式
   case 表达式1,语句段1
   case {表达式2,表达式3, ···, 表达式m}, 语句段2
       ⋮
   otherwise, 语句段n
end
```

其中，开关语句的关键是“开关表达式”的判断，当开关表达式的值等于某个case语句后面的表达式时，

程序将转移到该语句段执行,执行完成后程序转出开关体继续向下执行。

在使用开关语句结构时应该注意下面几点:

(1) 当开关表达式等于表达式1时,将执行语句段1,执行完语句段1后将转出开关体,而无须像C语言那样在下一个`case`语句前加`break`语句,本结构与C语言是不同的。

(2) 当需要在开关表达式满足若干表达式之一时执行某一程序段,则应该把这样的一些表达式用花括号括起来,中间用逗号分隔。事实上,这种结构是MATLAB语言定义的单元结构。

(3) 当前面枚举的各个表达式均不满足时,则将执行`otherwise`语句后面的语句段,此语句等价于C语言中的`default`语句。

(4) 程序的执行结果和各个`case`语句的次序是无关的。当然这也不是绝对的,当两个`case`语句中包含同样的条件时,执行结果则和这两个语句的顺序有关。

(5) 在`case`语句引导的各个表达式中,不要用重复的表达式,否则列在后面的开关通路将永远也不能执行。

2.3.4 试探结构

MATLAB语言提供了一种新的试探式语句结构,其调用格式如下:

```
try, 语句段1, catch, 语句段2, end
```

本语句结构首先试探性地执行语句段1,如果在此段语句执行过程中出现错误,则将错误信息赋给保留的`lasterr`变量,并终止这段语句的执行,转而执行语句段2中的语句。这种新的语句结构是C等语言中所没有的。试探性结构在实际编程中还是很实用的,例如可以将一段不保险但速度快的算法放到`try`段落中,而将一个保险的程序放到`catch`段落中,这样就能保证原始问题的求解更加可靠,且可能使程序高速执行。该结构的另外一种应用是,在编写通用程序时,某算法可能出现失效的现象,这时在`catch`语句段说明错误的原因。

2.4 函数编写与调试

MATLAB下提供了两种源程序文件格式。其中一种是普通的ASCII码构成的文件,在这样的文件中包含一组由MATLAB语言所支持的语句,它类似于DOS下的批处理文件,这种文件称作M脚本文件(M-script,本书中将其简称为M文件),它的执行方式很简单,用户只需在MATLAB的提示符>>下输入该M文件的文件名,MATLAB就会自动执行该M文件中的各条语句。M文件只能对MATLAB工作空间中的数据进行处理,文件中所有语句的执行结果也完全返回到工作空间中。M文件格式适用于用户所需要立即得到结果的小规模运算。

例2-25　在例2-21中编写一个简单的程序,可以求出和式大于10000的最小m,所以若想分别求出大于20000, 30000的m值,分别改变程序的限制值10000,将其设置成20000, 30000就可以满足要求,但这样做还是很繁杂的。如果能建立一种机制,或建立一个程序模块,给它输入20000的值就能返回满足它的m值,无疑这样的要求是很合理的。

在实际的MATLAB程序设计中,前面的一种修改程序本身的方法为M文件的方法,而后一种方法为函数的基本功能。后面将继续介绍函数的编写与应用。

函数文件名的命名规则与变量名一致，必须由字母引导，且区分大小写。这里有两点必须引起注意：其一，为了避免以后的麻烦甚至MATLAB函数冲突，建议在拟起函数名之前先用which命令查一下有无此名字的函数，如果有，则需要重新起名；其二，应尽量避免起过于简单的名字，如i.m，A.m等，因为起这样的名字可能和以后用的变量名冲突。

M函数格式是MATLAB程序设计的主流，在实际编程中，不建议使用M脚本文件格式编程。本节将着重介绍MATLAB函数的编写方法与技巧。

2.4.1 MATLAB语言函数的基本结构

MATLAB的M函数是由function语句引导的，其基本结构如下：

```
function [返回变元列表]=函数名(输入变元列表)
    注释说明语句段,由百分号%引导
    输入、返回变量格式的检测
    函数体语句
end    %函数可以由end语句结束,也可以不使用该语句
```

MATLAB函数可以理解成数据处理单元，它从主调函数处接收一组变量 $\mathtt{in}_1$，$\mathtt{in}_2$，$\cdots$，$\mathtt{in}_n$，这些变量可以看作输入变元（本书中对函数输入与输出的变量将统称为变元，以区别于其他的变量）。在信息处理单元内对这些输入变元进行处理，处理后将结果 $\mathtt{out}_1$，$\mathtt{out}_2$，$\cdots$，$\mathtt{out}_m$ 作为返回变元返回给主调函数。相应的流程关系如图2-1所示。

图2-1 函数示意图

这里输入变元和返回变元的实际个数分别由nargin和nargout两个MATLAB保留变量来给出，只要进入该函数，MATLAB就将自动生成这两个变量。

返回变元如果多于一个，则应该用方括号将它们括起来，否则可以省去方括号。多个输入变元或返回变元之间用逗号分隔。注释语句段的每行语句都应该由百分号(%)引导，百分号后面的内容不执行，只起注释作用。用户采用help命令则可以显示出注释语句段的内容。此外，从规范编程的角度看，输入变元的个数与类型检测也是必要的。如果输入变元或返回变元格式不正确，则应该给出相应的提示。

在比较新版的MATLAB函数中，建议函数末尾使用end命令，表示函数的结束。如果不给出end语句也能正常执行。本书给出的函数统一采用对应的end结束语句。这里将通过下面的例子来演示函数编程的格式与方法。

例2-26 先考虑例2-25中要求的M函数实现。根据要求，可以选择实际的输入变元为 k，返回变元为 m 和 s，其中，s 为 m 项的和，这样就可以编写出该函数为

```
function [m,s]=findsum(k)                          %将脚本文件封装就成了M函数
```

```
   s=0; m=0; while (s<=k), m=m+1; s=s+m; end    %原来的代码
end
```

编写了函数，就可以将其存为findsum.m文件，这样就可以在MATLAB环境中对不同的k值调用该函数了。例如，若想求出大于145323的最小m值，则可以调出如下命令，这时得出的结果为$m_1=539$，$s_1=145530$。

```
>> [m1,s1]=findsum(145323)    %通过函数求解同类问题,更灵活,无须修改源程序
```

可见,这样的调用格式很灵活,无须修改程序本身就可以很容易地调用函数,得出所需的结果,所以建议采用这样的方法进行编程。

例2-27 假设想编写一个函数生成$n\times m$阶的Hilbert矩阵,它的第i行第j列的元素值为$h_{i,j}=1/(i+j-1)$。想在编写的函数中实现下面几点:

(1) 如果只给出一个输入变元,则会自动生成一个方阵,即令$m=n$。

(2) 在函数中给出合适的帮助信息,包括基本功能、调用方式和变元说明。

(3) 检测输入变元和返回变元的个数,如果有错误则给出错误信息。

解 其实在编写程序时详细给出注释语句,养成一个好的习惯,无论对程序设计者还是对程序的维护者、使用者都是大有裨益的。根据上面的要求,可以编写一个MATLAB函数myhilb(),文件名为myhilb.m,并应该存储到MATLAB的搜索路径下。

```
function A=myhilb(n,m)
%MYHILB 函数用来演示MATLAB语言的函数编写方法
%         A=myhilb(n,m) 将产生一个n行m列的Hilbert矩阵A
%         A=myhilb(n) 将产生一个n×n的Hilbert方阵A
%See also: HILB

%Designed by Professor Dingyu XUE,Northeastern University,China
   if nargout>1, error('Too many output arguments.'); end
   if nargin==1, m=n;      %如果只给出一个输入变量n,则强行生成一个n×n方阵
   elseif nargin==0 || nargin>2, error('Wrong input arguments.'); end
   for i=1:n, for j=1:m, A(i,j)=1/(i+j-1); end, end    %逐项计算矩阵元素
end
```

在这段程序中,由%引导的部分是注释语句,通常用来给出一段说明性的文字,解释程序段落的功能和变元含义等。由前面的第(1)点要求,首先测试输入的变元个数,如果个数为1(即nargin的值为1),则将矩阵的列数m赋成n的值,从而产生一个方阵。若输入变元或返回变元个数不正确,则函数前面的语句将自动检测,并显示出错误信息。后面的双重for循环语句依据前面给出的算法来生成一个Hilbert矩阵。给出如下命令:

```
>> help myhilb      %显示函数的联机帮助信息
```

此函数的联机帮助信息可以显示如下:

```
MYHILB 函数用来演示MATLAB语言的函数编写方法
      A=myhilb(n,m) 将产生一个n行m列的Hilbert矩阵A
      A=myhilb(n) 将产生一个n×n的Hilbert方阵A
See also: HILB
```

注意，这里只显示了程序及调用方法，而没有把该函数中有关作者的信息显示出来。对照前面的函数可以立即发现，因为在作者信息的前面给出了一个空行，所以可以容易地得出结论：如果想使一段信息可以用

help命令显示出来，在它前面不应该加空行，即使想在help中显示一个空行，这个空行也应该由%来引导。

有了函数之后，可以采用下面的各种方法来调用它，并产生出所需的结果。

```
>> A1=myhilb(4,3), A2=myhilb(sym(4))    %不同的调用格式产生不同的结果矩阵
```

这样可以得出

$$\boldsymbol{A}_1=\begin{bmatrix}1 & 0.5 & 0.33333\\0.5 & 0.33333 & 0.25\\0.33333 & 0.25 & 0.2\\0.25 & 0.2 & 0.16667\end{bmatrix},\ \boldsymbol{A}_2=\begin{bmatrix}1 & 1/2 & 1/3 & 1/4\\1/2 & 1/3 & 1/4 & 1/5\\1/3 & 1/4 & 1/5 & 1/6\\1/4 & 1/5 & 1/6 & 1/7\end{bmatrix}$$

2.4.2 变元检测段落

从MATLAB 2019b版本开始，MATLAB函数可以使用arguments段落检测输入变元情况，使得输入变元的检验更简洁、更规范。arguments段落的基本框架为

```
arguments
   变元名1(维度)␣数据结构␣{mustBe类确认命令}=默认值
   变元名2(维度)␣数据结构␣{mustBe类确认命令}=默认值
   ⋮
end
```

其中，“数据结构”为double、int等数据类型，“mustBe类确认命令”包括mustBeNumeric、mustBePositive等判断命令[30]。在arguments检测框架下，有几点应该注意：

（1）必须按照函数入口顺序列出所有的输入变元名。

（2）除了变元名之外，所有的其他元素都是可以省略的。

（3）“维度”描述中，允许使用(1,:)的形式表示行向量；如果实际使用的变元是列向量，函数也可以接受该向量，但会自动将其转换为行向量。

（4）一旦某个变元不满足arguments段落设定的形式，函数终止并给出错误信息。

（5）若想在一行内定义多个变元，中间可以用逗号或分号分隔。

例2-28 试用arguments段落重新改写例2-27中的函数。

解 函数有两个输入变元，n和m，这两个参数都应该是正整数标量，如果只给出一个，则m的默认值将设置为n，不必再使用nargin判定。

```
function A=myhilb1(n,m)
   arguments
      n(1,1){mustBeInteger,mustBePositive}              %确认正整数标量
      m(1,1){mustBeInteger,mustBePositive}=n            %确认正整数标量并设置默认值
   end
   for i=1:n, for j=1:m, A(i,j)=1/(i+j-1); end, end   %逐项计算矩阵元素
end
```

例2-29 MATLAB函数是可以递归调用的，即在函数的内部可以调用函数自身。试用递归调用的方式编写一个求阶乘$n!$的函数。

解 考虑求阶乘$n!$的例子。由阶乘定义可见$n!=n(n-1)!$，这样，n的阶乘可以由$n-1$的阶乘求出，而$n-1$的阶乘可以由$n-2$的阶乘求出，以此类推，直到计算到已知的$1!=0!=1$，从而能建立起递归调用的关系。如果不给出输入变元，则计算$6!$。为了节省篇幅起见，这里略去了注释行段落。

```
function k=my_fact(n)
   arguments, n(1,1){mustBeInteger,mustBeNonnegative}=6; end
   if n>1, k=n*my_fact(n-1); else, k=1; end
end
```

可以看出，该函数首先判定n是否为非负整数，如果不是，则给出错误信息；如果是，则在$n>1$时递归调用该程序自身；若$n=1$或0时，则直接返回1。由my_fact(11)格式调用该函数则立即可以得出阶乘$11!=39916800$。其实MATLAB提供了求取阶乘的factorial()函数，其核心算法为prod(1:n)，即生成一个向量，然后将各个元素乘起来。从结构上看该命令更简单、直观，速度也更快。

例2-30　试比较递归算法和循环算法在Fibonacci序列中应用的优劣。

解　递归算法无疑是解决一类问题的有效算法，但不宜滥用。现在考虑一个反例，考虑Fibonacci序列，$a_1=a_2=1$，第k项可以写成$a_k=a_{k-1}+a_{k-2}$，$k=3,4,\cdots$，这样很自然想到使用递归调用算法编写相应的函数，该函数设置$k=1,2$时出口为1，这样函数清单如下：

```
function a=my_fibo(k)  %递归调用格式编写的函数
   if k==1 || k==2, a=1; else, a=my_fibo(k-1)+my_fibo(k-2); end
end
```

该函数中略去了检测k是否为正整数的语句。如果想得到第40项，则需要给出如下的语句，同时测出运行该函数所运行的时间为5.243 s，MATLAB早期版本耗时将比新版本多得多。

```
>> tic, my_fibo(40), toc %计算序列的第40项，并只能返回这一项
```

如果用递归方法求$k=42$的运算时间将达到14.02 s，求解$k=50$问题则需数小时的时间，计算量呈几何级数增长。现在改用循环语句结构求解$k=100$时的项，耗时仅0.0002 s。

```
>> tic, a=[1,1]; for k=3:100, a(k)=a(k-1)+a(k-2); end, toc    %计算前100项并计时
```

可见，一般循环方法用极短的时间就能算出来递归调用不可能解决的问题，所以在实际应用时应该注意不能滥用递归调用格式。进一步观察结果可见，由于该序列的值过大，用上述的双精度算法并不能得出整个序列的精确结果，所以应该采用符号运算数据类型，例如将a=[1,1]修改成a=sym([1,1])，这样可以得出数值解难以达到的精度，如$a_{100}=354224848179261915075$。

2.4.3　可变输入输出个数的处理

下面将介绍单元数组的一个重要应用——如何建立起任意多个输入变元或返回变元的函数调用格式。应该指出的是，当前很多MATLAB语言函数均采用本方法编写。

例2-31　在MATLAB下多项式有两种表示方法：其一是利用符号表达式来表示；其二是数值方法，将多项式系数按s的降幂次序构造成向量。现在考虑后一种方法。MATLAB提供的conv()函数可以用来求两个多项式的乘积。对于多个多项式的连乘，则不能直接使用此函数，而需要用该函数嵌套使用，这样在计算多个多项式连乘时相当麻烦。试编写一个MATLAB函数，使得它能直接处理任意多个多项式的连乘积问题。

解　可以用单元数组的形式来编写一个函数convs()，专门解决多个多项式连乘的问题。在输入变元检测段落中，由于输入变元的个数可以为任意多个，所以应该给出Repeating描述，且要求各个输入变元为数值行向量，如果是列向量可以自动转换成行向量。

```
function a=convs(varargin)
   arguments (Repeating), varargin(1,:){mustBeNumeric}; end
   a=1;                                          %设置连乘初值
```

```
  for i=1:nargin, a=conv(a,varargin{i}); end    %多项式连乘,循环调用底层conv()函数
end
```

这时，所有的输入变元列表由单元变量varargin表示，实际调用语句的第i个变元存储在varargin{i}中。相应地，如有需要，也可以将返回变元列表用一个单元变量varargout表示。该表示理论上可以处理任意多个多项式的连乘问题。例如可以用下面的格式调用该函数：

```
>> P=[1 2 4 0 5]; Q=[1 2]; F=[1 2 3]; D=convs(P,Q,F)   %三个多项式的乘积
   E=conv(conv(P,Q),F)                     %若采用conv()函数,则需要嵌套调用
   G=convs(P,Q,F,[1,1],[1,3],[1,1])        %任意个多项式的连乘积
```

可以得出

$$\boldsymbol{D}=\boldsymbol{E}=[1,6,19,36,45,44,35,30]^{\mathrm{T}},\boldsymbol{G}=[1,11,56,176,376,578,678,648,527,315,90]^{\mathrm{T}}$$

2.4.4 匿名函数与inline函数

有时为了方便描述某个数学函数，可以用匿名函数来直接编写该数学函数，形式相当于前面介绍的M函数，但无须编写一个真正的M文件。匿名函数的基本格式为

f=@(变量列表) 函数计算表达式，例如，f=@(x,y)sin(x.^2+y.^2)

此外，该函数还允许直接使用MATLAB工作空间中的变量。例如，若在MATLAB工作空间内已经定义了a,b变量，则匿名函数可以用f=@(x,y)a*x.^2+b*y.^2的格式定义数学关系式$f(x,y)=ax^2+by^2$，这样无须将a,b作为附加参数在输入变元里表示出来，所以使得数学函数的定义更加方便。注意，在匿名函数定义时，a,b的值以当前MATLAB工作空间中的数值为准，在定义该匿名函数后，a,b的值再发生变化，则在匿名函数中的值将不随着改变；如果确实想让匿名函数中的参数随着a,b的值变化，则应该在它们变化后重新运行匿名函数。使用工作空间变量时这一点要格外注意，以免得出不期望的结果。

inline()函数功能类似于匿名函数，但现在看来其使用不方便，也不支持MATLAB工作空间中变量的直接使用，运行效率也远远低于匿名函数，所以这里只给出其调用格式fun=inline(函数内容, 自变量列表)。例如，$f(x,y)=\sin(x^2+y^2)$可以用f=inline('sin(x.^2+y.^2)','x','y')直接定义。除非需要运行早期版本中的相应代码，不建议再使用inline()函数，建议尽量使用匿名函数。

2.4.5 伪代码与代码保密处理

MATLAB的伪代码(pseudo code)技术的目的有两个：一是能提高程序的执行速度，因为采用了伪代码技术，MATLAB将.m文件转换成能立即执行的代码，所以在程序实际执行时，省去了再转换的过程，从而能使得程序运行的速度加快。由于MATLAB本身的转换过程也很快，所以在一般程序执行时速度加快的效果并不是很明显。然而当执行较复杂的图形界面程序时，伪代码技术的应用便能很明显地加快程序执行的速度。二是伪代码技术能把可读的ASCII码构成的.m文件转换成一种二进制代码，从而使得其他用户无法读取其中的语句，从而对源代码起到某种保密作用。

MATLAB提供了pcode命令来将.m文件转换成伪代码文件，伪代码文件扩展名为.p。如果想把某文件mytest.m转换成伪代码文件，则可以使用pcode mytest命令；若想让.p文件也位于和原.m文件相同的目录下，则可以使用pcode mytest -inplace 命令。如果想把整个目录下的.m文件全转换为.p文件，则首先用cd命令进入该目录，然后输入pcode *.m，若原文件无语法错误，就可以在本目录下将.m

文件全部转换为.p文件;若存在语法错误,则将中止转换,并给出错误信息。用户可以通过这样的方法发现自己程序中存在的所有语法错误。如果同时存在同名的文件,则.p文件的执行优先。

用户一定要在安全的位置保留.m源文件,不能轻易删除,因为.p文件是不可逆的。

2.5 二维图形绘制

图形绘制与可视化是MATLAB语言的一大特色。MATLAB提供了一系列直观、简单的二维图形和三维图形绘制命令与函数,可以将实验结果和仿真结果用可视的形式显示出来。本节将介绍各种各样的图形绘制方法。

2.5.1 二维图形绘制基本语句

假设用户已经获得了一些实验数据。例如,已知各个时刻$t = t_1, t_2, \cdots, t_n$和在这些时刻的函数值$y = y_1, y_2, \cdots, y_n$,则可以将这些数据输入MATLAB环境中,构成向量$\boldsymbol{t} = [t_1, t_2, \cdots, t_n]$和$\boldsymbol{y} = [y_1, y_2, \cdots, y_n]$,如果用户想用图形的方式表示二者之间的关系,则给出plot(t,y)即可绘制二维图形。可以看出,该函数的调用是相当直观的。这样绘制出的"曲线"实际上是给出各个数值点间的折线,如果这些点足够密,则看起来就是曲线了,故后文将称之为曲线。在实际应用中,plot()函数的调用格式还可以进一步扩展。

(1) $\boldsymbol{t}$仍为向量,而$\boldsymbol{y}$为矩阵给出如下,则将在同一坐标系下绘制m条曲线,每行和$\boldsymbol{t}$之间的关系将绘制出一条曲线。注意,这时要求$\boldsymbol{y}$矩阵的列数应该等于$\boldsymbol{t}$的长度。

$$\boldsymbol{y} = \begin{bmatrix} y_{11} & y_{12} & \cdots & y_{1n} \\ y_{21} & y_{22} & \cdots & y_{2n} \\ \vdots & \vdots & \ddots & \vdots \\ y_{m1} & y_{m2} & \cdots & y_{mn} \end{bmatrix}$$

(2) $\boldsymbol{t}$和$\boldsymbol{y}$均为矩阵,且假设$\boldsymbol{t}$和$\boldsymbol{y}$矩阵的行数和列数均相同,则将绘制出$\boldsymbol{t}$矩阵每行和$\boldsymbol{y}$矩阵对应行之间关系的曲线。

(3) 假设有多对这样的向量或矩阵$(\boldsymbol{t}_1, \boldsymbol{y}_1), (\boldsymbol{t}_2, \boldsymbol{y}_2), \cdots, (\boldsymbol{t}_m, \boldsymbol{y}_m)$,则可以用下面的语句直接绘制出各自对应的曲线plot(t_1,y_1,t_2,y_2,$\cdots$,t_m,y_m)。

(4) 曲线的性质,如线型、粗细、颜色等,还可以使用下面的命令进行指定:

plot(t_1,y_1,选项1,t_2,y_2,选项2,$\cdots$,t_m,y_m,选项m)

其中,"选项"可以按表2-2中说明的形式给出,其中的选项可以进行组合。例如,若想绘制红色的点画线,且每个转折点上用☆表示,则选项可以使用'r-.pentagram'组合形式。

绘制完二维图形后,还可以用grid on命令在图形上添加网格线,用grid off命令取消网格线;另外用hold on命令可以保护当前的坐标系,使得以后再使用plot()函数时将新的曲线叠印在原来的图上,用hold off则可以取消保护状态;用户可以使用title()函数在绘制的图形上添加标题,还可以用xlabel()、ylabel()函数给x,y坐标轴添加标注。

例2-32 试绘制出显函数方程$y = \sin(\tan x) - \tan(\sin x)$在$x$为$[-\pi, \pi]$区间内的曲线。

解 解决这种问题的最简捷方法是采用下面的语句直接绘制:

表2-2 MATLAB绘图命令的各种选项

曲线线型		曲线颜色				标记符号			
选 项	意 义	选 项	意 义	选 项	意 义	选 项	意 义	选 项	意 义
'-'	实线	'b'	蓝色	'c'	蓝绿色	'*'	星号	'pentagram'	☆
'--'	虚线	'g'	绿色	'k'	黑色	'.'	点号	'o'	圆圈
':'	点线	'm'	红紫色	'r'	红色	'x'	叉号	'square'	□
'-.'	点画线	'w'	白色	'y'	黄色	'v'	▽	'diamond'	◇
'none'	无线					'^'	△	'hexagram'	✡
						'>'	▷	'<'	◁

```
>> x=[-pi : 0.05: pi];                          %以0.05为步长构造自变量向量
   y=sin(tan(x))-tan(sin(x)); plot(x,y)         %求出并绘制各个点上的函数值
```

这些语句可以绘制出该函数的曲线，如图2-2(a)所示。

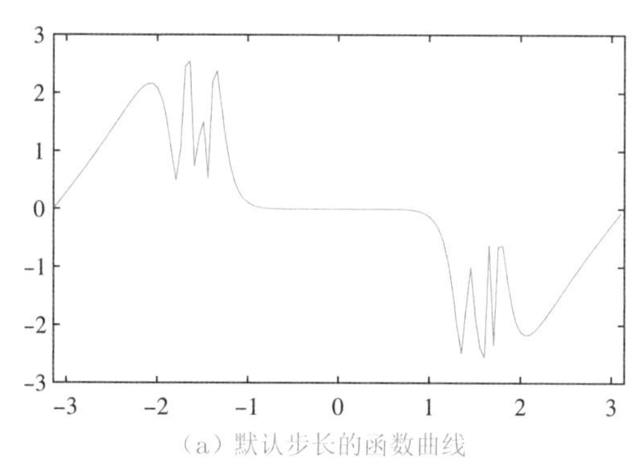

(a) 默认步长的函数曲线

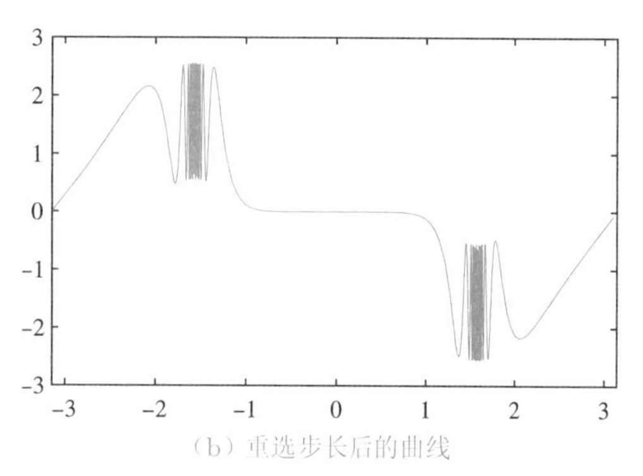

(b) 重选步长后的曲线

图2-2 给定函数的曲线表示

从得出的曲线可以看出，在x为$(-1.8,-1.2)$及x为$(1.2,1.8)$两个子区间时图形较粗糙，应该全程减小步长，或在这些区间加密自变量选择点，这样可以将上述的语句修改为

```
>> x=[-pi:0.05:-1.8,-1.799:0.001:-1.2, -1.2:0.05:1.2,...
       1.201:0.001:1.8, 1.81:0.05:pi];          %以变步长方式构造自变量向量
   y=sin(tan(x))-tan(sin(x)); plot(x,y)         %求出并绘制各个点上的函数值
```

这样将得出如图2-2(b)所示的曲线。可见，这样得出的曲线在快变化区域内表现良好。

例2-33 绘制出饱和非线性特性函数 $y=\begin{cases}1.1\,\mathrm{sign}(x), & |x|>1.1\\ x, & |x|\leqslant 1.1\end{cases}$ 的曲线。

解 当然用`if`语句可以很容易求出各个x点上的y值。这里考虑另外一种有效的实现方法。如果构造了$\boldsymbol{x}$向量，则关系表达式`x>1.1`将生成一个和$\boldsymbol{x}$一样长的向量，在满足$x_i>1.1$的点上，生成向量的对应值为1，否则为0，根据这样的想法，可以用下面的语句绘制出分段函数的曲线，如图2-3所示。

```
>> x=[-2:0.02:2]; y=1.1*sign(x).*(abs(x)>1.1)+x.*(abs(x)<=1.1);
   plot(x,y)
```

在这样的分段模型描述中，注意不要将某个区间重复表示。例如，不能将给出的语句中第一个条件表示成$\boldsymbol{x}$`>=1.1`，否则因为第二项中也有$x_i=1.1$的选项，将使得$x_i=1.1$点的函数求取重复，得出错误的结果。

另外，由于`plot()`函数只将给定点用直线连接起来，分段线性的非线性曲线可以由有限的几个转折点来表示，该语句能得出和图2-3完全一致的结果。

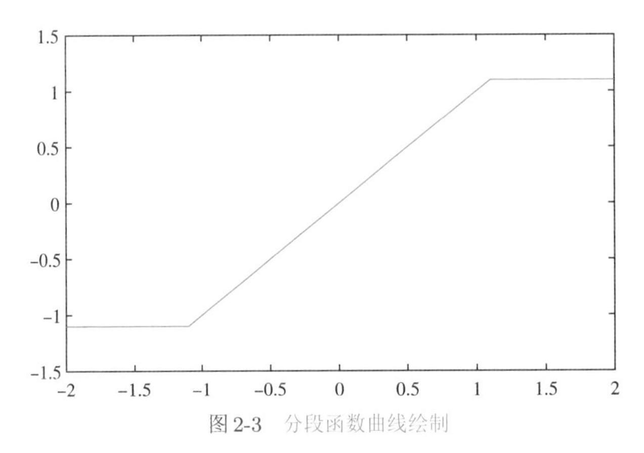

图2-3 分段函数曲线绘制

```
>> plot([-2,-1.1,1.1,2],[-1.1,-1.1,1.1,1.1])   %由转折点坐标绘制折线
```

在MATLAB绘制的图形中，每条曲线是一个对象，坐标轴是一个对象，而图形窗口还是一个对象，每个对象都有不同的属性，用户可以通过set()函数设置对象的属性，还可以用get()函数获得对象的某个属性。这两个语句的调用格式为

```
set(句柄,'属性名1',属性值1,'属性名2',属性值2,···)
v=get(句柄,'属性名')
```

2.5.2 多纵轴曲线的绘制

假设有两组数据，如果它们幅值相差比较悬殊，尽管可以将它们在一个坐标系下绘制出来，这样绘制会使得幅值小的曲线可读性较差，这时可以考虑使用plotyy()函数将它们绘制出来。下面通过例子演示这样的曲线绘制方法。

例2-34 试将 $y_1=\sin x$ 与 $y_2=0.01\cos x$ 在同一坐标系下绘制出来。

解 直接采用下面语句可以绘制出两条函数曲线，如图2-4(a)所示。由于两条曲线的幅值相差太悬殊，y_2 曲线的可读性很差，所以不宜采用这样的绘制方法：

```
>> x=0:0.01:2*pi; y1=sin(x); y2=0.01*cos(x);
   plot(x,y1,x,y2,'--')
```

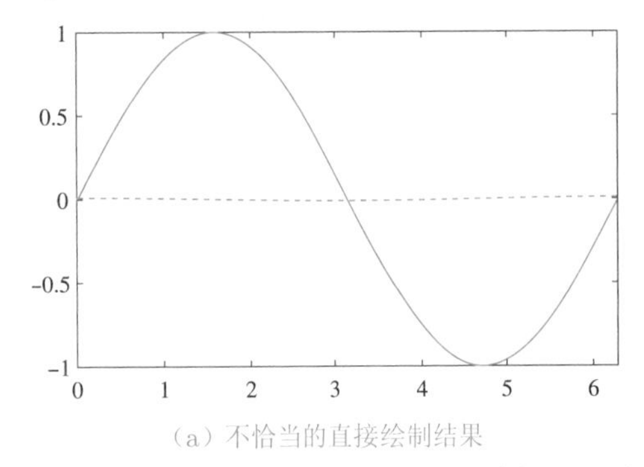

(a) 不恰当的直接绘制结果

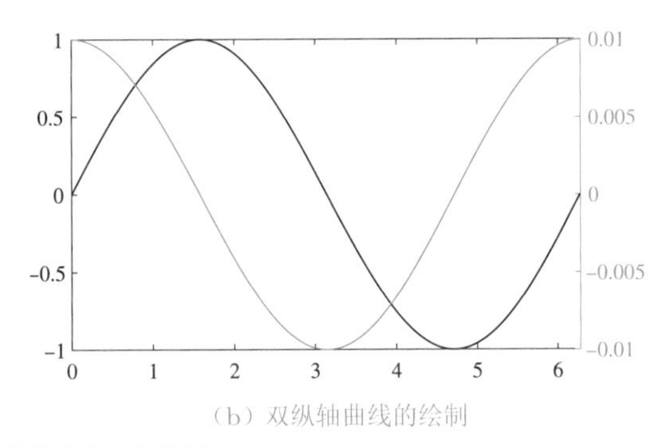

(b) 双纵轴曲线的绘制

图2-4 两条幅值悬殊曲线的绘制

对这样的问题应该采用yyaxis命令设置不同的坐标系，绘制出双纵轴曲线，如图2-4(b)所示。其实，这样的曲线还可以由plotyy()函数绘制。

```
>> yyaxis left, plot(x,y1), yyaxis right, plot(x,y2)      %双纵坐标轴
```

在某些特殊的应用中可能还需要绘制三、四纵轴的曲线，可以考虑下载MathWorks的File Exchange网站下相应的实用程序，如`plotyyy()`[31]、`plot4y()`[32]等，利用`plotxx()`函数还可以绘制双x轴的曲线[33]。

2.5.3 其他二维图形绘制语句

除了标准的二维曲线绘制之外，MATLAB还提供了具有各种特殊意义的图形绘制函数，其常用调用格式如表2-3所示。其中，参数$\boldsymbol{x}$,$\boldsymbol{y}$分别表示横、纵坐标绘图数据，c表示颜色选项，$\boldsymbol{y}_\mathrm{m}$,$\boldsymbol{y}_\mathrm{M}$表示误差图的上下限向量。当然，随着输入参数个数及类型的不同，各个函数的绘图形式也有所区别。下面将通过例子来演示各个绘图函数的效果。

表2-3 MATLAB提供的特殊二维曲线绘制函数

函数名	意义	常用调用格式	函数名	意义	常用调用格式
`bar()`	二维条形图	bar($\boldsymbol{x}$,$\boldsymbol{y}$)	`comet()`	彗星状轨迹图	comet($\boldsymbol{x}$,$\boldsymbol{y}$)
`compass()`	罗盘图	compass($\boldsymbol{x}$,$\boldsymbol{y}$)	`errorbar()`	误差限图形	errorbar($\boldsymbol{x}$,$\boldsymbol{y}$,$\boldsymbol{y}_\mathrm{m}$,$\boldsymbol{y}_\mathrm{M}$)
`feather()`	羽毛状图	feather($\boldsymbol{x}$,$\boldsymbol{y}$)	`fill()`	二维填充函数	fill($\boldsymbol{x}$,$\boldsymbol{y}$,c)
`hist()`	直方图	hist($\boldsymbol{y}$,n)	`loglog()`	对数图	loglog($\boldsymbol{x}$,$\boldsymbol{y}$)
`polar()`	极坐标图	polar($\boldsymbol{x}$,$\boldsymbol{y}$)	`quiver()`	引力线图	quiver($\boldsymbol{x}$,$\boldsymbol{y}$)
`stairs()`	阶梯图形	stairs($\boldsymbol{x}$,$\boldsymbol{y}$)	`stem()`	火柴杆图	stem($\boldsymbol{x}$,$\boldsymbol{y}$)
`semilogx()`	x-半对数图	semilogx($\boldsymbol{x}$,$\boldsymbol{y}$)	`semilogy()`	y-半对数图	semilogy($\boldsymbol{x}$,$\boldsymbol{y}$)

例2-35 试绘制$\rho=5\sin(4\theta/3)$和$\rho=5\sin(\theta/3)$的极坐标曲线。

解 由极坐标方程的数学表达式可以立即得出结论，这两个函数的周期均为6π，所以若想绘制极坐标曲线，则应该先构造一个$\boldsymbol{\theta}$向量，然后求出$\boldsymbol{\rho}$向量，调用`polar()`或`polarplot()`函数就可以立即绘制出所需的极坐标曲线，分别如图2-5(a)和图2-5(b)所示。

```
>> theta=0:0.01:6*pi; rho1=5*sin(4*theta/3); polarplot(theta,rho1)
   rho2=5*sin(theta/3); figure, polarplot(theta,rho2)
```

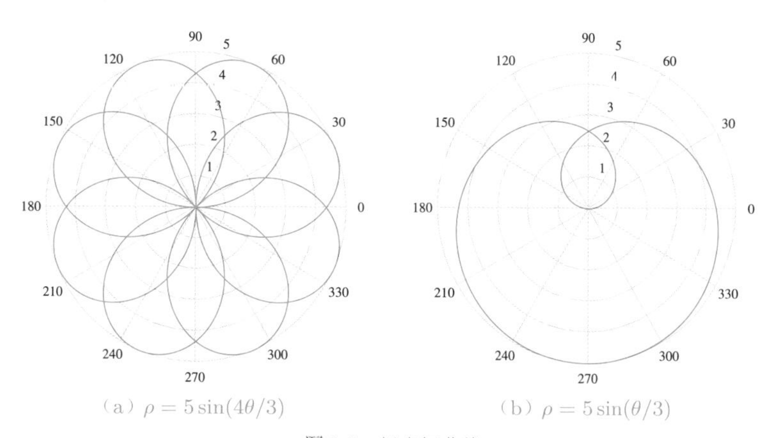

(a) $\rho=5\sin(4\theta/3)$　(b) $\rho=5\sin(\theta/3)$

图2-5 极坐标曲线

例2-36 试在同一窗口的不同区域用不同的绘图方式绘制正弦函数的曲线。

解　可以用下面的各种语句绘制出如图2-6所示的曲线。其中，subplot()函数可以将图形窗口分为若干块，在某一块内绘制图形。在函数调用时，第一个2表示将窗口分为两行，第二个2表示将窗口分为两列，第三个参数指定绘图的位置。

```
>> t=0:.2:2*pi; y=sin(t);             %先计算出绘图用数据
   subplot(2,2,1), stairs(t,y)        %分割窗口，在左上角绘制阶梯曲线
   subplot(2,2,2), stem(t,y)          %火柴杆曲线绘制
   subplot(2,2,3), bar(t,y)           %条形图绘制
   subplot(2,2,4), semilogx(t,y)      %横坐标为对数的曲线
```

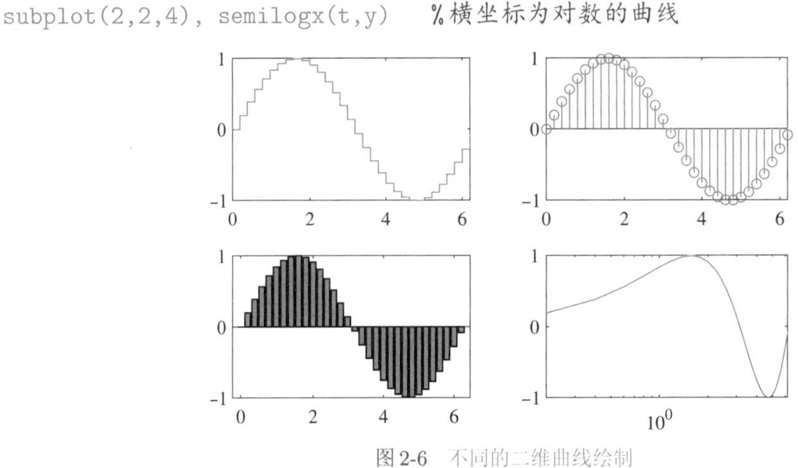

图2-6　不同的二维曲线绘制

2.5.4　隐函数绘制及应用

隐函数即满足方程 $f(x,y)=0$ 的 x,y 之间的关系式。用前面介绍的曲线绘制方法显然会有问题。例如，很多隐函数无法求出 x,y 之间的显式关系，所以无法先定义一个 $\boldsymbol{x}$ 向量再求出相应的 $\boldsymbol{y}$ 向量，从而不能采用plot()函数来绘制曲线。另外，即使能求出 x,y 之间的显式关系，但不是单值函数，则绘制起来也是很麻烦的。MATLAB提供的fimplicit()函数可以直接绘制隐函数曲线，该函数的调用格式为fimplicit(隐函数表达式)，其中，“隐函数表达式”可以为字符串、符号表达式或匿名函数。下面将通过例子演示该函数的使用方法。

例2-37　试绘制出隐函数 $f(x,y)=x^2\sin(x+y^2)+y^2\mathrm{e}^{x+y}+5\cos(x^2+y)=0$ 的曲线。

解　从给出的函数可见，无法用解析的方法写出该函数，所以不能用前面给出的plot()函数绘制出该函数的曲线。可以由如下MATLAB命令绘制出如图2-7所示的隐函数曲线。

```
>> syms x y; f=x^2*sin(x+y^2)+y^2*exp(x+y)+5*cos(x^2+y);
   fimplicit(f)       %隐函数绘制
```

上面的语句将自动选择 x 轴的范围，即函数的定义域，如果想改变定义域，由下面的语句可以绘制的隐函数曲线如图2-8(a)所示。

```
>> fimplicit(f,[-20 20])                          %更大区间隐函数
   figure, fimplicit(f,[-20 20],'MeshDensity',500)   %正确的曲线
```

其实，在默认状态下大范围绘制隐函数曲线可能得出错误的结果，可以将MeshDensity绘制参数设置成比较大的值，得出如图2-8(b)所示的结果。可见，默认的结果是错误的。新绘制的曲线是否为正确的有待进一步检验。事实上，可以继续增大MeshDensity的值，如果能得出一致的结果，则说明得出的结果正确，否则，还

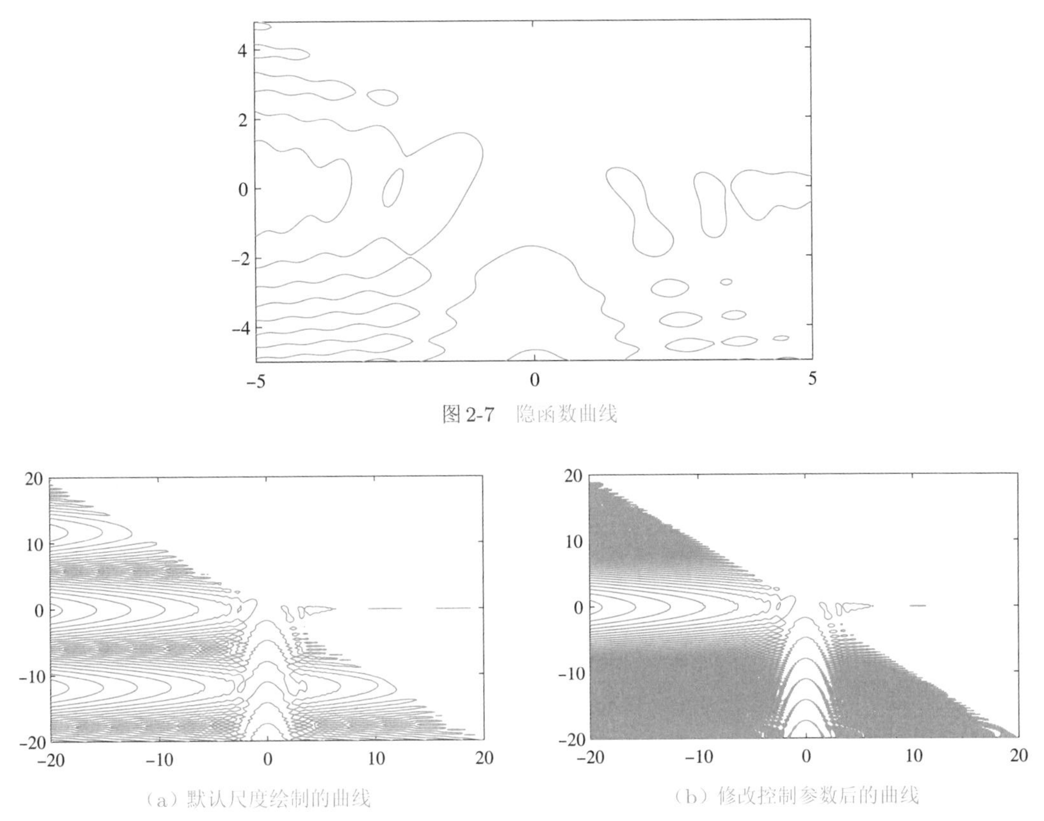

图 2-7 隐函数曲线

(a) 默认尺度绘制的曲线

(b) 修改控制参数后的曲线

图 2-8 大范围隐函数曲线的绘制

应该继续检验。经检验，图 2-8(b)给出的隐函数曲线是正确的。

2.5.5 图形修饰

MATLAB提供了强大的图形修饰功能，其图形窗口提供了大量的菜单项。例如，打开“插入”菜单，则其子菜单项允许用户在图形上添加箭头、文字、双向箭头、椭圆、方框等新的标记，大大提高了图形修饰的功能。此外还可以对图形进行局部放大、三维图形的旋转等。

如果单击“插入 → 文本框”子菜单项，则在图形上单击可以确定文字添加的位置，然后直接输入字符串即可。字符串可以用普通的字母和文字表示，也可以用 LaTeX 的格式描述数学公式。单击 Line、Arrow 工具还可以在图形上叠印线段和箭头等。

LaTeX 是一个著名的科学文档排版系统。MATLAB支持的只是其中一个子集，这里简单介绍在MATLAB图形窗口中添加 LaTeX 描述的数学公式的方法：

(1) 特殊符号是由 \ 引导的命令定义的，MATLAB支持的特殊符号在表 2-4 中给出。

(2) 上下标分别用 ^ 和 _ 表示，例如 `a_2^2+b_2^2=c_2^2` 表示 $a_2^2+b_2^2=c_2^2$。如果需要表示多个上标，则需要用花括号括起，例如，`a^Abc` 命令表示 a^Abc，其中，A 为上标。如果想将 `Abc` 均表示成 a 的上标，则需要给出命令 `a^{Abc}`。

(3) 很多 LaTeX 常用命令是MATLAB图形窗口下不支持的。例如显示分式的 `\frac` 命令，所以在排版时建议采用 overpic 宏包，在图形上叠印 LaTeX 命令，得到最好的排版效果，并使得图形上公式的字

表 2-4　图形窗口下可以直接使用的 LaTeX 命令表

类别	显示	LaTeX 命令	显示	LaTeX 命令	显示	LaTeX 命令	显示	LaTeX 命令
小写希腊字符	α	\alpha	β	\beta	γ	\gamma	δ	\delta
	ϵ	\epsilon	ε	\varepsilon	ζ	\zeta	η	\eta
	θ	\theta	ϑ	\vartheta	ι	\iota	κ	\kappa
	λ	\lambda	μ	\mu	ν	\nu	ξ	\xi
	o	o	π	\pi	ϖ	\varpi	ρ	\rho
	ι	\iota	κ	\kappa	ϱ	\varrho	σ	\sigma
	ς	\varsigma	τ	\tau	υ	\upsilon	ϕ	\phi
	φ	\varphi	χ	\chi	ψ	\psi	ω	\omega
大写希腊字符	Γ	\Gamma	Δ	\Delta	Θ	\Theta	Λ	\Lambda
	Ξ	\Xi	Π	\Pi	Σ	\Sigma	Υ	\Upsilon
	Φ	\Phi	Ψ	\Psi	Ω	\Omega		
常用数学符号	$\aleph$	\aleph	$\prime$	\prime	$\forall$	\forall	$\exists$	\exists
	$\wp$	\wp	Re	\Re	$\Im$	\Im	∂	\partial
	∞	\infty	∇	\nabla	$\surd$	\surd	$\angle$	\angle
	$\neg$	\neg	$\int$	\int	$\clubsuit$	\clubsuit	$\diamondsuit$	\diamondsuit
	$\heartsuit$	\heartsuit	$\spadesuit$	\spadesuit				
二元运算符号	$\pm$	\pm	$\cdot$	\cdot	$\times$	\times	$\div$	\div
	$\circ$	\circ	$\bullet$	\bullet	$\cup$	\cup	$\cap$	\cap
	$\vee$	\vee	$\wedge$	\wedge	$\otimes$	\otimes	$\oplus$	\oplus
关系数学符号	$\leq$	\leq	$\geq$	\geq	$\equiv$	\equiv	$\sim$	\sim
	$\subset$	\subset	$\supset$	\supset	$\approx$	\approx	$\subseteq$	\subseteq
	$\supseteq$	\supseteq	$\in$	\in	$\ni$	\ni	$\propto$	\propto
	$\mid$	\mid	$\perp$	\perp				
箭头符号	$\leftarrow$	\leftarrow	$\uparrow$	\uparrow	$\Leftarrow$	\Leftarrow	$\Uparrow$	\Uparrow
	$\rightarrow$	\rightarrow	$\downarrow$	\downarrow	$\Rightarrow$	\Rightarrow	$\Downarrow$	\Downarrow
	$\leftrightarrow$	\leftrightarrow	$\updownarrow$	\updownarrow				

体与正文保持一致。本书工具包提供了`overpic()`函数，可以定位叠印坐标。

LaTeX科技文献排版系统是当今学术界最广泛使用的排版系统，具有Word类排版系统无可比拟的优越性，感兴趣的读者可以进一步阅读文献[29]等。

2.5.6　数据文件的读取与存储

MATLAB提供了`save`和`load`命令，可以将工作空间中的变量存入指定文件，或从文件将数据读入工作空间。在MATLAB命令窗口给出`save`命令，则将当前MATLAB工作空间中所有的数据直接存入默认的`matlab.mat`文件，该文件是二进制文件，只能用`load`命令读出。如果想将工作空间中的$\boldsymbol{A}$,$\boldsymbol{B}$,$\boldsymbol{C}$以默认的二进制形式存入`mydat.mat`文件，则可以直接给出`save mydat` A B C命令。

如果想将这三个变量以可读的ASCII码（纯文本文件）存入`mydat.dat`文件，则需要给出`save /ascii mydat.dat` A B C命令。

如果使用了长文件名或路径名，则采用`load`命令会出现问题，这时可以调用`load()`函数即可，可

以调用 X=load(文件名)将文件中的数据读入 $\boldsymbol{X}$ 变量。

MATLAB还支持与Excel文件之间的数据交互，由xlsread()可以读入相关数据，其调用格式为 X=xlsread(文件名,区域)，其中，"区域"为所需的区域标记，如'B5:C67'。

例2-38 Excel文件census.xls包含某省的年度人口数，其中，第B列为年度，第C列为人口数。有效数据从第5行到第67行。试将年度信息读入 $\boldsymbol{t}$ 向量，并将人口数读入 $\boldsymbol{p}$ 向量。

解 由上述已知条件可以看出，该文件的有效数据区域为第B,C列，第5到第67行，故矩形数据区域可以表示成'B5:C67'。由下面语句可以直接将所需数据读入MATLAB工作空间，这样用列向量提取的方法则可以得出所需的 $\boldsymbol{t}$ 和 $\boldsymbol{p}$ 向量，得出的年度人口曲线如图2-9所示。

```
>> X=xlsread('census.xls','B5:C67');
   t=X(:,1); p=X(:,2); plot(t,p)      %读数据并绘图
```

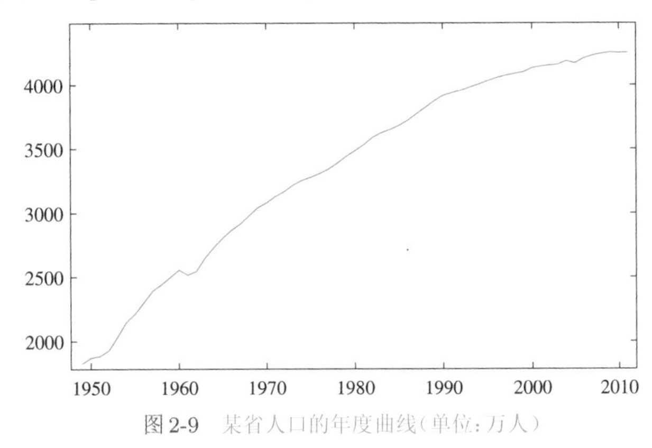

图2-9 某省人口的年度曲线(单位：万人)

由xlswrite()函数可以将变量写入Excel文件，如果不指定区域，则将写入Excel文件的左上角。还可以只给出数据区域左上角单元格的标识。

```
>> xlswrite('newfile',X)      %如果由左上角顺序写入,则不必指定区域
```

2.6 三维图形表示

2.6.1 三维曲线绘制

二维曲线绘制函数plot()可以扩展到三维曲线的绘制中。这时可以用plot3()函数绘制三维曲线。该函数的调用格式为

plot3(x,y,z)

plot3(x_1,y_1,z_1,选项1,x_2,y_2,z_2,选项2,$\cdots$,x_m,y_m,z_m,选项m)

其中，"选项"和二维曲线绘制时完全一致，如表2-2所示。相应地，类似于二维曲线绘制函数，MATLAB还提供了其他的三维曲线绘制函数，如stem3()可以绘制三维火柴杆形曲线，fill3()可以绘制三维的填充图形，bar3()可以绘制三维的直方图等。

例2-39 试绘制参数方程 $x(t)=t^3\mathrm{e}^{-t}\sin 3t, y(t)=t^3\mathrm{e}^{-t}\cos 3t, z=t^2$ 的三维曲线。

解 若想绘制该参数方程的曲线，可以先定义一个时间向量 $\boldsymbol{t}$，由其计算出 $\boldsymbol{x},\boldsymbol{y},\boldsymbol{z}$ 向量，并用函数plot3()绘制出三维曲线，如图2-10(a)所示。注意，这里应该采用点运算。

```
>> t=0:0.05:2*pi;                %构造t向量,注意下面的点运算
   x=t.^3.*exp(-t).*sin(3*t); y=t.^3.*exp(-t).*cos(3*t); z=t.^2;
   plot3(x,y,z), grid            %三维曲线绘制,并绘制坐标系网格
```

如果用`stem3()`函数绘制出火柴杆形曲线,如图2-10(b)所示。

```
>> stem3(x,y,z); hold on; plot3(x,y,z)    %先绘制火柴杆图,再叠印曲线图
```

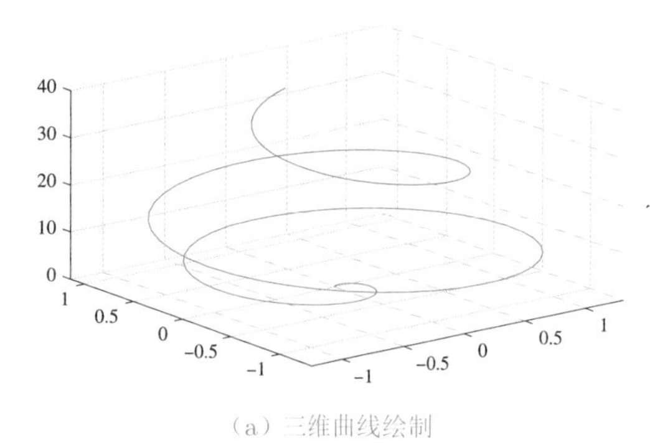

(a) 三维曲线绘制

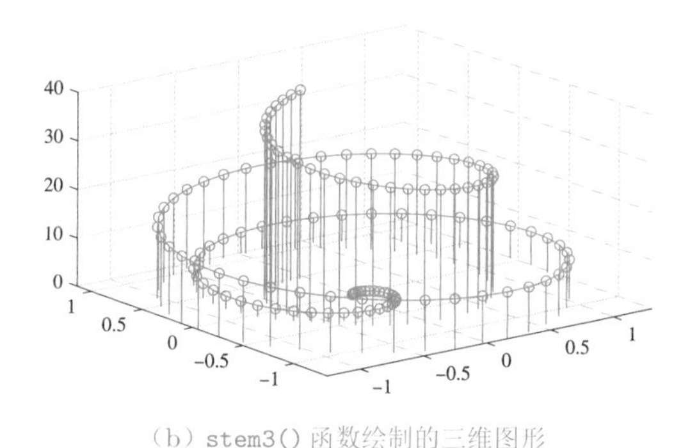

(b) stem3()函数绘制的三维图形

图2-10　三维曲线的绘制

2.6.2　三维曲面绘制

如果已知二元函数$z=f(x,y)$,则可以绘制出该函数的三维曲面图。在绘制三维图之前,应该先调用`meshgrid()`函数生成网格矩阵数据$\boldsymbol{x}$和$\boldsymbol{y}$,这样就可以按函数公式用点运算的方式计算出$\boldsymbol{z}$矩阵,之后就可以用`mesh()`或`surf()`等函数进行三维图形绘制了。具体的函数调用格式为

```
[x,y]=meshgrid(v1,v2)          %生成网格数据
z= ... ,如z=x.*y               %由点运算的形式计算二元函数的z矩阵
surf(x,y,z) 或 mesh(x,y,z)     %mesh()绘制网格图,surf()绘制表面图
```

其中,$\boldsymbol{v}_1$和$\boldsymbol{v}_2$为x轴和y轴的分隔方式。`surf()`函数还可以返回曲面的句柄,这样就可以对得出的曲面进行进一步操作处理了。

三维曲面还可以由其他函数绘制,如`surfc()`和`surfl()`函数可以分别绘制带有等高线和光照下的三维曲面,`waterfall()`函数可以绘制瀑布形三维图形。在MATLAB下还提供了等高线绘制的函数,如`contour()`函数和三维等高线函数`contour3()`,这里将通过例子介绍三维曲面绘制方法与技巧。

MATLAB还提供了由数学表达式直接绘图的函数`fsurf()`。

例2-40　给出二元函数$z=f(x,y)=(x^2-2x)\mathrm{e}^{-x^2-y^2-xy}$,试在$xy$平面内选择一个区域,并绘制出该函数三维表面图形。

解　首先可以调用`meshgrid()`函数生成xy平面的网格表示。该函数的调用意义十分明显,即可以产生一个横坐标起始于−3、终止于2、步长为0.1,纵坐标起始于−2、终止于2、步长为0.1的网格分割。然后由上面的公式计算出曲面的$\boldsymbol{z}$矩阵。最后调用`mesh()`函数来绘制曲面的三维表面网格图形,如图2-11(a)所示。

```
>> [x,y]=meshgrid(-3:0.1:2,-2:0.1:2);     %生成xy平面的网格划分,得出矩阵x,y
   z=(x.^2-2*x).*exp(-x.^2-y.^2-x.*y);     %计算高度矩阵z
   mesh(x,y,z)                             %绘制三维网格图
```

若用`surf()`函数取代`mesh()`函数,则可以得出如图2-11(b)所示的表面图,和网格图相比,表面图给每

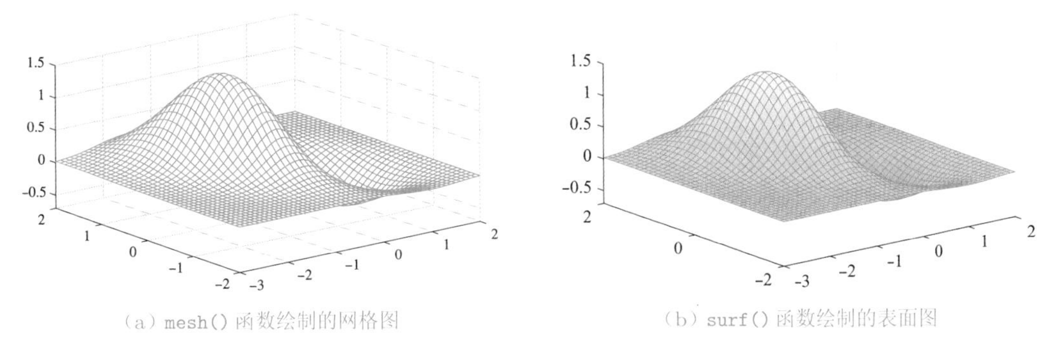

(a) mesh()函数绘制的网格图　　(b) surf()函数绘制的表面图

图2-11　给定函数的三维图表示

个网格按其函数值自动进行了着色。

```
>> surf(x,y,z)   %还可以绘制三维表面图
```

三维表面图可以用shading命令修饰其显示形式，该命令可以带3种不同的选项，flat(每个网格块用同样颜色着色的没有网格线的表面图，效果如图2-12(a)所示)、interp(插值的光滑表面图，效果如图2-12(b)所示)和faceted(不同于flat，效果如图2-11(b)所示，在表面图上叠印网格线，本选项是表面图绘制的默认选项)。

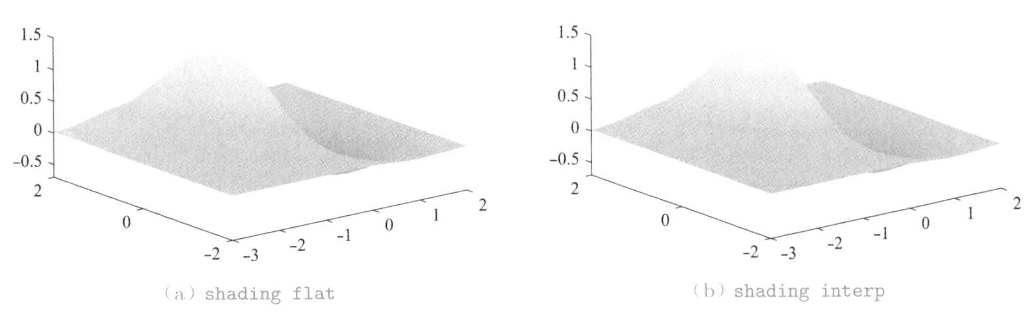

(a) shading flat　　(b) shading interp

图2-12　shading命令修饰的三维图

MATLAB还提供了其他的三维图形绘制函数。如waterfall(x,y,z)命令可以绘制出瀑布形图形，如图2-13(a)所示，而contour3(x,y,z,40)命令可以绘制出如图2-13(b)所示的三维等高线图形，其中，40为用户选定的等高线条数，当然可以不给出该参数，默认地设置等高线条数，对这个例子来说显得过于稀疏。

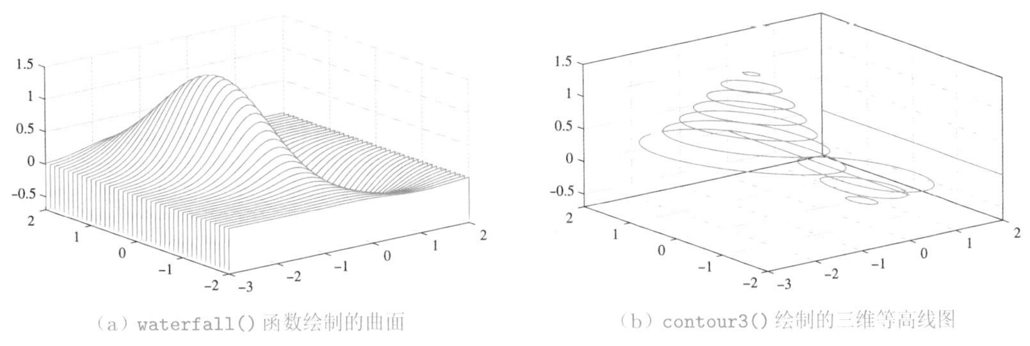

(a) waterfall()函数绘制的曲面　　(b) contour3()绘制的三维等高线图

图2-13　其他三维图形表示

若已知显函数表达式，还可以用下面命令直接绘制三维曲面，得出与图2-11(b)完全一致的结果。

```
>> syms x y; f=(x^2-2*x)*exp(-x^2-y^2-x*y);
   fsurf(f,[-3 3 -2 2]) %函数还可以由符号表达式描述
```

例2-41 试绘制出二元函数 $z=f(x,y)=\dfrac{1}{\sqrt{(1-x)^2+y^2}}+\dfrac{1}{\sqrt{(1+x)^2+y^2}}$ 的图形。

解 可以用下面的语句绘制出三维图,如图2-14(a)所示。

```
>> [x,y]=meshgrid(-2:.1:2);      %生成网格数据,注意下面的点运算
   z=1./(sqrt((1-x).^2+y.^2))+1./(sqrt((1+x).^2+y.^2));    %计算网格各点函数值矩阵
   surf(x,y,z), shading flat    %绘制表面图并修改着色方式
```

事实上,这样得出的图形有点问题,在 $(\pm1,0)$ 点处出现 ∞ 值,所以应该在该区域减小步长,采用变步长的方式,最终得出如图2-14(b)所示的图形。注意在 $(\pm1,0)$ 处函数的值趋于无穷大。

```
>> xx=[-2:.1:-1.2,-1.1:0.02:-0.9,-0.8:0.1:0.8,0.9:0.02:1.1,1.2:0.1:2];
   yy=[-1:0.1:-0.2,-0.1:0.02:0.1,0.2:.1:1]; xx=xx+1e-5; yy=yy+1e-5;
   [x,y]=meshgrid(xx,yy);
   z=1./(sqrt((1-x).^2+y.^2))+1./(sqrt((1+x).^2+y.^2));
   surf(x,y,z), shading flat; zlim([0,11])      %重新绘制三维表面图
```

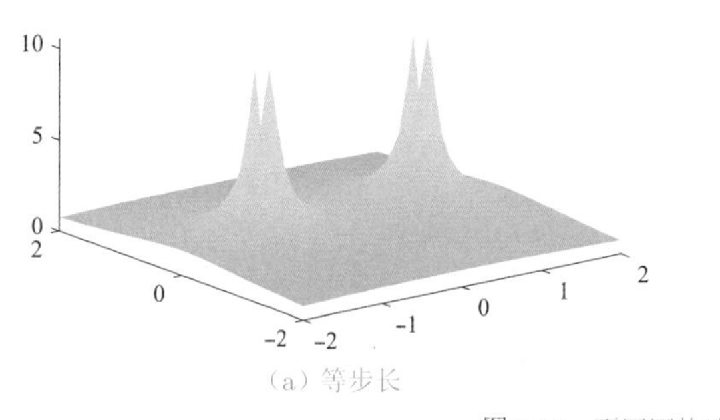

(a) 等步长

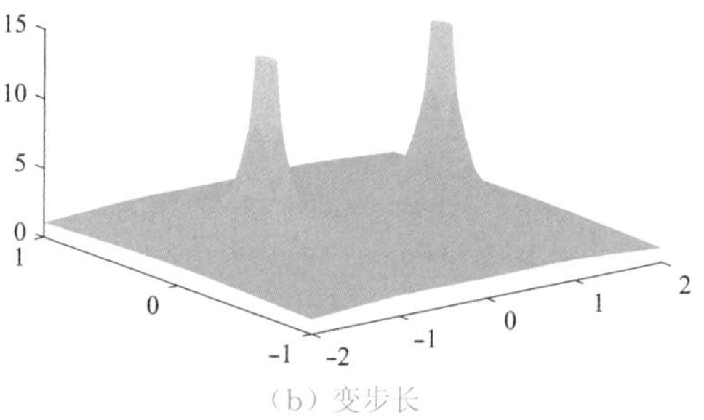

(b) 变步长

图2-14 不同网格选择下的三维图

例2-42 假设某联合概率密度函数由下面分段函数表示[34]:

$$p(x_1,x_2)=\begin{cases}0.5457\exp(-0.75x_2^2-3.75x_1^2-1.5x_1), & x_1+x_2>1\\ 0.7575\exp(-x_2^2-6x_1^2), & -1<x_1+x_2\leqslant 1\\ 0.5457\exp(-0.75x_2^2-3.75x_1^2+1.5x_1), & x_1+x_2\leqslant -1\end{cases}$$

试以三维曲面的形式来表示这一函数。

解 选择 $x=x_1, y=x_2$,用循环结构和条件转移结构可以求取该函数的函数值,但结构将很烦琐,所以类似于前面介绍的分段函数求取方法,可以利用比较表达式来求此二维函数的值。

```
>> [x,y]=meshgrid(-1:.04:1,-2:.04:2);                            %生成网格数据
   z= 0.5457*exp(-0.75*y.^2-3.75*x.^2-1.5*x).*(x+y>1)+...
      0.7575*exp(-y.^2-6*x.^2).*((x+y>-1) & (x+y<=1))+...
      0.5457*exp(-0.75*y.^2-3.75*x.^2+1.5*x).*(x+y<=-1);       %计算分段函数
   h=surf(x,y,z), shading flat                                  %绘制三维表面图
```

这样将得出如图2-15所示的三维表面图。此外,由于这里 `surf()` 函数返回了句柄 `h`,可以给出 `delete(h)` 命令删除得出的三维曲面。后面还将演示对曲面的旋转处理等进一步操作。

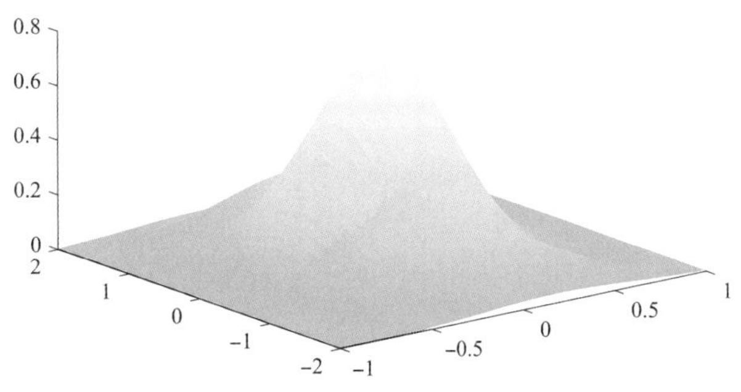

图2-15 分段二维函数的曲面绘制

2.6.3 三维图形视角设置

MATLAB三维图形显示中提供了修改视角的功能，允许用户从任意的角度观察三维图形，实现视角转换有两种方法。其一是使用图形窗口工具栏中提供的三维图形转换按钮来可视地对图形进行旋转；其二是用 **view()** 函数有目的地进行旋转。

MATLAB三维图形视角的定义如图2-16(a)所示，其中有两个角度就可以唯一地确定视角，方位角 α 定义为视点在 xy 平面投影点与 y 轴负方向之间的夹角，默认值为 $\alpha=-37.5°$，仰角 β 定义为视点和 xy 平面的夹角，默认值为 $\beta=30°$，可以由 `[α,β]=view(3)` 语句读出。

如果想改变视角来观察曲面，则可以给出 `view(α,β)` 命令。例如，可以由 `view(0,90)` 函数俯视图设置，正视图由 `view(0,0)` 设置，侧视图可以由 `view(90,0)` 来设定。

例如，对图2-15中给出的三维网格图进行处理，设方位角为 $\alpha = 80°$，仰角为 $\beta = 10°$，则下面的MATLAB语句将得出如图2-16(b)所示的三维曲面。

```
>> view(10,80)             %修改视角，并设置x轴的显示范围
```

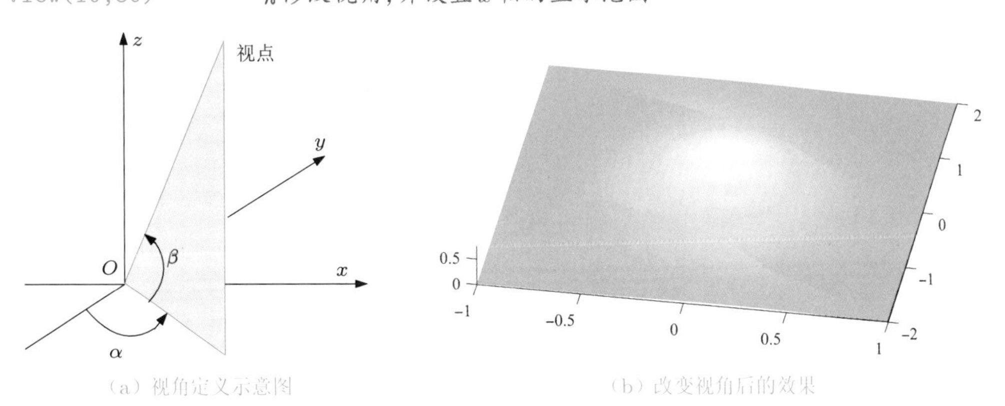

(a) 视角定义示意图　　(b) 改变视角后的效果

图2-16 三维图形的视角及设置

例2-43 试在同一图形窗口上绘制例2-40中函数曲面的三视图。

解 用下面的语句可以容易地绘制出三维图，并用相应的语句设置不同的视角，则可以最终得出三维表面图的各个视图，如图2-17所示。

```
>> [x,y]=meshgrid(-3:0.1:2,-2:0.1:2); z=(x.^2-2*x).*exp(-x.^2-y.^2-x.*y);
   subplot(224), surf(x,y,z)                    %三维表面图
```

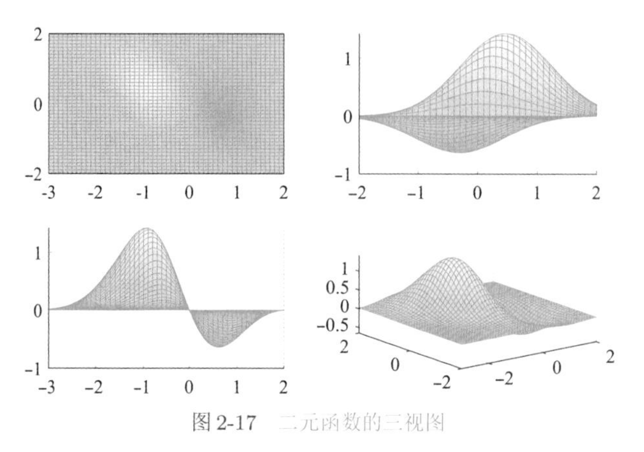

图2-17　二元函数的三视图

```
subplot(221), surf(x,y,z), view(0,90);     %俯视图
subplot(222), surf(x,y,z), view(90,0);     %侧视图
subplot(223), surf(x,y,z), view(0,0);      %正视图
```

2.6.4　参数方程的表面图

假设某三维函数由参数方程给出

$$x=f_{\mathrm{x}}(u,v),\ y=f_{\mathrm{y}}(u,v),\ z=f_{\mathrm{z}}(u,v) \tag{2-6-1}$$

若$u_{\mathrm{m}}\leqslant u\leqslant u_{\mathrm{M}}$，$v_{\mathrm{m}}\leqslant v\leqslant v_{\mathrm{M}}$，则由fsurf($f_{\mathrm{x}}$,$f_{\mathrm{y}}$,$f_{\mathrm{z}}$,[$u_{\mathrm{m}}$,$u_{\mathrm{M}}$,$v_{\mathrm{m}}$,$v_{\mathrm{M}}$])函数可以直接绘制三维表面图。如果不给出$u$,$v$变量的范围，则默认$x$、$y$轴区间为$(-5,5)$。

例2-44　著名的Möbius带可以由数学模型$x=\cos u+v\cos u\cos(u/2)$，$y=\sin u+v\sin u\cos(u/2)$，$z=v\sin(u/2)$描述。如果$0\leqslant u\leqslant 2\pi$，$-0.5\leqslant v\leqslant 0.5$，试绘制Möbius带的三维表面图。

解　首先需要声明两个符号变量u,v，并将参数方程输入MATLAB环境中，这样就可以由下面的语句直接绘制Möbius带，得出如图2-18所示的表面图。

```
>> syms u v; x=cos(u)+v*cos(u)*cos(u/2); y=sin(u)+v*sin(u)*cos(u/2); z=v*sin(u/2);
   fsurf(x,y,z,[0,2*pi,-0.5,0.5])       % Möbius带的绘制
```

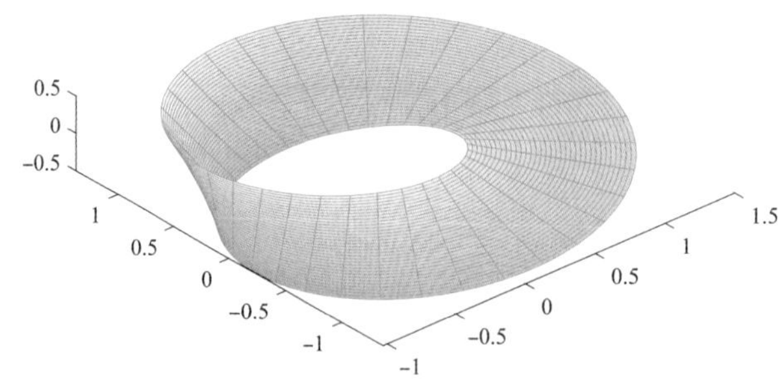

图2-18　Möbius带的表面图(图形经过了旋转)

2.6.5　球面与柱面绘制

圆心位于原点的单位球面的数据可以由函数[x,y,z]=sphere(n)直接生成，再利用函数**surf()**则可以绘制出球面的图形。如果调用该函数时没有返回变量，则将自动绘制球面。该函数的变元n表示

该球面可以由 $n \times n$ 面体表示，得出的数据均为 $(n+1) \times (n+1)$ 矩阵。

例2-45 试绘制圆心位于原点的单位球面，并叠印出圆心位于 $(0.9, -0.8, 0.6)$、半径为0.3的球面。

解 可以先生成第一个单位球面的数据，由该数据可以计算出第二个球面的数据，这样用下面的命令可以绘制出两个球面，如图2-19(a)所示。

```
>> [x,y,z]=sphere(50); surf(x,y,z), hold on                          %绘制单位球面
   x1=0.3*x+0.9; y1=0.3*y-0.8; z1=0.3*z+0.6; surf(x1,y1,z1), hold off  %绘制小球面
```

将一条曲线绕 z 轴旋转360°，则可以画出一个柱面。如果这条曲线定义为向量 $\boldsymbol{r}$，表示柱面的半径，则柱面的数据可以由 [x,y,z]=cylinder(r,n) 函数直接生成，n 的默认值为20。如果该函数不返回变量，则将直接自动绘制柱面图。注意，默认 z 的区间为 $z \in (0,1)$。

例2-46 假设生成柱面的曲线方程为 $r(z) = \mathrm{e}^{-z^2/2}\sin z, z \in (-1,3)$，试绘制出该柱面。

解 可以先计算出半径的向量，然后计算出标准柱面的数据，再将 $z \in (0,1)$ 区间映射成 $z \in (-1,3)$，则可以绘制所需柱面，如图2-19(b)所示。

```
>> z0=-1:0.1:3; r=exp(-z0.^2/2).*sin(z0); [x,y,z]=cylinder(r);    %生成标准柱面数据
   z=-1+4*z; surf(x,y,z)       %将z轴的值从(0,1)映射到所需的(-1,3)，再绘制柱面
```

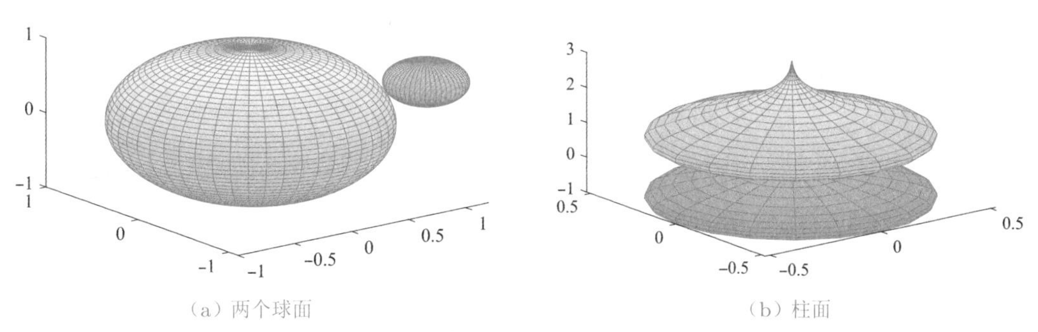

(a) 两个球面　　(b) 柱面

图2-19 三维表面图

2.6.6 等高线绘制

如果已知三维网格数据 $\boldsymbol{x}, \boldsymbol{y}, \boldsymbol{z}$，则可以通过contour()函数绘制三维数据的等高线，其调用格式为contour(x,y,z,n)，其中，n 为等高线的条数，该函数的一种调用格式为[C,h]=contour(x,y,z,n)，该函数返回的变量h为等高线的句柄，C为等高线高度信息。若有了这些信息，则clabel(C,h)函数可以在等高线上叠印出等高线信息。

函数contourf()可以绘制出填充的等高线图，而contour3()函数可以绘制出三维等高线图，它们的调用格式分别为contourf(x,y,z,n)或contour3(x,y,z,n)。

例2-47 考虑例2-42中给出的分段函数，试绘制其等高线图。

解 可以仿照前面语句得出绘图的数据，等高线图可以由contour()函数直接绘制，得出的结果如图2-20(a)所示。该函数除了绘图之外还将返回等高线的句柄h和数据C，依赖这两个变量即可以在原来的等高线图上叠印等高线的数值，如图2-20(b)所示。

```
>> [x,y]=meshgrid(-1:.1:1,-2:.1:2);                              %生成网格矩阵
```

```
z= 0.5457*exp(-0.75*y.^2-3.75*x.^2-1.5*x).*(x+y>1)+...
   0.7575*exp(-y.^2-6*x.^2).*((x+y>-1) & (x+y<=1))+...
   0.5457*exp(-0.75*y.^2-3.75*x.^2+1.5*x).*(x+y<=-1);          %计算分段函数值
contour(x,y,z); figure; [C,h]=contour(x,y,z); clabel(C,h)    %绘制等高线
```

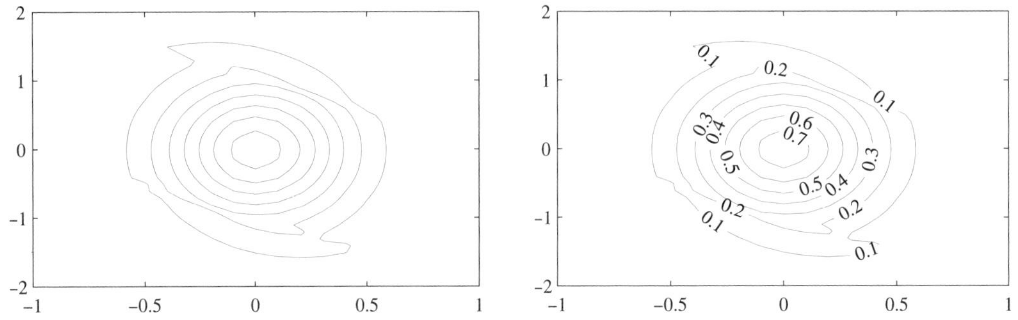

(a) 一般等高线曲线　　(b) 带有高度信息的等高线

图 2-20　分段函数的等高线

用下面的语句可以直接绘制出填充的等高线图和三维等高线图，分别如图 2-21(a)和图 2-21(b)所示，其中，后一条语句中的 30 是指定等高线的条数，如果不给出此参数，对本例来说等高线将过于稀疏。

```
>> contourf(x,y,z); figure; contour3(x,y,z,30)
```

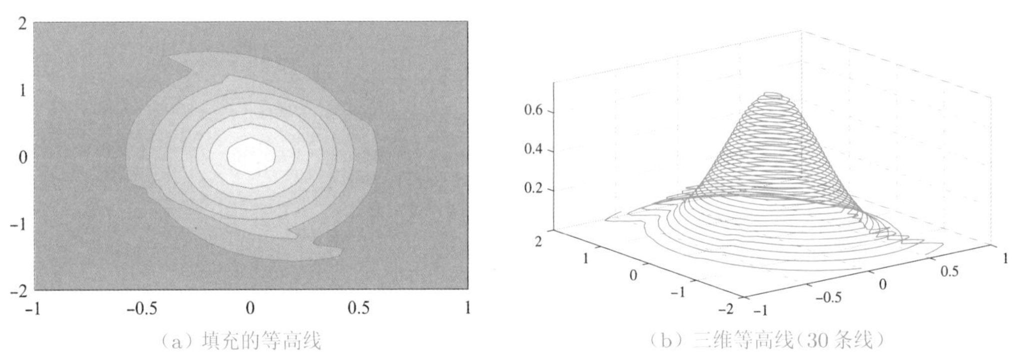

(a) 填充的等高线　　(b) 三维等高线(30 条线)

图 2-21　填充的等高线和三维等高线

2.6.7　三维隐函数图形绘制

前面介绍的 **fplot3()** 等函数只能绘制三维显函数曲线。如果某三维曲面由隐函数 $g(x,y,z)=0$ 表示，则可以由 **fimplicit3()** 绘制其曲面图形，该函数的调用格式为 fimplicit3(fun,[$x_{\rm m}$,$x_{\rm M}$,$y_{\rm m}$,$y_{\rm M}$,$z_{\rm m}$,$z_{\rm M}$])，其中，**fun** 可以为符号表达式或匿名函数，若使用匿名函数则同时应该采用点运算。坐标轴范围向量 $(x_{\rm m},x_{\rm M})$，$(y_{\rm m},y_{\rm M})$，$(z_{\rm m},z_{\rm M})$ 的默认值为 $(-5,5)$。如果只给出一对上下限 $(x_{\rm m},x_{\rm M})$，则表示三个坐标轴均同样设置。该函数的核心部分是等高面绘制函数。

例 2-48　假设某三维隐函数如下表示，且感兴趣的区域为 $x,y,z\in(-1,1)$，试绘制其三维曲面。

$$x(x,y,z)=x\sin\left(y+z^2\right)+y^2\cos(x+z)+zx\cos\left(z+y^2\right)=0$$

解　用字符串、符号表达式或匿名函数的方式都可以描述原始的隐函数，三者作用相同。用下面语句就可以直接绘制出该隐函数的三维曲面图，如图 2-22(a)所示。

```
>> syms x y z; f=x*sin(y+z^2)+y^2*cos(x+z)+z*x*cos(z+y^2);     %由不同方式描述隐函数
   f=@(x,y,z)x.*sin(y+z.^2)+y.^2.*cos(x+z)+z.*x.*cos(z+y.^2); %匿名函数描述
   fimplicit3(f,[-1 1])                                        %三维隐函数曲面绘制
```

如果使用下面的语句还可以在原曲面上叠印单位球面$x^2+y^2+z^2=1$,如图2-22(b)所示。

```
>> f1=@(x,y,z)x.^2+y.^2+z.^2-1; fimplicit3({f f1},[-1 1]);
```

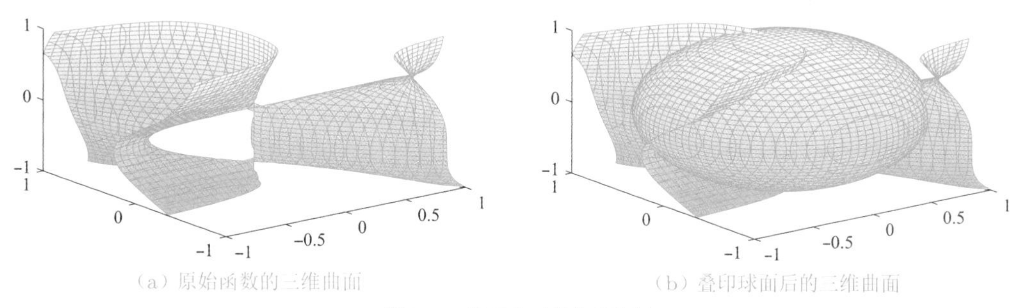

(a) 原始函数的三维曲面　　(b) 叠印球面后的三维曲面

图2-22　隐函数三维曲面绘制

2.6.8 三维曲面的旋转

前面介绍的视角变换并未改变曲面的本身,只是通过重新设置视角来调整观察角度。MATLAB还提供了曲面的旋转变换方法,旋转变换可以采用**rotate()**函数实现,其调用格式为rotate(h,v,α),其中,**h**为曲面的句柄,该句柄可以由**surf()**函数直接返回,也可以在图形编辑状态下单击选中曲面,然后由h=gco命令提取。$\boldsymbol{v}$为旋转的基线,它是1×3的向量,存储一个三维空间点,旋转基线是坐标轴原点与该空间点之间的连线。α是旋转的角度(单位为"度")。如果想绕x轴正方向旋转,则v=[1,0,0],如果想让其绕x轴负方向旋转,则v=[−1,0,0]。

例2-49　重新考虑例2-42中给出的分段函数,试绘制旋转得出的曲面。

解　用下面的语句可以重新绘制原分段函数的三维曲面,如图2-15所示。

```
>> [x,y]=meshgrid(-1:.04:1,-2:.04:2);                       %生成网格数据矩阵
   z=0.5457*exp(-0.75*y.^2-3.75*x.^2-1.5*x).*(x+y>1)+...
     0.7575*exp(-y.^2-6*x.^2).*((x+y>-1) & (x+y<=1))+...
     0.5457*exp(-0.75*y.^2-3.75*x.^2+1.5*x).*(x+y<=-1);     %计算分段函数
   h=surf(x,y,z);                                           %绘制图形
```

除了曲面的绘制之外,该函数还返回了曲面句柄**h**,如果想将原曲面沿x轴逆时针旋转15°,则可以给出下面的语句,旋转后的曲面如图2-23(a)所示。

```
>> rot_ax=[1,0,0]; rotate(h,rot_ax,15)                     %沿x轴逆时针旋转15°
```

如果想让原曲面绕原点与空间点$(1,1,1)$之间的连线旋转15°,则可以给出下面的语句:

```
>> h=surf(x,y,z); rot_ax=[1,1,1]; rotate(h,rot_ax,15)      %沿斜线旋转15°
```

这样可以得出如图2-23(b)所示的旋转效果。

下面可以用循环结构给出原曲面沿x轴旋转一周的动画演示(每0.02s旋转1°)。这里使用了axis tight保证旋转过程中坐标轴的尺度固定不变。值得注意的是,旋转角度应该填写1,而不能写成i,因为每循环一步都在原来的基础上旋转1°。

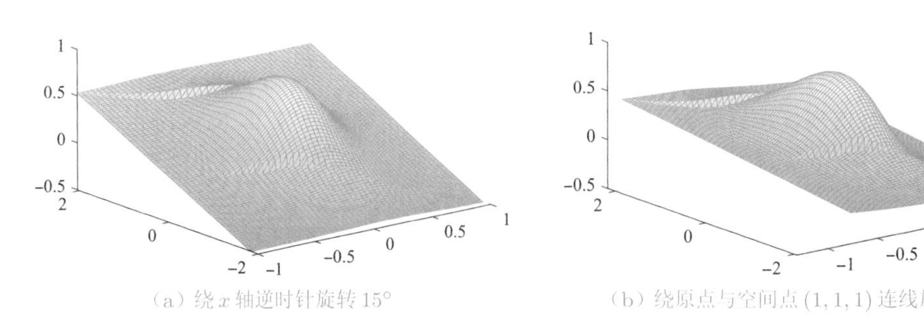

(a) 绕 x 轴逆时针旋转15° (b) 绕原点与空间点(1,1,1)连线旋转15°

图2-23 曲面旋转的效果

```
>> h=surf(x,y,z); r_ax=[1 0 0]; axis tight              %保证坐标轴尺度
   for i=0:360, rotate(h,r_ax,1); pause(0.02), end       %每0.02s旋转一度
```

2.7 四维图形绘制

2.7.1 三维动画

三维动画(3D animation)演示可以理解成一种四维的图形,即三维曲面随第四维——时间的变化动画。若某个三维曲面图是时间的函数,则由getframe命令提取每个时间样本点绘制的三维曲面句柄,这样就可以提取一系列句柄。有了句柄就可以调用movie()函数制作三维动画的视频。本节将通过例子演示三维动画的制作与播放方法。

例2-50 考虑一个时变的函数 $z(x,y,t)=\sin(x^2t+y^2)$,其中,$0\leqslant t\leqslant 1$,$-2\leqslant x,y\leqslant 2$,试用动画的方式表示函数表面图随时间 t 的变化效果。

解 三维动画的处理分为两个部分:第一部分是动画的制作,需要计算出各个时刻的曲面图数据,由每个时刻的数据绘制三维表面图,然后用getframe()函数提取出一帧图像的句柄,通过这样的方法可以获得一系列句柄。为使得动画变化平稳,可以考虑用axis()函数将每帧动画固定在相同的坐标系范围内。第二部分是动画播放,有了动画的一系列句柄,则可以调用movie()函数播放动画。由下面的语句直接实现上述思路,获得三维动画的结果。

```
>> t=linspace(0,1); [x,y]=meshgrid(-2:0.1:2);
   for i=1:length(t)                                 %对每个时刻单独处理
      z=sin(x.^2*t(i)+y.^2); surf(x,y,z);            %绘制三维表面图
      axis([-2,2,-2,2,-1,1]); h(i)=getframe;         %提取一帧图像
   end, figure, movie(h)                             %三维动画的直接播放
```

2.7.2 体视化数据显示

前面介绍的三维图形绘制主要描述的是二元函数 $z=S(x,y)$ 在三维空间内的图形,如果某三元函数的数学表达式为 $v=V(x,y,z)$,则需要绘制该三元函数的体视化(volume visualization)图形。三元函数在实际应用中有很多例子,例如固体内部的温度、流体的流速、液体的浓度分布等,这用普通的三维图是表现不出来的,而直接绘制四维图是不可能的,所以只能用特殊三维空间图形来表示,再辅以任意角度的切面观察三维物体内部函数的值。这里的方法又称为体视化方法。计算机断层扫描(computer tomography,CT)是用切面观察三维物体内部结构的很好的例子。

由meshgrid()函数生成三维网格数据$\boldsymbol{x}$,$\boldsymbol{y}$,$\boldsymbol{z}$,再由点运算求出三元函数的体数据$\boldsymbol{V}$,最后调用slice()函数绘制感兴趣的切面,其调用格式为slice($\boldsymbol{x}$,$\boldsymbol{y}$,$\boldsymbol{z}$,$\boldsymbol{V}$,$\boldsymbol{x}_1$,$\boldsymbol{y}_1$,$\boldsymbol{z}_1$),其中,$\boldsymbol{x}$,$\boldsymbol{y}$,$\boldsymbol{z}$,$\boldsymbol{V}$为体视化数据,$\boldsymbol{x}_1$,$\boldsymbol{y}_1$,$\boldsymbol{z}_1$为描述切面的数据,如果为常数向量则表示垂直于该坐标轴的切面,当然这些切面也可以设置为旋转得出的平面甚至曲面,具体使用方法将通过例子演示。

例2-51 已知某三元函数为$V(x,y,z)=\sqrt{x^x+y^{(x+y)/2}+z^{(x+y+z)/3}}$,试用体视化的方法观察该三元函数,并给出切面观察该函数的性质。

解 由于涉及求平方根,所以x,y,z应该取非负值,可以通过如下命令构造网格数据,然后计算出体视化数据$\boldsymbol{V}$。分别选择三组平行于坐标轴平面的切面。例如,第一组切面定位于$x=1$,$x=2$,第二组定位于$y=1$,$y=2$,第三组设置于$z=0$,$z=1$,这样可以得出如图2-24(a)所示的切面图。

```
>> [x,y,z]=meshgrid(0:0.1:2);
   V=sqrt(x.^x+y.^((x+y)/2)+z.^((x+y+z)/3));
   slice(x,y,z,V,[1 2],[1 2],[0 1]);     %由体视化数据绘制切面图
```

利用前面介绍的方法,先构造一个普通平面$z=1$,再沿x轴逆时针旋转45°构造切面,这样即可由该切面提取$\boldsymbol{x}_1$,$\boldsymbol{y}_1$,$\boldsymbol{z}_1$数据,则可以由slice()函数得出所需的切面图,如图2-24(b)所示。

```
>> [x0,y0]=meshgrid(0:0.1:2); z0=ones(size(x0));   %生成z=1平面数据
    h=surf(x0,y0,z0); rotate(h,[1,0,0],45);         %沿x轴正向按逆时针旋转45°
    x1=get(h,'XData'); y1=get(h,'YData'); z1=get(h,'ZData');   %提取该平面数据
    slice(x,y,z,V,x1,y1,z1), hold on, slice(x,y,z,V,2,2,0)     %绘制切面图
```

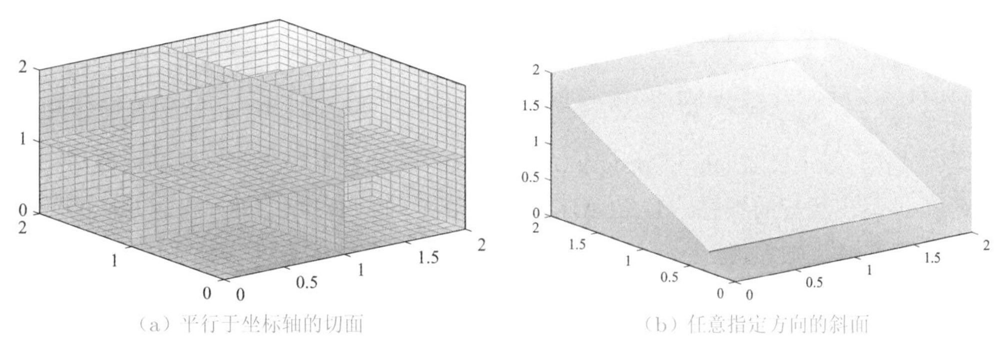

(a) 平行于坐标轴的切面　　(b) 任意指定方向的斜面

图2-24 切面图的效果

2.7.3 体视化处理工具

为更方便地观察切面图,作者编写了一个简易的图形用户界面vol_visual4d(),使用此界面之前应该在MATLAB工作空间中建立体视化数据$\boldsymbol{x}$,$\boldsymbol{y}$,$\boldsymbol{z}$,$\boldsymbol{V}$,然后调用此函数vol_visual4d($\boldsymbol{x}$,$\boldsymbol{y}$,$\boldsymbol{z}$,$\boldsymbol{V}$),利用界面上的控件直接处理各个切面。

例2-52 可以用下面的语句直接生成例2-51中的数据,然后调用vol_visual4d()函数,则可以直接启动此界面。对图形的属性稍加处理即可以得出如图2-25所示的切面显示。用户可以通过界面提供的滚动杆调整切面的位置,也可以由复选框on/off打开或关闭某轴的切面。用户还可以由Shading options下拉菜单选择体视化的着色方式。

```
>> [x,y,z]=meshgrid(0:0.1:2);                       %生成三维网格
```

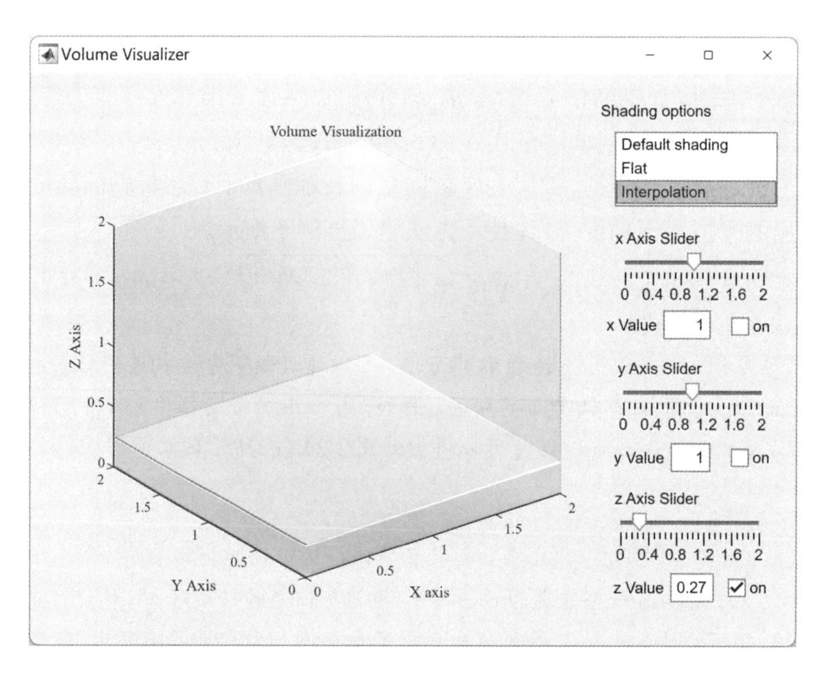

图 2-25　切面的效果显示

```
V=sqrt(x.^x+y.^((x+y)/2)+z.^((x+y+z)/3)); %生成体视化数据
vol_visual4d(x,y,z,V);                    %打开体视化处理工具
```

2.8 面向对象编程入门

2.8.1 面向对象编程的基本概念

面向对象的编程(object oriented programming)技术是一种重要的计算机编程方法，该方法基于"对象"的概念，编写出相应的程序。MATLAB较好地实现了面向对象的编程机制。本节将给出面向对象编程的基本概念与基础知识，然后介绍类与对象的数据结构及相关内容，为后面将要系统介绍的面向对象编程技术打下一个比较好的基础。

对象是数据的一种表示方法。对象将数据表示成域(field)的形式，而域又称为属性(attribute)，也称为成员变量(membership variable)；一个共享相同结构与行为的全体对象的集合称为类(class)；基于面向对象编程技术编写处理的程序称为对象的方法(method)。从另一个角度看，如果设计了一个类，则对象是该类的一个实例(instance)，对象可以使用该类的所有域和所有方法。

在面向对象的编程中，对象的代码(方法)可以读取和修改对象的域，通过修改对象属性的方法实现程序的具体功能。

面向对象编程与传统编程在程序结构与执行机制上是有显著区别的。传统编程方法是逐条语句顺序执行的，而面向对象编程是先准备好一些对象及其方法函数，平时这些方法函数是不执行的，一旦对象的一个事件被触发，则自动调用相应的事件响应方法函数执行。Microsoft Windows的界面通常都是以面向对象的方式实现的。如果单击一个菜单项，则会自动生成一个事件，Windows的执行机制会自动执行某段代码响应单击菜单的动作，所以这种面向对象编程的方式是随处可见的，读者也可以自己体会这种编程方式的重要性。

与传统的编程相比，面向对象编程的可读性、可重用性、可扩展性等更有优势。

对一般读者而言，有两种方式使用面向对象的程序设计技术：一种称为客户(client)式使用方法；另一种是程序员式使用方法[35]。前一种使用方法中，读者可以直接使用MATLAB下现有的类与对象，而不必过多了解类与对象的底层编程，大多数读者属于这种面向对象技术的使用者。程序员式使用者则需要学会面向对象的底层编程方法，包括如何创建一个类，并给对象编写出底层的代码。本节将试图用一个简单的例子演示面向对象编程的全过程。如果掌握了面向对象编程的底层技术将有助于读者更广泛、更方便地使用MATLAB，更好地解决科学运算问题。

面向对象编程需要用户自己设计类，包括类名的选择、域的选择、类的定义等。类建立起来之后，还需为类编写响应函数。本节将以伪多项式为例，演示类的设计方法与响应函数的编程方法。

2.8.2 类的设计

MATLAB可以使用一个变量名称表示类。比如，控制系统工具箱提供了`tf`名称表示一个传递函数的类，采用`ss`名称表示状态方程的类。定义了类，则可以用变量名表示某个类的一个对象，比如可以由G表示一个传递函数对象。

在一个对象中通常需要设计若干域。比如，传递函数类需要更具体地由其分子多项式系数与分母多项式系数直接表示，这就需要为其`num`、`den`域赋值。这需要域变量内容的获取与赋值的动作。如果想绘制对象的Bode图，则需要使用与这个对象相关的方法。比如，可以调用控制系统工具箱中的`bode(`G`)`函数直接绘制系统的Bode图，而`bode()`函数就是该对象的一个方法，本书统称为响应函数（response function）。

如果想从程序员角度理解面向对象编程，则需要首先为类取一个名字，然后建立一个专门的文件夹，在文件夹内编写与这个类相关的代码，包括类定义函数、类显示函数和一批必要的响应函数。为使得这个类处理起来与其他类似的类接近，响应函数最好选作其他类的同名函数。这种同名函数又称为重载函数(overload function)。由于同名函数分属不同的类，所以使用起来不会产生混淆，这是由MATLAB运行机制决定的。

设计一个类需要如下几个步骤。

(1) 选择类的名字。类名的选择与变量名选择的原则是一致的。

(2) 建立空白文件夹。可以建立一个以`@`引导的文件夹，文件夹的名字与类名字保持一致。如果当前路径在MATLAB路径下，则新建的类文件夹也在MATLAB的搜索路径下，不必另行设置。

(3) 为类设计域。域可以存储类的必要参数。

(4) 编写两个必要的函数。建立一个类，至少需要编写两个MATLAB函数：一个是与类同名的文件，允许用户输入该对象；另一个函数名为`display.m`，用于显示对象。

(5) 设计必要的重载函数。任何一个类操作的动作，包括加、减、乘、除这类基本操作，都需要用户为其重新编写执行函数，称为回调函数(callback function)。函数名最好与常规的函数重名，比如，如果想完成两个对象的加法运算，用户应该编写新的文件`plus.m`。新设计的类不自带任何方法，所有的方法运算都需要用户自己编写方法函数。

2.8.3 类的创建及对象显示

伪多项式(pseudo-polynomial)的数学表达式为

$$p(s)=a_1s^{\alpha_1}+a_2s^{\alpha_2}+\cdots+a_ns^{\alpha_n} \tag{2-8-1}$$

其中a_i为系数,α_i为阶次,$i=1,2,\cdots,n$,阶次不限于整数,故多项式称为伪多项式。本节将以伪多项式为例,介绍MATLAB中类的设计方法。

例2-53 试为伪多项式设计一个MATLAB类。

解 要想为伪多项式设计类,首先应该为其起名,如取名ppoly。这样,需要在工作路径下建立名为@ppoly的空白文件夹。另外,要唯一地描述伪多项式,需要引入两个向量:一个是系数向量$\boldsymbol{a}=[a_1,a_2,\cdots,a_n]$;另一个是阶次向量$\boldsymbol{\alpha}=[\alpha_1,\alpha_2,\cdots,\alpha_n]$。可以将这两个向量选作ppoly类的域,分别取名为a和na。

类的定义函数是有固定格式的,该固定格式虽然稍有别于一般的MATLAB函数,但其结构是比较容易理解的,所以不过多从理论与结构上叙述类的格式。下面通过例子演示类定义函数的编写方法。

例2-54 试为ppoly类编写出类的定义函数。

解 在编写类定义函数之前,应该充分考虑函数可能的调用格式,当然刚开始时考虑不全也不要紧,以后可以逐渐扩充类定义函数。对伪多项式而言,一般有3种调用格式:

(1) p=ppoly(a,α),(2) p=ppoly(a),(3) p=ppoly('s')

其中,第一种模式给出了系数与阶次向量;在第二种模式下,$\boldsymbol{a}$为整数阶多项式系数向量;在第三种调用格式下,声明p为s算子。基于这样的考虑,可以编写出类定义函数为

```
classdef ppoly                        %类定义函数
   properties, a(1,:), na(1,:), end   %属性定义,以end语句结束
   methods                            %方法(响应函数)定义,其他响应函数也可以写在这里
      function p=ppoly(a,na)
        if nargin==1                  %判定输入变元的个数,如果个数为1
           if isa(a,'double'), p=ppoly(a,length(a)-1:-1:0); %调用格式(2)
           elseif isa(a,'ppoly'), p=a;  %如果已经是ppoly对象,则直接传递给p
           elseif isequal(a,'s'), p=ppoly(1,1); end          %调用格式(3)
        elseif length(a)==length(na), p.a=a; p.na=na;        %调用格式(1)
        else, error('Error: miss matching in a and na'); end
      end %function结构对应的end语句,不能省略
   end    %methods结构对应的end语句
end       %classdef结构对应的end语句
```

这段代码是由classdef命令引导的主结构,用于ppoly类的定义。

在主结构中有properties引导的段落,列出所设计的所有域名,由end结束。

剩下的部分是由methods语句引导的段落,描述类的方法(以下统称响应函数)。一个类可以带有多个响应函数,甚至可以将类的所有响应函数都写在一个文件中。每个函数应该对应一个自己的end语句。编写独立函数时,end语句可以省略,因为函数结尾就意味着函数结束,但在这样的程序结构下,end语句不能省略,否则会出错。

可以看出,每个结构都应该由end语句结束,否则将导致错误。

有了这样的文件,用户就可以按允许的三种格式之一输入ppoly对象,不过,只给出这个命令可

以输入对象，但不能显示其内容。若想显示对象的内容，必须编写display.m文件，或在主结构中编写display()响应函数。

例2-55 试为ppoly类编写一个显示函数。

解 参考式(2-8-1)，逐项串接+a(i)*s^{na(i)}项，构成伪多项式的字符串。其中，a(i)和na(i)为数值，应该由num2str()函数将其转换成字符串。其核心部分可以由循环结构实现：

```
na=p.na; P='';          %设置初始字符串P为空
for i=1:length(a)       %对伪多项式逐项进行单独处理
   P=[P,'+',num2str(a(i)),'*s^{',num2str(na(i)),'}'];
end
```

运行这个函数可以发现，得出的字符串完整地描述了伪多项式，不过有很多表示方法应该进一步化简。例如，如果字符串中有+1*s项，则系数1与乘号可以省去。用计算机处理则意味着用字符串替换的方法将+1*s替换成+s，可以由strrep()函数直接实现字符串的自动替换。可以先编写出一个简单的显示函数，然后测试一些例子，再看还有哪些字符串需要替换，给出相应的替换语句，完成显示函数。最终可以编写出如下的显示函数：

```
function str=display(p)
na=p.na; a=p.a; if length(na)==0, a=0; na=0; end
P=''; [na,ii]=sort(na,'descend'); a=a(ii);        %对阶次降序排序
for i=1:length(a)                                 %对伪多项式逐项进行处理
   P=[P,'+',num2str(a(i)),'*s^{',num2str(na(i)),'}'];
end
P=P(2:end); P=strrep(P,'s^{0}',''); P=strrep(P,'+-','-');
P=strrep(P,'^{1}',''); P=strrep(P,'+1*s','+s'); %各种字符的简化
P=strrep(P,'*+','+'); P=strrep(P,'*-','-');       %通过实际运行积累经验
strP=strrep(P,'-1*s','-s'); nP=length(strP);      %替换冗余字符串,化简显示
if nP>=3 & strP(1:3)=='1*s', strP=strP(3:end); end
if strP(end)=='*', strP(end)=''; end
if nargout==0, disp(strP), else, str=strP; end  %如果不返回变元则直接显示
```

注意，这个函数一定要置于@ppoly文件夹内，否则MATLAB找不到该文件。

例2-56 试将下面的表达式以ppoly对象的形式输入MATLAB工作空间。

$$p_1(s)=s^{1.5}+4s^{0.8}+3s^{0.7}+5,\ p_2(s)=s^3+3s^2+3s+1$$

解 有两种方法输入伪多项式：一种是使用系数向量、阶次向量的形式直接输入；另一种是先定义s为ppoly算子，然后用表达式方式求出。由$p_1(s)$可见，系数向量$\boldsymbol{a}=[1,4,3,5]$，阶次向量$\boldsymbol{n}=[1.5,0.8,0.7,0]$，由于$p_2(s)$是普通多项式，依照ppoly类定义函数，输入系数向量$\boldsymbol{a}=[1,3,3,1]$即可。可以给出下面的语句输入这两个伪多项式，得出的结果是完全一致的。当然，$p_{i2}(s)$输入要在编写了加法、乘方重载函数之后才能实现。

```
>> a=[1,4,3,5]; n=[1.5,0.8,0.7,0]; p11=ppoly(a,n) %直接输入第一个伪多项式
   s=ppoly('s'); p12=s^1.5+4*s^0.8+3*s^0.7+5      %第二种方法(暂不能使用)
   p21=ppoly([1,3,3,1]), p22=s^3+3*s^2+3*s+1      %第二个伪多项式的两种方法
```

2.8.4　重载函数的编写

类的计算离不开相应的计算函数。在面向对象编程中，这些针对类的计算函数又称为类的方法，而通常为了使类的计算与MATLAB常规函数尽可能一致，方法的函数的名字尽量与常规函数一致，这种重名的函数又称为重载函数（overload function）。只要重载函数放置在类的文件夹内，将不会影响其他的同名函数。如果想使用MATLAB的算术运算符，则可以按表2-5编写相应的方法函数。

表2-5　算术运算的响应函数

运算名	函数名	命令格式	函数实现的解释
加　法	plus	p=p_1+p_2	在数学上实现两个伪多项式的加法比较简单：把两个伪多项式的a域串接成一个向量，na域串接成另一个向量，就可以得出两个伪多项式的和，再调用collect()函数进行同类项合并
求　反	uminus	p=-p_1	伪多项式对象的a域乘以 -1 即可
减　法	minus	p=p_1-p_2	有了uminus运算，则 p=p_1+(-p_2)
乘　法	mtimes	p=p_1*p_2	后面将通过例子专门介绍
乘　方	mpower	p=p_1^n	如果 n 为整数，则可以由连乘法计算；若 n 为非整数，且 p_1 中a域只有一项，则可以处理，否则给出错误信息
合并同类项	collect	p=collect(p_1)	先对 p_1 的na域向量运算进行排序，且同步处理a域，然后找到na项相同的系数加起来

1. 伪多项式的加法运算

假设两个伪多项式的数学形式为

$$p_1(s)=a_1s^{\alpha_1}+a_2s^{\alpha_2}+\cdots+a_ns^{\alpha_n},\ p_2(s)=b_1s^{\beta_1}+b_2s^{\beta_2}+\cdots+b_ms^{\beta_m} \tag{2-8-2}$$

则两个伪多项式的和 $p(s)=p_1(s)+p_2(s)$ 为

$$p(s)=a_1s^{\alpha_1}+a_2s^{\alpha_2}+\cdots+a_ns^{\alpha_n}+b_1s^{\beta_1}+b_2s^{\beta_2}+\cdots+b_ms^{\beta_m} \tag{2-8-3}$$

由式(2-8-3)可见，两个伪多项式的加法运算比较简单，可以先把两个伪多项式的系数向量与阶次向量分别串接起来：

$$\hat{\boldsymbol{a}}=[a_1,a_2,\cdots,a_n,b_1,b_2,\cdots,b_m],\quad \hat{\boldsymbol{\alpha}}=[\alpha_1,\alpha_2,\cdots,\alpha_n,\beta_1,\beta_2,\cdots,\beta_m]$$

再合并同类项，就可以得出两个伪多项式的和。

现在考虑一个特例：假设 p_1 为伪多项式，p_2 为双精度数5，如何实现二者相加？按照前面的考虑需要将两个变元的系数、阶次向量串接起来，不过双精度数5是没有自己的系数向量与阶次向量的，所以，直接采用上面的想法可能出错。若想排除这个错误，应该先将 p_2 转换成ppoly对象。

根据这样的思路，可以编写出如下的加法重载函数：

```
function p=plus(p1,p2)
   p1=ppoly(p1); p2=ppoly(p2);                     %先将输入变元统一成ppoly形式
   a=[p1.a,p2.a]; na=[p1.na,p2.na]; p=ppoly(a,na); %重组ppoly对象
   p=collect(p);                                   %合并同类项
end
```

其中，collect()重载函数是需要用户编写的，其目标是实现ppoly类的合并同类项化简，得出最简的

ppoly对象。后面将介绍该重载函数的编程。

2. 减法运算

减号算符对应的是minus()函数，也是经常需要用户自行编写的重载函数。定义了加法，很自然会想到减法 $p(s)=p_1(s)-p_2(s)$ 可以直接写成加法的形式，即 $p(s)=p_1(s)+[-p_2(s)]$，不过，$-p_2(s)$ 运算也需要用户自己去编写重载函数，这样的函数又称为自反函数，其固定的函数名为uminus()，该函数的作用是将ppoly的系数进行反号处理，阶次不变，所以可以先写出该重载函数。

```
function p1=uminus(p)
   p1=ppoly(-p.a,p.na); %自反函数需要对系数向量变号,阶次向量不变
end
```

有了uminus()重载函数，则可以直接写出下面的减法重载函数：

```
function p=minus(p1,p2)
   p=p1+(-p2);  %定义了自反函数,就可以将减法运算变换成加法运算
end
```

3. 伪多项式乘法

假设两个伪多项式的数学形式由式(2-8-2)给出，则其乘法为

$$\begin{aligned}p(s)&=p_1(s)p_2(s)\\&=a_1s^{\alpha_1}p_2(s)+a_2s^{\alpha_2}p_2(s)+\cdots+a_ns^{\alpha_n}p_2(s)\\&=a_1b_1s^{\alpha_1+\beta_1}+a_1b_2s^{\alpha_1+\beta_2}+\cdots+a_1b_ms^{\alpha_1+\beta_m}+\\&\quad a_2b_1s^{\alpha_2+\beta_1}+a_2b_2s^{\alpha_2+\beta_2}+\cdots+a_2b_ms^{\alpha_2+\beta_m}+\cdots+\\&\quad a_nb_1s^{\alpha_n+\beta_1}+a_nb_2s^{\alpha_n+\beta_2}+\cdots+a_nb_ms^{\alpha_n+\beta_m}\end{aligned}\tag{2-8-4}$$

由于上面涉及复杂的向量运算，所以应该考虑引入Kronecker乘积与Kronecker和的概念及其计算方法。两个矩阵 $\boldsymbol{A}$ 与 $\boldsymbol{B}$，其Kronecker乘积与Kronecker和分别定义为

$$\boldsymbol{A}\otimes\boldsymbol{B}=\begin{bmatrix}a_{11}\boldsymbol{B}&\cdots&a_{1m}\boldsymbol{B}\\\vdots&\ddots&\vdots\\a_{n1}\boldsymbol{B}&\cdots&a_{nm}\boldsymbol{B}\end{bmatrix},\quad \boldsymbol{A}\oplus\boldsymbol{B}=\begin{bmatrix}a_{11}+\boldsymbol{B}&\cdots&a_{1m}+\boldsymbol{B}\\\vdots&\ddots&\vdots\\a_{n1}+\boldsymbol{B}&\cdots&a_{nm}+\boldsymbol{B}\end{bmatrix}\tag{2-8-5}$$

MATLAB中提供的函数 C=kron($\boldsymbol{A}$,$\boldsymbol{B}$)，可以直接计算两个矩阵的Kronecker积 $\boldsymbol{A}\otimes\boldsymbol{B}$。仿照该函数可以编写出Kronecker和的求解函数kronsum()：

```
function C=kronsum(A,B)
   arguments, A {mustBeNumeric}; B {mustBeNumeric}; end
   [ma,na]=size(A); [mb,nb]=size(B);
   A=reshape(A,[1 ma 1 na]); B=reshape(B,[mb 1 nb 1]); C=reshape(A+B,[ma*mb na*nb]);
end
```

由式(2-8-4)可见，两个伪多项式相乘，其系数与阶次向量分别为

$$\hat{\boldsymbol{a}}=[a_1\boldsymbol{b},a_2\boldsymbol{b},\cdots,a_n\boldsymbol{b}]=\boldsymbol{a}\otimes\boldsymbol{b},\quad \hat{\boldsymbol{\alpha}}=[\alpha_1+\boldsymbol{\beta},\alpha_2+\boldsymbol{\beta},\cdots,\alpha_n+\boldsymbol{\beta}]=\boldsymbol{\alpha}\oplus\boldsymbol{\beta}$$

所以，可以用Kronecker乘积与Kronecker和求出乘积伪多项式的系数与阶次向量。得出ppoly对象的乘积之后，再进行合并同类项处理，就可以得出最终的结果。根据这个思路，可以直接编写出如下的乘法重载函数：

```
function p=mtimes(p1,p2)
   p1=ppoly(p1); p2=ppoly(p2);
   a=kron(p1.a,p2.a); na=kronsum(p1.na,p2.na); p=collect(ppoly(a,na));
end
```

注意，在函数入口处调用了ppoly()函数，确保两个输入的变元都是以ppoly对象的形式给出的，会自动调用ppoly.m文件，而前面已经提及，ppoly.m文件中已经编写了不同数据结构转换成ppoly类的转换方法。

4. 乘方运算

乘方运算的标准MATLAB函数为mpower()。如果重载了这个函数，则可以对设计的类使用乘方符号(^)进行运算。首先应该考虑表2-5中的描述。该重载函数的编写需要考虑两方面内容：

(1) 如果p只有一项，$p = as^\alpha$，则对任意实数n，可以得出$a^n s^{n\alpha}$。

(2) 如果p为一般ppoly对象，则n可以为任意整数。如果n为正整数，则可以通过循环的方式计算p^n；如果n为负整数，则阶次乘以-1，作$-n$次循环。

如果不满足上面两个条件，则给出错误信息。考虑了这些因素之后，就可以编写出如下的重载函数。其中，应该确保两个输入变元都是标量型的变元，且第二变元应该是数值型变量。没有必要确认第一个变元为ppoly对象，因为若第一变元不是ppoly对象，不可能访问到这个重载函数。在arguments段落中，要求n为标量数值，否则给出错误信息。

```
function p1=mpower(p,n)
   arguments, p(1,1); n(1,1) double{mustBeReal}; end
   if length(p.a)==1, p1=ppoly(p.a^n,p.na*n);
   elseif n==round(n)
      if n<0, p.na=-p.na; n=-n; end
      p1=ppoly(1); for i=1:n, p1=p1*p; end
   else, error('n must be an integer'), end
end
```

例2-57　重新输入例2-56中的伪多项式模型$p(s) = s^{1.5} + 4s^{0.8} + 3s^{0.7} + 5$。

解　例2-56中给出了第二种输入方法。有了前面的各个重载函数，也可以直接由下面的语句输入伪多项式对象。

```
>> s=ppoly('s'); p=s^1.5+4*s^0.8+3*s^0.7+5
```

5. 合并同类项运算

前面介绍过，如果两个伪多项式相加，需要将系数与阶次向量罗列起来，这样就难免出现“同类项”。所谓的同类项就是伪多项式两项的阶次是一致的，所以从化简角度看这两项需要合并成一项。具体的合并同类项运算的考虑如下：

(1) 首先对整个可能含有同类项的多项式的阶次进行从大到小的排序，然后求出阶次的差分(即后项减前项)，对各项可以进行循环运算，逐项处理。显然如果某项的差分为零(实际上的判定是差分的绝对值是否小于10^{-15})，则说明下一项与当前项为同类项，所以应该将下一项的系数加到当前项的系数上，然后删除下一项。

（2）循环完成之后，再判定各项的系数，如果某项的系数为零（从编程角度更确切的判定方法是判定系数的绝对值是否大于误差限eps），则删除该项。

综合前面的各种考虑，可以编写出下面的合并同类项重载函数：

```
function p=collect(p)
   a=p.a; na=p.na; [na,ii]=sort(na,'descend'); a=a(ii); ax=diff(na); key=1;
   for i=1:length(ax)
      if abs(ax(i))<=1e-15 %同类项的处理
         a(key)=a(key)+a(key+1); a(key+1)=[]; na(key+1)=[];
      else, key=key+1; end
   end
   ii=find(abs(a)>eps); a=a(ii); na=na(ii); p=ppoly(a,na);
end
```

2.9 习题

2.1 启动MATLAB环境，并给出语句

```
>> tic, A=rand(500); B=inv(A); norm(A*B-eye(500)), toc
```

试运行该语句，观察得出的结果，并利用help或doc命令对不熟悉的语句进行帮助信息查询，逐条给出上述程序段与结果的解释。

2.2 试用符号元素工具箱支持的方式表达多项式$f(x)=x^5+3x^4+4x^3+2x^2+3x+6$，并令$x=(s-1)/(s+1)$，将$f(x)$替换成$s$的函数。

2.3 试对任意整数k化简表达式$\sin(k\pi+\pi/6)$。

2.4 试求出无理数$\sqrt{2}, \sqrt[6]{11}, \sin 1^\circ, \mathrm{e}^2, \ln(21), \log_2(\mathrm{e})$的前200位有效数字。

2.5 如果想精确地求出$\lg(12345678)$，试判断下面哪个命令是正确的。

① `vpa(log10(sym(12345678)))` ② `vpa(sym(log10(12345678)))`

2.6 试证明恒等式：① $\mathrm{e}^{\mathrm{j}\pi}+1=0$ ② $\dfrac{1-2\sin\alpha\cos\alpha}{\cos^2\alpha-\sin^2\alpha}=\dfrac{1-\tan\alpha}{1+\tan\alpha}$

2.7 若$f(x)=x^2-x-1$，试求$f(f(f(f(f(f(f(f(f(f(x))))))))))$。如果结果是多项式，其最高阶次是多少？

2.8 可以由`A=rand(3,4,5,6,7,8,9,10,11)`命令生成一个多维的伪随机数数组。试判定一共生成了多少个随机数，这些随机数的均值是多少。

2.9 已知数学函数$f(x)=\dfrac{x\sin x}{\sqrt{x^2+2(x+5)}}$，$g(x)=\tan x$，试尝试不同的方法求出复合函数$f(g(x))$和$g(f(x))$。

2.10 由于双精度数据结构有一定的位数限制，大数的阶乘很难保留足够的精度。试用数值方法和符号运算的方法计算并比较C_{50}^{10}，其中，$\mathrm{C}_m^n=m!/\big(n!(m-n)!\big)$。符号运算工具箱还提供了函数nchoosek()专门计算组合问题，其格式为`nchoosek(sym(m),n)`。

2.11 试求出12!与12039287653026128192934的最大公约数。

2.12 试求下面两个多项式的最大公约式。

$$P(x)=x^5+10x^4+34x^3+52x^2+37x+10,\ Q(x)=x^5+15x^4+79x^3+177x^2+172x+60$$

2.13 试列出不超过1000的所有可以被11整除的正整数，并找出[3000,5000]区间内所有可以被11整除的正整数。

2.14 试用循环结构找出1000以下所有的质数。

2.15 试生成一个100×100的魔方矩阵,找出其中大于1000的所有元素,并强行将其置成0。

2.16 试生成一个1000×1000的魔方矩阵,能找出34438这个元素在哪行哪列吗?

2.17 区间$[1,1000000]$内总共有多少个质数?试求出所有这些质数的乘积,判断这个乘积有多少位十进制数,并测试一下执行这些语句的总耗时。

2.18 用MATLAB语句输入矩阵$\boldsymbol{A}$和$\boldsymbol{B}$。

$$\boldsymbol{A}=\begin{bmatrix}1&2&3&4\\4&3&2&1\\2&3&4&1\\3&2&4&1\end{bmatrix},\quad \boldsymbol{B}=\begin{bmatrix}1+4\mathrm{j}&2+3\mathrm{j}&3+2\mathrm{j}&4+1\mathrm{j}\\4+1\mathrm{j}&3+2\mathrm{j}&2+3\mathrm{j}&1+4\mathrm{j}\\2+3\mathrm{j}&3+2\mathrm{j}&4+1\mathrm{j}&1+4\mathrm{j}\\3+2\mathrm{j}&2+3\mathrm{j}&4+1\mathrm{j}&1+4\mathrm{j}\end{bmatrix}$$

前面给出的是4×4矩阵,如果给出$\boldsymbol{A}(5,6)=5$命令将得出什么结果?

2.19 假设已知矩阵$\boldsymbol{A}$,例如用`A=magic(8)`命令生成$\boldsymbol{A}$矩阵,试给出相应的MATLAB命令,将其全部偶数行提取出来,赋给$\boldsymbol{B}$矩阵,并检验得出的结果是否正确。

2.20 编写一个矩阵相加函数`mat_add()`,使其调用格式为`A=mat_add(A1,A2,A3,...)`,要求该函数能接受任意多个矩阵进行加法运算。

2.21 用MATLAB语言实现下面的分段函数:$y=f(x)=\begin{cases}h, & x>D\\ h/Dx, & |x|\leqslant D\\ -h, & x<-D\end{cases}$

2.22 用数值方法可以求出$S=\sum\limits_{i=0}^{63}2^i=1+2+4+8+\cdots+2^{62}+2^{63}$,试不采用循环的形式求出和式的数值解。由于数值方法采用`double`形式进行计算,难以保证有效位数字,所以结果不一定精确。试采用符号运算的方法求该和式的精确值。

2.23 试编写一个MATLAB函数,其调用格式为`H=mat_roots(A,n)`,其中,$\boldsymbol{A}$为方阵,n为整数,H为单元数组,使得每一单元存储矩阵$\boldsymbol{A}$的一个n次方根。

2.24 自己编写一个MATLAB函数,使它能自动生成一个$m\times m$的Hankel矩阵,并使其调用格式为`v=[h1,h2,...,hm,hm+1,...,h2m-1]; H=myhankel(v)`。

2.25 例2-17中演示了`gcd()`与`lcm()`函数,可以找出两个数的最大公约数与最小公倍数,不过这两个函数的缺陷是只能处理两个输入变量,试编写扩展函数`gcds()`与`lcms()`,使它们可以一次性处理任意多个输入变量。

2.26 已知Fibonacci序列可以由式$a_k=a_{k-1}+a_{k-2},k=3,4,\cdots$生成,其中,初值为$a_1=a_2=1$,试编写出生成某项Fibonacci数值的MATLAB函数,要求:

① 函数格式为`y=fib(k)`,给出k即能求出第k项a_k并赋给$\boldsymbol{y}$向量;

② 编写适当语句,对输入输出变量进行检验,确保函数能正确调用;

③ 利用递归调用的方式编写此函数。

2.27 已知某迭代序列$x_{n+1}=x_n/2+3/(2x_n)$,$x_1=1$,并已知该序列当n足够大时将趋于某个固定的常数,试选择合适的n,求该序列的稳态值(达到精度要求10^{-14}),并找出精确的数学表示。

2.28 试求$S=\prod\limits_{n=1}^{\infty}\left(1+\dfrac{2}{n^2}\right)$,使计算精度达到$\epsilon=10^{-12}$级。

2.29 若某个三位数,每位数字的三次方的和等于其本身,则称其为水仙花数,试找出所有水仙花数。

2.30 试计算扩展Fibonacci序列的前300项,其中,$T(n)=T(n-1)+T(n-2)+T(n-3),n=4,5,\cdots$,且初值为$T(1)=T(2)=T(3)=1$。

2.31 已知 $\arctan(x) = x - x^3/3 + x^5/5 - x^7/7 + \cdots$。取 $x=1$，则立即得出下面的计算式：

$$\pi \approx 4\left(1 - \frac{1}{3} + \frac{1}{5} - \frac{1}{7} + \frac{1}{9} - \frac{1}{11} + \cdots\right)$$

试利用循环累加方法计算出圆周率π的近似值，要求精度达到 10^{-6}。

2.32 试用下面的方法编写循环语句函数近似地用连乘的方法计算π值，当乘法因子 $|\delta - 1| < 10^{-6}$ 时停止循环。如果再缩小误差限能得到更精确的π值吗？试比较哪种方法更高效，用其在双精度数据结构下能得到的最精确的π值是多少？

① $\dfrac{\pi}{2} \approx \dfrac{2}{1}\cdot\dfrac{2}{3}\cdot\dfrac{4}{3}\cdot\dfrac{4}{5}\cdot\dfrac{6}{5}\cdot\dfrac{6}{7}\cdot\dfrac{8}{7}\cdot\dfrac{8}{9}\cdots$ ② $\dfrac{2}{\pi} \approx \dfrac{\sqrt{2}}{2}\cdot\dfrac{\sqrt{2+\sqrt{2}}}{2}\cdot\dfrac{\sqrt{2+\sqrt{2+\sqrt{2}}}}{2}\cdots$

2.33 试用下面两种方法求解代数方程 $f(x) = x^2\sin(0.1x+2) - 3 = 0$。

① 二分法。若在某个区间 (a,b) 内，$f(a)f(b) < 0$，则该区间内存在方程的根。取中点 $x_1 = (a+b)/2$，则可以根据 $f(x_1)$ 和 $f(a)$，$f(b)$ 的关系确定根的范围，用这样的方法可以将区间的长度减半。重复这样的过程，直至区间长度小于预先指定的 ϵ，则可以认为得出的区间端点是方程的解。令 $\epsilon = 10^{-10}$，试用二分法求区间 $(-4,0)$ 内方程的解。

② Newton–Raphson 迭代法。假设该方程解的某个初始猜测点为 x_n，则由切线法可以得出下一个近似点 $x_{n+1} = x_n - f(x_n)/f'(x_n)$。若两个点足够近，即 $|x_{n+1} - x_n| < \epsilon$，其中，$\epsilon$ 为预先指定的误差限，则认为 x_{n+1} 是方程的解，否则将 x_{n+1} 设置为初值继续搜索，直至得出方程的解。令 $x_0 = -4$，$\epsilon = 10^{-12}$，试用 Newton–Raphson 迭代法求解上面的方程。

2.34 试将 100×100 的魔方矩阵的第2列到第33列存入Excel文件。

2.35 Mittag-Leffler 函数的定义为

$$\mathrm{E}_\alpha(x) = \sum_{k=0}^{\infty} \frac{x^k}{\Gamma(\alpha k + 1)}$$

其中，$\Gamma(x)$ 为Gamma函数，可以由 gamma(x) 函数直接计算。试编写出MATLAB函数，使得其调用格式为 f=mymittag(α,z,ϵ) 其中，ϵ 为用户允许的误差限，其默认值为 $\epsilon = 10^{-6}$，$\boldsymbol{z}$ 为已知数值向量。利用该函数分别绘制出 $\alpha = 1$ 和 $\alpha = 0.5$ 的曲线。

2.36 Chebyshev 多项式的数学形式为

$$T_1(x) = 1,\ T_2(x) = x,\ T_n(x) = 2xT_{n-1}(x) - T_{n-2}(x),\ n = 3,4,5,\cdots$$

试编写一个递归调用函数来生成Chebyshev多项式，并计算 $T_{10}(x)$。写出一个更高效的Chebyshev多项式生成函数，并计算 $T_{30}(x)$。

2.37 由矩阵理论可知，如果一个矩阵 $\boldsymbol{M}$ 可以写成 $\boldsymbol{M} = \boldsymbol{A} + \boldsymbol{BCB}^{\mathrm{T}}$，并且其中 $\boldsymbol{A},\boldsymbol{B},\boldsymbol{C}$ 为相应阶数的矩阵，则 $\boldsymbol{M}$ 矩阵的逆矩阵可以由下面的算法求出：

$$\boldsymbol{M}^{-1} = \left(\boldsymbol{A} + \boldsymbol{BCB}^{\mathrm{T}}\right)^{-1} = \boldsymbol{A}^{-1} - \boldsymbol{A}^{-1}\boldsymbol{B}\left(\boldsymbol{C}^{-1} + \boldsymbol{B}^{\mathrm{T}}\boldsymbol{A}^{-1}\boldsymbol{B}\right)^{-1}\boldsymbol{B}^{\mathrm{T}}\boldsymbol{A}^{-1}$$

试根据上面的算法用MATLAB语言编写一个函数对矩阵 $\boldsymbol{M}$ 求逆，通过如下的测试矩阵来检验该程序，并和直接求逆方法进行精度上的比较。

$$\boldsymbol{M} = \begin{bmatrix} -1 & -1 & -1 & 1 & 0 \\ -2 & 0 & 0 & -1 & 0 \\ -6 & -4 & -1 & -1 & -2 \\ -1 & -1 & 0 & 2 & 0 \\ -4 & -3 & -3 & -1 & 3 \end{bmatrix},\quad \boldsymbol{A} = \begin{bmatrix} 1 & 0 & 0 & 0 & 0 \\ 0 & 3 & 0 & 0 & 0 \\ 0 & 0 & 4 & 0 & 0 \\ 0 & 0 & 0 & 2 & 0 \\ 0 & 0 & 0 & 0 & 4 \end{bmatrix}$$

$$\boldsymbol{B}=\begin{bmatrix}0&1&1&1&1\\0&2&1&0&1\\1&1&1&2&1\\0&1&0&0&1\\1&1&1&1&1\end{bmatrix},\quad \boldsymbol{C}=\begin{bmatrix}1&-1&1&-1&-1\\1&-1&0&0&-1\\0&0&0&0&1\\1&0&-1&-1&0\\0&1&-1&0&1\end{bmatrix}$$

2.38 已知迭代模型 $\begin{cases}x_{k+1}=1+y_k-1.4x_k^2\\ y_{k+1}=0.3x_k\end{cases}$，试写出求解该模型的M函数。如果取迭代初值为 $x_0=0$, $y_0=0$, 那么进行30000次迭代求出一组 $\boldsymbol{x}$ 和 $\boldsymbol{y}$ 向量, 然后在所有的 x_k 和 y_k 坐标处点亮一个点(注意不要连线), 最后绘制出所需的图形(提示: 这样绘制出的图形又称为Hénon引力线图, 它将迭代出来的随机点吸引到一起, 最后得出貌似连贯的引力线图)。

2.39 分形树的数学模型: 任意选定一个二维平面上的初始点坐标 (x_0,y_0), 假设可以生成一个在 $[0,1]$ 区间上均匀分布的随机数 γ_i, 那么根据其取值的大小, 可以按下面的公式生成一个新的坐标点 (x_1,y_1)[36]。

$$(x_1,y_1)\Leftarrow\begin{cases}x_1=0, & y_1=y_0/2, & \gamma_i<0.05\\ x_1=0.42(x_0-y_0), & y_1=0.2+0.42(x_0+y_0), & 0.05\leqslant\gamma_i<0.45\\ x_1=0.42(x_0+y_0), & y_1=0.2-0.42(x_0-y_0), & 0.45\leqslant\gamma_i<0.85\\ x_1=0.1x_0, & y_1=0.2+0.1y_0, & \text{其他}\end{cases}$$

试递推生成10000个坐标点, 并用圆点绘制出分形树的结果。

2.40 试绘制下面的函数曲线。

① $f(x)=x\sin x, x\in(-50,50)$ ② $f(x)=x\sin 1/x, x\in(-1,1)$

2.41 用MATLAB语言的基本语句可以立即绘制一个正三角形。试结合循环结构, 编写一个小程序, 在同一个坐标系下绘制出该正三角形绕其中心旋转后得出的一系列三角形, 还可以调整旋转步长观察效果。

2.42 假设某幂级数展开表达式为

$$f(x)=\lim_{N\to\infty}\sum_{n=1}^{N}(-1)^n\frac{x^{2n}}{(2n)!}$$

如果 N 足够大, 则幂级数 $f(x)$ 收敛为某个函数 $\hat{f}(x)$。试写出一个MATLAB程序, 绘制出 $x\in(0,\pi)$ 区间的 $\hat{f}(x)$ 的函数曲线, 观察并验证 $\hat{f}(x)$ 是什么样的函数。

2.43 试在区间 $-50\leqslant x,y\leqslant 50$ 内绘制 $x\sin x+y\sin y=0$ 的曲线。

2.44 选择合适的步长绘制出图形 $\sin 1/t$, 其中, $t\in(-1,1)$。

2.45 分别选取合适的 θ 范围, 绘制出下列极坐标图形:

① $\rho=1.0013\theta^2$ ② $\rho=\cos 7\theta/2$ ③ $\rho=\sin\theta/\theta$, ④ $\rho=1-\cos^3 7\theta$

2.46 用图解的方式求解下面联立方程的近似解:

① $\begin{cases}x^2+y^2=3xy^2\\ x^3-x^2=y^2-y\end{cases}$ ② $\begin{cases}\mathrm{e}^{-(x+y)^2+\pi/2}\sin(5x+2y)=0\\ (x^2-y^2+xy)\mathrm{e}^{-x^2-y^2-xy}=0\end{cases}$

2.47 Lambert W函数是一个常用的函数, 其数学形式为 $W(z)\mathrm{e}^{W(z)}=z$, 试绘制其函数曲线。

2.48 给定参数方程 $x=\sin t, y=\sin at, z=\sin bt$, 针对下面的有理数与无理数 a,b 取值, 试绘制出对应的二维、三维Lissajous图形, 例如可以选择 ① $a=1/2, b=1/3$ ② $a=\sqrt[8]{2}, b=\sqrt{3}$

2.49 试绘制下列参数方程的三维表面图[10]:

① $x=2\sin^2 u\cos^2 v, y=2\sin u\sin^2 v, z=2\cos u\sin^2 v, -\pi/2\leqslant u,v\leqslant\pi/2$

② $x=u-u^3/3+uv^2, y=v-v^3/3+vu^2, z=u^2-v^2, -2\leqslant u,v\leqslant 2$

2.50 请分别绘制出 $xy, \sin xy$ 和 $\mathrm{e}^{2x/(x^2+y^2)}$ 的三维图和等高线。

2.51 假设某圆锥的顶点为(0,0,2),其底面为平面 $z=0$,且底圆半径为1,试绘制其表面图。

2.52 在图形绘制语句中,若函数值为不定式NaN,则相应的部分不绘制出来。试利用该规律绘制 $z=\sin xy$ 的表面图,并剪切下 $x^2+y^2\leqslant 0.5^2$ 的部分。

2.53 试绘制函数的三维表面图 $f(x,y)=\sin\sqrt{x^2+y^2}/\sqrt{x^2+y^2}$, $-8\leqslant x,y\leqslant 8$。

2.54 某竖直柱面可以由参数方程 $x=r\sin u, y=r\cos u, z=v$ 描述,半径为 r。如果交换 x 与 z 轴,则可以得出 x 轴方向的柱面,试在同一坐标系下绘制出不同方向不同半径的柱面。

2.55 试绘制下面函数的表面图和等高线图,并使用surfc()、surfl()、waterfall()等函数绘制图形。

①$z=xy$ ②$z=\sin x^2y^3$ ③$z=(x-1)^2y^2/\left[(x-1)^2+y^2\right]$, ④$z=-xy\,\mathrm{e}^{-2(x^2+y^2)}$

2.56 试绘制出三维隐函数 $(x^2+xy+xz)\mathrm{e}^{-z}+z^2yx+\sin(x+y+z^2)=0$ 的曲面。

2.57 试绘制两个曲面 $x^2+y^2+z^2=64, y+z=0$ 并观察其交线。

2.58 试绘制下面三元函数的体视化切面图。

①$V(x,y,z)=\sqrt{\mathrm{e}^x+\mathrm{e}^{(x+y)-xy}+\mathrm{e}^{(x+y+z)/3-xyz}}$ ②$V(x,y,z)=\mathrm{e}^{-x^2-y^2-z^2}$

2.59 阅读ppoly.m源程序文件,学习类定义的方法。

2.60 阅读ppoly对象的display.m源文件,思考为什么给出各种字符串替换命令。试使用各种不同的ppoly对象显示方法,看还有没有进一步的化简必要。

2.61 试为ppoly对象编写一个latex()重载函数,将该对象转换成LaTeX字符串。

2.62 试为ppoly对象编写一个相等判定重载函数eq(),判定两个ppoly对象是否相等,如果相等返回1,否则返回0。

2.63 试为ppoly对象编写set()重载函数,其调用格式为set(*p*, 属性名, 属性值),使其可以同时接受多个域的赋值,若给出的域名不是'a'或'na',则给出错误信息。

2.64 试通过继承的方式修改ppoly类,使得新定义的子类只允许非负的幂次向量 $\boldsymbol{\alpha}$。

2.65 试编写一个ppoly2sym()函数,可以将ppoly对象转换成符号表达式。若想实现反变换,再编写一个sym2ppoly()函数。

第3章 微积分问题的计算机求解

Isaac Newton（1643—1727）和Gottfried Wilhelm Leibniz（1646–1716）创立的微积分学是很多科学分支的基础。单变量与多元函数微积分、函数极限、级数求和与收敛性判定、Taylor级数展开、Fourier级数展开、常微分方程等问题直接求解是微积分学的重要内容。MATLAB的符号运算工具箱可以直接求解这样问题的解析解。3.1节给出基于MATLAB符号运算工具箱中函数的单边、多边极限问题及多元函数极限问题的求解方法。3.2节介绍各种微分问题的计算机求解方法。3.3节介绍各种积分问题的解析求解方法。3.4节介绍给定单变量函数与多元函数的Taylor幂级数展开、给定函数的Fourier级数逼近方法，并利用MATLAB的绘图功能研究有限项拟合的拟合效果和适用范围，还介绍一般级数的求和与求积方法等。3.5节介绍的两类曲线积分和两类曲面积分及其MATLAB求解方法补充了微积分学的计算机求解方式，这部分内容大部分均应该是解析求解和解析推导，属于计算机代数研究的领域，用传统的数值分析方法是不能求解的。对不熟悉计算机代数系统开发的读者来说，用C这样的底层语言直接进行解析解推导有极大难度，必须使用计算机数学语言完成这类问题的分析与求解。通过这几节内容的初步学习，读者可能会发现借助计算机去求解曾令很多学生望而生畏的吉米多维奇《数学分析习题集》[37]中的绝大部分计算问题变得轻而易举。

在实际科学与工程研究中，微积分问题解析求解有时也面临困难。例如，若函数本身未知，只由科学实验测出的一些实验数据，则无法用推导的方式通过数据对其代表的函数求导或求积分，而需要通过数值的方式进行数值微积分运算。3.6节介绍单变量与多元函数的数值微积分计算问题。在实际应用中还有很多函数积分的解析解不存在，所以需要通过数值积分的算法进行近似。3.7节介绍用数值算法求取函数积分及重积分问题的求解方法。

作为本章内容的补充，8.2节将介绍基于样条插值的数值微积分方法；如果微积分的阶次可以选择为非整数，还可以引入一个新的学科——分数阶微积分学。10.6节将系统介绍分数阶微积分学问题及其MATLAB求解方法。

3.1 极限问题的解析解

应用MATLAB语言的符号运算工具箱，可以很容易地求解极限问题、微分问题、积分问题等微积分基本问题。利用本节和后面两节介绍的方法，读者应该能立即具备依赖MATLAB语言及其符号运算工具箱中提供的强大函数直接求解一般微积分运算问题的能力。本节主要侧重各种极限问题的求解方法，包括单变量极限、单边极限和多重极限等问题。

3.1.1 单变量函数的极限

假设已知函数 $f(x)$,则极限问题的一般描述为

$$L = \lim_{x \to x_0} f(x) \tag{3-1-1}$$

其物理意义是当自变量 x 无限接近 x_0 时函数 $f(x)$ 的取值,其中 x_0 可以是一个确定的值,也可以是无穷大,例如 $x \to \infty$。对某些函数来说,还可以如下定义单边极限(或称左右极限)问题。

$$L_1 = \lim_{x \to x_0^-} f(x), \quad \text{或} \quad L_2 = \lim_{x \to x_0^+} f(x) \tag{3-1-2}$$

前者表示 x 从左侧趋近于 x_0 点,所以又称为左极限,后者相应地称为右极限。极限问题在符号运算工具箱中可以使用 `limit()` 函数直接求出,该函数的调用格式为

```
L=limit(f,x,x0)                      %求极限
L=limit(f,x,x0,'left'或'right')      %求单边极限
```

在求解之前应该先声明自变量 x,再用符号表达式的形式定义原函数 f,若 x_0 为 ∞,则可以用 `inf` 直接表示。若需要求解左右极限问题,还应给出 `'left'` 或 `'right'` 选项。

如果函数中只有一个符号变量,则可以在调用语句中忽略该变量。由 `symvar()` 函数可以提取出符号表达式 f 中符号变量的列表,该函数的调用格式为 v=symvar(f)。

下面将通过例子演示MATLAB求解极限的方法。

例3-1 先考虑一个简单问题的求解:$\lim_{x \to 0} \dfrac{\sin x}{x}$。

解 学过微积分的人都知道该极限为1。可以用这个例子来演示本书介绍的三步求解方法:① 了解该极限的含义;② 将问题用MATLAB描述出来;③ 调用MATLAB函数求解。

即使对没有学过极限概念的读者而言,也可以用语言解释明白函数极限的物理意义,就是当 x 接近0时 $\sin x/x$ 函数接近的值——这就很自然地完成了三步求解方法中的第一步;第二步需要做的是先声明符号变量 x,再将函数 $\sin x/x$ 表示出来;第三步,调用 `limit()` 函数求极限的值。用MATLAB语句可以直接求解原问题,得出其解为1。

```
>> syms x; f=sin(x)/x; limit(f,x,0) %直接求解极限问题
```

由于在符号表达式 f 中,x 为标量型符号变量,所以没有必要使用点运算。另外,由于 x 是唯一变量,所以该问题可以更简单地用下面的语句直接求解:

```
>> v=symvar(f), L=limit(f,0)   %第一个语句只用于演示变量提取,不必给出
```

例3-2 试计算极限 $\lim_{x \to \infty} x\left(1 + a/x\right)^x \sin(b/x)$。

解 利用MATLAB语言,应该首先声明 a, b 和 x 为符号变量,然后定义函数或序列表达式,最后调用 `limit()` 函数求出给定函数的极限,得出的极限为 $\mathrm{e}^a b$。从下面的语句看,求解这样的问题和例3-1对用户来说一样简单。

```
>> syms x a b; f=x*(1+a/x)^x*sin(b/x); L=limit(f,x,inf) %直接计算极限
```

本例中由 v=symvar(f) 命令得出 $\boldsymbol{v}$ 为向量 $[a, b, x]$,故调用 `limit()` 函数时不能略去 x 变量。如果用符号函数描述 f,则可以略去 x。

```
>> f(x)=x*(1+a/x)^x*sin(b/x); L=limit(f,inf) %直接计算极限
```

例3-3　试计算单边极限 $\lim\limits_{x\to 0^+}\dfrac{\mathrm{e}^{x^3}-1}{1-\cos\sqrt{x-\sin x}}$。

解　利用MATLAB语言的`limit()`函数,可以容易地求出单边极限为12。

```
>> syms x; f(x)=(exp(x^3)-1)/(1-cos(sqrt(x-sin(x)))); c=limit(f,x,0,'right')
```

用下面的语句还可以绘制出 $(-0.1,0.1)$ 区间的函数曲线,如图3-1所示。在生成 $\boldsymbol{x}$ 向量的语句中引入了偏移量 10^{-6},有意跳过 $x=0$ 点。

```
>> x0=-0.1+1e-6:0.001:0.1; y0=f(x0); plot(x0,y0,0,c,'o')
```

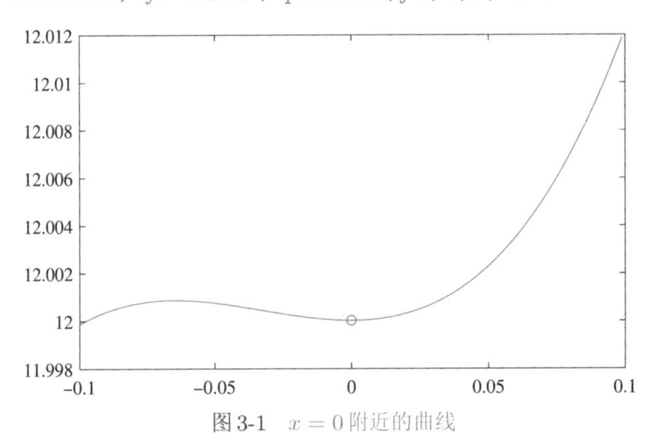

图3-1　$x=0$ 附近的曲线

可见,对这个例子来说,即使使用`limit(f,x,0)`命令也能求出函数极限值是12。

回顾原始问题,其中采用 $x\to 0^+$ 是因为它可以保证根号内的值为非负数。事实上,即使是负数,$\cos \mathrm{j}\alpha=(\mathrm{e}^{\alpha}+\mathrm{e}^{-\alpha})/2$ 也是有定义的,且其结果为实数。这对本问题没有影响,但对某些分段函数来说,单边极限是不同的。

若关于某点 a,函数 $f(t)$ 的左右极限相同,则该点称为第一类间断点,否则称为第二类间断点。下面的例子演示一个简单的第二类间断点问题。

例3-4　试分别求出 $\tan t$ 函数关于 $\pi/2$ 点处的左右极限。

解　由下面的命令可以求出函数的左右极限分别为 $L_1=\infty$ 和 $L_2=-\infty$。

```
>> syms t; f=tan(t); L1=limit(f,t,pi/2,'left'), L2=limit(f,t,pi/2,'right')
```

例3-5　试求出序列的极限 $\lim\limits_{n\to\infty}\dfrac{\sqrt[3]{n^2}\sin n!}{n+1}$。

解　序列极限的求解方法与函数极限完全一致:先声明符号变量,然后用符号表达式描述序列,最后调用`limit()`函数直接求解。由下面的语句可以得出此序列的极限等于0。

```
>> syms n; f=n^(2/3)*sin(factorial(n))/(n+1); F=limit(f,n,inf) %直接计算极限
```

例3-6　试求出极限 $\lim\limits_{n\to\infty} n\arctan\left(\dfrac{1}{n(x^2+1)+x}\right)\tan^n\left(\dfrac{\pi}{4}+\dfrac{x}{2n}\right)$。

解　该极限表达式既包括序列又包括函数,但这丝毫未给求解带来任何困难,可以声明两个符号变量 n 和 x,这样用下面的语句可以直接得出问题的极限为 $\mathrm{e}^x/(x^2+1)$。该极限问题的求解容易程度对用户来说也与 $\sin x/x$ 极限相仿。

```
>> syms x n; f=n*atan(1/(n*(x^2+1)+x))*tan(pi/4+x/2/n)^n; limit(f,n,inf)
```

对序列极限而言,一般没有必要将符号变量 n 设置为整数型符号变量。

例3-7　试求出 $\lim\limits_{x\to\infty} x^n$ 和 $\lim\limits_{n\to\infty} x^n$。

解　早期的符号运算工具箱没有办法解决此问题，新版的MATLAB符号运算工具箱由于支持分段函数，所以可以较好地解决此类问题，具体的语句如下：

```
>> syms x n real; f=x^n; L1=limit(f,n,inf), L2=limit(f,x,inf)
```

得出的结果均为分段函数。其中，L_2 的描述为 piecewise([$n==0$,1],[$0<n$,Inf],[$n<0$,0])，这两个极限的结果可以解读成

$$L_1=\begin{cases}1, & x=1\\ \infty, & x>1\\ \text{无极限}, & x<-1\\ 0, & 0<x<1\text{或}-1<x<0\end{cases},\quad L_2=\begin{cases}1, & n=0\\ \infty, & n>0\\ 0, & n<0\end{cases}$$

MATLAB符号运算工具箱提供的 `piecewise()` 函数可以直接描述分段函数，该函数的调用格式为 f=piecewise(var$_1$,var$_2$,$\cdots$)，其中输入变量 var$_i$ 应该成对出现，都应该由字符串给出，前面一个是条件，后面一个是该条件下的函数表达式。

例3-8　考虑例2-33的饱和非线性函数 $y=\begin{cases}\text{sign}(x), & |x|>1\\ x, & |x|\leqslant 1\end{cases}$，试绘制其曲线。

解　可以首先描述分段函数，然后绘制该函数曲线，其结果与例2-33中的完全一致。

```
>> syms x; f=piecewise(abs(x)>1,sign(x), abs(x)<=1,x); fplot(f,[-3 3])
```

3.1.2　多元函数的极限

多元函数的极限分为两类极限问题：一类是累极限（sequential limit）；另一类是重极限（multiple limit）。本节探讨这两种极限的求解方法。

1. 累极限

假设有二元函数 $f(x,y)$，该函数的累极限定义为

$$L_1=\lim_{x\to x_0}\left[\lim_{y\to y_0} f(x,y)\right] \text{ 或 } L_2=\lim_{y\to y_0}\left[\lim_{x\to x_0} f(x,y)\right] \tag{3-1-3}$$

其中，x_0, y_0 既可以是数值也可以是函数。在MATLAB中，函数的累极限可以通过下面的语句直接求出，该函数嵌套地使用了 `limit()` 函数。

L_1=limit(limit(f,x,x_0),y,y_0)　或　L_2=limit(limit(f,y,y_0),x,x_0)

例3-9　试求出二元函数累极限 $\lim\limits_{y\to\infty}\left[\lim\limits_{x\to 1/\sqrt{y}} e^{-1/(y^2+x^2)}\dfrac{\sin^2 x}{x^2}\left(1+\dfrac{1}{y^2}\right)^{x+a^2y^2}\right]$。

解　由于涉及 $\sqrt{y}$，在MATLAB下应该假设 y 为正数（早期版本无须指出），所以本例中的问题可以用下面的语句直接解出，其极限值为 e^{a^2}。

```
>> syms x a; syms y positive;                        %声明符号变量，且令y为正数
   f=exp(-1/(y^2+x^2))*sin(x)^2/x^2*(1+1/y^2)^(x+a^2*y^2); %描述原函数
   L=limit(limit(f,x,1/sqrt(y)),y,inf)                %直接求累极限
```

2. 重极限

多元函数 $f(x_1,x_2,\cdots,x_n)$ 所有自变量同时趋近于各自的目标值所得出的极限称为重极限。二元函数 $f(x,y)$ 的重极限可以表示为

$$L=\lim_{(x,y)\to(x_0,y_0)} f(x,y) \tag{3-1-4}$$

重极限的物理含义是,自变量(x,y)沿任意方向趋近目标点(x_0,y_0)所得出的极限。当前的计算机技术没有办法实现“任意方向”的逼近,所以只能尝试一些特定的方向。在一般情况下,如果多个累极限的值相等,函数的重极限很可能等于这个值。另外,也可能出现这两个语句都可以执行且得出不同结果的情形,或二者相同但双重极限不存在的情形,使用时应慎重,可以尝试从不同的方向趋近目标,观察是否能得出一致结论。

若沿某一方向得出的结果与其他的不同,则足以证明$f(x,y)$函数的重极限不存在。

例3-10 试求重极限 $\lim\limits_{(x,y)\to(0,0)} x\sin(1/y)+y\sin(1/x)$。

解 可以直接给出下面的语句,选择让$y=kx$,让$y\to x^2$或让$x\to y^2$这三个方向都倾向于0,则可以得出完全一致的极限$L_1=L_2=L_3=0$。所以,基本可以断定,原函数的重极限的值可能存在,且为0。

```
>> syms k x y; f(x,y)=x*sin(1/y)+y*sin(1/x); L1=limit(f(x,k*x),x,0)
   L2=limit(limit(f,x,y^2),y,0), L3=limit(limit(f,y,x^2),x,0)
```

考虑用meshgrid()函数在$(0,0)$点附近的区域生成一些网格数据。注意,为了有效地避开样本点处$x=0,y=0$可能带来的麻烦,这里有意引入一个小的偏移。由下面语句则可以计算出网格样本点上的z值,并绘制三维曲面,如图3-2所示。可见,在$(0,0)$附近的曲面变得很平坦,如果选择更小的区域,仍将得出类似趋势的曲面,所以可以看出,二重极限的值可能存在,且为0。

```
>> [x0 y0]=meshgrid((-0.1+1e-6):0.002:0.1); %生成网格数据
   z=double(f(x0,y0)); surf(x0,y0,z)          %绘制曲面
```

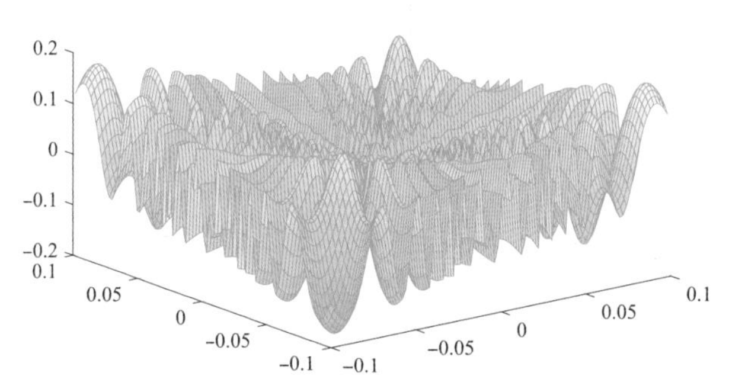

图3-2 不同方向趋近于(0,0)点的曲面

为更好地演示这里的极限问题,不建议使用fsurf()函数,建议使用上面手工选点绘制曲面的方法。

例3-11 试判断重极限 $\lim\limits_{(x,y)\to(0,0)} \dfrac{xy}{x^2+y^2}$ 是否存在。

解 如果想真正从理论上计算出某个函数的重极限是很困难的事情,因为要考虑到所有方向上的累极限。相比之下,指出重极限不存在则容易得多,因为只要证明某两个方向上的累极限不同即可。例如,假设$y=rx$,r为符号变量,而累极限又和r有关,则足以说明原问题的重极限不存在。对本问题而言,可以由下面的语句求出累极限。

```
>> syms r x y; f(x,y)=x*y/(x^2+y^2); L=limit(subs(f,y,r*x),x,0)
```

这样得出的结果为$L=r/(r^2+1)$,是与r有关的,所以重极限不存在。

仿照例3-10中介绍的方法,先在$(0,0)$附近的小区域生成网格,即可绘制出如图3-3所示的函数曲面。可见,若选择不同的逼近方向,极限的值可能取$(-0.5,0.5)$区间的任意值,所以该函数的双重极限确实不存在。

```
>> [x0 y0]=meshgrid((-0.1+1e-6):0.002:0.1); z=double(f(x0,y0)); surf(x0,y0,z)
```

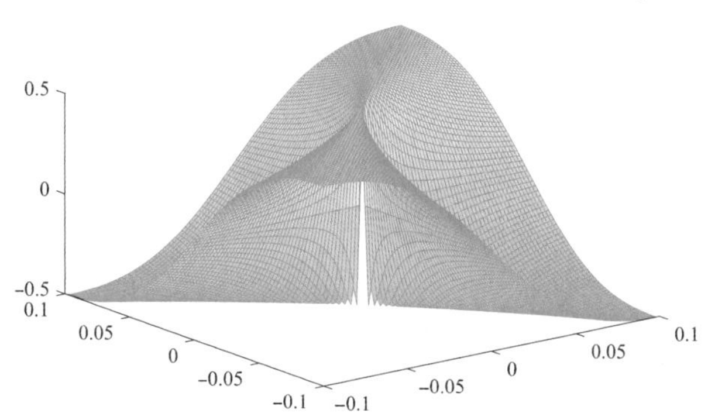

图3-3 不同方向趋近于(0,0)点的曲面

3.2 函数导数的解析解

3.2.1 函数的导数和高阶导数

如果函数可以描述为$y=f(x)$，则该函数对自变量x的一阶导数的定义为

$$y'(x)=\frac{\mathrm{d}y(x)}{\mathrm{d}x}=\lim_{\Delta x\to 0}\frac{f(x+\Delta x)-f(x)}{\Delta x} \tag{3-2-1}$$

函数对x的二阶导数就是$f'(x)$对x的导数，类似地，还可以定义出函数的高阶导数。

如果函数和自变量都已知，且均为符号变量，则可以用`diff()`函数解出给定函数的各阶导数。函数`diff()`的调用格式为f_1=diff(f,x,n)，其中，f为给定函数，x为自变量，这两个变量均应该为符号型的，n为导数的阶次，若省略n则将自动求取一阶导数；如果f表达式中只有一个符号变量，还可以省略变量x。

例3-12 给定函数$f(x)=\dfrac{\sin x}{x^2+4x+3}$，试求出$\dfrac{\mathrm{d}^4 f(x)}{\mathrm{d}x^4}$。

解 这是本书开始时给出的第二个例子。可以首先声明x为符号变量，再用MATLAB语句描述原函数，然后调用`diff()`函数就能直接得出函数的一阶导数。

```
>> syms x; f(x)=sin(x)/(x^2+4*x+3); f1=diff(f)
```

可以得出如下的结果：

$$f_1(x)=\frac{\cos x}{x^2+4x+3}-\frac{(2x+4)\sin x}{(x^2+4x+3)^2}$$

由`fplot()`函数可以直接绘制出原函数及其一阶导数函数的曲线，如图3-4所示。

```
>> fplot([f f1],[0,5]) %在相同坐标系下绘制原函数及其导数
```

四阶导数可以直接由下面的语句求出，该结果在例1-2中已经给出，这里不再赘述。

```
>> f4=diff(f,x,4); latex(f4)    %求解四阶导数，并转换成LaTeX字符串
```

MATLAB现成的`diff()`函数还适合于求解给定函数更高阶的导数。例如，下面给出的命令一般可以在4s内获得该函数的100阶导函数。

```
>> tic, diff(f,x,100); toc      %求该函数的100阶导数并测耗时
```

例3-13 试推导函数$F(t)=t^2f(t)\sin t$的三阶导函数，并得出$f(t)=\mathrm{e}^{-t}$时的三阶导数，将这样得出的结果与直接求导的结果相比较。

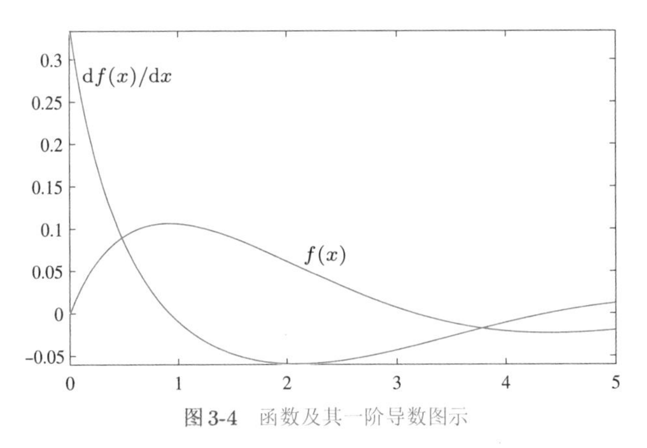

图3-4　函数及其一阶导数图示

解　用syms函数可以定义函数表达式$f(t)$,这样由下面的语句可以直接推导$F(t)$函数的三阶导函数:

```
>> syms t f(t); F=t^2*f*sin(t); G=simplify(diff(F,t,3)) %直接求导
```

得出的结果为

$$\begin{aligned}\frac{\mathrm{d}^3F(t)}{\mathrm{d}t^3}=&\left[\frac{\mathrm{d}^3f(t)}{\mathrm{d}t^3}\sin t+3\frac{\mathrm{d}^2f(t)}{\mathrm{d}t^2}\cos t-3\frac{\mathrm{d}f(t)}{\mathrm{d}t}\sin t-f(t)\cos t\right]t^2+\\&\left[6\frac{\mathrm{d}^2f(t)}{\mathrm{d}t^2}\sin t+12\frac{\mathrm{d}f(t)}{\mathrm{d}t}\cos t-6f(t)\sin t\right]t+6\frac{\mathrm{d}f(t)}{\mathrm{d}t}\sin t+6f(t)\cos t\end{aligned}$$

下面的语句则可以直接推导出当$f(t)=\mathrm{e}^{-t}$时原函数的三阶导数,与直接求导结果完全一致。得出的导函数为$y_1(t)=2\mathrm{e}^{-t}\left(t^2\cos t+t^2\sin t-6t\cos t+3\cos t-3\sin t\right)$。

```
>> y1=simplify(subs(G,f,exp(-t))); simplify(diff(t^2*sin(t)*exp(-t),3)-y1)
```

例3-14　试求矩阵函数$\boldsymbol{H}(x)=\begin{bmatrix}4\sin 5x & \mathrm{e}^{-4x^2}\\ 3x^2+4x+1 & \sqrt{4x^2+2}\end{bmatrix}$的三阶导数矩阵。

解　MATLAB语言的diff()函数可以直接用于已知矩阵函数$\boldsymbol{H}(x)$的导数计算,即对$\boldsymbol{H}(x)$的每个元素$h_{i,j}(x)$直接求导,构成新的导数矩阵$\boldsymbol{N}(x)$。

```
>> syms x; H=[4*sin(5*x), exp(-4*x^2); 3*x^2+4*x+1, sqrt(4*x^2+2)]
   N=diff(H,x,3)  %先输入矩阵函数,再直接求取矩阵的三阶导数
```

这样得出的三阶导数矩阵为

$$\boldsymbol{N}(x)=\frac{\mathrm{d}}{\mathrm{d}x}H(x)=\begin{bmatrix}-500\cos 5x & 192x\,\mathrm{e}^{-4x^2}-512x^3\,\mathrm{e}^{-4x^2}\\ 0 & 12\sqrt{2}(2x^3-1)/(2x^2+1)^{3/2}\end{bmatrix}$$

3.2.2　多元函数的偏导数

MATLAB的符号运算工具箱中并未提供求取偏导数的专门函数,这些偏导数仍然可以通过diff()函数直接实现。假设已知二元函数$f(x,y)$,若想求$\partial^{m+n}f/(\partial x^m\partial y^n)$,则可以用下面的函数嵌套地求出:

f_1 =diff(diff(f,x,m),y,n) 或 f_1=diff(diff(f,y,n),x,m)

其中,n、m都应该是确定的数值。

在较新的版本中,还允许使用f_1=diff(f,$\underbrace{x,\cdots,x}_{m项}$,$\underbrace{y,\cdots,y}_{n项}$)这样的命令。

例3-15　试求二元函数$z=f(x,y)=(x^2-2x)\mathrm{e}^{-x^2-y^2-xy}$的一阶偏导数,并用图形表示。

解　用下面的语句可直接求出$\partial z/\partial x$与$\partial z/\partial y$:

```
>> syms x y; z(x,y)=(x^2-2*x)*exp(-x^2-y^2-x*y); %用函数格式表示
   zx=simplify(diff(z,x)), zy=diff(z,y)            %直接求两个偏导数
```

其数学形式(又称为梯度)分别为

$$\frac{\partial z(x,y)}{\partial x}=-\mathrm{e}^{-x^2-y^2-xy}(-2x+2+2x^3+x^2y-4x^2-2xy)$$
$$\frac{\partial z(x,y)}{\partial y}=-x(x-2)(2y+x)\mathrm{e}^{-x^2-y^2-xy}$$

x 在 $(-3,2)$,y 在 $(-2,2)$ 区域内生成网格,则可以分别得出原函数及其偏导数的数值解。这样,可以直接用下面的语句绘制出原函数的三维曲面,与图2-11(a)给出的完全一致。

```
>> [x0,y0]=meshgrid(-3:.2:2,-2:.2:2); z0=double(z(x0,y0));
   surf(x0,y0,z0), zlim([-0.7 1.5]) %直接绘制三维曲面,限定z轴显示范围
```

既然计算出了对两个自变量的一阶偏导数,则可以调用quiver()函数绘制出引力线,该引力线可以叠印在由contour()函数绘制出的等高线上,如图3-5所示。如果在曲面上某点放置一个球,则球将沿箭头的方向向下滚动,滚动的速度由箭头的长度表示。引力线绘制函数的详细信息可以由doc命令进一步列出。

```
>> contour(x0,y0,z0,30), hold on;
   zx0=double(zx(x0,y0)); zy0=double(zy(x0,y0)); %绘制等高线
   quiver(x0,y0,-zx0,-zy0), hold off             %负梯度表示从高到低
```

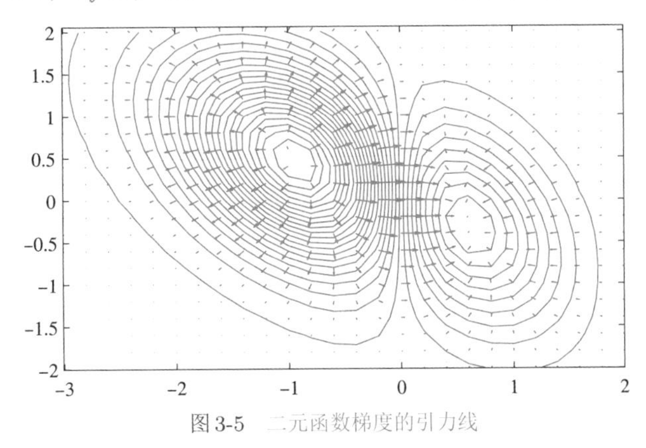

图3-5 二元函数梯度的引力线

例3-16 已知三元函数 $f(x,y,z)=\sin(x^2y)\mathrm{e}^{-x^2y-z^2}$,试求出偏导数 $\dfrac{\partial^4 f(x,y,z)}{\partial x^2\partial y\partial z}$。

解 由下面的语句声明自变量及函数,则可以用MATLAB语句立即得出所需的偏导函数。这里给出了两种求解方法,得出的结果完全一致。

```
>> syms x y z; f(x,y,z)=sin(x^2*y)*exp(-x^2*y-z^2);
   df1=diff(diff(diff(f,x,2),y),z)     %用嵌套的形式求出高阶偏导数
   df=diff(f,x,x,y,z); F=simplify(df) %或直接求高阶偏导数
```

得出结果的数学表示为

$$F=-4z\mathrm{e}^{-x^2y-z^2}\left[\cos\left(x^2y\right)-10\cos\left(x^2y\right)yx^2+4x^4\sin\left(x^2y\right)y^2+4\cos\left(x^2y\right)x^4y^2-\sin\left(x^2y\right)\right]$$

3.2.3 多元函数的Jacobi矩阵与Hesse矩阵

假设有n个自变量的m个函数定义为

$$\begin{cases} y_1 = f_1(x_1, x_2, \cdots, x_n) \\ y_2 = f_2(x_1, x_2, \cdots, x_n) \\ \quad\vdots \\ y_m = f_m(x_1, x_2, \cdots, x_n) \end{cases} \tag{3-2-2}$$

将相应的y_i对x_j求偏导,则得出矩阵

$$\boldsymbol{J} = \begin{bmatrix} \partial y_1/\partial x_1 & \partial y_1/\partial x_2 & \cdots & \partial y_1/\partial x_n \\ \partial y_2/\partial x_1 & \partial y_2/\partial x_2 & \cdots & \partial y_2/\partial x_n \\ \vdots & \vdots & \ddots & \vdots \\ \partial y_m/\partial x_1 & \partial y_m/\partial x_2 & \cdots & \partial y_m/\partial x_n \end{bmatrix} \tag{3-2-3}$$

该矩阵又称为Jacobi矩阵，它在图像处理、机器人等诸多领域中均是很有用的概念。Jacobi矩阵可以由符号运算工具箱中的`jacobian()`函数直接求得，其调用格式为J=`jacobian(`y,x`)`。其中，$\boldsymbol{x}$是由自变量构成的向量;$\boldsymbol{y}$是由各个函数构成的向量。

例3-17 已知球面坐标到直角坐标的变换公式为$x = r\sin\theta\cos\phi, y = r\sin\theta\sin\phi, z = r\cos\theta$，试求出函数向量$[x, y, z]$对自变量向量$[r, \theta, \phi]$的Jacobi矩阵。

解 可以先声明符号变量并描述三个函数，这样可以用下面的语句求解出其Jacobi矩阵:

```
>> syms r theta phi; x=r*sin(theta)*cos(phi); y=r*sin(theta)*sin(phi);
   z=r*cos(theta); J=jacobian([x; y; z],[r theta phi]) %直接求Jacobi矩阵
```

可以得出Jacobi矩阵为

$$\boldsymbol{J} = \begin{bmatrix} \sin\theta\cos\phi & r\cos\theta\cos\phi & -r\sin\theta\sin\phi \\ \sin\theta\sin\phi & r\cos\theta\sin\phi & r\sin\theta\cos\phi \\ \cos\theta & -r\sin\theta & 0 \end{bmatrix}$$

对一个给定的n元标量函数$f(x_1, x_2, \cdots, x_n)$，其Hesse矩阵的定义为

$$\boldsymbol{H} = \begin{bmatrix} \partial^2 f/\partial x_1^2 & \partial^2 f/\partial x_1\partial x_2 & \cdots & \partial^2 f/\partial x_1\partial x_n \\ \partial^2 f/\partial x_2\partial x_1 & \partial^2 f/\partial x_2^2 & \cdots & \partial^2 f/\partial x_2\partial x_n \\ \vdots & \vdots & \ddots & \vdots \\ \partial^2 f/\partial x_n\partial x_1 & \partial^2 f/\partial x_n\partial x_2 & \cdots & \partial^2 f/\partial x_n^2 \end{bmatrix} \tag{3-2-4}$$

可见，Hesse矩阵实际上就是标量函数$f(x, y)$的二阶偏导数矩阵。由H=`hessian(`f,x`)`函数可以直接求出原函数的Hesse矩阵，其中，自变量向量$\boldsymbol{x} = [x_1, x_2, \cdots, x_n]$。早期版本的MATLAB符号运算工具箱并未提供`hessian()`函数，可以由H=`jacobian(jacobian(`f,x`),`x`)`直接求解。

例3-18 重新考虑例3-15中给出的二元函数，试求其Hesse矩阵。

解 下面语句可以直接求取该函数的Hesse矩阵:

```
>> syms x y; f=(x^2-2*x)*exp(-x^2-y^2-x*y); H=simplify(hessian(f,[x,y]))
   H1=simplify(hessian(f,[x,y])/exp(-x^2-y^2-x*y)) %提取公共的指数后再化简
```

得出的结果(或早期版本嵌套调用`jacobian()`函数)为

$$\boldsymbol{H}_1 = \mathrm{e}^{-x^2-y^2-xy} \begin{bmatrix} 4x - 2(2x-2)(2x+y) - 2x^2 - (2x-x^2)(2x+y)^2 + 2 & 2x - (2x-2)(x+2y) - x^2 - (2x-x^2)(x+2y)(2x+y) \\ 2x - (2x-2)(x+2y) - x^2 - (2x-x^2)(x+2y)(2x+y) & x(x-2)(x^2+4xy+4y^2-2) \end{bmatrix}$$

标量函数 $f(x_1,x_2,\cdots,x_n)$ 的Laplace算子定义为

$$\Delta f(x_1,x_2,\cdots,x_n)=\left[\frac{\partial^2}{\partial x_1^2}+\frac{\partial^2}{\partial x_2^2}+\cdots+\frac{\partial^2}{\partial x_n^2}\right]f(x_1,x_2,\cdots,x_n) \tag{3-2-5}$$

MATLAB可以直接计算该算子 L=laplacian(f,[x_1,x_2,$\cdots$,x_n])。

3.2.4 参数方程的导数

若已知参数方程 $y=f(t), x=g(t)$，则 $\mathrm{d}^n y/\mathrm{d}x^n$ 可以由以下递推公式求出：

$$\begin{cases}\dfrac{\mathrm{d}y}{\mathrm{d}x}=\dfrac{f'(t)}{g'(t)}\\[2mm]\dfrac{\mathrm{d}^2y}{\mathrm{d}x^2}=\dfrac{\mathrm{d}}{\mathrm{d}t}\left(\dfrac{f'(t)}{g'(t)}\right)\dfrac{1}{g'(t)}=\dfrac{\mathrm{d}}{\mathrm{d}t}\left(\dfrac{\mathrm{d}y}{\mathrm{d}x}\right)\dfrac{1}{g'(t)}\\ \quad\vdots\\ \dfrac{\mathrm{d}^ny}{\mathrm{d}x^n}=\dfrac{\mathrm{d}}{\mathrm{d}t}\left(\dfrac{\mathrm{d}^{n-1}y}{\mathrm{d}x^{n-1}}\right)\dfrac{1}{g'(t)}\end{cases} \tag{3-2-6}$$

MATLAB并没有提供可以直接用于参数方程的高阶导数求取的函数，所以应该编写一个通用函数来完成这项工作。由前面的计算公式可见，用递归函数的格式编程比较合适，可以编写出下面的通用参数方程求导函数。

```
function result=paradiff(y,x,t,n)
   arguments
      y(1,1), x(1,1), t(1,1), n(1,1) {mustBeInteger, mustBePositive}=1
   end
   if n==1, result=diff(y,t)/diff(x,t);                          %递归函数的出口
   else, result=diff(paradiff(y,x,t,n-1),t)/diff(x,t); end     %式(3-2-6)递归计算
end %用递归调用的形式求参数方程的高阶导数
```

例3-19 已知参数方程 $y=\dfrac{\sin t}{(t+1)^3}, x=\dfrac{\cos t}{(t+1)^3}$，试求 $\dfrac{\mathrm{d}^3y}{\mathrm{d}x^3}$。

解 由前面给出的函数调用格式，可以立即得出所需的高阶导数。

```
>> syms t; y=sin(t)/(t+1)^3; x=cos(t)/(t+1)^3;
   f=simplify(paradiff(y,x,t,3))
```

得出如下的结果：

$$\frac{\mathrm{d}^3y}{\mathrm{d}x^3}=\frac{-3(t+1)^7\left[(t^4+4t^3+6t^2+4t-23)\cos t-(4t^3+12t^2+32t+24)\sin t\right]}{(t\sin t+\sin t+3\cos t)^5}$$

3.2.5 隐函数的偏导数

已知隐函数的数学表达式为 $f(x_1,x_2,\cdots,x_n)=0$，则可以通过隐函数对相关变量的偏导数求出自变量之间的偏导数。具体可以用下面的公式求出 $\partial x_i/\partial x_j$：

$$\frac{\partial x_i}{\partial x_j}=-\frac{\partial f(x_1,x_2,\cdots,x_n)/\partial x_j}{\partial f(x_1,x_2,\cdots,x_n)/\partial x_i} \tag{3-2-7}$$

由于 f 对 x_i, x_j 的偏导数可以分别由 `diff()` 函数求出，故整个偏导数可以由它们的除法获得，所以这样的问题可以由 F_1=-diff(f,x_j)/diff(f,x_i) 直接得出。

对二元隐函数$f(x,y)=0$来说,若求出了$\partial y/\partial x=F_1(x,y)$(这里仍使用偏导数记号,以便于此公式最终推广到一般多元函数),则可以很容易地推导出其二阶导数的计算,即

$$F_2(x,y)=\frac{\partial^2 y}{\partial x^2}=\frac{\partial F_1(x,y)}{\partial x}+\frac{\partial F_1(x,y)}{\partial y}F_1(x,y) \tag{3-2-8}$$

更高阶的偏导数可以由下式递推求出:

$$F_n(x,y)=\frac{\partial^n y}{\partial x^n}=\frac{\partial F_{n-1}(x,y)}{\partial x}+\frac{\partial F_{n-1}(x,y)}{\partial y}F_1(x,y) \tag{3-2-9}$$

上述命令用MATLAB语言可以很容易地实现,后面将通过例子演示。此外,上述方法可以直接推广到多元函数高阶导数的直接求取。根据这里给出的算法可以容易地编写出隐函数f的n阶偏导数函数$f_1=\partial^n y/\partial x^n$,其调用格式为$f_1$=impldiff($f$,$x$,$y$,$n$)。

```
function dy=impldiff(f,x,y,n)
   arguments
      f(1,1), x(1,1), y(1,1), n(1,1) {mustBeInteger, mustBePositive}=1
   end
   F1=-simplify(diff(f,x)/diff(f,y)); dy=F1;                  %一阶导数
   for i=2:n, dy=simplify(diff(dy,x)+diff(dy,y)*F1); end %式(3-2-9)循环实现
end
```

例3-20 考虑例3-15的二元函数$f(x,y)=(x^2-2x)\mathrm{e}^{-x^2-y^2-xy}=0$,试求$\dfrac{\partial y}{\partial x}$和$\dfrac{\partial^3 y}{\partial x^3}$。

解 根据式(3-2-7)可以直接求解各阶偏导数。

```
>> syms x y; f=(x^2-2*x)*exp(-x^2-y^2-x*y); F1=impldiff(f,x,y)
   F3=impldiff(f,x,y,3); [n,d]=numden(F3), collect(n)
```

这些语句可以求出y的各阶导数:

$$\frac{\partial y}{\partial x}=F_1(x,y)=\frac{2x+2xy-x^2y+4x^2-2x^3-2}{x\,(x+2y)\,(x-2)}$$

$$F_3(x,y)=\frac{\partial^3 y}{\partial x^3}=-\frac{\begin{array}{c}-6x^6+(24-6y)x^5+(-6y^2+24y-14)x^4+(24y^2-32y-32)x^3\\+(-32y^2+16y+12)x^2+(16y^2-16y+16)x-16y^2-8\end{array}}{x^3(x+2y)^5(x-2)^3}$$

例3-21 试求出隐函数$x^2+xy+y^2=3$的各阶导数[37]。

解 利用下面的语句可以直接求出函数的各阶导数。另外,由于$x^2+xy+y^2=3$,可以将该条件代入得出的结果,化简求出函数的各阶导数。

```
>> syms x y z; f=x^2+x*y+y^2-3; F1=impldiff(f,x,y,1) %输入隐函数并求偏导数
   f2=impldiff(f,x,y,2); F2=subs(f2,x^2+x*y+y^2,3)    %二阶偏导数,再进一步化简
   f3=impldiff(f,x,y,3); F3=subs(f3,x^2+x*y+y^2,3)
   f4=impldiff(f,x,y,4); F4=subs(f4,x^2+x*y+y^2,3)
```

上面的命令可以得出

$$F_1=-\frac{2x+y}{x+2y},\ F_2=-\frac{18}{(x+2y)^3},\ F_3=-\frac{162x}{(x+2y)^5},\ F_4=-\frac{648\left(4x^2+xy+y^2\right)}{(x+2y)^7}$$

3.2.6 场的梯度、散度与旋度

物理学中把某个物理量在空间的一个区域内的分布称为场(field),场又分为标量场与向量场,标量场可以表示为一个标量函数$\varphi(x,y,z)$,而向量场可以表示为向量函数

$$\boldsymbol{v}(x,y,z)=\left[X(x,y,z),Y(x,y,z),Z(x,y,z)\right] \tag{3-2-10}$$

标量场的梯度(gradient)定义为

$$\operatorname{grad}\varphi(x,y,z)=\left[\frac{\partial\varphi(x,y,z)}{\partial x},\frac{\partial\varphi(x,y,z)}{\partial y},\frac{\partial\varphi(x,y,z)}{\partial z}\right] \tag{3-2-11}$$

梯度又常简记为$\nabla\varphi(x,y,z)$。由该定义可见,梯度可以将一个标量场转换成向量场。可以用现成的MATLAB函数`g=jacobian(φ,[x,y,z])`来计算函数$\varphi(x,y,z)$的梯度。

向量场$\boldsymbol{v}(x,y,z)$的散度(divergence)和旋度(curl)分别定义为

$$\operatorname{div}\boldsymbol{v}(x,y,z)=\frac{\partial X(x,y,z)}{\partial x}+\frac{\partial Y(x,y,z)}{\partial y}+\frac{\partial Z(x,y,z)}{\partial z} \tag{3-2-12}$$

$$\operatorname{curl}\boldsymbol{v}(x,y,z)=\left[\left(\frac{\partial Z}{\partial y}-\frac{\partial Y}{\partial z}\right),\left(\frac{\partial X}{\partial z}-\frac{\partial Z}{\partial x}\right),\left(\frac{\partial Y}{\partial x}-\frac{\partial X}{\partial y}\right)\right]^{\mathrm{T}} \tag{3-2-13}$$

向量函数$\boldsymbol{v}$的散度可以由`d=divergence(v,[x,y,z])`命令直接计算,由`c=curl(v,[x,y,z])`函数直接计算旋度。向量场的散度是一个标量函数,其旋度为向量函数。

例3-22 已知向量场$X(x,y,z)=x^2\sin y$, $Y(x,y,z)=y^2\sin xz$, $Z(x,y,z)=xy\sin(\cos z)$,试计算该向量场的散度和旋度。

解 可以先用符号表达式表示出原向量场,然后调用相应函数直接计算。

```
>> syms x y z; v=[(x^2)*sin(y), (y^2)*sin(x*z), x*y*sin(cos(z))]; %输入向量场
   d=divergence(v,[x,y,z]), c=curl(v,[x,y,z])                      %直接计算散度、旋度
```

得到的散度或旋度分别为

$$d=2y\sin xz+2x\sin y-xy\cos(\cos z)\sin z$$
$$\boldsymbol{c}=\left[\,x\sin(\cos z)-xy^2\cos xz,\ \ -y\sin(\cos z),\ y^2z\cos xz-x^2\cos y\,\right]^{\mathrm{T}}$$

例3-23 试证明$\operatorname{curl}[\operatorname{grad}u(x,y,z)]=\boldsymbol{0}$。

解 可以先定义出标量场,然后由下面语句计算可以得到零向量,所以问题得证。

```
>> syms x y z u(x,y,z); v=jacobian(u,[x,y,z]); simplify(curl(v,[x,y,z]))
```

3.3 积分问题的解析解

在微积分学中,积分问题几种常用的表示方法为

$$F=\int f(x)\,\mathrm{d}x,\ I=\int_a^b f(x)\,\mathrm{d}x,\ F=\int\cdots\int f(x_1,x_2,\cdots,x_n)\,\mathrm{d}x_n\cdots\mathrm{d}x_2\mathrm{d}x_1 \tag{3-3-1}$$

其中,函数$f(\cdot)$称为被积函数。第一个积分表达式称为不定积分,函数F称为原函数,第二个积分式称为定积分。第三个积分称为多重积分。在传统微积分学课程中,求解不定积分问题通常需要灵活熟练地掌握和运用各种不同的积分方法,如变量替换积分法和分部积分法等,求解积分问题是否成功通常在很大程度上取决于用户的经验和技巧。本节侧重于介绍基于MATLAB的积分问题客观求解方法。

3.3.1 不定积分的推导

MATLAB符号运算工具箱中提供了一个int()函数，可以直接用来求取符号函数的不定积分。该函数的调用格式为 F=int(f,x)。如果被积函数 f 中只有一个变量，则调用语句中的 x 可以省略。需要指出的是，该函数得出的结果 $F(x)$ 是积分原函数，实际的不定积分应该是 $F(x)+\mathrm{C}$ 构成的函数族，其中，C是任意常数。

对于可积的函数，MATLAB符号运算工具箱提供的int()函数可以用计算机代替繁重的手工推导，立即得出原始问题的解。而对于不可积的函数来说，MATLAB也是无能为力的。下面将通过例子介绍该函数的使用方法及应用。

例3-24 考虑例3-12中给出的问题，用diff()函数可以直接求 $f(x)$ 函数的一阶导数。现在对得出的导数再进行积分，试检验是否可以得出一致的结果。

解 先定义原函数并对其求导，然后再对导数进行积分，则

```
>> syms x; y=sin(x)/(x^2+4*x+3); y1=diff(y); y0=int(y1) %求导再求积分还原
```

得出的结果为 $y_0=\sin x/[2(x+1)]-\sin x/[2(x+3)]$。现在对原函数求四阶导数，再对结果进行四次积分，则可以用下面语句判定正确性。由于得出的结果为 $\sin x/[(x+1)(x+3)]$，和原函数完全一致，故说明对给定的例子来说，MATLAB得出的结果是正确的。

```
>> y4=diff(y,4); y0=int(int(int(int(y4)))); simplify(y0) %四阶积分并化简
```

如果考虑到任意常数，最终得出的原函数应该为

$$F(x)=\frac{\sin x}{(x+1)(x+3)}+\mathrm{C}_1+\mathrm{C}_2x+\mathrm{C}_3x^2+\mathrm{C}_4x^3$$

例3-25 试证明 $\displaystyle\int x^3\cos^2 ax\,\mathrm{d}x=\frac{x^4}{8}+\left(\frac{x^3}{4a}-\frac{3x}{8a^3}\right)\sin 2ax+\left(\frac{3x^2}{8a^2}-\frac{3}{16a^4}\right)\cos 2ax+\mathrm{C}$。

解 用MATLAB语言的符号运算工具箱可以直接得出下面的化简结果。

```
>> syms a x; f=simplify(int(x^3*cos(a*x)^2,x)) %直接求积分并化简
```

得出的结果为

$$f=\frac{1}{8a^4}\left(3\sin^2 ax+2a^3x^3\sin 2ax-6a^2x^2\sin^2 ax+3a^2x^2-3ax\sin 2ax\right)+\frac{x^4}{8}$$

然而，从得出的结果很难看出它是否和等式右侧完全一致，这就需要将等式右侧的表达式也输入MATLAB工作空间，将二者相减并进行化简，从而得出其差为 $-3/(16a^4)$。

```
>> f1=x^4/8+(x^3/(4*a)-3*x/(8*a^3))*sin(2*a*x)+(3*x^2/(8*a^2)-3/(16*a^4))*cos(2*a*x);
   simplify(f-f1)   %求两个表达式的差并化简
```

可见，二者并非完全相等，幸好得出的差为一个常数项 $3/\left(16a^4\right)$，即使两种方法得出的积分原函数有差距，但因为形成原函数族时需要加一个任意常数C，故该题中的等式得证。

例3-26 考虑两个不可积问题 $f(x)=\mathrm{e}^{-x^2/2}$ 与 $g(x)=x\sin(ax^4)\mathrm{e}^{x^2/2}$ 的积分问题求解。

解 首先考虑 $f(x)=\mathrm{e}^{-x^2/2}$ 的不定积分求解。用MATLAB语言可以给出下面的语句：

```
>> syms x; int(exp(-x^2/2)) %尝试对给定函数直接求不定积分
```

得出的解为 $\sqrt{\pi/2}\,\mathrm{erf}\big(x/\sqrt{2}\big)$。该积分虽然不可积，但数学家可以用数学方法发明一个特殊符号函数(误差函数) $\mathrm{erf}(x)=\dfrac{2}{\sqrt{\pi}}\displaystyle\int_0^x \mathrm{e}^{-t^2}\mathrm{d}t$，这样似乎可以写出定积分的解析表达式。事实上，这样的结果在工程中是不能用的，必须得出相应的数值解，如给定 x 时可以由vpa()函数求取其具体数值。

再考虑一个真正不可积的函数 $g(x)=x\sin(ax^4)\mathrm{e}^{x^2/2}$，用MATLAB语句可以尝试对其直接求积分，则直接将上面的语句原封不动地显示出来，说明原不定积分问题没有解析解。

```
>> syms a x; int(x*sin(a*x^4)*exp(x^2/2)) %尝试对不可积的函数求不定积分
```

3.3.2 定积分与无穷积分计算

若在闭区间 $[a,b]$ 上 $f(x)$ 连续，且其不定积分为 $F(x)+\mathrm{C}$，则其定积分可以直接求出，即

$$\int_a^b f(x)\mathrm{d}x=F(b)-F(a) \tag{3-3-2}$$

这就是著名的Newton–Leibniz公式。如果定积分的边界 a 或 b 为无穷大，则积分称为无穷积分。

在实际应用中，有些函数不定积分可能不存在，或函数不连续，但仍然需要求取它的具体定积分值或无穷积分的值，比如可以利用特殊函数或者采用数值解的方法。

在MATLAB语言中仍然可以使用`int()`函数来求解定积分或无穷积分问题，该函数的具体调用格式为 I=`int(`f,x,a,b`)`，其中，x 为自变量，(a,b) 为定积分的积分区间，求解无穷积分时，允许将 a,b 设置成`-Inf`或`Inf`，如果得出的结果不是确切的数值，还可以试着用`vpa()`函数得出定积分或无穷积分的高精度近似解。

例3-27　仍考虑 $f(x)=\mathrm{e}^{-x^2/2}$ 的定积分问题，试求出当 $a=0,b=1.5$ 或 ∞ 时的定积分值。

解　若要求解该问题，需要给出如下的MATLAB语句：

```
>> syms x; I1=int(exp(-x^2/2),x,0,1.5), vpa(I1), I2=int(exp(-x^2/2),x,0,inf)
```

得出 $I_1=\sqrt{\pi/2}\,\mathrm{erf}(3\sqrt{2}/4)$，其高精度数值解为 $I_1=1.0858533176660165697024190765423$。无穷积分问题的解析解为 $I_2=\sqrt{\pi/2}$。

例3-28　试求解函数边界的定积分问题 $I(t)=\displaystyle\int_{\cos t}^{\mathrm{e}^{-2t}}\frac{-2x^2+1}{(2x^2-3x+1)^2}\mathrm{d}x$。

解　MATLAB提供的`int()`函数还可以求解函数积分区域的定积分问题，题中的定积分可以由下面的MATLAB语句直接求解。对本例来说直接使用`int()`函数求解定积分好像有问题，只好先求出不定积分，再用Newton–Leibniz公式求出结果。

```
>> syms x t; f(x)=(-2*x^2+1)/(2*x^2-3*x+1)^2; I1=int(f) %先求不定积分
   I=I1(exp(-2*t))-I1(cos(t))                             %由Newton–Leibniz公式求解
```

得出的结果为 $I(t)=1/(2\cos t-1)-1/(\cos t-1)-1/(2\mathrm{e}^{-2t}-1)+1/(\mathrm{e}^{-2t}-1)$。

例3-29　试求解广义积分 $\displaystyle\int_1^{2\mathrm{e}}\frac{1}{x\sqrt{1-\ln^2x}}\mathrm{d}x$。

解　可见，若 $x=\mathrm{e}$，则被积函数是不连续的，所以这种积分为广义积分，又称为反常积分（improper integral）。这种问题可以由下面的语句直接求解，结果为 $\arcsin\left(\ln 2+1\right)$。

```
>> syms x; f=1/x/sqrt(1-log(x)^2); I=int(f,x,1,2*exp(sym(1))) %直接计算反常积分
```

3.3.3 多重积分问题的MATLAB求解

多重积分问题也可以在MATLAB语言环境中直接求解，但需要根据实际情况先选择积分顺序，可积的部分作为内积分，然后再处理外积分。每步积分均采用`int()`函数处理，如果交换积分顺序后仍然不能求出解析解，则说明原积分问题没有解析解，而需要采用数值方法求解原始的积分问题。多重积分

的数值解法将在3.7.5节中介绍。

例3-30　已知下面的三元函数 $F(x,y,z)$，试求出 $\int\cdots\int F(x,y,z)\mathrm{d}x^2\mathrm{d}y\mathrm{d}z$，其中

$$F(x,y,z)=-4z\mathrm{e}^{-x^2y-z^2}\left(\cos x^2y-10yx^2\cos x^2y+4x^4y^2\sin x^2y+4x^4y^2\cos x^2y-\sin x^2y\right)$$

解　事实上，此函数是例3-16中给出的 $f(x,y,z)$ 经偏导运算得出的，故需要对求导过程进行逆向运算，还原回原函数的结果。

对该函数进行积分。先对 z 积分一次，对 y 积分一次，再连续对 x 积分两次，经过化简，则得出结果为 $f_1=\mathrm{e}^{-x^2y-z^2}\sin x^2y$，该结果完全还原例3-16中给出的原函数。

```
>> syms x y z;
   f0=-4*z*exp(-x^2*y-z^2)*(cos(x^2*y)-10*cos(x^2*y)*y*x^2+...
      4*sin(x^2*y)*x^4*y^2+4*cos(x^2*y)*x^4*y^2-sin(x^2*y));
   f1=int(f0,z); f1=int(f1,y); f1=int(f1,x); f1=simplify(int(f1,x)) %计算重积分
```

改变积分求解顺序，变成 $z\to x\to x\to y$，仍可以得出一致的结果。

```
>> f2=int(f0,z); f2=int(f2,x); f2=int(f2,x); f2=simplify(int(f2,y))
```

例3-31　试计算三重定积分 $\int_0^2\int_0^\pi\int_0^\pi 4xz\mathrm{e}^{-x^2y-z^2}\mathrm{d}z\mathrm{d}y\mathrm{d}x$。

解　用如下的定积分求解语句可以立即计算出所需三重积分：

```
>> syms x y z; int(int(int(4*x*z*exp(-x^2*y-z^2),x,0,2),y,0,pi),z,0,pi) %直接计算
```

这时得出的结果为 $-(\mathrm{e}^{-\pi^2}-1)(\gamma+\ln(4\pi)-\mathrm{Ei}(-4\pi))$，其中，$\gamma$ 为Euler常数，$\mathrm{Ei}(z)$ 为指数积分，即 $\mathrm{Ei}(z)=\int_{-\infty}^{z}\mathrm{e}^{-t}t^{-1}\,\mathrm{d}t$。该函数虽然解析不可积，但可以求出其数值解。这样，原始问题的精确数值解可以由 `vpa(ans)` 得出，其结果为3.1080794020854127228346146476714。

3.4　函数的级数展开与级数求和问题求解

本节将介绍给定的单变量函数与多元函数的Taylor幂级数展开、各种函数的Fourier级数展开、有穷级数与无穷级数求和、级数收敛性和序列乘积等问题的计算机求解方法。

3.4.1　Taylor幂级数展开

1. 单变量函数的Taylor幂级数展开

若在 $x=0$ 点附近进行Taylor幂级数展开，则

$$f(x)=a_1+a_2x+a_3x^2+\cdots+a_kx^{k-1}+o(x^k)\tag{3-4-1}$$

其中，系数 a_i 可以由下面的公式求出：

$$a_i=\frac{1}{(i-1)!}\lim_{x\to0}\frac{\mathrm{d}^{i-1}}{\mathrm{d}x^{i-1}}f(x),\quad i=1,2,3,\cdots\tag{3-4-2}$$

该幂级数展开又称为Maclaurin级数，若关于 $x=a$ 点进行展开，则可以得出

$$f(x)=b_1+b_2(x-a)+b_3(x-a)^2+\cdots+b_k(x-a)^{k-1}+o[(x-a)^k]\tag{3-4-3}$$

其中，各个系数 b_i 可以如下求出：

$$b_i=\frac{1}{(i-1)!}\lim_{x\to a}\frac{\mathrm{d}^{i-1}}{\mathrm{d}x^{i-1}}f(x),\quad i=1,2,3,\cdots\tag{3-4-4}$$

Taylor幂级数展开可由符号运算工具箱的`taylor()`函数直接导出，其调用格式为

```
F=taylor(f,x,a,'Order',k)    %关于x=a点进行k次Taylor幂级数展开
```

其中，f为函数的符号表达式，x为自变量，若函数只有一个自变量，则x可以省略。k为需要展开的项数，默认值为六项。如果不给出a则可以求出$a=0$的Taylor级数展开。早期版本MATLAB的`taylor()`函数调用格式与此不同，为`F=taylor(f,x,k,a)`。下面将通过例子演示Taylor幂级数展开的方法。

例3-32　仍考虑例3-12中给出的函数$f(x)=\sin x/(x^2+4x+3)$，试求出该函数的Maclaurin幂级数展开的前九项，并关于$x=2$和$x=a$分别进行原函数的Taylor幂级数展开。

解　先用下面的语句输入已知的函数，这样就可以调用`taylor()`函数直接计算：

```
>> syms x; f=sin(x)/(x^2+4*x+3); y=taylor(f,x,'Order',9) %Taylor幂级数展开
```

导出其Maclaurin幂级数展开的前九项为

$$y(x)\approx -\frac{386459}{918540}x^8+\frac{515273}{1224720}x^7-\frac{3067}{7290}x^6+\frac{4087}{9720}x^5-\frac{34}{81}x^4+\frac{23}{54}x^3-\frac{4}{9}x^2+\frac{1}{3}x$$

在传统微积分教材中，因为缺少必要的计算机支持，所以遗留了很大的缺陷，即若用有限项级数展开去逼近一个给定函数，逼近的效果如何？在哪个区间适用，哪个区间不适用？当然，有了MATLAB语言，这些复杂的问题就可以轻而易举地解决了。图3-6(a)中给出了九项Maclaurin幂级数对原函数在$(-0.8,0.8)$区间的拟合效果，显然，当x较大时拟合不理想。

```
>> fplot([f y],[-0.8,0.8]) %原函数与近似函数比较
```

如果整个拟合区间缩减到$[-0.6,0.6]$，则可以得出如图3-6(b)所示的拟合效果，可见拟合效果明显改观。由本例可见，利用MATLAB的绘图功能，拟合效果可以马上观察出来。

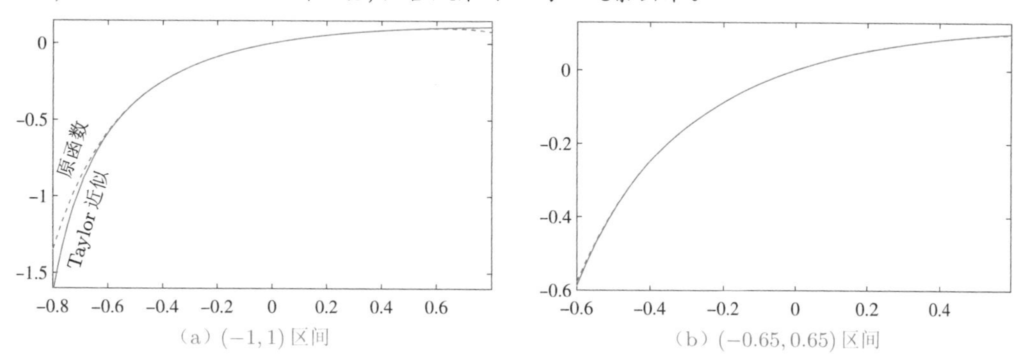

(a) $(-1,1)$区间　　(b) $(-0.65,0.65)$区间

图3-6　有限项Maclaurin幂级数近似效果

关于$x=2$的Taylor幂级数展开前九阶可以使用如下语句直接导出：

```
>> F=taylor(f,x,2,'Order',9)  %结果冗长，不全部列出
```

若想导出关于某一点$x=a$的Taylor幂级数展开，则可以给出如下语句：

```
>> syms a; taylor(f,x,a,'Order',5) %关于参数a的Taylor级数展开
```

例3-33　试对正弦函数$y=\sin x$进行Taylor幂级数展开，观察不同阶次下的近似效果。

解　根据要求，可以给出如下的MATLAB语句，用循环的形式得出各次Taylor幂级数展开，这些Taylor幂级数的拟合曲线如图3-7所示。若拟合的阶次较低，则拟合效果较好的区间较小。增大拟合阶次，则拟合较好的区域将明显增大。对本例来说，若选择$n=16$，则在$(-2\pi,2\pi)$区间内的拟合效果将很理想。

```
>> syms x; y=sin(x); fplot(y,[-2*pi,2*pi]), hold on   %绘制原函数
   for n=[6:2:16]
```

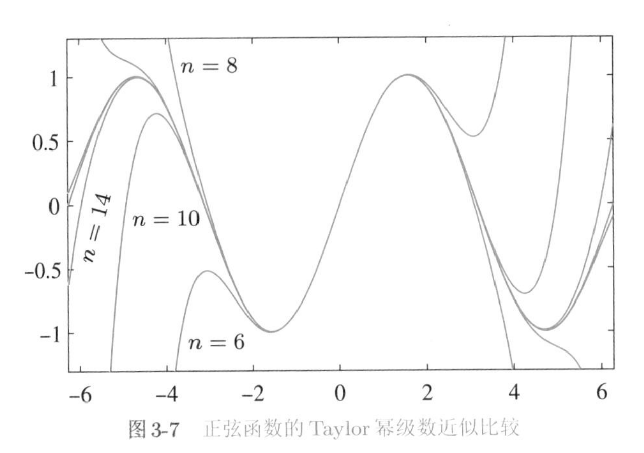

图3-7　正弦函数的Taylor幂级数近似比较

```
    p=taylor(y,x,'Order',n), fplot(p,[-2*pi,2*pi])
  end, hold off %绘制不同阶次的幂级数
```

其中,16阶Taylor幂级数展开式为

$$\sin x \approx x - \frac{x^3}{6} + \frac{x^5}{120} - \frac{x^7}{5040} + \frac{x^9}{362880} - \frac{x^{11}}{39916800} + \frac{x^{13}}{6227020800} - \frac{x^{15}}{1307674368000}$$

2. 多元函数的Taylor幂级数展开

多元函数$f(\boldsymbol{x})=f(x_1,x_2,\cdots,x_n)$的Taylor幂级数可以展开成

$$\begin{aligned} f(\boldsymbol{x}) = f(\boldsymbol{a}) + & \left[(x_1-a_1)\frac{\partial}{\partial x_1}+\cdots+(x_n-a_n)\frac{\partial}{\partial x_n}\right] f(\boldsymbol{x})\Big|_{\boldsymbol{x}=\boldsymbol{a}} + \\ & \frac{1}{2!}\left[(x_1-a_1)\frac{\partial}{\partial x_1}+\cdots+(x_n-a_n)\frac{\partial}{\partial x_n}\right]^2 f(\boldsymbol{x})\Big|_{\boldsymbol{x}=\boldsymbol{a}} + \cdots + \\ & \frac{1}{k!}\left[(x_1-a_1)\frac{\partial}{\partial x_1}+\cdots+(x_n-a_n)\frac{\partial}{\partial x_n}\right]^k f(\boldsymbol{x})\Big|_{\boldsymbol{x}=\boldsymbol{a}} + \cdots \end{aligned} \tag{3-4-5}$$

其中,$\boldsymbol{a}=[a_1,a_2,\cdots,a_n]$为Taylor幂级数展开的中心点。MATLAB的符号运算工具箱的函数`taylor()`可以直接进行多元函数Taylor幂级数展开。该函数的调用格式为

F=taylor(f,[x_1,x_2,$\cdots$,x_n],[a_1,a_2,$\cdots$,a_n],'Order',k)

其中,$k-1$为展开的最高阶次,f为原多元函数。

例3-34　试求例3-15中函数$f(x,y)=(x^2-2x)\mathrm{e}^{-x^2-y^2-xy}$的各种Taylor幂级数展开。

解　使用给出的函数就可以立即得出关于原点的Taylor幂级数展开。

```
>> syms x y; f=(x^2-2*x)*exp(-x^2-y^2-x*y); %声明符号变量并输入原函数
   F=taylor(f,[x,y],[0,0],'Order',8); collect(F,x) %合并同类项
```

其数学表示形式为

$$\begin{aligned} F(x,y) \approx & \frac{x^7}{3} + \left(y+\frac{1}{2}\right)x^6 + \left(2y^2+y-1\right)x^5 + \left(\frac{7y^3}{3}+\frac{3y^2}{2}-2y-1\right)x^4 + \\ & \left(2y^4+y^3-3y^2-y+2\right)x^3 + \left(y^5+\frac{y^4}{2}-2y^3-y^2+2y+1\right)x^2 + \left(\frac{y^6}{3}-y^4+2y^2-2\right)x \end{aligned}$$

现在求取关于$x=1,y=a$的幂级数展开,则给出如下语句,结果从略。

```
>> syms a; F=taylor(f,[x,y],[1,a],'Order',3), F1(x)=simplify(F)
```

3.4.2 Fourier级数展开

给定周期性数学函数 $f(x)$，其中，$x \in [-L, L]$，且周期为 $T = 2L$，可以人为地对该函数在其他区间上进行周期延拓，使得 $f(x) = f(kT + x)$，k 为任意整数，这样可以根据需要将其写成下面的级数形式：

$$f(x) = \frac{a_0}{2} + \sum_{n=1}^{\infty}\left(a_n \cos\frac{n\pi}{L}x + b_n \sin\frac{n\pi}{L}x\right) \tag{3-4-6}$$

其中

$$\begin{cases} a_n = \dfrac{1}{L}\displaystyle\int_{-L}^{L} f(x)\cos\frac{n\pi x}{L}\mathrm{d}x, & n = 0, 1, 2, \cdots \\ b_n = \dfrac{1}{L}\displaystyle\int_{-L}^{L} f(x)\sin\frac{n\pi x}{L}\mathrm{d}x, & n = 1, 2, 3, \cdots \end{cases} \tag{3-4-7}$$

该级数称为Fourier级数，而 a_n, b_n 又称为Fourier系数。若 $x \in (a, b)$，则可以计算出周期 $L = (b - a)/2$，引入新变量 $\hat{x}$，使得 $x = \hat{x} + L + a$，则可以将 $f(\hat{x})$ 映射成 $(-L, L)$ 区间上的函数，可以对之进行Fourier级数展开，再将 $\hat{x} = x - L - a$ 映射回 x 的函数即可。

MATLAB语言未直接提供求解Fourier系数与级数的现成函数。其实由上述公式不难编写出解析或数值的Fourier级数求解函数。其中解析函数如下：

```
function [F,A,B]=fseries(f,x,p,a,b)
   arguments
      f(1,1), x(1,1), p{mustBeInteger,mustBePositive}=6
      a(1,1) double=-pi; b(1,1) double {mustBeGreaterThan(b,a)}=pi;
   end
   L=(b-a)/2; f=subs(f,x,x+L+a); A=int(f,x,-L,L)/L; B=[]; F=A/2; %初值,变量替换
   for n=1:p, M=n*pi*x/L;              %用循环结构求Fourier级数并累加求级数
      an=int(f*cos(M),x,-L,L)/L; bn=int(f*sin(M),x,-L,L)/L;
      A=[A,an]; B=[B,bn]; F=F+an*cos(n*pi*x/L)+bn*sin(n*pi*x/L);
   end, F=subs(F,x,x-L-a);
end
```

该函数的调用格式为 $[F, \boldsymbol{A}, \boldsymbol{B}]$=fseries$(f, x, p, a, b)$，其中，$f$ 为给定函数，x 为自变量，p 为展开项数，默认值为6，$[a, b]$ 为 x 的取值区间，可以省略，取其默认值 $[-\pi, \pi]$，得出的 $\boldsymbol{A}$，$\boldsymbol{B}$ 为Fourier系数向量，F 为展开式。

例3-35 试求给定函数 $y = x(x - \pi)(x - 2\pi)$，x 在 $(0, 2\pi)$ 区间的Fourier级数展开。

解 上述给定函数的Fourier级数展开可以很自然地用下面的语句得出。

```
>> syms x; f(x)=x*(x-pi)*(x-2*pi); [F,A,B]=fseries(f,x,12,0,2*pi); F %Fourier级数
```

这样，可以得出前12项的Fourier级数展开为

$$f(x) = 12\sin x + \frac{3}{2}\sin 2x + \frac{4}{9}\sin 3x + \frac{3}{16}\sin 4x + \frac{12}{125}\sin 5x + \frac{1}{18}\sin 6x + \frac{12}{343}\sin 7x + \frac{3}{128}\sin 8x + \frac{4}{243}\sin 9x + \frac{3}{250}\sin 10x + \frac{12}{1331}\sin 11x + \frac{1}{144}\sin 12x$$

其实，该展开的解析表达式为 $f(x) = \displaystyle\sum_{n=1}^{\infty}\frac{12}{n^3}\sin nx$。

由下面的语句可以得出12阶Fourier级数展开对原函数的拟合情况，如图3-8(a)所示，可见，函数的拟合

效果是很理想的,几乎看不出原函数与12阶Fourier级数的区别。

```
>> fplot([f F],[0,2*pi])
```

如果想比较更大区间内的拟合效果,如x在$(-\pi,3\pi)$区间,则可以给出下面的语句:

```
>> fplot([f F],[-pi,3*pi]) %更大区间比较
```

这时的拟合效果如图3-8(b)所示。可见,在$(0,2\pi)$区间内拟合效果仍然很理想,然而在其他区间内,Fourier级数因为是定义在周期延拓基础上的,所以和原函数完全不同。

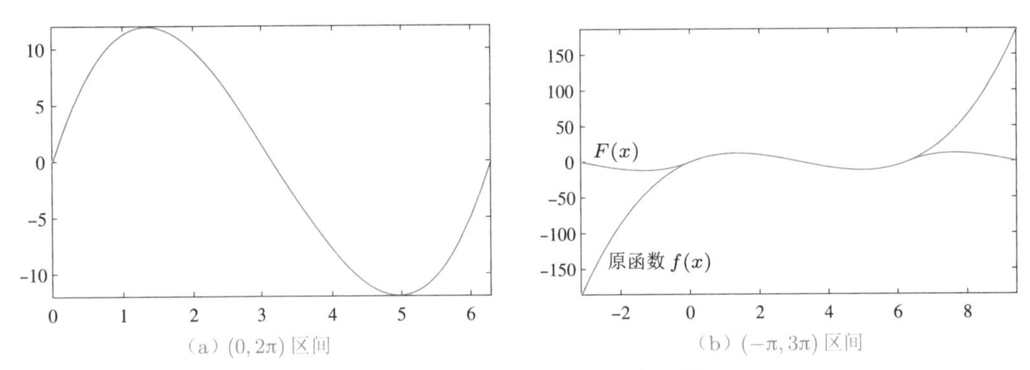

(a) $(0,2\pi)$区间　　(b) $(-\pi,3\pi)$区间

图3-8　有限项Fourier级数近似效果比较

例3-36　考虑$(-\pi,\pi)$区间的方波信号,假设$x\geqslant 0$时$y=1$,否则$y=-1$,试对该方波信号进行Fourier级数拟合,并观察用多少项能有较好的拟合效果。

解　给定的函数可以由$f(x)=|x|/x$表示,故由下面语句可以容易地生成x轴数据点,将其中的零值用$[-\epsilon,\epsilon]$取代并重新排序,则可以求出理论的方波数值。再用不同阶次的Fourier级数展开去拟合原来的方波函数,得出的曲线如图3-9所示。

```
>> syms x; f(x)=abs(x)/x;                              %定义方波信号
   xx=[(-pi+1e-6):pi/200:pi]; yy=f(xx); plot(xx,yy) %理论值曲线
   for n=1:20, f1=fseries(f,x,n); y1=subs(f1,x,xx); line(xx,y1); end
```

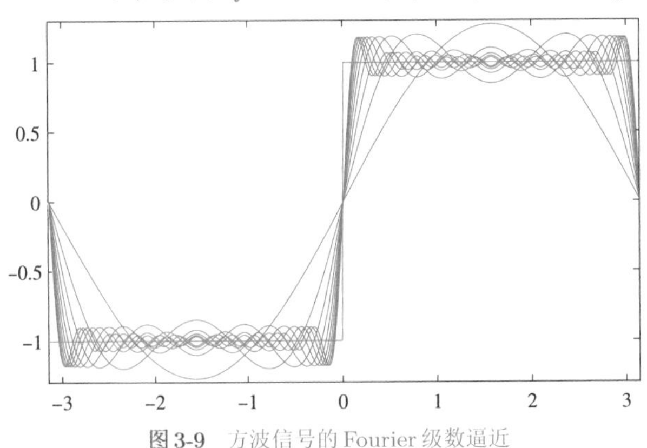

图3-9　方波信号的Fourier级数逼近

从得出的结果看,当阶次等于10左右就能得出较好的拟合,再增加阶次也不会有显著的改善效果。取$n=14$,则Fourier级数展开可以由下面的语句具体得出:

```
>> f1=fseries(f,x,14) %14阶Fourier级数近似
```

可以得出$f(x)\approx\dfrac{4\sin x}{\pi}+\dfrac{4\sin 3x}{3\pi}+\dfrac{4\sin 5x}{5\pi}+\dfrac{4\sin 7x}{7\pi}+\dfrac{4\sin 9x}{9\pi}+\dfrac{4\sin 11x}{11\pi}+\dfrac{4\sin 13x}{13\pi}$。从该结果可

以总结出一般的展开公式为 $f(x)=\dfrac{4}{\pi}\sum\limits_{k=1}^{\infty}\dfrac{\sin(2k-1)x}{2k-1}$。

3.4.3 级数求和的计算

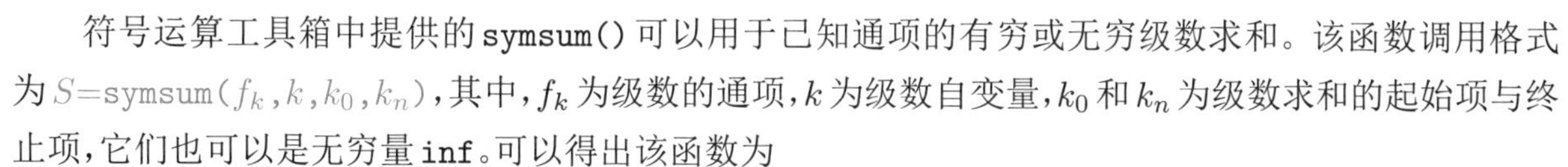

符号运算工具箱中提供的symsum()可以用于已知通项的有穷或无穷级数求和。该函数调用格式为 S=symsum(f_k,k,k_0,k_n)，其中，f_k 为级数的通项，k 为级数自变量，k_0 和 k_n 为级数求和的起始项与终止项，它们也可以是无穷量inf。可以得出该函数为

$$S=f_{k_0}+f_{k_0+1}+\cdots+f_{k_n}=\sum_{k=k_0}^{k_n}f_k \tag{3-4-8}$$

如果给出的 f_k 表达式中只含有一个变量，则在函数调用时可以省略 k 变元。

例3-37 计算有限项级数求和 $S=2^0+2^1+2^2+2^3+2^4+\cdots+2^{62}+2^{63}=\sum\limits_{i=0}^{63}2^i$。

解 用数值计算方法可以由下面语句得出结果为 $1.844674407370955\times10^{19}$：

```
>> format long; sum(2.^[0:63])   %显示双精度数据结构下的全部信息
```

由于数值计算中使用了double数据类型，只能保留16位有效数字，所以得出的结果不是很精确。对这样的问题应该采用符号运算工具箱的symsum()函数，或至少将2定义为符号量，就可以用sum()函数求解。对原始问题稍微扩展一步，一直到第201项的级数求和可以用下面的语句精确求出，为3213876088517980551083924184682325205044405987565585670602751，这是用数值算法无法精确做到的。

```
>> sum(sym(2).^[0:200]) %或syms k; symsum(2^k,0,200)
```

例3-38 试求解无穷级数的和 $S=\dfrac{1}{1\times4}+\dfrac{1}{4\times7}+\dfrac{1}{7\times10}+\cdots+\dfrac{1}{(3n-2)(3n+1)}+\cdots$。

解 如果想借助MATLAB的符号运算工具箱，则可以立即得出结果为1/3。

```
>> syms n; s=symsum(1/((3*n-2)*(3*n+1)),n,1,inf)      %符号运算直接对级数求和
```

此级数求和亦可以用数值方法求得。假设求前10000000项的和，这时求出级数的和为0.33333332222165。但可以看出，得出无穷级数的和与解析解间存在很大差异，这个差异就是double数据类型引起的，它不能保留任意多小数位。

```
>> m=1:10000000; s1=sum(1./((3*m-2).*(3*m+1))); format long; s1   %双精度向量化和
```

可见，即使选择的累加项数极多，耗时很长，得出的结果仍然有较大误差，达到 10^{-6} 级。从通项上看，当 $m=10^7$ 时，通项值为 10^{-15} 级，从表面上可能得出结论，似乎累加的结果误差不会太大。其实不然，由于双精度数值的有效位数有限，只有16位，所以计算通项时16位后的数字加到累加量上就消失了，这就是数值分析中的"大数吃小数"的现象，所以采用纯数值的方法，即使取再多的位数也不能精确得出正确的结果。

例3-39 试求解含有变量的无穷级数的和 $J=2\sum\limits_{n=0}^{\infty}\dfrac{1}{(2n+1)(2x+1)^{2n+1}}$。

解 前面介绍的例子都是数值的例子，直接采用累加的方式就可以近似求出结果。这里给出的求和问题中含有变量 x，所以仅靠数值运算的方式不可能得出该级数的和，而必须采用符号运算工具箱求解该问题，这需要给出下面的命令，最简结果为 $2\,\text{atanh}(1/(2x+1))$，并给出收敛条件 $x>0$ 或 $x<-1$。早期版本的结果是 $\ln[(x+1)/x]$。如果绘制两个函数的曲线，则可以发现二者是无限接近的。

```
>> syms n x; s1=symsum(2/((2*n+1)*(2*x+1)^(2*n+1)),n,0,inf); simplify(s1)
```

例3-40 试求解级数与极限综合问题：$\lim_{n\to\infty}\left[\left(1+\frac{1}{2}+\frac{1}{3}+\frac{1}{4}+\cdots+\frac{1}{n}\right)-\ln n\right]$。

解 前面介绍了级数求和，还介绍了极限的求解方法，所以这里给出的综合问题仍然能用MATLAB语言的符号运算工具箱直接求解。从题中给出的式子可见，其中包含级数求和项可以表示成symsum($1/m$,1,n)，这样原始的问题可以直接由下面的MATLAB语句求解：

```
>> syms m n; limit(symsum(1/m,m,1,n)-log(n),n,inf) %综合问题的直接求解
```

该语句得出的结果为Euler常数γ，其值可以由vpa(ans,70)命令精确地得出：

0.5772156649015328606065120900824024310421593359399235988057672348848677

注意，求解该问题不能先求解无穷级数的和，然后再减去$\ln n$，再求极限，这样做前后两项均为无穷大，求极限的结果将是不定式NaN。

例3-41 试求解下面的综合问题。

$$S=\lim_{n\to\infty}\left[\left(1+\frac{1}{n^2}\right)\sin\frac{\pi}{n^2}+\left(1+\frac{2}{n^2}\right)\sin\frac{2\pi}{n^2}+\cdots+\left(1+\frac{n-1}{n^2}\right)\sin\frac{(n-1)\pi}{n^2}\right]$$

解 从上面给出的问题可见，级数的通项公式为$a_k=(1+k/n^2)\sin(k\pi/n^2)$，且$k=1,2,\cdots,n-1$，这样原始问题的解可以用下面语句直接求出，为$S=\pi/2$。

```
>> syms n k;
   S=simplify(limit(symsum((1+k/n^2)*sin(k*pi/n^2),k,1,n-1),n,inf))
```

3.4.4 序列求积问题

序列乘积的数学表示为

$$P=f_af_{a+1}\cdots f_b=\prod_{n=a}^{b}f_n \tag{3-4-9}$$

MATLAB提供了函数symprod()，直接求取序列求积问题，其语句格式为P=symprod(f_n,n,a,b)。

例3-42 试求出序列的有限项乘积$P=\prod\limits_{k=1}^{n}\left(1+\frac{1}{k^3}\right)$和无穷项乘积。

解 由下面的语句可以立即得出该序列的有限项乘积与无穷乘积：

```
>> syms k n; P1=symprod(1+1/k^3,k,1,n); P1=simplify(P1) %有限项求积
   P2=symprod(1+1/k^3,k,1,inf); P2=simplify(P2)           %无穷项求积
```

得出的结果分别为

$$P_1=-\frac{(n+1)!\sin\left(\dfrac{-1+\sqrt{3}\mathrm{i}}{2}\pi\right)\Gamma\left(n+\dfrac{1-\sqrt{3}\mathrm{i}}{2}\right)\Gamma\left(n+\dfrac{1+\sqrt{3}\mathrm{i}}{2}\right)}{\pi(n!)^3},\quad P_2=\frac{\cos\left(\dfrac{\sqrt{3}\mathrm{i}}{2}\pi\right)}{\pi}$$

例3-43 试求出下面无穷级数的和：

$$S=1-\frac{1}{2}+\frac{1\times3}{2\times4\times6}-\frac{1\times3\times5}{2\times4\times6}+\frac{1\times3\times5\times7}{2\times4\times6\times8}-\frac{1\times3\times5\times7\times9}{2\times4\times6\times8\times10}+\cdots$$

解 这个问题是级数求和问题，其通项公式为$(-1)^n\prod\limits_{k=1}^{n}(2k-1)/(2k)$，且$n=0,1,\cdots,\infty$，由下面语句可以直接得出原问题的解为$S=\sqrt{2}/2$。

```
>> syms k n; S=symsum((-1)^n*symprod((2*k-1)/(2*k),k,1,n),n,0,inf)
```

例3-44 试求出$P=\prod\limits_{n=1}^{\infty}\left(1+\frac{x}{n}\right)\mathrm{e}^{-x/n}$。

解 下面语句可以直接得出原问题的解：

```
>> syms n x;
   P=symprod((1+x/n)*exp(-x/n),n,1,inf) %直接求解
```

得出解的分段函数如下：

$$P=\begin{cases} 0, & x\text{为负整数} \\ \mathrm{e}^{-\gamma x}/\Gamma(x+1), & \text{其他，其中}\gamma\text{为 Euler 常数} \end{cases}$$

其实，由 Gamma 函数的性质可知，x 为负整数时 $\Gamma(x+1)=\pm\infty$，所以 $P=\mathrm{e}^{-\gamma x}/\Gamma(x+1)$。

3.4.5 无穷级数的收敛性判定

在实际应用中可能遇到各种各样的级数问题，有的时候即使使用 symsum() 函数或其他工具，也可能得不到无穷级数的闭式解（closed-form solution），这样，判定一个无穷级数的收敛性就是很重要的问题了。考虑一个无穷级数

$$S=a_1+a_2+\cdots+a_n+\cdots=\sum_{k=1}^{\infty}a_n \tag{3-4-10}$$

如果这个级数当 $n\to\infty$ 时，和式 S 存在有限的极限值，则该级数是收敛（convergent）的；若和式的极限不存在，则级数是发散的（divergent）。如果对所有的 n 均有 $a_n>0$，则级数称为正项级数（positive series）。可以采用下面的判据来判定一个给定级数的收敛性。

（1）必要性判定。如果 $\lim\limits_{n\to\infty}a_n\neq 0$，则级数是发散的。

（2）如果级数 $\sum\limits_{n=1}^{\infty}|a_n|$ 是收敛的，则 $\sum\limits_{n=1}^{\infty}a_n$ 也收敛，这种收敛又称为绝对收敛。

对正项级数而言，还可以顺序使用其他的判定方法。

（3）D'Alembert 判定法。计算 $\lim\limits_{n\to\infty}a_{n+1}/a_n=\rho$，如果 $\rho<1$ 则级数收敛；若 $\rho>1$ 则级数发散。如果 $\rho=1$，则应该尝试其他方法，比如方法（4）。

（4）Raabe 判定法。如果方法（3）中 $\rho=1$，则计算 $\lim\limits_{n\to\infty}n\big(a_n/a_{n+1}-1\big)=R$。如果 $R>1$，则级数收敛；若 $R<1$，则级数发散；如果 $R=1$，则不能判定收敛性。

（5）Bertrand 判定法[38]。若判据（4）仍然无法判定无穷级数的收敛性，则应该引入更严格的判据，计算 B 值。

$$B=\lim_{n\to\infty}\ln n\left(n\frac{a_n}{a_{n+1}}-n-1\right) \tag{3-4-11}$$

如果 $B>1$，则级数收敛；若 $B<1$，则级数发散；若 $B=1$，则无法判定收敛性。

对如下定义的交替级数（alternating series）：

$$S=b_1-b_2+b_3-b_4+\cdots+(-1)^{n-1}b_n+\cdots=\sum_{n=1}^{\infty}(-1)^{n-1}b_n \tag{3-4-12}$$

其中，$b_i\geqslant 0$，可以采用下面的判定法判定其收敛性。

（6）计算 $\lim\limits_{n\to\infty}b_{n+1}/b_n=\rho$。若 $\rho<1$，则级数绝对收敛；若 $\rho>1$，则级数发散；若 $\rho=1$，则不能直接判定收敛性。

（7）如果 $b_{n+1}\leqslant b_n$，且 b_n 的极限为0，则级数收敛。

（8）计算 $\rho=\lim\limits_{n\to\infty}n\big(b_n/b_{n+1}-1\big)$，假设 $b_n>0$，若 $\rho>1$，则级数绝对收敛；若 $0<\rho\leqslant 1$，则交替级数条件收敛，否则级数发散。

例3-45 试判定下面无穷级数的收敛性。

$$S=\sum_{n=1}^{\infty}\frac{2^n}{1\times 3\times 5\times\cdots\times(2n-1)}=\sum_{n=1}^{\infty}\frac{2^n}{\prod\limits_{k=1}^{n}(2k-1)}$$

解 对正项级数而言,可以容易地得出 a_{n+1}/a_n 的极限。

```
>> syms n k positive; assume(n,'integer'); a=2^n/symprod(2*k-1,k,1,n)
   F=simplify(subs(a,n,n+1)/a), L=simplify(limit(F,n,inf)) %用(3)判定
```

可以看出该极限等于0,满足方法(3)的条件,故该级数是收敛的。其实,通过计算机推导可以得出 a_{n+1}/a_n,但不能得出其最简形式,所以需要手工推导,得出⇒号后的最终化简结果:

$$\frac{a_{n+1}}{a_n}=\frac{4\,(2n)!\,(n+1)!}{(2n+2)!\,n!}\Rightarrow\frac{4(2n)!\,(n+1)n!}{(2n+2)(2n+1)(2n)!\,n!}=\frac{2}{2n+1}$$

例3-46 试判定下面给出的无穷级数的收敛性。

$$\frac{1}{1}+\frac{1}{2}+\frac{1}{3}-\frac{1}{4}-\frac{1}{5}-\frac{1}{6}+\frac{1}{7}+\frac{1}{8}+\frac{1}{9}-\frac{1}{10}-\frac{1}{11}-\frac{1}{12}+\cdots$$

解 由于著名的无穷级数 $\sum\limits_{n=1}^{\infty}1/n$ 是不收敛的,所以这里的级数不是绝对收敛的。当然不能用这种方式直接判定级数的收敛性,而应该采用变通的方法。如果把原级数每三个一组直接改写,则可以将其改写成关于 b_n 的交替级数形式,其中

$$b_n=\left(\frac{1}{3n-2}+\frac{1}{3n-1}+\frac{1}{3n}\right),\ n=1,2,3,\cdots$$

对该交替级数而言,方法(2)是不行的,因为极限为1,如果采用方法(5)中的判定法,尽管 $b_{n+1}\leqslant b_n$,仍需手工推导,可以直接使用方法(7)中的判定法。

```
>> syms n; b=1/(3*n-1)+1/(3*n-2)+1/(3*n); L=limit(n*(b/subs(b,n,n+1)-1),n,inf)
```

因为 $L=1$,交替级数是条件收敛的。

例3-47 考虑下面的函数级数,若 p 为实数,试找出使得该无穷级数收敛的 x 的范围。

$$\sum_{n=1}^{\infty}\left[\frac{1\times 3\times 5\times\cdots\times(2n-1)}{2\times 4\times 6\times\cdots\times(2n)}\right]^p\left(\frac{x-1}{2}\right)^n$$

解 可以声明相应的符号变量,得出通项 a_n 的符号表达式。这样,求 a_{n+1}/a_n 的极限,则可以得出化简的结果为 $L=(x-1)/2$。为使得该无穷级数收敛,应满足 $|L|<1$。求解不等式 $|(x-1)/2|<1$,则可以得出级数收敛的区间为 $x\in(-1,3)$。

```
>> syms n k positive; syms p real; assume(n,'integer');        %声明符号变量
   a=(symprod(2*k-1,k,1,n)/symprod(2*k,k,1,n))^p*((x-1)/2)^n;  %输入通项
   F=simplify(subs(a,n,n+1)/a), L=simplify(limit(F,n,inf))      %用方法(3)判定
```

令 $x=-1$,则原级数变成一个交替级数,由方法(7)可见,$L=p/2$,这意味着当 $p>0$ 时,$x=-1$ 是收敛的,所以 $x=-1$ 是条件收敛的边界。

```
>> b=(symprod(2*k-1,k,1,n)/symprod(2*k,k,1,n))^p; %计算级数通项
   L=limit(n*(b/subs(b,n,n+1)-1),n,inf)           %使用Raabe判定法
```

如果 $x=3$,则级数为正项级数,由判定方法(2)可见 $L=p/2$,意味着该点处在 $p>2$ 时是绝对收敛的,否则该级数是发散的。如果 $x=-1$,则 $p>2$ 时级数仍然绝对收敛。

3.5 曲线积分与曲面积分的计算

MATLAB语言并未直接提供曲线积分和曲面积分的现成函数。本节将介绍两类曲线、曲面积分的概念，引入它们转换成一般积分问题的算法，并介绍利用MATLAB语言的符号运算工具箱直接求解曲线、曲面积分的解析解方法。

3.5.1 曲线积分及MATLAB求解

1. 第一类曲线积分

曲线积分在高等数学中一般分为第一类曲线积分和第二类曲线积分。其中，第一类曲线积分问题起源于对不均匀分布的空间曲线总质量的求取[39]。假设在空间曲线l上各处的密度函数为$f(x,y,z)$，则其总质量可以由下面的式子直接求出

$$I_1=\int_l f(x,y,z)\mathrm{d}s \tag{3-5-1}$$

其中，s为曲线上某点的弧长，所以这类曲线积分又称为对弧长的曲线积分。若曲线由参数方程$x=x(t)$，$y=y(t)$，$z=z(t)$给出，则可以将这些量直接代入$f(\cdot)$函数，而弧长微分可以表示成

$$\mathrm{d}s=\sqrt{(\mathrm{d}x/\mathrm{d}t)^2+(\mathrm{d}y/\mathrm{d}t)^2+(\mathrm{d}z/\mathrm{d}t)^2}\,\mathrm{d}t,\quad 简记作\mathrm{d}s=\sqrt{x_t^2+y_t^2+z_t^2}\,\mathrm{d}t \tag{3-5-2}$$

则可以将这类曲线积分也变换成对参数t的普通定积分问题，即

$$I=\int_{t_\mathrm{m}}^{t_\mathrm{M}} f\big(x(t),y(t),z(t)\big)\sqrt{x_t^2+y_t^2+z_t^2}\,\mathrm{d}t \tag{3-5-3}$$

若被积函数$f(x,y)$为二元函数，也可以用相应的转换方法将其转换成普通积分问题，故用MATLAB语言可以求出第一类曲线积分的值。根据前面上面的算法，可以由MATLAB语言编写出曲线积分的计算函数。

```
function I=path_integral(F,vars,t,a,b)
   arguments, F(1,:), vars(:,1), t(1,1), a(1,1), b(1,1), end
   if length(F)==1, I=int(F*sqrt(sum(diff(vars,t).^2)),t,a,b); %第一类曲线积分
   else, I=int(F*diff(vars,t),t,a,b); end                        %第二类曲线积分
end
```

该函数还可以用于后面将介绍的第二类曲线积分。第一类曲线积分的调用格式为

I=path_integral(f,[x,y],t,t_m,t_M)　　%二维曲线积分

I=path_integral(f,[x,y,z],t,t_m,t_M)　　%三维曲线积分

I=path_integral(f,$\boldsymbol{v}$,t,t_m,t_M)　　%任意维曲线积分

其中，$[x,y]$或$[x,y,z]$为曲线的参数方程对应的符号表达式，如果曲线由$y=f(x)$表示，则对应的向量应该写成$[x,y]$。

例3-48　试求$\displaystyle\int_l \frac{z^2}{x^2+y^2}\mathrm{d}s$，其中，$l$为螺线，$x=a\cos t, y=a\sin t, z=at\ (0\leqslant t\leqslant 2\pi, a>0)$。

解　用下面的语句可以立即得出曲线积分值为$I=8\sqrt{2}\pi^3a/3$。

```
>> syms t; syms a positive; x=a*cos(t); y=a*sin(t); z=a*t; f=z^2/(x^2+y^2);
   I=path_integral(f,[x,y,z],t,0,2*pi) %直接计算第一类曲线积分
```

例3-49 试求$\int_l (x^2+y^2)\mathrm{d}s$，其中，$l$ 曲线为 $y=x$ 与 $y=x^2$ 围成的正向曲线。

解 应该用下面的指令绘制出给定的两条曲线，如图3-10所示。

```
>> x=0:0.001:1.2; y1=x; y2=x.^2; plot(x,y1,x,y2), hold on, ii=find(x<=1);
   xx=[x(ii),x(ii(end):-1:1)]; yy=[y2(ii), y1(ii(end):-1:1)]; fill(xx,yy,'g')
```

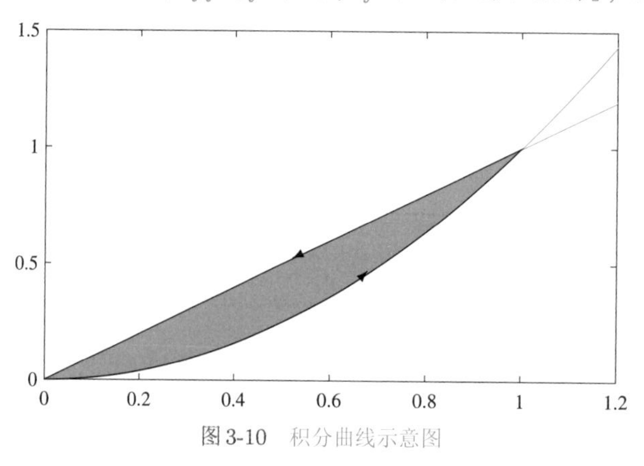

图3-10 积分曲线示意图

可见，可以将原来的积分问题化成两段曲线的积分问题来求解，故应该给出如下的指令，求解出两段曲线的积分值，并将结果加起来即可。

```
>> syms x; y=x; f=(x^2+y^2); I1=path_integral(f,[x,y],x,1,0)
   y=x^2; f=(x^2+y^2); I2=path_integral(f,[x,y],x,0,1), I=I1+I2
```

将其相加则得出原问题的解为 $I=-\dfrac{2}{3}\sqrt{2}+\dfrac{349}{768}\sqrt{5}-\dfrac{7}{512}\ln\left(2+\sqrt{5}\right)$。

2. 第二类曲线积分

第二类曲线积分问题又称为对坐标的曲线积分，它起源于变力 $\boldsymbol{f}(x,y,z)$ 沿曲线 l 移动时做功的研究。这类曲线积分的数学表达式为

$$I_2=\int_l \boldsymbol{f}(x,y,z)\cdot \mathrm{d}\boldsymbol{s} \tag{3-5-4}$$

其中，$\boldsymbol{f}(x,y,z)$ 为向量，可以写成 $\boldsymbol{f}=\left[P(x,y,z),Q(x,y,z),R(x,y,z)\right]$，曲线 $\mathrm{d}\boldsymbol{s}$ 亦为向量，若曲线可以由参数方程表示成 t 的函数，记作 $x(t)$，$y(t)$，$z(t)$，则可以将 $\mathrm{d}\boldsymbol{s}$ 表示成

$$\mathrm{d}\boldsymbol{s}=\left[\frac{\mathrm{d}x}{\mathrm{d}t},\frac{\mathrm{d}y}{\mathrm{d}t},\frac{\mathrm{d}z}{\mathrm{d}t}\right]^{\mathrm{T}}\mathrm{d}t \tag{3-5-5}$$

则行向量函数与列向量的乘积可以得出标量函数，将曲线积分问题转换成普通定积分问题。前面给出的 **path_integral()** 可以直接用于求取第二类曲线积分。

```
I=path_integral([P,Q],[x,y],t,a,b)          %二维被积函数
I=path_integral([P,Q,R],[x,y,z],t,a,b)      %三维被积函数
I=path_integral(F,v,t,a,b)                  %任意维曲线积分的向量型被积函数
```

例3-50 试求出曲线积分 $\int_l \dfrac{x+y}{x^2+y^2}\mathrm{d}x-\dfrac{x-y}{x^2+y^2}\mathrm{d}y$，$l$ 为正向圆周 $x^2+y^2=a^2$。

解 若想按圆周曲线进行积分，则可以写出参数方程 $x=a\cos t, y=a\sin t\ (0\leqslant t\leqslant 2\pi)$，这样，用下面的方法可以直接求出曲线积分为 2π。

```
>> syms t; syms a positive; x=a*cos(t); y=a*sin(t); %输入曲线的参数方程
   F=[(x+y)/(x^2+y^2),-(x-y)/(x^2+y^2)];          %输入被积函数的向量
   I=path_integral(F,[x,y],t,2*pi,0)              %正向圆周直接求积分
```

例3-51 试求出曲线积分 $\int_l (x^2-2xy)\mathrm{d}x+(y^2-2xy)\mathrm{d}y$，$l$ 为抛物线 $y=x^2(-1\leqslant x\leqslant 1)$。

解 曲线是关于 x 的参数方程，故可以用下面的语句求出曲线积分的值为 $-14/15$。

```
>> syms x; y=x^2; F=[x^2-2*x*y,y^2-2*x*y]; %定义二维向量型被积函数
   I=path_integral(F,[x,y],x,-1,1)          %直接求曲线积分
```

3.5.2 曲面积分与MATLAB语言求解

1. 第一类曲面积分

第一类曲面积分的数学定义为

$$I=\iint_S \phi(x,y,z)\mathrm{d}S \tag{3-5-6}$$

其中，$\mathrm{d}S$ 为小区域的面积，故这类积分又称为对面积的曲面积分。

可以编写各类曲面积分的求解函数 `surf_integral()`，其内容从略。第一类曲面积分的调用格式为

I=`surf_integral(`f,z,[x,y],[y_m,y_M],[x_m,x_M]`)`

例3-52 试求出 $\iint_S xyz\mathrm{d}S$，其中，积分曲面 S 是由四个平面 $x=0,y=0,z=0$ 和 $x+y+z=a$ 围成的外侧面，且 $a>0$。

解 记这四个平面为 $S_1\sim S_4$，则原积分可以由 $\iint_S=\iint_{S_1}+\iint_{S_2}+\iint_{S_3}+\iint_{S_4}$ 求出。考虑 $S_1\sim S_3$ 平面：由于被积函数的值为0，故这些积分也为0。所以只需研究 S_4 的曲线积分。S_4 平面的数学表示为 $z=a-x-y$，这样，积分边界可以描述成 $0\leqslant y\leqslant a-x,0\leqslant x\leqslant a$，故由下面的语句可以求出曲面积分为 $I=\sqrt{3}a^5/120$。

```
>> syms x y; syms a positive; z=a-x-y; f=x*y*z; %描述被积函数与曲面
   I=surf_integral(f,z,[x,y],[0,a-x],[0,a])     %直接计算曲面积分
```

若曲面由参数方程 $x=x(u,v)$，$y=y(u,v)$，$z=z(u,v)$ 给出，则曲面积分求解函数 `surf_integral()` 仍能求解这类问题，语句格式为 I=`surf_integral(`f,[x,y,z],[u,v],[u_m,u_M],[v_m,v_M]`)`。

例3-53 试求出曲面积分 $\iint_S (x^2y+zy^2)\mathrm{d}S$，其中，$S$ 为螺旋曲面 $x=u\cos v$，$y=u\sin v$，$z=v$ 的 $0\leqslant u\leqslant a,0\leqslant v\leqslant 2\pi$ 部分。

解 由上述公式可以立即给出下面的MATLAB命令：

```
>> syms u v; syms a positive; x=u*cos(v); y=u*sin(v); z=v; f=x^2*y+z*y^2;
   I=surf_integral(f,[x,y,z],[u,v],[0,a],[0,2*pi]) %直接计算积分
```

得出积分结果为 $I=\pi^2\left(2a\left(a^2+1\right)^{3/2}-a\sqrt{a^2+1}-\mathrm{arcsinh}a\right)/8$。

2. 第二类曲面积分

第二类曲面积分又称为对坐标的曲面积分。其数学定义为

$$I=\iint_{S^+}\boldsymbol{\Gamma}\cdot\mathrm{d}\boldsymbol{V}=\iint_{S^+}P(x,y,z)\mathrm{d}y\mathrm{d}z+Q(x,y,z)\mathrm{d}x\mathrm{d}z+R(x,y,z)\mathrm{d}x\mathrm{d}y \tag{3-5-7}$$

其中，正向曲面 S^+ 由 $z=f(x,y)$ 给出，被积函数 $\boldsymbol{\Gamma}=[P,Q,R]$ 为行向量，而 $\mathrm{d}\boldsymbol{V}=[\mathrm{d}y\mathrm{d}z,\mathrm{d}x\mathrm{d}z,\mathrm{d}x\mathrm{d}y]^\mathrm{T}$

为列向量。

由`surf_integral()`函数可以如下求出曲面积分：

I=surf_integral([P,Q,R],z,[u,v],[$u_{\rm m}$,$u_{\rm M}$],[$v_{\rm m}$,$v_{\rm M}$])

I=surf_integral([P,Q,R],[x,y,z],[u,v],[$u_{\rm m}$,$u_{\rm M}$],[$v_{\rm m}$,$v_{\rm M}$])

例3-54　试求出曲面积分 $\iint_S (xy+z){\rm d}y{\rm d}z$，其中，$S$ 是椭球面 $\dfrac{x^2}{a^2}+\dfrac{y^2}{b^2}+\dfrac{z^2}{c^2}=1$ 的上半部，且积分沿椭球面的上面。

解　可以引入参数方程 $x=a\sin u\cos v, y=b\sin u\sin v, z=c\cos u$，且 $0\leqslant u\leqslant \pi/2, 0\leqslant v\leqslant 2\pi$，这样，原始曲面积分问题可以转换为一般双重积分问题，即

$$\int_0^{2\pi}\int_0^{\pi} CR{\rm d}u{\rm d}v,\quad 其中,\quad R=xy+z,\quad C=x_u y_v - y_u x_v$$

当然，也可以用下面的语句直接求出所需的曲面积分为 $2abc\pi/3$。

```
>> syms u v; syms a b c positive;                           %声明必要的符号变量
   x=a*sin(u)*cos(v); y=b*sin(u)*sin(v); z=c*cos(u);       %曲面被积函数向量
   I=surf_integral([0,0,x*y+z],[x,y,z],[u,v],[0,pi/2],[0,2*pi]) %求积分
```

3.6　数值微分问题

前面介绍了已知原型函数，可以通过`diff()`函数求取各阶导数解析解的方法，并得出结论，高达100阶的导数也可以用MATLAB语言在几秒钟的时间内直接求出。应该指出，前面介绍的解析解方法的前提是原型函数为已知的。如果函数表达式未知，只有实验数据，在实际应用中经常也有求导的要求，这样的问题就不能用前面的方法获得问题的解析解了。要求解这样的问题，需要引入数值算法得出所需问题的解。由于在MATLAB语言中没有现成的数值微分函数，所以本节将先介绍数值微分算法，介绍其中较好算法的MATLAB实现，最后将通过例子演示数值微分程序。

3.6.1　数值微分算法

假设已经等间隔地测出了一组数据 (t_i,y_i)，且已知时间间隔为 Δt，由高等数学中导数的定义可知，若 $\Delta t\to 0$，则相邻两点的差值除以间隔 Δt 就是该点处的导数，由此可以引入前向差分公式

$$y_i'=\frac{\Delta y_i}{\Delta t}=\frac{y_{i+1}-y_i}{\Delta t} \tag{3-6-1}$$

类似地，还可以引入后向差分公式

$$y_i'=\frac{\Delta y_i}{\Delta t}=\frac{y_i-y_{i-1}}{\Delta t} \tag{3-6-2}$$

遗憾的是，这两种微分算法的精度都是 $o(\Delta t)$ 级的，该算法产生的误差很大。

3.6.2　高精度数值微分算法的MATLAB实现

文献[40]给出了精度为 $o(h^4)$ 的中心差分算法与MATLAB函数。如果追求更高精度 $o(h^p)$ 的前向数值微分结果，还可以使用文献[23]中给出的`num_diff()`函数：[z,t]=num_diff(y,h,n,p)，其中，返回 $\boldsymbol{y}$ 的 n 阶数值微分，$\boldsymbol{t}$ 是相对的时间向量(实际时间向量应该为 $\boldsymbol{t}=t_1+\boldsymbol{t}$)。限于本书的篇幅，这里不给出具体算法与函数清单，有兴趣的读者自行参阅文献[23]或本书工具箱中的源程序。

例3-55 若$x \in (1.5, 3.5)$，步长为$h=0.02$，试由函数

$$f(x)=\frac{1}{2}\ln(x+1)-\frac{1}{4}\ln(x^2-x+1)+\frac{1}{\sqrt{3}}\arctan\frac{2x-1}{\sqrt{3}}$$

生成一组样本点数据，由数据求出该函数的一阶至七阶数值导数，并与解析解比较，找出数值解的最大误差。

解 如果选择精度p，由下面的语句可以直接生成样本点，然后根据样本点求出函数各阶数值微分的解。由于函数的数学表达式已知，还可以求出这些样本点处的理论值。这样，各阶数值微分的误差在表3-1中列出。可以看出，七阶数值微分的结果远离理论值，不能使用，可以尝试更大的p值。六阶导数如图3-11所示，从得出的曲线上仅能看到极微小的区别。如果想得到可用的七阶数值微分结果，可以考虑增大p值。

表3-1 不同阶次数值导数的误差

导数阶次	一	二	三	四	五	六	七
误差范数	9.4710×10^{-10}	2.9393×10^{-8}	4.4469×10^{-7}	6.5813×10^{-6}	0.0011	0.2162	29.3644
最大误差	4.6920×10^{-10}	1.2804×10^{-8}	1.6200×10^{-7}	1.9293×10^{-6}	3.27×10^{-4}	0.0486	7.3210

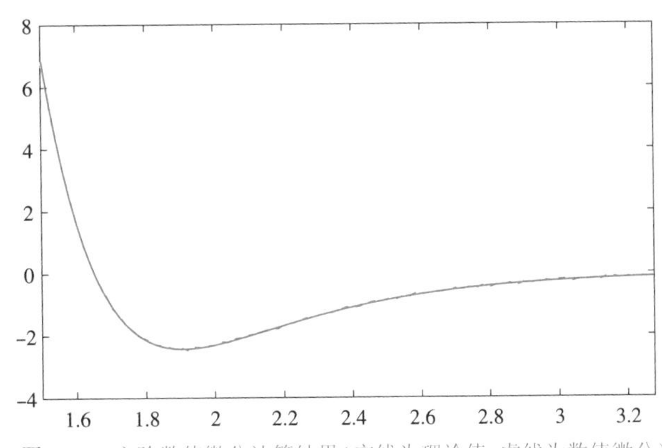

图3-11 六阶数值微分计算结果(实线为理论值,虚线为数值微分)

```
>> syms x; f(x)=log(1+x)/2-log(x^2-x+1)/4+atan((2*x-1)/sqrt(3))/sqrt(3);
   h=0.02; x0=1.5:h:3.5; y0=double(f(x0)); %生成已知样本点
   for n=1:7                                %由样本点求取不同阶次的数值导数
      [z,t]=num_diff(y0,h,n,6); t=1.5+t;    %求数值微分
      f1=diff(f,n); y1=double(f1(t)); norm(z-y1), max(abs(z-y1))
   end
   [z,t]=num_diff(y0,h,6,6); t=1.5+t;       %重新计算六阶数值微分
   f1=diff(f,6); y1=double(f1(t)); plot(t,y1,t,z,'--')
```

3.6.3 二元函数的梯度计算

如果给定二元函数的函数值矩阵$\boldsymbol{z}$，其中，$\boldsymbol{z}$为网格数据，则可以由gradient()函数求取二元函数的梯度。该函数的调用格式为$[\boldsymbol{f}_x, \boldsymbol{f}_y]$=gradient($\boldsymbol{z}$)。其实，这样计算出来的$\boldsymbol{f}_x$与$\boldsymbol{f}_y$不是真正的梯度，这里尚未考虑$x, y$坐标的情况。如果得到的$\boldsymbol{z}$矩阵是建立在等间距的形式生成网格基础上的，则实际的梯度值可以由$\boldsymbol{f}_x=\boldsymbol{f}_x/\Delta x$和$\boldsymbol{f}_y=\boldsymbol{f}_y/\Delta y$求出，其中，$\Delta x$和$\Delta y$分别为$x, y$生成网格的步长。

例3-56 考虑例3-15中的问题，若已知网格数据，试用数值方法由该数据解出梯度值。

解 重新生成数据,则可以由这些数据直接计算出该函数的梯度,而无须再从原函数直接计算梯度值。

```
>> syms x y; z(x,y)=(x^2-2*x)*exp(-x^2-y^2-x*y);
   [x0,y0]=meshgrid(-3:.2:3,-2:.2:2); z0=double(z(x0,y0));
   [fx,fy]=gradient(z0); fx=fx/0.2; fy=fy/0.2; %梯度的数值计算
```

下面的语句将绘制出误差的曲面,如图3-12所示。可见大部分区域内误差还是较小的,但在某些小的区域内误差较大,这说明原来网格的间距较大,使得梯度函数难以精确求解。

```
>> zx=diff(z,x); zx0=double(zx(x0,y0)); %梯度的理论值计算
   zy=diff(z,y); zy0=double(zy(x0,y0)); %误差曲面绘制
   subplot(121), surf(x0,y0,abs(fx-zx0)); axis([-3 3 -2 2 0,0.1])
   subplot(122), surf(x0,y0,abs(fy-zy0)); axis([-3 3 -2 2 0,0.12])
```

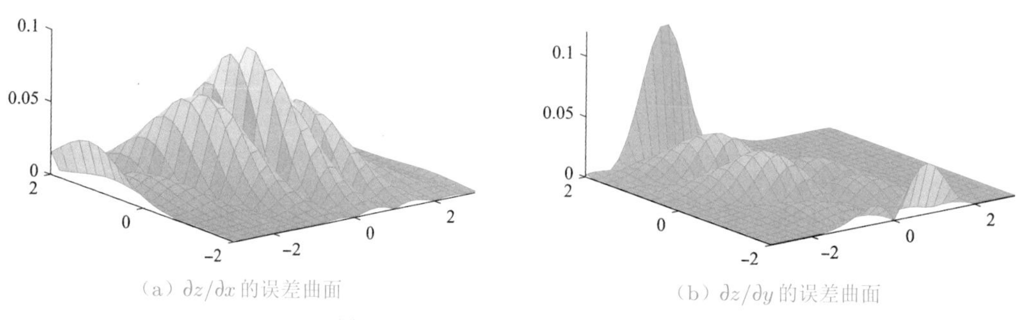

(a) $\partial z/\partial x$ 的误差曲面　　(b) $\partial z/\partial y$ 的误差曲面

图3-12　二元函数数值梯度的误差曲面

如果将网格加密一倍,则可以由下面的语句计算数值梯度,得出的结果与理论值之间的误差也可以绘制出来,如图3-13所示,可见这时误差显著减小。

```
>> [x1,y1]=meshgrid(-3:.1:3,-2:.1:2); z1=double(z(x1,y1));
   [fx,fy]=gradient(z1); fx=fx/0.1; fy=fy/0.1; %网格加密一倍的数值梯度计算
   z1=double(zx(x1,y1)); z2=double(zy(x1,y1));
   subplot(121), surf(x1,y1,abs(fx-z1)); axis([-3 3 -2 2 0,0.1]) %误差曲面绘制
   subplot(122), surf(x1,y1,abs(fy-z2)); axis([-3 3 -2 2 0,0.12])
```

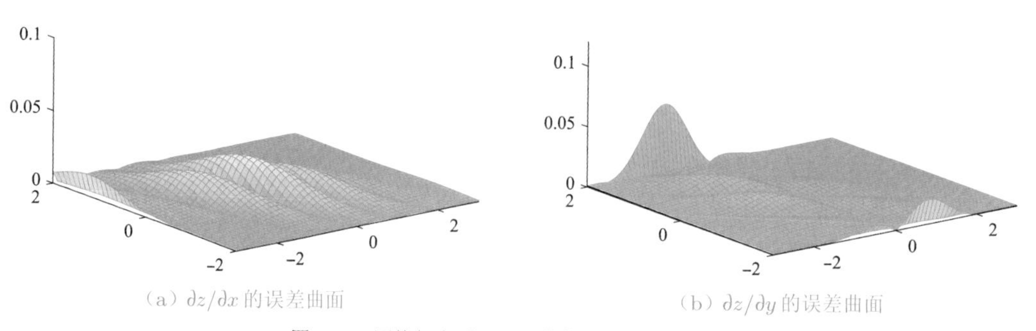

(a) $\partial z/\partial x$ 的误差曲面　　(b) $\partial z/\partial y$ 的误差曲面

图3-13　网格加密后二元函数数值梯度的误差曲面

3.7 数值积分问题

数值积分问题是传统数值分析课程中的重要内容。本节将分几种情况介绍数值积分问题的求解方法。首先，如果被积函数的数学表达式未知，则需要由实测数据通过梯形算法求出积分的近似值；如果被积函数已知，则将分别介绍一元函数积分、一元函数广义积分、二重积分以及多重积分问题。采用前面介绍的解析解方法和vpa()函数，可以得出任意一元函数的积分值，所以若安装了符号运算工具箱，则没有太大必要采用本节介绍的纯数值方法；对于重积分问题来说，如果内重积分是解析不可积的，则解析解方法是不能得出积分值的，必须采用数值积分方法。

3.7.1 由给定数据进行梯形求积

一元函数定积分的数学表示为

$$I=\int_a^b f(x)\mathrm{d}x \tag{3-7-1}$$

在被积函数 $f(x)$ 理论上不可积时，即使有强大的计算机数学语言帮忙，也不能够求出该积分的解析解，所以往往要采用数值方法来求解。求解定积分的数值方法是多种多样的，如简单的梯形法、Simpson法、Romberg法等算法都是数值分析课程中经常介绍的方法。它们的基本思想都是将整个积分空间 $[a,b]$ 分割成若干子空间 $[x_i,x_{i+1}]$，$i=1,2,\cdots,n$，其中，$x_1=a$，$x_{n+1}=b$。这样整个积分问题就分解为下面的求和形式。

$$\int_a^b f(x)\mathrm{d}x=\sum_{i=1}^n\int_{x_i}^{x_{i+1}}f(x)\mathrm{d}x=\sum_{i=1}^n\Delta f_i \tag{3-7-2}$$

而在每一个小的子空间上都可以近似地求解出来，当然最简单的求每一个小的子空间的积分方法是采用梯形近似的方法。梯形方法还可以应用于已知数据样本点的数值积分问题求解。假设在实验中测得一组数据 $(x_1,y_1),(x_2,y_2),(x_3,y_3),\cdots,(x_{n+1},y_{n+1})$，且 x_i 为严格单调递增的数值，直接求取这些点对应曲线的数值积分最直观的方法就是用梯形方法，用直线将这些点连接起来，则积分可以近似为该折线与 x 轴之间围成的面积。

假设已经建立起向量 $\boldsymbol{x}=[x_1,x_2,\cdots,x_{n+1}]^{\mathrm{T}}$，$\boldsymbol{y}=[y_1,y_2,\cdots,y_{n+1}]^{\mathrm{T}}$，则由MATLAB的trapz()函数可以直接用梯形法求解积分问题，该函数调用格式为 S=trapz(x,y)，其中，$\boldsymbol{x}$ 可以为行向量或列向量，$\boldsymbol{y}$ 的行数应该等于 $\boldsymbol{x}$ 向量的元素数。若 $\boldsymbol{y}$ 由矩阵给出，则用该函数可以得出若干函数的积分值。

该函数的优势是 $\boldsymbol{t}$ 可以为非等间距的向量，但劣势是精度为 $o(h)$，精度过低。文献[23]给出了高精度的数值求解函数：S=num_integral(y,h)，其中 $\boldsymbol{y}$ 向量存储等间距的函数样本点的值，h 为步长，返回的 S 为得出的定积分近似值。由于这里实现的是闭式公式，故不适合处理反常积分问题。反常积分问题应该采用Newton–Cotes开式或半开式公式[41]或其他算法计算。

该函数采用的最高 $o(h^8)$ 精度算法的七点公式，即每7个样本点为一组的算法，所以，建议选择 $\boldsymbol{y}$ 向量的长度为 $6k+1$，k 为整数。

例3-57 试用梯形法求出 x 在 $(0,\pi)$ 区间内，函数 $\sin x,\cos x,\sin(x/2)$ 的定积分值。

解 生成区间内横坐标向量，用上述的算法可以求出各个函数的数值积分值分别为1.9982，0.0000，1.9995，而这些理论值分别为2，0，2。

```
>> x1=[0:pi/30:pi]'; y=[sin(x1) cos(x1) sin(x1/2)]; S=trapz(x1,y) %梯形积分法计算
```

由于选择的步长较大，为$h=\pi/30\approx 0.1$，故得出的结果有较大的误差。在8.1.2节中将积分问题与样条插值技术相结合，给出一个能精确计算数值积分的MATLAB函数，并演示其在更大步长下的有效性和精度。

例3-58　请用定步长方法求解积分$\displaystyle\int_0^{3\pi/2}\cos 15x\,\mathrm{d}x$。

解　求解问题之前，首先用下面的MATLAB语句绘制出被积函数的曲线，如图3-14所示。可见，在求解区域内被积函数有很强的振荡。

```
>> x=linspace(0,3*pi/2,500); y=cos(15*x); plot(x,y) %被积函数的振荡曲线
```

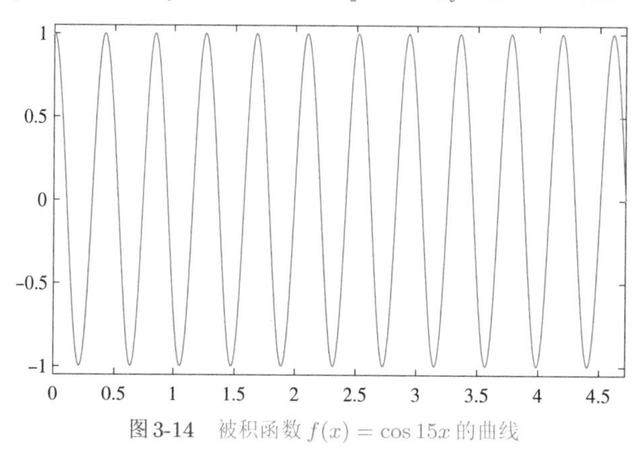

图3-14　被积函数$f(x)=\cos 15x$的曲线

对不同的步长$h=0.1,0.01,0.001,0.0001,0.00001,0.000001$，可以用下面的语句求出采用不同步长的积分近似结果，见表3-2。

```
>> syms x, A=int(cos(15*x),0,3*pi/2); h0=10.^[-1:-1:-6]; v=[];
   for h=h0, tic %不同计算步长下的梯形法数值积分计算
      x=[0:h:3*pi/2, 3*pi/2]; y=cos(15*x); I=trapz(x,y); v=[v; h,I,1/15-I];
   toc, end
```

表3-2　步长选择与计算结果

步　长	得出积分值	误　差	步　长	得出积分值	误　差
0.1	0.05389175150075948	0.01278	0.0001	0.06666665416666881	1.25×10^{-8}
0.01	0.06654169546583830	0.000125	10^{-5}	0.06666666654166685	1.25×10^{-10}
0.001	0.06666541668003727	1.25×10^{-6}	10^{-6}	0.06666666666541621	1.25×10^{-12}

可见，随着步长h的减小，计算精度逐渐增加。例如，当$h=10^{-6}$时可以保留小数点后11位精确数字，但这时求解的时间也将成倍增加，达到0.25 s——此函数执行效率较早期版本有明显的改善。如果想进一步增加计算精度，还得再减小步长，这样内存将耗尽，程序不能继续执行下去。

例3-59　试用`num_integral()`函数重新求解例3-57中的定积分问题。

解　对这个具体问题而言，只需选择$N=1603$个样本点(6余1，$h=0.0029$)，则可以重新计算定积分，总耗时0.0015 s，误差为7.6328×10^{-16}。可以看出，这样得出的数值解效率远远高于MATLAB的梯形法函数。

```
>> x=linspace(0,3*pi/2,1603); y=cos(15*x); h=x(2)-x(1)
   tic, I=num_integral(y,h); toc, abs(I-1/15)
```

3.7.2 单变量数值积分问题求解

单变量函数的数值积分还可以采用一般数值分析中介绍的其他算法进行求解。例如,可以采用下面给出的Simpson方法求解出 $[x_i, x_{i+1}]$ 上的积分 Δf_i 的近似值为

$$\Delta f_i \approx \frac{h_i}{12}\left[f(x_i)+4f\left(x_i+\frac{h_i}{4}\right)+2f\left(x_i+\frac{h_i}{2}\right)+4f\left(x_i+\frac{3h_i}{4}\right)+f(x_i+h_i)\right] \tag{3-7-3}$$

式中,$h_i = x_{i+1} - x_i$。

MATLAB中引入了新的自适应变步长数值积分求取函数 integral(),其调用格式为 I=integral(f,a,b, 属性设置对),其中,f 用于描述被积函数,它可以是一个 Fun.m 函数文件名(由 @Fun 或 'Fun' 给出),该函数的一般格式为 y=Fun(x),还可以用匿名函数等;a 和 b 分别为定积分的上限和下限。该函数还允许给出"属性设置对"来设置积分控制选项,常用选项参数如表3-3所示。下面将通过例子演示积分问题的数值求解方法。

表3-3 数值积分函数的常用选项参数

选 项	选项参数的解释
'RelTol'	相对误差限的值,可以用来指定计算精度,精确计算可以设置为eps
'AbsTol'	绝对误差限,可以配合'RelTol'选项设定计算精度,精确计算可以设置为eps
'ArrayValued'	向量参数标志,如果被积函数含有除自变量外的其他参数,则可以将参数选择成向量或网格数据,然后对参数的每一个取值单独积分,其取值为逻辑1或0
'waypoint'	关键点的设置,可以将其有意设置为不连续点或奇点,不过该选项效果不是很明显,在介绍反常积分中将给出更可行的方法

例3-60 考虑不可积数学函数 $\mathrm{erf}(x) = \dfrac{2}{\sqrt{\pi}}\displaystyle\int_0^x \mathrm{e}^{-t^2}\mathrm{d}t$,试用数值方法来求解该积分。

解 在求取数值解之前,需要首先描述一下被积函数。描述被积函数有3种方法:

(1) M函数。建立一个MATLAB函数并将其存成文件,其内容为

```
function y=c3ffun(x)
   y=2/sqrt(pi)*exp(-x.^2); %被积函数的M函数描述
end
```

这样,可以将上述内容存入一个c3ffun.m文件。由于自变量每次读入的可以是一组 $\boldsymbol{x}$ 的值,所以函数内部应该使用点运算来计算每个自变量取值处的函数值 $\boldsymbol{y}$。

(2) 匿名函数。建立匿名函数,其格式为 f=@(x)2/sqrt(pi)*exp(-x.^2),这种方法的特点是可以动态地描述需要求解的问题,而无须建立一个单独的文件,所以这样的方法更适合于简单问题的直接应用,该函数中,@符号后的括号内为函数的自变量,后面接函数的计算表达式。注意,表达式应该使用点运算。

(3) inline()函数。类似于匿名函数的方法,可以用 inline()函数定义被积函数,如下:

```
>> f=inline('2/sqrt(pi)*exp(-x.^2)','x'); %被积函数的inline()描述
```

同样,这种方法也无须建立一个单独的MATLAB文件。相比之下,inline()函数的第一个输入变量为被积函数本身,和MATLAB函数描述格式完全相同,第二个输入变量为自变量,当然还可以带有多个自变量。不过,inline()函数方法属于被淘汰的方法,不建议使用。

定义了被积函数,可以调用 integral()函数直接求解出定积分值为0.9661。

```
>> f=@(x)2/sqrt(pi)*exp(-x.^2); %匿名函数描述被积函数,注意点运算
```

```
y=integral(f,0,1.5)              %双精度数值积分计算
```

其实,对这样简单的一元数值积分问题来说,用符号运算工具箱可以求解出更精确的解 $I_0 = 0.9661051464753107139369337299491$。可见,前面的数值解在双精度意义下还是相当精确的。

```
>> syms x, I0=vpa(int(2/sqrt(pi)*exp(-x^2),0,1.5)) %高精度数值解
```

虽然前面介绍的3种方法均可以用于描述被积函数,但它们各有特点。M函数的方法可以描述带有中间变量的问题,而后两种方法则不能。在后面将涉及的返回多个变量的问题也不适合采用匿名函数与 inline() 函数。从计算速度看,使用匿名函数的速度要明显快于M函数,本书将尽量采用匿名函数,如需返回多个变量或涉及中间变量时则只能采用M函数。

例3-61 试求解下面分段函数的积分问题:

$$I = \int_0^4 f(x)\mathrm{d}x,\quad 其中,\quad f(x) = \begin{cases} \mathrm{e}^{x^2}, & 0 \leqslant x \leqslant 2 \\ 80/[4-\sin(16\pi x)], & 2 < x \leqslant 4 \end{cases}$$

解 用曲线绘制函数不难绘制出分段函数,这里为减小视觉上的误差,在端点和间断点处采用了特殊处理,故可以得出如图3-15所示的填充图形。可见,在 $x = 2$ 点处有跳跃。

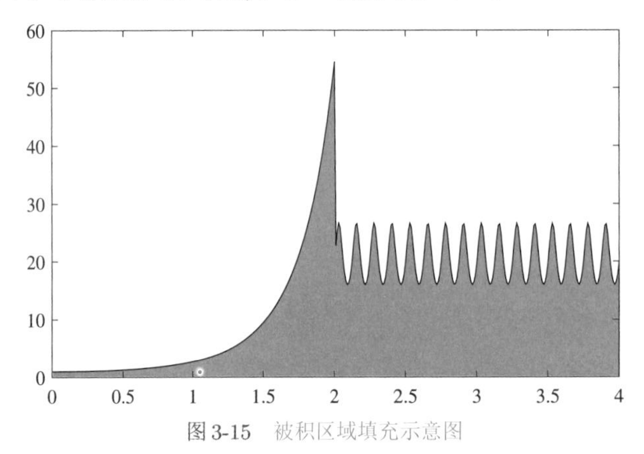

图3-15 被积区域填充示意图

```
>> x=[0:0.01:2,2+eps:0.01:4,4]; y=exp(x.^2).*(x<=2)+80./(4-sin(16*pi*x)).*(x>2);
   y(end)=0; x=[eps, x]; y=[0,y]; fill(x,y,'g') %绘制积分区域的填充图形
```

利用关系表达式可以描述出被积函数,调用积分函数 integral() 就可以求解出原始定积分,得出 $I_1 = 57.764450125048505$。

```
>> f=@(x)exp(x.^2).*(x<=2)+80./(4-sin(16*pi*x)).*(x>2); I=integral(f,0,4)
```

其实,还可以将原来的积分问题转换成 $(0,2)$ 区间与 $(2,4)$ 区间定积分之和,用积分问题解析解求解函数 int() 可以得出原始问题的精确解为 $I = 57.764450125053010333315235385 18$。

```
>> syms x; I0=vpa(int(exp(x^2),0,2)+int(80/(4-sin(16*pi*x)),2,4))
```

此问题的解析解是已知的,当然可以和解析解对比,看得出的解精度如何,而实际应用中解析解是未知的,如何检验得出的解是否正确呢?考虑设置一下更严格的相对误差限 RelTol,看看能否得出一致的结果,如果不能则再设置更小的误差限。例如,本问题选择误差限 10^{-20} 即可得出更精确的结果 $I_2 = 57.764450125053010$。该解是双精度框架下最精确的解。

```
>> I2=integral(f,0,4,'RelTol',1e-20) %数值积分的双精度计算
```

由符号变量的分段函数表示方法可以给出下面语句计算积分,结果和前面的完全一致。

```
>> syms x; f=piecewise(x<=2,exp(x^2),x>2,80/(4-sin(16*pi*x)));
   I=vpa(int(f,x,0,4)) %定积分的解析解高精度计算
```

例3-62 试用integral()函数计算例3-58中的定积分$I=\int_0^{3\pi/2}\cos 15x\,\mathrm{d}x$。

解 从例3-58中演示的定步长方法看，只有步长选得极小，才能准确得出11位有效数字，且耗时较长。其实，用变步长数值积分函数可以轻而易举地求出该定积分问题的解为$S=0.06666666666667$，所需时间只需0.0035 s，使用的时间也大大地减少了。

```
>> f=@(x)cos(15*x); tic, S=integral(f,0,3*pi/2,'RelTol',1e-20), toc
```

所以，由此可以得出结论：求解变化不均匀的函数的积分不宜采用传统数值分析类课程介绍的定步长积分算法，因为用该算法精度难以保证；而若要使用小步长，则计算量将极大，且仍然无法保证计算精度。采用变步长算法可以很容易地得出原问题的解。

例3-63 试计算复函数积分$\int_2^{6-\mathrm{j}5}\mathrm{e}^{-x^2-\mathrm{j}x}\sin(7+\mathrm{j}2)x\mathrm{d}x$。

解 复函数的积分问题可以由下面的语句直接求解，得出的积分值为$I=-0.9245+\mathrm{j}25.792$。采用理论值求解方法可以验证，前面得出的数值积分是准确的。

```
>> f=@(x)exp(-x.^2-1i*x).*sin((7+2i)*x);
   syms x; i=sqrt(-1); F=exp(-x^2-i*x)*sin((7+2i)*x);
   I=integral(f,2,6-5i,'RelTol',1e-20), I0=vpa(int(F,2,6-5i))
```

例3-64 考虑例3-58中的振荡函数积分问题，若积分区间为$[0,1000]$，试求出其数值积分。

解 由于积分区间过大且被积函数一直在振荡，所以梯形方法trapz()函数将失效。利用新版本的数值积分函数可以得出积分的值为$I_1=0.059561910526150$，耗时仅0.013 s。采用解析解方法验证了该积分的精确值为$I=\sin(15000)/15\approx0.05956191052641859089$5，耗时0.093 s，可见，函数integral()是精确高效的。

```
>> f=@(x)cos(15*x); tic, I1=integral(f,0,1000,'RelTol',1e-20), toc
   syms x; tic, I=int(cos(15*x),x,0,1000), vpa(I), toc %积分的解析解
```

3.7.3 广义数值积分问题求解

前面介绍的integral()可以直接用于广义积分的求取，其调用格式与前面介绍的完全一致，直接在积分限位置给出-inf或inf即可。下面通过例子演示该函数的应用。

例3-65 试求出无穷积分$\int_0^{\infty}\mathrm{e}^{-x^2}\mathrm{d}x$。

解 由数值积分函数integral()可以直接得出所需的无穷积分为$I=0.886226925452758$，与理论值$I_1=\sqrt{\pi}/2\approx0.88622692545275801365$相当接近，误差达到$10^{-16}$量级。

```
>> f=@(x)exp(-x.^2); I=integral(f,0,inf,'RelTol',1e-20) %数值积分
   syms x; I1=int(exp(-x^2),0,inf), vpa(I1) %误差限提高后的数值积分计算
```

例3-66 已知$I(\alpha)=\int_0^{\infty}\mathrm{e}^{-\alpha x^2}\sin(\alpha^2x)\mathrm{d}x,\alpha\in(0,4)$，试绘制出$I(\alpha)$与$\alpha$的关系曲线。

解 前面介绍的积分都是某个单个函数的定积分，而这里需要求解的是对一系列α值的定积分问题，应该采用向量函数积分的方法。下面的语句可以直接求取原问题的积分，得出的函数曲线如图3-16所示。早期版本求解此问题需要采用循环结构。

```
>> a=0:0.1:4; f=@(x)exp(-a*x.^2).*sin(a.^2*x); %向量函数的数值积分
   I=integral(f,0,inf,'RelTol',1e-20,'ArrayValued',true); plot(a,I)
```

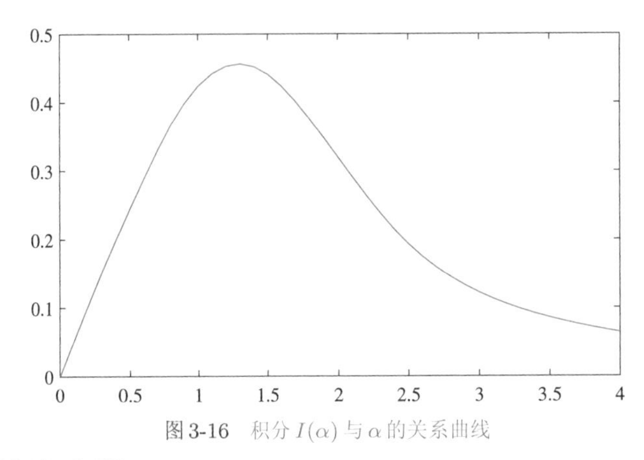

图3-16　积分 $I(\alpha)$ 与 α 的关系曲线

3.7.4　积分函数的数值求解

本节前面介绍的内容是求出 (a,b) 区间的定积分的方法,如何绘制出函数的积分函数

$$F(x)=\int_a^x f(\tau)\,\mathrm{d}\tau \tag{3-7-4}$$

的曲线是这里要探讨的问题。仿照数值积分的方法，可以将积分区间 (a,b) 作 n 等分，令 $x_1=a$，$x_2=a+h,\cdots,x_{n+1}=b$,其中,$h=(b-a)/n$,则积分函数在 a 点的值为0(即 (a,a) 区间的定积分为0),记 $F_1=0$,可以由下面的递推公式直接求解积分函数

$$F_{k+1}=F_k+\int_{x_k}^{x_{k+1}} f(\tau)\mathrm{d}\tau,\ k=1,2,\cdots,n-1 \tag{3-7-5}$$

这样,可以编写出如下的MATLAB函数来计算积分函数。

```
function [x,f1]=intfunc(f,a,b,n)
   arguments
      f(1,1), a(1,1), b(1,1), n(1,1) {mustBeInteger, mustBePositive}=100
   end
   x=linspace(a,b,n); f1=0; F=0; %设置默认参数
   for i=1:n-1, F=F+integral(f,x(i),x(i+1),'RelTol',eps); f1=[f1,F]; end
end
```

该函数的调用格式为 $[x,f_1]$=intfunc(f,a,b,n),n 的默认值为100。

例3-67　试绘制出例3-61中分段函数的积分曲线。

解　由于分段函数中 e^{x^2} 是不可积的函数,所以不能用解析解方法绘制出其积分函数曲线,求解这样的问题只能用数值方法。先用匿名函数定义出被积函数，则可以调用 intfunc() 函数直接求解原问题，得出的积分函数曲线如图3-17所示。可见,例3-61得出的定积分只是其右侧端点的函数值。

```
>> f=@(x)exp(x.^2).*(x<=2)+80./(4-sin(16*pi*x)).*(x>2);        %描述分段函数
   [x1,f1]=intfunc(f,0,4,100); plot(x1,f1,x1(end),f1(end),'o'), f1(end) %积分函数计算
```

3.7.5　双重积分问题的数值解

考虑下面的双重定积分问题的标准型:

$$I=\int_{x_\mathrm{m}}^{x_\mathrm{M}}\int_{y_\mathrm{m}(x)}^{y_\mathrm{M}(x)} f(x,y)\mathrm{d}y\mathrm{d}x \tag{3-7-6}$$

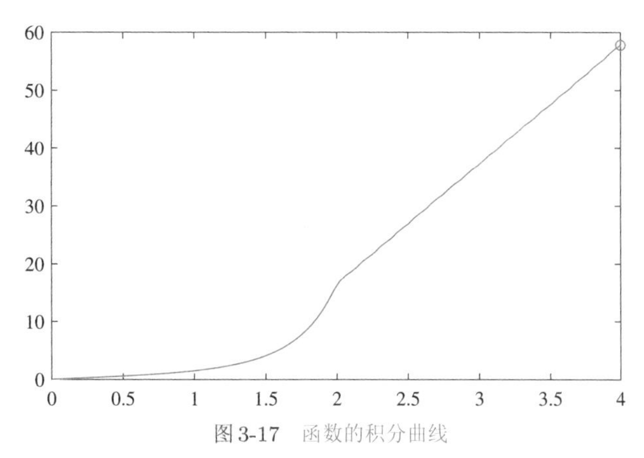

图3-17 函数的积分曲线

由MATLAB提供的`integral2()`函数就可以直接求出上述双重定积分的数值解。该函数的调用格式为I=integral2(f,$x_{\rm m}$,$x_{\rm M}$,$y_{\rm m}$,$y_{\rm M}$,属性参数对)，其中，"属性参数对"的用法与`integral()`函数完全一致，$y_{\rm m}$与$y_{\rm M}$可以是积分边界的函数句柄。调用`integral()`函数时需要特别注意的是积分次序为先y后x。

例3-68 试求出双重定积分 $J=\int_{-1}^{1}\int_{-2}^{2}{\rm e}^{-x^2/2}\sin(x^2+y)\,{\rm d}x{\rm d}y$。

解 对矩形积分区域而言，因为可以交换积分次序，所以只要能找对x和y的积分边界就可以直接求解了。用匿名函数表示被积函数，选择x和y的积分范围分别为$[-2,2]$，$[-1,1]$，这样就可以通过下面的MATLAB语句求出被积函数的双重定积分值为1.574498159218786。

```
>> f=@(x,y)exp(-x.^2/2).*sin(x.^2+y); J=integral2(f,-2,2,-1,1,'RelTol',1e-20)
```

仿照图3-17的思路，可以编写出等间距矩形子区域的积分函数数值解的MATLAB函数，并绘制出积分函数曲面，该函数的调用格式为[x,y,F]=intfunc2(f,$x_{\rm m}$,$x_{\rm M}$,$y_{\rm m}$,$y_{\rm M}$,n,m)，其中，f为匿名函数或M函数，$(x_{\rm m},x_{\rm M})$和$(y_{\rm m},y_{\rm M})$为积分的矩形区域，n，m为x，y轴的分段数，默认值为50。返回变量F(end,end)即为定积分的值。

```
function [yv,xv,F]=intfunc2(f,xm,xM,ym,yM,n,m)
   arguments
      f(1,1), xm(1,1), xM(1,1), ym(1,1)=xm, yM(1,1)=xM
      n(1,1){mustBeInteger, mustBePositive}=50
      m(1,1){mustBeInteger, mustBePositive}=50
   end
   xv=linspace(xm,xM,n); yv=linspace(ym,yM,m); d=yv(2)-yv(1);
   [x y]=meshgrid(xv,yv); F=zeros(n,m); %建立网格点并进行初始化
   for i=2:n, for j=2:m,                 %对每个网格点进行循环
      F(i,j)=integral2(f,xv(1),xv(i),yv(1),yv(j),'RelTol',1e-20);
end, end, end
```

例3-69 求解例3-68中被积函数在矩形区域内的积分曲面。

解 下面语句可以先用匿名函数定义被积函数，这样就可以求出二元函数的积分曲面，如图3-18所示，曲面左上角的值为例3-68求出的近似定积分值$I=1.574498159218787$，但耗时较长，达到4.65 s，需要更高效的算法及其实现。

```
>> f=@(x,y)exp(-x.^2/2).*sin(x.^2+y); %被积函数的匿名函数描述
   tic, [x,y,z]=intfunc2(f,-2,2,-1,1); toc, surf(x,y,z), I=z(end,end)
```

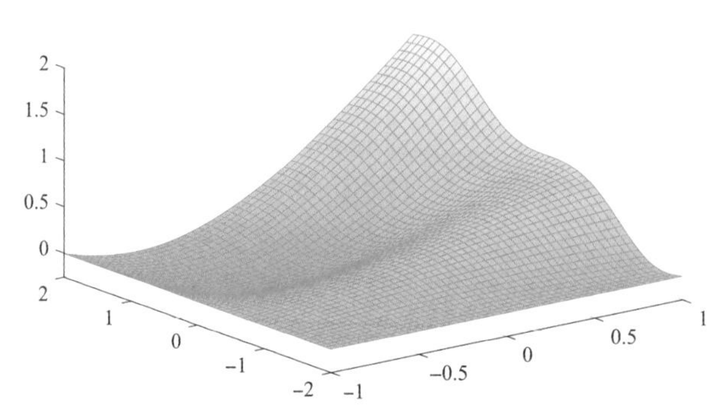

图3-18 二元函数的积分曲面

例3-70 试求出双重定积分 $J=\int_{-1/2}^{1}\int_{-\sqrt{1-x^2/2}}^{\sqrt{1-x^2/2}}\mathrm{e}^{-x^2/2}\sin(x^2+y)\mathrm{d}y\mathrm{d}x$。

解 这里的例子是先 y 后 x,和标准型中的积分顺序是一致的,所以可以直接调用下面的语句求解,其结果为0.411929546176295。

```
>> fh=@(x)sqrt(1-x.^2/2); fl=@(x)-sqrt(1-x.^2/2); %内积分上下限
   f=@(x,y)exp(-x.^2/2).*sin(x.^2+y);              %被积函数
   y=integral2(f,-1/2,1,fl,fh)                      %数值积分计算
```

解析解方法不能得出原问题的解析解,其高精度数值解为0.41192954617629512。

```
>> syms x y; i1=int(exp(-x^2/2)*sin(x^2+y),y,-sqrt(1-x^2/2),sqrt(1-x^2/2));
   int(i1,x,-1/2,1), vpa(ans)   %求解析解时出现警告信息,但可得出数值解
```

遗憾的是,在MATLAB中并没有提供求解先 x 后 y 的双重积分问题的求解函数。

$$I=\int_{y_\mathrm{m}}^{y_\mathrm{M}}\int_{x_\mathrm{m}(y)}^{x_\mathrm{M}(y)}f(x,y)\,\mathrm{d}x\mathrm{d}y \tag{3-7-7}$$

可以考虑将其变换为式(3-7-6)的标准形式,再用 `integral2()` 函数求解原始问题。先对 y 再对 x 积分的问题,具体地,令 $\hat{x}=y,\hat{y}=x$,则式(3-7-7)可以等效地变换为

$$I=\int_{\hat{x}_\mathrm{m}}^{\hat{x}_\mathrm{M}}\int_{\hat{y}_\mathrm{m}(\hat{x})}^{\hat{y}_\mathrm{M}(\hat{x})}f(\hat{y},\hat{x})\mathrm{d}\hat{y}\mathrm{d}\hat{x} \tag{3-7-8}$$

这样,最简单的方法就是互换原函数 $f(x,y)$ 中变量的次序,而不必修改其他的部分,将被积函数定义成 f=@(y,x) 即可。下面将通过一个具体例子来演示双重积分的运算。

例3-71 求解双重积分 $J=\int_{-1}^{1}\int_{-\sqrt{1-y^2}}^{\sqrt{1-y^2}}\mathrm{e}^{-x^2/2}\sinh(x^2+y)\,\mathrm{d}x\mathrm{d}y$ 的数值解。

解 从理论上说,该问题是没有解析解的,不过利用符号运算的方式,可以得出原双重积分的高精度数值解为 $I=0.70412133490335689947800312022517$,耗时123.57 s。

```
>> syms x y; tic, i1=int(exp(-x^2/2)*sinh(x^2+y),x,-sqrt(1-y^2),sqrt(1-y^2));
   I=int(i1,y,-1,1), vpa(I), toc    %求取解析解时出现警告信息,但可得出数值解
```

对这里给出的问题来说，由于积分顺序是先x后y，所以无须修改被积函数本身，只需修改匿名函数的入口变量顺序，就可以由下面语句直接得出其数值解为0.704121334903362，耗时仅需0.0195 s。可见该数值算法是很高效的，精度也是很高的。

```
>> tic, f=@(y,x)exp(-x.^2/2).*sinh(x.^2+y); %仅交换变量次序
   fh=@(y)sqrt(1-y.^2); fl=@(y)-sqrt(1-y.^2);
   I=integral2(f,-1,1,fl,fh,'RelTol',1e-20), toc
```

3.7.6 三重定积分的数值求解

一般三重定积分的标准型为

$$I=\int_{x_{\rm m}}^{x_{\rm M}}\int_{y_{\rm m}(x)}^{y_{\rm M}(x)}\int_{z_{\rm m}(x,y)}^{z_{\rm M}(x,y)}f(x,y,z){\rm d}z{\rm d}y{\rm d}x \tag{3-7-9}$$

三重积分问题可以由MATLAB的`integral3()`函数得出。该函数调用格式为

I=integral3(f,$x_{\rm m}$,$x_{\rm M}$,$y_{\rm m}$,$y_{\rm M}$,$z_{\rm m}$,$z_{\rm M}$, 属性参数对)

其中，f描述三元被积函数，同样可以用M函数、匿名函数或`inline()`函数定义。“属性参数对”的内容与`integral()`函数完全一致，$y_{\rm m}$，$y_{\rm M}$，$z_{\rm m}$与$z_{\rm M}$可以是函数句柄。如果积分的顺序有变，则可以仿照前面的`integral2()`处理方式做相应的变换再直接求解。

例3-72 用数值方法求解例3-31中的三重定积分问题$\int_0^2\int_0^\pi\int_0^\pi 4xz{\rm e}^{-x^2y-z^2}{\rm d}z{\rm d}y{\rm d}x$。

解 用匿名函数描述被积函数，该被积函数有x,y,z三个自变量，通过下面的语句立即可以求出三重定积分值，其近似解为3.108079402085465，耗时0.42 s。

```
>> f=@(x,y,z)4*x.*z.*exp(-x.*x.*y-z.*z);                  %描述多元被积函数
   tic, I=integral3(f,0,2,0,pi,0,pi,'RelTol',1e-20), toc %数值积分计算
```

例3-73 试求解下面的三重积分问题。

$$I=\int_0^1\int_0^{\sqrt{1-x^2}}\int_{\sqrt{x^2+y^2}}^{\sqrt{2-x^2-y^2}}z^2{\rm e}^{-(x+y^2)}{\rm d}z{\rm d}y{\rm d}x$$

解 用下面语句可以直接得出积分的数值解$I=0.237902335517189$，耗时0.16 s。

```
>> tic, f=@(x,y,z)z.^2.*exp(-(x+y.^2)); yM=@(x)sqrt(1-x.^2); %被积函数
   zm=@(x,y)sqrt(x.^2+y.^2); zM=@(x,y)sqrt(2-x.^2-y.^2);       %积分区域边界
   I=integral3(f,0,1,0,yM,zm,zM,'RelTol',1e-20); toc           %三重数值积分
```

如果考虑采用解析求解方法，则可以尝试下面的语句，不过经过43.9 s的等待，将得到提示，该问题是没有解的，也不能得出该积分的近似值，所以只能借助于数值方法。

```
>> syms x y z, zm=sqrt(x^2+y^2); zM=sqrt(2-x^2-y^2); tic
   I=int(int(int(z^2*exp(-(x+y^2)),z,zm,zM),y,0,sqrt(1-x^2)),x,0,1); vpa(I), toc
```

3.7.7 多重积分数值求解

当前的MATLAB版本并不能求解更多重积分的问题，美国学者Wilson和Gardner开发的NIT工具箱（Numerical Integral Toolbox）[42]可以解决多重超长方体边界的定积分问题，例如，使用`quadndg()`函数，但对一般积分区域来说则没有现成的求解函数。积分区域为超长方体的多重积分问题可以表示为

$$I=\int_{x_{1{\rm m}}}^{x_{1{\rm M}}}\int_{x_{2{\rm m}}}^{x_{2{\rm M}}}\cdots\int_{x_{p{\rm m}}}^{x_{p{\rm M}}}f(x_1,x_2,\cdots,x_p){\rm d}x_p\cdots{\rm d}x_2{\rm d}x_1 \tag{3-7-10}$$

该问题的求解语句为I=quadndg(f,$[x_{1\mathrm{m}},x_{2\mathrm{m}},\cdots,x_{p\mathrm{m}}]$,$[x_{1\mathrm{M}},x_{2\mathrm{M}},\cdots,x_{p\mathrm{M}}]$,$\epsilon$),其中,$f$为描述被积函数的M函数,$\epsilon$为误差容限,可以忽略。

例3-74 试用多重积分的求解函数重新求例3-72中的三重积分问题。

$$\int_0^2\int_0^\pi\int_0^\pi 4xz\mathrm{e}^{-x^2y-z^2}\mathrm{d}z\mathrm{d}y\mathrm{d}x$$

解 令$x_1=x,x_2=y,x_3=z$,则被积函数可以重新改写成$f(\boldsymbol{x})=4x_1x_3\mathrm{e}^{-x_1^2x_2-x_3^2}$,可以用下面的匿名函数直接描述被积函数,然后调用求解函数求解原积分问题,得出原问题的解为$I=3.108079402085409$,该结果与例3-72一致,但由于quadndg()算法效率高于integral3(),所以求解的时间大约为例3-72的1/10。

```
>> f=@(x)4*x(1)*x(3)*exp(-x(1)^2*x(2)-x(3)^2); %被积函数的匿名函数描述
   tic, I=quadndg(f,[0 0 0],[2,pi,pi]), toc     %三重积分的数值解
```

例3-75 用数值和解析解方法求解下面的五重定积分问题。

$$I=\int_0^5\int_0^4\int_0^1\int_0^2\int_0^3\sqrt[3]{v}\sqrt{w}x^2y^3z\,\mathrm{d}z\mathrm{d}y\mathrm{d}x\mathrm{d}w\mathrm{d}v$$

解 对这样的特殊问题来说,其解析解是可以求出的,积分值为$120\sqrt[3]{5}$,耗时0.133 s。

```
>> syms x y z w v; F=v^(1/3)*sqrt(w)*x^2*y^3*z; tic %多重积分的解析解
   I=int(int(int(int(int(F,z,0,3),y,0,2),x,0,1),w,0,4),v,0,5), toc
```

事实上,大部分高维积分问题的解析解是不存在的,所以应该采用数值方法去求解。令$x_1=v,x_2=w$,$x_3=x,x_4=y,x_5=z$,则被积函数可以改写成$f(\boldsymbol{x})=\sqrt[3]{x_1}\sqrt{x_2}x_3^2x_4^3x_5$。所以此积分问题的被积函数可以由匿名函数表示,这样可以给出下面的求解语句,得出$I=205.2205\approx120\sqrt[3]{5}$。由于这里采用的算法是非向量型的,所以运算速度较向量型算法慢很多,本例所需时间大约为4.92 s。

```
>> f=@(x)(x(1))^(1/3)*sqrt(x(2))*x(3)^2*x(4)^3*x(5); %描述被积函数
   tic, I=quadndg(f,[0 0 0 0 0],[5,4,1,2,3]), toc     %数值积分的计算
```

例3-76 用数值方法求解下面的五重定积分问题。

$$I=\int_0^5\int_0^4\int_0^1\int_0^2\int_0^3\left(\mathrm{e}^{-\sqrt[3]{v}}\sin\sqrt{w}+\mathrm{e}^{-x^2y^3z}\right)\mathrm{d}z\mathrm{d}y\mathrm{d}x\mathrm{d}w\mathrm{d}v$$

解 这里给出的例子是不能解析求解的,必须借助数值方法求解原始问题。仍旧令$x_1=v$,$x_2=w$,$x_3=x,x_4=y,x_5=z$,则被积函数可以改写成$f(\boldsymbol{x})=\mathrm{e}^{-\sqrt[3]{x_1}}\sin\sqrt{x_2}+\mathrm{e}^{-x_3^2x_4^3x_5}$。此积分问题的被积函数可以由匿名函数表示,这样可以给出下面的求解语句,得出多重积分的值为$I=113.60574122$。尽管被积函数比例3-75的复杂很多,但两者的计算时间相差无几。

```
>> f=@(x)exp(-(x(1))^(1/3))*sin(sqrt(x(2)))+exp(-x(3)^2*x(4)^3*x(5));
   tic, I=quadndg(f,[0 0 0 0 0],[5,4,1,2,3]), toc    %计算另一个多重积分
```

3.8 习题

3.1 试求出如下极限:

① $\lim\limits_{x\to\infty}(3^x+9^x)^{1/x}$ ② $\lim\limits_{x\to\infty}\dfrac{(x+2)^{x+2}(x+3)^{x+3}}{(x+5)^{2x+5}}$ ③ $\lim\limits_{x\to a}\left(\dfrac{\tan x}{\tan a}\right)^{\cot(x-a)}$

④ $\lim\limits_{x\to0}\left[\dfrac{1}{\ln\left(x+\sqrt{1+x^2}\right)}-\dfrac{1}{\ln(1+x)}\right]$

⑤ $\lim\limits_{x\to\infty}\left[\sqrt[3]{x^3+x^2+x+1}-\sqrt{x^2+x+1}\dfrac{\ln\left(\mathrm{e}^x+x\right)}{x}\right]$

3.2 试求出下面的累极限 $\lim\limits_{x\to a}\left[\lim\limits_{y\to b} f(x,y)\right]$ 和 $\lim\limits_{y\to b}\left[\lim\limits_{x\to a} f(x,y)\right]$：

① $f(x,y)=\sin\dfrac{\pi x}{2x+y}, a=\infty, b=\infty$ ② $f(x,y)=\dfrac{1}{xy}\tan\dfrac{xy}{1+xy}, a=0, b=\infty$

3.3 试求下面的双重极限：

① $\lim\limits_{(x,y)\to(-1,2)}\dfrac{x^2y+xy^3}{(x+y)^3}$ ② $\lim\limits_{(x,y)\to(0,0)}\dfrac{xy}{\sqrt{xy+1}-1}$ ③ $\lim\limits_{(x,y)\to(0,0)}\dfrac{1-\cos\left(x^2+y^2\right)}{\left(x^2+y^2\right)\mathrm{e}^{x^2+y^2}}$

3.4 试证明函数 $f(x,y)=\dfrac{x^2y^2}{x^2y^2+(x-y)^2}$ 满足 $\lim\limits_{x\to 0}\left[\lim\limits_{y\to 0} f(x,y)\right]=\lim\limits_{y\to 0}\left[\lim\limits_{x\to 0} f(x,y)\right]=0$，但该函数的双重极限 $\lim\limits_{(x,y)\to(0,0)} f(x,y)$ 不存在。

3.5 试求出 $y(t)=\sqrt{(x-1)(x-2)/[(x-3)(x-4)]}$ 函数的四阶导数。

3.6 求出下面函数的导数：

① $y(x)=\sqrt{x\sin x\sqrt{1-\mathrm{e}^x}}$ ② $y=\dfrac{1-\sqrt{\cos ax}}{x\left(1-\cos\sqrt{ax}\right)}$

③ $\operatorname{atan}\dfrac{y}{x}=\ln(x^2+y^2)$ ④ $y(x)=-\dfrac{1}{na}\ln\dfrac{x^n+a}{x^n}, n>0$

3.7 试求函数 $y(x)=(1-\sqrt{\cos ax})/[x\left(1-\cos\sqrt{ax}\right)]$ 的十阶导数。

3.8 在高等数学中，求解分子和分母均同时为0或∞的分式极限时可使用L'Hôpital法则，即对分子和分母分别求导数，再由比值得出。试用该法则求 $\lim\limits_{x\to 0}[\ln(1+x)\ln(1-x)-\ln(1-x^2)]/x^4$，并和直接求出的极限结果相比较。

3.9 已知参数方程 $\begin{cases} x=\ln\cos t \\ y=\cos t-t\sin t\end{cases}$，试求出 $\dfrac{\mathrm{d}y}{\mathrm{d}x}$ 和 $\left.\dfrac{\mathrm{d}^2y}{\mathrm{d}x^2}\right|_{t=\pi/3}$。

3.10 试求出下面参数方程的一阶导数与二阶导数：

① $\begin{cases} x(t)=a(\ln\tan t/2+\cos t-\sin t) \\ y(t)=a(\sin t+\cos t)\end{cases}$ ② $\begin{cases} x(t)=2at/(1+t^3) \\ y=a(3at^2)/(1+t^3)\end{cases}$

3.11 假设 $u=\arccos\sqrt{x/y}$，试验证 $\partial^2u/(\partial x\partial y)=\partial^2u/(\partial y\partial x)$。

3.12 设 $\begin{cases} xu+yv=0 \\ yu+xv=1,\end{cases}$ 试求解 $\dfrac{\partial^2u}{\partial x\partial y}$。

3.13 假设 $u=xyz\mathrm{e}^{x+y+z}$，试求 $\partial^{p+q+r}u/(\partial x^p\partial y^q\partial z^r)$（提示：`diff()`函数并不能直接求$p$阶导数，试将$p,q,r$选择为不同整数再求导，并总结规律）。

3.14 假设 $f(x,y)=\displaystyle\int_0^{xy}\mathrm{e}^{-t^2}\mathrm{d}t$，试求 $\dfrac{x}{y}\dfrac{\partial^2f}{\partial x^2}-2\dfrac{\partial^2f}{\partial x\partial y}+\dfrac{\partial^2f}{\partial y^2}$。

3.15 试由下面参数方程求出 $\mathrm{d}y/\mathrm{d}x$，$\mathrm{d}^2y/\mathrm{d}x^2$ 和 $\mathrm{d}^3y/\mathrm{d}x^3$：

① $x=\mathrm{e}^{2t}\cos^2t, y=\mathrm{e}^{2t}\sin^2t$ ② $x=\mathrm{arcsin}t/\sqrt{1+t^2}, y=\mathrm{arccos}t/\sqrt{1+t^2}$

3.16 若 $x^2-xy+2y^2+x-y-1=0$，求出 $\mathrm{d}y/\mathrm{d}x$，$\mathrm{d}^2y/\mathrm{d}x^2$ 和 $\mathrm{d}^3y/\mathrm{d}x^3$ 在 $x=0, y=1$ 时的值。

3.17 假设已知函数矩阵 $\boldsymbol{f}(x,y,z)=\begin{bmatrix} 3x+\mathrm{e}^yz \\ x^3+y^2\sin z\end{bmatrix}$，试求出其Jacobi矩阵。

3.18 若 $u=x-y+x^2+2xy+y^2+x^3-3x^2y-y^3+x^4-4x^2y^2+y^4$，试求 $\dfrac{\partial^4u}{\partial x^4}$，$\dfrac{\partial^4u}{\partial x^3\partial y}$，$\dfrac{\partial^4u}{\partial x^2\partial y^2}$。

3.19 试计算习题3.18中函数 $u(x,y)$ 的Laplace算子。

3.20 若$u=\ln\dfrac{1}{\sqrt{(x-\xi)^2+(y-\eta)^2}}$,试求$\dfrac{\partial^4 u}{\partial x\partial y\partial\xi\partial\eta}$。

3.21 若$z=\psi\left(x^2+y^2\right)$,试求$y\dfrac{\partial z}{\partial x}-x\dfrac{\partial z}{\partial y}$。

3.22 若$u=x\phi(x+y)+y\psi(x+y)$,试求$\dfrac{\partial^2 u}{\partial x^2}-2\dfrac{\partial^2 u}{\partial x\partial y}+\dfrac{\partial^2 u}{\partial y^2}$。

3.23 若$z=F(r,\theta)$,其中,r与θ为x和y的函数,$x=r\cos\theta, y=r\sin\theta$,试求出$\dfrac{\partial z}{\partial x}$与$\dfrac{\partial z}{\partial y}$。

3.24 试求出下面向量函数的散度与旋度:

①$\boldsymbol{v}(x,y)=\left[5x^2y-4xy,\ 3x^2-2y\right]$　②$\boldsymbol{v}(x,y,z)=\left[x^2y^2,\ 1,\ z\right]$

③$\boldsymbol{v}(x,y,z)=\left[2xyz^2,\ x^2z^2+z\cos yz,\ 2x^2yz+y\cos yz\right]$

3.25 试求解下面的不定积分问题:

①$I(x)=-\displaystyle\int\frac{3x^2+a}{x^2\left(x^2+a\right)^2}\mathrm{d}x$　②$I(x)=\displaystyle\int\frac{\sqrt{x(x+1)}}{\sqrt{x}+\sqrt{1+x}}\mathrm{d}x$

③$I(x)=\displaystyle\int x\mathrm{e}^{ax}\cos bx\mathrm{d}x$　④$I(x)=\displaystyle\int\mathrm{e}^{ax}\sin bx\sin cx\mathrm{d}x$　⑤$I(t)=\displaystyle\int(7t^2-2)3^{5t+1}\mathrm{d}t$

3.26 试求出下面的定积分或反常积分:

①$I=\displaystyle\int_0^\infty\frac{\cos x}{\sqrt{x}}\mathrm{d}x$　②$I=\displaystyle\int_0^1\frac{1+x^2}{1+x^4}\mathrm{d}x$　③$\displaystyle\int_{\mathrm{e}^{-2\pi n}}^1\left|\cos\left(\ln\frac{1}{x}\right)\right|\mathrm{d}x$

3.27 试求解下面的定积分:

①$\displaystyle\int_0^{0.75}\frac{1}{(x+1)\sqrt{x^2+1}}\mathrm{d}x$　②$\displaystyle\int_0^1\frac{\arcsin\sqrt{x}}{\sqrt{x(1-x)}}\mathrm{d}x$　③$\displaystyle\int_0^{\pi/4}\left(\frac{\sin x-\cos x}{\sin x+\cos x}\right)^{2n+1}\mathrm{d}x$

3.28 试求出下面的不定积分:

①$\displaystyle\int\frac{\sin^2x-4\sin x\cos x+3\cos^2x}{\sin x+\cos x}\mathrm{d}x$　②$\displaystyle\int\frac{\sin^2x-\sin x\cos x+2\cos^2x}{\sin x+2\cos x}\mathrm{d}x$

3.29 试求出积分$I(s)=\displaystyle\int_0^s\frac{\mathrm{e}^x\sqrt{\mathrm{e}^x-1}}{\mathrm{e}^x+3}\mathrm{d}x$。

3.30 函数$f(t)$的Laplace变换定义为$F(s)=\displaystyle\int_0^\infty\mathrm{e}^{-st}f(t)\mathrm{d}t$,试求出下面函数的Laplace变换:

①$f(t)=1$　②$f(t)=\mathrm{e}^{\beta t}$　③$f(t)=\sin\alpha t$　④$f(t)=t^m$

3.31 假设$f(x)=\mathrm{e}^{-5x}\sin(3x+\pi/3)$,试求出积分函数$R(t)=\displaystyle\int_0^t f(x)f(t+x)\mathrm{d}x$。

3.32 试求出下面重积分:

①$\displaystyle\int_0^\pi\int_0^\pi|\cos(x+y)|\,\mathrm{d}x\mathrm{d}y$　②$\displaystyle\int_0^1\int_{-1}^{1-x}\arcsin(x+y)\mathrm{d}y\mathrm{d}x$

③$\displaystyle\iint_{|x|+|y|\leqslant1}(|x|+|y|)\,\mathrm{d}x\mathrm{d}y$　④$\displaystyle\iint_{\pi^2\leqslant x^2+y^2\leqslant4\pi^2}\sin\sqrt{x^2+y^2}\mathrm{d}x\mathrm{d}y$

3.33 试求取下面的三重积分$\displaystyle\iiint_V x^3y^2z\mathrm{d}x\mathrm{d}y\mathrm{d}z$,其中,$V$为给定区域$0\leqslant x\leqslant1, 0\leqslant y\leqslant x, 0\leqslant z\leqslant xy$。

3.34 对a的不同取值,试求出$I=\displaystyle\int_0^\infty\frac{\cos ax}{1+x^2}\mathrm{d}x$。

3.35 试证明:对任何函数$f(t)$,$\displaystyle\int_a^b f(t)\,\mathrm{d}t=-\int_b^a f(t)\,\mathrm{d}t$。

3.36 试求解下述的多重积分问题：

① $\displaystyle\int_0^2\int_0^{\sqrt{4-x^2}}\sqrt{4-x^2-y^2}\,\mathrm{d}y\mathrm{d}x$ ② $\displaystyle\int_0^3\int_0^{3-x}\int_0^{3-x-y}xyz\,\mathrm{d}z\mathrm{d}y\mathrm{d}x$

③ $\displaystyle\int_0^2\int_0^{\sqrt{4-x^2}}\int_0^{\sqrt{4-x^2-y^2}}z(x^2+y^2)\,\mathrm{d}z\mathrm{d}y\mathrm{d}x$

3.37 试求出如下多重积分：

① $\displaystyle\int_0^1\int_0^x\int_0^y\int_0^z xyzu\mathrm{e}^{6-x^2-y^2-z^2-u^2}\,\mathrm{d}u\mathrm{d}z\mathrm{d}y\mathrm{d}x$

② $\displaystyle\int_0^{7/10}\int_0^{4/5}\int_0^{9/10}\int_0^1\int_0^{11/10}\sqrt{6-x^2-y^2-z^2-w^2-u^2}\mathrm{d}w\mathrm{d}u\mathrm{d}z\mathrm{d}y\mathrm{d}x$

3.38 试对下面函数进行Fourier级数展开：

① $f(x)=(\pi-|x|)\sin x, -\pi\leqslant x<\pi$ ② $f(x)=\mathrm{e}^{|x|}, -\pi\leqslant x<\pi$

③ $f(x)=\begin{cases}2x/l, & 0<x<l/2\\ 2(l-x)/l, & l/2<x<l\end{cases}$ 且 $l=\pi$

3.39 试求出下面函数的Taylor幂级数展开：

① $\displaystyle\int_0^x\frac{\sin t}{t}\mathrm{d}t$ ② $\ln\left(\dfrac{1+x}{1-x}\right)$ ③ $\ln\left(x+\sqrt{1+x^2}\right)$ ④ $(1+4.2x^2)^{0.2}$

⑤ $\mathrm{e}^{-5x}\sin(3x+\pi/3)$ 分别关于 $x=0, x=a$ 的幂级数展开。

3.40 试得出 $f(t)=\mathrm{e}^t$ 的Taylor级数展开公式，并判断其前十项能逼近的 t 的范围。

3.41 试求出下面多元函数的Taylor幂级数展开：

① $f(x,y)=\mathrm{e}^x\cos y$ 关于 $x=0, y=0$ 点和 $x=a, y=b$ 点的展开。

② $f(x,y)=\ln(1+x)\ln(1+y)$ 关于 $x=0, y=0$ 和 $x=a, y=b$ 的展开。

3.42 对 $f(x,y)=\dfrac{1-\cos\left(x^2+y^2\right)}{\left(x^2+y^2\right)\mathrm{e}^{x^2+y^2}}$ 关于 $x=1, y=0$ 点进行二维Taylor幂级数展开。

3.43 试求下面级数的前 n 项及无穷项的和：

① $\dfrac{1}{1\times 6}+\dfrac{1}{6\times 11}+\cdots+\dfrac{1}{(5n-4)(5n+1)}+\cdots$

② $\left(\dfrac{1}{2}+\dfrac{1}{3}\right)+\left(\dfrac{1}{2^2}+\dfrac{1}{3^2}\right)+\cdots+\left(\dfrac{1}{2^n}+\dfrac{1}{3^n}\right)+\cdots$

③ $\dfrac{1}{3}\left(\dfrac{x}{2}\right)+\dfrac{1\times 4}{3\times 6}\left(\dfrac{x}{2}\right)^2+\dfrac{1\times 4\times 7}{3\times 6\times 9}\left(\dfrac{x}{2}\right)^3+\dfrac{1\times 4\times 7\times 10}{3\times 6\times 9\times 12}\left(\dfrac{x}{2}\right)^4+\cdots$

3.44 试求下面无穷级数之和：

① $\displaystyle\sum_{n=1}^{\infty}\frac{\sin^2 n\alpha\sin nx}{n}, \left(0<\alpha<\frac{\pi}{2}\right)$ ② $\displaystyle\sum_{n=0}^{\infty}\frac{(-1)^n n^3}{(n+1)!}x^n$ ③ $\displaystyle\sum_{n=0}^{\infty}\frac{x^{4n+1}}{4n+1}$

3.45 试求出下面级数的前 n 项有限和与无穷级数：

① $\sqrt[3]{x}+(\sqrt[5]{x}-\sqrt[3]{x})+(\sqrt[7]{x}-\sqrt[5]{x})+\cdots+(\sqrt[2k+1]{x}-\sqrt[2k-1]{x})+\cdots$

② $1+\dfrac{m}{1!}x+\dfrac{m(m-1)}{2!}x^2+\cdots+\dfrac{m(m-1)\cdots(m-n+1)}{n!}x^n+\cdots$

3.46 已知序列通项a_n,试求出无穷级数的和:

① $a_n=\left(\sqrt{1+n}-\sqrt{n}\right)^p\ln\dfrac{n-1}{n+1}$　② $a_n=\dfrac{1}{n^{1+k/\ln n}}$

3.47 试求出下面序列的和:

① $\displaystyle\sum_{n=1}^{\infty}\frac{x^n}{(1+x)(1+x^2)\cdots(1+x^n)}$　② $\displaystyle\sum_{n=2}^{\infty}\frac{(-1)^n}{n^2+n-2}$　③ $\displaystyle\sum_{n=2}^{\infty}\frac{1}{n^2(n+1)^2(n+2)^2}$

3.48 试求出下面的极限:

① $\displaystyle\lim_{n\to\infty}\left(\frac{1}{2^2-1}+\frac{1}{4^2-1}+\frac{1}{6^2-1}+\cdots+\frac{1}{(2n)^2-1}\right)$

② $\displaystyle\lim_{n\to\infty}n\left(\frac{1}{n^2+\pi}+\frac{1}{n^2+2\pi}+\frac{1}{n^2+3\pi}+\cdots+\frac{1}{n^2+n\pi}\right)$

3.49 试证明$\cos\theta+\cos2\theta+\cdots+\cos n\theta=\dfrac{\sin(n\theta/2)\cos[(n+1)\theta/2]}{\sin\theta/2}$。

3.50 试求出下面的无穷序列乘积:

① $\displaystyle\prod_{n=1}^{\infty}\frac{(2n+1)(2n+7)}{(2n+3)(2n+5)}$　② $\displaystyle\prod_{n=1}^{\infty}\frac{9n^2}{(3n-1)(3n+1)}$　③ $\displaystyle\prod^{\infty}a^{(-1)^n/n},a>0$

3.51 若级数通项为$a_n=\displaystyle\int_0^{\pi/4}\tan^n x\mathrm{d}x$,试计算$S=\displaystyle\sum_{n=1}^{\infty}\frac{1}{n}(a_n+a_{n+2})$。

3.52 试判定下面无穷级数的收敛性:

① $\displaystyle\sum_{n=2}^{\infty}\left(\frac{n}{1+n^2}\right)^n$　② $\displaystyle\sum_{n=10}^{\infty}\frac{1}{\ln n\ln(\ln x)}$　③ $\displaystyle\sum_{n=1}^{\infty}(-1)^n\frac{n+1}{(n+1)\sqrt{n+1}-1}$

④ $\dfrac{3}{2}-\dfrac{3\times5}{2\times5}+\dfrac{3\times5\times7}{2\times5\times8}+\cdots+(-1)^{n-1}\dfrac{3\times5\times7\times\cdots\times(2n+1)}{2\times5\times8\times\cdots\times(3n-1)}+\cdots$

3.53 试求出使得下面无穷级数收敛的x区间:

① $\displaystyle\sum_{n=1}^{\infty}(-1)^n\left(\frac{2^n\,(n!)^2}{(2n+1)!}\right)^p x^n$　② $\displaystyle\sum_{n=1}^{\infty}\frac{3^{2n}\,n}{2^n}x^n(1-x)^n$　③ $\displaystyle\sum_{n=1}^{\infty}\frac{1}{x^n}\sin\frac{\pi}{2^n}$

3.54 试判定下面无穷乘积的收敛性。

$$P=\left(1+\frac{1}{\sqrt{1}}\right)\left(1-\frac{1}{\sqrt{3}}\right)\left(1-\frac{1}{\sqrt{5}}\right)\left(1+\frac{1}{\sqrt{2}}\right)\left(1-\frac{1}{\sqrt{7}}\right)\left(1-\frac{1}{\sqrt{9}}\right)\left(1+\frac{1}{\sqrt{3}}\right)\cdots$$

提示:无穷乘积的通项为

$$a_k=\left(1+\frac{1}{\sqrt{k}}\right)\left(1-\frac{1}{\sqrt{4k-1}}\right)\left(1-\frac{1}{\sqrt{4k+1}}\right),\ k=1,2,\cdots$$

3.55 试求出以下的曲线积分:

① $\displaystyle\int_l(x^2+y^2)\mathrm{d}s$,$l$为曲线$x=a(\cos t+t\sin t),y=a(\sin t-t\cos t)\ (0\leqslant t\leqslant2\pi)$。

② $\displaystyle\int_l(yx^3+\mathrm{e}^y)\mathrm{d}x+(xy^3+x\mathrm{e}^y-2y)\mathrm{d}y$,其中,$l$为$a^2x^2+b^2y^2=c^2$正向上半椭圆。

③ $\displaystyle\int_l y\mathrm{d}x-x\mathrm{d}y+(x^2+y^2)\mathrm{d}z$,$l$为曲线$x=\mathrm{e}^t,y=\mathrm{e}^{-t},z=at,0\leqslant t\leqslant1,a>0$。

④ $\displaystyle\int_l(\mathrm{e}^x\sin y-my)\mathrm{d}x+(\mathrm{e}^x\cos y-m)\mathrm{d}y$,其中,$l$为由$(a,0)$到$(0,0)$再经$x^2+y^2=ax$上正向半圆周构成的曲线。

3.56 假设某曲线可以由极坐标函数 $r=\rho(\theta)$ 描述，且 $\theta\in(\theta_{\rm m},\theta_{\rm M})$，则曲线的长度为

$$L=\int_{\theta_{\rm m}}^{\theta_{\rm M}}\sqrt{\rho^2(\theta)+[{\rm d}\rho(\theta)/{\rm d}\theta]^2}{\rm d}\theta$$

试求出曲线 $\rho=a\sin^2\theta/3,\theta\in(0,3\pi)$ 的长度。

3.57 若曲面 S 为半球 $z=\sqrt{R^2-x^2-y^2}$ 的底部，试求下面曲面积分：

① $\displaystyle\int_S xyz^3\,{\rm d}s$ ② $\displaystyle\int_S (x+yz^3)\,{\rm d}x{\rm d}y$

3.58 试对表 3-4 中数据描述的函数求取各阶数值微分，并用梯形法求取定积分。

表 3-4 习题 3.58 中的数据

x_i	0	0.1	0.2	0.3	0.4	0.5	0.6	0.7	0.8	0.9	1	1.1	1.2
y_i	0	2.2077	3.2058	3.4435	3.241	2.8164	2.3110	1.8101	1.3602	0.9817	0.6791	0.4473	0.2768

3.59 由表 3-5 给出的数据计算函数的梯度。已知这些数据是由函数 $f(x,y)=4-x^2-y^2$ 生成的，试将得出的梯度曲面和理论值进行比较。

表 3-5 习题 3.59 中的数据

t	0	0.2	0.4	0.6	0.8	1	1.2	1.4	1.6	1.8	2
0	4	3.96	3.84	3.64	3.36	3	2.56	2.04	1.44	0.76	0
0.2	3.96	3.92	3.8	3.6	3.32	2.96	2.52	2	1.4	0.72	−0.04
0.4	3.84	3.8	3.68	3.48	3.2	2.84	2.4	1.88	1.28	0.6	−0.16
0.6	3.64	3.6	3.48	3.28	3	2.64	2.2	1.68	1.08	0.4	−0.36
0.8	3.36	3.32	3.2	3	2.72	2.36	1.92	1.4	0.8	0.12	−0.64
1	3	2.96	2.84	2.64	2.36	2	1.56	1.04	0.44	−0.24	−1
1.2	2.56	2.52	2.4	2.2	1.92	1.56	1.12	0.6	0	−0.68	−1.44
1.4	2.04	2	1.88	1.68	1.4	1.04	0.6	0.08	−0.52	−1.2	−1.96
1.6	1.44	1.4	1.28	1.08	0.8	0.44	0	−0.52	−1.12	−1.8	−2.56
1.8	0.76	0.72	0.6	0.4	0.12	−0.24	−0.68	−1.2	−1.8	−2.48	−3.24
2	0	−0.04	−0.16	−0.36	−0.64	−1	−1.44	−1.96	−2.56	−3.24	−4

3.60 试用数值方法求出定积分 $\displaystyle\int_0^\pi(\pi-t)^{1/4}f(t){\rm d}t$，其中，$f(t)={\rm e}^{-t}\sin(3t+1)$。如果采样点选为 $t=0.1,0.2,\cdots,\pi$，试用数值方法求出各个采样点处的积分函数值 $F(t)=\displaystyle\int_0^t(t-\tau)^{1/4}f(\tau)\,{\rm d}\tau$，并绘制出 $F(t)$ 曲线。

3.61 试用数值积分方法求出下面的多重积分值。需要指出的是，下面积分的解析解均不存在，所以应该验证得出的结果是否正确。

① $\displaystyle\int_0^2\int_0^{{\rm e}^{-x^2/2}}\sqrt{4-x^2-y^2}\,{\rm e}^{-x^2-y^2}\,{\rm d}y{\rm d}x$ ② $\displaystyle\int_0^2\int_0^2\int_0^2 z(x^2+y^2){\rm e}^{-x^2-y^2-z^2-xz}\,{\rm d}z{\rm d}y{\rm d}x$

③ $\displaystyle\int_0^{7/10}\int_0^{4/5}\int_0^{9/10}\int_0^1\int_0^{11/10}\sqrt{6-x^2-y^2-z^2-w^2-u^2}\,{\rm d}w{\rm d}u{\rm d}z{\rm d}y{\rm d}x$

第4章 线性代数问题的计算机求解

线性代数问题是科学技术中最常见的数学问题，很多理论和应用都是建立在线性代数基础上的，因此解决线性代数问题是很有意义的。然而经典线性代数课程中介绍的手工推导的方法，不适合高阶矩阵的分析与计算，所以需要计算机数学语言来解决这些高阶问题。

很多计算机数学语言，如MATLAB语言，都起源于对线性代数问题的研究。早期的线性代数计算问题侧重于数值解法，很多数学软件包也都是从线性代数的计算开始的。例如，国际上最著名的EISPACK是求解矩阵特征值问题的软件包，LINPACK是求解一般线性代数问题的软件包，目前最新的LAPACK也是解决线性代数计算的软件包。随着计算机科学的发展，当前能解决矩阵分析与运算问题的计算机数学语言已经不局限于数值线性代数方法了，逐渐也可以求解解析解问题。Mathematica和Maple等大型计算机数学语言都已经能直接求解线性代数的解析解问题。MATLAB语言的符号运算工具箱可以通过MuPAD的符号运算功能，很好地解决线性代数的解析解运算问题。

4.1节中将介绍矩阵的输入方法，可以用简单的函数直接输入如零矩阵、幺矩阵、单位矩阵、随机数矩阵、对角矩阵、Hilbert矩阵、相伴矩阵、Vandermonde矩阵及Hankel矩阵等特殊矩阵的MATLAB函数，并介绍用MATLAB语言的符号运算工具箱语句编写输出符号矩阵的方法、稀疏矩阵的输入方法等，为解决线性代数问题的求解打下良好的基础。4.2节将介绍矩阵分析的基本概念及求解函数，对矩阵进行数值解与解析解分析，例如矩阵的行列式、迹、秩、范数、特征多项式、逆矩阵和广义逆矩阵、特征值与特征向量等，为矩阵的初步分析做准备。4.3节介绍各种各样的矩阵分解方法，例如矩阵的相似变换基本概念、矩阵的正交分解、三角分解、对称矩阵的Cholesky分解、一般矩阵的伴随分解、Jordan变换、奇异值分解等，利用矩阵分解的方法可以简化矩阵分析。4.4节分析了线性代数方程可解的条件，分别对唯一解、无穷解和无解等问题进行处理，给出了基于MATLAB语言的无穷解的基础解系与通解求取方法，还介绍了无解方程的最小二乘求解方法等，并介绍其他形式的矩阵方程的解析解与数值解方法与结果检验方法，包括Lyapunov方程、Sylvester方程的解析解和数值解法、Riccati方程的数值解法将在本节中给出，并给出一般Sylvester方程解析解的求解程序。4.5节将研究矩阵元素的非线性运算及矩阵函数求解的问题，给出求解指数矩阵、三角函数矩阵以及一般矩阵函数和复合矩阵函数的解析解应用程序，还可以求解方阵的乘方。

4.1 特殊矩阵的输入

MATLAB语言中固然可以通过最底层的语句逐行输入一个矩阵，但这样的方法对具有某种特殊结构的矩阵来说显得很烦琐。例如，想输入单位矩阵，再采用逐个元素输入的方式是很耗时的，故应该考虑采用MATLAB支持的现成函数eye()来输入特殊矩阵。下面将介绍一些特殊矩阵的输入方法。

4.1.1 数值矩阵的输入

1. 零矩阵、幺矩阵及单位矩阵

在一般的矩阵理论中,把所有元素都为零的矩阵定义为零矩阵,把元素全为1的矩阵称为幺矩阵,把主对角线元素均为1,而其他元素全部为0的方阵称为单位矩阵。这里进一步扩展单位矩阵的定义,使其为$m \times n$的矩阵。零矩阵、幺矩阵和扩展单位矩阵的MATLAB生成函数分别为

```
A=zeros(n), B=ones(n), C=eye(n)              %生成n×n方阵
A=zeros(m,n); B=ones(m,n); C=eye(m,n)        %生成m×n矩阵
A=zeros(size(B))                             %生成和矩阵B同样维数的矩阵
```

例4-1 下面的语句可以生成一个3×8的零矩阵$\boldsymbol{A}$,并可以生成一个和$\boldsymbol{A}$维数相同的扩展单位矩阵$\boldsymbol{B}$。可见,特殊矩阵的输入还是很容易的。

```
>> A=zeros(3,8), B=eye(size(A)) %生成零矩阵与同样规模的扩展单位矩阵
```

可以将下面两个矩阵输入MATLAB工作空间

$$\boldsymbol{A}=\begin{bmatrix}0&0&0&0&0&0&0&0\\0&0&0&0&0&0&0&0\\0&0&0&0&0&0&0&0\end{bmatrix},\ \boldsymbol{B}=\begin{bmatrix}1&0&0&0&0&0&0&0\\0&1&0&0&0&0&0&0\\0&0&1&0&0&0&0&0\end{bmatrix}$$

函数zeros()和ones()还可用于多维数组的生成。例如,zeros(3,4,5)将生成一个3×4×5的三维数组,其元素全部为零。

2. 随机元素矩阵

顾名思义,随机元素矩阵的各个元素是随机产生的。如果矩阵的随机元素满足[0,1]区间上的均匀分布,则可以由MATLAB函数rand()来生成,其调用格式为

```
A=rand(n)        %生成n×n阶标准均匀分布伪随机数方阵
A=rand(n,m)      %生成n×m阶标准均匀分布伪随机数矩阵
```

函数rand()还可生成多维数组。例如,A=rand(5,4,6)生成一个三维随机数组。

例4-2 用MATLAB实现抛硬币实验,并由实验方法求出抛100000次硬币正面朝上的概率。

解 这个例子事实上是用计算机开展统计试验的例子。由于硬币正、反两面朝上的概率均等,所以可以考虑生成100000个[0,1]区间均匀分布的伪随机数,看有多少大于0.5的,将其设定为正面朝上。生成随机数等于0.5的概率微乎其微,可以忽略不计。由下面的语句可以生成随机数,然后得出正面朝上的概率为$p=0.5005$,接近理论值0.5。其中,调用了nnz()函数,计算比较$\boldsymbol{R}$向量中大于0.5的元素个数。

```
>> N=100000; R=rand(N,1); p=nnz(R>0.5)/N    %nnz()函数返回非零元素个数
```

满足标准正态分布$N(0,1)$的随机数矩阵可以由randn()函数获得,其调用格式与rand()函数完全一致,当然也可以使用B=rand(size(A))形式调用该函数。

这里的随机数实际上是“伪随机数”。所谓伪随机数,就是通过某种数学公式生成的、满足某些随机指标的数据。这样的随机数是可以重复的,与某些用电子方法获得的不可重复的随机数是不同的。

伪随机数的生成依赖于随机数种子(seed)。如果想生成两组相同的随机数,则可以由rng()函数设置相同的随机数种子。例如,可以由s=rng命令读取当前的伪随机数种子,并将其存起来。下次需要相同

伪随机数时,先给出 rng(s) 命令,再生成伪随机数。

更一般地,若想生成 (a,b) 区间上均匀分布的随机数,则可先由 V=rand(n,m) 命令生成 $(0,1)$ 上均匀分布的随机数矩阵 $\boldsymbol{V}$,再用 $V_1=a+(b-a)*V$ 语句则可以生成满足需要的矩阵 $\boldsymbol{V}_1$。若想生成满足 $N(\mu,\sigma^2)$ 的正态分布的随机数,则可先由 V=randn(n,m) 命令生成标准正态分布的随机数矩阵 $\boldsymbol{V}$,再用 $V_1=\mu+\sigma*V$ 命令就可以转换成所需的矩阵。

本书第9章还将介绍满足特殊分布的伪随机数生成函数与方法。

3. Hankel 矩阵

Hankel 矩阵的一般形式为

$$\boldsymbol{H}=\begin{bmatrix} c_1 & c_2 & \cdots & c_m \\ c_2 & c_3 & \cdots & c_{m+1} \\ \vdots & \vdots & \ddots & \vdots \\ c_n & c_{n+1} & \cdots & c_{n+m-1} \end{bmatrix} \tag{4-1-1}$$

如果 $n\to\infty$,则可以构造无穷维 Hankel 矩阵。Hankel 矩阵是对称矩阵,其特点是每条反对角线上所有的元素都相同,不过 MATLAB 只能处理有限维矩阵。

在 MATLAB 语言中,给定两个向量 $\boldsymbol{c}$ 和 $\boldsymbol{r}$,如果用 H=hankel(c,r) 生成 $\boldsymbol{H}$,则首先将 $\boldsymbol{H}$ 矩阵的第一列的各个元素定义为 $\boldsymbol{c}$ 向量,将最后一行各个元素定义为 $\boldsymbol{r}$,这样就可以依照 Hankel 矩阵反对角线上元素相等这一特性来写出相应的 Hankel 矩阵。根据 Hankel 矩阵的性质,其最后一行的第一个元素应该等于第一列的最后一个元素,如果冲突则给出元素冲突的警告信息,该函数会舍弃 $\boldsymbol{r}$ 向量的第一个元素构造 Hankel 矩阵。

如果已知一个向量 $\boldsymbol{c}$,则也可以由 hankel(c) 函数来构造出一个 Hankel 矩阵。将 $\boldsymbol{H}$ 矩阵的第一列的各个元素定义为 $\boldsymbol{c}$ 向量,这样就可以依照 Hankel 矩阵反对角线上元素相等这一特性来写出相应的 Hankel 矩阵,使得下三角矩阵元素均为0。

例4-3 试用 MATLAB 语句输入下面两个给出的 Hankel 矩阵 $\boldsymbol{H}$:

$$\boldsymbol{H}_1=\begin{bmatrix} 1 & 2 & 3 & 4 & 5 & 6 & 7 \\ 2 & 3 & 4 & 5 & 6 & 7 & 8 \\ 3 & 4 & 5 & 6 & 7 & 8 & 9 \end{bmatrix},\quad \boldsymbol{H}_2=\begin{bmatrix} 1 & 2 & 3 \\ 2 & 3 & 0 \\ 3 & 0 & 0 \end{bmatrix}$$

解 分析给出的矩阵,可以用向量分别表示该矩阵的首列和最后一行,C=[1,2,3],R=[3,4,5,6,7,8,9],则可以由下面语句生成所需的 Hankel 矩阵。注意两个向量中3这个共同元素。

```
>> c=[1 2 3]; r=[3 4 5 6 7 8 9];
   H1=hankel(c,r), H2=hankel(c) %Hankel矩阵输入
```

4. 对角矩阵

对角矩阵是一种特殊的矩阵,该矩阵的主对角线元素可以为零或非零元素,非对角线元素的值均为零。对角矩阵的数学描述方法为 $\text{diag}(\alpha_1,\alpha_2,\cdots,\alpha_n)$,其中,对角矩阵的数学表示为

$$\text{diag}(\alpha_1,\alpha_2,\cdots,\alpha_n)=\begin{bmatrix} \alpha_1 & & & \\ & \alpha_2 & & \\ & & \ddots & \\ & & & \alpha_n \end{bmatrix} \tag{4-1-2}$$

MATLAB 提供了对角矩阵的生成函数 `diag()`。该函数的调用格式为

A=diag(v) %已知向量生成对角矩阵

v=diag(A) %已知矩阵提取对角元素列向量

A=diag(v,k) %生成第k条对角线为$\boldsymbol{v}$的矩阵，若$\boldsymbol{v}$为矩阵则提取第k对角线

例4-4 MATLAB中的diag()函数是很有特色的，其不同方式执行不同的任务。例如

```
>> C=[1 2 3]; V=diag(C), V1=diag(V), V2=diag(C,2), V3=diag(C,-1)
```

则可以依次生成下面的矩阵。

$$\boldsymbol{V}=\begin{bmatrix}1&0&0\\0&2&0\\0&0&3\end{bmatrix},\ \boldsymbol{V}_1=\begin{bmatrix}1\\2\\3\end{bmatrix},\ \boldsymbol{V}_2=\begin{bmatrix}0&0&1&0&0\\0&0&0&2&0\\0&0&0&0&3\\0&0&0&0&0\\0&0&0&0&0\end{bmatrix},\ \boldsymbol{V}_3=\begin{bmatrix}0&0&0&0\\1&0&0&0\\0&2&0&0\\0&0&3&0\end{bmatrix}$$

在实际应用中还可以取k为负值，表示主对角线下数的第k条对角线。利用这样的性质，可以容易地构造出三对角矩阵。

```
>> V=diag([1 2 3 4])+diag([2 3 4],1)+diag([5 4 3],-1) %输入三对角矩阵
```

得出的三对角矩阵如下：

$$\boldsymbol{V}=\begin{bmatrix}1&2&0&0\\5&2&3&0\\0&4&3&4\\0&0&3&4\end{bmatrix}$$

如果已知若干子矩阵$\boldsymbol{A}_1$，$\boldsymbol{A}_2$，$\cdots$，$\boldsymbol{A}_n$，则可以由blkdiag()函数构造块对角矩阵$\boldsymbol{A}$，其调用格式为$\boldsymbol{A}$=blkdiag($\boldsymbol{A}_1$,$\boldsymbol{A}_2$,$\cdots$,$\boldsymbol{A}_n$)。

5. Hilbert矩阵及Hilbert逆矩阵

Hilbert矩阵是一类特殊矩阵，它的第(i,j)元素的值满足$h_{i,j}=1/(i+j-1)$。这时一个$n\times n$阶的Hilbert矩阵可以写成

$$\boldsymbol{H}=\begin{bmatrix}1&1/2&1/3&\cdots&1/n\\1/2&1/3&1/4&\cdots&1/(n+1)\\\vdots&\vdots&\vdots&\ddots&\vdots\\1/n&1/(n+1)&1/(n+2)&\cdots&1/(2n-1)\end{bmatrix}\tag{4-1-3}$$

产生Hilbert矩阵的MATLAB函数为$\boldsymbol{A}$=hilb(n)，其中，n为要产生的矩阵阶次。

高阶Hilbert矩阵一般为坏条件的矩阵，所以直接对之求逆一般往往会引出浮点溢出的现象。MATLAB提供了直接求取Hilbert逆矩阵的算法及函数$\boldsymbol{B}$=invhilb(n)。

由于Hilbert矩阵本身接近奇异的性质，所以在处理该矩阵时建议尽量采用符号运算工具箱，而采用数值解时应该检验结果的正确性。

6. 相伴矩阵

假设有一个首一化的多项式

$$p(s)=s^n+a_1s^{n-1}+a_2s^{n-2}+\cdots+a_{n-1}s+a_n\tag{4-1-4}$$

则可以写出一个相伴(companion)矩阵(或称友矩阵)

$$\boldsymbol{A}_{\mathrm{c}}=\begin{bmatrix}-a_1&-a_2&\cdots&-a_{n-1}&-a_n\\1&0&\cdots&0&0\\0&1&\cdots&0&0\\\vdots&\vdots&\ddots&\vdots&\vdots\\0&0&\cdots&1&0\end{bmatrix}\tag{4-1-5}$$

生成相伴矩阵的MATLAB函数调用格式为 A_c=compan(a)，其中，a 为降幂排列的多项式系数向量，该函数将自动对多项式进行首一化处理。

例4-5 考虑一个多项式 $P(s)=2s^4+4s^2+5s+6$，试写出该多项式的相伴矩阵。

解 先输入特征多项式，则相伴矩阵可以通过下面的语句建立起来，赋给 A 矩阵。

```
>> P=[2 0 4 5 6]; A=compan(P) %给出向量,自动首一化,可以直接建立相伴矩阵
```

这些语句可以得出相伴矩阵

$$A=\begin{bmatrix}0 & -2 & -2.5 & -3\\1 & 0 & 0 & 0\\0 & 1 & 0 & 0\\0 & 0 & 1 & 0\end{bmatrix}$$

7. Vandermonde矩阵

假设有一个序列 c，其各个元素为 $c_1,c_2,\cdots,c_n$，则可以写出一个矩阵，其第 (i,j) 元素满足 $v_{i,j}=c_i^{n-j}, i,j=1,2,\cdots,n$。这样可以构成一个矩阵

$$V=\begin{bmatrix}c_1^{n-1} & c_1^{n-2} & \cdots & c_1 & 1\\c_2^{n-1} & c_2^{n-2} & \cdots & c_2 & 1\\\vdots & \vdots & \ddots & \vdots & \vdots\\c_n^{n-1} & c_n^{n-2} & \cdots & c_n & 1\end{bmatrix} \tag{4-1-6}$$

该矩阵称作Vandermonde矩阵。如果已知向量 $c=[c_1,c_2,\cdots,c_n]$，则可以由MATLAB提供的 V=vander(c) 函数来构造一个Vandermonde矩阵。

例4-6 试建立Vandermonde矩阵 $V=\begin{bmatrix}1 & 1 & 1 & 1 & 1\\1 & 2 & 3 & 4 & 5\\1 & 4 & 9 & 16 & 25\\1 & 8 & 27 & 64 & 125\\1 & 16 & 81 & 256 & 625\end{bmatrix}$。

解 依给出的矩阵类型，生成向量 c=[1,2,3,4,5]，得出其Vandermonde标准型后再将其逆时针旋转90°，则可以直接得出所需 V 矩阵。

```
>> c=[1, 2, 3, 4, 5]; V=vander(c); V=rot90(V) %先建立标准矩阵再旋转
```

8. 随机整数矩阵

利用MATLAB的内核函数randi()也可以生成在 $[a,b]$ 区间上均匀分布的随机整数矩阵，其调用格式为 A=randi([a,b],[n,m])，其中，a,b 均应该为整数，且 $a\leqslant b$。如果想生成一个 $n\times n$ 方阵，则可以给出 A=randi([a,b],n) 命令。

例4-7 试生成一个由0和1构成的 10×10 非奇异整数矩阵。

解 可以考虑用死循环结构来生成这样的矩阵，若已经找到非奇异矩阵，则用break命令终止循环。这样的矩阵不唯一，每次运行可能得出不同的结果。

```
>> while(1)    %找到非奇异矩阵
      A=randi([0,1],10); if rank(A)==10, break; end
   end
```

4.1.2 稀疏矩阵的输入

在很多应用中经常需要描述一些特殊的大型矩阵，而这类矩阵的大部分元素都是零，仅有少部分非零元素，这样的矩阵称为稀疏矩阵。若选择合适的求解算法，稀疏矩阵的计算比常规矩阵效率更高。

MATLAB支持稀疏矩阵的输入，且很多矩阵分析函数支持稀疏矩阵的特别处理。

稀疏矩阵可以由sparse()函数读入MATLAB，其调用格式为 A=sparse(p,q,w)，其中，$\boldsymbol{p}$，$\boldsymbol{q}$ 为非零元素的行号和列号构成的向量，$\boldsymbol{w}$ 为相应位置的矩阵元素构成的向量。这三个向量的长度是一致的，否则将给出错误信息。

由 B=full(A) 可将稀疏矩阵 $\boldsymbol{A}$ 转换成常规矩阵 $\boldsymbol{B}$，也可以由 A=sparse(B) 将常规矩阵转回稀疏矩阵。如果一个矩阵2/3以上的元素为零，则利用稀疏矩阵的方式存储矩阵比较经济，且矩阵的稀疏度越高存储越经济。6.7节将通过例子演示稀疏矩阵的应用。

4.1.3 符号矩阵的输入

若已建立起了数值矩阵 $\boldsymbol{A}$，则可以由 B=sym(A) 语句将其转换成符号矩阵。这样，所有数值矩阵均可以通过这样的形式转换成符号矩阵，可以利用符号运算工具箱获得更高精度的解。相反地，一个全数值的符号矩阵 $\boldsymbol{B}$ 可以通过 A_1=double(B) 转换成双精度矩阵 $\boldsymbol{A}_1$。

使用sym()函数还可以生成任意元素 a_{ij} 构成的矩阵，即 A=sym('a%d%d',[n,m])。类似地，使用命令 v=sym('a%d',[1,n]) 或 v=sym('a%d',[n,1]) 则可以生成任意向量。

例4-8 试输入如下的三个矩阵和一个列向量。

$$\boldsymbol{A}=\begin{bmatrix}a_{11}&a_{12}&a_{13}&a_{14}\\a_{21}&a_{22}&a_{23}&a_{24}\\a_{31}&a_{32}&a_{33}&a_{34}\\a_{41}&a_{42}&a_{43}&a_{44}\end{bmatrix},\ \boldsymbol{B}=\begin{bmatrix}a_{11}&a_{12}\\a_{21}&a_{22}\\a_{31}&a_{32}\\a_{41}&a_{42}\end{bmatrix},\ \boldsymbol{C}=\begin{bmatrix}f_{11}&f_{12}&f_{13}&f_{14}\\f_{21}&f_{22}&f_{23}&f_{24}\\f_{31}&f_{32}&f_{33}&f_{34}\\f_{41}&f_{42}&f_{43}&f_{44}\end{bmatrix},\ \boldsymbol{v}=\begin{bmatrix}v_1\\v_2\\v_3\\v_4\end{bmatrix}$$

解 可以用下面的语句直接输入这些矩阵与向量：

```
>> A=sym('a%d%d',4), B=sym('a%d%d',[4,2]), %直接输入任意矩阵
   C=sym('f%d%d',4), v=sym('v%d',[4,1])    %生成不同的任意矩阵与向量
```

如果想进一步声明满足某种属性的矩阵，还可以用assumeAlso()函数设定，例如：

```
>> assumeAlso(A,'real'); assumeAlso(B,'integer') %设置其他矩阵属性
```

例4-9 试由多项式 $P(\lambda)=a_1\lambda^9+a_2\lambda^8+a_3\lambda^7+\cdots+a_8\lambda^2+a_9\lambda+a_{10}$ 建立相伴矩阵。

解 由compan()函数可以直接输入所需的矩阵。

```
>> a=sym('a%d',[1,10]); A=compan(a) %建立如下的符号型相伴矩阵
```

建立的相伴矩阵为

$$\boldsymbol{A}=\begin{bmatrix}-a_2/a_1&-a_3/a_1&-a_4/a_1&-a_5/a_1&-a_6/a_1&-a_7/a_1&-a_8/a_1&-a_9/a_1&-a_{10}/a_1\\1&0&0&0&0&0&0&0&0\\0&1&0&0&0&0&0&0&0\\0&0&1&0&0&0&0&0&0\\0&0&0&1&0&0&0&0&0\\0&0&0&0&1&0&0&0&0\\0&0&0&0&0&1&0&0&0\\0&0&0&0&0&0&1&0&0\\0&0&0&0&0&0&0&1&0\end{bmatrix}$$

sym()函数可以生成任意常数矩阵，根据该函数还可以编写出任意矩阵函数的输入函数。例如，如果想生成矩阵函数 $\boldsymbol{M}=\{m_{ij}(x,y)\}$，则可以编写出any_matrix()函数：

```
function A=any_matrix(nn,sA,varargin)               %生成任意矩阵
   arguments, nn(1,:) {mustBeInteger, mustBePositive}, sA char, end
```

```
    arguments (Repeating) varargin(1,:), end
    n=nn(1); s=''; k=length(varargin);
    if length(nn)==1, m=n; else, m=nn(2); end  %制作方阵
    K=0; if n==1 || m==1, K=1; end             %向量标识
    if k>0, s='(';
       for i=1:k, s=[s ',' char(varargin{i})]; end, s(2)=[]; s=[s ')']; %自变量列表
    end
    for i=1:n, for j=1:m                         %用循环结构逐个元素单独处理
       if K==0, str=[sA int2str(i),int2str(j) s];   %双下标
       else, str=[sA int2str(i*j) s]; end           %单下标
       eval(['syms ' str]); eval(['A(i,j)=' str ';']); %指定元素
end, end, end
```

例4-10　试将下面的矩阵函数输入MATLAB的工作空间。

$$A=\begin{bmatrix}a_1(x,y)\\a_2(x,y)\\a_3(x,y)\end{bmatrix},\quad M=\begin{bmatrix}M_{11}(t)&M_{12}(t)&M_{13}(t)&M_{14}(t)\\M_{21}(t)&M_{22}(t)&M_{23}(t)&M_{24}(t)\\M_{31}(t)&M_{32}(t)&M_{33}(t)&M_{34}(t)\end{bmatrix}$$

解　这样的任意矩阵函数不能由`sym()`函数生成,必须借助自编函数`any_matrix()`生成,具体的命令为

```
>> syms x y t; A=any_matrix([3,1],'A',x,y), M=any_matrix([3,4],'M',t)
```

例如,若声明符号变量x、y和t,则可以用A=`any_matrix([5,1],'a',`x,y`)`生成一个5×1向量$A(x,y)$,其元素为$a_i(x,y)$;由v=`any_matrix(5,'m',`t`)`生成5×5的随机方阵$v(t)$,其元素为$m_{ij}(t)$。

4.2　矩阵基本分析

4.2.1　矩阵基本概念与性质

1. 行列式

矩阵$A=\{a_{ij}\}$的行列式定义为

$$D=|A|=\det(A)=\sum(-1)^k a_{1k_1}a_{2k_2}\cdots a_{nk_n}\tag{4-2-1}$$

式中,$k_1,k_2,\cdots,k_n$是将序列$1,2,\cdots,n$的元素交换k次所得出的一个序列,每个这样的序列称为一个置换(permutation);而Σ表示对$k_1,k_2,\cdots,k_n$取遍$1,2,\cdots,n$的所有排列的求和。

计算矩阵的行列式有多种算法,在MATLAB中采用的方法是对原矩阵A进行三角分解(又称为LU分解,后面将介绍),将其分解成一个上三角矩阵U和一个下三角矩阵L的积,即$A=LU$,这样可以先求出L矩阵的行列式。注意,在这一矩阵中只有一种非零的置换方式且其行列式的值s为1或-1。同样,因为U为上三角矩阵,所以其行列式的值为该矩阵主对角线元素之积,即A矩阵的行列式为$\det(A)=s\prod\limits_{i=1}^n u_{ii}$。MATLAB提供了内核函数`det()`,其调用格式很直观:d=`det(`A`)`,利用它可以直接求取矩阵A的行列式。该函数同样适用于符号矩阵A。

例4-11　试求出矩阵A的行列式,其中,$A=\begin{bmatrix}16&2&3&13\\5&11&10&8\\9&7&6&12\\4&14&15&1\end{bmatrix}$。

解　由下面的语句可以立即得出矩阵的行列式为0。行列式为零的矩阵为奇异矩阵。

```
>> A=[16 2 3 13; 5 11 10 8; 9 7 6 12; 4 14 15 1]; det(A), det(sym(A))
```

例4-12 从第1章给出的例子可知，高阶Hilbert矩阵是接近奇异的矩阵。试用解析解方法计算出80×80的Hilbert矩阵的行列式。

解 首先用`hilb()`函数可以定义一个80×80的Hilbert矩阵，将其转换成符号矩阵，则MATLAB的`det()`函数会自动采用解析解法求出其行列式的值。

```
>> tic, H=sym(hilb(80)); det(H), toc %由符号矩阵求行列式解析解,测全程耗时
```

可以得出如下的行列式的解析解及近似值：

$$\det(\boldsymbol{H})=\frac{1}{\underbrace{99030101466993477878867678\cdots000000000000}_{3790\text{位,因排版限制省略了中间的数字}}}\approx1.009794\times10^{-3971}$$

从计算结果还可以看出，利用解析方法在1.34 s内就可以得出原问题的解析解，因为这里采用的底层方法是三角矩阵分解的方法，而不是代数余子式算法。

例4-13 试给出一般4×4矩阵的行列式计算公式。

解 可以用下面的语句定义一个一般的4×4符号矩阵，然后调用`det()`函数即可以直接求解。该函数既可以用于数值矩阵的求解，也可以用于解析矩阵的求解，无须任何经验和技巧。

```
>> A=sym('a%d%d',4); d=det(A) %求任意4×4矩阵行列式的解析解
```

2. 矩阵的迹

方阵$\boldsymbol{A}=\{a_{ij}\},i,j=1,2,\cdots,n$的迹定义为该矩阵对角线上各个元素之和，即

$$\mathrm{trace}(\boldsymbol{A})=\sum_{i=1}^{n}a_{ii}\tag{4-2-2}$$

由代数理论可知，矩阵的迹和该矩阵的特征值之和是相同的。矩阵$\boldsymbol{A}$的迹可以由MATLAB函数`trace()`求出，该函数的调用和数学表示相似，即t=trace($\boldsymbol{A}$)。

例4-11中矩阵的迹可以由MATLAB语句直接求出为trace($\boldsymbol{A}$)=34。

3. 矩阵的秩

若矩阵所有的列向量中共有$r_{\rm c}$个线性无关，则称矩阵的列秩为$r_{\rm c}$。如果$r_{\rm c}=m$，则称$\boldsymbol{A}$为列满秩矩阵。相应地，若矩阵$\boldsymbol{A}$的行向量中有$r_{\rm r}$个是线性无关的，则称矩阵$\boldsymbol{A}$的行秩为$r_{\rm r}$。如果$r_{\rm r}=n$，则称$\boldsymbol{A}$为行满秩矩阵。可以证明，矩阵的行秩和列秩是相等的，故称之为矩阵的秩，记作

$$\mathrm{rank}(\boldsymbol{A})=r_{\rm c}=r_{\rm r}\tag{4-2-3}$$

这时，矩阵的秩为rank($\boldsymbol{A}$)。矩阵的秩也表示该矩阵中行列式不等于0的子式的最大阶次。所谓子式，即为从原矩阵中任取k行及k列所构成的子矩阵。

矩阵求秩的算法也是多种多样的，其区别是有的算法是稳定的，而有的算法可能因矩阵的条件数过大不是很稳定。MATLAB中采用的算法是基于矩阵的奇异值分解的算法[5]。首先对矩阵进行奇异值分解，得出矩阵$\boldsymbol{A}$的n个奇异值$\sigma_i,i=1,2,\cdots,n$，在这n个奇异值中找出大于给定误差限ε的个数r，这时r就可以认为是$\boldsymbol{A}$矩阵的秩。

MATLAB提供的内核函数`rank()`可以求取给定矩阵的秩。该函数的调用格式为

```
r=rank(A)     %用默认的精度求数值秩
```

```
r=rank(A,ε)    %给定精度ε下求数值秩
```

其中，$\boldsymbol{A}$为给定矩阵，ε为机器精度。符号运算工具箱中也提供了`rank()`函数，可以求出数值矩阵秩的解析解，其调用格式与前面的方法完全一致。

例4-14 试求出例4-11中给出的$\boldsymbol{A}$矩阵的秩。

解 用`rank(A)`函数可以得出该矩阵的秩。该矩阵的秩为3，小于矩阵的阶次，故可以得出结论：矩阵$\boldsymbol{A}$是非满秩矩阵或奇异矩阵。

```
>> A=[16 2 3 13; 5 11 10 8; 9 7 6 12; 4 14 15 1]; rank(A) %求矩阵的秩
```

例4-15 现在考虑例4-12中给出的20×20的Hilbert矩阵，考虑用数值方法和解析方法分别求该矩阵的秩，并比较其正确性。

解 先考虑数值方法，应该给出下面的命令，然而得出的数值秩为12。

```
>> H=hilb(20); rank(H)   %求接近奇异矩阵的数值秩，结果可能是错误的
```

故而可以得出结论。因为该矩阵的秩和矩阵阶次相差太多，所以$\boldsymbol{H}$矩阵为非满秩矩阵。其实该函数对一些接近奇异的矩阵可能出现错误结论，用数值解的方法应该注意。如果有可能，应该采用解析解的方法求解该问题。下面语句可以得出矩阵的秩为20。

```
>> H=sym(hilb(20)); rank(H)   %求解解析秩，可见原矩阵为非奇异矩阵
```

4. 矩阵的范数

矩阵的范数是矩阵的一种测度。在介绍矩阵的范数之前，首先介绍向量范数的基本概念。若线性空间向量$\boldsymbol{x}$存在一个函数$\rho(\boldsymbol{x})$，满足下面三个条件：

① $\rho(\boldsymbol{x})\geqslant 0$，且$\rho(\boldsymbol{x})=0$的充要条件是$\boldsymbol{x}=\boldsymbol{0}$；

② $\rho(a\boldsymbol{x})=|a|\rho(\boldsymbol{x})$，$a$为任意标量；

③ 对向量$\boldsymbol{x}$和$\boldsymbol{y}$有$\rho(\boldsymbol{x}+\boldsymbol{y})\leqslant\rho(\boldsymbol{x})+\rho(\boldsymbol{y})$，

则称$\rho(\boldsymbol{x})$为$\boldsymbol{x}$向量的范数(norm)。范数的形式是多种多样的。可以证明，下面给出的一族式子都满足上述的3个条件：

$$||\boldsymbol{x}||_p=\left(\sum_{i=1}^{n}|x_i|^p\right)^{1/p},\ p=1,2,\cdots,\ \text{且}\ ||\boldsymbol{x}||_\infty=\max_{1\leqslant i\leqslant n}|x_i| \tag{4-2-4}$$

这里用到了向量范数的记号$||\boldsymbol{x}||_p$，称为矩阵的p范数。

矩阵的范数定义比向量的稍复杂一些，其数学定义为：对于任意的非零向量$\boldsymbol{x}$，矩阵$\boldsymbol{A}$的范数为

$$||\boldsymbol{A}||=\sup_{\boldsymbol{x}\neq 0}\frac{||\boldsymbol{Ax}||}{||\boldsymbol{x}||} \tag{4-2-5}$$

和向量的范数一样，对矩阵来说也有常用的范数定义方法，即

$$||\boldsymbol{A}||_1=\max_{1\leqslant j\leqslant n}\sum_{i=1}^{n}|a_{ij}|,\ \ ||\boldsymbol{A}||_2=\sqrt{s_{\max}(\boldsymbol{A}^{\rm T}\boldsymbol{A})},\ \ ||\boldsymbol{A}||_\infty=\max_{1\leqslant i\leqslant n}\sum_{j=1}^{n}|a_{ij}| \tag{4-2-6}$$

其中，$s(\boldsymbol{X})$为$\boldsymbol{X}$矩阵的特征值，而$s_{\max}(\boldsymbol{A}^{\rm T}\boldsymbol{A})$为$\boldsymbol{A}^{\rm T}\boldsymbol{A}$矩阵的最大特征值。事实上，$||\boldsymbol{A}||_2$还等于$\boldsymbol{A}$矩阵的最大奇异值。

MATLAB提供了求取矩阵范数的函数`norm()`，允许求各种意义下的矩阵的范数。该函数的调用格式为`N=norm(A,选项)`，其中，“选项”可以为1、2、`inf`和`'fro'`，可以求取$||\boldsymbol{A}||_1$、$||\boldsymbol{A}||_2$、$||\boldsymbol{A}||_\infty$和Frobenius范数。

例4-16 求例4-11中矩阵 $\boldsymbol{A}$ 的各种范数。

解 可以输入 $\boldsymbol{A}$ 矩阵，然后由下面的MATLAB函数直接求出该矩阵的各种范数：

```
>> A=[16 2 3 13; 5 11 10 8; 9 7 6 12; 4 14 15 1];
   n1=norm(A), n2=norm(A,2), n3=norm(A,1), n4=norm(A,Inf), n5=norm(A,'fro') %各种范数
```

得出的各个范数为 $||\boldsymbol{A}||_1=||\boldsymbol{A}||_2=||\boldsymbol{A}||_\infty=34$，$||\boldsymbol{A}||_{\rm F}=38.6782$。

这里有两点值得注意，首先norm($\boldsymbol{A}$)和norm($\boldsymbol{A}$,2)应该给出同样的结果，因为它们都表示 $||\boldsymbol{A}||_2$，其次因为巧合，在这个例子中，$||\boldsymbol{A}||_1=||\boldsymbol{A}||_\infty$。但一般情况下，$||\boldsymbol{A}||_1=||\boldsymbol{A}||_\infty$ 不一定能满足。

符号运算工具箱的norm()函数只能用于数值矩阵求取范数，并不能用于一般含有变量的矩阵。早期版本中即使数值型的符号矩阵也不能直接使用norm()函数，而先将矩阵用double()函数转换成双精度数值矩阵，然后再调用双精度矩阵的norm()函数。

5. 特征多项式

引入算子 s，并构造一个矩阵 $s\boldsymbol{I}-\boldsymbol{A}$，再求出该矩阵的行列式，则可以得出一个关于算子 s 的多项式

$$C(s)=\det(s\boldsymbol{I}-\boldsymbol{A})=s^n+c_1s^{n-1}+\cdots+c_{n-1}s+c_n \tag{4-2-7}$$

该多项式 $C(s)$ 称为矩阵 $\boldsymbol{A}$ 的特征多项式。其中，系数 $c_i, i=1,2,\cdots,n$ 称为矩阵的特征多项式系数。

MATLAB提供了求取矩阵特征多项式系数的函数 c=poly($\boldsymbol{A}$)，返回的 $\boldsymbol{c}$ 为行向量，其各个分量为矩阵 $\boldsymbol{A}$ 的降幂排列的特征多项式系数。该函数的另外一种调用格式是，如果给定的 $\boldsymbol{A}$ 为向量，则假定该向量是一个矩阵的特征值，由此求出该矩阵的特征多项式系数，如果向量 $\boldsymbol{A}$ 中有Inf或NaN值，则首先剔除它再计算特征多项式系数。

需要指出的是，如果 $\boldsymbol{A}$ 为符号矩阵，该函数仍然适用，但得出的不是系数向量，而是多项式的数学表达式本身。

例4-17 试求出例4-11中给出的 $\boldsymbol{A}$ 矩阵的特征多项式。

解 可以通过下面的poly()函数直接求出该矩阵的特征多项式，$\boldsymbol{p}\approx[1,-34,-80,2720,0]$，经检验误差为 5.6248×10^{-12}。

```
>> A=[16 2 3 13; 5 11 10 8; 9 7 6 12; 4 14 15 1];
   p=poly(A), norm(p-[1,-34,-80,2720,0]) %求出特征多项式系数向量
```

在实际应用中还有其他简单的数值方法可以精确地求出矩阵的特征多项式系数。例如，下面给出的Leverrier–Faddeev递推算法也可以求出矩阵的特征多项式：

$$c_{k+1}=-\frac{1}{k}\,\mathrm{trace}(\boldsymbol{A}\boldsymbol{R}_k),\quad \boldsymbol{R}_{k+1}=\boldsymbol{A}\boldsymbol{R}_k+c_{k+1}\boldsymbol{I},\quad k=1,2,\cdots,n \tag{4-2-8}$$

其中，初值 $\boldsymbol{R}_1=\boldsymbol{I}$，$c_1=1$。该算法首先给出一个单位矩阵 $\boldsymbol{I}$，并将之赋给 $\boldsymbol{R}_1$，然后对每个 k 的值分别求出特征多项式参数，并更新 $\boldsymbol{R}_k$ 矩阵，最终得出矩阵的特征多项式系数 c_k。该算法可以直接由下面的MATLAB语句编写poly1()函数，得出精确结果。

```
function c=poly1(A)
   [nr,nc]=size(A); I=eye(nc); R=I; c=[1 zeros(1,nc)];      %初值设置
   for k=1:nc, c(k+1)=-1/k*trace(A*R); R=A*R+c(k+1)*I; end %递推计算
end
```

例4-18　试推导出向量 $\boldsymbol{B}=[a_1,a_2,a_3,a_4,a_5]$ 对应的Hankel矩阵的特征多项式。

解　首先构造Hankel矩阵 $\boldsymbol{A}$，这样就能用 charpoly($\boldsymbol{A}$) 函数获得该矩阵的特征多项式。

```
>> syms x; a=sym('a%d',[1,5]); A=hankel(a); collect(charpoly(A,x),x)
```

该矩阵的特征多项式数学表示为

$$\begin{aligned}\det(x\boldsymbol{I}-\boldsymbol{A})=&x^5+(-a_3-a_5-a_1)x^4+(a_5a_1+a_3a_1+a_5a_3-2a_4^2-2a_5^2-a_2^2-a_3^2)x^3+\\&(-a_1a_3a_5+2a_5^3-2a_2a_4a_3+a_2^2a_5+a_1a_4^2+a_3^3+a_1a_5^2+a_3a_5^2+a_5a_4^2+a_4^2a_3-2a_2a_5a_4)x^2+\\&(2a_2a_5^2a_4+a_4^4+a_5^4+a_3^2a_5^2+a_5^2a_4^2-3a_3a_5a_4^2-a_1a_5^3-a_3a_5^3)x-a_5^5\end{aligned}$$

6. 矩阵多项式的求解

矩阵多项式的数学形式为

$$\boldsymbol{B}=a_1\boldsymbol{A}^n+a_2\boldsymbol{A}^{n-1}+\cdots+a_n\boldsymbol{A}+a_{n+1}\boldsymbol{I} \tag{4-2-9}$$

其中，$\boldsymbol{A}$ 为一个给定矩阵，$\boldsymbol{I}$ 为和 $\boldsymbol{A}$ 同阶次的单位矩阵，这时返回的矩阵 $\boldsymbol{B}$ 为矩阵多项式的值。矩阵多项式的值在MATLAB语言环境中可以由polyvalm()函数求出，其调用格式为 B=polyvalm($\boldsymbol{a}$,$\boldsymbol{A}$)，其中，$\boldsymbol{a}$ 为多项式系数降幂排列构成的向量，即 $\boldsymbol{a}=[a_1,a_2,\cdots,a_n,a_{n+1}]$。

相应地，还可以按点运算的方式定义一种多项式运算为

$$\boldsymbol{C}=a_1\boldsymbol{x}.\hat{}n+a_2\boldsymbol{x}.\hat{}(n-1)+\cdots+a_{n+1} \tag{4-2-10}$$

这时，矩阵 $\boldsymbol{C}$ 可以由下面的语句直接计算出来：C=polyval($\boldsymbol{a}$,$\boldsymbol{x}$)。

若由MATLAB的符号运算工具箱给出多项式 p，则可以调用subs()函数求出点运算意义下多项式的值。该函数在此问题上的具体调用格式为 C=subs(p,s,$\boldsymbol{x}$)。

MATLAB给出的polyvalm()函数只能用于数值矩阵的多项式矩阵求值，对该函数拓展，即可以写出用于符号矩阵的多项式矩阵，拓展的函数如下：

```
function B=polyvalmsym(p,A)
   E=eye(size(A)); B=zeros(size(A)); n=length(A);
   for i=n+1:-1:1, B=B+p(i)*E; E=E*A; end %polyvalm()函数的符号运算版
end
```

Cayley–Hamilton定理是矩阵理论中一个重要的定理：若矩阵 $\boldsymbol{A}$ 的特征多项式为

$$f(s)=\det(s\boldsymbol{I}-\boldsymbol{A})=a_1s^n+a_2s^{n-1}+\cdots+a_ns+a_{n+1} \tag{4-2-11}$$

则有 $f(\boldsymbol{A})=\boldsymbol{0}$，即

$$a_1\boldsymbol{A}^n+a_2\boldsymbol{A}^{n-1}+\cdots+a_n\boldsymbol{A}+a_{n+1}\boldsymbol{I}=\boldsymbol{0} \tag{4-2-12}$$

例4-19　假设矩阵 $\boldsymbol{A}$ 为Vandermonde矩阵，验证其满足Cayley–Hamilton定理。

$$\boldsymbol{A}=\begin{bmatrix}1&1&1&1&1&1&1\\64&32&16&8&4&2&1\\729&243&81&27&9&3&1\\4096&1024&256&64&16&4&1\\15625&3125&625&125&25&5&1\\46656&7776&1296&216&36&6&1\\117649&16807&2401&343&49&7&1\end{bmatrix}$$

解　可以试图由下面的MATLAB语句来验证Cayley–Hamilton定理：

```
>> A=vander([1 2 3 4 5 6 7]), a=poly(A); B=polyvalm(a,A); e=norm(B) %直接验证
```

由于使用的poly()函数会产生一定的误差，而该误差在矩阵多项式求解中导致10^5量级的巨大的误差，从而得出错误结论。由此看来，poly()函数的误差有时是不可忽略的。如果把上面语句中的poly()函数用前面编写的poly1()函数代替，得出的$\boldsymbol{B}$矩阵就会完全等于$\boldsymbol{0}$，故该矩阵满足Cayley–Hamilton定理。

```
>> a1=poly1(A); B1=polyvalm(a1,A); norm(B1)    %采用poly1()函数得出正确结果
```

例4-20 试验证一般5×5矩阵满足Cayley–Hamilton定理。

解 要求解此问题需要首先声明一批符号变量，构造出任意的5×5矩阵$\boldsymbol{A}$，然后用charpoly()函数求出其特征多项式系数向量。因为polyvalm()不支持符号变量的处理，这里需要由底层命令求取多项式矩阵。得出的多项式矩阵化简后可以得出其范数为0的结论，因此这样任意的5×5矩阵满足Cayley–Hamilton定理。下面的语句耗时大约1.46 s，改成6×6任意矩阵则耗时15.84 s。

```
>> A=sym('a%d%d',5); p=charpoly(A); E=polyvalmsym(p,A); simplify(E) %定理验证
```

7. 符号多项式与数值多项式的转换

若已知多项式系数为$\boldsymbol{p}=[a_1,a_2,\cdots,a_{n+1}]$，则可以通过符号运算工具箱提供的$f$=poly2sym($\boldsymbol{p}$)或$f$=poly2sym($\boldsymbol{p}$,$x$)函数转换其表现形式。若已知多项式的符号表达式，则可以由$\boldsymbol{p}$=sym2poly(f)函数转换成系数向量。

例4-21 已知多项式$f=s^5+2s^4+3s^3+4s^2+5s+6$，试用不同形式表示该多项式。

解 该多项式可以用两种形式先定义出来。例如，可以用数值形式先定义之，则可以用相应的方式将其转换成符号型的多项式，也可以转换回向量。

```
>> syms v; P=[1 2 3 4 5 6]; f=poly2sym(P,v), P1=sym2poly(f) %相互转换
```

还可以由函数C=coeffs(P,x)按x的降幂次序直接提取多项式系数，如果x是表达式P中唯一的符号变量，则可以略去它。

例4-22 试提取符号表达式$x(x^2+2y)^8$中x的系数。

解 很显然，原符号表达式可以是x的多项式也可以是y的多项式。下面语句可以按x的升幂次序提取出关于x的多项式系数，另外，零系数被自动略去了。

```
>> syms x y; P=x*(x^2+2*y)^8; p=coeffs(P,x) %提取出多项式P中关于x的系数
```

得出的结果为$\boldsymbol{p}=[256y^8,1024y^7,1792y^6,1792y^5,1120y^4,448y^3,112y^2,16y,1]$。如果想保留零系数在内的全部系数，则可以由coeffs(P,x,'all')函数直接提取。

4.2.2 逆矩阵与广义逆矩阵

1. 矩阵的逆矩阵

对一个已知的$n\times n$非奇异方阵$\boldsymbol{A}$来说，若有同维的$\boldsymbol{C}$矩阵满足

$$\boldsymbol{AC}=\boldsymbol{CA}=\boldsymbol{I} \tag{4-2-13}$$

式中，$\boldsymbol{I}$为单位矩阵，则称$\boldsymbol{C}$矩阵为$\boldsymbol{A}$矩阵的逆矩阵，并记作$\boldsymbol{C}=\boldsymbol{A}^{-1}$。

MATLAB语言中的C=inv(A)函数，可以直接用来求取矩阵的逆矩阵$\boldsymbol{C}$。该函数同样适用于符号变量构成的矩阵的求逆。若$\boldsymbol{A}$为符号矩阵则求解析解，否则求数值解。

例4-23 试求取Hilbert矩阵的逆矩阵。

解　先考虑 4×4 的 Hilbert 矩阵,调用 inv() 函数可以立即得出该矩阵的逆矩阵。

```
>> format long; H=hilb(4); H1=inv(H), norm(H*H1-eye(4)) %显示更多位结果
```

这样得出的逆矩阵如下,且误差矩阵的范数为 1.3931×10^{-13}。

$$\boldsymbol{H}^{-1}=\begin{bmatrix}15.999999999999 & -119.9999999999 & 239.9999999998 & -139.9999999999\\ -119.9999999999 & 1199.9999999999 & -2699.9999999997 & 1679.9999999998\\ 239.99999999998 & -2699.999999999 & 6479.9999999994 & -4199.999999999\\ -139.99999999999 & 1679.9999999998 & -4199.999999999 & 2799.9999999997\end{bmatrix}$$

如果误差矩阵的范数是一个微小的数,则可以接受得出的逆矩阵,否则应该认为其不正确。从本例的结果看,此误差虽然未小于MATLAB矩阵运算的一般误差($10^{-15}\sim10^{-16}$量级),但还是比较小的,因此可以接受得出的逆矩阵。

高阶 Hilbert 矩阵接近于奇异矩阵,不建议用 inv() 函数直接求解,可以采用 invhilb() 函数直接生成逆矩阵,得出的误差为 $n=5.684\times10^{-14}$。

```
>> H2=invhilb(4); n=norm(H*H2-eye(size(H)))   %验证invhilb()函数的效果
```

可见,对于低阶矩阵,用 invhilb() 计算出来的逆矩阵的精度也显著改善了。现在考虑 10×10 的 Hilbert 矩阵,则两个误差分别为 $n_1=1.4718\times10^{-4}$,$n_2=1.6129\times10^{-5}$。

```
>> H=hilb(10); H1=inv(H); n1=norm(H*H1-eye(size(H)))
   H2=invhilb(10); n2=norm(H*H2-eye(size(H)))   %不同方法的逆矩阵计算
```

这样虽然后者得出的逆矩阵精度远高于直接求逆的精度,但还是难以达到较高的要求。进一步扩大矩阵的阶次,例如需要研究 13×13 的 Hilbert 矩阵,则两个逆矩阵的误差分别为 $n_1=2.1315$,$n_2=11.3549$,可见得出的误差过大,说明原矩阵接近奇异矩阵。

```
>> H=hilb(13); H1=inv(H); n1=norm(H*H1-eye(size(H)))
   H2=invhilb(13); n2=norm(H*H2-eye(size(H)))   %高阶矩阵接近奇异矩阵
```

符号运算工具箱中也对符号矩阵提供了 inv() 重载函数,即使对更高阶的非奇异矩阵也可以精确求解出矩阵的逆矩阵来。下面的语句可以求出 13×13 的 Hilbert 逆矩阵。

```
>> H=sym(hilb(13)); H1=inv(H) %符号运算可以得出精确的解
```

其实,用符号运算工具箱可以求解出更高阶 Hilbert 矩阵的逆矩阵。例如,求解30阶矩阵,可以使用下面的命令,得出精确的结果——误差为零。

```
>> H=sym(hilb(30)); norm(H*inv(H)-eye(size(H))) %误差矩阵的范数为零
```

例4-24　试对例4-11中的奇异矩阵 $\boldsymbol{A}$ 求逆,并观察用数值方法得出的结果。

解　首先输入该矩阵,则可以用 inv() 函数对其直接求逆。

```
>> A=[16 2 3 13; 5 11 10 8; 9 7 6 12; 4 14 15 1]; B=inv(A), A*B %数值法
```

矩阵求逆将得出警告信息“警告:矩阵接近奇异值,或者缩放错误。结果可能不准确”,事实上,$\boldsymbol{A}$ 矩阵就是一个奇异矩阵。由上面的语句求出的“逆矩阵”$\boldsymbol{B}$ 及 $\boldsymbol{AB}$ 分别如下:

$$\boldsymbol{B}=\begin{bmatrix}-0.2649 & -0.7948 & 0.7948 & 0.2649\\ -0.7948 & -2.384 & 2.384 & 0.7948\\ 0.7948 & 2.384 & -2.384 & -0.7948\\ 0.2649 & 0.7948 & -0.7948 & -0.2649\end{bmatrix}\times10^{15},\ \boldsymbol{AB}=\begin{bmatrix}1.5 & 0 & 2 & 0.5\\ -1 & -2 & 3 & 2.25\\ -0.5 & -4 & 4 & 0.5\\ -1.125 & -5.25 & 5.375 & 3.031\end{bmatrix}$$

经过验算发现,得出的误差很大,所以逆矩阵是错误的。

事实上,奇异矩阵根本不存在一个相应的逆矩阵,能满足式(4-2-13)中的条件。对这里给出的问题还可以试用下面的语句求解,得出的逆矩阵元素都是 inf。

```
>> A=sym(A); inv(A)   %试图用解析方法求奇异矩阵的逆,求逆失败
```

例4-25 MATLAB的矩阵求逆函数同样适用于含有变量的矩阵。例如，对于下面的Hankel矩阵，可以直接用inv()函数得出其逆矩阵：

```
>> a=sym('a%d',[1,4]); H=hankel(a); inv(H)    %任意4×4的Hankel矩阵求逆
```

可以直接得出下面的逆矩阵表示：

$$H^{-1}=\begin{bmatrix}0 & 0 & 0 & 1/a_4\\0 & 0 & 1/a_4 & -1/a_4^2a_3\\0 & 1/a_4 & -1/a_4^2a_3 & -1/a_4^3(a_2a_4-a_3^2)\\1/a_4 & -1/a_4^2a_3 & -1/a_4^3(a_2a_4-a_3^2) & -(a_1a_4^2-2a_2a_3a_4+a_3^3)/a_4^4\end{bmatrix}$$

在经典线性代数教材中，通常采用基本行变换的方式求解矩阵的逆，例如在 $\boldsymbol{H}$ 矩阵的右侧补一个单位矩阵，然后通过基本行变换将新矩阵左侧变换成单位矩阵，这样新矩阵的右侧自然就是逆矩阵了。在MATLAB下提供了 H_1=rref(H) 函数直接求取 $\boldsymbol{H}$ 矩阵的基本行变换矩阵 $\boldsymbol{H}_1$，其中，$\boldsymbol{H}$ 既可以为数值矩阵也可以为符号矩阵。

例4-26 下面的语句可以通过基本行变换的方法重新求例4-25中矩阵的逆矩阵。

```
>> H1=[H eye(4)]; H2=rref(H1), H3=H2(:,5:8)    %基本行变换后提取结果的后四列
```

得出的 $\boldsymbol{H}_3$ 与前面的完全一致，中间变量 $\boldsymbol{H}_2$ 的左侧为单位矩阵。右侧为得出的逆矩阵 $\boldsymbol{H}_3$。

$$H_2=\begin{bmatrix}1 & 0 & 0 & 0 & 0 & 0 & 0 & 1/a_4\\0 & 1 & 0 & 0 & 0 & 0 & 1/a_4 & -1/a_4^2a_3\\0 & 0 & 1 & 0 & 0 & 1/a_4 & -1/a_4^2a_3 & -1/a_4^3(a_2a_4-a_3^2)\\0 & 0 & 0 & 1 & 1/a_4 & -1/a_4^2a_3 & -1/a_4^3(a_2a_4-a_3^2) & -(a_1a_4^2-2a_2a_3a_4+a_3^3)/a_4^4\end{bmatrix}$$

2. 矩阵的广义逆

前面已经介绍过，即使用解析解求解的符号运算工具箱对奇异矩阵的求逆也是无能为力的，因为其逆矩阵根本不存在。另外，长方形的矩阵有时也会涉及求逆的问题，这样就需要定义一种新的“逆矩阵”。对矩阵 $\boldsymbol{A}$，如果存在一个矩阵 $\boldsymbol{N}$，满足

$$\boldsymbol{ANA}=\boldsymbol{A} \tag{4-2-14}$$

则 $\boldsymbol{N}$ 矩阵称为 $\boldsymbol{A}$ 的广义逆矩阵，记作 $\boldsymbol{N}=\boldsymbol{A}^-$。如果 $\boldsymbol{A}$ 矩阵是一个 $n\times m$ 的长方形矩阵，则 $\boldsymbol{N}$ 矩阵为 $m\times n$ 阶矩阵。满足这一条件的广义逆矩阵有无穷多个。

定义下面的范数最小化指标为

$$\min_{\boldsymbol{M}}||\boldsymbol{AM}-\boldsymbol{I}|| \tag{4-2-15}$$

则可以证明，对于给定的矩阵 $\boldsymbol{A}$，存在一个唯一的矩阵 $\boldsymbol{M}$ 使得下面的3个条件同时成立。

（1）$\boldsymbol{AMA}=\boldsymbol{A}$；（2）$\boldsymbol{MAM}=\boldsymbol{M}$；（3）$\boldsymbol{AM}$ 与 $\boldsymbol{MA}$ 均为Hermite对称矩阵。

这样的矩阵 $\boldsymbol{M}$ 称为矩阵 $\boldsymbol{A}$ 的Moore–Penrose广义逆矩阵，或伪逆（pseudo inverse），记作 $\boldsymbol{M}=\boldsymbol{A}^+$。从上面的3个条件中可以看出，条件(1)与广义逆的定义一致，所不同的是它还要求满足条件(2)和条件(3)，这样就会得出唯一的广义逆矩阵 $\boldsymbol{M}$ 了。

MATLAB提供了求取矩阵Moore–Penrose广义逆的函数pinv()，其格式为

M=pinv(A,ϵ)   %按指定精度 ϵ 求解Moore–Penrose广义逆矩阵

其中，ϵ 为判0用误差限，如果省略此参数，则判0用误差限选用机器的精度eps，这时将返回 $\boldsymbol{A}$ 的Moore–Penrose广义逆矩阵 $\boldsymbol{M}$。如果 $\boldsymbol{A}$ 矩阵为非奇异方阵，则该函数得出的结果就是矩阵的逆矩阵，但这样求解的速度将明显慢于inv()函数。

例4-27　考虑例4-11中给出的奇异矩阵 $\boldsymbol{A}$，用符号运算工具箱中inv()函数仍不能获得问题的解析解，因为解析解不存在，所以这里将考虑Moore–Penrose广义逆矩阵的求解。

```
>> A=[16 2 3 13; 5 11 10 8; 9 7 6 12; 4 14 15 1]; B=pinv(A), A*B    %求伪逆
```

得出的 $\boldsymbol{B}$ 矩阵和 $\boldsymbol{AB}$ 矩阵分别为

$$\boldsymbol{B}=\begin{bmatrix}0.1011 & -0.0739 & -0.0614 & 0.0636\\ -0.0364 & 0.0386 & 0.0261 & 0.0011\\ 0.0136 & -0.0114 & -0.0239 & 0.0511\\ -0.0489 & 0.0761 & 0.0886 & -0.0864\end{bmatrix},\ \boldsymbol{AB}=\begin{bmatrix}0.95 & -0.15 & 0.15 & 0.05\\ -0.15 & 0.55 & 0.45 & 0.15\\ 0.15 & 0.45 & 0.55 & -0.15\\ 0.05 & 0.15 & -0.15 & 0.95\end{bmatrix}$$

这时 $\boldsymbol{AB}$ 矩阵不再是单位矩阵了，因为不存在一个 $\boldsymbol{A}^+$ 能使它成为单位矩阵。这样得出的 $\boldsymbol{A}^+$ 使得式(4-2-15)中的范数取最小值。现在检验Moore–Penrose广义逆的三个条件的误差范数均为 10^{-14} 量级，由此验证得出的矩阵确实是 $\boldsymbol{A}$ 的Moore–Penrose广义逆矩阵。

```
>> norm(A*B*A-A), norm(B*A*B-B), norm(A*B-(A*B)'), norm(B*A-(B*A)')
```

现在对得出的 $\boldsymbol{B}$ 再求一次Moore–Penrose广义逆，则可看出，$(\boldsymbol{A}^+)^+=\boldsymbol{A}$。

```
>> pinv(B), norm(ans-A) %对伪逆再求一次伪逆，看看能不能恢复原矩阵
```

例4-28　试用符号运算方法重新求解例4-27的伪逆问题并观察求解精度。

解　先将原矩阵按符号矩阵的形式输入计算机中，再直接调用pinv()函数。

```
>> A=sym(magic(4));
   B=pinv(A), A*B, B*A, norm(A*B*A-A) %伪逆的符号运算与检验
```

得出误差矩阵的范数为零，且Moore–Penrose广义逆矩阵为

$$\boldsymbol{B}_1=\begin{bmatrix}55/544 & -201/2720 & -167/2720 & 173/2720\\ -99/2720 & 21/544 & 71/2720 & 3/2720\\ 37/2720 & -31/2720 & -13/544 & 139/2720\\ -133/2720 & 207/2720 & 241/2720 & -47/544\end{bmatrix}$$

将得出的结果代入常规逆矩阵公式则可见 $\boldsymbol{BA}$ 与 $\boldsymbol{AB}$ 为相同的矩阵。

$$\boldsymbol{AB}=\boldsymbol{BA}=\begin{bmatrix}19/20 & -3/20 & 3/20 & 1/20\\ -3/20 & 11/20 & 9/20 & 3/20\\ 3/20 & 9/20 & 11/20 & -3/20\\ 1/20 & 3/20 & -3/20 & 19/20\end{bmatrix}$$

例4-29　试求长方形矩阵 $\boldsymbol{A}$ 的伪逆。

$$\boldsymbol{A}=\begin{bmatrix}6 & 1 & 4 & 2 & 1\\ 3 & 0 & 1 & 4 & 2\\ -3 & -2 & -5 & 8 & 4\end{bmatrix}$$

解　可以给出下面的语句对该矩阵进行分析，得出矩阵为非满秩矩阵的结论。

```
>> A=[6,1,4,2,1; 3,0,1,4,2; -3,-2,-5,8,4]; rank(A)    %先输入矩阵并求秩
```

由于 $\boldsymbol{A}$ 矩阵为奇异矩阵，所以应使用pinv()函数求取矩阵的Moore–Penrose广义逆，并可以通过下面的检验语句对Moore–Penrose广义逆的条件逐一验证，证实该广义逆矩阵确实满足条件。

```
>> iA=pinv(A) %非满秩矩阵的伪逆，下面将检验伪逆的各个条件
   norm(A*iA*A-A), norm(iA*A-A'*iA'),norm(iA*A-A'*iA'), norm(A*iA-iA'*A')
```

可以得出矩阵的广义逆为

$$\boldsymbol{A}^+=\begin{bmatrix}0.073 & 0.0413 & -0.0221\\ 0.0108 & 0.002 & -0.0156\\ 0.0459 & 0.0178 & -0.0385\\ 0.0327 & 0.0431 & 0.0638\\ 0.0164 & 0.0215 & 0.0319\end{bmatrix},\quad 且\quad \begin{cases}||\boldsymbol{A}^+\boldsymbol{A}\boldsymbol{A}^+-\boldsymbol{A}^+||=1.0263\times10^{-16}\\ ||\boldsymbol{A}\boldsymbol{A}^+\boldsymbol{A}-\boldsymbol{A}||=8.1145\times10^{-15}\\ ||\boldsymbol{A}^+\boldsymbol{A}-(\boldsymbol{A})^*(\boldsymbol{A}^+)^*||=3.9098\times10^{-16}\\ ||\boldsymbol{A}\boldsymbol{A}^+-(\boldsymbol{A}^+)^*(\boldsymbol{A})^*||=1.6653\times10^{-16}\end{cases}$$

4.2.3 矩阵的特征值问题

1. 一般矩阵的特征值与特征向量

对一个矩阵 $\boldsymbol{A}$ 来说，如果存在一个非零的向量 $\boldsymbol{x}$，且有一个标量 λ 满足

$$\boldsymbol{A}\boldsymbol{x}=\lambda\boldsymbol{x} \tag{4-2-16}$$

则称 λ 为 $\boldsymbol{A}$ 矩阵的一个特征值，而 $\boldsymbol{x}$ 称为对应于特征值 λ 的特征向量。严格说来，$\boldsymbol{x}$ 应该称为 $\boldsymbol{A}$ 的右特征向量。如果矩阵 $\boldsymbol{A}$ 的特征值不包含重复的值，则对应的各个特征向量为线性无关的，这样由各个特征向量可以构成一个非奇异的矩阵。如果用它对原始矩阵作相似变换，则可以得出一个对角矩阵。矩阵的特征值与特征向量由MATLAB提供的函数 `eig()` 可以容易地求出。该函数的调用格式为

```
d=eig(A)          %只计算特征值
[V,D]=eig(A)      %求解特征值和特征向量
```

其中，$\boldsymbol{d}$ 为特征值构成的向量，$\boldsymbol{D}$ 为一个对角矩阵，称为特征值矩阵，其对角线上的元素为矩阵 $\boldsymbol{A}$ 的特征值，而每个特征值对应的 $\boldsymbol{V}$ 矩阵的列为该特征值的特征向量，该矩阵是一个满秩矩阵。特征值矩阵满足 $\boldsymbol{AV}=\boldsymbol{VD}$，且每个特征向量各元素的平方和（即2范数）均为1。如果调用该函数时只给出一个返回变量，则将只返回矩阵 $\boldsymbol{A}$ 的特征值。即使 $\boldsymbol{A}$ 为复数矩阵，也照样可以由 `eig()` 函数得出其特征值与特征向量矩阵。

前面介绍的矩阵特征多项式的根和特征值是同样的概念，所以若精确已知矩阵的特征多项式系数，则可以调用 `roots()` 函数来计算矩阵的特征值。

矩阵特征值的求解算法是多种多样的，最常用的有求解实对称矩阵特征值与特征向量的Jacobi算法、原点平移QR分解法与两步QR算法。矩阵的特征值与特征向量的求解有许多标准子程序可以直接调用，如EISPACK软件包[3,4]等。MATLAB中的 `eig()` 函数是基于两步QR算法实现的，该函数也同样可以求解复数矩阵的特征值与特征向量矩阵。当矩阵含有重特征值时，特征向量矩阵可能趋于奇异，所以在使用此函数时应该注意。

例4-30 求出例4-11中给出的矩阵 $\boldsymbol{A}$ 的特征值与特征向量矩阵。

解 可以调用 `eig()` 函数直接获得矩阵 $\boldsymbol{A}$ 的特征值为 $34, \pm 8.9443, -2.2348\times10^{-15}$。

```
>> A=[16 2 3 13; 5 11 10 8; 9 7 6 12; 4 14 15 1]; eig(A), [v,d]=eig(A)
```

可以得出特征向量矩阵和特征值矩阵分别为

$$\boldsymbol{v}=\begin{bmatrix}-0.5 & -0.8236 & 0.3764 & -0.2236\\ -0.5 & 0.4236 & 0.0236 & -0.6708\\ -0.5 & 0.0236 & 0.4236 & 0.6708\\ -0.5 & 0.3764 & -0.8236 & 0.2236\end{bmatrix},\ \boldsymbol{d}=\begin{bmatrix}34 & 0 & 0 & 0\\ 0 & 8.9443 & 0 & 0\\ 0 & 0 & -8.9443 & 0\\ 0 & 0 & 0 & -2.2348\times10^{-15}\end{bmatrix}$$

符号运算工具箱中也提供了 `eig()` 函数，理论上可以求解任意高阶矩阵的精确特征值，对于给定的 $\boldsymbol{A}$ 矩阵，可以由下面的命令求出特征值的精确解为 $0, 34, \pm4\sqrt{5}$。

```
>> eig(sym(A)), vpa(ans,70), [v,d]=eig(sym(A))   %特征值和特征向量的解析计算
```

得出的相应矩阵如下：

$$\boldsymbol{v}=\begin{bmatrix}-1 & 1 & 12\sqrt{5}/31-41/31 & -12\sqrt{5}/31-41/31\\ -3 & 1 & 17/31-8\sqrt{5}/31 & 8\sqrt{5}/31+17/31\\ 3 & 1 & -4\sqrt{5}/31-7/31 & 4\sqrt{5}/31-7/31\\ 1 & 1 & 1 & 1\end{bmatrix},\ \boldsymbol{d}=\begin{bmatrix}0 & 0 & 0 & 0\\ 0 & 34 & 0 & 0\\ 0 & 0 & -4\sqrt{5} & 0\\ 0 & 0 & 0 & 4\sqrt{5}\end{bmatrix}$$

可见，在前面的例子中两次调用了eig()函数，但由于返回参数个数不一致，所以后面的调用返回矩阵$\boldsymbol{A}$的特征值与特征向量，而前面的调用只返回了矩阵$\boldsymbol{A}$的特征值而不返回特征向量矩阵。另外，返回特征值的格式也因返回变量个数不同而不同。

如果一个矩阵包含重特征值，则理论上矩阵$\boldsymbol{V}$将为奇异矩阵。但因为MATLAB数值运算出现的误差，不一定能精确计算出矩阵的重根，这样将得出接近奇异的$\boldsymbol{V}$矩阵。

2. 矩阵的广义特征向量问题

若某矩阵$\boldsymbol{A}$含有重特征值，则必定会使得特征向量矩阵为奇异矩阵，这会约束特征向量矩阵的应用。为了保证特征向量矩阵非奇异，需要引入广义特征向量的概念。假设存在一个标量λ和一个非零向量$\boldsymbol{x}$，使得

$$\boldsymbol{A}\boldsymbol{x}=\lambda\boldsymbol{B}\boldsymbol{x} \tag{4-2-17}$$

成立，其中，$\boldsymbol{B}$矩阵为对称正定矩阵，则λ称为广义特征值，而$\boldsymbol{x}$向量称为广义特征向量。MATLAB还提供了求取广义特征值的方法。事实上，普通的矩阵特征值问题可以看成是广义特征值问题的一个特例，因为若假定$\boldsymbol{B}=\boldsymbol{I}$为单位矩阵，则式(4-2-17)中的形式可以直接转化成普通矩阵特征值问题。

若$\boldsymbol{B}$矩阵为非奇异方阵，则上面的方程可以容易地转换成矩阵$\boldsymbol{B}^{-1}\boldsymbol{A}$的特征值问题：

$$\boldsymbol{B}^{-1}\boldsymbol{A}\boldsymbol{x}=\lambda\boldsymbol{x} \tag{4-2-18}$$

即λ和$\boldsymbol{x}$分别为$\boldsymbol{B}^{-1}\boldsymbol{A}$矩阵的特征值和特征向量。但一般情况下不能随便假设$\boldsymbol{B}$矩阵为非奇异的方阵，所以文献[43]中给出了广义特征值问题的QZ算法。在MATLAB中给出的eig()函数可以直接用来求取矩阵的广义特征值和特征向量，这时的调用格式为

d=eig($\boldsymbol{A}$,$\boldsymbol{B}$)　　　%求解广义特征值

[$\boldsymbol{V}$,$\boldsymbol{D}$]=eig($\boldsymbol{A}$,$\boldsymbol{B}$)　　%求解广义特征值和特征向量

该函数可以直接得出矩阵的广义特征值向量$\boldsymbol{d}$，也可以返回一个特征向量矩阵$\boldsymbol{V}$及一个对角型特征值矩阵$\boldsymbol{D}$，满足$\boldsymbol{AV}=\boldsymbol{BVD}$，还可以求解$\boldsymbol{B}$矩阵为奇异矩阵时的广义特征值问题。

例4-31　假设给出如下的矩阵，试求出$\boldsymbol{A}$,$\boldsymbol{B}$矩阵的广义特征值与特征向量矩阵：

$$\boldsymbol{A}=\begin{bmatrix}-4&-6&-4&-1\\1&0&0&0\\0&1&0&0\\0&0&1&0\end{bmatrix},\ \boldsymbol{B}=\begin{bmatrix}2&6&-1&-2\\5&-1&2&3\\-3&-4&1&10\\5&-2&-3&8\end{bmatrix}$$

解　原矩阵$\boldsymbol{A}$理论上有重特征值-1，但数值求解一般得不出精确的特征值。使用下列命令可以求出矩阵$(\boldsymbol{A},\boldsymbol{B})$的广义特征值和特征向量：

```
>> B=[2,6,-1,-2; 5,-1,2,3; -3,-4,1,10; 5,-2,-3,8];
   A=[-4,-6,-4,-1; 1,0,0,0; 0,1,0,0; 0,0,1,0];
   [V,D]=eig(A,B), norm(A*V-B*V*D)
```

得出的特征值、特征向量矩阵分别如下，误差矩阵的范数为6.3931×10^{-15}。

$$\boldsymbol{V}=\begin{bmatrix}0.0268&-1&-0.2413&0.0269\\-1&0.7697&-0.6931&0.0997\\-0.1252&-0.3666&1&0.0796\\-0.3015&0.4428&-0.1635&-1\end{bmatrix},\ \boldsymbol{D}=\begin{bmatrix}-1.2830&&&\\&0.1933&&\\&&-0.2422&\\&&&-0.0096\end{bmatrix}$$

4.3　矩阵的基本变换与分解

4.3.1　相似变换与正交矩阵

若已知方阵$\boldsymbol{A}$,且存在一个非奇异的$\boldsymbol{B}$矩阵,则可以进行如下的矩阵变换:

$$\boldsymbol{X}=\boldsymbol{B}^{-1}\boldsymbol{A}\boldsymbol{B} \tag{4-3-1}$$

该变换称为相似变换,$\boldsymbol{B}$称相似变换矩阵。相似变换后,$\boldsymbol{X}$矩阵的秩、迹、行列式和特征值等均不发生变化,其值和$\boldsymbol{A}$矩阵的完全一致。通过适当选择变换矩阵$\boldsymbol{B}$,就能有目的地将任意给定的$\boldsymbol{A}$矩阵相似变换成特殊的矩阵表示形式,而不改变原来$\boldsymbol{A}$的重要性质。

如果相似变换矩阵$\boldsymbol{T}$满足$\boldsymbol{T}^{-1}=\boldsymbol{T}^*$,其中,$\boldsymbol{T}^*$为$\boldsymbol{T}$的Hermite共轭转置矩阵,则称$\boldsymbol{T}$为正交矩阵,并将之记为$\boldsymbol{Q}=\boldsymbol{T}$。可见,正交矩阵$\boldsymbol{Q}$满足条件:

$$\boldsymbol{Q}^*\boldsymbol{Q}=\boldsymbol{I},\ 且\ \boldsymbol{Q}\boldsymbol{Q}^*=\boldsymbol{I},\ \boldsymbol{I}为n\times n的单位矩阵 \tag{4-3-2}$$

MATLAB中提供了求取正交矩阵的函数`orth()`来求出$\boldsymbol{A}$矩阵的正交基矩阵$\boldsymbol{Q}$,即`Q=orth(A)`。若$\boldsymbol{A}$为非奇异矩阵,则得出的正交基矩阵$\boldsymbol{Q}$满足式(4-3-2)的条件。若$\boldsymbol{A}$为奇异矩阵,则得出的矩阵$\boldsymbol{Q}$的列数即为$\boldsymbol{A}$矩阵的秩,且满足$\boldsymbol{Q}^*\boldsymbol{Q}=\boldsymbol{I}$,而不满足$\boldsymbol{Q}\boldsymbol{Q}^*=\boldsymbol{I}$。

例4-32　求出$\boldsymbol{A}=\begin{bmatrix}5&9&8&3\\0&3&2&4\\2&3&5&9\\3&4&5&8\end{bmatrix}$矩阵的正交矩阵。

解　矩阵的正交矩阵可以用`orth()`函数直接得出,并可以验证满足正交矩阵的性质。

```
>> A=[5,9,8,3; 0,3,2,4; 2,3,5,9; 3,4,5,8];
   Q=orth(A), norm(Q'*Q-eye(4)), norm(Q*Q'-eye(4)) %正交矩阵的计算与检验
```

得出的正交矩阵如下,误差矩阵的范数分别为$||\boldsymbol{Q}^*\boldsymbol{Q}-\boldsymbol{I}||=4.6395\times10^{-16}$,$||\boldsymbol{Q}\boldsymbol{Q}^*-\boldsymbol{I}||=4.9270\times10^{-16}$。

$$\boldsymbol{Q}=\begin{bmatrix}-0.6197&0.7738&-0.0262&-0.1286\\-0.2548&-0.1551&0.949&0.1017\\-0.5198&-0.5298&-0.1563&-0.6517\\-0.53&-0.3106&-0.2725&0.7406\end{bmatrix}$$

例4-33　重新考虑例4-11中给出的奇异矩阵$\boldsymbol{A}$,试求出其正交基矩阵,并验证其正交性质。

解　由下面的MATLAB语句获得正交基矩阵。因为$\boldsymbol{A}$奇异,故得出的$\boldsymbol{Q}$为4×3的长方形矩阵。

```
>> A=[16,2,3,13; 5,11,10,8; 9,7,6,12; 4,14,15,1];
   Q=orth(A), norm(Q'*Q-eye(3))
```

奇异矩阵可以如下得出,并可以检验出误差矩阵的范数为$||\boldsymbol{Q}^*\boldsymbol{Q}-\boldsymbol{I}||=1.0140\times10^{-15}$。

$$\boldsymbol{Q}=\begin{bmatrix}-0.5&0.6708&0.5\\-0.5&-0.2236&-0.5\\-0.5&0.2236&-0.5\\-0.5&-0.6708&0.5\end{bmatrix}$$

4.3.2　矩阵的三角分解和Cholesky分解

1. 用矩阵乘法实现行基本运算

对一个给定矩阵左乘或右乘一个人为选择的矩阵,则可以改变得出矩阵的形式。下面将通过例子演示变换矩阵的选择方法。

例4-34　对下面给出的 $\boldsymbol{A}$ 矩阵,请观察该矩阵乘以有意选择的 $\boldsymbol{E}$ 矩阵后的结果。

$$\boldsymbol{A}=\begin{bmatrix}16&2&3&13\\5&11&10&8\\9&7&6&12\\4&14&15&1\end{bmatrix},\quad \boldsymbol{E}=\begin{bmatrix}1&0&0&0\\0&1&0&0\\-2&0&1&0\\0&0&0&1\end{bmatrix}$$

解　先输入这两个矩阵,这样可以用下面语句直接计算三个矩阵 $\boldsymbol{A}_1=\boldsymbol{E}\boldsymbol{A}$, $\boldsymbol{A}_2=\boldsymbol{A}\boldsymbol{E}$ 和 $\boldsymbol{E}_1=\boldsymbol{E}^{-1}$:

```
>> A=[16,2,3,13; 5,11,10,8; 9,7,6,12; 4,14,15,1]; E=eye(4); E(3,1)=-2;
   E1=inv(E), A1=E*A, A2=A*E  %仔细观察左乘与右乘的效果
```

得出的三个矩阵分别为

$$\boldsymbol{A}_1=\begin{bmatrix}16&2&3&13\\5&11&10&8\\-23&3&0&-14\\4&14&15&1\end{bmatrix},\quad \boldsymbol{A}_2=\begin{bmatrix}10&2&3&13\\-15&11&10&8\\-3&7&6&12\\-26&14&15&1\end{bmatrix},\quad \boldsymbol{E}_1=\begin{bmatrix}1&0&0&0\\0&1&0&0\\2&0&1&0\\0&0&0&1\end{bmatrix}$$

可以观察到变换后的结果吗?先选择矩阵 $\boldsymbol{E}$ 为单位矩阵,再将其第三行第一列元素(简记为 (3,1) 元素)设置成 -2,得出的 $\boldsymbol{E}_1$ 和 $\boldsymbol{E}$ 几乎完全一致,只是其 (3,1) 元素的符号发生了变化。

现在请观察得出的 $\boldsymbol{A}_1$ 矩阵,该矩阵是用 $\boldsymbol{E}$ 左乘 $\boldsymbol{A}$ 得出的,比较 $\boldsymbol{A}$ 与 $\boldsymbol{A}_1$ 矩阵,可以看出,只有第三行发生了变化,新的第三行是由 -2 遍乘 $\boldsymbol{A}$ 矩阵第一行并加到第三行得出的。在 $\boldsymbol{A}_2$ 矩阵中,第一列变成了 $\boldsymbol{A}$ 矩阵第一列遍乘 -2 后加于 $\boldsymbol{A}$ 矩阵第三列得出。

进一步使用这样的规则,可以有意构造出 $\boldsymbol{E}$ 矩阵。例如,如果想消去第一列除了第一个元素之外的所有元素,则可以如下建立起 $\boldsymbol{E}_1$ 矩阵。

```
>> E1=sym(eye(4)); E1(2:4,1)=-A(2:4,1)/A(1,1), A1=E1*A
```

建立的矩阵与变换结果如下所示,变换的结果与期望的完全一致。

$$\boldsymbol{E}_1=\begin{bmatrix}1&0&0&0\\-5/16&1&0&0\\-9/16&0&1&0\\-1/4&0&0&1\end{bmatrix},\quad \boldsymbol{A}_1=\begin{bmatrix}16&2&3&13\\0&83/8&145/16&63/16\\0&47/8&69/16&75/16\\0&27/2&57/4&-9/4\end{bmatrix}$$

进一步地,可以构造另一个变换矩阵 $\boldsymbol{E}_2$,使其能消去 $\boldsymbol{A}_1$ 矩阵第二列除了第二元素之外的所有元素,得出新的 $\boldsymbol{E}_2$ 矩阵。

```
>> E2=sym(eye(4)); E2([1 3 4],2)=-A1([1 3 4],2)/A1(2,2), A2=E2*A1
   E=E2*E1; A3=E*A %可以看出,EA与E2E1A完全一致
```

这样得出的矩阵为

$$\boldsymbol{E}_2=\begin{bmatrix}1&-16/83&0&0\\0&1&0&0\\0&-47/83&1&0\\0&-108/83&0&1\end{bmatrix},\quad \boldsymbol{A}_2=\begin{bmatrix}16&0&104/83&1016/83\\0&83/8&145/16&63/16\\0&0&-68/83&204/83\\0&0&204/83&-612/83\end{bmatrix}$$

可以得出总的变换矩阵 $\boldsymbol{E}=\boldsymbol{E}_2\boldsymbol{E}_1$。这样的变换是梯形变换与三角变换的基础。

例4-35　这里仍然使用例4-34中的 $\boldsymbol{A}$ 矩阵。如下选择变换矩阵,试观测矩阵乘法的效果。

$$\boldsymbol{A}=\begin{bmatrix}16&2&3&13\\5&11&10&8\\9&7&6&12\\4&14&15&1\end{bmatrix},\quad \boldsymbol{E}=\begin{bmatrix}0&0&0&1\\0&1&0&0\\0&0&1&0\\1&0&0&0\end{bmatrix}$$

解　矩阵 $\boldsymbol{E}$ 的建立方式是,先生成一个单位矩阵,交换其第一行与第四行,可以由下面的语句计算出矩阵 $\boldsymbol{A}_1=\boldsymbol{E}\boldsymbol{A}$ 和 $\boldsymbol{A}_2=\boldsymbol{A}\boldsymbol{E}$。

```
>> A=sym([16,2,3,13; 5,11,10,8; 9,7,6,12; 4,14,15,1]);
   E=sym(eye(4)); E([1,4],:)=E([4,1],:); A1=E*A, A2=A*E
```

这样得出的矩阵分别为

$$\boldsymbol{A}_1=\begin{bmatrix}4&14&15&1\\5&11&10&8\\9&7&6&12\\16&2&3&13\end{bmatrix},\quad \boldsymbol{A}_2=\begin{bmatrix}13&2&3&16\\8&11&10&5\\12&7&6&9\\1&14&15&4\end{bmatrix}$$

可以看出，如果用矩阵 $\boldsymbol{E}$ 左乘矩阵 $\boldsymbol{A}$，则可以交换 $\boldsymbol{A}$ 的第一行和第四行，得出变换后的矩阵 $\boldsymbol{A}_1$。如果进行矩阵右乘，则将交换矩阵的列。

2. 一般矩阵的三角分解

矩阵的三角分解又称为LU分解，它的目的是将一个矩阵分解成一个下三角矩阵 $\boldsymbol{L}$ 和一个上三角矩阵 $\boldsymbol{U}$ 的乘积，即 $\boldsymbol{A}=\boldsymbol{L}\boldsymbol{U}$，其中，$\boldsymbol{L}$ 和 $\boldsymbol{U}$ 矩阵可以分别写成

$$\boldsymbol{L}=\begin{bmatrix}1&&&\\l_{21}&1&&\\\vdots&\vdots&\ddots&\\l_{n1}&l_{n2}&\cdots&1\end{bmatrix},\quad \boldsymbol{U}=\begin{bmatrix}u_{11}&u_{12}&\cdots&u_{1n}\\&u_{22}&\cdots&u_{2n}\\&&\ddots&\vdots\\&&&u_{nn}\end{bmatrix} \tag{4-3-3}$$

这样产生的矩阵与原来的 $\boldsymbol{A}$ 矩阵的关系可以写成

$$\begin{array}{llll}a_{11}=u_{11}, & a_{12}=u_{12}, & \cdots & a_{1n}=u_{1n}\\ a_{21}=l_{21}u_{11}, & a_{22}=l_{21}u_{12}+u_{22}, & \cdots & a_{2n}=l_{21}u_{1n}+u_{2n}\\ \vdots & \vdots & \ddots & \vdots\\ a_{n1}=l_{n1}u_{11}, & a_{n2}=l_{n1}u_{12}+l_{n2}u_{22}, & \cdots & a_{nn}=\sum\limits_{k=1}^{n-1}l_{nk}u_{kn}+u_{nn}\end{array} \tag{4-3-4}$$

由式(4-3-4)可以立即得出求取 l_{ij} 和 u_{ij} 的递推计算公式

$$l_{ij}=\frac{a_{ij}-\sum\limits_{k=1}^{j-1}l_{ik}u_{kj}}{u_{jj}},\quad (j<i),\quad u_{ij}=a_{ij}-\sum_{k=1}^{i-1}l_{ik}u_{kj},\quad (j\geqslant i) \tag{4-3-5}$$

该公式的递推初值为

$$u_{1i}=a_{1i}, i=1,2,\cdots,n \tag{4-3-6}$$

注意，在上述算法中并未对主元素进行任何选取，因此该算法并不一定数值稳定，因为在运算过程中0或很小的数值可能被用作除数。在MATLAB中也给出了基于主元素的矩阵LU分解函数`lu()`，该函数的调用格式为

```
[L,U]=lu(A)        %LU分解, A = LU
[L,U,P]=lu(A)      %P为置换矩阵, A = P^(-1)LU
```

其中，$\boldsymbol{L}$，$\boldsymbol{U}$ 分别为变换后的下三角和上三角矩阵。在MATLAB的`lu()`函数中考虑了主元素选取的问题，所以该函数一般会给出可靠的结果。由该函数得出的下三角矩阵 $\boldsymbol{L}$ 并不一定是一个真正的下三角矩阵，因为选取它可能进行了一些元素行的交换，这样主对角线的元素可能不是1，而在矩阵 $\boldsymbol{L}$ 内存在一个唯一的如式(4-2-1)中定义的置换，其各个元素的值均是1。如果想获得有关换行信息，则可以由后一种格式调用`lu()`函数，这时 $\boldsymbol{P}$ 为单位矩阵变换出的置换矩阵，$\boldsymbol{A}$ 矩阵可以分解成 $\boldsymbol{A}=\boldsymbol{P}^{-1}\boldsymbol{L}\boldsymbol{U}$。

例4-36 再考虑例4-11中矩阵的LU分解问题。分别用两种方法调用MATLAB中的`lu()`函数，则可以

得出不同的结果。

解　先输入 $\boldsymbol{A}$ 矩阵,并求出三角分解矩阵:

```
>> A=[16 2 3 13; 5 11 10 8; 9 7 6 12; 4 14 15 1]; [L1,U1]=lu(A)
```

得出的分解矩阵分别为

$$\boldsymbol{L}_1=\begin{bmatrix}1&0&0&0\\0.3125&0.7685&1&1\\0.5625&0.4352&1&0\\0.25&1&0&0\end{bmatrix},\ \boldsymbol{U}_1=\begin{bmatrix}16&2&3&13\\0&13.5&14.25&-2.25\\0&0&-1.8889&5.6667\\0&0&0&3.55\times10^{-15}\end{bmatrix}$$

可见,这样得出的 $\boldsymbol{L}_1$ 矩阵并非下三角矩阵,这是因为在分解过程中采用了主元素交换的方法。现在考虑 lu() 函数的另一种调用方法:

```
>> [L,U,P]=lu(A) %考虑主元素的矩阵三角分解
```

这样可以得出新的分解矩阵分别为

$$\boldsymbol{L}=\begin{bmatrix}1&0&0&0\\0.25&1&0&0\\0.3125&0.7685&1&0\\0.5625&0.4352&1&1\end{bmatrix},\ \boldsymbol{U}=\begin{bmatrix}16&2&3&13\\0&13.5&14.25&-2.25\\0&0&-1.8889&5.6667\\0&0&0&3.55\times10^{-15}\end{bmatrix},\ \boldsymbol{P}=\begin{bmatrix}1&0&0&0\\0&0&0&1\\0&1&0&0\\0&0&1&0\end{bmatrix}$$

注意,这里得出的 $\boldsymbol{P}$ 矩阵不是一个单位矩阵,而是单位矩阵的置换矩阵。结合得出的 $\boldsymbol{L}_1$ 矩阵可以看出,$\boldsymbol{P}$ 矩阵的 $p_{2,4}=1$,表明需要将 $\boldsymbol{L}_1$ 矩阵的第四行换到第二行,$p_{3,2}=p_{4,3}=1$ 表明需要将 $\boldsymbol{L}_1$ 的第二行换至第三行,将原第三行换至第四行,这样就可以得出一个真正的下三角矩阵 $\boldsymbol{L}$ 了。将 $\boldsymbol{P}$, $\boldsymbol{L}$, $\boldsymbol{U}$ 代入并检验,即由 inv($\boldsymbol{P}$)*$\boldsymbol{L}$*$\boldsymbol{U}$ 命令可以精确地还原 $\boldsymbol{A}$ 矩阵。

采用解析解函数,则可以对原矩阵重新进行三角分解:

```
>> [L2,U2]=lu(sym(A))   %用符号运算的方式求矩阵三角分解的解析解
```

这样,可以分别得出如下的三角分解矩阵的解析解:

$$\boldsymbol{L}_2=\begin{bmatrix}1&0&0&0\\5/16&1&0&0\\9/16&47/83&1&0\\1/4&108/83&-3&1\end{bmatrix},\ \boldsymbol{U}_2=\begin{bmatrix}16&2&3&13\\0&83/8&145/16&63/16\\0&0&-68/83&204/83\\0&0&0&0\end{bmatrix}$$

例4-37　试对任意 3×3 矩阵进行三角分解。

解　可以直接使用下面语句来生成任意矩阵并进行三角分解:

```
>> A=sym('a%d%d',3); [L U]=lu(A)   %任意矩阵的LU分解
```

分解的结果为

$$\boldsymbol{L}=\begin{bmatrix}1&0&0\\a_{21}/a_{11}&1&0\\a_{31}/a_{11}&(a_{32}-a_{12}a_{31}/a_{11})(a_{22}-a_{12}a_{21}/a_{11})&1\end{bmatrix}$$

$$\boldsymbol{U}=\begin{bmatrix}a_{11}&a_{12}&a_{13}\\0&a_{22}-a_{12}a_{21}/a_{11}&a_{23}-a_{13}a_{21}/a_{11}\\0&0&a_{33}-\dfrac{(a_{23}-a_{13}a_{21}/a_{11})(a_{32}-a_{12}a_{31}/a_{11})}{a_{22}-a_{12}a_{21}/a_{11}}-\dfrac{a_{13}a_{31}}{a_{11}}\end{bmatrix}$$

3. 对称矩阵的Cholesky分解

如果 $\boldsymbol{A}$ 为对称矩阵,利用对称矩阵的特点则可以类似用LU分解的方法对之进行分解,这样可以将原来矩阵 $\boldsymbol{A}$ 分解成

$$\boldsymbol{A}=\boldsymbol{L}\boldsymbol{L}^{\mathrm{T}}=\begin{bmatrix}l_{11}&&&\\l_{21}&l_{22}&&\\\vdots&\vdots&\ddots&\\l_{n1}&l_{n2}&\cdots&l_{nn}\end{bmatrix}\begin{bmatrix}l_{11}&l_{21}&\cdots&l_{n1}\\&l_{22}&\cdots&l_{n2}\\&&\ddots&\vdots\\&&&l_{nn}\end{bmatrix}\tag{4-3-7}$$

如果利用对称矩阵的性质，则分解矩阵可以如下递推地求出：

$$l_{ii}=\sqrt{a_{ii}-\sum_{k=1}^{i-1}l_{ik}^2},\quad l_{ji}=\frac{1}{l_{jj}}\left(a_{ij}-\sum_{k=1}^{j-1}l_{ik}l_{jk}\right),\quad j<i \tag{4-3-8}$$

且初始条件为$l_{11}=\sqrt{a_{11}}$，$l_{j1}=a_{j1}/l_{11}$。该算法又称为对称矩阵的Cholesky分解算法。

MATLAB提供了`chol()`函数来求取矩阵的Cholesky分解矩阵$\boldsymbol{D}$，其结果为一个上三角矩阵，其调用格式为`D=chol(A)`，其中，$\boldsymbol{D}=\boldsymbol{L}^{\mathrm{T}}$。新版本中$\boldsymbol{A}$可以是符号矩阵。

例4-38　试求出对称的四阶$\boldsymbol{A}=\begin{bmatrix}9&3&4&2\\3&6&0&7\\4&0&6&0\\2&7&0&9\end{bmatrix}$矩阵的Cholesky分解。

解　用下面的语句可以对$\boldsymbol{A}$进行Cholesky分解，得出$\boldsymbol{D}$矩阵：

```
>> A=[9,3,4,2; 3,6,0,7; 4,0,6,0; 2,7,0,9]; D=chol(A), D1=chol(sym(A))
```

可以由解析法和数值法分别得出分解矩阵为

$$\boldsymbol{D}=\begin{bmatrix}3&1&1.3333&0.6667\\0&2.2361&-0.5963&2.8324\\0&0&1.9664&0.4068\\0&0&0&0.6065\end{bmatrix},\quad \boldsymbol{D}_1=\begin{bmatrix}3&1&4/3&2/3\\0&\sqrt{5}&-4\sqrt{5}/15&19\sqrt{5}/15\\0&0&\sqrt{15}\sqrt{58}/15&2\sqrt{15}\sqrt{58}/145\\0&0&0&4\sqrt{2}\sqrt{87}/87\end{bmatrix}$$

4. 正定、正规矩阵的定义与判定

正定矩阵是在对称矩阵基础上建立起来的概念。在介绍该概念之前，先给出主子行列式定义。假设对称矩阵$\boldsymbol{A}$可以写成

$$\boldsymbol{A}=\begin{bmatrix}a_{11}&a_{12}&a_{13}&\cdots&a_{1n}\\a_{12}&a_{22}&a_{23}&\cdots&a_{2n}\\a_{13}&a_{23}&a_{33}&\cdots&a_{3n}\\\vdots&\vdots&\vdots&\ddots&\vdots\\a_{1n}&a_{2n}&a_{3n}&\cdots&a_{nn}\end{bmatrix} \tag{4-3-9}$$

则左上角的各个子矩阵的行列式称为主子行列式。如果一个对称矩阵所有的主子行列式符号相同，则称该矩阵为正定矩阵。

相应地，可以引入对称矩阵的半正定矩阵的概念，如果主子行列式均为非负的数值，则称为半正定矩阵。MATLAB的函数`chol()`还可以用来判定矩阵的正定性，其另一种调用格式为`[D,p]=chol(A)`，式中，正定的$\boldsymbol{A}$矩阵返回的$p=0$。所以可以利用这个性质来判定一个对称矩阵是否为正定矩阵。对非正定矩阵，则返回一个正的p值，$p-1$为$\boldsymbol{A}$矩阵中正定的子矩阵的阶次，即$\boldsymbol{D}$将为$(p-1)$阶方阵。

如果复数方阵满足

$$\boldsymbol{A}^*\boldsymbol{A}=\boldsymbol{A}\boldsymbol{A}^* \tag{4-3-10}$$

其中，$\boldsymbol{A}^*$为$\boldsymbol{A}$的Hermite转置，即共轭转置，则该矩阵称为正规矩阵。判定正规矩阵由定义直接判定`norm(A'*A-A*A')<`ϵ，如果得出的结果为1，则$\boldsymbol{A}$为正规矩阵。

例4-39　试判定下面的对称矩阵是否为正定矩阵，并进行Cholesky分解。

$$\boldsymbol{A}=\begin{bmatrix}7&5&5&8\\5&6&9&7\\5&9&9&0\\8&7&0&1\end{bmatrix}$$

解 用下面的语句可以对 $\boldsymbol{A}$ 矩阵进行分解,得出 $\boldsymbol{D}$ 矩阵,并求出正定的阶次为2,从而说明原矩阵并非正定矩阵,因为 $p\neq 0$。

```
>> A=[7,5,5,8; 5,6,9,7; 5,9,9,0; 8,7,0,1]; [D,p]=chol(A)    %判定是否正定
```

这样,矩阵的正定子矩阵 $\boldsymbol{D}$ 如下,其中,$p=3\neq 0$,说明正定子矩阵为 2×2 矩阵,与前面得出的结果一致。

$$\boldsymbol{D}=\begin{bmatrix}2.6458 & 1.8898\\ 0 & 1.5584\end{bmatrix}$$

非对称矩阵也可以调用chol()函数,但结果是错误的,它首先将给定的矩阵强制按上三角子矩阵转换成对称矩阵。在严格的数学意义下,非对称矩阵不存在Cholesky分解。

4.3.3 矩阵的相伴变换、对角变换和Jordan变换

1. 一般矩阵变换成相伴矩阵

如果存在一个列向量 $\boldsymbol{x}$,使得矩阵 $\boldsymbol{T}=\left[\boldsymbol{x},\boldsymbol{A}\boldsymbol{x},\cdots,\boldsymbol{A}^{n-1}\boldsymbol{x}\right]$ 为非奇异,则矩阵 $\boldsymbol{A}$ 可以通过线性相似变换的方式变换成相伴矩阵的形式。由此看来,能够进行这样变换的矩阵有无穷多个。若想得出式(4-1-5)中定义的相伴矩阵,则还需要一个左右翻转的单位矩阵,下面通过例子演示这样的变换方法。

例4-40 试将例4-31中的矩阵变换成相伴矩阵。

解 可以随机生成一个列向量 $\boldsymbol{x}$,判定生成的 $\boldsymbol{T}$ 矩阵是否为非奇异,如果奇异则重新生成随机列向量。得到非奇异 $\boldsymbol{T}$ 矩阵后,通过线性相似变换可以对原矩阵进行处理。

```
>> A=[5,7,6,5; 7,10,8,7; 6,8,10,9; 5,7,9,10];                    %输入矩阵
   while(1), x=randi([0,1],[4,1]); T=sym([x A*x A^2*x A^3*x]); if rank(T)==4, break;
   end, end, T, A1=inv(T)*A*T %由循环直到找出非奇异变换矩阵
```

上述语句可以得出

$$\boldsymbol{T}=\begin{bmatrix}1 & 11 & 326 & 9853\\ 0 & 15 & 453 & 13696\\ 1 & 16 & 472 & 14296\\ 0 & 14 & 444 & 13489\end{bmatrix},\quad \boldsymbol{A}_1=\begin{bmatrix}0 & 0 & 0 & -1\\ 1 & 0 & 0 & 100\\ 0 & 1 & 0 & -146\\ 0 & 0 & 1 & 35\end{bmatrix}$$

可见,这样得出的 $\boldsymbol{T}$ 矩阵不唯一。得出的矩阵 $\boldsymbol{A}_1$ 类似于式(4-1-5)中定义的相伴矩阵。下面的语句可以确实将原矩阵变换成相伴矩阵。

```
>> T1=inv(T*fliplr(eye(4)))', A2=inv(T1)*A*T1    %变换为相伴标准型
```

这样,变换矩阵和得出的相伴矩阵分别为

$$\boldsymbol{T}=\frac{1}{14053}\begin{bmatrix}-318 & 10591 & -29493 & 19064\\ -176 & 5243 & 3298 & -11368\\ 318 & -10591 & 29493 & -5011\\ 75 & -1835 & -13063 & 2928\end{bmatrix},\quad \boldsymbol{A}_2=\begin{bmatrix}35 & -146 & 100 & -1\\ 1 & 0 & 0 & 0\\ 0 & 1 & 0 & 0\\ 0 & 0 & 1 & 0\end{bmatrix}$$

2. 矩阵的对角化

如果矩阵 $\boldsymbol{A}$ 的特征值互异,则特征向量矩阵 $\boldsymbol{T}$ 为非奇异矩阵,这样,选择该矩阵即可将原矩阵变换成对角矩阵。由于MATLAB可以同等处理复数矩阵,所以含有复数特征值的矩阵能得出复数的对角矩阵和复数相似变换矩阵。

例4-41 试求出下面矩阵的对角矩阵及变换矩阵。

$$\boldsymbol{A}=\begin{bmatrix}3 & 2 & 2 & 2\\ 1 & 2 & -2 & -2\\ -1 & -2 & 0 & -2\\ 0 & 1 & 3 & 5\end{bmatrix}$$

解 可以由下面的语句得出矩阵的特征值为1,2,3,4，因为它们互不相同，变换矩阵即其特征向量矩阵，所以问题可以由下面的语句直接求解。

```
>> A=[3,2,2,2; 1,2,-2,-2; -1,-2,0,-2; 0,1,3,5]; [v,d]=eig(sym(A)); A1=inv(v)*A*v
```

变换矩阵和对角矩阵分别为

$$\boldsymbol{v}=\begin{bmatrix}1&0&-1&0\\-1&0&1&-1\\-1&-1&1&0\\1&1&-2&1\end{bmatrix},\ \boldsymbol{A}_1=\begin{bmatrix}1&0&0&0\\0&2&0&0\\0&0&3&0\\0&0&0&4\end{bmatrix}$$

例4-42 试求出含有复数特征值的矩阵的对角矩阵变换。

$$\boldsymbol{A}=\begin{bmatrix}1&0&4&0\\0&-3&0&0\\-2&2&-3&0\\0&0&0&-2\end{bmatrix}$$

解 复数特征值矩阵的Jordan标准型及广义特征向量矩阵问题也可以由jordan()函数求取。可以用下面的语句得出相应的特征向量矩阵与Jordan矩阵为

```
>> A=[1,0,4,0; 0,-3,0,0; -2,2,-3,0; 0,0,0,-2]; [V,D]=eig(sym(A))    %特征值解析解
```

得出的分解矩阵分别为

$$\boldsymbol{V}=\begin{bmatrix}-1&0&-1+\mathrm{j}&-1-\mathrm{j}\\-1&0&0&0\\1&0&1&1\\0&1&0&0\end{bmatrix},\ \boldsymbol{J}=\begin{bmatrix}-3&0&0&0\\0&-2&0&0\\0&0&-1-2\mathrm{j}&0\\0&0&0&-1+2\mathrm{j}\end{bmatrix}$$

3. 矩阵的Jordan变换

若矩阵$\boldsymbol{A}$含有重特征值，则不能分解成对角矩阵，用特征值求解方法必定使矩阵的特征向量矩阵$\boldsymbol{V}$含有若干相同的列，使得该矩阵为奇异矩阵。

例4-43 分别用数值、解析方法求下面矩阵的特征值、特征向量矩阵。

$$\boldsymbol{A}=\begin{bmatrix}-71&-65&-81&-46\\75&89&117&50\\0&4&8&4\\-67&-121&-173&-58\end{bmatrix}$$

解 用MATLAB语言中的数值算法和解析方法可以求出该矩阵的特征值。

```
>> A=[-71,-65,-81,-46; 75,89,117,50; 0,4,8,4; -67,-121,-173,-58];
   D=eig(A), [v,d]=eig(sym(A))    %特征值特征向量的数值解与解析解
```

得出的数值解和解析解分别为

$$\boldsymbol{D}=\begin{bmatrix}-8.0061\\-8+\mathrm{j}0.0061\\-8-\mathrm{j}0.0061\\-7.9939\end{bmatrix},\ \boldsymbol{v}=\begin{bmatrix}-17/19\\13/19\\-8/19\\1\end{bmatrix},\ \boldsymbol{d}=\begin{bmatrix}-8&0&0&0\\0&-8&0&0\\0&0&-8&0\\0&0&0&-8\end{bmatrix}$$

该矩阵的特征值为位于-8的4重根，所以用数值解方法得出的特征值有很大的误差，故在这样的问题上不适合采用数值算法。而解析解方法可以得出精确的解，故而得出的特征向量矩阵实际上是奇异矩阵，因为四列均相同，所以只保留了一列。

为解决这样的问题，需要使用符号运算工具箱中的jordan()函数来分解出Jordan标准型，并求出非奇异的广义特征向量矩阵。该函数的调用格式为

```
J=jordan(A)          %只返回Jordan矩阵J
[V,J]=jordan(A)      %返回Jordan矩阵J和广义特征向量矩阵V
```

有了广义特征向量矩阵$\boldsymbol{V}$，则Jordan标准型可以由$\boldsymbol{J}=\boldsymbol{V}^{-1}\boldsymbol{AV}$变换出来。注意，Jordan矩阵主对角线为矩阵的特征值，次主对角线为1。

例4-44 试对例4-43中给出的矩阵进行Jordan分解。

解 符号矩阵的Jordan分解可以用`jordan()`函数直接进行分解，得出所需的矩阵。

```
>> A=[-71,-65,-81,-46; 75,89,117,50; 0,4,8,4; -67,-121,-173,-58];
   [V,J]=jordan(sym(A))    %矩阵Jordan分解的解析运算
```

这样得出的分解矩阵为

$$\boldsymbol{V}=\begin{bmatrix}-18496 & 2176 & -63 & 1\\ 14144 & -800 & 75 & 0\\ -8704 & 32 & 0 & 0\\ 20672 & -1504 & -67 & 0\end{bmatrix},\quad \boldsymbol{J}=\begin{bmatrix}-8 & 1 & 0 & 0\\ 0 & -8 & 1 & 0\\ 0 & 0 & -8 & 1\\ 0 & 0 & 0 & -8\end{bmatrix}$$

得出的$\boldsymbol{V}$矩阵就是满秩的矩阵，对它求逆，就可以实现用普通数值运算难以实现的功能。该问题将在后面矩阵函数的例子中演示。

例4-45 重新考虑例4-42中的带有复数特征根的矩阵。变换后的对角矩阵含有复数值。如果将含有的共轭复数特征向量分别用其实部和虚部取代，则可以编写下面的函数重新构造变换矩阵(局限性：当前函数能处理至多两重复数根的问题)。

```
function [V,J]=jordan_real(A)
   [V,J]=jordan(A); n=length(V); i=0; vr=real(V); vi=imag(V); n1=n; k=[];
   while(i<n1), i=i+1; V(:,i)=vr(:,i); v=vi(:,i);    %提取矩阵的实部与虚部
      if any(v~=0), k=[k,i+1];
         for j=i+1:n, if all(vi(:,j)+v==0), V(:,j)=v; n1=n1-1;
   end, end, end, end
   E=eye(size(V)); E(:,k)=E(:,k(end:-1:1)); V=V*E; J=inv(V)*A*V;
end
```

这样，由下面的语句就可以构造出新的实数Jordan矩阵。

```
>> A=[1,0,4,0; 0,-3,0,0; -2,2,-3,0; 0,0,0,-2];
   [V,D]=eig(sym(A)); [V1,A1]=jordan_real(sym(A))    %构造实数Jordan形式
```

得到的新变换矩阵和实数Jordan矩阵为

$$\boldsymbol{V}_1=\begin{bmatrix}-1 & 0 & -1 & 1\\ -1 & 0 & 0 & 0\\ 1 & 0 & 1 & 0\\ 0 & 1 & 0 & 0\end{bmatrix},\quad \boldsymbol{A}_1=\left[\begin{array}{cc:cc}-3 & 0 & 0 & 0\\ 0 & -2 & 0 & 0\\ \hdashline 0 & 0 & -1 & -2\\ 0 & 0 & 2 & -1\end{array}\right]$$

可见，这样得到的$\boldsymbol{A}_1$矩阵就不再是对角矩阵了，新矩阵$\boldsymbol{A}_1$的左上角含有实数Jordan块。

例4-46 试得出下面矩阵的Jordan标准型和变换矩阵。

$$\boldsymbol{A}=\begin{bmatrix}0 & -1 & 0 & 0 & -1 & 1\\ 0.5 & 0 & -0.5 & 0 & -1 & 0.5\\ -0.5 & 0 & -0.5 & 0 & 0 & 0.5\\ 468.5 & 452 & 304.5 & 577 & 225 & 360.5\\ -468 & -450 & -303 & -576 & -223 & -361\\ -467.5 & -451 & -303.5 & -576 & -223 & -361.5\end{bmatrix}$$

解 下面语句可以输入 $\boldsymbol{A}$ 矩阵,并求出矩阵的特征值。

```
>> A=[0,-1,0,0,-1,1; 0.5,0,-0.5,0,-1,0.5; -0.5,0,-0.5,0,0,0.5;
     468.5,452,304.5,577,225,360.5; -468,-450,-303,-576,-223,-361;
     -467.5,-451,-303.5,-576,-223,-361.5];      %输入矩阵
   A=sym(A); eig(A), [v,J]=jordan(A)            %求矩阵的特征值与Jordan矩阵
```

得出的特征值分别为 $-2,-2,-1\pm\mathrm{j}2,-1\pm\mathrm{j}2$,即包含2重实特征值 -2,2重复特征值 $-1\pm\mathrm{j}2$。用下面的语句可以得出Jordan矩阵为

$$\boldsymbol{J}=\left[\begin{array}{cc:cc:cc} -2 & 1 & 0 & 0 & 0 & 0 \\ 0 & -2 & 0 & 0 & 0 & 0 \\ \hdashline 0 & 0 & -1+\mathrm{j}2 & 1 & 0 & 0 \\ 0 & 0 & 0 & -1+\mathrm{j}2 & 0 & 0 \\ \hdashline 0 & 0 & 0 & 0 & -1-\mathrm{j}2 & 1 \\ 0 & 0 & 0 & 0 & 0 & -1-\mathrm{j}2 \end{array}\right]$$

而变换矩阵是复数矩阵,显示从略。如下修改变换矩阵:

```
>> [V,J]=jordan_real(sym(A))     %将变换矩阵处理成等效的实数矩阵的形式
```

则可以得出新的实变换矩阵与变换后的实Jordan块变形矩阵分别为

$$\boldsymbol{V}=\begin{bmatrix} 423/25 & -543/125 & 851/100 & 757/100 & 334/125 & -9321/1000 \\ -423/25 & 7431/250 & 2459/100 & 663/100 & -7431/500 & -509/1000 \\ 423/5 & -471/10 & -757/40 & 851/40 & 471/20 & -1887/80 \\ 4371/25 & -70677/250 & -47327/400 & -9191/100 & 70677/500 & 247587/4000 \\ -4653/25 & 31353/125 & 16263/200 & 15991/200 & -31353/250 & -96843/2000 \\ -5922/25 & 76539/250 & 22507/200 & 12399/200 & -76539/500 & -74767/2000 \end{bmatrix}$$

$$\boldsymbol{J}=\left[\begin{array}{cc:cc:cc} -2 & 1 & 0 & 0 & 0 & 0 \\ 0 & -2 & 0 & 0 & 0 & 0 \\ \hdashline 0 & 0 & -1 & -2 & 1 & 0 \\ 0 & 0 & 2 & -1 & 0 & 1 \\ \hdashline 0 & 0 & 0 & 0 & -1 & -2 \\ 0 & 0 & 0 & 0 & 2 & -1 \end{array}\right]$$

4.3.4 矩阵的奇异值分解

矩阵的奇异值也可以看成是矩阵的一种测度。对任意的 $n\times m$ 矩阵 $\boldsymbol{A}$ 来说,总有

$$\boldsymbol{A}^{\mathrm{T}}\boldsymbol{A}\geqslant 0,\quad \boldsymbol{A}\boldsymbol{A}^{\mathrm{T}}\geqslant 0 \tag{4-3-11}$$

且在理论上有

$$\mathrm{rank}(\boldsymbol{A}^{\mathrm{T}}\boldsymbol{A})=\mathrm{rank}(\boldsymbol{A}\boldsymbol{A}^{\mathrm{T}})=\mathrm{rank}(\boldsymbol{A}) \tag{4-3-12}$$

进一步可以证明,$\boldsymbol{A}^{\mathrm{T}}\boldsymbol{A}$ 与 $\boldsymbol{A}\boldsymbol{A}^{\mathrm{T}}$ 有相同的非负特征值 λ_i,在数学上把这些非负的特征值的平方根称作矩阵 $\boldsymbol{A}$ 的奇异值,记作 $\sigma_i(\boldsymbol{A})=\sqrt{\lambda_i(\boldsymbol{A}^{\mathrm{T}}\boldsymbol{A})}$。

例4-47 矩阵 $\boldsymbol{A}=\begin{bmatrix}1 & \mu & 0\\ 1 & 0 & \mu\end{bmatrix}$,其中,$\mu=5\mathrm{eps}$,试由式(4-3-12)求 $\boldsymbol{A}$ 矩阵的秩[44]。

解 显然,$\boldsymbol{A}$ 矩阵的秩为2。用MATLAB运算也将得出同样的结论:

```
>> A=[1,5*eps,0; 1,0,5*eps]; rank(A)    %矩阵的直接求秩
```

现在考虑用式(4-3-12)中给出的方法计算矩阵 $\boldsymbol{A}$ 的秩。利用普通的乘法运算得到 $\boldsymbol{A}\boldsymbol{A}^{\mathrm{T}}$。

$$\boldsymbol{A}\boldsymbol{A}^{\mathrm{T}}=\begin{bmatrix}1+\mu^2 & 1\\ 1 & 1+\mu^2\end{bmatrix}$$

在双精度数值运算中,由于μ^2为10^{-30}级数值,所以加到1上事实上就已经被忽略了,这样$\boldsymbol{A}\boldsymbol{A}^{\mathrm{T}}$矩阵将退化成幺矩阵,再求其秩显然为1,从而可以断定原矩阵$\boldsymbol{A}$的秩为1,这与实际矛盾,故对这样的问题应该引入一个新的量作为矩阵秩的测度,即需要引入奇异值的概念。

假设$\boldsymbol{A}$矩阵为$n\times m$矩阵,则$\boldsymbol{A}$矩阵可以分解为

$$\boldsymbol{A}=\boldsymbol{L}\boldsymbol{A}_1\boldsymbol{M} \tag{4-3-13}$$

其中,$\boldsymbol{L}$和$\boldsymbol{M}$为正交矩阵,$\boldsymbol{A}_1=\mathrm{diag}(\sigma_1,\sigma_2,\cdots,\sigma_n)$为对角矩阵,其对角元素满足不等式$\sigma_1\geqslant\sigma_2\geqslant\cdots\geqslant\sigma_n\geqslant 0$。若存在$\sigma_n=0$,则矩阵$\boldsymbol{A}$为奇异矩阵,其秩等于矩阵$\boldsymbol{A}_1$中非零对角元素的个数。

MATLAB提供了直接求取矩阵奇异值分解的函数svd(),其调用方式为

```
S=svd(A)            %只计算矩阵的奇异值
[L,A1,M]=svd(A)     %计算矩阵奇异值与变换矩阵
```

其中,$\boldsymbol{A}$为原始矩阵,返回的$\boldsymbol{A}_1$为对角矩阵,而$\boldsymbol{L}$和$\boldsymbol{M}$均为正交矩阵,且$\boldsymbol{A}=\boldsymbol{L}\boldsymbol{A}_1\boldsymbol{M}^{\mathrm{T}}$。

矩阵的奇异值大小通常决定矩阵的性态,如果矩阵的奇异值变化特别大,则矩阵中某个元素有一个微小的变化将严重影响到原矩阵的参数,这样的矩阵又称为病态矩阵或坏条件矩阵,而在矩阵存在趋于0的奇异值时称为奇异矩阵。矩阵最大奇异值$\sigma_{\max}$和最小奇异值$\sigma_{\min}$的比值又称为该矩阵的条件数,记作$\mathrm{cond}(\boldsymbol{A})$,即$\mathrm{cond}(\boldsymbol{A})=\sigma_{\max}/\sigma_{\min}$,矩阵的条件数越大,则对元素变化越敏感。矩阵的最大奇异值和最小奇异值还分别记作$\bar{\sigma}(\boldsymbol{A})$和$\underline{\sigma}(\boldsymbol{A})$。MATLAB函数cond(A)可以求取矩阵$\boldsymbol{A}$的条件数。

例4-48　试对例4-11中给出的$\boldsymbol{A}$矩阵进行奇异值分解。

解　如果调用MATLAB中给出的矩阵奇异值分解函数svd(),则可以容易地求出$\boldsymbol{L}$、$\boldsymbol{A}_1$和$\boldsymbol{M}$矩阵,并可以容易地求出该矩阵的条件数为4.7133×10^{17}。

```
>> A=[16,2,3,13; 5,11,10,8; 9,7,6,12; 4,14,15,1];
   [L,A1,M]=svd(A), cond(A)      %奇异值分解
```

得出的分解矩阵为

$$\boldsymbol{L}=\begin{bmatrix}-0.5 & 0.6708 & 0.5 & -0.2236\\ -0.5 & -0.2236 & -0.5 & -0.6708\\ -0.5 & 0.2236 & -0.5 & 0.6708\\ -0.5 & -0.6708 & 0.5 & 0.2236\end{bmatrix},\ \boldsymbol{A}_1=\begin{bmatrix}34 & 0 & 0 & 0\\ 0 & 17.8885 & 0 & 0\\ 0 & 0 & 4.4721 & 0\\ 0 & 0 & 0 & 0\end{bmatrix}$$

$$\boldsymbol{M}=\begin{bmatrix}-0.5 & 0.5 & 0.6708 & -0.2236\\ -0.5 & -0.5 & -0.2236 & -0.6708\\ -0.5 & -0.5 & 0.2236 & 0.6708\\ -0.5 & 0.5 & -0.6708 & 0.2236\end{bmatrix}$$

可见该矩阵含有0奇异值,故原矩阵为奇异矩阵。该矩阵的条件数很接近于∞,但在双精度数值运算上有一定的误差。如果先将$\boldsymbol{A}$矩阵转换成符号矩阵,则调用svd()将得出更精确的奇异值分解矩阵。

例4-49　对于$n\neq m$的矩阵$\boldsymbol{A}=\begin{bmatrix}1 & 3 & 5 & 7\\ 2 & 4 & 6 & 8\end{bmatrix}$来说,也可以对之作奇异值分解。例如,可以对上面的长方形矩阵进行奇异值分解,并检验分解的结果。

解　使用如下命令进行求解:

```
>> A=[1,3,5,7; 2,4,6,8];
   [L,A1,M]=svd(A), A2=L*A1*M', norm(A-A2)      %奇异值分解
```

可以得出如下的分解矩阵，并得出$||\boldsymbol{L}\boldsymbol{A}_1\boldsymbol{V}^{\mathrm{T}}-\boldsymbol{A}||=9.7277\times10^{-15}$，$\boldsymbol{L}\boldsymbol{A}_1\boldsymbol{V}^{\mathrm{T}}$能恢复$\boldsymbol{A}$矩阵。

$$\boldsymbol{L}=\begin{bmatrix}-0.6414 & -0.7672\\ -0.7672 & 0.6414\end{bmatrix},\ \boldsymbol{A}_1=\begin{bmatrix}14.2691 & 0 & 0 & 0\\ 0 & 0.6268 & 0 & 0\end{bmatrix}$$

$$\boldsymbol{M}=\begin{bmatrix}-0.1525 & 0.8226 & -0.3945 & -0.38\\ -0.3499 & 0.4214 & 0.2428 & 0.8007\\ -0.5474 & 0.0201 & 0.6979 & -0.4614\\ -0.7448 & -0.3812 & -0.5462 & 0.0407\end{bmatrix}$$

4.4 矩阵方程的计算机求解

4.4.1 线性方程组的计算机求解

考虑下面给出的线性代数方程：

$$\boldsymbol{A}\boldsymbol{x}=\boldsymbol{B} \tag{4-4-1}$$

其中，$\boldsymbol{A}$和$\boldsymbol{B}$均为给定矩阵。

$$\boldsymbol{A}=\begin{bmatrix}a_{11} & a_{12} & \cdots & a_{1n}\\ a_{21} & a_{22} & \cdots & a_{2n}\\ \vdots & \vdots & \ddots & \vdots\\ a_{m1} & a_{m2} & \cdots & a_{mn}\end{bmatrix},\quad \boldsymbol{B}=\begin{bmatrix}b_{11} & b_{12} & \cdots & b_{1p}\\ b_{21} & b_{22} & \cdots & b_{2p}\\ \vdots & \vdots & \ddots & \vdots\\ b_{m1} & b_{m2} & \cdots & b_{mp}\end{bmatrix} \tag{4-4-2}$$

可以由给定的$\boldsymbol{A}$和$\boldsymbol{B}$矩阵构造出解的判定矩阵$\boldsymbol{C}$。

$$\boldsymbol{C}=\left[\begin{array}{cccc:cccc}a_{11} & a_{12} & \cdots & a_{1n} & b_{11} & b_{12} & \cdots & b_{1p}\\ a_{21} & a_{22} & \cdots & a_{2n} & b_{21} & b_{22} & \cdots & b_{2p}\\ \vdots & \vdots & \ddots & \vdots & \vdots & \vdots & \ddots & \vdots\\ a_{m1} & a_{m2} & \cdots & a_{mn} & b_{m1} & b_{m2} & \cdots & b_{mp}\end{array}\right] \tag{4-4-3}$$

这样可以不加证明地给出线性方程组有解的判定定理[45]：

1. 唯一解

当$m=n$，且$\mathrm{rank}(\boldsymbol{A})=n$时，方程组式(4-4-1)有唯一解

$$\boldsymbol{x}=\boldsymbol{A}^{-1}\boldsymbol{B} \tag{4-4-4}$$

在MATLAB语言中，下面的三种方程求解方法都是可行的：

(1) 左除。利用矩阵左除直接求解：`X=A\B`。

(2) 逆矩阵。利用式(4-4-4)给出的逆矩阵方法直接求解：`X=inv(A)*B`。

(3) 基本行变换。用基本行变换方法直接求解：`D=rref(C); X=D(:,n+1:end)`。

这三种方法在数学上是等效的。如果$\boldsymbol{A}$、$\boldsymbol{B}$之一为符号矩阵，则得出方程的解析解；若两个矩阵都是双精度矩阵，则得出的解是数值解。下面通过实例比较三种方法的求解效率。

例4-50 假设$\boldsymbol{A}$为$n\times n$给定随机矩阵，$\boldsymbol{b}$为$n\times1$随机列向量，试对较大的n比较三种求解方法的速度、精度等指标，评价三种方法在实际方程求解中的优劣。

解 运行下面的语句，可以得出表4-1中的实测数据。从实际求解效果看，方法(3)计算量明显大于其他两种方法，如果n过大则无法运行该方法。方法(1)与方法(2)相比，计算量与精度均占优，因为无须实际计算逆矩阵。所以，对大规模矩阵方程而言，建议优先使用方法(1)。

```
>> n0=[500,1000,3000,6000,10000];       %不同的矩阵阶次
   for n=n0                             %用循环结构比较不同阶次
      A=rand(n); b=rand(n,1);           %生成随机矩阵与向量
      disp([n,1]), tic, X=A\b; norm(A*X-b), toc        %方法(1)
      disp([n,2]), tic, X=inv(A)*b; norm(A*X-b), toc   %方法(2)
      disp([n,3]), if n>3000, continue, end            %方法(3)太耗时,跳过
      C=[A,b]; tic, D=rref(C); X=D(:,n+1:end); norm(A*X-b), toc
   end
```

表4-1 三种方程求解算法的效率比较

阶次 n	500	1000	3000	6000	10000
方法(1)耗时/s	0.012	0.025	0.607	3.662	8.766
方法(1)误差	1.1784×10^{-12}	4.5857×10^{-12}	6.0684×10^{-10}	2.2702×10^{-10}	6.0712×10^{-10}
方法(2)耗时/s	0.014	0.050	1.364	7.740	39.945
方法(2)误差	5.0187×10^{-12}	3.7120×10^{-11}	7.1742×10^{-10}	4.0262×10^{-10}	1.0719×10^{-9}
方法(3)耗时/s	1.168	5.054	320.22	–	–
方法(3)误差	7.2595×10^{-13}	2.4692×10^{-12}	3.3749×10^{-10}	–	–

如果将$\boldsymbol{A}$转换成符号矩阵,则可以得出无误差的解,不过耗时过长。例如,$n=50$时,前两种方法的耗时分别为4.967 s和12.62 s。如果$n=80$,方法①耗时27.32 s,方法②耗时258.89 s,误差为0。耗时与数值方法结论的趋势也是一致的。

例4-51 求解线性代数方程组:

$$\begin{bmatrix}1&2&3&4\\4&3&2&1\\1&3&2&4\\4&1&3&2\end{bmatrix}\boldsymbol{X}=\begin{bmatrix}5&1\\4&2\\3&3\\2&4\end{bmatrix}$$

解 如果$\boldsymbol{B}$为矩阵,仍可以用下面的语句直接求出方程,并验证其精度。

```
>> A=[1 2 3 4; 4 3 2 1; 1 3 2 4; 4 1 3 2]; B=[5 1; 4 2; 3 3; 2 4];
   x=A\B, e1=norm(A*x-B), x1=sym(A)\B, e2=norm(A*x1-B)
```

这样,数值解、解析解与产生的误差如下给出,可见用解析解方法可以得出没有误差的解。

$$\boldsymbol{x}=\begin{bmatrix}-1.8&2.4\\1.8667&-1.2667\\3.8667&-3.2667\\-2.1333&2.7333\end{bmatrix},\quad e_1=2.0879\times10^{-15},\quad \boldsymbol{x}_1=\begin{bmatrix}-9/5&12/5\\28/15&-19/15\\58/15&-49/15\\-32/15&41/15\end{bmatrix},\quad e_2=0$$

2. 无穷解

当$\text{rank}(\boldsymbol{A})=\text{rank}(\boldsymbol{C})=r<n$时,方程组式(4-4-1)有无穷多解,可以构造出线性方程组的$n-r$个化零向量$\boldsymbol{x}_i, i=1,2,\cdots,n-r$,原方程组对应的齐次方程组的解$\hat{\boldsymbol{x}}$可以由$\boldsymbol{x}_i$的线性组合来表示,即

$$\hat{\boldsymbol{x}}=\alpha_1\boldsymbol{x}_1+\alpha_2\boldsymbol{x}_2+\cdots+\alpha_{n-r}\boldsymbol{x}_{n-r} \tag{4-4-5}$$

其中,$\alpha_i, i=1,2,\cdots,n-r$为任意常数。在MATLAB语言中可以由`null()`直接求出,其调用格式为Z=`null(sym(`A`))`,该函数也可以用于数值解问题,其中,$\boldsymbol{Z}$的列数为$n-r$,而各列构成的向量又称为矩阵$\boldsymbol{A}$的基础解系。

求解式(4-4-1)中给出的非齐次方程组也是较简单的，只要能求出该方程的任意一个特解$\boldsymbol{x}_0$，则原非齐次方程组的解为$\boldsymbol{x}=\hat{\boldsymbol{x}}+\boldsymbol{x}_0$。其实，在MATLAB语言中求解该方程的一个特解并非难事，用x_0=pinv($\boldsymbol{A}$)*$\boldsymbol{B}$即可求出。

例4-52 求解线性代数方程组[46]

$$\begin{bmatrix} 1 & 4 & 0 & -1 & 0 & 7 & -9 \\ 2 & 8 & -1 & 3 & 9 & -13 & 7 \\ 0 & 0 & 2 & -3 & -4 & 12 & -8 \\ -1 & -4 & 2 & 4 & 8 & -31 & 37 \end{bmatrix} \boldsymbol{X} = \begin{bmatrix} 3 \\ 9 \\ 1 \\ 4 \end{bmatrix}$$

解 用下面的语句可以输入$\boldsymbol{A}$和$\boldsymbol{B}$矩阵，并构造出$\boldsymbol{C}$矩阵，从而判定矩阵方程的可解性。

```
>> A=[1,4,0,-1,0,7,-9;2,8,-1,3,9,-13,7; 0,0,2,-3,-4,12,-8;-1,-4,2,4,8,-31,37];
   B=[3; 9; 1; 4]; C=[A B]; rank(A), rank(C)     %构造解的判定矩阵并求秩
```

由检验秩方法得出矩阵$\boldsymbol{A}$和$\boldsymbol{C}$的秩相同，都等于3，小于矩阵$\boldsymbol{A}$的列数7，由此可以得出结论，原线性代数方程组有无穷多组解。如需求解原代数方程组，可以先求出化零空间$\boldsymbol{Z}$，并得出满足方程的一个特解$\boldsymbol{x}_0$。

```
>> Z=null(sym(A)), x0=sym(pinv(A)*B)          %求基础解系和一个特解
   a=sym('a%d',[4,1]); x=Z*a+x0, E=A*x-B     %构造通解并检验结果
```

这样可以先得出基础解系$\boldsymbol{Z}$及一个特解$\boldsymbol{x}_0$。对任选的a_1和a_2，可以构造出原线性代数方程全部的解析解如下，得出的误差矩阵为零矩阵。

$$\boldsymbol{Z} = \begin{bmatrix} -4 & -2 & -1 & 3 \\ 1 & 0 & 0 & 0 \\ 0 & -1 & 3 & -5 \\ 0 & -2 & 6 & -6 \\ 0 & 1 & 0 & 0 \\ 0 & 0 & 1 & 0 \\ 0 & 0 & 0 & 1 \end{bmatrix},\ \boldsymbol{x}_0 = \begin{bmatrix} 92/395 \\ 368/395 \\ 459/790 \\ -24/79 \\ 347/790 \\ 247/790 \\ 303/790 \end{bmatrix},\ \boldsymbol{x} = \begin{bmatrix} -4a_1-2a_2-a_3+3a_4+92/395 \\ a_1+368/395 \\ -a_2+3a_3-5a_4+459/790 \\ -2a_2+6a_3-6a_4-24/79 \\ a_2+347/790 \\ a_3+247/790 \\ a_4+303/790 \end{bmatrix}$$

采用基本行变换方法也能求解该方程。

```
>> C=[A B]; D=rref(C)    %矩阵先增广，然后作基本行变换得出阶梯形式
```

得出

$$\boldsymbol{D} = \begin{bmatrix} 1 & 4 & 0 & 0 & 2 & 1 & -3 & 4 \\ 0 & 0 & 1 & 0 & 1 & -3 & 5 & 2 \\ 0 & 0 & 0 & 1 & 2 & -6 & 6 & 1 \\ 0 & 0 & 0 & 0 & 0 & 0 & 0 & 0 \end{bmatrix}$$

可见，这时的自由变量为x_2，x_5，x_6，x_7，它们可以选择任意数值。令$x_2=b_1$，$x_5=b_2$，$x_6=b_3$，$x_7=b_4$，由得出的$\boldsymbol{D}$可以手工写出方程的解为$x_1=-4b_1-2b_2-b_3+3b_4+4$，$x_3=-b_2+3b_3-5b_4+2$，$x_4=-2b_2+6b_3-6b_4+1$。

例4-53 试求解线性代数方程组$\begin{bmatrix} 4 & 7 & 1 & 4 \\ 3 & 7 & 4 & 6 \end{bmatrix}\boldsymbol{x}=\begin{bmatrix} 3 \\ 4 \end{bmatrix}$。

解 可以给出下面的语句直接求解方程。

```
>> A=[4,7,1,4; 3,7,4,6]; B=[3; 4]; C=[A B]; rank(A), rank(C)
   syms a1 a2 b1 b2; x1=null(sym(A))*[a1; a2]+sym(A\B), A*x1-B
   a=rref(sym([A B])); x2=[a(:,3:5)*[-b1; -b2; 1]; b1; b2], A*x2-B
```

显然，$\boldsymbol{A}$和$\boldsymbol{C}$矩阵的秩相同，都为2，所以，原方程有无穷多组解。方程的解析解可以用下面两种方法直接

求解,得出下面两组解,经验证,这两组解均满足原方程。

$$\boldsymbol{x}_1=\begin{bmatrix}a_1\\a_2+8/21\\6a_1/5+7a_2/5+1/3\\-13a_1/10-21a_2/10\end{bmatrix},\quad \boldsymbol{x}_2=\begin{bmatrix}3b_1+2b_2-1\\-13b_1/7-12b_2/7+1\\b_1\\b_2\end{bmatrix}$$

3. 矛盾方程

若 $\mathrm{rank}(\boldsymbol{A})<\mathrm{rank}(\boldsymbol{C})$,则方程组式(4-4-1)为矛盾方程,这时只能利用Moore–Penrose广义逆求解出方程的最小二乘解为 x=pinv(A)*B,该解不满足原方程,但误差的范数测度 $||\boldsymbol{Ax}-\boldsymbol{B}||$ 取最小值。

例4-54　试求解线性代数方程 $\begin{bmatrix}1&2&3&4\\2&2&1&1\\2&4&6&8\\4&4&2&2\end{bmatrix}\boldsymbol{X}=\begin{bmatrix}1\\2\\3\\4\end{bmatrix}$。

解　先输入两个矩阵,并构建出解的判定矩阵 $\boldsymbol{C}$,再求解它们的秩。

```
>> A=[1 2 3 4; 2 2 1 1; 2 4 6 8; 4 4 2 2]; B=[1:4]'; C=[A B]; rank(A), rank(C)
```

可见,$\mathrm{rank}(\boldsymbol{A})=2\neq\mathrm{rank}(\boldsymbol{C})=3$,故原始方程是矛盾方程,不存在任何解。可以使用pinv()函数求取Moore–Penrose广义逆,从而求出原始方程的最小二乘解为

```
>> x=pinv(A)*B, norm(A*x-B)   %求矛盾方程的最小二乘解并检验结果
```

得出的解为 $\boldsymbol{x}=[0.5466,0.4550,0.0443,-0.0473]^{\mathrm{T}}$,该解不满足原始代数方程组,但它能使得最小二乘误差最小,这时得出的误差矩阵的范数为0.4472。

如果线性方程为

$$\boldsymbol{xA}=\boldsymbol{B} \tag{4-4-6}$$

则可以对上式两端进行转置处理,得出

$$\boldsymbol{A}^{\mathrm{T}}\boldsymbol{z}=\boldsymbol{B}^{\mathrm{T}} \tag{4-4-7}$$

式中,$\boldsymbol{z}=\boldsymbol{x}^{\mathrm{T}}$,即可以得出形为式(4-4-1)的新线性代数方程,套用上述的几种情况则可以求解原始线性方程组。

4.4.2 Lyapunov方程的计算机求解

1. 连续Lyapunov方程

连续Lyapunov方程可以表示成

$$\boldsymbol{AX}+\boldsymbol{XA}^{\mathrm{T}}=-\boldsymbol{C} \tag{4-4-8}$$

Lyapunov方程来源于微分方程稳定性理论,其中,要求 $-\boldsymbol{C}$ 为对称正定的 $n\times n$ 矩阵,从而可以证明解 $\boldsymbol{X}$ 亦为 $n\times n$ 对称矩阵。其实,实际应用中 $\boldsymbol{C}$ 可以为任意矩阵。这类方程直接求解是很困难的,不过有了MATLAB这样的计算机数学语言,求解这样的问题就轻而易举了。可以由控制系统工具箱中提供的lyap()函数立即得出方程的解,该函数的调用格式为 X=lyap(A,C)。所以若给出Lyapunov方程中的 $\boldsymbol{A}$ 和 $\boldsymbol{C}$,则可以立即获得相应Lyapunov方程的数值解。下面将通过例子演示一般Lyapunov方程的求解。

例4-55　假设式(4-4-8)中 $\boldsymbol{A},\boldsymbol{C}$ 矩阵如下,试求解Lyapunov方程,并验证解的精度。

$$\boldsymbol{A}=\begin{bmatrix}1&2&3\\4&5&6\\7&8&0\end{bmatrix},\quad \boldsymbol{C}=-\begin{bmatrix}10&5&4\\5&6&7\\4&7&9\end{bmatrix}$$

解　输入给定的矩阵,可以由下面的MATLAB语句求出该方程的解

```
>> A=[1 2 3;4 5 6; 7 8 0];  C=-[10,5,4; 5,6,7; 4,7,9];    %输入已知矩阵
   X=lyap(A,C), norm(A*X+X*A'+C)     %求Lyapunov方程的数值解并检验结果
```

可以得出方程的数值解如下。从最后一个语句得出解的误差为$||\boldsymbol{AX}+\boldsymbol{XA}^{\rm T}+\boldsymbol{C}|| = 2.3211\times10^{-14}$,可见得出的方程解$\boldsymbol{X}$基本满足原方程,且有较高精度。

$$\boldsymbol{X}=\begin{bmatrix}-3.9444444444442 & 3.8888888888887 & 0.38888888888891\\ 3.8888888888887 & -2.7777777777775 & 0.22222222222221\\ 0.38888888888891 & 0.22222222222221 & -0.11111111111111\end{bmatrix}$$

2. Lyapunov方程的解析解

为方便叙述,可以将Lyapunov方程的各矩阵表示为

$$\boldsymbol{X}=\begin{bmatrix}x_1 & x_{n+1} & \cdots & x_{(m-1)n+1}\\ x_2 & x_{n+2} & \cdots & x_{(m-1)n+2}\\ \vdots & \vdots & \ddots & \vdots\\ x_n & x_{2n} & \cdots & x_{mn}\end{bmatrix},\quad \boldsymbol{C}=\begin{bmatrix}c_1 & c_{n+1} & \cdots & c_{(m-1)n+1}\\ c_2 & c_{n+2} & \cdots & c_{(m-1)n+2}\\ \vdots & \vdots & \ddots & \vdots\\ c_n & c_{2n} & \cdots & c_{mn}\end{bmatrix}$$

这样,将矩阵$\boldsymbol{X}$,$\boldsymbol{C}$按列展开,就可以构造出列向量$\boldsymbol{x}$,$\boldsymbol{c}$。利用Kronecker乘积的表示方法,可以将Lyapunov方程写成

$$(\boldsymbol{I}\otimes\boldsymbol{A}+\boldsymbol{A}\otimes\boldsymbol{I})\boldsymbol{x}=-\boldsymbol{c} \tag{4-4-9}$$

其中,$\boldsymbol{A}\otimes\boldsymbol{B}$表示矩阵$\boldsymbol{A}$和$\boldsymbol{B}$的Kronecker乘积,其定义为

$$\boldsymbol{A}\otimes\boldsymbol{B}=\begin{bmatrix}a_{11}\boldsymbol{B} & \cdots & a_{1m}\boldsymbol{B}\\ \vdots & \ddots & \vdots\\ a_{n1}\boldsymbol{B} & \cdots & a_{nm}\boldsymbol{B}\end{bmatrix} \tag{4-4-10}$$

其MATLAB函数表示为C=kron(A,B)。

可见,这样的方程有唯一解的条件并不局限于$-\boldsymbol{C}$为对称正定矩阵,形如式(4-4-8)的方程只要满足$(\boldsymbol{I}\otimes\boldsymbol{A}+\boldsymbol{A}\otimes\boldsymbol{I})$为非奇异的方阵即可保证唯一解。

例4-56 仍考虑例4-55中给出的Lyapunov方程,试求出其解析解。

解 由下面的语句可以求出其解析解,将其解代入原方程可以验证这一点。

```
>> A=[1 2 3;4 5 6; 7 8 0]; C=-[10,5,4; 5,6,7; 4,7,9];     %输入已知矩阵
   A0=sym(kron(eye(3),A)+kron(A,eye(3))); c=C(:);          %构造系数矩阵与向量
   x0=-inv(A0)*c; x=reshape(x0,3,3), norm(A*x+x*A'+C)      %求解析解并验证
```

方程的解析解为$\boldsymbol{x}=\begin{bmatrix}-71/18 & 35/9 & 7/18\\ 35/9 & -25/9 & 2/9\\ 7/18 & 2/9 & -1/9\end{bmatrix}$,经检验该解没有误差。

例4-57 传统Lyapunov方程的条件($\boldsymbol{C}$为实对称正定矩阵)能否突破?

解 受微分方程稳定性理论的影响,以前的传统观念似乎Lyapunov类方程有唯一解的充分必要条件是$-\boldsymbol{C}$矩阵为实对称正定矩阵。事实上,式(4-4-8)中给出的线性矩阵方程在不满足该条件的情况下仍有唯一解。例如,例4-55中给出的$\boldsymbol{A}$矩阵不变,将$\boldsymbol{C}$矩阵改为复数非对称矩阵

$$\boldsymbol{C}=-\begin{bmatrix}1+1\mathrm{j} & 3+3\mathrm{j} & 12+10\mathrm{j}\\ 2+5\mathrm{j} & 6 & 11+6\mathrm{j}\\ 5+2\mathrm{j} & 11+\mathrm{j} & 2+12\mathrm{j}\end{bmatrix}$$

用上述方法输入$\boldsymbol{A}$和$\boldsymbol{C}$矩阵,可以立即解出满足该方程的复数解。

```
>> A=[1 2 3;4 5 6; 7 8 0]; C=-[1+1i,3+3i,12+10i; 2+5i,6,11+6i; 5+2i,11+1i,2+12i];
   A0=sym(kron(eye(3),A)+kron(A,eye(3))); c=C(:);          %系数矩阵与向量
   x0=-inv(A0)*c; X=reshape(x0,3,3), norm(A*X+X*A.'+C)    %求解析解并检验
```

可以得出方程的解析解如下,经验证该解没有误差。

$$\boldsymbol{X}=\begin{bmatrix}-5/102+\mathrm{j}1457/918 & 15/17-\mathrm{j}371/459 & -61/306+\mathrm{j}166/459\\ 4/17-\mathrm{j}626/459 & -10/51+\mathrm{j}160/459 & 115/153+\mathrm{j}607/459\\ -55/306+\mathrm{j}166/459 & -26/153-\mathrm{j}209/459 & 203/153+\mathrm{j}719/918\end{bmatrix}$$

得出的解经验证确实满足原始Lyapunov方程。故可以得出结论,如果不考虑Lyapunov方程稳定性的物理意义和Lyapunov函数为能量的物理原型,完全可以将Lyapunov方程进一步扩展成能处理任意$\boldsymbol{C}$矩阵的情形。

3. Stein方程的求解

Stein方程的一般形式为

$$\boldsymbol{AXB}-\boldsymbol{X}+\boldsymbol{Q}=\boldsymbol{0} \tag{4-4-11}$$

这里,所有的矩阵均应该是$n\times n$方阵。类似于前面的介绍,令$\boldsymbol{X}$矩阵按列展开的向量为$\boldsymbol{x}$,$\boldsymbol{Q}$矩阵按列展开的向量为$\boldsymbol{q}$,则Stein方程可以由下面的线性方程直接解出

$$\left(\boldsymbol{I}_{n^2\times n^2}-\boldsymbol{B}^{\mathrm{T}}\otimes\boldsymbol{A}\right)\boldsymbol{x}=\boldsymbol{q} \tag{4-4-12}$$

例4-58　试求解Stein方程。

$$\begin{bmatrix}-2 & 2 & 1\\ -1 & 0 & -1\\ 1 & -1 & 2\end{bmatrix}\boldsymbol{X}\begin{bmatrix}-2 & -1 & 2\\ 1 & 3 & 0\\ 3 & -2 & 2\end{bmatrix}-\boldsymbol{X}+\begin{bmatrix}0 & -1 & 0\\ -1 & 1 & 0\\ 1 & -1 & -1\end{bmatrix}=\boldsymbol{0}$$

解　由下面的语句可以直接求解该方程。

```
>> A=[-2,2,1;-1,0,-1;1,-1,2]; B=[-2,-1,2;1,3,0;3,-2,2]; Q=[0,-1,0;-1,1,0;1,-1,-1];
   x=inv(sym(eye(9))-kron(B.',A))*Q(:); X=reshape(x,3,3), norm(A*X*B-X+Q)
```

可以得出方程的解析解为

$$\boldsymbol{X}=\begin{bmatrix}4147/47149 & 3861/471490 & -40071/235745\\ -2613/94298 & 2237/235745 & -43319/235745\\ 20691/94298 & 66191/235745 & -10732/235745\end{bmatrix}$$

4. 离散Lyapunov方程

离散Lyapunov方程的一般表示形式为

$$\boldsymbol{AXA}^{\mathrm{T}}-\boldsymbol{X}+\boldsymbol{Q}=\boldsymbol{0} \tag{4-4-13}$$

该方程是Stein方程的一个特例。该方程还可以由MATLAB控制系统工具箱的`dlyap()`函数直接求解。该函数的调用格式为$\boldsymbol{X}$=`dlyap(`$\boldsymbol{A},\boldsymbol{Q}$`)`。

例4-59　求解离散Lyapunov方程。

$$\begin{bmatrix}8 & 1 & 6\\ 3 & 5 & 7\\ 4 & 9 & 2\end{bmatrix}\boldsymbol{X}\begin{bmatrix}8 & 1 & 6\\ 3 & 5 & 7\\ 4 & 9 & 2\end{bmatrix}^{\mathrm{T}}-\boldsymbol{X}+\begin{bmatrix}16 & 4 & 1\\ 9 & 3 & 1\\ 4 & 2 & 1\end{bmatrix}=\boldsymbol{0}$$

解　该方程可以直接用`dlyap()`方程求解出来。

```
>> A=[8,1,6; 3,5,7; 4,9,2]; Q=[16,4,1; 9,3,1; 4,2,1]; X=dlyap(A,Q), norm(A*X*A'-X+Q)
```

可以得出方程的数值解如下，其误差为1.7909×10^{-14}。

$$\boldsymbol{X}=\begin{bmatrix}-0.1647 & 0.0691 & -0.0168\\ 0.0528 & -0.0298 & -0.0062\\ -0.1020 & 0.0450 & -0.0305\end{bmatrix}$$

4.4.3 Sylvester方程的计算机求解

Sylvester方程的一般形式为

$$\boldsymbol{AX}+\boldsymbol{XB}=-\boldsymbol{C} \tag{4-4-14}$$

其中，$\boldsymbol{A}$为$n\times n$矩阵，$\boldsymbol{B}$为$m\times m$矩阵，$\boldsymbol{C}$、$\boldsymbol{X}$均为$n\times m$矩阵。该方程又称为广义Lyapunov方程。仍可以利用MATLAB控制系统工具箱中的`lyap()`函数直接求解该方程，其调用格式为X=lyap(A,B,C)，该函数采用了Schur分解的数值算法。此外，MATLAB还提供了求解函数`sylvester()`，其调用格式为X=sylvester(A,B,$-C$)，注意这里的$-\boldsymbol{C}$，因为该函数求解的方程为$\boldsymbol{AX}+\boldsymbol{XB}=\boldsymbol{C}$。

若想得到解析解，类似于一般Lyapunov方程，可以采用Kronecker乘积的形式对原始方程进行变换，得出下面的线性代数方程。

$$(\boldsymbol{I}_m\otimes\boldsymbol{A}+\boldsymbol{B}^{\mathrm{T}}\otimes\boldsymbol{I}_n)\boldsymbol{x}=-\boldsymbol{c} \tag{4-4-15}$$

如果$(\boldsymbol{I}_m\otimes\boldsymbol{A}+\boldsymbol{B}^{\mathrm{T}}\otimes\boldsymbol{I}_n)$矩阵为非奇异矩阵，则Sylvester方程有唯一解。

综合上述算法，可以编写出Sylvester型方程的解析解求解函数`lyapsym()`：

```
function X=lyapsym(A,B,C)
   if nargin==2, C=B; B=A'; end     %如果输入变元个数为2，则求解Lyapunov方程
   [nr,nc]=size(C); A0=kron(eye(nc),A)+kron(B.',eye(nr));  %构造系数矩阵
   try, x0=-inv(A0)*C(:); X=reshape(x0,nr,nc);              %求解并恢复解矩阵
   catch, error('singular matrix found.'), end              %若矩阵奇异则给出错误信息
end
```

考虑式(4-4-13)中给出的离散Lyapunov方程，两端同时右乘$(\boldsymbol{A}^{\mathrm{T}})^{-1}$，则离散Lyapunov方程可以变换成

$$\boldsymbol{AX}+\boldsymbol{X}[-(\boldsymbol{A}^{\mathrm{T}})^{-1}]=-\boldsymbol{Q}(\boldsymbol{A}^{\mathrm{T}})^{-1} \tag{4-4-16}$$

故令$\boldsymbol{B}=-(\boldsymbol{A}^{\mathrm{T}})^{-1}$，$\boldsymbol{C}=\boldsymbol{Q}(\boldsymbol{A}^{\mathrm{T}})^{-1}$，则可以将其变换成式(4-4-14)所示的Sylvester方程，故也可以通过新的`lyapsym()`函数求解该方程。该函数的具体调用格式为

```
X=lyapsym(sym(A),C)                    %连续Lyapunov方程
X=lyapsym(sym(A),-inv(B),Q*inv(B))     %Stein方程
X=lyapsym(sym(A),-inv(A'),Q*inv(A'))   %离散Lyapunov方程
X=lyapsym(sym(A),B,C)                  %一般Sylvester方程
```

例4-60 求解下面的Sylvester方程。

$$\begin{bmatrix}8&1&6\\3&5&7\\4&9&2\end{bmatrix}\boldsymbol{X}+\boldsymbol{X}\begin{bmatrix}16&4&1\\9&3&1\\4&2&1\end{bmatrix}=\begin{bmatrix}1&2&3\\4&5&6\\7&8&0\end{bmatrix}$$

解 调用`lyap()`函数可以立即得出原方程的数值解。

```
>> A=[8,1,6; 3,5,7; 4,9,2]; B=[16,4,1; 9,3,1; 4,2,1];          %输入矩阵
   C=-[1,2,3; 4,5,6; 7,8,0]; X=lyap(A,B,C), norm(A*X+X*B+C)    %数值解
```

可以得出该方程的数值解如下,经检验该解的误差为 7.5409×10^{-15},精度较高。

$$\boldsymbol{X}=\begin{bmatrix}0.0749&0.0899&-0.4329\\0.0081&0.4814&-0.216\\0.0196&0.1826&1.1579\end{bmatrix}$$

如果想获得原方程的解析解,则可以使用下面的语句直接求解。

```
>> x=lyapsym(sym(A),B,C), norm(A*x+x*B+C) %求解析解并检验
```

得出方程的解如下,经检验该解是原方程的解析解。

$$\boldsymbol{x}=\begin{bmatrix}1349214/18020305&648107/7208122&-15602701/36040610\\290907/36040610&3470291/7208122&-3892997/18020305\\70557/3604061&1316519/7208122&8346439/7208122\end{bmatrix}$$

当然,`lyapsym()` 函数仍然可以用于数值求解Sylvester方程,如果 $\boldsymbol{A}$ 矩阵是数值矩阵,不变换成符号矩阵,则可以得出原方程的数值解,得出的误差为 2.8034×10^{-15},略小于前面介绍的 `lyap()` 函数。`sylvester()` 函数的误差为 9.6644×10^{-15},注意其调用格式。

```
>> x=lyapsym(A,B,C), norm(A*x+x*B+C)
   X=sylvester(A,B,-C), norm(A*X+X*B+C)
```

例4-61　重新考虑例4-59中给出的离散Lyapunov方程,试求取其解析解。

解　该方程可以通过下面的语句求解出解析解。

```
>> A=[8,1,6; 3,5,7; 4,9,2]; Q=[16,4,1; 9,3,1; 4,2,1];          %输入已知矩阵
   x=lyapsym(sym(A),-inv(A'),Q*inv(A')), norm(A*x*A'-x+Q)     %求解析解并验证
```

得出方程的解如下,经验证该解是原方程的解析解。

$$\boldsymbol{x}=\begin{bmatrix}-22912341/139078240&48086039/695391200&-11672009/695391200\\36746487/695391200&-20712201/695391200&-4279561/695391200\\-70914857/695391200&31264087/695391200&-4247541/139078240\end{bmatrix}$$

例4-62　求解下面的Sylvester方程。

$$\boldsymbol{A}=\begin{bmatrix}8&1&6\\3&5&7\\4&9&2\end{bmatrix},\ \boldsymbol{B}=\begin{bmatrix}2&3\\4&5\end{bmatrix},\ \boldsymbol{C}=-\begin{bmatrix}1&2\\3&4\\5&6\end{bmatrix}$$

解　Sylvester方程能解决的问题中并未要求 $\boldsymbol{C}$ 矩阵为方阵,利用上面的语句仍然能求出此方程的解析解,这里还可以尝试上面编写的Lyapunov方程解析解求解的新函数 `lyapsym()`,可以直接求解上述的方程。

```
>> A=[8,1,6; 3,5,7; 4,9,2]; B=[2,3; 4,5]; C=-[1,2; 3,4; 5,6]
   X=lyapsym(sym(A),B,C), norm(A*X+X*B+C)        %解析解求解,经检验没有误差
```

得出的解如下,经检验该解是原方程的解析解。

$$\boldsymbol{X}=\begin{bmatrix}-2853/14186&-11441/56744\\-557/14186&-8817/56744\\9119/14186&50879/56744\end{bmatrix}$$

如果 $\boldsymbol{B}$ 矩阵的(2,1)元素改成自由变量 a,则仍可以求解Sylvester方程。

```
>> syms a real; B=sym(B); B(2,1)=a;                 %将B(2,1)设置为实数a
   X=simplify(lyapsym(A,B,C)), norm(A*X+X*B+C)     %求解并验证
```

得出的解如下。另外，当分母 $27a^3-3672a^2+69300a+6800=0$ 时方程无解。

$$X=\begin{bmatrix}\dfrac{6\left(3a^3+155a^2-2620a+200\right)}{27a^3-3672a^2+69300a+6800} & -\dfrac{513a^2-10716a+80420}{27a^3-3672a^2+69300a+6800}\\ \dfrac{4\left(9a^3-315a^2+314a+980\right)}{27a^3-3672a^2+69300a+6800} & -\dfrac{3\left(201a^2-7060a+36780\right)}{27a^3-3672a^2+69300a+6800}\\ \dfrac{2\left(27a^3-1869a^2+25472a-760\right)}{27a^3-3672a^2+69300a+6800} & \dfrac{-477a^2+4212a+194300}{27a^3-3672a^2+69300a+6800}\end{bmatrix}$$

4.4.4　Diophantine方程的求解

前面介绍的方程都是矩阵方程，这里探讨下面给出的多项式方程：

$$A(s)X(s)+B(s)Y(s)=C(s) \tag{4-4-17}$$

其中，$A(s)$，$B(s)$ 与 $C(s)$ 均为已知的多项式。

$$\begin{aligned}A(s)&=a_1s^n+a_2s^{n-1}+a_3s^{n-2}+\cdots+a_ns+a_{n+1}\\ B(s)&=b_1s^m+b_2s^{m-1}+b_3s^{m-2}+\cdots+b_ms+b_{m+1}\\ C(s)&=c_1s^k+c_2s^{k-1}+c_3s^{k-2}+\cdots+c_ks+c_{k+1}\end{aligned} \tag{4-4-18}$$

这样的多项式方程称为Diophantine方程。从给定的系数多项式 $A(s)$，$B(s)$ 阶次看，未知多项式 $X(s)$ 和 $Y(s)$ 的阶次分别为 $m-1$ 和 $n-1$，记作

$$\begin{aligned}X(s)&=x_1s^{m-1}+x_2s^{m-2}+x_3s^{m-3}+\cdots+x_{m-1}s+x_m\\ Y(s)&=y_1s^{n-1}+y_2s^{n-2}+y_3s^{n-3}+\cdots+y_{n-1}s+y_n\end{aligned} \tag{4-4-19}$$

Diophantine方程的矩阵形式可以写成

$$\underbrace{\begin{bmatrix}a_1 & 0 & \cdots & 0\\ a_2 & a_1 & \ddots & 0\\ a_3 & a_2 & \ddots & 0\\ \vdots & \vdots & \ddots & a_1\\ a_{n+1} & a_n & \ddots & a_2\\ 0 & a_{n+1} & \ddots & a_3\\ \vdots & \vdots & \ddots & \vdots\\ 0 & 0 & \cdots & a_{n+1}\end{bmatrix}}_{m\text{列}}\underbrace{\begin{matrix}b_1 & 0 & \cdots & 0\\ b_2 & b_1 & \ddots & 0\\ b_3 & b_2 & \ddots & 0\\ \vdots & \vdots & \ddots & b_1\\ \cdot & \cdot & \ddots & b_2\\ \cdot & \cdot & \ddots & b_3\\ \vdots & \vdots & \ddots & \vdots\\ 0 & 0 & \cdots & b_{m+1}\end{matrix}}_{n\text{列}}\begin{bmatrix}x_1\\ x_2\\ \vdots\\ x_m\\ y_1\\ y_2\\ \vdots\\ y_n\end{bmatrix}=\begin{bmatrix}0\\ 0\\ \vdots\\ 0\\ c_1\\ c_2\\ \vdots\\ c_{k+1}\end{bmatrix} \tag{4-4-20}$$

其中，系数矩阵的转置称为Sylvester矩阵。可以证明，若多项式 $A(s)$ 与 $B(s)$ 互质，则Sylvester矩阵非奇异，这样，原方程有唯一的解。要想检测两个多项式是否互质，最简单的方法就是求出它们的最大公约数，看看是否包含 s 项。如果不包含 s，则两个多项式互质。

可以编写出如下的MATLAB函数构造Sylvester矩阵。

```
function S=sylv_mat(A,B)
   arguments, A(1,:), B(1,:); end
   n=length(B)-1; m=length(A)-1; S=[];                    %向量长度n与m
   A1=[A.'; zeros(n-1,1)]; B1=[B.'; zeros(m-1,1)];        %矩阵框架
```

```
  for i=1:n, S=[S A1]; A1=[0; A1(1:end-1)]; end              %实现式(4-4-20)
  for i=1:m, S=[S B1]; B1=[0; B1(1:end-1)]; end; S=S.';      %构造Sylvester阵
end
```

基于这个函数,可以编写出diophantine()函数来求解Diophantine方程。

```
function [X,Y]=diophantine(A,B,C)
  A1=coeffs(A,'all'); B1=coeffs(B,'all'); C1=coeffs(C,'all');   %系数向量
  n=length(B1)-1; m=length(A1)-1; S=sylv_mat(A1,B1);            %构造Sylvester矩阵
  C2=zeros(n+m,1); C2(end-length(C1)+1:end)=C1(:); x0=inv(S.')*C2;
  syms x; X=poly2sym(x0(1:n),x); Y=poly2sym(x0(n+1:end),x);     %构造解多项式
end
```

例4-63　已知多项式如下,试求解Diophantine方程$A(s)X(s)+B(s)Y(s)=C(s)$。

$$A(s)=s^4-\frac{27s^3}{10}+\frac{11s^2}{4}-\frac{1249s}{1000}+\frac{53}{250},\quad B(s)=3s^2-\frac{6s}{5}+\frac{51}{25},\quad C(s)=2s^2+\frac{3s}{5}-\frac{9}{25}$$

解　可以用下面的语句直接求解Diophantine方程。

```
>> syms s; A=s^4-27*s^3/10+11*s^2/4-1249*s/1000+53/250;
   B=3*s^2-6*s/5+51/25; C=2*s^2+3*s/5-9/25;          %输入三个已知多项式
   [X,Y]=diophantine(A,B,C,s), simplify(A*X+B*Y-C)   %解方程并验证
```

可以得出Diophantine方程的解,若将其代回原多项式方程,则误差为零,由此验证所得解的正确性。

$$X(s)=\frac{4280\,s}{4453}+\frac{9480}{4453},\quad Y(s)=-\frac{4280s^3}{13359}+\frac{364s^2}{13359}+\frac{16882s}{13359}-\frac{1771}{4453}$$

4.4.5　Riccati方程的计算机求解

Riccati方程是一类很著名的二次型矩阵方程式,其一般形式为

$$\boldsymbol{A}^{\mathrm{T}}\boldsymbol{X}+\boldsymbol{X}\boldsymbol{A}-\boldsymbol{X}\boldsymbol{B}\boldsymbol{X}+\boldsymbol{C}=\boldsymbol{0} \tag{4-4-21}$$

由于含有未知矩阵$\boldsymbol{X}$的二次项,所以Riccati方程的求解数学上要比Lyapunov方程更难。MATLAB的控制系统工具箱中提供了现成函数are(),可以直接求解式(4-4-21)给出的方程,该函数的具体调用格式为$\boldsymbol{X}$=are($\boldsymbol{A}$,$\boldsymbol{B}$,$\boldsymbol{C}$)。

例4-64　考虑式(4-4-21)中给出的Riccati方程,其中

$$\boldsymbol{A}=\begin{bmatrix}-2&1&-3\\-1&0&-2\\0&-1&-2\end{bmatrix},\quad \boldsymbol{B}=\begin{bmatrix}2&2&-2\\-1&5&-2\\-1&1&2\end{bmatrix},\quad \boldsymbol{C}=\begin{bmatrix}5&-4&4\\1&0&4\\1&-1&5\end{bmatrix}$$

试求出该方程的数值解,并验证解的正确性。

解　可以用下面的语句直接求解该方程。

```
>> A=[-2,1,-3; -1,0,-2; 0,-1,-2];
   B=[2,2,-2; -1 5 -2; -1 1 2]; C=[5 -4 4; 1 0 4; 1 -1 5];   %输入矩阵
   X=are(A,B,C), norm(A'*X+X*A-X*B*X+C)                      %求解并检验
```

得到的解如下,代入原方程可以得出误差为1.4370×10^{-14},故得出的解满足原方程。

$$\boldsymbol{X}=\begin{bmatrix}0.9874&-0.7983&0.4189\\0.5774&-0.1308&0.5775\\-0.284&-0.073&0.6924\end{bmatrix}$$

当然，求解函数are()的局限性是极大的，如果方程的形式稍有变化，如

$$\boldsymbol{AX}+\boldsymbol{XD}-\boldsymbol{XBX}+\boldsymbol{C}=\boldsymbol{0},\quad \boldsymbol{AX}+\boldsymbol{XD}-\boldsymbol{XBX}^{\mathrm{T}}+\boldsymbol{C}=\boldsymbol{0} \tag{4-4-22}$$

这类求解函数都无能为力。即便对标准的Riccati方程来说，are()也只能求出其一个根，不能得出其他的根。第6章将探讨一般矩阵方程的数值解方法，并试图得到矩阵方程所有的根。

4.5 非线性运算与矩阵函数求值

4.5.1 面向矩阵元素的非线性运算

MATLAB提供了大量函数，允许用户对矩阵进行处理，前面介绍的主要是矩阵的线性变换，本节将介绍如何对矩阵进行非线性运算。

MATLAB提供了两类函数，其中一类是对矩阵的各个元素进行单独计算的，类似于矩阵的点运算，而另一类是对整个矩阵进行运算的。前面曾经用到了sin()函数，该函数属于第一类，这类常用的MATLAB函数在表4-2中列出来，它们的调用方法是很显然的，其标准调用格式为 B=函数名(A)，例如，B=sin(A)。

表4-2 面向矩阵元素的非线性函数表

函数名	意 义	函数名	意 义
abs()	求模（绝对值）函数	sin(), cos(), tan(), cot()	正弦、余弦、正切、余切函数
sqrt()	求平方根函数	asin(), acos(), atan(), acot()	反正弦、余弦、正切、余切函数
exp()	指数函数	real(), imag(), conj()	求实虚部及共轭复数
log(), log10()	自然和常用对数	round(), floor(), ceil(), fix()	各种取整数函数

例4-65 考虑例4-11中给出的 $\boldsymbol{A}$ 矩阵，调用其中的一些函数，其结果在下面给出。

```
>> A=[16,2,3,13; 5,11,10,8; 9,7,6,12; 4,14,15,1];
   exp(A), sin(A)     %矩阵计算
```

可以得出

$$\mathtt{exp}(\boldsymbol{A})=\begin{bmatrix}8.8861\times10^6 & 7.3891 & 20.0855 & 0.4424\times10^6\\ 148.4132 & 5.9874\times10^4 & 2.2026\times10^4 & 2980.958\\ 8103.0839 & 1096.6332 & 403.4288 & 1.6275\times10^5\\ 54.5982 & 1.2026\times10^6 & 3.2690\times10^6 & 2.7183\end{bmatrix}$$

$$\mathtt{sin}(\boldsymbol{A})=\begin{bmatrix}-0.2879 & 0.9093 & 0.1411 & 0.4202\\ -0.9589 & -1 & -0.544 & 0.9894\\ 0.4121 & 0.657 & -0.2794 & -0.5366\\ -0.7568 & 0.9906 & 0.6503 & 0.8415\end{bmatrix}$$

4.5.2 矩阵函数求值

1. 矩阵指数与对数函数运算

除了对矩阵的单个元素进行单独计算以外，一般还常常要求对整个矩阵做这样的非线性运算。例如，矩阵 $\boldsymbol{A}$ 的e指数可以定义成如下的无穷级数。

$$\mathrm{e}^{\boldsymbol{A}}=\sum_{i=0}^{\infty}\frac{1}{i!}\boldsymbol{A}^i=\boldsymbol{I}+\boldsymbol{A}+\frac{1}{2!}\boldsymbol{A}^2+\frac{1}{3!}\boldsymbol{A}^3+\cdots+\frac{1}{m!}\boldsymbol{A}^m+\cdots \tag{4-5-1}$$

文献 [47] 中叙述了求解矩阵指数的19种不同方法,每一种方法都有自己的特点及适用范围。MATLAB中提供了求取矩阵指数的函数expm(),其调用格式为 $\boldsymbol{E}$=expm($\boldsymbol{A}$)。该函数还支持 $\boldsymbol{A}$ 为符号变量问题的求解,如矩阵函数 $\mathrm{e}^{\boldsymbol{A}t}$。MATLAB提供了 $\boldsymbol{C}$=logm($\boldsymbol{A}$) 求数值矩阵的对数函数,还提供了sqrtm()求取矩阵的平方根。

例4-66 已知一般矩阵 $\boldsymbol{A}=\begin{bmatrix}-3 & -1 & -1\\ 0 & -3 & -1\\ 1 & 2 & 0\end{bmatrix}$,试求出 $\mathrm{e}^{\boldsymbol{A}t}$。

解 矩阵指数及指数函数可以通过expm()函数直接计算。

```
>> syms t; A=[-3,-1,-1; 0,-3,-1; 1,2,0];                  %输入矩阵
   A1=expm(A), A2=expm(sym(A)), simplify(expm(A*t))      %指数与指数函数
```

可以得出矩阵指数的数值解与解析解分别为

$$\boldsymbol{A}_1=\begin{bmatrix}0 & -0.13534 & -0.13534\\ -0.06767 & -0.067668 & -0.203\\ 0.203 & 0.33834 & 0.47367\end{bmatrix},\quad \boldsymbol{A}_2=\begin{bmatrix}0 & -\mathrm{e}^{-2} & -\mathrm{e}^{-2}\\ -\mathrm{e}^{-2}/2 & -\mathrm{e}^{-2}/2 & -3\mathrm{e}^{-2}/2\\ 3\mathrm{e}^{-2}/2 & 5\mathrm{e}^{-2}/2 & 7\mathrm{e}^{-2}/2\end{bmatrix}$$

还可以得出矩阵的指数函数为

$$\mathrm{e}^{\boldsymbol{A}t}=\begin{bmatrix}-\mathrm{e}^{-2t}(-1+t) & -t\mathrm{e}^{-2t} & -t\mathrm{e}^{-2t}\\ -t^2\mathrm{e}^{-2t}/2 & -\mathrm{e}^{-2t}(-1+t+t^2/2) & -t\mathrm{e}^{-2t}(2+t/2)\\ t\mathrm{e}^{-2t}/2 & t\mathrm{e}^{-2t}(2+t/2) & \mathrm{e}^{-2t}(1+2t+t^2/2)\end{bmatrix}$$

下面演示基于Jordan矩阵变换的 $\mathrm{e}^{\boldsymbol{A}t}$ 矩阵处理方法。

```
>> [V,J]=jordan(A)   %Jordan矩阵变换
```

可以得出Jordan矩阵 $\boldsymbol{J}$ 和广义特征向量矩阵 $\boldsymbol{V}$,并由Jordan矩阵写出 $\mathrm{e}^{\boldsymbol{J}t}$。

$$\boldsymbol{V}=\begin{bmatrix}0 & -1 & 1\\ -1 & 0 & 0\\ 1 & 1 & 0\end{bmatrix},\quad \boldsymbol{J}=\begin{bmatrix}-2 & 1 & 0\\ 0 & -2 & 1\\ 0 & 0 & -2\end{bmatrix},\quad \mathrm{e}^{\boldsymbol{J}t}=\mathrm{e}^{-t}\begin{bmatrix}1 & t & t^2/2\\ 0 & 1 & t\\ 0 & 0 & 1\end{bmatrix}$$

这样利用Jordan矩阵的性质即可以求出原矩阵的指数函数,与前面得出的完全一致。

```
>> J1=exp(-2*t)*[1 t t^2/2; 0 1 t; 0 0 1]; A1=simplify(V*J1*inv(V))
```

其实,用这样的方法求解矩阵指数不是此例的目的,因为用符号运算工具箱中的expm()函数可以立即得出所需的结果。后面将通过例子演示其他函数,如正弦等函数如何用Jordan矩阵的方法求解。

2. 矩阵的三角函数运算

矩阵的正弦函数定义为

$$\sin\boldsymbol{A}=\sum_{k=0}^{\infty}(-1)^k\frac{\boldsymbol{A}^{2k+1}}{(2k+1)!}=\boldsymbol{A}-\frac{1}{3!}\boldsymbol{A}^3+\frac{1}{5!}\boldsymbol{A}^5+\cdots \tag{4-5-2}$$

矩阵的任意函数可以尝试由 $\boldsymbol{A}_1$=funm($\boldsymbol{A}$,'函数名')直接计算,其中,函数名应该由单引号括起来,或由@引导。例如,可以通过命令 $\boldsymbol{B}$=funm($\boldsymbol{A}$,'sin')或funm($\boldsymbol{A}$,@sin)求出矩阵 $\boldsymbol{A}$ 的正弦矩阵。还可以由funm($\boldsymbol{A}$*t,'sin')或funm($\boldsymbol{A}$*t,@sin)命令求取矩阵函数 $\sin\boldsymbol{A}t$。

例4-67 重新考虑例4-66中给出的矩阵,试求出其正弦 $\sin\boldsymbol{A}$。

解 如果想对其中的 $\boldsymbol{A}$ 矩阵进行正弦运算,则可以得出下面的语句:

```
>> A=[-3,-1,-1; 0,-3,-1; 1,2,0]; B=funm(A,@sin)   %求解正弦矩阵的数值解
   syms t; C=simplify(funm(A*t,@sin))             %求矩阵正弦函数的解析解
```

这样得出的矩阵正弦函数为

$$\boldsymbol{B}=\begin{bmatrix}-0.4931 & 0.4161 & 0.4161\\ -0.4546 & -0.9478 & -0.0385\\ 0.0385 & -0.3776 & -1.2869\end{bmatrix}$$

$$\boldsymbol{C}=\begin{bmatrix}-\sin 2t-t\cos 2t & -t\cos 2t & -t\cos 2t\\ -t^2\sin 2t/2 & -\sin 2t-t\cos 2t-t^2\sin 2t/2 & -t\cos 2t-t^2\sin 2t/2\\ t\cos 2t+t^2\sin 2t/2 & t(4\cos 2t+t\sin 2t))/2 & 2t\cos 2t-\sin 2t+t^2\sin 2t/2\end{bmatrix}$$

例4-68 事实上，矩阵的非线性函数数值运算可以通过幂级数的方法简单地求出。试编写出求取矩阵正弦函数的数值计算程序。

解 如果想用幂级数的形式求取正弦矩阵函数的数值解，很重要的一步是由式(4-5-2)通项公式求出后项对前项的增量，然后用循环形式编写数值求解的累加函数。对这个例子而言，其第k项的通项为

$$\boldsymbol{F}_k=(-1)^k\frac{\boldsymbol{A}^{2k+1}}{(2k+1)!},\quad k=0,1,2,\cdots \tag{4-5-3}$$

这样，由后项比前项很容易求出(为叙述方便起见，矩阵除法简记为一般除法形式)：

$$\frac{\boldsymbol{F}_{k+1}}{\boldsymbol{F}_k}=\frac{(-1)^{k+1}\boldsymbol{A}^{2(k+1)+1}/(2(k+1)+1)!}{(-1)^k\boldsymbol{A}^{2k+1}/(2k+1)!}=-\frac{\boldsymbol{A}^2}{(2k+3)(2k+2)} \tag{4-5-4}$$

由此可以推导出幂级数矩阵通项的递推公式(初值$\boldsymbol{F}_1=\boldsymbol{A}$)：

$$\boldsymbol{F}_{k+1}=-\frac{\boldsymbol{A}^2\boldsymbol{F}_k}{(2k+3)(2k+2)} \tag{4-5-5}$$

这样，就可以用累加形式实现正弦函数幂级数的求和。如果通项足够小则停止累加程序。这里采用的判定条件为$\|\boldsymbol{E}+\boldsymbol{F}-\boldsymbol{E}\|_1>0$，其物理含义是$\boldsymbol{F}$加到$\boldsymbol{E}$上的量可忽略，不建议简化成$\|\boldsymbol{F}\|_1>0$。

```
function E=sinm1(A)
   F=A; E=A; k=0;      %用累加法，如果累加量可以忽略则终止循环
   while norm(E+F-E,1)>0, F=-A^2*F/(2*k+3)/(2*k+2); E=E+F; k=k+1; end
end
```

由上面的程序可以看出，看起来比较复杂的矩阵正弦函数的幂级数展开运算可以由几条MATLAB语句容易地编写出来。利用函数sinm1($\boldsymbol{A}$)可以容易地求出原矩阵正弦矩阵的数值解。

3. 矩阵三角函数的解析求解

再考虑矩阵三角函数的解析解求解方法。先考虑标量三角函数的运算公式，根据著名的Euler公式$\mathrm{e}^{\mathrm{j}a}=\cos a+\mathrm{j}\sin a$与$\mathrm{e}^{-\mathrm{j}a}=\cos a-\mathrm{j}\sin a$可以立即推导出

$$\sin a=\frac{1}{\mathrm{j}2}(\mathrm{e}^{\mathrm{j}a}-\mathrm{e}^{-\mathrm{j}a}),\quad \cos a=\frac{1}{2}(\mathrm{e}^{\mathrm{j}a}+\mathrm{e}^{-\mathrm{j}a}) \tag{4-5-6}$$

此公式可以直接用于a为矩阵的形式。由于前面已经给出了可靠的指数矩阵求解函数expm()，利用该函数可以直接得出一般矩阵的正弦和余弦函数的解析解运算结果。

例4-69 仍考虑例4-66中给出的矩阵，试求解$\sin\boldsymbol{A}$。

解 可以利用现成的expm()函数求出矩阵的正弦函数。

```
>> A=[-3,-1,-1; 0,-3,-1; 1,2,0];
   j=sqrt(-1); B=(expm(A*j)-expm(-A*j))/(2*j)                %数值解计算
   syms t; A=sym(A); C=(expm(A*j*t)-expm(-A*j)*t)/(2*j)     %解析解
```

可见，这样得出的解与例4-67完全一致，证明该解是正确的。

例4-70 考虑下面有重特征值的矩阵,试求出该矩阵的正余弦函数 $\sin \boldsymbol{A}t$ 和 $\cos \boldsymbol{A}t$。

$$\boldsymbol{A}=\begin{bmatrix}-7 & 2 & 0 & -1\\ 1 & -4 & 2 & 1\\ 2 & -1 & -6 & -1\\ -1 & -1 & 0 & -4\end{bmatrix}$$

解 根据式(4-5-6)可以由下面的语句求解矩阵的正弦和余弦函数。

```
>> syms t, A=[-7,2,0,-1; 1,-4,2,1; 2,-1,-6,-1; -1,-1,0,-4];   %矩阵输入
   A1=(expm(A*1j*t)-expm(-A*1j*t))/(2*1j); A1=simplify(A1)    %正弦函数
   A2=(expm(A*1j*t)+expm(-A*1j*t))/2; A2=simplify(A2)         %余弦函数
```

其实,前面的语句即使经过了化简,在最新版本的MATLAB得出的是含有复数变量的指数函数,所以应该采用 `rewrite()` 函数进一步化简,显示从略。

```
>> simplify(rewrite(A1,'sin')), simplify(rewrite(A2,'sin'))
```

4.5.3 一般矩阵函数的运算

除了对整个矩阵求取矩阵指数、对数函数之外,MATLAB还允许求取矩阵的其他非线性函数。考虑一般函数的Taylor级数展开,如果将自变量 x 替换成矩阵 $\boldsymbol{A}$,将展开式的常数项乘以单位矩阵 $\boldsymbol{I}$,则可以定义出矩阵的任意函数:

$$f(\boldsymbol{A})=f(0)\boldsymbol{I}+\frac{1}{1!}f'(0)\boldsymbol{A}+\frac{1}{2!}f''(0)\boldsymbol{A}^2+\cdots+\frac{1}{k!}f^{(k)}(0)\boldsymbol{A}^k+\cdots \tag{4-5-7}$$

遗憾的是,虽然最新版本的 `funm()` 已经能求取矩阵函数的解析解了,但有时是有局限性的。这里将介绍基于Jordan矩阵的矩阵函数求解方法[48,49]并给出其MATLAB实现。这里给出的具体算法与函数是2004年作者在本书第一版中给出的,当时没有其他方法可以求解类似问题。

例4-71 先观察一下幂零矩阵(nilpotent matrix)的乘方运算特点。

解 用下面的循环观察一下幂零矩阵。

```
>> H=diag([1 1 1],1), for i=2:4, H^i, end    %观察幂零矩阵1元素的位置变化
```

在下面显示的矩阵中,第一个是幂零矩阵,后面是幂零矩阵的乘方,后续矩阵的非零对角线逐次上移。另外,$\boldsymbol{H}^4$ 及以后的乘方矩阵均为零矩阵。

$$\boldsymbol{H}=\begin{bmatrix}0&1&0&0\\0&0&1&0\\0&0&0&1\\0&0&0&0\end{bmatrix},\ \boldsymbol{H}^2=\begin{bmatrix}0&0&1&0\\0&0&0&1\\0&0&0&0\\0&0&0&0\end{bmatrix},\ \boldsymbol{H}^3=\begin{bmatrix}0&0&0&1\\0&0&0&0\\0&0&0&0\\0&0&0&0\end{bmatrix},\ \boldsymbol{H}^4=\begin{bmatrix}0&0&0&0\\0&0&0&0\\0&0&0&0\\0&0&0&0\end{bmatrix}$$

首先可以将 m_i 阶Jordan块 $\boldsymbol{J}_i$ 写成 $\boldsymbol{J}_i=\lambda_i\boldsymbol{I}+\boldsymbol{H}_{m_i}$,其中,$\lambda_i$ 为Jordan矩阵的重特征值,$\boldsymbol{H}_{m_i}$ 为幂零矩阵——次对角线元素为1,其他均为0,且有 $k\geqslant m_i$ 时 $\boldsymbol{H}_{m_i}^k\equiv\boldsymbol{0}$。这样可以证明,Jordan矩阵块 $\boldsymbol{J}_i$ 的矩阵函数 $\psi(\boldsymbol{J}_i)$ 可以由下式求出。

$$\psi(\boldsymbol{J}_i)=\psi(\lambda_i)\boldsymbol{I}_{m_i}+\psi'(\lambda_i)\boldsymbol{H}_{m_i}+\cdots+\frac{\psi^{(m_i-1)}(\lambda_i)}{(m_i-1)!}\boldsymbol{H}_{m_i}^{m_i-1} \tag{4-5-8}$$

如果通过Jordan矩阵分解的方法可以将任意矩阵 $\boldsymbol{A}$ 分解成

$$\boldsymbol{A}=\boldsymbol{V}\begin{bmatrix}\boldsymbol{J}_1 & & & \\ & \boldsymbol{J}_2 & & \\ & & \ddots & \\ & & & \boldsymbol{J}_m\end{bmatrix}\boldsymbol{V}^{-1} \tag{4-5-9}$$

这样，该矩阵的任意函数 $\psi(\boldsymbol{A})$ 可以最终如下求出。如果通过 Jordan 矩阵分解的方法可以将任意矩阵 $\boldsymbol{A}$ 分解成

$$\psi(\boldsymbol{A})=\boldsymbol{V}\begin{bmatrix}\psi(\boldsymbol{J}_1) & & & \\ & \psi(\boldsymbol{J}_2) & & \\ & & \ddots & \\ & & & \psi(\boldsymbol{J}_m)\end{bmatrix}\boldsymbol{V}^{-1} \tag{4-5-10}$$

根据上面的算法可以立即编写出新的函数 `funmsym()`，可以推导任意矩阵函数的解析解。该函数的清单为

```
function F=funmsym(A,fun,x)
   arguments, A {mustBeSquare}, fun, x, end
   [V,T]=jordan(sym(A)); vec=diag(T); v1=[0,diag(T,1)',0];
   v2=find(v1==0); lam=vec(v2(1:end-1)); m=length(lam);   %构造Jordan矩阵
   for i=1:m                          %用循环结构对每个Jordan块单独处理
      k=v2(i):v2(i+1)-1; J1=T(k,k); F(k,k)=funJ(J1,fun,x);
   end
   F=V*F*inv(V);    %由式(4-5-9)计算矩阵函数
end
function fJ=funJ(J,fun,x), lam=J(1,1);        %Jordan块处理的子函数
   f1=fun; fJ=subs(fun,x,lam)*eye(size(J)); H=diag(diag(J,1),1); H1=H;
   for i=2:length(J)                          %利用幂零矩阵的性质求任意矩阵函数
      f1=diff(f1,x); a1=subs(f1,x,lam); fJ=fJ+a1*H1; H1=H1*H/i;
end, end
```

该函数的调用格式为 A_1=`funmsym(`A`,funx,`x`)`，其中，x 为符号型自变量，`funx` 为 x 的函数表示。例如，若想求 $\mathrm{e}^{\boldsymbol{A}}$，则可以将 `funx` 参数写成 `exp(`$x$`)`。其实，`funx` 参数可以描述任意复杂的函数，如 `exp(`x`*`t`)` 表示求取 $\mathrm{e}^{\boldsymbol{A}t}$，其中，$t$ 也应该事先设置成符号变量。另外，该函数还可以表示成 `exp(`x`*cos(`x`*`t`))` 型的复合函数，表示需要求取 $\psi(\boldsymbol{A})=\mathrm{e}^{\boldsymbol{A}\cos\boldsymbol{A}t}$。

例4-72 已知下面的 $\boldsymbol{A}$ 矩阵，试求出矩阵函数 $\psi(\boldsymbol{A})=\mathrm{e}^{\boldsymbol{A}\cos\boldsymbol{A}t}$。

$$\boldsymbol{A}=\begin{bmatrix}-7 & 2 & 0 & -1\\ 1 & -4 & 2 & 1\\ 2 & -1 & -6 & -1\\ -1 & -1 & 0 & -4\end{bmatrix}$$

解 如果想求出 $\psi(\boldsymbol{A})=\mathrm{e}^{\boldsymbol{A}\cos\boldsymbol{A}t}$，则应该构造原型函数为 f=`exp(`x`*cos(`x`*`t`))`，这样就可以用下面语句直接求取矩阵函数：

```
>> A=[-7,2,0,-1; 1,-4,2,1; 2,-1,-6,-1; -1,-1,0,-4];          %输入矩阵
   syms x t; A=sym(A); A1=funmsym(A,exp(x*cos(x*t)),x)        %矩阵函数的直接运算
   A2=expm(A*funm(A*t,@cos))      %较新版本的MATLAB还可以使用这个命令
```

得出的结果是很冗长的，根本无法显示全部内容，这里只给出其中一项为

$$\begin{aligned}\psi_{1,1}(\boldsymbol{A})=&\,2/9\mathrm{e}^{-3\cos 3t}+(2t\sin 6t+6t^2\cos 6t)\mathrm{e}^{-6\cos 6t}+(\cos 6t-6t\sin 6t)^2\mathrm{e}^{-6\cos 6t}-\\&5/3(\cos 6t-6t\sin 6t)\mathrm{e}^{-6\cos 6t}+7/9\mathrm{e}^{-6\cos 6t}\end{aligned}$$

可见，这样得出的 $\psi_{1,1}(t)$ 有很多项均是 $\mathrm{e}^{-6\cos 6t}$ 的系数项，故可以通过合并同类项的化简方法手动给出下面的命令：

```
>> collect(A1(1,1),exp(-6*cos(6*t)))   %对矩阵左上角项作合并同类项处理
```

则可以得出如下的化简结果:

$$\psi_{1,1}(\boldsymbol{A})=\left[12t\sin 6t+6t^2\cos 6t+(\cos 6t-6t\sin 6t)^2-\frac{5}{3}\cos 6t+\frac{7}{9}\right]\mathrm{e}^{-6\cos 6t}+\frac{2}{9}\mathrm{e}^{-3\cos 3t}$$

进一步地,若令 $t=1$,则可以求出 $\mathrm{e}^{\boldsymbol{A}\cos\boldsymbol{A}}$ 的精确数值解。

```
>> subs(A1,t,1)   %该结果与语句expm(A*funm(A,'cos'))得出的一致,但精度高得多
```

得出

$$\mathrm{e}^{\boldsymbol{A}\cos\boldsymbol{A}}=\begin{bmatrix}4.3583 & 6.5044 & 4.3635 & -2.1326\\ 4.3718 & 6.5076 & 4.3801 & -2.116\\ 4.2653 & 6.4795 & 4.2518 & -2.2474\\ -8.6205 & -12.984 & -8.6122 & 4.3832\end{bmatrix}$$

例4-73 重新考虑4-72中的矩阵的平方根问题。

解 由于该矩阵由三重特征根,MATLAB提供的全部数值方法均将失效,这里给出的funmsym()函数是该问题的一种有效的解法,且可以得出原问题的两个解析解 $\boldsymbol{A}_4,\boldsymbol{A}_5$。

```
>> A=[-7,2,0,-1; 1,-4,2,1; 2,-1,-6,-1; -1,-1,0,-4];              %矩阵输入
   A1=sqrtm(A), A1^2, A2=A^(1/2), A2^2, A3a=funm(A,@sqrt)   %三种失效的方法
   syms x; A4=funmsym(sym(A),sqrt(x),x), simplify(A4^2), A5=-A4   %解析解
```

得出的问题解析解为

$$\boldsymbol{A}_4=\mathrm{j}\begin{bmatrix}2\sqrt{3}/9+131\sqrt{6}/144 & \sqrt{3}/3-5\sqrt{6}/12 & 2\sqrt{3}/9-25\sqrt{6}/144 & -\sqrt{3}/9+23\sqrt{6}/144\\ 2\sqrt{3}/9-37\sqrt{6}/144 & \sqrt{3}/3+7\sqrt{6}/12 & 2\sqrt{3}/9-49\sqrt{6}/144 & -\sqrt{3}/9-\sqrt{6}/144\\ 2\sqrt{3}/9-23\sqrt{6}/72 & \sqrt{3}/3-\sqrt{6}/6 & 2\sqrt{3}/9+61\sqrt{6}/72 & \sqrt{3}/9+13\sqrt{6}/72\\ -4\sqrt{3}/9+59\sqrt{6}/144 & -2\sqrt{3}/3+7\sqrt{6}/12 & -4\sqrt{3}/9+47\sqrt{6}/144 & 2\sqrt{3}/9+95\sqrt{6}/144\end{bmatrix}$$

例4-74 已知 $\boldsymbol{A}$ 矩阵如下,试求出其状态转移矩阵 $\boldsymbol{\Phi}(t)=\mathrm{E}_\alpha(\boldsymbol{A}t^\alpha)$,其中,$\mathrm{E}_\alpha(\cdot)$ 为单参数Mittag-Leffler函数矩阵[50,51]。

$$\boldsymbol{A}(t)=\begin{bmatrix}-2 & 0 & -1 & 0\\ -1 & -3 & 1 & 0\\ 2 & 1 & 1 & 1\\ 0 & 1 & -2 & -2\end{bmatrix}$$

解 可以令符号函数 $E(x)$ 表示Mittag-Leffler函数 $\mathrm{E}_\alpha(x)$,这样就可以使用下面语句直接计算状态转移矩阵,得出的显示从略。

```
>> syms t x a E(x); A=[-2,0,-1,0; -1,-3,1,0; 2,1,1,1; 0,1,-2,-2];   %输入矩阵
   Phi=funmsym(A,E(x*t^a),x)                                        %计算状态转移矩阵
```

从给出的例子看,即使最新版的funm()函数也只能求取给定矩阵的某些函数,而作者2004年给出的funmsym()函数是可以求取任意矩阵函数(包括自定义函数)的,其通用性更广。

4.5.4 矩阵的乘方运算

这里将探讨一个方阵 $\boldsymbol{A}$ 的 k 次方($\boldsymbol{A}^k$)的计算方法,其中,k 为正整数。如果 k 不是整数,则计算 $\boldsymbol{A}^k$ 不是很容易,因为这需要求取矩阵的无穷项的和。本节先介绍一个简单的例子,然后将算法拓展到任意矩阵的乘方运算。

若 $\boldsymbol{A}$ 矩阵可以变换为Jordan矩阵,$\boldsymbol{A}=\boldsymbol{V}\boldsymbol{J}\boldsymbol{V}^{-1}$。矩阵乘方可以写成 $\boldsymbol{A}^k=\boldsymbol{V}\boldsymbol{J}^k\boldsymbol{V}^{-1}$,所以,这里主要考虑 $\boldsymbol{J}^k$ 的计算。

正如前面指出,$\boldsymbol{J}=\lambda\boldsymbol{I}+\boldsymbol{H}_m$,其中,$\boldsymbol{H}_m$ 为 $m\times m$ 幂零矩阵,则 $k\geqslant m$ 时有 $\boldsymbol{H}_m^k\equiv 0$。由二项式展开可知

$$\boldsymbol{J}^k=\lambda^k\boldsymbol{I}+k\lambda^{k-1}\boldsymbol{H}_m+\frac{k(k-1)}{2!}\lambda^{k-2}\boldsymbol{H}_m^2+\cdots \tag{4-5-11}$$

因为$\boldsymbol{H}_m^m$及其后续项都是零矩阵，所以上述的无穷级数计算累加到m项就可以了，所以，可以容易地得出$\boldsymbol{J}^k$的解析解。

例4-75　考虑例4-66中研究的矩阵$\boldsymbol{A}$，试求出$\boldsymbol{A}^k$，其中，k为任意整数。

解　可以对原矩阵作Jordan变换。

```
>> A=sym([-3,-1,-1; 0,-3,-1; 1,2,0]); syms k, [V J]=jordan(sym(A))
```

可见，$\boldsymbol{J}$是一个3×3的Jordan矩阵，特征值均为$\lambda=-2$。由$\boldsymbol{H}=\boldsymbol{J}-\lambda\boldsymbol{I}$提取幂零矩阵，这样就可以由下面语句直接计算矩阵的乘方。

```
>> A0=-2*eye(3); H=J-A0;     %提取幂零矩阵，做矩阵三项加法(后续各项均为零)
   J1=A0^k+k*A0^(k-1)*H+k*(k-1)/2*A0^(k-2)*H^2, F=simplify(V*J1*inv(V))
```

这样可以得出$\boldsymbol{A}$矩阵的k次方矩阵，其结果同样适用于负整数次方。

$$\boldsymbol{F}=\begin{bmatrix}(-2)^k(k+2)/2 & (-2)^k k/2 & (-2)^k k/2\\ -(-2)^{(k-2)}k(k-1)/2 & (-2)^k(-k^2+5k+8)/8 & -(-2)^k k(k-5)/8\\ (-2)^k k(k-5)/8 & (-2)^k k(k-9)/8 & (-2)^k(k^2-9k+8)/8\end{bmatrix}$$

参考funmsym()函数的编写思路，可以写出一个类似的MATLAB函数来计算矩阵的乘方，其中，核心的funJ()由新的子函数powJ()取代。

```
function F=mpowersym(A,k)
   arguments, A, k(1,1){mustBeInteger, mustBePositive}, end
   A=sym(A); [V,T]=jordan(A); vec=diag(T); v1=[0,diag(T,1)',0];
   v2=find(v1==0); lam=vec(v2(1:end-1)); m=length(lam);
   for i=1:m                           %用循环结构对每个Jordan块循环处理
      k0=v2(i):v2(i+1)-1; J1=T(k0,k0); F(k0,k0)=powJ(J1,k);
   end, F=simplify(V*F*inv(V));     %得出最简形式的矩阵乘方
end
function fJ=powJ(J,k)                  %计算Jordan标准型J_i^k幂次矩阵的子函数
   lam=J(1,1); I=eye(size(J)); H=J-lam*I; fJ=lam^k*I; H1=k*H;
   for i=2:length(J), fJ=fJ+lam^(k+1-i)*I*H1; H1=H1*H*(k+1-i)/i; end
end
```

例4-76　考虑例4-72中的矩阵$\boldsymbol{A}$，试计算$\boldsymbol{F}=\boldsymbol{A}^k$。

解　先输入矩阵，然后用下面的语句直接计算矩阵的乘方。

```
>> A=[-7,2,0,-1; 1,-4,2,1; 2,-1,-6,-1; -1,-1,0,-4];    %输入A矩阵
   syms k, A=sym(A); F=mpowersym(A,k)         %声明符号变量并直接计算A^k
   F=collect(F,(-6)^k)                        %对得出的结果按(-6)^k合并同类项
```

可见，化简后的矩阵乘方可以直接得出

$$\boldsymbol{F}=\begin{bmatrix}(k^2/36+k/4+7/9)(-6)^k+2(-3)^k/9 & (-k/6-1/3)(-6)^k+(-3)^k/3\\ (k^2/36-k/12-2/9)(-6)^k2+(-3)^k/9 & (2/3-k/6)(-6)^k+(-3)^k/3\\ (-k^2/18-k/6-2/9)(-6)^k+2(-3)^k/9 & (k/3-1/3)(-6)^k+(-3)^k/3\\ (k^2/36-k/12+4/9)(-6)^k-4(-3)^k/9 & (2/3-k/6)(-6)^k-2(-3)^k/3\end{bmatrix}$$

$$\begin{matrix}(k^2/36+k/12-2/9)(-6)^k+2(-3)^k/9 & (k^2/36+k/12+1/9)(-6)^k-(-3)^k/9\\ (k^2/36-k/4-2/9)(-6)^k+2(-3)^k/9 & (k^2/36-k/4+1/9)(-6)^k-(-3)^k/9\\ (-k^2/18+k/6+7/9)(-6)^k+2(-3)^k/9 & (-k^2/18+k/6+1/9)(-6)^k-(-3)^k/9\\ (k^2/36-k/4+4/9)(-6)^k+4(-3)^k/9 & (k^2/36-k/4+7/9)(-6)^k+2(-3)^k/9\end{matrix}\Bigg]$$

可以用两种方法得出 $\boldsymbol{A}^{12345}$ 与 $\boldsymbol{A}$ 的平方根,可见两种不同方法得出的结果完全一致。

```
>> simplify(A^12345-subs(F,k,12345))      %一个特殊乘方的验证
   syms x; A3=funmsym(sym(A),sqrt(x),x), simplify(A3-subs(F,k,1/2))
```

事实上,funmsym() 函数也可以直接求取 $\boldsymbol{A}^k$,由下面语句就可以得出完全一致的结果。

```
>> syms k x, F1=funmsym(A,x^k,x), simplify(F-F1)    %直接计算
```

例4-77　考虑例4-66中的 $\boldsymbol{A}$ 矩阵,若 $k>0$,试求 $k^{\boldsymbol{A}}$。

解　先输入 $\boldsymbol{A}$ 矩阵,并声明 k 为正的符号变量,则可以直接计算乘方矩阵。

```
>> A=[-3,-1,-1; 0,-3,-1; 1,2,0]; syms k positive, B=k^A
```

得出的乘方矩阵为

$$\boldsymbol{B}=\frac{1}{2k^2}\begin{bmatrix}-2\ln k+2 & -2\ln k & -2\ln k\\ -\ln^2 k & -2\ln k-\ln^2 k+2 & -\ln^2 k-2\ln k\\ 2\ln k+\ln^2 k & 4\ln k+\ln^2 k & 4\ln k+\ln^2 k+2\end{bmatrix}$$

4.6 习题

4.1 试生成一个对角元素为 $a_1,a_2,\cdots,a_{12}$ 的对角矩阵。

4.2 试从矩阵显示的形式辨认出矩阵的数据结构。如果 $\boldsymbol{A}$ 是数值矩阵而 $\boldsymbol{B}$ 为符号矩阵,它们的乘积 $C=A*B$ 会是什么样的数据结构?试通过简单例子验证此判断。

4.3 Jordan矩阵是矩阵分析中一类很实用的矩阵,其一般形式为

$$\boldsymbol{J}=\begin{bmatrix}-\alpha & 1 & 0 & \cdots & 0\\ 0 & -\alpha & 1 & \cdots & 0\\ \vdots & \vdots & \vdots & \ddots & \vdots\\ 0 & 0 & 0 & \cdots & -\alpha\end{bmatrix},\ 例如\ \boldsymbol{J}_1=\begin{bmatrix}-5 & 1 & 0 & 0 & 0\\ 0 & -5 & 1 & 0 & 0\\ 0 & 0 & -5 & 1 & 0\\ 0 & 0 & 0 & -5 & 1\\ 0 & 0 & 0 & 0 & -5\end{bmatrix}$$

试利用diag()函数给出构造 $\boldsymbol{J}_1$ 的语句。

4.4 试用随机矩阵的生成方式生成一个 15×15 矩阵,使其元素只有0和1,且矩阵的行列式的值为1。

4.5 试不用循环方式输入下面两个 20×20 矩阵,并求出它们的行列式、迹和特征多项式系数,并总结出行列式的一般规律。

$$\boldsymbol{A}=\begin{bmatrix}a & & & & & b\\ & \ddots & & & \cdot^{\cdot^{\cdot}} & \\ & & a & b & & \\ & & b & a & & \\ & \cdot^{\cdot^{\cdot}} & & & \ddots & \\ b & & & & & a\end{bmatrix},\quad \boldsymbol{B}=\begin{bmatrix}x & a & a & \cdots & a\\ a & x & a & \cdots & a\\ a & a & x & \cdots & a\\ \vdots & \vdots & \vdots & \ddots & a\\ a & a & a & \cdots & x\end{bmatrix}$$

4.6 幂零矩阵是一类特殊的矩阵,其基本形式为:矩阵的次主对角线元素为1,其余均为0,试验证对指定阶次的幂零矩阵,有 $\boldsymbol{H}_n^i=\boldsymbol{0}$ 对所有的 $i\geqslant n$ 成立(提示:幂零矩阵输入)。

```
>> n=10; a=ones(1,n); H=diag(a,1)
```

4.7 请将下面给出的矩阵 $\boldsymbol{A}$ 和 $\boldsymbol{B}$ 输入MATLAB环境中,并将它们转换成符号矩阵。

$$\boldsymbol{A}=\begin{bmatrix}5 & 7 & 6 & 5 & 1 & 6 & 5\\ 2 & 3 & 1 & 0 & 0 & 1 & 4\\ 6 & 4 & 2 & 0 & 6 & 4 & 4\\ 3 & 9 & 6 & 3 & 6 & 6 & 2\\ 10 & 7 & 6 & 0 & 0 & 7 & 7\\ 7 & 2 & 4 & 4 & 0 & 7 & 7\\ 4 & 8 & 6 & 7 & 2 & 1 & 7\end{bmatrix},\ \boldsymbol{B}=\begin{bmatrix}3 & 5 & 5 & 0 & 1 & 2 & 3\\ 3 & 2 & 5 & 4 & 6 & 2 & 5\\ 1 & 2 & 1 & 1 & 3 & 4 & 6\\ 3 & 5 & 1 & 5 & 2 & 1 & 2\\ 4 & 1 & 0 & 1 & 2 & 0 & 1\\ -3 & -4 & -7 & 3 & 7 & 8 & 12\\ 1 & -10 & 7 & -6 & 8 & 1 & 5\end{bmatrix}$$

4.8 试生成如下的 10×10 矩阵,并求出其行列式、迹及其特征多项式,能从结果猜出来一般 $n\times n$ 矩阵的行

列式是什么吗？请用大型的矩阵来验证该结果。

$$A=\begin{bmatrix} x-a & a & a & \cdots & a \\ a & x-a & a & \cdots & a \\ a & a & x-a & \cdots & a \\ \vdots & \vdots & \vdots & \ddots & \vdots \\ a & a & a & \cdots & x-a \end{bmatrix},\quad B=\begin{bmatrix} x_1 & a & a & \cdots & a \\ a & x_2 & a & \cdots & a \\ a & a & x_3 & \cdots & a \\ \vdots & \vdots & \vdots & \ddots & \vdots \\ a & a & a & \cdots & x_n \end{bmatrix}$$

4.9 试求出下面矩阵的行列式。

$$A=\begin{bmatrix} \sin\alpha & \cos\alpha & \sin(\alpha+\delta) \\ \sin\beta & \cos\beta & \sin(\beta+\delta) \\ \sin\gamma & \cos\gamma & \sin(\gamma+\delta) \end{bmatrix},\quad B=\begin{bmatrix} (a^x+a^{-x})^2 & (a^x-a^{-x})^2 & 1 \\ (b^y+b^{-y})^2 & (b^y-b^{-y})^2 & 1 \\ (c^z+c^{-z})^2 & (c^z-c^{-z})^2 & 1 \end{bmatrix}$$

4.10 试求出Vandermonde矩阵A的行列式，并以最简的形式显示结果。

$$A=\begin{bmatrix} a^4 & a^3 & a^2 & a & 1 \\ b^4 & b^3 & b^2 & b & 1 \\ c^4 & c^3 & c^2 & c & 1 \\ d^4 & d^3 & d^2 & d & 1 \\ e^4 & e^3 & e^2 & e & 1 \end{bmatrix}$$

4.11 试验证100阶以下的偶数阶幻方矩阵都是奇异矩阵。

4.12 利用MATLAB语言提供的现成函数对习题4.7中给出的两个矩阵进行分析，判定它们是否为奇异矩阵，得出矩阵的秩、行列式、迹和逆矩阵，检验得出的逆矩阵是否正确。

4.13 试求出习题4.7中给出的A和B矩阵的特征多项式、特征值与特征向量，并验证Cayley–Hamilton定理，解释并验证如何运算能消除误差。

4.14 试对习题4.7中给出的A和B矩阵进行奇异值分解、LU分解及正交分解。

4.15 对任意矩阵6×6矩阵试验证Cayley–Hamilton定理。

4.16 试判定下面的二次型是否为正定的（提示：可以利用相应的对称矩阵判定正定性）。

① $f_1(\boldsymbol{x})=99x_1^2-12x_1x_2+48x_1x_3+130x_2^2-60x_2x_3+71x_3^2$，

② $f_2(\boldsymbol{x})=x_1^2+x_2^2+4x_3^2+7x_4^2+6x_1x_3+4x_1x_4-4x_2x_3+2x_2x_4+4x_3x_4$。

4.17 试求出下面矩阵的特征值、特征向量、奇异值。

$$A=\begin{bmatrix} 2 & 7 & 5 & 7 & 7 \\ 7 & 4 & 9 & 3 & 3 \\ 3 & 9 & 8 & 3 & 8 \\ 5 & 9 & 6 & 3 & 6 \\ 2 & 6 & 8 & 5 & 4 \end{bmatrix},\quad B=\begin{bmatrix} 703 & 795 & 980 & 137 & 661 \\ 547 & 957 & 271 & 12 & 284 \\ 445 & 523 & 252 & 894 & 469 \\ 695 & 880 & 876 & 199 & 65 \\ 621 & 173 & 737 & 299 & 988 \end{bmatrix}$$

4.18 试根据例4-34中的思路编写出给定矩阵A求逆的底层函数。

4.19 试选择有限的n（如$n=50$），验证下面矩阵的特征多项式为$s^n-a_1a_2\cdots a_n$。

$$A=\begin{bmatrix} 0 & a_1 & 0 & \cdots & 0 \\ 0 & 0 & a_2 & \cdots & 0 \\ \vdots & \vdots & \vdots & \ddots & \vdots \\ 0 & 0 & 0 & \cdots & a_{n-1} \\ a_n & 0 & 0 & \cdots & 0 \end{bmatrix}$$

4.20 试对下列矩阵进行LU与SVD分解。

$$A=\begin{bmatrix} 8 & 0 & 1 & 1 & 6 \\ 9 & 2 & 9 & 4 & 0 \\ 1 & 5 & 9 & 9 & 8 \\ 9 & 9 & 4 & 7 & 9 \\ 6 & 9 & 8 & 9 & 6 \end{bmatrix},\quad B=\begin{bmatrix} 1 & 2 & 2 & 2 \\ 1 & 1 & 2 & 0 \\ 1 & 1 & 1 & 0 \\ 0 & 0 & 2 & 0 \end{bmatrix}$$

4.21 试判定下面矩阵是否为正定矩阵,如果是,则得出其Cholesky分解矩阵。

$$\boldsymbol{A}=\begin{bmatrix}9&2&1&2&2\\2&4&3&3&3\\1&3&7&3&4\\2&3&3&5&4\\2&3&4&4&5\end{bmatrix},\quad \boldsymbol{B}=\begin{bmatrix}16&17&9&12&12\\17&12&12&2&18\\9&12&18&7&13\\12&2&7&18&12\\12&18&13&12&10\end{bmatrix}$$

4.22 试判定下面的矩阵是否为正定矩阵,如果是正定抉择则求出其Cholesky分解。

$$\boldsymbol{A}=\begin{bmatrix}1&3&4&8\\3&2&7&2\\4&7&2&8\\8&2&8&6\end{bmatrix},\quad \boldsymbol{B}=\begin{bmatrix}12&13&24&26\\31&12&27&11\\10&9&22&18\\42&22&10&16\end{bmatrix}$$

4.23 对非正定的符号矩阵,MATLAB函数 `chol()` 并不能得出矩阵的Cholesky分解矩阵。试根据给出的算法编写一个可以完成Cholesky分解的函数。提示,可以参考下面的函数。试构造一个元素均为整数的非正定对称矩阵,对其进行Cholesky分解,并检验结果。

```
function D=cholsym(A)
   n=length(A); D(1,1)=sqrt(A(1,1)); D(1,2:n)=A(2:n,1)/D(1,1);
   for i=2:n, k=1:i-1; D(i,i)=sqrt(A(i,i)-sum(D(k,i).^2));
      for j=i+1:n, D(i,j)=(A(j,i)-sum(D(k,j).*D(k,i)))/D(i,i);
end, end, end
```

4.24 试对下列矩阵进行Jordan变换,并得出变换矩阵。

$$\boldsymbol{A}=\begin{bmatrix}-2&0.5&-0.5&0.5\\0&-1.5&0.5&-0.5\\2&0.5&-4.5&0.5\\2&1&-2&-2\end{bmatrix},\quad \boldsymbol{B}=\begin{bmatrix}-2&-1&-2&-2\\-1&-2&2&2\\0&2&0&3\\1&-1&-3&-6\end{bmatrix}$$

4.25 考虑习题4.24中的矩阵,试选择合适的变换矩阵,将其变换为相伴矩阵的形式。

4.26 试求出下面矩阵的特征值与Jordan标准型。已知原矩阵含有复数特征根,试找出实变换矩阵并实现Jordan标准型的变换。

$$\boldsymbol{A}=\begin{bmatrix}-5&-2&-4&0&-1&0\\1&-2&2&0&-1&-2\\2&2&0&3&2&0\\1&3&1&0&3&1\\-1&-2&-3&-4&-4&1\\3&4&3&1&2&-1\end{bmatrix}$$

4.27 试求下面齐次方程的基础解系。

$$① \begin{cases}6x_1+x_2+4x_3-7x_4-3x_5=0\\-2x_1-7x_2-8x_3+6x_4=0\\-4x_1+5x_2+x_3-6x_4+8x_5=0\\-34x_1+36x_2+9x_3-21x_4+49x_5=0\\-26x_1-12x_2-27x_3+27x_4+17x_5=0\end{cases}\qquad ② \boldsymbol{A}=\begin{bmatrix}-1&2&-2&1&0\\0&3&2&2&1\\3&1&3&2&-1\end{bmatrix}$$

4.28 试求下面线性代数方程的解析解与数值解,并检验解的正确性。

$$\begin{bmatrix}2&-9&3&-2&-1\\10&-1&10&5&0\\8&-2&-4&-6&3\\-5&-6&-6&-8&-4\end{bmatrix}\boldsymbol{X}=\begin{bmatrix}-1&-4&0\\-3&-8&-4\\0&3&3\\9&-5&3\end{bmatrix}$$

4.29 试求解线性代数方程组,并检验解的正确性。

$$\boldsymbol{X}\begin{bmatrix}7&6&9&7\\7&1&3&2\\2&1&5&5\\6&4&2&6\end{bmatrix}=\begin{bmatrix}2&1&0&1\\0&3&1&2\end{bmatrix}$$

4.30 判断当 a,b 取何值时，下面方程有解，并求出解的一般形式。

$$①\begin{cases} x_1+2x_2+ax_3=0 \\ ax_1+x_2-2x_3=0 \\ 3x_1+2x_2+x_3=0 \end{cases} \quad ②\begin{cases} x_1+x_2+x_3+x_4+x_5=1 \\ 3x_1+2x_2+x_3+x_4-3x_5=a \\ x_2+2x_3+2x_4+6x_5=3 \\ 5x_1+4x_2+3x_3+3x_4-x_5=b \end{cases}$$

4.31 试判定下面两个矩阵是否相似。如果相似，请找出相似变换矩阵。

$$\boldsymbol{A}=\begin{bmatrix} -2 & 1 & -1/2 & 0 \\ -1/2 & -7/2 & 0 & -1/2 \\ 0 & 0 & -2 & 0 \\ 1/2 & 1/2 & -1/2 & -7/2 \end{bmatrix},\quad \boldsymbol{B}=\begin{bmatrix} -11/4 & -1/4 & -3/4 & 0 \\ 3/4 & -15/4 & -1/4 & 0 \\ 1/2 & -1/2 & -5/2 & 0 \\ 3/2 & -3/2 & 1/2 & -2 \end{bmatrix}$$

4.32 试判定下面的线性代数方程是否有解。

$$\begin{bmatrix} 16 & 2 & 3 & 13 \\ 5 & 11 & 10 & 8 \\ 9 & 7 & 6 & 12 \\ 4 & 14 & 15 & 1 \end{bmatrix}\boldsymbol{X}=\begin{bmatrix} 1 \\ 3 \\ 4 \\ 7 \end{bmatrix}$$

4.33 试求出线性代数方程的解析解，并验证解的正确性。

$$\begin{bmatrix} 2 & 9 & 4 & 12 & 5 & 8 & 6 \\ 12 & 2 & 8 & 7 & 3 & 3 & 7 \\ 3 & 0 & 3 & 5 & 7 & 5 & 10 \\ 3 & 11 & 6 & 6 & 9 & 9 & 1 \\ 11 & 2 & 1 & 4 & 6 & 8 & 7 \\ 5 & -18 & 1 & -9 & 11 & -1 & 18 \\ 26 & -27 & -1 & 0 & -15 & -13 & 18 \end{bmatrix}\boldsymbol{X}=\begin{bmatrix} 1 & 9 \\ 5 & 12 \\ 4 & 12 \\ 10 & 9 \\ 0 & 5 \\ 10 & 18 \\ -20 & 2 \end{bmatrix}$$

4.34 对下面的矩阵 $\boldsymbol{A}$ 和 $\boldsymbol{B}$，试计算 $\boldsymbol{A}\otimes\boldsymbol{B}$ 和 $\boldsymbol{B}\otimes\boldsymbol{A}$，并判定二者是否相等。

$$\boldsymbol{A}=\begin{bmatrix} -1 & 2 & 2 & 1 \\ -1 & 2 & 1 & 0 \\ 2 & 1 & 1 & 0 \\ 1 & 0 & 2 & 0 \end{bmatrix},\quad \boldsymbol{B}=\begin{bmatrix} 3 & 0 & 3 \\ 3 & 2 & 2 \\ 3 & 1 & 1 \end{bmatrix}$$

4.35 类似于Kronecker乘积 $\boldsymbol{A}\otimes\boldsymbol{B}$，还可以定义出两个矩阵的Kronecker和 $\boldsymbol{A}\oplus\boldsymbol{B}$，其数学表示如下。试仿照`kron()`函数编写计算Kronecker和的通用函数`kronsum()`。

$$\boldsymbol{A}\oplus\boldsymbol{B}=\begin{bmatrix} a_{11}+\boldsymbol{B} & \cdots & a_{1m}+\boldsymbol{B} \\ \vdots & \ddots & \vdots \\ a_{n1}+\boldsymbol{B} & \cdots & a_{nm}+\boldsymbol{B} \end{bmatrix}$$

4.36 试用数值方法和解析方法求解下面的Sylvester方程，并验证得出的结果。

$$\begin{bmatrix} 3 & -6 & -4 & 0 & 5 \\ 1 & 4 & 2 & -2 & 4 \\ -6 & 3 & -6 & 7 & 3 \\ -13 & 10 & 0 & -11 & 0 \\ 0 & 4 & 0 & 3 & 4 \end{bmatrix}\boldsymbol{X}+\boldsymbol{X}\begin{bmatrix} 3 & -2 & 1 \\ -2 & -9 & 2 \\ -2 & -1 & 9 \end{bmatrix}=\begin{bmatrix} -2 & 1 & -1 \\ 4 & 1 & 2 \\ 5 & -6 & 1 \\ 6 & -4 & -4 \\ -6 & 6 & -3 \end{bmatrix}$$

4.37 试求出下面矩阵方程的解析解并验证得出的结果，a 满足什么条件时方程无解？

$$\begin{bmatrix} -2 & 2 & 1 \\ -1 & 0 & -1 \\ 1 & -1 & 2 \end{bmatrix}\boldsymbol{X}+\boldsymbol{X}\begin{bmatrix} -2 & -1 & 2 \\ a & 3 & 0 \\ 3 & -2 & 2 \end{bmatrix}+\begin{bmatrix} 0 & -1 & 0 \\ -1 & 1 & 0 \\ 1 & -1 & -1 \end{bmatrix}=\boldsymbol{0}$$

4.38 试求离散Lyapunov方程 $\boldsymbol{AXA}^{\mathrm{T}}-\boldsymbol{X}+\boldsymbol{Q}=\boldsymbol{0}$ 的数值解与解析解，其中

$$\boldsymbol{A}=\begin{bmatrix} -2 & -1 & 0 & -3 \\ -2 & -2 & -1 & -3 \\ 2 & 2 & -3 & 0 \\ -3 & 1 & 1 & -3 \end{bmatrix},\quad \boldsymbol{Q}=\begin{bmatrix} -12 & -16 & 14 & -8 \\ -20 & -25 & 11 & -20 \\ 3 & 1 & -16 & 1 \\ -4 & -10 & 21 & 10 \end{bmatrix}$$

4.39 试求解下列的Diophantine方程并验证所得的结果。

① $A(x)=1-0.7x, B(x)=0.9-0.6x, C(x)=2x^2+1.5x^3$

② $A(x)=1+0.6x-0.08x^2+0.152x^3+0.0591x^4-0.0365x^5$,

$B(x)=5-4x-0.25x^2+0.42x^3,\ C(x)=1$

4.40 某些函数可以用多项式函数，如Taylor幂级数来表示，对这些函数来说，如果用矩阵$\boldsymbol{A}$去取代自变量x，则可以求出矩阵非线性函数的值。对下面的非线性矩阵函数试编写出相应的求解M函数，并和`funm()`或`funmsym()`函数的结果进行比较。

① $\cos\boldsymbol{A}=\boldsymbol{I}-\dfrac{1}{2!}\boldsymbol{A}^2+\dfrac{1}{4!}\boldsymbol{A}^4-\dfrac{1}{6!}\boldsymbol{A}^6+\cdots+\dfrac{(-1)^n}{(2n)!}\boldsymbol{A}^{2n}+\cdots$

② $\arcsin\boldsymbol{A}=\boldsymbol{A}+\dfrac{1}{2\cdot3}\boldsymbol{A}^3+\dfrac{1\cdot3}{2\cdot4\cdot5}\boldsymbol{A}^5+\dfrac{1\cdot3\cdot5}{2\cdot4\cdot6\cdot7}\boldsymbol{A}^7+\cdots+\dfrac{(2n)!}{2^{2n}(n!)^2(2n+1)}\boldsymbol{A}^{2n+1}+\cdots$

③ $\ln\boldsymbol{A}=\boldsymbol{A}-\boldsymbol{I}-\dfrac{1}{2}(\boldsymbol{A}-\boldsymbol{I})^2+\dfrac{1}{3}(\boldsymbol{A}-\boldsymbol{I})^3-\dfrac{1}{4}(\boldsymbol{A}-\boldsymbol{I})^4+\cdots+\dfrac{(-1)^{n+1}}{n}(\boldsymbol{A}-\boldsymbol{I})^n+\cdots$

4.41 假设某Riccati方程的数学表达式为$\boldsymbol{PA}+\boldsymbol{A}^{\rm T}\boldsymbol{P}-\boldsymbol{PBR}^{-1}\boldsymbol{B}^{\rm T}\boldsymbol{P}+\boldsymbol{Q}=\boldsymbol{0}$，且已知

$$\boldsymbol{A}=\begin{bmatrix}-27&6&-3&9\\2&-6&-2&-6\\-5&0&-5&-2\\10&3&4&-11\end{bmatrix},\ \boldsymbol{B}=\begin{bmatrix}0&3\\16&4\\-7&4\\9&6\end{bmatrix},\ \boldsymbol{Q}=\begin{bmatrix}6&5&3&4\\5&6&3&4\\3&3&6&2\\4&4&2&6\end{bmatrix},\ \boldsymbol{R}=\begin{bmatrix}4&1\\1&5\end{bmatrix}$$

试求解该方程，得出$\boldsymbol{P}$矩阵，并检验得出解的精度。

4.42 已知自治型线性微分方程$\boldsymbol{x}'(t)=\boldsymbol{Ax}(t)$的解析解可以写成$\boldsymbol{x}(t)=\mathrm{e}^{\boldsymbol{A}t}\boldsymbol{x}(0)$，试求出下面自治微分方程的解析解。

$$\boldsymbol{x}'(t)=\begin{bmatrix}-3&0&0&1\\-1&-1&1&-1\\1&0&-2&1\\0&0&0&-4\end{bmatrix}\boldsymbol{x}(t),\quad \boldsymbol{x}(0)=\begin{bmatrix}-1\\0\\3\\1\end{bmatrix}$$

4.43 试求出下面给定矩阵$\boldsymbol{A}$的对数矩阵$\ln\boldsymbol{A}$和$\ln\boldsymbol{A}t$，并用可靠的`expm()`函数验证结果。

$$\boldsymbol{A}=\begin{bmatrix}-1&-1/2&1/2&-1\\-2&-5/2&-1/2&1\\1&-3/2&-5/2&-1\\3&-1/2&-1/2&-4\end{bmatrix}$$

4.44 试求出下面矩阵的三角函数$\sin\boldsymbol{A}t, \cos\boldsymbol{A}t, \tan\boldsymbol{A}t$和$\cot\boldsymbol{A}t$。

$$\boldsymbol{A}_1=\begin{bmatrix}-15/4&3/4&-1/4&0\\3/4&-15/4&1/4&0\\-1/2&1/2&-9/2&0\\7/2&-7/2&1/2&-1\end{bmatrix},\quad \boldsymbol{A}_2=\begin{bmatrix}-1&0&0&0\\0&-1&1&0\\2&0&-2&1\\-1&0&0&-2\end{bmatrix}$$

4.45 假设已知某Jordan块矩阵$\boldsymbol{A}$及其组成部分为

$$\boldsymbol{A}=\begin{bmatrix}\boldsymbol{A}_1&&\\&\boldsymbol{A}_2&\\&&\boldsymbol{A}_3\end{bmatrix},\ \boldsymbol{A}_1=\begin{bmatrix}-3&1&0\\0&-3&1\\0&0&-3\end{bmatrix},\ \boldsymbol{A}_2=\begin{bmatrix}-5&1\\0&-5\end{bmatrix},\ \boldsymbol{A}_3=\begin{bmatrix}-1&1&0&0\\0&-1&1&0\\0&0&-1&1\\0&0&0&-1\end{bmatrix}$$

试用解析解运算的方式得出$\mathrm{e}^{\boldsymbol{A}t}, \sin\left(2\boldsymbol{A}t+\dfrac{\pi}{3}\right), \mathrm{e}^{\boldsymbol{A}^2t}\boldsymbol{A}^2+\sin(\boldsymbol{A}^3t)\boldsymbol{A}t+\mathrm{e}^{\sin\boldsymbol{A}t}$。

4.46 假设已知矩阵$\boldsymbol{A}$，试求出$\mathrm{e}^{\boldsymbol{A}t}, \sin\boldsymbol{A}t, \mathrm{e}^{\boldsymbol{A}t}\sin\left(\boldsymbol{A}^2\mathrm{e}^{\boldsymbol{A}t}t\right)$和$\boldsymbol{A}^k$。

$$\boldsymbol{A}=\begin{bmatrix}-4.5&0&0.5&-1.5\\-0.5&-4&0.5&-0.5\\1.5&1&-2.5&1.5\\0&-1&-1&-3\end{bmatrix}$$

4.47 试求出习题4.43中$\boldsymbol{A}$矩阵的$k^{\boldsymbol{A}}$与$5^{\boldsymbol{A}}$，并检验结果。

第5章 积分变换与复变函数问题的计算机求解

积分变换技术可以将某些难以分析的问题通过映射的方式映射到其他域内的表达式后再进行分析。例如，Laplace变换可以将时域函数映射成复域函数，从而可以将某时域函数的微分方程映射成复域的多项式代数方程，使得原微分方程在诸多方面，如稳定性、解析解等方面更便于分析，这样的变换方法构成了经典自动控制理论的基础。在实际应用中，Fourier变换、Mellin变换及Hankel变换都是有其应用领域的。如何利用计算机求解积分变换的解析解是本章主要介绍的问题之一。如果读者没有学过积分变换与复变函数课程，也可以利用类似于第3章介绍的方法，直接由计算机求解相关问题。

5.1节将首先介绍Laplace变换与反变换的定义及基本性质，然后介绍用MATLAB语言中的符号运算工具箱函数求取Laplace变换及反变换问题的解析解方法，还给出了复杂函数Laplace反变换的数值求解方法与应用实例。5.2节将介绍Fourier变换及反变换的定义、性质和变换问题的MATLAB解法，并介绍Fourier余弦变换、正弦变换、离散Fourier正余弦变换等问题的计算机求解方法，并介绍快速Fourier变换的求解与应用。5.3节将介绍Mellin变换、Hankel变换等问题的MATLAB语言的求解算法，可以得出函数的相应变换及反变换。z变换是另一类实用的变换方法，该变换方法也是离散控制理论的数学基础。5.4节将介绍z变换及其反变换的定义和性质，并介绍基于MATLAB语言符号运算工具箱的z变换问题的计算机辅助求解方法。本章的另一个主要问题是复变函数问题及其MATLAB语言求解。5.5节介绍一般复变函数的映射与Riemann面的图形表示方法，此外，还可以用5.6节中介绍的方法计算复变函数的奇点与留数，进行部分分式展开等运算，讨论有理函数Laplace反变换的求解方法和化简方法，基于留数定理还探讨了封闭曲线积分的求解方法。5.7节还将介绍各种差分方程的求解方法。

5.1 Laplace变换及其反变换

法国数学家Pierre-Simon Laplace（1749—1827）引入的积分变换可以巧妙地将一般常系数微分方程映射成代数方程，奠定了很多领域，如电路分析、自动控制原理等的数学模型基础。本节将首先介绍Laplace变换及其反变换的定义与性质，然后介绍利用计算机数学语言MATLAB求解Laplace变换及其反变换的方法与应用，最后给出复杂函数Laplace反变换的数值求解方法与实用函数。

5.1.1 Laplace变换及其反变换的定义与性质

一个时域函数$f(t)$的Laplace变换可以定义为

$$\mathscr{L}[f(t)]=\int_0^\infty f(t)\mathrm{e}^{-st}\mathrm{d}t=F(s) \tag{5-1-1}$$

式中，$\mathscr{L}[f(t)]$为Laplace变换的简单记号。

下面将不加证明地列出一些常用的Laplace变换性质。

(1) 线性性质。若a与b均为标量,则$\mathscr{L}[af(t)\pm bg(t)]=a\mathscr{L}[f(t)]\pm b\mathscr{L}[g(t)]$。

(2) 时域平移性质。$\mathscr{L}[f(t-a)]=\mathrm{e}^{-as}F(s)$。

(3) s-域平移性质。$\mathscr{L}[\mathrm{e}^{-at}f(t)]=F(s+a)$。

(4) 微分性质。$\mathscr{L}\left[\mathrm{d}f(t)/\mathrm{d}t\right]=sF(s)-f(0^+)$,一般地,$n$阶微分可以由下式求出

$$\mathscr{L}\left[\mathrm{d}^n f(t)/\mathrm{d}t^n\right]=s^nF(s)-s^{n-1}f(0^+)-s^{n-2}f'(0^+)-\cdots-f^{(n-1)}(0^+) \tag{5-1-2}$$

若假设函数$f(t)$及其各阶导数的初值均为0,则式(5-1-2)可以简化成

$$\mathscr{L}\left[\mathrm{d}^n f(t)/\mathrm{d}t^n\right]=s^nF(s) \tag{5-1-3}$$

此性质事实上是微分方程映射成代数方程的关键式子。

(5) 积分性质。若假设零初始条件,$\mathscr{L}\left[\int_0^t f(\tau)\,\mathrm{d}\tau\right]=\dfrac{F(s)}{s}$,一般地,函数$f(t)$的$n$重积分的Laplace变换可以由下式求出。

$$\mathscr{L}\left[\int_0^t\cdots\int_0^t f(\tau)\mathrm{d}\tau^n\right]=\frac{F(s)}{s^n} \tag{5-1-4}$$

(6) 初值性质。$\lim\limits_{t\to 0}f(t)=\lim\limits_{s\to\infty}sF(s)$。

(7) 终值性质。如果$F(s)$没有$s\geqslant 0$的极点,则$\lim\limits_{t\to\infty}f(t)=\lim\limits_{s\to 0}sF(s)$。

(8) 卷积性质。$\mathscr{L}[f(t)*g(t)]=\mathscr{L}[f(t)]\mathscr{L}[g(t)]$,式中,卷积算子$*$的定义为

$$f(t)*g(t)=\int_0^t f(\tau)g(t-\tau)\mathrm{d}\tau=\int_0^t f(t-\tau)g(\tau)\mathrm{d}\tau \tag{5-1-5}$$

(9) 其他性质。

$$\mathscr{L}[t^nf(t)]=(-1)^n\frac{\mathrm{d}^nF(s)}{\mathrm{d}s^n},\mathscr{L}\left[\frac{f(t)}{t^n}\right]=\int_s^\infty\cdots\int_s^\infty F(s)\mathrm{d}s^n \tag{5-1-6}$$

如果已知函数的Laplace变换表达式$F(s)$,则可以通过下面的反变换公式反演出Laplace反变换。

$$f(t)=\mathscr{L}^{-1}[F(s)]=\frac{1}{2\pi\mathrm{j}}\int_{\sigma-\mathrm{j}\infty}^{\sigma+\mathrm{j}\infty}F(s)\mathrm{e}^{st}\mathrm{d}s \tag{5-1-7}$$

其中,σ大于$F(s)$的奇点实部,奇点的概念将在后面给出。

5.1.2 Laplace变换的计算机求解

求解已知函数的Laplace变换的解析解必须借助于计算机数学语言,如本书介绍的MATLAB语言。MATLAB语言的符号运算工具箱可以轻松地求解Laplace变换问题。具体的变换及反变换问题的求解步骤为:

(1) 用`syms`命令声明符号变量t,这样就能描述时域表达式f了。

(2) 直接调用`laplace()`函数,就可以得出所需的时域函数Laplace变换式子

```
F=laplace(f)        %采用默认的t为时域变量
F=laplace(f,v,u)    %用户指定时域变量v和复域变量名u
```

还可以考虑采用`simplify()`等函数对其进行化简。

(3) 对复杂的问题来说，得出的结果形式通常需要调用`simplify()`函数化简，此外，有时变换的结果难以阅读，所以需要调用`pretty()`函数或`latex()`函数对结果进行进一步处理。可以在屏幕上或利用LaTeX的强大功能将结果用可读性更强的形式显示出来。

如果已知Laplace变换式子，则应该首先给出Laplace变换式子F，然后采用符号运算工具箱中的`ilaplace()`函数对其进行反变换。该函数的调用格式为

```
f=ilaplace(F)          %采用默认的s为时域变量
f=ilaplace(F,u,v)      %用户指定时域变量v和复域变量名u
```

获得变化式f后也可以对之进一步化简和改变显示格式。

例5-1 已知函数$f(t)=t^2\mathrm{e}^{-2t}\sin(t+\pi)$，试求取该函数的Laplace变换。

解 分析原题，可以先声明t为符号变量，再用MATLAB语句表示给定的$f(t)$函数，然后就可以用下面的语句对该函数进行Laplace变换。

```
>> syms t; f=t^2*exp(-2*t)*sin(t+pi); F=simplify(laplace(f))   %直接变换
```

直接得出原函数的Laplace变换为

$$F(s)=\frac{2}{\left((s+2)^2+1\right)^2}-\frac{2(2s+4)^2}{\left((s+2)^2+1\right)^3}$$

例5-2 假设给出的函数为$f(x)=x^2\mathrm{e}^{-2x}\sin(x+\pi)$，试求其Laplace变换，并对结果进行Laplace反变换，看是否能变换回原函数。

解 同样可以采用`laplace()`函数求解该问题。

```
>> syms x w; f=x^2*exp(-2*x)*sin(x+pi);
   F=laplace(f,x,w), g=simplify(ilaplace(F))
```

可见，这样的结果和上面的例子是完全一致的，但需要按要求做一下变量替换。使用Laplace反变换的函数`ilaplace(F)`得出原函数$-t^2\mathrm{e}^{-2t}\sin t$，因为$\sin(t+\pi)=-\sin t$。

例5-3 试求出下面函数的Laplace反变换。

$$G(x)=\frac{-17x^5-7x^4+2x^3+x^2-x+1}{x^6+11x^5+48x^4+106x^3+125x^2+75x+17}$$

解 从原来给出的问题，似乎用下面的语句就能直接求解出所需结果。

```
>> syms x t;              %声明符号变量并输入原函数
   G=(-17*x^5-7*x^4+2*x^3+x^2-x+1)/(x^6+11*x^5+48*x^4+106*x^3+125*x^2+75*x+17);
   f=ilaplace(G,x,t)      %指定变量作Laplace反变换
```

事实上，得出的结果可读性很差。这是因为方程$x^6+11x^5+48x^4+106x^3+125x^2+75x+17=0$不存在解析解，所以导致原问题不存在解析解。若利用MATLAB的变精度算法`vpa(f,4)`则可以得出高精度的数值解，这里因篇幅所限将其解表示为

$$\begin{aligned}y(t)=&-556.2565\mathrm{e}^{-3.2617t}+1.7589\mathrm{e}^{-1.0778t}\cos 0.6021t+10.9942\mathrm{e}^{-1.0778t}\sin 0.6021t+\\&0.2126\mathrm{e}^{-0.5209t}+537.2850\mathrm{e}^{-2.5309t}\cos 0.3998t-698.2462\mathrm{e}^{-2.5309t}\sin 0.3998t\end{aligned}$$

例5-4 对例5-1给出的原函数$f(t)$，试得出$\mathscr{L}\left[\mathrm{d}^5f(t)/\mathrm{d}t^5\right]$和$s^5\mathscr{L}[f(t)]$之间的关系。

解 如果想求解这样的问题，可以利用符号运算工具箱中的`diff()`函数对函数$f(t)$求五阶导数，再进行Laplace变换，则

```
>> syms t s; f=t^2*exp(-2*t)*sin(t+pi); F=simplify(laplace(diff(f,t,5)))
```

对 $f(t)$ 进行Laplace变换，并将变换结果乘以 s^5，将得出的结果与前面直接得出的结果相减，可以得到差为 $6s-48$。

```
>> F0=laplace(f); simplify(F-s^5*F0)
```

由于二者之差不为0,所以看起来和式(5-1-3)是不同的。这是因为 $f(t)$ 函数有 $f(0)=f'(0)=0$,但其高阶导数在 $t=0$ 处的值不为0,故不满足式(5-1-3),而满足式(5-1-2)。由式(5-1-2)直接可见,考虑初始条件后,得出的结果和上述的差完全一致。

```
>> ss=0; f1=f; for i=4:-1:0, ss=ss-s^i*subs(f1,t,0); f1=diff(f1,t); end, ss
```

例5-5　试推导出 $\mathscr{L}[\mathrm{d}^2f(t)/\mathrm{d}t^2]$ 的微分公式。

解　MATLAB的符号运算工具箱还可以进行一些简单的Laplace变换公式推导。假设想导出 $f(t)$ 的二阶导数的Laplace变换，首先应该先定义一下 $f(t)$ 函数，这可以通过如下语句实现，并推导出二阶导数的Laplace变换公式。

```
>> syms t f(t); laplace(diff(f,t,2))
```

得出的结果为 `s^2*laplace(f(t),t,s)-s*f(0)-D(f)(0)`,其数学表示为 $s^2F(s)-sf(0)-f'(0)$,可见,该结果与式(5-1-2)中的式子完全一致。当然,该功能可以进一步引申,求出函数八阶导数的Laplace变换。

```
>> Y=collect(laplace(diff(f,t,8)))   % Laplace变换公式的推导
```

例5-6　已知 $f(t)=\mathrm{e}^{-5t}\cos(2t+1)+5$,试求出 $\mathscr{L}[\mathrm{d}^5f(t)/\mathrm{d}t^5]$。

解　这个例子是上个例子的引申。若已知某具体函数 $f(t)$,则可以将 `diff()` 函数与 `laplace()` 函数结合起来使用,这样用下面的MATLAB命令则可以得出所需的结果。

```
>> syms t; f=exp(-5*t)*cos(2*t+1)+5;
   F=laplace(diff(f,t,5)); F=simplify(F)   %求解Laplace变换并化简
```

其结果为 $F=(1475\cos 1s-1189\cos 1-24360\sin 1-4282\sin 1s)/(s^2+10s+29)$。对化简后的结果其实还可以采用其他化简方法微调。例如,想将分子多项式合并同类项,则可以给出如下语句:

```
>> syms s; F1=collect(F)   %对结果作合并同类项处理
```

则将得出的显示结果为

$$F_1(s)=\frac{(1475\cos 1-4282\sin 1)\,s-1189\cos 1-24360\sin 1}{s^2+10s+29}$$

5.1.3 Laplace变换问题的数值求解

前面给出了Laplace变换的求解函数 `laplace()`，该函数可以推导出很多时域函数的Laplace变换的解析解，同时也有很多函数Laplace变换的解析解不存在或不适合用解析解方法求解，所以应该考虑数值方法求解Laplace变换问题。

Juraj Valsa开发了基于数值方法的Laplace反变换的MATLAB函数 `INVLAP()` [52,53]，该函数的调用格式为 `[t,y]=INVLAP(f,t0,tn,N,其他参数)`，其中，原函数由含有字符 s 的字符串表示，(t_0,t_n) 为感兴趣的区间且 $t_0\neq 0$，N 为用户选择的计算点数，用户可以选择不同的 N 值来检验运算的结果。“其他参数”的选取可以参考原函数的联机帮助，不过这里建议：除非特别需要没有必要去人为修改这些默认参数。

对源程序代码进行扩展，可以建立新的函数清单如下：

```
function [t,y]=INVLAP_new(G,t0,tn,N,H,tx,ux)
   arguments
```

```
      G, t0(1,1), tn(1,1) {mustBeGreaterThan(tn,t0)}
      N(1,1){mustBeInteger,mustBePositive}=100;
      H(1,1)=0; tx='1'; ux(1,:) {mustBeNumeric}=0;
   end
   G=add_dots(G); if ischar(H), H=add_dots(H); end
   if ischar(tx), tx=add_dots(tx); end, a=6; ns=20; nd=19;
   t=linspace(t0,tn,N); if t0==0, t=[1e-6 t(2:N)]; end, n=1:ns+1+nd;
   alfa=a+(n-1)*pi*1j; bet=-exp(a)*(-1).^n; n=1:nd; bet(1)=bet(1)/2;
   bdif=fliplr(cumsum(gamma(nd+1)./gamma(nd+2-n)./gamma(n)))./2^nd;
   bet(ns+2:ns+1+nd)=bet(ns+2:ns+1+nd).*bdif;
   if isnumeric(H), H=num2str(H); end
   for i=1:N      %对每个数据点作Laplace反变换的数值计算
      tt=t(i); s=alfa/tt; bt=bet/tt; sG=eval(G); sH=eval(H);
      if ischar(tx), sU=eval(tx);   %如果输入信号Laplace变换已知,则直接求值
      else                           %否则进行输入信号Laplace变换的数值计算
         if isnumeric(tx)
            f=@(x)interp1(tx,ux,x,'spline').*exp(-s.*x);
         else, f=@(x)tx(x).*exp(-s.*x); end         %输入信号的匿名函数
         sU=integral(f,t0,tn,'ArrayValued',true);   %数值Laplace变换
      end
      btF=bt.*sG./(1+sG.*sH).*sU; y(i)=sum(real(btF));
end, end
function F=add_dots(F)   %子函数:删除点运算再统一加回点运算
   F=strrep(strrep(strrep(F,'.*','*'),'./','/'),'.^','^');   %删除点运算
   F=strrep(strrep(strrep(F,'*','.*'),'/','./'),'^','.^');   %加回点运算
end
```

该函数的调用格式如下：

$[t,y]$=INVLAP_new(G,t_0,t_n,N)　　%G的Laplace反变换

$[t,y]$=INVLAP_new(G,t_0,t_n,N,H)　　%G、H闭环系统的脉冲响应

$[t,y]$=INVLAP_new(G,t_0,t_n,N,H,u)　　%u用于描述输入信号

$[t,y]$=INVLAP_new(G,t_0,t_n,N,H,t_x,u_x)　　%$\boldsymbol{t}_x,\boldsymbol{u}_x$为时间与输入信号采样点

该函数支持多种调用格式：G为Laplace变换表达式的字符串；若同时提供了H，则G为前向通路的传递函数模型字符串，H为负反馈回路传递函数的字符串；若需要描述输入信号，则u可以为输入信号的Laplace变换字符串，或输入时域信号的匿名函数句柄；输入信号还可以由采样点$(\boldsymbol{t}_x,\boldsymbol{u}_x)$表示；若只考虑$G$模型的响应，可以将$H$设置为0。

例5-7　试用数值方法重新求解例5-3中给出函数的Laplace反变换的问题。

解　由前面给出的例题可知，虽然原问题的解析解是未知的，可以通过符号运算工具箱相关函数求出高精度的数值解。对同样的问题，可以利用MATLAB语句将其变换成关于s的字符串变量G，对其进行数值求解，则可以得出该函数Laplace反变换的数值解。和精确的数值解相比，这个例子的相对误差为$1.83\times10^{-5}\%$，应该满足一般科学运算的要求。

```
>> syms x t;       %声明必要的符号变量
   G=(-17*x^5-7*x^4+2*x^3+x^2-x+1)/(x^6+11*x^5+48*x^4+106*x^3+125*x^2+75*x+17);
   f=ilaplace(G,x,t); fun=char(subs(G,x,'s'));       %将x替换成s,得出字符串
   [t1,y1]=INVLAP_new(fun,0,5,100); y0=subs(f,t,t1); norm(vpa((y1-y0)./y0)) %相对误差
```

从计算量看，如果将计算点数从100增加到5000，采用 `INVLAP_new()` 函数所需时间为0.58 s，而采用 `ilaplace()` 与 `subs()` 函数则需时246.32 s，可见对某些问题来说，采用数值方法更高效。

在一般应用中，如果某复杂系统$G(s)$输入信号的Laplace变换可求且已知为$R(s)$，可以得出输出信号的Laplace变换表达式为$Y(s)=G(s)U(s)$，则可以通过前面给出的方法得出输出信号的数值解。

例5-8　考虑已知的Laplace变换表达式。

$$G(s)=\frac{(s^{0.4}+0.4s^{0.2}+0.5)}{\sqrt{s}(s^{0.2}+0.02s^{0.1}+0.6)^{0.4}(s^{0.3}+0.5)^{0.6}}$$

试用数值方法绘制出$t\in(0,1)$区间内的Laplace反变换时域函数曲线。

解　该函数不能用 `ilaplace()` 函数求取Laplace反变换解析解，只能采用数值方法求解此问题。选择计算点数$N=1000$，则可以由下面的语句对$G(s)$进行Laplace反变换，得出的时域函数曲线如图5-1所示。增加计算点数到$N=5000$仍然能得出一致的结果，说明这样得出的结果是正确的。

```
>> G='(s^0.4+0.4*s^0.2+0.5)/sqrt(s)/(s^0.2+0.02*s^0.1+0.6)^0.4/(s^0.3+0.5)^0.6';
   [t,y]=INVLAP_new(G,0,1,1000); plot(t,y)      %数值Laplace反变换
```

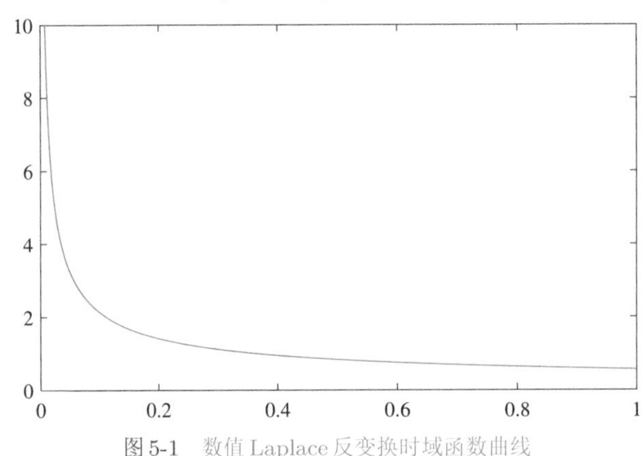

图5-1　数值Laplace反变换时域函数曲线

值得指出的是，分数阶多项式$p^{\gamma}(x)$本身的精确解应该对应于无穷级数，其Laplace反变换的解析解是不可能求出的，必须借助于数值方法来求解原始问题。另外，该数值算法速度足够快，实际求解时间只需0.3 s。

如果给出函数$u(t)$的Laplace变换的解析解是不存在的，则可以考虑对原始的问题用数值方法求解输入信号的Laplace变换。分析 `INVLAP()` 源程序可见，该函数主要采用循环结构，每一个循环步骤内生成一个$\boldsymbol{s}$向量，根据该向量可以采用数值积分的方法求出输入信号的Laplace变换。

$$\mathscr{L}[u(t)]=\int_0^{\infty}u(t)\mathrm{e}^{-\boldsymbol{s}t}\mathrm{d}t=U(\boldsymbol{s}) \tag{5-1-8}$$

其中，$\boldsymbol{s}$为向量。由于积分中含有$\mathrm{e}^{-\boldsymbol{s}t}$项，在实际应用中只要求解的时间区间$(0,t_{\mathrm{n}})$足够大，即可以用该有限时间内的积分代替无穷积分，得出近似的数值Laplace变换。如果输入信号只是已知一些样本点构成的向量$\boldsymbol{x}_0,\boldsymbol{u}_0$，则实际$u(t)$信号在$\boldsymbol{t}$时刻的值可以通过插值求出，插值方法在第8章中将详细叙述。

例5-9 假设前面给出的$G(s)$为某系统的分数阶传递函数模型,试求出该系统在$u(t)=\mathrm{e}^{-0.3t}\sin t^2$激励下的响应曲线。

解 分数阶传递函数的输入方法与前面给出的完全一致。将输入信号用匿名函数描述出来，则可以由下面的语句计算出输出信号的曲线，如图5-2所示。该函数内部采用了数值积分运算，耗时比前面介绍的Laplace反变换数值算法长得多,大约需要7.54 s。若想解决耗时问题需要在算法上有所突破。

```
>> f=@(t)exp(-0.3*t).*sin(t.^2);     %已知输入信号数学表达式,用匿名函数表示
   G='(s^0.4+0.4*s^0.2+0.5)/sqrt(s)/(s^0.2+0.02*s^0.1+0.6)^0.4/(s^0.3+0.5)^0.6';
   tic, [t,y]=INVLAP_new(G,0,15,400,0,f); toc, plot(t,y)    %数值反变换
```

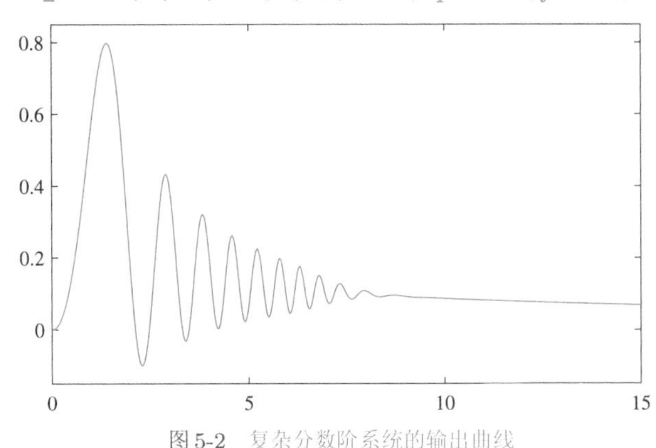

图5-2 复杂分数阶系统的输出曲线

现在重新考虑输入信号,假设已知在$t\in(0,15)$周期内已知的采样点可以直接如下求出,基于这些样本点可以求出输出信号的数值解,该解与前面得出的完全一致,但由于该函数内部采用了插值运算,所以耗时极长,计算点数缩减一半以后本例仍需要大约85.53 s的时间。

```
>> x0=0:0.2:15; u0=exp(-0.3*x0).*sin(x0.^2); tic           %输入信号样本点
   [t,y]=INVLAP_new(G,0,15,400,0,x0,u0); toc, plot(t,y)    %数值反变换
```

例5-10 假设复杂开环无理模型如下[54],试绘制单位负反馈系统的阶跃响应曲线。

$$G(s)=\left[\frac{\sinh(0.1\sqrt{s})}{0.1\sqrt{s}}\right]^2\frac{1}{\sqrt{s}\sinh(\sqrt{s})}$$

解 开环无理传递函数可以由字符串表示,这样由下面语句直接绘制出如图5-3所示的系统闭环阶跃响应曲线。值得注意的是,如果不采用数值方法,这里给出的问题是无解的。

```
>> G='(sinh(0.1*sqrt(s))/0.1/sqrt(s))^2/sqrt(s)/sinh(sqrt(s))';
   [t,y]=INVLAP_new(G,0,10,1000,1,'1/s'); plot(t,y)
```

5.2 Fourier变换及其反变换

5.2.1 Fourier变换及其反变换的定义

Fourier变换的一般定义为

$$\mathscr{F}[f(t)]=\int_{-\infty}^{\infty}f(t)\mathrm{e}^{-\mathrm{j}\omega t}\mathrm{d}t=F(\omega) \tag{5-2-1}$$

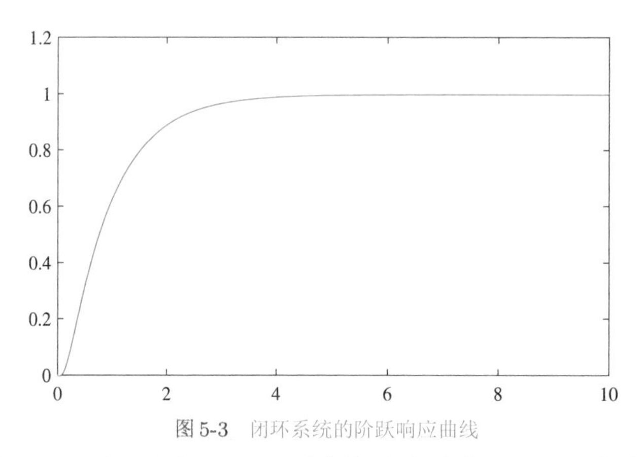

图 5-3　闭环系统的阶跃响应曲线

如果已知Fourier变换式$F(\omega)$,则可以由Fourier反变换公式反演出$f(t)$函数为

$$f(t)=\mathscr{F}^{-1}[F(\omega)]=\frac{1}{2\pi}\int_{-\infty}^{\infty}F(\omega)\mathrm{e}^{\mathrm{j}\omega t}\mathrm{d}\omega \tag{5-2-2}$$

Fourier变换的性质类似于Laplace变换的性质,这里就不具体列出了。

5.2.2　Fourier变换的计算机求解

和Laplace变换一样，应该先声明符号变量，并定义出原函数为f，这样就可以按如下的格式调用Fourier变换求解函数`fourier()`,得出该函数的Fourier变换式。

```
F=fourier(f)          %按默认变量进行Fourier变换
F=fourier(f,v,u)      %将v的函数变换成u的函数
```

给出了Fourier变换表达式，则可以通过`ifourier()`函数求解该函数的Fourier反变换问题。该函数的具体调用格式为

```
f=ifourier(F)         %按默认变量进行Fourier反变换
f=ifourier(F,u,v)     %将u的函数变换成v的函数
```

从上面的语句可以看出，如果定义了已知函数，则可以用一个语句求解出其Fourier变换或反变换式,变换函数的调用和Laplace变换一样简单。如果已知的是MATLAB得出的Fourier变换式,则可以直接使用`ifourier()`函数进行变换。

例5-11　考虑$f(t)=1/(t^2+a^2), a>0$,试写出该函数的Fourier变换式。

解　可以用下面的语句得出原函数的Fourier变换,得出$F=\pi\mathrm{e}^{-a|\omega|}/a$。

```
>> syms t w; syms a positive, f=1/(t^2+a^2); F=fourier(f,t,w)     %直接变换
```

例5-12　假设时域函数为$f(t)=\sin^2(at)/t, a>0$,试求出其Fourier变换。

解　由给定的式子,可以用下面的语句获得原函数的Fourier变换。

```
>> syms t w; syms a positive, f=sin(a*t)^2/t; fourier(f,t,w)     %直接变换
```

得出的结果为$-\pi\mathrm{j}\,\mathrm{heaviside}(-2a-\omega)/2-\pi\mathrm{j}\,\mathrm{heaviside}(2a-\omega)/2+\pi\mathrm{j}\,\mathrm{heaviside}(-\omega)$,其中,heaviside$(x)$函数为$x$的阶跃函数，又称为Heaviside函数，当$x>0$时，该函数的值为1，$x=0$取0.5，否则为0。当$\omega>2a$,则三个heaviside()函数的值均为1，故$F(\omega)=0$。若$\omega\leqslant-2a$，则三个函数的值均为0，故$F(\omega)=0$。若$0<\omega<2a$,则第二和第三个heaviside()的值为1,故$F(\omega)=-\mathrm{j}\,\pi/2$。当$0>\omega>-2a$,则$F(\omega)=\mathrm{j}\,\pi/2$。综上

所述，原函数的Fourier变换可以手工化简成

$$\mathscr{F}[f(t)]=\begin{cases}0, & |\omega|>2a\\ -\mathrm{j}\,\pi\,\mathrm{sign}(\omega)/2, & |\omega|<2a\end{cases}$$

例5-13 假设函数为 $f(t)=\mathrm{e}^{-a|t|}/\sqrt{|t|}$，试求解Fourier变换问题。

解 先考虑用现成的函数 `fourier()` 对给出的原函数进行变换。

```
>> syms w t; syms a positive
   f=exp(-a*abs(t))/sqrt(abs(t)); F=fourier(f,t,w)
```

得出的结果为 $\sqrt{2\pi}/\left(2\sqrt{|w-\mathrm{j}a|}\right)+\sqrt{2\pi}/\left(2\sqrt{|w+\mathrm{j}a|}\right)$。

5.2.3 Fourier正弦变换和余弦变换

Fourier正弦变换的一般定义为

$$\mathscr{F}_{\mathscr{S}}[f(t)]=\int_0^{\infty}f(t)\sin(\omega t)\mathrm{d}t=F_{\mathrm{s}}(\omega) \tag{5-2-3}$$

Fourier余弦变换的一般定义为

$$\mathscr{F}_{\mathscr{C}}[f(t)]=\int_0^{\infty}f(t)\cos(\omega t)\mathrm{d}t=F_{\mathrm{c}}(\omega) \tag{5-2-4}$$

MATLAB语言的符号运算工具箱中并未直接提供余弦Fourier变换的函数，所以可以考虑采用符号积分的方法直接求取余弦Fourier变换。下面将通过例子演示正弦和余弦Fourier变换的推导方法。

例5-14 试求出 $f(t)=t^n\mathrm{e}^{-at}, a>0, n=1,2,\cdots,8$ 的余弦Fourier变换。

解 可以采用循环结构解决这类问题，对不同的 i 值，可以用直接积分的算法求取Fourier余弦变换，并将得出的结果进行化简，结果从略。

```
>> syms t; syms w real; syms a positive    %声明符号变量，并用循环求变换
   for i=1:8, f=t^i*exp(-a*t); F=simplify(int(f*cos(w*t),t,0,inf)), end
```

其实，按照数学手册[45]中给出的公式，对整数 n，可以得出

$$\mathscr{F}_{\mathscr{C}}\left[t^n\mathrm{e}^{-at}\right]=n!\left(\frac{a}{a^2+\omega^2}\right)^{n+1}\sum_{m=0}^{[n/2]}(-1)^m\mathrm{C}_{n+1}^{2m+1}\left(\frac{\omega}{a}\right)^{2m+1} \tag{5-2-5}$$

例5-15 试求取分段函数 $f(t)=\begin{cases}\cos t, & 0<x<a\\ 0, & \text{其他}\end{cases}$ 的Fourier余弦变换。

解 由Fourier余弦变换定义可见，式(5-2-4)的被积函数在 $t\in(a,\infty)$ 区间的值为0，这样，其积分亦为0，故整个积分问题就变成 $t\in(0,a)$ 区间的积分问题了，故可以用下面的语句求出该函数的Fourier余弦变换。

```
>> syms t w; syms a positive, f=cos(t); F=simplify(int(f*cos(w*t),t,0,a))
```

其结果是分段函数

$$F(\omega)=\begin{cases}a/2+\sin 2a/4, & \omega\in[-1,1]\\ \sin\left[a\left(\omega-1\right)\right]/\left[2\left(\omega-1\right)\right]+\sin\left[a\left(\omega+1\right)\right]/\left[2\left(\omega+1\right)\right], & \omega\notin[-1,1]\\ 0, & a=\pi/2 \text{ 且 } \omega=3\end{cases}$$

如果将 f 用分段函数直接表示，也可以得到一致的结果。

```
>> f=piecewise(t<a & t>=0,cos(t), t>=a,0); F=int(f*cos(w*t),t,0,inf)
```

5.2.4 离散Fourier正弦变换和余弦变换

离散Fourier正弦变换和余弦变换又称为有限Fourier正弦变换和余弦变换，和前面介绍的Fourier正弦变换和余弦变换相比，其积分区间从$t \in (0,\infty)$变成了$t \in (0,a)$，故其定义为

$$F_{\rm s}(k)=\int_0^a f(t)\sin\frac{k\pi t}{a}{\rm d}t,\ \ F_{\rm c}(k)=\int_0^a f(t)\cos\frac{k\pi t}{a}{\rm d}t \tag{5-2-6}$$

相应地，可以定义出有限Fourier正弦反变换和余弦反变换为

$$f(t)=\frac{2}{a}\sum_{k=1}^{\infty}F_{s}(k)\sin\frac{k\pi t}{a},\quad f(t)=\frac{1}{a}F_{\rm c}(0)+\frac{2}{a}\sum_{k=1}^{\infty}F_{\rm c}(k)\cos\frac{k\pi t}{a} \tag{5-2-7}$$

和前面定义的不同，反变换不再是积分式子，而是无穷级数的求和。下面通过例子介绍如何用MATLAB及其符号运算工具箱求取给定函数的有限变换。

例5-16 考虑下面分段函数，其中，$a>0$，试求其离散Fourier正弦变换。

$$f(t)=\begin{cases} t, & t\leqslant a/2 \\ a-t, & t>a/2 \end{cases}$$

解 函数的离散Fourier正弦变换可以由下面的语句直接求出

```
>> syms t k; assume(k,'integer'); syms a positive
   f1=t; f2=a-t;
   Fs=int(f1*sin(k*pi*t/a),t,0,a/2)+int(f2*sin(k*pi*t/a),t,a/2,a); simplify(Fs)
```

得出的结果为$\left((-1)^{k/2}a^2((-1)^{k+1/2}-{\rm j})\right)/(k^2\pi^2)$。

如果采用分段函数的方式描述f函数，也可以得出完全一致的结果。

```
>> f=piecewise(t<=a/2,t,t>a/2,a-t);          % 用分段函数描述原函数
   Fs=simplify(int(f*sin(k*pi*t/a),t,0,a))    % 直接求正弦Fourier变换并化简
```

5.2.5 快速Fourier变换

从前面的叙述看只有一部分简单的函数可以通过各种Fourier变换的公式得出其相应的变换表达式，限制了这样解析变换方式在实际中的应用。在实际应用中，更多地采用数值形式直接对信号的采样值进行离散Fourier变换。离散数据$x_i, i=1,2,\cdots,N$的Fourier变换是数字信号处理的基础。离散Fourier变换的数学表示为

$$X(k)=\sum_{i=1}^{N}x_i{\rm e}^{-2\pi{\rm j}(k-1)(i-1)/N},\ \ 其中，1\leqslant k\leqslant N \tag{5-2-8}$$

其逆变换定义为

$$x(k)=\frac{1}{N}\sum_{i=1}^{N}X(i){\rm e}^{2\pi{\rm j}(k-1)(i-1)/N},\ \ 其中，1\leqslant k\leqslant N \tag{5-2-9}$$

快速Fourier变换(fast Fourier transform，FFT)技术是求解离散Fourier变换的最实用、最通用的方法。MATLAB提供了内核函数`fft()`，其调用格式很简单，为f=`fft`(x)，可以直接进行FFT变换，而$\hat{x}$=`ifft`(f)可进行反变换。`fft()`函数可以高效地求解FFT问题，另一个显著特点是它可以对任意长度的向量进行变换，而不要求所变换的向量长度满足2^n-1约束。

例5-17 假设给定数学函数$x(t)=12\sin(2\pi\times t+\pi/4)+5\cos(2\pi\times 4t)$，选择步长为$h$，对其进行FFT

变换，试绘制变换结果的幅值曲线。对得出的结果试用FFT反变换的方法，观察是否能通过反变换还原出所需的信号。

解　对采用的采样周期h，时间区间为$t\in(0,t_{\rm n})$，可以产生L个时间值t_i，并求出这些点上的函数值为x_i，其相应的频率点可以由$f_0=1/(ht_{\rm n}),2f_0,3f_0,\cdots$构成，然后可以由语句

```
>> h=0.01; t=0:h:10; x=12*sin(2*pi*t+pi/4)+5*cos(2*pi*4*t);
   X=fft(x); f=t/h/10; N=1:floor(length(f)/2); stem(f(N),abs(X(N))), xlim([0,10])
```

得出FFT幅值与频率的关系，如图5-4(a)所示。这里仅取一半数据绘制图形的原因是为了避免FFT分析的频率混叠(aliasing)现象。分析结果可以看出，在幅值曲线上有两个峰值点，对应的频率值为1 Hz和4 Hz，正是给定函数中的两个频率值。

快速Fourier逆变换可以由`ifft()`函数直接求解，误差向量的范数为$e=1.029\times10^{-13}$。

```
>> ix=real(ifft(X)); plot(t,x,t,ix,':'); xlim([0,1]); e=norm(x-ix)
```

这样得出的逆FFT变换结果与原函数在图5-4(b)中给出。可以看出二者完全一致。由于采样点较稀疏，故曲线看起来不是很光滑。

此外，MATLAB还提供了二维或更高维的FFT与逆FFT函数。二维问题可以调用函数`fft2()`和`ifft2()`，而高维问题可以使用函数`fftn()`和`ifftn()`。

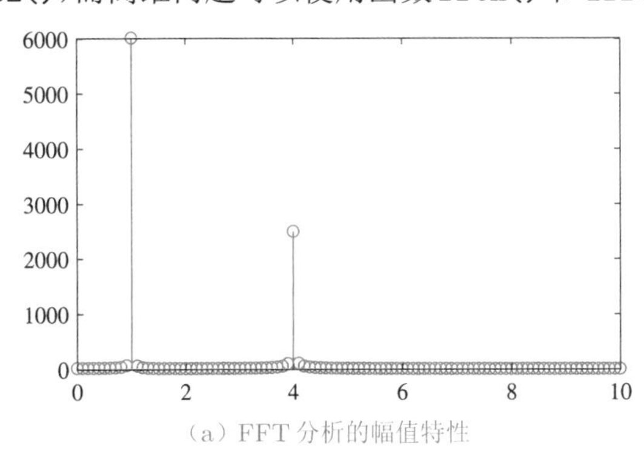

(a) FFT分析的幅值特性

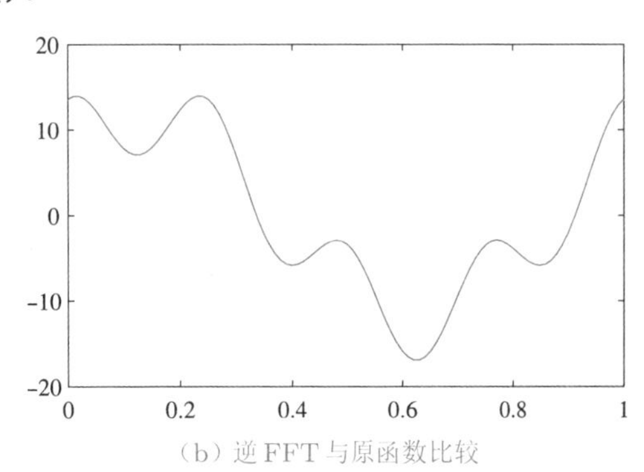

(b) 逆FFT与原函数比较

图5-4　数据的FFT分析

5.3　其他积分变换问题及求解

除了Laplace变换和各种Fourier变换外，在不同的领域还需要各种各样其他的变换，如Mellin变换、Hankel变换等。实践表明，新版本的符号运算工具在求解这两种变换中的表现不很理想，所以建议本节采用2008a或以前版本的底层Maple直接求解相应问题。尽管新版本标准的MATLAB符号运算工具箱中未直接提供求解这些变换的现成函数，解决这些问题仍然有两种方法，其一是采用直接积分的方法；其二是采用数值积分的方法。

5.3.1　Mellin变换

Mellin变换可以定义为

$$\mathscr{M}[f(x)]=\int_0^\infty f(x)x^{z-1}{\rm d}x=M(z)\tag{5-3-1}$$

相应地，Mellin反变换可以定义为

$$f(x)=\mathscr{M}^{-1}[M(z)]=\frac{1}{2\pi{\rm j}}\int_{c-{\rm j}\infty}^{c+{\rm j}\infty}M(z)x^{-z}{\rm d}z\tag{5-3-2}$$

MATLAB符号运算工具箱并没有直接可用的Mellin正反变换的函数，但仍可以通过积分的形式计算Mellin变换。下面将通过例子解决这类问题。

例5-18　考虑时域函数 $f(t)=\ln t/(t+a)$，其中，$a>0$，试求其Mellin变换。

解　根据定义可以用下面语句求取该函数的Mellin变换(注意:新版本无法求解)。

```
>> syms t z; syms a positive
   f=log(t)/(t+a); M=simplify(int(f*t^(z-1),t,0,inf))
```

经过化简，可以立即得出结果 $\mathscr{M}[f(t)]=a^{z-1}\pi\,(\ln a\sin\pi z-\pi\cos\pi z)\csc^2\pi z$。

例5-19　假设给定函数 $f(t)=1/(t+a)^n,(a>0)$，对若干 n 值求取Mellin变换，并总结出对一般 n 值的规律。

解　下面的语句将给出 $n=1,2,\cdots,8$ 时Mellin变换的结果

```
>> syms t z; syms a positive     %声明符号变量,并用循环求变换
   for i=1:8, f=1/(t+a)^i; disp(int(f*t^(z-1),t,0,inf)), end
```

上面的循环结构可以得出如下结果:

$$a^{z-1}\pi\csc\pi z,\ -a^{-2+z}\pi(z-1)\csc\pi z,\ 1/2a^{-3+z}\pi(z-2)(z-1)\csc\pi z,\cdots$$

所以，可以总结出一般的Mellin变换规律为

$$\mathscr{M}\left[\frac{1}{(t+a)^n}\right]=\frac{(-1)^{k-1}\pi}{(n-1)!}a^{z-n}\prod_{i=1}^{n-1}(z-i)\csc\pi z$$

和很多其他积分变换类似，绝大多数函数是不存在Mellin变换解析解的，所以可以考虑通过数值积分引入数值Mellin变换的概念。可以编写`mellin_trans()`来计算函数的数值Mellin变换，调用格式为 F=mellin_trans(f,z,属性对)，其中，“属性对”与`integral()`函数要求的完全一致。

```
function F=mellin_trans(f,z,varargin)
   f1=@(x)f(x).*x.^(z-1);              %用匿名函数描述Mellin变换的被积函数
   F=integral(f1,0,Inf,'ArrayValued',true,varargin{:});   %计算数值积分
end
```

例5-20　试求出函数 $f(x)=\sin(3x^{0.8})/(x+2)^{1.5}$ 的数值Mellin变换。

解　无论用什么工具都不能得出该函数Mellin变换的解析解，所以数值Mellin变换是唯一的选择。可以用匿名函数先描述原函数，然后调用数值Mellin变换函数直接求解，结果如图5-5所示。

```
>> f=@(x)sin(3*x.^0.8)./(x+2).^1.5;            %用匿名函数描述原函数
   z=0:0.05:1; F=mellin_trans(f,z); plot(z,F)   %求取并绘制变换曲线
```

5.3.2　Hankel变换及求解

Hankel变换是另一类常用的数学变换，ν 阶Hankel变换的数学表达式为

$$\mathscr{H}[f(t)]=\int_0^\infty tf(t)J_\nu(\omega t)\mathrm{d}t=H_\nu(\omega) \tag{5-3-3}$$

其中，$J_\nu(z)$ 为 ν 阶Bessel函数，在MATLAB下可以用 J=besselj(ν,z)表示。还可以定义 ν 阶Hankel反变换公式为

$$\mathscr{H}^{-1}[H(\omega)]=\int_0^\infty \omega H_\nu(\omega)J_\nu(\omega t)\mathrm{d}\omega \tag{5-3-4}$$

由定义可见，Hankel变换是无穷积分问题，所以可以通过`int()`函数直接求解。

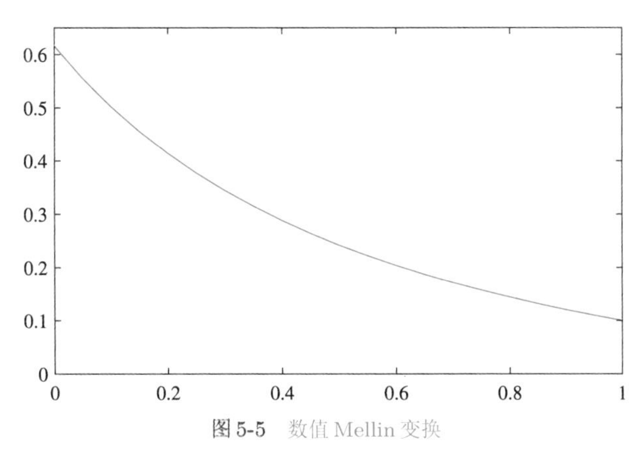

图5-5 数值Mellin变换

例5-21 求取$f(t)=\mathrm{e}^{-a^2t^2/2}$函数的零阶Hankel变换。

解 利用MATLAB的积分函数可以直接求取原函数的Hankel变换。

```
>> syms t w a positive; f=exp(-a^2*t^2/2);                %描述原函数
   F=int(f*t*besselj(0,w*t),t,0,inf); F=simplify(F)      %计算Hankel变换
   f1=int(w*F*besselj(0,w*t),w,0,inf)                     %计算Hankel反变换
```

可以得出变换结果为$\mathrm{e}^{-\omega^2/(2a^2)}/a^2$，由反变换语句可以还原出$f_1(t)=f(t)$。

用积分方法只能求出极少函数的Hankel变换，并只能求取低阶Bessel变换，例如$\nu=0$，而对绝大多数的Hankel变换无能为力，所以应该考虑数值Hankel变换方法。可以编写一个MATLAB函数来计算数值Hankel变换，$\boldsymbol{H}$=hankel_trans(f,$\boldsymbol{w}$,ν,属性对)，其中，"属性对"与integral()函数描述的一致。

```
function H=hankel_trans(f,w,nu,varargin)
   F=@(t)t.*f(t).*besselj(nu,w*t);                        %描述Hankel变换的被积函数
   H=integral(F,0,Inf,'ArrayValued',true,varargin{:});    %求数值积分
end
```

例5-22 考虑前面的例子，若取$a=2$，试绘制不同阶次的Hankel变换曲线。

解 下面的语句可以直接绘制出各阶Hankel变换的数值曲线，如图5-6所示，前面已经得出了$\nu=0$阶变换的理论解，可以直接对其取值，也叠印在新图形上。可见，零阶Hankel变换的结果与理论值完全一致。此外，由得出的结果看，高阶Hankel变换的衰减很慢，不能由得出的结果直接求解数值Hankel反变换，必须考虑足

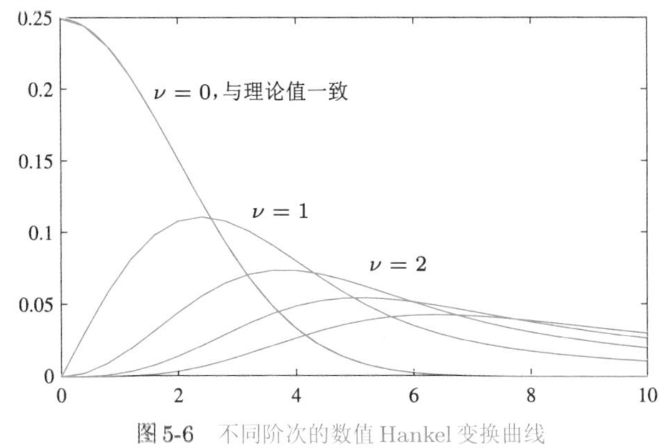

图5-6 不同阶次的数值Hankel变换曲线

够大的ω范围才行。如果函数$F(\omega)$已知,则可以由类似的MATLAB语句计算数值Hankel反变换。

```
>> syms t w a positive; f=exp(-a^2*t^2/2);                %描述原函数
   F=int(f*t*besselj(0,w*t),t,0,inf); F=simplify(F)       %计算Hankel变换
   F1=subs(F,a,2); fplot(F1,[0,10]);                      %理论值计算与曲线绘制
   a=2; f=@(t)exp(-a^2*t.^2/2); w=0:0.4:10;               %用匿名函数描述原函数
   for i=0:4, H=hankel_trans(f,w,i); line(w,H); end       %不同阶次Hankel变换
```

5.4　z变换及其反变换

严格说来,z变换并不属于积分变换,但由于其定义、性质和求解方法也类似于Laplace变换,并且该方法可以在描述序列信号中起重要作用,所以本节将介绍z变换及其求解方法,并将给出通过长除法求取z反变换的数值方法的MATLAB实现。

5.4.1　z变换及其反变换的定义

离散序列信号$f(k),k=1,2,\cdots$的z变换可以定义为

$$\mathscr{Z}[f(k)]=\sum_{k=0}^{\infty}f(k)z^{-k}=F(z) \tag{5-4-1}$$

类似于前面介绍积分变换,z变换也有很多类似的性质,这里就不列出了。

给定z变换式子$F(z)$,则其z反变换的数学表示为

$$f(k)=\mathscr{Z}^{-1}[f(k)]=\frac{1}{2\pi\mathrm{j}}\oint F(z)z^{k-1}\mathrm{d}z \tag{5-4-2}$$

5.4.2　z变换的计算机求解

利用MATLAB的符号运算工具箱,则z变换及其反变换可以很容易地求取出来,掌握这样的工具可以免除复杂问题的手工推导,既节省时间也能避免底层的低级错误。利用符号运算工具箱中提供的**ztrans()**和**iztrans()**函数可以得出给定函数的正反z变换。这两个函数的调用格式为

```
F=ztrans(f,k,z)      %z变换,将k的函数变换成z的函数
F=iztrans(f,z,k)     %z反变换,将z的函数变换成k的函数
```

若原函数只有一个变量,则调用时无须给出k和z。

例5-23　求解$f(kT)=akT-2+(akT+2)\mathrm{e}^{-akT}$函数的$z$变换问题。

解　原函数的z变换可以用下面的语句来完成

```
>> syms a T k; f=a*k*T-2+(a*k*T+2)*exp(-a*k*T); F=ztrans(f)    %z变换的直接计算
```

该结果可以表示为

$$\mathscr{Z}[f(kT)]=\frac{aTz}{(z-1)^2}-\frac{2z}{z-1}+\frac{aTz\mathrm{e}^{-aT}}{(z-\mathrm{e}^{-aT})^2}+2z\mathrm{e}^{aT}\left(\frac{z}{\mathrm{e}^{-aT}}-1\right)^{-1}$$

例5-24　考虑$F(z)=q/(z^{-1}-p)^m$函数的z反变换问题,这里可以对不同的m值进行反变换,并总结出一般规律。

解　根据要求,可以用符号运算工具箱求出$m=1,2,\cdots,8$的z反变换

```
>> syms p q z; for i=1:8, disp(simplify(iztrans(q/(1/z-p)^i))), end
```

对不同的i值循环可以得出如下结果:

$$-\frac{q}{p^{n+1}},\ \frac{q(1+n)}{p^{n+2}},\ -\frac{q(1+n)(2+n)}{2p^{n+3}},\ \frac{q(1+n)(2+n)(3+n)}{6p^{n+4}},\ \cdots$$

总结上述结果的规律,可以写出一般的z反变换结果为

$$\mathscr{Z}^{-1}\left[\frac{q}{(z^{-1}-p)^m}\right]=\frac{(-1)^m q}{(m-1)!p^{n+m}}\prod_{i=1}^{m-1}(n+i)$$

5.4.3 双边z变换

前面叙述的z变换由于描述的是$n\geqslant 0$时序列信号的性质,所以又称为单边z变换,如果将n的范围扩展到整个整数集合,则可以定义出双边z变换

$$\mathscr{Z}[f(k)]=\sum_{k=-\infty}^{\infty}f(k)z^{-k}=F(z) \tag{5-4-3}$$

MATLAB中并未提供双边z变换的求解函数,但可以从定义直接求出给定函数f的双边z变换表达式`F=symsum(f*z^(-k),k,0,inf)+symsum(f*z^(-k),k,-inf,-1)`。MATLAB的`symsum()`函数有时不支持$(-\infty,\infty)$区间的求和。

例5-25 试求出分段函数$f(n)$的双边z变换[55],其中,$f(n)=\begin{cases}2^n, & n\geqslant 0\\ -3^n, & n<0\end{cases}$。

解 采用前面介绍的方法,整个求和可以分成两个区间单独计算,可以由下面的语句直接得出函数的双边z变换。下面语句将得出$F=z/(z-2)+z/(z-3)$。

```
>> syms z n; F=symsum(2^n*z^(-n),n,0,inf)+symsum(-3^n*z^(-n),n,-inf,-1)
```

5.4.4 有理函数z反变换的数值求解

很多函数z反变换的解析解是不能由`iztrans()`求出的,即使对某些有理函数也不能解析地求出其z反变换。假设一般有理函数z变换表达式可以写成

$$F\left(z^{-1}\right)=z^{-d}\frac{b_0+b_1z^{-1}+b_2z^{-2}+\cdots+b_{m-1}z^{-(m-1)}+b_mz^{-m}}{a_0+a_1z^{-1}+a_2z^{-2}+\cdots+a_{n-1}z^{-(n-1)}+a_nz^{-n}} \tag{5-4-4}$$

将该函数作关于z^{-k}的幂级数展开则可以写出

$$F\left(z^{-1}\right)=f_0+f_1z^{-1}+f_2z^{-2}+\cdots=\sum_{k=0}^{\infty}f_kz^{-k} \tag{5-4-5}$$

上式恰巧是z变换的定义式。可以通过长除法展开$F\left(z^{-1}\right)$,从而得出$F\left(z^{-1}\right)$函数z反变换的数值解。可以编写长除法函数,其调用格式为`y=inv_z(num,den,d,N)`,其中,d为纯延迟的步数,系数向量num=$[b_0,b_1,b_2,\cdots,b_m]$,den=$[a_0,a_1,a_2,\cdots,a_n]$,默认的计算点数为$N=10$。应用数值方法求出的序列信号由$\boldsymbol{y}$向量返回。

```
function y=inv_z(num,den,d,N)
   arguments, num(1,:), den(1,:), d(1,1)=0; N(1,1)=10; end
   num(N)=0; for i=1:N-d, y(d+i)=num(1)/den(1);        %用循环结构实现长除法
      if length(num)>1, ii=2:length(den);
         if length(den)>length(num); num(length(den))=0; end
         num(ii)=num(ii)-y(end)*den(ii); num(1)=[];    %更新分子多项式并剔除首项
end, end, end
```

例5-26　试用数值方法对下面的式子求z反变换。

$$G(z)=\frac{z^2+0.4}{z^5-4.1z^4+6.71z^3-5.481z^2+2.2356z-0.3645}$$

解　原函数分子和分母同时乘以z^{-5}则可以得出下面所需的表达式

$$F\left(z^{-1}\right)=z^{-3}\frac{1+0.4z^{-2}}{1-4.1z^{-1}+6.71z^{-2}-5.481z^{-3}+2.2356z^{-4}-0.3645z^{-5}}$$

这样由下面的语句可以直接得出原函数的z反变换,得出的序列如图5-7所示。

```
>> num=[1 0 0.4]; den=[1 -4.1 6.71 -5.481 2.2356 -0.3645]; %分子分母多项式
   N=50; y=inv_z(num,den,3,N); t=0:(N-1); stem(t,y)          %长除法运算
```

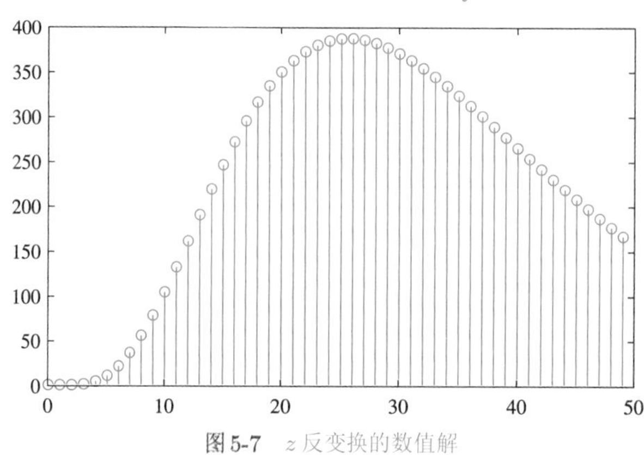

图5-7　z反变换的数值解

5.5　复变函数问题的计算机求解

5.5.1　复数矩阵及其变换

前面介绍过,MATLAB可以用来直接表示复数矩阵。假设已知一个复数矩阵$\boldsymbol{Z}$,则可以使用简单函数对该矩阵进行如下变换:

(1) 共轭复数矩阵 Z_1=conj(Z)。

(2) 实部、虚部提取 $\boldsymbol{R}$=real($\boldsymbol{Z}$),$\boldsymbol{I}$=imag($\boldsymbol{Z}$)。

(3) 幅值、相位表示 $\boldsymbol{A}$=abs($\boldsymbol{Z}$),$\boldsymbol{P}$=angle($\boldsymbol{Z}$),其中,相位的单位为弧度。

例5-27　重新考虑例4-42中的Jordan标准型问题。由于原矩阵存在复数特征值,所以有时需要用手工的方法修改变换矩阵。这里采用下面语句修改变换矩阵,也能起到同样的作用。

```
>> A=[1,0,4,0; 0,-3,0,0; -2,2,-3,0; 0,0,0,-2];
   [V,D]=eig(sym(A)); V=real(V)+imag(V), D1=inv(V)*A*V    %实变换矩阵
```

5.5.2　复变函数的映射

若某函数$f(z)$的自变量z为复数,则该函数称为复变函数。由于复数是MATLAB的最基本的数据结构,在大多数算法中均未特别区分实数和复数,所以前面介绍的绝大多数内容均可以直接用于复变函数的分析。例如,前面的微积分运算的解析解和数值解均可以直接用于复变函数的微积分运算。

例5-28 已知某复变函数如下,其中,z为复数变量,试求出$f^{(3)}(-\mathrm{j}\sqrt{5})$的值。

$$f(z)=\frac{z^2+3z+4}{(z-1)^5}$$

解 由下面语句可以立即得出所需的结果为$d_3=0.8150-\mathrm{j}0.6646$。

```
>> syms z; f=(z^2+3*z+4)/(z-1)^5; f3=diff(f,z,3); d3=subs(f3,z,-sqrt(-5))
```

在复变函数中一种很重要的数学变换形式是映射，即函数可以从一个变量z变换成另一个变量w的函数,其中,$z=g(w)$为给定的函数。经常使用的映射是平移映射$z=w+\gamma$,反演映射$z=1/w$和双线性映射$z=(aw+b)/(cw+d)$,这里,γ为给定复数,a,b,c,d为给定实数。其中,平移映射将函数的原点平移到γ点;反演映射可以将单位圆内外的点相互映射，而双线性变换实现直线与圆的相互映射。求解函数映射的最直接的MATLAB函数是subs(),下面通过例子演示函数的映射。

例5-29 考虑例5-28中的复变函数,试得出$z=(s-1)/(s+1)$下的映射函数$F(s)$。

解 映射问题由subs()函数直接得出,得出的结果需要化简。

```
>> syms z s; f=(z^2+3*z+4)/(z-1)^5; F=simplify(subs(f,z,(s-1)/(s+1)))
```

该语句可以直接得出映射函数为$F(s)=-(s+1)^3(4s^2+3s+1)/16$。

例5-30 还可以绘制出$s=(z-1)/(z+1)$的映射效果,z平面单位圆内如图5-8(a)所示的点可以通过映射,映射成s左半平面的点,如图5-8(b)所示。

```
>> [x,y]=meshgrid(-1:0.1:1); ii=find(x.^2+y.^2<=1); x=x(ii); y=y(ii); z=x+sqrt(-1)*y;
   plot(z,'+'); hold on; syms x y; fimplicit(x^2+y^2==1), hold off   %生成单位圆数据
   figure; s=(z-1)./(z+1); plot(s,'x')      %映射之后重新绘制映射数据点
```

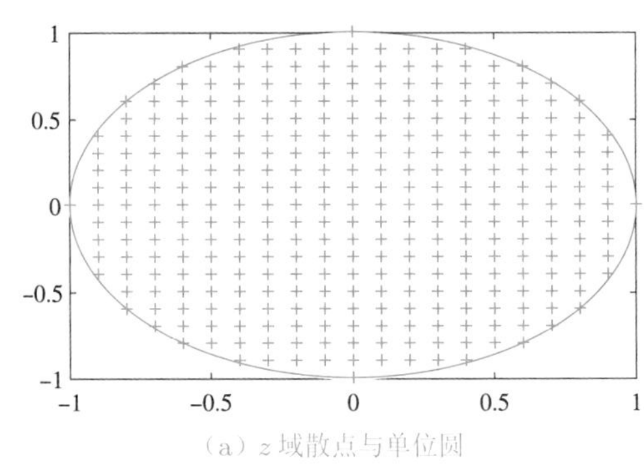

(a) z域散点与单位圆

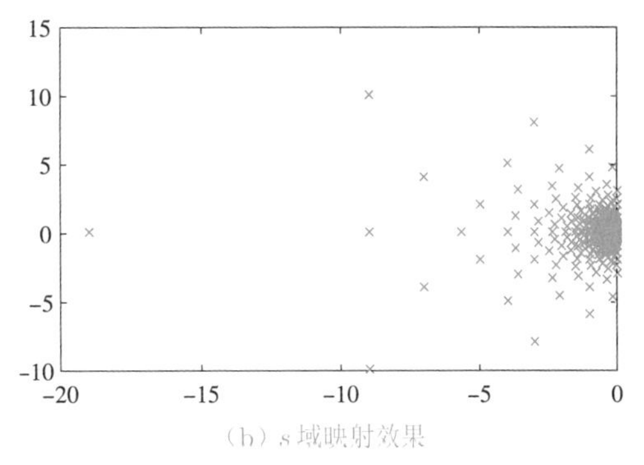

(b) s域映射效果

图5-8 z域到s域的映射示意图

5.5.3 Riemann面绘制

复变函数映射的三维图形表示和实函数是不一致的,复变函数映射应该首先采用函数cplxgrid()生成极坐标网格,用户可以根据给定的单值复变函数公式计算出变量$\boldsymbol{f}$,然后由cplxmap()函数绘制该复变函数的映射曲面,这类曲面又称为Riemann面。这些函数具体调用格式为

```
z=cplxgrid(n); 给出语句计算f; cplxmap(z,f)
```

例5-31 试绘制出复变函数$f(z)=z^3\sin z^2$的映射曲面。

解 由下面的语句可以立即绘制出相应的复变函数的映射曲面,如图5-9所示。

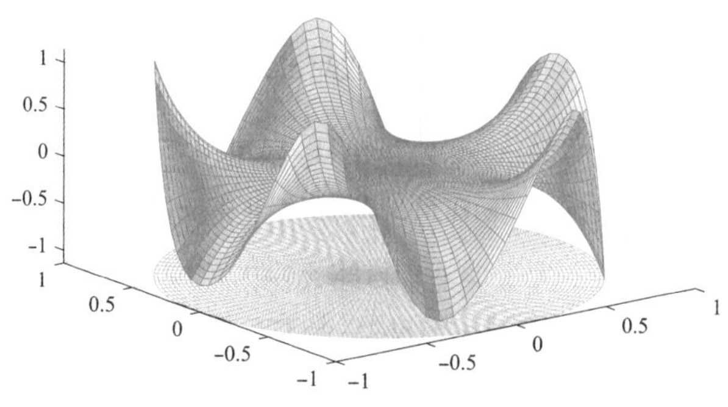

图5-9　复变函数的Riemann面

```
>> z=cplxgrid(50); f=z.^3.*sin(z.^2); cplxmap(z,f) %生成复平面网格并绘制映射曲面
```

对于复数变量z，复变函数的Riemann面可能有多个分支，这些分支又称为Riemann叶（Riemann sheet），比如$f(z)=\sqrt[n]{z}$就有n个分支。MATLAB提供了绘制其各次方根Riemann曲面的函数，其调用格式为cplxroot(n)，可以直接绘制出$\sqrt[n]{z}$的Riemann曲面。

例5-32　试绘制$\sqrt[3]{z}$和$\sqrt[4]{z}$的Riemann曲面。

解　由cplxroot()函数可以直接绘制$\sqrt[3]{z}$和$\sqrt[4]{z}$的Riemann面，如图5-10(a)、(b)所示。

```
>> cplxroot(3), figure, cplxroot(4) %分别绘制∛z和∜z的Riemann面
```

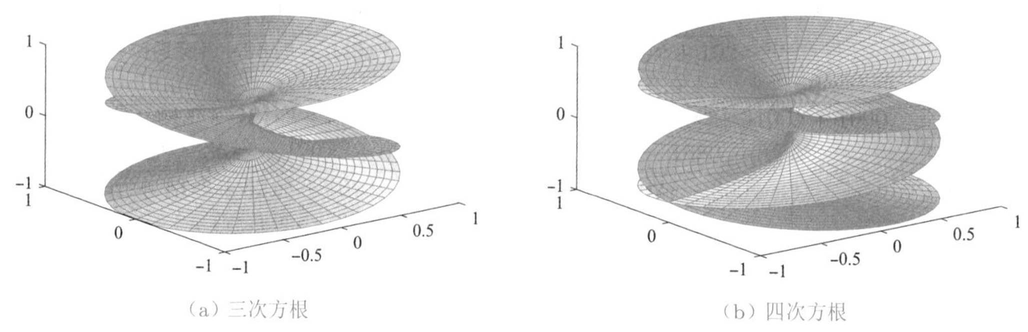

(a) 三次方根　　(b) 四次方根

图5-10　$\sqrt[n]{z}$方根函数的Riemann面

从上面给出的cplxroot()函数可见，其局限性是只能绘制出方根函数的Riemann面，对其他类型的多值复变函数无能为力，所以可以考虑扩展cplxmap()函数：将该函数另存为cplxmap1()函数，再删除掉其中的mesh()函数和hold语句，这样就可以考虑多值复变函数Riemann面的绘制了。

例5-33　利用上述思路重新绘制$\sqrt[3]{z}$的Riemann面。

解　首先考虑重新绘制$\sqrt[3]{z}$函数的Riemann面。如果一个函数$f_1(z)$是$f(z)=\sqrt[3]{z}$的一个分支，则另两个分支可以由$f_1(z)\mathrm{e}^{-2\mathrm{j}\pi/3}$和$f_1(z)\mathrm{e}^{-4\mathrm{j}\pi/3}$求出。这样可以由下面语句直接绘制$\sqrt[3]{z}$的Riemann面，与图5-10(a)给出的完全一致。

```
>> z=cplxgrid(30); f1=z.^(1/3); a=exp(-2i*pi/3); cplxmap1(z,f1) %第一叶
   hold on; cplxmap1(z,a*f1); cplxmap1(z,a^2*f1); zlim([-1 1])  %其他叶
```

5.6 复变函数问题的求解

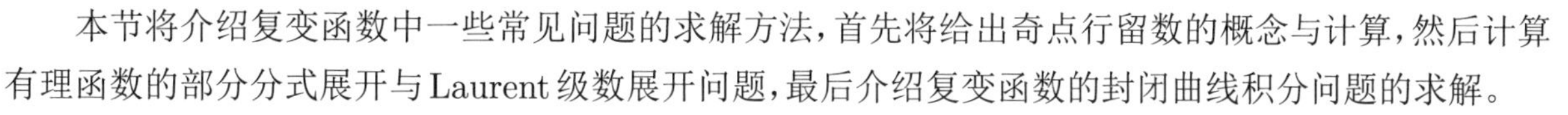

本节将介绍复变函数中一些常见问题的求解方法，首先将给出奇点行留数的概念与计算，然后计算有理函数的部分分式展开与Laurent级数展开问题，最后介绍复变函数的封闭曲线积分问题的求解。

5.6.1 留数的概念与计算

在介绍留数概念之前，应该先介绍一下复变函数解析的概念。若函数 $f(z)$ 在复平面的区域内各点处均为单值，且其导数为有限值，则称 $f(z)$ 在复平面内为解析的，这样就将单值函数上不解析的点称为奇点。使得 $f(z)$ 分母多项式等于零的奇点又称为极点。

假设 $z=a$ 为 $f(z)$ 函数上的奇点，若存在一个最小整数 m 使得乘积 $(z-a)^m f(z)$ 在 $z=a$ 点处解析，则称 $z=a$ 为 m 重奇点。特别地，可以由 $[\boldsymbol{p},\boldsymbol{m}]$=poles$(f)$ 函数计算出函数的极点，如果极点个数大于1，则函数的极点由列向量 $\boldsymbol{p}$ 返回，极点的重数由向量 $\boldsymbol{m}$ 返回。如果想得出某个区域 (a,b) 内的极点，则可以调用下面的语句 $[\boldsymbol{p},\boldsymbol{m}]$=poles$(f,a,b)$。

若 $z=a$ 为 $f(z)$ 函数的单奇点，则函数在该奇点处的留数（residue）可以定义为

$$\mathrm{Res}\big[f(z),a\big]=\lim_{z\to a}(z-a)f(z) \tag{5-6-1}$$

若 $z=a$ 为函数 $f(z)$ 的 m 重奇点，则该点的留数定义为

$$\mathrm{Res}\left[f(z),a\right]=\lim_{z\to a}\frac{1}{(m-1)!}\frac{\mathrm{d}^{m-1}}{\mathrm{d}z^{m-1}}\Big[f(z)(z-a)^m\Big] \tag{5-6-2}$$

利用MATLAB的符号运算工具箱求留数的方法很简单。假设已知奇点 a 和重数 m，则用下面的MATLAB语句自然可以求出相应的留数。

```
c=limit(F*(z-a),z,a)                                   %单奇点求留数
c=limit(diff(F*(z-a)^m,z,m-1)/prod(1:m-1),z,a)         %m重奇点求留数
```

例5-34 试求出函数 $f(z)=\dfrac{1}{z^3(z-1)}\sin\left(z+\dfrac{\pi}{3}\right)\mathrm{e}^{-2z}$ 的留数。

解 对原函数的分析可见，$z=0$ 是三重奇点，$z=1$ 是单奇点，故可以直接使用下面的MATLAB语句将这两个奇点处的留数分别求出。可以得出 $z=0$ 处的留数为 $F_1=-\sqrt{3}/4+1/2$，$z=1$ 处的留数为 $F_2=\mathrm{e}^{-2}\sin 1/2+\sqrt{3}\,\mathrm{e}^{-2}\cos 1/2$。

```
>> syms z; f=sin(z+pi/3)*exp(-2*z)/(z^3*(z-1)); [p,m]=poles(f)   %求极点与重数
   for i=1:length(p)   %对所有极点作循环，求出其留数
      F=limit(diff(f*(z-p(i))^m(i),z,m(i)-1)/factorial(m(i)-1),z,p(i))
   end
```

基于上述考虑，可以编写出同时求解极点、重数与留数的函数residuesym()，该函数的调用格式为 $[\boldsymbol{r},\boldsymbol{p},\boldsymbol{m}]$=residuesym$(f,a,b)$，其中，描述极点感兴趣区间的 a 和 b 可以略去。

```
function [r,p,m]=residuesym(f,a,b)
   z=symvar(f);
   if nargin==1, [p,m]=poles(f); else, [p,m]=poles(f,a,b); end %求极点
   for k=1:length(p)   %对所有极点计算留数，若limit()函数出现问题则直接替换
      r(k)=limit(diff(f*(z-p(k))^m(k),z,m(k)-1)/factorial(m(k)-1),z,p(k));
```

```
end, end
```

例5-35 试求函数 $f(z)=(\sin z-z)/z^6$ 的留数。

解 乍看该函数很容易认定 $z=0$ 为6重奇点，所以用下面的语句很容易就可以求出该点处的留数值，其值为1/120，而极点的重数为 $m=3$。

```
>> syms z; f=(sin(z)-z)/z^6; [r,p,m]=residuesym(f)    %求函数的极点与留数
```

不严格地说，从 $k=1$ 开始尝试，能够使得 $\lim\limits_{z\to a}\mathrm{d}^{k-1}\left[(z-a)^k f(z)\right]/\mathrm{d}z^{k-1}<\infty$ 成立的最小的 k 就是奇点的重数，记作 m，可以考虑 $k=2$，可见导数 F_1 为无穷大，所以再试验更大的 k 值。对此例子来说，k 的最小值为 $m=3$，留数的值 F_2 仍然为1/120。试凑更大的 k 值，如 $k=20$，也不会改变求出的留数值，$F_3=1/120$。

```
>> syms z; f=(sin(z)-z)/z^6; F1=limit(diff(f*z^2,z,1)/prod(1:1),z,0)
   F2=limit(diff(f*z^3,z,2)/prod(1:2),z,0)       %再增加阶次
   F3=limit(diff(f*z^20,z,19)/prod(1:19),z,0)    %再进一步增加阶次
```

可见，若选择的 n 值大于或等于奇点的实际重数，则可以正确得到该函数的留数。在一般应用时可选择一个较大的 n 值来求取留数。

其实对 $\sin z$ 进行Taylor幂级数展开，则可以看出，$z=0$ 极点的实际重数是3而不是6。

$$f(z)=\frac{(z-z^3/6+z^5/120-z^7/5040+\cdots)-z}{z^6}=\frac{-1/6+z^3/120-z^5/5040+\cdots}{z^3}$$

例5-36 试求出函数 $f(z)=1/(z\sin z)$ 的留数。

解 分析该函数，因为 $\sin z$ 在 $z=0$ 点的收敛速度和 z 是一样的，显然，$z=0$ 点为 $f(z)$ 的二重奇点，这时，相应的留数可以用下面语句求出 $c_0=0$。

```
>> syms z; f=1/(z*sin(z)); c0=limit(diff(f*z^2,z,1),z,0) %求z=0处留数
```

进一步分析给定函数 $f(z)$，可以发现该函数在 $z=\pm k\pi$ 处均不解析，其中，k 为正整数，且这些点是原函数的单奇点，由于MATLAB的符号运算工具箱并未给出整数的定义，所以这里只能对一些 k 值进行试探，求出它们的留数，最后将结果归纳成所需的公式。

```
>> k=[-4 4 -3 3 -2 2 -1 1]; c=[];                  %选取若干整数样本k
   for kk=k; c=[c,limit(f*(z-kk*pi),z,kk*pi)]; end; c   %求z=kπ处留数
```

对向量 $\boldsymbol{k}=[-4,4,-3,3,-2,2,-1,1]$，可以得出留数为 $\boldsymbol{c}=[-1/(4\pi),1/(4\pi),1/(3\pi),-1/(3\pi),-1/(2\pi),1/(2\pi),1/\pi,-1/\pi]$。综上所述，可以归纳出 $\mathrm{Res}[f(z),\pm k\pi]=\pm(-1)^k/(k\pi)$。事实上，如果利用MATLAB新版的整型变量定义，可以直接得出上述的结果。

```
>> syms k; assume(k,'integer'), assumeAlso(k~=0);   %k为非零整数
   R=simplify(limit(f*(z-k*pi),z,k*pi))             %直接求取留数的值
```

值得指出的是，这个问题不适合使用`residuesym()`函数，因为其分母不是多项式，不能得出所有的极点，所以必须由留数的定义直接求解。

5.6.2 有理函数的部分分式展开

考虑有理函数

$$G(x)=\frac{B(x)}{A(x)}=\frac{b_1x^m+b_2x^{m-1}+\cdots+b_mx+b_{m+1}}{x^n+a_1x^{n-1}+a_2x^{n-2}+\cdots+a_{n-1}x+a_n} \tag{5-6-3}$$

其中，a_i 和 b_i 均为常数。有理函数的互质概念是一个非常重要的概念。所谓互质，就是指多项式 $A(x)$ 和 $B(x)$ 没有公约数。对一般给定的两个多项式来说，用手工方式判定多项式互质还是比较困难的，但利用MATLAB符号运算工具箱中的`gcd()`函数可以直接求出两个多项式的最大公约数。该函数的调用方法

为C=gcd(A,B)，其中，A和B分别表示两个多项式，该函数将得出这两个多项式的最大公约数C，若得出的C为多项式，则两个多项式为非互质的多项式，这时两个多项式可以约简为A/C和B/C。

例5-37 给出两个多项式$A(x)=x^4+7x^3+13x^2+19x+20, B(x)=x^7+16x^6+103x^5+346x^4+655x^3+700x^2+393x+90$，试判定它们是否互质。

解 求解这样的问题可以采用MATLAB语言提供的gcd()函数完成。

```
>> syms x; A=x^4+7*x^3+13*x^2+19*x+20; %输入两个多项式并求最大公约式
   B=x^7+16*x^6+103*x^5+346*x^4+655*x^3+700*x^2+393*x+90; d=gcd(A,B)
```

可见，两个多项式具有最大公约数$d=x+5$，故两个多项式不是互质的，这两个多项式可以进一步简化为$(x^3+2x^2+3x+4)/[(x+2)(x+3)^2(x+1)^3]$。

```
>> simplify(A/d), simplify(B/d)    %分子分母同时除以最大公约式并化简
```

若互质多项式$A(x)=0$的根均为相异的值$-p_i, i=1,2,\cdots,n$，则可以将$G(x)$函数写成下面的部分分式展开形式。

$$G(x)=\frac{r_1}{x+p_1}+\frac{r_2}{x+p_2}+\cdots+\frac{r_n}{x+p_n} \tag{5-6-4}$$

其中，r_i为留数，$r_i=\mathrm{Res}[G(x),-p_i]$，其值可以由下面的极限式求出

$$r_i=\mathrm{Res}[G(x),-p_i]=\lim_{x\to -p_i}(x+p_i)\,G(s) \tag{5-6-5}$$

如果分母多项式中含有$(x+p_i)^k$项，即$-p_i$为k重根，则相对这部分特征值的部分分式展开项可以写成

$$\frac{r_i}{x+p_i}+\frac{r_{i+1}}{(x+p_i)^2}+\cdots+\frac{r_{i+k-1}}{(x+p_i)^k} \tag{5-6-6}$$

这时，r_{i+j-1}可以用下面的公式直接求出，其中一次项系数为留数，其他为普通系数。

$$r_{i+j-1}=\frac{1}{(j-1)!}\lim_{x\to -p_i}\frac{\mathrm{d}^{j-1}}{\mathrm{d}x^{j-1}}\left[(x+p_i)^k\,G(x)\right], j=1,2,\cdots,k \tag{5-6-7}$$

MATLAB语言中给出了现成的数值函数residue()求取有理函数$G(x)$的部分分式展开表示，该函数的调用格式为[r,p,k]=residue(b,a)，其中，a=[1,a_1,a_2,$\cdots$,a_n]，b=[b_1,b_2,$\cdots$,b_m]，返回的$\boldsymbol{r}$和$\boldsymbol{p}$向量为式(5-6-4)的r_i、p_i系数，若有重根则应该相应地由式(5-6-6)中给出的系数取代。k为余项，对$m<n$的函数来说该项为空矩阵。该函数并未给出$-p_i$是否为重根的自动判定功能，所以部分分式展开的结果需要手动写出。值得指出的是，数值运算对含有重奇点的问题经常会导致不精确的结果。

例5-38 试求下面有理函数的部分分式展开

$$G(s)=\frac{s^3+2s^2+3s+4}{s^6+11s^5+48s^4+106s^3+125s^2+75s+18}$$

解 用下面的语句可以求出该函数的部分分式展开

```
>> n=[1,2,3,4]; d=[1,11,48,106,125,75,18]; %输入分子分母系数向量
   format long, [r,p,k]=residue(n,d);
   [n,d1]=rat(r); [n,d1,p] %部分分式展开并对系数有理化
```

其中，$\boldsymbol{p}$为奇点向量，$\boldsymbol{n}$，$\boldsymbol{d}_1$为每个$\boldsymbol{p}$值对应系数的分子和分母数值。由数值方法直接求出的分母多项式的根为小数，有一些误差。事实上，该分母多项式的特征值为：-3为二重奇点，-2为单奇点，-1为三重奇点。分析奇点的情况，可以写出部分分式展开为

$$G(s)=-\frac{17}{8(s+3)}-\frac{7}{4(s+3)^2}+\frac{2}{s+2}+\frac{1}{8(s+1)}-\frac{1}{2(s+1)^2}+\frac{1}{2(s+1)^3}$$

例5-39　写出下面式子的部分分式展开。

$$G(s)=\frac{2s^7+2s^3+8}{s^8+30s^7+386s^6+2772s^5+12093s^4+32598s^3+52520s^2+45600s+16000}$$

解　采用MATLAB自带的residue()函数,只能求解得出数值解,对本例给出的问题,可以用下面的语句直接求出有理函数的部分分式展开式(从略)。不过,如果分母方程有重根存在,这样的部分分式展开系数不精确。

```
>> n=[2,0,0,0,2,0,0,8];
   d=[1,30,386,2772,12093,32598,52520,45600,16000]; [r,p]=residue(n,d)
```

MATLAB数值运算在处理重根问题中经常会导致不精确的结果。新版的MATLAB符号运算工具箱提供了部分分式展开的函数partfrac(),其调用格式为F=partfrac(f)或F=partfrac(f,s)。

例5-40　考虑例5-38中给出的函数$f(s)$,试用解析方式求出其部分分式展开。

解　用下面的语句可立即得出该函数的部分分式展开式,该结果与原例中数值结果完全一致。

```
>> syms s; f=(s^3+2*s^2+3*s+4)/(s^6+11*s^5+48*s^4+106*s^3+125*s^2+75*s+18);
   G1=partfrac(f)    %对可求极点的函数直接进行部分分式展开
```

得出的结果为

$$G_1(s)=-\frac{17}{8(s+3)}-\frac{7}{4(s+3)^2}+\frac{2}{s+2}+\frac{1}{8(s+1)}-\frac{1}{2(s+1)^2}+\frac{1}{2(s+1)^3}$$

例5-41　仍考虑例5-39中给出的有理函数$G(s)$,试用解析方法写出其部分分式展开。

解　原函数可以由residue()函数进行部分分式展开。若将得出的部分分式展开减去原函数并化简,则结果为0,表示得出的结果是正确的。

```
>> syms s
   G=(2*s^7+2*s^3+8)...        %其中 ...表示续行
     /(s^8+30*s^7+386*s^6+2772*s^5+12093*s^4+32598*s^3+52520*s^2+45600*s+16000);
   f=partfrac(G), simplify(f-G)          %部分分式展开并与原函数对比
```

这样,可以得出原分式的部分分式展开如下,经检验该展开式与原式完全一致。

$$\frac{13041}{(s+5)^3}+\frac{341863}{12(s+5)^2}+\frac{7198933}{144(s+5)}-\frac{16444}{3(s+4)^3}+\frac{193046}{9(s+4)^2}-\frac{1349779}{27(s+4)}+\frac{11}{9(s+2)}+\frac{1}{432(s+1)}$$

例5-42　考虑例5-37中的非互质多项式构成的有理函数$G(x)=A(x)/B(x)$,试用数值方法和解析方法写出其部分分式展开。

解　用部分分式展开函数可以直接得出所需的展开,因为得出的最大公约数对应的展开项系数为0,会被直接忽略,所以无须事先求出公分母。

```
>> syms x; B=x^7+16*x^6+103*x^5+346*x^4+655*x^3+700*x^2+393*x+90;
   A=x^4+7*x^3+13*x^2+19*x+20; F=partfrac(A/B)    %非最简函数的部分分式展开
```

这样得出的解为

$$F(x)=\frac{A(x)}{B(x)}=-\frac{7}{4\left(x+3\right)^2}-\frac{17}{8\left(x+3\right)}+\frac{2}{(x+2)}+\frac{1}{2\left(x+1\right)^3}-\frac{1}{2\left(x+1\right)^2}+\frac{1}{8\left(x+1\right)}$$

用前面介绍的解析解方法可以得出和$x=-5$奇点完全无关的解析解,即partfrac()函数同样适合于非互质有理函数的部分分式展开。

5.6.3 Laplace反变换求解

符号运算工具箱中提供的Laplace反变换函数`ilaplace()`可以较好地解决一般函数的Laplace反变换问题。但带有复特征值的有理函数的Laplace反变换问题不适合由该函数直接求解，例5-3已经演示过了，直接用该函数求解出的解可读性很差。

在部分分式展开式中，如果某个极点为复数，则存在共轭项$(a+\mathrm{j}b)/(s+c+\mathrm{j}d)$和$(a-\mathrm{j}b)/(s+c-\mathrm{j}d)$，这样就需要对下面的式子进行化简：

$$(a+\mathrm{j}b)\mathrm{e}^{(c+\mathrm{j}d)t}+(a-\mathrm{j}b)\mathrm{e}^{(c-\mathrm{j}d)t}=\alpha\mathrm{e}^{ct}\sin(dt+\phi) \tag{5-6-8}$$

其中，$\alpha=-2\sqrt{a^2+b^2}$，且$\phi=-\arctan(b/a)$。

有了这样的算法，则可以用MATLAB语言编写出实现上述算法的数值函数`pfrac()`。该函数基于MATLAB的原始`residue()`函数，其内容为

```
function [R,P,K]=pfrac(num,den)
   arguments, num(1,:), den(1,:); end
   [R,P,K]=residue(num,den);       %数值部分分式展开
   for i=1:length(R)               %用循环结构对每个极点单独处理
      if imag(P(i))>eps, a=real(R(i)); b=imag(R(i));
         R(i)=-2*sqrt(a^2+b^2); R(i+1)=-atan2(a,b);  %复数根计算两项系数
      elseif abs(imag(P(i)))<eps, R(i)=real(R(i));   %实数根处理本项系数
end, end, end
```

该函数的调用格式为`[r,p,K]=pfrac(num,den)`，其中，$\boldsymbol{p}$和K的定义和`residue()`函数一致，$\boldsymbol{r}$稍有不同，若相应的p_i项为实数，则r_i和`residue()`函数一致，若某个p_i的值为复数，则r_i，r_{i+1}项分别为相应的α和ϕ值。

例5-43 试利用部分分式展开的方法重新求解例5-3中的Laplace反变换问题。

解 由于该分母多项式根的解析解不存在，所以利用`partfrac()`函数并不能得出有效的部分分式展开式。可以用MATLAB数值算法得出Laplace反变换。

```
>> num=[-17,-7,2,1,-1,1]; den=[1,11,48,106,125,75,17];    %分子分母多项式
   [r,p,k]=pfrac(num,den); format long e; [r,p]            %重求部分分式展开
```

这样，由得出的结果可以写出有理函数的Laplace反变换为

$$\begin{aligned}\mathscr{L}^{-1}[F(s)]=&-556.2565\mathrm{e}^{-3.2617t}-881.0352\mathrm{e}^{-2.5309t}\sin(0.3998t-0.6559)+\\&0.2126\mathrm{e}^{-0.5209t}-11.1340\mathrm{e}^{-1.0778t}\sin(0.6021t-2.9829)\end{aligned}$$

5.6.4 Laurent级数展开

第3章曾介绍过Taylor幂级数展开，可以将一个给定函数$f(x)$展开成$(x-x_0)$的无穷级数形式，Laurent级数是Taylor级数的一个直接拓展。

如果函数$f(z)$在圆环区域$\mathscr{D}$：$R_1<|z-z_0|<R_2$是解析的，且$0\leqslant R_1<R_2<+\infty$，则可以将Laurent级数写成

$$f(z)=\sum_{k=-\infty}^{\infty}c_k(z-z_0)^k \tag{5-6-9}$$

其中，系数可以如下直接计算

$$c_k = \frac{1}{2\pi j}\int_{|z-z_0|=\rho}\frac{f(\zeta)}{(\zeta - z_0)^{k+1}}d\zeta \tag{5-6-10}$$

式中，$|z-z_0|<\rho$ 可以是满足 $R_1<\rho<R_2$ 的任何圆周，如果函数 $f(z)$ 在 $\mathscr{D}$ 区域解析，则Laurent级数是唯一的。

在实际应用中由式(5-6-10)得到级数系数是相当困难的，可以采用变通的方法来构造级数。假设原函数 $f(z)$ 可以分解成两个子函数的积，记作 $f(z)=f_1(z)f_2(z)$，其中，$f_2(z)$ 适合于一般的Taylor级数展开，而另一个部分 $f_1(z)$ 可以展开成 $(z-z_0)^k$ 的级数，且 k 为负整数，则可以先作变量替换 $x=1/(z-z_0)$，将原函数替换成 x 的函数，即替换为 $z=(1+xz_0)/x$，则可以得出关于 x 的Taylor展开，记作 $F_1(x)$。这样，可以作变量替换 $x=1/(z-z_0)$ 将结果替换成 z 的函数。下面将通过例子演示这样的展开方法。

例5-44 试写出函数 $f(z)=z^2e^{1/z}$ 的Laurent级数展开。

解 由于函数中含有 $e^{1/z}$ 项，所以在 $z=0$ 处可能存在奇怪现象，不过这时 $z=0$ 并不是极点，而是本征奇点，由原函数可以看出，可以将其分解为两个函数，其中，$f_1(z)=e^{1/z}$，$f_2(z)=z^2$。由变量替换 $z=1/x$，可以得出子函数 $f_1(x)$ 的Taylor级数展开，这样，可以利用 $x=1/z$ 将变量替换回 z 的函数，再将 $f_2(z)=z^2$ 乘回 $f_1(z)$ 的Taylor级数展开，则可以得出Laurent级数。

```
>> syms x z; f1(z)=exp(1/z); f2(z)=z^2; f1a=f1(1/x);     %原函数分解成两个函数的积
   F1a(x)=taylor(f1a,x,'Order',7); F=simplify(f2*F1a(1/z))   %Laurent级数
```

得出的Laurent级数为

$$F(z)=z^2+z+\frac{1}{2}+\frac{z^{-1}}{6}+\frac{z^{-2}}{24}+\frac{z^{-3}}{120}+\frac{z^{-4}}{720}+\frac{z^{-5}}{5040}+\cdots$$

在相对较大的区间内，例如选 $z\in(-20,20)$，可以绘制出原函数 $f(z)$ 与有限项Laurent级数展开 $F(z)$ 的曲线，如图5-11所示。可以看出，除在本征奇点 $z=0$ 附近的一个很小的邻域内外，两条曲线几乎完全一致。

```
>> fplot([F f1*f2],[-20,20],'MeshDensity',500)
   hold on; plot(0,1/6,'o'), hold off     %函数比较
```

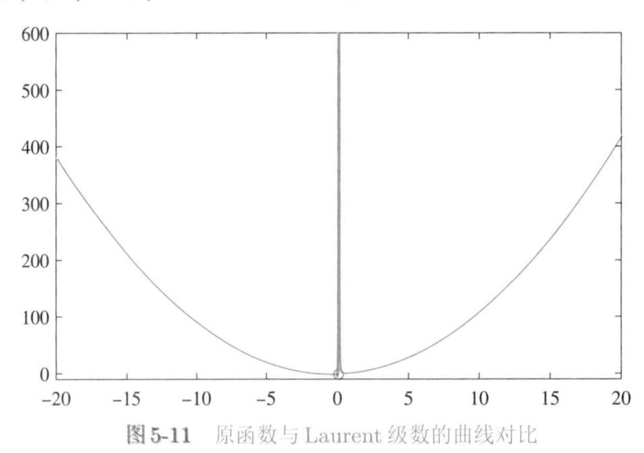

图5-11 原函数与Laurent级数的曲线对比

对给定的Laurent级数 $F(z)$ 而言，因为本征奇点的存在，分母中存在无穷项 z^{-k}，其留数定义为Laurent级数中 z^{-1} 项的系数 c_{-1}。

例5-45 现在考虑复数有理函数 $f(z)=1/(z-1)+1/(z-2j)$，试写出其Laurent级数。

解 显而易见，$f(z)$ 函数在极点 $z=1$ 与 $z=2j$ 处不解析。这样，可以将复数平面分成三个区域：圆盘区域

$|z|<1$；圆环区域$1<|z|<2$和圆外区域$|z|>2$。所以应该分三种情形考虑函数的Laurent级数展开问题：

(1) 若$|z|<1$，则意味着满足$|z|<2$或$|z/2|<1$，这时Taylor级数展开就足够了。可以利用Taylor级数的展开公式直接得到原函数的Taylor幂级数展开

$$\frac{1}{1-u}=\sum_{k=0}^{\infty}u^k, \text{若 } |u|<1, \text{则展开式收敛}$$

这样，原函数的Laurent级数(即Taylor级数)可以写成

$$F_1(z)=\frac{-1}{1-z}+\frac{-1/2\mathrm{j}}{1-z/(2\mathrm{j})}=-\sum_{k=0}^{\infty}\left(1+\frac{1}{(2\mathrm{j})^{k+1}}\right)z^k$$

(2) 若$1<|z|<2$，函数$f(z)$解析，由于第一项$1/(z-1)$不满足收敛条件，可以将其改写为$(1/z)/(1-1/z)$，这样可以对$1/z$项作Taylor幂级数展开，而对第二项作Taylor幂级数展开，这样，Laurent级数可以写成

```
>> syms z x; f1=1/(z-1); f1a=subs(f1,z,1/x);       %原函数分解成两个函数的积
   F2a=taylor(f1a,'Order',6); F2=subs(F2a,x,1/z)  %展开成Laurent级数
```

得出的Laurent级数为

$$F_2(z)=\sum_{k=-\infty}^{-1}z^k-\sum_{k=0}^{\infty}\frac{1}{(2\mathrm{j})^{k+1}}z^k$$

(3) 若$|z|>2$，两项的Taylor级数都不收敛，所以应该对$1/z$作Taylor级数展开

```
>> f3=1/(z-1)+1/(z-2i); f3a=subs(f3,z,1/x);
   F3a=taylor(f3a,'Order',6); F3=subs(F3a,x,1/z)
```

这样得出的Laurent级数为

$$F_3(z)=\sum_{k=-\infty}^{-1}\left(1+\frac{1}{(2\mathrm{j})^{k+1}}\right)z^k$$

从这个例子可以看出，为使得原函数$f(z)$解析，应该将z平面分成三个不同的区域，分别得出Laurent级数展开，所以实际的Laurent级数应该是分段函数。

仿照上述思路，可以对部分分式展开自动作区域分割，然后写出每个区域的Laurent级数展开，就此可以编写`laurent_series()`函数，以分段函数的形式得出各区域的Laurent级数。

```
function [F0,p,m,F]=laurent_series(f,n)
   arguments, f, n(1,1){mustBeInteger,mustBePositive}=6; end
   [p,m]=poles(f); STR='';                        %求极点与重数
   syms z x; assume(z~=0); assume(x~=0); F2=0;
   if length(p)==0, error('The poles cannot be found, failed.'); end
   v=sort(unique([sym(0); abs(p)])); v0=[v; inf];
   Fx=feval(symengine,'partfrac',f,'List'); %调用MuPAD底层函数
   nv=Fx(1); dv=Fx(2); f=feval(symengine,'partfrac',f);
   for i=1:length(v), F1=f-F2;                    %用循环结构对每个极点单独处理
      f1=taylor(F1,'Order',n); f2=subs(F2,z,1/x);
      f2=taylor(f2,'Order',n); f2=subs(f2,x,1/z); F(i)=f1+f2;
      v1=[char(v(i)) '<abs(z)']; F2=0;            %生成环形分区条件表达式
      if i==length(v), str1=v1; else, str1=[v1 ' & abs(z)<' char(v(i+1))]; end
      str2=char(F(i)); STR=[STR, str1 ',' str2 ','];
      for j=1:length(nv), x0=solve(dv(j)); x0=x0(1);
         if abs(x0)<v0(i+1)+eps, F2=F2+nv(j)/dv(j); end
```

```
    end, end
    F0=eval(['piecewise(' STR(1:end-1) ');'])    %构造Laurent级数的分段函数
end
```

例5-46 再考虑例5-39中的有理函数,试关于 $z=0$ 点求出其Laurent级数。

解 利用上面给出的函数laurent_series()可以直接得出关于 $z=0$ 的Laurent级数,其数学形式从略,用户可以自己从分段函数表示阅读该结果。

```
>> syms z;
   G=(2*z^7+2*z^3+8)...
      /(z^8+30*z^7+386*z^6+2772*z^5+12093*z^4+32598*z^3+52520*z^2+45600*z+16000);
   F=laurent_series(G)    %将得出的Laurent级数表示为分段函数
```

5.6.5 封闭曲线积分问题计算

留数定理:若 Γ 为二维平面内的逆时针走行的任意形状的封闭曲线,且包围被积函数 $f(z)$ 的 m 个奇点 $p_i(i=1,2,\cdots,m)$,则封闭曲线积分的值等于2πj乘以这些点的留数之和,即

$$\oint_{\Gamma} f(z)\mathrm{d}z = 2\pi\mathrm{j}\sum_{i=1}^{m}\mathrm{Res}[f(z),p_i] \tag{5-6-11}$$

如果积分线为顺时针走行的,则应该将被积函数乘以 -1。

例5-47 试求函数 $f(z)$ 在 $|z|=6$ 逆时针曲线上的曲线积分。其中,函数 $f(z)$ 为

$$f(z)=\frac{2z^7+2z^3+8}{z^8+30z^7+386z^6+2772z^5+12093z^4+32598z^3+52520z^2+45600z+16000}$$

解 可以用例5-41中给出的方法求出其部分分式展开为

$$\frac{13041}{(s+5)^3}+\frac{341863}{12(s+5)^2}+\frac{7198933}{144(s+5)}-\frac{16444}{3(s+4)^3}+\frac{193046}{9(s+4)^2}-\frac{1349779}{27(s+4)}+\frac{11}{9(s+2)}+\frac{1}{432(s+1)}$$

可见,该函数的奇点为:$p_1=-1$ 为单奇点,$p_2=-2$ 亦为单奇点,$p_3=-4$, $p_4=-5$ 均为3重奇点。由上面的部分分式展开式可知,各个奇点的留数为部分分式展开的一次项的系数,这样可以得出所需的封闭曲线积分值为

$$\oint_{|z|=6} f(z)\mathrm{d}z = 2\pi\mathrm{j}\left[\frac{1798933}{144}-\frac{1349779}{27}+\frac{11}{9}+\frac{1}{432}\right]=4\pi\mathrm{j}$$

由第3章介绍的曲线积分方法,可以直接求出该积分。假设积分路径 Γ 由圆 $|z|=6$ 给出,可以表示为 $z=6\cos t+\mathrm{j}6\sin t, t\in[0,2\pi]$,用下面语句直接积分也可以同样得出 $I=\mathrm{j}4\pi$。

```
>> syms z t;
   G=(2*z^7+2*z^3+8)/...
     (z^8+30*z^7+386*z^6+2772*z^5+12093*z^4+32598*z^3+52520*z^2+45600*z+16000);
   F=subs(G,z,6*cos(t)+6*sin(t)*sqrt(-1));                %将复数变量替换成圆的方程
   I=int(F*diff(6*cos(t)+6*sin(t)*sqrt(-1),t),t,0,2*pi)   %曲线积分计算
```

如果要求解的问题是 $|z|=3$ 的逆时针曲线积分,则在前面的求和式子中去除 p_3, p_4 两个奇点的留数(因为这两个奇点在封闭曲线外),可以最终得出曲线积分的值为 $I=529\mathrm{j}\pi/216$。用下面的语句直接求曲线积分也可以得出同样的结果。

```
>> F=subs(G,z,3*cos(t)+3*sin(t)*sqrt(-1));              %替换成小圆
   I=int(F*diff(3*cos(t)+3*sin(t)*sqrt(-1),t),t,0,2*pi)   %曲线积分计算
```

例5-48 试求出下面的曲线积分[56] $\oint_{|z|=2}\dfrac{1}{(z+\mathrm{j})^{10}(z-1)(z-3)}\mathrm{d}z$。

解 经过简单观察原函数，可以发现该函数在$z=1$，$z=3$处有单个奇点，在$z=-\mathrm{j}$处有一个10重奇点，又因为给定的封闭曲线Γ为$|z|=2$正向圆周，所以$z=1$，$z=-\mathrm{j}$在该圆周包围的范围内，$z=3$在该圆外，不必计算该留数，这样，原曲线积分的值可以用下面的语句直接求出，其值为$(237/312500000+\mathrm{j}779/78125000)\pi$。

```
>> i=sym(sqrt(-1)); syms z; f=1/((z+i)^10*(z-1)*(z-3));   %定义被积函数
   r1=limit(diff(f*(z+i)^10,z,9)/prod(1:9),z,-i);         %直接计算留数
   r2=limit(f*(z-1),z,1); a=2*pi*i*(r1+r2)                 %留数定理计算
```

根据文献[56]中给出的方法，手工求解时建议先计算$z=3$的留数，故得出整个环路积分值为$-\pi\mathrm{j}/(3+\mathrm{j})^{10}$。二者之差为0，说明两个结果是完全一致的。

```
>> a+pi*i/(3+i)^10 %另一种计算方法
```

由直接曲线积分方法也可以得出同样的结果

```
>> F=subs(f,z,2*cos(t)+2*sin(t)*sqrt(-1));                  %通过曲线积分计算
   I=int(F*diff(2*cos(t)+2*sin(t)*sqrt(-1),t),t,0,2*pi)    %直接计算曲面积分
```

若曲线Γ的方程为$|z|=4$，则该曲线将$z=1,3,-\mathrm{j}$三个奇点均包围在内，这时曲线积分应该和这三个留数的和有关，故可以用下面的语句求出曲线积分的值为0。

```
>> r3=limit(f*(z-3),z,3); b=2*pi*i*(r1+r2+r3)              %由留数定理直接计算
```

既然用符号运算的方法计算留数特别简单，所以没有必要再用间接的方法计算了，可以通过式(5-6-11)中给出的算法直接求出。该结果与直接曲线积分方法完全一致。

```
>> F=subs(f,z,4*cos(t)+4*sin(t)*sqrt(-1))                   %设置曲线为圆
   I=int(F*diff(4*cos(t)+4*sin(t)*sqrt(-1),t),t,0,2*pi)    %由曲线积分计算
```

例5-49 试计算封闭曲线积分 $I=\oint_{|z|=1} z^2\mathrm{e}^{1/z}\mathrm{d}z$。

解 例5-44中曾经得出被积函数的Laurent级数，并指出$z=0$是原函数的本征奇点，这样该点处的留数为$c_{-1}=1/6$，所以根据留数定理，可以得出封闭曲线积分为$I=2\pi\mathrm{j}c_{-1}=\pi\mathrm{j}/3$。还可以通过直接曲线积分验证得出的结果。

```
>> syms z t; f=z^2*exp(1/z); F=subs(f,z,cos(t)+sin(t)*sqrt(-1));
   I=int(F*diff(cos(t)+sin(t)*sqrt(-1),t),t,0,2*pi)         %直接曲线积分验证
```

利用变量替换的方法可以将开区间积分变换成封闭曲线积分。例如，有的书上用变换的方法求解$F(x)=\int_0^\infty\dfrac{\sin x}{x}\mathrm{d}x$这类无穷积分问题。而事实上，这样的积分直接用MATLAB中的`int()`函数更容易求解，所以本书不介绍这类方法。

5.7 差分方程的求解

常系数线性差分方程的一般形式为

$$\begin{aligned}&y[(k+n)T]+a_1y[(k+n-1)T]+a_2y[(k+n-2)T]+\cdots+a_ny(kT)\\&=b_1u[(k-d)T]+b_2u[(k-d-1)T]+\cdots+b_mu[(k-d-m+1)T]\end{aligned}\tag{5-7-1}$$

其中，T为采样周期。和微分方程描述的连续系统类似，这里的系数a_i和b_i也是常数，所以这类系统称为

线性时不变离散系统。另外,对应系统的输入信号和输出信号也可以由 $u(kT)$ 和 $y(kT)$ 表示。$u(kT)$ 为第 k 个采样周期的输入信号,$y(kT)$ 为该时刻的输出信号。为方便起见,简记 $y(t)=y(kT)$,且记 $y[(k+i)T]$ 为 $y(t+i)$,则前面的差分方程可以简记为

$$\begin{aligned}&y(t+n)+a_1y(t+n-1)+a_2y(t+n-2)+\cdots+a_ny(t)\\&=b_1u(t+m-d)+b_2u(t+m-d-1)+\cdots+b_{m+1}u(t-d)\end{aligned}\tag{5-7-2}$$

本节将介绍线性差分方程的解析求解方法与数值求解方法,还将探讨基于仿真技术的非线性差分方程的数值求解方法。

5.7.1 一般差分方程的解析求解方法

前面给出了线性常系数差分方程的一般形式,若信号的初值 $y(0),y(1),\cdots,y(n-1)$ 含有非零元素,则对式(5-7-2)两边进行 z 变换可以得出

$$\begin{aligned}&z^nY(z)-\sum_{i=0}^{n-1}z^{n-i}y(i)+a_1z^{n-1}Y(z)-a_1\sum_{i=0}^{n-2}z^{n-i}y(i)+\cdots+a_nY(z)\\&=z^{-d}\left[b_1z^mU(z)-b_1\sum_{i=0}^{m-1}z^{n-i}u(i)+\cdots+b_{m+1}U(z)\right]\end{aligned}\tag{5-7-3}$$

由此得出

$$Y(z)=\frac{(b_1z^m+b_2z^{m-1}+\cdots+b_{m+1})z^{-d}U(z)+E(z)}{z^n+a_1z^{n-1}+a_2z^{n-2}+\cdots+a_n}\tag{5-7-4}$$

其中,$E(z)$ 为输入、输出信号初值 z 变换性质计算出来的表达式:

$$E(z)=\sum_{i=0}^{n-1}z^{n-i}y(i)-a_1\sum_{i=0}^{n-2}z^{n-i}y(i)-a_2\sum_{i=0}^{n-3}z^{n-i}y(i)-\cdots-a_{n-}zy(0)+\hat{u}(n)\tag{5-7-5}$$

其中

$$\hat{u}(n)=-b_1\sum_{i=0}^{m-1}z^{n-i}u(i)-\cdots-b_mzu(0)\tag{5-7-6}$$

对 $Y(z)$ 进行 z 反变换则可以得出差分方程的解析解 $y(t)$。根据前面的算法,可以编写出一般差分方程的通用求解函数。

```
function y=diff_eq(A,B,y0,U,d)
   E=0; n=length(A)-1; syms z; if nargin==4, d=0; end
   m=length(B)-1; u=iztrans(U); u0=subs(u,0:m-1);      %输入信号反变换
   for i=1:n, E=E+A(i)*y0(1:n+1-i)*[z.^(n+1-i:-1:1)].'; end  %式(5-7-5)
   for i=1:m, E=E-B(i)*u0(1:m+1-i)*[z.^(m+1-i:-1:1)].'; end  %式(5-7-6)
   Y=(poly2sym(B,z)*U*z^(-d)+E)/poly2sym(A,z); y=iztrans(Y); %式(5-7-4)
end
```

其调用语句为 y=diff_eq($\boldsymbol{A},\boldsymbol{B},\boldsymbol{y}_0,U,d$),其中,$\boldsymbol{A},\boldsymbol{B}$ 向量分别表示差分方程左侧和右侧的系数向量,U 为输入信号的 z 变换表达式,$\boldsymbol{y}_0$ 给出输出信号的初值向量,d 为延迟步数,其默认值为0。调用该函数可以直接获得差分方程的解析解。该函数也可用于非首一化的差分方程。下面将给出具体实例来演示一般差分方程的求解方法。

例5-50　试求解差分方程

$$48y(n+4)-76y(n+3)+44y(n+2)-11y(n+1)+y(n)=2u(n+2)+3u(n+1)+u(n)$$

其中，$y(0)=1, y(1)=2, y(2)=0, y(3)=-1$，且输入 $u(n)=(1/5)^n$，试求出差分方程的解析解。

解 由此问题可以直接提取出 $\boldsymbol{A},\boldsymbol{B}$ 向量，将初始输出向量和输入信号送给计算机，再调用 diff_eq() 函数直接求解给出的差分方程。

```
>> syms z n; u=(1/5)^n; U=ztrans(u);                 %设置输入信号并计算其z变换
   y=diff_eq([48 -76 44 -11 1],[2 3 1],[1 2 0 -1],U)   %求输出信号的解析解
   n0=0:20; y0=subs(y,n,n0); stem(n0,y0)               %由解析解绘制输出
```

可以得出差分方程的解为

$$y(n)=\frac{432}{5}\left(\frac{1}{3}\right)^n-\frac{26}{5}\left(\frac{1}{2}\right)^n-\frac{752}{5}\left(\frac{1}{4}\right)^n+\frac{175}{3}\left(\frac{1}{5}\right)^n-\frac{42}{5}\left(\frac{1}{2}\right)^n(n-1)$$

其图形显示如图5-12所示，给出的几个初始点均在得出的解中。

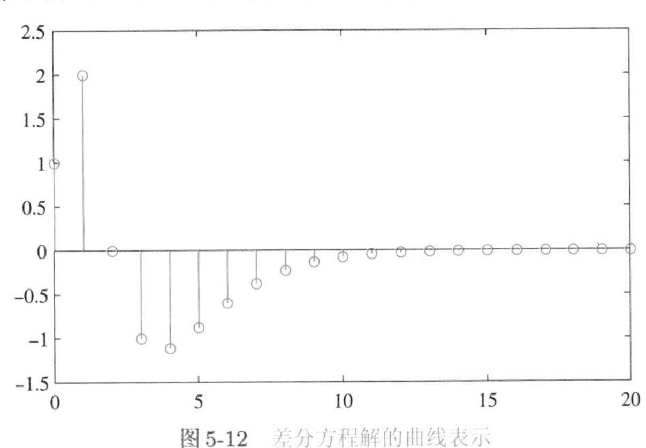

图5-12 差分方程解的曲线表示

5.7.2 线性时变差分方程的数值解法

线性时变差分状态方程一般可以写成

$$\begin{cases}\boldsymbol{x}(k+1)=\boldsymbol{F}(k)\boldsymbol{x}(k)+\boldsymbol{G}(k)\boldsymbol{u}(k), \quad \boldsymbol{x}(0)=\boldsymbol{x}_0\\ \boldsymbol{y}(k)=\boldsymbol{C}(k)\boldsymbol{x}(k)+\boldsymbol{D}(k)\boldsymbol{u}(k)\end{cases} \tag{5-7-7}$$

可见，采用递推方法，则

$$\boldsymbol{x}(1)=\boldsymbol{F}(0)\boldsymbol{x}_0+\boldsymbol{G}(0)\boldsymbol{u}(0)$$

$$\boldsymbol{x}(2)=\boldsymbol{F}(1)\boldsymbol{x}(1)+\boldsymbol{G}(1)\boldsymbol{u}(1)=\boldsymbol{F}(1)\boldsymbol{F}(0)\boldsymbol{x}_0+\boldsymbol{F}(1)\boldsymbol{G}(0)\boldsymbol{u}(0)+\boldsymbol{G}(1)\boldsymbol{u}(1)$$

最终可以直接得出

$$\begin{aligned}\boldsymbol{x}(k)=&\boldsymbol{F}(k-1)\boldsymbol{F}(k-2)\cdots\boldsymbol{F}(0)\boldsymbol{x}_0+\boldsymbol{G}(k-1)\boldsymbol{u}(k-1)+\\&\boldsymbol{F}(k-1)\boldsymbol{G}(k-2)\boldsymbol{u}(k-2)+\cdots+\boldsymbol{F}(k-1)\cdots\boldsymbol{F}(0)\boldsymbol{G}(0)\boldsymbol{u}(0)\\=&\prod_{j=0}^{k-1}\boldsymbol{F}(j)\boldsymbol{x}_0+\sum_{i=0}^{k-1}\left[\prod_{j=i+1}^{k-1}\boldsymbol{F}(j)\right]\boldsymbol{G}(i)\boldsymbol{u}(i)\end{aligned} \tag{5-7-8}$$

若已知 $\boldsymbol{F}(i),\boldsymbol{G}(i)$，则可以通过上面的递推算法直接求出离散状态方程的解。从数值求解的角度看，还可以用迭代方法求解该差分方程，即从已知的 $\boldsymbol{x}(0)$ 根据方程式(5-7-7)推出 $\boldsymbol{x}(1)$，再由 $\boldsymbol{x}(1)$ 计算 $\boldsymbol{x}(2)$，以此类推，这样就可以递推地得出系统在各个时刻的状态。可见，迭代法更适合计算机实现。

例5-51　试求解离散线性时变差分方程[57]

$$\begin{bmatrix} x_1(k+1) \\ x_2(k+1) \end{bmatrix} = \begin{bmatrix} 0 & 1 \\ 1 & \cos(k\pi) \end{bmatrix} \begin{bmatrix} x_1(k) \\ x_2(k) \end{bmatrix} + \begin{bmatrix} \sin(k\pi/2) \\ 1 \end{bmatrix} u(k)$$

其中,$\boldsymbol{x}(0)=[1,1]^{\mathrm{T}}$,且$u(k)=(-1)^k$,$k=0,1,2,3,\cdots$。

解　采用迭代方法,可以用下面的循环结构立即得出状态变量在各个时刻的值,如图5-13所示。

```
>> x0=[1; 1]; x=x0; u=-1; %输入初值
   for k=0:100, u=-u; F=[0 1; 1 cos(k*pi)];    %输入信号交替变号,并计算矩阵
      G=[sin(k*pi/2); 1]; x1=F*x0+G*u; x0=x1; x=[x x1];          %状态更新
   end                                                      %由循环结构计算输出信号
   subplot(211), stairs(x(1,:)), subplot(212), stairs(x(2,:))    %状态信号
```

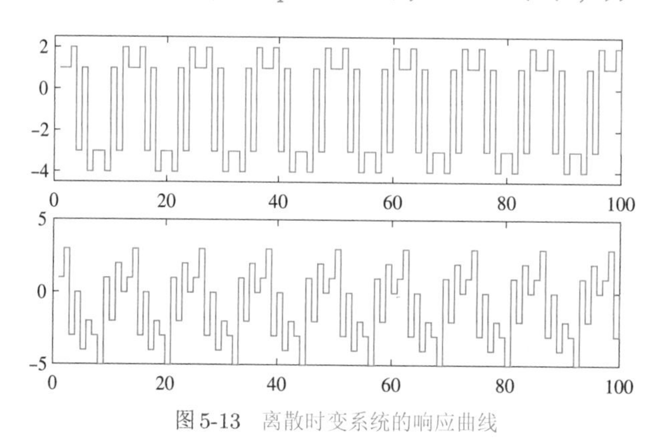

图5-13　离散时变系统的响应曲线

5.7.3　线性时不变差分方程的解法

线性时不变差分方程有$\boldsymbol{F}(k)=\cdots=\boldsymbol{F}(0)=\boldsymbol{F}$,$\boldsymbol{G}(k)=\cdots=\boldsymbol{G}(0)=\boldsymbol{G}$,由式(5-7-8)可以立即得出

$$\boldsymbol{x}(k)=\boldsymbol{F}^k\boldsymbol{x}_0+\sum_{i=0}^{k-1}\boldsymbol{F}^{k-i-1}\boldsymbol{G}\boldsymbol{u}(i) \tag{5-7-9}$$

由于计算机数学语言并不能直接求出k是变量形式时$\boldsymbol{F}^k$的解析表达式,所以用上述表达式无法求出状态变量的解析解,必须考虑其他方法。

再重新考虑式(5-7-7),其时不变形式可以写成

$$\begin{cases} \boldsymbol{x}(k+1)=\boldsymbol{F}\boldsymbol{x}(k)+\boldsymbol{G}\boldsymbol{u}(k), \quad \boldsymbol{x}(0)=\boldsymbol{x}_0 \\ \boldsymbol{y}(k)=\boldsymbol{C}\boldsymbol{x}(k)+\boldsymbol{D}\boldsymbol{u}(k) \end{cases} \tag{5-7-10}$$

两端同时求z变换,由z变换的性质可以得出

$$\boldsymbol{X}(z)=(z\boldsymbol{I}-\boldsymbol{F})^{-1}\left[z\boldsymbol{x}_0+\boldsymbol{G}\boldsymbol{U}(z)-\boldsymbol{G}z\boldsymbol{u}_0\right] \tag{5-7-11}$$

这样可以推导出离散状态方程的解析解为

$$\boldsymbol{x}(k)=\mathscr{Z}^{-1}\left[(z\boldsymbol{I}-\boldsymbol{F})^{-1}z\right]\boldsymbol{x}_0+\mathscr{Z}^{-1}\left\{(z\boldsymbol{I}-\boldsymbol{F})^{-1}\left[\boldsymbol{G}\boldsymbol{U}(z)-\boldsymbol{G}z\boldsymbol{u}_0\right]\right\} \tag{5-7-12}$$

进一步观察上面的式子还可以发现,常数方阵$\boldsymbol{F}$的k次方也可以通过z反变换计算

$$\boldsymbol{F}^k=\mathscr{Z}^{-1}\left[z(z\boldsymbol{I}-\boldsymbol{F})^{-1}\right] \tag{5-7-13}$$

例5-52 已知某离散系统的状态方程如下,试求出各个状态阶跃响应的解析解

$$\boldsymbol{x}(k+1)=\begin{bmatrix}11/6 & -5/4 & 3/4 & -1/3\\ 1 & 0 & 0 & 0\\ 0 & 1/2 & 0 & 0\\ 0 & 0 & 1/4 & 0\end{bmatrix}\boldsymbol{x}(k)+\begin{bmatrix}4\\0\\0\\0\end{bmatrix}u(k),\quad \boldsymbol{x}_0=0$$

解 直接套用下面的公式,则可以求解出状态方程的解析解为

```
>> F=sym([11/6 -5/4 3/4 -1/3; 1 0 0 0; 0 1/2 0 0; 0 0 1/4 0]);
   G=sym([4; 0; 0; 0]); syms z k; U=ztrans(sym(1));     %描述系统与输入信号
   x=iztrans(inv(z*eye(4)-F)*G*U,z,k)                   %求输出信号的解析解
```

从而得出各个状态的解析解为

$$\boldsymbol{x}(k)=\begin{bmatrix}48(1/3)^k-48(1/2)^k k-72(1/2)^k-24(1/2)^k\mathrm{C}_{k-1}^2+48\\ 144(1/3)^k-48(1/2)^k k-144(1/2)^k-48(1/2)^k\mathrm{C}_{k-1}^2+48\\ 216(1/3)^k-192(1/2)^k-48(1/2)^k\mathrm{C}_{k-1}^2+24\\ 24(1/2)^k k-24(1/2)^k\mathrm{C}_{k-1}^2-144(1/2)^k+162(1/3)^k+6\end{bmatrix}$$

事实上,得出结果中的 nchoosek(n,k) 是组合符号,其数学表示为 $\mathrm{C}_n^k=n!/\left[(n-k)!k!\right]$。其实,$\mathrm{C}_{k-1}^2$ 还可以进一步简化为 $(k-1)(k-2)/2$,这样可以将得出的结果手工简化为

$$\boldsymbol{x}(k)=\begin{bmatrix}-12(8+k+k^2)(1/2)^k+48(1/3)^k+48\\ 24(-8+k-k^2)(1/2)^k+144(1/3)^k+48\\ 24(-10+3k-k^2)(1/2)^k+216(1/3)^k\\ 12(-14+5k-k^2)(1/2)^k+162(1/3)^k+6\end{bmatrix}$$

另外,因为原结果中只有 C_{k-1}^2 项需要进一步简化,并对 $(1/2)^k$ 合并同类项,还可以由下面的语句自动化简,这也将得出与手工化简一致的结果。

```
>> x1=collect(simplify(subs(x,nchoosek(k-1,2),(k-1)*(k-2)/2)),(1/2)^k)
```

例5-53 考虑例4-76中的 $\boldsymbol{A}^k$ 计算问题,试用 z 反变换重新计算 $\boldsymbol{A}^k$。

解 由式(5-7-13)可见,矩阵乘方 $\boldsymbol{A}^k$ 可以由下面的语句直接计算,其结果与例4-76中的也完全一致。

```
>> A=[-7,2,0,-1; 1,-4,2,1; 2,-1,-6,-1; -1,-1,0,-4];      %输入原矩阵
   syms z k; F1=iztrans(z*inv(z*eye(4)-A),z,k);          %求z反变换
   F2=simplify(subs(F1,nchoosek(k-1,2),(k-1)*(k-2)/2))  %进一步化简
```

5.7.4 一般非线性差分方程的数值求解方法

假设已知差分方程的显式形式,即

$$y(t)=f(t,y(t-1),\cdots,y(t-n),u(t),\cdots,u(t-m)) \tag{5-7-14}$$

则可以通过递推的方法直接求解该方程,得出方程的数值解。

例5-54 考虑下面的非线性差分方程,若输入信号为正弦函数 $u(t)=\sin t$,采样周期为 $T=0.05\,\mathrm{s}$,试求解该方程的数值解。

$$y(t)=\frac{y(t-1)^2+1.1y(t-2)}{1+y(t-1)^2+0.2y(t-2)+0.4y(t-3)}+0.1u(t)$$

解 引入一个存储向量 $\boldsymbol{y}_0$,其三个分量 $y_0(1)$,$y_0(2)$ 和 $y_0(3)$ 分别表示 $y(t-3)$,$y(t-2)$ 和 $y(t-1)$,在每一步递推后更新一次 $\boldsymbol{y}_0$ 向量。这样,用下面的循环结构就可以求解该方程,并绘制出输入信号和输出信号的曲线,如图5-14所示。可见,在正弦信号激励下,非线性系统的输出会产生畸变,这与线性系统响应是不同的。

```
>> y0=zeros(1,3); h=0.05; t=0:h:4*pi; u=sin(t); y=[];     %描述初值与输入等
   for i=1:length(t)                           %用循环结构通过递推算法求输出信号
      y(i)=(y0(3)^2+1.1*y0(2))/(1+y0(3)^2+0.2*y0(2)+0.4*y0(1))+0.1*u(i);
      y0=[y0(2:3), y(i)];                      %更新存储向量
   end, plot(t,y,t,u)                          %绘制输入与输出信号
```

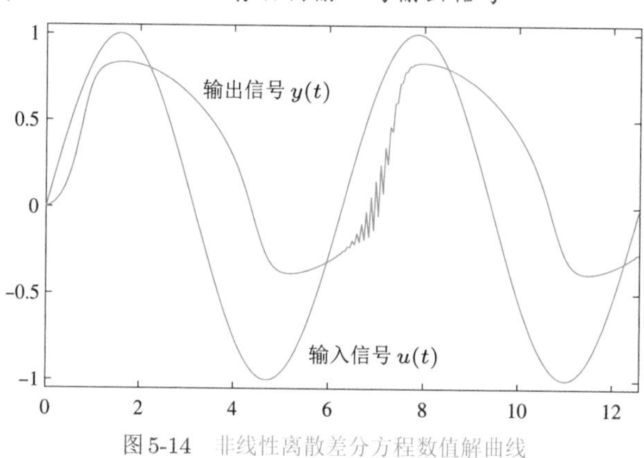

图5-14　非线性离散差分方程数值解曲线

5.8 习题

5.1 对下列的函数 $f(t)$ 进行Laplace变换：

① $f_\mathrm{a}(t)=\sin\alpha t/t$　② $f_\mathrm{b}(t)=t^5\sin\alpha t$　③ $f_\mathrm{c}(t)=t^8\cos\alpha t$　④ $f_\mathrm{d}(t)=t^6\mathrm{e}^{\alpha t}$

⑤ $f_\mathrm{e}(t)=5\mathrm{e}^{-at}+t^4\mathrm{e}^{-at}+8\mathrm{e}^{-2t}$　⑥ $f_\mathrm{f}(t)=\mathrm{e}^{\beta t}\sin(\alpha t+\theta)$　⑦ $f_\mathrm{g}(t)=\mathrm{e}^{-12t}+6\mathrm{e}^{9t}$

5.2 对上面的结果作Laplace反变换，看看能不能还原给定的函数。

5.3 下面两个公式也是Laplace变换的性质，试选择不同的常数 n，验证这两条性质。

① $\mathscr{L}\left[t^nf(t)\right]=(-1)^n\dfrac{\mathrm{d}^n\mathscr{L}[f(t)]}{\mathrm{d}s^n}$　② $\mathscr{L}\left[t^{n-1/2}\right]=\dfrac{\sqrt{\pi}(2n-1)!}{2^n}s^{-n-1/2}$

5.4 对下面的 $F(s)$ 式进行Laplace反变换：

① $F_\mathrm{a}(s)=\dfrac{1}{\sqrt{s}(s^2-a^2)(s+b)}$　② $F_\mathrm{b}(s)=\sqrt{s-a}-\sqrt{s-b}$　③ $F_\mathrm{c}(s)=\ln\dfrac{s-a}{s-b}$

④ $F_\mathrm{d}(s)=\dfrac{1}{\sqrt{s}(s+a)}$　⑤ $F_\mathrm{e}(s)=\dfrac{3a^2}{s^3+a^3}$　⑥ $F_\mathrm{f}(s)=\dfrac{(s-1)^8}{s^7}$

⑦ $F_\mathrm{g}(s)=\ln\dfrac{s^2+a^2}{s^2+b^2}$　⑧ $F_\mathrm{h}(s)=\dfrac{s^2+3s+8}{\prod\limits_{i=1}^{8}(s+i)}$　⑨ $F_\mathrm{i}(s)=\dfrac{1}{2}\dfrac{s+\alpha}{s-\alpha}$

5.5 证明，对 s 的非整数次方，下面的Laplace变换的公式成立。

① 对不同的 γ 取值，试证明 $\mathscr{L}[t^\gamma]=\dfrac{\Gamma(\gamma+1)}{s^{\gamma+1}}$。

② 对任意 $a>0$，试证明 $\mathscr{L}\left[\dfrac{1}{\sqrt{t}\,(1+at)}\right]=\dfrac{\pi}{a}\ \mathrm{e}^{s/a}\mathrm{erfc}\left(\sqrt{s/a}\right)$。

5.6 Laplace变换的一个重要应用是求解常系数线性微分方程，可以利用当函数和各阶导数的零初始值下 $\mathscr{L}[\mathrm{d}^nf(t)/\mathrm{d}t^n]=s^n\mathscr{L}[f(t)]$ 这一性质对微分方程进行Laplace变换的方法去求解微分方程，非零初值

问题也可以利用相应方法求解。试使用这样的方法求解下面的微分方程。

① $y''(t)+3y'(t)+2y(t)=\mathrm{e}^{-t}, y(0)=y'(0)=0$

② $y''-y=4\sin t+5\cos 2t, y(0)=-1, y'(0)=-2$

③ $\begin{cases} x''-x+y+z=0 \\ x+y''-y+z=0 \\ x+y+z''-z=0, \end{cases}$ $x(0)=1, x'(0)=y(0)=y'(0)=z(0)=z'(0)=0$。

5.7 假设某分数阶系统是由两个子模型$G_1(s)$和$G_2(s)$并联而成，则系统的总模型可以由$G(s)=G_1(s)+G_2(s)$计算出来。试对下面的两个子模型并联的总系统绘制出阶跃响应曲线。

$$G_1(s)=\frac{(s^{0.4}+2)^{0.8}}{\sqrt{s}(s^2+3s^{0.9}+4)^{0.3}},\quad G_2(s)=\frac{s^{0.4}+0.6s+3}{(s^{0.5}+3s^{0.4}+5)^{0.7}}$$

5.8 系统模型$G_1(s), G_2(s)$串联连接构造的总系统可以由$G(s)=G_2(s)G_1(s)$表示，试求出上例两个子传递函数串联后的阶跃响应曲线。

5.9 试求出下面函数的Fourier变换，对得出的结果再进行Fourier反变换，观察能否得出原函数。

① $f(x)=x^2(3\pi-2|x|), 0\leqslant x\leqslant 2\pi$ ② $f(t)=t^2(t-2\pi)^2, 0\leqslant t\leqslant 2\pi$

③ $f(t)=\mathrm{e}^{-t^2}, -l\leqslant t\leqslant l$ ④ $f(t)=t\mathrm{e}^{-|t|}, -\pi\leqslant t\leqslant \pi$

5.10 试求出下面函数的Fourier正弦和余弦变换，并用Fourier正弦、余弦反变换对得出的结果进行处理，观察是否能还原出原函数。

① $f(t)=\mathrm{e}^{-t}\ln t$ ② $f(x)=\dfrac{\cos x^2}{x}$ ③ $f(x)=\ln\dfrac{1}{\sqrt{1+x^2}}$

④ 对任意的$a>0, f(x)=x(a^2-x^2)$ ⑤ $f(x)=\cos kx$

5.11 试求函数① $f(x)=\mathrm{e}^{kx}$，② $f(x)=x^3$的离散Fourier正弦、余弦变换。

5.12 试对下面的分段函数进行Mellin变换。

$$f(x)=\begin{cases}\sin(a\ln x), & x\leqslant 1\\ 0, & \text{其他}\end{cases}$$

5.13 请将下述时域序列函数$f(kT)$进行z变换，并对结果进行反变换检验。

① $f_{\mathrm{a}}(kT)=\cos(kaT)$ ② $f_{\mathrm{b}}(kT)=(kT)^2\mathrm{e}^{-akT}$ ③ $f_{\mathrm{c}}(kT)=\dfrac{1}{a}(akT-1+\mathrm{e}^{-akT})$

④ $f_{\mathrm{d}}(kT)=\mathrm{e}^{-akT}-\mathrm{e}^{-bkT}$ ⑤ $f_{\mathrm{e}}(kT)=\sin(\alpha kT)$ ⑥ $f_{\mathrm{f}}(kT)=1-\mathrm{e}^{-akT}(1+akT)$

5.14 已知下述各个z变换表达式$F(z)$，试对它们分别进行z反变换。

① $F_{\mathrm{a}}(z)=\dfrac{10z}{(z-1)(z-2)}$ ② $F_{\mathrm{b}}(z)=\dfrac{z^2}{(z-0.8)(z-0.1)}$ ③ $F_{\mathrm{c}}(z)=\dfrac{z}{(z-a)(z-1)^2}$

④ $F_{\mathrm{d}}(z)=\dfrac{z^{-1}(1-\mathrm{e}^{-aT})}{(1-z^{-1})(1-z^{-1}\mathrm{e}^{-aT})}$ ⑤ $F_{\mathrm{e}}(z)=\dfrac{Az[z\cos\beta-\cos(\alpha T-\beta)]}{z^2-2z\cos(\alpha T)+1}$

5.15 对下面的Laplace变换式求出相应的z变换，并对结果进行检验。

① $G(s)=\dfrac{b}{s^2(s+a)}$ ② $G(s)=\dfrac{b}{s^2(s+a)^2}\dfrac{1-\mathrm{e}^{-2s}}{s}$

5.16 已知函数$G(s)=\dfrac{1}{(s+1)^3}$，若用$s=\dfrac{2(z-1)}{T(z+1)}$替换$G(s)$，则可以得出函数$H(z)$。这样的变换又称为双线性变换。若$T=1/2$，试求出$H(z)$。若对结果进行新变换$z=\dfrac{1+Ts/2}{1-Ts/2}$，则得出双线性反变换的结果。试观察这样的反变换是否能恢复原函数。

5.17 试用计算机证明

$$\mathscr{Z}\left\{1-\mathrm{e}^{-akT}\left[\cos bkT+\frac{a}{b}\sin bkT\right]\right\}=\frac{z(Az+B)}{(z-1)(z^2-2\mathrm{e}^{-aT}\cos bTz+\mathrm{e}^{-2aT})}$$

式中,$A=1-\mathrm{e}^{-aT}\cos bT-\dfrac{a}{b}\mathrm{e}^{-aT}\sin bT, B=\mathrm{e}^{-2aT}+\dfrac{a}{b}\mathrm{e}^{-aT}\sin bT-\mathrm{e}^{-aT}\cos bT$。

5.18 试判定下面的多项式组是否互质。如果非互质,试化简 $B(s)/A(s)$。

① $B(x)=-3x^4+x^5-11x^3+51x^2-62x+24$,

$A(x)=x^7-12x^6+26x^5+140x^4-471x^3-248x^2+1284x-720$。

② $B(x)=3x^6-36x^5+120x^4+90x^3-1203x^2+2106x-1080$,

$A(x)=x^9+15x^8+79x^7+127x^6-359x^5-1955x^4-3699x^3-3587x^2-1782x-360$。

5.19 试绘制如下复变函数的Riemann曲面。

① $f(z)=z\cos z^2$ ② $f(z)=z\mathrm{e}^{-z^2}(\cos z-\sin z)$

5.20 记 $z=x+\mathrm{j}y$,其中,x 和 y 满足 $x^2+(y-1)^2=1$。很显然,z 是一个圆。试利用 $w=1/z$ 替换将该圆映射到 w 平面上,这个映射出来的图形是什么?

5.21 考虑下面的函数,试找出函数全部的极点,找到各个极点的重数,并计算它们的留数。

$$f(z)=\frac{z^2+4z+3}{z^5+4z^4+3z^3+2z^2+5z+2}\mathrm{e}^{-5z}$$

5.22 试求出下面有理函数的部分分式展开。

① $f(x)=\dfrac{3x^4-21x^3+45x^2-39x+12}{x^7+15x^6+96x^5+340x^4+720x^3+912x^2+640x+192}$

② $f(s)=\dfrac{s+5}{s^8+21s^7+181s^6+839s^5+2330s^4+4108s^3+4620s^2+3100s+1000}$

③ $f(x)=\dfrac{3x^6-36x^5+120x^4+90x^3-1203x^2+2106x-1080}{x^7+13x^6+52x^5+10x^4-431x^3-1103x^2-1062x-360}$

④ $f(x)=\dfrac{(x^2+4x+3)\mathrm{e}^{-5x}}{x^5+7x^4-2x^3-100x^2-232x-160}$

5.23 试求出下列函数奇点处的留数。

① $f(z)=\dfrac{1-\sin z\mathrm{e}^{-2z}}{z^7\sin(z-\pi/3)}(z^4+10z^3+35z^2+50z+24)$

② $f(z)=\dfrac{(z-3)^4}{z^4+5z^3+9z^2+7z+2}(\sin z-\mathrm{e}^{-3z})$, ③ $f(z)=\dfrac{(1-\cos 2z)(1-\mathrm{e}^{-z^2})}{z^3\sin z}$

5.24 试写出下面函数的Laurent级数并找出其留数。

① $f(z)=z\mathrm{e}^{-1/z^2}[\sin(1/z)-\cos(1/z)]$ ② $f(z)=z^5\cos(1/z^2)$

5.25 试写出下面函数的Laurent级数。

$$f(z)=\frac{3}{z-1}+\frac{1}{(z-1)^2}+\frac{1}{z-2}+\frac{1}{(z-2)^2}+\frac{5}{z+\mathrm{i}}+\frac{5}{z-\mathrm{i}}$$

5.26 求下面的封闭环路积分。

① $\displaystyle\oint_\Gamma\frac{z^{15}}{(z^2+1)^2(z^4+2)^3}\mathrm{d}z$,其中,$\Gamma$ 为 $|z|=3$ 正向圆周。

② $\displaystyle\oint_\Gamma\frac{z^3}{1+z}\mathrm{e}^{1/z}\mathrm{d}z$,其中,$\Gamma$ 为 $|z|=2$ 正向圆周。

③$\oint_\Gamma \dfrac{\cos z\,(1-\mathrm{e}^{-z^2})\sin(3z+2)}{z\sin z}\mathrm{d}z$，其中，$\Gamma$ 为 $|z|=1$ 的正向圆周。

④$\displaystyle\int_{|z|=2}\frac{z-2}{z^3(z-1)(z-3)}\mathrm{d}z$。

5.27 复平面映射中有一个很有趣的数学分支——分形，下面三个习题均是这方面的内容。任意选定一个二维平面上的初始点坐标 (x_0,y_0)，假设可以生成一个在 $[0,1]$ 区间上均匀分布的随机数 γ_i，那么根据其取值的大小，可以按下面的公式生成一个新的坐标点 (x_1,y_1)。

$$(x_1,y_1)\Leftarrow\begin{cases}x_1=0,\ y_1=y_0/2, & \gamma_i<0.05\\ x_1=0.42(x_0-y_0),\ y_1=0.2+0.42(x_0+y_0), & 0.05\leqslant\gamma_i<0.45\\ x_1=0.42(x_0+y_0),\ y_1=0.2-0.42(x_0-y_0), & 0.45\leqslant\gamma_i<0.85\\ x_1=0.1x_0,\ y_1=0.2+0.1y_0, & \text{其他}\end{cases}$$

试用该递推方法计算10000个点，并将这些计算点用圆点表示，观察得出的结果。

5.28 选定一个复数 c，在对 $(x_\mathrm{m},y_\mathrm{m})$ 到 $(x_\mathrm{M},y_\mathrm{M})$ 平面区域内每个点 $z_0=x_0+\mathrm{j}y_0$ 做如下映射 $z_{n+1}=z_n^2+c$ 之后，如果变换的点仍为有界的，则再继续上述的映射。进行若干次映射后，可以得出一个新的复数，把它进行变换后赋给 $z(x_0,y_0)$。试由该映射生成数据并绘制 Julia 图。提示：可以参考本书提供的 `julia.m` 文件，区域 $-1.3\leqslant x,y\leqslant 1.3$，网格点300，迭代次数30，且

①$c_0=0.27334+\mathrm{j}0.00742$ ②$c_0=-0.7$。

```
>> x=linspace(-1.3,1.3,300); y=x; [X,Y]=meshgrid(x,y);
   iter=30; c=0.27334+0.00742i; tic, W=julia(X,Y,c,iter); toc
   pcolor(X,Y,W), shading flat; axis('square');
   colormap prism(256);
```

5.29 在 $z_{n+1}=z_n^2+c$ 映射中，如果 z_0 遍取区域内 $(x_\mathrm{m},y_\mathrm{m})$ 到 $(x_\mathrm{M},y_\mathrm{M})$ 所有的点，则可以得出各个点处的测度，从而绘制出 Mandelbrot 图（提示：可以参考本书提供的 mandelbrot.m 函数，选择 $-2\leqslant x\leqslant 0.5$，$-1.25\leqslant y\leqslant 1.35$，网格点300，迭代次数200，$c=0$，收敛阈值 $a=2$；若选择区域 $-0.74547\leqslant x\leqslant -0.74538, 0.11298\leqslant y\leqslant 0.11304$，重新绘制）。

```
>> x=linspace(-2,0.5,300); a=2; y=linspace(-1.25,1.25,300);
   [X,Y]=meshgrid(x,y); iter=200; c=0; W=mandelbrot(X,Y,c,a,iter);
   pcolor(X,Y,W), shading flat; axis('square'); colormap prism(256);
```

5.30 试求解下面给出的差分方程模型。

①$72y(t)+102y(t-1)+53y(t-2)+12y(t-3)+y(t-4)=12u(t)+7u(t-1)$，$u(t)$ 为阶跃信号，且 $y(-3)=1, y(-2)=-1, y(-1)=y(0)=0$。

②$y(t)-0.6y(t-1)+0.12y(t-2)+0.008y(t-3)=u(t), u(t)=\mathrm{e}^{-0.1t}$，且 $y(t)$ 初值为0。

5.31 试求解下面的非线性差分方程，且 $t\leqslant 0$ 时 $y(t)=0, u(t)=\mathrm{e}^{-0.2t}$。

$$y(t)=u(t)+y(t-2)+3y^2(t-1)+\frac{y(t-2)+4y(t-1)+2u(t)}{1+y^2(t-2)+y^2(t-1)}$$

5.32 Fibonacci 序列 $a(1)=a(2)=1, a(t+2)=a(t)+a(t+1), t=1,2,\cdots$，事实上是一个线性差分方程，试求出通项 $a(t)$ 的解析解。

5.33 已知离散系统的状态方程模型如下，且$\boldsymbol{x}^{\rm T}(0)=[1,-1]$，试求该系统阶跃响应的解析解，并比较数值解。

① $\boldsymbol{x}(t+1)=\begin{bmatrix}0 & 1\\ -0.16 & -1\end{bmatrix}\boldsymbol{x}(t)+\begin{bmatrix}1\\ 1\end{bmatrix}u(t)$

② $\boldsymbol{x}(t+1)=\begin{bmatrix}11/6 & -1/4 & 25/24 & -2\\ 1 & 1 & -1 & -1\\ 0 & 1 & -1 & 0\\ 0 & 1 & -3/4 & 0\end{bmatrix}\boldsymbol{x}(t)+\begin{bmatrix}2\\ 1/2\\ -3/8\\ 1/4\end{bmatrix}u(t)$

第6章　代数方程与最优化问题的计算机求解

方程求解问题是科学与工程研究中经常遇到的问题。线性代数方程可以用第4章中介绍的方法直接求解，非线性方程或一般多项式方程的求解将在6.1节中介绍，在该节中将先介绍一元或二元方程的图解法，然后将介绍基于MATLAB符号运算工具箱的多项式方程或一类可以化成多项式方程的代数方程的准解析解方法，再介绍一般非线性方程组的数值解法，还将介绍非线性矩阵方程的数值解方法，试图得出感兴趣区域内的全部数值解。

最优化技术是当前科学研究中一类重要的手段。所谓最优化就是找出使得目标函数值达到最小或最大的自变量值的方法，可以毫不夸张地说，学会了最优化问题的求解思想，可以将科研的水平提高一个档次，因为原来解决问题得到一个解就满足了，学会了最优化的思想后，很自然地将追求问题最好的解。最优化问题从其分类看有无约束最优化问题和有约束最优化问题。6.2节将详细介绍无约束最优化问题以及MATLAB求解方法，介绍图解法和一般的数值算法，引入全局最优解与局部最优解的概念，并介绍梯度信息在最优化问题求解中的应用。还将介绍决策变量区间受限条件下的无约束最优化问题的求解方法。6.3节将介绍有约束最优化的概念，引入约束可行区域的概念，并就线性规划问题、二次型规划问题和一般非线性规划问题的MATLAB语言求解进行详细的介绍。6.4节将进一步引申最优化问题，引入整数规划和混合整数规划的概念，介绍如何用MATLAB语言求解小规模问题的穷举方法，并介绍基于“分支定界法”的一般混合整数规划问题与0–1规划问题的MATLAB实现。6.5节将引入一类特殊的线性规划问题——线性矩阵不等式的概念、分类与求解问题。6.6节介绍多目标规划和极大极小问题的求解方法，6.7节将以最优路径规划为例介绍动态规划问题的计算机求解方法。通过本章内容的学习，读者应该能掌握一般非线性方程及非线性最优化问题的实际求解方法。

6.1　代数方程的求解

6.1.1　代数方程的图解法

MATLAB提供了很强的一元、二元隐函数绘制功能，充分利用这些功能就可以将一元、二元的方程用曲线表示，并由曲线的交点读出方程的实数根来。然而，方程的图解法是有局限性的，仅适用于一元、二元方程，多元方程是不能用图解法直接求解的。本节将通过例子演示一元、二元方程的求根问题。

1. 一元方程的图解法

第2章介绍过，`fplot()` 函数可以绘制出给定的$y=f(x)$函数曲线，所以可以用图解法从给出的曲线和$y=0$线的交点上读出所有的实数解。

例6-1　用图解法求解方程 $\mathrm{e}^{-3t}\sin(4t+2)+4\mathrm{e}^{-0.5t}\cos 2t=0.5$。

解　用fplot()函数可以绘制出如图6-1(a)所示的曲线，该曲线与横轴的所有交点均是给出的一元方程的实数根。

```
>> syms t; f(t)=exp(-3*t)*sin(4*t+2)+4*exp(-0.5*t)*cos(2*t)-0.5;   %描述一元函数
   fplot(f,[0,5]), line([0,5],[0,0])                                  %绘制函数与横轴
```

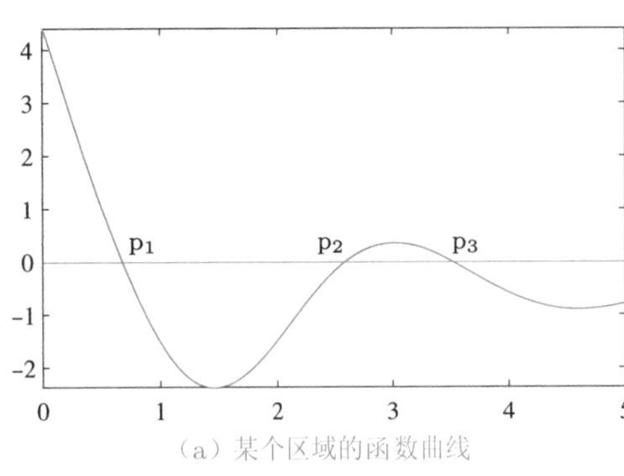

(a) 某个区域的函数曲线

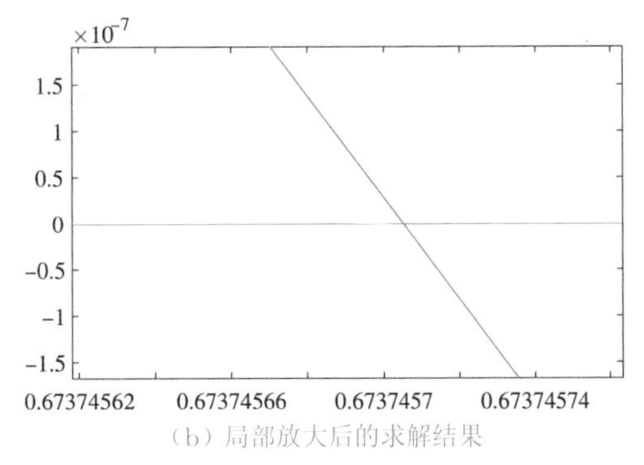

(b) 局部放大后的求解结果

图6-1　一元方程的图解法

从得出的曲线可以看出，该方程可能有多个实根，如果想用图解法得出某个根，可以对该点附近局部放大，直到曲线穿越横轴，且横轴给出的各个标点的数值完全一致时，如图6-1(b)所示，可以断定原方程的解即为 t 轴标度，即该方程的一个解为 $t=0.6737457$。将其代入方程

```
>> t=0.6737457; double(f(t))    %将找到的解代入方程求误差
```

可见，得出的 p_1 点的函数值为 2.7499×10^{-8}，故可见得出的根是原方程的根，但精度不是很高。用类似的方法还可以得出并验证其他的解。

2. 二元方程的图解法

二元方程也是可以通过图解法求解的，由fimplicit()函数同时绘制两个隐函数曲线。得出曲线后就可以读取交点坐标的方式得出联立方程的根。即使某个联立方程有多个根，前面介绍的图解法一次也只能求取某一个感兴趣的根。

例6-2　用图解法求解下面的联立方程。

$$\begin{cases} x^2\mathrm{e}^{-xy^2/2}+\mathrm{e}^{-x/2}\sin xy=0 \\ y^2\cos(x+y^2)+x^2\mathrm{e}^{x+y}=0 \end{cases}$$

解　利用隐函数图形绘制的方法，可以用图解法直接求解二元方程组，可以通过下面的语句绘制出两个方程的曲线，如图6-2所示。这两个方程对应曲线的交点都是联立方程的解，可以通过图解法来求取二元联立方程的实根。

```
>> syms x y; f1=x^2*exp(-x*y^2/2)+exp(-x/2)*sin(x*y);   %第一方程的符号表达式
   f2=y^2*cos(y+x^2)+x^2*exp(x+y);                       %第二方程的符号表达式
   fimplicit([f1,f2],[-2*pi,2*pi])                       %直接绘制两个函数的曲线
```

6.1.2　多项式型方程的准解析解法

在介绍多项式方程的一般解法之前，先考虑下面给出的简单的例子。

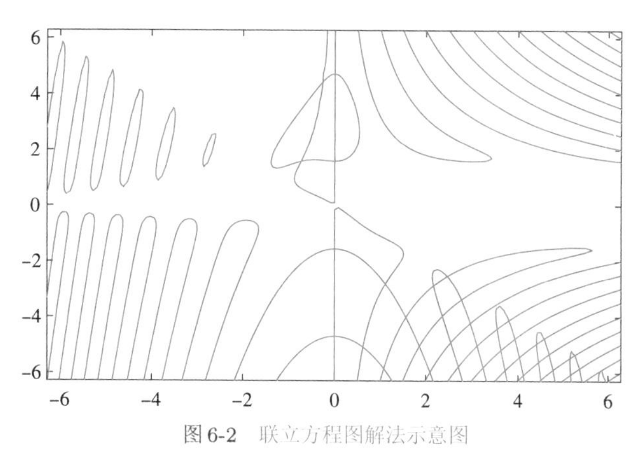

图6-2 联立方程图解法示意图

例6-3 试用图解方法求解二元方程。

$$\begin{cases} x^2+y^2-1=0 \\ 0.75x^3-y+0.9=0 \end{cases}$$

解 用图解方法可以由下面的语句直接绘制出两条曲线，如图6-3所示，其交点就是原方程的解。

```
>> syms x y; fimplicit([x^2+y^2-1,0.75*x^3-y+0.9])    %图解法解方程
```

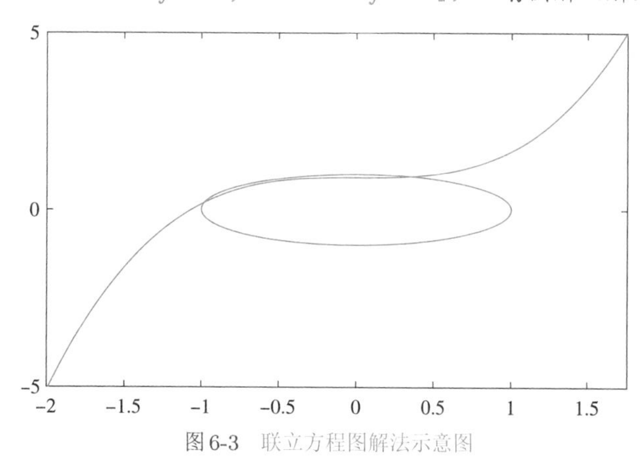

图6-3 联立方程图解法示意图

从图6-3可见，这两条曲线共有两个交点，故可能轻易地得出结论：原联立方程有两个根。事实上，这样的结论是错误的。由第二个方程可以显式地将y写成x^3的形式，代入第一方程则得出关于x的六次多项式方程，该方程应该有六对根。因为用二维图形只能求解出方程的实根，而不能求解出方程的复数根，所以利用图解法有时也能得出错误的结论。

一般多项式方程的根可以为实数，也可以为复数。MATLAB符号运算工具箱中给出的solve()函数对多项式类方程是十分有效的，但新版本下其功能也是有限制的，因为新版本只能用于求解解析解存在的问题，否则建议采用高精度数值解的函数vpasolve()，可以用该函数求解出多项式方程所有的根。该函数的定义格式为

```
S=vpasolve(eqn1,eqn2,···,eqnn)                    %最简调用方式
[x,y,···]=vpasolve(eqn1,eqn2,···,eqnn)            %直接得出根
[x,y,···]=vpasolve(eqn1,eqn2,···,eqnn,[x,y,···])  %同上一行格式,并指定变量
```

其中，eqn_i 为第 i 个方程的符号表达式。该函数可以同时求解若干联立方程，还可以按照第三种调用格式显式地指出需要求解方程的变量名，第二种和第三种调用格式将求出方程的根，并按各个变量名返回到MATLAB的工作空间，第一种调用格式将返回一个结构体变量 S，其各个成员变量，如 $S.x$，$S.y$ 等表示方程的根。

例6-4　试用或vpasolve()函数求取例6-3中给出的联立方程。

解　由Abel–Ruffini定理可知，原方程是没有解析解的，所以，不能使用solve()求解该方程，只能使用vpasolve()函数的求解方法。

```
>> syms x y; f1(x,y)=x^2+y^2-1; f2(x,y)=0.75*x^3-y+0.9;
   [x0,y0]=vpasolve(f1,f2)       %符号运算框架下求解联立方程
```

可以得出方程的高精度数值解为

$$\boldsymbol{x}_0=\begin{bmatrix}0.35696997189122287798839037801365\\-0.98170264842676789676449828873194\\0.86631809883611811016789809418650\pm 1.2153712664671427801318378544391\\-0.55395176056834560077984413882735\pm 0.35471976465080793456863789934944\end{bmatrix}$$

$$\boldsymbol{y}_0=\begin{bmatrix}0.93411585960628007548796029415446\\0.19042035099187730240977756415289\\-1.4916064075658223174787216959259\pm \mathrm{j}0.70588200721402267753918827138837\\0.92933830226674362852985276677202\pm \mathrm{j}0.21143822185895923615623381762210\end{bmatrix}$$

利用MATLAB的符号运算工具箱可以得出原始问题的高精度数值解，故这里称之为准解析解。可以看出，除了前面得出的两组实数根外，还得出了另外四组复数根，这是用普通数值解法所得不出来的。下面验证一下这样得出的根是不是原方程的根。可以将得出的解直接代入原方程得出方程的误差，对此例而言误差矩阵的范数为 3.6715×10^{-38}，可见，得出的根基本满足原方程。

```
>> norm([f1(x0,y0), f2(x0,y0)])   %代入检验误差
```

例6-5　多元多项式方程也可以用vpasolve()函数直接求解。试求解下面的联立方程。

$$\begin{cases}x+3y^3+2z^2=1/2\\x^2+3y+z^3=2\\x^3+2z+2y^2=2/4\end{cases}$$

解　给出的方程是关于 x、y、z 的三元联立方程，可见它只含有多项式项，所以从理论上可以将其转换成一元多项式方程，故方程可以由下面的MATLAB语句求出高精度数值解。

```
>> syms x y z; f1(x,y,z)=x+3*y^3+2*z^2-1/2; f2(x,y,z)=x^2+3*y+z^3-2;   %描述代数方程
   f3(x,y,z)=x^3+2*z+2*y^2-2/4; [x0,y0,z0]=vpasolve(f1,f2,f3), size(x0)
```

事实上，该方程最终由MATLAB内部的机制自动变换成27次的多项式方程，所以得出的解向量 $\boldsymbol{x}$、$\boldsymbol{y}$、$\boldsymbol{z}$ 均是有27个分量的向量。由于篇幅所限，在这里不列出全部的解，只列出其中一个根。

$$\begin{cases}x_1=-1.0869654762986136074917644096117\\y_1=0.037264668450644375527750811129721\\z_1=0.89073290972562790151300874796949\end{cases}$$

可以用下面的语句验证解的误差为 10^{-34} 级，故而得出的结果是很精确的。

```
>> norm(f1(x0,y0,z0)), norm(f2(x0,y0,z0)), norm(f3(x0,y0,z0))   %误差的范数
```

例6-6　试求解下面的方程，其中含有自变量的倒数等形式。

$$\begin{cases}\dfrac{1}{2}x^2+x+\dfrac{3}{2}+2\dfrac{1}{y}+\dfrac{5}{2y^2}+3\dfrac{1}{x^3}=0\\[2mm]\dfrac{y}{2}+\dfrac{3}{2x}+\dfrac{1}{x^4}+5y^4=0\end{cases}$$

解 用下面的语句可以直接得出原方程的精确数值解，共有26对根

```
>> syms x y; f1(x,y)=x^2/2+x+3/2+2/y+5/(2*y^2)+3/x^3;
   f2(x,y)=y/2+3/(2*x)+1/x^4+5*y^4; [x0,y0]=vpasolve(f1,f2)    %解方程
   size(x0), e=norm(f1(x0,y0)), e=norm(f2(x0,y0))               %解的个数,并检验
```

将得出的全部根代入原始方程，则能得出很小的计算误差，达到10^{-33}级，说明该方程的各个解都是非常精确的。

例6-7 试求解带有参数的方程$\begin{cases} x^2+ax^2+6b+3y^2=0 \\ y=a+x+3 \end{cases}$

解 MATLAB符号运算工具箱中提供的solve()函数还可以直接实现带有变量的方程的解，这样的求解用普通的数值解方法是不能实现的。求解上述方程只需给出下面语句即可

```
>> syms a b x y;
   [x,y]=solve(x^2+a*x^2+6*b+3*y^2==0,y==a+(x+3),[x,y])    %解方程
```

该方程的解析解为

$$y=\frac{4a\pm\sqrt{3}\sqrt{-15a-8b-2ab-7a^2-a^3-9}+a^2+3}{a+4},\quad y=x-a-3$$

其实，该方法同样适用于更高阶方程的解，但得出的解是很冗长的，不适合显示出来。

然而，解析求解的方法并不是万能的，因为这里的例子最终可以转换为一元多项式方程，所以能用它求解，但更一般的方程是不能解出来的。对非线性方程而言，该函数可能用搜索的方式找到方程的一个根。

例6-8 试重新求解例4-52中给出的线性代数方程。

解 例4-52中给出的求解方法是先构造基础解系，然后选择自由变量重建方程的通解。还可以直接采用solve()函数求解线性代数方程组。

```
>> syms x1 x2 x3 x4 x5 x6 x7    %声明符号变量,直接求解线性代数方程
   X=solve(x1+4*x2-x4+7*x6-9*x7==3,2*x1+8*x2-x3+3*x4+9*x5-13*x6+7*x7==9,...
           2*x3-3*x4-4*x5+12*x6-8*x7==1,-x1-4*x2+2*x3+4*x4+8*x5-31*x6+37*x7==4)
   [X.x1,X.x2,X.x3,X.x4]
```

这时，求解函数会自动选择x_5,x_6,x_7为自由变量，得出方程的通解为$x_1=3x_7-x_6-2x_5+4$, $x_2=0$, $x_3=3x_6-x_5-5x_7+2$, $x_4=6x_6-2x_5-6x_7+1$。由于原方程系数矩阵非满秩，所以导致$x_2\equiv 0$，其实，假设x_2也是自由变量，就可以用求解函数重新求解原方程

```
>> X=solve(x1+4*x2-x4+7*x6-9*x7==3,2*x1+8*x2-x3+3*x4+9*x5 13*x6+7*x7==9,...
           2*x3-3*x4-4*x5+12*x6-8*x7==1,...
           -x1-4*x2+2*x3+4*x4+8*x5-31*x6+37*x7==4,[x1 x3 x4])
   [X.x1,X.x3,X.x4] %直接得出其他三个变量的解
```

最终得出$x_1=3x_7-2x_5-x_6-4x_2+4$, $x_3=3x_6-x_5-5x_7+2$, $x_4=6x_6-2x_5-6x_7+1$。得出的结果与例4-52中rref()函数得出的结果完全一致。

6.1.3 一般非线性方程数值解

如果非线性方程已知，还可以使用数值解法得出方程的解。下面以标量方程为例，简单介绍常用的Newton–Raphson算法。

假设一元方程是由$f(x)=0$描述的，选择$x=x_0$点为搜索初值，并求出该点处函数的值$f(x_0)$。这

样，可以在$(x_0,f(x_0))$点作函数曲线的一条切线，如图6-4所示，则该切线与横轴的交点x_1可以认为是找到的方程的第一个近似的根。由图6-4给出的斜率为$f'(x_0)$的切线方程，可以得出x_1的位置为

$$x_1=x_0-\frac{f(x_0)}{f'(x_0)} \tag{6-1-1}$$

式中，$f'(x_0)$为$f(x)$关于x的导函数在x_0点的值。再由x_1出发作切线，则可以得出x_2，以x_2出发找到$x_3,\cdots$。若已经找到了x_k，则从该点出发可以搜索到下一个点。

$$x_{k+1}=x_k-\frac{f(x_k)}{f'(x_k)},\ k=0,1,2,\cdots \tag{6-1-2}$$

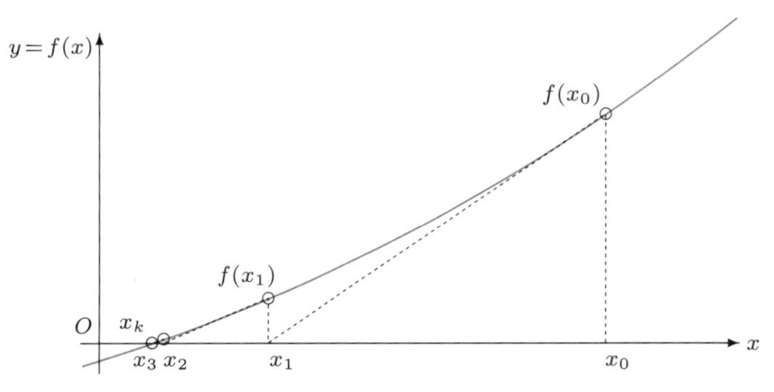

图6-4　Newton–Raphson迭代法示意图

如果$|x_{k+1}-x_k|\leqslant\varepsilon_1$或$|f(x_{k+1})|\leqslant\varepsilon_2$，其中，$\varepsilon_1$与$\varepsilon_2$为预先选定的误差容限，则可以认为$x_k$为原方程的一个解。如果达到一定迭代次数仍然无法得出方程的解，则可以认为求解失败。

MATLAB语言环境提供了`fsolve()`函数，能够求出已知多元方程的一个根。该函数的调用格式为

```
x=fsolve(Fun,x0)                              %最简求解语句
[x,f,flag,out]=fsolve(Fun,x0,opt,p1,p2,···)   %一般求解格式
```

其中，Fun为所需求解方程的M函数或匿名函数描述，$\boldsymbol{x}_0$为搜索点的初值，方程求根程序将从该值开始以逐步减小误差的算法搜索出满足方程的实根$\boldsymbol{x}$。如果初始搜索点为复数，则可能搜索出复数根。若返回的**flag**大于0，则表示求解成功，否则求解出现问题，应参见给出的警告信息。

对于更复杂的问题，用户可以定义方程求解控制参数模板opt来控制求解方法或其他要求，更好地得出方程的根。该变量是一个结构体数据，其常用的成员变量在表6-1中给出，用户可以用下面的语句修改控制变量。

```
opt=optimset                                  %获得默认的常用变量
opt.TolX=1e-10;  或  set(opt,'TolX',1e-10)    %用这两种方法修改参数
```

例6-9　试用搜索的方法重新求解例6-1中的一元方程，并评价精度。

解　可以由`vpasolve()`函数重新求解该方程。

```
>> syms t; f(t)=exp(-3*t)*sin(4*t+2)+4*exp(-0.5*t)*cos(2*t)-0.5;   %描述方程
   t0=vpasolve(f), f(t0)        %用vpasolve()函数求解方程
```

可以看出，得到的解为$t_0=0.67374570500134756702960220427474$，误差为$6.5\times10^{-35}$。原方程没有解析解，但可以通过准解析解方法得到高精度数值解。从例6-1中介绍的图解法看，在$t=3.5203$处还有一个根，可以用`fsolve()`函数得出较高精度的数值解。

表6-1 方程求解与最优化的控制参数表

参数名	参数说明
Display	中间结果显示方式，可以取'off'表示不显示中间值，'iter'表示逐步显示，'notify'表示在求解不收敛时给出提示，'final'只显示最终值
GradObj	求解最优化问题时使用，表示目标函数的梯度是否已知，可以选择为'off'或'on'
LargeScale	是否使用大规模问题算法，取值为'on'或'off'，一般几个变量的问题不必采用该算法
MaxIter	方程求解和优化过程最大允许的迭代次数，若方程未求出解，可以适当增加该值
MaxFunEvals	方程函数或目标函数的最大调用次数
TolFun	误差函数误差限控制量ε_2，当函数的绝对值小于此值即终止求解
TolX	解的误差限控制量ε_1，当解的绝对值小于此值即终止求解

```
>> f=@(t)exp(-3*t).*sin(4*t+2)+4*exp(-0.5*t).*cos(2*t)-0.5;    %描述方程
   [t,y]=fsolve(f,3.5203)      %由指定的初值求取方程的数值解
```

得出的方程解为$t = 3.52026389294877$，误差为$f = -6.06378\times10^{-10}$，为得到更精确的解，则可以修改控制选项，得出新的解为$t = 3.52026389244155$，相应的误差为$y = 0$。事实上，得出的数值解并不能真正令$y = 0$，实际的误差为5.8371×10^{-17}。

```
>> ff=optimset; ff.TolX=1e-16; ff.TolFun=1e-20;
   [t,y]=fsolve(f,3.5203,ff), double(f(sym(t)))
```

例6-10 试用数值方法求解例6-3中给出的二元方程。

解 令$p_1 = x, p_2 = y$，可以编写出一个描述此二元方程的函数如下：

```
>> f=@(p)[p(1)*p(1)+p(2)*p(2)-1; 0.75*p(1)^3-p(2)+0.9];    %描述方程
```

这样，就可以在给定的初值$x_0 = 1, y_0 = 2$下调用`fsolve()`函数，直接求出方程的根。

```
>> [x,Y,c,d]=fsolve(f,[1; 2]), norm(Y)                  %求解并验证
```

可以得出方程的数值解为$\boldsymbol{x} = [0.35696997, 0.93411586]^{\mathrm{T}}$，将其代入方程后得出的残差的范数为$1.5511\times10^{-10}$。在求解此二元方程时仅调用了方程函数21次就得出了方程的解。可见，引入匿名函数无须为要求解的每个数学问题都编写一个单独的MATLAB模型文件，这样使得问题的求解与文件管理变得更容易、方便。若改变初始猜测值，令$\boldsymbol{x}_0 = [-1, 0]^{\mathrm{T}}$，则

```
>> OPT=optimset; OPT.TolX=1e-18; OPT.TolFun=1e-20; %设置精度控制误差限
   [x,Y,c,d]=fsolve(f,[-1,0]',OPT); x, norm(Y), kk=d.funcCount
```

这时搜索出的解为$\boldsymbol{x} = [-0.981703, 0.1904204]^{\mathrm{T}}$，方程的残差为$1.57\times10^{-16}$，$f$函数的调用次数为18次。可见，初值改变之后，还能得出另外一组解。所以初值的选择有时对整个问题的求解有很大的影响，在某些初值下甚至无法搜索到方程的解。

现在选择一个复数初值$\boldsymbol{x} = [-1+1\mathrm{j}, 3+2\mathrm{j}]^{\mathrm{T}}$，则可以得出复数解$x_{1,2} = -0.5540 + 0.3547\mathrm{j}$，解的误差为$1.1444\times10^{-16}$，更进一步地还能得出其共轭复数解。由这个例子可见：如果给出实数初值，则搜索出的根为实数；如果初值为复数，则有可能搜索出复数根。

```
>> [x,Y,c,d]=fsolve(f,[-1+1i,3+2i]',OPT); x, e=norm(Y) %复数根并检验
```

6.1.4 求解多解方程的全部解

第4章中曾讨论过一类特殊非线性矩阵方程——代数Riccati方程的求解方法，然而，这样的方法依赖于巧妙的Schur分解才能求解。这样的方法局限性很大，方程类型稍有变化则无能为力。例如，考虑下

面的扩展方程

$$AX+XD-XBX+C=0 \tag{6-1-3}$$

或考虑一个更不易求解的新形式，这里称作类Riccati方程。

$$AX+XD-XBX^{\mathrm{T}}+C=0 \tag{6-1-4}$$

则前面介绍的`are()`函数不能再直接使用。这里将探索一般矩阵方程求解方法。

更一般地，假设某矩阵方程$\boldsymbol{F}(\boldsymbol{X})=\boldsymbol{0}$，其中，$\boldsymbol{X}$为$n\times m$阶矩阵，且函数$\boldsymbol{F}(\cdot)$也为$n\times m$阶矩阵，则仍然可以用匿名函数或M函数直接描述方程，然后就可以用一般非线性方程求解函数`fsolve()`求解该方程。

为了更好地求解矩阵方程或多解方程，可以编写函数`more_sols()`，该函数允许用户在感兴趣的范围内随机选择初值，并搜索多解方程的解。如果找到新的解则将该解存储起来，再重新选择随机初值搜索新的解。函数的整体结构采用了`while`循环结构，用户可以随时按下 Ctrl+C 键中断程序的运行，也可以等待一段指定的时间（如10 s），找不到新的解停止运行。

```
function more_sols(f,X0,A,tol,tlim,ff)
   arguments, f, X0, A=1000, tol=eps, tlim=10, ff=optimset; end
   X=X0; if length(A)==1, a=-0.5*A; b=0.5*A; else, a=A(1); b=A(2); end
   ar=real(a); br=real(b); ai=imag(a); bi=imag(b); [n,m,i]=size(X0);
   ff.Display='off'; ff.TolX=tol; ff.TolFun=1e-20; tic
   if i==0, X0=zeros(n,m);                %判定零矩阵是不是方程的孤立解
      if norm(f(X0))<tol, i=1; X(:,:,i)=X0; end
   end
   while (1) %死循环结构，可以按 Ctrl+C 组合键中断，也可以等待
      x0=ar+(br-ar)*rand(n,m);            %生成搜索初值的随机矩阵
      if ~isreal(A), x0=x0+(ai+(bi-ai)*rand(n,m))*1i; end  %复随机矩阵
      try, [x,~,key]=fsolve(f,x0,ff); catch, continue; end %无效解处理
      t=toc; if t>tlim, break; end        %如果长时间没有新解则结束程序
      if key>0, N=size(X,3);              %读出已记录根的个数
         for j=1:N, if norm(X(:,:,j)-x)<1e-4; key=0; break; end, end
         if key==0                        %如果找到的解比存储的更精确，则替换
            if norm(f(x))<norm(f(X(:,:,j))), X(:,:,j)=x; end
         elseif key>0, X(:,:,i+1)=x; %记录找到的根
            if norm(imag(x))>1e-8, i=i+1; X(:,:,i+1)=conj(x); %复数解测试共轭复数
            end, assignin('base','X',X); i=i+1, tic  %更新信息
         end, assignin('base','X',X);
end, end, end
```

该求解函数`more_sols()`的调用格式为`more_sols`$(f,\boldsymbol{X}_0,a,\epsilon,t_{\rm lim},$`opts`$)$，式中，$f$为方程的函数句柄，可以由匿名函数与M-函数描述原代数方程；$\boldsymbol{X}_0$为三维数组，用于描述解的初值，如果首次求解方程，建议将其设置为`zeros`$(n,m,0)$，即空白三维数组，n和m为解矩阵的维数；方程的解被自动存在MATLAB工作空间中的三维数组$\boldsymbol{X}$中，如果想继续搜索方程的解，则应该在$\boldsymbol{X}_0$的位置填写$\boldsymbol{X}$；a的默认值为1000，表示在$[-500,500]$区间内大范围搜索方程的解；ϵ的默认值为`eps`；$t_{\rm lim}$的默认值为10，表示

10 s没有找到新的解就自动终止程序；还可以指定求解的控制选项opts，默认值为optimset。a还可以取为复数，表示需要求取方程的复数根。另外，a还可以给定为求解区间$[a,b]$。

得出的解写入MATLAB工作空间的三维数组$\boldsymbol{X}$，其中，$X(:,:,k)$为找到的第k个解矩阵。

若该函数停止或中断，而用户想继续寻找新的解，可以给出命令more_sols(f,$\boldsymbol{X}$)。

例6-11 重新考虑求解例4-64中的Riccati方程$\boldsymbol{A}^{\mathrm{T}}\boldsymbol{X}+\boldsymbol{X}\boldsymbol{A}-\boldsymbol{X}\boldsymbol{B}\boldsymbol{X}+\boldsymbol{C}=\boldsymbol{0}$，且

$$\boldsymbol{A}=\begin{bmatrix}-2&1&-3\\-1&0&-2\\0&-1&-2\end{bmatrix},\ \boldsymbol{B}=\begin{bmatrix}2&2&-2\\-1&5&-2\\-1&1&2\end{bmatrix},\ \boldsymbol{C}=\begin{bmatrix}5&-4&4\\1&0&4\\1&-1&5\end{bmatrix}$$

解 在这里研究的Riccati方程中，未知变量$\boldsymbol{X}$为3×3矩阵。可以用下面的语句描述原方程，再调用more_sols()函数得出方程所有的根。

```
>> A=[-2,1,-3; -1,0,-2; 0,-1,-2]; B=[2,2,-2; -1 5 -2; -1 1 2];   %输入矩阵
   C=[5 -4 4; 1 0 4; 1 -1 5]; f=@(X)A'*X+X*A-X*B*X+C;              %用匿名函数描述方程
   more_sols(f,zeros(3,3,0)); X                                    %直接求解方程
```

上述语句得出的最大误差为8.0654×10^{-13}，得出的八组实根为

$$\boldsymbol{X}_1=\begin{bmatrix}0.9874&-0.7983&0.4189\\0.5774&-0.1308&0.5775\\-0.2840&-0.0730&0.6924\end{bmatrix},\ \boldsymbol{X}_2=\begin{bmatrix}1.2213&-0.4165&1.9775\\0.3578&-0.4894&-0.8863\\-0.7414&-0.8197&-2.3560\end{bmatrix}$$

$$\boldsymbol{X}_3=\begin{bmatrix}0.6665&-1.3223&-1.720\\0.3120&-0.5640&-1.191\\-1.2273&-1.6129&-5.594\end{bmatrix},\ \boldsymbol{X}_4=\begin{bmatrix}-2.1032&1.2978&-1.9697\\-0.2467&-0.3563&-1.4899\\-2.1494&0.7190&-4.5465\end{bmatrix}$$

$$\boldsymbol{X}_5=\begin{bmatrix}-0.1538&0.1087&0.4623\\2.0277&-1.7437&1.3475\\1.9003&-1.7513&0.5057\end{bmatrix},\ \boldsymbol{X}_6=\begin{bmatrix}0.8878&-0.9609&-0.2446\\0.1072&-0.8984&-2.5563\\-0.0185&0.3604&2.4620\end{bmatrix}$$

$$\boldsymbol{X}_7=\begin{bmatrix}23.9467&-20.6673&2.4529\\30.1460&-25.9830&3.6699\\51.9666&-44.9108&4.6410\end{bmatrix},\ \boldsymbol{X}_8=\begin{bmatrix}-0.7619&1.3312&-0.8400\\1.3183&-0.3173&-0.1719\\0.6371&0.7885&-2.1996\end{bmatrix}$$

如果还需要复数根，则可以给出下面的命令，这样总共可以得出20个根。

```
>> more_sols(f,X,1000+1000i); X      %获得全部实数与复数，并显示最大误差
```

例6-12 试求出并检验类Riccati方程$\boldsymbol{A}\boldsymbol{X}+\boldsymbol{X}\boldsymbol{D}-\boldsymbol{X}\boldsymbol{B}\boldsymbol{X}^{\mathrm{T}}+\boldsymbol{C}=\boldsymbol{0}$的全部根，其中

$$\boldsymbol{A}=\begin{bmatrix}2&1&9\\9&7&9\\6&5&3\end{bmatrix},\ \boldsymbol{B}=\begin{bmatrix}0&3&6\\8&2&0\\8&2&8\end{bmatrix},\ \boldsymbol{C}-\begin{bmatrix}7&0&3\\5&6&4\\1&4&4\end{bmatrix},\ \boldsymbol{D}=\begin{bmatrix}3&9&5\\1&2&9\\3&3&0\end{bmatrix}$$

解 迄今为止这类方程没有其他的求解方法，只能采用这里给出的搜索方法求解。采用默认的$A=1000$，则该函数可以大范围搜索方程的根。可以得出全部的16个根，求解过程耗时13.31 s。注意，测耗时不能使用tic/toc命令。

```
>> A=[2 1 9; 9 7 9; 6 5 3]; B=[0 3 6; 8 2 0; 8 2 8];     %输入已知矩阵
   C=[7 0 3; 5 6 4; 1 4 4]; D=[3 9 5; 1 2 9; 3 3 0];
   f=@(X)A*X+X*D-X*B*X.'+C;                              %用匿名函数描述方程
   t=cputime, more_sols(f,zeros(3,3,0)); cputime-t, X    %求全部实根
```

如果允许求复数根，则可以给出下面的命令，得出全部38个实数根与复数根。

```
>> more_sols(f,X,1000+1000i); X      %选择复数范围则得出方程所有的根
```

例6-13 考虑例6-2给出的联立方程,试求出 $-2\pi \leqslant x, y \leqslant 2\pi$ 范围内的全部数值解。

$$\begin{cases} x^2 e^{-xy^2/2} + e^{-x/2}\sin(xy) = 0 \\ y^2\cos(x+y^2) + x^2 e^{x+y} = 0 \end{cases}$$

解 例6-2中用图解法得出了方程解的图示,如果想比较精确地得出某个根,可以用图解法得出该点附近的一个近似的根,以其为初始位置再调用fsolve()将其根的精确值搜索出来。如果想一次性得出感兴趣区域内所有的根,则可以采用前面介绍的more_sols()函数直接求解。因为感兴趣的区域是 $(-2\pi, 2\pi)$,所以可以选择 A=[-2*pi,2*pi]。给出下面的命令即可先定义方程的匿名函数,然后求出方程在感兴趣区域内的所有根,总耗时82.38s。

```
>> f=@(x)[x(1)^2*exp(-x(1)*x(2)^2/2)+exp(-x(1)/2)*sin(x(1)*x(2));
         x(2)^2*cos(x(2)+x(1)^2)+x(1)^2*exp(x(1)+x(2))];     %描述联立方程
   t=cputime; more_sols(f,zeros(2,1,0),[-2*pi,2*pi]); cputime-t
```

得出在指定区域内方程所有的解则可以由下面的语句将它们显示出来,如图6-5所示,可见,通过该函数的调用,感兴趣内的所有实根确实均求出来了。

```
>> f1=@(x,y)x.^2.*exp(-x.*y.^2/2)+exp(-x/2).*sin(x.*y);
   f2=@(x,y)y.^2.*cos(y+x.^2)+x.^2.*exp(x+y);
   fimplicit({f1,f2},[-2*pi,2*pi])                          %交点为联立方程的解
   ii=find(abs(X(1,1,:))<=2*pi & abs(X(2,1,:))<=2*pi);      %感兴趣区域内的根
   X=X(:,:,ii); size(ii), x=X(1,1,:); x=x(:); y=X(2,1,:); y=y(:);
   hold on, plot(x,y,'o'), hold off                         %叠印找到的解
```

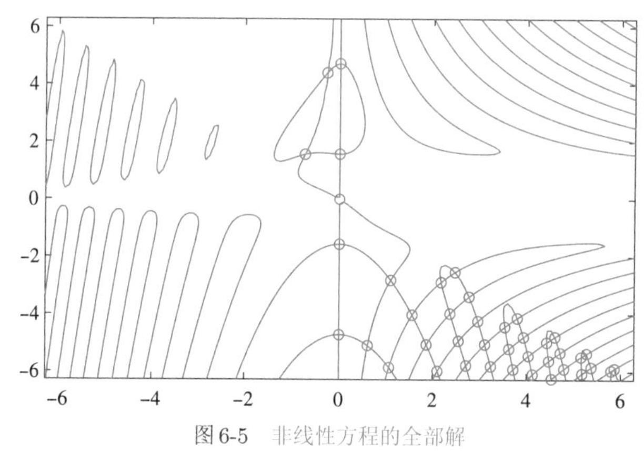

图6-5 非线性方程的全部解

例6-14 试求解伪多项式方程 $x^{2.3} + 5x^{1.6} + 6x^{1.3} - 5x^{0.4} + 7 = 0$。

解 一种显然的求解方法是引入新的变量 $z = x^{0.1}$,这样就可以将原方程转换为多项式方程,这样由vpasolve()函数就可以求出关于 z 的所有的根,再利用 $x = z^{10}$,则可以将原方程的根全部求出。下面的语句可以用这样的方法求解原方程:

```
>> syms x z; f1(z)=z^23+5*z^16+6*z^13-5*z^4+7; r=vpasolve(f1);     %准解析解
   f(x)=x^2.3+5*x^1.6+6*x^1.3-5*x^0.4+7; r1=r.^10, f(r1)           %还原并检验
```

不幸的是,这样的出的"根"并全满足原方程,可以将这些根代入原方程进行检验,发现只有一对根,$x = -0.1076 \pm \mathrm{j}0.5562$,满足原方程,其他的21组根都是增根。如果采用下面的直接求解方法,也可以同样得出这一对方程的根。

```
>> f=@(x)x.^2.3+5*x.^1.6+6*x.^1.3-5*x.^0.4+7;      %用匿名函数描述方程
   more_sols(f,zeros(1,1,0),100+100i), x0=X(:)     %方程的求解，找出全部的根
```

例6-15 试求解伪多项式方程$s^{1+\sqrt{7}}+3s^{\sqrt{5}}+4s^{\sqrt{2}}+2s+4=0$。

解 例6-14中给出的伪多项式中，s的阶次是有理数，可以找到公分母，能够将方程变换成普通多项式方程求解。这里给出的伪多项式阶次是无理数，不存在公分母，所以，只能采用more_sols()函数求解，别无他法。利用下面的语句可以得出方程的数值解为$-0.3438\pm \mathrm{j}2.3095, -0.5072\pm \mathrm{j}0.7137$。

```
>> f=@(s)s^(1+sqrt(7))+3*s^sqrt(5)+4*s^sqrt(2)+2*s+4;
   more_sols(f,zeros(1,1,0),100+100i)
```

例6-16 试求解非线性矩阵方程$\mathrm{e}^{\boldsymbol{AX}}\sin \boldsymbol{BX}-\boldsymbol{CX}+\boldsymbol{D}=\boldsymbol{0}$，其中，$\boldsymbol{A}$、$\boldsymbol{B}$、$\boldsymbol{C}$和$\boldsymbol{D}$矩阵在例6-12中给出，试求出该方程的全部实根。

解 可以用下面的语句直接求解这里给出的复杂非线性矩阵方程，已经找到122个实根。用户还可以自己尝试，看看能不能得出更多的实根(根的存储文件为data6_16.mat)。

```
>> A=[2 1 9; 9 7 9; 6 5 3]; B=[0 3 6; 8 2 0; 8 2 8];
   C=[7 0 3; 5 6 4; 1 4 4]; D=[3 9 5; 1 2 9; 3 3 0];
   f=@(X)expm(A*X)*funm(B*X,@sin)-C*X+D; more_sols(f,zeros(3,3,0),10); X
```

例6-17 考虑非线性方程$(18s+9)\mathrm{e}^{-s}+3+29s+46s^2+20s^3=0$，有没有可能找到该方程全部的根?

解 可以考虑用匿名函数描述原方程，然后大范围搜索方程的根。在MATLAB环境中可以执行下面的语句。经过反复试算，得出方程全部特征根共113个，总耗时28.81 s。方程根的分布如图6-6所示。

```
>> f=@(s)(18*s+9)*exp(-s)+(3+29*s+46*s^2+20*s^3);
   t0=cputime, more_sols(f,zeros(1,1,0),50+10000i)     %大范围求复数根
   cputime-t0, xx=X(:); plot(real(xx),imag(xx),'x')    %方程根的分布
```

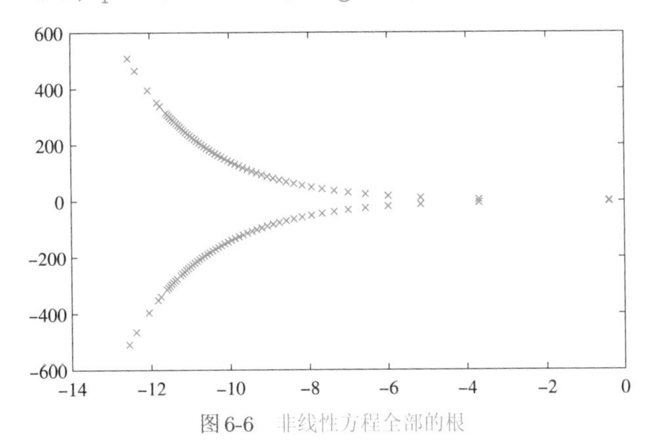

图6-6 非线性方程全部的根

6.1.5 更高精度的求根方法

如果将more_sols()函数中的核心fsolve()替换成更高精度的vpasolve()函数，则可能求出非线性方程组的准解析解。vpasolve()函数也允许用户选择搜索初值。

$[x,y,\cdots]=\mathrm{vpasolve}([\mathrm{eqn}_1,\mathrm{eqn}_2,\cdots,\mathrm{eqn}_n],[x,y,\cdots],[x_0,y_0,\cdots])$

注意，这里的方程应该由符号表达式描述，还可以用==符号代替原方程中的等号，如果省略该符号则表示默认的“$=0$”。未知变量列表$[x,y,\cdots]$也可以略去，这时函数将由symvar()自动提取，不过提

取的顺序未必与用户期望的一致。搜索初值可以由 $[x_0, y_0, \cdots]$ 指定。如果方程是多项式型的方程，则可能直接得出全部高精度的准解析解。

例6-18　重新考虑例4-64中的Riccati代数方程，试由vpasolve()得出全部准解析解。

解　可以直接由vpasolve()函数求解原方程，该命令可以一次性得出全部20个根，其中八个是实根。这些根与例6-11中得出的一致，且精度要高得多，求解时间为67.36 s。

```
>> A=[-2,1,-3; -1,0,-2; 0,-1,-2]; B=[2,2,-2; -1 5 -2; -1 1 2];
   C=[5 -4 4; 1 0 4; 1 -1 5]; X=sym('x%d%d',3);    %输入已知矩阵与解矩阵
   F=A'*X+X*A-X*B*X+C; tic, Y=vpasolve(F), toc    %求出Riccati方程全部的根
```

返回的变量 Y 为结构体变量，可以将其转换成为单元数组，然后可以用下面的命令重新提取矩阵形式。

```
>> Z=struct2cell(Y); [n,m]=size(Z); V=[];
   for i=1:n, V=[V Z{i}]; end   %提取得出的解
```

在这种情况下，$\boldsymbol{V}$ 矩阵的每一行都是方程的一个根。现在验证第五个根，可以用下面的语句提取并将其代回原方程，得出的误差为 1.4736×10^{-29}，这比传统双精度结构任何数值算法的精度都高十几个数量级。

```
>> x=V(5,:); X0=reshape(x,3,3).'; double(norm(subs(F,X,X0)))   %第五个根的检验
```

对例6-12而言，因为用到了 $\boldsymbol{X}^{\mathrm{T}}$，所以求解极其耗时，不过最后可以找出全部38个准解析解。

例6-19　重新考虑例6-2中非线性方程的求解问题。可以使用vpasolve()函数去求解。如果不给出初始搜索点，则只能得到一个根，$x=y=0$。

```
>> syms x y; F=[x^2*exp(-x*y^2/2)+exp(-x/2)*sin(x*y),y^2*cos(y+x^2)+x^2*exp(x+y)];
   [x0,y0]=vpasolve(F) %试图求解联立方程，只能得到一个根
```

在这里给出的more_sols()函数中，核心求解工具是fsolve()函数，若将其替换为高精度的求解函数vpasolve()，则可以编写出高精度的非线性函数求解程序。

```
function more_vpasols(f,X0,A,tlim)
   arguments, f, X0, A=1000; tlim=60; end; X=sym(X0);              %读入默认参数
   if length(A)==1, a=-0.5*A; b=0.5*A; else, a=A(1); b=A(2); end %设置搜索范围
   ar=real(a); br=real(b); ai=imag(a); bi=imag(b); [m,n,i]=size(X0); tic
   while (1)         %死循环结构，可以按Ctrl+C键中断，也可以等待
      x0=ar+(br-ar)*rand(m,n);   %生成初始随机实矩阵，如果需要复数根，则设置随机复数矩阵
      if abs(imag(A))>1e-5, x0=x0+(ai+(bi-ai)*rand(m,n))*1i; end %复数矩阵
      V=vpasolve(f,x0); N=size(X,3); key=1; x=sol2vec(V);          %搜索方程的根
      if length(x)>0                         %如果找到的解非空，则继续判定，否则直接放弃
         t=toc; x=reshape(x,m,n);            %将得到的根还原成矩阵
         if t>tlim, break; end               %若一段时间没找到新根则终止整个程序
         for j=1:N, if norm(X(:,:,j)-x)<1e-5; key=0; break; end, end %判定是否新根
         if key>0, i=i+1; X(:,:,i)=x;        %若找到新根则记录该根
            disp(['i=',int2str(i)]); assignin('base','X',X); tic      %写入工作空间
end, end, end, end
function v=sol2vec(A) %子函数，将根转换成行向量
   v=[]; A=struct2cell(A); for i=1:length(A), v=[v, A{i}]; end      %转换成行向量
end
```

该函数的调用格式为more_vpasols($f,\boldsymbol{X}_0,A,t_{\rm lim}$)，其中还嵌入了为其设计的底层支持子函数

sol2vec()，将得出的解转换成行向量。输入变量 f 可以为符号型的行向量来描述联立方程，初始矩阵 $\boldsymbol{X}_0$ 指定为 zeros(m,n,0)，其中，m、n 为解矩阵的维数。其他的输入变元与前面介绍的 more_sols() 函数是一致的。返回的变量 X(:,:,i) 存储找到的第 i 个解。值得指出的是，more_vdpsols() 函数的速度比 more_sols() 函数慢得多，精度也高得多。

例6-20　考虑例6-13中的联立方程，试找出 $-2\pi < x,y < 2\pi$ 范围内的所有准解析解。

解　可以用下面的命令直接求解联立方程。

```
>> syms x y; F=[x^2*exp(-x*y^2/2)+exp(-x/2)*sin(x*y),y^2*cos(y+x^2)+x^2*exp(x+y)];
   t=cputime; more_vpasols(F,zeros(1,2,0),4*pi); cputime-t    %求根并计时
```

要检验得出方程根的精度，则首先应该提取出感兴趣区域内的根 $\boldsymbol{x}_0$ 和 $\boldsymbol{y}_0$，并对其进行排序，得出的根代入原方程后的误差范数为 7.79×10^{-32}，比例6-13中得出的精度要高得多，所需的时间大概半个小时，也远远高于 more_sols() 函数，用这样的方法也可以找到区域内全部的41个根。

```
>> x0=X(1,1,:); y0=X(1,2,:); x0=x0(:); y0=y0(:);           %提取得出的根
   ii=find(abs(x0)<2*pi & abs(y0)<2*pi);                   %感兴趣区域的根
   x0=x0(ii); y0=y0(ii); [x0 ii]=sort(x0); y0=y0(ii);      %按x的值从小到大排序
   double(norm(subs(F,{x,y},{x0,y0}))), size(x0)          %计算根的个数与误差矩阵的范数
   fimplicit(F,[-2*pi,2*pi]), hold on, plot(x0,y0,'o'), hold off %图解法绘制得出的解
```

6.1.6　欠定方程的求解

如果代数方程的个数少于未知数的个数，则对应的方程称为欠定方程。前面演示的隐式方程 $f(x,y)=0$ 就是一个常见的欠定方程，如果用 fimplicit() 函数用图解法求解，则得出的曲线上所有的点都满足原欠定方程。

三元隐函数欠定方程如何求解？图2-22(b)中给出了两个隐函数曲面叠印在一起的形式。曲线的交线就是欠定方程的解。如何能求出两个隐函数曲面的交线呢？利用传统方法难以处理，所以可以考虑文献[58]给出的解决方案。

(1) 生成三维网格，调用 isosurface() 命令从中找出第一个隐函数面上所有的剖分三角形顶点(vertex，复数 vertices)和面，并返回顶点的结构体数据。

(2) 从这些顶点中找出满足第二隐函数的顶点(具体解释见演示)。

(3) 提取这些顶点和面并由 patch() 函数着色，可以得出所需的交线。

下面通过例子演示绘制两个隐函数曲面交线的方法。用户可以仿照这个例子解决其他相关的问题。

例6-21　试绘制例2-48中两个隐函数曲面的交线。为叙述方便起见，这里重新给出了欠定方程组。

$$\begin{cases} x\sin\left(y+z^2\right)+y^2\cos\left(x+z\right)+zx\cos\left(z+y^2\right)=0 \\ x^2+y^2+z^2=1 \end{cases}$$

解　可以给出下面的命令，依照上面的思路绘制如图6-7(a)所示的两个隐函数曲面交线。其中，命令1找出球外的顶点。命令2对每个剖分三角形计算球外的顶点个数，如果个数为1或者2(即三角形一部分在球体内，一部分在球体外)，说明这些剖分三角形在交线上。将这些三角形着色，则得出两个隐函数曲面的交线，如图6-7(a)所示。这里不详细讲解相关函数的调用格式，有兴趣的读者可以通过 help 或其他命令自行查询。

```
>> [x,y,z]=meshgrid(-1:0.005:1);
   f=x.*sin(y+z.^2)+y.^2.*cos(x+z)+z.*x.*cos(z+y.^2);
```

```
h=isosurface(x,y,z,f,0);                                    %找出满足第一个隐函数的剖分三角形
r=h.vertices(:,1).^2+h.vertices(:,2).^2+h.vertices(:,3).^2-1>0; %命令1:找球外的点
N=sum(r(h.faces),2); Xs=(N==2)|(N==1); L=h.faces(Xs,:);          %命令2:找球上的点
patch('Vertices',h.vertices,'Faces',L,'EdgeColor',[0 0 0],'FaceColor',[0 0 0])
```

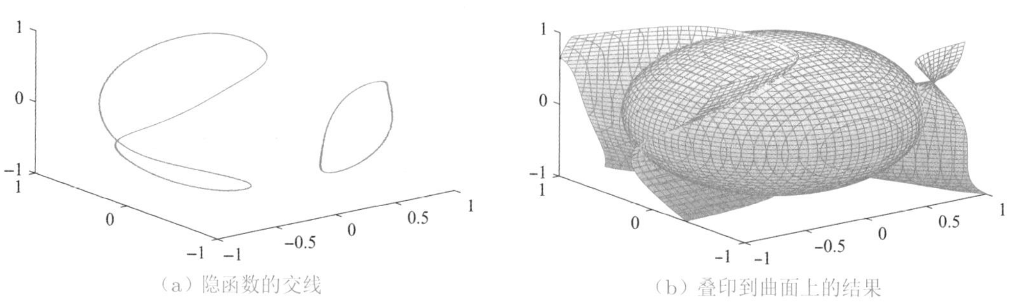

图6-7 隐函数三维曲面绘制

如果想在图2-22(b)上叠印曲面交线,则可以重新绘制两个隐函数曲面,再由白色显示得出的交线,最终结果如图6-7(b)所示。可以看出,这样得出的交线是正确的。

```
>> syms x y z; f=x*sin(y+z^2)+y^2*cos(x+z)+z*x*cos(z+y^2);
   f1=x^2+y^2+z^2-1; fimplicit3({f,f1},[-1 1])
   patch('Vertices',h.vertices,'Faces',L,'EdgeColor',[1 1 1],'FaceColor',[1 1 1])
```

6.2 无约束最优化问题求解

无约束最优化问题是最简单的一类最优化问题,其一般数学描述为

$$\min_{\boldsymbol{x}} f(\boldsymbol{x}) \tag{6-2-1}$$

其中,$\boldsymbol{x}=[x_1,x_2,\cdots,x_n]^{\mathrm{T}}$ 称为优化变量或决策变量,$f(\cdot)$ 函数称为目标函数,该含义是求取一组 $\boldsymbol{x}$ 向量,使得目标函数 $f(\boldsymbol{x})$ 最小,故这样的问题又称为最小化问题。其实,最小化是最优化问题的通用描述,它不失普遍性。若要想求解最大化问题,那么只需给目标函数 $f(\boldsymbol{x})$ 乘以 -1 就能立即将其转换成最小化问题,所以本书中描述的全部问题都是最小化问题。

6.2.1 解析解法和图解法

无约束最优化问题的最优点 $\boldsymbol{x}^*$ 处,目标函数 $f(\boldsymbol{x})$ 对 $\boldsymbol{x}$ 各个分量的一阶导数为0,从而可以列出下面的方程。

$$\left.\frac{\partial f}{\partial x_1}\right|_{\boldsymbol{x}=\boldsymbol{x}^*}=0,\quad \left.\frac{\partial f}{\partial x_2}\right|_{\boldsymbol{x}=\boldsymbol{x}^*}=0,\quad \cdots,\quad \left.\frac{\partial f}{\partial x_n}\right|_{\boldsymbol{x}=\boldsymbol{x}^*}=0 \tag{6-2-2}$$

求解这些方程构成的联立方程可以得出极值点。其实,解出的一阶导数均为0的极值点不一定都是极小值的点,其中有的还可能是极大值点。极小值问题还应该有正的二阶导数。对于单变量的最优化问题,可以考虑采用解析解的方法进行求解。然而多变量最优化问题因为需要将其转换成求解多元非线性方程,其难度甚至高于直接最优化问题,所以没有必要用解析解方法求解。

一元函数最优化问题的图解法也是很直观的,应绘制出该函数的曲线,在曲线上就能看出其最优值

点。二元函数的最优化也可以通过图解法求出。但三元或多元函数，由于用图形没有办法表示，所以不适合用图解法求解。

例6-22 对例6-1中给出的方程 $f(t) = \mathrm{e}^{-3t}\sin(4t+2) + 4\mathrm{e}^{-0.5t}\cos 2t - 0.5$，试用解析求解和图形求解的方法研究该函数的最优性。

解 可以先表示该函数，并解析地求解该函数的一阶导数，用fplot()函数可以绘制出 $t \in [0,4]$ 区间内一阶导函数的曲线，如图6-8所示。

```
>> syms t; y=exp(-3*t)*sin(4*t+2)+4*exp(-0.5*t)*cos(2*t)-0.5;   %描述目标函数
   y1=diff(y,t); fplot(y1,[0,4]), line([0,4],[0,0])   %绘制出选定区间内一阶导函数曲线
```

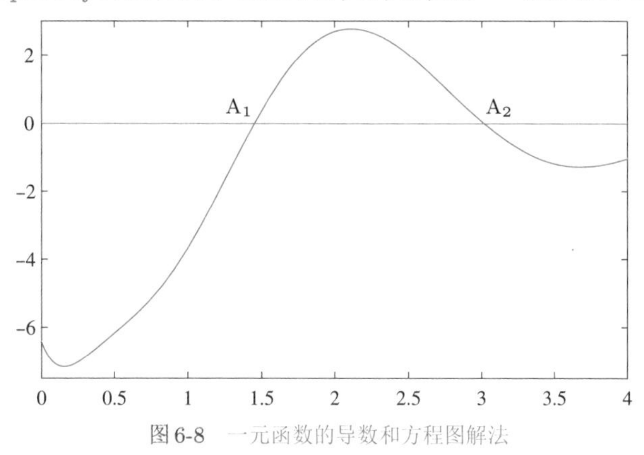

图6-8 一元函数的导数和方程图解法

其实，求解导函数等于0的方程不比直接求解其最优值简单。用图解法可以看出，在这个区间内有两个点，A_1 和 A_2，使得它们的一阶导函数为0，但从其一阶导数走向看，A_2 点对应负的二阶导数值，所以该点对应于极大值点，而 A_1 点对应于正的二阶导数值，故为极小值点。

然而因为给定的函数是非线性函数，所以用解析法或类似的方法求解最小值问题一点都不比直接求解最优化问题简单。因此，除演示之外，不建议用这样的方法求解该问题，而直接采用最优化问题求解程序得出问题的解。

6.2.2 基于MATLAB的数值解法

MATLAB语言中提供了求解无约束最优化的函数fminsearch()，其最优化工具箱中还提供了函数fminunc()，二者的调用格式完全一致，为

$\boldsymbol{x}$=fminunc(Fun,$\boldsymbol{x}_0$)   %最简求解语句

[$\boldsymbol{x}$,f,flag,out]=fminunc(Fun,$\boldsymbol{x}_0$,opt,p_1,p_2,$\cdots$)   %一般求解格式

其输入与返回参数的定义与fsolve()函数中的控制变量完全一致。该函数主要采用了文献[59]中提出的单纯形算法。下面将通过例子来演示无约束最优化问题的数值解法。

例6-23 已知二元函数 $z = f(x,y) = (x^2-2x)\mathrm{e}^{-x^2-y^2-xy}$，试用MATLAB提供的求解函数求出其最小值，并用图形方法表示其求解过程。

解 因为函数中给出的自变量是 x,y，而最优化函数需要求取的是自变量向量 $\boldsymbol{x}$，故在求解前应该先进行变量替换，如令 $x_1 = x, x_2 = y$，这样就可以用下面的语句由匿名函数形式定义出目标函数f，用下面的语句求解出最优解为 $\boldsymbol{x} = [0.6111, -0.3056]$

```
>> f=@(x)(x(1)^2-2*x(1))*exp(-x(1)^2-x(2)^2-x(1)*x(2)); %用匿名函数描述目标函数
   x0=[2; 1]; [x,b,c,d]=fminsearch(f,x0)               %给出初值并求解最优化问题
```

同样的问题用fminunc()函数求解,则可以得出同样的结果。

```
>> [x,b,c,d]=fminunc(f,[2; 1]) %另一个求解函数
```

比较两种方法,显然可以看出,用fminunc()函数的效率明显高于fminsearch(),因为对目标函数调用的次数明显少于后者。所以在无约束最优化问题求解时,建议优先使用fminunc()函数。

为截取寻优过程的中间点,可以用开关结构编写一个如下的输出处理函数:

```
function stop=myout(x,optimValues,state), stop=false;
   switch state                            %开关结构,监视中间结果
      case 'init', hold on                 %初始化响应:设置坐标系保护
      case 'iter', plot(x(1),x(2),'o')     %每步迭代响应:将中间结果用圆圈表示
         text(x(1)+0.1,x(2),int2str(optimValues.iteration)); %标出迭代步数
      case 'done', hold off                %结束监控过程:取消坐标系保护
end, end
```

这样可以在每步迭代中将中间结果标识出来。要启动这样的监控过程,需要将OutputFcn选项设置为@myout。要演示整个优化过程,可以先绘制出原目标函数曲面的等高线图,选择初始搜索点$\boldsymbol{x}_0=[2,1]^{\mathrm{T}}$,则可以用下面的语句开始带有监控的优化过程,这样就可以在等高线上叠印出中间搜索点,如图6-9所示,中间搜索点做了编号与标记处理,如果两个中间点的距离特别小,发生重叠,则说明这时的计算步长很小,接近于收敛值。

```
>> [x,y]=meshgrid(-3:0.1:3, -2:0.1:2);                         %生成网格矩阵
   z=(x.^2-2*x).*exp(-x.^2-y.^2-x.*y); contour(x,y,z,30);      %绘制等高线图
   ff=optimset; ff.OutputFcn=@myout; x0=[2 1]; x=fminunc(f,x0,ff)  %解最优化问题
```

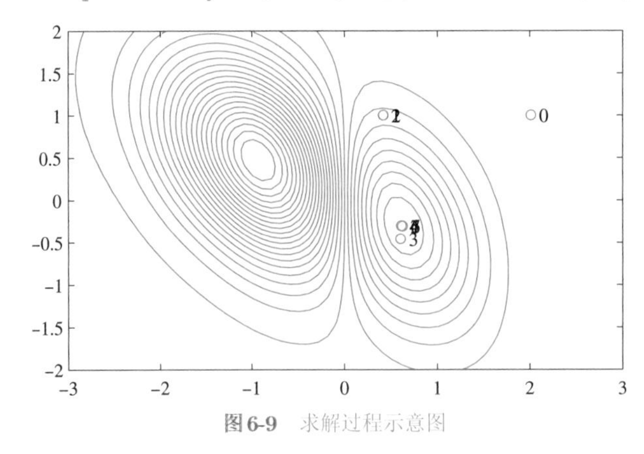

图6-9　求解过程示意图

MATLAB最优化工具箱还支持用结构体变量来描述最优化问题,这样可以使最优化问题的描述更规范。可以建立一个结构体变量problem,该结构体有4个成员变量:objective、x0、solver和options,例如,可以用problem.objective成员变量描述目标函数,用problem.options=optimset读取控制参数,用problem.solver='fminunc'指定求解器。再由[x,f_{m},flag]=fminunc(problem)语句直接求解无约束最优化问题。

例6-24　试用结构体的方式重新描述并求解例6-23中的无约束最优化问题。

解 可以用下面命令建立起最优化问题的结构体变量problem，然后调用fminunc()函数即可以直接求解原始问题，得出的结果与例6-23中的结果完全一致。

```
>> problem.solver='fminunc'; problem.options=optimset;     %用结构体描述整个问题
   problem.objective=@(x)(x(1)^2-2*x(1))*exp(-x(1)^2-x(2)^2-x(1)*x(2));   %目标函数
   problem.x0=[2; 1]; [x,b,c,d]=fminunc(problem)              %直接求解最优化问题
```

6.2.3 全局最优解与全局最优解法

以单变量x为例，无约束最优化问题函数有解的必要条件是$\mathrm{d}f(x)/\mathrm{d}x=0$，但满足该条件的$x$值可能不唯一，可能存在多个解。从最优化搜索的角度来说，可能找到其中一个这样的点。下面将通过例子引入全局最优解和局部最优解的概念，并介绍一种全局最优解的算法及MATLAB实现。

例6-25 考虑一个著名的无约束最优化问题的基准测试函数——Rastrigin函数[60]

$$f(x_1,x_2)=20+x_1^2+x_2^2-10(\cos\pi x_1+\cos\pi x_2)$$

试绘制出目标函数的表面图，并用简单的最优化求解函数求解这样的问题，看看会发生什么。

解 目标函数的表面图可以由下面的语句直接得出，如图6-10(a)所示。可以看出，表面图凹凸不平，其中有很多波峰与波谷。

```
>> syms x1 x2; f=20+x1^2+x2^2-10*(cos(pi*x1)+cos(pi*x2)); fsurf(f)   %目标函数表面图
```

还可以得出目标函数的俯视图，如图6-10(b)所示。从该图形可见，中间的点是全局最小点，另外还有很多波谷点，但它们都是局部最小点。另外，全局最优点附近的几个点可以认为是次最优(subminimum)点。

```
>> view(0,90), shading flat %绘制俯视图
```

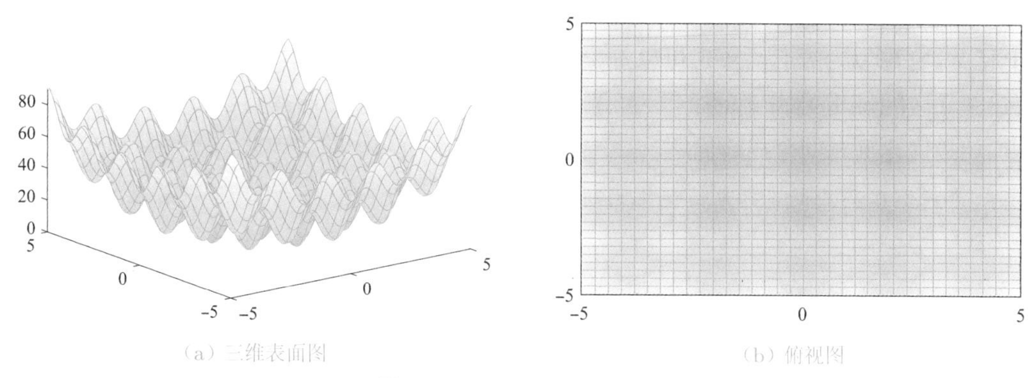

(a) 三维表面图　　(b) 俯视图

图6-10 Rastrigin函数的表面图

选择几个不同的初始搜索点，则可以由下面语句得出不同的优化结果。

```
>> f=@(x)20+x(1)^2+x(2)^2-10*(cos(pi*x(1))+cos(pi*x(2)));      %描述目标函数
   x1=fminunc(f,[2,3]), f(x1), x2=fminunc(f,[-1,2]), f(x2)     %选择不同初值
   x3=fminunc(f,[8 2]), f(x3), x4=fminunc(f,[-4,6]), f(x4)     %搜索最优化解
```

得到的两个结果为

$\boldsymbol{x}_1=[1.9602,1.9602]$, $f(\boldsymbol{x}_1)=7.8409$, $\boldsymbol{x}_2=[-0.0000,1.9602]$, $f(\boldsymbol{x}_2)=3.9205$,

$\boldsymbol{x}_3=[7.8338,1.9602]$, $f(\boldsymbol{x}_3)=66.6213$, $\boldsymbol{x}_4=[-3.9197,5.8779]$, $f(\boldsymbol{x}_4)=50.9570$。

可以看出，这样得出的最优化结果都是"最优"的，但有显著差异，大多数点为局部最小值点。可以看出，如果采用传统的最优化搜索方法，如果初始值选择不当，很可能陷入局部最小值。

为避免局部最小值问题，经常采用某些并行求解方法，如遗传算法(genetic algorithm)或其他进化类算法，这类方法将在10.4节中给出概略性地介绍。下面将给出一个更有效的思路与求解函数，后面将与MATLAB全局优化工具箱函数做对比性研究。

类似于前面介绍的方程求解的思路，可以采用下面的新算法作全局寻优。首先，用随机的方式在感兴趣区域(a,b)生成初值，则通过普通的搜索方法得出最优解$\boldsymbol{x}$，并得出最优目标函数$f_1=f(\boldsymbol{x})$，如果得出的最优目标值比已经得到的还小，则记录该最优值。重复N次这类求解过程，则可能得出问题的全局最优解。基于此思路，可以编写出如下的MATLAB函数来求解全局最优化问题。

```
function [x,f0]=fminunc_global(f,a,b,n,N,varargin)
   arguments
      f(1,1), a(1,1) double, b(1,1) double {mustBeGreaterThan(b,a)}
      n(1,1){mustBeInteger,mustBePositive}
      N(1,1){mustBeInteger,mustBePositive}=20
   end
   arguments (Repeating) varargin(:,:), end
   x0=rand(n,1); k0=0; f0=Inf; if isstruct(f), k0=1; end %可以用结构体描述
   for i=1:N, x0=a+(b-a)*rand(n,1);                      %循环结构生成随机初始搜索点
      if k0==1, f.x0=x0; [x1,f1,key]=fminunc(f);         %结构体描述问题求解
      else, [x1,f1,key]=fminunc(f,x0,varargin{:}); end   %无约束最优化问题求解
      if key>0 && f1<f0, x=x1; f0=f1; end                %如果得到更好的解则更新记录
end, end, end
```

该函数的调用格式为`[`x`,`$f_{\rm min}$`]=fminunc_global(fun,`a`,`b`,`n`,`N`)`，其中，`fun`为描述目标函数的MATLAB函数，它可以为匿名函数也可以是M函数，还可以是描述整个优化问题的结构体变量。a,b是可能的决策变量区间，n是自变量的个数，N是尝试的次数。如果N的选择得当，则返回的变量$\boldsymbol{x}$与$f_{\min}$很可能是原始最优化问题的全局最优解。

例6-26　考虑例6-25中的无约束最优化问题，如果尝试的次数N选择为50，可以看出，每次运行这个函数都能找到全局最优解$x_1=x_2=0$。

```
>> f=@(x)20+x(1)^2+x(2)^2-10*(cos(pi*x(1))+cos(pi*x(2)));   %用匿名函数描述目标函数
   [x,f0]=fminunc_global(f,-2*pi,2*pi,2,50)                 %尝试获得全局最优解
```

为进一步演示这样的全局最优解求解过程，可以用循环调用100次这一求解程序，可以看到，每次都能找到全局最优解。

```
>> F=[]; for i=1:100      %调用求解函数100次并评估找到全局最优解的成功率
      [x,f0]=fminunc_global(f,-2*pi,2*pi,2,50); F=[F,f0];   %记录目标函数最优值
   end
```

当然，由于使用了均匀分布的随机数，这样的全局最优解$x_1=x_2=0$很容易被找到。所以用这个例子来评估全局优化算法并不公平，后面将试图给出更公平的测试函数。

例6-27　假设将经典的Rastrigin函数修改成

$$f(x_1,x_2)=20+\left(\frac{x_1}{30}-1\right)^2+\left(\frac{x_2}{20}-1\right)^2-10\left[\cos\left(\frac{x_1}{30}-1\right)\pi+\cos\left(\frac{x_2}{20}-1\right)\pi\right]$$

可以运行100次这个求解程序，测试一下找到全局最优解的成功率是多少。

解　可以由匿名函数表示目标函数，如果将感兴趣搜索区间扩展到±100，则可以绘制出在感兴趣区域内

目标函数的曲面图,如图6-11所示。

```
>> f=@(x)20+(x(1)/30-1)^2+(x(2)/20-1)^2-10*(cos(pi*(x(1)/30-1))+cos(pi*(x(2)/20-1)));
   [x y]=meshgrid(-100:100); N=size(x,1); F=[];
   for i=1:N, for j=1:N, F(i,j)=f([x(i,j),y(i,j)]); end, end, surf(x,y,F)
```

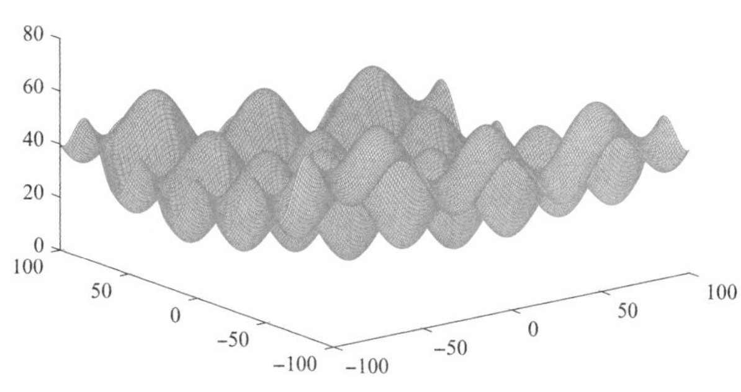

图6-11 目标函数的三维表面图

运行最优求解函数100次,并记录每次得到的目标函数值,则可以进行如下的测试。可以看出,这次执行100次寻优,总耗时14.62 s,只有两次没有找到全局最优值(30, 20),其余的98次都找到了全局最优点,成功率98%。可以看出,这里给出的`fminunc_global()`函数是可信赖的,一般情况下很可能得出全局最优解。如果将N改为20,则总耗时降至5.66 s,全局最优解成功率为77%。

```
>> F=[]; tic, for i=1:100                                  %运行该求解函数100次
      [x,f0]=fminunc_global(f,-100,100,2,50); F=[F,f0];   %记录每次得到的最优值
   end, toc
```

6.2.4 利用梯度求解最优化问题

有时最优化问题求解速度较慢，甚至无法搜索到较精确的最优点，尤其是变量较多的最优化问题，所以需要引入目标函数梯度，以加快计算速度，改进搜索精度。然而，有时计算梯度也是需要时间的，也会影响整个运算速度，所以实际求解时应该考虑是不是值得引入梯度的概念。

在利用MATLAB最优化工具箱求解最优化问题时，也应该和目标函数在同一函数中描述梯度函数，即这时MATLAB的目标函数应该返回两个变量，第一个变量仍然表示目标函数，第二个变量可以返回梯度函数。同时，还应该将求解控制变量的`GradObj`属性设置成`'on'`，这样就可以利用梯度来求解最优化问题了。

例6-28 试求解Rosenbrock函数$f(x_1,x_2)=100(x_2-x_1^2)^2+(1-x_1)^2$的最小值问题。

解 从目标函数可以看出,由于它为两个平方数的和,所以当$x_2=x_1=1$时,整个目标函数有最小值0。用下面语句可以绘制出目标函数的三维等高线图,如图6-12所示。

```
>> [x,y]=meshgrid(0.5:0.01:1.5); z=100*(y.^2-x).^2+(1-x).^2;  %目标函数
   contour3(x,y,z,100), zlim([0,310])                          %绘制三维等高线图
```

由得出的曲线看,其最小值点在图中的一个很窄的白色带状区域内,故Rosenbrock目标函数又称为香蕉函数,而在这个区域内的函数值变化较平缓,这就给最优化求值带来很多麻烦。该函数经常用来测试最优化算法的优劣。现在观察用下面语句求解最优化问题。

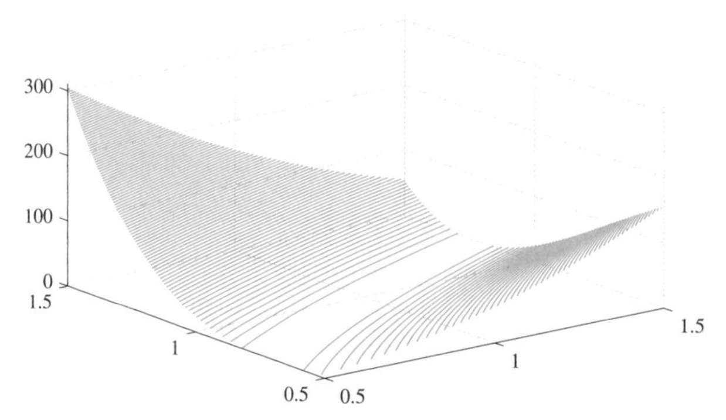

图6-12 Rosenbrock目标函数的三维等高线图

```
>> f=@(x)100*(x(2)-x(1)^2)^2+(1-x(1))^2; ff=optimset;         %目标函数描述
   ff.TolX=1e-20; ff.TolFun=1e-20; x=fminunc(f,[0;0],ff)    %最优化求解
```

这时得出的最优解为 $\boldsymbol{x}=[0.99999558847268, 0.99999116718532]^{\mathrm{T}}$。可见，即使设置了苛刻的终止条件，该算法也无法精确搜索到真值 $(1,1)$，用传统的最速下降法更无法搜索到真值，所以这时需要引入梯度的概念。对给定的Rosenbrock函数，利用符号运算工具箱即可以求出其梯度向量。

```
>> syms x1 x2;
   f=100*(x2-x1^2)^2+(1-x1)^2; J=jacobian(f,[x1,x2])    %梯度计算
```

可以求出梯度向量为 $\boldsymbol{J}=[-400(x_2-x_1^2)x_1-2+2x_1, 200x_2-200x_1^2]$。这时，可以在目标函数中描述其梯度，故需要重新编写目标函数为

```
function [y,Gy]=c6fun3(x)
   y=100*(x(2)-x(1)^2)^2+(1-x(1))^2;          %需要返回两个变量,不能使用匿名函数
   Gy=[-400*(x(2)-x(1)^2)*x(1)-2+2*x(1); 200*x(2)-200*x(1)^2];    %计算梯度
end
```

这样，就应该给出如下命令得出 $\boldsymbol{x}=[1.000000000000012, 1.000000000000023]^{\mathrm{T}}$。

```
>> ff.GradObj='on'; x=fminunc(@c6fun3,[0;0],ff) %利用梯度信息重新求解
```

可见，引入了梯度则可以明显加快搜索的进度，且最优解也基本上逼近真值，这是不使用梯度不可能得到的，所以从本例可以看出梯度在搜索中的作用。然而，在有些例子中引入梯度也不是很必要，因为梯度本身的计算和编程需要更多的时间。

如果用结构体的方式描述最优化问题，则可以得出与前面一致的解。

```
>> problem.solver='fminunc';
   ff=optimset; problem.objective=@c6fun3;
   ff.GradObj='on'; ff.TolX=1e-20; ff.TolFun=1e-20; problem.options=ff;
   problem.x0=[2; 1]; [x,b,c,d]=fminunc(problem)    %用结构体描述整个问题,直接求解
```

如果不使用梯度信息，单纯由全局最优搜索函数也可以得出比较精确的最优解，例如可以得出 $x_1=1.00000018$，$x_2=0.99999988$。不过不使用梯度信息很难得到像前面那样精确的解。

```
>> f=@(x)100*(x(2)-x(1)^2)^2+(1-x(1))^2;         %描述目标函数
   x=fminunc_global(f,-10,10,2,50,ff)           %重新求解
```

值得指出的是，Rosenbrock函数是为检测寻优算法优劣而建立起来的人造函数，解决该问题的有效方法需要引入目标函数的梯度。实际应用中，很多寻优算法都是无须梯度信息的，利用目标函数本身的信息即可成功地解决数值寻优的问题。

6.2.5 带有变量边界约束的最优化问题求解

前面介绍的最优化问题是纯粹的无约束最优化问题。在实际应用中，更常见的无约束最优化问题并不完全是绝对的无约束问题，通常优化变量需要在指定的范围内选择，所以这样的问题一般可以表示成

$$\min_{\boldsymbol{x}\ \text{s.t.}\ \boldsymbol{x}_{\rm m}\leqslant\boldsymbol{x}\leqslant\boldsymbol{x}_{\rm M}} f(\boldsymbol{x}) \tag{6-2-3}$$

其中，记号s.t.是英文subject to 的缩写，表示满足后面的关系。所以式(6-2-3)所描述的问题是，$\boldsymbol{x}$在指定的范围内取多少时能使得目标函数取最优值。这样的问题由`fminsearch()`函数是不能直接求解的。John D'Errico开发的`fminsearchbnd()`函数扩展了现有函数的功能，能直接求解这样的问题[61]，该函数的调用格式为

x=fminsearchbnd(Fun,x_0,$x_{\rm m}$,$x_{\rm M}$)

[x,f,flag,out]=fminsearchbnd(Fun,x_0,$x_{\rm m}$,$x_{\rm M}$,opt,p_1,p_2,$\cdots$)

如果上界或下界约束没有给出，则可以将其设置为空矩阵`[]`。

例6-29 重新考虑例6-28中研究的Rosenbrock函数的最优化问题。显然，$x_1=x_2=1$是该问题的最优解。如果x_1和x_2的允许范围为$x_1\in(2,4)$，$x_2\in(3,6)$，试得出满足要求的最优解。

解 根据x_1,x_2的范围，可以直接得出$\boldsymbol{x}_{\rm m}=[2,3]^{\rm T}$，$\boldsymbol{x}_{\rm M}=[4,6]^{\rm T}$，这样调用`fminsearchbnd()`函数则可以得出在容许范围内的最优解为$\boldsymbol{x}=[2,3.9999996]^{\rm T}$。

```
>> f=@(x)[100*(x(2)-x(1)^2)^2+(1-x(1))^2]; xm=[2,3]; xM=[4,6];   %目标函数与边界
   x=fminsearchbnd(f,[0,0],xm,xM)                               %调用求解函数直接求解
```

6.3 有约束最优化问题的计算机求解

有约束最优化问题的一般描述为

$$\min_{\boldsymbol{x}\ \text{s.t.}\ \boldsymbol{G}(\boldsymbol{x})\leqslant\boldsymbol{0}} f(\boldsymbol{x}) \tag{6-3-1}$$

其中，$\boldsymbol{x}=[x_1,x_2,\cdots,x_n]^{\rm T}$。该数学表示的含义为求取一组$\boldsymbol{x}$向量，使得在满足约束条件$\boldsymbol{G}(\boldsymbol{x})\leqslant 0$的前提下能够使目标函数$f(\boldsymbol{x})$最小化。在实际遇到的最优化问题中，有时约束条件可能是很复杂的，它既可以是等式约束，也可以是不等式约束；既可以是线性的，也可能是非线性的，有时甚至不能用纯数学函数来描述。

6.3.1 约束条件与可行解区域

满足约束条件$\boldsymbol{G}(\boldsymbol{x})\leqslant\boldsymbol{0}$的$\boldsymbol{x}$范围称为可行解区域(feasible region)。下面通过例子演示二元问题的可行解范围与图解结果。

例6-30 考虑下面二元最优化问题的求解，试用图解方法对该问题进行研究。

$$\max_{\boldsymbol{x}\ \text{s.t.}\left\{\begin{array}{l}9\geqslant x_1^2+x_2^2\\ x_1+x_2\leqslant 1\end{array}\right.} -x_1^2-x_2$$

解 若在$[-3,3]$区间生成网格，则可以得出无约束时目标函数的三维图形数据。

```
>> [x1,x2]=meshgrid(-3:.1:3); z=-x1.^2-x2;   %生成网格型矩阵并计算高度
```

引入了约束条件，则在图形上需要将约束条件以外的点剔除掉，即找到这些点的横纵坐标值，将其函数值设置成不定式NaN即可。这样可以使用如下的语句进行求解。

```
>> i=find(x1.^2+x2.^2>9); z(i)=NaN;      %找出x1^2+x2^2>9的坐标,并置函数值为NaN
   i=find(x1+x2>1); z(i)=NaN;            %找出x1+x2>1的坐标,并置函数值为NaN
   surf(x1,x2,z); shading interp;        %绘制三维表面图
```

该语句可以直接绘制出如图6-13(a)所示的三维图形，若想从上向下观察该图形，则可以使用view(0,90)命令，这样可以得出如图6-13(b)所示的二维投影图。图形上的区域为相应最优化问题的可行区域，即满足约束条件的区域。该区域内对应目标函数的最大值就是原问题的解，故从图形可以直接得出结论，问题的解为$x_1=0, x_2=-3$，用max(z(:))可以得出最大值为3。

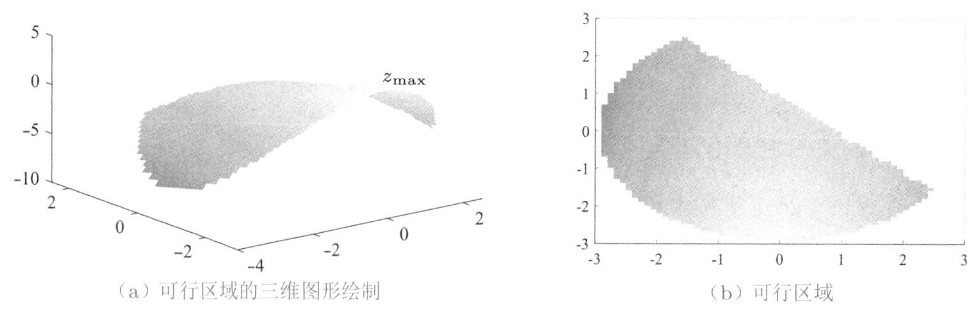

(a) 可行区域的三维图形绘制　　(b) 可行区域

图6-13　二维最优化问题的图解法

对于一般的一元和二元问题，可以用图解法直接得出问题的最优解。但对于一般的多元问题和较复杂的问题，则不适合用图解法求解，而只能用数值解的方法进行求解，也没有检验全局最优性的方法。

6.3.2 线性规划问题的计算机求解

1. 标准线性规划问题的求解

线性规划问题是一类特殊的问题，也是最简单的有约束最优化问题。在线性规划中，目标函数和约束函数都是线性的，其整个问题的数学描述为

$$\min_{\boldsymbol{x} \text{ s.t. } \begin{cases} \boldsymbol{A}\boldsymbol{x}\leqslant\boldsymbol{B} \\ \boldsymbol{A}_{\rm eq}\boldsymbol{x}=\boldsymbol{B}_{\rm eq} \\ \boldsymbol{x}_{\rm m}\leqslant\boldsymbol{x}\leqslant\boldsymbol{x}_{\rm M} \end{cases}} \boldsymbol{f}^{\rm T}\boldsymbol{x} \tag{6-3-2}$$

这里的约束条件已经进一步细化为线性等式约束$\boldsymbol{A}_{\rm eq}\boldsymbol{x}=\boldsymbol{B}_{\rm eq}$，线性不等式约束$\boldsymbol{A}\boldsymbol{x}\leqslant\boldsymbol{B}$，$\boldsymbol{x}$变量的上界向量$\boldsymbol{x}_{\rm M}$和下界向量$\boldsymbol{x}_{\rm m}$，使得$\boldsymbol{x}_{\rm m}\leqslant\boldsymbol{x}\leqslant\boldsymbol{x}_{\rm M}$。

对不等式约束来说，MATLAB定义的标准型是“⩽”关系式。如果约束条件中某个式子是“⩾”关系式，则在不等号两边同时乘以-1就可以转换成“⩽”关系式了。

线性规划是一类最简单的有约束最优化问题，求解线性规划问题有多种算法。其中，单纯形法是最有效的一种方法，MATLAB的最优化工具箱中实现了该算法，提供了求解线性规划问题的linprog()函数。该函数的调用格式为

$[\boldsymbol{x}, f_{\rm opt}$, flag, c$]$=linprog$(\boldsymbol{f}, \boldsymbol{A}, \boldsymbol{B}, \boldsymbol{A}_{\rm eq}, \boldsymbol{B}_{\rm eq}, \boldsymbol{x}_{\rm m}, \boldsymbol{x}_{\rm M}, \boldsymbol{x}_0$, OPT)

$[\boldsymbol{x}, f_{\rm opt}$, flag, c$]$=linprog(problem)

其中，$\boldsymbol{f}$，$\boldsymbol{A}$，$\boldsymbol{B}$，$\boldsymbol{A}_{\rm eq}$，$\boldsymbol{B}_{\rm eq}$，$\boldsymbol{x}_{\rm m}$，$\boldsymbol{x}_{\rm M}$ 与前面约束与目标函数公式中的记号是完全一致的，$\boldsymbol{x}_0$ 为初始搜索点。各个矩阵约束如果不存在，则应该用空矩阵来占位。OPT为控制选项，该函数还允许使用附加参数 $p_1,p_2,\cdots$。最优化运算完成后，结果将在变量 $\boldsymbol{x}$ 中返回，最优化的目标函数将在 $f_{\rm opt}$ 变量中返回。

如果使用结构体描述整个线性规划问题，则结构体的常用成员变量在表中列出。第二种调用格式中，problem为描述整个线性规划问题的结构体变量，其各个成员变量在表6-2中给出。

表6-2 线性规划结构体成员变量

成员变量名	成员变量说明
f	目标函数系数向量 $\boldsymbol{f}$
Aineq,bineq	线性不等式约束的矩阵 $\boldsymbol{A}$ 和向量 $\boldsymbol{b}$
Aeq,beq	线性等式约束的矩阵 $\boldsymbol{A}_{\rm eq}$ 和向量 $\boldsymbol{b}_{\rm eq}$，其中，若该约束条件不存在，则可以将其设置为空矩阵，或不进行设置
ub,lb	决策变量的上界 $\boldsymbol{x}_{\rm M}$ 与下界向量 $\boldsymbol{x}_{\rm m}$
options	控制选项的设置，用户可以修改控制选项再赋给 options 成员变量
solver	必须将其设置为'linprog'

这里将通过例子演示线性规划的求解问题。

例6-31 试求解下面的线性规划问题。

$$\min_{\boldsymbol{x}\ \text{s.t.}\ \begin{cases}2x_2+x_3+4x_4+2x_5\leqslant 54\\3x_1+4x_2+5x_3-x_4-x_5\leqslant 62\\x_1,x_2\geqslant 0,x_3\geqslant 3.32,x_4\geqslant 0.678,x_5\geqslant 2.57\end{cases}} \quad -2x_1-x_2-4x_3-3x_4-x_5$$

解 从给出的数学式子可以看出，其目标函数可以用其系数向量 $\boldsymbol{f}=[-2,-1,-4,-3,-1]^{\rm T}$ 表示，不等式约束有两个，即

$$\boldsymbol{A}=\begin{bmatrix}0&2&1&4&2\\3&4&5&-1&-1\end{bmatrix},\ \boldsymbol{B}=\begin{bmatrix}54\\62\end{bmatrix}$$

另外，由于没有等式约束，故可以定义 $\boldsymbol{A}_{\rm eq}$ 和 $\boldsymbol{B}_{\rm eq}$ 为空矩阵。由给出的数学问题还可以看出，$\boldsymbol{x}$ 的下界可以定义为 $\boldsymbol{x}_{\rm m}=[0,0,3.32,0.678,2.57]^{\rm T}$，且对上界没有限制，故可以将其写成空矩阵。由前面的分析，可以给出如下的MATLAB命令来求解线性规划问题，并立即得出结果为 $\boldsymbol{x}=[19.785,0,3.32,11.385,2.57]^{\rm T}$，$f_{\rm opt}=-89.5750$。

```
>> f=-[2 1 4 3 1]'; A=[0 2 1 4 2; 3 4 5 -1 -1]; B=[54; 62]; Ae=[];
   Be=[]; xm=[0,0,3.32,0.678,2.57];                   %输入相关矩阵与向量
   ff=optimset; ff.TolX=1e-15;                         %描述控制参数
   [x,f_opt,key,c]=linprog(f,A,B,Ae,Be,xm,[],[],ff)   %求解线性规划问题
```

从列出的结果看，由于key值为1，故求解是成功的。以上只用了五步就得出了线性规划问题的解，可见求解程序功能是很强大的，可以很容易得出线性规划问题的解。

例6-32 也可以用下面的结构体方式构造出线性规划问题的变量P，某些值为默认值的成员变量可以不指定，如Aeq成员变量的默认值为空矩阵，既然本问题没有涉及 $\boldsymbol{A}_{\rm eq}$ 矩阵，可以不给出该成员变量，可以同样解决原始问题，得出的解与前面方法完全一致。这里由于初值和决策变量上限采用了默认值，所以无须对结构体的相应成员变量赋值。

```
>> P.f=-[2 1 4 3 1]'; P.Aineq=[0 2 1 4 2; 3 4 5 -1 -1]; P.Bineq=[54; 62];
   P.lb=[0,0,3.32,0.678,2.57]; P.solver='linprog';
```

```
ff=optimset; ff.TolX=1e-15; P.options=ff; %输入控制选项
[x,f_opt,key,c]=linprog(P)                %用结构体形式描述线性规划问题并直接求解
```

例6-33 考虑下面的四元线性规划问题,试用MATLAB的最优化工具箱求解此问题。

$$\max_{\boldsymbol{x}\ \text{s.t.}\left\{\begin{array}{l}x_1/4-60x_2-x_3/50+9x_4\leqslant 0\\-x_1/2+90x_2+x_5/50-3x_4\geqslant 0\\x_3\leqslant 1,x_1\geqslant -5,x_2\geqslant -5,x_3\geqslant -5,x_4\geqslant -5\end{array}\right.} 3x_1/4-150x_2+x_3/50-6x_4$$

解 原问题中应该求解的是最大值问题,所以需要首先将之转换成最小化问题,即将原目标函数乘以-1,则目标函数将改写成$-3x_1/4+150x_2-x_3/50+6x_4$。套用线性规划的格式可以得出$\boldsymbol{f}^{\rm T}$向量为$[-3/4,150,-1/50,6]$。

再分析约束条件,可见,由最后一条可以写成$x_i\geqslant -5$,所以可确定自变量的最小值向量为$x_{\rm m}$=[-5;-5;-5;-5]。类似地,还能写出自变量的最大值向量为$x_{\rm M}$=[Inf;Inf;1;Inf],其中可以使用Inf表示$+\infty$。约束条件的前两条均为不等式约束,其中第二条为$\geqslant$表示,需要将两端均乘以-1,转换成$\leqslant$不等式,这样可以写出不等式约束为

$$\boldsymbol{A}=\begin{bmatrix}1/4 & -60 & -1/50 & 9\\1/2 & -90 & -1/50 & 3\end{bmatrix},\ \boldsymbol{B}=\begin{bmatrix}0\\0\end{bmatrix}$$

由于原问题中没有等式约束,故应该令$\boldsymbol{A}_{\rm eq}$=[],$\boldsymbol{B}_{\rm eq}$=[]。最终可以输入如下的命令来求解此最优化问题,得出原问题的最优解。

```
>> f=[-3/4,150,-1/50,6]; Aeq=[]; Beq=[];                  %目标函数、等式约束
   A=[1/4,-60,-1/50,9; 1/2,-90,-1/50,3]; B=[0;0];          %线性不等式约束
   xm=[-5;-5;-5;-5]; xM=[Inf;Inf;1;Inf]; F=optimset; F.TolX=1e-15;
   [x,f_opt,key,c]=linprog(f,A,B,Aeq,Beq,xm,xM,[0;0;0;0],F)  %直接求解
```

可见,经过10步迭代,就能以很高精度得出原问题的最优解为$\boldsymbol{x}=[-5,-0.1947,1,-5]^{\rm T}$。最后一个语句可以用下面语句取代,得出完全一致的结果。注意,求解之前应该采用clear命令清除P变量,否则以前使用的P变量的一些成员变量可能遗留下来,影响本次求解。

```
>> clear P; P.f=f; P.Aineq=A; P.Bineq=B; P.solver='linprog';
   P.lb=xm; P.ub=xM; P.options=F; linprog(P)   %用结构体描述线性规划问题并求解
```

2. 双下标线性规划问题

在某些研究领域中,决策变量不是由向量描述的,而是由矩阵描述的,这就需要考虑具有双下标决策变量的线性规划问题求解了。可以引入一组新的向量型决策变量,将双下标的决策变量线性规划问题转换成标准的线性规划问题,这样,就可以使用linprog()函数求解原始问题,得到问题的解后,还需要将得出的解替换回决策变量矩阵。

例6-34 试求解下面的双下标线性规划问题。

$$\min_{\boldsymbol{x}\ \text{s.t.}\left\{\begin{array}{l}x_{11}+x_{12}+x_{13}+x_{14}\geqslant 15\\x_{12}+x_{13}+x_{14}+x_{21}+x_{22}+x_{23}\geqslant 10\\x_{13}+x_{14}+x_{22}+x_{23}+x_{31}+x_{32}\geqslant 20\\x_{14}+x_{23}+x_{32}+x_{41}\geqslant 12\\x_{ij}\geqslant 0,(i=1,2,3,4,j=1,2,3,4)\end{array}\right.} 2800(x_{11}+x_{21}+x_{31}+x_{41})+4500(x_{12}+x_{22}+x_{32})+6000(x_{13}+x_{23})+7300x_{14}$$

解 这样的问题显然不能直接用前面介绍的方法直接求解,而应该首先将原问题转换成单下标自变量的

最优化问题。为做这样的转换，应该重新选定变量，例如令$x_1=x_{11}$，$x_2=x_{12}$，$x_3=x_{13}$，$x_4=x_{14}$，$x_5=x_{21}$，$x_6=x_{22}$，$x_7=x_{23}$，$x_8=x_{31}$，$x_9=x_{32}$，$x_{10}=x_{41}$，这样将原问题手工改写成

$$\min \quad 2800(x_1+x_5+x_8+x_{10})+4500(x_2+x_6+x_9)+6000(x_3+x_7)+7300x_4$$
$$\boldsymbol{x}\ \text{s.t.}\ \begin{cases}-(x_1+x_2+x_3+x_4)\leqslant -15\\ -(x_2+x_3+x_4+x_5+x_6+x_7)\leqslant -10\\ -(x_3+x_4+x_6+x_7+x_8+x_9)\leqslant -20\\ -(x_4+x_7+x_9+x_{10})\leqslant -12\\ x_i\geqslant 0, i=1,2,\cdots,10\end{cases}$$

这样就可以用下面的语句解出问题的最优解：

```
>> f=2800*[1 0 0 0 1 0 0 1 0 1]+4500*[0 1 0 0 0 1 0 0 1 0]+...
     6000*[0 0 1 0 0 0 1 0 0 0]+7300*[0 0 0 1 0 0 0 0 0 0];
   A=-[1 1 1 1 0 0 0 0 0 0; 0 1 1 1 1 1 1 0 0 0;   %输入目标函数与约束
      0 0 1 1 0 1 1 1 1 0; 0 0 0 1 0 0 1 0 1 1];
   B=-[15; 10; 20; 12]; xm=[0 0 0 0 0 0 0 0 0 0]; Aeq=[]; Beq=[];
   x=linprog(f,A,B,Aeq,Beq,xm)                      %直接求解线性规划问题
```

得出$\boldsymbol{x}=[5,0,0,10,0,0,0,8,2,0]$。将得出的结果再反代回双下标自变量，则可得$x_{11}=5$，$x_{14}=10$，$x_{31}=8$，$x_{32}=2$，其余的自变量均为0。

3. 运输问题的建模与求解

运输问题的运筹学课程及实际应用中常见的问题，标准的运输问题如表6-3所示[62]。假设有m个供货商，有n种货物需要运输。假设j为货物种类编号，i为货源编号，并假设由第i货源进第j种货物的运费为c_{ij}。另外已知第j种货物的总存储量为d_j，第i货源的总供货量为s_i，则运算问题求解的目标是从每个供货商处每种货物进多少件才能使得总运费最小。

表6-3 运输问题的典型表格

货 源	不同货物种类的运费单价				供货商编号
编 号	1	2	$\cdots$	n	s_i
1	c_{11}	c_{12}	$\cdots$	c_{1n}	s_1
2	c_{21}	c_{22}	$\cdots$	c_{2n}	s_2
$\vdots$	$\cdots$	$\cdots$	$\cdots$	$\cdots$	$\cdots$
m	c_{m1}	c_{m2}	$\cdots$	c_{mn}	s_m
需求量	d_1	d_2	$\cdots$	d_n	

若想用数学方式描述这样的问题，则可以根据列出的单价c_{ij}选择决策变量x_{ij}，这样，运输问题可以由双下标线性规划形式描述：

$$\min \quad \sum_{i=1}^{m}\sum_{j=1}^{n} c_{ij}x_{ij} \tag{6-3-3}$$
$$\boldsymbol{X}\ \text{s.t.}\ \begin{cases}\sum\limits_{j=1}^{n} x_{ij}=s_i, i=1,2,\cdots,m\\ \sum\limits_{i=1}^{m} x_{ij}=d_j, j=1,2,\cdots,n\\ x_{ij}\geqslant 0, i=1,2,\cdots,m, j=1,2,\cdots,n\end{cases}$$

不过要求解双下标线性规划问题是件比较麻烦并任意出错的事，因为前面介绍的方法需要手工将原问题转换成单下标标准线性规划问题。下面编写利用自动建模与求解函数，该方法只需输入矩阵$\boldsymbol{C}$与向量$\boldsymbol{s}$, $\boldsymbol{d}$，该函数的调用格式为`X=transport_linprog(C,s,d)`。该函数将直接得出运算问题的最优

解 $\boldsymbol{X}$ 矩阵。

```
function [x,f,key]=transport_linprog(F,s,d,intkey)
   arguments
      F, s(:,1), d(:,1), intkey{mustBeMember(intkey,[0,1])}=0
   end
   [m,n]=size(F); X=zeros(n*m,m); Y=zeros(n*m,n);          %X,Y 矩阵初始化
   for i=0:m-1, X(i*(n+n*m)+1:i*(n+n*m)+n)=1; end          %构造 X 矩阵
   for k=1:n*m+1:n*m*n, i=0:m-1; Y(k+n*i)=1; end           %构造 Y 矩阵
   Aeq=[X Y]'; xm=zeros(1,n*m); F1=F.'; f=F1(:).'; Beq=[s; d];
   if intkey==0, [x,f,key]=linprog(f,[],[],Aeq,Beq,xm);    %求解线性规划问题
   else, [x,f,key]=intlinprog(f,1:n*m,[],[],Aeq,Beq,xm); x=round(x); end
   x=reshape(x,n,m).';    %上句求解整数线性规划问题,本句将向量型解还原成矩阵所需的形式
end
```

例 6-35 假设某百货店想从Ⅰ、Ⅱ、Ⅲ三个城市进衣服,而衣服又有A、B、C、D四种款式,若A、B、C、D四种衣服总的需求量分别为1500、2000、3000、3500件,并已知三个城市衣服最大供货量分别为2500、2500和5000。假设每件衣服的利润在表6-4中给出,试设计一个进货方案,使得总利润最大化。

表 6-4 每件衣服的利润表(单位:元)

城 市	不同种类的衣服				城市总供货量
标 号	A	B	C	D	s_i
Ⅰ	10	5	6	7	2500
Ⅱ	8	2	7	6	2500
Ⅲ	9	3	4	8	5000
总的需求量 d_i	1500	2000	3000	3500	

解 原始问题是利润最大化问题,所以需要将目标函数乘以 -1,转化为最小化问题。另外,决策变量的下限为零。这样可以用下面的语句直接求解原始问题。

```
>> C=[10 5 6 7; 8 2 7 6; 9 3 4 8]; s=[2500 2500 5000];  %输入相关矩阵与向量
   d=[1500 2000 3000 3500]; X=transport_linprog(-C,s,d) %求解运输问题
   f=sum(C(:).*X(:))                                    %计算最大利润
```

通过上述的函数调用可以得出

$$\boldsymbol{X}=\begin{bmatrix}0 & 2000 & 500 & 0\\ 0 & 0 & 2500 & 0\\ 1500 & 0 & 0 & 3500\end{bmatrix},\quad f=72000$$

其含义为,从城市Ⅰ进B类衣服2000件,C类衣服500件,从城市Ⅱ进C类衣服2500件,从城市Ⅲ进A类衣服1500件,D类衣服3500件,最大利润为 $f=72000$ 元。

如果总需求量变成 $\boldsymbol{d}=[1500,2500,3000,3500]$,则得出的决策变量可能出现小数,不合常理,所以应该引入整数规划的概念与求解方法,下节将详细介绍有关的内容。

6.3.3 二次型规划的求解

二次型规划问题是另一种简单的有约束最优化问题，其目标函数为$\boldsymbol{x}$的二次型形式，约束条件仍然为线性不等式约束。一般二次型规划问题的数学表示为

$$\min_{\boldsymbol{x}\ \text{s.t.}\left\{\begin{array}{l}\boldsymbol{A}\boldsymbol{x}\leqslant\boldsymbol{B}\\ \boldsymbol{A}_{\mathrm{eq}}\boldsymbol{x}=\boldsymbol{B}_{\mathrm{eq}}\\ \boldsymbol{x}_{\mathrm{m}}\leqslant\boldsymbol{x}\leqslant\boldsymbol{x}_{\mathrm{M}}\end{array}\right.} \quad \frac{1}{2}\boldsymbol{x}^{\mathrm{T}}\boldsymbol{H}\boldsymbol{x}+\boldsymbol{f}^{\mathrm{T}}\boldsymbol{x} \tag{6-3-4}$$

和线性规划问题相比，二次型规划目标函数中多了一个二次项$\boldsymbol{x}^{\mathrm{T}}\boldsymbol{H}\boldsymbol{x}$来描述$x_i^2$和$x_ix_j$项。MATLAB的最优化工具箱提供了求解二次型规划问题的quadprog()函数，其调用格式为

$[x, f_{\mathrm{opt}}$,flag,c$]$=quadprog$(\boldsymbol{H}, \boldsymbol{f}, \boldsymbol{A}, \boldsymbol{B}, \boldsymbol{A}_{\mathrm{eq}}, \boldsymbol{B}_{\mathrm{eq}}, \boldsymbol{x}_{\mathrm{m}}, \boldsymbol{x}_{\mathrm{M}}, \boldsymbol{x}_0$,OPTs)

$[x, f_{\mathrm{opt}}$,flag,c$]$=quadprog(problem)

如果二次型规划问题由结构体描述，则可将其solver成员变量设置为'quadprog'，将H成员变量设置成$\boldsymbol{H}$矩阵即可。

例6-36　试求解下面的四元二次型规划问题。

$$\min_{\boldsymbol{x}\ \text{s.t.}\left\{\begin{array}{l}x_1+x_2+x_3+x_4\leqslant 5\\ 3x_1+3x_2+2x_3+x_4\leqslant 10\\ x_1,x_2,x_3,x_4\geqslant 0\end{array}\right.} \quad (x_1-1)^2+(x_2-2)^2+(x_3-3)^2+(x_4-4)^2$$

解　首先应该将原始问题写成二次型规划的模式。展开目标函数得：

$$f(x)=x_1^2+x_2^2+x_3^2+x_4^2-2x_1-4x_2-6x_3-8x_4+30$$

因为目标函数中的常数对最优化结果没有影响，所以可以放心地略去。这样就可以将二次型规划标准型中的$\boldsymbol{H}$矩阵和$\boldsymbol{f}^{\mathrm{T}}$向量写为$\boldsymbol{H}=\mathrm{diag}([2,2,2,2])$，$\boldsymbol{f}^{\mathrm{T}}=[-2,-4,-6,-8]$，从而可以给出下列MATLAB命令来求解二次型最优化问题

```
>> f=[-2,-4,-6,-8]; H=diag([2,2,2,2]);                 %输入目标函数与二次型矩阵
   OPT=optimset; OPT.LargeScale='off';                 %不使用大规模问题算法
   A=[1,1,1,1; 3,3,2,1]; B=[5;10]; Aeq=[]; Beq=[]; LB=zeros(4,1);   %输入约束
   [x,f_opt]=quadprog(H,f,A,B,Aeq,Beq,LB,[],[],OPT)    %直接求解二次型规划问题
```

这样得出的最优解为$\boldsymbol{x}=[0,0.6667,1.6667,2.6667]^{\mathrm{T}}$，目标函数的值为$-23.6667$。

套用二次型规划标准型时，一定要注意$\boldsymbol{H}$矩阵的生成，因为在式(6-3-4)中有一个1/2项，所以在本例中，$\boldsymbol{H}$矩阵对角元素是2，而不是1。另外，这里得出的目标函数实际上不是原始问题中的最优函数，因为人为地除去了常数项。将得出的结果再补上已经除去了的常数项，则可以求出原问题目标函数的值为6.3333。

6.3.4 基于问题的描述与求解

前面介绍了线性规划与二次型规划问题的两类求解方法，但使用这些方法的前提是需要把最优化问题手工转换为标准型的形式。本节介绍基于问题（problem based）的描述方法，使得最优化问题的MATLAB描述更直观。

下面给出基于问题的线性规划问题描述与求解步骤：

(1) 最优化问题的创建。可以由optimproblem()函数创建一个新的空白最优化问题,其基本调用格式为prob=optimproblem('ObjectiveSense','max')。如果不给出'ObjectiveSense'属性,则求解默认的最小值问题。

(2) 决策变量的定义。可以由optimvar()函数实现,该语句的一般格式为

x=optimvar('x',n,m,k,'LowerBound',$x_{\rm m}$)

其中,n、m和k为三维数组的维数;如果不给出k,则可以定义出$n\times m$决策矩阵$\boldsymbol{x}$;若m为1,则可以定义$n\times 1$决策列向量。如果$\boldsymbol{x}_{\rm m}$为标量,则可以将全部决策变量的下限都设置成相同的值。属性名LowerBound可以简化成Lower。也可以用类似的方法定义UpperBound属性,简称Upper。

有了上述两条定义之后,就可以为prob问题定义出目标函数和约束条件属性,具体的定义格式后面将通过例子直接演示。

(3) 最优化问题的求解。有了prob问题之后,则可以调用sols=solve(prob)函数直接求解相关的最优化问题,得出的结果将在结构体sols返回,该结构体的$\boldsymbol{x}$成员变量则为最优化问题的解。注意,这里的最优化问题只能是线性规划与二次型规划问题。如果不设置Constraints,该函数还可以求解无约束最优化问题。

例6-37 试用基于问题的描述方式重新求解例6-33中的线性规划问题。为方便演示,重新给出原始问题,以便对比公式与代码。

$$\max_{\boldsymbol{x}\ \text{s.t.}\left\{\begin{array}{l}x_1/4-60x_2-x_3/50+9x_4\leqslant 0\\ -x_1/2+90x_2+x_3/50-3x_4\geqslant 0\\ x_3\leqslant 1,x_1\geqslant -5,x_2\geqslant -5,x_3\geqslant -5,x_4\geqslant -5\end{array}\right.} 3x_1/4-150x_2+x_3/50-6x_4$$

解 由于原问题中有很多地方和一般线性规划模型给出的标准型不一致,需要手工转换。例如,最大值问题、$\geqslant$不等式问题、矩阵的提取等,容易出现错误,所以这里演示一种简单、直观的基于问题的描述与求解语句,得出的结果与例6-33完全一致。

```
>> P=optimproblem('ObjectiveSense','max');                  %创建最大值问题
   x=optimvar('x',4,1,'LowerBound',-5);                     %决策变量及下界
   P.Objective=3*x(1)/4-150*x(2)+x(3)/50-6*x(4);            %描述目标函数
   P.Constraints.cons1=x(1)/4-60*x(2)-x(3)/50+9*x(4)<=0;    %描述两个不等式约束
   P.Constraints.cons2=-x(1)/2+90*x(2)+x(3)/50-3*x(4)>=0;
   P.Constraints.cons3=x(3)<=1;                             %决策变量上界
   sols=solve(P); x0=sols.x                                 %直接求解,并提取得出的解
```

例6-38 试用基于问题的方法描述并求解下面的线性规划问题。

$$\max_{\boldsymbol{x},\boldsymbol{s}\ \text{s.t.}\left\{\begin{array}{l}0.3x_1+0.3x_2+0.25x_3+0.15x_4\leqslant 1000\\ 0.25x_1+0.35x_2+0.3x_3+0.1x_4\leqslant 1000\\ 0.45x_1+0.5x_2+0.4x_3+0.22x_4\leqslant 1000\\ 0.15x_1+0.15x_2+0.1x_3+0.05x_4\leqslant 1000\\ x_1+s_1=800,\ x_2+s_2=750\\ x_3+s_3=600,\ x_4+s_4=500\\ x_j\geqslant 0,\ s_j\geqslant 0,\ j=1,2,3,4\end{array}\right.} 30x_1+40x_2+20x_3+10x_4-\big(15s_1+20s_2+10s_3+8s_4\big)$$

解 如果想用前面介绍的方法求解问题,则需要对原始的问题进行手工变换,将其变换成标准型问题。例如,需要引入新的统一的决策变量向量,改写原始问题,得出标准型,再套用函数linprog()的格式,求

解该最优化问题。这样的过程比较麻烦，容易出错。如果采用基于问题的方法描述原始问题，则不必进行手工转换，直接按照原始数学模型描述最优化问题，再进行求解，即可以得出原问题的解，得出的结果为 $\boldsymbol{x}=[800,750,387.5,500]^{\mathrm{T}}, \boldsymbol{s}=[0,0,212.5,0]^{\mathrm{T}}$。

```
>> P=optimproblem('ObjectiveSense','max');      %最大值问题
   x=optimvar('x',4,1,'LowerBound',0);          %决策变量及下界
   s=optimvar('s',4,1,'LowerBound',0);          %决策变量及下界
   P.Constraints.c1=0.3*x(1)+0.3*x(2)+0.25*x(3)+0.15*x(4)<=1000;
   P.Constraints.c2=0.25*x(1)+0.35*x(2)+0.3*x(3)+0.1*x(4)<=1000;
   P.Constraints.c3=0.45*x(1)+0.5*x(2)+0.4*x(3)+0.22*x(4)<=1000;
   P.Constraints.c4=0.15*x(1)+0.15*x(2)+0.1*x(3)+0.05*x(4)<=1000;
   P.Constraints.c5=x+s==[800;750;600;500];   %向量化描述
   P.Objective=30*x(1)+40*x(2)+20*x(3)+10*x(4) ...
           -(15*s(1)+20*s(2)+10*s(3)+8*s(4));
   sols=solve(P); x0=sols.x, s0=sols.s
```

例6-39 试求解下面的四元二次型规划问题。

$$\min_{\boldsymbol{x} \text{ s.t. } \begin{cases} x_1+x_2+x_3+x_4\leqslant 5 \\ 3x_1+3x_2+2x_3+x_4\leqslant 10 \\ x_1,x_2,x_3,x_4\geqslant 0 \end{cases}} (x_1-1)^2+(x_2-2)^2+(x_3-3)^2+(x_4-4)^2$$

解 二次型也可以由基于问题的描述方法输入并求解，没有必要按传统的方法手工推导 $\boldsymbol{H}$ 矩阵，可以给出下面的语句描述原始问题，并由solve()函数得出原始问题的解。目标函数和约束条件还可以采用向量化的方法描述，使得描述语句更简洁。运行这段语句的结果为 $\boldsymbol{x}=[0,0.6667,1.6667,2.6667]$。

```
>> P=optimproblem; x=optimvar('x',4,1,'LowerBound',0);
   P.Objective=sum((x-[1:4]').^2);          %用向量化方式描述目标函数
   P.Constraints.cons1=sum(x)<=5;           %两条不等式约束使用不同的形式
   P.Constraints.cons2=[3 3 2 1]*x<=10;     %两种方式都可以由向量运算实现
   sols=solve(P); x0=sols.x                 %求解问题并提取结果
```

6.3.5 一般非线性规划问题的求解

有约束非线性最优化问题的一般描述为

$$\min_{\boldsymbol{x} \text{ s.t. } \boldsymbol{G}(\boldsymbol{x})\leqslant \boldsymbol{0}} f(\boldsymbol{x}) \tag{6-3-5}$$

其中，$\boldsymbol{x}=[x_1,x_2,\cdots,x_n]^{\mathrm{T}}$。为求解方便，约束条件还可以进一步细化为线性等式约束、线性不等式约束、$\boldsymbol{x}$ 变量的上下界向量，还允许一般非线性函数的等式和不等式约束，这时原规划问题可以改写成

$$\min_{\boldsymbol{x} \text{ s.t. } \begin{cases} \boldsymbol{A}\boldsymbol{x}\leqslant \boldsymbol{B} \\ \boldsymbol{A}_{\mathrm{eq}}\boldsymbol{x}=\boldsymbol{B}_{\mathrm{eq}} \\ \boldsymbol{x}_{\mathrm{m}}\leqslant \boldsymbol{x}\leqslant \boldsymbol{x}_{\mathrm{M}} \\ \boldsymbol{C}(\boldsymbol{x})\leqslant \boldsymbol{0} \\ \boldsymbol{C}_{\mathrm{eq}}(\boldsymbol{x})=\boldsymbol{0} \end{cases}} f(\boldsymbol{x}) \tag{6-3-6}$$

MATLAB最优化工具箱中提供了一个fmincon()函数，专门用于求解各种约束下的最优化问题。

该函数的调用格式为

$[x, f_{\rm opt}, {\tt flag}, {\tt c}]={\tt fmincon}({\tt F}, x_0, \boldsymbol{A}, \boldsymbol{B}, \boldsymbol{A}_{\rm eq}, \boldsymbol{B}_{\rm eq}, x_{\rm m}, x_{\rm M}, {\tt CF}, {\tt OPT}, p_1, p_2, \cdots)$

$[x, f_{\rm opt}, {\tt flag}, {\tt c}]={\tt fmincon}({\tt problem})$

其中,F为给目标函数写的M函数或匿名函数,$\boldsymbol{x}_0$为初始搜索点。各个矩阵约束如果不存在,则应该用空矩阵来占位。CF为给非线性约束函数写的M函数,OPT为控制选项。最优化运算完成后,结果将在变量$\boldsymbol{x}$中返回,最优化的目标函数将在$f_{\rm opt}$变量中返回。和其他优化函数一样,选项OPT有时是很重要的。

如果用结构体描述一般非线性规划问题,则solver成员变量应该设置成'fmincon',非线性约束函数可以通过nonlcon成员变量表示出来,这样就可以直接调用fmincon()函数直接求解原始问题。

例6-40 试求解下面的有约束最优化问题

$$\min_{\boldsymbol{x} \text{ s.t.} \begin{cases} x_1^2+x_2^2+x_3^2-25=0 \\ 8x_1+14x_2+7x_3-56=0 \\ x_1,x_2,x_3 \geqslant 0 \end{cases}} 1000-x_1^2-2x_2^2-x_3^2-x_1x_2-x_1x_3$$

解 分析给出的最优化问题可以发现,约束条件中含有非线性不等式,故而不能使用二次型规划的方式求解,必须用非线性规划的方式来求解。根据给出的问题可以直接写出目标函数为

```
>> f=@(x)1000-x(1)*x(1)-2*x(2)*x(2)-x(3)*x(3)-x(1)*x(2)-x(1)*x(3);    %目标函数
```

同时,给出的两个约束条件均为等式约束,所以应该写出非线性约束函数为

```
function [c,ceq]=opt_con1(x) %非线性不等式约束(空矩阵)与等式约束
   ceq=[x(1)*x(1)+x(2)*x(2)+x(3)*x(3)-25; 8*x(1)+14*x(2)+7*x(3)-56]; c=[];
end
```

非线性约束函数返回变量分为c和ceq两个量,其中,前者为不等式约束的数学描述,后者为非线性等式约束,如果某个约束不存在,则应该将其值赋为空矩阵。

描述了给出的非线性等式约束后,则$\boldsymbol{A}$, $\boldsymbol{B}$, $\boldsymbol{A}_{\rm eq}$, $\boldsymbol{B}_{\rm eq}$都将为空矩阵了。另外,应该给出搜索初值向量$\boldsymbol{x}_{\rm m}=[0,0,0]^{\rm T}$,因此,可以调用fmincon()函数求解此约束最优化问题。

```
>> ff=optimset; ff.TolFun=1e-30; ff.TolX=1e-15; ff.TolCon=1e-20;
   x0=[1;1;1]; xm=[0;0;0]; xM=[]; A=[]; B=[]; Aeq=[]; Beq=[];    %约束条件
   [x,f_opt,c,d]=fmincon(f,x0,A,B,Aeq,Beq,xm,xM,@opt_con1,ff)    %问题求解
```

上述语句可以得出最优结果为$\boldsymbol{x}=[3.5121, 0.2170, 3.5522]^{\rm T}$,目标函数最优值为$f_{\rm opt}=961.7151$。由$d$的分量还可以看出,求解过程中共调用目标函数113次。

非线性规划问题还可以通过下面的语句描述并求解,得出的结果与前面得出的完全一致。可见用结构体的方法描述原始问题将更简洁,求解也更直观。

```
>> clear P; P.objective=f; P.nonlcon=@opt_con1; P.x0=x0;    %最优化问题的结构体描述
   P.lb=xm; P.options=ff; P.solver='fmincon'; [x,f_opt,c,d]=fmincon(P)    %求解
```

第二个约束条件是线性等式约束,可以将其从非线性约束函数中除去,则该约束函数简化为

```
function [c,ceq]=opt_con2(x)   %新的非线性约束函数,剔除了线性等式约束
   ceq=x(1)*x(1)+x(2)*x(2)+x(3)*x(3)-25; c=[];
end
```

线性等式约束可以由相应的矩阵定义出来,这时可以用下面的命令求解原始的最优化问题,且可以得出和前面完全一致的结果。

```
>> x0=[1;1;1]; Aeq=[8,14,7]; Beq=56;    %用矩阵描述前面提出的等式约束
```

```
[x,f_opt,c,d]=fmincon(f,x0,A,B,Aeq,Beq,xm,xM,@opt_con2,ff)   %重新求解
```

例6-41 试求出下面有约束非线性规划问题的解。

$$\min_{\boldsymbol{x}\ \text{s.t.}\left\{\begin{array}{l}x_1+x_2\leqslant 0\\ -x_1x_2+x_1+x_2\geqslant 1.5\\ x_1x_2\geqslant -10\\ -10\leqslant x_1,x_2\leqslant 10\end{array}\right.} \mathrm{e}^{x_1}(4x_1^2+2x_2^2+4x_1x_2+2x_2+1)$$

解 由下面的语句可以先描述出原始问题的约束函数。

```
function [c,ce]=c6exmcon(x)   %非线性约束，其中，等式约束为空矩阵
   ce=[]; c=[x(1)+x(2); x(1)*x(2)-x(1)-x(2)+1.5; -10-x(1)*x(2)];
end
```

这样，可以给出下面的命令直接求解原始的最优化问题。

```
>> clear P; P.nonlcon=@c6exmcon; P.solver='fmincon'; P.options=optimset;
   P.objective=@(x)exp(x(1))*(4*x(1)^2+2*x(2)^2+4*x(1)*x(2)+2*x(2)+1);
   ff=optimset; ff.TolX=1e-20; ff.TolFun=1e-20; P.options=ff; %结构体描述问题
   P.lb=[-10; -10]; P.ub=-P.lb; P.x0=[0;0]; [x,f1,flag]=fmincon(P) %直接求解
```

该函数运行结束后将显示得出的“最优解”为 $\boldsymbol{x}=[0.4195,0.4195]^{\mathrm{T}}$，目标函数值为 $f_1=5.4737$。仔细观察得出的解，特别是flag变量会发现，该值为0，并不是表示求解成功的正数，所以得出的结果并非原问题的最优解，得到的警告信息提示为“fmincon stopped because it exceeded the function evaluation limit”，说明目标函数调用次数超过最高允许次数，函数调用异常终止。这也提示在使用MATLAB求解科学运算问题时，不但应该关注得出的解，同样也应关注得出的其他信息。如果得出的解伴随警告或错误信息，则应该想办法重新求解原始问题。可以把前面得到的 $\boldsymbol{x}$ 向量作为初值重新搜索最优解，求解后仍需要检验是不是有警告信息，或flag的值是不是正数，如果不是，则应该再以得出的结果为初值继续搜索。这样的搜索过程适合用循环结构实现，如果得出的flag为正数则结束循环。经过下面的求解语句可以得出原问题的最优解为 $\boldsymbol{x}=[1.1825,-1.7398]^{\mathrm{T}}$，最优目标函数为3.0608，迭代次数为 $i=4$。不过这样得出的结果仍可能是局部最优解，可以选择另一个初值 $\boldsymbol{x}_0=[-10,-10]$，再重新求解，看看不能不得到更好的解。

```
>> i=1; while 1, P.x0=x; [x,a,b]=fmincon(P); if b>0, break; end, i=i+1; end
```

例6-42 考虑例6-40中的最优化问题，试利用梯度求解最优化问题，并比较和原方法的优劣。

解 由给出的目标函数 $f(x)$ 可以立即求出下面的梯度函数(或Jocobi矩阵)。

```
>> syms x1 x2 x3; f=1000-x1*x1-2*x2*x2-x3*x3-x1*x2-x1*x3;   %目标函数的符号表示
   J=jacobian(f,[x1,x2,x3])                                  %计算梯度向量
```

其数学形式可以写成

$$\boldsymbol{J}=\left[\frac{\partial f}{\partial x_1},\frac{\partial f}{\partial x_2},\frac{\partial f}{\partial x_3}\right]^{\mathrm{T}}=\begin{bmatrix}-2x_1-x_2-x_3\\ -4x_2-x_1\\ -2x_3-x_1\end{bmatrix}$$

有了梯度，则可以重新改写目标函数为

```
function [y,Gy]=opt_fun2(x) %描述目标函数与梯度函数
   y=1000-x(1)*x(1)-2*x(2)*x(2)-x(3)*x(3)-x(1)*x(2)-x(1)*x(3);   %目标函数
   Gy=[-2*x(1)-x(2)-x(3); -4*x(2)-x(1); -2*x(3)-x(1)];           %梯度函数
end
```

其中，Gy表示目标函数的梯度向量。再调用最优化求解函数将得出下面的结果。

```
>> x0=[1;1;1]; xm=[0;0;0]; xM=[]; A=[]; B=[]; Aeq=[]; Beq=[];    %约束条件
   ff=optimset; ff.GradObj='on'; ff.LargeScale='off';              %控制参数
   ff.TolFun=1e-30; ff.TolX=1e-15; ff.TolCon=1e-20;                %控制参数设置
   [x,f_opt,c,d]=fmincon(@opt_fun2,x0,A,B,Aeq,Beq,xm,xM,@opt_con1,ff)   %直接求解
```

采用结构体方法描述原始问题,则可以由下面语句直接求解,得出相同结果。

```
>> clear P; P.x0=x0; P.lb=xm; P.options=ff; P.objective=@opt_fun2;
   P.nonlcon=@opt_con1; P.solver='fmincon'; x=fmincon(P) %结构体描述并求解
```

可见,若已知目标函数的偏导数,则仅需86步目标函数的调用就能求出原问题的解,比前面需要的步数(113步)明显减少。但考虑求取和编写梯度函数所需的时间,实际需要的时间可能更多。注意,若已知梯度函数,则应该将`GradObj`选项设置成`'on'`,否则不能识别该梯度。

例6-43　试求解下面的最优化问题[63]。

$$\min_{\boldsymbol{q},w,k \text{ s.t.} \begin{cases} q_3+9.625q_1w+16q_2w+16w^2+12-4q_1-q_2-78w=0 \\ 16q_1w+44-19q_1-8q_2-q_3-24w=0 \\ 2.25-0.25k \leqslant q_1 \leqslant 2.25+0.25k \\ 1.5-0.5k \leqslant q_2 \leqslant 1.5+0.5k \\ 1.5-1.5k \leqslant q_3 \leqslant 1.5+1.5k \end{cases}} k$$

解　从给出的最优化问题看,这里要求解的决策变量为$\boldsymbol{q}$, w, k,而标准最优化方法只能求解向量型决策变量,所以应该进行变量替换,把需要求解的决策变量由决策变量向量表示出来。对本例来说,可以引入$x_1=q_1, x_2=q_2, x_3=q_3, x_4=w, x_5=k$,另外,需要将一些不等式进一步处理一下。这样,可以将原始问题手工改写成

$$\min_{\boldsymbol{x} \text{ s.t.} \begin{cases} x_3+9.625x_1x_4+16x_2x_4+16x_4^2+12-4x_1-x_2-78x_4=0 \\ 16x_1x_4+44-19x_1-8x_2-x_3-24x_4=0 \\ -0.25x_5-x_1 \leqslant -2.25 \\ x_1-0.25x_5 \leqslant 2.25 \\ -0.5x_5-x_2 \leqslant -1.5 \\ x_2-0.5x_5 \leqslant 1.5 \\ -1.5x_5-x_3 \leqslant -1.5 \\ x_3-1.5x_5 \leqslant 1.5 \end{cases}} x_5$$

这样可以由下面语句描述原问题的非线性约束条件。

```
function [c,ceq]=c6exnls(x) %非线性约束条件,其中,不等式约束为空矩阵
   ceq=[x(3)+9.625*x(1)*x(4)+16*x(2)*x(4)+16*x(4)^2+12-4*x(1)-x(2)-78*x(4);
     16*x(1)*x(4)+44-19*x(1)-8*x(2)-x(3)-24*x(4)]; c=[];
end
```

为方便起见这里采用结构体形式描述原始问题。可以随机选择初值求解原问题,从而得出原问题的解为$\boldsymbol{x}=[1.9638, 0.9276, -0.2172, 0.0695, 1.1448]$,且标志`flag`为1,说明求解成功。

```
>> clear P; P.objective=@(x)x(5); P.nonlcon=@c6exnls; P.solver='fmincon';
   P.Aineq=[-1,0,0,0,-0.25; 1,0,0,0,-0.25; 0,-1,0,0,-0.5;
            0,1,0,0,-0.5; 0,0,-1,0,-1.5; 0,0,1,0,-1.5]; %问题的结构体描述
   P.Bineq=[-2.25; 2.25; -1.5; 1.5; -1.5; 1.5]; P.options=optimset;
   P.x0=rand(5,1); [x,fm,flag]=fmincon(P)                     %给出初值并求解
```

值得指出的是,用随机选择初值的方法有可能得到局部最优值,如果多试几个不同的初值则可能得出目标函数值更小的解。下面将介绍一种全局最优求解方法。

6.3.6 一般非线性规划问题的全局最优解尝试

前面例子演示过，传统的搜索算法可能得出局部最优解。所以可以考虑引入6.2.3节的思路，编写出求解有约束最优化问题的MATLAB函数。

```
function [x,f0]=fmincon_global(f,a,b,n,N,varargin)
   arguments
      f(1,1), a(1,1) double, b(1,1) double {mustBeGreaterThan(b,a)}
      n(1,1){mustBeInteger,mustBePositive}, N(1,1){mustBeInteger,mustBePositive}=20
   end
   arguments (Repeating) varargin(:,:), end
   x0=rand(n,1); k0=0; if isstruct(f), k0=1; end %处理结构体
   if k0==1, f.x0=x0; [x f0]=fmincon(f);          %如果是结构体描述的问题,直接求解
   else, [x f0]=fmincon(f,x0,varargin{:}); end   %如果不是结构体描述的,直接求解
   for i=1:N, x0=a+(b-a)*rand(n,1);              %用循环结构尝试不同的随机搜索初值
      if k0==1, f.x0=x0; [x1 f1 key]=fmincon(f);           %结构体问题求解
      else, [x1 f1 key]=fmincon(f,x0,varargin{:}); end     %非结构体问题求解
      if key>0 && f1<f0, x=x1; f0=f1; end         %若找到的解优于现有的最好解则存储
end, end
```

该函数的调用格式为 $[x, f_{\min}]$=fmincon_global(fun,a,b,n,N,其他参数)，其中，fun可以为结构体变量，也可以是目标函数的函数句柄，在后一种情况下，“其他参数”应该包含描述约束的参数，具体格式与顺序与fmincon()函数完全一致。

例6-44 试用fmincon_global()函数求解例6-43中的全局最优解。

解 用下面的语句可以直接求解全局最优化问题，一般都能得出全局最优解 $\boldsymbol{x} = [2.4544, 1.9088, 2.7263, 1.3510, 0.8175]^{\mathrm{T}}$，其中，第五个决策变量 x_5 即为目标函数的值。

```
>> clear P; P.objective=@(x)x(5); P.nonlcon=@c6exnls; P.solver='fmincon';
   P.Aineq=[-1,0,0,0,-0.25; 1,0,0,0,-0.25; 0,-1,0,0,-0.5;
            0,1,0,0,-0.5; 0,0,-1,0,-1.5; 0,0,1,0,-1.5];    %用结构体描述问题
   P.Bineq=[-2.25; 2.25; -1.5; 1.5; -1.5; 1.5]; P.options=optimset;
   P.x0=rand(5,1); [x,f0]=fmincon_global(P,0,5,5,50)        %求出原问题的全局最优解
```

如果调用100次这个求解程序，极有可能得出原问题的全局最优解，就本例而言，测试的100次全得出了全局最优解，总的测试时间为150.13 s。

```
>> tic, X=[];        %启动秒表,并设置空矩阵记录每次求解结果
   for i=1:100       %运行100次求解函数,并评价找到全局最优解的成功率
      [x,f0]=fmincon_global(P,0,5,5,50); X=[X; x'];   %记录本次搜索的结果
   end, toc                                           %显示全程求解所需的总时间
```

6.4 混合整数规划问题的计算机求解

在很多应用领域中，最优化问题的要求除了前面的满足约束条件的规则外，还需要使得全部和部分决策变量取整数，这类问题又称为整数规划。部分决策变量为整数的最优化问题又称为混合整数规划问题。若决策变量只能是0或1，这类规划问题又称为0–1规划问题。

6.4.1　整数规划问题的穷举方法

所谓穷举方法，就是将决策变量所有可能的取值都衡量一番，从满足约束条件可能的决策变量组合中找出目标函数值最小的组合，这样的解即为原始问题的全局最优解。

如果已知自变量所在的区间，则理论上可以考虑用穷举方法列举出区间内所有的变量组合，逐个判定约束条件是否满足，从满足的组合中逐个求取函数的值并排序，由其最小值的对应关系可以简单地求解所需的自变量值。这个方法看似简单、直观，但对稍微多些自变量的情形是不可行的，因为这时计算量为天文数字。相应的数学问题又称为NP难(non-polynomial hard)问题，故穷举方法只适合于极有限的小规模问题。

例6-45　考虑例6-31中给出的线性规划问题，为方便起见重新给出

$$\min \quad -2x_1-x_2-4x_3-3x_4-x_5$$
$$\boldsymbol{x}\ \text{s.t.}\begin{cases}2x_2+x_3+4x_4+2x_5\leqslant 54\\3x_1+4x_2+5x_3-x_4-x_5\leqslant 62\\x_1,x_2\geqslant 0,x_3\geqslant 3.32,x_4\geqslant 0.678,x_5\geqslant 2.57\end{cases}$$

如果要求自变量x_i均为整数，则原来的问题就变成整数线性规划问题，试求解该整数规划问题。

解　对于小规模问题，可以考虑采用穷举算法。人为假定$\boldsymbol{x}_\text{M}$的各个元素均为25，当然采用下面语句就可以逐个求取函数值，得出的全局最优解为$\boldsymbol{x}=[19,0,4,10,5]^\text{T}$。

```
>> N=25; [x1,x2,x3,x4,x5]=ndgrid(1:N,0:N,4:N,1:N,3:N);                 %生成所有可能
   i=find((2*x2+x3+4*x4+2*x5<=54)&(3*x1+4*x2+5*x3-x4-x5<=62));        %找出可行解
   x1=x1(i); x2=x2(i); x3=x3(i); x4=x4(i); x5=x5(i);                  %提取可行解
   f=-2*x1-x2-4*x3-3*x4-x5; [fmin,ii]=sort(f);     %求取所有可行解的目标函数并排序
   index=ii(1); x=[x1(index),x2(index),x3(index),x4(index),x5(index)]    %找最优解
```

然而这里有两个问题值得注意。其一，本算法得出的结果是$x_1\in[0,25]$区间的最小值，但这个概念不能随意拓展到此区间之外，如果想将25变为30，在一般的计算机配置下都实现不了，因为所需内存过大，五个变量的存储量为$31^5\times5\times8/2^{20}=1092.1$MB空间。所以在求解整数规划时不适合采用穷举算法。其二，除了得出的最优解之外，事实上还可以得出若干组合，使得该规划问题有次最优解。可以显示排序后的函数值为$\boldsymbol{x}_1=[-89,-88,-88,-88,-88,-88,-88,-88,-87,-87]$。

```
>> L=15; fx=fmin(1:L)' %从排序的可行解中求取排名前15的解
   in=ii(1:L); x=[x1(in),x2(in),x3(in),x4(in),x5(in),fmin(1:15)]
```

可见，函数的最小值为-89。此外，还有若干点的值为-88，求出最优解的同时，还可以列出各个变量的次最优解，如表6-5所示。

表6-5　最优解及部分次最优解

x_1	x_2	x_3	x_4	x_5	f	说明	x_1	x_2	x_3	x_4	x_5	f	说明	x_1	x_2	x_3	x_4	x_5	f	说明
19	0	4	10	5	−89	最优	19	0	4	9	7	−88	次优	11	0	8	10	3	−87	次优
18	0	4	11	3	−88	次优	16	0	6	8	8	−88	次优	10	0	9	9	4	−87	次优
17	0	5	10	4	−88	次优	20	0	4	7	11	−88	次优	8	0	10	9	4	−87	次优
15	0	6	10	4	−88	次优	15	0	6	10	3	−87	次优	5	0	12	8	5	−87	次优
12	0	8	9	5	−88	次优	13	0	7	10	3	−87	次优	18	0	4	10	5	−87	次优

例6-46 试求解下面的整数规划问题。

$$\min_{\boldsymbol{x} \text{ s.t.} \begin{cases} -x_1^2-x_2^2-x_3^2-x_4^2-x_1+x_2-x_3+x_4+8\geqslant 0 \\ -x_1^2-2x_2^2-x_3^2-2x_4^2+x_1+x_4+10\geqslant 0 \\ -2x_1^2-x_2^2-x_3^2-2x_4^2+x_2+x_4+5\geqslant 0 \end{cases}} x_1^2+x_2^2+2x_3^2+x_4^2-5x_1-5x_2-21x_3+7x_4$$

解 选择感兴趣的决策变量整数范围为 $-N \sim N$，并选择 $N=30$，则可以通过穷举方法得出问题的全局最优解为 $\boldsymbol{x}=[0,1,2,0]^{\mathrm{T}}$，相应的目标函数为 -38。除了最优解外，还可以搜索出一批次最优解，如 $[0,0,2,0]$，$[0,1,2,1]$，$[0,1,1,-1]$ 和 $[1,2,1,0]$，对应的目标函数分别为 $-38,-34,-30,-29,-29$。

```
>> N=30; [x1 x2 x3 x4]=ndgrid(-N:N); %生成所有可能的组合
   ii=find(-x1.^2-x2.^2-x3.^2-x4.^2-x1+x2-x3+x4+8>=0 & ...
           -x1.^2-2*x2.^2-x3.^2-2*x4.^2+x1+x4+10>=0 & ...
           -2*x1.^2-x2.^2-x3.^2-2*x4.^2+x2+x4+5>=0);     %已知约束条件
   x1=x1(ii); x2=x2(ii); x3=x3(ii); x4=x4(ii);           %提取所有的可行解
   ff=x1.^2+x2.^2+2*x3.^2+x4.^2-5*x1-5*x2-21*x3+7*x4;   %求目标函数并排序
   [fm,ii]=sort(ff); k=ii(1:5); X=[x1(k),x2(k),x3(k),x4(k)], fm(1:5) %取前5个解
```

值得指出的是，穷举方法只能求解所有决策变量的可能都可以列出的最优化问题，如整数规划问题，不能求解混合整数规划问题和一般最优化问题，因为决策变量是连续可变的，不可能将全部的可能都列出来，所以这些问题只能通过搜索方法进行求解。

6.4.2 整数线性规划问题的求解

混合整数线性规划的一般数学描述为

$$\min_{\boldsymbol{x} \text{ s.t.} \begin{cases} \boldsymbol{A}\boldsymbol{x}\leqslant \boldsymbol{B} \\ \boldsymbol{A}_{\mathrm{eq}}\boldsymbol{x}=\boldsymbol{B}_{\mathrm{eq}} \\ \boldsymbol{x}_{\mathrm{m}}\leqslant \boldsymbol{x}\leqslant \boldsymbol{x}_{\mathrm{M}} \\ \hat{\boldsymbol{x}}\text{为整数} \end{cases}} \boldsymbol{f}^{\mathrm{T}}\boldsymbol{x} \tag{6-4-1}$$

其中，$\hat{\boldsymbol{x}}$ 为变量 $\boldsymbol{x}$ 的子集。如果 $\hat{\boldsymbol{x}}$ 为全部的 $\boldsymbol{x}$，则原始问题为整数规划问题。在当前版本的最优化工具箱中提供了混合整数线性规划问题的求解函数 `intlinprog()`，其调用格式为

$[\boldsymbol{x},f_{\mathrm{m}},\mathrm{key},\mathrm{c}]=\mathrm{intlinprog}(f,\mathrm{intcon},\boldsymbol{A},\boldsymbol{b},\boldsymbol{A}_{\mathrm{eq}},\boldsymbol{b}_{\mathrm{eq}},\boldsymbol{x}_{\mathrm{m}},\boldsymbol{x}_{\mathrm{M}},$其他参数$)$

$[\boldsymbol{x},f_{\mathrm{m}},\mathrm{key},\mathrm{c}]=\mathrm{intlinprog}(\mathrm{problem})$

该函数的调用格式与 `linprog()` 很接近，`intcon` 变元是序号向量，标明哪些变量是整数的，在结构体变量 `problem` 中，必要的成员变量为 `f`，`intcon`，`solver`，`options`，其中，`intcon` 为需要为整数的决策变量序号，可以设置如下相关成员变量：

```
problem.solver='intlinprog', problem.options=optimoptions('intlinprog')
```

函数 `intlinprog()` 本身是有局限性的，因为得出的整数决策变量通常不是精确的整数，所以可以通过 x(intcon)=round(x(intcon)) 语句进一步微调结果，得出整数决策变量。

例6-47 重新求解例6-45中给出的整数线性规划问题，另外，试再求解第一、四、五决策变量为整数时的混合整数规划问题。

解 利用下面的语句直接求解整数线性规划问题。

```
>> clear P; P.solver='intlinprog'; P.options=optimoptions('intlinprog');
   P.lb=[0; 0; 3.32; 0.678; 2.57]; P.f=[-2 -1 -4 -3 -1];
   P.Aineq=[0 2 1 4 2; 3 4 5 -1 -1]; P.Bineq=[54; 62];   %用结构体描述问题
   P.intcon=1:5; [x,f,a,b]=intlinprog(P), x=round(x)     %求解并精调整数解
```

可以看出，得出的结果与例6-45中的结果完全一致，其实这里的结果在某种意义下更可靠，因为穷举方法只考虑了$N\leqslant 25$的范围，而函数调用是大范围求解。

如果要求1,4,5决策变量为整数，则应该将intcon设置为[1,4,5]，这样可以由下面语句求解混合整数规划问题，得出的结果为$\boldsymbol{X}=[19,0,3.8,11,3]^{\rm T}$。值得指出的是，混合整数规划问题不能用穷举法求解。

```
>> P.intcon=[1 4 5]; [x,f,a,b]=intlinprog(P)   %混合整数规划求解
   x(P.intcon)=round(x(P.intcon))               %精调得出的整数解
```

例6-48　考虑例6-35中的运输问题。如果决策变量要求为整数变量，试重新求解该问题。

解　在例6-35中给出的transport_linprog()中，预留了一个开关，该函数的第四个输入变量可以用于求解整数线性规划问题。

```
>> C=[10,5,6,7; 8,2,7,6; 9,3,4,8]; b=[1500 2500 3000 3500];
   a=[2500 2500 5000]; x=transport_linprog(-C,a,b,1)   %求解最大化问题
   f=sum(C(:).*X(:))                                   %计算利润的最大值
```

6.4.3　一般非线性整数规划问题与求解

前面介绍的穷举方法只适合于小规模整数规划问题，在实际应用中经常需要求解非线性整数规划或混合规划问题，该领域中一种常用的算法是分支定界（branch and bound）算法，具体算法在这里不详细介绍，只介绍一个基于该算法编写的现成函数BNB20()，可以用来求解一般非线性整数规划的问题。该函数是荷兰Groningen大学的Koert Kuipers编写的，可以从MathWorks网站上直接下载[64]。

由于该函数十余年没有更新，对MATLAB的后续版本支持不理想，包括个别语句对新版本不支持、不能使用匿名函数等描述目标函数，也不支持用结构体描述最优化问题，另外输入变量和返回变量对混合整数规划的支持不理想。本书作者对该函数做了适当的修改，利于更好解决一般混合整数规划问题，新版本改名为BNB20_new()，在本书的工具箱给出，其调用格式为

[$\boldsymbol{x}$, $f_{\rm m}$, err]=BNB20_new(fun, $\boldsymbol{x}_0$, intcon, $\boldsymbol{x}_{\rm m}$, $\boldsymbol{x}_{\rm M}$, $\boldsymbol{A}$, $\boldsymbol{B}$, $\boldsymbol{A}_{\rm eq}$, $\boldsymbol{B}_{\rm eq}$, CFun)

[$\boldsymbol{x}$, $f_{\rm m}$, err]=BNB20_new(problem)

其中，调用过程中的大部分输入变量与最优化工具箱函数几乎完全一致，该函数直接调用了最优化工具箱中的fmincon()函数，该函数还可以根据需要带附加参数，返回的变量err为函数的错误信息字符串，$\boldsymbol{x}$和$f_{\rm m}$分别为最优解和其函数值。标志向量intcon和前面定义是一致的，如果正确返回最优解，则err字符串为空字符串，这时，$\boldsymbol{x}$为最优决策向量，$f_{\rm m}$为目标函数的最优值。否则，该字符串返回错误信息。

原始最优化问题还用结构体problem描述，需要将其成员变量intcon设置成前面介绍的向量。

例6-49　试用BNB20_new()函数求解例6-45中给出的线性整数规划问题。

解　在修改后的BNB20_new()中允许使用匿名函数来描述目标函数。和前面介绍的线性规划问题求解不同，上限变量不能再选择为无穷大，而应该选择为较大的数值，例如均选择为20000。同样，整数的下界如果给定为小数，新函数中允许自动向上取整转换。这样用下面的语句求解出的线性整数规划问题与例6-45得出的完全一致。

```
>> f=@(x)-[2 1 4 3 1]*x; xm=[0,0,3.32,0.678,2.57]'; x0=ceil(xm);
   A=[0 2 1 4 2; 3 4 5 -1 -1]; Aeq=[]; Beq=[];                %线性约束
   B=[54; 62]; xM=20000*ones(5,1); intcon=1:5;                %边界与指数约束
   [X,fm,errmsg]=BNB20_new(f,x0,intcon,xm,xM,A,B,Aeq,Beq)     %求解整数规划问题
```

若采用结构体形式描述原始问题，则可以给出下面的语句，结果也完全一致。

```
>> clear P; P.objective=f; P.lb=xm; P.x0=x0; P.ub=xM;   %结构体描述与求解
   P.Aineq=A; P.Bineq=B; P.intcon=intcon; [X,fm,errmsg]=BNB20_new(P)
```

如果仍要求x_1,x_4,x_5为整数，其他两个变量为任意值，则应该修改intlist变量，将其设置为intlist=[1,0,0,1,1]，则可以用下面的语句求出原问题的解为$\boldsymbol{X}=[19,0,3.8,11,3]^{\mathrm{T}}$。

```
>> intcon=[1,4,5]; [errmsg,fm,X]=BNB20_new(f,x0,intcon,xm,xM,A,B,Aeq,Beq)
```

如果采用下面的结构体形式求解原问题也将得出完全一致的结果。

```
>> P.intcon=[1,4,5]; [X,fm,errmsg]=BNB20_new(P)   %混合整数规划求解
```

例6-50 对著名的Rosenbrock函数稍加修改，可以写出$f(\boldsymbol{x})=100(x_2-x_1^2)^2-(4.5543-x_1)^2$，试求解整数$x_1$和$x_2$，使得

$$\min_{\boldsymbol{x}\ \text{s.t.}\begin{cases}-100\leqslant x_1\leqslant 100\\-100\leqslant x_2\leqslant 100\end{cases}} f(\boldsymbol{x})$$

解 在一般最优化问题中，$(4.5543,4.5543^2)$显然为最优点，这里考虑整数规划问题的求解方法。调用BNB20_new()函数，选择合适的上下界约束，可以直接得出原来问题的解为$\boldsymbol{x}=[5,25]^{\mathrm{T}}$。

```
>> f=@(x)100*(x(2)-x(1)^2)^2+(4.5543-x(1))^2;   %用匿名函数描述目标函数
   x0=[1;1]; xm=-1000*[1;1]; xM=1000*[1;1]; A=[]; B=[]; Aeq=[]; Beq=[];
   intcon=[1,2]; [x,fm,errmsg]=BNB20_new(f,x0,intcon,xm,xM,A,B,Aeq,Beq)
```

该搜索语句将搜索范围设置成$-1000\leqslant x_1,x_2\leqslant 1000$，可以联机得出原问题的解，即使选择更大的搜索范围如$-100000\leqslant x_1,x_2\leqslant 100000$，调用BNB20_new()求解也不会增加太多的计算量。相反地，若用户为节省时间选择很小的搜索区间，如$x_{1,2}\in[-20,20]$，则将得出结果为$\boldsymbol{x}=[5,20]$，可见该值不是原问题的最优解。

```
>> xm=-20*[1;1]; xM=20*[1;1];                          %给出决策变量边界，求解整数规划问题
   [x,fm,errmsg]=BNB20_new(f,x0,intcon,xm,xM,A,B,Aeq,Beq) %问题直接求解
```

其实，对这样小规模的问题，选择较大的搜索范围，如$x_{1,2}\in(-1000,1000)$，用穷举搜索算法能立即得出问题的解，和上述结果一致。更大的搜索范围将产生“out of memory”(内存溢出)现象，所以说穷举法对解决一般整数规划问题来说局限性较大，有时不宜采用。

```
>> N=1000; [x1,x2]=meshgrid(-N:N); f=100*(x2-x1.^2).^2+(4.5543-x1).^2;
   [fmin,i]=sort(f(:)); x=[x1(i(1)),x2(i(1))]   %用穷举法求解原问题
```

例6-51 试求解下面的整数规划问题[65]

$$\min_{\boldsymbol{x}\ \text{s.t.}\begin{cases}x_1-2x_2+12+x_3\geqslant 0\\-x_1^2+3x_2-8-x_3\geqslant 0\\x_1\geqslant 0,x_2\geqslant 0,x_3\geqslant 0\end{cases}} x_1^3+x_2^2-4x_1+4+x_3^4$$

解 由于原问题含有非线性约束，可以编写下面的函数将其描述出来。

```
function [c,ce]=c6exinl(x)   %描述非线性约束条件，其中等式约束为空矩阵
   ce=[]; c=[-x(1)+2*x(2)-12-x(3); x(1)^2-3*x(2)+8+x(3)];
end
```

这样就可以调用下面的语句求解整数规划问题，得出的解为$\boldsymbol{x}=[1,3,0]^{\mathrm{T}}$。

```
>> clear P; P.objective=@(x)x(1)^3+x(2)^2-4*x(1)+4+x(3)^4;    %结构体表示
   P.intcon=[1;2;3]; P.nonlcon=@c6exinl; P.lb=[0;0;0];
   P.ub=100*[1;1;1]; P.x0=P.ub; [x,fm,err]=BNB20_new(P)       %直接求解
```

由于原始问题是小规模问题，所以可以考虑采用穷举方法求解，该方法得出的全局最优解和前面得出的完全一致。除此之外，采用穷举方法还能求出一些次优解，这是搜索方法做不到的。

```
>> N=200; [x1 x2 x3]=meshgrid(0:N);
   ii=find(x1-2*x2+12+x3>=0&-x1.^2+3*x2-8-x3>=0);
   x1=x1(ii); x2=x2(ii); x3=x3(ii); ff=x1.^3+x2.^2-4*x1+4+x3.^4;   %可行解求值
   [fm,ij]=sort(ff); k=ij(1:5); [x1(k) x2(k) x3(k)], fm(1:5)        %穷举法求解
```

例6-52 试求解离散最优化问题[66]，其中，x_1 是0.25的整数倍，x_2 是0.1的整数倍，且 $x_2 \geqslant 3$。

$$\min_{\boldsymbol{x} \text{ s.t. } \begin{cases} x_1^2-6x_1+x_2-11\leqslant 0 \\ -x_1x_2+3x_2+e^{x_1-3}-1\leqslant 0 \end{cases}} 2x_1^2+x_2^2-16x_1-10x_2$$

解 MATLAB不能直接求解离散最优化问题，不过既然这里给出了步长，可以引入两个新的变量 $y_1 = 4x_1, y_2 = 10x_2$，即采用变量替换 $x_1 = y_1/4, x_2 = y_2/10$，这时原来的问题可以改写成下面的关于 y_i 的整数规划问题。

$$\min_{\boldsymbol{y} \text{ s.t. } \begin{cases} y_1^2/16-6y_1/4+y_2/10-11\leqslant 0 \\ -y_1y_2/40+3y_2/10+e^{y_1/4-3}-1\leqslant 0 \\ y_2\geqslant 30 \end{cases}} 2y_1^2/16+y_2^2/100-4y_1-y_2$$

可以用MATLAB直接写出非线性约束函数。

```
function [c,ceq]=c6mdisp(y), ceq=[];    %非线性约束条件
c=[y(1)^2/10-6*y(1)/4+y(2)/10-11; -y(1)*y(2)/40+3*y(2)/10+exp(y(1)/4-3)-1]; end
```

调用`BNB20_new()`则可以采用下面语句直接求解最优化问题，假设 y_1 搜索的上下限是 ± 200（即 x_1 的上下限 ± 50），y_2 的上限为200，下限为30（即 $3 \leqslant x_2 \leqslant 20$），这样调用下面的语句可以搜索出问题的最优解为 $\boldsymbol{x} = [4,5]^{\mathrm{T}}$，该值与文献[65]给出的(4, 4.75)略有不同，这里给出的解在满足约束条件的前提下目标函数略小于该解，说明此解更合适。

```
>> clear P; P.objective=@(y)2*y(1)^2/16+y(2)^2/100-4*y(1)-y(2);    %结构体描述
   P.nonlcon=@c6mdisp; P.lb=[-200;30]; P.ub=[200;200]; P.intcon=[1;2];
   P.x0=[12;30]; [y,fm,errmsg]=BNB20_new(P); x=[y(1)/4,y(2)/10]    %求解并还原
```

穷举方法并不只可用于整数规划问题，它也同样适用于离散最优化问题。假设决策变量的搜索范围为(−20, 20)，则可以给出如下的语句，同样可以得出全局最优点为(4, 5)，同时也可以得出一些次最优点，如(4, 5.1), (4, 4.9), (4, 4.8), (4, 5.2)等，这些点的目标函数均略大于(4, 5)处的目标函数值。

```
>> [x1 x2]=meshgrid(-20:0.25:20,3:0.1:20); %生成所有的决策变量组合
   ii=find(x1.^2-6*x1+x2-11<=0 & -x1.*x2+3*x2+exp(x1-3)-1<=0);         %找可行解
   x1=x1(ii); x2=x2(ii); ff=2*x1.^2+x2.^2-16*x1-10*x2; [fm,ij]=sort(ff);  %排序
   k=ij(1:5); X=[x1(k) x2(k)], fm(1:5)      %提取排名前五的最优解与次最优解
```

6.4.4 0–1规划问题求解

所谓0–1规划，即指决策变量 x_i 的值或者为0，或者为1。所以求解0–1规划看起来很简单，让每个自变量 x_i 遍取0、1，在得出的组合中选择既满足约束条件又使目标函数取最小值的项。而事实上，随着问

题规模的增大，这样的计算量将按指数增长。例如，自变量的个数为n，则可能的排列数为2^n，在n较大时其值可能是个天文数字，故仍然需要考虑其他算法进行求解。

0–1规划问题是整数规划问题的一个特例，将决策变量的上下限分别设置为1和0就可以将其转换为一般整数规划问题，所以可以由`intlinprog()`函数直接求解0–1线性规划问题，利用前面介绍的`BNB20_new()`函数直接求解非线性0–1规划问题。

例6-53 试求解下面给出的0–1线性规划问题。

$$\min_{\boldsymbol{x}\ \text{s.t.}\left\{\begin{array}{l}x_1+2x_2-x_3\leqslant 2\\ x_1+4x_2+x_3\leqslant 4\\ x_1+x_2\leqslant 3\\ 4x_2+x_3\leqslant 6\end{array}\right.} \quad -3x_1+2x_2+5x_3$$

解 套用所需的最优化模型，可以立即求出$\boldsymbol{f}$, $\boldsymbol{A}$和$\boldsymbol{B}$矩阵，这样可以给出如下的语句求解0–1线性规划问题，得出$\boldsymbol{x}=[1,0,1]^{\mathrm{T}}$。

```
>> f=[-3,2,-5];
   A=[1 2 -1; 1 4 1; 1 1 0; 0 4 1]; B=[2;4;5;6]; intcon=1:3;
   xm=[0 0 0]; xM=[1 1 1]; x=intlinprog(f,intcon,A,B,[],[],xm,xM)   %0–1规划
```

如果采用结构体描述最优化问题，则可以给出下面语句，得出的结果也完全一致。

```
>> clear P;
   P.f=f; P.Aineq=A; P.Bineq=B; P.solver='intlinprog';
   P.options=optimoptions('intlinprog','Display','off');   %设置控制选项
   P.lb=xm; P.ub=xM; P.intcon=1:3; x=intlinprog(P)          %直接求解
```

对于小规模问题，当然可以采用下面语句，逐个判定约束条件并寻找出目标函数的值，通过排序即能得出所需的结果为$\boldsymbol{x}_1=[1,0,1]^{\mathrm{T}}$，目标函数为$f(\boldsymbol{x}_1)=-8$，且可以保证此结果为全局最优解。除了全局最优解外，还可以得出其他的可行解为$\boldsymbol{x}_2=[0,0,1]^{\mathrm{T}}$, $f(\boldsymbol{x}_2)=-5$, $\boldsymbol{x}_3=[1,0,0]^{\mathrm{T}}$, $f(\boldsymbol{x}_3)=-3$, $\boldsymbol{x}_4=[0,0,0]^{\mathrm{T}}$, $f(\boldsymbol{x}_4)=0$, $\boldsymbol{x}_5=[0,1,0]^{\mathrm{T}}$, $f(\boldsymbol{x}_5)=2$。

```
>> [x1,x2,x3]=meshgrid([0,1]);   %所有可能的组合
   i=find((x1+2*x2-x3<=2) & (x1+4*x2+x3<=4) & (x1+x2<=3) & (4*x1+x3<=6));
   x1=x1(i); x2=x2(i); x3=x3(i); f=-3*x1+2*x2-5*x3; [fmin,ii]=sort(f);
   in=ii(1); x=[x1(in),x2(in),x3(in)]   %求取全局最优解
   x1=[x1(ii),x2(ii),x3(ii)]; [x1 fmin] %还可以列出所有的可行解
```

非线性0–1规划可以调用前面的`BNB20_new()`函数直接求解。用户需要首先设定上下限$\boldsymbol{x}_{\mathrm{m}}$和$\boldsymbol{x}_{\mathrm{M}}$分别为零向量和幺向量，然后再求整数规划就能得出原问题的解。

例6-54 试用`BNB20_new()`函数求解例6-53给出的0–1线性规划问题。

解 由给出的问题，可以用匿名函数描述目标函数，然后分别设定$\boldsymbol{x}_{\mathrm{m}}$和$\boldsymbol{x}_{\mathrm{M}}$为零向量和幺向量，这样可以给出如下的语句求解0–1整数规划问题，得出$\boldsymbol{x}=[1,0,1]^{\mathrm{T}}$，结果和前面得出的完全一致。

```
>> f=@(x)[-3,2,-5]*x; x0=[1; 1; 1]; xm=[0;0;0]; xM=[1;1;1]; intcon=[1;2;3];
   A=[1 2 -1; 1 4 1; 1 1 0; 0 4 1]; B=[2;4;5;6]; Aeq=[]; Beq=[];
   [x,fm,errmsg]=BNB20_new(f,x0,intcon,xm,xM,A,B,Aeq,Beq)   %问题求解
```

事实上，分析给定的约束条件，可以发现后两个约束条件是冗余的，可以取消。

例6-55 试求解下面的0–1混合规划问题[65]。

$$\min_{\boldsymbol{x},\boldsymbol{y}\ \text{s.t.}\left\{\begin{array}{l}0.8\ln(x_2+1)+0.96\ln(x_1-x_2+1)-0.8x_3\geqslant 0\\ \ln(x_2+1)+1.2\ln(x_1-x_2+1)-x_3-2y_3\geqslant -2\\ x_2-x_1\leqslant 0\\ x_2-2y_1\leqslant 0\\ x_1-x_2-2y_2\leqslant 0\\ y_1+y_2\leqslant 1\\ 0\leqslant\boldsymbol{x}\leqslant[2,2,1]^{\mathrm{T}},\boldsymbol{y}\in\{0,1\}\end{array}\right.} 5y_1+6y_2+8y_3+10x_1-7x_3-18\ln(x_2+1)-19.2\ln(x_1-x_2+1)+10$$

解 由于本问题含有非线性约束和非线性目标函数,所以用bintprog()函数无能为力,需要调用一般非线性混合整数规划求解函数求解。和以前介绍的内容类似,这里给出的是$\boldsymbol{x},\boldsymbol{y}$两个决策向量的问题求解,而MATLAB现有的函数只能求解单个决策变量向量的问题,所以需要引入一组新的决策变量向量$\boldsymbol{x}$,其前三个是原来的$\boldsymbol{x}$,后三个为$x_4=y_1,x_5=y_2,x_6=y_3$,这样,原最优化问题可以手工改写成

$$\min_{\boldsymbol{x}\ \text{s.t.}\left\{\begin{array}{l}-0.8\ln(x_2+1)-0.96\ln(x_1-x_2+1)+0.8x_3\leqslant 0\\ -\ln(x_2+1)-1.2\ln(x_1-x_2+1)+x_3+2x_6-2\leqslant 0\\ x_2-x_1\leqslant 0\\ x_2-2x_4\leqslant 0\\ x_1-x_2-2x_5\leqslant 0\\ x_4+x_5\leqslant 1\\ 0\leqslant\boldsymbol{x}\leqslant[2,2,1,1,1,1]^{\mathrm{T}}\end{array}\right.} 5x_4+6x_5+8x_6+10x_1-7x_3-18\ln(x_2+1)-19.2\ln(x_1-x_2+1)+10$$

可以将非线性约束用下面的MATLAB函数表示出来。

```
function [c,ceq]=c6mmibp(x), ceq=[];     %描述非线性约束条件
   c=[-0.8*log(x(2)+1)-0.96*log(x(1)-x(2)+1)+0.8*x(3);
      -log(x(2)+1)-1.2*log(x(1)-x(2)+1)+x(3)+2*x(6)-2];
end
```

这样可以由结构体描述本例给出的混合0–1规划问题,然后调用求解程序,可以直接得出原始问题的最优解为$\boldsymbol{x}=[1.301,0,1,0,1,0]^{\mathrm{T}}$,相应的最优目标函数为6.098。文献[65]给出的推荐解有误,为$\boldsymbol{x}=[1.301,0,1,1,0,1]^{\mathrm{T}}$,该解对应的目标函数为13.0098,显然有误。

```
>> clear P; P.intcon=4:6; P.x0=[0 0 0 0 0 0]';                %用结构体描述最优化问题
   P.objective=@(x)5*x(4)+6*x(5)+8*x(6)+10*x(1)-7*x(3) ...
                -18*log(x(2)+1)-19.2*log(x(1)-x(2)+1)+10; %目标函数
   P.ub=[2 2 1 1 1 1]'; P.lb=[0 0 0 0 0 0]'; P.Bineq=[0;0;0;1];
   P.Aineq=[-1 1 0 0 0 0; 0 1 0 -2 0 0; 1 -1 0 0 -2 0; 0 0 0 1 1 0];
   P.nonlcon=@c6mmibp; [x,fm,errmsg]=BNB20_new(P)               %求解问题
```

6.4.5 指派问题的求解

指派问题(assignment problem)是一类特殊的0–1线性规划问题。在现实生活中,如果有n个任务,又恰巧需要n个人去完成,而这n个人由于专业领域或完成每个任务的效率是不一致的,如何根据每个人的专长分派任务,使得总的效率最高(或代价最小),这是指派问题所需研究的问题。更严格地,应该给出三条假设[62]:(1)任务的件数与承担任务的人数相等;(2)每个人只能承担一个任务;(3)每个任务只能由一个人承担。

假设第i个工人完成第j个工作的代价为c_{ij},且均为已知量,而确定n项任务分派的目标是代价最

小，则可以将指派问题的数学形式表示成

$$\min \sum_{i=1}^{n}\sum_{j=1}^{n} c_{ij}x_{ij}, \tag{6-4-2}$$

$$\boldsymbol{X} \text{ s.t. } \begin{cases} \sum\limits_{j=1}^{n} x_{ij}=1, i=1,2,\cdots,n \\ \sum\limits_{i=1}^{n} x_{ij}=1, j=1,2,\cdots,n \\ x_{ij}\text{为}0\text{或}1, i=1,2,\cdots,n, j=1,2,\cdots,n \end{cases}$$

可见，指派问题是运输问题的一个特例，其中，$m=n$，$s_i=1$，$d_i=1$，且决策变量为0或1。

可以编写MATLAB函数assignment_prog()来直接求解指派问题，若已知代价矩阵$\boldsymbol{C}$，则其调用格式为$[\boldsymbol{X}, f_{\rm v}, key]$=assignment_prog($\boldsymbol{C}$)。

```
function [x,fv,key]=assignment_prog(C)
   [n,m]=size(C); c=C(:); A=[];b=[]; Aeq=zeros(2*n,n^2);   %约束条件
   for i=1:n, Aeq(i,(i-1)*n+1:n*i)=1; Aeq(n+i,i:n:n^2)=1; end
   beq=ones(2*n,1); xm=zeros(n^2,1); xM=ones(n^2,1);          %求解区域边界
   [x,fv,key]=intlinprog(c,1:n^2,A,b,Aeq,beq,xm,xM); x=reshape(x,n,m).';
end
```

例6-56 已知代价矩阵为$\boldsymbol{C}=\begin{bmatrix} 12 & 7 & 9 & 7 & 9 \\ 8 & 9 & 6 & 6 & 6 \\ 7 & 17 & 12 & 14 & 9 \\ 15 & 14 & 6 & 6 & 10 \\ 4 & 10 & 7 & 10 & 9 \end{bmatrix}$，试求解指派问题。

解 先输入代价矩阵，则可以由下面的语句直接求解指派问题。

```
>> C=[12,7,9,7,9; 8,9,6,6,6; 7,17,12,14,9; 15,14,6,6,10; 4,10,7,10,9];
   [X fv]=assignment_prog(C)    %直接求解指派问题
```

这样可以得出指派问题的解如下，其物理解释为，将第一个任务指派给第五个工人，第二个任务指派给第一个工人，以此类推，这样总的代价最小，为$f_{\rm v}=32$。

$$\boldsymbol{X}=\begin{bmatrix} 0 & 0 & 0 & 0 & 1 \\ 1 & 0 & 0 & 0 & 0 \\ 0 & 1 & 0 & 0 & 0 \\ 0 & 0 & 0 & 1 & 0 \\ 0 & 0 & 1 & 0 & 0 \end{bmatrix}, \quad f_{\rm v}=32$$

6.5 线性矩阵不等式问题求解

线性矩阵不等式（linear matrix inequalities，LMI）的理论与应用是近20年来在控制界受到较广泛关注的问题[67]。线性矩阵不等式的概念及其在控制系统研究中的应用是由Willems提出的[68]，该方法的提出可以将很多控制中的问题变换成线性规划问题的求解，而线性规划问题的求解是很成熟的，所以由线性矩阵不等式来求解控制问题是很有意义的。

本节将首先给出线性矩阵不等式的基本概念和常见形式，介绍必要的变换方法，然后介绍基于MATLAB中鲁棒控制工具箱和免费工具箱YALMIP的线性矩阵不等式求解方法。

6.5.1 线性矩阵不等式的一般描述

线性矩阵不等式的一般描述为

$$\boldsymbol{F}(\boldsymbol{x})=\boldsymbol{F}_0+x_1\boldsymbol{F}_1+\cdots+x_m\boldsymbol{F}_m<\boldsymbol{0} \tag{6-5-1}$$

式中，$\boldsymbol{x}=[x_1,x_2,\cdots,x_m]^{\mathrm{T}}$为多项式系数向量，又称为决策向量。$\boldsymbol{F}_i$为实对称矩阵或复Hermite矩阵。整个矩阵不等式小于零表示$\boldsymbol{F}(\boldsymbol{x})$为负定矩阵，该不等式的解$\boldsymbol{x}$是凸集，即

$$\boldsymbol{F}[\alpha\boldsymbol{x}_1+(1-\alpha)\boldsymbol{x}_2]=\alpha\boldsymbol{F}(\boldsymbol{x}_1)+(1-\alpha)\boldsymbol{F}(\boldsymbol{x}_2)<\boldsymbol{0} \tag{6-5-2}$$

其中，$\alpha>0,1-\alpha>0$。该解又称为可行解。这样的线性矩阵不等式可以作为最优化问题的约束条件。假设有两个线性矩阵不等式$\boldsymbol{F}_1(\boldsymbol{x})<\boldsymbol{0}$和$\boldsymbol{F}_2(\boldsymbol{x})<\boldsymbol{0}$，则可以如下构造出一个单一的线性矩阵不等式。

$$\begin{bmatrix}\boldsymbol{F}_1(\boldsymbol{x}) & 0\\ 0 & \boldsymbol{F}_2(\boldsymbol{x})\end{bmatrix}<\boldsymbol{0} \tag{6-5-3}$$

这样两个线性矩阵不等式可以写成一个单一的线性矩阵不等式。类似地，多个线性矩阵不等式$\boldsymbol{F}_i(\boldsymbol{x})<\boldsymbol{0},i=1,2,\cdots,k$也可以合并成单一的线性矩阵不等式$\boldsymbol{F}(\boldsymbol{x})<\boldsymbol{0}$，其中

$$\boldsymbol{F}(\boldsymbol{x})=\begin{bmatrix}\boldsymbol{F}_1(\boldsymbol{x}) & & & \\ & \boldsymbol{F}_2(\boldsymbol{x}) & & \\ & & \ddots & \\ & & & \boldsymbol{F}_k(\boldsymbol{x})\end{bmatrix}<\boldsymbol{0} \tag{6-5-4}$$

6.5.2 Lyapunov不等式

为演示一般控制问题和线性矩阵不等式之间的关系，首先考虑Lyapunov稳定性判定问题。对线性系统来说，若对给定的正定矩阵$\boldsymbol{Q}$，Lyapunov方程

$$\boldsymbol{A}^{\mathrm{T}}\boldsymbol{X}+\boldsymbol{X}\boldsymbol{A}=-\boldsymbol{Q} \tag{6-5-5}$$

存在正定的解$\boldsymbol{X}$，则该系统是稳定的。上述问题很自然地可以表示成对下面的Lyapunov不等式的求解问题。

$$\boldsymbol{A}^{\mathrm{T}}\boldsymbol{X}+\boldsymbol{X}\boldsymbol{A}<\boldsymbol{0} \tag{6-5-6}$$

由于$\boldsymbol{X}$是对称矩阵，所以用$n(n+1)/2$个元素构成的向量$\boldsymbol{x}$即可以描述该矩阵：

$$x_i=X_{i,1},i=1,\cdots,n,\ \ x_{n+i}=X_{i,2},i=2,\cdots,n,\cdots \tag{6-5-7}$$

该规律可以写成$x_{(2n-j+2)(j-1)/2+i}=X_{i,j}$，$j=1,2,\cdots,n,i=j,j+1,\cdots,n$，则给出$\boldsymbol{x}$的下标即可以求出$i,j$的值。根据这样的思路可以编写出如下的MATLAB函数，该函数可以将Lyapunov方程转换为线性矩阵不等式。

```
function F=lyap2lmi(A0)
   if prod(size(A0))==1, n=A0; A=sym('a%d%d',n); else, n=size(A0,1); A=A0; end
   vec=0; for i=1:n, vec(i+1)=vec(i)+n-i+1; end
   for k=1:n*(n+1)/2                                 %用循环结构生成所需的不等式
      X=zeros(n); i=find(vec>=k); i=i(1)-1; j=i+k-vec(i)-1;
      X(i,j)=1; X(j,i)=1; F(:,:,k)=A.'*X+X*A;    %构造线性矩阵不等式
end, end
```

该函数允许两种调用格式。若已知$\boldsymbol{A}$矩阵，由F=lyap2lmi(A)则返回三维数组$\boldsymbol{F}$，其第i层，即$\boldsymbol{F}(:,:,i)$为所需的$\boldsymbol{F}_i$矩阵。若只想得出$n\times n$的$\boldsymbol{A}$矩阵的线性矩阵不等式，则F=lyap2lmi(n)，得出的$\boldsymbol{F}$仍为三维数组。在程序中，若使$x_i=1$，而其他的x_i的值都为0，则可以求出$\boldsymbol{F}_i$矩阵。

例6-57 若$\boldsymbol{A}=\begin{bmatrix}1&2&3\\4&5&6\\7&8&0\end{bmatrix}$，试求出其Lyapunov线性矩阵不等式表示。若$\boldsymbol{A}$为一般$3\times3$实矩阵，试得出相应的线性矩阵不等式。

解 输入$\boldsymbol{A}$矩阵，再给出求解语句。

```
>> A=[1,2,3; 4,5,6; 7,8,0]; F=lyap2lmi(A)    %对给定矩阵生成线性矩阵不等式
```

则可以得出$\boldsymbol{F}_i$矩阵分别为

$$x_1\begin{bmatrix}2&2&3\\2&0&0\\3&0&0\end{bmatrix}+x_2\begin{bmatrix}8&6&6\\6&4&3\\6&3&0\end{bmatrix}+x_3\begin{bmatrix}14&8&1\\8&0&2\\1&2&6\end{bmatrix}+x_4\begin{bmatrix}0&4&0\\4&10&6\\0&6&0\end{bmatrix}+x_5\begin{bmatrix}0&7&4\\7&16&5\\4&5&12\end{bmatrix}+x_6\begin{bmatrix}0&0&7\\0&0&8\\7&8&0\end{bmatrix}<\boldsymbol{0}$$

若研究一般3×3矩阵，则可以给出如下命令：

```
>> F=lyap2lmi(3)    %若只给出维数，则对任意矩阵生成线性矩阵不等式
```

这时得出的线性矩阵不等式为

$$x_1\begin{bmatrix}2a_{11}&a_{12}&a_{13}\\a_{12}&0&0\\a_{13}&0&0\end{bmatrix}+x_2\begin{bmatrix}2a_{21}&a_{22}+a_{11}&a_{23}\\a_{22}+a_{11}&2a_{12}&a_{13}\\a_{23}&a_{13}&0\end{bmatrix}+x_3\begin{bmatrix}2a_{31}&a_{32}&a_{33}+a_{11}\\a_{32}&0&a_{12}\\a_{33}+a_{11}&a_{12}&2a_{13}\end{bmatrix}$$

$$+x_4\begin{bmatrix}0&a_{21}&0\\a_{21}&2a_{22}&a_{23}\\0&a_{23}&0\end{bmatrix}+x_5\begin{bmatrix}0&a_{31}&a_{21}\\a_{31}&2a_{32}&a_{33}+a_{22}\\a_{21}&a_{33}+a_{22}&2a_{23}\end{bmatrix}+x_6\begin{bmatrix}0&0&a_{31}\\0&0&a_{32}\\a_{31}&a_{32}&2a_{33}\end{bmatrix}<\boldsymbol{0}$$

某些非线性的不等式也可以通过变换转换成线性矩阵不等式。其中，分块矩阵不等式的Schur补性质[69]是进行这样变换的常用方法。该性质的内容是：若某个仿射函数矩阵$\boldsymbol{F}(\boldsymbol{x})$可以分块表示成

$$\boldsymbol{F}(\boldsymbol{x})=\left[\begin{array}{c:c}\boldsymbol{F}_{11}(\boldsymbol{x})&\boldsymbol{F}_{12}(\boldsymbol{x})\\\hdashline\boldsymbol{F}_{21}(\boldsymbol{x})&\boldsymbol{F}_{22}(\boldsymbol{x})\end{array}\right]\tag{6-5-8}$$

其中，$\boldsymbol{F}_{11}(\boldsymbol{x})$是方阵，则下面三个矩阵不等式是等价的。

$$\boldsymbol{F}(\boldsymbol{x})<\boldsymbol{0}\tag{6-5-9}$$

$$\boldsymbol{F}_{11}(\boldsymbol{x})<\boldsymbol{0},\quad \boldsymbol{F}_{22}(\boldsymbol{x})-\boldsymbol{F}_{21}(\boldsymbol{x})\boldsymbol{F}_{11}^{-1}(\boldsymbol{x})\boldsymbol{F}_{12}(\boldsymbol{x})<\boldsymbol{0}\tag{6-5-10}$$

$$\boldsymbol{F}_{22}(\boldsymbol{x})<\boldsymbol{0},\quad \boldsymbol{F}_{11}(\boldsymbol{x})-\boldsymbol{F}_{12}(\boldsymbol{x})\boldsymbol{F}_{22}^{-1}(\boldsymbol{x})\boldsymbol{F}_{21}(\boldsymbol{x})<\boldsymbol{0}\tag{6-5-11}$$

例如，对一般代数Riccati方程稍加变换，则可以得出Riccati不等式：

$$\boldsymbol{A}^{\mathrm{T}}\boldsymbol{X}+\boldsymbol{X}\boldsymbol{A}+(\boldsymbol{X}\boldsymbol{B}-\boldsymbol{C})\boldsymbol{R}^{-1}(\boldsymbol{X}\boldsymbol{B}-\boldsymbol{C}^{\mathrm{T}})^{\mathrm{T}}<\boldsymbol{0}\tag{6-5-12}$$

式中，$\boldsymbol{R}=\boldsymbol{R}^{\mathrm{T}}>\boldsymbol{0}$。显然，该不等式因为含有二次项，所以它本身不是线性矩阵不等式。由Schur补性质可以看出，原非线性不等式可以等价地变换成

$$\boldsymbol{X}>\boldsymbol{0},\quad\left[\begin{array}{c:c}\boldsymbol{A}^{\mathrm{T}}\boldsymbol{X}+\boldsymbol{X}\boldsymbol{A}&\boldsymbol{X}\boldsymbol{B}-\boldsymbol{C}^{\mathrm{T}}\\\hdashline\boldsymbol{B}^{\mathrm{T}}\boldsymbol{X}-\boldsymbol{C}&-\boldsymbol{R}\end{array}\right]<\boldsymbol{0}\tag{6-5-13}$$

6.5.3 线性矩阵不等式问题分类

线性矩阵不等式问题通常可以分为三类问题：可行解问题、线性目标函数最优化问题与广义特征值最优化问题。

(1) 可行解问题。所谓可行解问题就是最优化问题中的约束条件求解问题：

$$\boldsymbol{F}(\boldsymbol{x})<\boldsymbol{0} \tag{6-5-14}$$

得出满足该不等式一个解的问题。求解线性矩阵不等式可行解等价于求解$\boldsymbol{F}(\boldsymbol{x})<\sigma\boldsymbol{I}$，其中，$\sigma$是能够用数值方法找到的最小值。如果找到的$\sigma<0$，则得出的解是原问题的可行解，否则会提示无法找到可行解。

(2) 线性目标函数最优化问题。考虑下面的最优化问题：

$$\min_{\boldsymbol{x} \text{ s.t. } \boldsymbol{F}(\boldsymbol{x})<\boldsymbol{0}} \boldsymbol{c}^{\mathrm{T}}\boldsymbol{x} \tag{6-5-15}$$

由于约束条件是由线性矩阵不等式表示的，而目标函数也可以由决策变量$\boldsymbol{x}$构造的线性矩阵表示，所以这样的问题就是普通的线性规划求解问题。

(3) 广义特征值最优化问题。广义特征值问题是线性矩阵不等式理论的一类最一般的问题。

回顾第3章介绍的广义特征值问题，$\boldsymbol{A}\boldsymbol{x}=\lambda\boldsymbol{B}\boldsymbol{x}$，由该式演化可以得到更一般的不等式$\boldsymbol{A}(\boldsymbol{x})<\lambda\boldsymbol{B}(\boldsymbol{x})$，可将$\lambda$看作矩阵的广义特征值，从而归纳出下面的最优化问题。

$$\min_{\lambda,\boldsymbol{x} \text{ s.t. } \begin{cases} \boldsymbol{A}(\boldsymbol{x})<\lambda\boldsymbol{B}(\boldsymbol{x}) \\ \boldsymbol{B}(\boldsymbol{x})>\boldsymbol{0} \\ \boldsymbol{C}(\boldsymbol{x})<\boldsymbol{0} \end{cases}} \lambda \tag{6-5-16}$$

另外还可以有其他约束，归类成$\boldsymbol{C}(\boldsymbol{x})<\boldsymbol{0}$。在这样约束条件求取最小的广义特征值的问题可以由一类特殊的线性矩阵不等式来表示。事实上，若将这几个约束归并成单一的线性矩阵不等式，则这样的最优化问题和线性目标函数最优化问题是同样的问题。

6.5.4 线性矩阵不等式问题的MATLAB求解

早期的MATLAB中提供了线性矩阵不等式工具箱，可以直接求解相应的问题。新版本的MATLAB中将该工具箱并入了鲁棒控制工具箱，调用该工具箱中的函数可以求解线性矩阵不等式的各种问题。描述线性矩阵不等式的方法是较烦琐的，用鲁棒控制工具箱中相应的函数描述这样的问题也是比较烦琐的。这里将介绍相关MATLAB语句的调用方法，并将给出例子演示相关函数的使用方法。

描述线性矩阵不等式应该有几个步骤：

(1) 创建LMI模型。若想描述一个含有若干LMI的整体线性矩阵不等式问题，需要首先调用函数`setlmis([])`建立LMI框架，这样将建立一个LMI模型框架。

(2) 定义需要求解的变量。未知矩阵变量可以由`lmivar()`函数声明：$\boldsymbol{P}$=`lmivar(key,[`n_1,n_2`])`，其中，`key`是未知矩阵类型的标记，若`key`的值为2，则变量$\boldsymbol{P}$表示为$n_1\times n_2$的一般矩阵。若`key`为1，则$\boldsymbol{P}$矩阵为$n_1\times n_1$的对称矩阵。若`key`为1，且$\boldsymbol{n}_1$和$\boldsymbol{n}_2$为向量，则$\boldsymbol{P}$为块对角对称矩阵。若`key`值取3，则表示$\boldsymbol{P}$为特殊类型的矩阵。

(3) 描述分块形式给出线性矩阵不等式。声明了需求解的变量名后，可以由`lmiterm()`函数来描述各个LMI式子，该函数的调用格式为 lmiterm([k,i,j,P],A,B,flag)，其中，k为LMI编号，一个线性矩阵不等式问题可以由若干LMI构成，用这样的方法可以分别描述各个LMI。k取负值时表示不等号 $<$ 右侧的项。一个LMI子项可以由多个 `lmiterm()` 函数来描述。若第k个LMI是以分块形式给出的，则i,j表示该分块所在的行号和列号。$\boldsymbol{P}$为已经由 `lmivar()` 函数声明过的变量名。$\boldsymbol{A},\boldsymbol{B}$矩阵表示该项中变量$\boldsymbol{P}$左乘和右乘的矩阵，即该项含有$\boldsymbol{APB}$。$\boldsymbol{A}$和$\boldsymbol{B}$设置成1和$-1$则分别表示单位矩阵$\boldsymbol{I}$或负单位阵$-\boldsymbol{I}$。若 `flag` 选择为 `'s'`，则该项表示对称项$\boldsymbol{APB}+(\boldsymbol{APB})^{\mathrm{T}}$。如果该项为常数矩阵，则可以将相应的$\boldsymbol{P}$设置为$\boldsymbol{0}$，同时略去$\boldsymbol{B}$矩阵。

(4) 完成LMI模型描述。由 `lmiterm()` 函数定义所有的LMI后，就可以用 `getlmis()` 函数来确定LMI问题的描述，该函数的调用格式为 G=getlmis。

(5) 求解LMI问题。定义G模型后，就可以根据问题的类型调用相应函数直接求解。

```
[t_min,x]=feasp(G,options,target)            %可行解问题
[c_opt,x]=mincx(G,c,options,x0,target)       %线性目标函数问题
[λ,x]=gevp(G,nlfc,options,λ0,x0,target)      %广义特征值问题
```

得出的解$\boldsymbol{x}$是向量，可以调用 `dec2mat()` 函数将解矩阵提取出来。控制选项 `options` 是由五个值构成的向量，其第一个量表示要求的求解精度，通常可以取为10^{-5}或其他数值。

例6-58　考虑Riccati不等式$\boldsymbol{A}^{\mathrm{T}}\boldsymbol{X}+\boldsymbol{X}\boldsymbol{A}+\boldsymbol{X}\boldsymbol{B}\boldsymbol{R}^{-1}\boldsymbol{B}^{\mathrm{T}}\boldsymbol{X}+\boldsymbol{Q}<\boldsymbol{0}$，其中

$$\boldsymbol{A}=\begin{bmatrix}-2&-2&-1\\-3&-1&-1\\1&0&-4\end{bmatrix},\quad \boldsymbol{B}=\begin{bmatrix}-1&0\\0&-1\\-1&-1\end{bmatrix},\quad \boldsymbol{Q}=\begin{bmatrix}-2&1&-2\\1&-2&-4\\-2&-4&-2\end{bmatrix},\quad \boldsymbol{R}=\boldsymbol{I}_2$$

试求出该不等式的一个正定可行解$\boldsymbol{X}$。

解　该不等式显然不是线性矩阵不等式，类似前面介绍的Riccati不等式，可以引用Schur补性质对其进行变换，得出分块的LMI表示为

$$\begin{bmatrix}\boldsymbol{A}^{\mathrm{T}}\boldsymbol{X}+\boldsymbol{X}\boldsymbol{A}+\boldsymbol{Q} & \boldsymbol{X}\boldsymbol{B}\\ \boldsymbol{B}^{\mathrm{T}}\boldsymbol{X} & -\boldsymbol{R}\end{bmatrix}<\boldsymbol{0}$$

考虑到需要求出原不等式的正定解$\boldsymbol{X}$，故除了上面变换后的Riccati不等式外还需要满足$\boldsymbol{X}>\boldsymbol{0}$。可以将Riccati不等式设置成不等式1，正定不等式设置成不等式2，这样使用 `lmiterm()` 函数时，只需将k设置成1和2即可。另外，根据$\boldsymbol{A}$和$\boldsymbol{B}$矩阵的维数，可以假定$\boldsymbol{X}$为3×3对称矩阵。这样就可以用下面几个语句建立并求解可行解问题。因为第二不等式为$\boldsymbol{X}>\boldsymbol{0}$，所以序号采用$-2$。

```
>> A=[-2,-2,-1; -3,-1,-1; 1,0,-4]; B=[-1,0; 0,-1; -1,-1];
   Q=[-2,1,-2; 1,-2,-4; -2,-4,-2]; R=eye(2); %输入已知矩阵
   setlmis([]);                        %建立空白的LMI框架
   X=lmivar(1,[3 1]);                  %声明需要求解的矩阵X为3×3对称矩阵
   lmiterm([1 1 1 X],A',1,'s')         %(1,1)分块，对称表示为 A^T X + XA
   lmiterm([1 1 1 0],Q)                %(1,1)分块后面补一个Q常数矩阵
   lmiterm([1 1 2 X],1,B)              %(1,2)分块，填写XB
   lmiterm([1 2 2 0],-1)               %(2,2)分块，填写-R
   lmiterm([-2,1,1,X],1,1)             %设置第二不等式，即不等式X>0
   G=getlmis;                          %完成LMI框架的设置
   [tmin b]=feasp(G); X=dec2mat(G,b,X)   %求解可行解并提取解矩阵
```

这样可以得出 $t_{\min}=-0.3962$,原问题的可行解为

$$\boldsymbol{X}=\begin{bmatrix}1.0329 & 0.4647 & -0.2358\\0.4647 & 0.7790 & -0.0507\\-0.2358 & -0.0507 & 1.4336\end{bmatrix}$$

值得指出的是,可能是由于该工具箱本身的问题,如果在描述LMI时给出了对称项,如 lmiterm([1,2,1,X],B',1),则该函数将得出错误的结果,所以在求解线性矩阵不等式问题时一定不能再给出对称项。

6.5.5 基于YALMIP工具箱的最优化求解方法

瑞典学者Johan Löfberg博士开发了一个基于符号运算工具箱编写的YALMIP (yet another LMI package)模型优化工具箱[70],该工具箱提供的线性矩阵不等式求解方法和鲁棒控制工具箱中的LMI函数相比要直观得多。这里还介绍了其他相关的最优化问题求解方法[71]。

YALMIP工具箱提供了简单的决策变量表示方法,可以调用sdpvar()函数来表示,其调用方法为

```
X=sdpvar(n)             %对称方阵的表示方法
X=sdpvar(n,m)           %长方形一般矩阵的表示方法
X=sdpvar(n,n,'full')    %一般方阵的表示方法
```

这样定义的矩阵还可以进一步利用,例如,这样定义的向量还可以和hankel()联合使用,构造出Hankel矩阵。类似地,由intvar()和binvar()函数还可以定义整型变量和二进制变量,从而求解整数规划和0–1规划问题。

该工具箱可以描述矩阵不等式。若有若干这样的矩阵不等式,可以用向量形式联立这些不等式。

当然使用类似的方法还可以定义目标函数,描述了矩阵不等式约束后就可以调用optimize()函数直接求解各类问题: optimize(约束条件, 目标函数)。求解结束后,可以由 X=double(X) 语句提取得出的解矩阵。

例6-59 利用YALMIP工具箱,例6-58中的问题可以由下面语句更简洁地求解相应的矩阵不等式问题,这里的结果和前面得出的完全一致。

```
>> A=[-2,-2,-1; -3,-1,-1; 1,0,-4]; B=[-1,0; 0,-1; -1,-1];   %输入已知矩阵
   Q=[-2,1,-2; 1,-2,-4; -2,-4,-2]; R=eye(2); X=sdpvar(3);   %声明解矩阵形式
   F=[[A'*X+X*A+Q, X*B; B'*X, -R]<0, X>0];                  %描述线性矩阵不等式
   optimize(F); X=double(X)                                  %求解可行解问题并提取解
```

例6-60 试用YALMIP工具箱求解例6-31中给出的线性规划问题。

解 为方便起见,将该问题重新表述如下:

$$\min_{\boldsymbol{x}\ \text{s.t.}\left\{\begin{array}{l}2x_2+x_3+4x_4+2x_5\leqslant 54\\3x_1+4x_2+5x_3-x_4-x_5\leqslant 62\\x_1,x_2\geqslant 0,x_3\geqslant 3.32,x_4\geqslant 0.678,x_5\geqslant 2.57\end{array}\right.} -2x_1-x_2-4x_3-3x_4-x_5$$

显然,$\boldsymbol{x}$ 是一个 5×1 列向量,这样可以由下面语句求解原问题。

```
>> x=sdpvar(5,1); A=[0 2 1 4 2; 3 4 5 -1 -1]; B=[54; 62];   %给定矩阵输入
   xm=[0,0,3.32,0.678,2.57]'; F=[A*x<=B, x>=xm];             %描述线性矩阵不等式
   optimize(F,-[2 1 4 3 1]*x); x=double(x)                   %求解并提取解
```

由该函数可以立即得出问题的解 $\boldsymbol{x}=[19.785,0,3.32,11.385,2.57]^{\mathrm{T}}$,与前面得出的完全一致。如果将决

策变量设置为整数，可以用intvar()定义，并用下面语句求解整数规划。

```
>> x=intvar(5,1); F=[A*x<=B, x>=xm]; optimize(F,-[2 1 4 3 1]*x); double(x)
```

其解为 $\boldsymbol{x}=[19,0,4,10,5]^{\mathrm{T}}$，与例6-45中得出的完全一致。

例6-61 对线性系统 $(\boldsymbol{A},\boldsymbol{B},\boldsymbol{C},\boldsymbol{D})$ 来说，其 $\mathcal{H}_\infty$ 范数可以由控制系统工具箱中的norm()函数直接求解。采用LMI方法也可以求解系统的 $\mathcal{H}_\infty$ 范数，其数学描述为

$$\min_{\gamma,\boldsymbol{P}\ \text{s.t.}\left\{\begin{array}{l}\begin{bmatrix}\boldsymbol{A}^{\mathrm{T}}\boldsymbol{P}+\boldsymbol{P}\boldsymbol{A} & \boldsymbol{P}\boldsymbol{B} & \boldsymbol{C}^{\mathrm{T}}\\ \boldsymbol{B}^{\mathrm{T}}\boldsymbol{P} & -\gamma\boldsymbol{I} & \boldsymbol{D}^{\mathrm{T}}\\ \boldsymbol{C} & \boldsymbol{D} & -\gamma\boldsymbol{I}\end{bmatrix}<\boldsymbol{0}\\ \boldsymbol{P}>\boldsymbol{0}\end{array}\right.}\gamma \tag{6-5-17}$$

试求解下面给出的线性系统模型的 $\mathcal{H}_\infty$ 范数。

$$\boldsymbol{A}=\begin{bmatrix}-4 & -3 & 0 & -1\\ -3 & -7 & 0 & -3\\ 0 & 0 & -13 & -1\\ -1 & -3 & -1 & -10\end{bmatrix},\quad \boldsymbol{B}=\begin{bmatrix}0\\ -4\\ 2\\ 5\end{bmatrix},\quad \boldsymbol{C}=[0,0,4,0],\quad \boldsymbol{D}=0$$

解 通过下面的语句，可以利用YALMIP工具箱描述 $\mathcal{H}_\infty$ 范数问题，从而得出其值为0.4640，该结果和norm()函数的结果完全一致。

```
>> A=[-4,-3,0,-1; -3,-7,0,-3; 0,0,-13,-1; -1,-3,-1,-10];    %输入已知矩阵
   B=[0; -4; 2; 5]; C=[0,0,4,0]; D=0; gam=sdpvar(1); P=sdpvar(4);
   F=[[A*P+P*A',P*B,C'; B'*P,-gam,D'; C,D,-gam]<0, P>0];    %描述LMI
   optimize(F,gam); double(gam), norm(ss(A,B,C,D),'inf')    %求解并提取解
```

6.6 多目标优化问题求解

前面所有的最优化问题都假设目标函数 $f(\boldsymbol{x})$ 为标量函数，所以前面介绍的最优化问题称为单目标规划问题。对这一假设进行突破，可以将目标函数扩展为向量函数，这时，最优化问题将称为多目标优化问题。本节将简要介绍多目标最优化问题的建模与求解方法。

6.6.1 多目标优化模型

多目标最优化问题的一般表示为

$$J=\min_{\boldsymbol{x}\ \text{s.t.}\ \boldsymbol{G}(\boldsymbol{x})\leqslant\boldsymbol{0}}\boldsymbol{F}(\boldsymbol{x}) \tag{6-6-1}$$

其中，$\boldsymbol{F}(\boldsymbol{x})=\left[f_1(\boldsymbol{x}),f_2(\boldsymbol{x}),\cdots,f_p(\boldsymbol{x})\right]^{\mathrm{T}}$。下面将通过例子演示多目标规划问题的建模问题，揭示多目标优化的物理意义。

例6-62 设某商店有 $\mathrm{A}_1,\mathrm{A}_2,\mathrm{A}_3$ 三种糖果，单价分别为4, 2.8和2.4元/kg，现在要筹办一次茶话会，要求买糖果的钱不超过20元，糖果总量不得少于6kg，A_1 和 A_2 两种糖果总量不得少于3kg，应该如何确定最好的买糖方案？（问题来源：文献[72]）

解 首先应该决定目标函数如何选择的问题。在本例中，好的方案意味着少花钱多办事，这应该对应于两个目标函数，一个是花钱最少，另一个是买糖果的总量最重。其余的条件可以认为是约束条件。当然，这两个目标函数多少有些矛盾。下面考虑如何将这样的问题用数学表示。

假设 $\mathrm{A}_1,\mathrm{A}_2,\mathrm{A}_3$ 三种糖果的购买量分别为 x_1,x_2 和 $x_3$kg，这时两个目标函数分别为

$$\text{花钱：}f_1(\boldsymbol{x})=4x_1+2.8x_2+2.4x_3\to\min,\quad \text{糖果总量：}f_2(\boldsymbol{x})=x_1+x_2+x_3\to\max$$

如果统一用最小值的方式表示,则有约束的多目标优化问题可以表示成

$$\min_{\boldsymbol{x} \text{ s.t.} \begin{cases} 4x_1+2.8x_2+2.4x_3\leqslant 20 \\ x_1+x_2+x_3\geqslant 6 \\ x_1+x_2\geqslant 3 \\ x_1,x_2,x_3\geqslant 0 \end{cases}} \begin{bmatrix} 4x_1+2.8x_2+2.4x_3 \\ -(x_1+x_2+x_3) \end{bmatrix}$$

模型建立起来以后,可以考虑采用后面介绍的方法求解。

6.6.2 无约束多目标函数的最小二乘求解

假设多目标规划问题目标函数$\boldsymbol{F}(\boldsymbol{x})=\left[f_1(\boldsymbol{x}),f_2(\boldsymbol{x}),\cdots,f_k(\boldsymbol{x})\right]^{\mathrm{T}}$,则可以按照下面的方式将其转换成单目标问题

$$\min_{\boldsymbol{x} \text{ s.t. } \boldsymbol{x}_{\mathrm{m}}\leqslant\boldsymbol{x}\leqslant\boldsymbol{x}_{\mathrm{M}}} f_1^2(\boldsymbol{x})+f_2^2(\boldsymbol{x})+\cdots+f_k^2(\boldsymbol{x}) \tag{6-6-2}$$

这样,就可以用以前介绍的方法直接求解该问题了。MATLAB还提供了`lsqnonlin()`函数直接求解这类问题,该函数的调用格式为`[`x`,`n_f`,`$f_{\rm opt}$`,flag,c]=lsqnonlin(F,`x_0`,`$x_{\rm m}$`,`$x_{\rm M}$`)`,其中,`F`为给目标函数写的M函数或匿名函数,该函数为向量函数。$\boldsymbol{x}_0$为初始搜索点。最优化运算完成后,结果将在变量$\boldsymbol{x}$中返回,最优化的目标函数向量将在$\boldsymbol{f}_{\rm opt}$变量中返回,其范数由$n_{\rm f}$返回。和其他优化函数一样,选项`OPT`有时是很重要的。

例6-63　试求解下面无约束非线性多目标规划问题的最小二乘解。

$$\min_{\boldsymbol{x} \text{ s.t. } \begin{bmatrix}0\\0\\0\end{bmatrix}\leqslant\boldsymbol{x}\leqslant\begin{bmatrix}3\\ \pi\\5\end{bmatrix}} \begin{bmatrix} (x_1+2x_2+3x_3)\sin(x_1+x_2)\mathrm{e}^{-x_1^2-x_3^2}+5x_3 \\ \mathrm{e}^{-x_2^2-4x_2^3}\cos(4x_1+x_2) \end{bmatrix}$$

解　写出向量型的目标函数,则可以调用下面语句直接求解原问题,得出$\boldsymbol{x}=[2.9998,3.1415,0]$。

```
>> f=@(x)[(x(1)+2*x(2)+3*x(3))*sin(x(1)+x(2))*exp(-x(1)^2-x(3)^2)+5*x(3);
        exp(-x(2)^2-4*x(2)^3)*cos(4*x(1)+x(2))];                %目标函数描述
   xm=[0; 0; 0]; xM=[3; pi; 5]; x0=xM; x=lsqnonlin(f,x0,xm,xM)  %直接求解
```

事实上,如果采用前面介绍的`fmincon()`函数,则可以重新定义目标函数,调用该函数求解可以直接得出所需结果$\boldsymbol{x}=[3,3.1416,0]$。值得指出的是,用后者可以求取含有约束的多目标规划最小二乘问题。当然,有约束问题也可以利用单目标问题直接求解。

```
>> G=@(x)f(x)'*f(x); x=fmincon(G,x0,[],[],[],[],xm,xM)    %等效的求解方法
```

6.6.3 多目标问题转换为单目标问题求解

前面各节已经很全面地介绍了单目标问题的数值求解方法,事实上,多目标问题可以按照某种方法转换成特定的单目标问题,例如对多目标函数进行加权或最小二乘处理等。本小节侧重介绍这类方法。

1. 线性加权变换及求解

显然,前面介绍的单目标优化算法不能直接用于求解上述多目标优化问题,在求解之前,需要引入某种方法将其变换成单目标优化问题。最简单的变换方法是根据对两个指标的侧重情况引入加权,使得目标函数改写成标量形式:

$$f(\boldsymbol{x})=w_1f_1(\boldsymbol{x})+w_2f_2(\boldsymbol{x})+\cdots+w_pf_p(\boldsymbol{x}) \tag{6-6-3}$$

其中，$w_1+w_2+\cdots+w_p=1$，且 $0\leqslant w_1,w_2,\cdots,w_p\leqslant 1$。

例6-64 试在不同的加权系数下，求出例6-62中问题的解。

解 原问题可以重新修改成下面的线性规划系数：

$$\min_{\boldsymbol{x}\text{ s.t.}\begin{cases}4x_1+2.8x_2+2.4x_3\leqslant 20\\-x_1-x_2-x_3\leqslant -6\\-x_1-x_2\leqslant -3\\x_1,x_2,x_3\geqslant 0\end{cases}} (w_1[4,2.8,2.4]-w_2[1,1,1])\boldsymbol{x}$$

这样，不同加权系数下的最优购买方案可以由下面循环结构得出，如表6-6所示。可见，由于加权系数选择不同，得出的最优解也是不同的。另外，$x_1\equiv 0$，这是因为，对 x_1 本身没有约束，所以其值当然是越小越好了。

```
>> f1=[4,2.8,2.4];
   f2=[-1,-1,-1]; Aeq=[]; Beq=[]; xm=[0;0;0]; C=[];
   A=[4 2.8 2.4; -1 -1 -1; -1 -1 0]; B=[20;-6;-3]; ww1=[0:0.1:1];
   for w1=ww1, w2=1-w1; %用循环结构尝试各种加权取值
      x=linprog(w1*f1+w2*f2,A,B,Aeq,Beq,xm); C=[C; w1 w2 x' f1*x -f2*x]
   end
```

表6-6 不同加权系数下的最优方案

w_1	w_2	x_1	x_2	x_3	总花费	糖果总量	w_1	w_2	x_1	x_2	x_3	总花费	糖果总量
0	1	0	3	4.8333	20	7.8333	0.6	0.4	0	3	3	15.6	6
0.1	0.9	0	3	4.8333	20	7.8333	0.7	0.3	0	3	3	15.6	6
0.2	0.8	0	3	4.8333	20	7.8333	0.8	0.2	0	3	3	15.6	6
0.3	0.7	0	3	3	15.6	6	0.9	0.1	0	3	3	15.6	6
0.4	0.6	0	3	3	15.6	6	1	0	0	3	3	15.6	6
0.5	0.5	0	3	3	15.6	6							

2. 线性规划问题的最佳妥协解

考虑一类特殊的线性规划问题

$$J=\max_{\boldsymbol{x}\text{ s.t.}\begin{cases}\boldsymbol{A}\boldsymbol{x}\leqslant\boldsymbol{B}\\\boldsymbol{A}_{\rm eq}\boldsymbol{x}=\boldsymbol{B}_{\rm eq}\\\boldsymbol{x}_{\rm m}\leqslant\boldsymbol{x}\leqslant\boldsymbol{x}_{\rm M}\end{cases}}\boldsymbol{C}\boldsymbol{x} \tag{6-6-4}$$

和传统线性规划问题不同，目标函数的 $\boldsymbol{C}$ 不是一个向量，而是一个矩阵。每一个目标函数 $f_i(\boldsymbol{x})=\boldsymbol{c}_i\boldsymbol{x}$，$i=1,2,\cdots,p$，可以理解成第 i 方的利益分配，所以这样的最优化问题可以认为是各方利益的最大分配。当然，在约束条件的限制和相互制约下，不可能每一方的利益均能真正地最大化，这就需要各方作出适当的妥协，得出唯一的最佳妥协解。最佳妥协解的求解步骤如下：

（1）单独求解每个单目标函数的最优化问题，得出最优解 f_k，$k=1,2,\cdots,p$。

（2）通过规范化构造单独的目标函数

$$f(\boldsymbol{x})=-\frac{1}{f_1}\boldsymbol{c}_1\boldsymbol{x}-\frac{1}{f_2}\boldsymbol{c}_2\boldsymbol{x}-\cdots-\frac{1}{f_p}\boldsymbol{c}_p\boldsymbol{x} \tag{6-6-5}$$

(3)最佳妥协解可以变换成下面的单目标线性规划问题直接求解

$$J=\min_{\boldsymbol{x} \text{ s.t. } \begin{cases}\boldsymbol{A}\boldsymbol{x}\leqslant\boldsymbol{B}\\ \boldsymbol{A}_{\rm eq}\boldsymbol{x}=\boldsymbol{B}_{\rm eq}\\ \boldsymbol{x}_{\rm m}\leqslant\boldsymbol{x}\leqslant\boldsymbol{x}_{\rm M}\end{cases}} f(\boldsymbol{x}) \tag{6-6-6}$$

根据上述算法,可以编写出一个最大值问题的最佳妥协解的求解程序。

```
function [x,f,flag,cc]=linprog_c(C,A,B,Aeq,Beq,xm,xM), [p,m]=size(C); c=0; %初始化设置
   for i=1:p, [x,f]=linprog(C(i,:),A,B,Aeq,Beq,xm,xM); c=c-C(i,:)/f; end
   [x,f,flag,cc]=linprog(c,A,B,Aeq,Beq,xm,xM);      %求解新的线性规划问题
end
```

例6-65 试求出例6-62中问题的最佳妥协解。

解 由下面的语句可以立即得出最佳妥协解为$\boldsymbol{x}=[0,3,4.8333]^{\rm T}$,总花费20元,糖果的总量为7.8333 kg。

```
>> C=[-4 -2.8 -2.4; 1 1 1]; A=[4 2.8 2.4; -1 -1 -1; -1 -1 0];
   B=[20; -6; -3]; Aeq=[]; Beq=[]; xm=[0;0;0]; xM=[];    %输入已知矩阵
   x=linprog_c(C,A,B,Aeq,Beq,xm,xM), C*x                 %得出最佳妥协解
```

例6-66 试求出下面多目标线性规划问题的最佳妥协解

$$\min_{\boldsymbol{x} \text{ s.t. } \begin{cases}2x_1+4x_2+x_4\leqslant110\\ 5x_3+3x_4\geqslant180\\ x_1+2x_2+6x_3+5x_4\leqslant250\\ x_1,x_2,x_3,x_4\geqslant0\end{cases}} \begin{bmatrix}3x_1+x_2+6x_4\\ 10x_2+7x_4\\ 2x_1+x_2+8x_3\\ x_1+x_2+3x_3+2x_4\end{bmatrix}$$

解 由给出的多目标线性规划问题,可以容易地写出$\boldsymbol{C}$矩阵,并写出其他的约束条件,这样调用前面编写的`linprog_c()`函数可以直接求得最佳妥协解为$\boldsymbol{x}=[0,26.087,32.6087,5.6522]^{\rm T}$,各方妥协的目标函数为$[60,300.4348,286.9565,135.2174]^{\rm T}$。

```
>> C=-[3,1,0,6; 0,10,0,7; 2,1,8,0; 1,1,3,2]; A=[2,4,0,1; 0,0,-5,-3; 1,1,6,5];
   B=[110; -180; 250]; Aeq=[]; Beq=[]; xm=[0;0;0;0]; xM=[];    %输入已知矩阵
   x=linprog_c(C,A,B,Aeq,Beq,xm,xM), -C*x                       %求解最佳妥协解
```

3. 线性规划问题的最小二乘解

考虑下面多目标线性规划问题的最小二乘表示

$$\min_{\boldsymbol{x} \text{ s.t. } \begin{cases}\boldsymbol{A}\boldsymbol{x}\leqslant\boldsymbol{B}\\ \boldsymbol{A}_{\rm eq}\boldsymbol{x}=\boldsymbol{B}_{\rm eq}\\ \boldsymbol{x}_{\rm m}\leqslant\boldsymbol{x}\leqslant\boldsymbol{x}_{\rm M}\end{cases}} \frac{1}{2}||\boldsymbol{C}\boldsymbol{x}-\boldsymbol{d}||^2 \tag{6-6-7}$$

则最小二乘解可以由x=lsqlin($\boldsymbol{C},\boldsymbol{d},\boldsymbol{A},\boldsymbol{B},\boldsymbol{A}_{\rm eq},\boldsymbol{B}_{\rm eq},\boldsymbol{x}_{\rm m},\boldsymbol{x}_{\rm M},\boldsymbol{x}_0$,options)函数直接得出。因为原问题为凸优化问题,初值的$\boldsymbol{x}_0$的选择不是很重要,可以忽略。

例6-67 考虑例6-66中给出的多目标线性规划问题,试求其最小二乘解。

解 由给出的多目标线性规划问题,可以容易地写出$\boldsymbol{C}$矩阵,并写出其他的约束条件,这样调用`lsqlin()`函数可以直接求得最小二乘解为$\boldsymbol{x}=[0,0,28.4456,12.5907]^{\rm T}$,各个目标函数分别为[75.544, 88.1347, 227.5648,

110.5181]^{T}。注意，同样的问题，由于求解方法或目标函数选择不同，得出的最优解可能也不同。对本例来说，最优妥协解显然不同于最小二乘解。

```
>> C=[3,1,0,6; 0,10,0,7; 2,1,8,0; 1,1,3,2]; d=zeros(4,1);        %输入已知矩阵
   A=[2,4,0,1; 0,0,-5,-3; 1,1,6,5]; B=[110; -180; 250]; Aeq=[]; Beq=[];
   xm=[0;0;0;0]; xM=[]; x=lsqlin(C,d,A,B,Aeq,Beq,xm,xM), C*x     %直接求解
```

6.6.4 多目标优化问题的Pareto解集

从前面的分析看，一般情况下多目标优化问题的解是不唯一的，其解可能随着决策者的偏好而不同。现在重新考虑原始多目标优化问题，假设某一个目标函数分量取一系列离散点，则原来问题的目标函数的个数将减少1，这样可能给原问题的研究带来新的结果。下面将通过例子演示这样的分析方法。

例6-68 采用上述的离散点分析方法重新研究例6-62中的多目标优化问题。

解 对原始问题中花费的钱数取一系列离散点$m_i \in (15,20)$，则原始问题可以改写成单目标的线性规划问题。

$$\min_{\boldsymbol{x} \text{ s.t.} \begin{cases} 4x_1+2.8x_2+2.4x_3=m_i \\ -x_1-x_2-x_3\leqslant -6 \\ -x_1-x_2\leqslant -3 \\ x_1,x_2,x_3\geqslant 0 \end{cases}} -[1,1,1]\boldsymbol{x}$$

则该问题的含义是：若花费为m_i，在满足约束条件的前提下最多可以买多少糖果。显然，用这样的方法可以得出最多糖果量n_i的值。对不同的m_i可以得出不同的n_i，它们之间的曲线几乎呈线性。

```
>> f2=[-1,-1,-1]; Aeq=[4 2.8 2.4]; xm=[0;0;0];   %输入已知矩阵
   A=[-1 -1 -1; -1 -1 0]; B=[-6;-3]; mi=15:0.1:20; ni=[];
   for m=mi, Beq=m; x=linprog(f2,A,B,Aeq,Beq,xm);
   if length(x)==0, f0=NaN; else, f0=-f2*x; end, ni=[ni,f0]; end
   plot(mi,ni)      %绘制两个目标函数之间的关系曲线
```

考虑一个双目标函数的问题，可以首先得出可行解的离散点，将这些点先在二维平面上显示出来，如图6-14所示。因为原始问题是求取两个坐标系f_1和f_2的最小值，所以可以从得出的可行解离散点提取出区域左下角的一条曲线，这个曲线上的点都是原问题的解，称为Pareto解集（Pareto set或Pareto front）。Yi Cao在Gianluca Dorini贡献的Pareto解集提取程序的基础上，开发了改进的快速提取程序[73]，主函数paretoset()的调用格式为$\boldsymbol{K}$=paretoset([$\boldsymbol{f}_1$,$\boldsymbol{f}_2$,$\cdots$,$\boldsymbol{f}_p$])，其中，$\boldsymbol{f}_1$，$\boldsymbol{f}_2$，$\cdots$，$\boldsymbol{f}_p$为可行解离散点构成的列向量，$\boldsymbol{K}$向量为标志向量，指示可行解离散点是否为Pareto解集中的点。

例6-69 试提取例6-62中的Pareto解集。

解 类似于前面介绍的穷举方法，首先生成一组x_1,x_2,x_3网格数据，将不满足约束条件的点剔除掉，留下可行解，然后调用paretoset()函数提取并绘制Pareto解集，如图6-15所示。

```
>> [x1,x2,x3]=meshgrid(0:0.1:4);                                  %生成所有可能的组合
   ii=find(4*x1+2.8*x2+2.4*x3<=20 & x1+x2+x3>=6 & x1+x2>=3);       %寻找可行解
   xx1=x1(ii); xx2=x2(ii); xx3=x3(ii); f1=4*xx1+2.8*xx2+2.4*xx3;  %可行解目标函数
   f2=-(xx1+xx2+xx3); k=paretoset([f1 f2]);                     %求取Pareto解集
   plot(f1,f2,'x'), hold on; plot(f1(k),f2(k),'o')              %绘制Pareto解集
```

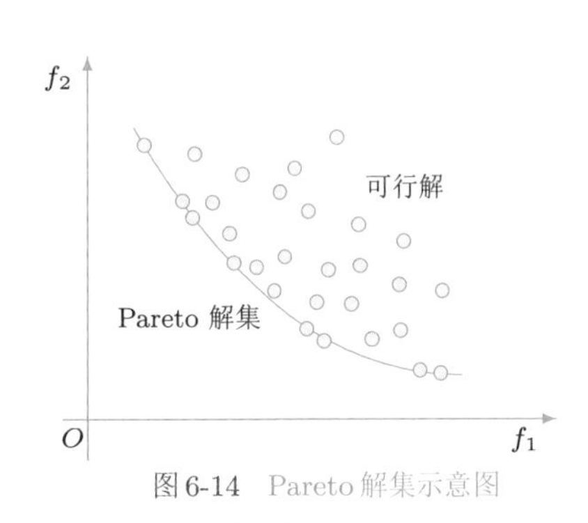

图6-14 Pareto解集示意图

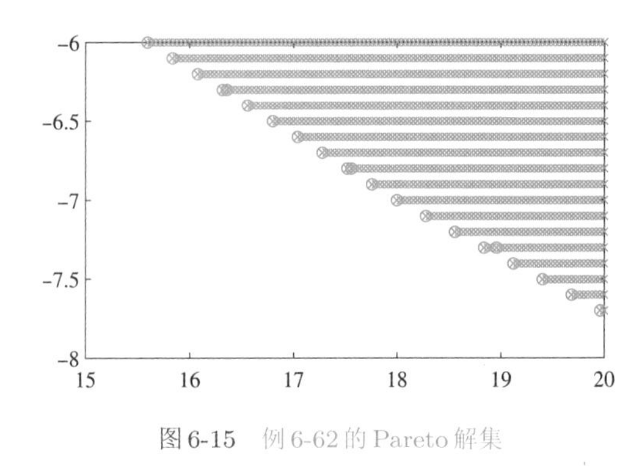

图6-15 例6-62的Pareto解集

6.6.5 极小极大问题求解

多目标优化的一类很重要的问题是极小极大问题。假设有某一组p个目标函数$f_i(\boldsymbol{x}), i=1,2,\cdots,p$，它们中的每一个均可以提取出一个最大值 $\max\limits_{\boldsymbol{x} \text{ s.t. } \boldsymbol{G}(\boldsymbol{x})\leqslant\boldsymbol{0}} f_i(\boldsymbol{x})$，而这样得出的一组最大值仍然是$\boldsymbol{x}$的函数。现在想对这些最大值进行最小化搜索，即

$$J=\min\left[\max_{\boldsymbol{x} \text{ s.t. } \boldsymbol{G}(\boldsymbol{x})\leqslant\boldsymbol{0}} f_i(\boldsymbol{x})\right] \tag{6-6-8}$$

则这类问题称为极小极大问题。换句话说，极小极大问题是在最不利的条件下寻找最有利决策方案的一种方法。

考虑各类约束条件，极小极大问题可以更一般地改写成

$$J=\min\max_{\boldsymbol{x} \text{ s.t. } \begin{cases}\boldsymbol{A}\boldsymbol{x}\leqslant\boldsymbol{B}\\ \boldsymbol{A}_{\rm eq}\boldsymbol{x}=\boldsymbol{B}_{\rm eq}\\ \boldsymbol{x}_{\rm m}\leqslant\boldsymbol{x}\leqslant\boldsymbol{x}_{\rm M}\\ \boldsymbol{C}(\boldsymbol{x})\leqslant\boldsymbol{0}\\ \boldsymbol{C}_{\rm eq}(\boldsymbol{x})=\boldsymbol{0}\end{cases}} f_i(\boldsymbol{x}) \tag{6-6-9}$$

MATLAB最优化工具箱提供的`fminimax()`函数可以直接求解极小极大问题，该函数的调用格式为[$\boldsymbol{x}$,$f_{\rm opt}$,flag,c]=fminimax(F,$\boldsymbol{x}_0$,$\boldsymbol{A}$,$\boldsymbol{B}$,$\boldsymbol{A}_{\rm eq}$,$\boldsymbol{B}_{\rm eq}$,$\boldsymbol{x}_{\rm m}$,$\boldsymbol{x}_{\rm M}$,CF,OPT,p_1,p_2,$\cdots$)。该函数的调用格式接近于前面介绍的`fmincon()`函数，不同的是，目标函数为向量形式描述，当然，用匿名函数和M函数均可以表示新目标函数。

例6-70 试求解下面的极小极大问题。

$$\min\max_{\boldsymbol{x} \text{ s.t. } \begin{cases}4.3x_1+3.8x_2\leqslant4.9\\ x_1+x_2\leqslant3\end{cases}} \begin{bmatrix} x_1^2\sin x_2+x_2-3x_1x_2\cos x_1\\ -x_1^2{\rm e}^{-x_2}-x_2^2{\rm e}^{-x_1}+x_1x_2\cos x_1x_2\\ x_1^2+x_2^2-2x_1x_2+x_1-x_2\\ -x_1^2-x_2^2\cos x_1x_2 \end{bmatrix}$$

解 上述最优化问题可以通过下面的语句直接求解，并选择随机数为初值，则可以得出原问题的解为$\boldsymbol{x}=[0.5319, 0.6876]$。

```
>> f=@(x)[x(1)^2*sin(x(2))+x(2)-3*x(1)*x(2)*cos(x(1));
          -x(1)^2*exp(-x(2))-x(2)^2*exp(-x(1))+x(1)*x(2)*cos(x(1)*x(2));
          x(1)^2+x(2)^2-2*x(1)*x(2)+x(1)-x(2);
          -x(1)^2-x(2)^2*cos(x(1)*x(2))]; %用匿名函数表示多目标函数
   A=[4.3 3.8; 1 1]; B=[4.9; 3]; x=fminimax(f,rand(2,1),A,B) %求解问题
```

其实，有了 fminimax() 函数，还可以求解相关的变形问题，如极小极小问题：

$$J=\min\left[\min_{\boldsymbol{x}\ \text{s.t.}\ \boldsymbol{G}(\boldsymbol{x})\leqslant\boldsymbol{0}} f_i(\boldsymbol{x})\right] \tag{6-6-10}$$

该问题可以直接转换成下面的极小极大问题：

$$J=\min\left[\max_{\boldsymbol{x}\ \text{s.t.}\ \boldsymbol{G}(\boldsymbol{x})\leqslant\boldsymbol{0}} -f_i(\boldsymbol{x})\right] \tag{6-6-11}$$

6.6.6 目标规划问题求解

在实际最优化问题的求解过程中，有的时候会发现找不到可行解，这就需要放松约束条件，比如，不等式约束条件 $\boldsymbol{A}\boldsymbol{x}\leqslant\boldsymbol{B}$ 可以改写成 $\boldsymbol{A}\boldsymbol{x}\leqslant\boldsymbol{B}+\boldsymbol{d}^-−\boldsymbol{d}^+$，而实际求解过程中，将偏差对 $(\boldsymbol{d}^-,\boldsymbol{d}^+)$ 引入目标函数，使得偏差最小。相应地，目标函数也应该给出某一满意指标。例如，若目标函数为运费，则规划者应该有一个能承受的范围，这样，目标规划问题事实上转换为在运费能接受的前提下尽量减小偏差，使得严格的不等式约束尽可能小地被突破。这时，相应的最优化问题称为目标规划问题。

MATLAB 的最优化工具箱提供了目标规划问题的求解函数 fgoalattain()，可以直接求解下述目标规划的标准型问题。

$$\min_{\boldsymbol{x},\gamma\ \text{s.t.}\ \begin{cases}\boldsymbol{F}(\boldsymbol{x})-\boldsymbol{w}\gamma\leqslant\boldsymbol{g}\\ \boldsymbol{A}\boldsymbol{x}\leqslant\boldsymbol{B}\\ \boldsymbol{A}_{\text{eq}}\boldsymbol{x}=\boldsymbol{B}_{\text{eq}}\\ \boldsymbol{c}(\boldsymbol{x})\leqslant\boldsymbol{0}\\ \boldsymbol{c}_{\text{eq}}(\boldsymbol{x})=\boldsymbol{0}\\ \boldsymbol{x}_{\text{m}}\leqslant\boldsymbol{x}\leqslant\boldsymbol{x}_{\text{M}}\end{cases}} \gamma \tag{6-6-12}$$

其中，$\boldsymbol{F}(\boldsymbol{x})$ 为原始的多目标向量，$\boldsymbol{w}$ 为各个目标函数的加权系数，$\boldsymbol{g}$ 为用户人为引入的目标。该函数的调用格式为 x=fgoalattain(F,x_0,$\boldsymbol{g}$,w,$\boldsymbol{A}$,$\boldsymbol{B}$,$\boldsymbol{A}_{\text{eq}}$,$\boldsymbol{B}_{\text{eq}}$,$\boldsymbol{x}_{\text{m}}$,$\boldsymbol{x}_{\text{M}}$,CF,OPT,$p_1$,$p_2$,$\cdots$)。

例6-71 试用目标规划方法求解例6-62中给出的问题。

解 显然，这两个目标函数可以接受的目标分别是20和6（更确切地说是−6，因为需要将最大化问题变换成最小化问题）。除此之外，还需要人为地选择权重。例如若更看重“少花钱”这一指标，则可以将其权重设置为80%，而将另一个指标的权重设置成20%，这样就可以调用下面的语句直接求解原问题，得出 $\boldsymbol{x}=[0,3,3.6875]^{\text{T}}$，且 $\boldsymbol{f}(\boldsymbol{x})=[17.25,-6.6875]^{\text{T}}$。

```
>> f=@(x)[[4,2.8,2.4]*x; [-1 -1 -1]*x]; Aeq=[]; Beq=[]; xm=[0;0;0];
   x0=xm; w=[0.8,0.2]; goal=[20; -6]; A=[-1 -1 0]; B=[-3];    %输入已知矩阵
   x=fgoalattain(f,x0,goal,w,A,B,[],[],xm), f(x)    %目标规划问题的求解
```

6.7 动态规划及其在路径规划中的应用

前面介绍的最优化问题均属于静态最优化问题，因为目标函数和约束条件都是事先固定好的。在实际的科学研究中，有时会遇到另外一类问题，其目标函数和其他要求呈明显的阶段性和序列性。例如在生产计划制订时，每一年度的计划均取决于前一年的实际情况，这样，最优化问题不再是静态的了，而需要引入动态的最优化问题。

动态规划是 Richard Bellman[74] 在1959年引入的一个新的最优化领域，该成就是所谓现代控制理

论的三个基础之一。该理论在多段决策过程和网络路径优化等领域有重要的作用。本节主要介绍动态规划在有向图和一般路径规划问题的最短路径求解中的应用。

6.7.1 图的矩阵表示方法

在介绍图表示之前,先给出一些关于图的基本概念并介绍图的MATLAB描述方法。在图论中,图是由节点和边构成的,所谓边,就是连接两个节点的直接路径。如果边是有向的,则图称为有向图,否则称为无向图。

图可以有多种表示方法,然而,最适合计算机表示和处理的是矩阵表示方法。假设一个图有n个节点,则可以用一个$n\times n$矩阵$\boldsymbol{R}$来表示它。假设由节点i到节点j的边权值为k,则相应的矩阵元素可以表示为$\boldsymbol{R}(i,j)=k$。这样的矩阵称为关联矩阵。若第i和第j节点间不存在边,则可令$\boldsymbol{R}(i,j)=0$,当然,也有的算法要求$\boldsymbol{R}(i,j)=\infty$,后面将进行相应的介绍。

MATLAB语言还支持关联矩阵的稀疏矩阵表示方法。假设已知某图由n个节点构成,图中含有m条边,由a_i节点出发到b_i节点为止的边权值为w_i,$i=1,2,\cdots,m$。这样,可以建立三个向量,并由它们构造出关联矩阵:

```
a=[a1,a2,···,am,n]; b=[b1,b2,···,bm,n]; %起始与终止节点向量
w=[w1,w2,···,wm,0];                     %边权值向量
R=sparse(a,b,w);                        %关联矩阵的稀疏矩阵表示
```

注意,各个向量最后的一个值使得关联矩阵成为方阵,这是很多搜索方法所要求的。一个稀疏矩阵可以由`full()`函数变换成常规矩阵,常规矩阵可以由`sparse()`函数转换成稀疏矩阵。

6.7.2 有向图的路径寻优

有向图与最优路径搜索是很多领域都能遇到的常见问题,应用动态规划理论,通常需要由终点反推回起点,搜索最优路径。本小节先给出一个例子,演示手工反推的寻优方法,然后将介绍基于MATLAB生物信息学工具箱[75]的最优路径求解方法,最后将介绍一个实用的Dijkstra算法及其MATLAB实现。

1. 有向图最短路径问题的手工求解

这里将通过一个有向图研究的实例来介绍动态规划问题的手工求解方法。

例6-72 考虑如图6-16所示的有向图[76],路径上的数字为从该路径起始节点到终止节点所花费的时间,试求出从节点①到节点⑨ 的最优路径。

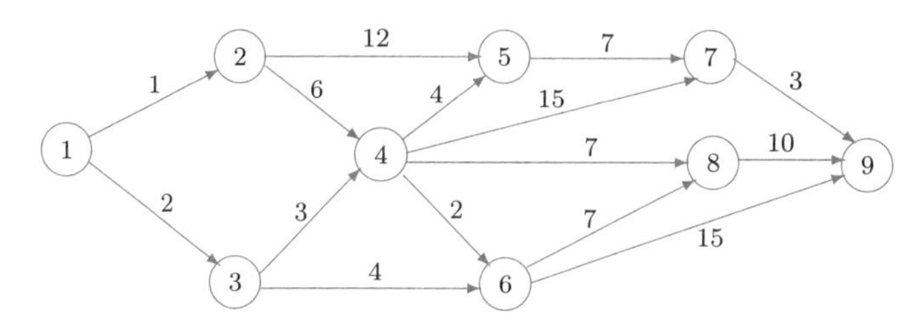

图6-16 有向图的最短路径问题

解 先考虑终点,即节点⑨,将其时刻设置为0,表示为(0)。下一个步骤是求出和它相连的上一级节点⑥⑦⑧的最短路径,由于这些节点到节点⑨只有一个边,故它们的时刻值分别标注为(15),(3)和(10),即相应边的

时间。由节点⑤到节点⑦的边只有一条，故节点⑤的标注应该为节点⑦的标注加上这条边的时间，即(10)。现在分析节点④的标注，由节点④出发的路径分别到达节点⑤⑥⑦⑧，将这些节点的标注值和边的权值相加，可以发现，节点④到节点⑤的路径与其标注的和最小，为14，而到节点⑥⑦⑧的值依次为17, 18, 17，故节点④应该标注(14)。节点②③的标注应该为由它们出发到下一级节点的路径值与标注和的最小值，故发现由节点④返回节点②③的值最小，可以分别标注为(20)和(17)，这样返回节点①的最短路径应该是19，即由节点③返回路径最短。综上所述，最短路径为 ①→③→④→⑤→⑦→⑨，如图6-17所示。

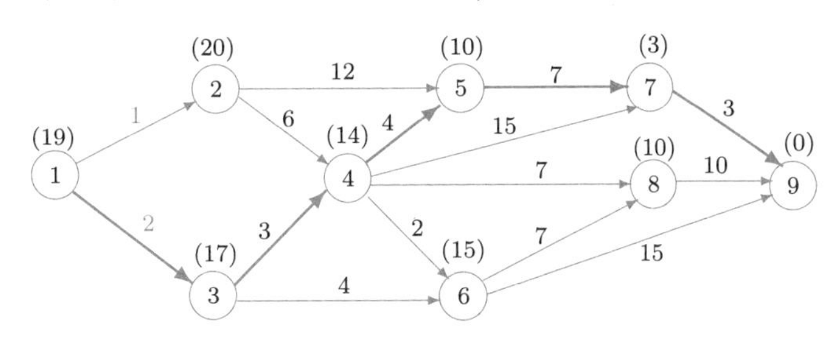

图6-17 有向图最短路径问题的手工求解

由上面叙述可见，求解的方法较直观，且简单易行，然而，对大规模问题来说，这样的过程可能很烦琐，容易出错，应该引入好的算法和程序求解这类问题。

2. 有向图搜索及图示

生物信息学工具箱中提供了有向图及最短路径搜索的现成函数，如biograph()可以建立有向图对象，view()函数可以显示有向图，而graphshortestpath()函数可以直接求解最短路径问题。这些函数的具体调用格式为

```
P=biograph(R)                      %建立有向图对象P
[d,p]=graphshortestpath(R,n1,n2)   %求解最短路径问题
```

其中，$\boldsymbol{R}$为连接关系矩阵，它可以为普通的矩阵形式，也可以是稀疏矩阵的形式，其具体表示方法在后面例子中给出演示。biograph()函数还将允许其他的参数。对图6-16中描述的有向图来说，$\boldsymbol{R}(i,j)$的值表示由节点i出发，到节点j为止的路径的权值。建立了有向图对象P后，则由graphshortestpath()函数可以直接求解最短路径问题，输入变量n_1和n_2为起始和终止节点序号，d为最短距离，而$\boldsymbol{p}$为最短路径上节点序号构成的序列。在图示结果中，还需要调用其他的函数来进一步修饰，这些函数后面将通过实例演示。

例6-73 试利用生物信息学工具箱中函数重新求解例6-72中的问题。

解 由图6-16中的节点与路径关系可以手工整理出表6-7，列出了每条路径的起始与终止节点即权值。由下面的语句可以按照稀疏矩阵的格式输入关联矩阵，并建立起有向图的描述，并用图形表示出该有向图，如图6-18(a)所示。注意，在构造关联矩阵$\boldsymbol{R}$时，应使得它为方阵。

```
>> ab=[1 1 2 2 3 3 4 4 4 4 5 6 6 7 8]; bb=[2 3 5 4 4 6 5 7 8 6 7 8 9 9 9];
   w=[1 2 12 6 3 4 4 15 7 2 7 7 15 3 10]; R=sparse(ab,bb,w); R(9,9)=0; %关联矩阵
   h=view(biograph(R,[],'ShowWeights','on')) %显示各个路径权值,并赋给句柄h
```

建立了有向图对象$\boldsymbol{R}$，则可以由graphshortestpath()函数求解最短路径，并得出如图6-18(b)所示的显示效果。可见，这样得出的结果与前面手工推导出的结果完全一致。

表 6-7 节点数据

起始节点	终止节点	权 值
1	2	1
1	3	2
2	5	12
2	4	6
3	4	3
3	6	4
4	5	7
4	7	15
4	8	7
4	6	2
5	7	7
6	8	7
6	9	15
7	9	3
8	9	10

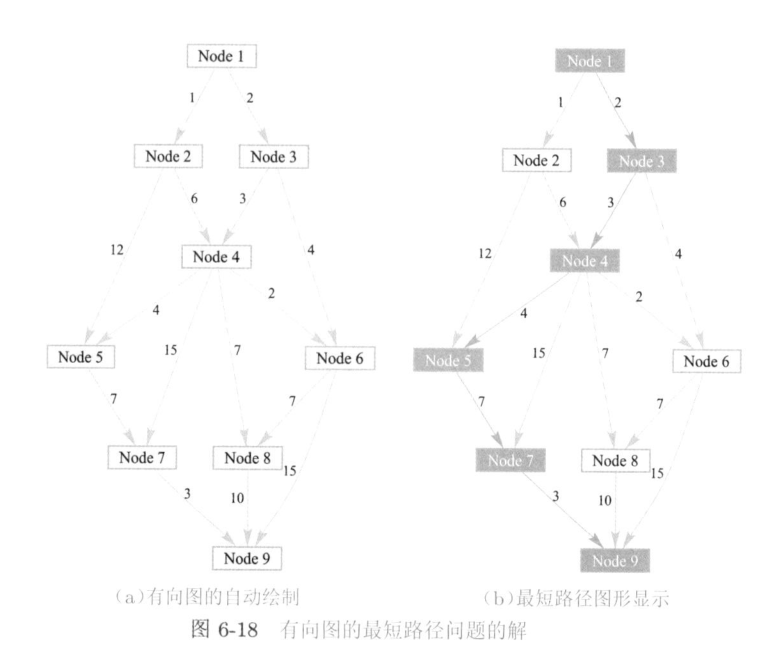

(a)有向图的自动绘制　　(b)最短路径图形显示

图 6-18 有向图的最短路径问题的解

```
>> [d,p]=graphshortestpath(R,1,9)                  %求节点① 到节点⑨ 的最短路径
   set(h.Nodes(p),'Color',[1 0 0])                 %最优路径的节点着色——红色
   edges=getedgesbynodeid(h,get(h.Nodes(p),'ID')); %获得最优路径上的边的句柄
   set(edges,'LineColor',[1 0 0])                  %上面语句用红色修饰最短路径
```

3. Dijkstra最短路径算法及实现

两个节点间的最短路径可以通过Dijkstra最短路径算法[77]直接求出。事实上，如果指定了起始节点，则该点到其他所有节点的最短路径可以一次性地求出，而不会影响该算法的搜索速度。在最优路径搜索中，Dijkstra是最有效的方法之一。假设节点个数为n，起始节点为s，则该算法的具体步骤如下。

(1) 初始化。建立三个向量存储各节点的状态，其中，visited表示各个节点是否更新，初始值为0；dist存储起始节点到本节点的最短距离，初始值为∞；parent向量存储到本节点的上一个节点，默认值为0。另外设起始节点处dist(s)=0。

(2) 循环求解。让i作$n-1$次循环，更新能由本节点经过一个边到达的节点距离与上级节点信息，并更新由本节点可以到达的未访问节点的最短路径信息。循环直到所有未访问节点完全处理完成。

(3) 提取到终止节点t的最短路径。利用parent向量逐步提取最优路径。

根据Dijkstra搜索算法，可以编写出如下MATLAB程序：

```
function [d,path]=dijkstra(W,s,t)
   [n,m]=size(W); ix=(W==0); W(ix)=Inf;          %将不通路径的权值统一设置为无穷大
   if n~=m, error('Square W required'); end      %如果关联矩阵不是方阵给出错误信息
   visited(1:n)=0; dist(1:n)=Inf; parent(1:n)=0; dist(s)=0; d=Inf; %设置各种标记
   for i=1:(n-1)                                 %求出每个节点与起始节点关系
     ix=(visited==0); vec(1:n)=Inf; vec(ix)=dist(ix); [a,u]=min(vec); visited(u)=1;
     for v=1:n
        if (W(u,v)+dist(u)<dist(v)), dist(v)=dist(u)+W(u,v); parent(v)=u;
```

```
    end; end; end
    if parent(t)~=0, path=t; d=dist(t);        %回溯最短路径
       while t~=s, p=parent(t); path=[p path]; t=p; end
end, end
```

该函数的调用格式为 $[d,p]$=dijkstra($\boldsymbol{W}$,s,t)，其中，$\boldsymbol{W}$ 为关联矩阵，s 和 t 分别为起始节点和终止节点的序号。返回的 d 为最短加权路径长度，$\boldsymbol{p}$ 为最优路径节点的序号向量。注意，在该程序中，$\boldsymbol{W}$ 矩阵为0的权值将自动设置为 ∞，使得Dijkstra算法能正常运行。

例6-74 试用Dijkstra算法重新求解例6-72中的问题。

解 下面语句可以直接用于求解，结果和前面的也完全一致。

```
>> ab=[1 1 2 2 3 3 4 4 4 4 5 6 6 7 8]; bb=[2 3 5 4 4 6 5 7 8 6 7 8 9 9 9];
   w=[1 2 12 6 3 4 4 15 7 2 7 7 15 3 10]; R=sparse(ab,bb,w); R(9,9)=0; %关联矩阵
   W=ones(9); [d,p]=dijkstra(R.*W,1,9)                                 %搜索最优路径
```

6.7.3 无向图的路径最优搜索

在实际应用中，比如在城市道路寻优问题中，所涉及的图通常是无向图，因为两个节点A、B间，既可以由节点A走向B，也可以由节点B走向A。无向图的具体处理方法其实也很简单。在无向图中若不存在环路，即某条边的起点和终点为同一节点，则可以先按照有向图的方式构造关联矩阵 $\boldsymbol{R}$，这时，无向图的关联矩阵 $\boldsymbol{R}_1$ 可以由 $\boldsymbol{R}_1=\boldsymbol{R}+\boldsymbol{R}^{\mathrm{T}}$ 直接计算出来。如果无向图中，某些边是有向的，例如城市中的单行路，则可以在得出 $\boldsymbol{R}_1$ 之后，手工修改该矩阵。例如从节点 i 到节点 j 的边是有向的，从 i 到 j，这样应该手工设置成 $\boldsymbol{R}_1(j,i)=0$。

对一般无向图来说，由节点 i 到 j 与由节点 j 到 i 的边权值是不同的，比如在城市交通中，涉及上坡和下坡的问题，则需要对 $\boldsymbol{R}_1$ 矩阵的某些值使用手工方法重新定义和修改。

6.7.4 绝对坐标节点的最优路径规划算法与应用

如果各个节点以绝对坐标 (x_i,y_i) 的方式给出，且给出节点间的连接关系，则边权值可以由两点间的Euclid距离计算处理，这样就可以直接进行路径规划问题的求解了。下面将通过例子演示相应问题的求解方法。

例6-75 假设有11个城市，其分布的坐标分别为 $(4,49)$，$(9,30)$，$(21,56)$，$(26,26)$，$(47,19)$，$(57,38)$，$(62,11)$，$(70,30)$，$(76,59)$，$(76,4)$，$(96,4)$，其间的公路如图6-19所示。试求出由城市A到城市B的最短路径。如果城市6与8之间修路，试重新搜索最优路径。

解 首先输入关联矩阵，可以先按有向图的方式输入该稀疏矩阵，并将连接的权值设置成1。然后再按无向图的方式转换出所需的关联矩阵。矩阵的实际权值为 $d_{ij}=\sqrt{(x_i-x_j)^2+(y_i-y_j)^2}$，即节点间的Euclid距离。这样，有效的权值矩阵可以由这两个矩阵的点乘得出。由下面的语句可以得出最优的路径为 $1\to2\to4\to6\to8\to11$，且最短距离为111.6938。

```
>> x=[4,9,21,26,47,57,62,70,76,76,96]; y=[49,30,56,26,19,38,11,30,59,4,32];
   for i=1:11, for j=1:11
      D(i,j)=sqrt((x(i)-x(j))^2+(y(i)-y(j))^2); %计算Euclid距离矩阵
   end, end
   n1=[1 1 2 2 3 4 4 5 5 6 6 6 7 8 7 10 8 9];
```

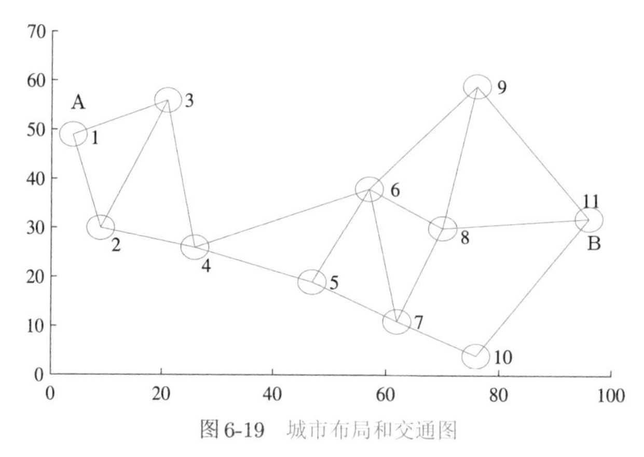

图6-19 城市布局和交通图

```
n2=[2 3 3 4 4 5 6 6 7 7 8 9 8 9 10 11 11 11]; %关联矩阵的稀疏矩阵描述
R=sparse(n1,n2,1); R(11,11)=0; R=R+R'; [d,p]=dijkstra(R.*D,1,11) %求解问题
```

如果节点6和节点8之间的路径不通,则可以设置$\boldsymbol{R}(8,6)=\boldsymbol{R}(6,8)=\infty$。这样,由下面的语句可以重新求解最优路径问题,得出$1\rightarrow2\rightarrow4\rightarrow5\rightarrow7\rightarrow8\rightarrow11$,最短距离为122.9394。

```
>> R(6,8)=Inf; R(8,6)=Inf; [d,p]=dijkstra(R.*D,1,11) %路不通时重新计算最优路径
```

6.8 习题

6.1 求解能转换成多项式方程的联立方程,并检验得出的高精度数值解的精度。

① $\begin{cases}24xy-x^2-y^2-x^2y^2=13\\24xz-x^2-z^2-x^2z^2=13\\24yz-y^2-z^2-y^2z^2=13\end{cases}$ ② $\begin{cases}x^2y^2-zxy-4x^2yz^2=xz^2\\xy^3-2yz^2=3x^3z^2+4xzy^2\\y^2x-7xy^2+3xz^2=x^4zy\end{cases}$

6.2 试求解下面方程中的t并验证结果[78]。

$$\begin{cases}t^{31}+t^{23}y+t^{17}x+t^{11}y^2+t^5xy+t^2x^2=0\\t^{37}+t^{29}y+t^{19}x+t^{13}y^2+t^7xy+t^3x^2=0\end{cases}$$

6.3 试用图解法求解下面的一元和二元方程,并验证得出的结果。

① $f(x)=\mathrm{e}^{-(x+1)^2+\pi/2}\sin(5x+2)$ ② $\begin{cases}(x^2+y^2+10xy)\mathrm{e}^{-x^2-y^2-xy}=0\\x^3+2y=4x+5\end{cases}$

6.4 用数值求解函数求解习题6.3中方程的根,并对得出的结果进行检验。

6.5 试求出伪多项式方程$x^{\sqrt{7}}+2x^{\sqrt{3}}+3x^{\sqrt{2}-1}+4=0$所有的根,并检验结果。

6.6 试找出下面Riccati变形方程全部的解矩阵,并验证得出的结果。

$$\boldsymbol{AX}+\boldsymbol{XD}-\boldsymbol{XBX}+\boldsymbol{C}=\boldsymbol{0}$$

其中

$$\boldsymbol{A}=\begin{bmatrix}2&1&9\\9&7&9\\6&5&3\end{bmatrix},\quad \boldsymbol{B}=\begin{bmatrix}0&3&6\\8&2&0\\8&2&8\end{bmatrix},\quad \boldsymbol{C}=\begin{bmatrix}7&0&3\\5&6&4\\1&4&4\end{bmatrix},\quad \boldsymbol{D}=\begin{bmatrix}3&9&5\\1&2&9\\3&3&0\end{bmatrix}$$

6.7 试求下面线性代数方程的解析解,并检验解的正确性。

$$\begin{bmatrix}2&-9&3&-2&-1\\10&-1&10&5&0\\8&-2&-4&-6&3\\-5&-6&-6&-8&-4\end{bmatrix}\boldsymbol{X}=\begin{bmatrix}-1&-4&0\\-3&-8&-4\\0&3&3\\9&-5&3\end{bmatrix}$$

6.8 试求出使 $\int_0^1 (\mathrm{e}^x - cx)^2\,\mathrm{d}x$ 取极小值的 c 值。

6.9 试求解下面的无约束最优化问题。

$$\min_{\boldsymbol{x}} \begin{array}{l} 100(x_2-x_1^2)^2+(1-x_1)^2+90(x_4-x_3^2)+(1-x_3^2)^2 \\ \quad +10.1\left[(x_2-1)^2+(x_4-1)^2\right]+19.8(x_2-1)(x_4-1) \end{array}$$

6.10 试找出下面二元函数曲面的全局谷底。

$$f(x_1,x_2)=-\frac{\sin\left(0.1+\sqrt{(x_1-4)^2+(x_2-9)^2}\right)}{1+(x_1-4)^2+(x_2-9)^2}$$

6.11 一组富有挑战性的最优化基准测试问题也可以用MATLAB语言直接求解，试求解之。

①De Jong 问题[79]。

$$J=\min_{\boldsymbol{x}} \boldsymbol{x}^{\mathrm{T}}\boldsymbol{x}=\min_{\boldsymbol{x}}(x_1^2+x_2^2+\cdots+x_p^2)$$

其中，$x_i\in[-512,512]$，$i=1,2,\cdots,p$。本问题的理论解为 $x_1=\cdots=x_p=0$。

②Griewangk 基准测试问题。

$$J=\min_{\boldsymbol{x}}\left(1+\sum_{i=1}^{p}\frac{x_i^2}{4000}-\prod_{i=1}^{p}\cos\frac{x_i}{\sqrt{i}}\right),\ \text{其中}, x_i\in[-600,600]$$

③Ackley 基准测试问题[80]。

$$J=\min_{\boldsymbol{x}}\left[20+10^{-20}\exp\left(-0.2\sqrt{\frac{1}{p}\sum_{i=1}^{p}x_i^2}\right)-\exp\left(\frac{1}{p}\sum_{i=1}^{p}\cos 2\pi x_i\right)\right]$$

④Kursawe 基准测试问题。

$$J=\min_{\boldsymbol{x}}\sum_{i=1}^{p}|x_i|^{0.8}+5\sin^3 x_i+3.5828,\quad \text{其中可取}\ p=2\ \text{或}\ p=20$$

6.12 考虑Rastrigin函数[60] $f(x_1,x_2)=20+x_1^2+x_2^2-10(\cos\pi x_1+\cos\pi x_2)$，试用三维曲面绘制该函数的函数值，选择初值求取该函数的最小值，并理解全局最优解和局部最优解的概念以及最优解对初值的依赖关系。

6.13 试用图解法求解下面的非线性规划问题，并用数值求解算法验证结果。

$$\begin{array}{ll} \min & x_1^3+x_2^2-4x_1+4 \\ \boldsymbol{x}\ \text{s.t.} & \begin{cases} x_1-x_2+2\geqslant 0 \\ -x_1^2+x_2-1\geqslant 0 \\ x_1\geqslant 0, x_2\geqslant 0 \end{cases} \end{array}$$

6.14 试求解下面的线性规划问题。

① $$\begin{array}{ll} \min & -3x_1+4x_2-2x_3+5x_4 \\ \boldsymbol{x}\ \text{s.t.} & \begin{cases} 4x_1-x_2+2x_3-x_4=-2 \\ x_1+x_2-x_3+2x_4\leqslant 14 \\ 2x_1-3x_2-x_3-x_4\geqslant -2 \\ x_{1,2,3}\geqslant -1, x_4\ \text{无约束} \end{cases} \end{array}$$

② $$\begin{array}{ll} \min & x_6+x_7 \\ \boldsymbol{x}\ \text{s.t.} & \begin{cases} x_1+x_2+x_3+x_4=4 \\ -2x_1+x_2-x_3-x_6+x_7=1 \\ 3x_2+x_3+x_5+x_7=9 \\ x_{1,2,\cdots,7}\geqslant 0 \end{cases} \end{array}$$

6.15 试求解下面的最优化问题。

$$\begin{array}{ll} \min & -(x_1+x_2+x_3+x_4+x_5) \\ \boldsymbol{x}\ \text{s.t.} & \begin{cases} -\sum_{i=1}^{5}(9+i)x_i+50000\geqslant 0 \\ x_i\geqslant 0, i=1,2,3,4,5 \end{cases} \end{array}$$

6.16 试求解下列的运输问题,并给出结果的物理解释。

①

供应商	目的地				供应量
S1	3	7	6	4	5
S2	2	4	3	2	2
S3	4	3	8	5	3
D	3	3	2	2	

②

供应商	运费				出口量
S1	464	513	654	867	75
S2	352	416	690	791	125
S3	995	682	388	685	100
D	80	65	70	85	

6.17 试求解下面的二次型规划问题,并用图示的形式解释结果。

① $$\min_{\boldsymbol{x} \text{ s.t.} \begin{cases} x_1+x_2\leqslant 3 \\ 4x_1+x_2\leqslant 9 \\ x_{1,2}\geqslant 0 \end{cases}} 2x_1^2-4x_1x_2+4x_2^2-6x_1-3x_2$$

② $$\min_{\boldsymbol{x} \text{ s.t.} \begin{cases} -x_1+x_2=1 \\ x_1+x_2\leqslant 2 \\ x_{1,2}\geqslant 0 \end{cases}} (x_1-1)^2+(x_2-2)^2$$

6.18 考虑下面的凹二次型规划问题[81]。

$$\min_{\boldsymbol{x} \text{ s.t.} \begin{cases} 2x_1+2x_2+y_6+y_7\leqslant 10 \\ 2x_1+2x_3+y_6+y_8\leqslant 10 \\ 2x_2+2x_3+y_7+y_8\leqslant 10 \\ -8x_1+y_6\leqslant 0 \\ -8x_2+y_7\leqslant 0 \\ -8x_3+y_8\leqslant 0 \\ -2x_4-y_1+y_6\leqslant 0 \\ -2y_2-y_3+y_7\leqslant 0 \\ -2y_4-y_5+y_8\leqslant 0 \\ 0\leqslant x_i\leqslant 1,\ i=1,2,3,4 \\ 0\leqslant y_i\leqslant 1,\ i=1,2,3,4,5,9 \\ y_i\geqslant 0,\ i=6,7,8 \end{cases}} \boldsymbol{c}^{\mathrm{T}}\boldsymbol{x}+\boldsymbol{d}^{\mathrm{T}}\boldsymbol{y}-\frac{1}{2}\boldsymbol{x}^{\mathrm{T}}\boldsymbol{Q}\boldsymbol{x}$$

其中,$\boldsymbol{c}=[5,5,5,5]$, $\boldsymbol{d}=[-1,-1,-1,-1,-1,-1,-1,-1,-1]$, $\boldsymbol{Q}=10\boldsymbol{I}$。试利用二次型规划求解函数求解问题,观察是否能得出全局最优解。如果不能得出,如何求解此问题?

6.19 试求解下面的非线性规划问题。

$$\min_{\boldsymbol{x} \text{ s.t.} \begin{cases} 0.003079x_1^3x_2^3x_5-\cos^3 x_6\geqslant 0 \\ 0.1017x_3^3x_4^3-x_5^2\cos^3 x_6\geqslant 0 \\ 0.09939(1+x_5)x_1^3x_2^2-\cos^2 x_6\geqslant 0 \\ 0.1076(31.5+x_5)x_3^3x_4^2-x_5^2\cos^2 x_6\geqslant 0 \\ x_3x_4(x_5+31.5)-x_5[2(x_1+5)\cos x_6+x_1x_2x_5]\geqslant 0 \\ 0.2\leqslant x_1\leqslant 0.5, 14\leqslant x_2\leqslant 22, 0.35\leqslant x_3\leqslant 0.6 \\ 16\leqslant x_4\leqslant 22, 5.8\leqslant x_5\leqslant 6.5, 0.14\leqslant x_6\leqslant 0.2618 \end{cases}} \frac{1}{2\cos x_6}\left[x_1x_2(1+x_5)+x_3x_4\left(1+\frac{31.5}{x_5}\right)\right]$$

6.20 试求解下面的最优化问题[78]。试问求解这样的最优化问题有高精度的方法吗?

$$\max_{x,y,z \text{ s.t.} \begin{cases} 8+5z^3x-4z^8y+3x^2y-xy^2=0 \\ 1-z^9-z^3x+y+3z^5xy+7x^2y+2xy^2=0 \\ -1-5z-5z^9x-5z^8y-2z^9xy+x^2y+4xy^2=0 \end{cases}} z$$

6.21 试求解下面的最优化问题。

$$\min_{\boldsymbol{x} \text{ s.t.} \begin{cases} 0.0193x_3-x_1\leqslant 0 \\ 0.00954x_3-x_2\leqslant 0 \\ 750\times 1728-\pi x_3^2x_4-4\pi x_3^3/3\leqslant 0 \\ x_4-240\leqslant 0 \\ 0.0625\leqslant x_1,x_2\leqslant 6.1875, 10\leqslant x_3,x_4\leqslant 200 \end{cases}} 0.6224x_1x_2x_3x_4+1.7781x_2x_3^2+3.1661x_1^2x_4+19.84x_1^2x_3$$

6.22 试求解下面的最优化问题[63]。

$$\min_{\boldsymbol{q},k \text{ s.t.} \begin{cases} g(\boldsymbol{q})\leqslant 0 \\ 800-800k\leqslant q_1\leqslant 800+800k \\ 4-2k\leqslant q_2\leqslant 4+2k \\ 6-3k\leqslant q_3\leqslant 6+3k \end{cases}} k$$

其中，$g(\boldsymbol{q})=10q_2^2q_3^3+10q_2^3q_3^2+200q_2^2q_3^2+100q_2^3q_3+q_1q_2q_3^2+q_1q_2^2q_3+1000q_2q_3^3+8q_1q_3^2+1000q_2^2q_3+8q_1q_2^2+6q_1q_2q_3-q_1^2+60q_1q_3+60q_1q_2-200q_1$。

6.23 试求解下面的非线性规划问题。

$$\min_{\boldsymbol{x} \text{ s.t.} \begin{cases} x_1+x_2\leqslant 0 \\ -x_1x_2+x_1+x_2\geqslant 1.5 \\ x_1x_2\geqslant -10 \\ -10\leqslant x_1,x_2\leqslant 10 \end{cases}} \mathrm{e}^{x_1}(4x_1^2+2x_2^2+4x_1x_2+2x_2+1)$$

6.24 试求解下面的非线性规划问题[82]，其中目标函数为

$$f(x)=l(x_1x_2+x_3x_4+x_5x_6+x_7x_8+x_9x_{10})$$

约束条件为

$$\frac{6Pl}{x_9x_{10}^2}-\sigma_{\max}\leqslant 0,\ \frac{6P(2l)}{x_7x_8^2}-\sigma_{\max}\leqslant 0$$

$$\frac{6P(3l)}{x_5x_6^2}-\sigma_{\max}\leqslant 0,\ \frac{6P(4l)}{x_3x_4^2}-\sigma_{\max}\leqslant 0,\ \frac{6P(5l)}{x_1x_2^2}-\sigma_{\max}\leqslant 0$$

$$\frac{Pl^3}{E}\left(\frac{244}{x_1x_2^3}+\frac{148}{x_3x_4^3}+\frac{76}{x_5x_6^3}+\frac{28}{x_7x_8^3}+\frac{4}{x_9x_{10}^3}\right)-\delta_{\max}\leqslant 0$$

$$\frac{x_2}{x_1}-20\leqslant 0,\ \frac{x_4}{x_3}-20\leqslant 0,\ \frac{x_6}{x_5}-20\leqslant 0,\ \frac{x_8}{x_7}-20\leqslant 0,\ \frac{x_{10}}{x_9}-20\leqslant 0$$

且已知决策变量的上下界满足 $1\leqslant x_{1,7,9}\leqslant 5, 30\leqslant x_{2,8,10}\leqslant 65, 2.4\leqslant x_{3,5}\leqslant 3.1, 45\leqslant x_{4,6}\leqslant 60$，其中，$l=100, P=50000, \delta_{\max}=2.7, \sigma_{\max}=14000, E=2\times 10^7$。

6.25 求解下面的整数线性规划问题。

① $$\max_{\boldsymbol{x} \text{ s.t.} \begin{cases} \boldsymbol{x}\geqslant \boldsymbol{0} \\ 3534x_1+2356x_2+1767x_3+589x_4+528x_5+451x_6+304x_7\leqslant 119567 \end{cases}} 592x_1+381x_2+273x_3+55x_4+48x_5+37x_6+23x_7$$

② $$\max_{\boldsymbol{x} \text{ s.t.} \begin{cases} x_1+x_2+x_3=30 \\ x_4+x_5+x_6=18 \\ x_1+x_4=10 \\ x_2+x_5\leqslant 18 \\ x_3+x_6\geqslant 30 \\ x_{1,2,\cdots,6}\geqslant 0 \end{cases}} 120x_1+66x_2+72x_3+58x_4+132x_5+104x_6$$

6.26 试求解下面的非线性整数规划问题[65]，并用穷举方法检验结果。

① $$\min_{\boldsymbol{x} \text{ s.t. } 12\leqslant x_i\leqslant 32} \left(\frac{1}{6.931}-\frac{x_2x_3}{x_1x_4}\right)^2$$

② $$\min_{\boldsymbol{x} \text{ s.t.} \begin{cases} -2x_1^2-3x_2^4-x_3-4x_4^2-5x_5+127\geqslant 0 \\ 7x_1-3x_2-10x_3^2-x_4+x_5+282\geqslant 0 \\ 23x_1-x_2^2-6x_6^2+8x_7+196\geqslant 0 \\ -4x_1^2-x_2^2+3x_1x_2-2x_3^2-5x_6+11x_7\geqslant 0 \end{cases}} (x_1-10)^2+5(x_2-12)^2+x_3^4+3(x_4-11)^2+10x_5^6+7x_6^2+x_7^4-10x_6-8x_7$$

6.27 试求解下面的0–1线性规划问题,并用穷举方法检验得出的结果。

① $$\min_{\boldsymbol{x}\ \text{s.t.}\left\{\begin{array}{l}x_1-x_2+5x_3+x_4-4x_5\geqslant 2\\-2x_1+6x_2-3x_3-2x_4+2x_5\geqslant 0\\-2x_2+2x_3-x_4-x_5\leqslant 1\end{array}\right.} 5x_1+7x_2+10x_3+3x_4+x_5$$

② $$\min_{\boldsymbol{x}\ \text{s.t.}\left\{\begin{array}{l}x_1-x_6\leqslant 0\\x_1-x_5\leqslant 0\\x_2-x_4\leqslant 0\\x_2-x_5\leqslant 0\\x_3-x_4\leqslant 0\\x_1+x_2+x_3\leqslant 2\end{array}\right.} -3x_1-4x_2-5x_3+4x_4+4x_5+2x_6$$

6.28 试求解下面的线性0–1规划问题,比较`bintprog()`和`BNB20_new()`得出的结果。

$$\max_{\boldsymbol{x}\ \text{s.t.}\ \boldsymbol{A}\boldsymbol{x}\leqslant\begin{bmatrix}600\\600\end{bmatrix}} -\boldsymbol{f}\boldsymbol{x}$$

其中,$\boldsymbol{A}=\left[\begin{array}{cccccccccccccc}45&0&85&150&65&95&30&0&170&0&40&25&20&0\\30&20&125&5&80&25&35&73&12&15&15&40&5&10\end{array}\right.$
$\left.\begin{array}{cccccccccccccc}0&25&0&0&25&0&165&0&85&0&0&0&0&100\\10&12&10&9&0&20&60&40&50&36&49&40&19&150\end{array}\right]$

$\boldsymbol{f}=[1898,440,22507,270,14148,3100,4650,30800,615,4975,1160,4225,510,11880,479,$
$440,490,330,110,560,24355,2885,11748,4550,750,3720,1950,10500]$

6.29 试用鲁棒控制工具箱和YALMIP工具箱求解下面的最优化问题。

$$\min_{\boldsymbol{X}\ \text{s.t.}\left\{\begin{array}{l}\begin{bmatrix}\boldsymbol{A}^{\mathrm{T}}\boldsymbol{X}+\boldsymbol{X}\boldsymbol{A}+\boldsymbol{Q}&\boldsymbol{X}\boldsymbol{B}\\\boldsymbol{B}^{\mathrm{T}}\boldsymbol{X}&-\boldsymbol{I}\end{bmatrix}<\boldsymbol{0}\\\boldsymbol{X}<\boldsymbol{0}\end{array}\right.} \operatorname{trace}(\boldsymbol{X})$$

其中,$\boldsymbol{A}=\begin{bmatrix}-1&-2&1\\3&2&1\\1&-2&-1\end{bmatrix}$,$\boldsymbol{B}=\begin{bmatrix}1\\0\\1\end{bmatrix}$,$\boldsymbol{Q}=\begin{bmatrix}1&-1&0\\-1&-3&-12\\0&-12&-36\end{bmatrix}$。

6.30 求解下面的线性矩阵不等式问题。

$$\left\{\begin{array}{l}\boldsymbol{P}^{-1}>\boldsymbol{0},\text{或等效地}\boldsymbol{P}>\boldsymbol{0}\\\boldsymbol{A}_1\boldsymbol{P}+\boldsymbol{P}\boldsymbol{A}_1^{\mathrm{T}}+\boldsymbol{B}_1\boldsymbol{Y}+\boldsymbol{Y}^{\mathrm{T}}\boldsymbol{B}_1^{\mathrm{T}}<\boldsymbol{0}\\\boldsymbol{A}_2\boldsymbol{P}+\boldsymbol{P}\boldsymbol{A}_2^{\mathrm{T}}+\boldsymbol{B}_2\boldsymbol{Y}+\boldsymbol{Y}^{\mathrm{T}}\boldsymbol{B}_2^{\mathrm{T}}<\boldsymbol{0}\end{array}\right.$$

其中,$\boldsymbol{A}_1=\begin{bmatrix}-1&2&-2\\-1&-2&1\\-1&-1&0\end{bmatrix}$,$\boldsymbol{B}_1=\begin{bmatrix}-2\\1\\-1\end{bmatrix}$,$\boldsymbol{A}_2=\begin{bmatrix}0&2&2\\2&0&2\\2&0&1\end{bmatrix}$,$\boldsymbol{B}_2=\begin{bmatrix}-1\\-2\\-1\end{bmatrix}$。

6.31 试求解下面多目标线性规划问题的最佳妥协解。

① $$\begin{array}{l}\max z_1=100x_1+90x_2+80x_3+70x_4\\\min z_2=3x_2+2x_4\end{array}$$
$$\boldsymbol{x}\ \text{s.t.}\left\{\begin{array}{l}x_1+x_2\geqslant 30\\x_3+x_4\geqslant 30\\3x_1+2x_2\leqslant 120\\3x_2+2x_4\leqslant 48\\x_1,x_2,x_3,x_4\geqslant 0\end{array}\right.$$

② $$\max_{\boldsymbol{x}\ \text{s.t.}\left\{\begin{array}{l}2x_1+5x_2+10x_3\leqslant 100\\x_1+6x_2+8x_4\leqslant 250\\5x_1+8x_2+7x_3+10x_4\leqslant 350\\x_1,x_2,x_3,x_4\geqslant 0\end{array}\right.}\begin{bmatrix}50x_1+20x_2+100x_3+60x_4\\20x_1+70x_2+5x_3\\3x_2+5x_4\\2x_1+20x_3+2x_4\end{bmatrix}$$

6.32 试求出图6-20(a)、(b)中由节点A到节点B的最短路径。

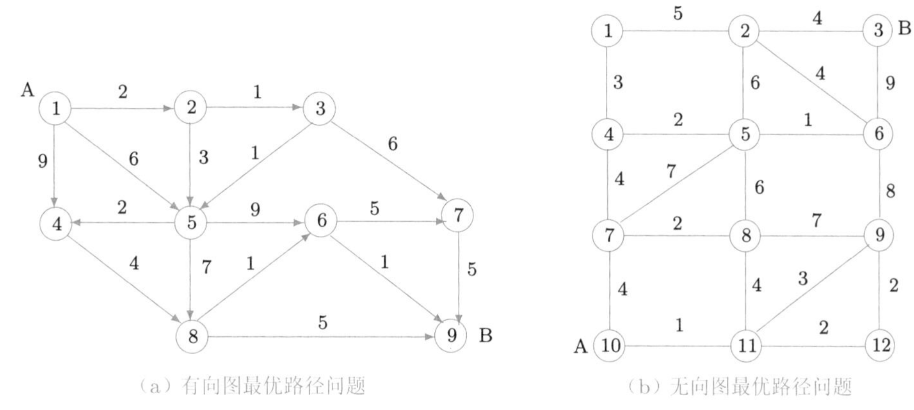

图6-20 有向图最短路径问题

6.33 假设某人常驻城市为C_1，他想不定期到其他城市$\mathrm{C}_2,\cdots,\mathrm{C}_8$办事，下面矩阵的$R_{i,j}$表示从$\mathrm{C}_i$到$\mathrm{C}_j$的交通费用，试设计出他由城市$\mathrm{C}_1$到各个其他城市的最便宜交通路线图。

$$\boldsymbol{R}=\begin{bmatrix}0 & 364 & 314 & 334 & 330 & \infty & 253 & 287\\ 364 & 0 & 396 & 366 & 351 & 267 & 454 & 581\\ 314 & 396 & 0 & 232 & 332 & 247 & 159 & 250\\ 334 & 300 & 232 & 0 & 470 & 50 & 57 & \infty\\ 330 & 351 & 332 & 470 & 0 & 252 & 273 & 156\\ \infty & 267 & 247 & 50 & 252 & 0 & \infty & 198\\ 253 & 454 & 159 & 57 & 273 & \infty & 0 & 48\\ 260 & 581 & 220 & \infty & 156 & 198 & 48 & 0\end{bmatrix}$$

6.34 假设某工厂需要从国外厂家进口机器，如果生产厂家可以选择三个出口港口，还可以选择三个进口港口，然后可以经过两个城市之一运达工厂。运输费用如图6-21所示。试找出运费最低的进口路径。

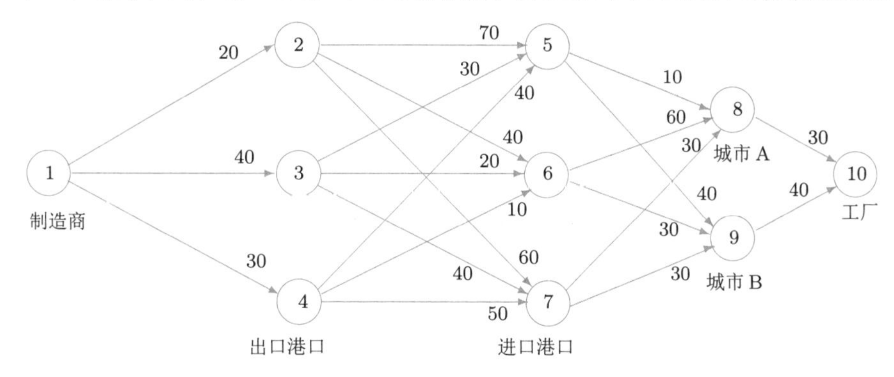

图6-21 进口路径及运输费用示意图

第7章 微分方程问题的计算机求解

微分方程是描述动态系统最常用的数学工具，也是很多科学与工程领域数学建模的基础。线性微分方程和低阶特殊微分方程往往可以通过解析解的方法求解，但一般的非线性微分方程是没有解析解的，故需要用数值解的方式求解。7.1 节将研究微分方程的解析解算法，介绍在MATLAB环境中如何用微分方程求解函数直接得出线性微分方程组的解析解，并对一阶简单的非线性微分方程的解析解求解进行探讨，从而得出结论，一般非线性微分方程是没有解析解的。7.2 节引入数值解的概念，并以最简单的一阶微分方程的Euler算法为例，介绍一般数值解法的思路并介绍了变步长求解的概念，还介绍MATLAB下微分方程的实用数值求解函数，通过例子演示该函数在一般一阶显式常微分方程组的数值求解方法及MATLAB的应用，并介绍数值解正确性的验证方法。由于一般微分方程初值函数能直接求解的方程是一阶显式微分方程组，若给出的方程不是这类函数，则需要首先将其变换成一阶显式微分方程组，然后使用常规方法对其求解。7.3 节介绍状态变量的选择方法以及各种不同微分方程转换成一阶显式微分方程组的一般性方法，以便用给定的求解函数直接求解。7.4 节将介绍其他各类常微分方程数值求解的方法及MATLAB实现，包括刚性微分方程、微分代数方程组、隐式微分方程组、切换微分方程以及随机微分方程的数值求解方法。7.5 节介绍各类延迟微分方程的数值求解方法，包括一般延迟微分方程、变延迟微分方程和中立型微分方程的数值解方法。7.6 节与 7.7 节将分别介绍常微分方程组边值问题与偏微分方程的数值解法。7.8 节还将简介 Simulink 仿真环境，并将介绍如何在Simulink环境下建立微分方程的数学模型，还将介绍通过仿真求解微分方程的一般步骤及方法，用这样的方法理论上可以求解任意复杂的常微分方程组初值问题数值解。

7.1 常系数线性微分方程的解析解方法

7.1.1 常系数线性微分方程解析解的数学描述

假设已知常系数线性微分方程的一般描述为

$$\begin{aligned}&\frac{\mathrm{d}^n y(t)}{\mathrm{d}t^n}+a_1\frac{\mathrm{d}^{n-1}y(t)}{\mathrm{d}t^{n-1}}+a_2\frac{\mathrm{d}^{n-2}y(t)}{\mathrm{d}t^{n-2}}+\cdots+a_{n-1}\frac{\mathrm{d}y(t)}{\mathrm{d}t}+a_n y(t)\\&=b_1\frac{\mathrm{d}^m u(t)}{\mathrm{d}t^m}+b_2\frac{\mathrm{d}^{m-1}u(t)}{\mathrm{d}t^{m-1}}+\cdots+b_m\frac{\mathrm{d}u(t)}{\mathrm{d}t}+b_{m+1}u(t)\end{aligned} \tag{7-1-1}$$

其中，a_i,b_i 均为常数，利用5.1节介绍的性质，对零初值问题有 $\mathscr{L}[\mathrm{d}^m y(t)/\mathrm{d}t^m]=s^m\mathscr{L}[y(t)]$，可以得出下面的多项式代数方程。

$$s^n+a_1s^{n-1}+a_2s^{n-2}+\cdots+a_{n-1}s+a_n=0 \tag{7-1-2}$$

假设代数方程的特征值 s_i 均可以求出，且假设它们均相异，则可以得出原微分方程的解析解一般形

式为

$$y(t) = C_1e^{r_1t} + C_2e^{r_2t} + \cdots + C_ne^{r_nt} + \gamma(t) \tag{7-1-3}$$

其中，C_i 为待定系数，$\gamma(t)$ 是满足 $u(t)$ 输入的特解。s_i 有重根的情况也有相应的解析解形式。

从得出的代数方程式（7-1-2）看，由著名的Abel–Ruffini定理可知，四次及以下的多项式代数方程是能求出根的解析解的，故可以得出结论，低阶常系数线性微分方程有一般意义下的解析解，结合多项式方程的准解析解法可以得出一般高次多项式代数方程的高精度数值解，构造出高阶常系数线性微分方程的准解析解方法。本节将介绍用MATLAB语言及其符号运算工具箱求解线性常系数微分方程解析解的方法。

7.1.2 微分方程的解析解方法

MATLAB语言的符号运算工具箱提供了一个线性常系数微分方程求解的实用函数dsolve()，该函数允许用字符串或符号表达式的形式描述微分方程及初值、边值条件，最终将得出微分方程的解析解。该函数的调用格式为 y=dsolve($f_1,f_2,\cdots,f_m$)，其中，f_i 既可以描述微分方程，又可以描述初始条件或边界条件。这里，f_i 既可以由字符串表示，但推荐使用符号表达式描述微分方程，因为字符串描述在以后版本中可能不再支持。

例7-1 假设输入信号为 $u(t) = e^{-5t}\cos(2t+1)+5$，试求出下面微分方程的通解。

$$y^{(4)}(t) + 10y'''(t) + 35y''(t) + 50y'(t) + 24y(t) = 5u''(t) + 4u'(t) + 2u(t)$$

解 若想求解本微分方程，首先应该定义 t 为符号变量，并定义符号函数 $y(t)$，这样就可以推导出给定微分方程等式右侧的表达式，并表示方程左侧的表达式，构造出整个方程的符号表达式。为更好地描述微分方程，建议设置一些中间变量。可以由下面的语句求出微分方程的解析解。

```
>> syms t y(t);                                                   %声明符号变量
   y1=diff(y); y2=diff(y1); y3=diff(y2);                          %定义中间变量
   u=exp(-5*t)*cos(2*t+1)+5; uu=5*diff(u,t,2)+4*diff(u,t)+2*u;    %等号右边
   y=dsolve(diff(y,4)+10*y3+35*y2+50*y1+24*y==uu); y=simplify(y)  %求解并化简
```

通过上述语句的求解，可以得出原微分方程的通解为

$$y(t) = \frac{5}{12} - \frac{343}{520}e^{-5t}\cos(2t+1) - \frac{547}{520}e^{-5t}\sin(2t+1) + C_1e^{-4t} + C_2e^{-3t} + C_3e^{-2t} + C_4e^{-t}$$

其中，C_i 为任意常数。若给出初始条件或边界条件，则可以通过这些条件建立方程，求出 C_i 的值。这样的思路和高等数学中微分方程求解是一致的。

要检验上述微分方程的通解，可以将其代入原方程（有时需要调用simplify()函数化简得出的误差），可见误差为零，说明这样得出的通解满足原始方程。

```
>> diff(y,4)+10*diff(y,3)+35*diff(y,2)+50*diff(y)+24*y-uu   %解的检验
```

仍考虑上面的微分方程，假设已知 $y(0) = 3, y'(0) = 2, y''(0) = y'''(0) = 0$，则可以通过下面的命令求取满足该微分方程的特解，并绘制出解的曲线，如图7-1(a)所示。

```
>> z=dsolve(diff(y,4)+10*y3+35*y2+50*y1+24*y==uu,y(0)==3,y1(0)==2,y2(0)==0,y3(0)==0)
   z=simplify(z), fplot(z,[0,5])                                   %结果化简并绘制解的曲线
```

可以得出满足该条件的方程解析解为

$$z_2(t)=19\mathrm{e}^{-t}-\frac{69\mathrm{e}^{-2t}}{2}+\frac{73\mathrm{e}^{-3t}}{3}-\frac{25\mathrm{e}^{-4t}}{4}+\frac{97\mathrm{e}^{-t}\sin 1}{60}-\frac{51\mathrm{e}^{-2t}\sin 1}{13}+\frac{5\mathrm{e}^{-3t}\sin 1}{8}+\frac{41\mathrm{e}^{-4t}\sin 1}{15}-\frac{343\mathrm{e}^{-5t}\cos(2t+1)}{520}-\frac{547\mathrm{e}^{-5t}\sin(2t+1)}{520}+\frac{133\cos 1\mathrm{e}^{-t}}{30}-\frac{445\cos 1\mathrm{e}^{-2t}}{26}+\frac{179\cos 1\mathrm{e}^{-3t}}{8}-\frac{271\cos 1\mathrm{e}^{-4t}}{30}+\frac{5}{12}$$

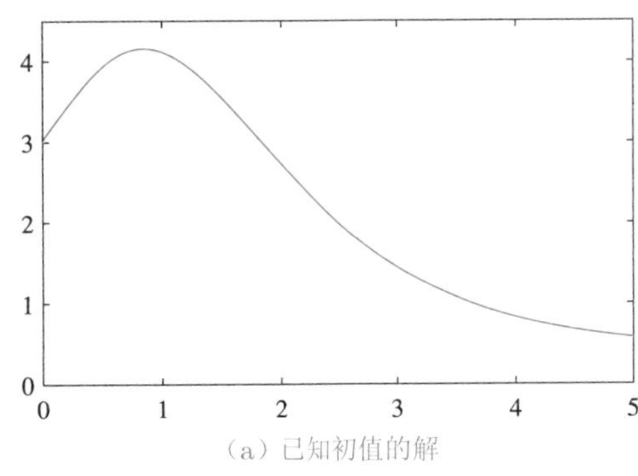

(a) 已知初值的解

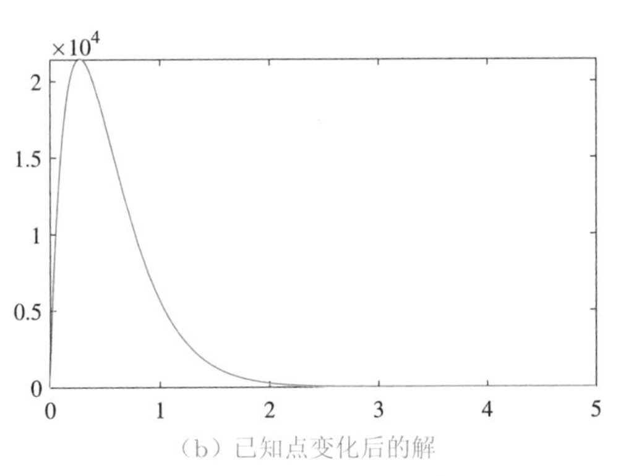

(b) 已知点变化后的解

图 7-1 方程解的曲线

利用强大的MATLAB符号运算工具箱，还可以求解出以往看似不可能的问题的解析解。例如，设置 $y(0)=1/2, y'(\pi)=1, y''(2\pi)=0, y'(2\pi)=1/5$，则可以由下面的命令直接求解方程。由得出的解还可以绘制出方程的解曲线，如图7-1(b)所示。

```
>> z=dsolve(diff(y,4)+10*y3+35*y2+50*y1+24*y==uu,...
          y(0)==1/2,y1(pi)==1,y2(2*pi)==0,y3(2*pi)==1/5)
   fplot(z,[0,5])
```

例7-2 前面介绍的方程只含有实数极点，其实符号运算工具箱提供的dsolve()函数同样适用于有复数极点的微分方程解析解。假设微分方程如下：

$$y^{(5)}(t)+5y^{(4)}(t)+12y'''(t)+16y''(t)+12y'(t)+4y(t)=u'(t)+3u(t)$$

且假设输入信号为正弦信号 $u(t)=\sin t$，并假设 $y(0)=y'(0)=y''(0)=y'''(0)=y^{(4)}(0)=0$，试用解析方法求解该方程。

解 用下面的方法可以求出原微分方程的解析解。

```
>> syms t y(t); u=sin(t);                                   %等号右侧表达式的计算
   y1=diff(y); y2=diff(y1); y3=diff(y2); y4=diff(y3);      %定义中间变量
   y=simplify(dsolve(diff(y,5)+5*y4+12*y3+16*y2+12*y1+4*y==diff(u)+3*u,...
          y(0)==0,y1(0)==0,y2(0)==0,y3(0)==0,y4(0)==0))    %方程求解
```

其解析解的数学描述为

$$y(t)=-\frac{1}{5}\cos t-\frac{2}{5}\sin t+\mathrm{e}^{-t}-\frac{4}{5}\mathrm{e}^{-t}\cos t+\frac{11}{10}\mathrm{e}^{-t}\sin t-\frac{1}{2}t\mathrm{e}^{-t}\cos t$$

或手工修改为

$$y(t)=-\frac{1}{5}\cos t-\frac{2}{5}\sin t+\mathrm{e}^{-t}-\left(\frac{4}{5}+\frac{1}{2}t\right)\mathrm{e}^{-t}\cos t+\frac{11}{10}\mathrm{e}^{-t}\sin t$$

由下面的语句可以直接绘制出方程的解，如图7-2所示，可见该解在 t 值较大时基本上是等幅振荡的曲线，这是因为其解析解前两项是等幅振荡的正余弦函数，后面各项当 t 逐渐增大而逐渐消失。

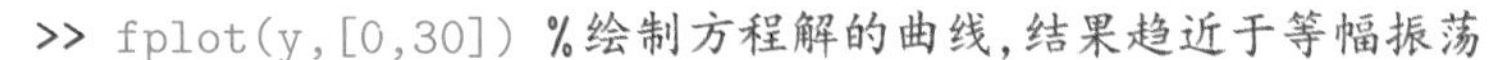

```
>> fplot(y,[0,30]) %绘制方程解的曲线,结果趋近于等幅振荡
```

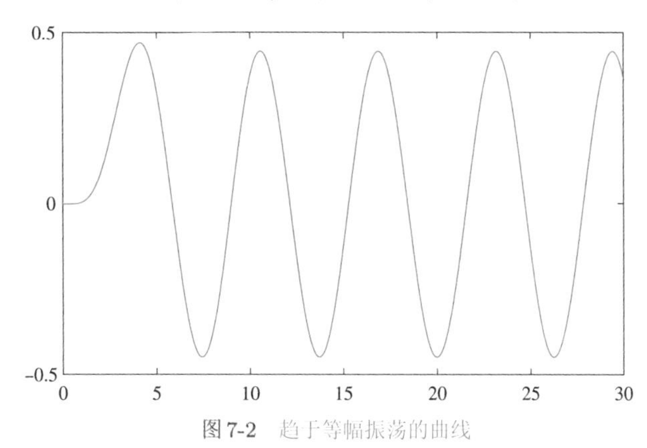

图7-2 趋于等幅振荡的曲线

7.1.3 微分方程组的解析求解

前面通过例子介绍了微分方程的直接求解，事实上，微分方程组也可以通过dsolve()函数求取解析解。本节介绍微分方程组的解析求解方法。

例7-3 试求解线性微分方程组 $\begin{cases} x''(t)+2x'(t)=x(t)+2y(t)-\mathrm{e}^{-t} \\ y'(t)=4x(t)+3y(t)+4\mathrm{e}^{-t} \end{cases}$

解 线性微分方程组也可以用dsolve()函数直接求解。上述的线性微分方程组可以由下面的MATLAB语句直接求解。

```
>> syms t x(t) y(t) %声明符号变量与函数,下面的语句直接求解微分方程
   [x,y]=dsolve(diff(x,2)+2*diff(x)==x+2*y-exp(-t),diff(y)==4*x+3*y+4*exp(-t))
```

这样得出的结果为

$$\begin{cases} x(t)=-6t\mathrm{e}^{-t}+\mathrm{C}_1\mathrm{e}^{-t}+\mathrm{C}_2\mathrm{e}^{\left(1+\sqrt{6}\right)t}+\mathrm{C}_3\mathrm{e}^{-\left(-1+\sqrt{6}\right)t} \\ y(t)=6t\mathrm{e}^{-t}-\mathrm{C}_1\mathrm{e}^{-t}+2\left(2+\sqrt{6}\right)\mathrm{C}_2\mathrm{e}^{\left(1+\sqrt{6}\right)t}+2\left(2-\sqrt{6}\right)\mathrm{C}_3\mathrm{e}^{-\left(-1+\sqrt{6}\right)t}+\mathrm{e}^{-t}/2 \end{cases}$$

例7-4 试求解下面的线性微分方程组，其中，$x(0)=1, y(0)=z(0)=x'(0)=y'(0)=z'(0)=0$。

$$\begin{cases} x''(t)-x(t)+y(t)+z(t)=0 \\ x(t)+y''(t)-y(t)+z(t)=0 \\ x(t)+y(t)+z''(t)-z(t)=0 \end{cases}$$

解 首先声明符号变量与符号函数，然后定义中间变量，并用下面的语句直接求解微分方程组。

```
>> syms t x(t) y(t) z(t);
   x1=diff(x); y1=diff(y); z1=diff(z);
   [x,y,z]=dsolve(diff(x,2)-x+y+z==0,x+diff(y,2)-y+z==0,x+y+diff(z,2)-z==0,...
           x(0)==1,y(0)==0,z(0)==0,x1(0)==0,y1(0)==0,z1(0)==0)
```

上面的语句得出方程的解为

$$x(t)=\frac{\mathrm{e}^{\sqrt{2}\,t}}{3}+\frac{\mathrm{e}^{-\sqrt{2}\,t}}{3}+\frac{\cos t}{3},\quad y(t)=z(t)=\frac{\cos t}{3}-\frac{\mathrm{e}^{-\sqrt{2}\,t}}{6}-\frac{\mathrm{e}^{\sqrt{2}\,t}}{6}$$

例7-5 试求解时变微分方程 $x^2(2x-1)y'''(x)-(4x-3)xy''(x)-2xy'(x)+2y(x)=0$。

解 这里给出的方程是关于y和x之间的方程，自变量不是默认意义下的t，仍然可以描述微分方程用符号表达式描述并直接求解。

```
>> syms x y(x)    %声明符号变量并声明符号函数
   y=dsolve(x^2*(2*x-1)*diff(y,3)+(4*x-3)*x*diff(y,2)-2*x*diff(y)+2*y==0);
   simplify(y), simplify(x^2*(2*x-1)*diff(y,3)+(4*x-3)*x*diff(y,2)-2*x*diff(y)+2*y)
```

这样可以直接得出该方程的解析解如下，代入原方程误差为0。

$$y(x)=-\frac{\mathrm{C}_1}{2}-x\left(2\mathrm{C}_2+\frac{\mathrm{C}_1\ln x}{2}\right)-\frac{1}{x}\left(\frac{\mathrm{C}_3}{8}-\frac{\mathrm{C}_1}{16}\right)$$

7.1.4 线性状态空间方程的解析解

假设线性状态空间模型的一般表示为

$$\begin{cases}\boldsymbol{x}'(t)=\boldsymbol{A}\boldsymbol{x}(t)+\boldsymbol{B}\boldsymbol{u}(t)\\ \boldsymbol{y}(t)=\boldsymbol{C}\boldsymbol{x}(t)+\boldsymbol{D}\boldsymbol{u}(t)\end{cases} \tag{7-1-4}$$

其中，$\boldsymbol{A},\boldsymbol{B},\boldsymbol{C},\boldsymbol{D}$为常数矩阵，且已知状态向量初值$\boldsymbol{x}_0$。该方程的解析解可以写成

$$\boldsymbol{x}(t)=\mathrm{e}^{\boldsymbol{A}(t-t_0)}\boldsymbol{x}(t_0)+\int_{t_0}^{t}\mathrm{e}^{\boldsymbol{A}(t-\tau)}\boldsymbol{B}\boldsymbol{u}(\tau)\,\mathrm{d}\tau \tag{7-1-5}$$

其中，$\mathrm{e}^{\boldsymbol{A}t}$称为状态转移矩阵。对给定的输入信号$\boldsymbol{u}(t)$来说，通过矩阵积分运算可以直接得出该方程的解析解。从解析解表达式可见，涉及矩阵的e指数求解，也涉及函数的积分运算，这些分别调用MATLAB的符号运算函数可以直接求解。

例7-6 假设输入信号为$u(t)=2+2\mathrm{e}^{-3t}\sin 2t$，求出下面矩阵描述的状态空间方程的解析解。

$$\boldsymbol{A}=\begin{bmatrix}-19&-16&-16&-19\\21&16&17&19\\20&17&16&20\\-20&-16&-16&-19\end{bmatrix},\ \boldsymbol{B}=\begin{bmatrix}1\\0\\1\\2\end{bmatrix},\ \boldsymbol{C}^{\mathrm{T}}=\begin{bmatrix}2\\1\\0\\0\end{bmatrix},\ \boldsymbol{D}=0,\ \boldsymbol{x}_0=\begin{bmatrix}0\\1\\1\\2\end{bmatrix}$$

解 由式(7-1-5)可以直接得出方程的解析解。

```
>> syms t tau; u(t)=2+2*exp(-3*t)*sin(2*t);          %定义输入信号
   A=[-19,-16,-16,-19; 21,16,17,19; 20,17,16,20; -20,-16,-16,-19];
   B=[1; 0; 1; 2]; C=[2 1 0 0]; x0=[0; 1; 1; 2];   %求解式(7-1-5)的直接实现
   y=C*(expm(A*t)*x0+int(expm(A*(t-tau))*B*u(tau),tau,0,t)); simplify(y)
```

这样得出的解析解数学表示为

$$y(t)=\frac{119}{8}\mathrm{e}^{-t}+57\mathrm{e}^{-3t}+\frac{127t}{4}\mathrm{e}^{-t}+4t^2\mathrm{e}^{-t}-\frac{135}{8}\mathrm{e}^{-3t}\cos 2t+\frac{77}{4}\mathrm{e}^{-3t}\sin 2t-54$$

当然，还可以用符号表达式描述原始微分方程，再直接求解，得出前面完全一致的结果。

```
>> syms t;
   u(t)=2+2*exp(-3*t)*sin(2*t); y(t)=any_matrix([4,1],'x',t);
   y=dsolve(diff(y)==A*y+B*u,y(0)==x0); y=simplify(C*[y.x1; y.x2; y.x3; y.x4])
```

7.1.5 特殊非线性微分方程的解析解

部分非线性微分方程也是可以用`dsolve()`函数求解析解的，这样的方程描述方式和前面介绍的线性微分方程是一致的，描述了这样的微分方程，则可以直接求解出微分方程的解析解。下面将通过例子演示非线性方程的解析解求解，同时还将演示不能求解的例子。

例7-7 试求出一阶非线性微分方程$x'(t)=x(t)(1-x^2(t))$的解析解。

解 这样简单的一阶非线性方程可以考虑用`dsolve()`函数直接解出。

```
>> syms t x(t);
   x=dsolve(diff(x)==x*(1-x^2)) %非线性方程的直接求解
```

即该微分方程的解析解为 $x(t)=\sqrt{-1/\left(\mathrm{e}^{C-2t}-1\right)}$，此外常数 ±1 与 0 均为方程的解。

其实，稍微改变原微分方程，例如将等号右侧加上1，则可以用下面的语句试解该方程。读者会发现原始的微分方程是没有解析解的，因为得出的 $\boldsymbol{x}$ 变量为空矩阵。

```
>> syms t x(t);
   x=dsolve(diff(x)==x*(1-x^2)+1)    %方程没有解析解
```

例7-8 考虑著名的van der Pol方程，试用 `dsolve()` 函数求解它，看能得出什么结论。

$$\frac{\mathrm{d}^2y(t)}{\mathrm{d}t^2}+\mu(y^2(t)-1)\frac{\mathrm{d}y(t)}{\mathrm{d}t}+y(t)=0 \tag{7-1-6}$$

解 由前面的讨论可见，似乎所有的微分方程都可以直接用MATLAB语言提供的强大的 `dsolve()` 函数求解，这样很自然地想到一般非线性微分方程的解析解问题。

对前面给出的van der Pol方程，用户尝试如下的MATLAB命令，但仍不成功。

```
>> syms t y(t) mu;
   y=dsolve(diff(y,2)+mu*(y^2-1)*diff(y)+y==0)    %直接求解
```

可见，微分方程解析解求解函数 `dsolve()` 并不能直接应用于一般非线性方程解析解的求解。所以非线性微分方程只能用数值解法求解，即使看起来很简单的非线性微分方程也是没有解析解的，只有极特殊的非线性微分方程解析可解。下面的内容将集中介绍各类非线性微分方程的数值解方法。

7.2 微分方程问题的数值解法

前面介绍了微分方程的解析解方法，同时也指出很多非线性微分方程是不存在解析解的，需要使用数值解法对之进行研究。从本节开始着重讨论基于MATLAB的各类微分方程的数值解方法。

7.2.1 微分方程问题算法概述

一般微分方程的数值解法很大一类是关于微分方程初值问题的数值解法，这类问题需要用一阶显式的微分方程组描述为

$$\boldsymbol{x}'(t)=\boldsymbol{f}(t,\boldsymbol{x}(t)) \tag{7-2-1}$$

其中，$\boldsymbol{x}^{\mathrm{T}}(t)=[x_1(t),x_2(t),\cdots,x_n(t)]$ 称为状态向量，$\boldsymbol{f}^{\mathrm{T}}(\cdot)=[f_1(\cdot),f_2(\cdot),\cdots,f_n(\cdot)]$ 可以是任意非线性函数。所谓初值问题是指，若已知初始状态 $\boldsymbol{x}_0=\left[x_1(t_0),x_2(t_0),\cdots,x_n(t_0)\right]^{\mathrm{T}}$，用数值求解方法求出在某个时间区间 $t\in[t_0,t_{\mathrm{n}}]$ 内各个时刻状态变量 $\boldsymbol{x}(t)$ 的数值，这里 t_{n} 又称为终止时间。

对多元非线性常微分方程初值问题来说，Euler算法是最直观的一类求解算法。虽然该算法比较简单，但理解该算法对理解其他复杂的微分方程算法是很有帮助的，故这里将以Euler算法为例介绍微分方程初值问题的数值算法。

假设已知在 t_0 时刻系统状态向量的初值为 $\boldsymbol{x}(t_0)$，若选择一个很小的计算步长 h，则可以将微分方程左侧的导数近似为 $(\boldsymbol{x}(t_0+h)-\boldsymbol{x}(t_0))/(t_0+h-t_0)$，代入微分方程则可以解出在 t_0+h 时刻方程的近似解为

$$\hat{\boldsymbol{x}}(t_0+h)=\boldsymbol{x}(t_0)+h\boldsymbol{f}(t_0,\boldsymbol{x}(t_0)) \tag{7-2-2}$$

更严格地，因为这样的近似解存在误差，所以可以写出在 t_0+h 时刻系统状态向量的值为

$$\boldsymbol{x}(t_0+h)=\hat{\boldsymbol{x}}(t_0+h)+\boldsymbol{R}_0=\boldsymbol{x}(t_0)+h\boldsymbol{f}(t,\boldsymbol{x}(t_0))+\boldsymbol{R}_0 \tag{7-2-3}$$

简记$\boldsymbol{x}_1=\boldsymbol{x}(t_0+h)$，则$\hat{x}_1=\hat{\boldsymbol{x}}(t_0+h)$为系统状态向量在$t_0+h$时刻的近似值，即数值解。可见，$\boldsymbol{R}_0$为数值解的舍入误差。在实际解法中为简单起见，经常可以舍弃ˆ记号，而将数值解直接记为$\boldsymbol{x}_1$。

一般地，假设已知在t_k时刻系统的状态向量为$\boldsymbol{x}_k$，则在t_k+h时刻Euler算法的数值解可以写成

$$\boldsymbol{x}_{k+1}=\boldsymbol{x}_k+h\boldsymbol{f}(t,\boldsymbol{x}_k) \tag{7-2-4}$$

这样，用迭代的方法可以由给定的初值问题逐步求出在所选择的时间段$t\in[0,T]$内各个时刻$t_0+h,t_0+2h,\cdots$处的原问题数值解。

减小步长h的值可以提高数值解精度。然而，并不能无限制地减小h的值，这主要有两个原因：

(1) 减慢计算速度。因为对选定的求解时间而言，减小步长就意味着增加在这个时间段内的计算点数目，故计算速度减慢。

(2) 增加累积误差。因为不论选择多小的步长，所得出的数值解都将有一个舍入误差，减小计算步长则将增加计算的次数，从而使得整个计算过程的舍入误差的叠加和传递次数增多，产生较大的累积误差。舍入误差、累积误差和总误差关系的示意图如图7-3(a)所示。

所以在对微分方程求解过程中，应采取下列措施：

(1) 选择适当的步长。采用Euler法类简单算法时，应适当地选择步长，既不能太大，又不能太小。

(2) 改进近似算法精度。由于Euler算法只是将原积分问题进行梯形近似，其近似精度很低，因而不能很有效地逼近原始问题。可以用各种更精确的插值方法来取代Euler算法，从而改进运算精度。比较成功的是Runge–Kutta法、Adams法等。

(3) 采用变步长方法。前面提及“适当”地选择步长，这本身就是个模糊的概念，如何适当地选择步长取决于经验。事实上，很多种方法都允许变步长的求解，如果误差较小时，可自动地增大步长，而误差较大时再自动减小步长，从而精确、有效地求解给出的常微分方程初值问题。

一般变步长算法的原理如图7-3(b)所示。已知t_k时刻的状态变量$\boldsymbol{x}_k$，则先在某步长h下计算出t_k+h时刻的状态变量$\tilde{\boldsymbol{x}}_{k+1}$。另外，将步长变成原来步长的一半，分两步从$\boldsymbol{x}_k$计算出$t_k+h$时刻的状态变量$\hat{\boldsymbol{x}}_{k+1}$。如果两种运算步长下的误差$\boldsymbol{\epsilon}=||\hat{\boldsymbol{x}}_{k+1}-\tilde{\boldsymbol{x}}_{k+1}||$小于给定的误差限，则可以采用该步长或适当增大步长，如果误差大，则进一步减小步长。自适应变步长算法可以较好地解决计算速度问题，另外能保证计算的精度。

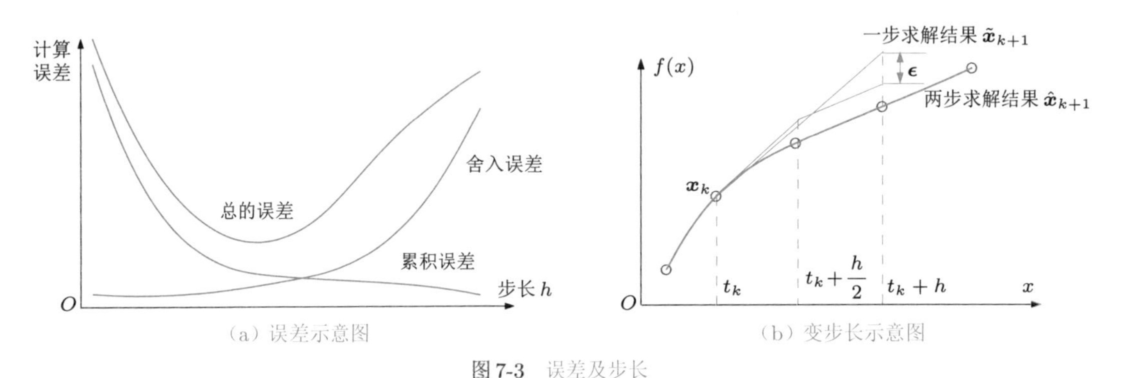

(a) 误差示意图　　(b) 变步长示意图

图7-3　误差及步长

7.2.2　四阶定步长 Runge–Kutta 算法及 MATLAB 实现

四阶定步长的 Runge–Kutta 算法是传统数值分析课程和系统仿真课程中经常介绍的算法，被认为是求解微分方程的一种有效的方法，该算法结构很简单，可以先定义如下四个附加向量。

$$\begin{cases} \boldsymbol{k}_1 = h\boldsymbol{f}(t_k, \boldsymbol{x}_k) \\ \boldsymbol{k}_2 = h\boldsymbol{f}\left(t_k + h/2, \boldsymbol{x}_k + \boldsymbol{k}_1/2\right) \\ \boldsymbol{k}_3 = h\boldsymbol{f}\left(t_k + h/2, \boldsymbol{x}_k + \boldsymbol{k}_2/2\right) \\ \boldsymbol{k}_4 = h\boldsymbol{f}(t_k + h, \boldsymbol{x}_k + \boldsymbol{k}_3) \end{cases} \tag{7-2-5}$$

其中，h 为计算步长，在实际应用中该步长是一个常数，这样由四阶 Runge–Kutta 算法可以求解出下一个步长的状态变量值为

$$\boldsymbol{x}_{k+1} = \boldsymbol{x}_k + \frac{1}{6}(\boldsymbol{k}_1 + 2\boldsymbol{k}_2 + 2\boldsymbol{k}_3 + \boldsymbol{k}_4) \tag{7-2-6}$$

这样，用迭代的方法由给定的初值问题逐步求出在所选择的时间段 $t \in [t_0, t_{\rm n}]$ 内各个时刻 $t_0 + h, t_0 + 2h, \cdots$ 处的原问题数值解。

有了上面的数学算法，则可以用 MATLAB 语言容易地编写出该算法的函数如下：

```
function [tout,yout]=rk_4(fun,tspan,y0)
   arguments, fun(1,1), tspan(1,:), y0(:,1); end
   ts=tspan; t0=ts(1); tf=ts(2); yout=[]; tout=[];
   if length(ts)==3, h=ts(3); else, h=(ts(2)-ts(1))/100; tf=ts(2); end
   for t=[t0:h:tf]                              %对各个时间点循环计算
      k1=h*fun(t,y0); k2=h*fun(t+h/2,y0+k1/2);    %计算中间向量
      k3=h*fun(t+h/2,y0+k2/2); k4=h*fun(t+h,y0+k3);
      y0=y0+(k1+2*k2+2*k3+k4)/6; yout=[yout; y0(:).']; tout=[tout; t]; %式(7-2-6)实现
end, end
```

其中，`tspan` 可以有两种构成方法，第一种方法是 tspan=$[t_0, t_{\rm n}, h]$，第二种方法是 tspan=$[t_0, t_{\rm n}]$，其中，t_0 和 $t_{\rm n}$ 为计算的初始和终止值，h 为计算步长，默认选择 101 个计算点。`fun` 是为描述微分方程的文件名或匿名函数，$\boldsymbol{y}_0$ 是初值列向量。函数调用完成后，时间向量与各个时刻状态变量构成的矩阵分别由 `tout` 列向量和 `yout` 返回。

从求解数值问题的效果看，该算法不是一个较好的方法，故一般不使用该方法，后面将通过例子演示微分方程求解方法，并和现成的 MATLAB 函数进行对比分析。

7.2.3　一阶微分方程组数值解

1. 四阶五级 Runge–Kutta–Fehlberg 算法

德国学者 Fehlberg 对传统的 Runge–Kutta 方法进行了改进[83]，在每一个计算步长内对 $f_i(\cdot)$ 函数进行六次求值，以保证更高的精度和数值稳定性，该算法又称为四阶五级 RKF 算法。假设当前的步长为 h_k，则可以定义下面的六个 $\boldsymbol{k}_i$ 变量：

$$\boldsymbol{k}_i = h_k\boldsymbol{f}\left(t_k + \alpha_i h_k, \boldsymbol{x}_k + \sum_{j=1}^{i-1}\beta_{ij}\boldsymbol{k}_j\right),\ i = 1, 2, \cdots, 6 \tag{7-2-7}$$

式中，t_k 为当前计算时刻；中间参数 α_i，β_{ij} 及其他参数由表 7-1 给出，其中，α_i，β_{ij} 参数对又称为 Dormand–Prince 对。这时下一步的状态向量可以由下式求出。

$$\boldsymbol{x}_{k+1}=\boldsymbol{x}_k+\sum_{i=1}^{6}\gamma_i\boldsymbol{k}_i \tag{7-2-8}$$

表 7-1　四阶五级 RKF 算法系数表

α_i	β_{ij}					γ_i	γ_i^*
0						16/135	25/216
1/4	1/4					0	0
3/8	3/32	9/32				6656/12825	1408/2565
12/13	1932/2197	−7200/2197	7296/2197			28561/56430	2197/4104
1	439/216	−8	3680/513	−845/4104		−9/50	−1/5
1/2	−8/27	2	−3544/2565	1859/4104	−11/40	2/55	0

当然，直接采用这一方法为定步长的方法。在实际问题中往往希望在一些情况下(如解变化很快时)采用较小的步长，而在另一些情况下(如解的变化很缓慢时)采用较大的步长，这样做既可以保证较高的精度，又可以保证较高的运算速度。在此算法中，定义误差向量

$$\boldsymbol{\epsilon}_k=\sum_{i=1}^{6}(\gamma_i-\gamma_i^*)\boldsymbol{k}_i \tag{7-2-9}$$

可以由其大小改变计算步长，所以这种能自动变换步长的方法又称为自适应变步长算法。

定步长算法相当于用开环控制的思想求解微分方程，选定步长后将不考虑计算是不是有误差，也不考虑误差是否能被接受，一味采用单一步长计算全程。而变步长算法则是采用由误差作为监测指标的闭环控制思想，在计算过程中修正步长，使得预期的计算精度得以保证，同时由于采用变步长思想，所以大部分问题的求解时间将明显缩短，因为在计算过程中在保证计算精度的前提下也允许大步长。

2. 基于MATLAB的微分方程求解函数

MATLAB 下求解一阶微分方程组初值问题数值解最常用的方法是 `ode45()` 函数，该函数实现了变步长四阶五级 Runge–Kutta–Fehlberg 算法，可以采用变步长的算法求解微分方程，其调用格式为

```
[t,x]=ode45(Fun,[t0,tn],x0)                        %直接求解
[t,x]=ode45(Fun,[t0,tn],x0,options)                %带有控制选项
[t,x]=ode45(Fun,[t0,tn],x0,options,p1,p2,···,pm)   %带有附加参数
```

其中，微分方程应该用 MATLAB 函数 `Fun` 或匿名函数按指定的格式描述，有关该函数的编写方法后面将通过例子专门介绍，$[t_0,t_\mathrm{n}]$ 描述微分方程求解的区间，如果只给出一个值 t_n 则表示初始时刻为 $t_0=0$，终止时刻为 t_n 的问题求解。为使得微分方程能够求解，还应该已知初值问题的初始状态变量 $\boldsymbol{x}_0$。另外，该函数还允许 $t_\mathrm{n}<t_0$，即可以认为 t_0 为终值时刻，t_n 为初始时刻，$\boldsymbol{x}_0$ 表示状态变量的终值，故该函数可以直接求解终值问题。

除了前面介绍的 `ode45()` 之外，类似的函数还有 `ode113`，`ode15s()`，`ode23()` 等，见表 7-2。它们有相同的调用格式，但相应的算法是不同的。后面将通过例子比较这些求解函数的优劣与适用范围。

求解一阶显式微分方程组的关键是用 MATLAB 语言编写一个函数，描述需要求解的微分方程组。

表 7-2 一阶显式微分方程组数值解函数

求解函数	求解函数的解释
ode45()	4级5阶 Runge–Kutta–Fehlberg 求解算法，是首先应该尝试的求解器
ode23()	2级3阶 Runge–Kutta 求解算法，效率较低，不建议使用
ode15s()	刚性微分方程推荐算法，求解阶次在1∼5根据需要自适应选择，有时精度较低
ode113()	变步长、变阶次的 Adams–Bashforth–Moulton 预报校正算法，这个求解函数的精度有时高于其他的算法
ode23s()	如果微分方程带有一定程度的刚性，可以选用这个方法
ode23tb()	一种刚性微分方程的求解方法，经实例测试，上述两种方法效果不佳，不建议使用
ode87()	8阶7级算法[84]，对某些特定微分方程而言，该算法效率远优于其他算法

该函数的入口应该为

```
function xd=funname(t,x)                 %不需附加参数的格式
function xd=funname(t,x,p1,p2,···,pm)    %可以使用附加参数
```

其中，t 是时间变量或自变量，即使需要求解的微分方程不是时变的，也需要给出 t 占位，否则MATLAB在变量传递过程中将出现问题。变量 $\boldsymbol{x}$ 为状态向量，返回的 $\boldsymbol{x}_\mathrm{d}$ 为状态向量的导数。该函数允许求解带有附加变量 $p_1,p_2,\cdots,p_m$ 的微分方程，这里的附加变量必须与微分方程求解程序中的完全对应。

在微分方程求解中有时需要对求解算法及控制条件进行进一步设置，这可以通过求解过程中的 options 变量进行修改。初始 options 变量可以通过 odeset() 函数获取，该变量是一个结构体变量，其中有众多成员变量，表 7-3 中列出了常用的一些成员变量。修改该变量有两种方式，其一是用 odeset() 函数设置；其二是直接修改 options 的成员变量。例如，若想将相对误差设置成较小的 10^{-7}，则需给出：

```
options=odeset('RelTol',1e-7);    %或更直观地采用下面的格式
options=odeset; options.RelTol=1e-7;
```

表 7-3 常微分方程求解函数的控制参数表

参数名	参数说明
RelTol	为相对误差容许上限，默认值为0.001（即0.1%的相对误差），在一些特殊的微分方程求解中，为了保证较高的精度，还应该再适当减小该值。该参数最小允许的取值为 2.2204×10^{-14}
AbsTol	为一个向量，其分量表示每个状态变量允许的绝对误差，其默认值为 10^{-6}。当然可以自由设置其值，以改变求解精度
MaxStep	为求解方程最大允许的步长
Mass	微分代数方程中的质量矩阵，可以用于描述微分代数方程
Jacobian	为描述 Jacobi 矩阵函数 $\partial \boldsymbol{f}/\partial \boldsymbol{x}$ 的函数名，如果已知该 Jacobi 矩阵，则能加速仿真过程

在实际求解过程中经常需要定义一些附加参数，这些参数由 $p_1,p_2,\cdots,p_m$ 表示，在编写方程函数时也应该一一对应地写出。

3. 微分方程数值求解的步骤

下面简单总结微分方程的数值求解步骤。

（1）写出微分方程的数学形式标准型：$\boldsymbol{x}'(t)=\boldsymbol{f}(t,\boldsymbol{x}(t))$，且已知 $\boldsymbol{x}(t_0)$。

（2）用 MATLAB 描述微分方程。可以用匿名函数或MATLAB函数直接描述微分方程的标准型。注意，对于函数输入变元 t，即使原始微分方程不显含 t，也应该保留该变元占位，不能舍弃。

(3) 微分方程的求解。可调用 `ode45()` 或其他函数直接求解。

(4) 解的检验。解的检验(validation)是微分方程求解的重要环节,后面将专门介绍。

有了规范的微分方程数值解方法与步骤,就可以通过例子进一步学习与掌握一般微分方程的直接求解方法与技巧。

例7-9　假设著名的Lorenz模型的状态方程表示为
$$\begin{cases} x_1'(t) = -\beta x_1(t) + x_2(t)x_3(t) \\ x_2'(t) = -\rho x_2(t) + \rho x_3(t) \\ x_3'(t) = -x_1(t)x_2(t) + \sigma x_2(t) - x_3(t) \end{cases}$$
其中,设 $\beta = 8/3, \rho = 10, \sigma = 28$。若其初值为 $x_1(0) = x_2(0) = 0, x_3(0) = \epsilon$,而 ϵ 为机器上可以识别的小常数,如取一个很小的正数 $\epsilon = 10^{-10}$,试求解该微分方程组。

解　该方程是非线性微分方程,所以不存在解析解,只能用数值解法求解。若想用数值算法求解该微分方程,可以按下面的格式编写出一个匿名函数来描述系统的动态模型。其内容为

```
>> f=@(t,x)[-8/3*x(1)+x(2)*x(3); -10*x(2)+10*x(3); -x(1)*x(2)+28*x(2)-x(3)];
```

这时,可以调用微分方程数值解 `ode45()` 函数对匿名函数 f 描述的系统进行数值求解,得出的时域响应解如图7-4(a)所示。

```
>> tn=100; x0=[0;0;1e-10]; [t,x]=ode45(f,[0,tn],x0); plot(t,x)   %求方程的数值解
   figure; plot3(x(:,1),x(:,2),x(:,3)); grid                        %相空间轨迹三维图
```

在调用语句中,$t_{\rm n}$ 为设定的仿真终止时间,$\boldsymbol{x}_0$ 为初始状态。第二个绘图命令则可以绘制出三个状态变量的相空间曲线,如图7-4(b)所示。可以看出,看似很复杂的三元一阶非线性常微分方程组的数值解问题由几条简单直观的MATLAB语句就求解出来了。此外,用MATLAB语言还可以轻易、直观地将结果用可视化方式直接显示出来,这就是选择MATLAB语言作为本书主要语言的原因。

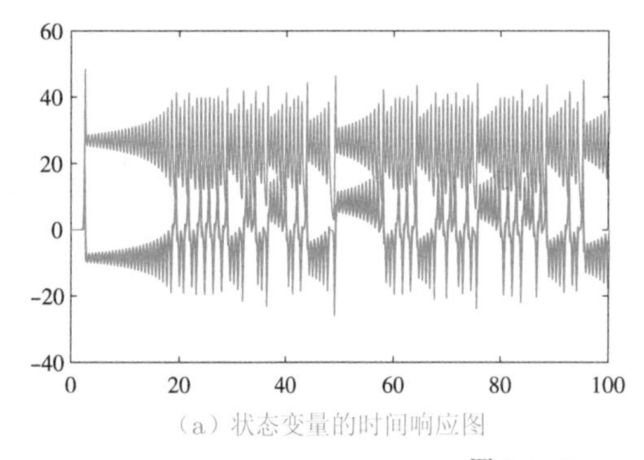

(a) 状态变量的时间响应图

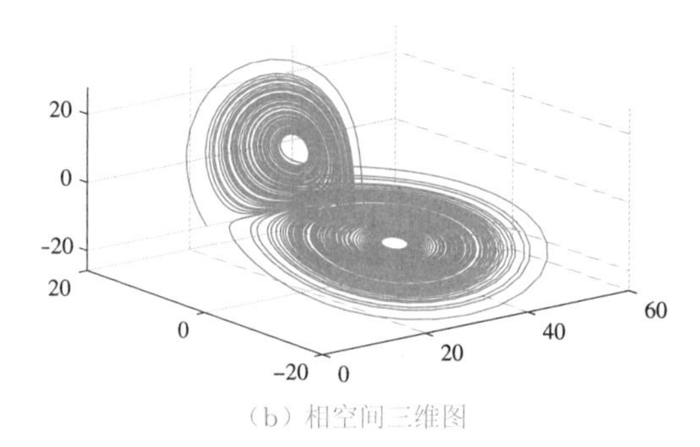

(b) 相空间三维图

图7-4　Lorenz方程的仿真结果图示

其实,观察相空间轨迹走行的最好方法是采用 `comet3()` 函数绘制动画式的轨迹,故可将最后一个语句改成 `comet3(x(:,1),x(:,2),x(:,3))`。

从前面的微分方程求解实例看,如果能建立一个描述微分方程组的M函数或匿名函数,则调用 `ode45()` 可以立即解出方程的数值解。可以看出,编写一个MATLAB函数来描述微分方程是常微分方程初值问题数值求解的关键。

4. MATLAB下带有附加参数的微分方程求解

在基于MATLAB语言的微分方程求解中,引入附加参数的目的是,若微分方程的某些参数可以选择不同的值,对不同值求解时考虑附加参数可以避免每次修改模型文件。例如,例7-9中给出的Lorenz

方程中，β,ρ,σ 可以看成附加参数，这样在表示它们的变化时，无须修改描述原始微分方程的MATLAB函数，而只需在调用微分方程求解时从外部修改它们的参数即可。

例7-10 试编写带有附加参数的MATLAB函数来描述例7-9中的Lorenz方程，并利用该函数研究分别求解在该例中给定参数下和一组新参数 $\beta=2,\rho=5,\sigma=20$ 下Lorenz方程的数值解。

解 选定附加参数为 β,ρ,σ，可以编写出如下的MATLAB函数来描述给出的常微分方程组：

```
function dx=lorenz1(t,x,b,r,s)   %带有附加参数的微分方程描述函数
   dx=[-b*x(1)+x(2)*x(3); -r*x(2)+r*x(3); -x(1)*x(2)+s*x(2)-x(3)];
end
```

然后求取方程的数值解。从下面的调用格式可以看出，调用函数时无须使用和函数本身完全一致的变量名，只要对应关系正确就可以了。在ode45()语句中，空矩阵表示使用默认的控制模板。

```
>> b1=8/3; r1=10; s1=28; tn=100; x0=[0;0;1e-10];            %设置附加参数的值
   [t,x]=ode45(@lorenz1,[0,tn],x0,[],b1,r1,s1); plot(t,x)   %微分方程的数值求解
   figure; plot3(x(:,1),x(:,2),x(:,3));        %打开新图形窗口,绘制三维相空间轨迹
```

有了带有附加参数的微分方程M函数后，就可以在其他参数值 β,ρ,σ 下求解微分方程，而无须改变lorenz1.m文件。例如，若选择 $\beta=2,\rho=5,\sigma=20$，则可以用下面的语句直接求出数值解，这样将分别得出如图7-5(a)、(b)所示的二维和三维图形。

```
>> tn=100; x0=[0;0;1e-10]; b2=2; r2=5; s2=20;                 %另一组附加参数
   [t2,x2]=ode45(@lorenz1,[0,tn],x0,[],b2,r2,s2); plot(t2,x2)   %求解方程
   figure; plot3(x2(:,1),x2(:,2),x2(:,3)); grid                 %绘制三维相空间轨迹
```

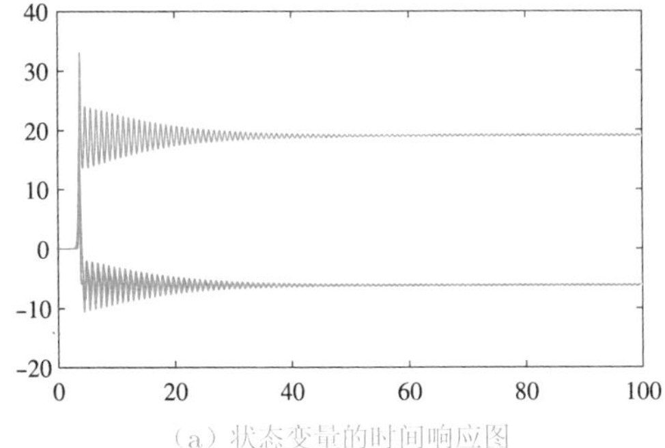

(a) 状态变量的时间响应图

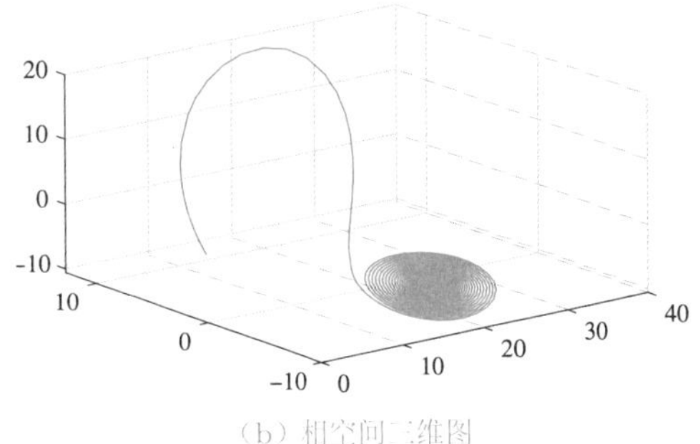

(b) 相空间三维图

图7-5 新参数下Lorenz方程的仿真结果图示

如果微分方程比较简单，则可以采用匿名函数的形式描述该方程，这时无须使用附加变量的形式，因为匿名函数可以直接使用MATLAB工作空间中的变量，这时，求解语句变为

```
>> b=8/3; r=10; s=28;                      %使用匿名函数则可以不用附加参数
   f=@(t,x)[-b*x(1)+x(2)*x(3); -r*x(2)+r*x(3); -x(1)*x(2)+s*x(2)-x(3)];
   [t,x]=ode45(f,[0,tn],x0); plot(t2,x2)   %重新求解微分方程
```

7.2.4 微分方程数值解的验证

前面通过例子曾演示过，若仿真算法和控制参数选择不当，如相对误差限，则可能得出不可信的结果，甚至是错误的结果。所以在方程求解结束之后，应该对仿真结果进行检验。

在实际应用中，所需求解的问题又往往不存在解析解，怎么检验所得结果的正确性呢？一种可行的

方法是修改仿真控制参数，如可以接受的误差限，例如将`RelTol`或`AbsTol`选项设置成一个更小的值，观察所得的结果，看看是不是和上次得出的结果完全一致，如果存在不能接受的差异，则应该考虑再进一步减小误差限。另外，同样的问题选择不同的微分方程求解算法也可以检验所得结果的正确性。

7.3 微分方程转换

由前面介绍的微分方程求解函数和微分方程标准型可见，如果常微分方程由一个或多个高阶常微分方程给出，要得出该方程的数值解，则应该先将该方程变换成一阶常微分方程组。这里将分以下几种情况加以考虑。

7.3.1 单个高阶常微分方程处理方法

假设一个高阶常微分方程的一般形式为

$$y^{(n)}(t)=f(t,y(t),y'(t),\cdots,y^{(n-1)}(t)) \tag{7-3-1}$$

且已知输出变量$y(t)$的各阶导数初始值为$y(0),y'(0),\cdots,y^{(n-1)}(0)$，则可以选择一组状态变量$x_1(t)=y(t)$，$x_2(t)=y'(t)$，$\cdots$，$x_n(t)=y^{(n-1)}(t)$，这样，就可以将原高阶常微分方程模型变换成下面的一阶方程组形式。

$$\begin{cases}x_1'(t)=x_2(t)\\x_2'(t)=x_3(t)\\\quad\vdots\\x_n'(t)=f(t,x_1(t),x_2(t),\cdots,x_n(t))\end{cases} \tag{7-3-2}$$

且初值$x_1(0)=y(0)$，$x_2(0)=y'(0)$，$\cdots$，$x_n(0)=y^{(n-1)}(0)$。

例7-11　考虑下面的三阶线性时变微分方程，先求出该微分方程在$t\in(0.2,\pi)$区间的解析解[85]，然后用不同的数值方法求解该微分方程，评价各种求解器的效率。

$$t^5y'''(t)=2(ty'(t)-2y(t)),\ y(1)=1,\ y'(1)=0.5,\ y''(1)=-1$$

解　由下面语句可以求出该微分方程的解析解。

```
>> syms t y(t), y1=diff(y); y2=diff(y,2);
   y=dsolve(t^5*diff(y,3)==2*(t*y1-2*y), y(1)==1, y1(1)==0.5, y2(1)==-1)
```

得出的解析解为

$$y(t)=t^2-\frac{3\sqrt{2}\mathrm{e}^{\sqrt{2}}}{8}t^2\mathrm{e}^{-\sqrt{2}/t}+\frac{3\sqrt{2}\mathrm{e}^{-\sqrt{2}}}{8}t^2\mathrm{e}^{\sqrt{2}/t}$$

现在考虑数值解方法。若想求出数值解，应该首先将其转换成标准型。因为$t\neq0$，所以，方程两端同时除以t^5，可以得出显式微分方程形式。

$$y'''(t)=2(ty'(t)-2y(t))/t^5,\ y(1)=1,\ y'(1)=0.5,\ y''(1)=-1$$

由于方程的最高阶导数为三阶，所以可以选择状态变量$x_1(t)=y(t)$，$x_2(t)=y'(t)$，$x_3(t)=y''(t)$。这样，三阶微分方程可以改写成一阶显式微分方程组的标准型形式。

$$\begin{bmatrix}x_1'(t)\\x_2'(t)\\x_3'(t)\end{bmatrix}=\begin{bmatrix}x_2(t)\\x_3(t)\\2(tx_2(t)-2x_1(t))/t^5\end{bmatrix},\quad\begin{bmatrix}x_1(1)\\x_2(1)\\x_3(1)\end{bmatrix}=\begin{bmatrix}1\\0.5\\-1\end{bmatrix}$$

求解区间为$[0.2,\pi]$，已知的$t=1$只是其中的内点，所以，应该将求解区间分成两个部分：$[1,0.2]$和$[1,\pi]$。注意，第一个求解区间是逆序的，因为$t=1$点的值已知，只能从$t=1$算起，反推到$t=0.2$。这样，得出的解也应该逆序处理。得到解后，应该将第一段的解逆序排列，与第二段的解接起来，构成方程的数值解。将数值解与解析解相比，则可以得出最大误差。为确保得到双精度数据结构下最精确的结果，可以设置相对误差限为3×10^{-14}。

```
>> f=@(t,x)[x(2); x(3); 2*(t*x(2)-2*x(1))/t^5]; s2=sqrt(2);
   x0=[1;0.5;-1]; ff=odeset; ff.RelTol=3e-14; ff.AbsTol=eps;
   tic, [t1 x1]=ode45(f,[1,0.2],x0,ff);                  %求[1,0.2]区间数值解
   [t2 x2]=ode45(f,[1,pi],x0,ff); toc                    %求[1,π]区间数值解
   t=[t1(end:-1:2); t2]; y=[x1(end:-1:2,1); x2(:,1)];   %统一数值解
   y0=t.^2-3*s2*exp(s2)/8*t.^2.*exp(-s2./t)+3*s2*exp(-s2)/8*t.^2.*exp(s2./t);
   err=max(abs((y-y0))), length(t)                       %计算最大误差和求解点数
```

将语句中的ode45()替换成其他求解函数，则可以比较这些算法的精度与求解效率，如表7-4所示。可以看出，对非刚性微分方程而言，刚性微分方程算法的精度很低；低阶算法为保证苛刻的精度要求不得不选择很小的步长，导致计算点数过多，耗时过长；对这个特例而言，第三方的ode87()函数精度和效率明显高于其他算法，其次是ode45()函数。本书尽量使用该函数，而对某些耗时的问题，将尝试ode87()函数。

表7-4 各种算法的精度与速度比较

算法	ode87()	ode45()	ode15s()	ode23()	ode113()	ode23t()	ode23tb()
耗时/s	0.068	0.190	0.425	1.755	0.223	3.983	8.205
最大误差	4.89×10^{-15}	5.06×10^{-14}	7.62×10^{-11}	2.39×10^{-12}	1.43×10^{-12}	7.02×10^{-9}	3.94×10^{-9}
计算点数	37	7397	3015	182260	398	322964	293512

例7-12 已知$y(0)=-0.2, y'(0)=-0.7$，试求van der Pol方程$y''(t)+\mu(y^2(t)-1)y'(t)+y(t)=0$的数值解，并绘制出不同$\mu$参数下相平面曲线。

解 例7-8中已经演示过，该方程没有解析解，所以不能用解析方法求解该方程，只有依靠数值解法。因为该方程不是由MATLAB直接可解的一阶显式微分方程组给出的，所以需要对该方程进行变换。选择状态变量$x_1(t)=y(t), x_2(t)=y'(t)$，则原方程可以变换成

$$\begin{cases} x_1'(t)=x_2(t) \\ x_2'(t)=-\mu(x_1^2(t)-1)x_2(t)-x_1(t) \end{cases}$$

这里的μ是一个可变参数，如果对每一个要研究的μ值都编写一个函数则显得不方便，所以应该采用附加参数的概念将μ的值传给该函数，这样可以写出描述此模型的M函数为

```
>> f=@(t,x,mu)[x(2); -mu*(x(1)^2-1)*x(2)-x(1)];   %带附加参数的匿名函数
```

可见，在函数定义时多了一个mu项，该项应该在ode45()函数调用时传给匿名函数。假定初值为$\boldsymbol{x}=[-0.2,-0.7]^{\mathrm{T}}$，则最终的求解函数格式为

```
>> x0=[-0.2; -0.7]; tn=20; mu=1; [t1,y1]=ode45(f,[0,tn],x0,[],mu);
   mu=2; [t2,y2]=ode45(f,[0,tn],x0,[],mu); plot(t1,y1,t2,y2,'--')   %解方程
   figure; plot(y1(:,1),y1(:,2),y2(:,1),y2(:,2),'--')               %绘制相平面图
```

这样，在$\mu=1,2$时的时间响应曲线和相平面曲线分别如图7-6(a)、(b)所示。

在ode45()调用命令中的附加参数个数应该和方程M函数中的附加参数个数完全对应，否则将出现错

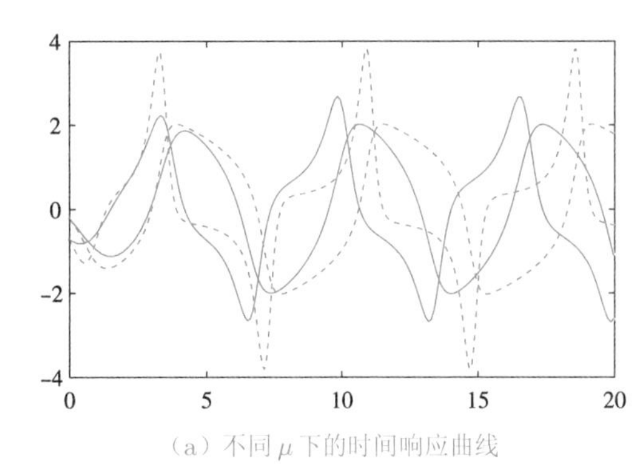

(a) 不同 μ 下的时间响应曲线

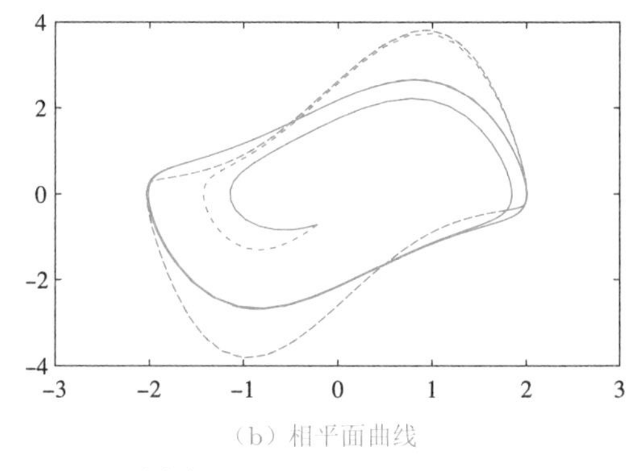

(b) 相平面曲线

图 7-6　不同 μ 值下 van der Pol 方程解

误结果。改变 μ 的值,令 $\mu=1000$,并设仿真终止时间为 3000,则可以采用下面的命令求解 van der Pol 方程。

```
>> tic, x0=[2;0]; tn=3000; mu=1000; [t,y]=ode45(f,[0,tn],x0,[],mu); toc
```

经过长时间的等待,将得出错误信息"Out of memory. Type HELP MEMORY for your options"。事实上,由于变步长所采用的步长过小,而要求的仿真终止时间比较大,导致输出的 $\boldsymbol{y}$ 矩阵过大,超出了计算机存储空间的容限,所以,该问题不适合采用 `ode45()` 求解。

7.3.2　高阶常微分方程组的变换方法

这里以两个高阶微分方程构成的微分方程组为例介绍如何将之变换成一个一阶显式常微分方程组。如果可以显式地将两个方程写成

$$\begin{cases} x^{(m)}(t) = f(t, x(t), x'(t), \cdots, x^{(m-1)}(t), y(t), y'(t), \cdots, y^{(n-1)}(t)) \\ y^{(n)}(t) = g(t, x(t), x'(t), \cdots, x^{(m-1)}(t), y(t), y'(t), \cdots, y^{(n-1)}(t)) \end{cases} \tag{7-3-3}$$

则仍旧可以选择状态变量 $x_1(t) = x(t)$, $x_2(t) = x'(t)$, $\cdots$, $x_m(t) = x^{(m-1)}(t)$, $x_{m+1}(t) = y(t)$, $x_{m+2}(t) = y'(t), \cdots, x_{m+n}(t) = y^{(n-1)}(t)$,这样就可以将原方程变换成

$$\begin{cases} x_1'(t) = x_2(t) \\ \quad\vdots \\ x_m'(t) = f(t, x_1(t), x_2(t), \cdots, x_{m+n}(t)) \\ x_{m+1}'(t) = x_{m+2}(t) \\ \quad\vdots \\ x_{m+n}'(t) = g(t, x_1(t), x_2(t), \cdots, x_{m+n}(t)) \end{cases} \tag{7-3-4}$$

再对初值进行相应的变换,就可以得出所期望的一阶微分方程组了。下面将通过一个例子演示常微分方程组的转换与求解。

例 7-13　已知 Apollo 卫星的运动轨迹 (x, y) 满足下面的方程:

$$\begin{cases} x''(t) = 2y'(t) + x(t) - \mu^*(x(t)+\mu)/r_1^3(t) - \mu(x(t)-\mu^*)/r_2^3(t) \\ y''(t) = -2x'(t) + y(t) - \mu^* y(t)/r_1^3(t) - \mu y(t)/r_2^3(t) \end{cases}$$

其中,$\mu = 1/82.45, \mu^* = 1-\mu$, $r_1(t) = \sqrt{(x(t)+\mu)^2 + y^2(t)}$, $r_2(t) = \sqrt{(x(t)-\mu^*)^2 + y^2(t)}$,试在初值 $x(0) = 1.2, x'(0) = 0, y(0) = 0, y'(0) = -1.04935751$ 下进行求解,并绘制出 Apollo 位置的 $(x(t), y(t))$ 轨迹。

解 选择一组状态变量$x_1(t)=x(t),x_2(t)=x'(t),x_3(t)=y(t),x_4(t)=y'(t)$,这样就可以得出一阶常微分方程组为

$$\begin{cases}x_1'(t)=x_2(t)\\x_2'(t)=2x_4(t)+x_1(t)-\mu^*(x_1(t)+\mu)/r_1^3(t)-\mu(x_1(t)-\mu^*)/r_2^3(t)\\x_3'(t)=x_4(t)\\x_4'(t)=-2x_2(t)+x_3(t)-\mu^*x_3(t)/r_1^3(t)-\mu x_3(t)/r_2^3(t)\end{cases}$$

式中,$r_1(t)=\sqrt{(x_1(t)+\mu)^2+x_3^2(t)}$,$r_2(t)=\sqrt{(x_1(t)-\mu^*)^2+x_3^2(t)}$,且$\mu=1/82.45,\mu^*=1-\mu$。

由于该模型需要首先计算中间变量$r_1(t),r_2(t)$,所以不适合使用匿名函数的形式描述,只能用M函数的方式描述原方程。

```
function dx=apolloeq(t,x)
   mu=1/82.45; mu1=1-mu; r1=sqrt((x(1)+mu)^2+x(3)^2); r2=sqrt((x(1)-mu1)^2+x(3)^2);
   dx=[x(2); 2*x(4)+x(1)-mu1*(x(1)+mu)/r1^3-mu*(x(1)-mu1)/r2^3;
       x(4); -2*x(2)+x(3)-mu1*x(3)/r1^3-mu*x(3)/r2^3];   %描述微分方程
end
```

调用`ode45()`函数可以求出该方程的数值解。

```
>> x0=[1.2;0;0;-1.04935751]; tic, [t,y]=ode45(@apolloeq,[0,20],x0); toc %求解
   length(t), plot(y(:,1),y(:,3))   %读取数据向量长度,绘制相平面图
```

得出的轨迹如图7-7(a)所示,通过计算共得出689个数据点,耗时0.014s。

其实,这样直接得出的Apollo轨道是不正确的,因为这时`ode45()`函数选择的默认精度控制`RelTol`设置得太大,从而导致较高的误差传递。可以减小该值,直至减小到10^{-6},使用下面的语句进行仿真研究。

```
>> options=odeset; options.RelTol=1e-6;                    %减小相对误差限
   tic, [t1,y1]=ode45(@apolloeq,[0,20],x0,options); toc   %重新求解方程
   length(t1), plot(y1(:,1),y1(:,3))     %读取数据向量长度,绘制相平面图
```

得出的轨迹如图7-7(b)所示,得出数据点1873个,耗时0.067s。可见,在新的默认精度下结果是完全不同的。这时,再进一步减小精度控制误差限也不会有太大的改进了,所以在仿真结束后有时有必要减小精度误差限`RelTol`,看看得出的结果是否还相同,用这样的方法检验数值解的正确性。

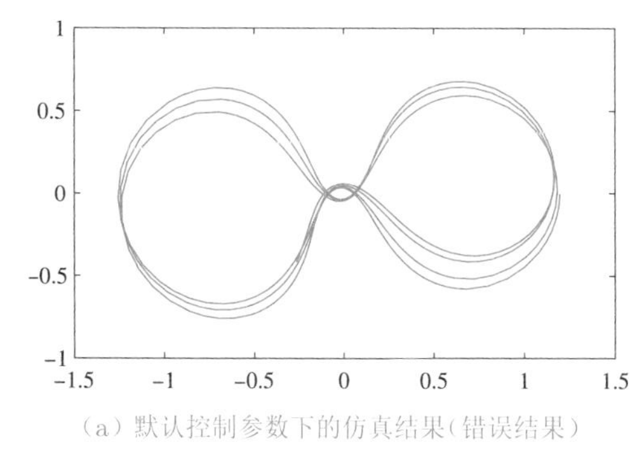

(a) 默认控制参数下的仿真结果(错误结果)

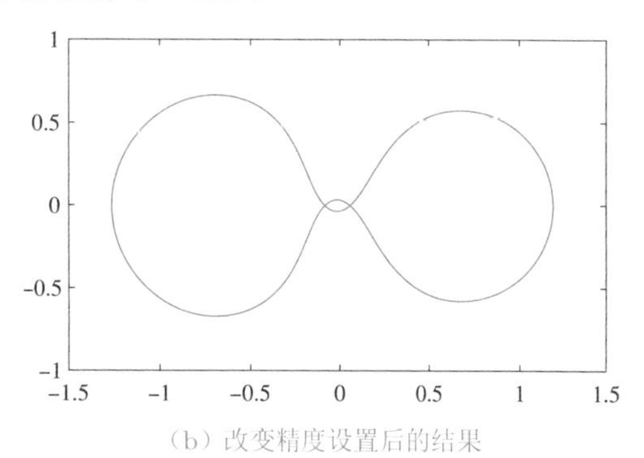

(b) 改变精度设置后的结果

图7-7 不同精度要求下绘制的Apollo轨迹图

用下面的MATLAB命令还求出求解全程所采用的最小步长的值为1.8927×10^{-4},并可以绘制出计算步长的曲线,如图7-8所示。

```
>> min(diff(t1)); plot(t1(1:end-1),diff(t1))    %绘制实际使用的步长变化曲线
```

从得出的图形可以看出变步长算法的意义,即在需要小步长时取小步长,而变化缓慢时取大步长计算,这

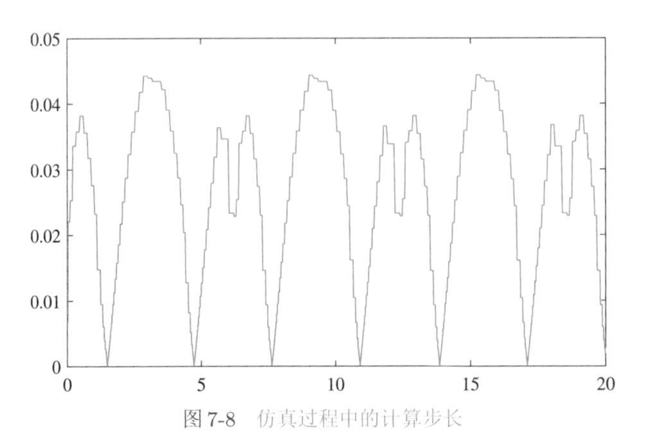

图7-8　仿真过程中的计算步长

样就可以保证以高效率求解方程。

由给出的计算步长图可以看出，部分时间段用了大于0.04的步长，这是一般定步长计算问题求解中不敢用的大步长。为了保证某些具体时间点上的计算精度，还会自动采用2×10^{-4}的小步长。换言之，在这些点上如果采用比该值大的步长，则计算误差就不能保证在10^{-6}之下。考虑定步长计算的方式，如果想保证10^{-6}之下的误差，全程选择的步长就应该是这样的值，这样计算的点就要达到10^5个，是变步长算法的56倍。

例7-14　试用定步长的四阶Runge–Kutta算法求解Apollo微分方程。

解　用定步长的方法求解微分方程将面临两个问题：(1)如何选择步长；(2)如何确保求解的精度。前一个问题可以通过试凑的方法，从步长选择的角度看，选择很小的步长对保证求解精度有利，但计算量会明显增加。对前面介绍的Apollo轨迹方程，可以试着选择步长为0.01，则用下面语句可以求解微分方程，并绘制出Apollo轨迹曲线，如图7-9(a)所示。所需求解时间为0.041 s。

```
>> x0=[1.2; 0; 0; -1.04935751];
   tic, [t1,y1]=rk_4(@apolloeq,[0,20,0.01],x0); toc, plot(y1(:,1),y1(:,3))
```

显而易见，这样求解的结果是错误的，应该采用更小的步长求解，直至选择步长为0.001，则可以求解微分方程，并绘制出更精确的轨迹曲线，如图7-9(b)所示，但求解时间达到0.57 s，是变步长算法的13倍。

```
>> tic, [t2,y2]=rk_4(@apolloeq,[0,20,0.001],x0); toc, plot(y2(:,1),y2(:,3))
```

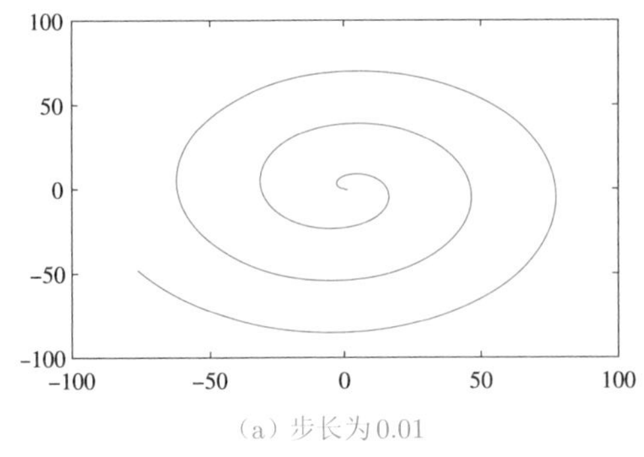

(a) 步长为0.01

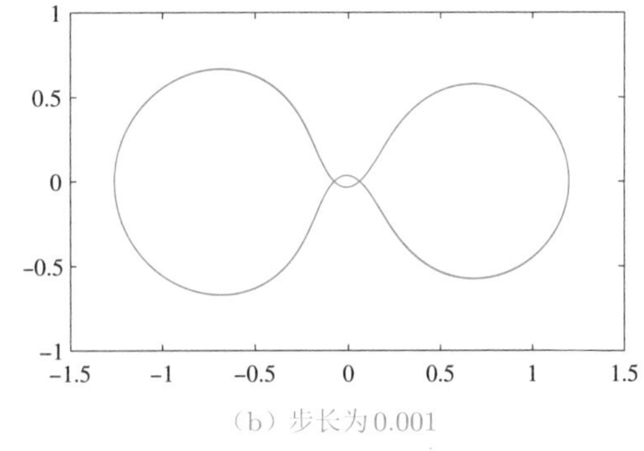

(b) 步长为0.001

图7-9　不同精度要求下绘制的Apollo轨迹图

其实，上面的结果在某些点上严格说来仍不能满足10^{-6}的误差限，只是形似变步长得出的结果，所以在求解常微分方程组时建议采用变步长算法，而没有必要自己按照数值分析类课程中介绍的定步长算法去编写程序求解。

如果两个高阶微分方程都同时隐式地含有$x^{(m)}(t)$和$y^{(n)}(t)$项，则首先需要对之进行相应的处理，然后再用上述方法进行最终变换。下面将通过一个例子加以说明。

例7-15 假设系统模型以二元方程组形式如下给出，试将其转换成一阶微分方程组。

$$\begin{cases} x''(t)+2y'(t)x(t)=2y''(t) \\ x''(t)y'(t)+3x'(t)y''(t)+x(t)y'(t)-y(t)=5 \end{cases}$$

解 可见，这两个方程均同时含有$x''(t)$和$y''(t)$，所以仍可以选择一组状态变量$x_1(t)=x(t)$，$x_2(t)=x'(t)$，$x_3(t)=y(t)$，$x_4(t)=y'(t)$，其目的是先消去其中一个高阶导数，求解第一个式子，得出$y''(t)=y'(t)x(t)+x''(t)/2$，然后将它代入第二个式子中，可以解出$x''(t)$为$x''(t)=(2y(t)+10-2x(t)y'(t)-6x(t)x'(t)y'(t))/(2y'(t)+3x'(t))$，这样可以写出其状态方程表示为$x_2'(t)=(2x_3(t)+10-2x_1(t)x_4(t)-6x_1(t)x_2(t)x_4(t))/(2x_4(t)+3x_2(t))$，将上面的结果再代入$y''(t)$的方程中，得$x_4'(t)=(x_3(t)+5-x_1(t)x_4(t)+2x_1(t)x_4^2(t))/(2x_4(t)+3x_2(t))$，综上所述，可以列写出方程的一阶微分方程组表示为

$$\begin{cases} x_1'(t)=x_2(t) \\ x_2'(t)=(2x_3(t)+10-2x_1(t)x_4(t)-6x_1(t)x_2(t)x_4(t))/(2x_4(t)+3x_2(t)) \\ x_3'(t)=x_4(t) \\ x_4'(t)=(x_3(t)+5-x_1(t)x_4(t)+2x_1(t)x_4^2(t))/(2x_4(t)+3x_2(t)) \end{cases}$$

事实上，这样的方程还是不太容易手工求解的，但可以依赖MATLAB的符号运算工具箱来求解该问题。为了方便求解起见，记dx=$x''(t)$，dy=$y''(t)$，这样，dx和dy实际上还是$x_2'(t)$和$x_4'(t)$，故可以用下面的语句得出方程的解，这样可以直接求解出和前面完全一致的结果。

```
>> syms x1 x2 x3 x4 dx dy %声明符号变量
   [dx,dy]=solve(dx+2*x4*x1==2*dy,dx*x4+3*x2*dy+x1*x4-x3==5,[dx,dy])   %解代数方程
```

对于更复杂的问题来说，手工变换的难度将很大，所以如果可能，可以采用计算机去求解有关方程，获得解析解。如果不能获得方程的解析解，也需要在描写一阶常微分方程组时列写出式子，得出问题的数值解。

7.3.3 矩阵微分方程的变换与求解方法

在实际应用中经常遇到矩阵形式的微分方程模型，如在机器人等学科中的Lagrange方程，对应的微分方程为下面的矩阵微分方程。

$$\boldsymbol{M}(t)\boldsymbol{X}''(t)+\boldsymbol{C}(t)\boldsymbol{X}'(t)+\boldsymbol{K}(t)\boldsymbol{X}(t)=\boldsymbol{F}(t)u(t) \tag{7-3-5}$$

其中，$\boldsymbol{M}(t)$，$\boldsymbol{C}(t)$，$\boldsymbol{K}(t)$为$n\times n$矩阵，$\boldsymbol{X}(t)$，$\boldsymbol{F}(t)$均为$n\times 1$列向量。引入$\boldsymbol{x}_1(t)=\boldsymbol{X}(t)$，$\boldsymbol{x}_2(t)=\boldsymbol{X}'(t)$，则$\boldsymbol{x}_1'(t)=\boldsymbol{x}_2(t)$，$\boldsymbol{x}_2'(t)=\boldsymbol{X}''(t)$。由式(7-3-5)可见，$\boldsymbol{X}''(t)=\boldsymbol{M}^{-1}(t)\big[\boldsymbol{F}(t)u(t)-\boldsymbol{C}(t)\boldsymbol{X}'(t)-\boldsymbol{K}(t)\boldsymbol{X}(t)\big]$。这样选择状态变量$\boldsymbol{x}(t)=[\boldsymbol{x}_1^{\mathrm{T}}(t),\boldsymbol{x}_2^{\mathrm{T}}(t)]^{\mathrm{T}}$，则可以写出系统的状态方程模型。

$$\boldsymbol{x}'(t)=\begin{bmatrix} \boldsymbol{x}_2(t) \\ \boldsymbol{M}^{-1}(t)\big[\boldsymbol{F}(t)u(t)-\boldsymbol{C}(t)\boldsymbol{x}_2(t)-\boldsymbol{K}(t)\boldsymbol{x}_1(t)\big] \end{bmatrix} \tag{7-3-6}$$

可见，该微分方程是关于$\boldsymbol{x}(t)$列向量的一阶显式微分方程组，所以可以通过MATLAB提供的函数直接求解。下面将通过例子给出问题的求解方法。

例7-16 已知二级倒立摆系统的数学模型由下式给出[86]：

$$\boldsymbol{M}(\boldsymbol{\theta}(t))\boldsymbol{\theta}''(t)+\boldsymbol{C}(\boldsymbol{\theta}(t),\boldsymbol{\theta}'(t))\boldsymbol{\theta}'(t)=\boldsymbol{F}(\boldsymbol{\theta}(t))$$

其中，$\boldsymbol{\theta}(t)=[a(t),\theta_1(t),\theta_2(t)]^{\mathrm{T}}$，且$a(t)$为小车位置，$\theta_1(t),\theta_2(t)$分别为下摆杆、上摆杆与垂直方向的夹角，倒立摆系统的各个矩阵为

$$\boldsymbol{M}(\boldsymbol{\theta}(t))=\begin{bmatrix}m_{\mathrm{c}}+m_1+m_2 & (0.5m_1+m_2)L_1\cos\theta_1(t) & 0.5m_2L_2\cos\theta_2(t)\\(0.5m_1+m_2)L_1\cos\theta_1 & (m_1/3+m_2)L_1^2 & 0.5m_2L_1L_2\cos\theta_1(t)\\0.5m_2L_2\cos\theta_2(t) & 0.5m_2L_1L_2\cos\theta_1(t) & m_2L_2^2/3\end{bmatrix}$$

$$\boldsymbol{C}(\boldsymbol{\theta}(t),\boldsymbol{\theta}'(t))=\begin{bmatrix}0 & -(0.5m_1+m_2)L_1\theta_1'(t)\sin\theta_1(t) & -0.5m_2L_2\theta_2'(t)\sin\theta_2(t)\\0 & 0 & 0.5m_2L_1L_2\theta_2'(t)\sin(\theta_1(t)-\theta_2(t))\\0 & -0.5m_2L_1L_2\theta_1'(t)\sin(\theta_1(t)-\theta_2(t)) & 0\end{bmatrix}$$

$$\boldsymbol{F}(\boldsymbol{\theta}(t))=\begin{bmatrix}u(t)\\(0.5m_1+m_2)L_1\mathrm{g}\sin\theta_1(t)\\0.5m_2L_2\mathrm{g}\sin\theta_2(t)\end{bmatrix}$$

已知二级倒立摆的参数为$m_{\mathrm{c}}=0.85\mathrm{kg}$, $m_1=0.04\mathrm{kg}$, $m_2=0.14\mathrm{kg}$, $L_1=0.1524\mathrm{m}$, $L_2=0.4318\mathrm{m}$，试用数值方法求解系统的阶跃响应。

解 可见，因为系数矩阵$\boldsymbol{M}(\theta_1(t),\theta_2(t))$，$\boldsymbol{C}(\theta_1(t),\theta_2(t))$和$\boldsymbol{F}(\theta_1(t),\theta_2(t))$都含有状态变量$\boldsymbol{x}(t)$的非线性项，如$\theta_1(t)$的正弦余弦项等，所以原来的系统是非线性微分方程。引入附加参数$\boldsymbol{x}_1(t)=\boldsymbol{\theta}(t)$，$\boldsymbol{x}_2(t)=\boldsymbol{\theta}'(t)$，并构造状态变量$\boldsymbol{x}(t)=[\boldsymbol{x}_1^{\mathrm{T}}(t),\boldsymbol{x}_2^{\mathrm{T}}(t)]^{\mathrm{T}}$，则可以用下面的语句描述上述的一阶显式微分方程模型。

```
function dx=inv_pendulum(t,x,u,mc,m1,m2,L1,L2,g)
   M=[mc+m1+m2, (0.5*m1+m2)*L1*cos(x(2)), 0.5*m2*L2*cos(x(3))
      (0.5*m1+m2)*L1*cos(x(2)),(m1/3+m2)*L1^2,0.5*m2*L1*L2*cos(x(2))
      0.5*m2*L2*cos(x(3)),0.5*m2*L1*L2*cos(x(2)),m2*L2^2/3];   %计算M矩阵
   C=[0,-(0.5*m1+m2)*L1*cos(x(5))*sin(x(2)),-0.5*m2*L2*x(6)*sin(x(3))
      0, 0, 0.5*m2*L1*L2*x(6)*sin(x(2)-x(3))
      0, -0.5*m2*L1*L2*x(5)*sin(x(2)-x(3)), 0];               %计算C矩阵
   F=[u; (0.5*m1+m2)*L1*g*sin(x(2)); 0.5*m2*L2*g*sin(x(3))];   %计算F矩阵
   dx=[x(4:6); inv(M)*(F-C*x(4:6))];                          %计算状态方程中x'(t)
end
```

若用阶跃信号激励该系统，则可以由下面的语句直接求出方程的数值解，如图7-10所示。

```
>> opt=odeset; opt.RelTol=1e-8; u=1; mc=0.85;           %输入误差限等参数
   m1=0.04; m2=0.14; L1=0.1524; L2=0.4318; g=9.81;      %输入系统参数
   [t,x]=ode45(@inv_pendulum,[0,0.5],zeros(6,1),opt,u,mc,m1,m2,L1,L2,g);  %解方程
   plot(t,x(:,1:3)), figure; plot(t,x(:,4:6))            %绘制x(t),并在新窗口中绘制x'(t)
```

值得指出的是，由于二级倒立摆系统是自然不稳定系统，所以若给系统施加阶跃输入是没有任何意义的，应该给其施加某些控制才能使其到达稳定状态。

另外，如果各个矩阵$\boldsymbol{M}(t)$，$\boldsymbol{C}(t)$，$\boldsymbol{K}(t)$与$\boldsymbol{F}(t)$均和$\boldsymbol{X}(t)$无关，则该微分方程为线性微分方程，还可以通过简单的变换将其改写为相应的线性状态方程模型为

$$\begin{bmatrix}\boldsymbol{x}_1'(t)\\ \boldsymbol{x}_2'(t)\end{bmatrix}=\begin{bmatrix}\boldsymbol{0} & \boldsymbol{I}\\ -\boldsymbol{M}^{-1}\boldsymbol{K} & -\boldsymbol{M}^{-1}\boldsymbol{C}\end{bmatrix}\begin{bmatrix}\boldsymbol{x}_1(t)\\ \boldsymbol{x}_2(t)\end{bmatrix}+\begin{bmatrix}\boldsymbol{0}\\ \boldsymbol{M}^{-1}\boldsymbol{F}\end{bmatrix}u(t) \tag{7-3-7}$$

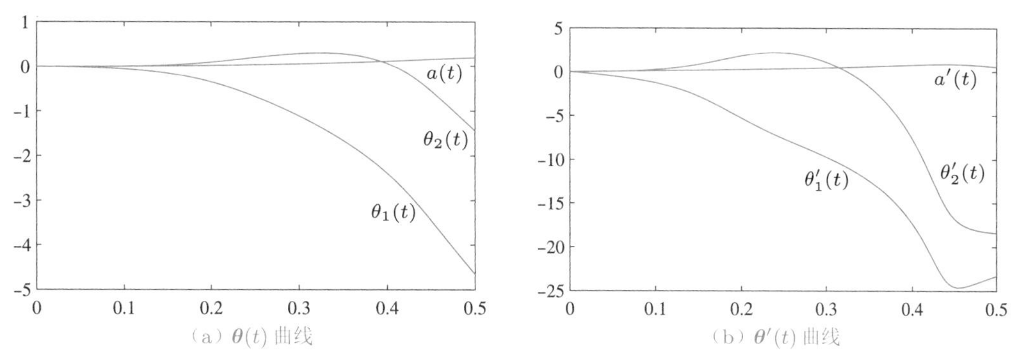

（a）$\theta(t)$ 曲线 （b）$\theta'(t)$ 曲线

图7-10 二级倒立摆的阶跃响应曲线

Riccati微分方程是另一类常见的矩阵微分方程，其一般形式为

$$\boldsymbol{P}'(t)=\boldsymbol{A}^{\mathrm{T}}\boldsymbol{P}(t)+\boldsymbol{P}(t)\boldsymbol{A}+\boldsymbol{P}(t)\boldsymbol{B}\boldsymbol{P}(t)+\boldsymbol{C} \tag{7-3-8}$$

其中，$\boldsymbol{B},\boldsymbol{C}$ 为对称矩阵。已知该微分方程在某一个时刻 t_{n} 的值 $\boldsymbol{P}(t_{\mathrm{n}})$，需要求出在时间段 (t_0,t_{n}) 内的数值解。求解这样的方程同样需要转换成向量型一阶显式微分方程组，然后进行求解。这就需要向量和矩阵的相互转换，可以由 `reshape()` 函数将向量转换成矩阵，或由 $\boldsymbol{A}$`(:)` 将矩阵展成列向量。可以编写一个通用的描述Riccati微分方程的MATLAB函数：

```
function dy=ric_de(t,x,A,B,C)
   P=reshape(x,size(A)); Y=A'*P+P*A+P*B*P+C; dy=Y(:);    %描述Riccati微分方程
end
```

这样用下面的语句就可以调用 `ode45()` 函数来求解Riccati微分方程。注意，在微分方程求解函数（如 `ode45()`）调用语句中，允许终止时间小于起始时间。

$[\boldsymbol{t},\boldsymbol{p}]$=`ode45(@ric_de,[`$t_1$`,0],`$\boldsymbol{P}_1$`(:),options,`$\boldsymbol{A},\boldsymbol{B},\boldsymbol{C}$`)`

例7-17 若已知某Riccati微分方程中矩阵及初值如下，试求解该方程。

$$\boldsymbol{A}=\begin{bmatrix}6&6&17\\1&0&-1\\-1&0&0\end{bmatrix},\quad \boldsymbol{B}=\begin{bmatrix}0&0&0\\0&4&2\\0&2&1\end{bmatrix},\quad \boldsymbol{C}=\begin{bmatrix}1&2&0\\2&8&0\\0&0&4\end{bmatrix},\quad \boldsymbol{P}_1(0.5)=\begin{bmatrix}1&0&0\\0&3&0\\0&0&5\end{bmatrix}$$

解 先输入这些矩阵，然后即可求解该微分方程，得出的结果如图7-11所示。

```
>> A=[6,6,17; 1,0,-1; -1,0,0]; B=[0,0,0; 0,4,2; 0,2,1];      %输入已知矩阵
   C=[1,2,0; 2,8,0; 0,0,4]; P1=[1,0,0; 0,3,0; 0,0,5];
   [t,p]=ode45(@ric_de,[0.5,0],P1(:),[],A,B,C); plot(t,p)    %求解并绘图
```

以得出的 $t=0$ 时刻的解为初值重新求解该微分方程，则可以得出和前面完全一致的结果。

```
>> P=p(end,:); P0=reshape(P,size(A));       %设置初值并将其重新设置成矩阵的形式
   [t1,p1]=ode45(@ric_de,[0,0.5],P0(:),[],A,B,C); line(t1,p1)    %求解与绘图
```

7.4 特殊微分方程的数值解

从7.2节的介绍和例子看，一般常微分方程组均可以转换成一阶显式常微分方程组，然后通过给定的算法及MATLAB求解函数，如 `ode45()` 直接求出方程的数值解。从前面的例子还可以看出，`ode45()` 函数有时失效，所以应该引入一类方程，即刚性微分方程的专门求解函数来解决这样的问题。另外，微

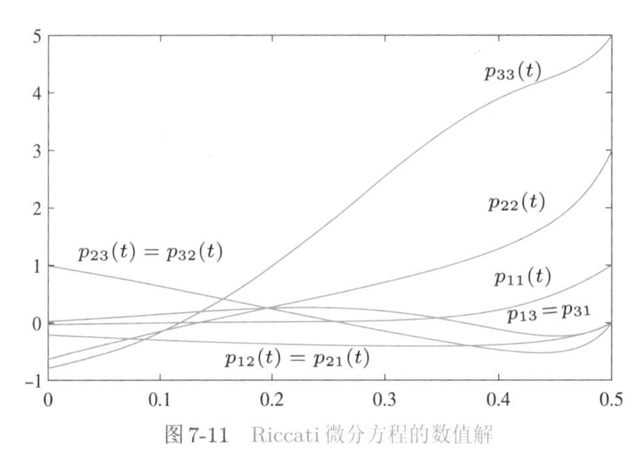

图7-11　Riccati微分方程的数值解

分代数方程、隐式微分方程等也是需要引入的微分方程类型，它们的求解将弥补ode45()函数本身的不足，本节将着重介绍这些方程的求解问题。

7.4.1　刚性微分方程的求解

在许多领域中，经常遇到一类特殊的常微分方程，其中一些解变化缓慢，另一些变化快，且相差较悬殊，这类方程常常称为刚性方程，又称为stiff方程。刚性问题一般不适合由ode45()这类函数求解，而应该采用MATLAB求解函数ode15s()，其调用格式和ode45()完全一致。

例7-18　试求解$\mu=1000$时van der Pol方程的数值解。

解　仿照前面的例子可以给出如下的MATLAB命令，在1.87 s内可以得出方程的数值解：

```
>> ff=odeset; ff.RelTol=3e-14; ff.AbsTol=eps;                %设置控制参数
   x0=[2;0]; tn=3000; mu=1000;                               %初值与求解区间
   f=@(t,x)[x(2); -mu*(x(1)^2-1)*x(2)-x(1)];                 %描述微分方程
   tic, [t,y]=ode15s(f,[0,tn],x0,ff); min(diff(t))           %解方程并得出最小步长
   length(t), toc, plot(t,y(:,1)); figure; plot(t,y(:,2))    %绘制状态变量的时间响应曲线
```

可见，用刚性方程求解函数可以快速求出该方程的数值解，并将两个状态变量的时间曲线分别绘制出来，如图7-12所示。从得出的图形可以看出，$x_1(t)$曲线变化较平滑，而$x_2(t)$变化在某些点上较快，所以当$\mu=1000$时，van der Pol方程属于典型的刚性方程，应该采用刚性方程的函数求解。

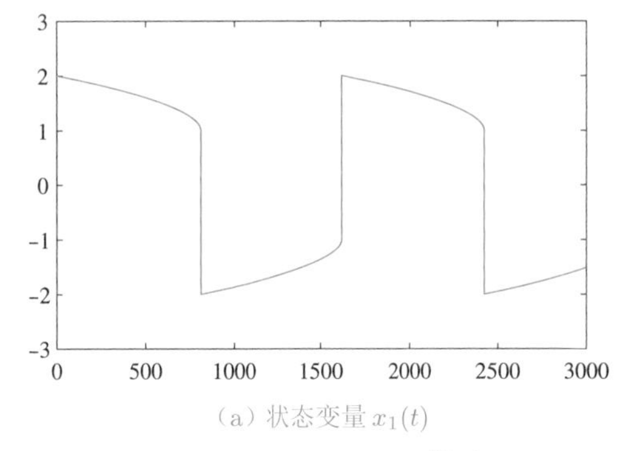

（a）状态变量$x_1(t)$

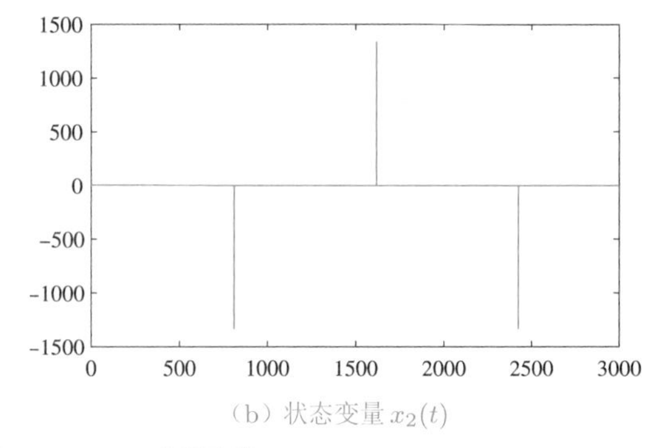

（b）状态变量$x_2(t)$

图7-12　$\mu=1000$时van der Pol方程的解

若将ode15s()函数替换成其他函数，可以得出表7-5中的实测数据。其中，经过超长时间的运算，ode87()

函数无法得出方程的解,ode23t() 函数在 $t=806$ 左右异常退出。其余求解函数得出的解曲线是一致的。由于解析解未知,无从评价结果的精度。可以测出计算耗时、总计算点数和最小步长。从得出的结果看,刚性方程求解时,ode15s() 模型明显优于其他求解函数。

表 7-5 刚性方程各种算法的速度比较

算 法	ode87()	ode45()	ode15s()	ode23()	ode113()	ode23t()	ode23tb()
耗时/s	无解	14.509	0.543	23.389	41.671	1.756(失败)	33.784
最小步长	–	6.44×10^{-9}	3.06×10^{-10}	2.01×10^{-5}	1.60×10^{-10}	2.84×10^{-12}	1.46×10^{-8}
计算点数	–	10821721	30767	4873878	3529603	217128	1786955

例7-19 在传统的有关常微分方程数值解的教科书[87]中,都认为下面的微分方程是刚性的。试用MATLAB语言求解该微分方程。

$$\boldsymbol{y}'(t)=\begin{bmatrix}-21 & 19 & -20\\ 19 & -21 & 20\\ 40 & -40 & -40\end{bmatrix}\boldsymbol{y}(t),\quad \boldsymbol{y}(0)=\begin{bmatrix}1\\0\\-1\end{bmatrix}$$

解 该方程的解析解可以通过MATLAB符号运算工具箱中的语句直接求出。

```
>> syms t; A=sym([-21,19,-20; 19,-21,20; 40,-40,-40]); %输入相关的矩阵
   y0=[1; 0; -1]; y=expm(A*t)*y0 %由矩阵指数函数求取方程的解析解
```

原方程的解析解为

$$\boldsymbol{y}(t)=\begin{bmatrix}0.5\mathrm{e}^{-2t}+0.5\mathrm{e}^{-40t}(\cos 40t+\sin 40t)\\ 0.5\mathrm{e}^{-2t}-0.5\mathrm{e}^{-40t}(\cos 40t+\sin 40t)\\ \mathrm{e}^{-40t}(\sin 40t-\cos 40t)\end{bmatrix}$$

现在考虑该问题的数值求解方法。根据原始问题,可以立即写出该模型的匿名函数,再利用下面的MATLAB语句,可以得出方程的数值解。

```
>> f=@(t,x)[-21,19,-20; 19,-21,20; 40,-40,-40]*x;    %微分方程描述,求解与比较
   opt=odeset; opt.RelTol=3e-14; opt,AbsTol=eps;
   tic,[t,y]=ode45(f,[0,1],[1;0;-1],opt); toc
   x1=exp(-2*t); x2=exp(-40*t).*cos(40*t); x3=exp(-40*t).*sin(40*t);    %解析解
   y1=[0.5*x1+0.5*x2+0.5*x3, 0.5*x1-0.5*x2-0.5*x3, -x2+x3]; plot(t,y,t,y1,'--')
```

原方程的解析解和数值解如图 7-13(a)所示。可以看出,问题的数值解的精度比较高,计算速度相对也较快,但从这里似乎看不出原问题的刚性所在。究其原因,因为在MATLAB下采用了变步长的算法,它可以依照要求的精度自动地修正步长,所以感受不到它是个刚性问题。

如果采用定步长方法,利用前面编写的四阶Runge–Kutta定步长算法程序rk_4(),再用下面的语句就能求解原方程了。

```
>> tic, [t2,y2]=rk_4(f,[0,1,0.01],[1;0;-1]); toc; plot(t,y1,t2,y2,'--')
```

这样得出的曲线与解析解的对比见图 7-13(b)。从计算的结果看,显然采用定步长的算法在取较大的步长时,得出的解是不正确的。减小步长时,直至减小到0.0001时,仍能从得出的结果看出与解析解的差距,而这时的计算时间为26 s,是前面ode45()变步长算法所需时间的162倍,所以在实际应用中最好采用变步长算法。

从得出的曲线可以看出,这三条曲线的变化速度差别不是特别悬殊,在以前计算能力受限时被误认为是刚性问题,而在MATLAB下则可以由普通的函数求解。

由此可以得出结论,许多传统的刚性问题采用MATLAB的普通求解函数就可以直接解出,而不必

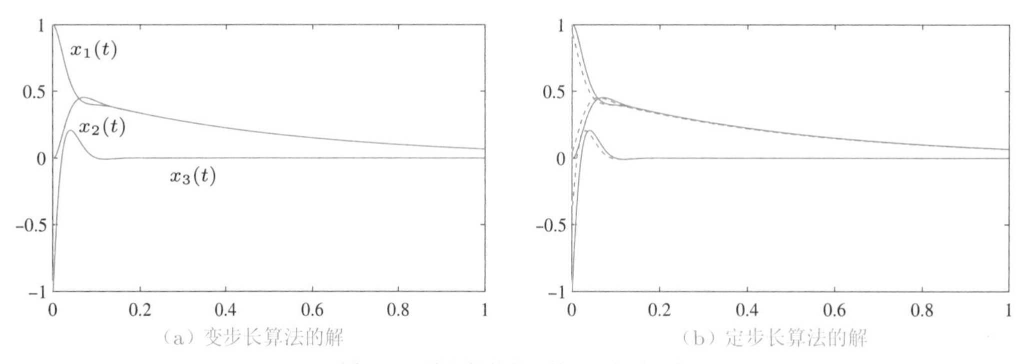

(a) 变步长算法的解　(b) 定步长算法的解

图 7-13　给定的传统刚性问题解法比较

刻意地去选择刚性问题的解法。当然，在有些问题的求解中确实需要采用刚性问题的解法，这个问题将在例 7-20 中加以说明。

例 7-20　考虑下面的常微分方程，其中，该方程的初值为 $y_1(0)=0, y_2(0)=1$。取计算区间为 $t\in(0,100)$，试选择合适的算法得出该方程的数值解。

$$\begin{cases} y_1'(t)=0.04(1-y_1(t))-(1-y_2(t))y_1(t)+0.0001(1-y_2(t))^2 \\ y_2'(t)=-10^4y_1(t)+3000(1-y_2(t))^2 \end{cases}$$

解　根据给出的微分方程，可以写出其匿名函数，再给出下面的语句：

```
>> f=@(t,y)[0.04*(1-y(1))-(1-y(2))*y(1)+0.0001*(1-y(2))^2; ...
          -10^4*y(1)+3000*(1-y(2))^2];      %用匿名函数描述微分方程
   opt=odeset; opt.RelTol=3e-14; opt.AbsTol=eps;
   tic,[t2,y2]=ode45(f,[0,100],[0;1],opt); toc; length(t2), plot(t2,y2)
```

经过大约 0.64 s 的等待，可以得出原问题的数值解，如图 7-14(a) 所示。可以看出，调用普通的解法函数 `ode45()` 计算所需的时间过长，计算的点高达 487605 个，对这个例子来说，计算的点高达 48 万。再分析变步长解法所使用的步长，语句如下：

```
>> [min(diff(t2)), max(diff(t2))], plot(t2(1:end-1), diff(t2))    %步长变换
```

则可以看出，由于设定的精度要求较高，不得不采用小步长来解决问题。实际的步长如图 7-14(b) 所示。可见在大部分时间内，所采用的步长小于 0.0002，这使得解题时间大大增加。

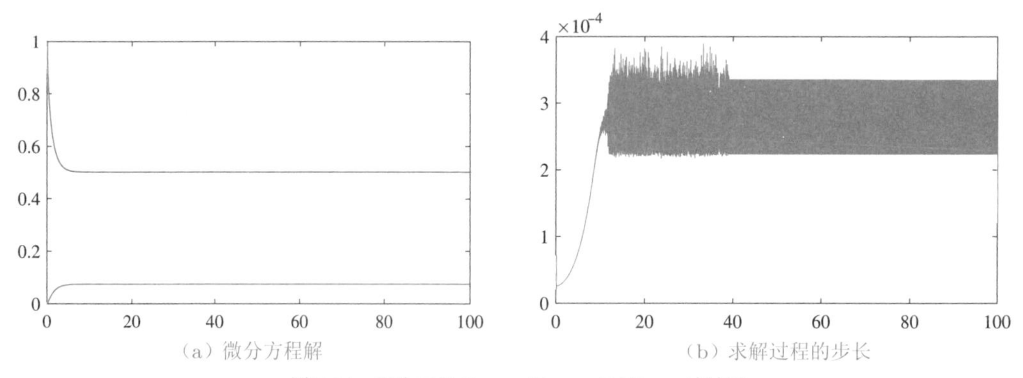

(a) 微分方程解　(b) 求解过程的步长

图 7-14　四阶五级 Runge–Kutta–Fehlberg 法结果

考虑用 `ode15s()` 替代 `ode45()`，则耗时 0.086 s，计算点个数为 2623，并可以得出方程的数值解。可见，求解时间大大减小，效率提高了 7.45 倍，得出的曲线则几乎完全一致。

```
>> opt=odeset; opt.RelTol=3e-14; opt.AbsTol=eps;    %输入控制参数
   tic,[t1,y1]=ode15s(f,[0,100],[0;1],opt); toc, length(t1), plot(t1,y1)
```

7.4.2 隐式微分方程求解

所谓隐式微分方程就是那些不能转换成式(7-2-1)中一阶显式常微分方程组的微分方程。MATLAB语言早期版本中未提供能直接求解隐式微分方程的算法及函数，所以仍可以借用显式微分方程求解的函数来求解这类问题。本节将通过两个例子来演示隐式微分方程的求解方法与应用。

例7-21　给定如下隐式微分方程，且已知 $x_1(0)=x_2(0)=0$，试求出该方程的数值解。

$$\begin{cases} x_1'(t)\sin x_1(t)+x_2'(t)\cos x_2(t)+x_1(t)=1 \\ -x_1'(t)\cos x_2(t)+x_2'(t)\sin x_1(t)+x_2(t)=0 \end{cases}$$

解　令 $\boldsymbol{x}(t)=[x_1(t),x_2(t)]^{\mathrm{T}}$，则可以将原方程改写成矩阵形式 $\boldsymbol{A}(\boldsymbol{x}(t))\boldsymbol{x}'(t)=\boldsymbol{B}(\boldsymbol{x}(t))$，其中

$$\boldsymbol{A}(\boldsymbol{x}(t))=\begin{bmatrix} \sin x_1(t) & \cos x_2(t) \\ -\cos x_2(t) & \sin x_1(t) \end{bmatrix},\ \boldsymbol{B}(\boldsymbol{x}(t))=\begin{bmatrix} 1-x_1(t) \\ -x_2(t) \end{bmatrix}$$

如果能证明 $\boldsymbol{A}(\boldsymbol{x}(t))$ 为非奇异的矩阵，则直接能将该方程变换成标准的一阶显式微分方程组的形式，即 $\boldsymbol{x}'(t)=\boldsymbol{A}^{-1}(\boldsymbol{x}(t))\boldsymbol{B}(\boldsymbol{x}(t))$，套用MATLAB函数即可求解对应的方程。事实上，由于无法严格证明 $\boldsymbol{A}(\boldsymbol{x}(t))$ 矩阵是非奇异矩阵，故可以大胆地假设该矩阵为非奇异矩阵，利用MATLAB语言试解该方程，如果在求解过程中不出现 $\boldsymbol{A}(\boldsymbol{x}(t))$ 为奇异矩阵的警告信息，则说明对求出的解不存在 $\boldsymbol{A}(\boldsymbol{x}(t))$ 为奇异矩阵的现象，得出的解是有效的。若求解过程中确实出现奇异矩阵警告，则得出的解没有实际意义。

对于这里要研究的隐式微分方程模型，可以用匿名函数描述原微分方程，这样，可以给出下面的命令求解微分方程。

```
>> f=@(t,x)inv([sin(x(1)) cos(x(2)); -cos(x(2)) sin(x(1))])*[1-x(1); -x(2)];
   opt=odeset; opt.RelTol=1e-6; [t,x]=ode45(f,[0,10],[0; 0],opt); plot(t,x)
```

同时将绘制出状态变量的时间曲线，如图7-15所示。在求解的过程中也没有得出有关矩阵奇异的错误信息，故得出的结果是可信的。

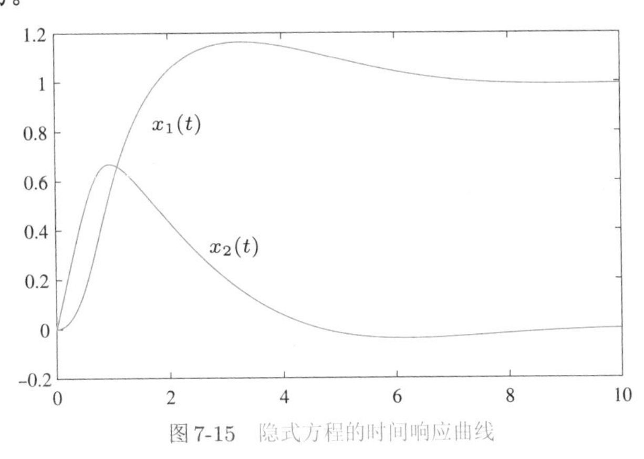

图7-15　隐式方程的时间响应曲线

例7-22　前面的例子很简单，可以将其立即变换成显式微分方程。现在考虑一个更复杂的隐式微分方程组，如下所示。假设该方程初始状态为 $\boldsymbol{x}(0)=[1,0,0,1]^{\mathrm{T}}$，试求取该微分方程的数值解。

$$\begin{cases} x''(t)\sin y'(t)+y''^2(t)=-2x(t)y(t)\mathrm{e}^{-x'(t)}+x(t)x''(t)y'(t) \\ x(t)x''(t)y''(t)+\cos y''(t)=3y(t)x'(t)\mathrm{e}^{-x(t)} \end{cases}$$

解 可以仍然选定状态变量$x_1(t)=x(t)$，$x_2(t)=x'(t)$，$x_3(t)=y(t)$，$x_4(t)=y'(t)$，这样仍然有$x_1'(t)=x_2(t)$，$x_3'(t)=x_4(t)$。显然，并不可能像例7-15那样解析地求解方程，得出$x_2'(t)$和$x_4'(t)$的显式表达式，但可以讨论该方程组数值解的方法，对每组状态变量$\boldsymbol{x}(t)$得出它们的值。

由原来给出的方程，假设$p_1=x''(t)$，$p_2=y''(t)$，则可以将原方程改写成

$$\begin{cases} p_1\sin x_4(t)+p_2^2+2x_1(t)x_3(t)\mathrm{e}^{-x_2(t)}-x_1(t)p_1x_4(t)=0 \\ x_1(t)p_1p_2+\cos p_2-3x_3(t)x_2(t)\mathrm{e}^{-x_1(t)}=0 \end{cases}$$

依据该方程可以得出如下的MATLAB语句，从而写出相应的函数来描述微分方程。

```
function dy=c7impode(t,x)
   dx=@(p,x)[p(1)*sin(x(4))+p(2)^2+2*x(1)*x(3)*exp(-x(2))-x(1)*...
      p(1)*x(4); x(1)*p(1)*p(2)+cos(p(2))-3*x(3)*x(2)*exp(-x(1))];
   ff=optimset; ff.Display='off'; dx1=fsolve(dx,x([1,3]),ff,x);
   dy=[x(2); dx1(1); x(4); dx1(2)];
end
```

进入该函数时，由状态变量$\boldsymbol{x}(t)$和新定义的p_1，p_2可以写出匿名函数，描述未知量p_i代入方程后两个方程的误差，而这里$\boldsymbol{x}(t)$是作为已知的附加参数给出的。微分方程求解程序每次调用这个原型函数时均求解一次关于p_i的代数方程，得出的结果p_1，p_2实际上就是$x_2'(t)$，$x_4'(t)$，这样就可以构造出微分方程对应的状态变量的导数。在求解代数方程中使用了一个小技巧，即代数方程的初值选择$p_1=x_1(t)$，$p_2=x_3(t)$，这样会使得代数方程收敛速度和精度都加快。

建立起微分方程模型后，就可以通过下面的语句直接求解微分方程，并绘制出状态变量的时间曲线，如图7-16所示。

```
>> [t,x]=ode15s(@c7impode,[0,2],[1,0,0,1]); plot(t,x)
```

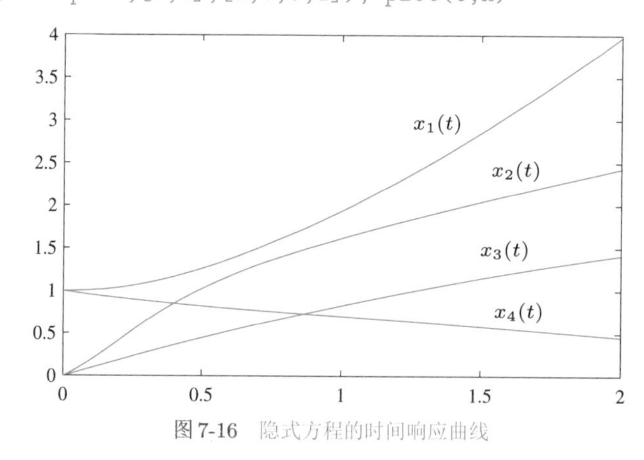

图7-16 隐式方程的时间响应曲线

MATLAB函数`ode15i()`可以直接用于隐式微分方程的求解。若隐式微分方程为

$$\boldsymbol{F}[t,\boldsymbol{x}(t),\boldsymbol{x}'(t)]=\boldsymbol{0},\text{ 且 }\boldsymbol{x}(0)=\boldsymbol{x}_0,\boldsymbol{x}'(0)=\boldsymbol{x}_0' \tag{7-4-1}$$

则可以编写一个函数`fun()`描述该隐式微分方程，然后用`decic()`函数求出未完全定义的初值条件，再调用`ode15i()`函数即可以求解该隐式微分方程如下：

```
[x0*,x'0*]=decic(fun,t0,x0,x0F,x'0,x'0F)    %获得相容初始条件
[t,x]=ode15i(fun,tspan,x0*,x'0*)            %求解隐式方程
```

隐式微分方程不同于一般显示微分方程，求解之前需要给出 $(\boldsymbol{x}_0, \boldsymbol{x}_0')$，它们不能任意赋值，只能有 n 个是独立的，其余的需要用隐式方程求解，否则将可能出现矛盾的初始条件。所以在实际求解过程中，如果不能确定 $\boldsymbol{x}'^*_0$ 值，则应该先调用`decic()`函数得出相容的初值。在函数调用中 $(\boldsymbol{x}_0,\ \boldsymbol{x}_0')$ 为任意给定的初值，$\boldsymbol{x}_0^{\rm F}$ 和 $\boldsymbol{x}'^{\rm F}_0$ 均为 n 维列向量，其值为1表示需要保留的初值，为0表示需要求解的初值项，通过方程求解将得出相容的初值 $\boldsymbol{x}_0^*$，$\boldsymbol{x}'^*_0$，该初值可以直接用于隐式微分方程求解函数`ode15i()`。下面将通过具体例子演示隐式微分方程的求解方法。

例7-23 试用隐式微分方程求解的方法解出例7-22中给出的隐式微分方程。

解 选择状态变量 $x_1(t)=x(t), x_2(t)=x'(t), x_3(t)=y(t), x_4(t)=y'(t)$，则原方程可以变换成隐式方程标准型。

$$\begin{cases} x_1'(t)-x_2(t)=0 \\ x_2'(t)\sin x_4(t)+x_4'^{(}t)2+2\mathrm{e}^{-x_2(t)}x_1(t)x_3(t)-x_1(t)x_2'(t)x_4(t)=0 \\ x_3'(t)-x_4(t)=0 \\ x_1(t)x_2'(t)x_4'(t)+\cos x_4'(t)-3\mathrm{e}^{-x_1(t)}x_3(t)x_2(t)=0 \end{cases}$$

这样，可以编写出如下所示的描述隐式微分方程的MATLAB函数并求解微分方程。

```
>> f=@(t,x,xd)[xd(1)-x(2);
      xd(2)*sin(x(4))+xd(4)^2+2*exp(-x(2))*x(1)*x(3)-x(1)*xd(2)*x(4);
      xd(3)-x(4);
      x(1)*xd(2)*xd(4)+cos(xd(4))-3*exp(-x(1))*x(3)*x(2)];   %隐式微分方程的描述
   x0=[1,0,0,1]; xd0=[0;1;1;-1]; x0F=[1 1 1 1];        %保留x0
   xd0F=[]; [x0,xd0]=decic(f,0,x0,x0F,xd0,xd0F)        %由x0确定x0'
   [t,x]=ode15i(f,[0,2],x0,xd0); plot(t,x)             %绘制时间响应曲线
```

其中，初值 $\boldsymbol{x}_0$ 与前面例子中一致。为得到相容的一阶微分向量初值，可以设置 $\boldsymbol{x}_0^{\rm F}$ 为幺向量，表示 $\boldsymbol{x}_0$ 初值需要保留，而 $\boldsymbol{x}'^{\rm F}_0$ 应该设置成零向量，表示一阶微分初始向量应该根据需要重新计算。通过上述运算可以得出兼容的 $\boldsymbol{x}_0'=[0,1.6833,1,-0.5166]^{\rm T}$，这样调用上面的语句即可以求解隐式微分方程，且可绘制出该方程解的时间曲线，和图7-16中给出的曲线完全一致。

7.4.3 微分代数方程的求解

在前面的介绍中，所介绍的常微分方程数值解法主要是针对能够转换成一阶常微分方程组的类型，假设其中的一些微分方程退化为代数方程，则用前面介绍的算法无法求解，必须借助微分代数方程的特殊解法。

所谓微分代数方程（differential algebraic equation，DAE），是指在微分方程中，某些变量间满足某些代数方程的约束，所以这样的方程不能用前面介绍的常微分方程解法直接进行求解。假设微分方程的更一般形式可以写成

$$\boldsymbol{M}(t,\boldsymbol{x}(t))\boldsymbol{x}'(t)=\boldsymbol{f}(t,\boldsymbol{x}(t)) \tag{7-4-2}$$

描述 $\boldsymbol{f}(t,\boldsymbol{x}(t))$ 的方法和普通常微分方程完全一致，而对真正的微分代数方程来说，$\boldsymbol{M}(t,\boldsymbol{x})$ 矩阵为奇异矩阵，在微分代数方程求解程序中应该由求解选项中的成员变量`Mass`来表示该矩阵，考虑了这些因素则可以立即求解方程的解了。

例7-24　考虑下面给出的微分代数方程:

$$\begin{cases} x_1'(t)=-0.2x_1(t)+x_2(t)x_3(t)+0.3x_1(t)x_2(t) \\ x_2'(t)=2x_1(t)x_2(t)-5x_2(t)x_3(t)-2x_2^2(t) \\ 0=x_1(t)+x_2(t)+x_3(t)-1 \end{cases}$$

并已知初始条件为$x_1(0)=0.8, x_2(0)=x_3(0)=0.1$,试求取该方程的数值解。

解　可以看出,最后的一个方程为代数方程,可以视之为三个状态变量间的约束关系。用矩阵的形式可以表示该微分代数方程为

$$\begin{bmatrix} 1 & 0 & 0 \\ 0 & 1 & 0 \\ 0 & 0 & 0 \end{bmatrix}\begin{bmatrix} x_1'(t) \\ x_2'(t) \\ x_3'(t) \end{bmatrix}=\begin{bmatrix} -0.2x_1(t)+x_2(t)x_3(t)+0.3x_1(t)x_2(t) \\ 2x_1(t)x_2(t)-5x_2(t)x_3(t)-2x_2^2(t) \\ x_1(t)+x_2(t)+x_3(t)-1 \end{bmatrix}$$

这样就可以写出相应的MATLAB函数如下:

```
>> f=@(t,x)[-0.2*x(1)+x(2)*x(3)+0.3*x(1)*x(2);
        2*x(1)*x(2)-5*x(2)*x(3)-2*x(2)*x(2); x(1)+x(2)+x(3)-1];   %微分方程描述
```

可以将$\boldsymbol{M}$矩阵输入MATLAB工作空间,并在命令窗口中给出如下命令,由上面的语句可以得出此微分代数方程的解,如图7-17所示。

```
>> M=[1,0,0; 0,1,0; 0,0,0]; options=odeset; options.Mass=M;          %设置质量矩阵
   x0=[0.8; 0.1; 0.1]; [t,x]=ode15s(f,[0,20],x0,options); plot(t,x)   %求解绘图
```

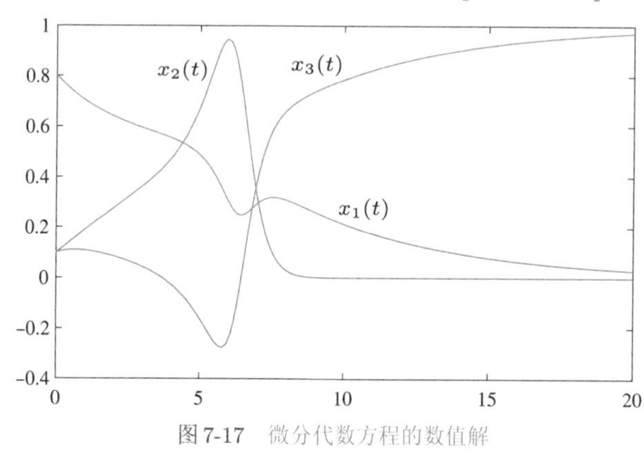

图7-17　微分代数方程的数值解

事实上,有些微分代数方程可以转换成常微分方程求解。例如,在本例中,可以从约束式子中求出$x_3(t)=1-x_1(t)-x_2(t)$,将其代入其他两个微分方程式子,则有

$$\begin{cases} x_1'(t)=-0.2x_1(t)+x_2(t)[1-x_1(t)-x_2(t)]+0.3x_1(t)x_2(t) \\ x_2'(t)=2x_1(t)x_2(t)-5x_2(t)[1-x_1(t)-x_2(t)]-2x_2^2(t) \end{cases}$$

根据该方程可以写出匿名函数描述微分方程。

```
>> f=@(t,x)[-0.2*x(1)+x(2)*(1-x(1)-x(2))+0.3*x(1)*x(2);
          2*x(1)*x(2)-5*x(2)*(1-x(1)-x(2))-2*x(2)*x(2)]; %方程右侧的形式模型
```

这样则可以用下面的命令求解变换后的微分方程组,从而最终得出原微分代数方程的解,所得出的解与前面的直接解法得出的完全一致。

```
>> fDae=@(t,x)[-0.2*x(1)+x(2)*(1-x(1)-x(2))+0.3*x(1)*x(2);
             2*x(1)*x(2)-5*x(2)*(1-x(1)-x(2))-2*x(2)*x(2)];   %微分方程
   x0=[0.8; 0.1]; [t1,x1]=ode45(fDae,[0,20],x0); plot(t1,x1,t1,1-sum(x1'))
```

注意,这里如果使用 ode45() 函数也不会出现求解错误。

如果利用 MATLAB 的隐式微分方程求解函数 ode15i(),则可以用下面的语句描述该方程。

```
>> f=@(t,x,xd)[xd(1)+0.2*x(1)-x(2)*x(3)-0.3*x(1)*x(2);
      xd(2)-2*x(1)*x(2)+5*x(2)*x(3)+2*x(2)^2; x(1)+x(2)+x(3)-1];   %隐式微分方程
```

令 $\boldsymbol{x}_0=[1,1,*]^{\mathrm{T}}$,其中 * 表示自由值,则可以用下面的语句解出相容的初始条件,并直接求解该微分代数方程,得出的结果将和前面完全一致,但求解更直观。

```
>> x0=[0.8;0.1;2]; x0F=[1;1;0]; xd0=[1;1;1]; xd0F=[];   %初始条件的相容处理
   [x0,xd0]=decic(f,0,x0,x0F,xd0,xd0F); [x0,xd0]          %相容初始条件
   res=ode15i(f,[0,20],x0,xd0); plot(res.x,res.y)         %隐式微分方程求解与绘图
```

得出的相容初始条件为 $\boldsymbol{x}_0=[0.8,0.1,0.1]^{\mathrm{T}}$,$\boldsymbol{x}_0'=[-0.126,0.09,1]^{\mathrm{T}}$。

例 7-25 试用微分代数方程求解的方式求解例 7-21 中定义的隐式微分方程。

解 在例 7-21 中采用对 $\boldsymbol{A}(\boldsymbol{x})$ 矩阵直接求逆的形式将原隐式方程转换成一阶显式微分方程组,这样就可以用一般微分方程组数值解法直接得出方程的解。其实,在这样的求解过程中作了一个假设,即 $\boldsymbol{A}(\boldsymbol{x})$ 矩阵为非奇异矩阵,虽然对这个例子碰巧是正确的,但这种解法毕竟不严密,所以需要采用微分代数方程的方法来求解该问题。

对原方程进行分析发现,可以编写一个匿名函数来描述微分方程与质量矩阵。

```
>> f=@(t,x)[1-x(1);-x(2)]; M=@(t,x)[sin(x(1)),cos(x(2));-cos(x(2)),sin(x(1))];
```

这样就可以用下面的语句调用微分代数方程求解微分代数方程。

```
>> options=odeset; options.Mass=M; options.RelTol=1e-6;   %求解精度设置
   [t,x]=ode45(f,[0,10],[0;0],options); plot(t,x)        %方程求解与绘图
```

得出的图形仍将和图 7-15 中的曲线完全一致。

7.4.4 切换微分方程的求解

切换系统是控制理论中的一个重要的研究领域[88],所谓切换系统就是在某种规律下其模型在多个模型间切换的系统。切换系统的微分方程模型可以表示为

$$\boldsymbol{x}'(t)=\boldsymbol{f}_i(t,\boldsymbol{x}(t),\boldsymbol{u}(t)),i=1,2,\cdots,m \tag{7-4-3}$$

该系统允许在某个控制规律下,整个系统在各个模型之间切换。利用切换系统的理论,可以设计控制器,使得不稳定的各个模型 $\boldsymbol{f}_i(\cdot)$ 通过合理的切换达到整个系统的稳定。

例 7-26 假设已知系统模型 $\boldsymbol{x}'(t)=\boldsymbol{A}_i\boldsymbol{x}(t)$,其中

$$\boldsymbol{A}_1=\begin{bmatrix}0.1 & -1\\ 2 & 0.1\end{bmatrix},\quad \boldsymbol{A}_2=\begin{bmatrix}0.1 & -2\\ 1 & 0.1\end{bmatrix}$$

可见,两个系统都不稳定。若 $x_1(t)x_2(t)<0$,即状态处于第Ⅱ、Ⅳ象限时,切换到系统 $\boldsymbol{A}_1$,而 $x_1x_2\geqslant 0$,即状态处于Ⅰ、Ⅲ象限时切换到 $\boldsymbol{A}_2$。令初始状态为 $x_1(0)=x_2(0)=5$,试求解该系统的微分方程。

解 按照系统模型及切换律,可以容易地写出切换系统的 MATLAB 表示为

```
function dx=switch_sys(t,x)
   if x(1)*x(2)<0, A=[0.1 -1; 2 0.1]; else, A=[0.1 -2; 1 0.1]; end, dx=A*x;
end
```

这样就能用下面的语句直接求解切换系统的方程,得出如图 7-18 所示的时间响应曲线和相平面曲线。可见,不稳定的状态方程模型在某种指定的切换律下,可以得出稳定的整体系统状态。

```
>> [t,x]=ode45(@switch_sys,[0,30],[5;5]); plot(t,x)   %切换方程求解
   figure, plot(x(:,1),x(:,2))                        %结果的相平面轨迹
```

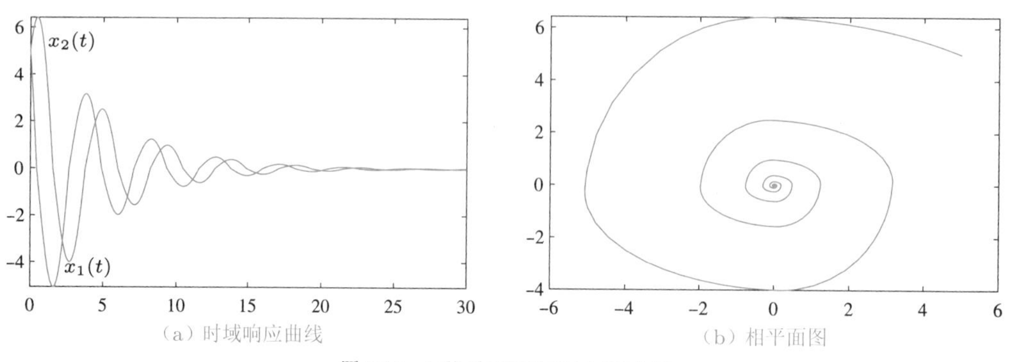

(a) 时域响应曲线　(b) 相平面图

图 7-18　切换系统的响应与切换效果

其实,为方便起见,该切换系统还可以由匿名函数表示成

```
>> f=@(t,x)(x(1)*x(2)<0)*[0.1 -1; 2 0.1]*x+(x(1)*x(2)>=0)*[0.1 -2; 1 0.1]*x;
```

7.4.5 随机线性微分方程的求解

假设随机线性连续状态方程模型为

$$\boldsymbol{x}'(t)=\boldsymbol{A}\boldsymbol{x}(t)+\boldsymbol{B}[\boldsymbol{d}(t)+\boldsymbol{\gamma}(t)],\quad \boldsymbol{y}(t)=\boldsymbol{C}\boldsymbol{x}(t) \tag{7-4-4}$$

式中,$\boldsymbol{A},\boldsymbol{B},\boldsymbol{C}$ 为兼容矩阵,$\boldsymbol{d}(t)$ 为确定性输入向量,$\boldsymbol{\gamma}(t)$ 为Gauss白噪声向量,满足

$$\mathrm{E}[\boldsymbol{\gamma}(t)]=0,\quad \mathrm{E}[\boldsymbol{\gamma}(t)\boldsymbol{\gamma}^{\mathrm{T}}(t)]=\boldsymbol{V}_\sigma\delta(t-\tau) \tag{7-4-5}$$

定义一个变量 $\boldsymbol{\gamma}_\mathrm{c}(t)=\boldsymbol{B}\boldsymbol{\gamma}(t)$,则可以证明 $\boldsymbol{\gamma}_\mathrm{c}(t)$ 亦为Gauss白噪声,满足

$$\mathrm{E}[\boldsymbol{\gamma}_\mathrm{c}(t)]=0,\quad \mathrm{E}[\boldsymbol{\gamma}_\mathrm{c}(t)\boldsymbol{\gamma}_\mathrm{c}^{\mathrm{T}}(t)]=\boldsymbol{V}_\mathrm{c}\delta(t-\tau) \tag{7-4-6}$$

其中,$\boldsymbol{V}_\mathrm{c}=\boldsymbol{B}\boldsymbol{V}_\sigma\boldsymbol{B}^\mathrm{T}$ 为一个协方差矩阵,这时式(7-4-4)可以改写成

$$\boldsymbol{x}'(t)=\boldsymbol{A}\boldsymbol{x}(t)+\boldsymbol{B}\boldsymbol{d}(t)+\boldsymbol{\gamma}_\mathrm{c}(t),\quad \boldsymbol{y}(t)=\boldsymbol{C}\boldsymbol{x}(t) \tag{7-4-7}$$

状态变量的解析解可以写成

$$\boldsymbol{x}(t)=\mathrm{e}^{-\boldsymbol{A}t}\boldsymbol{x}(t_0)+\int_{t_0}^{t}\mathrm{e}^{\boldsymbol{A}(t-\tau)}d(\tau)\boldsymbol{B}\mathrm{d}\tau+\int_{t_0}^{t}\boldsymbol{\gamma}_\mathrm{c}(t)\mathrm{d}\tau \tag{7-4-8}$$

假设 $t_0=k\Delta t, t=(k+1)\Delta t$,其中,$\Delta t$ 为计算步长,并假定在一个计算步长内确定性输入信号 $d(t)$ 为一个常数,即,如 $\Delta t\leqslant t\leqslant(k+1)\Delta t$ 时有 $\boldsymbol{d}(t)=\boldsymbol{d}(k\Delta t)$,则式(7-4-8)的离散形式可以写成

$$\boldsymbol{x}[(k+1)\Delta t]=\boldsymbol{F}\boldsymbol{x}(k\Delta t)+\boldsymbol{G}\boldsymbol{d}(k\Delta t)+\boldsymbol{\gamma}_\mathrm{d}(k\Delta t),\quad \boldsymbol{y}(k\Delta t)=\boldsymbol{C}\boldsymbol{x}(k\Delta t) \tag{7-4-9}$$

式中,$\boldsymbol{F}=\mathrm{e}^{\boldsymbol{A}\Delta t}$,$\boldsymbol{G}=\displaystyle\int_0^{\Delta t}\mathrm{e}^{\boldsymbol{A}(\Delta t-\tau)}\boldsymbol{B}\mathrm{d}\tau$,且

$$\boldsymbol{\gamma}_\mathrm{d}(k\Delta t)=\int_{k\Delta t}^{(k+1)\Delta t}\mathrm{e}^{\boldsymbol{A}[(k+1)\Delta t-\tau]}\boldsymbol{\gamma}_\mathrm{c}(t)\mathrm{d}\tau=\int_0^{\Delta t}\mathrm{e}^{\boldsymbol{A}t}\boldsymbol{\gamma}_\mathrm{c}[(k+1)\Delta t-\tau]\mathrm{d}\tau \tag{7-4-10}$$

可见矩阵 $\boldsymbol{F}$，$\boldsymbol{G}$ 和确定性系统的离散化形式是一样的，所以会很容易求得，但可以看出，若系统含有随机输入时，系统的离散化形式与传统形式是不同的。可以证明 $\boldsymbol{\gamma}_\mathrm{d}(t)$ 亦为Gauss白噪声向量，且满足

$$\mathrm{E}[\boldsymbol{\gamma}_\mathrm{d}(k\Delta t)]=0,\quad \mathrm{E}[\boldsymbol{\gamma}_\mathrm{d}(k\Delta t)\boldsymbol{\gamma}_\mathrm{d}^\mathrm{T}(j\Delta t)]=\boldsymbol{V}\delta_{kj} \tag{7-4-11}$$

式中，$\boldsymbol{V}=\displaystyle\int_0^{\Delta t}\mathrm{e}^{\boldsymbol{A}t}\boldsymbol{V}_\mathrm{c}\mathrm{e}^{\boldsymbol{A}^\mathrm{T}t}\mathrm{d}t$。利用Taylor幂级数展开技术可得

$$\boldsymbol{V}=\int_0^{\Delta t}\sum_{k=0}^{\infty}\frac{\boldsymbol{R}_k(0)}{k!}t^k\mathrm{d}t=\sum_{k=0}^{\infty}\boldsymbol{V}_k \tag{7-4-12}$$

其中，$\boldsymbol{R}_k(0)$ 与 $\boldsymbol{V}_k$ 可以由下式递推求出[89]。

$$\begin{cases}\boldsymbol{R}_k(0)=\boldsymbol{A}\boldsymbol{R}_{k-1}(0)+\boldsymbol{R}_{k-1}(0)\boldsymbol{A}^\mathrm{T}\\ \boldsymbol{V}_k=\dfrac{\Delta t}{k+1}(\boldsymbol{A}\boldsymbol{V}_{k-1}+\boldsymbol{V}_{k-1}\boldsymbol{A}^\mathrm{T})\end{cases} \tag{7-4-13}$$

递推初值为 $\boldsymbol{R}_0(0)=\boldsymbol{R}(0)=\boldsymbol{V}_\mathrm{c}$，$\boldsymbol{V}_0=\boldsymbol{V}_\mathrm{c}\Delta t$。由奇异值分解理论，可以将矩阵 $\boldsymbol{V}$ 写成 $\boldsymbol{V}=\boldsymbol{U}\boldsymbol{\varGamma}\boldsymbol{U}^\mathrm{T}$，其中，$\boldsymbol{U}$ 为正交矩阵，$\boldsymbol{\varGamma}$ 为含有非零对角元素的对角矩阵，这样可以得出Cholesky分解 $\boldsymbol{V}=\boldsymbol{D}\boldsymbol{D}^\mathrm{T}$。且 $\boldsymbol{\gamma}_\mathrm{d}(k\Delta t)=\boldsymbol{D}\boldsymbol{e}(k\Delta t)$，式中，$\boldsymbol{e}(k\Delta t)$ 为 $n\times1$ 向量，且 $\boldsymbol{e}(k\Delta t)=[e_k,e_{k+1},\cdots,e_{k+n-1}]^\mathrm{T}$，使得各个分量 e_k 满足标准正态分布，即 $e_k\sim\mathrm{N}(0,1)$。系统的离散形式递推解可以写成

$$\begin{cases}\boldsymbol{x}[(k+1)\Delta t]=\boldsymbol{F}\boldsymbol{x}(k\Delta t)+\boldsymbol{G}\boldsymbol{d}(k\Delta t)+\boldsymbol{D}\boldsymbol{e}(k\Delta t)\\ \boldsymbol{y}(k\Delta t)=\boldsymbol{C}\boldsymbol{x}(k\Delta t)\end{cases} \tag{7-4-14}$$

根据上面的算法，可以编写出随机输入下连续线性系统离散化的sc2d()如下：

```
function [F,G,D,C]=sc2d(G,sig,T)
   G=ss(G); G=balreal(G); Gd=c2d(G,T); A=G.a; B=G.b; C=G.c; i=1;
   F=Gd.a; G=Gd.b; V0=B*sig*B'*T; Vd=V0; V1=Vd;
   while (norm(V1)<eps), V1=T/(i+1)*(A*V0+V0*A'); Vd=Vd+V1; V0=V1; i=i+1; end
   [U,S,V0]=svd(Vd); V0=sqrt(diag(S)); Vd=diag(V0); D=U*Vd;
end
```

该函数的调用格式为 $[\boldsymbol{F},\boldsymbol{G},\boldsymbol{D},\boldsymbol{C}]$=sc2d($G,\sigma,\Delta t$)，其中，$G$ 为系统模型，σ 为输入信号协方差矩阵，Δt 为采样周期，$(\boldsymbol{F},\boldsymbol{G},\boldsymbol{D},\boldsymbol{C})$ 为离散化状态方程的相应矩阵。

在仿真时，可以产生一组伪随机数，从而产生向量 $\boldsymbol{e}(k\Delta t)$，然后求出状态变量 $\boldsymbol{x}[(k+1)\Delta t]$ 并求出输出变量 $y[(k+1)\Delta t]$。

例7-27 考虑受控对象的传递函数模型如下：

$$G(s)=\frac{s^3+7s^2+24s+24}{s^4+10s^3+35s^2+50s+24}$$

如果用白噪声信号激励该系统，试对其进行仿真分析并得出输出信号的统计规律。

解 假设系统的采样周期为 $T=0.02\,\mathrm{s}$，下面的语句：

```
>> G=tf([1,7,24,24],[1,10,35,50,24]); [F,G0,D,C]=sc2d(G,1,0.02)   %系统的离散化
```

可以得出离散化的状态方程模型为

$$\boldsymbol{F}=\begin{bmatrix}0.9838&-0.00673&0.0132&0.00129\\0.00673&0.9883&0.07022&0.00364\\0.0132&-0.07022&0.8653&-0.0257\\0.00129&-0.0036401&-0.0257&0.9684\end{bmatrix},\quad \boldsymbol{G}_0=\begin{bmatrix}0.01823\\-0.00355\\-0.00757\\-0.000718\end{bmatrix}$$

$$D=\begin{bmatrix}-0.12893 & 0.0008803 & -4.6919\times10^{-6} & 4.6917\times10^{-10}\\ 0.0251 & -0.0012 & -1.3573\times10^{-5} & 2.3791\times10^{-9}\\ 0.05356 & 0.002635 & -5.2322\times10^{-6} & -8.8812\times10^{-10}\\ 0.00508 & 0.0005 & 3.1358\times10^{-6} & 9.5176\times10^{-9}\end{bmatrix}$$

由离散化的状态方程模型出发，可以用下列MATLAB语句对之进行仿真，其中仿真点数设为30000个，如果太少则统计结论不一定正确。

```
>> n=30000; e=randn(n+4,1); e=e-mean(e); y=zeros(n,1); x=zeros(4,1); d0=0;
   for i=1:n, x=F*x+G0*d0+D*e(i:i+3); y(i)=C*x; end   %离散化差分方程的递推求解
   T=0.02; t=0:T:(n-1)*T; plot(t,y), v=norm(G)         %绘制输出响应,计算系统的2范数
```

得出的响应曲线如图7-19 (a) 所示，同时还可以得出系统的$\mathcal{H}_2$范数的值为 $v=0.6655$。不过从得出的曲线看，这样的响应似乎杂乱无章，所以对随机输入来说，分析其统计规律应该更有用。可以考虑将输出范围$(-2.5,2.5)$划分成宽度为$w=0.2$的小区间，累加出落入每个小区间的输出点个数，由这些值除以nw则可以得出基于仿真结果的概率密度值,如图7-19(b)所示。

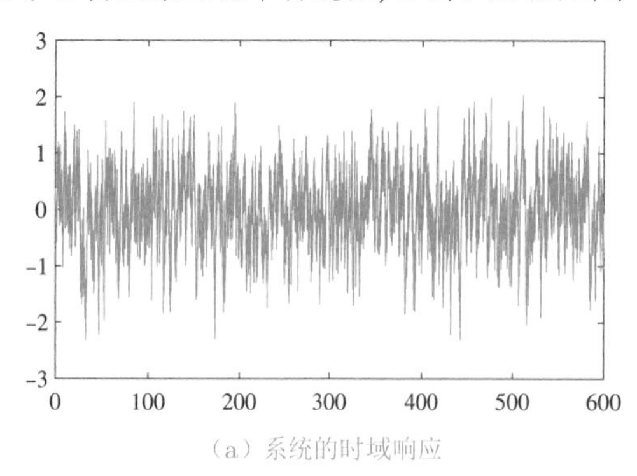

(a) 系统的时域响应

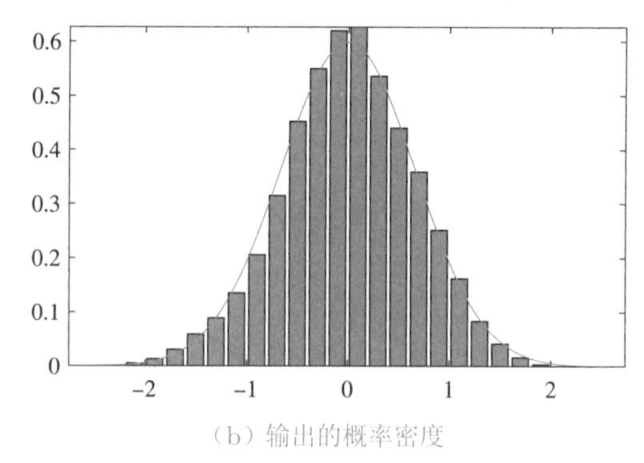

(b) 输出的概率密度

图7-19 随机输入系统的响应

另外，可以从理论上证明[90]，输出信号的概率密度为$p(y)=\dfrac{1}{\sqrt{2\pi}v}\mathrm{e}^{-y^2/(2v^2)}$，这样，在得出的直方图上还可以叠印上系统的理论概率密度,可见和由仿真得出的结果较吻合。

```
>> w=0.2; x=-2.5:w:2.5; y1=hist(y,x); bar(x,y1/n/w);           %由仿真数据绘制直方图
   x1=-2.5:0.05:2.5; y2=1/sqrt(2*pi)/v*exp(-x1.^2/2/v^2); %计算概率密度解析解
   line(x1,y2)                                               %叠印理论概率密度函数曲线
```

7.5 延迟微分方程求解

前面介绍的所有微分方程描述的都是$\boldsymbol{x}'(t)=\boldsymbol{f}(t,\boldsymbol{x}(t))$形式的微分方程，其中方程中所有的信号都是同时发生在当前时刻t的信号。如果方程中不但含有某些信号当前时刻的值，还含有某些信号以前的值，这些方程又称为延迟微分方程。本节将介绍各类延迟微分方程，包括一般延迟微分方程以及中立型延迟微分方程、变时间延迟方程的数值求解方法等。

7.5.1 典型延迟微分方程的数值求解

延迟微分方程组的一般形式为

$$\boldsymbol{x}'(t)=\boldsymbol{f}(t,\boldsymbol{x}(t),\boldsymbol{x}(t-\tau_1),\boldsymbol{x}(t-\tau_2),\cdots,\boldsymbol{x}(t-\tau_m)) \tag{7-5-1}$$

其中，$\tau_i \geqslant 0$ 为状态变量 $\boldsymbol{x}(t)$ 的延迟常数。和以前介绍的微分方程不同，这里涉及的信号除了当前 t 时刻的信号之外，还有以前时刻的信号，这些以前的信号即由延迟信号来表示。

MATLAB提供了求解这类方程的隐式Runge–Kutta算法dde23()，可以直接求解延迟微分方程。该函数的调用格式为sol=dde23(f_1,$\boldsymbol{\tau}$,f_2,[t_0,t_n],options)，其中，和前面介绍的一样，options是微分方程求解器的控制模板，$\boldsymbol{\tau}=[\tau_1,\tau_2,\cdots,\tau_m]$，$f_1$ 为描述延迟微分方程的MATLAB语言函数，f_2 为描述 $t \leqslant t_0$ 时的状态变量值的函数。如果是函数则可以为MATLAB语言函数，如果为常量则可以由向量直接给出。该函数返回的变量sol为结构体数据，其sol.x成员变量为时间向量 $\boldsymbol{t}$，成员变量sol.y为各个时刻的状态向量构成的矩阵 $\boldsymbol{x}$，和ode45()等返回的 $\boldsymbol{x}$ 矩阵是不一样的，它是按照行排列的，正好是 $\boldsymbol{x}$ 矩阵的转置矩阵。可见，该函数调用格式很不规范，期望能在后面的版本中有所改变或统一。描述延迟微分方程时除了常规的标量 t 和状态向量 $\boldsymbol{x}$ 之外，还需要给出矩阵 $\boldsymbol{Z}$，其第 k 列的向量 $Z(:,k)$ 为状态变量的 τ_k 时间延迟向量。

例7-28 已知延迟微分方程组

$$\begin{cases} x'(t)=1-3x(t)-y(t-1)-0.2x^3(t-0.5)-x(t-0.5) \\ y''(t)+3y'(t)+2y(t)=4x(t) \end{cases}$$

其中，在 $t \leqslant 0$ 时，$x(t)=y(t)=y'(t)=0$，试求出该方程的数值解。

解 可见，该方程中含有 $x(t),y(t)$ 信号在 $t,t-1,t-0.5$ 时刻的值，所以需要专门的延迟微分方程求解算法和程序来求解。若想得出该方程的数值解，需要将其变换成一阶显式微分方程组。实现转换的最直观方法是引入一组状态变量 $x_1(t)=x(t),x_2(t)=y(t),x_3(t)=y'(t)$，这样可以得出下面给出的一阶微分方程组：

$$\begin{cases} x_1'(t)=1-3x_1(t)-x_2(t-1)-0.2x_1^3(t-0.5)-x_1(t-0.5) \\ x_2'(t)=x_3(t) \\ x_3'(t)=4x_1(t)-2x_2(t)-3x_3(t) \end{cases}$$

本方程可以定义两个时间常数 $\tau_1=1,\tau_2=0.5$。这样，由第一个方程可见，在其中需要 τ_1 延迟时间常数的是状态变量 x_2，即中间变量 $Z(2,1)$，而需要 τ_2 的状态变量是 x_1，即 $Z(1,2)$，所以应编写如下的匿名函数描述延迟微分方程：

```
>> f=@(t,x,Z)[1-3*x(1)-Z(2,1)-0.2*Z(1,2)^3-Z(1,2); x(3); 4*x(1)-2*x(2)-3*x(3)];
```

由于该方程为常数初始值，所以可以直接在调用语句中使用零向量。这样，用下面的MATLAB语句可以立即得出该延迟微分方程的数值解，如图7-20(a)所示。

```
>> tau=[1 0.5]; tx=dde23(f,tau,zeros(3,1),[0,10]); plot(tx.x,tx.y(2,:))
```

值得指出的是，若用常数向量 $\boldsymbol{x}_0$ 表示历史函数 f_2，则意味着在 $t \leqslant t_0$ 时，状态变量的历史值始终都是 $\boldsymbol{x}_0$，这在求解微分方程时应该格外注意。下面的例子将演示已知时变初始条件下延迟微分方程的解。

例7-29 重新考虑例7-28中给出的延迟微分方程，若已知该微分方程三个状态变量的历史函数分别为 $x_1(t)=\mathrm{e}^{2.1t},x_2(t)=\sin t,x_3(t)=\cos t$，其中，$t \leqslant 0$，试重新求解该延迟微分方程。

解 用匿名函数的形式描述 $t \leqslant 0$ 时的初值方程，则可以由下面的语句直接求解原延迟微分方程，得出的结果如图7-20(b)所示。

```
>> f=@(t,x,Z)[1-3*x(1)-Z(2,1)-0.2*Z(1,2)^3-Z(1,2); x(3); 4*x(1)-2*x(2)-3*x(3)];
   f2=@(t,x)[exp(2.1*t); sin(t); cos(t)];      %匿名函数描述历史函数
   lags=[1 0.5]; tx=dde23(f,lags,f2,[0,10]); plot(tx.x,tx.y(2,:))    %求解与绘图
```

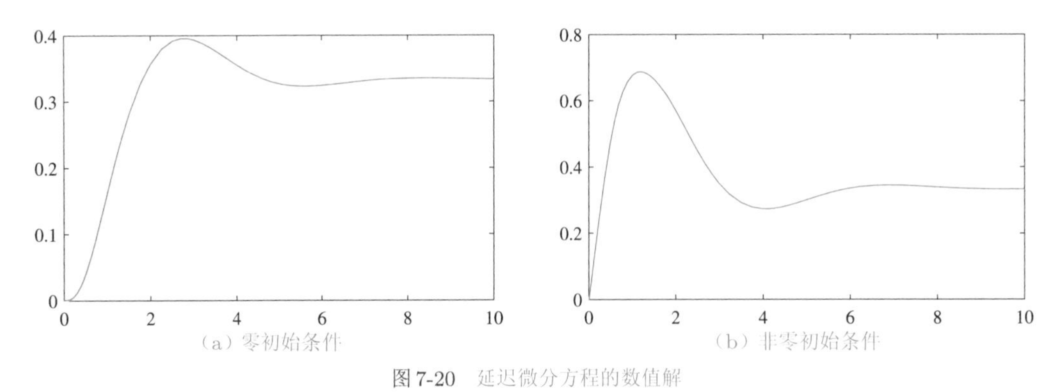

图 7-20 延迟微分方程的数值解

7.5.2 变时间延迟微分方程的求解

MATLAB提供的`ddesd()`函数可以用于时变延迟的微分方程，该函数的时间延迟向量允许使用变时间延迟的函数句柄，这样该函数完全可以处理带有时变延迟的延迟微分方程。当然这样的求解方法还可以扩展到由`ddensd()`函数求解中立型微分方程。`ddesd()`函数的调用格式为`sol=ddesd(`f`,`f_τ`,`f_2`,[`t_0`,`t_n`],options)`，其中，f_τ为延迟的函数句柄，f_2为历史函数句柄，可以由M函数和匿名函数描述。

例7-30 如果各个状态变量初始条件为零，试求解下面的变时间延迟微分方程。

$$\begin{cases} x_1'(t) = -2x_2(t) - 3x_1(t-0.2|\sin t|) \\ x_2'(t) = -0.05x_1(t)x_3(t) - 2x_2(t-0.8) + 2 \\ x_3'(t) = 0.3x_1(t)x_2(t)x_3(t) + \cos(x_1(t)x_2(t)) + 2\sin 0.1t^2 \end{cases}$$

解 显然，由于延迟微分方程中存在变时间延迟，即存在$t-0.2|\sin t|$时刻的x_1信号，所以不适合用`dde23()`函数求解。假设状态变量第一延迟为$0.2|\sin t|$，第二延迟为常数0.8，并假设虚拟的状态变量导数延迟为空矩阵`[]`，在$t \leqslant 0$时状态变量的初值为零向量，这样可以用下面的语句直接求解变时间延迟的微分方程，得出方程的解如图7-21所示。

```
>> tau=@(t,x)[t-0.2*abs(sin(t)); t-0.8];    %匿名函数描述变延迟
   f=@(t,x,Z)[-2*x(2)-3*Z(1,1); -0.05*x(1)*x(3)-2*Z(2,2)+2;
         0.3*x(1)*x(2)*x(3)+cos(x(1)*x(2))+2*sin(0.1*t^2)];    %延迟微分方程
   sol=ddesd(f,tau,zeros(3,1),[0,10]); plot(sol.x,sol.y)        %求解方程并绘图
```

对该系统进行仿真，将得出如图7-21所示的数值解结果。可以测试不同的仿真控制参数，如相对误差限或仿真算法，以验证结果的正确性。

```
>> ff=odeset; ff.RelTol=1e-12; sol=ddesd(f,tau,zeros(3,1),[0,10],ff);
   hold on; plot(sol.x,sol.y)
```

值得指出的是，既然使用了匿名函数来描述变时间延迟，就应该注意，即使第二时间延迟为常数，也不能将该延迟简单地写成0.8，必须写成$t-0.8$，否则将得出错误的结果——如果写成0.8，求解函数会将该项认定为$x_2(0.8)$，而不是$x_2(t-0.8)$。

例7-31 如果前面给出的微分方程的历史值为$x_1(t)=\sin(t+1), x_2(t)=\cos t, x_3(t)=\mathrm{e}^{3t}, t \leqslant 0$，试求解该微分方程。如果该微分方程的历史值在$t<0$时均为0，只是在$t=0$时刻微分方程的初值满足前面的初值公式，试求解微分方程。

解 前面给出的历史值方程可以由匿名函数表示，这样原变延迟微分方程的数值解可以由下面的语句直接求出，如图7-22(a)所示。

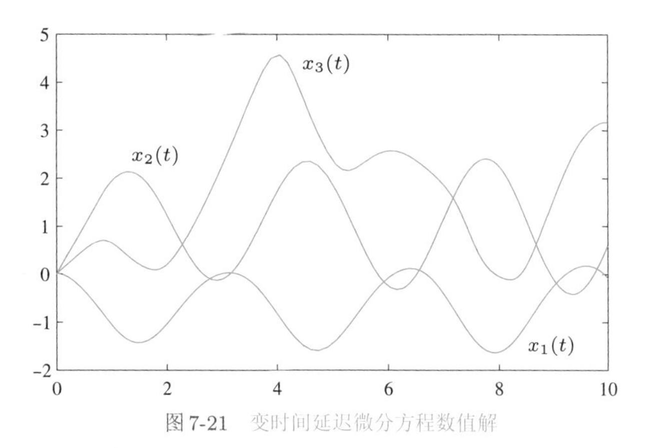

图7-21 变时间延迟微分方程数值解

```
>> tau=@(t,x)[t-0.2*abs(sin(t)); t-0.8];                          %变延迟的描述
   f=@(t,x,Z)[-2*x(2)-3*Z(1,1); -0.05*x(1)*x(3)-2*Z(2,2)+2;
        0.3*x(1)*x(2)*x(3)+cos(x(1)*x(2))+2*sin(0.1*t^2)];       %延迟微分方程
   f2=@(t,x)[sin(t+1); cos(t); exp(3*t)];                          %历史函数
   sol=ddesd(f,tau,f2,[0,10]); plot(sol.x,sol.y)                   %求解方程与绘图
```

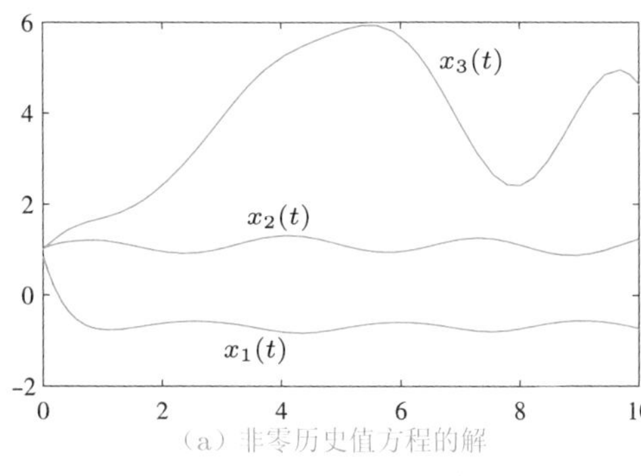

(a) 非零历史值方程的解

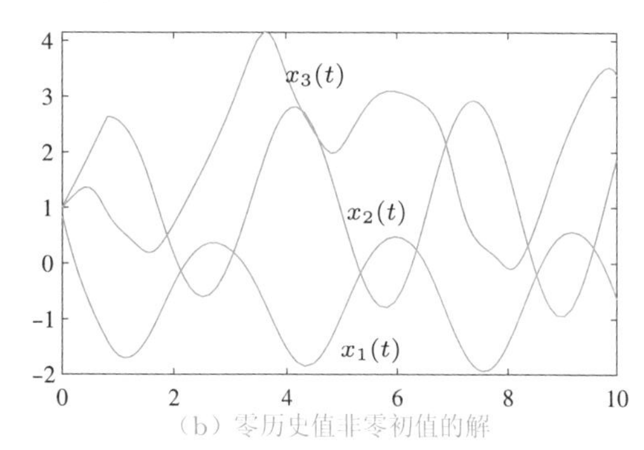

(b) 零历史值非零初值的解

图7-22 非零初值延迟微分方程的数值解

如果状态变量的历史值为0，仅在初始时刻$t=0$时初始状态向量非零，则可以用下面的匿名函数描述历史值函数，这样可以得出微分方程的解，如图7-22(b)所示。可见，由于与前面介绍的方程仅仅是历史值不同，方程的解可能会有很大的差异。

```
>> f2=@(t,x)[sin(t+1); cos(t); exp(3*t)]*(t==0);    %零历史函数非零初值
   sol=ddesd(f,tau,f2,[0,10]); plot(sol.x,sol.y)    %求解方程并绘图
```

例7-32 对前面给出的微分方程稍做改动，试重新求解下面的变时间延迟微分方程。

$$\begin{cases} x_1'(t) = -2x_2(t) - 3x_1(t-0.2|\sin t|) \\ x_2'(t) = -0.05x_1(t)x_3(t) - 2x_2(\alpha t) + 2, \text{ 其中，} \alpha = 0.77 \\ x_3'(t) = 0.3x_1(t)x_2(t)x_3(t) + \cos(x_1(t)x_2(t)) + 2\sin 0.1t^2 \end{cases}$$

解 可见第二个方程中含有$x_2(0.77t)$项，说明该方程含有x_2信号在$0.77t$处的值，则应该采用下面的语句求解此微分方程，得出的结果如图7-23所示。

```
>> tau=@(t,x)[t-0.2*abs(sin(t)); 0.77*t];                          %延迟描述函数
   f=@(t,x,Z)[-2*x(2)-3*Z(1,1); -0.05*x(1)*x(3)-2*Z(2,2)+2;
        0.3*x(1)*x(2)*x(3)+cos(x(1)*x(2))+2*sin(0.1*t^2)];       %微分方程
```

```
sol=ddesd(f,tau,zeros(3,1),[0,10]); plot(sol.x,sol.y)        %方程求解与曲线绘制
```

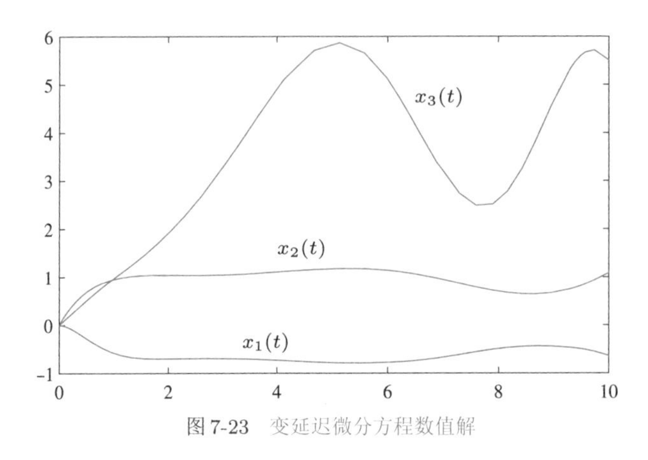

图7-23　变延迟微分方程数值解

如果延迟微分方程的延迟时刻描述向量中含有当前时刻t之后的值，如例7-32中的$\alpha=1.1$，说明该微分方程含有未来时刻的值，目前没有任何算法可以直接求解这样的方程。虽然用户可将描述延迟函数的句柄写成`tau=@(t,x)[t-0.2*abs(sin(t)); 1.1*t]`，`ddesd()`函数也无法正常求解。该求解函数会使用$\boldsymbol{x}(t)$去取代$\boldsymbol{x}(1.1t)$的值。

7.5.3　中立型延迟微分方程的求解

中立型(neutral-type)延迟微分方程的一般表示形式为

$$\boldsymbol{x}'(t)=\boldsymbol{f}(t,\boldsymbol{x}(t),\boldsymbol{x}(t-\tau_{p_1}),\cdots,\boldsymbol{x}(t-\tau_{p_m}),\boldsymbol{x}'(t-\tau_{q_1}),\cdots,\boldsymbol{x}'(t-\tau_{q_k})) \tag{7-5-2}$$

其中既包括了状态变量的延迟信号，又包括了状态变量导数的延迟信号，这可以由两个常数向量$\boldsymbol{\tau}_1=[\tau_{p_1},\tau_{p_2},\cdots,\tau_{p_m}]$，$\boldsymbol{\tau}_2=[\tau_{q_1},\tau_{q_2},\cdots,\tau_{q_k}]$来表示。中立型延迟微分方程可以使用`ddensd()`函数求解，该函数的调用格式为sol=ddensd(f,τ_1,τ_2,f_2,[t_0,t_n],options)，如果该微分方程的延迟不是固定的常数，则可以仿照`ddesd()`函数，将$\boldsymbol{\tau}_1$和$\boldsymbol{\tau}_2$表示成函数句柄，均可以用匿名函数或M函数描述。

例7-33　试求解下面给出的中立型延迟微分方程。

$$\boldsymbol{x}'(t)=\boldsymbol{A}_1\boldsymbol{x}(t-0.15)+\boldsymbol{A}_2\boldsymbol{x}'(t-0.5)+\boldsymbol{B}u(t)$$

其中，输入信号$u(t)\equiv 1$，且已知矩阵为

$$\boldsymbol{A}_1=\begin{bmatrix}-13 & 3 & -3\\ 106 & -116 & 62\\ 207 & -207 & 113\end{bmatrix},\boldsymbol{A}_2=\begin{bmatrix}0.02 & 0 & 0\\ 0 & 0.03 & 0\\ 0 & 0 & 0.04\end{bmatrix},\boldsymbol{B}=\begin{bmatrix}0\\1\\2\end{bmatrix}$$

解　因为方程中同时包含$\boldsymbol{x}'(t)$和$\boldsymbol{x}'(t-0.5)$项，所以单纯采用`dde23()`是无能为力的，而需要引入`ddensd()`函数直接求解。这里，状态信号的延迟为$\boldsymbol{\tau}_1=0.15$，状态变量导数的延迟为$\boldsymbol{\tau}_2=0.5$，这样可以由下面匿名函数描述中立型延迟微分方程，然后可以由下面语句直接求解该微分方程，得出状态变量的时间响应曲线，如图7-24所示。

```
>> A1=[-13,3,-3; 106,-116,62; 207,-207,113]; A2=diag([0.02,0.03,0.04]);    %矩阵
   B=[0; 1; 2]; u=1; f=@(t,x,z1,z2)A1*z1+A2*z2+B*u; x0=zeros(3,1);    %中立微分方程
   sol=ddensd(f,0.15,0.5,x0,[0,15]); plot(sol.x,sol.y)        %微分方程求解与曲线绘制
```

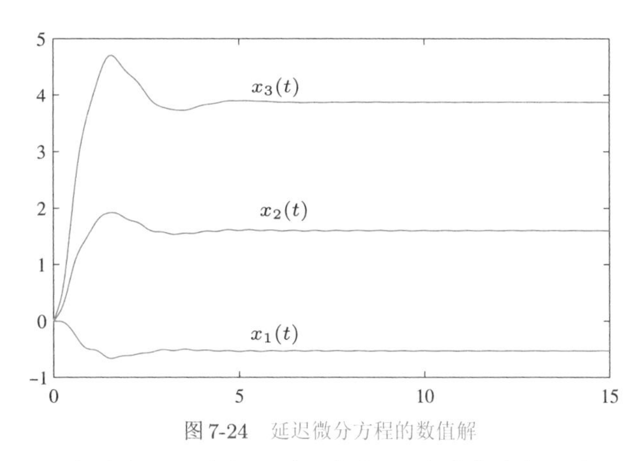

图7-24 延迟微分方程的数值解

例7-34 重新考虑例7-32中的变延迟非中立型微分方程，试重新求解该方程。

解 可以考虑采用ddensd()函数求解此微分方程，这时需假设状态变量导数的延迟为空矩阵[]，这样可以改用下面的语句求解原始的微分方程，得出的结果与图7-21完全一致。

```
>> f=@(t,x,Z,z)[-2*x(2)-3*Z(1,1); -0.05*x(1)*x(3)-2*Z(2,2)+2;
        0.3*x(1)*x(2)*x(3)+cos(x(1)*x(2))+2*sin(0.1*t^2)];   %中立微分方程
   sol=ddensd(f,tau,[],zeros(3,1),[0,10]); plot(sol.x,sol.y)   %求解并绘图
```

7.6 边值问题的计算机求解

前面的微分方程数值解中侧重研究初值问题，即已知$\boldsymbol{x}_0$对其他时刻状态变量值进行求解的方法。在实际应用中，经常会遇到这样的问题，已知部分状态在$t=0$时刻的值，还知道部分状态在$t=t_n$时刻的值，这类问题即所谓的边值问题。边值问题也是ode45()类函数无法直接求解的一类问题。

求解边值问题的一般思路是，假设已知问题的初值，则可以用ode45()类函数求解问题，则得到的解和已知的边值之间势必会出现误差，利用误差的信息反复修改初值再重新求解，直至得出吻合的解。这类方法称为打靶法。本书早期版本介绍二阶线性、非线性微分方程边值问题的打靶算法及求解函数，但其适用范围较小，所以本节只介绍边值问题通用的求解方法。

假设要研究的微分方程为

$$\boldsymbol{y}'(t)=\boldsymbol{f}(t,\boldsymbol{y}(t),\boldsymbol{\theta}) \tag{7-6-1}$$

其中，$\boldsymbol{y}(t)$为状态变量向量，$\boldsymbol{\theta}$为方程中其他未知常数向量。该方程已知的边界值为

$$\boldsymbol{\phi}[\boldsymbol{y}(a),\boldsymbol{y}(b),\boldsymbol{\theta}]=\boldsymbol{0} \tag{7-6-2}$$

如果想将原始问题变换成初值问题，则需要求解若干代数方程。若需要求解的变量个数和这样建立起来的方程个数相同时，则可以通过求解方程的方法先将它们求解出来，然后求解微分方程。和典型的边值问题相比，这里研究的方程求解更具一般性，因为除了传统的边值问题之外，还可以求解其他的未知参数问题。

MATLAB提供的bvp5c()函数[91]可以很好地求解微分方程的边值问题。正确求解一个常微分方程的边值问题，一般应该经过以下几个步骤：

（1）参数初始化。调用bvpinit()函数即可输入信息。当然这样的描述不仅仅局限于边值，其他待定

变量也可以在这里一起描述,其调用格式为sinit=bvpinit(v,x_0,θ_0),其中,$\boldsymbol{v}$应该包含测试的时间向量,可以用v=linspace(a,b,M)或冒号表达式生成,注意为保障足够快的计算速度,M不能取得过大,一般取$M=5$即可。除了$\boldsymbol{v}$向量,当然还应该给出状态变量初值$\boldsymbol{x}_0$和待定参数$\boldsymbol{\theta}_0$的初始搜索点。

(2)微分方程和边值问题的MATLAB函数描述。微分方程本身的描述和初值问题完全一致,边值问题描述出式(7-6-2)中的各个式子即可,具体格式将由下面的例子演示。

(3)边值问题的求解。调用bvp5c()函数就可以直接求解边值问题了。

```
sol=bvp5c(@fun1,@fun2,sinit,options,附加参数)
```

其中,fun1.m和fun2.m分别为描述微分方程和边值条件的MATLAB函数,当然它们也可以通过匿名函数直接表示。返回的sol为结构体型变量,其sol.$\boldsymbol{x}$分量为$\boldsymbol{t}$向量,sol.$\boldsymbol{y}$的每一行对应一个状态变量。sol.parameters将返回待定参数$\boldsymbol{\theta}$。

后面将通过例子介绍该函数的编写方法。另外,还需要编写一个函数来描述一阶微分方程组,这和以前微分方程组的描述是完全一致的。

例7-35　试用bvp5c()函数求解边值问题$y''(x)=F(x,y(x),y'(x))=2y(x)y'(x)$, $y(0)=-1$, $y(\pi/2)=1$。

解　令$x_1(x)=y(x)$, $x_2(x)=y'(x)$,则可以得出一阶显式微分方程为$x_1'(x)=x_2(x)$, $x_2'(x)=2x_1(x)x_2(x)$,仍可以采用匿名函数的形式来描述微分方程。下面侧重于观察边值条件的描述方法。可以将感兴趣的两个时间端点记作$a=0, b=\pi/2$,则两个已知的边值条件可以写成$x_1(a)+1=0, x_1(b)-1=0$,这样就可以任意地给出微分方程与边值条件的MATLAB描述了。

```
>> f1=@(t,x)[x(2); 2*x(1)*x(2)]; f2=@(xa,xb)[xa(1)+1; xb(1)-1];    %方程与边值
```

描述了微分方程与边值条件,则可以由下面的语句直接求解边值问题。分别取五个中间点和20个中间点求解微分方程,得出的结果如图7-25(a)所示,可见,选择五个中间点时得到的曲线比较粗糙,所以,应该考虑在能够接受的求解时间内选择稍大的中间点个数。

```
>> S1=bvpinit(linspace(0,pi/2,5),rand(2,1)); s1=bvp5c(f1,f2,S1);     %选五个中间点
   S2=bvpinit(linspace(0,pi/2,20),rand(2,1)); s2=bvp5c(f1,f2,S2);    %选20个中间点
   plot(s1.x,s1.y,'--',s2.x,s2.y,'-'); xlim([0,pi/2])                %得出的解比较
```

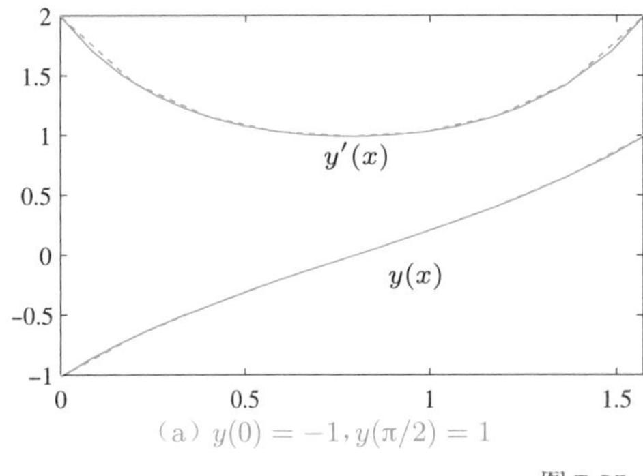

(a) $y(0)=-1, y(\pi/2)=1$

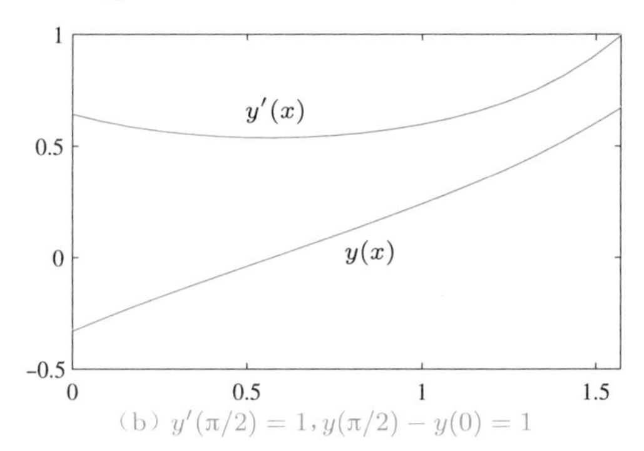

(b) $y'(\pi/2)=1, y(\pi/2)-y(0)=1$

图7-25　边值问题的解

例7-36　试求解下面给出的微分方程边值问题[92],并评价解的精度。

$$\left(x^3u''(x)\right)''=1,\ 1\leqslant x\leqslant 2$$

已知，$u(1)=u''(1)=u(2)=u''(2)=0$，且已知解析解为

$$u(x)=\frac{1}{4}(10\ln 2-3)(1-x)+\frac{1}{2}\left[\frac{1}{x}+(3+x)\ln x-x\right]$$

解 这样的方程是无法直接进行数值求解的，必须推导出一阶显式微分方程组的标准型，然后才能求解。对本例而言，等号左边还需要做一些手工推导，或借助MATLAB的符号运算功能进行必要的推导。

```
>> syms c u(x), diff(x^3*diff(u,2),2)    %等号左边的表达式推导
```

可以推导出

$$x^3u^{(4)}(x)+6x^2u'''(x)+6xu''(x)=1$$

由于求解区间是$x\in(1,2)$，则$x\neq 0$，所以可以立即写出其显式形式为

$$u^{(4)}(x)=-\frac{6}{x}u'''(x)-\frac{6}{x^2}u''(x)+\frac{1}{x^3}$$

选择$y_1(x)=u(x), y_2(x)=u'(x), y_3(x)=u''(x), y_4(x)=u'''(x)$，则可以写出一阶显式微分方程组的标准型为

$$\boldsymbol{y}'(x)=\begin{bmatrix}y_2(x)\\ y_3(x)\\ y_4(x)\\ -6y_4(x)/x-6y_3(x)/x^2+1/x^3\end{bmatrix}$$

边值条件可以写成$y_1(a)=0, y_3(a)=0, y_1(b)=0, y_3(b)=0$。按边值条件标准型的表示格式，不难改写成$\boldsymbol{y}_a(1)=0, \boldsymbol{y}_a(3)=0, \boldsymbol{y}_b(1)=0, \boldsymbol{y}_b(3)=0$。

调用下面的语句可以直接求解这样的边值问题，求解语句与前面介绍的几乎完全一致，不同的只有微分方程与边界条件的描述语句。求解过程耗时13.037 s，得出的结果误差为2.7274×10^{-15}，函数$u(x)$及$u''(x)$的曲线如图7-26所示。可见，$u(x)$曲线与理论值完全重合。

```
>> f=@(x,y)[y(2:4); -6*y(4)/x-6*y(3)/x^2+1/x^3];          %微分方程
   g=@(ya,yb)[ya(1); ya(3); yb(1); yb(3)];                  %边值条件
   ff=odeset; ff.RelTol=3e-14; ff.AbsTol=eps; tic, N=10; x0=rand(4,1);
   S1=bvpinit(linspace(1,2,N),x0); s1=bvp5c(f,g,S1,ff); x=s1.x; y=s1.y; toc %边值问题
   y0=(10*log(2)-3)*(1-x)/4+(1./x+(3+x).*log(x)-x)/2;       %求精确解
   plot(x,y([1,3],:),x,y0,'--'); norm(y(1,:)-y0)            %绘图并计算误差
```

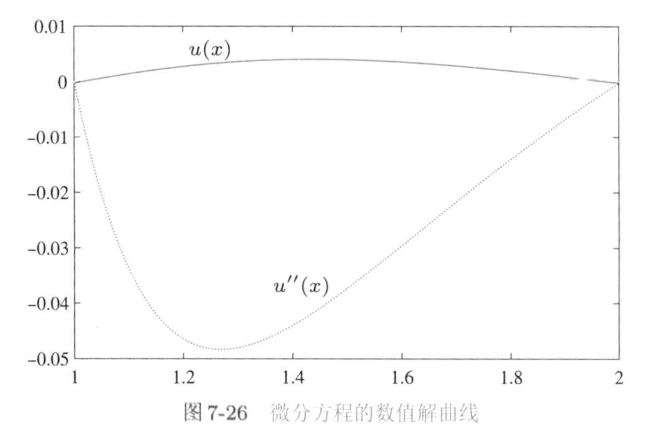

图7-26 微分方程的数值解曲线

利用bvp5c()函数还可以解决更复杂的边值问题，例如若边值问题修改成$y'(\pi/2)=1, y(\pi/2)-y(0)=1$，如果用$a,b$表示，则$x_2(b)-1=0, x_1(b)-x_1(a)-1=0$，这样，可以如下修改f2，并求解该方程，得出的结果如图7-25(b)所示。

```
>> f2=@(xa,xb)[xb(2)-1; xb(1)-xa(1)-1]; s3=bvp5c(f1,f2,S2); plot(s3.x,s3.y)
```

例7-37　已知某常微分方程模型如下，试求出α,β并求解本微分方程，$x'(t)=4x(t)-\alpha x(t)y(t),y'(t)=-2y(t)+\beta x(t)y(t)$，且已知$x(0)=2,y(0)=1,x(3)=4,y(3)=2$。

解　先引入状态变量$x_1=x,x_2=y$，另外，令$v_1=\alpha,v_2=\beta$，则可以将原问题转换成关于$\boldsymbol{x}$的微分方程为$x_1'(t)=4x_1(t)-v_1x_1(t)x_2(t),x_2'(t)=-2x_2(t)+v_2x_1(t)x_2(t)$。和边值问题一样，即$a=0,b=3$，则边值问题可以记作$x_1(a)-2=0,x_2(a)-1=0,x_1(b)-4=0,x_2(b)-2=0$，这样可以如下描述微分方程和边值问题。

```
>> f=@(t,x,v)[4*x(1)+v(1)*x(1)*x(2); -2*x(2)+v(2)*x(1)*x(2)];     %微分方程
   g=@(xa,xb,v)[xa(1)-2; xa(2)-1; xb(1)-4; xb(2)-2];               %边值条件
```

这时，可以先调用bvpinit()初始化函数来定义求解时间段及网格划分方法，并令状态初始值和参数α，β的初始值，因为有两个初始状态，两个未定参数，所以它们的初值均可以设置为随机数向量rand(2,1)。定义了这些参数，则可以调用bvp5c()函数来求解边值问题的α,β参数，并求解在此参数下的系统方程，得出的结果如图7-27所示。

```
>> x1=[1;1]; v1=[-1;1]; sinit=bvpinit(linspace(0,3,20),x1,v1);     %中间点
   sol=bvp5c(f,g,sinit); sol.parameters                              %显示待定参数
   plot(sol.x,sol.y); figure; plot(sol.y(1,:),sol.y(2,:));           %绘制解与相平面曲线
```

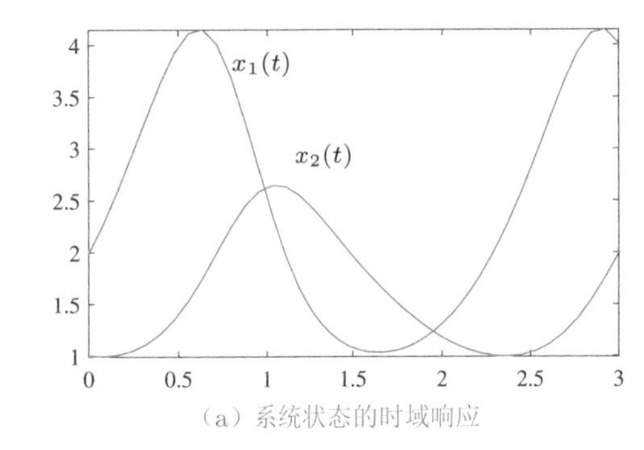

(a) 系统状态的时域响应

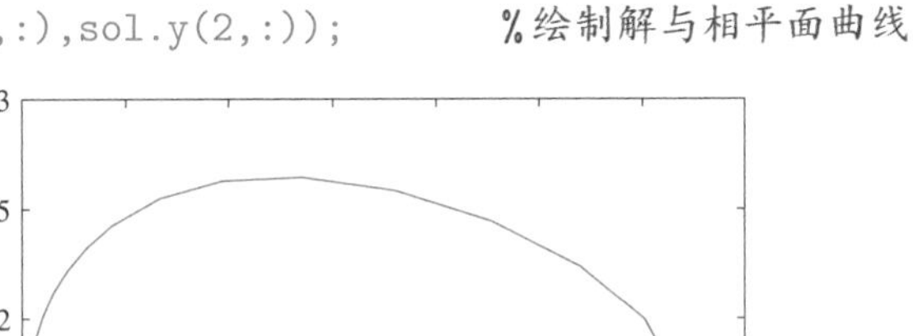
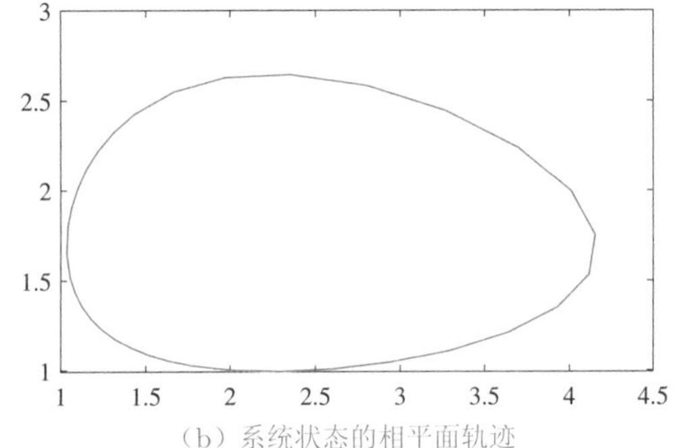
(b) 系统状态的相平面轨迹

图7-27　微分方程的数值解表示

同时还可以求出$\alpha=-2.3721,\beta=0.8934$。由得出的仿真曲线可以看出，方程状态的边值条件可以满足，所以求出的解是正确的。这里的初值向量$\boldsymbol{x}_1$和$\boldsymbol{v}_1$选择应该注意，如果选择不当可能使得求解过程中的Jacobi矩阵奇异，所以实际求解时若出现此现象，则应该选择其他的初值。

7.7　偏微分方程求解入门

MATLAB可以求解一般的偏微分方程，也可以用偏微分方程工具箱中给出的相应函数求解一些偏微分方程。本节将首先介绍一般偏微分方程的数值解法，然后介绍利用偏微分方程工具箱求解几类典型偏微分方程的方法。

7.7.1　偏微分方程组求解

MATLAB语言提供了pdepe()函数，可以直接求解偏微分方程：

$$\boldsymbol{c}\left(x,t,\boldsymbol{u},\frac{\partial\boldsymbol{u}}{\partial x}\right)\frac{\partial\boldsymbol{u}}{\partial t}=x^{-m}\frac{\partial}{\partial x}\left[x^m\boldsymbol{f}\left(x,t,\boldsymbol{u},\frac{\partial\boldsymbol{u}}{\partial x}\right)\right]+\boldsymbol{s}\left(x,t,\boldsymbol{u},\frac{\partial\boldsymbol{u}}{\partial x}\right)\tag{7-7-1}$$

这样，偏微分方程可以编写下面的函数描述，其入口为 $[c,f,s]$=pdefun(x,t,u,u_x)，其中，pdefun为函数名。这样，由给定的输入变量即可计算出$\boldsymbol{c}$，$\boldsymbol{f}$，$\boldsymbol{s}$这三个函数。由于需要返回的变量个数多于一个，所以不能采用匿名函数的格式，只能编写M函数。

边界条件可以用下面的函数描述为

$$\boldsymbol{p}(x,t,\boldsymbol{u})+\boldsymbol{q}(x,t,\boldsymbol{u}).*\boldsymbol{f}\left(x,t,\boldsymbol{u},\frac{\partial \boldsymbol{u}}{\partial x}\right)=\boldsymbol{0} \tag{7-7-2}$$

并由此派生出(a,b)区间端点上的边界条件为

$$\boldsymbol{p}(a,t,\boldsymbol{u})+\boldsymbol{q}(a,t,\boldsymbol{u}).*\boldsymbol{f}\left(a,t,\boldsymbol{u},\frac{\partial \boldsymbol{u}}{\partial x}\right)=\boldsymbol{0} \tag{7-7-3}$$

$$\boldsymbol{p}(b,t,\boldsymbol{u})+\boldsymbol{q}(b,t,\boldsymbol{u}).*\boldsymbol{f}\left(b,t,\boldsymbol{u},\frac{\partial \boldsymbol{u}}{\partial x}\right)=\boldsymbol{0} \tag{7-7-4}$$

这样的边值函数可以由MATLAB函数描述 $[p_a,q_a,p_b,q_b]$=pdebc$(x,t,\boldsymbol{u},\boldsymbol{u}_x)$。

除了这两种函数外，还应该写出初始条件函数。偏微分方程初始条件的数学描述为$\boldsymbol{u}(x,t_0)=\boldsymbol{u}_0$。这样，需要一个简单的函数来描述，编写简单函数 u_0=pdeic(x) 即可。

还可以选择$\boldsymbol{x}$和$\boldsymbol{t}$的向量，再加上描述的这些函数，就可以用pdepe()函数求解次偏微分方程，则可以直接求解该偏微分方程 sol=pdepe$(m$,@pdefun,@pdeic,@pdebc,$\boldsymbol{x},\boldsymbol{t})$。

例7-38 试求解下面的偏微分方程[93]：

$$\begin{cases}\dfrac{\partial u_1}{\partial t}=0.024\dfrac{\partial^2 u_1}{\partial x^2}-F(u_1-u_2)\\[2mm]\dfrac{\partial u_2}{\partial t}=0.17\dfrac{\partial^2 u_2}{\partial x^2}+F(u_1-u_2)\end{cases}$$

其中，$F(x)=\mathrm{e}^{5.73x}-\mathrm{e}^{-11.46x}$，且满足初始条件$u_1(x,0)=1$，$u_2(x,1)=0$及边界条件：

$$\frac{\partial u_1}{\partial x}(0,t)=0,\ u_2(0,t)=0,\ u_1(1,t)=1,\ \frac{\partial u_2}{\partial x}(1,t)=0$$

解 对照给出的偏微分方程和式(7-7-1)，则可以将原方程改写为

$$\begin{bmatrix}1\\1\end{bmatrix}.*\frac{\partial}{\partial t}\begin{bmatrix}u_1\\u_2\end{bmatrix}=\frac{\partial}{\partial x}\begin{bmatrix}0.024\partial u_1/\partial x\\0.17\partial u_2/\partial x\end{bmatrix}+\begin{bmatrix}-F(u_1-u_2)\\F(u_1-u_2)\end{bmatrix}$$

可见，$m=0$，且

$$\boldsymbol{c}=\begin{bmatrix}1\\1\end{bmatrix},\quad \boldsymbol{f}=\begin{bmatrix}0.024\partial u_1/\partial x\\0.17\partial u_2/\partial x\end{bmatrix},\quad \boldsymbol{s}=\begin{bmatrix}-F(u_1-u_2)\\F(u_1-u_2)\end{bmatrix}$$

这样，可以编写出下面的描述偏微分方程的MATLAB函数为

```
function [c,f,s]=c7mpde(x,t,u,du)
   c=[1; 1]; y=u(1)-u(2); F=exp(5.73*y)-exp(-11.46*y); s=[-F; F];
   f=[0.024*du(1); 0.17*du(2)];
end
```

套用式(7-7-2)中的边界条件，可以写出如下的边值方程：

$$\text{左边界}\ \begin{bmatrix}0\\u_2\end{bmatrix}+\begin{bmatrix}1\\0\end{bmatrix}.*\boldsymbol{f}=\begin{bmatrix}0\\0\end{bmatrix},\quad \text{右边界}\ \begin{bmatrix}u_1-1\\0\end{bmatrix}+\begin{bmatrix}0\\1\end{bmatrix}.*\boldsymbol{f}=\begin{bmatrix}0\\0\end{bmatrix}$$

对照已知的标准型可以得出，$\boldsymbol{p}_a=[0,u_2(a)]^{\mathrm{T}}$，$\boldsymbol{q}_a=[1,0]^{\mathrm{T}}$，$\boldsymbol{p}_b=[u_1(b)-1,0]^{\mathrm{T}}$，$\boldsymbol{q}_b=[0,1]^{\mathrm{T}}$，从而编写出下面描述边界条件的MATLAB函数。

```
function [pa,qa,pb,qb]=c7mpbc(xa,ua,xb,ub,t)
   pa=[0; ua(2)]; qa=[1;0]; pb=[ub(1)-1; 0]; qb=[0;1];
end
```

另外,还可以立即写出描述初值的MATLAB匿名函数为 `u0=@(x)[1; 0]`。

有了这三个函数,选定 $\boldsymbol{x}$ 和 $\boldsymbol{t}$ 向量,则可以由下面的语句直接求解此偏微分方程,得出如图7-28所示的解 $u_1(t,x)$ 和 $u_2(t,x)$。

```
>> x=0:.05:1; t=0:0.05:2; m=0; u0=@(x)[1; 0];              %描述边界条件
   sol=pdepe(m,@c7mpde,u0,@c7mpbc,x,t);                      %求解偏微分方程
   surf(x,t,sol(:,:,1)), figure;  surf(x,t,sol(:,:,2))      %解的三维表面图表示
```

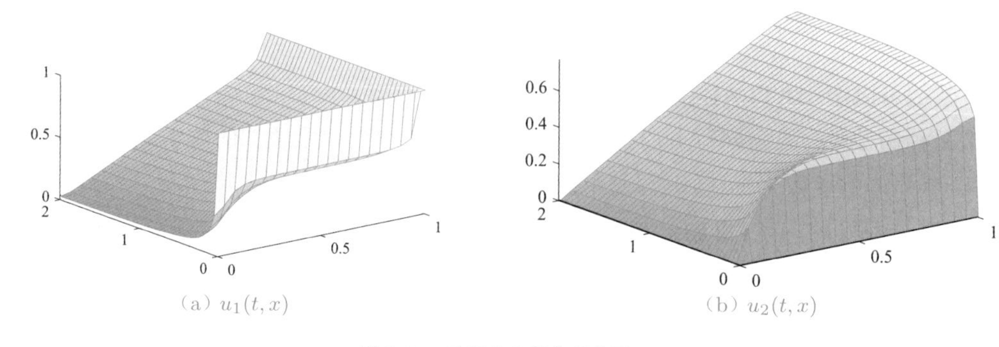

（a）$u_1(t,x)$　（b）$u_2(t,x)$

图7-28　偏微分方程的解曲面

7.7.2　二阶偏微分方程的数学描述

除了前面介绍的一类偏微分方程外,MATLAB语言还有自己的偏微分方程工具箱,可以比较规范地求解各种常见的二阶偏微分方程。这里将MATLAB偏微分方程工具箱可解的二阶偏微分方程简单介绍一下,后面再介绍一个实用的偏微分方程求解界面。

1. 椭圆型偏微分方程

椭圆型偏微分方程的一般表示形式为

$$-\mathrm{div}(c\nabla u)+au=f(\boldsymbol{x},t) \tag{7-7-5}$$

其中,若 $u=u(x_1,x_2,\cdots,x_n,t)=u(\boldsymbol{x},t)$,$\nabla u$ 为 u 的梯度,则其定义为

$$\nabla u=\left[\frac{\partial}{\partial x_1},\frac{\partial}{\partial x_2},\cdots,\frac{\partial}{\partial x_n}\right]u \tag{7-7-6}$$

散度 $\mathrm{div}(v)$ 的定义为

$$\mathrm{div}(v)=\left(\frac{\partial}{\partial x_1}+\frac{\partial}{\partial x_2}+\cdots+\frac{\partial}{\partial x_n}\right)v \tag{7-7-7}$$

这样,$\mathrm{div}(c\nabla u)$ 可以更明确地表示成

$$\mathrm{div}(c\nabla u)=\left[\frac{\partial}{\partial x_1}\left(c\frac{\partial u}{\partial x_1}\right)+\frac{\partial}{\partial x_2}\left(c\frac{\partial u}{\partial x_2}\right)+\cdots+\frac{\partial}{\partial x_n}\left(c\frac{\partial u}{\partial x_n}\right)\right] \tag{7-7-8}$$

若 c 为常数,则该项可以进一步化简为

$$\mathrm{div}(c\nabla u)=c\left(\frac{\partial^2}{\partial x_1^2}+\frac{\partial^2}{\partial x_2^2}+\cdots+\frac{\partial^2}{\partial x_n^2}\right)u=c\Delta u \tag{7-7-9}$$

其中，Δ 又称为Laplace算子。这样，椭圆型偏微分方程可以更简单地写成

$$-c\left(\frac{\partial^2}{\partial x_1^2}+\frac{\partial^2}{\partial x_2^2}+\cdots+\frac{\partial^2}{\partial x_n^2}\right)u+au=f(\boldsymbol{x},t) \tag{7-7-10}$$

2. 抛物型偏微分方程

抛物型偏微分方程的一般形式为

$$d\frac{\partial u}{\partial t}-\mathrm{div}(c\nabla u)+au=f(\boldsymbol{x},t) \tag{7-7-11}$$

根据上面的叙述，若 c 为常数，则该方程可以更简单地写成

$$d\frac{\partial u}{\partial t}-c\left(\frac{\partial^2 u}{\partial x_1^2}+\frac{\partial^2 u}{\partial x_2^2}+\cdots+\frac{\partial^2 u}{\partial x_n^2}\right)+au=f(\boldsymbol{x},t) \tag{7-7-12}$$

3. 双曲型偏微分方程

双曲型偏微分方程的一般形式为

$$d\frac{\partial^2 u}{\partial t^2}-\mathrm{div}(c\nabla u)+au=f(\boldsymbol{x},t) \tag{7-7-13}$$

若 c 为常数，则可以将该方程简化成

$$d\frac{\partial^2 u}{\partial t^2}-c\left(\frac{\partial^2 u}{\partial x_1^2}+\frac{\partial^2 u}{\partial x_2^2}+\cdots+\frac{\partial^2 u}{\partial x_n^2}\right)+au=f(\boldsymbol{x},t) \tag{7-7-14}$$

从上面的三种类型方程可以看出，它们直接的区别在于 u 函数对 t 的导数阶次。如果对 t 没有求导，则可以理解为其值为常数，故称为椭圆型偏微分方程。如果取 u 对时间的一阶导数，则一阶导数与 u 对 $\boldsymbol{x}$ 的二阶导数直接构成了抛物线关系，故称其为抛物型偏微分方程。如果对 t 取二阶导数，则可以称之为双曲型偏微分方程。

MATLAB的偏微分方程工具箱采用有限元方法求解偏微分方程。椭圆型偏微分方程求解中，c,a,d,f 均可以为给定函数的形式，但其他类型偏微分方程求解时，它们必须为常数。

4. 特征值型偏微分方程

特征值型偏微分方程的一般形式为

$$-\mathrm{div}(c\nabla u)+au=\lambda du \tag{7-7-15}$$

对常数 c，该方程还可以简化成

$$-c\left(\frac{\partial^2 u}{\partial x_1^2}+\frac{\partial^2 u}{\partial x_2^2}+\cdots+\frac{\partial^2 u}{\partial x_n^2}\right)+au=\lambda du \tag{7-7-16}$$

对比式(7-7-16)与式(7-7-5)可以发现，将前者等号右侧的 λdu 移动到方程的左侧，就可以变换成一般的椭圆型偏微分方程，所以该方程是椭圆型偏微分方程的一个特例。

7.7.3 偏微分方程的求解界面应用举例

1. 偏微分方程求解程序概述

MATLAB偏微分方程工具箱提供了一个界面，可以求解二元偏微分方程 $u(x_1,x_2)$，这时求解区域可以用该界面提供的绘制圆、椭圆、矩形及多边形等工具任意绘制，也可以由若干这样简单绘制的集

合进行并集、交集、差集等构成所需的求解区域。完成求解区域的绘制后,还可以用该界面提供的功能将原求解区域用三角剖分的形式自动绘制出网格。

在MATLAB提示符下输入 `pdetool`,将启动偏微分方程求解界面,如图7-29所示。

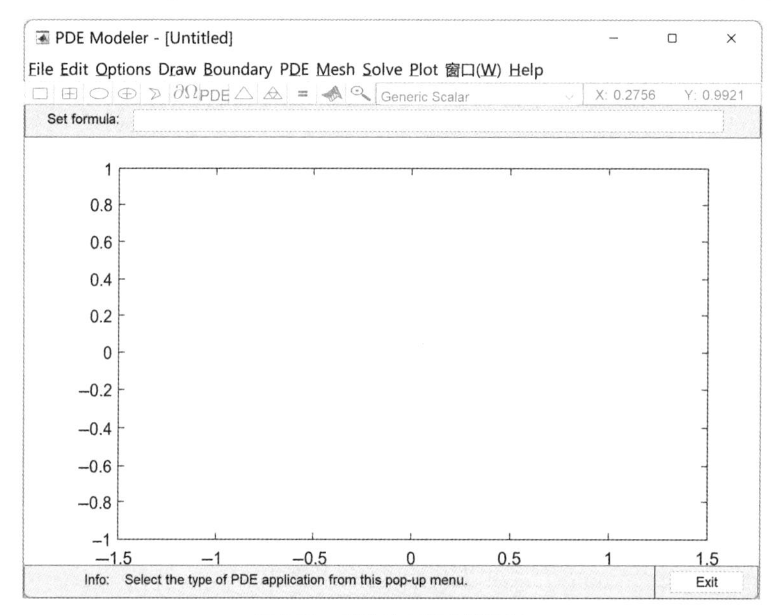

图7-29 偏微分方程求解界面

偏微分方程求解界面分为如下几部分:

(1) 菜单系统。偏微分方程工具箱有较全面的菜单系统,其中大部分实用功能均可以由工具栏实现,工具栏不能实现的部分多为一些工具箱设置与文件处理的功能。后面将根据实际需要介绍菜单系统的若干功能。

(2) 工具栏。工具栏内各个按钮的详细内容如图7-30所示,工具栏能实现从求解区域设定、微分方程参数描述、求解到结果表示在内的一整套实际功能。工具栏右侧的列表框还给出了MATLAB能直接求解的一些常用微分方程类型。

(3) 集合编辑(Set formula)。用户可以在求解区域用不同的几何形状画出若干集合,而集合编辑区域允许用户用加减法等表示并、交和差集运算,更准确地描述求解区域。

(4) 求解区域。程序界面下部的区域,用户可以在这个部分内绘制出问题的求解区域,微分方程的解也可以在这个区域内用二维的形式表示出来。MATLAB还支持三维表示,但需要打开新的图形窗口。

2. 偏微分方程求解区域绘制

本节将通过例子演示在偏微分方程求解界面下描述求解区域的方法。首先用工具栏中提供的椭圆绘制和矩形绘制功能绘制出如图7-31(a)所示的一些区域,这样就可以在集合编辑栏目中将原来的内容修改为(R1+E1+E2)−E3,表示从矩形R1,椭圆E1、E2的并集中剔除掉E3。单击工具栏中$\partial\Omega$按钮就可以得到求解区域。选择Boundary → Remove All Subdomain Borders菜单项,则将消除若干相邻区域之间的分隔线,自动绘制出如图7-31(b)所示的区域图。

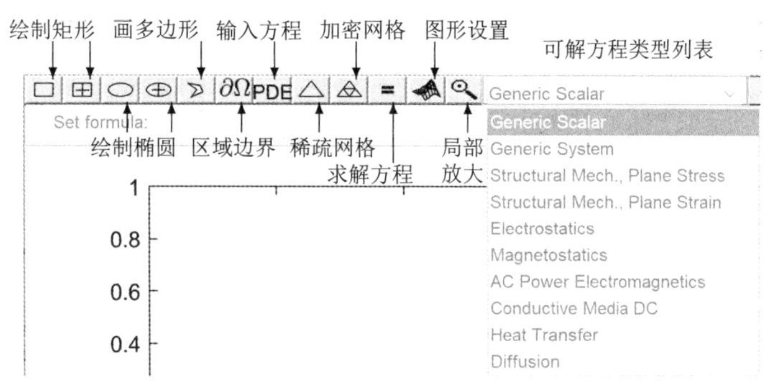

图 7-30 偏微分方程求解工具栏

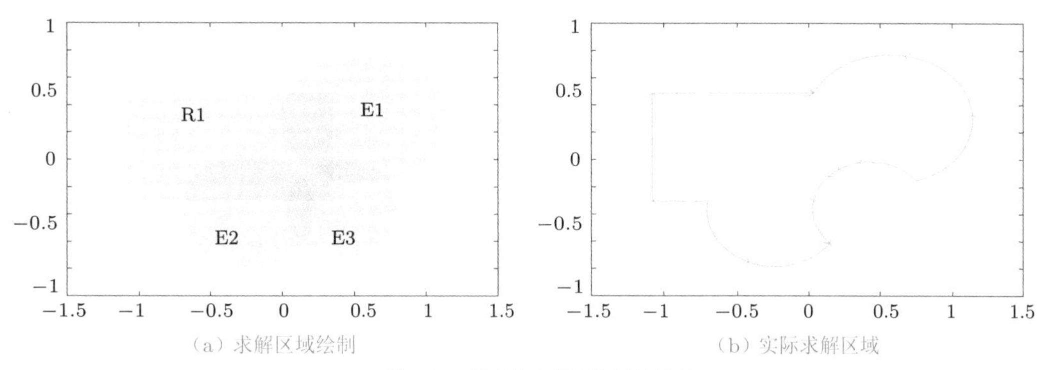

(a) 求解区域绘制 (b) 实际求解区域

图 7-31 偏微分方程求解区域设置

有了求解区域，就可以单击△按钮将求解区域用三角形划分成若干网格，如图 7-32(a) 所示。如果感觉到网格不够密，则可以单击右侧的按钮加密网格，可以得出如图 7-32(b) 所示的更密的网格图。值得指出的是，一般情况下，网格越密，计算的结果越精确，但计算时间也越长。

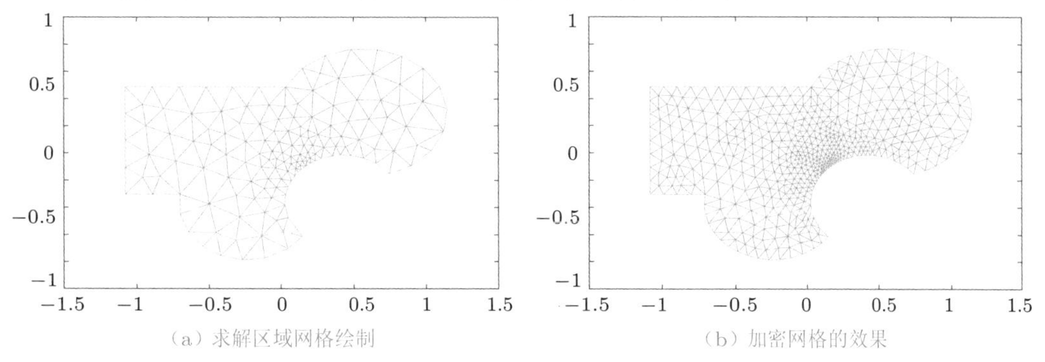

(a) 求解区域网格绘制 (b) 加密网格的效果

图 7-32 求解区域的网格生成

3. 偏微分方程边界条件描述

求解边界在偏微分方程界面下用 $\partial\Omega$ 按钮表示。一般地，在偏微分方程工具箱支持的边界条件包括 Dirichlet 条件和 Neumann 条件。下面分别介绍这两种边界条件。

(1) Dirichlet 条件。一般描述为

$$h\left(\boldsymbol{x},t,u,\frac{\partial u}{\partial \boldsymbol{x}}\right)u\big|_{\partial\Omega}=r\left(\boldsymbol{x},t,u,\frac{\partial u}{\partial \boldsymbol{x}}\right) \tag{7-7-17}$$

其中，$\partial\Omega$ 表示求解区域的边界。假设在边界上满足该方程，则只需给出 r 和 h 函数即可，这两个参数可以

为常数，也可以为$\boldsymbol{x}$的函数，甚至可以是u，$\partial u/\partial \boldsymbol{x}$的函数，为方便起见，一般可以令$h=1$。后面将介绍Dirichlet边界条件的描述方式。

(2) Neumann条件。其扩展形式为

$$\left[\frac{\partial}{\partial \boldsymbol{n}}(c\nabla u)+qu\right]\bigg|_{\partial\Omega}=g \tag{7-7-18}$$

其中，$\partial u/\partial \boldsymbol{n}$为$\boldsymbol{x}$向量法向的偏导数。

选择Boundary→Specify Boundary Conditions菜单，将打开一个如图7-33所示的对话框，用户可以在这个对话框中描述边界条件。如果想使得边界上各点的函数值为0，则可以将该对话框的r栏值设为0即可。

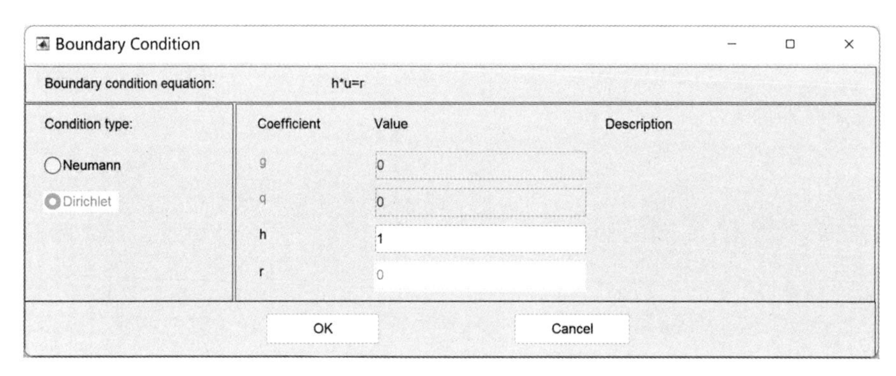

图7-33　边界条件设置对话框

4. 偏微分方程求解举例

用前面的方法设置了求解区域和边界条件，并选择了合适的偏微分方程后，就可以单击工具栏的等号按钮(=)立即得出微分方程的解。下面将通过例子演示实际偏微分方程的求解全过程。

例7-39　试求解双曲型偏微分方程$\dfrac{\mathrm{d}^2u}{\mathrm{d}t^2}-\dfrac{\partial^2u}{\partial x^2}-\dfrac{\partial^2u}{\partial y^2}+2u=10$。

解　由给定的偏微分方程，可以得出$c=1,a=2,f=10,d=1$。这样单击偏微分方程界面工具栏中的PDE图标，则将打开一个类似于图7-34的对话框，左侧有各种常见的偏微分方程类型。选择其中的Parabolic选项，就能将给定的偏微分方程的参数输入该对话框中。

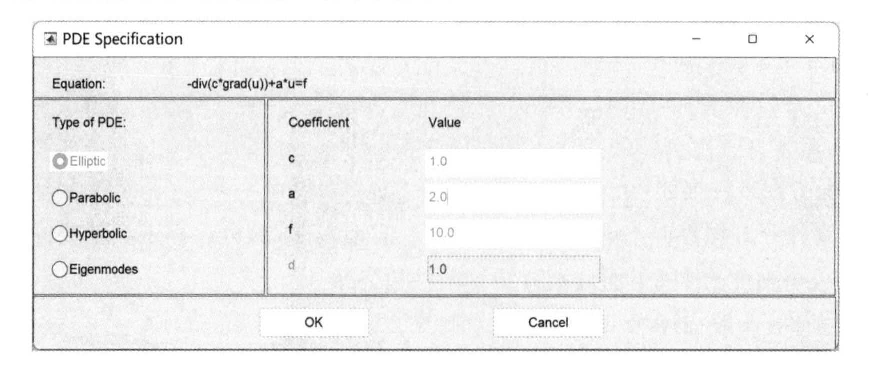

图7-34　偏微分方程参数设置对话框

如果想求解该偏微分方程，则可以单击工具栏中的等号按钮，这样马上就能求出如图7-35(a)所示的微

分方程解。其中，图形为伪色彩图形，其颜色表示$u(x,y)$值。注意，这时给出的$u(x,y)$的值为在$t=0$时的函数值，后面将介绍如何显示不同t值下方程的解。

用户还可以修改微分方程的边界条件。例如，再得出图7-33所示的对话框，仍采用Dirichlet条件，令边界上所有的u值为10，则可以将该对话框中r栏目的值填写为10，这样再求解偏微分方程，将得出如图7-35(b)所示的结果。

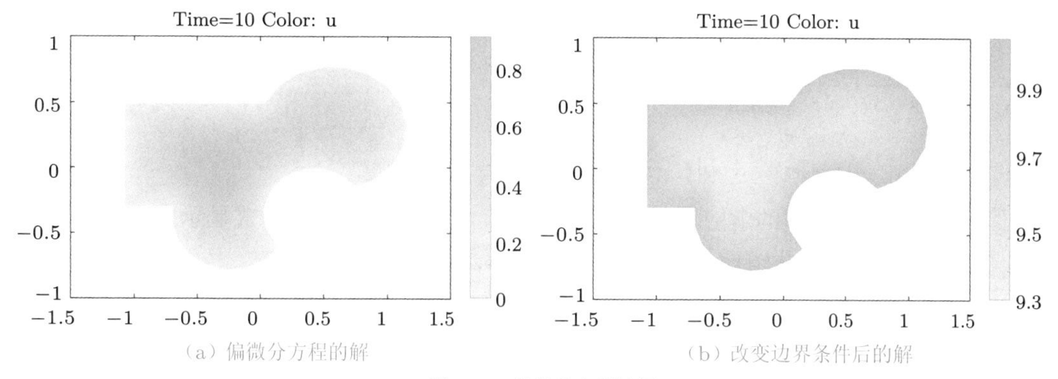

（a）偏微分方程的解　（b）改变边界条件后的解

图7-35　偏微分方程的解

微分方程的结果还可以用其他很多方式显示。单击工具栏中的三维图图标则将打开如图7-36所示的对话框，若再选择Contour则可以绘制等值线图，若选择Arrows选项，将计算并绘制引力线，选择这两个选项，将得出如图7-37(a)所示的计算结果。

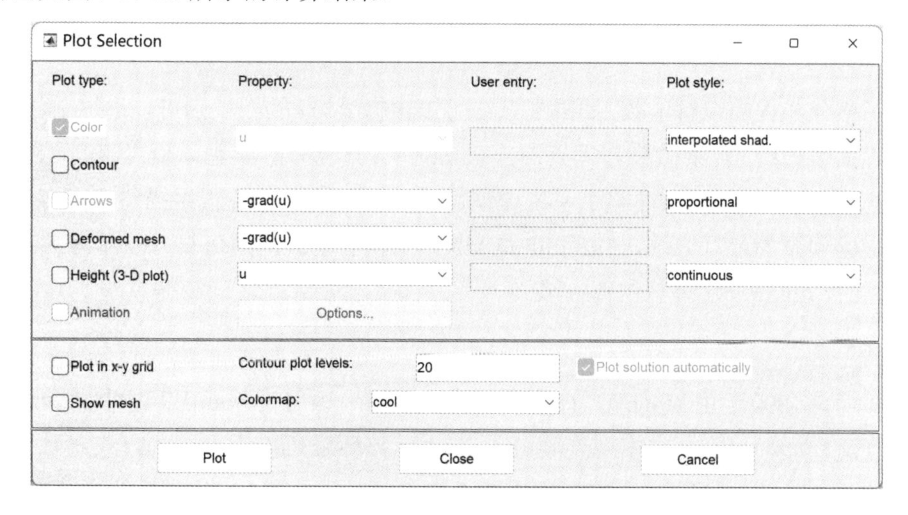

图7-36　结果显示方式设置对话框

另外，还应注意，在如图7-36所示的对话框中，Property栏目的各个项目均有列表框，如第一项的默认值为u，表明所有的分析都是针对$u(\cdot)$函数的，在绘图时显示的是$u(x,y)$。如果想显示其他的内容，则可以单击右侧的∨，这样就可以打开列表框，从中选择其他的分析内容，直至选择用户自定义栏目。

若单独选择Height (3d-plot)，则打开新的图形窗口，绘制解的三维表面图，如图7-37(b)所示。

5. 时变解的动画显示

偏微分方程程序默认的时间向量为`t=0:10`，图7-35中得出的微分方程解也是在最终时刻$t=10$的

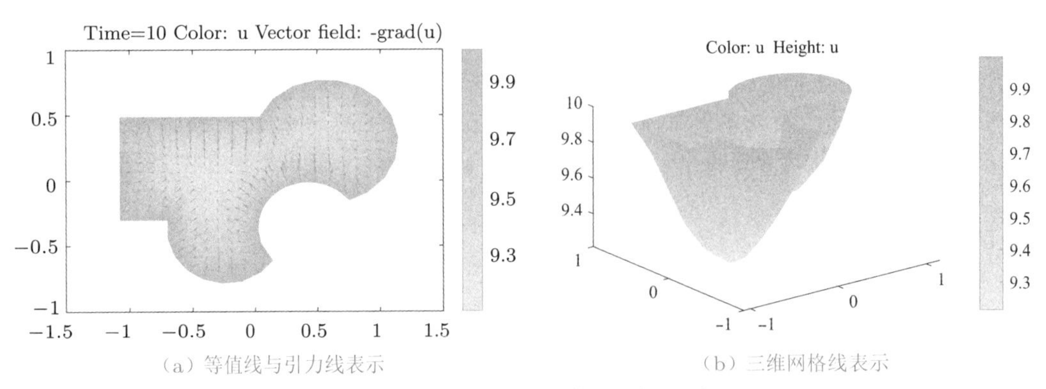

（a）等值线与引力线表示　　（b）三维网格线表示

图7-37　偏微分方程解的不同表现形式

解。从双曲偏微分方程看，方程的解应该是时间t的函数，所以应该用动画形式显示出来。仍以例7-39中给出的双曲偏微分方程为例，介绍如何将时变方程显示出来。

用户可以由Solve→ Parameters菜单引出的对话框设置时间向量，例如在该栏目内填写`0:0.1:4`，这样再进行微分方程求解则为这段时间的解。定义了该时间向量，由图7-36给出的对话框可以选择其中的动画（Animation）选项，单击Options按钮还可以设置动画的播放速度，如用默认的6fps（每秒6桢），这样就可以直接获得该微分方程解的动画了。用户可以用Plot → Export Movie菜单将动画输出到MATLAB工作空间，例如存成变量`M`，则可以用`movie(M)`在MATLAB图形窗口中播放得出的动画，也可以用`movie2avi(M,'myavi.avi')`命令将动画存成`myavi.avi`文件，以备过后播放。

7.8　基于Simulink的微分方程框图求解

前面介绍了微分方程的求解函数，如果某系统可以由微分方程描述，则可以通过前面介绍的方法直接求出微分方程的数值解。若某微分方程只是复杂系统中的一部分，其输入信号来自于前一个模块，则不能用这种方法求解微分方程，除非整个系统模型可以由单一的微分方程组描述出来。基于框图的仿真策略将是解决这类问题的最好方法，Simulink是MATLAB下基于框图仿真方法的理想工具。本节将介绍各种微分方程的Simulink建模与仿真方法。

7.8.1　Simulink简介

Simulink环境是1990年由MathWorks公司推出的产品，原名为SimuLAB，1992年改为Simulink。其名字有两重含义，仿真（simu）与模型连接（link），表示该环境可以用框图的方式对系统进行仿真。可以利用这一有效的工具，用图形的方式描述各种各样的微分方程，从而求解相应的微分方程。

当然，Simulink的功能远不止微分方程的求解，它还提供了各种可用于控制系统仿真的模块，支持一般的控制系统仿真。此外，它还提供了各种工程应用中可能使用的模块，如电机系统、机械系统、通信系统等的模块集，直接进行建模与仿真研究。Simulink的功能十分强大，可以借用其本身或模块集对任意复杂的系统进行仿真。相关内容可以参阅其手册[94]和书籍[95]，限于本书篇幅，只能介绍和微分方程求解有关的内容。

本节先简单介绍微分方程建模可能用到的模块，然后通过例子演示微分方程的Simulink建模方法与求解方法。

7.8.2 Simulink相关模块

在MATLAB命令窗口下给出下面的命令`open_system('simulink')`将打开如图7-38所示的模块库窗口。可见，该组窗口中提供了各类下一级的模块组，如输入信号源（Sources）模块组、输出池（Sinks）模块组、连续（Continuous）模块组、数学运算（Math Operations）模块组、自定义函数（User-defined Functions）模块组等，每组的模块都是很丰富的，理论上可以建立任意复杂问题的仿真模型。

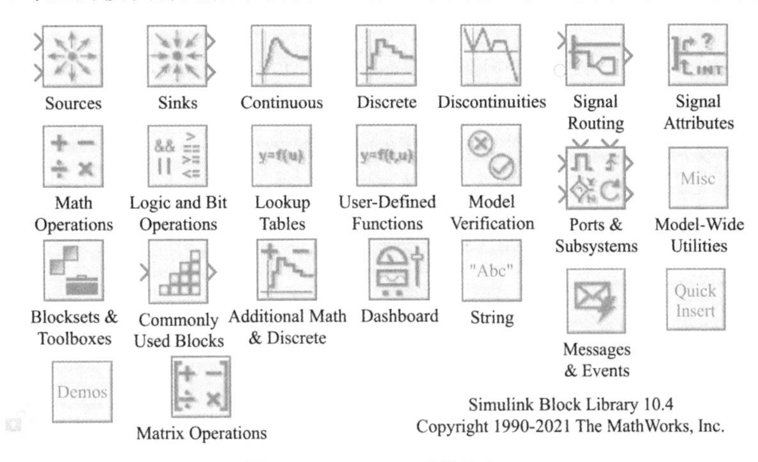

图7-38 Simulink的模块库

Simulink下支持的模块不胜枚举，不可能在本节的篇幅内全部介绍，所以针对微分方程模块搭建问题，作者选择了一些常用模块作为子模块库，用`odegroup`命令可以打开如图7-39所示的自定义模块集。

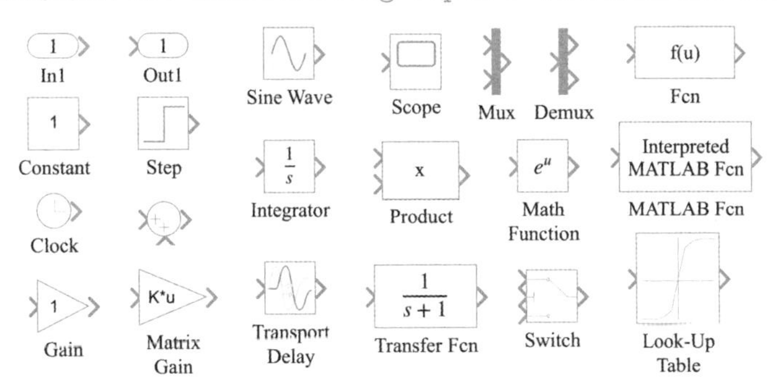

图7-39 常用模块的自定义模块组（文件名：odegroup.slx）

下面将介绍其中常用的模块。

(1) 输入输出端口（In1, out1）。一般采用输出模块显示微分方程求解的结果，该模块将在MATLAB工作空间中产生变量yout。此外，仿真信号还可以用示波器Scope直接显示。

(2) 时钟模块。Clock产生时间t，从而可以搭建时变微分方程模型。

(3) 常用输入模块。可以用Constant模块产生恒值信号，用Sine模块产生正弦信号，而用Step模块则可以产生阶跃信号。

(4) 积分器模块（Integrator）。可以用其描述一阶导数，令常微分方程组的每个一阶导数项作为每个积分器模块的输入。例如，第i个积分器模块的输入端定义为$x_i'(t)$，则其输出端自然就是$x_i(t)$。若给出了一阶微分方程组，则积分器输入端的搭建就是整个微分方程组Simulink模型搭建的关键。对于线性高阶微分方程，还可以采用其中的传递函数模块Transfer Fcn。

（5）延迟模块（Transport Delay）。可以得出其输入信号在$t-\tau$时刻的值。该模块可以用于延迟微分方程的建模与求解。

（6）增益模块（Gain、Sliding Gain）。这些增益模块都是建模中很有意义的增益模块，而它们的作用也各不相同。Gain模块主要用于信号的放大，如果该模块的输入信号为u，则其输出为Ku。通过对话框设置还可以将其设置为矩阵增益模块。Sliding Gain模块较有特色，它实际上是一个滚动杆，用户可以通过鼠标拖动的方式实时改变该模块的增益。

（7）数学运算模块。可以对其输入信号实现加减乘除等算术运算。

（8）数学函数模块。可以对输入信号做模块指定的非线性运算，如三角函数运算、指数对数运算等。

（9）信号向量化模块。用混路模块Mux可以将若干路信号混成向量型的信号，用DeMux模块可以将向量型信号解出单路的信号。

7.8.3 微分方程的Simulink建模与求解

建立起微分方程的Simulink模型，可以用`sim()`函数对其模型直接求解，得出微分方程的数值解。`sim()`函数的调用格式和`ode45()`等函数特别接近，这里不详细介绍该函数的调用格式，读者可以参考例子中的调用格式，领略其语法结构。

1. 一般微分方程的建模

本节将通过例子介绍微分方程的Simulink建模方法与微分方程求解问题，首先介绍Lorenz方程的建模方法，然后介绍一般的延迟微分方程建模，最后用建模的方法解出前面不能求解的延迟微分方程。

例7-40 考虑例7-9中给出的Lorenz方程的求解问题，这里重写如下。其中，设$\beta=8/3,\rho=10,\sigma=28$，且各个状态变量的初值为$x_1(0)=x_2(0)=0,x_3(0)=10^{-10}$，试用Simulink搭建该模型，并得出仿真结果。

$$\begin{cases} x_1'(t)=-\beta x_1(t)+x_2(t)x_3(t) \\ x_2'(t)=-\rho x_2(t)+\rho x_3(t) \\ x_3'(t)=-x_1(t)x_2(t)+\sigma x_2(t)-x_3(t) \end{cases}$$

解 前面已经介绍过，用MATLAB语言可以编写一个函数，描述原来的微分方程组模型，然后用`ode45()`类函数就可以直接求解该方程。

用Simulink也可以描述出微分方程组的模型。具体的方法是：考虑原方程中有状态变量的一阶导数项，需要使用三个积分器，用其输入端分别定义$x_1'(t),x_2'(t),x_3'(t)$信号，则其输出端自然就成了$x_1(t),x_2(t),x_3(t)$，这样就建立起了Simulink框图的核心模块框架，如图7-40(a)所示。双击积分器模块，可以将状态变量初值填写进各个积分器模块。

在构造微分方程求解框架时，定义了各个状态变量及其导数的信号，利用混路器Mux模块，可以定义出向量型的信号$\boldsymbol{x}(t)=[x_1(t),x_2(t),x_3(t)]^{\rm T}$，该信号进入Fcn模块可以直接表示为该模块输入信号的$\boldsymbol{u}(t)=[u_1(t),u_2(t),u_3(t)]^{\rm T}$。这样，考虑Lorenz方程的第一个式子，可以在该Fcn模块中填写`-beta*u[1]+u[2]*u[3]`，从而将该模块的输出直接连接到第一个积分器的输入端dx_1/dt，搭建起第一个微分方程式。用类似的方法可以建立起其他两个微分方程式，用这样的方法最终可以构造出如图7-40(b)所示的完整Simulink模型。为获得仿真结果，可以将状态变量信号$\boldsymbol{x}(t)$直接连接到输出端口。

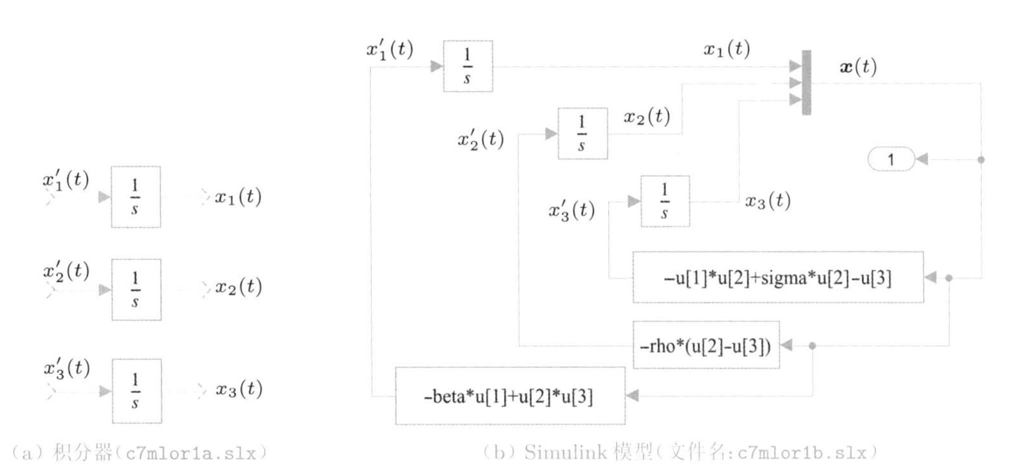

(a) 积分器(c7mlor1a.slx)　(b) Simulink 模型(文件名:c7mlor1b.slx)

图 7-40 Lorenz 方程的 Simulink 建模

仿真模型建立起来之后，可以用下面的语句对该微分方程进行求解，并得出和图 7-4(a)、(b)完全一致的仿真结果，这里不再重复给出。

```
>> beta=8/3; rho=10; sigma=28; [t,x]=sim('c7mlor1b',[0,100]); plot(t,x)
   figure; plot3(x(:,1),x(:,2),x(:,3))    %求解方程，并绘制响应曲线和相平面曲线
```

注意，这里的beta，rho和sigma参数可以写入MATLAB工作空间，而无须作为附加参数在语句调用中给出，也可以将积分器的初值在积分器模块中设置成变量形式，无须改变Simulink模型本身就可以改变状态变量的初值。

例 7-41 比较这里的建模方法与ode45()函数求解过程可以发现，这里建立的模型要复杂得多，也易于出错，所以应该考虑使用更好的方法。例如，可以使用User-defined Functions组中的MATLAB函数模块来描述显式微分方程组的右侧向量。

```
function y=c7mode1(x)
   b=8/3; r=10; s=28;      %方程描述模块
   y=[-b*x(1)+x(2)*x(3); -r*x(2)+r*x(3); -x(1)*x(2)+s*x(2)-x(3)];
end
```

则可以构建出如图 7-41(a)所示的模型，其中使用了向量化的积分器模块，其输出端定义为状态向量 $\boldsymbol{x}(t)$，初始条件 [0;0;1e−10] 可以写入积分器，积分器的左侧为 $\boldsymbol{x}'(t)$。该模型的仿真结果与前面的完全一致。

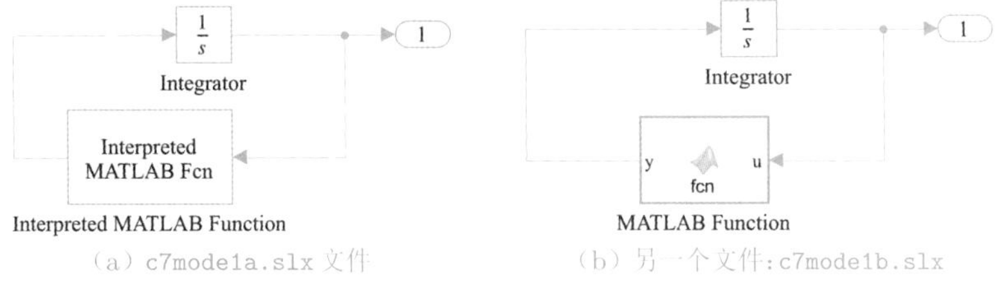

(a) c7mode1a.slx 文件　(b) 另一个文件:c7mode1b.slx

图 7-41 Lorenz 方程的更简洁的 Simulink 模型

若使用MATLAB Function模块，则构造出如图 7-41(b)所示的Simulink仿真模型，将上述的MATLAB代码嵌入到模块中，这样就不需要额外的MATLAB函数文件。不过这样的函数在执行时需要编译，可能比较耗时。相比之下，建议使用第一种方法。此外，这样的函数不支持附加变量的使用，则可以考虑使用S-函数。

应该指出，对于小规模问题来说，用Simulink建模的求解方式比用`ode45()`等函数的调用方式更复杂。但在解决大规模问题、模块化问题即复杂混连系统的问题时，用Simulink建模方式应该比简单的函数调用更合适。此外，对更复杂的时间延迟微分方程求解问题来说，采用Simulink建模的方法，可以解决用普通微分方程求解函数解决不了的问题。

2. 延迟微分方程的建模

Simulink的Continuous组中提供了几个延迟模块，用于提取信号的延迟信息。例如，Transport Delay模块描述的是传递函数e^{-Ls}，L为延迟时间常数，若模块的输入信号为$u(t)$，则其输出为$u(t-L)$。若Variable Time Delay模块第二输入信号为t_o，则输出信号为$u(t-t_o)$。这里将通过例子演示延迟微分方程的建模与仿真方法。

例7-42　考虑例7-28中介绍的延迟微分方程式，重写如下，试用Simulink搭建该微分方程模型，并得出其数值解。

$$\begin{cases} x'(t)=1-3x(t)-y(t-1)-0.2x^3(t-0.5)-x(t-0.5) \\ y''(t)+3y'(t)+2y(t)=4x(t) \end{cases}$$

解　例7-28中描述了一种基于`dde23()`函数的直接求解方法，该方法需要先用MATLAB语言编写一个函数来表示延迟微分方程，但这样的求解过程似乎不是很直观。

现在考虑第一个方程式，将$-3x(t)$项移动到等号左侧，则可以将其变换成

$$x'(t)+3x(t)=1-y(t-1)-0.2x^3(t-0.5)-x(t-0.5)$$

该方程的$x(t)$信号可以理解成在等号右侧信号激励下，传递函数模型$1/(s+3)$的输出信号，类似地，第二个方程式可以理解为$y(t)$是在$x(t)$信号激励下，传递函数模块$4/(s^2+3s+2)$的输出信号。在$x(t)$信号和$y(t)$信号上连接延迟模块Transport Delay可以得出这些信号的延迟。通过上面的分析，可以搭建出如图7-42所示的Simulink仿真模型。

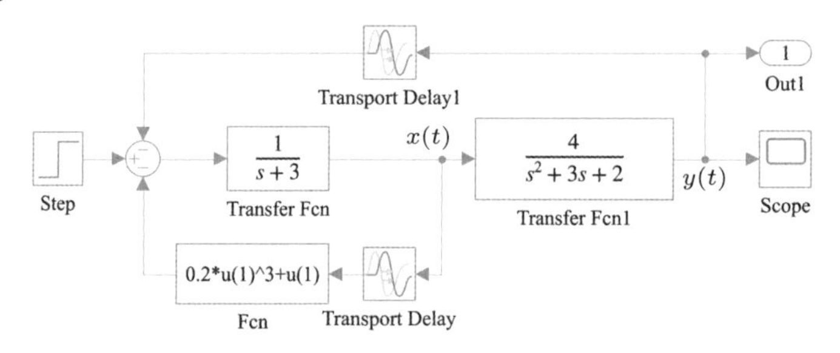

图7-42　延迟微分方程的Simulink模型(文件名:c7mdde2.slx)

建立了仿真模型后，就可以用下面的语句求解该微分方程，并得出输出信号$y(t)$的曲线，与例7-28中给出的完全一致，这里不再重复给出。该结果还可以同时在示波器上显示出来。

```
>> [t,x]=sim('c7mdde2',[0,10]); plot(t,x)    %通过仿真求解该微分方程并绘图
```

当然，若不习惯使用传递函数模块，还可以假设$x_1=x, x_2=y, x_3=y'$，这样可以将原微分方程模型变换成一阶状态方程模型。

$$\begin{cases} x_1'(t)=1-x_1(t)-x_2(t-1)+0.2x_1^3(t-0.5)-x_1(t-0.5) \\ x_2'(t)=x_3(t) \\ x_3'(t)=-4x_1(t)-3x_3(t)-2x_2(t) \end{cases}$$

给这三个状态变量选择三个积分器，则可以搭建出Simulink框图，也可以得出同样的结果。这里不给出具体的Simulink模型，读者可以按系统的要求自己搭建该模型。

例7-43 现在考虑例7-33中定义的延迟微分方程，其中

$$\boldsymbol{A}_1=\begin{bmatrix}-13 & 3 & -3\\ 106 & -116 & 62\\ 207 & -207 & 113\end{bmatrix},\quad \boldsymbol{A}_2=\begin{bmatrix}0.02 & 0 & 0\\ 0 & 0.03 & 0\\ 0 & 0 & 0.04\end{bmatrix},\quad \boldsymbol{B}=\begin{bmatrix}0\\1\\2\end{bmatrix}$$

试用Simulink搭建系统模型，并得出系统的仿真曲线。

解 该方程用MATLAB自身提供的ddensd()函数可以求解，所以这里考虑采用基于Simulink的框图形式求解该方程。在建模之前，可以用下面的语句输入已知的矩阵。

```
>> A1=[-13,3,-3; 106,-116,62; 207,-207,113];
   A2=diag([0.02,0.03,0.04]); B=[0; 1; 2];      %输入各个已知矩阵
```

再考虑原始的微分方程模型，已经存在一个状态向量 $\boldsymbol{x}(t)$，故可以安排一个积分器，使得其输出为 $\boldsymbol{x}(t)$，这样其输入端自然是 $\boldsymbol{x}'(t)$，可以分别给这两个信号连接延迟环节，并按实际情况设置延迟时间常数，则可以构造出 $\boldsymbol{x}(t-\tau_1)$ 和 $\boldsymbol{x}'(t-\tau_2)$ 信号，这样经过简单的处理就可以搭建出如图7-43所示的Simulink模型。

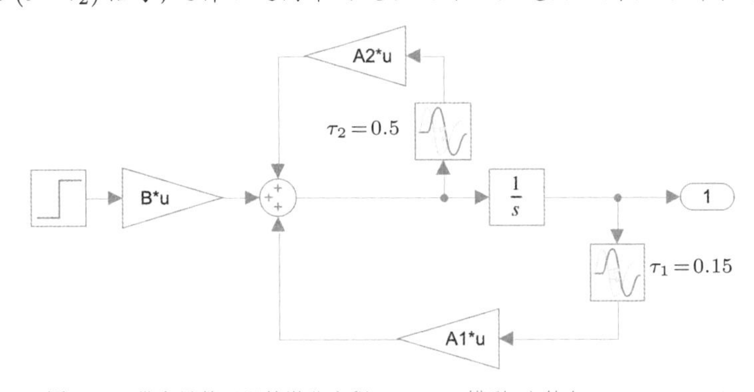

图7-43 带有导数延迟的微分方程Simulink模型(文件名:c7mdde3.slx)

用下面的语句就可以求解该方程，并将各个状态变量绘制出来，如图7-24所示。

```
>> [t,x]=sim('c7mdde3',[0,8]); plot(t,x)    %直接仿真并绘制输出曲线
```

例7-44 如果各个状态变量初始条件为零，试求解下面的变时间延迟微分方程。

$$\begin{cases}x_1'(t)=-2x_2(t)-3x_1(t-0.2|\sin t|)\\ x_2'(t)=-0.05x_1(t)x_3(t)-2x_2(t-0.8)+2\\ x_3'(t)=0.3x_1(t)x_2(t)x_3(t)+\cos(x_1(t)x_2(t))+2\sin 0.1t^2\end{cases}$$

解 和其他微分方程框图建模一样，需要用一个向量型积分器来定义状态变量向量 $\boldsymbol{x}(t)$，由 $\boldsymbol{x}(t)$，$x_1(t-0.2|\sin t|)$，$x_2(t-0.8)$，t 六路信号构造Mux模块的输出向量，这样可以搭建起如图7-44所示的系统仿真框图。注意，在框图中，变延迟时间模型可以调用Variable Time Delay模块，让其第二路输入信号表示变时间延迟 $0.2|\sin t|$。对该系统进行仿真，将得出与图7-21中完全一致的结果。

如果微分方程的状态变量含有非零初值，且在 $t<0$ 时状态变量的历史值为0，则将积分器的初值直接设置成非零向量即可。例如，在此微分方程中将状态变量在 $t=0$ 时刻的值设置成 $\boldsymbol{x}_0=\left[\sin 1,1,1\right]^{\mathrm{T}}$，则将得出与图7-22(b)完全一致的结果。

上述的建模方法基本上属于底层建模，实现起来较烦琐，现在考虑另一种建模方法：定义中间变量

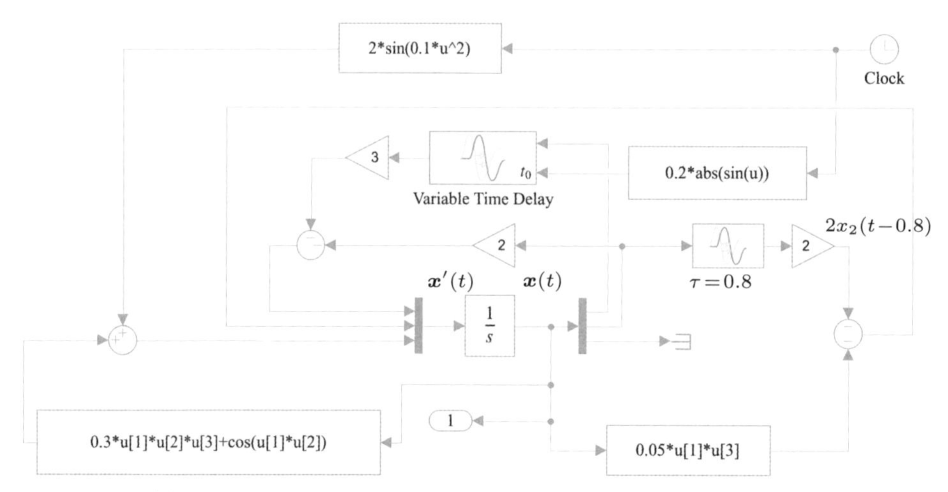

图 7-44 变时间延迟微分方程的Simulink模型(模型名:c7mdde6.slx)

$d_1(t)=x_1(t-0.2|\sin t|)$, $d_2(t)=x_2(t-0.8)$,则可以将原方程改写成

$$\begin{cases} x_1'(t)=-2x_2(t)-3d_1(t) \\ x_2'(t)=-0.05x_1(t)x_3(t)-2d_2(t)+2 \\ x_3'(t)=0.3x_1(t)x_2(t)x_3(t)+\cos(x_1(t)x_2(t))+2\sin 0.1t^2 \end{cases}$$

这样,利用向量化积分器模块,可以如图7-45给出的方式搭建起Simulink仿真模型,其中,模块 Interpreted MATLAB Function对应的程序如下。用这样仿真模型可以得出与前面一致的仿真结果。比较这两个Simulink模型可见,这里给出的建模方法更简洁。

```
function y=c7mvdelay(u)
   x1=u(1); x2=u(2); x3=u(3); d1=u(4); d2=u(5); t=u(6);
   y=[-2*x2-3*d1; -0.05*x1*x3-2*d2+2; 0.3*x1*x2*x3+cos(x1*x2)+2*sin(0.1*t^2)];
end
```

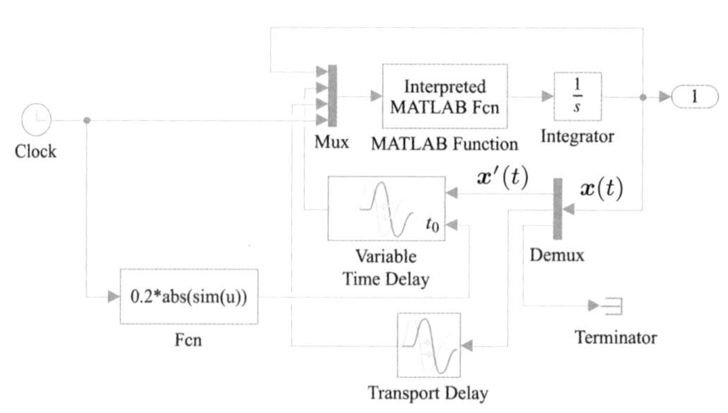

图 7-45 变时间延迟微分方程的另一个模型(模型名:c7mdde5.slx)

3. 随机输入微分方程的建模

7.4.5 节介绍了线性微分方程在随机信号激励下的时域求解方法,该方法不能扩展到非线性微分方程的求解,所以可以考虑采用Simulink建模与仿真方法直接求解。随机输入模块可以采用Sources组中的Bound-Limited White Noise模块表示,该模块需填写白噪声的方差与计算步长等信息。

例7-45 重新考虑例7-27中给出的线性微分方程的求解问题。

解 根据原始的问题可以建立起如图7-46所示的仿真模型。选择采样周期$T=0.02\,\mathrm{s}$，则可以启动仿真过程，然后给出下面的语句绘制输出信号的概率密度函数，得出的结果和图7-19(b)给出的基本一致，表明这样的仿真方法是可行的。

```
>> w=0.2; x=[-2.5:w:2.5]+w/2; [tout,~,yout]=sim('c7mrand');     %直接仿真计算
   y1=hist(yout,x); bar(x,y1/length(yout)/w);                   %绘制直方图
   x1=-2.5:0.05:2.5; v=0.6655; y2=1/sqrt(2*pi)/v*exp(-x1.^2/2/v^2);   %计算理论值
   line(x1,y2)        %在直方图上叠印理论概率密度函数曲线
```

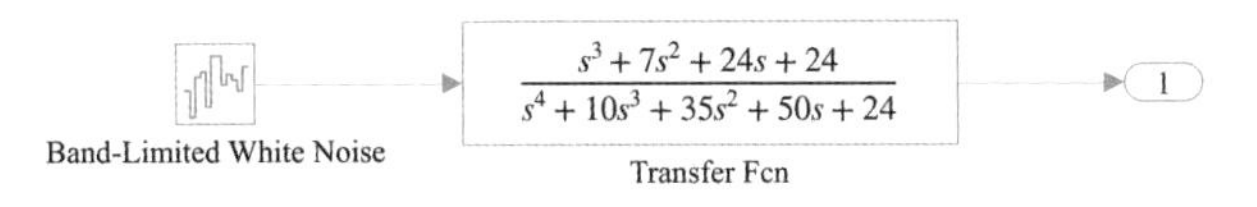

图7-46 随机输入微分方程的Simulink模型(模型名:c7mrand.slx)

例7-46 假设非线性系统的模型如图7-47所示，其中，线性传递函数和饱和非线性环节分别为

$$G(s)=\frac{s^3+7s^2+24s+24}{s^4+10s^3+35s^2+50s+24},\ \text{非线性环节}\ \mathcal{N}(e)=\begin{cases}2\,\mathrm{sign}(e), & |e|>1\\ 2e, & |e|\leqslant 1\end{cases}$$

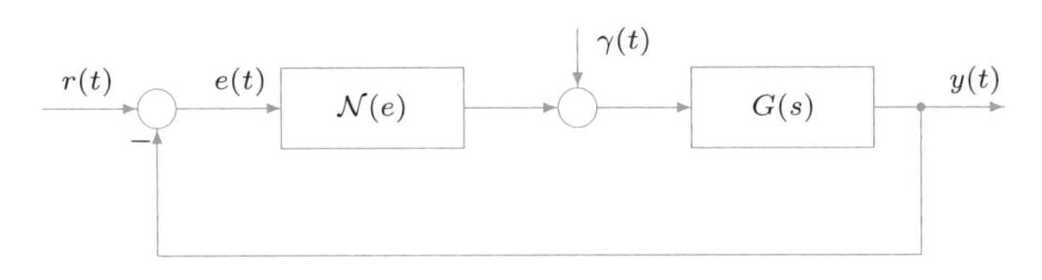

图7-47 随机输入非线性系统框图

随机扰动信号$\gamma(t)$为均值为0，方差为3的Gauss白噪声信号，确定性输入信号$r(t)=0$。随机输入信号应该使用Band-limited White Noise模块，而不能使用其他随机信号发生器模块。这样搭建起来的随机系统仿真模型如图7-48所示。注意，应该采用定步长仿真方法对该系统进行仿真，并将仿真步长设置成和Band-limited White Noise模块完全一致的值，比如0.01。此外，随机系统的仿真一定要有足够多的仿真点才有意义，所以这里选择30000个仿真点。

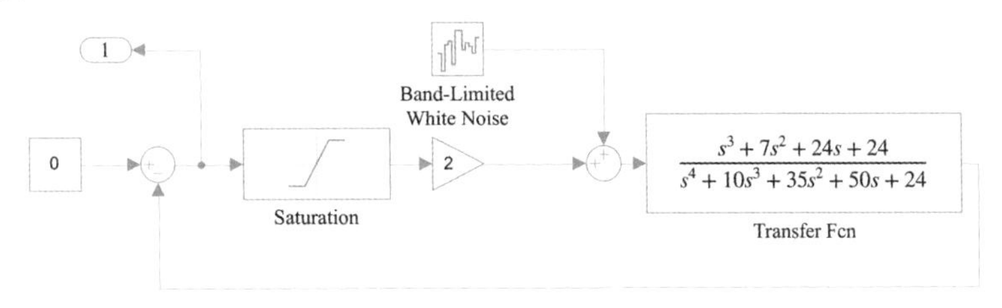

图7-48 随机输入非线性系统仿真框图(文件名:c7mnlrsys.slx)

对该系统进行仿真，则仿真结果将由tout，yout向量返回到MATLAB的工作空间，给出下面语句将分别绘制出输出信号最后500个点的时域响应曲线和由仿真数据近似的$e(t)$信号的概率密度直方图，如图7-49(a)、(b)所示。

```
>> [tout,~,yout]=sim('c7mnlrsys');
   plot(tout(end-500:end),yout(end-500:end)); c=linspace(-2,2,20);
   y1=hist(yout,c); figure; bar(c,y1/(length(tout)*(c(2)-c(1))))
```

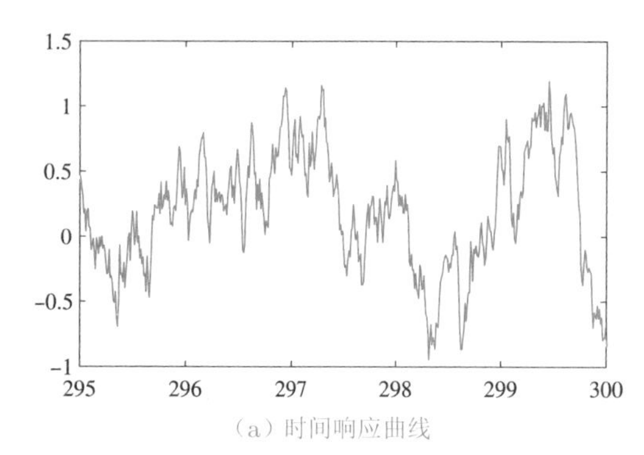

(a) 时间响应曲线

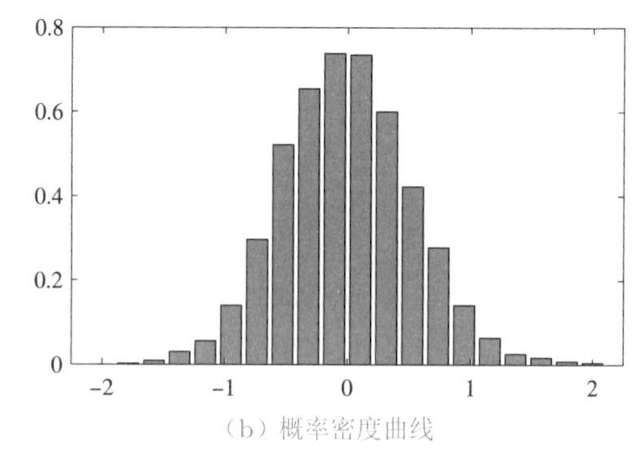

(b) 概率密度曲线

图 7-49 系统 $e(t)$ 信号的仿真结果

7.9 习题

7.1 试将例 7-2 中微分方程求解语句改变成符号变量描述的格式重新求解,并验证结果。

7.2 试求出下面线性微分方程的通解。

$$y^{(5)}(t)+13y^{(4)}(t)+64y'''(t)+152y''(t)+176y'(t)+80y(t)=\mathrm{e}^{-2t}\left[\sin\left(2t+\pi/3\right)+\cos 3t\right]$$

假设上述微分方程满足已知条件 $y(0)=1, y(1)=3, y(\pi)=2, y'(0)=1, y'(1)=2$,试求出满足该条件的微分方程的解析解,并绘制解的曲线。

7.3 试求下面微分方程的通解。

① $\begin{cases} x''(t)-2y''(t)+y'(t)+x(t)-3y(t)=0 \\ 4y''(t)-2x''(t)-x'(t)-2x(t)+5y(t)=0 \end{cases}$ ② $\begin{cases} 2x''(t)+2x'(t)-x(t)+3y''(t)+y'(t)+y(t)=0 \\ x''(t)+4x'(t)-x(t)+3y''(t)+2y'(t)-y(t)=0 \end{cases}$

7.4 试求解下面微分方程的通解以及满足 $x(0)=1, x(\pi)=2, y(0)=0$ 条件下的解析解。

$$\begin{cases} x''(t)+5x'(t)+4x(t)+3y(t)=\mathrm{e}^{-6t}\sin 4t \\ 2y'(t)+y(t)+4x'(t)+6x(t)=\mathrm{e}^{-6t}\cos 4t \end{cases}$$

7.5 试求出下面的时变线性微分方程的解析解。

① Legendre 微分方程 $(1-t^2)x''(t)-2tx'(t)+n(n+1)x(t)=0$。

② Bessel 微分方程 $t^2x''(t)+tx'(t)+(t^2-n^2)x(t)=0$。

7.6 试求出微分方程 $y''(x)-(2-1/x)\,y'(x)+(1-1/x)\,y(x)=x^2\mathrm{e}^{-5x}$ 的解析解通解,并求出满足边界条件 $y(1)=\pi, y(\pi)=1$ 的解析解。

7.7 试求出下面微分方程组的解析解,并利用 Laplace 变换求出其解。

$$\begin{cases} x''(t)+y''(t)+x(t)+y(t)=0 \\ 2x''(t)-y''(t)-x(t)+y(t)=\sin t \end{cases} \quad x(0)=2,\quad y(0)=1,\quad x'(0)=y'(0)=-1$$

7.8 试求出下面微分方程的通解。

① $x''(t)+2tx'(t)+t^2x(t)=t+1$ ② $y'(x)+2xy(x)=x\mathrm{e}^{-x^2}$ ③ $y'''(t)+3y''(t)+3y'(t)+y(t)=\mathrm{e}^{-t}\sin t$

7.9 试求解下面的非线性微分方程解析解。

① $y'(x)=y^4(x)\cos x+y(x)\tan x$ ② $xy^2(x)y'(x)=x^2+y^2(x)$, $xy'(x)+2y(x)+x^5y^3(x)\mathrm{e}^x=0$

7.10 试求出下面方程的解析解,并绘制出 (x,y) 的轨迹曲线。

$$\begin{cases} (2x''(t)-x'(t)+9x(t))-(y''(t)+y'(t)+3y(t))=0, \\ (2x''(t)+x'(t)+7x(t))-(y''(t)-y'(t)+5y(t))=0, \end{cases} \quad x(0)=x'(0)=1,\quad y(0)=y'(0)=0$$

7.11 试求解下面的时变线性微分方程。

① $(x^2-2x+3)y'''(x)-(x^2+1)y''(x)+2xy'(x)-2y(x)=0$

② $x^2\ln xy''(x)-xy'(x)+y(x)=0$ ③ $(\mathrm{e}^t+1)y''(t)-2y'(t)-\mathrm{e}^ty(t)=0$

7.12 极限环是非线性常微分方程中一种常见的现象，对某些非线性微分方程来说，不论初始状态为何值，微分方程的相轨迹都将稳定在一条封闭的曲线上，该曲线称为微分方程的极限环。试绘制出下面微分方程的极限环，并对不同初值验证微分方程的相平面曲线确实收敛于极限环。

$$\begin{cases} x'(t)=y(t)+x(t)(1-x^2(t)-y^2(t)) \\ y'(t)=-x(t)+y(t)(1-x^2(t)-y^2(t)) \end{cases}$$

7.13 考虑下面给出的非线性微分方程。文献[96]指出，该方程具有多个极限环，$r=1/(n\pi), n=1,2,3,\cdots$。用数值方法求解此方程并观察多极限环的情况。

$$\begin{cases} x'(t)=-y(t)+x(t)f\left(\sqrt{x^2(t)+y^2(t)}\right), \\ y'(t)=x(t)+y(t)f\left(\sqrt{x^2(t)+y^2(t)}\right), \end{cases} \quad \text{式中，} f(r)=r^2\sin(1/r)$$

7.14 考虑下面给出的著名的Rössler化学反应方程组，选定$a=b=0.2, c=5.7$，且$x_1(0)=x_2(0)=x_3(0)$，绘制仿真结果的三维相轨迹，并得出其在xy平面上的投影。在实际求解中建议将a,b,c作为附加参数，若设$a=0.2, b=0.5, c=10$时，绘制出状态变量的二维图和三维图。

$$\begin{cases} x'(t)=-y(t)-z(t) \\ y'(t)=x(t)+ay(t) \\ z'(t)=b+(x(t)-c)z(t) \end{cases}$$

7.15 Chua电路方程是混沌理论中经常提到的微分方程[97]：

$$\begin{cases} x'(t)=\alpha[y(t)-x(t)-f(x(t))] \\ y'(t)=x(t)-y(t)+z(t) \\ z'(t)=-\beta y(t)-\gamma z(t) \end{cases}$$

其中，$f(x)$为Chua电路的二极管分段线性特性，$f(\gamma)=b\gamma+(a-b)(|\gamma+1|-|\gamma-1|)/2$，且$a<b<0$。试编写出MATLAB函数描述该微分方程，并绘制出$\alpha=15, \beta=20, \gamma=0.5, a=-120/7, b=-75/7$，且初始条件为$x(0)=-2.121304, y(0)=-0.066170, z(0)=2.881090$时的相空间曲线。

7.16 Lotka–Volterra扑食模型方程如下：

$$\begin{cases} x'(t)=4x(t)-2x(t)y(t), \\ y'(t)=x(t)y(t)-3y(t), \end{cases} \quad x(0)=2, y(0)=3$$

试求解该微分方程，并绘制相应的曲线。

7.17 考虑Duffing方程

$$x''(t)+\mu_1x'(t)-x(t)+2x^3(t)=\mu_2\cos t, \text{ 其中，} x_1(0)=\gamma,\ x_2(0)=0$$

① 若$\mu_1=\mu_2=0$，试求方程的数值解，例如，$\gamma=[0.1:0.1:2]$，试对不同初值绘制相平面曲线。

② 若$\mu_1=0.01, \mu_2=0.001$，选取$\gamma=0.99, 1.01$，试绘制出不同初值下的相平面曲线。

③ 若$x_2(0)=0.2$，试对不同的γ值绘制相平面曲线。

7.18 试选择状态变量，将下面的非线性微分方程组转换成一阶显式微分方程组，并用MATLAB对其求解，绘制出解的相平面或相空间曲线。

① $\begin{cases} x''(t)=-x(t)-y(t)-(3x'(t))^2+y'^3(t)+6y''(t)+2t \\ y'''(t)=-y''(t)-x'(t)-\mathrm{e}^{-x(t)}-t \\ x(1)=2, x'(1)=-4 \\ y(1)=-2, y'(1)=7, y''(1)=6 \end{cases}$ ② $\begin{cases} x''(t)-2x(t)z(t)x'(t)=3x^2(t)y(t)t^2 \\ y''(t)-\mathrm{e}^{y(t)}y'(t)=4x(t)t^2z(t) \\ z''(t)-2tz'(t)=2t\mathrm{e}^{x(t)y(t)} \\ z'(1)=x'(1)=y'(1)=2 \\ z'(1)=x(1)=y(1)=3 \end{cases}$

③ $\begin{cases} x^{(4)}(t)-8\sin t y(t)=3t-\mathrm{e}^{-2t} \\ y^{(4)}(t)+3t\mathrm{e}^{-5t}x(t)=12\cos t \end{cases}$ 且 $\begin{cases} x(0)=y(0)=0,\ x'(0)=y'(0)=0.3 \\ x''(0)=y''(0)=1,\ x'''(0)=y'''(0)=0.1 \end{cases}$

7.19 请给出求解下面微分方程的MATLAB命令,并绘制出 $y(t)$ 曲线。

$$y'''(t)+ty(t)y''(t)+t^2y'(t)y^2(t)=\mathrm{e}^{-ty(t)},\quad y(0)=2,\quad y'(0)=y''(0)=0$$

试问该方程存在解析解吗?选择四阶定步长Runge–Kutta算法求解该方程时,步长选择多少可以得出较好的精度,试与MATLAB语言给出的现成函数在速度、精度上进行比较。

7.20 试用解析解和数值解的方法求解下面的微分方程组。

$$\begin{cases} x''(t)=-2x(t)-3x'(t)+\mathrm{e}^{-5t}, & x(0)=1, x'(0)=2 \\ y''(t)=2x(t)-3y(t)-4x'(t)-4y'(t)-\sin t, & y(0)=3, y'(0)=4 \end{cases}$$

7.21 给定微分方程组如下,且 $u(0)=1$, $u'(0)=2$, $v'(0)=2$, $v(0)=1$, 试选择一组状态变量,将其变换成MATLAB语言能直接求解的微分方程组形式,并绘制出 $u(t)$, $v(t)$ 的轨迹曲线。

$$\begin{cases} u''(t)=-u(t)/r^3(t), \\ v''(t)=-v(t)/r^3(t), \end{cases} \quad \text{其中,}\quad r(t)=\sqrt{u^2(t)+v^2(t)}$$

7.22 已知微分方程如下[98],其中,$u_1(0)=45, u_2(0)=30, u_3(0)=u_4(0)=0$, g= 9.81,试求解此微分方程,并绘制出各个状态变量的时间曲线。

$$\begin{cases} u_1'(t)=u_3(t) \\ u_2'(t)=u_4(t) \\ 2u_3'(t)+\cos(u_1(t)-u_2(t))u_4'(t)=-\mathrm{g}\sin u_1(t)-\sin(u_1(t)-u_2(t))u_4^2(t) \\ \cos(u_1(t)-u_2(t))u_3'(t)+u_4'(t)=-\mathrm{g}\sin u_2(t)+\sin(u_1(t)-u_2(t))u_3^2(t) \end{cases}$$

7.23 试求出下面隐式微分方程的数值解,已知 $x_1(0)=1, x_1'(0)=1, x_2(0)=2, x_2'(0)=2$,并绘制出轨迹曲线。

$$\begin{cases} x_1'(t)x_2''(t)\sin(x_1(t)x_2(t))+5x_1''(t)x_2'(t)\cos(x_1^2(t))+t^2x_1(t)x_2^2(t)=\mathrm{e}^{-x_2^2(t)} \\ x_1''(t)x_2(t)+x_2''(t)x_1'(t)\sin(x_1^2(t))+\cos(x_2''x_2)=\sin t \end{cases}$$

7.24 下面的方程在传统微分方程教程中经常被认为是刚性微分方程。试用常规微分方程解法和刚性微分方程解法分别求解这两个微分方程的数值解,并求出解析解,用状态变量曲线比较数值求解的精度。

① $\begin{cases} y_1'(t)=9y_1(t)+24y_2(t)+5\cos t-\sin t/3,\ y_1(0)=1/3 \\ y_2'(t)=-24y_1(t)-51y_2(t)-9\cos t+\sin t/3,\ y_2(0)=2/3 \end{cases}$

② $\begin{cases} y_1'(t)=-0.1y_1(t)-49.9y_2(t),\ y_1(0)=1 \\ y_2'(t)=-50y_2(t),\ y_2(0)=2 \\ y_3'(t)=70y_2(t)-120y_3(t),\ y_3(0)=1 \end{cases}$

7.25 考虑下面的化学反应系统的反应速度方程组，该方程往往被认为是刚性方程。试采用`ode45()`对之求解，观察是否能正确求解，如果不能求解应该如何解决问题？

$$\begin{cases} y_1'(t) = -0.04y_1(t) + 10^4 y_2(t)y_3(t) \\ y_2'(t) = 0.04y_1(t) - 10^4 y_2(t)y_3(t) - 3\times 10^7 y_2^2(t), \text{初值为} \quad y_1(0)=1,\ y_2(0)=y_3(0)=0 \\ y_3'(t) = 3\times 10^7 y_2^2(t) \end{cases}$$

7.26 试求习题7.6中微分方程边值问题数值解，绘制出$y(t)$的曲线，并和该习题得出的解析解比较精度。

7.27 试求解下面的零初值微分方程。

$$① \begin{cases} x'(t) = \sqrt{x^2(t) - y(t) + 3} - 3 \\ y'(t) = \arctan(x^2(t) + 2x(t)y(t)) \end{cases} \quad ② \begin{cases} x'(t) = \ln(2 - y(t) + 2y^2(t)) \\ y'(t) = 4 - \sqrt{x(t) + 4x^2(t)} \end{cases}$$

7.28 考虑下面的时变线性微分代数方程[99]。已知$x_1(0) = x_2(0) = 1$，α为常数，且已知解析解为$x_1(t) = x_2(t) = \mathrm{e}^t$，$z(t) = -\mathrm{e}^t/(2-t)$，试求解该微分代数方程。

$$\begin{cases} x_1'(t) = \big(\alpha - 1/(2-t)\big)x_1(t) + (2-t)\alpha z(t) + (3-t)/(2-t) \\ x_2'(t) = (1-\alpha)x_1(t)/(t-2) - x_2(t) + (\alpha-1)z(t) + 2\mathrm{e}^{-t} \\ 0 = (t+2)x_1(t) + (t^2-4)x_2(t) - (t^2+t-2)\mathrm{e}^t \end{cases}$$

7.29 假设方程为零初值问题，试求解下面的常微分方程。

$$\begin{cases} \cos x''(t)y'''(t) - \cos x''(t) - y''(t) - x(t)y'(t) + \mathrm{e}^{-x(t)}y(t) = 2 \\ \sin x''(t)\cos y'''(t) - x(t)y'(t) + x''(t)y(t) - y^2(t)y'(t) = 5 \end{cases}$$

7.30 如果$t \leqslant 0$时$x(t) = t, y(t) = \mathrm{e}^t$，试求解下面的延迟微分方程。

$$\begin{cases} x'(t) = x^2(t-0.2) + y^2(t-0.2) - 6x(t-0.5) - 8y(t-0.1) \\ y'(t) = x(t)[2y(t-0.2) - x(t) + 5 - 2x^2(t-0.1)] \end{cases}$$

如果方程最后一项$x^2(t-0.1)$变成$x'(t-0.1)$，试重新求解微分方程。

7.31 试求解下面给出的免疫学延迟微分方程[100]。

$$\begin{cases} V'(t) = \big(h_1 - h_2 F(t)\big)V(t) \\ C'(t) = \xi(m(t))h_3 F(t-\tau)V(t-\tau) - h_5\big(C(t)-1\big) \\ F'(t) = h_4\big(C(t) - F(t)\big) - h_8 F(t)V(t) \end{cases}$$

其中，$\tau=0.5$，$h_1=2$，$h_2=0.8$，$h_3=10^4$，$h_4=0.17$，$h_5=0.5$，$h_7=0.12$，$h_8=8$，且h_6可以分别取10或300。在$t\leqslant 0$时，$V(t)=\max(0, 10^{-6}+t)$，$C(t)=F(t)=1$。函数$\xi(m(t))$由下面的分段函数定义，其中，$m(t)$满足微分方程$m'(t) = h_6 V(t) - h_7 m(t)$，且$t\leqslant 0$时$m(t)=0$。

$$\xi(m(t)) = \begin{cases} 1, & m(t) \leqslant 0.1 \\ 10\big(1-m(t)\big)/9, & 0.1 < m(t) \leqslant 1 \end{cases}$$

7.32 试求解下面的变延迟微分方程[101]。已知$0\leqslant t\leqslant 1$时，$y(t)=1$。

$$y'(t) = \frac{t-1}{t}y(t - \ln t - 1)y(t),\ t \geqslant 1$$

7.33 考虑van der Pol方程$y''(t) + \mu(y^2(t)-1)y'(t) + y(t) = 0$，试求解$\mu=1$，且边值$y(0)=1$，$y(5)=3$时方程的数值解。如果假设$\mu$为自由参数，试求出满足边值条件，且满足$y'(5)=-2$时方程的数值解及$\mu$的值，并绘图验证之。

7.34 试求解下面的边值问题。

① $x''(t)+\dfrac{1}{t}x'(t)+\left(1-\dfrac{1}{4t^2}\right)x(t)=\sqrt{t}\cos t$，其中，$x(1)=1, x(6)=-0.5$。

② $-u''(x)+6u(x)=\mathrm{e}^{10x}\cos 12x, u(0)=u(1)=1$。

7.35 试对待定常数 c 求解下面的边值问题。

$$\begin{cases} x'(t)=x^2(t)-y(t) \\ y'(t)=[x(t)-y(t)][x(t)-y(t)-c] \end{cases} \quad \text{其中，} \quad \begin{cases} x(0)-y(0)=0 \\ y(5)=1 \end{cases}$$

7.36 试求解边值问题 $y''(x)=\lambda^2(y^2(x)+\cos^2\pi x)+2\pi^2\cos 2\pi x$，其中，$y(0)=y(1)=0, y'(0)=1$。

7.37 某周期爆发的传染病可以由Kermack–McKendrick模型[102]：

$$\begin{cases} y_1'(t)=-y_1(t)y_2(t-1)+y_2(t-10) \\ y_2'(t)=y_1(t)y_2(t-1)-y_2(t) \\ y_3'(t)=y_2(t)-y_2(t-10) \end{cases}$$

其中，$t\leqslant 0$ 时历史函数由 $y_1(t)=5, y_2(t)=0.1, y_3(t)=1$ 描述，试求解 $t\in[0,40]$ 时的数值解。

7.38 试用数值方法求解下面的偏微分方程，并绘制出 u 函数曲面。

$$\begin{cases} \partial^2 u/\partial x^2+\partial^2 u/\partial y^2=0 \\ u\big|_{x=0,\,y>0}=1, \quad u\big|_{y=0,\,x\geqslant 0}=0, \quad x>0, \quad y>0 \end{cases}$$

7.39 考虑简单的线性微分方程 $y^{(4)}(t)+3y'''(t)+3y''(t)+4y'(t)+5y(t)=\mathrm{e}^{-3t}+\mathrm{e}^{-5t}\sin(4t+\pi/3)$，且方程的初值为 $y(0)=1, y'(0)=y''(0)=1/2, y'''(0)=0.2$，试用Simulink搭建起系统的仿真模型，并绘制出仿真结果曲线。考虑上面的模型，假设给定的微分方程变化成时变线性微分方程 $y^{(4)}(t)+3ty'''(t)+3t^2y''(t)+4y'(t)+5y(t)=\mathrm{e}^{-3t}+\mathrm{e}^{-5t}\sin(4t+\pi/3)$，而方程的初值仍为 $y(0)=1, y'(0)=y''(0)=1/2$，$y'''(0)=0.2$，试用Simulink搭建起系统的仿真模型，并绘制出仿真曲线。

7.40 如果在例7-42中不采用传递函数模块，试重新建立仿真并比较得出的仿真结果。

7.41 考虑延迟微分方程 $y^{(4)}(t)+4y'''(t-0.2)+6y''(t-0.1)+6y''(t)+4y'(t-0.2)+y(t-0.5)=\mathrm{e}^{-t^2}$，且在 $t\leqslant 0$ 时该方程具有零初始条件，试分别用Simulink建模与 `dde23()` 函数求解的方式直接求解该微分方程，并绘制出 $y(t)$ 曲线。

7.42 假设某系统的Simulink模型如图7-50所示，试写出其数学模型。

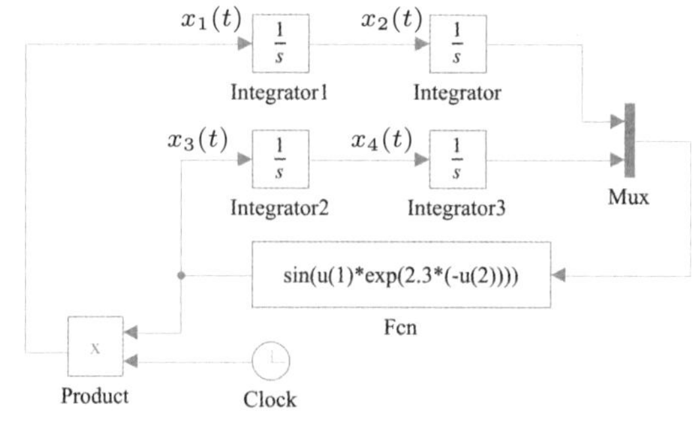

图7-50　习题7.42的Simulink框图

第8章 数据插值与函数逼近问题的计算机求解

在科学与工程研究中经常会通过实验测出一些数据，根据这些数据对某种规律进行研究是数据插值与函数逼近所要解决的问题。可以将已知数据看成是样本点，所谓数据插值就是在样本点的基础上求出不在样本点上的其他点处的函数值。8.1节将介绍一维、二维甚至多维数据插值问题的求解方法，并介绍一种基于插值技术的求取数值积分的方法和离散数据的最优化问题求解方法。8.2节将介绍两种常用的样条插值方式，三次分段多项式的插值方式和B样条插值方式，通过例子比较二者的不同，并介绍基于样条插值的数值微积分运算，还将演示该积分运算的结果优于8.1节介绍的方法。掌握了这两节就能较好地求解一维或多维数据的插值运算。

所谓函数逼近问题即由已知的样本点数据求取能对其有较好拟合效果的函数表达式的方法。最简单地，可以由多项式拟合更多的样本点，这样求解使得拟合误差极小化的多项式的系数即为多项式拟合或逼近所要解决的问题，8.3节将介绍多项式拟合方法、多元函数的线性回归拟合方法与一般非线性函数的最小二乘参数拟合方法等。8.4节将介绍一般给定函数的有理函数逼近方法，包括一般函数的Padé近似方法等。8.5节和8.6节将介绍几种常用的特殊函数及曲线绘制。8.7节将介绍信号的相关分析、噪声滤波技术及滤波器设计等有关的信号处理入门知识及其MATLAB语言实现。

本章涉及的内容很多也可以由其他的非传统方法求解，如数据插值、拟合等内容将在10.3节中介绍用人工神经网络进行研究，而噪声滤波等内容将在10.5节中用小波变换的方式求解，有兴趣的读者可以阅读相关内容，并比较这些方法与本章介绍方法之间的优劣。

8.1 插值与数据拟合

8.1.1 一维数据的插值问题

1. 一维插值问题的求解

假设 $f(x)$ 是一维给定函数，函数本身未知，仅已知在相异 m 组自变量 $x_1,x_2,\cdots,x_m$ 点处的函数值为 $y_1,y_2,\cdots,y_m$，这样采样点 $(x_1,y_1),(x_2,y_2),\cdots,(x_m,y_m)$ 又经常称为样本点，则由这些已知样本点的信息获得该函数在其他点上函数值的方法称为函数的插值。如果在这些给定点的范围内进行插值，称为内插，否则称为外插。如果从时间概念上理解这个问题，则对 x_m 以后点的插值又称为预报。

MATLAB语言中提供了若干插值函数，如一维插值函数 `interp1()`，多项式拟合函数 `polyfit()` 等，还有大量的解决多维插值问题的函数。

一维插值函数 `interp1()` 的调用格式为 y_1=`interp1(`x,y,x_1,`'spline')`，其中，$\boldsymbol{x}=[x_1,\ x_2,\cdots,$

$x_m]^{\mathrm{T}}$，$\boldsymbol{y}=[y_1,y_2,\cdots,y_m]^{\mathrm{T}}$两个向量分别表示给定的一组自变量和函数值数据，可以用这两个向量来表示已知的样本点坐标，且不要求$\boldsymbol{x}$向量为单调的。$\boldsymbol{x}_1$为用户指定的一组新的插值点的横坐标，它可以是标量、向量或矩阵，而得出的$\boldsymbol{y}_1$是在这一组插值点处的插值结果。这里给出的'spline'是本书推荐的插值方法选项，表示采用三次样条插值的插值方法。除此之外，还可以采用'linear'（线性插值，它在两个样本点间简单地采用直线拟合）、'nearest'（最近点等值方式）和'pchip'（三次Hermite插值）等，但从插值精度看建议使用'spline'选项。

例8-1　假设已知的数据点来自函数$f(x)=(x^2-3x+5)\mathrm{e}^{-5x}\sin x$，试根据生成的数据进行插值处理，得出较平滑的曲线。

解　根据给出的函数可以直接生成数据，并绘制出如图8-1(a)所示的折线图。

```
>> x=0:0.12:1; y=(x.^2-3*x+5).*exp(-5*x).*sin(x); plot(x,y,x,y,'o')     %生成样本点
```

可以看出，由这样的数据直接连线绘制出来的曲线十分粗糙，可以再选择一组插值点，然后直接调用interp1()函数进行插值近似。

```
>> x1=0:0.02:1; y0=(x1.^2-3*x1+5).*exp(-5*x1).*sin(x1);     %生成理论值数据
   y1=interp1(x,y,x1); y2=interp1(x,y,x1,'pchip');           %两种插值方法
   y3=interp1(x,y,x1,'spline'); y4=interp1(x,y,x1,'nearest');   %另两种插值方法
   plot(x1,[y1',y2',y3',y4'],':',x,y,'o',x1,y0)              %比较各种插值方法的效果
   e1=max(abs(y0(1:49)-y2(1:49))), e2=max(abs(y0-y3)), e3=max(abs(y0-y4))   %误差
```

分别选择各种拟合选项，可以得出拟合结果与理论曲线，它们之间的比较如图8-1(b)所示，最大绝对误差分别为$e_1=0.0177, e_2=0.0086, e_3=0.1598$。

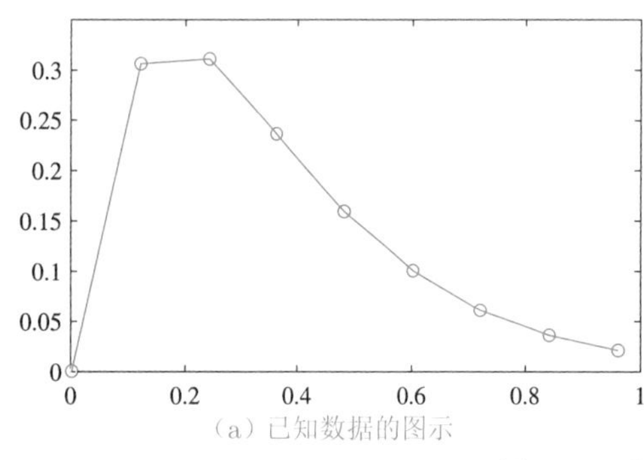

(a) 已知数据的图示

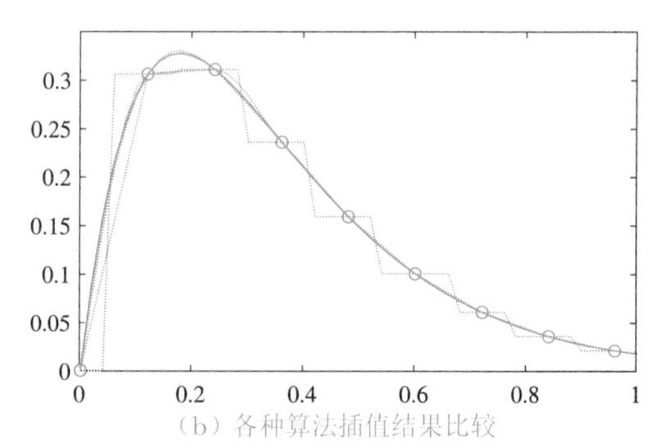

(b) 各种算法插值结果比较

图8-1　一维函数各种插值结果

可以看出，默认的直线型拟合得到的曲线和图8-1(a)中的同样粗糙，因为该方法就是对各个点的直接连线，而'nearest'选项得出的拟合效果就更差了。采用'pchip'和'spline'选项的拟合更接近于理论值。事实上，应用样条插值算法得出的插值十分逼近理论值，甚至用肉眼难以分辨。所以样条函数插值在一维数据插值拟合中还是很有效的。样条插值还可以通过样条插值工具箱求出。

例8-2　试编写一段程序，允许用户利用插值方法手工绘制一条光滑的曲线。

解　在实际应用中经常需要用户自己选定几个点，然后就能绘制出一条光滑的曲线。选择点的方法可以由MATLAB下的ginput()函数实现，有了这些点，就可以编写出下面的函数，该函数即能实现所需的功能。在绘制图形时，若给出vis变量，则绘制的图形保留样本点处的圆圈，否则在绘制图形后删去圆圈。

```
function sketcher(vis)
   x=[]; y=[]; i=1; h=[]; axes(gca);    %初始化，获取坐标系的句柄
```

```
   while 1, [x0,y0,but]=ginput(1);      %循环结构,用鼠标点取图形上一个点
      if but==1, x=[x,x0]; y=[y,y0];    %按下的是左键,则画线并标记
         h(i)=line(x0,y0); set(h(i),'Marker','o'); i=i+1; else, break %否则退出循环
   end, end
   [x ii]=sort(x); y=y(ii);             %根据x轴数据从小到大排序样本点
   if nargin==1, delete(h); end         %如果有输入变量,则清除前面画的线
   xx=[x(1):(x(end)-x(1))/100: x(end)]; yy=interp1(x,y,xx,'spline'); line(xx,yy)
end
```

2. Lagrange插值算法及应用

Lagrange插值算法是一般代数插值教材中经常介绍的一类插值算法[103]，对已知的x_i，y_i点，可以求出$\boldsymbol{x}$向量上各点处的插值为

$$\phi(\boldsymbol{x})=\sum_{i=1}^{m} y_i \prod_{j=1,j\neq i}^{m} \frac{\boldsymbol{x}-x_j}{x_i-x_j} \tag{8-1-1}$$

根据上述算法，可以立即编写出相应的MATLAB函数为

```
function y=lagrange(x0,y0,x)
   arguments, x0(1,:), y0(1,:), x(1,:); end
   ii=1:length(x0); y=zeros(size(x));                   %生成插值的初值向量
   for i=ii, ij=find(ii==i); y1=1;                      %循环结构,生成向量并剔除当前值
      for j=1:length(ij), y1=y1.*(x-x0(ij(j))); end    %求取公式中的连乘运算
      y=y+y1*y0(i)/prod(x0(i)-x0(ij));                  %作外环的累加处理
end, end
```

例8-3 考虑一个著名的例子，$f(x)=1/(1+25x^2)$，$-1\leqslant x\leqslant 1$，假设已知其中一些点的坐标，则可以采用下面的命令进行Lagrange插值，得出如图8-2(a)所示的插值曲线。

```
>> x0=-1+2*[0:10]/10; y0=1./(1+25*x0.^2);    %生成采样点
   x=-1:.01:1; y=lagrange(x0,y0,x);           %Lagrange插值,对本例出现异常现象
   ya=1./(1+25*x.^2); plot(x,ya,x,y,'--')     %计算理论值,用图形比较插值效果
```

由得出的插值曲线可见，用Lagrange插值得出的效果和精确值相差甚远，这种多项式阶次越高越发散的现象又称为Runge现象，所以对这个例子来说，传统的Lagrange算法失效。现在考虑MATLAB下的`interp1()`函数来解决同样的问题，通过下面的语句可以得出三次插值及样条插值的结果，并将各种插值结果与精确值绘制在相同的坐标系下，如图8-2(b)所示。可见，用MATLAB中提供的算法不存在Runge现象，一般可以放心大胆地直接使用。

```
>> y1=interp1(x0,y0,x,'spline'); plot(x,ya,x,y1,'--')    %由interp1()函数求解
```

3. 一维插值的预报问题求解

所谓预报，就是由现有的数据预测将来时刻的数据，比较常用的是由近些年的人口数预报将来某年的人口数，或已知近年来的产量预测未来某年的产量等。前面已经提及，预报问题又称为外插问题，可以使用`interp1()`函数直接求解，且使用`'extrap'`选项来表明预报问题。如果采用了`'spline'`选项则可以不使用`'extrap'`，因为样条插值会自动处理预报问题。

例8-4 例2-38给出了某省近些年的人口数据的Excel文件，以5年为步长构造出样本点，试以样本点为基础进行插值处理，得出1949—2015年的人口数量。

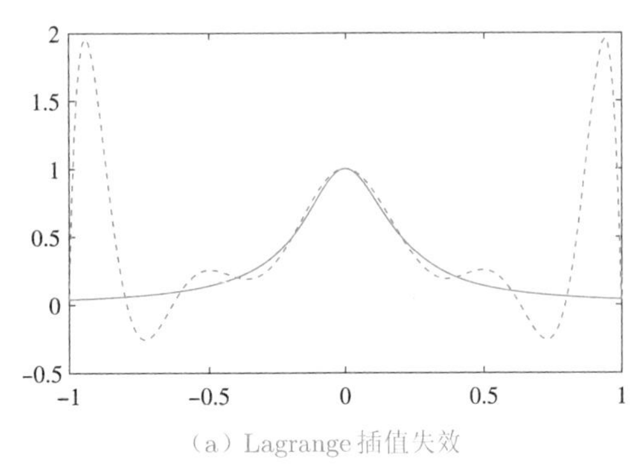

(a) Lagrange插值失效

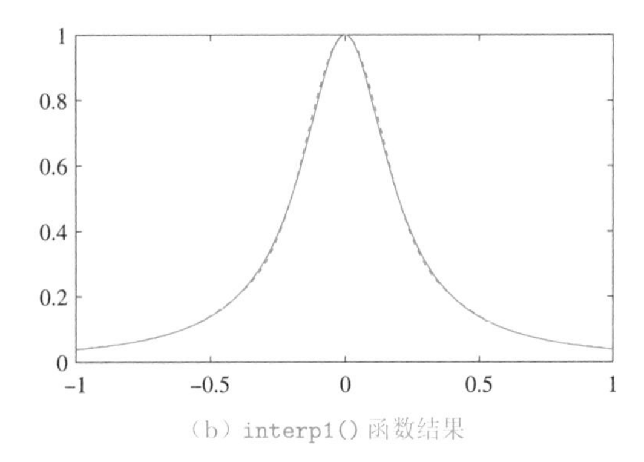

(b) interp1()函数结果

图8-2　不同插值算法下的插值效果

解　由于Excel文件包含了1949—2011年的人口数，所以2009年前的数据可以认为是内插，后面的数据属于预报。由下面的语句可以直接得出1949—2015年的人口数量插值结果，如图8-3所示。

```
>> X=xlsread('census.xls','B5:C67'); t=X(:,1); p=X(:,2); %由Excel文件读入数据
   t0=t(1:5:end); p0=p(1:5:end); t1=1949:2015;            %以5为步长从其中选择"样本点"
   y=interp1(t0,p0,t1,'spline','extrap'); plot(t,p,t1,y,t0,p0,'o')   %比较外插效果
```

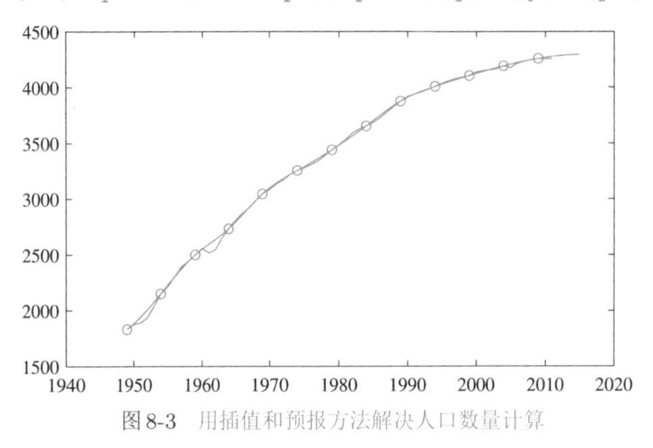

图8-3　用插值和预报方法解决人口数量计算

人口数量预报问题是一个复杂的问题，采用人口动力学之类的动态模型描述可能更恰当，该模型还需要考虑其他的影响因素，如政策因素、自然灾难等。单纯采用普通的插值方法是不合适的，所以这里给出的预报只适合短时间之内的预报，不宜求解较长时间以后的预报问题。

8.1.2　已知样本点的定积分计算

3.7节中给出了由样本点求解定积分的梯形方法及现成的MATLAB函数trapz()。然而由例3-57中给出的结果看，若已知的样本点较稀疏，则得出的定积分近似将有很大的误差。如果被积函数用样条插值的方法从给定样本点直接求取，则可以编写出如下的MATLAB函数：

```
function y=quadspln(x0,y0,a,b)
   f=@(x)interp1(x0,y0,x,'spline'); y=integral(f,a,b);   %用插值还原被积函数并数值积分
end
```

该函数的调用格式为 I=quadspln(x_0,y_0,a,b)，其中，$\boldsymbol{x}_0,\boldsymbol{y}_0$ 为样本点构成的横纵坐标向量，a,b 为积分区间，调用该函数将得出所需的定积分值。下面将通过例子演示该函数的应用。

例8-5　试利用样条插值算法求解例3-57中给出的积分问题。

解 由原题知正弦函数积分的理论值为2，用梯形法由数据求积分实际上是近似成折线与x轴围成区域的面积求取问题，若步长较大则近似精度较差。这里将考虑在已知样本点的前提下利用插值方式描述被积函数进行积分求解的方法。由下面的语句得出定积分的值为$I=1.9999997$。

```
>> x0=0:pi/30:pi; y0=sin(x0); I=quadspln(x0,y0,0,pi)   %给定样本点,求数值积分
```

可见，这样的积分结果远比例3-57中用梯形法得出的结果精度高得多。如果给定的样本点更稀疏，则下面可以由梯形法和插值法得出$I_1=1.9835, I_2=2.0000$，两种方法的优劣就更明显了。

```
>> x0=0:pi/10:pi; y0=sin(x0); I1=trapz(x0,y0), I2=quadspln(x0,y0,0,pi)   %不同方法
```

例8-6 现在考虑更极端一点的例子，即使已知再少的样本点，例如在$x\in[0,\pi]$区间内仅已知5个不均匀分布的稀疏样本点，如图8-4(a)所示，仍能利用插值方法做有效运算。试求出函数的定积分。

解 仍可以考虑采用插值和integral()函数结合的方法求取积分值，$I_1=2.019, I_2=1.8416$。可见，这时梯形法有很大的误差，可以给出如下的MATLAB语句：

```
>> x0=[0,0.4,1 2,pi]; y0=sin(x0); plot(x0,y0,x0,y0,'o')   %生成并绘制样本点
   I1=quadspln(x0,y0,0,pi)   %大约有1%的相对误差,应该说是相当精确的
   I2=trapz(x0,y0)           %用trapz()函数将得出很大的相对误差(7.9%)
```

事实上，即使在这样稀疏的样本点下，也可以用样条插值法得出相当好的拟合效果。用下面的MATLAB语句可以绘制出样条插值的结果与理论值之间的比较，如图8-4(b)所示，其中曲线的实线部分表示原函数，虚线表示插值效果。

```
>> x=[0:0.01:pi,pi]; y0a=sin(x); y=interp1(x0,y0,x,'spline');   %样条插值
   plot(x,y,x,y0a,'--',x0,y0,'o')                                %比较各种插值方法
```

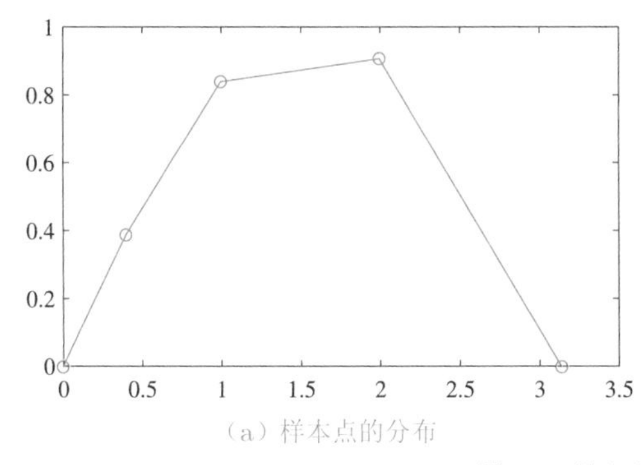

(a) 样本点的分布

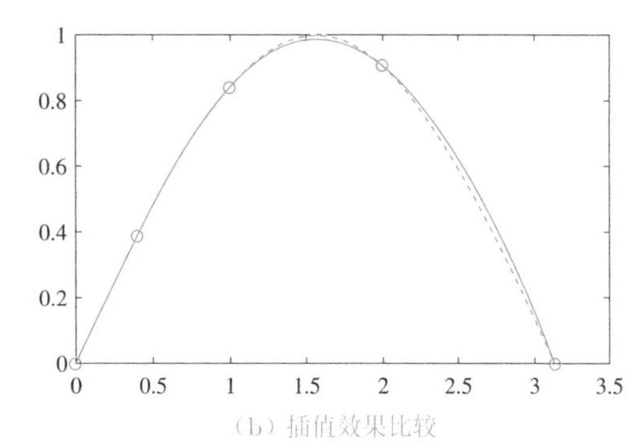

(b) 插值效果比较

图8-4 样本点极稀疏时的插值效果

例8-7 仍然考虑例3-58中的振荡函数，假设已知其中的150个数据点，试采用quadspln()函数计算出该定积分的值，并检验其精度。

解 因为这里假设原函数未知，仅已知数据点，所以用解析积分的算法是不可行的。若想求出该积分的数值解，则可以给出下面的指令，得出$I=0.0666722$。

```
>> x=[0:3*pi/2/200:3*pi/2]; y=cos(15*x); I=quadspln(x,y,0,3*pi/2) %由插值算积分
```

可见，这样的结果还是很精确的。下面可以绘制出原始函数和插值曲线，如图8-5所示。可以看出，这样的曲线拟合效果还是很好的，从图形上和理论曲线基本看不出区别。

```
>> x0=[0:3*pi/2/1000:3*pi/2]; y0=cos(15*x0);            %生成振荡函数大范围样本点
   y1=interp1(x,y,x0,'spline'); plot(x0,y0,x0,y1,'--')  %样条插值并比较
```

对此例子来说，由于被积函数本身变化较大，给定的样本点相对较少，所以未能提供充足的信息量，来获

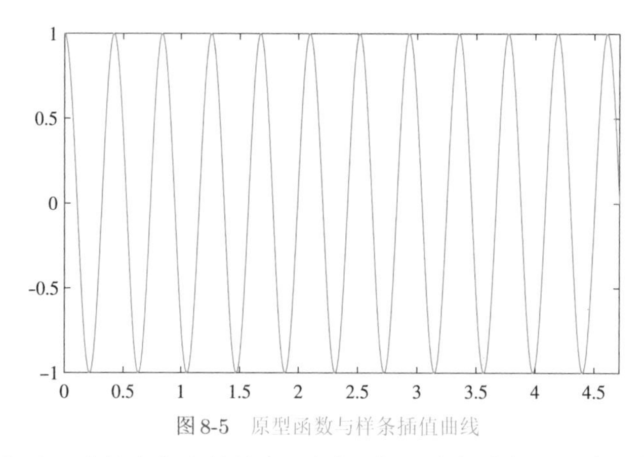

图 8-5 原型函数与样条插值曲线

得更高精度的积分值。若想进一步提高积分的精度，则唯一解决途径是提供更密的样本点。

8.1.3 二维网格数据的插值问题

MATLAB下提供了二维插值的函数，如 z_1=interp2(x_0,y_0,z_0,x_1,y_1,'spline')，其中，$\boldsymbol{x}_0$，$\boldsymbol{y}_0$，$\boldsymbol{z}_0$ 为已知的数据，而 $\boldsymbol{x}_1$，$\boldsymbol{y}_1$ 为由插值点构成的新的网格参数，返回的 $\boldsymbol{z}_1$ 矩阵为在所选插值网格点处的函数近似值。插值方法'spline'可以替换成'linear'、'cubic'。和一元函数插值类似，其中最好的方法还是样条插值'spline'，本节仍将通过例子演示、比较各种算法。

例8-8 假设由二元函数 $z=f(x,y)=(x^2-2x)\mathrm{e}^{-x^2-y^2-xy}$ 可以计算出一些较稀疏的网格数据，试根据这些数据对整个函数曲面进行各种插值拟合，并比较拟合结果。

解 考虑给出的二元函数，假设仅知其中较少的数据，则可以由下面的命令绘制出已知数据的网格图，如图 8-6(a)所示。从图 8-6(a)可以看出，由这些数据绘制的图形还是很粗糙的。

```
>> [x,y]=meshgrid(-3:.6:3, -2:.4:2); z=(x.^2-2*x).*exp(-x.^2-y.^2-x.*y);
   surf(x,y,z), axis([-3,3,-2,2,-0.7,1.5])    %生成并显示样本点
```

选较密的插值点，则可以用下面的MATLAB语句采用默认的插值算法进行插值，得出如图 8-6(b)所示的插值结果。

```
>> [x1,y1]=meshgrid(-3:.2:3, -2:.2:2);    %选择更密集的插值点
   z1=interp2(x,y,z,x1,y1); surf(x1,y1,z1), axis([-3,3,-2,2,-0.7,1.5])
```

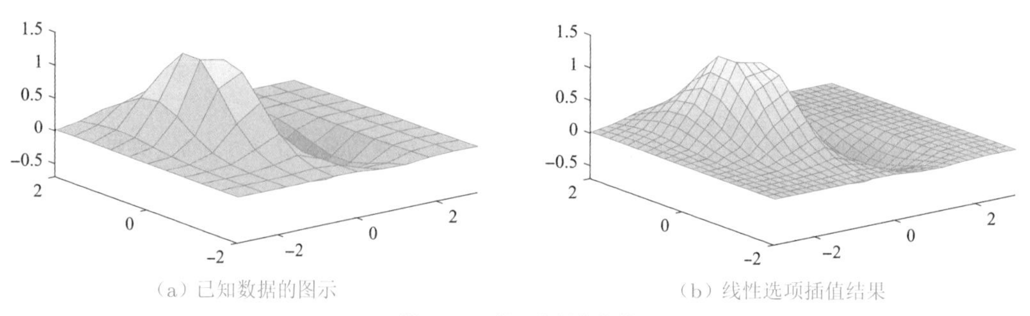

(a) 已知数据的图示　　(b) 线性选项插值结果

图 8-6 二维函数插值比较

可以看出，默认的线性插值方法还原后的三维表面图在很多地方还是太粗糙。可以用下面的命令分别由三次插值选项和样条插值选项来进行插值，得出的结果如图 8-7 所示，这样的插值效果都是比较理想的。

```
>> z1=interp2(x,y,z,x1,y1,'cubic'); z2=interp2(x,y,z,x1,y1,'spline');
   surf(x1,y1,z1), figure; surf(x1,y1,z2)    %不同插值方法及插值效果
```

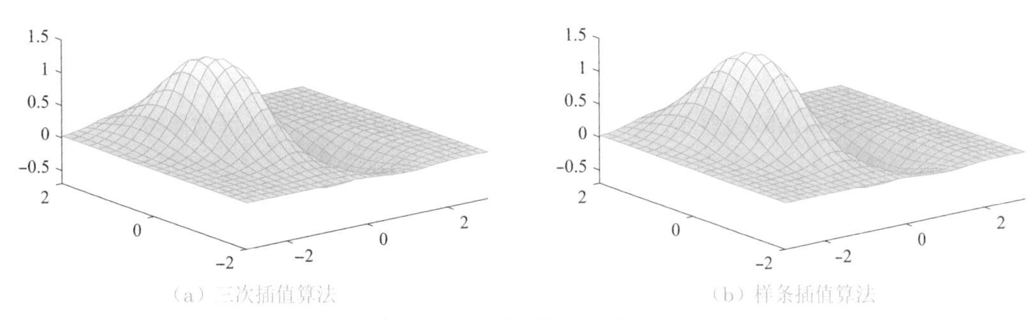

(a) 三次插值算法　　(b) 样条插值算法

图8-7　二维函数其他插值结果比较

通过下面的误差分析还可以进一步比较两种算法，因为网格已知，故可以由已知函数计算出 z 的精确值，所以可以通过下面的语句求出两种算法得出的矩阵 $\boldsymbol{z}_1$ 和 $\boldsymbol{z}_2$ 与真值 $\boldsymbol{z}$ 之间误差的绝对值，误差的曲面分别如图8-8(a)、(b)所示。可以看出，选择样条方法的插值精度要远高于三次插值算法，所以在实际应用中建议使用'spline'插值选项。

```
>> z=(x1.^2-2*x1).*exp(-x1.^2-y1.^2-x1.*y1);     %新网格各点函数的理论值
   surf(x1,y1,z-z1), figure; surf(x1,y1,z-z2)    %与理论值相比较
```

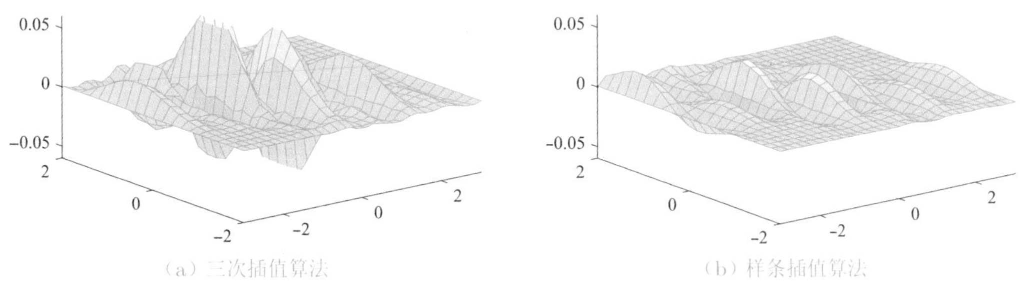

(a) 三次插值算法　　(b) 样条插值算法

图8-8　二维函数的误差

8.1.4　二维散点分布数据的插值问题

通过上面的例子可以看出，MATLAB提供的二维插值函数还是能较好地进行二维插值运算的。但该函数有一个重要的缺陷，就是它只能处理以网格形式给出的数据，如果已知数据不是以网格形式给出的，则用该函数是无能为力的。在实际应用中，大部分问题都是以实测的 (x_i, y_i, z_i) 散点给出的，所以不能直接使用函数interp2()进行二维插值。

MATLAB语言中提供了一个更一般的griddata()函数，用来专门解决这样的问题。该函数的调用格式为 z=griddata(x_0,y_0,z_0,x,y,'v4')，其中，$\boldsymbol{x}_0$，$\boldsymbol{y}_0$，$\boldsymbol{z}_0$ 是已知的样本点坐标，这里并不要求是网格型的，可以是任意分布的，均由向量给出。$\boldsymbol{x}$，$\boldsymbol{y}$ 是期望的插值位置，可以是单个点，可以是向量或网格型矩阵，得出的 $\boldsymbol{z}$ 的维数应该和 $\boldsymbol{x}$，$\boldsymbol{y}$ 一致，表示插值的结果。'v4'选项是指采用MATLAB 4.0版本中提供的插值算法，公认该算法效果较好，但没有一个正式的名称，所以这里用'v4'表明采用该算法。除了'v4'选项外，还可以使用'linear'、'cubic'和'nearest'等算法，但效果一般比'v4'差很多。

例8-9　仍考虑原型函数 $z=f(x,y)=(x^2-2x)\mathrm{e}^{-x^2-y^2-xy}$，在 $x\in[-3,3]$，$y\in[-2,2]$ 矩形区域内随机选择一组 (x_i,y_i) 坐标，就可以生成一组 z_i 的值。以这些值为已知数据，用一般散点数据插值函数 griddata() 进行插值处理，并进行误差分析。

解　这里选择200个随机数构成的点，则可以用下面的语句生成 $\boldsymbol{x},\boldsymbol{y},\boldsymbol{z}$ 向量，但由于这些数据不是网格数据，所以得出的数据向量不能直接用三维曲面的形式表示。但可以通过下面的语句将各个样本点在 xy 平面上的分布形式显示出来，如图8-9(a)所示，也可以绘制出如图8-9(b)所示的样本点的三维分布。可以看出，这些分布点还是比较均匀的，但由此绘制的三维图形可读性很差，所以需要对其进行插值处理，得出可读性好的三维曲面表示。

```
>> x=-3+6*rand(200,1); y=-2+4*rand(200,1);     %随机生成样本点
   z=(x.^2-2*x).*exp(-x.^2-y.^2-x.*y);          %由样本点计算函数值
   plot(x,y,'x'), figure, plot3(x,y,z,'x'), grid  %绘制二维投影与三维散点图
```

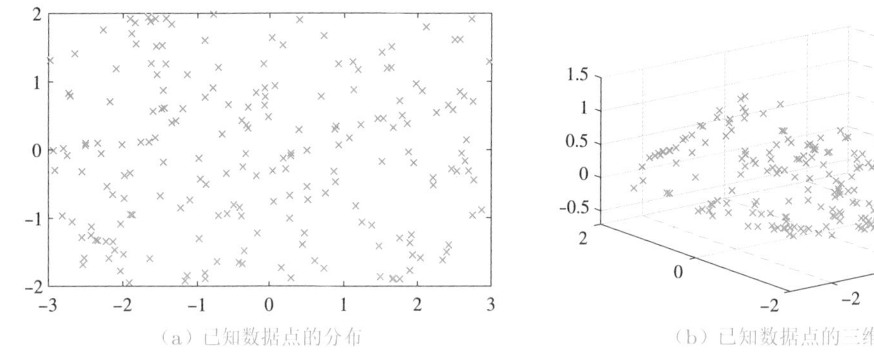

(a) 已知数据点的分布　　(b) 已知数据点的三维分布

图8-9　已知样本数据显示

仍选定按照例8-8中给出的方法生成网格矩阵，则可以用'cubic'和'v4'两种算法获得插值结果，还可以绘制出拟合后的曲面形式，分别如图8-10(a)、(b)所示。可以看出，用'v4'算法得出的结果效果明显更好些，而用'cubic'插值算法得出的曲面在某些点上可能残缺不全。

```
>> [x1,y1]=meshgrid(-3:.2:3, -2:.2:2); z1=griddata(x,y,z,x1,y1,'cubic');
   surf(x1,y1,z1), figure; z2=griddata(x,y,z,x1,y1,'v4'); surf(x1,y1,z2)
```

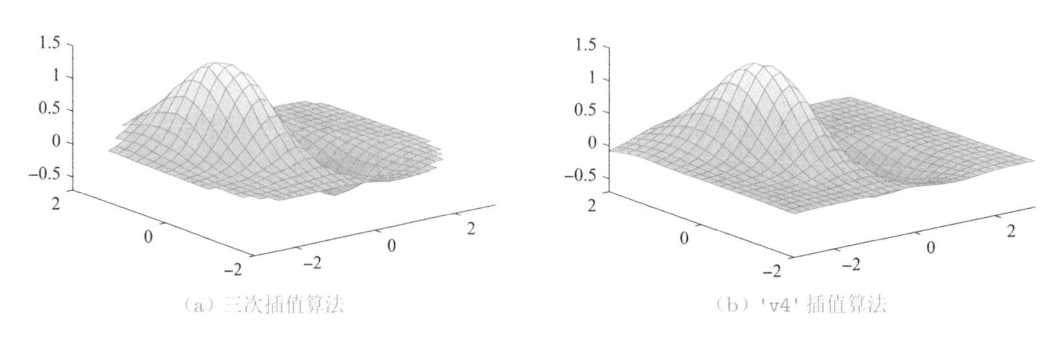

(a) 三次插值算法　　(b) 'v4' 插值算法

图8-10　二维函数各种插值结果比较

还可以进一步进行误差分析。用下面的语句可以先计算出在新网格点处函数值的精确解，并用这些点和两种方法计算出来的误差，得出如图8-11(a)、(b)所示的误差曲面。可见，用'v4'选项的插值结果明显优于三

次插值算法，所以在实际应用中建议采用'v4'算法。

```
>> z0=(x1.^2-2*x1).*exp(-x1.^2-y1.^2-x1.*y1);                %新网格各点的函数理论值
   surf(x1,y1,abs(z0-z1)); figure; surf(x1,y1,abs(z0-z2))    %绘制误差曲面
```

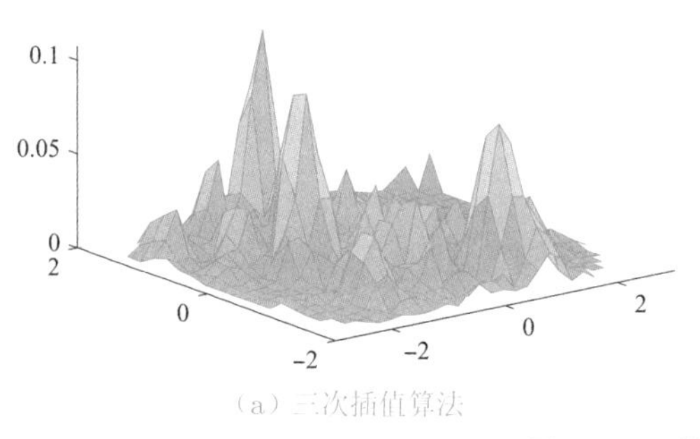

(a) 三次插值算法

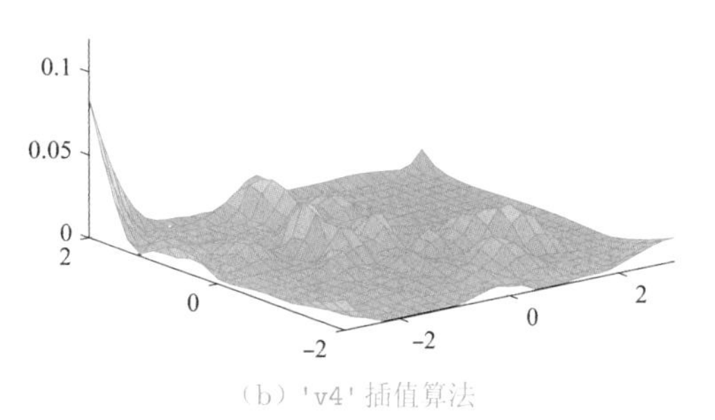

(b) 'v4'插值算法

图8-11 二维函数插值误差分析

例8-10 前面已经提及，给定的样本点在xy平面分布较均匀，现在人为地剔除某区域的样本点，表明已知数据分布不均匀，这时再进行插值分析，观察插值效果。

解 由已知的$\boldsymbol{x},\boldsymbol{y},\boldsymbol{z}$矩阵，人为地剔除以$(-1,-1/2)$点为圆心，以0.5为半径的圆内的点，则可以采用下面语句重新进行插值运算。

```
>> x=-3+6*rand(200,1); y=-2+4*rand(200,1); z=(x.^2-2*x).*exp(-x.^2-y.^2-x.*y);
   ii=find((x+1).^2+(y+0.5).^2>0.5^2);           %找出不满足条件的点坐标
   x=x(ii); y=y(ii); z=z(ii); plot(x,y,'x')     %剔除样本后的散点分布
   t=[0:.1:2*pi,2*pi]; x0=-1+0.5*cos(t); y0=-0.5+0.5*sin(t); line(x0,y0)
```

这时将得出如图8-12(a)所示的样本点分布图，同时还叠印了圆。可见，在该圆内样本点确实均已经剔除。用新的样本点可以拟合出曲面，如图8-12(b)所示。可见，拟合效果还是很好的。

```
>> [u,v]=meshgrid(-3:.2:3, -2:.2:2); z1=griddata(x,y,z,u,v,'v4'); surf(u,v,z1)
```

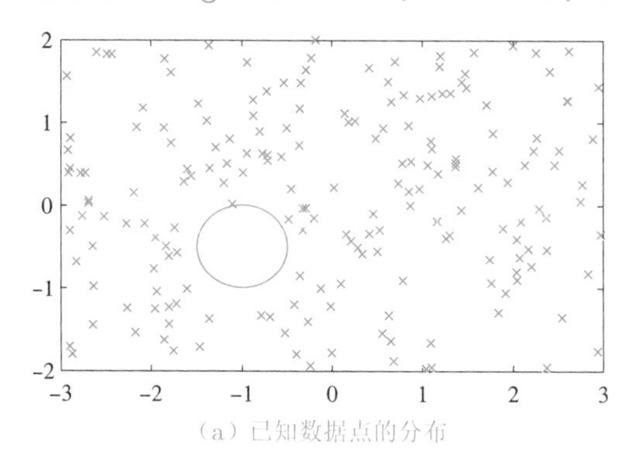

(a) 已知数据点的分布

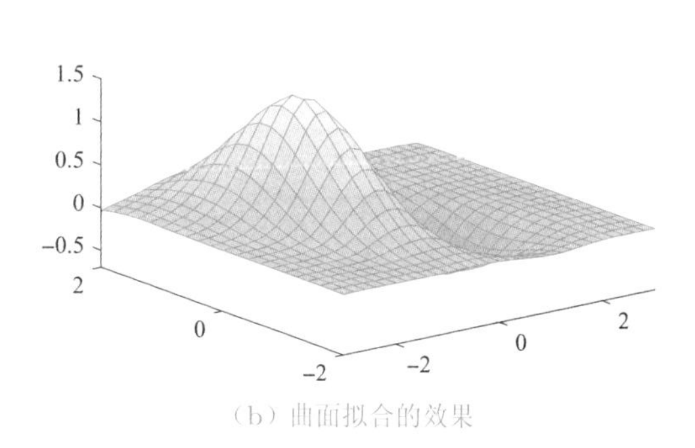

(b) 曲面拟合的效果

图8-12 修改样本后的分布及拟合效果

8.1.5 高维插值问题

三维的网格数据生成仍然可以用 $[x,y,z]$=meshgrid(x_1,y_1,z_1) 函数实现，其中，$\boldsymbol{x}_1,\boldsymbol{y}_1,\boldsymbol{z}_1$为这三维所需要的分割形式，应该是向量形式给出的，返回的$\boldsymbol{x},\boldsymbol{y},\boldsymbol{z}$为网格的数据生成，均为三维数组。

n维网格数据的生成还可以使用ndgrid()函数 $[x_1,x_2,\cdots,x_n]$=ndgrid$(v_1,v_2,\cdots,v_n)$，其中，

$\boldsymbol{v}_1, \boldsymbol{v}_2, \cdots, \boldsymbol{v}_n$ 为这 n 维所需要的分割形式，应该是向量形式给出的，返回的 $\boldsymbol{x}_1, \boldsymbol{x}_2, \cdots, \boldsymbol{x}_n$ 为网格数据生成的效果，这时返回的 $\boldsymbol{x}_i$ 为 n 维数组。

若已知按空间网格取的样本点，则可以用 interp3() 函数或更一般的 interpn() 函数进行插值运算。这些函数的调用格式和 interp2() 一致，这里不详细介绍了。若已知样本点是以散点形式给出，则类似地可以调用 griddata() 函数对其进行插值拟合，早期版本则应该使用 griddata3() 或 griddatan() 函插数实现插值运算。

例 8-11　由例 2-51 给出的三元函数 $V(x,y,z)=\sqrt{x^x+y^{(x+y)/2}+z^{(x+y+z)/3}}$ 生成一组样本点数据，然后用插值方法得出拟合结果，并给出插值结果的四维表示与拟合误差。

解　先调用 meshgrid() 函数生成一组较稀疏的三维网格坐标点，则可以求出样本点处的函数值 $\boldsymbol{V}$。利用 vol_visual4d() 函数对比插值结果 $\boldsymbol{V}_1$ 和理论值 $\boldsymbol{V}_0$ 可见，二者得出的图形在已知区域边界附近稍有区别外绝大部分区域没有区别，得出的体视化切面图如图 8-13 所示。

```
>> [x,y,z]=meshgrid(0:0.3:2); [x0 y0 z0]=meshgrid(0:0.1:2);   %样本点与插值点
   V=sqrt(x.^x+y.^((x+y)/2)+z.^((x+y+z)/3));                   %计算出样本点数据
   V0=sqrt(x0.^x0+y0.^((x0+y0)/2)+z0.^((x0+y0+z0)/3));         %计算理论数据
   V1=interp3(x,y,z,V,x0,y0,z0,'spline'); vol_visual4d(x0,y0,z0,V1)  %插值效果
```

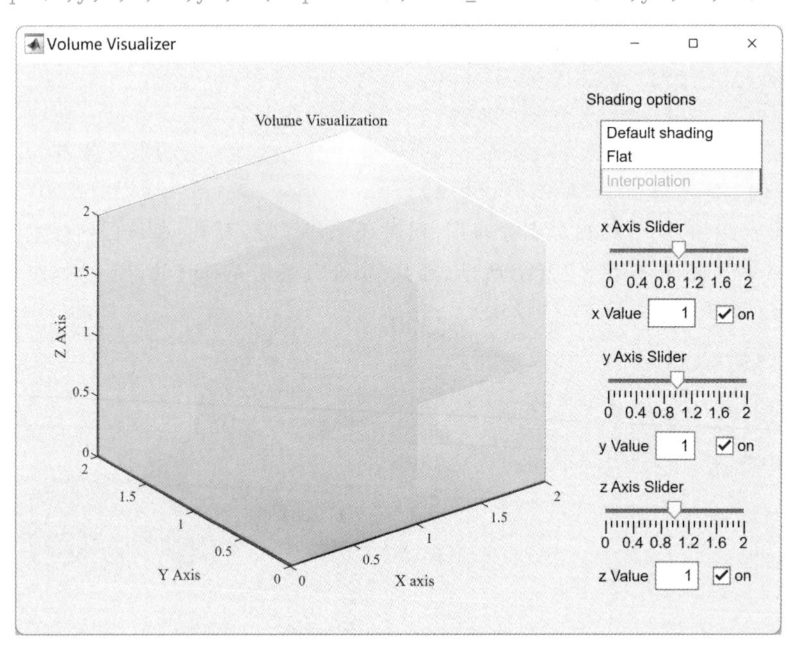

图 8-13　原函数理论值与插值结果的切面显示

8.1.6　基于样本数据点的离散最优化问题求解

在实际应用中，某一个需要优化的目标函数有时其原型是未知的，只有一些相应的、离散分布的样本数据点，这样，就可以采用样条插值或其他插值方法去拟合目标函数，从而优化这样的目标函数。下面将通过例子来演示这样的最优化问题求解方法。

例 8-12　重新考虑例 8-8 中的函数，假设已经测出了其中一些离散数据点，试根据这些离散点搜索对应函

数的最小值，并检验所得出的结果。

解 仿照前面的例子，可以首先生成一些离散点，再由这些离散点通过插值方法构造目标函数的匿名函数，对该匿名函数进行优化，则可以得出最优解为 $x = 0.6069, y = -0.3085$。

```
>> x=-3+6*rand(200,1); y=-2+4*rand(200,1); z=(x.^2-2*x).*exp(-x.^2-y.^2-x.*y);
   f=@(p)griddata(x,y,z,p(1),p(2),'v4'); x=fminunc(f,[0,0])   %由散点数据进行寻优
```

如果已知目标函数，则可以得出 $x_1 = 0.6110, x_2 = -0.3055$，与前面得出的比较一致。

```
>> P.objective=@(x)(x(1)^2-2*x(1))*exp(-x(1)^2-x(2)^2-x(1)*x(2));
   P.solver='fminunc'; P.options=optimset; P.x0=[2; 1]; [x,b,c,d]=fminunc(P)
```

8.2 样条插值与数值微积分问题求解

前面介绍的插值函数是简单的插值算法。MATLAB提供了一个样条插值工具箱，可以更好地求解样条插值问题。还可以借助样条数据结构容易地求解数值微积分问题，所以本节可以认为是8.1节以及3.6节和3.7节的拓展。

样条函数是函数逼近的一种方法，其中三次样条函数和B样条函数是两类常用的样条函数。下面首先分别介绍这两类样条函数的表示方法，然后介绍利用MATLAB的样条插值工具箱求解数值微分和数值积分的问题。

8.2.1 样条插值的MATLAB表示

1. 三次样条函数及其MATLAB表示

三次样条函数的定义是，已知平面上 n 个点 $(x_i, y_i)(i = 1, 2, \cdots, n)$，其中，$x_1 < x_2 < \cdots < x_n$，这些点称为样本点。如果有某函数 $S(x)$ 满足下面三个条件，则称 $S(x)$ 为经过这 n 个点的三次样条函数。

（1）$S(x_i) = y_i(i = 1, 2, \cdots, n)$，即该函数经过这些样本点。

（2）$S(x)$ 在每个子区间 $[x_i, x_{i+1}]$ 上为三次多项式

$$S(x) = c_{i1}(x - x_i)^3 + c_{i2}(x - x_i)^2 + c_{i3}(x - x_i) + c_{i4} \tag{8-2-1}$$

（3）$S(x)$ 在整个区间 $[x_1, x_n]$ 上有连续的一阶及二阶导数。

MATLAB的样条插值工具箱中提供了`csapi()`函数来定义一个三次样条函数类，其调用格式很简单 S=csapi(x,y)，其中，$\boldsymbol{x} = [x_1, x_2, \cdots, x_n]$，$\boldsymbol{y} = [y_1, y_2, \cdots, y_n]$ 为样本点，得出的 S 是一个三次样条函数对象，其成员变量包括子区间点、各个三次多项式系数等。

样条函数对象的插值结果可以由`fnplt()`绘制出来，对给定的向量 $\boldsymbol{x}_\text{p}$，也可以由`fnval()`函数计算出来。这两个函数的调用格式为 fnplt(S) 和 y_p=fnval(S,x_p)，得出的 $\boldsymbol{y}_\text{p}$ 为 $\boldsymbol{x}_\text{p}$ 上各点的插值结果。

例8-13 试求出例8-5中给出的稀疏数据的三次样条插值结果。

解 由三次样条函数的调用语句可以立即得出给定数据的样条插值结果，并和原理论数据同时绘制出来，如图8-14所示。可见，即使只已知少数的样本点，仍能得到比较好的插值结果。

```
>> x0=[0,0.4,1 2,pi]; y0=sin(x0); sp=csapi(x0,y0), fnplt(sp,':');   %三次样条插值
   hold on, syms t; fplot(sin(t),[0,pi]); plot(x0,y0,'o')           %与理论值比较
```

得出的三次多项式系数在表8-1中给出，其中，每一行为一组系数。例如，在 $(0.4, 1)$ 区间内，插值多项式可以表示为 $S_2(x) = -0.1627(x - 0.4)^3 - 0.1876(x - 0.4)^2 + 0.9245(x - 0.4) + 0.3894$。

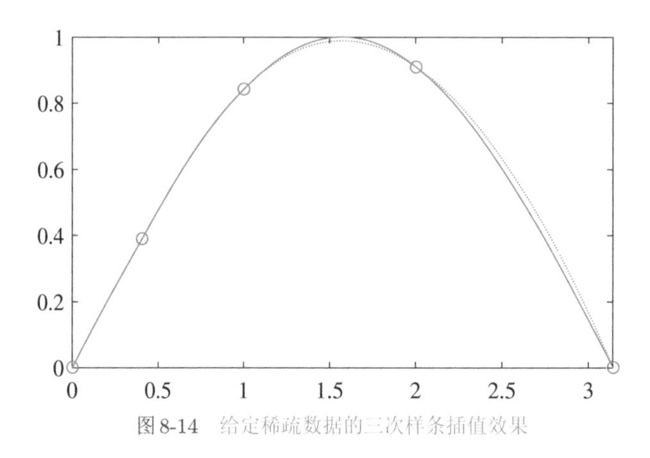

图 8-14　给定稀疏数据的三次样条插值效果

表 8-1　分段三次多项式系数表

区　间	c_1	c_2	c_3	c_4
$(0,0.4)$	−0.16265031	0.007585654	0.99653564	0
$(0.4,1)$	−0.16265031	−0.18759472	0.92453202	0.38941834
$(1,2)$	0.024435717	−0.48036529	0.52375601	0.84147098
$(2,\pi)$	0.024435717	−0.40705814	−0.36366741	0.90929743

例 8-14　试用三次样条插值的方法对例 8-1 中给出的数据进行拟合。

解　用下面的语句可以建立起描述已知数据的样条插值类，并得出各段三次多项式系数，由表 8-2 给出，根据该表可以用多项式方式计算出样条插值的值。

```
>> x=0:.12:1; y=(x.^2-3*x+5).*exp(-5*x).*sin(x); sp=csapi(x,y); fnplt(sp)
   c=[sp.breaks(1:4)' sp.breaks(2:5)' sp.coefs(1:4,:),...    %生成表8-2数据
      sp.breaks(5:8)' sp.breaks(6:9)' sp.coefs(5:8,:) ];
```

表 8-2　分段三次多项式样条插值系数表

分　段	三次多项式系数				分　段	三次多项式系数			
区　间	c_1	c_2	c_3	c_4	区　间	c_1	c_2	c_3	c_4
$(0,0.12)$	24.7396	−19.359	4.5151	0	$(0.48,0.6)$	−0.2404	0.7652	−0.5776	0.1588
$(0.12,0.24)$	24.7396	−10.4526	0.9377	0.3058	$(0.6,0.72)$	−0.4774	0.6787	−0.4043	0.1001
$(0.24,0.36)$	4.5071	−1.5463	−0.5022	0.3105	$(0.72,0.84)$	−0.4559	0.5068	−0.2621	0.0605
$(0.36,0.48)$	1.9139	0.07623	−0.6786	0.2358	$(0.84,0.96)$	−0.4559	0.3427	−0.1601	0.03557

`csapi()` 函数还可以处理多个自变量的网格数据三次样条插值类，其调用格式为

S=csapi($\{\boldsymbol{x}_1,\boldsymbol{x}_2,\cdots,\boldsymbol{x}_n\},\boldsymbol{z}$)

其中，$\boldsymbol{x}_i$ 为自变量的网格标志，$\boldsymbol{z}$ 为网格数据的样本点，得出的 S 是三次样条函数对象。

例 8-15　试用三次样条插值方法得出例 8-8 中给出网格数据的样条插值拟合，并绘制出曲面。

解　用下面的语句自然就能得出样条插值对象 sp，这样的插值结果与 `interp2()` 函数得出的完全一致。

```
>> x0=-3:.6:3; y0=-2:.4:2; [x,y]=ndgrid(x0,y0);     %注意这里只能用ndgrid()函数
   z=(x.^2-2*x).*exp(-x.^2-y.^2-x.*y);               %否则生成的z矩阵顺序有问题
   sp=csapi({x0,y0},z); fnplt(sp);                    %三次样条插值的效果
```

注意，这里的 z 矩阵应该是基于用 ndgrid() 函数生成的 x 和 y 矩阵，而不能用 meshgrid() 函数生成，因为用其生成的 z 矩阵数据排列方式和样条插值工具箱不一致。

2. B 样条函数及其 MATLAB 表示

B 样条插值为另一类常用的样条函数，假设感兴趣的区间 (a,b) 可以分为若干子区间 $a=t_0<t_1<t_2<\cdots<t_m=b$，其中，$t_i$ 又称为节点（knot），这时近似的分段函数可以写成

$$F(t)=\sum_{i=0}^{m}p_iB_{i,k}(t) \tag{8-2-2}$$

其中，p_i 为系数，k 为阶次，且 $k\leqslant m$。$B_{i,k}(x)$ 称为 k 阶 B 样条基。选择 B 样条基的初值为

$$B_{i,0}(t)=\begin{cases}1, & t_i<t<t_{i+1}\\ 0, & 其他\end{cases} \tag{8-2-3}$$

可以如下递推计算 $j=1,2,\cdots,k;i=0,1,2,\cdots,m$ 的 B 样条基

$$B_{i,j}(t)=\frac{t-t_i}{t_{i+j}-t_i}B_{i,j-1}(t)+\frac{t_{i+j+1}-t}{t_{i+j+1}-t_{i+1}}B_{i+1,j-1}(t) \tag{8-2-4}$$

这里只介绍该类样条函数对象的建立函数 spapi()。若已知样本点数据向量 x 和 y，则可以通过命令 S=spapi(k,x,y) 直接建立起 B 样条插值对象 S，其中，k 为用户选定的 B 样条阶次。一般选择 k=4,5 能得出较好的插值效果，对某些特定的问题适当提高 k 值能改善插值效果。

例 8-16　分别用 B 样条函数对例 8-13 和例 8-14 中给出的数据进行五阶 B 样条函数拟合，并与三次分段多项式样条函数拟合的结果相比较。

解　先考虑例 8-13 中给出的数据，可以用下面的语句进行拟合，得出类似于图 8-4(b) 所示的拟合效果，其中的 B 样条插值效果几乎看不出和理论曲线的差异。

```
>> x0=[0,0.4,1 2,pi]; y0=sin(x0); fplot(@(t)sin(t),[0,pi]); hold on
   sp1=csapi(x0,y0); fnplt(sp1,'--');      %三次分段多项式样条插值
   sp2=spapi(5,x0,y0); fnplt(sp2,':')      %五阶B样条插值
```

可见，五阶 B 样条插值的效果远远优于三次分段多项式的拟合效果。对例 8-14 中给出的数据进行拟合，B 样条亦远远优于三次样条插值。

```
>> x=0:.12:1; y=(x.^2-3*x+5).*exp(-5*x).*sin(x);             %生成样本点数据
   ezplot('(x^2-3*x+5)*exp(-5*x)*sin(x)',[0,1]), hold on    %绘制理论值曲线
   sp1=csapi(x,y); fnplt(sp1,'--'); sp2=spapi(5,x,y); fnplt(sp2,':')
```

8.2.2　基于样条插值的数值微积分运算

既然用样条插值的方法能对给定的数据进行曲线拟合，且在给定数据较稀疏的情形拟合效果也是很理想的，故可以利用插值对象对给定数据函数进行微积分运算。和 3.6 节与 3.7 节介绍的算法相比，基于样条插值的数值微分算法有其特色，更适用于给定样本数据较稀疏时的数值微分。从数值积分的角度看，这里得出的数值积分是数值积分的函数，即求取 $F(x)=\int_{x_0}^{x}f(t)\mathrm{d}t$ 的值，而不是单纯的定积分值，其中，x_0 是用户指定的积分区域左端边界值。

1. 基于样条插值的数值微分运算

基于样条函数的数值微分运算可以由fnder()函数直接计算出来，调用格式如下：

S_d=fnder(S,k)　　　　　　%该函数可以求取S的k阶导数

S_d=fnder(S,[$k_1,\cdots,k_n$])　　%可以求取多变量函数的偏导数

该函数的两种调用方法中，前一种方法能直接求取S样条对象的k阶导数，得出的结果仍然是样条对象S_d。后一种调用格式中，可以对多变量样条对象进行偏导数求取。

例8-17　考虑例8-14中给出的数据点，试用三次分段多项式样条函数与B样条插值函数求出该函数的导数，并与理论推导结果相比较。

解　可以用下面的语句生成原始数据，并分别建立起三次分段多项式样条函数与B样条函数的数据类，这样就可以调用fnder()函数求出该函数的导数，并得出如图8-15所示的曲线。

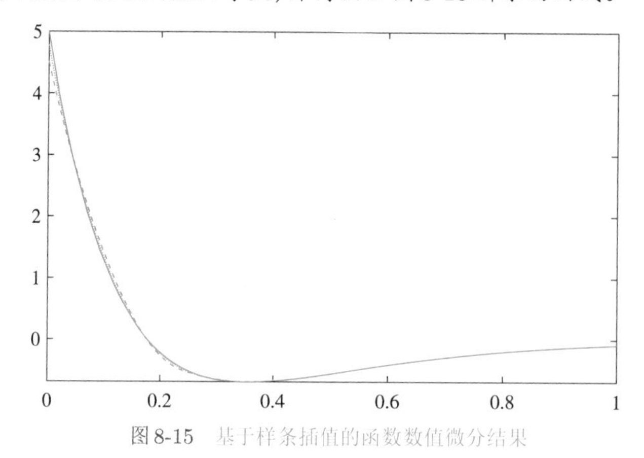

图8-15　基于样条插值的函数数值微分结果

```
>> syms x; f=(x^2-3*x+5)*exp(-5*x)*sin(x); fplot(diff(f),[0,1]), hold on
   x=0:0.12:1; y=(x.^2-3*x+5).*exp(-5*x).*sin(x);             %生成样本点
   sp1=csapi(x,y); dsp1=fnder(sp1,1); fnplt(dsp1,'--')        %三次样条插值
   sp2=spapi(5,x,y); dsp2=fnder(sp2,1); fnplt(dsp2,':');      %B样条插值
```

在图8-15中同时还绘制理论曲线。可见，用B样条拟合的数值微分结果是相当精确的，用三次分段多项式样条插值算法得出的微分效果也是很理想的，因为给出的数据点是很稀疏的，用3.6节中给出的算法无法得出这样的结果。

例8-18　试由例8-15中给出的数据拟合$\partial^2 z/(\partial x\partial y)$的曲面，并将得出的结果与解析解法绘制出的曲面相比较。

解　由下面给出的语句可以直接生成数据，进行B样条函数拟合，并对得出的结果进行求导，绘制出二阶偏导数曲面如图8-16所示。

```
>> x0=-3:0.3:3; y0=-2:0.2:2; [x,y]=ndgrid(x0,y0);                 %生成网格样本点
   z=(x.^2-2*x).*exp(-x.^2-y.^2-x.*y);                             %计算样本点函数值
   sp=spapi({5,5},{x0,y0},z); dspxy=fnder(sp,[1,1]); fnplt(dspxy)  %数值微分
```

当然，下面的语句可以用理论的方法推导出所需的偏导数，并绘制出其曲面，与图8-16给出的完全一致。由此可以看出，基于样条插值的数值偏导数算法函数是可靠的。

```
>> syms x y; z=(x^2-2*x)*exp(-x^2-y^2-x*y); fsurf(diff(z,x,y),[-3 3,-2 2])
```

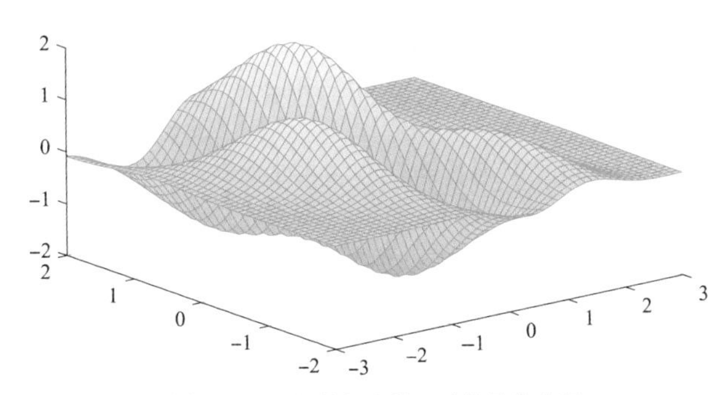

图8-16 由插值得出的二阶偏导数曲面

2. 基于样条插值的数值积分运算

下面介绍使用分段三次样条函数和B样条函数来逼近被积函数，从而求取该函数积分函数的方法。这里要介绍的方法和quadspln()函数是有区别的，quadspln()函数介绍的是求取某一区间内的定积分值，而这里介绍的fnint()方法可以用来求取积分函数的值，当然也能用于求取定积分的值。n重积分对象可以由S_1=fnint(S,n)求出，而积分函数可以由$\boldsymbol{y}$=fnval(S,$\boldsymbol{x}$)求出，其中，$\boldsymbol{y}$为向量，返回$\boldsymbol{x}$各点处的积分函数值，因为不定积分通常可以在积分结果上加一个常数，所以实际的积分函数值应该是该结果的上下平移。S还可以用于$[a,b]$区间定积分的求解，即I=diff(fnval(fnint(S),$[a,b]$))。

例8-19 仍考虑例8-5中较稀疏的样本点，试用样条积分的方式求出定积分及积分函数。

解 下面的语句可以用两种形式建立起插值对象，用fnint()函数可以分别得出积分函数，并求出所需的定积分值。可见，这样得出的结果远远比例8-5中得出的结果精确得多，用B样条甚至能在极稀疏的样本点前提下得出相当高精度的定积分结果，其中$I_1 = 2.01905, I_2 = 1.999942$。

```
>> x=[0,0.4,1 2,pi]; y=sin(x);    %稀疏样本点的生成,下面将用两种方法计算定积分
   sp1=csapi(x,y); a=fnint(sp1); xx=fnval(a,[0,pi]); I1=xx(2)-xx(1)
   sp2=spapi(5,x,y); b=fnint(sp2); I2=diff(fnval(fnint(sp2),[0,pi])) %定积分计算
```

用下面的语句还可以绘制出积分函数的曲线，其中由B样条函数可以得出和解析解十分接近的积分函数，如图8-17所示。

```
>> syms t; fplot(-cos(t)+1,[0,pi]); hold on; fnplt(a,'--'); fnplt(b,':')  %积分函数
```

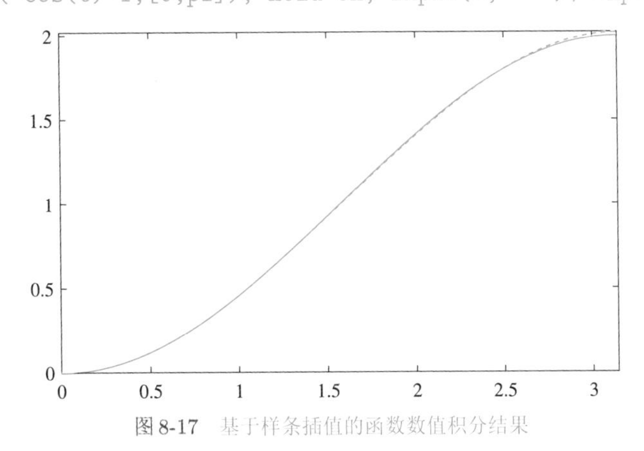

图8-17 基于样条插值的函数数值积分结果

3. 重积分计算

值得指出的是,fnint()函数只能用于求解单变量函数的积分函数,不能用于多变量函数的积分计算,可以考虑用fnder()函数来求负阶次的微分,从而得出多变量积分函数。

例8-20 试利用插值方法绘制例3-68中函数的积分 $J=\int_{-1}^{1}\int_{-2}^{2}\mathrm{e}^{-x^2/2}\sin(x^2+y)\mathrm{d}x\mathrm{d}y$ 的曲面。

解 可以先建立起B样条模型,然后用fnder()函数直接计算积分函数,还可以绘制出积分函数的三维曲面,其结果与例3-69中得出的完全一致。

```
>> x0=-2:0.1:2; y0=-1:0.1:1; [x y]=ndgrid(x0,y0);              %生成样本点
   z=exp(-x.^2/2).*sin(x.^2+y); S=spapi({5,5},{x0,y0},z);        %建立B样条
   S1=fnder(S,[-1 -1]); S2=fnval(S1,{x0,y0}); surf(y0,x0,S2)     %负阶次导数计算积分
```

8.3 由已知数据拟合数学模型

前面介绍的插值方法主要用于求取未知点的函数值,并不能得出原函数的解析表达式,在实际应用中有时需要函数的数学表达式,所以本节侧重于由样本数据获得函数表达式的方法。本节首先介绍由样本数据获得多项式近似的方法,然后介绍多元函数的线性回归建模方法、一般非线性函数的最小二乘曲线拟合方法等。

8.3.1 多项式拟合

前面介绍的Lagrange插值就是一种多项式拟合。一般多项式拟合的目标是找出一组多项式系数 a_i, $i=1,2,\cdots,n+1$, 使得多项式 $\psi(x)=a_1x^n+a_2x^{n-1}+\cdots+a_nx+a_{n+1}$ 能够较好地拟合原始数据。和前面介绍的插值算法不同,多项式拟合并不能保证每个样本点都在拟合的曲线上,但能使得整体的拟合误差较小。多项式拟合可以通过MATLAB提供的polyfit()函数实现。该函数的调用格式为 $\boldsymbol{p}$=polyfit($\boldsymbol{x}$,$\boldsymbol{y}$,n),其中,$\boldsymbol{x},\boldsymbol{y}$ 为原始的样本点构成的向量,n 为选定的多项式阶次,得出的 $\boldsymbol{p}$ 为多项式系数按降幂排列得出的行向量,可用符号运算工具箱中的poly2sym()函数将其转换成真正的多项式形式,也可以使用polyval()函数求取多项式的值。下面将通过例子演示多项式拟合函数的使用方法。

例8-21 考虑例8-1中的样本点数据,试用多项式拟合的方法在不同的阶次下进行拟合,并观察拟合效果,找出合适的阶次。

解 可以用下面的语句得出拟合该数据的三次多项式并绘制出拟合曲线,如图8-18(a)所示,得出 $p_3(x)=2.8400x^3-4.7898x^2+1.9432x+0.05975$。

```
>> x0=0:.1:1; y0=(x0.^2-3*x0+5).*exp(-5*x0).*sin(x0); p3=polyfit(x0,y0,3)
   x=0:.01:1; ya=(x.^2-3*x+5).*exp(-5*x).*sin(x);   %选择密集坐标,计算理论值
   y1=polyval(p3,x); plot(x,y1,x,ya,x0,y0,'o')      %三次多项式比较及其效果
```

从拟合结果可以看出,效果还是相当差的,一种很显然的解决方法就是增加拟合多项式的次数。下面就不同的次数进行拟合,最终得出如图8-18(b)所示的拟合效果。

```
>> p4=polyfit(x0,y0,4); y2=polyval(p4,x); p5=polyfit(x0,y0,5);    %高阶多项式比逼近
   y3=polyval(p5,x); p8=polyfit(x0,y0,8); y4=polyval(p8,x);
   plot(x,ya,x0,y0,'o',x,y2,x,y3,x,y4)                            %逼近效果比较
```

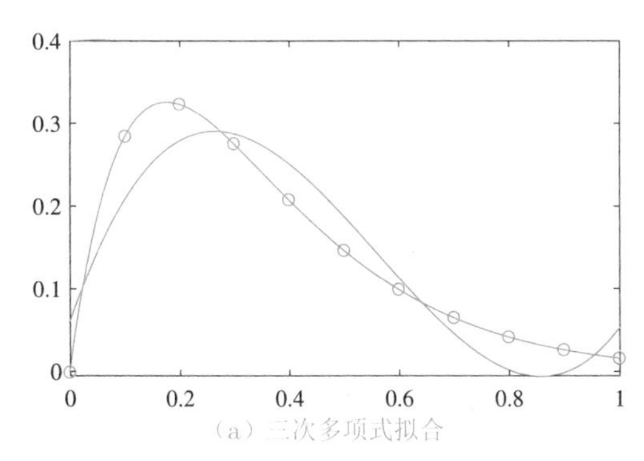

(a) 三次多项式拟合

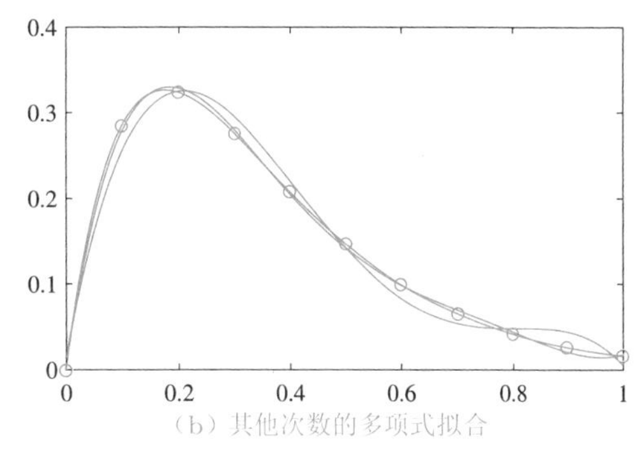

(b) 其他次数的多项式拟合

图8-18 多项式拟合效果

从该例的拟合效果看，$n\geqslant 8$ 就能得出较好的结果，这时拟合多项式为

$$p(x)=-8.26x^8+43.6x^7-102x^6+140.2x^5-125.3x^4+74.6x^3-27.7x^2+4.99x+0.4\times 10^{-6}$$

多项式拟合实际上相当于对已知函数用Taylor幂级数表示，但Taylor幂级数展开的前提条件是函数应该已知，这对实际的多项式拟合问题显得很苛刻。对本例来说，因为原函数是已知的，所以可以通过Taylor幂级数方法先展开该函数

```
>> syms x; y=(x^2-3*x+5)*exp(-5*x)*sin(x); p1=taylor(y,'Order',9) %求Taylor级数
```

可以得出多项式逼近的结果为 $p_1(x)=5x-28x^2+77.667x^3-142x^4+192.17x^5-204.96x^6+179.13x^7-131.67x^8$。比较该结果和上述多项式拟合的结果，可以发现二者是完全不同的，这样就可以得出结论，由多项式拟合的数据模型是不唯一的，即使两个多项式函数完全不同，在某一区域内其曲线将特别近似。所以有时进行多项式拟合时应该注意检验结果，如得出的结果是否很平滑，而不应片面地比较多项式系数是否一致。

例8-22 重新考虑例8-3中的函数，试观察多项式拟合的效果。

解 多项式拟合的效果并不一定总是很精确的。考虑例8-3中的样本点，可以取不同的多项式阶次 n，则使用如下语句获得多项式拟合，并绘制出拟合曲线，如图8-19(a)所示。

```
>> x0=-1+2*[0:10]/10; y0=1./(1+25*x0.^2); x=-1:.01:1; ya=1./(1+25*x.^2);
   p3=polyfit(x0,y0,3); y1=polyval(p3,x); p5=polyfit(x0,y0,5);   %多项式逼近
   y2=polyval(p5,x); p8=polyfit(x0,y0,8); y3=polyval(p8,x);
   p10=polyfit(x0,y0,10); y4=polyval(p10,x);                      %高阶多项式逼近
   plot(x,ya,x,y1,x,y2,'-.',x,y3,'--',x,y4,':')                   %逼近效果比较
```

其实，该例如果用Taylor幂级数展开效果将更差，用下面的语句可以得出Taylor幂级数展开式及拟合效果，并可以绘制出该多项式拟合的效果，如图8-19(b)所示。可以看出，这样拟合的结果是相当差的，只能在极小的区域内逼近原函数。这时得出的拟合多项式为 $p(x)=1-25x^2+625x^4-15625x^6+390625x^8$。

```
>> syms x; y=1/(1+25*x^2); p=taylor(y,x,'Order',10), fplot([y p],[-0.2 0.2])
```

8.3.2 函数线性组合的曲线拟合方法

假设已知某函数的线性组合为

$$g(x)=c_1f_1(x)+c_2f_2(x)+c_3f_3(x)+\cdots+c_nf_n(x) \tag{8-3-1}$$

其中，$f_1(x),f_2(x),\cdots,f_n(x)$ 为已知函数，$c_1,c_2,\cdots,c_n$ 为待定系数，这时假设已经测出数据 (x_1,y_1), $(x_2,y_2),\cdots,(x_m,y_m)$，则可以建立起如下的线性方程。

$$\boldsymbol{Ac}=\boldsymbol{y} \tag{8-3-2}$$

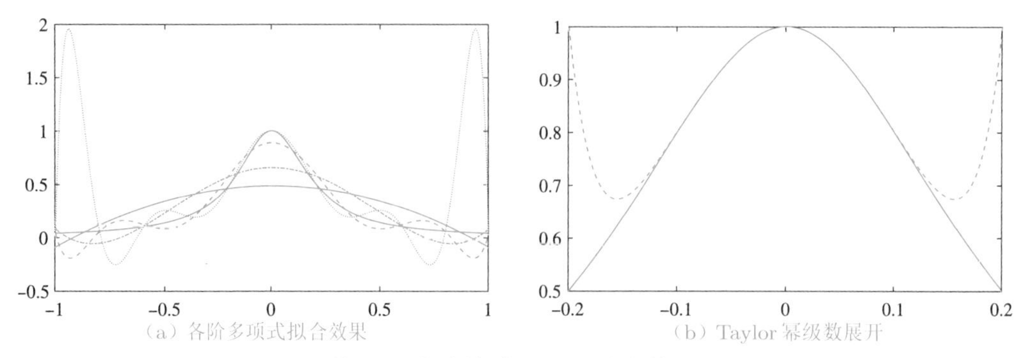

(a) 各阶多项式拟合效果　(b) Taylor幂级数展开

图8-19　多项式拟合及Taylor幂级数展开

其中

$$\boldsymbol{A}=\begin{bmatrix} f_1(x_1) & f_2(x_1) & \cdots & f_n(x_1) \\ f_1(x_2) & f_2(x_2) & \cdots & f_n(x_2) \\ \vdots & \vdots & \ddots & \vdots \\ f_1(x_m) & f_2(x_m) & \cdots & f_n(x_m) \end{bmatrix},\boldsymbol{y}=\begin{bmatrix} y_1 \\ y_2 \\ \vdots \\ y_m \end{bmatrix} \tag{8-3-3}$$

且 $\boldsymbol{c}=[c_1,c_2,\cdots,c_n]^{\rm T}$,故该方程的最小二乘解为 $c=A\backslash y$。

例8-23　假设测出了一组 (x_i,y_i) 由表8-3给出,且已知函数原型为 $y(x)=c_1+c_2{\rm e}^{-3x}+c_3\cos(-2x){\rm e}^{-4x}+c_4x^2$,试用已知的数据求出待定系数 c_i 的值。

表8-3　实测数据

x_i	0	0.2	0.4	0.7	0.9	0.92	0.99	1.2	1.4	1.48	1.5
y_i	2.88	2.2576	1.9683	1.9258	2.0862	2.109	2.1979	2.5409	2.9627	3.155	3.2052

解　可以将表中数据直接拟合出曲线方程中的 c_i 参数。

```
>> x=[0,0.2,0.4,0.7,0.9,0.92,0.99,1.2,1.4,1.48,1.5]';                %样本点数据
   y=[2.88;2.2576;1.9683;1.9258;2.0862;2.109;2.198;2.541;2.9627;3.155;3.2052];
   A=[ones(size(x)) exp(-3*x),cos(-2*x).*exp(-4*x) x.^2]; c=A\y; c1=c' %最小二乘
```

可以得出拟合参数 $\boldsymbol{c}^{\rm T}=[1.22,2.3397,-0.6797,0.87]$,将更密集的 $\boldsymbol{x}$ 向量代入该原型函数

```
>> x0=[0:0.01:1.5]'; B=[ones(size(x0)) exp(-3*x0) cos(-2*x0).*exp(-4*x0) x0.^2];
   y1=B*c; plot(x0,y1,x,y,'x') %拟合曲线计算与绘制
```

拟合曲线和已知数据点如图8-20所示,可见拟合效果是令人满意的。

例8-24　假设测出一组实际数据在表8-4中给出,试对其进行函数拟合。

表8-4　实测数据

x_i	1.1052	1.2214	1.3499	1.4918	1.6487	1.8221	2.0138	2.2255	2.4596	2.7183	3.6693
y_i	0.6795	0.6006	0.5309	0.4693	0.4148	0.3666	0.3241	0.2865	0.2532	0.2238	0.1546

解　可以用下面的语句将表中给出的数据用折线表示出来,如图8-21(a)所示。

```
>> x=[1.1052,1.2214,1.3499,1.4918,1.6487,1.8221,2.0138,2.2255,2.4596,2.7183,3.6693];
   y=[0.6795,0.6006,0.5309,0.4693,0.4148,0.3666,0.3241,0.2864,0.2532,0.2238,0.1546];
   plot(x,y,x,y,'*')
```

在实际曲线拟合时,有时从 x,y 本身看不出它们之间的关系,需要对数据进行可能的非线性变换,观察是

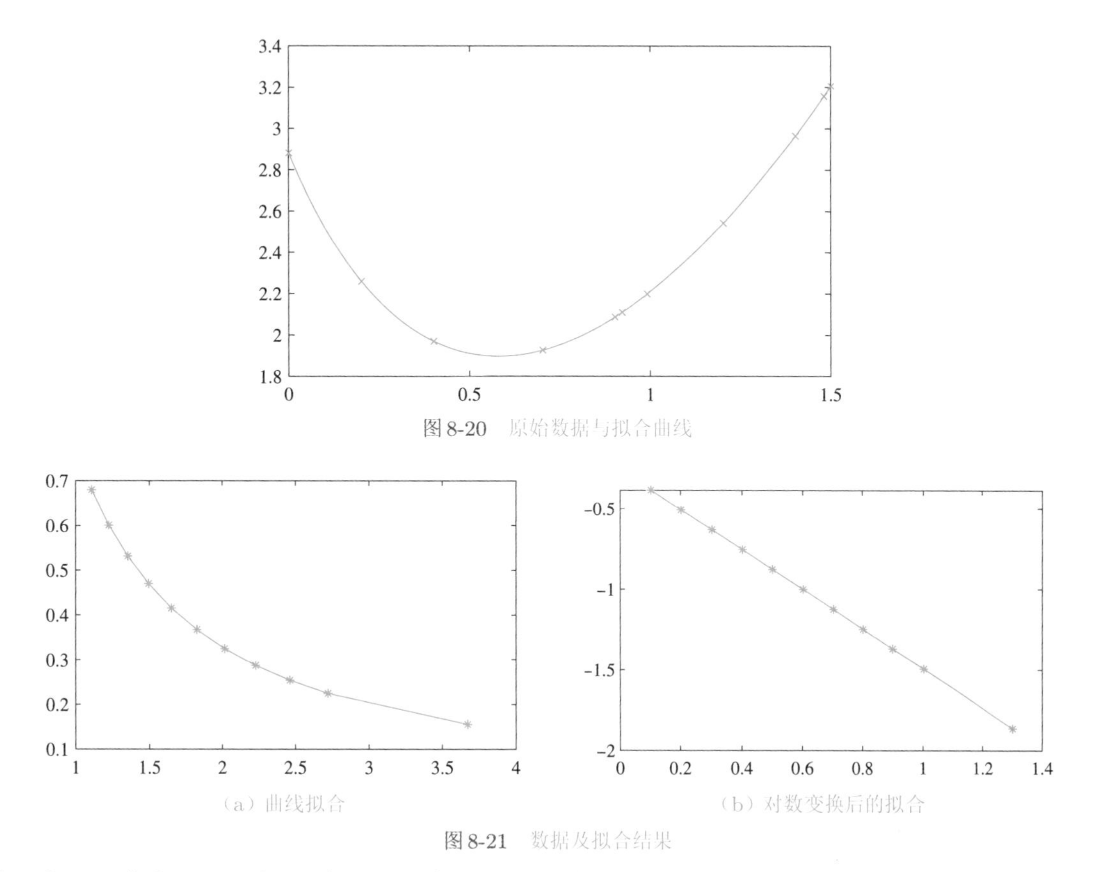

图 8-20 原始数据与拟合曲线

(a) 曲线拟合　　(b) 对数变换后的拟合

图 8-21 数据及拟合结果

否能得出线性关系。例如，对 x,y 分别进行对数变换，得出如图 8-21(b) 所示的曲线，可见二者是线性的。

```
>> x1=log(x); y1=log(y); plot(x1,y1,x1,y1,'*')          %对数处理效果
```

这样用线性函数拟合的方法可以得出线性参数，使得 $\ln y = a\ln x+b$，即 $y = \mathrm{e}^b x^a$，而系数 a,b 及 e^b 可以由下面的语句直接得出，$\boldsymbol{c} = [-1.2339, -0.2630]^\mathrm{T}$，且 $\mathrm{e}^b = 0.7687$，即可以得出拟合函数 $y(x) = 0.7687x^{-1.2339}$。

```
>> A=[x1' ones(size(x1'))]; c=[A\y1']', exp(c(2))   %最小二乘结果
```

例 8-25　多项式拟合可以认为是前面介绍的多函数线性组合的特例，这样可以选择各个函数为 $f_i(x) = x^{n+1-i}, i = 1,2,\cdots,n$，用该方法重新考虑例 8-21 中数据的多项式拟合问题并观察效果。

解　由上述的算法，可以立即得出数据的多项式拟合结果，和例 8-21 给出的结果完全一致。

```
>> x=[0:0.1:2]'; y=(x.^2-3*x+5).*exp(-5*x).*sin(x); n=7; A=[];   %样本点生成
   for i=1:n+1, A(:,i)=x.^(n+1-i); end, c=A\y                    %多项式拟合
```

8.3.3 最小二乘曲线拟合

假设有一组数据 $x_i, y_i, i = 1,2,\cdots,m$，且已知这组数据满足某一函数原型 $\hat{y}(x) = f(\boldsymbol{a},x)$，其中，$\boldsymbol{a}$ 为待定系数向量，则最小二乘曲线拟合的目标就是求出这一组待定系数的值，可以定义出下面的最优化问题。

$$J = \min_{\boldsymbol{a}} \sum_{i=1}^{m} [y_i - \hat{y}(x_i)]^2 = \min_{\boldsymbol{a}} \sum_{i=1}^{m} [y_i - f(\boldsymbol{a},x_i)]^2 \tag{8-3-4}$$

MATLAB 的最优化工具箱中提供了 `lsqcurvefit()` 函数，可以解决最小二乘曲线拟合的问题。该函数的调用格式为 $[a, J_\mathrm{m}]$=lsqcurvefit(Fun,a_0,x,y,options)，其中，Fun 为原型函数的 MATLAB

表示，可以是M函数或匿名函数，$\boldsymbol{a}_0$为最优化的初值，$\boldsymbol{x}$，$\boldsymbol{y}$为原始输入输出数据向量，options则为最优化工具箱通用的控制模板。该函数返回待定系数向量$\boldsymbol{a}$以及在此待定系数下的目标函数的值$J_{\rm m}$。

例8-26　假设由下面的语句生成一组数据$\boldsymbol{x}$和$\boldsymbol{y}$：

```
>> x=0:.1:10; y=0.12*exp(-0.213*x)+0.54*exp(-0.17*x).*sin(1.23*x); %生成样本点数据
```

并已知该数据满足原型为$y(x)=a_1{\rm e}^{-a_2x}+a_3{\rm e}^{-a_4x}\sin(a_5x)$，其中，$a_i$为待定系数。采用最小二乘曲线拟合的目的就是获得这些待定系数，使得目标函数的值为最小。

解　根据已知的函数原型，可以编写出如下的匿名函数。建立起函数的原型，则可以由下面的语句得出待定系数向量为$\boldsymbol{c}=[0.12,0.213,0.54,0.17,1.23]$，拟合残差为$1.7928\times10^{-16}$。可以看出，得出的待定系数精度较高。下面语句还可以绘制出拟合曲线与样本点，如图8-22所示，可见拟合精度很高。

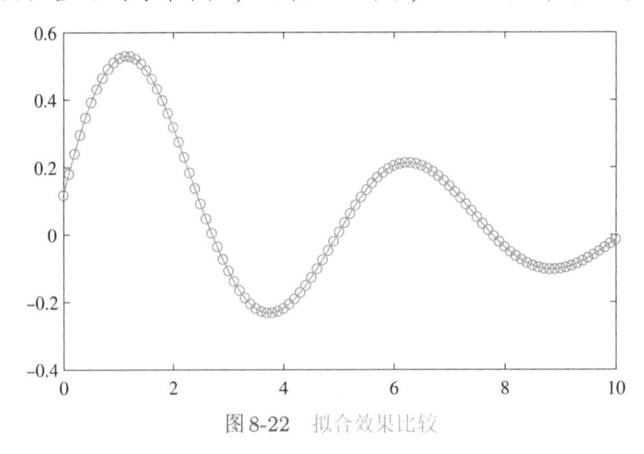

图8-22　拟合效果比较

```
>> f=@(a,x)a(1)*exp(-a(2)*x)+a(3)*exp(-a(4)*x).*sin(a(5)*x);    %表示原型函数
   [xx,res]=lsqcurvefit(f,[1,1,1,1,1],x,y)                      %最小二乘拟合
   x1=0:0.01:10; y1=f(xx,x1); plot(x1,y1,x,y,'o')               %拟合效果比较
```

例8-27　假设有一组实测数据由表8-5给出，且已知该数据可能满足的原型函数为$y(x)=ax+bx^2{\rm e}^{-cx}+d$，试求出满足下面数据的最小二乘解$a,b,c,d$的值。

表8-5　实测数据

x_i	0.1	0.2	0.3	0.4	0.5	0.6	0.7	0.8	0.9	1
y_i	2.3201	2.6470	2.9707	3.2885	3.6008	3.9090	4.2147	4.5191	4.8232	5.1275

解　下面的语句可以输入已知的参数：

```
>> x=0.1:0.1:1; %输入样本点数据
   y=[2.3201,2.6470,2.9707,3.2885,3.6008,3.9090,4.2147,4.5191,4.8232,5.1275];
```

令$a_1=a,a_2=b,a_3=c,a_4=d$，这样，原型函数可以写成$y(x)=a_1x+a_2x^2{\rm e}^{-a_3x}+a_4$，可以用匿名函数描述。下面语句可以得出函数的待定参数$\boldsymbol{a}=[3.1001,1.5027,4.0046,2]^{\rm T}$。注意，本例若不采用循环则可能收敛不到真值。

```
>> f=@(a,x)a(1)*x+a(2)*x.^2.*exp(-a(3)*x)+a(4); a=[1;2;2;3];        %原型函数、初值
   while (1), [a,b,c,d]=lsqcurvefit(f,a,x,y); if d>0, break; end, end  %最小二乘
```

用下面的语句还可以计算出各个点处的值，可以将二者曲线绘制在同一坐标系下，如图8-23所示。可见，二者还是很接近的，说明拟合效果较好。

```
>> y1=f(a,x); plot(x,y,x,y1,'o') %拟合效果比较
```

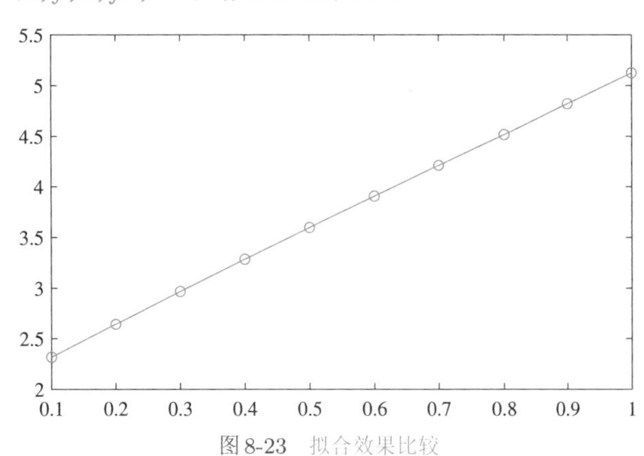

图8-23 拟合效果比较

8.3.4 多变量函数的最小二乘函数拟合

如果某函数含有若干自变量，且已知其原型函数 $\boldsymbol{z}=f(\boldsymbol{a},x_1,\ x_2,\cdots,x_m)$，则仍然可以使用函数 `lsqcurvefit()` 来拟合参数 $\boldsymbol{a}$，其中，$\boldsymbol{a}=[a_1,a_2,\cdots,a_n]$。该函数仍需要用户编写一个匿名函数或M函数来描述原型函数，然后调用 `lsqcurvefit()` 函数直接求解待定系数向量 $\boldsymbol{a}$。下面将通过例子演示多变量函数最小二乘拟合的求解方法。

例8-28 假设某三元函数的原型函数为 $v=a_1x^{a_2x}+a_3y^{a_4(x+y)}+a_5z^{a_6(x+y+z)}$，且已知一组输入输出数据，由文本文件 c8data1.dat 给出，该文件的前三列为自变量 x,y,z，第四列为返回向量，试采用拟合方法得出待定系数 a_i。

解 解决这类问题第一步仍然需要引入向量型的自变量 $\boldsymbol{x}$，如令 $x_1=x$, $x_2=y$, $x_3=z$，这样，原型函数可以重新表示为 $v=a_1x_1^{a_2x_1}+a_3x_2^{a_4(x_1+x_2)}+a_5x_3^{a_6(x_1+x_2+x_3)}$。因为给出的数据是纯文本文件，可以通过 load() 函数将其读入MATLAB工作空间，用子矩阵提取的方法将输入矩阵 $\boldsymbol{X}$ 和输出向量 $\boldsymbol{v}$ 提取出来，这样就可以用下面语句拟合出待定系数的值 $\boldsymbol{a}=[0.1,0.2,0.3,0.4,0.5,0.6]$，使得拟合误差的最小平方和最小，其值为 1.0904×10^{-7}。事实上，文件中给出的数据是假设 $\boldsymbol{a}=[0.1,0.2,0.3,0.4,0.5,0.6]$ 生成的，所以用这类给出的拟合方法可以很精确地得出待定系数。

```
>> f=@(a,X)a(1)*X(:,1).^(a(2)*X(:,1))+a(3)*X(:,2).^(a(4)*(X(:,1)+X(:,2)))+...
         a(5)*X(:,3).^(a(6)*(X(:,1)+X(:,2)+X(:,3)));        %三元原型函数的描述
   XX=load('c8data1.dat'); X=XX(:,1:3); v=XX(:,4);          %样本点数据读入
   a0=[2 3 2 1 2 3]; [a,f,err,key]=lsqcurvefit(f,a0,X,v)    %最小二乘拟合
```

8.4 已知函数的有理式逼近方法

8.4.1 Padé近似

假设某函数 $f(s)$ 的幂级数展开可以表示为

$$f(s)=c_0+c_1s+c_2s^2+c_3s^3+\cdots=\sum_{i=0}^{\infty}c_is^i \tag{8-4-1}$$

并假设r/m阶的Padé近似可以写成如下的有理函数形式：

$$G_m^r(s)=\frac{\beta_{r+1}s^r+\beta_r s^{r-1}+\cdots+\beta_1}{\alpha_{m+1}s^m+\alpha_m s^{m-1}+\cdots+\alpha_1}=\frac{\sum\limits_{i=1}^{r+1}\beta_i s^{i-1}}{\sum\limits_{i=1}^{m+1}\alpha_i s^{i-1}} \tag{8-4-2}$$

式中，$\alpha_1=1,\beta_1=c_1$。设$\sum\limits_{i=0}^{\infty}c_i s^i=G_m^r(s)$，则可以写出如下的等式：

$$\sum_{i=1}^{m+1}\alpha_i s^{i-1}\sum_{i=0}^{\infty}c_i s^i=\sum_{i=1}^{r+1}\beta_i s^{i-1} \tag{8-4-3}$$

对比等式中s相应次数的系数，令相应的s项系数的值相等，则$\alpha_i\ (i=2,3,\cdots,m+1)$和$\beta_i\ (i=2,3,\cdots,k+1)$系数可以从下面的方程求解出来。

$$\boldsymbol{W}\boldsymbol{x}=\boldsymbol{w},\ \boldsymbol{v}=\boldsymbol{V}\boldsymbol{y} \tag{8-4-4}$$

其中

$$\boldsymbol{W}=\begin{bmatrix} c_{r+1} & c_r & \cdots & 0 & \cdots & 0\\ c_{r+2} & c_{r+1} & \cdots & c_1 & \cdots & 0\\ \vdots & \vdots & \ddots & \vdots & \ddots & \vdots\\ c_{r+m} & c_{r+m-1} & \cdots & c_{m-1} & \cdots & c_{r+1}\end{bmatrix},\ \boldsymbol{V}=\begin{bmatrix} c_1 & 0 & 0 & \cdots & 0\\ c_2 & c_1 & 0 & \cdots & 0\\ \vdots & \vdots & \vdots & \ddots & \vdots\\ c_r & c_{r-1} & c_{r-2} & \cdots & c_1\end{bmatrix} \tag{8-4-5}$$

且

$$\begin{aligned}\boldsymbol{x}&=\big[\alpha_2,\alpha_3,\cdots,\alpha_{m+1}\big]^{\mathrm{T}}, & \boldsymbol{w}&=\big[-c_{r+2},-c_{r+3},\cdots,-c_{m+r+1}\big]^{\mathrm{T}}\\ \boldsymbol{v}&=\big[\beta_2-c_2,\beta_3-c_3,\cdots,\beta_{r+1}-c_{r+1}\big]^{\mathrm{T}}, & \boldsymbol{y}&=\big[\alpha_2,\alpha_3,\cdots,\alpha_{r+1}\big]^{\mathrm{T}}\end{aligned} \tag{8-4-6}$$

可以证明[104]，若Padé近似的分子与分母阶次相同或分母比分子高一阶，则该近似等效于Cauer II型连分式近似。可以编写一个MATLAB函数padefcn()来计算给定$f(x)$函数的Padé有理函数近似。该函数的清单如下：

```
function [nP,dP]=padefcn(c,r,m)
   arguments, c(1,:), r(1,1){mustBeInteger}, m(1,1){mustBeInteger}; end
   w=-c(r+2:m+r+1)'; vv=[c(r+1:-1:1)'; zeros(m-1-r,1)];
   W=rot90(hankel(c(m+r:-1:r+1),vv)); V=rot90(hankel(c(r:-1:1)));   %生成W,V矩阵
   x=[1 (W\w)']; y=[1 x(2:r+1)*V'+c(2:r+1)];                         %解方程得出x,y向量
   dP=x(m+1:-1:1)/x(m+1); nP=y(r+1:-1:1)/x(m+1);                    %构造分子与分母多项式
end
```

例8-29 试对$f(x)=\mathrm{e}^{-2x}$函数用有理函数近似。

解 可以选择不同的分母阶次，例如选择分子阶次为0，并选择不同的分母阶次，则可以得出不同的Padé有理近似式，近似曲线如图8-24所示。

```
>> syms x; c=taylor(exp(-2*x),'Order',10); c=sym2poly(c);       %Taylor级数
   c=c(end:-1:1); x=0:0.01:8; nd=[3:7]; plot(x,exp(-2*x));      %原函数
   for i=1:length(nd)      %循环结构，计算各阶有理函数逼近
      [n,d]=padefcn(c,0,nd(i)); y=polyval(n,x)./polyval(d,x); line(x,y)
   end
```

由图8-24可见，三阶近似得出的效果尚可，如果增加阶次，会得出更好的效果，八阶近似的结果还是很精

确的。八阶Padé近似表达式如下：

$$P_8(s)=\frac{157.5}{x^8+4x^7+14x^6+42x^5+105x^4+210x^3+315x^2+315x+157.5}$$

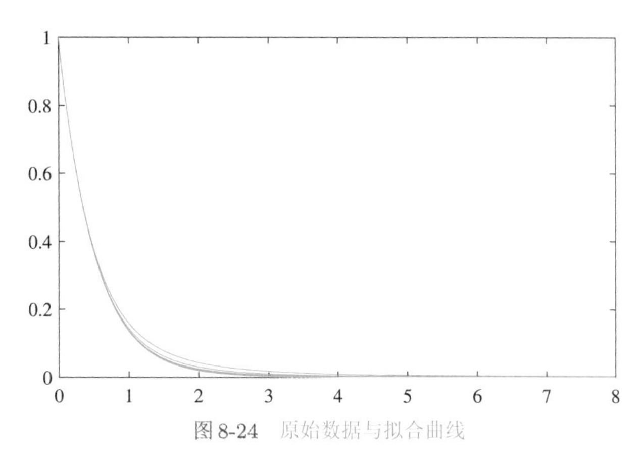

图8-24 原始数据与拟合曲线

另外，采用上述算法，可以编写出符号运算版的`padefcnsym()`函数。

```
function G=padefcnsym(f,r,m)
   c=taylor(f,'Order',r+m+1); c=sym2poly(c); c=sym(c(end:-1:1));      %符号变量版
   w=-c(r+2:m+r+1)'; vv=[c(r+1:-1:1)'; zeros(m-1-r,1)];
   W=rot90(hankel(c(m+r:-1:r+1),vv)); V=rot90(hankel(c(r:-1:1)));
   X=[1 (W\w)']; y=[1 X(2:r+1)*V'+c(2:r+1)]; dP=X(m+1:-1:1)/X(m+1);
   nP=y(r+1:-1:1)/X(m+1); syms x; G=poly2sym(nP,x)/poly2sym(dP,x);    %返回有理式
end
```

例8-30 用符号运算方式重新求解例8-29中的Padé近似模型。

解 给出下面语句，则能得出与前面完全一致的结果。

```
>> syms x; f=exp(-2*x); G=padefcnsym(f,0,8)    %八阶有理式逼近
```

8.4.2 给定函数的特殊多项式近似

除了Padé近似之外，实际上还可以使用其他的多项式，如Legendre、Chebyshev、Laguerre与Hermite等特殊多项式，这些特殊多项式的定义如下。

（1）Legendre多项式，其数学定义为

$$\mathrm{P}_n(x)=\frac{1}{2^{n-1}(n-1)!}\frac{\mathrm{d}^{n-1}}{\mathrm{d}x^{n-1}}(x^2-1)^{n-1},\quad n=1,2,3,\cdots \tag{8-4-7}$$

递推公式为$\mathrm{P}_1(x)=1$，$\mathrm{P}_2(x)=x$，$\mathrm{P}_{n+1}(x)=\dfrac{2n-1}{n}x\mathrm{P}_n(x)-\dfrac{n-1}{n}\mathrm{P}_{n-1}(x)$，$n=2,3,\cdots$。

（2）Chebyshev多项式的数学形式为

$$\mathrm{T}_n(x)=\cos\left[(n-1)\arccos x\right],\quad 其中，|x|\leqslant 1,\ n=1,2,3,\cdots \tag{8-4-8}$$

递推公式为$\mathrm{T}_1(x)=1$，$\mathrm{T}_2(x)=x$，$\mathrm{T}_{n+1}=2x\mathrm{T}_n(x)-\mathrm{T}_{n-1}(x)$，$n=2,3,\cdots$。

（3）Laguerre多项式的数学形式为

$$\mathrm{L}_n(x)=\frac{\mathrm{e}^x}{(n-1)!}\frac{\mathrm{d}^{n-1}}{\mathrm{d}x^{n-1}}x^{n-1}\mathrm{e}^{-x},\ 其中，x\geqslant 0,\ n=1,2,3,\cdots \tag{8-4-9}$$

递推公式为$L_1(x)=1$，$L_2(x)=1-x$，$L_{n+1}(x)=\dfrac{2n-1-x}{n}L_n(x)-\dfrac{n-1}{n}L_{n-1}(x)$，$n=2,3,\cdots$。

(4) Hermite多项式的数学形式为

$$H_n(x)=(-1)^{n-1}e^{x^2}\frac{d^{n-1}}{dx^{n-1}}e^{-x^2},\ |x|<\infty,\ n=1,2,3,\cdots \tag{8-4-10}$$

递推公式为$H_1(x)=1, H_2(x)=2x, H_{n+1}=2xH_n(x)-2(n-1)H_{n-1}(x), n=2,3,\cdots$。

可以编写出下面的MATLAB函数来生成特殊多项式P=fitting_poly(type,n,x)，其中，type可以标识多项式的类型。符号型的特殊多项式由向量$\boldsymbol{P}$返回。

```
function P=fitting_poly(type,N,x)
   arguments, type(1,1), N(1,1) {mustBeInteger,mustBePositive}, x(1,1), end
   switch type                    %处理不同的特殊多项式
      case {'P','Legendre'}       %Legendre多项式
         P=[1,x]; for n=2:N, P(n+1)=(2*n-1)/n*x*P(n)-(n-1)/n*P(n-1); end
      case {'T','Chebyshev'}      %Chebyshev多项式
         P=[1,x]; for n=2:N, P(n+1)=2*x*P(n)-P(n-1); end
      case {'L','Laguerre'}       %Laguerre多项式
         P=[1,1-x]; for n=2:N, P(n+1)=(2*n-1-x)/n*P(n)-(n-1)/n*P(n-1); end
      case {'H','Hermite'}        %Hermite多项式
         P=[1,2*x]; for n=2:N, P(n+1)=2*x*P(n)-2*(n-1)*P(n-1); end
end, end
```

例8-31　试生成各种多项式的第十项。

解　直接调用下面的语句来生成这些多项式，可以提取各个向量的最后一个元素。

```
>> syms x; P=fitting_poly('P',10,x); P=expand(P(end))     %Legendre多项式
   L=fitting_poly('L',10,x); L=expand(L(end))             %Chebyshev多项式
   T=fitting_poly('T',10,x); T=expand(T(end))             %Laguerre多项式
   H=fitting_poly('H',10,x); H=expand(H(end))             %Hermite多项式
```

这些多项式的第十项分别为

$$\begin{cases}P_{10}(x)=\dfrac{46189x^{10}}{256}-\dfrac{109395x^8}{256}+\dfrac{45045x^6}{128}-\dfrac{15015x^4}{128}+\dfrac{3465x^2}{256}-\dfrac{63}{256}\\ T_{10}(x)=512x^{10}-1280x^8+1120x^6-400x^4+50x^2-1\\ L_{10}(x)=\dfrac{x^{10}}{3628800}-\dfrac{x^9}{36288}+\dfrac{x^8}{896}-\dfrac{x^7}{42}+\dfrac{7x^6}{24}-\dfrac{21x^5}{10}+\dfrac{35x^4}{4}-20x^3+\dfrac{45x^2}{2}-10x+1\\ H_{10}(x)=1024x^{10}-23040x^8+161280x^6-403200x^4+302400x^2-30240\end{cases}$$

这些函数可以用作基函数，用最小二乘法得出近似函数。例如，若想用Chebyshev多项式拟合原函数，则可以用下面的m项原型函数。

$$\boldsymbol{y}=\boldsymbol{f}(\boldsymbol{a},\boldsymbol{x})=a_1T_1(\boldsymbol{x})+a_2T_2(\boldsymbol{x})+\cdots+a_mT_m(\boldsymbol{x}) \tag{8-4-11}$$

这样，可以用lsqcurvefit()函数来求待定系数a_i。上面提及的fitting_poly()函数并不适合于最优函数逼近，所以可以编写下面的函数来描述Chebyshev多项式拟合。

```
function y=cheby_poly(a,x)
   arguments, a(:,1), x(:,1); end                          %a与x均是列向量
```

```
    n=length(a); X=[ones(size(x)) x];                        %前两列
    for i=2:n-1, X(:,i+1)=2*x.*X(:,i)-X(:,i-1); end, y=X*a;  %Chebyshev公式
end
```

例8-32 考虑例8-21中的多项式拟合问题,试用Chebyshev多项式重新求解函数逼近问题。

解 Chebyshev多项式拟合可以通过下面语句直接实现,最终得出多项式的系数。

```
>> x0=[0:.1:1]'; y0=(x0.^2-3*x0+5).*exp(-5*x0).*sin(x0);  %生成样本点数据
   a0=ones(7,1); a=lsqcurvefit(@cheby_poly,a0,x0,y0)       %最小二乘法
   syms x; T=fitting_poly('T',6,x); P=vpa(expand(T*a),4)   %获得拟合多项式
```

得出的系数向量 $\boldsymbol{a} = [-41.6760, 74.3281, -52.0080, 27.6921, -10.6832, 2.7153, -0.3514]^{\mathrm{T}}$，对应的多项式为 $P(x) = -11.24x^6 + 43.44x^5 - 68.6x^4 + 56.46x^3 - 24.88x^2 + 4.828x + 0.0001975$，拟合的效果与例8-21中完全一致,可以看出,用最小二乘法得出的拟合多项式基本上就是最优多项式,其效果与polyfit()很接近。

8.5 特殊函数及曲线绘制

在积分运算中,经常会发现某些函数是不可积的。例如,前面介绍被积函数 e^{-x^2} 不可积时,曾引入了特殊函数erf(•)来表示积分结果。在实际应用中,这类函数很多。常用的有误差函数、Gamma函数、Beta函数、超几何函数等。另外在后面将介绍的微分方程求解中,也会将某些不可解析求解的非线性代数方程与微分方程的解表示成特殊函数形式,如Bessel、Legendre、Mittag-Leffler函数等,本节将介绍这些常用的特殊函数,并给出这些函数的函数曲线。

8.5.1 误差函数与补误差函数

误差函数(error function)的数学形式为

$$\mathrm{erf}(z) = \frac{2}{\sqrt{\pi}}\int_0^z \mathrm{e}^{-t^2}\mathrm{d}t = \frac{1}{\sqrt{\pi}}\int_{-z}^z \mathrm{e}^{-t^2}\mathrm{d}t \tag{8-5-1}$$

可见,误差函数满足下面的式子:

$$\mathrm{erf}(0) = \frac{2}{\sqrt{\pi}}\int_0^0 \mathrm{e}^{-t^2}\mathrm{d}t = 0,\quad \mathrm{erf}(\infty) = \frac{2}{\sqrt{\pi}}\int_0^\infty \mathrm{e}^{-t^2}\mathrm{d}t = 1,\quad \mathrm{erf}(-\infty) = -1 \tag{8-5-2}$$

误差函数还可以表示成无穷级数的求和形式:

$$\mathrm{erf}(z) = \frac{2}{\sqrt{\pi}}\sum_{k=0}^{\infty}\frac{(-1)^k z^{2k+1}}{(2k+1)\,k!} \tag{8-5-3}$$

该级数表达式的收敛域为 $|z| < \infty$。

MATLAB提供了erf()函数来计算误差函数,其调用格式为 y=erf(z)。

补误差函数(complimentary error function)的数学定义为

$$\mathrm{erfc}(z) = \frac{2}{\sqrt{\pi}}\int_z^\infty \mathrm{e}^{-t^2}\mathrm{d}t \tag{8-5-4}$$

可以立即从定义中看出这两个误差函数之间的关系为 $\mathrm{erfc}(z) = 1 - \mathrm{erf}(z)$，也可以用MATLAB提供的 y=erfc(z)函数来计算补误差函数erfc(z)。值得指出的是,这两个函数只能处理实数 $\boldsymbol{z}$ 的问题。

例8-33 试绘制误差函数与补误差函数的曲线。

解 可以用下面语句直接绘制出误差函数与补误差函数的曲线,如图8-25所示。

```
>> x=-5:0.1:5; y1=erf(x); y2=erfc(x); plot(x,y1,x,y2,'--')
```

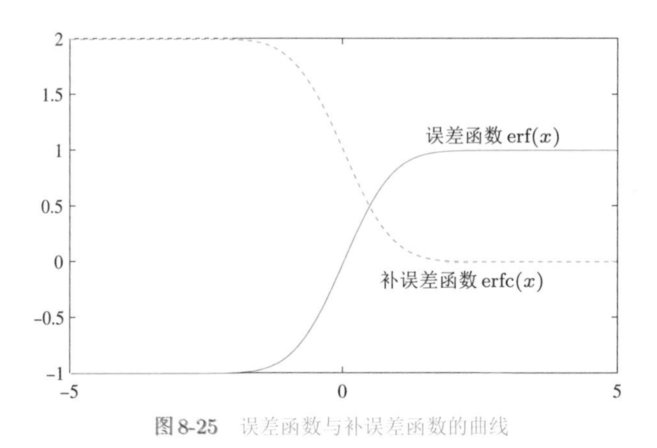

图8-25 误差函数与补误差函数的曲线

8.5.2 Gamma函数

1. 普通Gamma函数

Gamma函数是下面无穷积分的解:

$$\Gamma(\alpha)=\int_0^{\infty}\mathrm{e}^{-t}t^{\alpha-1}\mathrm{d}t \tag{8-5-5}$$

例8-34 试证明若α为非负整数,则$\Gamma(\alpha+1)=\alpha!$。

解 上面的性质可以通过MATLAB的符号运算直接证明。

```
>> syms t alpha; assume(alpha,'integer'); assumeAlso(alpha>=0);   %声明非负整数
   I=int(exp(-t)*t^alpha,t,0,inf)              %结果为factorial(alpha)
```

可见,Gamma函数为阶乘在实数域上的推广。此外,若α为负整数,则$\Gamma(\alpha+1)$趋于$\pm\infty$。

Gamma函数可以由 y=gamma(x) 直接求出,其中,$\boldsymbol{x}$可以为实数向量,这样gamma()函数将得出$\boldsymbol{x}$向量每个点上的Gamma函数值。

例8-35 试通过MATLAB的符号运算证明Gamma函数性质。

$$\Gamma\left(\frac{1}{2}\right)=\sqrt{\pi},\quad \Gamma(\alpha)\Gamma(1-\alpha)=\frac{\pi}{\sin\pi\alpha},\quad \Gamma(\alpha)\Gamma(-\alpha)=\frac{-\pi}{\alpha\sin\pi\alpha} \tag{8-5-6}$$

$$\Gamma\left(\frac{1}{2}+\alpha\right)\Gamma\left(\frac{1}{2}-\alpha\right)=\frac{\pi}{\cos\pi\alpha},\quad \lim_{\alpha\to\infty}\frac{\alpha^z\Gamma(\alpha)}{\Gamma(\alpha+z)}=1,\quad \mathrm{Re}(z)>0 \tag{8-5-7}$$

解 由下面语句可以直接证明这些Gamma函数的性质。

```
>> syms t z alpha; I1=gamma(sym(1/2)), I2=simplify(gamma(alpha)*gamma(1-alpha))
   I3=simplify(gamma(alpha)*gamma(-alpha))            %式(8-5-6)中的三个式子的证明
   I4=simplify(gamma(1/2+alpha)*gamma(1/2-alpha))   %式(8-5-7)中第一个式子的证明
   I5=limit(alpha^z*gamma(alpha)/gamma(alpha+z),alpha,inf)   %式(8-5-7)第二式证明
```

例8-36 试绘制$(-5,5)$区间内Gamma函数的曲线。

解 下面语句可以直接绘制出Gamma函数曲线,如图8-26所示。因为$\Gamma(\alpha)$在$\alpha=0,-1,-2,\cdots$时趋于无穷大,所以为了使得出的图形含义更清晰,人为地减小了y轴显示的范围。

```
>> x=-5:0.002:5; plot(x,gamma(x)), ylim([-15,15])   %Gamma函数的曲线绘制
```

例8-37 某些积分问题可以利用Gamma函数直接求解,试写出下面无穷积分的“解析解”。

$$I_1=\int_0^{\pi/2}\sin^{2m-1}t\cos^{2n-1}t\,\mathrm{d}t,\quad I_2=\int_0^{\infty}t^{x-1}\cos t\,\mathrm{d}t,\quad x>0$$

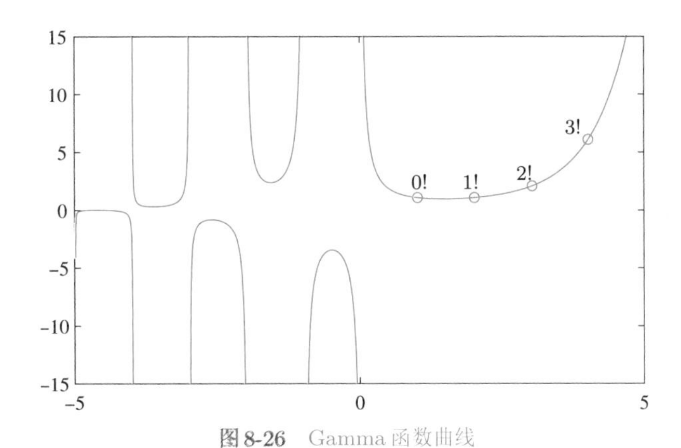

图8-26 Gamma函数曲线

解 下面语句可以直接求出这两个积分。

```
>> syms t z; syms x m n positive                        %声明符号变量
   I1=int(sin(t)^(2*m-1)*cos(t)^(2*n-1),t,0,pi/2)    %第一个式子的计算
   I2=simplify(int(t^(x-1)*cos(t),t,0,inf))           %第二个式子的计算
```

得出的结果分别为$I_1=\dfrac{\Gamma(n)\Gamma(m)}{2\Gamma(n+m)}$，$I_2=\dfrac{2^{x-1}\sqrt{\pi}\,\Gamma(x/2)}{\Gamma((1-x)/2)}$，收敛区间为$x<1$。

Gamma函数的值可以通过数值积分求解，也可以由下面无穷级数计算出来。

$$\Gamma(x)=\frac{1}{x}\mathrm{e}^{-\gamma x}\prod_{n=1}^{\infty}\left(\frac{n}{n+x}\right)\mathrm{e}^{x/n} \tag{8-5-8}$$

其中，$\gamma\approx0.57721566490153286$为Euler γ常数。

2. 不完全Gamma函数

不完全Gamma函数的定义为

$$\Gamma(x,\alpha)=\frac{1}{\Gamma(\alpha)}\int_0^x \mathrm{e}^{-t}t^{\alpha-1}\mathrm{d}t,\quad x\geqslant0 \tag{8-5-9}$$

MATLAB语言提供了y=gammainc(x,α)函数来求取不完全Gamma函数。

3. Gamma复数函数的计算

前面提到过，MATLAB的gamma()函数只能求解实数变元的问题，如果z为复数向量，则可以采用数值积分的方式计算Gamma函数：

```
function y=gamma_c(z)       %用向量积分的方式定义数值积分
   y=integral(@(t)exp(-t).*t.^(z-1),0,inf,'ArrayValued',true);
end
```

8.5.3 Beta函数

由下面的积分可以定义出Beta函数：

$$\mathrm{B}(z,m)=\int_0^1 t^{z-1}(1-t)^{m-1}\mathrm{d}t,\quad \mathrm{Re}(m)>0,\quad \mathrm{Re}(z)>0 \tag{8-5-10}$$

由上面的定义和性质可见，例8-37中的I_1可以进一步简化为$\mathrm{B}(m,n)/2$。Beta函数可以通过MATLAB函数y=beta(x,m)直接计算。

例8-38 试绘制出各种m值下的Beta函数曲线表示。

解 若$m=1$，可以直接绘制出Beta函数曲线，如图8-27(a)所示。若取不同的m值，还可以得出Beta函数的曲面表示，如图8-27(b)所示。

```
>> m=1; x=0.1:0.1:3; y=beta(m,x); plot(x,y); figure;          %Beta函数曲线绘制
   m=1:10; Z=[]; for i=m, Z=[Z; beta(i,x)]; end; surf(x,m,Z)   %表面图表示
```

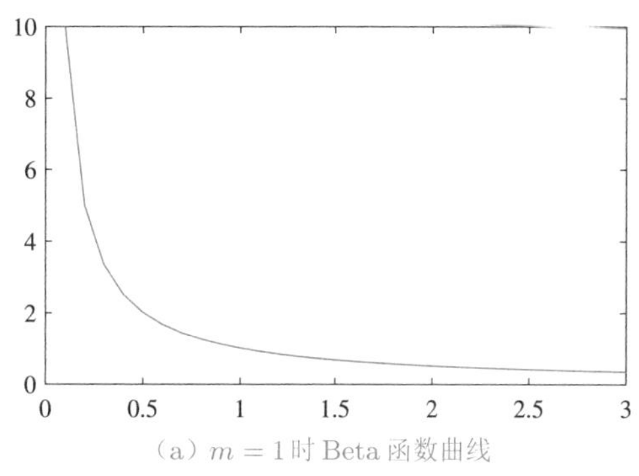

（a）$m=1$时Beta函数曲线

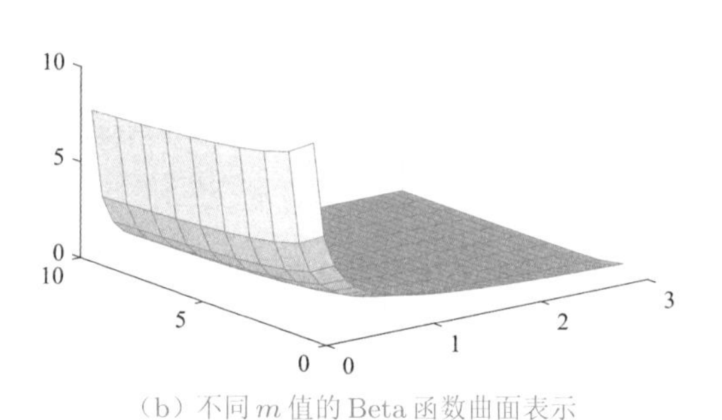

（b）不同m值的Beta函数曲面表示

图8-27 Beta函数曲线

对任意的m,z，Gamma函数与Beta函数之间的关系为

$$\mathrm{B}(m,z)=\frac{\Gamma(m)\Gamma(z)}{\Gamma(m+z)} \tag{8-5-11}$$

类似于不完全Gamma函数，还可以定义出归一化的不完全Beta函数。

$$\mathrm{B}_x(z,m)=\frac{1}{\mathrm{B}(z,m)}\int_0^x t^{z-1}(1-t)^{m-1}\mathrm{d}t,\quad \mathrm{Re}(m)>0,\quad \mathrm{Re}(z)>0 \tag{8-5-12}$$

其中，$0\leqslant x\leqslant 1$。

不完全Beta函数可以由MATLAB函数直接计算y=`betainc`(x,z,m)。

8.5.4 Bessel函数

考虑下面的Bessel微分方程：

$$t^2\frac{\mathrm{d}^2x}{\mathrm{d}t^2}+t\frac{\mathrm{d}x}{\mathrm{d}t}+(t^2-\lambda^2)x=0 \tag{8-5-13}$$

若λ为非整数，则采用幂级数求解方法，可以将该方程的通解写成

$$x(t)=\mathrm{C}_1\mathrm{J}_\lambda(t)+\mathrm{C}_2\mathrm{J}_{-\lambda}(t) \tag{8-5-14}$$

其中，C_1和C_2为任意常数，$\mathrm{J}_\lambda(t)$为第一类λ阶Bessel函数。

$$\mathrm{J}_\lambda(t)=\sum_{m=0}^{\infty}(-1)^m\frac{t^{\lambda+2m}}{2^{\lambda+2m}m!\,\Gamma(\lambda+m+1)} \tag{8-5-15}$$

该定义也适用于λ为非负整数的情形。若$\lambda=n$为正整数，第一类Bessel函数有如下性质：

$$\mathrm{J}_n(t)=(-1)^n\mathrm{J}_{-n}(t),\quad \frac{\mathrm{J}_n(x)}{\mathrm{d}t}=\frac{n}{t}\mathrm{J}_n(t)-\mathrm{J}_{n+1}(t),\quad \int t^n\mathrm{J}_{n-1}(t)\mathrm{d}t=t^n\mathrm{J}_n(t) \tag{8-5-16}$$

若$\lambda=n$为整数，则$\mathrm{J}_n(t)$与$\mathrm{J}_{-n}(t)$线性相关，故方程的解不能用式(8-5-14)来表示，需要引入第二类n阶Bessel函数（或称Neumann函数）。

$$\mathrm{N}_\lambda(t)=\frac{\mathrm{J}_\lambda(t)\cos\lambda t-\mathrm{J}_{-\lambda}(t)}{\sin\lambda t} \tag{8-5-17}$$

这时，取$\lambda=n$，则式(8-5-13)的解可以改写成

$$x(t)=\mathrm{C}_1\mathrm{J}_n(t)+\mathrm{C}_2\mathrm{H}_n(t) \tag{8-5-18}$$

MATLAB中提供的besselj()函数可以直接求取第一类Bessel函数的值：y=besselj(λ,x)，其中，λ为阶次。第二类Bessel函数可以由bessely()函数直接求解，其格式与besselj()完全一致。MATLAB还提供了第三类Bessel函数（又称Hankel函数）的计算函数besselh()。

例8-39 试用图形方式表示第一类Bessel函数曲线。

解 可以由下面语句绘制出各种Bessel函数曲线，如图8-28(a)、(b)所示。

```
>> lam=0; x=-10:0.1:10; y=besselj(lam,x); plot(x,y); figure;    %Bessel函数绘制
   lam=-2:2; for i=lam, plot(x,besselj(i,x)); hold on; end        %其他Bessel函数绘制
```

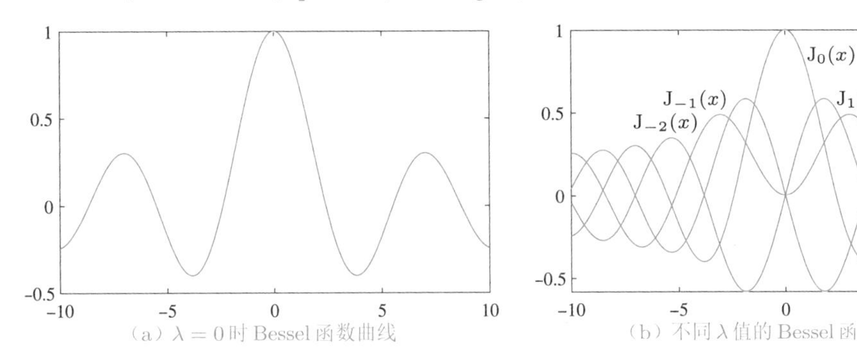

(a) $\lambda=0$时Bessel函数曲线　(b) 不同λ值的Bessel函数曲线

图8-28 第一类Bessel曲线

8.5.5 Legendre函数

考虑下面的Legendre微分方程：

$$(1-t^2)\frac{\mathrm{d}^2x}{\mathrm{d}t^2}-2t\frac{\mathrm{d}x}{\mathrm{d}t}+n(n+1)x=0 \tag{8-5-19}$$

该方程没有解析解，所以可以通过引入Legendre函数将其解析解的通式写成

$$x(t)=\mathrm{C}_1\mathrm{P}_n(t)+\mathrm{C}_2\mathrm{Q}_n(t) \tag{8-5-20}$$

其中，$\mathrm{C}_1,\mathrm{C}_2$为任意常数，$\mathrm{P}_n(t)$和$\mathrm{Q}_n(t)$分别为如下定义的第一、二类Legendre函数。

$$\mathrm{P}_n(t)=\sum_{k=0}^{\infty}(-1)^k\frac{\Gamma(k+n+1)}{(k!)^2\Gamma(n-k+1)}\left(\frac{1-t}{2}\right)^k,\quad |1-t|<2 \tag{8-5-21}$$

$$\mathrm{Q}_n(t)=\frac{1}{2}\mathrm{P}_n(t)\ln\left(\frac{t+1}{t-1}\right)-\sum_{k=1}^{n}\frac{1}{k}\mathrm{P}_{k-1}(t)\mathrm{P}_{n-k}(t) \tag{8-5-22}$$

还可以将式(8-5-19)拓展，构造出一系列关联Legendre微分方程。

$$(1-t^2)\frac{\mathrm{d}^2x}{\mathrm{d}t^2}-2t\frac{\mathrm{d}x}{\mathrm{d}t}+\left[n(n+1)-\frac{m^2}{1-t^2}\right]x=0 \tag{8-5-23}$$

这时，关联Legendre函数可以记作$\mathrm{P}_n^m(t)$，满足

$$\mathrm{P}_n^m(t)=(-1)^m(1-t^2)^{m/2}\frac{\mathrm{d}^m}{\mathrm{d}t^m}\mathrm{P}_n(t) \tag{8-5-24}$$

MATLAB函数 `Y=legendre(n,t)` 可以用来计算关联Legendre函数 $\mathrm{P}_n^m(t)$，这时，$\boldsymbol{Y}$ 是一个矩阵，其各行分别为 $\mathrm{P}_n^0(\boldsymbol{t}),\mathrm{P}_n^1(\boldsymbol{t}),\cdots,\mathrm{P}_n^n(\boldsymbol{t})$，该函数要求 $-1<\boldsymbol{t}<1$。

例8-40 Legendre函数曲线可以由下面语句直接绘制出来，如图8-29所示。其他阶次的Legendre函数也可以仿照这里的命令直接绘制。

```
>> x=-1:0.04:1; Y=legendre(2,x); plot(x,Y) %Legendre函数曲线绘制
```

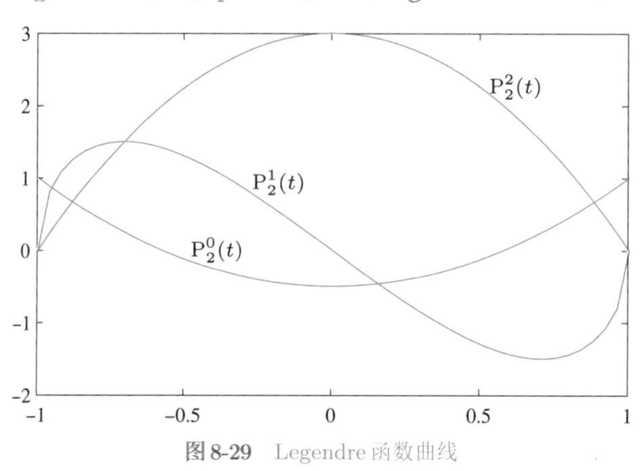

图8-29 Legendre函数曲线

8.5.6 超几何函数

超几何函数(hypergeometric function)的一般形式为[105]

$$
{}_p\mathrm{F}_q(a_1,a_2,\cdots,a_p;b_1,b_2,\cdots,b_q;z)=\frac{\Gamma(b_1)\Gamma(b_2)\cdots\Gamma(b_q)}{\Gamma(a_1)\Gamma(a_2)\cdots\Gamma(a_p)}\sum_{k=0}^{\infty}\frac{\Gamma(a_1+k)\Gamma(a_2+k)\cdots\Gamma(a_p+k)}{\Gamma(b_1+k)\Gamma(b_2+k)\cdots\Gamma(b_q+k)}\frac{z^k}{k!} \tag{8-5-25}
$$

其中，b_i 不能是非正整数。如果 $p\leqslant q$，则该函数对所有的 z 都是收敛的；如果 $p=q+1$，则函数在 $|z|<1$ 时收敛；若 $p>q+1$，则对所有的 z 函数都将发散。

超几何函数还可以定义为

$$
{}_p\mathrm{F}_q(a_1,a_2,\cdots,a_p;b_1,b_2\cdots,b_q;z)=\sum_{k=0}^{\infty}\frac{(a_1)_k(a_2)_k\cdots(a_p)_k}{(b_1)_k(b_2)_k\cdots(b_q)_k}\frac{z^k}{k!} \tag{8-5-26}
$$

其中，$(\gamma)_k$ 为Pochhammer符号，其定义为

$$
(\gamma)_k=\gamma(\gamma+1)(\gamma+2)\cdots(\gamma+k-1)=\frac{\Gamma(k+\gamma)}{\Gamma(\gamma)} \tag{8-5-27}
$$

Pochhammer符号又称为升序阶乘(rising factorial)。可见，如果 $\gamma=1$，则

$$
(1)_k=\frac{\Gamma(k+1)}{\Gamma(1)}=k! \tag{8-5-28}
$$

这里，只介绍两种常用的超几何函数——Kummer和Gauss超几何函数。

(1) Kummer超几何函数，即 $p=q=1$ 时的超几何函数，又称合流超几何函数(confluent hypergeometric function)，其定义为

$$
{}_1\mathrm{F}_1(a;b;z)=\frac{\Gamma(b)}{\Gamma(a)}\sum_{k=0}^{\infty}\frac{\Gamma(a+k)}{\Gamma(b+k)\,k!}z^k \tag{8-5-29}
$$

Kummer超几何函数经常记作$M(a,b,z)$。若$b>a$，该函数也可以描述为

$$ {}_1\mathrm{F}_1(a;b;z)=\frac{\Gamma(b)}{\Gamma(a)\Gamma(b-a)}\int_0^1 t^{a-1}(1-t)^{b-a-1}\mathrm{e}^{zt}\mathrm{d}t \tag{8-5-30} $$

（2）Gauss超几何函数，即$p=2,q=1$时的超几何函数，其定义为

$$ {}_2\mathrm{F}_1(a,b;c;z)=\frac{\Gamma(c)}{\Gamma(a)\Gamma(b)}\sum_{k=0}^{\infty}\frac{\Gamma(a+k)\Gamma(b+k)}{\Gamma(c+k)\,k!}z^k \tag{8-5-31} $$

如果c为非负整数，则该函数对所有的z都收敛。

MATLAB符号运算工具箱提供的`y=hypergeom([a1,a2,⋯,ap],[b1,b2,⋯,bq],z)`函数可以用于求解超几何函数${}_p\mathrm{F}_q(a_1,a_2,\cdots,a_p;b_1,b_2,\cdots,b_q;z)$。可由`y=hypergeom(a,b,z)`函数直接计算函数${}_1\mathrm{F}_1(a,b;z)$，而函数${}_2\mathrm{F}_1(a,b;c;z)$可以由`y=hypergeom([a,b],c,z)`直接计算。

例8-41 试绘制Gauss超几何函数${}_2\mathrm{F}_1(1.5,-1.5;1/2;(1-\cos x)/2)$的曲线。

解 超几何函数${}_2\mathrm{F}_1(1.5,-1.5;1/2;(1-\cos x)/2)$可以简化成$\cos 1.5x$。若使用`hypergeom()`函数，则可以绘制出该超几何函数的曲线，该曲线与$\cos 1.5x$在$[-\pi,\pi]$区间完全重合。

```
>> syms x, f=cos(1.5*x); f1=0.5*(1-cos(x)); y=hypergeom([1.5,-1.5],0.5,f1);
   fplot([f y],[-pi,pi]) %原函数与超几何函数绘制
```

8.6 Mittag-Leffler函数

Mittag-Leffler函数是指数函数的直接拓展。Mittag-Leffler函数的最简单形式是1903年由瑞典数学家Magnus Gustaf Mittag-Leffler提出的[50,51]，又称其为单参数Mittag-Leffler函数，后来又出现了双参数和多参数Mittag-Leffler函数。Mittag-Leffler函数在分数阶微积分学中的作用和指数函数在整数阶微积分学中的作用相仿。这里将介绍各种Mittag-Leffler函数及计算。

最简单的Mittag-Leffler函数为单参数Mittag-Leffler函数，其定义为

$$ \mathrm{E}_\alpha(z)=\sum_{k=0}^{\infty}\frac{z^k}{\Gamma(\alpha k+1)} \tag{8-6-1} $$

其中，α为复数，该无穷级数收敛的条件为$\mathrm{Re}(\alpha)>0$。

显然，指数函数e^z是Mittag-Leffler函数的一个特例，当$\alpha=1$时有

$$ \mathrm{E}_1(z)=\sum_{k=0}^{\infty}\frac{z^k}{\Gamma(k+1)}=\sum_{k=0}^{\infty}\frac{z^k}{k!}=\mathrm{e}^z \tag{8-6-2} $$

另外还可以推导出$\alpha=2,\alpha=1/2$时，

$$ \mathrm{E}_2(z)=\sum_{k=0}^{\infty}\frac{z^k}{\Gamma(2k+1)}=\sum_{k=0}^{\infty}\frac{(\sqrt{z})^{2k}}{(2k)!}=\cosh\sqrt{z} \tag{8-6-3} $$

$$ \mathrm{E}_{1/2}(z)=\sum_{k=0}^{\infty}\frac{z^k}{\Gamma(k/2+1)}=\mathrm{e}^{z^2}(1+\mathrm{erf}(z))=\mathrm{e}^{z^2}\mathrm{erfc}(-z) \tag{8-6-4} $$

考虑前面给出的单参数Mittag-Leffler函数。在分母Gamma函数中将1替换成另一个自由变量β，则可以定义出如下的双参数Mittag-Leffler函数：

$$ \mathrm{E}_{\alpha,\beta}(z)=\sum_{k=0}^{\infty}\frac{z^k}{\Gamma(\alpha k+\beta)} \tag{8-6-5} $$

其中，α,β为复数，且使得无穷级数对任意复数z收敛的前提条件是$\mathrm{Re}(\alpha)>0$，$\mathrm{Re}(\beta)>0$。若$\beta=1$，则双参数Mittag-Leffler函数退化成单参数Mittag-Leffler函数，即

$$\mathrm{E}_{\alpha,1}(z)=\mathrm{E}_{\alpha}(z) \tag{8-6-6}$$

所以可以认为单参数函数是双参数函数的一个特例。

由Mittag-Leffler函数的定义还可以导出其他的特例，如：

$$\mathrm{E}_{1,2}(z)=\sum_{k=0}^{\infty}\frac{z^k}{\Gamma(k+2)}=\frac{1}{z}\sum_{k=0}^{\infty}\frac{z^{k+1}}{(k+1)!}=\frac{\mathrm{e}^z-1}{z} \tag{8-6-7}$$

$$\mathrm{E}_{1,3}(z)=\sum_{k=0}^{\infty}\frac{z^k}{\Gamma(k+3)}=\sum_{k=0}^{\infty}\frac{z^k}{(k+2)!}=\frac{1}{z^2}\sum_{k=0}^{\infty}\frac{z^{k+2}}{(k+2)!}=\frac{\mathrm{e}^z-1-z}{z^2} \tag{8-6-8}$$

更一般地[106]，

$$\mathrm{E}_{1,m}(z)=\sum_{k=0}^{\infty}\frac{z^k}{\Gamma(k+m)}=\frac{1}{z^{m-1}}\sum_{k=0}^{\infty}\frac{z^{k+m-1}}{(k+m-1)!}=\frac{1}{z^{m-1}}\left(\mathrm{e}^z-\sum_{k=0}^{m-2}\frac{z^k}{k!}\right) \tag{8-6-9}$$

此外还可以推导出：

$$\mathrm{E}_{2,2}(z)=\sum_{k=0}^{\infty}\frac{z^k}{\Gamma(2k+2)}=\frac{1}{\sqrt{z}}\sum_{k=0}^{\infty}\frac{(\sqrt{z})^{2k+1}}{(2k+1)!}=\frac{\sinh\sqrt{z}}{\sqrt{z}} \tag{8-6-10}$$

$$\mathrm{E}_{2,1}(z^2)=\sum_{k=0}^{\infty}\frac{z^{2k}}{\Gamma(2k+1)}=\sum_{k=0}^{\infty}\frac{z^{2k}}{(2k)!}=\cosh z \tag{8-6-11}$$

$$\mathrm{E}_{2,2}(z^2)=\sum_{k=0}^{\infty}\frac{z^{2k}}{\Gamma(2k+2)}=\frac{1}{z}\sum_{k=0}^{\infty}\frac{z^{2k+1}}{(2k+1)!}=\frac{\sinh z}{z} \tag{8-6-12}$$

自变量z的单参数和双参数的Mittag-Leffler函数可以由下面的MATLAB函数直接求解，相应的调用格式分别为F_1=mittag_leffler(α,z)或F_1=mittag_leffler([α,β],z)。

```
function f=mittag_leffler(v,z)                          %Mittag-Leffler函数解析运算
   arguments v(1,:), z(1,1); end
   v=[v,1]; a=v(1); b=v(2);                             %规范参数提取
   syms k; f=simplify(symsum(z^k/gamma(a*k+b),k,0,inf));  %解析计算
end
```

例8-42　试求出单参数α下的Mittag-Leffler函数的解析表达式。例如，取$\alpha=1/3,3,4,5,\cdots$。

解　通过直接调用前面给出的**mittag_leffler()**函数的方法即可以由定义解析地求出所需的Mittag-Leffler函数。

```
>> syms z; I1=mittag_leffler(1/sym(3),z), I2=mittag_leffler(3,z)
   I3=mittag_leffler(4,z), I4=mittag_leffler(5,z)      %函数解析运算
```

其中，第一个函数在新版本下不能得出解析解，其余的均为超几何函数：

$$I_2={}_0\mathrm{F}_2\left(;\frac{1}{3},\frac{2}{3};\frac{z}{27}\right),\quad I_3={}_0\mathrm{F}_3\left(;\frac{1}{4},\frac{1}{2},\frac{3}{4};\frac{z}{256}\right),\quad I_4={}_0\mathrm{F}_4\left(;\frac{1}{5},\frac{2}{5},\frac{3}{5},\frac{4}{5};\frac{z}{3125}\right)$$

例8-43　试求出双参数的Mittag-Leffler函数，如$\mathrm{E}_{4,1}(z)$，$\mathrm{E}_{4,5}(z)$，$\mathrm{E}_{5,6}(z)$，$\mathrm{E}_{1/2,4}(z)$。

解　代入合适的α,β参数，则可以给出下面语句直接求解：

```
>> syms z, I5=mittag_leffler([4,1],z), I6=mittag_leffler([4,5],z)
   I7=mittag_leffler([5,6],z), I8=mittag_leffler([1/sym(2),4],z)   %解析计算
```

得出的结果全是超几何函数。

$$I_5={}_0\mathrm{F}_3\left(;\frac{1}{4},\frac{1}{2},\frac{3}{4};\frac{z}{256}\right),\ I_6=\frac{1}{z}\left[{}_0\mathrm{F}_3\left(;\frac{1}{4},\frac{1}{2},\frac{3}{4},\frac{z}{256}\right)-1\right],\ I_7=\frac{1}{z}\left[{}_0\mathrm{F}_4\left(;\frac{1}{5},\frac{2}{5},\frac{3}{5},\frac{4}{5};\frac{z}{3125}\right)-1\right]$$

更一般地，三参数和四参数的Mittag-Leffler函数分别定义为[107]

$$\mathrm{E}_{\alpha,\beta}^{\gamma}(z)=\sum_{k=0}^{\infty}\frac{(\gamma)_k}{\Gamma(\alpha k+\beta)}\frac{z^k}{k!},\quad \mathrm{E}_{\alpha,\beta}^{\gamma,q}(z)=\sum_{k=0}^{\infty}\frac{(\gamma)_{kq}}{\Gamma(\alpha k+\beta)}\frac{z^k}{k!} \tag{8-6-13}$$

其中，$(\gamma)_k$为Pochhammer符号。无穷级数的收敛条件为α,β和γ的实部均为正，且q为整数。另外

$$\mathrm{E}_{\alpha,\beta}(z)=\mathrm{E}_{\alpha,\beta}^{1}(z),\quad \mathrm{E}_{\alpha,\beta}^{\gamma}(z)=\mathrm{E}_{\alpha,\beta}^{\gamma,1}(z) \tag{8-6-14}$$

Mittag-Leffler函数$\mathrm{E}_{\alpha,\beta}^{\gamma,q}(z)$的整数阶导数为[107]

$$\frac{\mathrm{d}^n}{\mathrm{d}z^n}\mathrm{E}_{\alpha,\beta}^{\gamma,q}(z)=(\gamma)_{qn}\mathrm{E}_{\alpha,\beta+n\alpha}^{\gamma+qn,q}(z) \tag{8-6-15}$$

鉴于前面给出的公式可以编写出如下的MATLAB函数来求Mittag-Leffler函数及其整数阶导数的数值解。该函数采用了累加的方法，该方法有时不收敛，所以可以自动调用嵌入的`MLF()`函数来求解。该函数由斯洛伐克学者Igor Podlubny教授编写[108]，数值稳定性高，但求解速度很慢。本书给出的方法首先尝试累加的快速算法，如果不收敛再调用`MLF()`函数，既保证了函数的快速性，又可以提高函数数值稳定性，扩大适用范围。

```
function f=ml_func(aa,z,n,eps0)   %Mittag-Leffler函数的数值运算
  arguments, aa(1,:), z(:,1), n(1,1)=0, eps0(1,1)=eps; end
  aa=[aa,1,1,1]; a=aa(1); b=aa(2); c=aa(3); q=aa(4); f=0; k=0; fa=1;
  if n==0                         %Mittag-Leffler的计算
    while norm(fa,1)>=eps0        %如果不满足收敛条件则继续累加计算
      fa=gamma(k*q+c)/gamma(c)/gamma(k+1)/gamma(a*k+b) *z.^k; f=f+fa; k=k+1;
    end
    if ~isfinite(f(1))            %如果出现不收敛量,则转用嵌入的代码
      if c*q==1
        f=mlf(a,b,z,round(-log10(eps0))); f=reshape(f,size(z));
      else, error('Error: truncation method failed'); end, end
  else
    aa(2)=aa(2)+n*aa(1); aa(3)=aa(3)+aa(4)*n;          %3、4参数的导数计算
    f=gamma(q*n+c)/gamma(c)*ml_func(aa,z,0,eps0);     %导数计算的通用公式实现
end, end
```

该函数的调用格式为

f=ml_func(α,z,n,ϵ_0)　　%单参数函数$\mathrm{E}_\alpha(z)$的n阶导数

f=ml_func([α,β],z,n,ϵ_0)　　%双参数函数$\mathrm{E}_{\alpha,\beta}(z)$的$n$阶导数

其中，ϵ_0的默认值为`eps`，n的默认值为0，表示原函数。该函数同样可以计算三参数、四参数Mittag-Leffler函数及其整数阶导数。

例8-44　考虑例8-43给出的函数$E_{1/2,4}(z)$，比较数值方法和解析方法得出的结果。

解　下面的语句可以求出该函数的解析解和数值解，如图8-30所示。可见，解析解法和数值解法得出的结果完全一致。对本例来说，如果时间区间过大会导致累加的数值算法不收敛，ml_func()函数会自动调用嵌入的MLF()数值求解，求解速度将明显减慢。

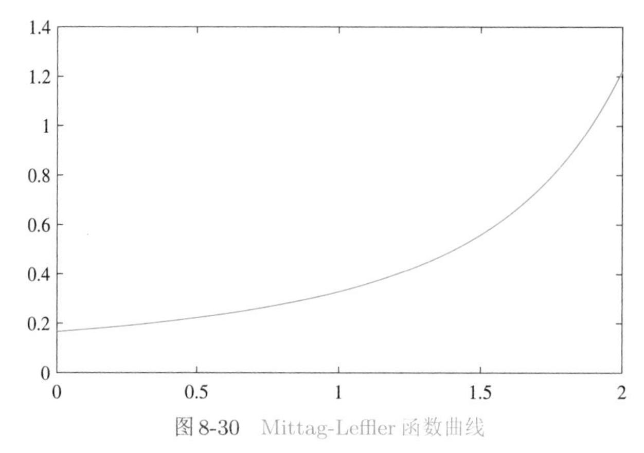

图8-30　Mittag-Leffler函数曲线

```
>> t=0:0.01:2; y1=ml_func([1/2,4],t); plot(t,y1)    %数值计算并绘图
```

例8-45　如果z为复数变量，试绘制函数$E_{0.8,0.9}(z)$的实部与虚部表面图[109]。

解　对复数变量z，函数$E_{0.8,0.9}(z)$亦为复数函数。可以先在xy平面上生成一些网格，然后计算出复函数的值，再提取函数的实部，可以采用下面的语句直接绘图，如图8-31所示，这里，有意地将函数值限制在区间±3。事实上，超出±3区域的实部、虚部幅值变化是很快的，直接绘制的曲面不美观，信息显示也不充分，所以这里截断了±3区域以外的部分[109]。

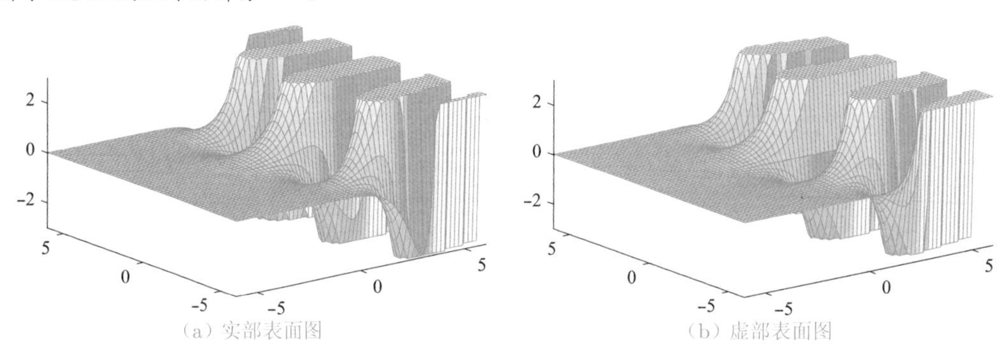

(a) 实部表面图　　(b) 虚部表面图

图8-31　Mittag-Leffler函数$E_{0.8,0.9}(z)$的表面图

```
>> [x y]=meshgrid(-6:0.2:6); z=x+sqrt(-1)*y;            %生成网格数据并构造复数矩阵
   L=ml_func([0.8,0.9],z);                              %计算Mittag-Leffler函数
   L1=real(L); ii=find(L1>3); L1(ii)=3; ii=find(L1<-3); L1(ii)=-3;   %提取实部
   surf(x,y,L1), axis([-6 6 -6 6 -3 3]), figure         %绘制实部的三维表面图
   L2=imag(L); ii=find(L2>3); L2(ii)=3; ii=find(L2<-3); L2(ii)=-3;   %提取虚部
   surf(x,y,L2), axis([-6 6 -6 6 -3 3])                 %绘制虚部的三维表面图
```

8.7 信号分析与数字信号处理基础

8.7.1 信号的相关分析

假设已知某确定性信号为$x(t)$，则其自相关函数的定义为

$$R_{xx}(\tau)=\lim_{T\to\infty}\frac{1}{2T}\int_{-T}^{T}x(t)x(t+\tau)\mathrm{d}t,\tau\geqslant 0 \tag{8-7-1}$$

且相关函数为偶函数，即$R_{xx}(-\tau)=R_{xx}(\tau)$。若研究两个信号$x(t)$和$y(t)$，则可以定义其互相关函数为

$$R_{xy}(\tau)=\lim_{T\to\infty}\frac{1}{2T}\int_{-T}^{T}x(t)y(t+\tau)\mathrm{d}t,\tau\geqslant 0 \tag{8-7-2}$$

从前面介绍的微积分求解方法可知，若这些函数都已知，则可以通过MATLAB的符号运算工具箱直接求出自相关函数和互相关函数的解析表达式。

例8-46 已知函数$x(t)=A_1\cos(\omega_1 t+\theta_1)+A_2\cos(\omega_2 t+\theta_2)$，试根据定义求出其自相关函数。

解 根据定义，首先应该声明一些有关符号变量，再定义出已知函数$x(t)$，这样，就可以由下面的语句求出信号的自相关函数，注意，应该进一步声明某些符号变量的类型，否则不能得出解析结果。

```
>> syms A1 A2 w1 w2 t1 t2 T positive; syms t tau real;
   x=A1*cos(w1*t+t1)+A2*cos(w2*t+t2);                          %定义函数
   Rxx=simplify(limit(int(x*subs(x,t,t+tau),t,-T,T)/2/T,T,inf))   %解析运算
```

信号的自相关函数为分段函数：当$\omega_1\neq\omega_2$时，自相关函数为$R_{xx}(\tau)=A_1^2\cos(\omega_1\tau)/2+A_2^2\cos(\omega_2\tau)/2$。

假设在实验中测出两组数据，$x_i, y_i, i=1,2,\cdots,n$，则可以由下面的式子计算出两组数据的相关系数矩阵为

$$\boldsymbol{R}_{xy}=\frac{\sqrt{\sum(x_i-\bar{x})(y_i-\bar{y})}}{\sqrt{\sum(x_i-\bar{x})^2}\sqrt{\sum(y_i-\bar{y})^2}} \tag{8-7-3}$$

MATLAB提供了`corrcoef()`函数，可以求出已知$\boldsymbol{x},\boldsymbol{y}$向量的相关系数矩阵$\boldsymbol{R}$。该函数的调用格式为$\boldsymbol{R}$=`corrcoef(`$\boldsymbol{x}$,$\boldsymbol{y}$`)`或$\boldsymbol{R}$=`corrcoef([`$\boldsymbol{x}$,$\boldsymbol{y}$`])`。

例8-47 试用原型函数$y_1=t\mathrm{e}^{-4t}\sin 3t$和$y_2=t\mathrm{e}^{-4t}\cos 3t$分别生成一组数据，并由得出的数据求取其相关系数矩阵。

解 用下面的语句可以立即得出两个信号的相关系数矩阵为$\boldsymbol{R}=[1,0.4776;0.4776,1]$。

```
>> x=0:0.01:5; y1=x.*exp(-4*x).*sin(3*x); y2=x.*exp(-4*x).*cos(3*x);
   R=corrcoef(y1,y2)            %直接求相关系数
```

仍假设在实验中测出两组数据，$x_i,(i=1,2,\cdots,n), y_i,(i=1,2,\cdots,m)$，对这些离散点可以由下面的式子定义$x_i$序列的自相关函数。

$$c_{xx}(k)=\sum_{l=-\infty}^{\infty}x(l)x(k+l) \tag{8-7-4}$$

自相关函数是偶函数，即$c_{xx}(k)=c_{xx}(-k)$。类似地，还可以定义出互相关函数。

$$c_{xy}(k)=\sum_{l=-\infty}^{\infty}x(l)y(k+l) \tag{8-7-5}$$

相关函数可以用来研究两个序列信号的相似性。MATLAB提供了求取和绘制自相关函数和互相关函数的程序xcorr()，其调用格式为 c_{xx}=xcorr(x,N)、c_{xy}=xcorr(x,y,N)，其中，N 为 k 的最大取值，可以忽略，如果该函数不返回任何变量则将自动绘制自相关函数或互相关函数曲线。

例8-48　仍假设已知由例8-47中函数计算出的数据，试用数值方法求取自相关函数、互相关函数，并和已知理论曲线进行比较。

解　先在 $t \in (0,5)$ 区间生成一个时间向量，则可以由原型函数直接计算出 $\boldsymbol{x}$ 向量和 $\boldsymbol{y}$ 向量，调用现成的函数就可以得出它们的自相关函数和互相关函数，如图8-32(a)、(b)所示。

```
>> t=0:0.01:5; x=t.*exp(-4*t).*sin(3*t); y=t.*exp(-4*t).*cos(3*t);   %样本点计算
   N=150; c1=xcorr(x,N); x1=[-N:N]; stem(x1(1:5:end),c1(1:5:end))     %稀疏绘图点选择
   figure; c1=xcorr(x,y,N); x1=[-N:N]; stem(x1(1:5:end),c1(1:5:end)) %互相关函数
```

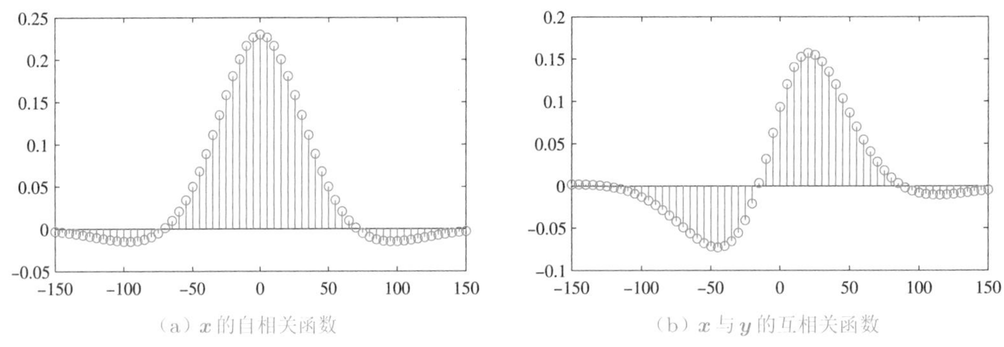

(a) x 的自相关函数　　(b) x 与 y 的互相关函数

图8-32　信号的相关函数分析

8.7.2　信号的功率谱分析

若已知信号的一组采样点，由向量 $\boldsymbol{y}$ 表示，则可以调用MATLAB函数psd()直接求取其功率谱密度，不过该函数的结果并不是很令人满意，所以这里将介绍基于Welch变换的算法[110]。

假设 n 为要处理向量 $\boldsymbol{y}$ 的长度，全部的数据可以分成长度为 m 的子向量，这样可以构造 $\mathcal{K}=[n/m]$ 个子向量。

$$x^{(i)}(k)=y[k+(i-1)m],\ 0<k\leqslant m-1,\ 1\leqslant i\leqslant \mathcal{K} \tag{8-7-6}$$

使用Welch算法可以建立起下面 $\mathcal{K}$ 个方程：

$$J_{\mathrm{m}}^{(i)}(\omega)=\frac{1}{mU}\left|\sum_{k=0}^{m-1}x^{(i)}(k)w(k)\mathrm{e}^{-\mathrm{j}\omega k}\right|^2 \tag{8-7-7}$$

其中，$w(k)$ 为数据处理窗口的长度。例如，可以选择Hamming窗口，其定义为

$$w(k)=a-(1-a)\cos\left(\frac{2\pi k}{m-1}\right),\ k=0,\cdots,m-1 \tag{8-7-8}$$

若选择 $a=0.54$，则

$$U=\frac{1}{m}\sum_{k=0}^{m-1}w^2(k) \tag{8-7-9}$$

信号的功率谱密度可以如下计算：

$$P_{\mathrm{xx}}^{w}(\omega)=\frac{1}{\mathcal{K}}\sum_{j=1}^{\mathcal{K}}J_{\mathrm{m}}^{(i)}(\omega) \tag{8-7-10}$$

可以用下面的步骤计算给定信号的功率谱密度[111]：

（1）用fft()函数计算$X_m^{(i)}(l)=\sum_{k=0}^{m-1} x^{(i)}(k)w(k)\mathrm{e}^{-\mathrm{j}[2\pi/(m\Delta t)]lk}$；

（2）在第i组中，截断$\left|X_m^{(i)}(l)\right|^2$，得出累加和$Y(l)=\sum_{i=1}^{\mathcal{K}}\left|X_m^{(i)}(l)\right|^2$；

（3）由下面的公式直接计算信号的功率谱密度

$$P_{\mathrm{xx}}^{w}\left(\frac{2\pi}{m\Delta t}l\right)=\frac{1}{\mathcal{K}mU}Y(l) \tag{8-7-11}$$

可以编写出MATLAB函数psd_estm()来计算给定时间序列的功率谱密度。

```
function [Pxx,f]=psd_estm(y,m,T,a)
   arguments, y(1,:), m(1,1), T(1,1), a(1,1)=0.54; end
   k=[0:m-1]; Y=zeros(1,m); m2=floor(m/2); f=k(1:m2)*2*pi/(length(k)*T);
   w=a-(1-a)*cos(2*pi*k/(m-1)); K=floor(length(y)/m); U=sum(w.^2)/m;
   for i=1:K, xi=y((i-1)*m+k+1)'; Xi=fft(xi.*w); Y=Y+abs(Xi).^2; end
   Pxx=Y(1:m2)*T/(K*m*U);             %直接计算功率谱密度
end
```

函数的调用格式为$[P_{\mathrm{xx}},f]=\mathrm{psd_estm}(\boldsymbol{y},m,\Delta t,a)$。为了避免频率混叠现象，只取一半变换数据参与运算。函数调用语句中，$\boldsymbol{y}$与m与定义是一致的，Δt为采样周期，返回的$\boldsymbol{f}$与P_{xx}分别为频率向量和功率谱密度向量。

8.7.3 滤波技术与滤波器设计

例8-49 在介绍滤波技术之前，考虑由曲线$y(x)=\mathrm{e}^{-x}\sin 5x$叠加标准差为$\sigma=0.05$的零均值的白噪声信号，绘制出噪声污染后的信号曲线。

解 下面语句可以得出如图8-33所示的曲线。

```
>> x=0:.002:2; y=exp(-x).*sin(5*x); r=0.05*randn(size(x)); y1=y+r; plot(x,y1)
```

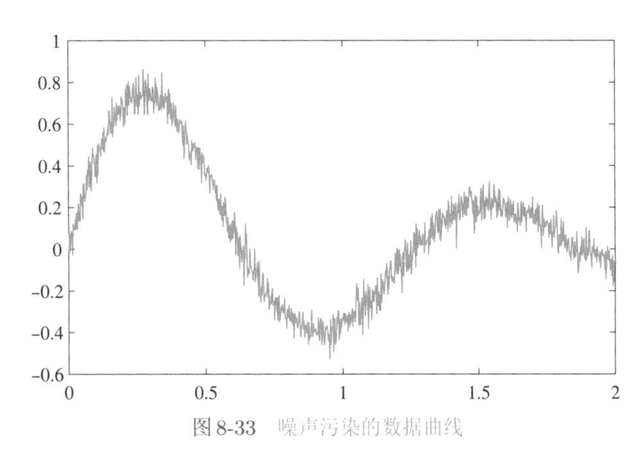

图8-33 噪声污染的数据曲线

如果考虑数据采集硬件装置实际的量测噪声，图8-33给出的信号往往是工业现场采集到实际信号的常见形式。对于图8-33中给出的被噪声污染的信号曲线，需要引入一种办法消除噪声。例如，可以引入滤波器来实现降低噪声的工作，得出平滑的曲线。

1. 线性滤波器的一般模型

线性滤波器模型的一般表达式为

$$H(z)=\frac{b_1+b_2z^{-1}+b_3z^{-2}+\cdots+b_{n+1}z^{-n}}{1+a_1z^{-1}+a_2z^{-2}+\cdots+a_mz^{-m}} \tag{8-7-12}$$

假设输入信号为$x(n)$，则经过该滤波器后的输出信号可以由下面的差分方程表示为

$$y(k)=-a_1y(k-1)-\cdots-a_my(k-m)+b_1x(k)+b_2x(k-1)+\cdots+b_{n+1}x(k-n) \tag{8-7-13}$$

根据n和m的不同取值，可以定义出三种常用的滤波器如下：

（1）FIR滤波器。又称为有限长脉冲响应（finite impulse response，FIR）滤波器，需要将式（8-7-12）中的m值设置成$m=0$，这时$\boldsymbol{a}$为标量，在控制领域也称移动平均模型（moving average，MA），这时用向量$\boldsymbol{b}$就可以表示该滤波器。

（2）IIR滤波器。又称全极点无限长脉冲响应（infinite impulse response，IIR）滤波器，也称为自回归（auto-regressive，AR）模型，这时$n=0$，即$\boldsymbol{b}$为标量，这样用$\boldsymbol{a}$即可以表示该滤波器。FIR和全极点IIR滤波器相比，一般达到同样要求所需的滤波器阶数较高，但其优势是总可以设计出稳定的滤波器[112]。

（3）ARMA滤波器。又称为一般的IIR滤波器和自回归移动平均（auto-regressive moving average，ARMA）模型，要求n与m均不为0，可以用$\boldsymbol{a}$，$\boldsymbol{b}$两个向量表示该滤波器。

假设滤波器可以由$\boldsymbol{a}$，$\boldsymbol{b}$两个向量表示，且假设需要过滤的信号为向量$\boldsymbol{x}$，则可以调用`filter()`函数直接计算出过滤后的信号向量$\boldsymbol{y}$为`y=filter(b,a,x)`。

从滤波器的作用又可以分为低通滤波器、高通滤波器和带通滤波器等。顾名思义，低通滤波器是指那些允许低频信号顺利通过，而高频信号被过滤的一类滤波器；高通滤波器是指高频顺利通过，而低频信号被过滤的滤波器；带通滤波器是指某一个频段的信号被顺利通过，而在这个频段带外的信号均被过滤的滤波器。它们在实际应用中各有其应用。

例如，例8-49中给出信号中的噪声为高频的，所以可以考虑设计一个低通滤波器，即频率低时放大倍数接近于1，高频的信号经过接近于0的放大倍数后，就基本可以被滤除。如果滤波器已知，则用`freqz()`函数可以对滤波器进行放大倍数分析，即`[h,w]=freqz(b,a,N)`。其中，N为分析的点数，返回的$\boldsymbol{h}$为复数放大倍数，$\boldsymbol{w}$为频率向量。复数放大倍数包含幅值与幅角等信息，若只想获得放大倍数的幅值，则可以用`plot(w,abs(h))`命令。

例8-50 假设已经设计出下面的滤波器。试得出该滤波器的放大倍数，并观察滤波后的信号。

$$H(z)=\frac{1.2296\times10^{-6}(1+z^{-1})^7}{(1-0.727z^{-1})(1-1.488z^{-1}+0.564z^{-2})(1-1.595z^{-1}+0.677z^{-2})(1-1.78z^{-1}+0.871z^{-2})}$$

解 可以用下面的语句将滤波器的$\boldsymbol{b}$，$\boldsymbol{a}$向量输入MATLAB环境中，其中，用`conv()`函数可以求取多项式乘积。下面的语句还可以绘制出滤波器的放大倍数曲线，如图8-34(a)所示，对低频信号的放大倍数接近1，不作过滤处理，而对高频信号的放大倍数接近0，可以将噪声信号滤去，得出所需的滤波信号。

```
>> b=1.2296e-6*conv([1 4 6 4 1],[1 3 3 1]);
   a=convs([1,-0.727],[1,-1.488,0.564],[1,-1.595,0.677],[1,-1.78,0.871]);
   x=0:0.002:2; y=exp(-x).*sin(5*x); r=0.05*randn(size(x)); y1=y+r;
   [h,w]=freqz(b,a,100); plot(w,abs(h))          %放大倍数绘制
   figure; y2=filter(b,a,y1); plot(x,y1,x,y2)    %滤波效果
```

经过滤波器后的滤波效果如图8-34(b)所示。可见，该滤波器可以较好地对给定噪声信号进行过滤处理，但得出的滤波信号较原信号稍有延迟。

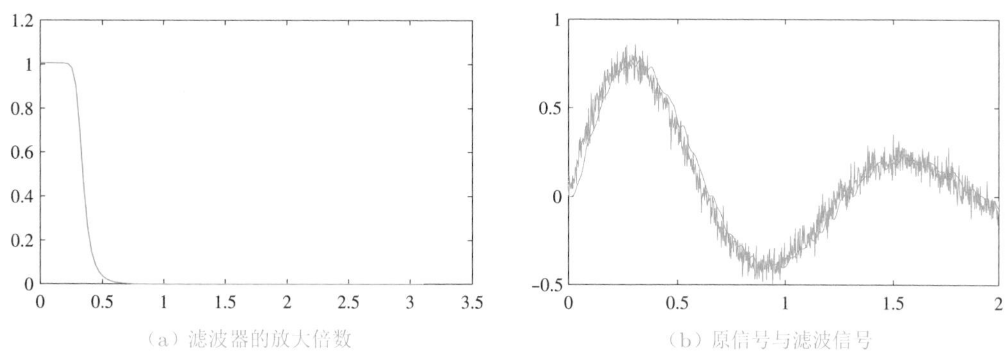

(a) 滤波器的放大倍数　(b) 原信号与滤波信号

图8-34　滤波器及滤波效果

2. 滤波器设计及MATLAB实现

从前面给出的例子可见，如果想较好地对噪声信号进行过滤，则需要用滤波器。滤波器的设计方法多种多样，在MATLAB的信号处理工具箱和滤波器设计工具箱中提供了多种滤波器设计的函数，可以直接调用。常用的有两种滤波器类型，如Butterworth滤波器和Chebyshev滤波器，可以分别用`butter()`函数、`cheby1()`函数（Chebyshev Ⅰ型滤波器）及`cheby2()`函数（Chebyshev Ⅱ型）。它们的调用格式为$[\boldsymbol{b},\boldsymbol{a}]$=butter$(n,\omega_{\rm n})$，$[\boldsymbol{b},\boldsymbol{a}]$=cheby1$(n,r,\omega_{\rm n})$，$[\boldsymbol{b},\boldsymbol{a}]$=cheby2$(n,r,\omega_{\rm n})$。其中，$n$为滤波器的阶次，可以由用户选择，也可以用MATLAB的相应函数（如`buttord()`等函数）设置。$\omega_{\rm n}$为归一化的频率，定义为实际过滤的频率与信号Nyquist频率的比值。假设均匀步长采样的数据个数为N个，步长为Δt，则可以计算出基波频率$f_0=1/\Delta t\,{\rm Hz}$，这时Nyquist频率的定义为$f_0N/2$。

例8-51　仍考虑例8-49中的给定信号，试对阶次及不同$\omega_{\rm n}$值，设计Butterworth滤波器并比较滤波效果。

解　仍选择$\omega_{\rm n}=0.1$，用下面的语句则可以设计出不同阶次的Butterworth滤波器，并可以绘制出这些滤波器的放大倍数及滤波效果曲线，如图8-35(a)、(b)所示。从滤波的结果可见，随着n的增加，滤波的效果越来越平滑，但延迟也将增大。

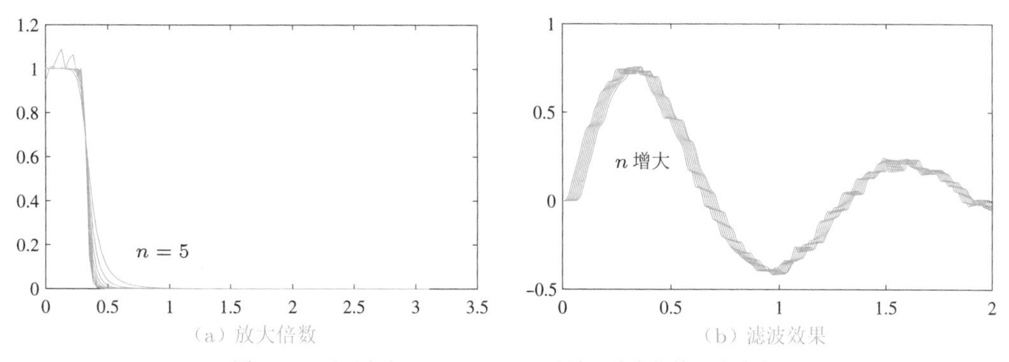

(a) 放大倍数　(b) 滤波效果

图8-35　不同阶次下Butterworth滤波器放大倍数及滤波效果

```
>> f1=figure; f2=figure;        %同时打开两个窗口并获得句柄
   for n=5:2:20                 %试探不同的参数
      figure(f1); [b,a]=butter(n,0.1); y2=filter(b,a,y1); plot(x,y2); hold on
```

```
    figure(f2); [h,w]=freqz(b,a,100); plot(w,abs(h)); hold on
end
```

选择阶次为7,对不同的ω_n可以设计出Butterworth滤波器,并绘制出如图8-36(a)、(b)所示的放大倍数及滤波效果曲线。从得出的曲线看,当ω_n增加时,延迟变小,但得出的滤波效果会明显变差,ω_n太大时滤波没有什么效果。

```
>> for wn=0.1:0.1:0.7 %试探不同的频率值
    figure(f1); [b,a]=butter(7,wn); y2=filter(b,a,y1); plot(x,y2); hold on
    figure(f2); [h,w]=freqz(b,a,100); plot(w,abs(h)); hold on
end
```

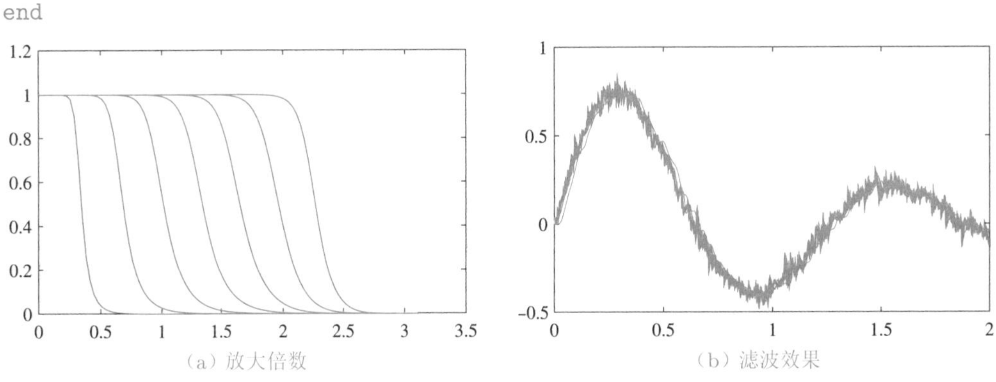

(a) 放大倍数 (b) 滤波效果

图8-36 不同滤波频率下Butterworth滤波器放大倍数及滤波效果

若想设计高通滤波器,最简单的方法是可以利用$1-H(z^{-1})$直接设计出来,其中,$H(z^{-1})$为由前面介绍的方法设计出的低通滤波器。另外,`butter()`等函数也可以直接设计高通滤波器和带通滤波器,调用格式为$[b,a]$=butter(n,w_n,'high'),$[b,a]$=butter($n,[w_1,w_2]$)。

8.8 习题

8.1 用$y(t)=t^2\mathrm{e}^{-5t}\sin t$生成一组较稀疏的数据,并用一维数据插值的方法对给出的数据进行曲线拟合,并将结果与理论曲线相比较。

8.2 用$y(t)=\sin(10t^2+3)$在$(0,3)$区间内生成一组较稀疏的数据,用一维数据插值的方法对给出的数据进行曲线拟合,并将结果与理论曲线相比较。

8.3 用$f(x,y)=\mathrm{e}^{-x^2-y^4}\sin(xy^2+x^2y)/(3x^3+y)$原型函数生成一组网格数据或随机数据,分别拟合出曲面,并和原曲面进行比较。

8.4 假设已知一组数据如表8-6所示,试用插值方法绘制出$x\in(-2,4.9)$区间内的光滑函数曲线,比较各种插值算法的优劣。

表8-6 习题8.4数据

x_i	−2	−1.7	−1.4	−1.1	−0.8	−0.5	−0.2	0.1	0.4	0.7	1	1.3
y_i	0.1029	0.1174	0.1316	0.1448	0.1566	0.1662	0.1733	0.1775	0.1785	0.1764	0.1711	0.1630
x_i	1.6	1.9	2.2	2.5	2.8	3.1	3.4	3.7	4	4.3	4.6	4.9
y_i	0.1526	0.1402	0.1266	0.1122	0.0977	0.0835	0.0702	0.0577	0.0469	0.0373	0.0291	0.0224

8.5 假设已知一组实测数据在文件c8pdat.dat中给出,试通过插值的方法绘制出三维曲面。

8.6 假设已知数据由文件c8pdat3.dat给出，其中数据的第一列～第三列分别为x,y,z坐标，第四列为测出的$V(x,y,z)$函数值，试用三维插值方法对其进行插值。

8.7 考虑函数$f(x)=\dfrac{\sqrt{1+x}-\sqrt{x-1}}{\sqrt{2+x}+\sqrt{x-1}}$，在`x=3:0.4:8`处生成一组样本点，采用分段三次样条和B样条分别对数据进行拟合，并由数据结果求取二阶导数，试比较得出的结果与理论曲线。

8.8 已知表8-7中给出的样本点(x_i,y_i)数据，试对其进行分段三次多项式样条插值。

表8-7 习题8.8数据

x_i	1	2	3	4	5	6	7	8	9	10
y_i	244.0	221.0	208.0	208.0	211.5	216.0	219.0	221.0	221.5	220.0

8.9 假设已知实测数据由表8-8给出，试对(x,y)在$(0.1,0.1)\sim(1.1,1.1)$区域内的点进行插值，用三维曲面的方式绘制出插值结果，并搜索出该函数的最小值。

表8-8 习题8.9数据

y_i	x_1	x_2	x_3	x_4	x_5	x_6	x_7	x_8	x_9	x_{10}	x_{11}
0.0	0.1	0.2	0.3	0.4	0.5	0.6	0.7	0.8	0.9	1	1.1
0.1	0.8304	0.8273	0.8241	0.8210	0.8182	0.8161	0.8148	0.8146	0.8158	0.8185	0.8230
0.2	0.8317	0.8325	0.8358	0.8420	0.8513	0.8638	0.8798	0.8994	0.9226	0.9496	0.9801
0.3	0.8359	0.8435	0.8563	0.8747	0.8987	0.9284	0.9638	1.0045	1.0502	1.1000	1.1529
0.4	0.8429	0.8601	0.8854	0.9187	0.9599	1.0086	1.0642	1.1253	1.1904	1.2570	1.3222
0.5	0.8527	0.8825	0.9229	0.9735	1.0336	1.1019	1.1764	1.2540	1.3308	1.4017	1.4605
0.6	0.8653	0.9105	0.9685	1.0383	1.118	1.2046	1.2937	1.3793	1.4539	1.5086	1.5335
0.7	0.8808	0.9440	1.0217	1.1118	1.2102	1.3110	1.4063	1.4859	1.5377	1.5484	1.5052
0.8	0.8990	0.9828	1.0820	1.1922	1.3061	1.4138	1.5021	1.5555	1.5573	1.4915	1.346
0.9	0.9201	1.0266	1.1482	1.2768	1.4005	1.5034	1.5661	1.5678	1.4889	1.3156	1.0454
1.0	0.9438	1.0752	1.2191	1.3624	1.4866	1.5684	1.5821	1.5032	1.3150	1.0155	0.6248
1.1	0.9702	1.1279	1.2929	1.4448	1.5564	1.5964	1.5341	1.3473	1.0321	0.6127	0.1476

8.10 假设已知某三元函数$V(x,y,z)=\mathrm{e}^{x^2z+y^2x+z^2y}\cos(x^2yz+z^2yx)$，可以通过该函数生成一些网格型样本点，试根据样本点进行拟合，并给出拟合误差。

8.11 习题8.4和习题8.9中给出的数据分别为一元数据和二元数据，试用分段三次样条函数和B样条函数对其进行拟合，并求出它们相应函数的数值导数。

8.12 重新考虑习题8.4中给出的数据，试考虑用多项式插值的方法对其数据进行逼近，并选择一个能较好拟合原数据的多项式阶次。

8.13 假设习题8.4中给出的数据满足原型$y(x)=\dfrac{1}{\sqrt{2\pi}\sigma}\mathrm{e}^{-(x-\mu)^2/2\sigma^2}$，试用最小二乘法求出$\mu,\sigma$的值，并用得出的函数将函数曲线绘制出来，观察拟合效果。

8.14 重新考虑例8-21中的多项式拟合问题。如果分别采用Legendre、Chebyshev、Laguerre与Hermit多项式，请选择合适的阶次并评估拟合的效果。

8.15 试用连分式展开和Padé近似方法分别求出下面函数的有理式近似表达式，绘制图形观察拟合效果，并求出具有较好拟合效果的有理式阶次。

① $f(x)=\mathrm{e}^{-2x}\sin 5x$ ② $f(x)=\dfrac{x^3+7x^2+24x+24}{x^4+10x^3+35x^2+50x+24}\mathrm{e}^{-3x}$

8.16 假设习题8.9中数据的原型函数为$z(x,y)=a\sin(x^2y)+b\cos(y^2x)+cx^2+dxy+e$,试用最小二乘方法识别出$a,b,c,d,e$的数值。

8.17 试在复数平面内生成网格,计算出Gamma函数的绝对值并绘制其表面图。可以参照文献[113]给出的范围:实部$(-4,4)$,虚部$(-2,2)$。

8.18 试证明超几何函数满足[114]

① ${}_1\mathrm{F}_1(a;a;x)=\mathrm{e}^x$　② ${}_2\mathrm{F}_1(a,1;1;z)=\dfrac{1}{(1-z)^a}$　③ ${}_2\mathrm{F}_1(1,1;2;z)=\dfrac{1}{z}\ln(z+1)$

④ ${}_2\mathrm{F}_1(1/2,1;3/2;z^2)=\dfrac{1}{2z}\ln\dfrac{z+1}{1-z}$　⑤ ${}_2\mathrm{F}_1(1/2,1/2;3/2;z^2)=\dfrac{1}{z}\mathrm{arcsin}z$

8.19 试计算下面Mittag-Leffler函数,绘制出相应的曲线并验证式(8-6-7)。

① $\mathrm{E}_{1,1}(z)$　② $\mathrm{E}_{2,1}(z)$　③ $\mathrm{E}_{1,2}(z)$　④ $\mathrm{E}_{2,2}(z)$

8.20 利用本章给出的Mittag-Leffler函数代码,用数值方法验证下面几个等式。

① $\mathrm{E}_{\alpha,\beta}(x)+\mathrm{E}_{\alpha,\beta}(-x)=2\mathrm{E}_{2\alpha,\beta}(x^2)$　② $\mathrm{E}_{\alpha,\beta}(x)-\mathrm{E}_{\alpha,\beta}(-x)=2x\mathrm{E}_{2\alpha,\alpha+\beta}(x^2)$

③ $\mathrm{E}_{\alpha,\beta}(x)=\dfrac{1}{\Gamma(\beta)}+x\mathrm{E}_{\alpha,\alpha+\beta}(x)$　④ $\mathrm{E}_{\alpha,\beta}(x)=\beta\mathrm{E}_{\alpha,\beta+1}(x)+\alpha x\dfrac{\mathrm{d}}{\mathrm{d}x}\mathrm{E}_{\alpha,\beta+1}(x)$

8.21 假设已知函数$f(t)=\mathrm{e}^{-3t}\cos(2t+\pi/3)+\mathrm{e}^{-2t}\cos(t+\pi/4)$,试计算其自相关函数。

8.22 试求出Gauss分布函数$f(t)=\dfrac{1}{3\sqrt{2\pi}}\mathrm{e}^{-t^2/3^2}$的自相关函数,并用MATLAB函数生成一组满足Gauss分布的伪随机数,用这些数据检验其自相关函数是否和理论值很接近。

8.23 假设由下面的语句可以生成噪声污染的信号:

```
>> t=0:0.005:5; y=15*exp(-t).*sin(2*t); r=0.3*randn(size(y)); y1=y+r;
```

试求出该信号的Nyquist频率,并选择滤波频率,设计出八阶Butterworth滤波器,使其能有效地滤除噪声,又有较小的延迟。

8.24 高通滤波器可以滤去低频的部分,而保留高频的部分。试为习题8.23中给出的数据设计一个高通滤波器,提取出噪声信号,并和叠加上的实际噪声信号r相比较。

第9章　概率论与数理统计问题的计算机求解

概率论与数理统计是实验科学中常用的数学分支，其问题的求解是很重要的，但有时也是很烦琐的，传统的方法经常需要用查询表格的方式解决。MATLAB语言提供了专用的统计学工具箱，其中包含大量的函数，可以直接求解概率论与数理统计领域的问题。9.1节将介绍概率密度、概率分布函数的基本概念及公式，介绍常用概率分布的概率密度函数、概率分布函数的曲线绘制，还将介绍基于概率分布的概率运算，并将介绍各种常用分布的伪随机数生成方法，如均匀分布随机数、正态分布随机数、Poisson分布、Gamma分布、t分布、F分布等随机数发生函数。9.2节介绍一般概率问题的计算方法。还将通过例子介绍Monte Carlo方法在一类计算问题中的应用，并将介绍随机游走的仿真问题。9.3节将介绍一些统计量的计算函数，如数据的均值、方差、矩量、协方差等，介绍多元随机变量的生成，并将介绍离群值的检测方法等。9.4节将介绍参数估计与区间估计算法及MATLAB实现、多元线性回归问题的求解及非线性函数的最小二乘拟合与求解估计方法。9.5节将介绍假设检验方法，介绍正态分布的均值假设检验、正态性假设检验、给定分布函数的假设检验等。9.6节侧重于方差分析问题及其MATLAB求解，介绍单因子方差分析、双因子方差分析和主成分分析方法等内容及基于MATLAB语言的求解方法。

9.1　概率分布与伪随机数生成

9.1.1　概率密度函数与分布函数概述

连续随机变量概率密度函数一般记作$p(x)$，概率密度函数满足

$$p(x) \geqslant 0,\text{且}\int_{-\infty}^{\infty} p(x)\mathrm{d}x = 1 \tag{9-1-1}$$

由概率密度函数可以定义概率分布函数：

$$F(x) = \int_{-\infty}^{x} p(t)\mathrm{d}t \tag{9-1-2}$$

概率分布函数$F(x)$的物理意义是随机变量ξ满足$\xi \leqslant x$发生的概率，该函数为单调递增函数，且

$$0 \leqslant F(x) \leqslant 1,\quad \text{且}\quad F(-\infty) = 0,\ F(\infty) = 1 \tag{9-1-3}$$

若已知某概率分布函数$f_i = F(x_i)$，需要求出x_i的值，在统计学的教材中给出了各种表格，可以查出所需的x_i值。因为概率分布函数是单调的，所以应该能查询出合适的x_i值，这样的问题称为逆分布函数问题。事实上，利用MATLAB语言的统计工具箱中提供的函数可以更容易、更精确地求出x_i的值。本节将介绍几种常用的概率分布形式，并介绍MATLAB的求解函数。

9.1.2 常见分布的概率密度函数与分布函数

MATLAB的统计学工具箱中提供了大量函数名有规律的函数。例如，函数名前一部分为gam常用于表示和Gamma分布有关的函数，这类关键词在表9-1中给出。函数名的后一部分为pdf的表示求取概率密度函数（probability density function，PDF），cdf表示累积分布函数（cumulative distribution function，CDF），inv表示逆分布函数，rnd表示随机数生成函数，stat表示均值、方差估计，fit表示参数估计。学会了这样的组合，可以立即构造出所需的函数名。例如，对数正态分布的参数与区间估计函数显然是logn和fit组合出的名字，即lognfit()函数。这里将详细介绍其中几种常用的概率分布。

表9-1 统计学工具箱中函数名关键词一览表

关键词	分布名称	有关参数	关键词	分布名称	有关参数	关键词	分布名称	有关参数
beta	Beta分布	a,b	bino	二项分布	n,p	chi2	χ^2分布	k
ev	极值分布	μ,σ	exp	指数分布	λ	f	F分布	p,q
gam	Gamma分布	a,λ	geo	几何分布	p	hyge	超几何分布	m,p,n
logn	对数正态分布	μ,σ	mvn	多变量正态分布	$\boldsymbol{\mu},\boldsymbol{\sigma}$	nbin	负二项分布	ν_1,ν_2,δ
ncf	非零F分布	k,δ	nct	非零t分布	k,δ	ncx2	非零χ^2分布	k,δ
norm	正态分布	μ,σ	poiss	Poisson分布	λ	rayl	Rayleigh分布	b
t	t分布	k	unif	均匀分布	a,b	wbl	Weibull分布	a,b

除了前缀的描述方法之外，MATLAB还提供了一些函数来统一处理概率统计运算，如函数pdf()用来计算分布的概率密度，cdf()、icdf()用来计算概率分布函数与逆概率分布函数，函数fitdist()用来求解某种分布的特征参数等，后面将详细介绍。

1. Poisson分布

Poisson分布是一类离散分布函数的概率分布，它要求x为非负整数。对正整数参数λ而言，Poisson分布的概率密度函数定义为

$$p_{\rm P}(x)=\frac{\lambda^x}{x!}{\rm e}^{-\lambda x},\ x=0,1,2,3,\cdots \tag{9-1-4}$$

MATLAB语言的统计工具箱提供了poisspdf()、poisscdf()和poissinv()函数，用来求取Poisson分布的概率密度函数、分布函数及逆概率分布的值。这些函数的调用格式分别为y=poisspdf(x,λ)，F=poisscdf(x,λ)，x=poissinv(F,λ)，其中，$\boldsymbol{x}$为选定的横坐标向量，应该由x=[0:k]语句生成，$\boldsymbol{y}$为$\boldsymbol{x}$各点处的概率密度函数的值，$\boldsymbol{F}$为$\boldsymbol{x}$各点处分布函数值。

从给出的调用格式可见，*pdf()与*cdf()函数的变元为($\boldsymbol{x}$, 参数)，其中，*为表9-1的关键词，“参数”为该表给出的参数列表。*inv()函数的变元为($\boldsymbol{F}$, 参数)。如果采用pdf()等统一函数，前面介绍的函数可以由下面格式调用：y=pdf('poiss',x,λ)，F=cdf('poiss',x,λ)，x=icdf('poiss',F,λ)。

对其他分布的函数也可以使用这些统一的函数调用，其中，'poiss'替换成对应的关键词，λ替换成相应的参数即可。后面将不再赘述。

例9-1 试分别绘制出$\lambda=1,2,5,10$时Poisson分布的概率密度函数与分布函数曲线。

解 仿照前面的例子，可以由下面的语句直接对不同λ的值分别调用poisspdf()和poisscdf()函数，绘制出概率密度函数和分布函数曲线，如图9-1(a)、(b)所示。

```
>> x=[0:15]'; y1=[]; y2=[]; lam1=[1,2,5,10]; n=length(lam1);
```

```
for i=1:n, y1=[y1,poisspdf(x,lam1(i))]; y2=[y2,poisscdf(x,lam1(i))]; end
stem(x,y1), line(x,y1), figure; plot(x,y2)    %绘制PDF和CDF曲线
```

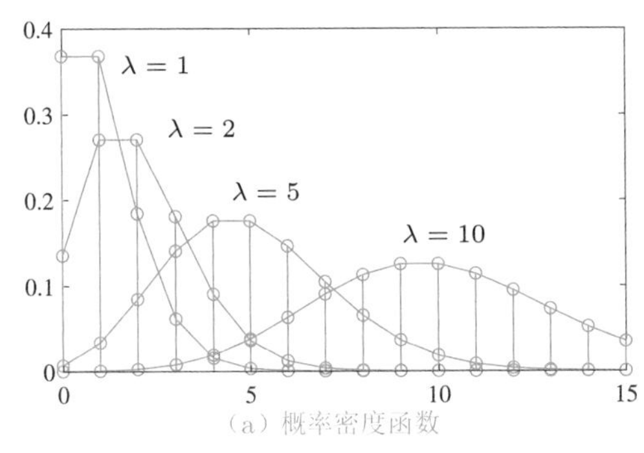

(a) 概率密度函数

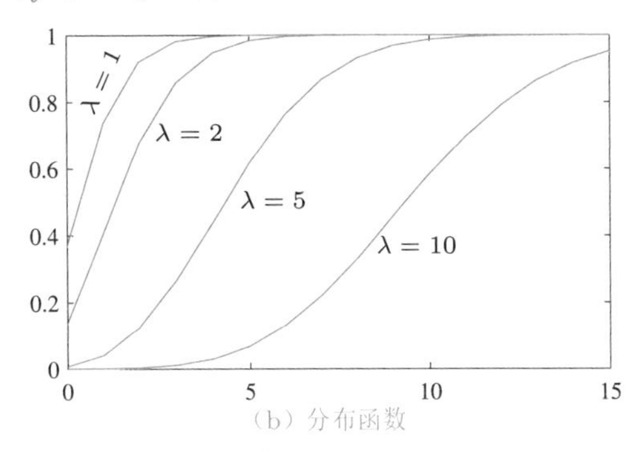

(b) 分布函数

图9-1 Poisson分布的概率密度和分布函数曲线

2. 正态分布

正态分布的概率密度函数为

$$p_{\mathrm{n}}(x)=\frac{1}{\sqrt{2\pi}\sigma}\mathrm{e}^{-(x-\mu)^2/(2\sigma^2)} \tag{9-1-5}$$

其中，μ和σ^2分别为正态分布的均值和方差，可见概率密度是μ和σ^2的函数。MATLAB语言的统计工具箱提供了相应的函数分别求取正态分布的概率密度函数与分布函数等的值。正态分布的关键词为`norm`，参数为μ,σ，所以可以使用`normpdf()`等函数，也可以使用`pdf()`等函数，调用格式是比较固定的。

例9-2 试绘制出(μ,σ^2)为$(-1,1),(0,0.1),(0,1),(0,10),(1,1)$时正态分布的PDF与CDF曲线。

解 概率统计类教科书和数学手册中均绘制了某些μ，σ^2下的正态分布概率密度曲线和分布函数曲线。学习了MATLAB语言及前面介绍的有关函数，读者可以用一个语句精确绘制出任意μ，σ^2组合下的正态分布概率密度曲线和分布函数曲线，从而更好地利用工具高效解决概率统计问题。

这里给出的问题在MATLAB语言中是很容易求解的。首先在$(-5,5)$区间内构造一个横坐标向量$\boldsymbol{x}$，再定义两个向量，分别表示μ和σ^2的不同取值，并求出相应的σ，这样就可以分别调用`normpdf()`和`normcdf()`函数，绘制出概率密度函数和分布函数曲线，如图9-2(a)、(b)所示。

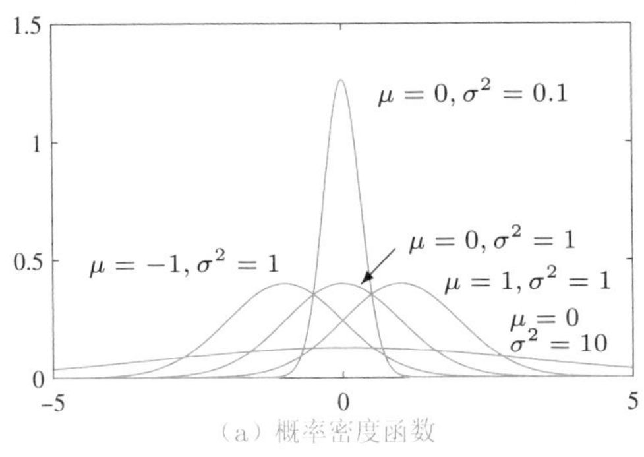

(a) 概率密度函数

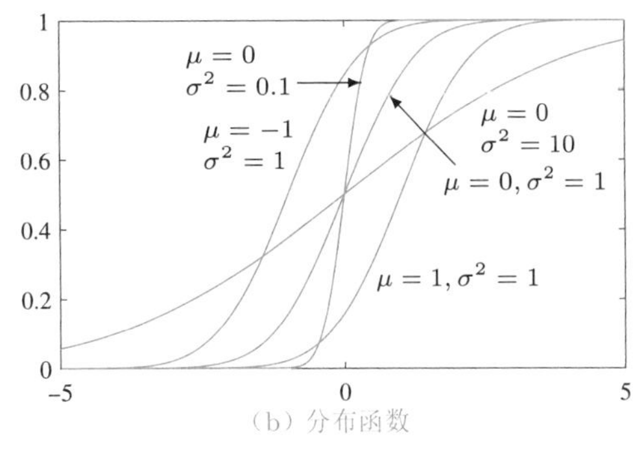

(b) 分布函数

图9-2 正态分布的概率密度和分布函数曲线

```
>> x=[-5:.02:5]'; y1=[]; y2=[]; mu1=[-1,0,0,0,1]; sig1=sqrt([1,0.1,1,10,1]);
   for i=1:length(mu1)
      y1=[y1,normpdf(x,mu1(i),sig1(i))]; y2=[y2,normcdf(x,mu1(i),sig1(i))];
   end
```

```
plot(x,y1), figure; plot(x,y2)    %绘制PDF和CDF曲线
```

从得出的曲线可以看出,若σ^2相同,则曲线的形状相同,只是对不同的μ值进行平移即可。若σ不同,则曲线的形状不同,σ^2的值越小,则概率密度曲线越陡。

$\mu=0,\sigma^2=1$的正态分布又称为标准正态分布,其数学表示为N(0,1)。

3. Gamma分布

Gamma分布的概率密度函数如下,其关键词为`gam`,参数为a,λ。

$$p_\Gamma(x)=\begin{cases}\dfrac{\lambda^a x^{a-1}}{\Gamma(a)}\mathrm{e}^{-\lambda x}, & x\geqslant 0\\ 0, & x<0\end{cases} \tag{9-1-6}$$

例9-3 试绘制出(a,λ)为$(1,1),(1,0.5),(2,1),(1,2),(3,1)$时Gamma分布的PDF与CDF曲线。

解 首先在$(-0.5,5)$区间内构造一个横坐标向量$\boldsymbol{x}$,再定义两个向量,分别表示a和λ,这样就可以分别调用相应的函数绘制出概率密度函数和分布函数曲线,如图9-3(a)、(b)所示。

```
>> x=[-0.5:.02:5]'; y1=[]; y2=[]; a1=[1,1,2,1,3]; lam1=[1,0.5,1,2,1];
   for i=1:length(a1)
      y1=[y1,gampdf(x,a1(i),lam1(i))]; y2=[y2,gamcdf(x,a1(i),lam1(i))];
   end
   plot(x,y1), figure; plot(x,y2)    %绘制PDF和CDF曲线
```

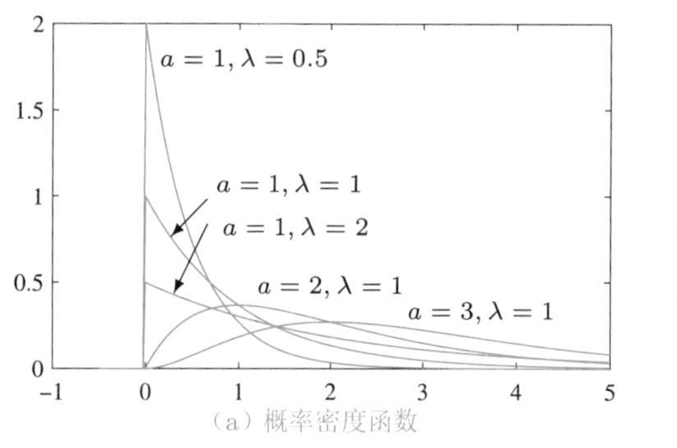

(a) 概率密度函数

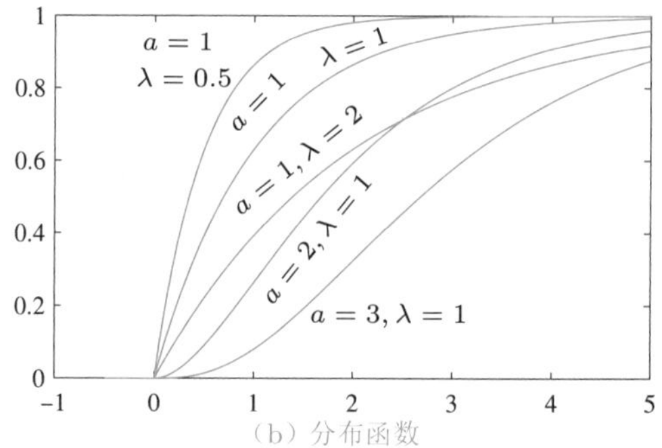

(b) 分布函数

图9-3 Gamma分布的概率密度函数和分布函数曲线

这里的概率密度图形稍有些问题,因为绘图时横坐标步长选择为0.02,而因为在-0.02点处概率密度的值为0,则在0处的函数值为一个非零数值p_1,所以在图形上看起来在$x\leqslant 0$时函数值不等于0。事实上,在$x=0$处垂直上升为p_1,在选择横坐标向量时改用下面的语句即可解决此问题。

```
>> x=[-eps:-0.02:-0.05,0:0.02:5]; x=sort(x');    %有意引入-ϵ点,生成排序的新向量x
```

4. F分布

F分布的概率密度函数如下,其关键词为`f`,参数为p,q。

$$p_\mathrm{F}(x)=\begin{cases}\dfrac{\Gamma\left((p+q)/2\right)}{\Gamma\left(p/2\right)\Gamma\left(q/2\right)}p^{p/2}q^{q/2}x^{p/2-1}(p+qx)^{-(p+q)/2}, & x\geqslant 0\\ 0, & x<0\end{cases} \tag{9-1-7}$$

例9-4 试分别绘制出(p,q)对为$(1,1),(2,1),(3,1),(3,2),(4,1)$时F分布的PDF和CDF曲线。

解 首先在$(-0.1,1)$区间内构造一个横坐标向量$\boldsymbol{x}$,再定义两个向量$\boldsymbol{p}_1$和$\boldsymbol{q}_1$,分别调用`fpdf()`和`fcdf()`

函数，绘制出概率密度函数和分布函数曲线，如图9-4(a)、(b)所示。

```
>> x=[-eps:-0.02:-0.05,0:0.02:1]; x=sort(x');     %生成x向量，有意加入−ϵ点并排序
   p1=[1 2 3 3 4]; q1=[1 1 1 2 1]; y1=[]; y2=[]; n=length(p1);    %选择不同参数组合
   for i=1:n, y1=[y1,fpdf(x,p1(i),q1(i))]; y2=[y2,fcdf(x,p1(i),q1(i))]; end
   plot(x,y1), figure; plot(x,y2)   %绘制PDF和CDF曲线
```

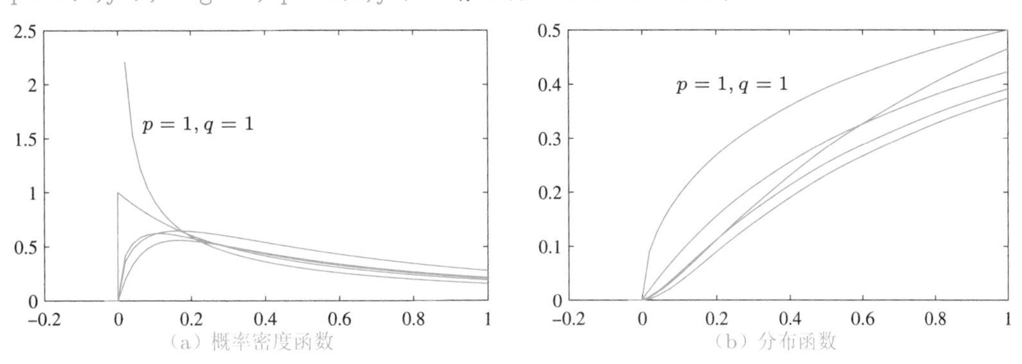

(a) 概率密度函数　(b) 分布函数

图9-4　F分布的概率密度和分布函数曲线

5. t分布

t分布的概率密度函数如下，其关键词为t，参数为k。

$$p_{\mathrm{T}}(x)=\frac{\Gamma\left((k+1)/2\right)}{\sqrt{k\pi}\Gamma\left(k/2\right)}\left(1+x^2/k\right)^{-(k+1)/2} \tag{9-1-8}$$

6. χ^2分布

χ^2分布的概率密度函数如下，其关键词为chi2，参数为a,λ。

$$p_{\chi^2}(x)=\begin{cases}\dfrac{1}{2^{k/2}\Gamma\left(k/2\right)}x^{k/2-1}\mathrm{e}^{-x/2}, & x\geqslant 0\\ 0, & x<0\end{cases} \tag{9-1-9}$$

其中，k为正整数。可以看出，χ^2分布是一种特殊的Gamma分布，其中，$a=k/2,\lambda=1/2$。

7. Rayleigh分布

Rayleigh分布的概率密度函数如下，其关键词为rayl，其参数为b。

$$p_{\mathrm{r}}(x)=\begin{cases}\dfrac{x}{b^2}\mathrm{e}^{-x^2/(2b^2)}, & x\geqslant 0\\ 0, & x<0\end{cases} \tag{9-1-10}$$

例9-5　试分别绘制出b为0.5,1,3,5时Rayleigh分布的概率密度函数与分布函数曲线。

解　首先在$(-0.1,5)$区间内构造一个横坐标向量$\boldsymbol{x}$，再定义向量$\boldsymbol{b}_1$，则可以分别调用raylpdf()和raylcdf()函数，绘制出概率密度函数和分布函数曲线，如图9-5(a)、(b)所示。

```
>> x=[-eps:-0.02:-0.05,0:0.02:5]; x=sort(x'); b1=[.5,1,3,5]; y1=[]; y2=[];
   for i=1:length(b1), y1=[y1,raylpdf(x,b1(i))]; y2=[y2,raylcdf(x,b1(i))]; end
   plot(x,y1), figure; plot(x,y2)   %绘制PDF和CDF曲线
```

MATLAB语言的统计学工具箱还提供了其他各种分布的概率密度函数、分布函数及逆分布函数的函数，可以直接获得各种指定的随机变量分布求取问题。

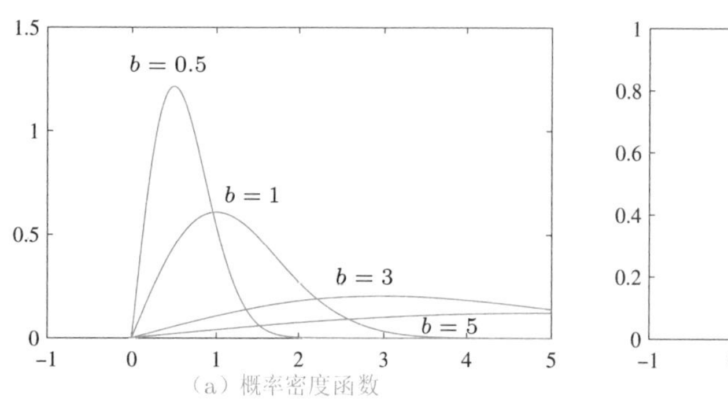

(a) 概率密度函数

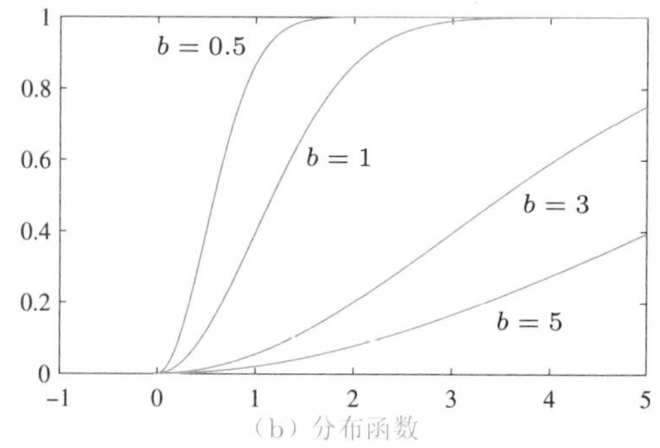

(b) 分布函数

图9-5 Rayleigh分布的概率密度函数和分布函数曲线

8. alpha稳定分布

alpha稳定分布的概率密度定义为[115]

$$p(x)=\exp\left\{-\sigma^{\alpha}|x|^{\alpha}\left[1-\mathrm{j}\beta\,\mathrm{sign}(x)\tan\frac{\pi\alpha}{2}\right]+\mathrm{j}\mu x\right\} \tag{9-1-11}$$

其中,参数$0<\alpha\leqslant 2$又称为稳定性指数(index of stability),参数$-1<\beta<1$又称为偏度(skewness)参数,$\sigma>0$为比例因子(scaling factor),μ称为平移或位置参数。若$\beta=\mu=0$,则分布为对称的。

若$\alpha=1$,则分布等效于对称Cauchy分布,其概率密度为

$$p(x)=\exp\left\{-\sigma|x|\left[1-\frac{2\mathrm{j}}{\pi}\beta\,\mathrm{sign}(x)\ln|x|\right]+\mathrm{j}\mu x\right\} \tag{9-1-12}$$

Mark Veillette仿照统计工具箱函数的格式开发了一套alpha稳定分布的计算程序[116],其关键词为`stbl`,参数为α,β,σ,μ。值得指出的是,由于该函数不是标准的统计工具箱函数,所以`pdf()`等函数是不能使用的。在随机过程的建模仿真中,alpha稳定分布在金融与经济学领域是很有用的。

例9-6 试绘制不同参数组合下alpha稳定分布的概率密度函数曲线。

解 假设$\beta=\mu=0,\sigma=1$,只取不同的α参数,则可以绘制出概率密度函数曲线,如图9-6(a)所示。可见,得出的函数曲线都是对称的。若选择$\beta=0.5$,则可以绘制出的概率密度函数曲线如图9-6(b)所示,可以看出,得出的曲线是有偏移的。

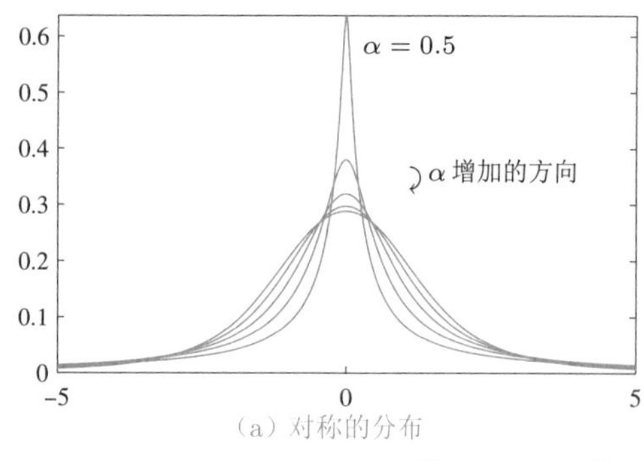

(a) 对称的分布

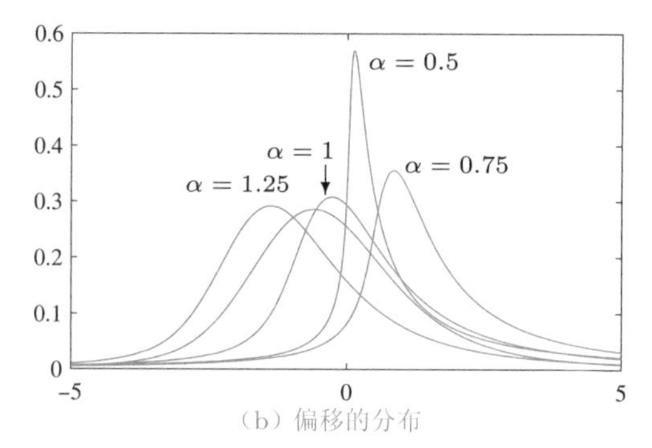

(b) 偏移的分布

图9-6 alpha稳定分布的概率密度函数曲线

```
>> x=-5:0.01:5; b1=0; b2=0.5; m=0; s=1; y1=[]; y2=[];
   for a=0.5:0.25:1.5,                       %尝试不同的α参数
      y1=[y1; stblpdf(x,a,b1,s,m)]; y2=[y2; stblpdf(x,a,b2,s,m)];
   end, plot(x,y1); figure, plot(x,y2)    %绘制PDF和CDF曲线
```

9.1.3 随机数与伪随机数生成

科学研究和统计分析中经常用到随机数据。随机数的生成通常有两类方法：一类是依赖一些专用的电子元件发出随机信号，这种方法又称为物理生成法；另一类是通过数学的算法，仿照随机数发生的规律计算出随机数，由于产生的随机数是由数学公式计算出来的，所以这类随机数又称为“伪随机数”。

伪随机数至少有两个优点：首先，若选择相同的随机数种子，则随机数是可以重复的，这样就创造了重复实验的条件；其次，随机数满足的统计规律可以人为地选择，例如可以自由地选择均匀分布、正态分布、Poisson分布等，来满足人们的需要。

在4.1节中介绍了`rand()`和`randn()`两个函数，可以分别生成均匀分布和正态分布伪随机数，并介绍了如何生成任意区间的均匀分布伪随机数及任意给定均值、方差的伪随机数生成方法。除了这两类伪随机数之外，在应用中还需要其他各类随机数，如前面介绍的各种概率密度函数对应的随机数。在MATLAB环境中，可以用统计工具箱中的语句生成所需的随机数，如

```
A=gamrnd(a,λ,n,m)      %生成n×m的Gamma分布的伪随机数矩阵
B=chi2rnd(k,n,m)       %生成χ²分布的伪随机数
C=trnd(k,n,m)          %生成t分布的伪随机数
D=frnd(p,q,n,m)        %生成F分布的伪随机数
E=raylrnd(b,n,m)       %生成Rayleigh分布的伪随机数
```

更一般地，可以使用统一函数`N=random(类型,参数,n,m)`来生成一般的伪随机数，其中，“类型”与“参数”与表9-1中的一致，上述的$\boldsymbol{A}$，$\boldsymbol{C}$矩阵可以通过`A=random('gam',a,λ,n,m)`、`C=random('t',k,n,m)`直接生成，使得不同分布的随机数生成方法更规范。

MATLAB还提供了`rng()`函数来控制伪随机数的生成方式，由`s=rng`命令可以获得当前伪随机数的控制变量，在生成新随机数前调用`rng(s)`则可以生成与前面相同的伪随机数，从而达到重复试验的目的。此方法适用于各种伪随机数生成函数。

例9-7 试生成两组完全相同的1000个元素的t分布伪随机数。

解 正常情况下如果连续调用两次`random()`函数，则会产生两组完全不同的伪随机数。如果需要生成两组完全的伪随机数，则需要两次调用`random()`函数之前应该使用相同的伪随机数发生器参数。可以使用下面的语句来生成两组完全一样的伪随机数，这样的方法适合于重复随机试验。

```
>> c=rng; A1=random('t',1,1,1000); rng(c);    %使用相同的伪随机数生成设置参数
   A2=random('t',1,1,1000); norm(A1-A2)       %两组随机数的差为零
```

9.2 概率问题的求解

概率是某个事件发生可能性的一种描述方法。本节将介绍连续事件与离散事件的概率问题的计算方法，并介绍其图示方法，还将介绍Monte Carlo方法与随机游走问题的仿真。

9.2.1 离散数据的直方图与饼图表示

假设已知一组离散的检测数据$x_1,x_2,\cdots,x_n$，并已知这组数据都位于(a,b)区间内，则可以将这个区间分成等间距的m个子区间，其中，$b_1=a$，$b_{m+1}=b$。将每个随机量x_i依其大小投入相应的子区间，

并记子区间 (b_j, b_{j+1}) 落入的数据个数为 $k_j, j=1,2,\cdots,m$，则可以得出 $f_j=k_j/n$，称为频度。

可以利用MATLAB函数`hist()`来求取并绘制各个子区间的频度，其调用格式为 `k=hist(x,b)`，`f=k/n`，`bar(b,f)` 或 `pie(f)`。

选择向量 $\boldsymbol{b}, \boldsymbol{f}$，可以绘制出频度的直方图和饼图。下面将通过例子演示这些图形表示方法。

例 9-8　令 $b=1$，生成满足Rayleigh分布的 30000×1 伪随机数向量，并用直方图验证生成的数据是否满足所期望的分布。

解　可以由`raylrnd()`函数生成 30000×1 的伪随机数向量，选择向量 $\boldsymbol{x}$，这样可以通过`hist()`计算每个子区间落入的数据个数，在实际应用中，应该将向量 $\boldsymbol{x}$ 加半个子区间的宽度。可以用函数`bar()`近似概率密度函数，如图9-7所示。该图还叠印了Rayleigh分布的PDF理论值，可以看出，二者的吻合度比较好。

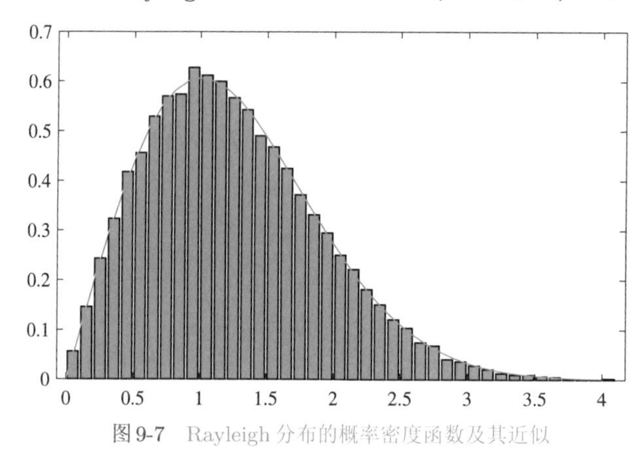

图9-7　Rayleigh分布的概率密度函数及其近似

```
>> b=1; p=raylrnd(1,30000,1); x=0:0.1:4; x1=x+0.05; yy=hist(p,x1);   %直方图
   yy=yy/(30000*0.1); bar(x1,yy), y=raylpdf(x,1); line(x,y)   %直方图绘制与理论值
```

例 9-9　假设已知一批200支荧光灯的寿命数据，在表9-2中给出[117]，可以看出，这些数据分布在区间(500,1500)内。试用直方图和饼图表示这些数据的频度。

表9-2　200支荧光灯的寿命(数据来源[117])

1067	919	1196	785	1126	936	918	1156	920	948	855	1092	1162	1170	929
950	905	972	1035	1045	1157	1195	1195	1340	1122	938	970	1237	956	1102
1022	978	832	1009	1157	1151	1009	765	958	902	923	1333	811	1217	1085
896	958	1311	1037	702	521	933	928	1153	946	858	1071	1069	830	1063
930	807	954	1063	1002	909	1077	1021	1062	1157	999	932	1035	944	1049
940	1122	1115	833	1320	901	1324	818	1250	1203	1078	890	1303	1011	1102
996	780	900	1106	704	621	854	1178	1138	951	1187	1067	1118	1037	958
760	1101	949	992	966	824	653	980	935	878	934	910	1058	730	980
844	814	1103	1000	788	1143	935	1069	1170	1067	1037	1151	863	990	1035
1112	931	970	932	904	1026	1147	883	867	990	1258	1192	922	1150	1091
1039	1083	1040	1289	699	1083	880	1029	658	912	1023	984	856	924	801
1122	1292	1116	880	1173	1134	932	938	1078	1180	1106	1184	954	824	529
998	996	1133	765	775	1105	1081	1171	705	1425	610	916	1001	895	709
610	916	1001	895	709	860	1110	1149	972	1002					

解 为了方便求解,将这些数据存入数据文件 c9dlamp.dat。可以使用 load() 函数将数据读入 MATLAB 工作空间,再选择子区间 $[500,600,700,\cdots,1500]$,事实上,区间宽度为100,可以对区间边界加半个子区间的宽度,由函数 hist() 计算出全部数据落入每个子区间的频度,则可以分别绘制出如图9-8所示的频度直方图和饼图。

```
>> A=load('c9dlamp.dat'); bins=[500:100:1500]+50;          %由数据文件读入
   f=hist(A,bins)/length(A); bar(bins,f), figure, pie(f)   %绘制直方图和饼图
```

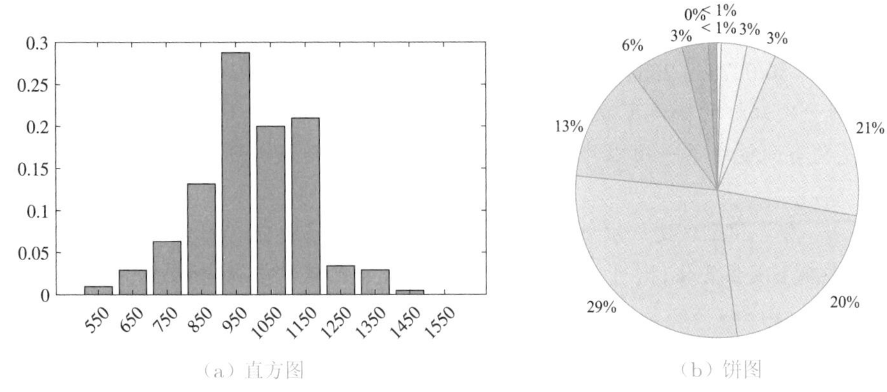

(a) 直方图　　(b) 饼图

图9-8 荧光灯寿命的图形表示

9.2.2 连续事件的概率计算

前面介绍过,某随机变量 ξ 分布函数 $F(x)$ 的物理含义是随机变量 ξ 落入 $(-\infty,x)$ 区间的概率,故可以利用分布函数的概念求取满足条件的概率。例如,若想求出 ξ 落入区间 $[x_1,x_2]$ 的概率 $P[x_1\leqslant\xi\leqslant x_2]$,则可以用两个分布函数之差求出。下面列出几个概率公式:

$$\begin{cases} P[\xi\leqslant x]=F(x), & \xi\leqslant x\text{的概率} \\ P[x_1\leqslant\xi\leqslant x_2]=F(x_2)-F(x_1), & x_1\leqslant\xi\leqslant x_2\text{的概率} \\ P[\xi\geqslant x]=1-F(x), & \xi\geqslant x\text{的概率} \end{cases} \tag{9-2-1}$$

其中,分布函数可以用前面介绍的累积分布函数求出。下面将通过例子演示概率问题的求解。

例9-10 假设已知某随机变量 x 满足 Rayleigh 分布,且 $b=1$,试分别求出该随机变量 x 值落入区间 $[0.2,2]$ 及区间 $[1,\infty)$ 的概率。

解 由概率分布函数可以容易地求出随机变量 x 落入 $(-\infty,0.2]$ 区间和 $(-\infty,2]$ 区间的概率,所以可以由下面的语句立即求出变量落入指定区间的概率为0.8449。

```
>> b=1; p1=raylcdf(0.2,b); p2=raylcdf(2,b); P1=p2-p1   %概率计算
```

另外,由于能直接求出 $(-\infty,1]$ 区间的概率,故可以求出 $x\geqslant1$ 的概率为0.6065。

```
>> p1=raylcdf(1,b); P2=1-p1   %先求落入(−∞,1]区间概率,再求补即可
```

例9-11 假设二维随机变量 (ξ,η) 的联合概率密度如下,试求出 $P[\xi<1/2,\eta<1/2]$。

$$p(x,y)=\begin{cases} x^2+\dfrac{xy}{3}, & 0\leqslant x\leqslant1,0\leqslant y\leqslant2 \\ 0, & \text{其他} \end{cases}$$

解 已知概率密度 $p(x,y)$,则可以通过积分求出 $P[\xi<1/2,\eta<1/2]$ 的概率值为5/192。此处积分下限直接取0而不是 $-\infty$ 是因为联合概率密度函数的值在自变量为负的时候为0,故不直接写出其积分。

```
>> syms x y; f=x^2+x*y/3; P=int(int(f,x,0,1/2),y,0,1/2)    %联合概率密度解析计算
```

例9-12 假设某两地A, B间有6个交通岗，在各个交通岗处遇到红灯的概率均相同，为$p=1/3$，且中途遇到红灯的次数满足二项分布$B(6,p)$[118]，试求出某人从A地出发到达B地至少遇到一次红灯的概率。若选择不同的p值，试再绘制出至少遇到一次红灯的概率曲线。

解 由于已知在每个交通岗处遇到红灯的概率密度满足二项分布，可以由binopdf()或pdf()计算。记某人遇到红灯的次数为x，则x的取值可以为$0,1,2,\cdots,6$，相应的概率密度可以如下求出：

```
>> x=0:6; y=binopdf(x,6,1/3)   %计算二项分布的概率密度
```

上述语句得出$\boldsymbol{y}=[0.0878,0.2634,0.3292,0.2195,0.0823,0.0165,0.0014]$。可见，只遇到一次红灯的概率为0.2634。至少遇到一次红灯的概率可以由两种方法求出，其一是1减去不遇红灯的概率(即遇到次数为零的概率)，另一种是将$\boldsymbol{y}$向量中第一项以外的全部项加起来，由下面语句可知，至少遇到一次红灯的概率为$p=91.22\%$。

```
>> P=1-y(1)     %计算至少遇一次红灯的功率,或用P=sum(y(2:end))
```

如果二项分布参数p发生变化，则可以用循环结构重新计算出概率曲线，如图9-9所示。

```
>> p0=0.05:0.05:0.95; y=[]; %对不同参数用循环结构计算概率值
   for p=p0, y=[y 1-binopdf(0,6,p)]; end, plot(p0,y,1/3,P,'o')   %绘制图形表示
```

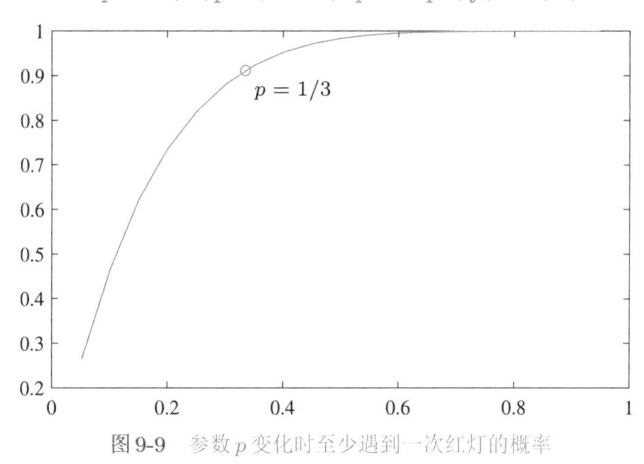

图9-9 参数p变化时至少遇到一次红灯的概率

9.2.3 基于Monte Carlo法的数学问题求解

Monte Carlo法是通过大量实验来求取随机变量近似值的一种常用的方法，在现代科学研究中经常用来求解一些建模困难的问题。这里将通过例子演示该方法的入门知识。

考虑图9-10(a)中给出的示意图。假设正方形的边长为1，可见，1/4圆的面积是$\pi/4$，其面积和正方形面积的比是$(\pi/4):1$，换句话说，如果产生一个均匀分布的随机数，它落到1/4圆的概率为$\pi/4$。生成N组随机数x_i和y_i，使其均为区间$[0,1]$内均匀分布的随机数。这样，落入1/4圆，即满足$x_i^2+y_i^2\leqslant 1$条件的点的个数为N_1，则对大量的实验数据，有$N_1/N\approx\pi/4$，即$\pi\approx 4N_1/N$。如果N足够大，则可以通过前面的式子近似求出π的值。

例9-13 试用Monte Carlo法近似求出π的值。

解 参照前面介绍的算法，可以由下面语句求出π的值：

```
>> N=100000; x=rand(1,N); y=rand(1,N); i=(x.^2+y.^2)<=1; N1=sum(i); p=N1/N*4
```

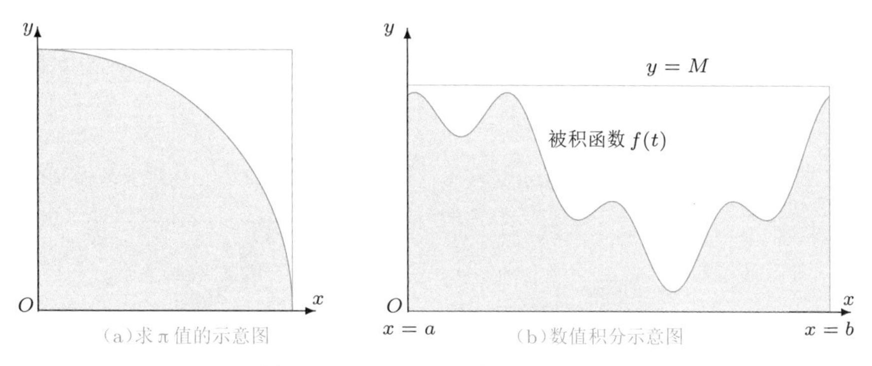

(a)求π值的示意图 (b)数值积分示意图

图9-10 Monte Carlo法近似的示意图

这样得出$\pi \approx 3.1418$。再进一步增加N的值，可以改进求解的精度，但应该注意，用这样的方法不可能得出绝对精确的π值。

考虑积分问题$\int_a^b f(x)\,dx$。若$f(x) \geqslant 0$，则基于Monte Carlo方法的示意图如图9-10(b)所示。仍考虑生成N组随机数x_i和y_i，它们分别为区间$[a,b]$和$(0,M)$上均匀分布的随机数。记满足不等式$y_i \leqslant f(x_i)$的点的个数为N_1，则可以得出，$\dfrac{N_1}{N} \approx \dfrac{1}{M(b-a)}\int_a^b f(x)\,dx$，这样可以近似得出[119]：

$$\int_a^b f(x)\,dx \approx \frac{M(b-a)N_1}{N} \tag{9-2-2}$$

例9-14 试用Monte Carlo法计算积分$\int_1^3 \left[1+e^{-0.2x}\sin(x+0.5)\right]dx$。

解 可以由下面语句求出积分值为$p = 2.7343$，事实上，该积分的精确结果为$I = 2.7439$。

```
>> f=@(x)1+exp(-0.2*x).*sin(x+0.5); a=1; b=3; M=2; N=100000;    %已知参数输入
   x=a+(b-a)*rand(N,1); y=M*rand(N,1); i=y<=f(x); N1=sum(i); p=M*N1*(b-a)/N
   syms x; I=vpa(int(1+exp(-0.2*x)*sin(x+0.5),x,a,b))           %理论值计算
```

值得指出的是，用这样的方法只能求解满足$f(x) \geqslant 0$或$f(x) \leqslant 0$的积分问题。

9.2.4 随机游走过程的仿真

Brown运动是一种有趣的随机过程。假设有一个二维平面内的粒子，它运动的方向和速度都是随机的。假设该例子在x和y方向上的运动步长都是随机数，则可以在二维平面内随机游走。为简单起见，粒子的位置可以如下递推计算：

$$x_{i+1} = x_i + \sigma\Delta x_i,\quad y_{i+1} = y_i + \sigma\Delta y_i \tag{9-2-3}$$

其中，σ为比例因子，增量Δx_i和Δy_i满足标准正态分布。

例9-15 试仿真单个粒子的Brown运动现象，若正态分布步长替换成alpha稳定分布的随机过程，试重新仿真随机游走过程。

解 为简单起见，选取$\sigma = 1$，$\alpha = 1.5$，可以用下面语句直接仿真这两种随机游走，结果如图9-11所示。alpha稳定分布步长的随机游走又称为Lévy飞行。

```
>> n=1000; x=zeros(2,n); y=zeros(2,n); s=1; r1=randn(2,n); a=1.5;    %生成随机数
   r2=stblrnd(a,0,1,0,2,n);    %生成alpha稳定分布的伪随机数
```

```
for i=2:n                          %用循环语句递推计算
   x(1,i)=x(1,i-1)+s*r1(1,i); y(1,i)=y(1,i-1)+s*r1(2,i);      %随机游走
   x(2,i)=x(2,i-1)+s*r2(1,i); y(2,i)=y(2,i-1)+s*r2(2,i);      %Lévy飞行
end
plot(x(1,:),y(1,:),'-o'), figure, plot(x(2,:),y(2,:),'-o')   %绘制随机游走
```

(a) Brown运动　　(b) Lévy飞行

图9-11　随机游走仿真结果

9.3 基本统计分析

9.3.1 随机变量的均值与方差

假设连续随机变量x的概率密度函数为$p(x)$，则可以定义该变量的数学期望$\mathrm{E}[x]$和方差$\sigma^2[x]$为

$$\mathrm{E}[x]=\int_{-\infty}^{\infty}xp(x)\mathrm{d}x,\quad \sigma^2[x]=\int_{-\infty}^{\infty}\left(x-\mathrm{E}[x]\right)^2p(x)\mathrm{d}x \tag{9-3-1}$$

利用MATLAB符号运算工具箱中的积分函数可以求出这两个重要的统计量。

例9-16　试用积分方法求取Gamma分布$(a>0,\lambda>0)$的均值与方差。

解　利用MATLAB的符号运算工具箱可以立即得出$m=a/\lambda, s=a/\lambda^2$。

```
>> syms x; syms a lam positive                               %声明符号变量
   p=lam^a*x^(a-1)/gamma(a)*exp(-lam*x); m=int(x*p,x,0,inf)  %概率密度与均值计算
   s=simplify(int((x-a/lam)^2*p,x,0,inf))                    %方差运算
```

假设在实际中测出一组样本数据$x_1,x_2,\cdots,x_n$，则该随机量的均值和方差分别定义为

$$\bar{x}=\frac{1}{n}\sum_{i=1}^{n}x_i,\quad \hat{s}_x^2=\frac{1}{n}\sum_{i=1}^{n}(x_i-\bar{x})^2 \tag{9-3-2}$$

由统计学理论可以证明，这样定义的$\hat{s}_x^2$方差是有偏的，所以在实际应用中经常采用无偏的方差，即

$$s_x^2=\frac{1}{n-1}\sum_{i=1}^{n}(x_i-\bar{x})^2 \tag{9-3-3}$$

并称$s_x\geqslant 0$为标准差。

若已知一组随机变量样本数据构成的向量$\boldsymbol{x}=[x_1,x_2,\cdots,x_n]^{\mathrm{T}}$，则可以直接使用MATLAB函数`mean()`、`var()`和`std()`求出该向量各个元素的均值、方差和标准差。这三个函数的调用格式为

m=mean(x)，$s2$=var(x)，s=std(x)，这三个函数和其他函数还可以处理$\boldsymbol{x}$为矩阵的形式。具体的解释是，对矩阵$\boldsymbol{x}$的每个列向量进行均值、方差和标准差分析就可以得出一个行向量。若想将矩阵或多维数组$\boldsymbol{x}$全部元素进行统计分析，例如求样本均值，则最简单的格式是m=mean(x(:))。

另一个重要的统计量是中位数（median value，又称仲数）。对给定的一组排序数据$x_1 \leqslant x_2 \leqslant \cdots \leqslant x_n$，如果$n$为奇数，中位数的定义为$x_{(n+1)/2}$，若$n$为偶数，则中位数的定义为$(x_{n/2-1}+x_{n/2+1})/2$。考虑有一组正态分布于$(-5,5)$区间的数据，其中有一两个位于很远的位置，例如位于30左右，这些值在统计上又称为离群值（outliers，又称野点，后面将详细介绍），由于这些值的存在，均值将受这些离群值严重影响，得出错误的结论，而使用中位数则不会有很大的变化。

例9-17 试生成一组30000个正态分布随机数，使其均值为0.5，标准差为1.5，试分析这些数据实际的均值、方差、标准差和中位数。如果减小随机变量个数，会有什么结果？

解 可以用下面的语句生成所需的随机数，并求出该变量的均值为0.4879，方差为2.2748，标准差为1.5083，中位数为0.5066。可见，这样得出的数据均值和方差与理论值比较接近。

```
>> p=random('norm',0.5,1.5,30000,1); mean(p), var(p), std(p), median(p)   %统计分析
```

若减小随机数个数，例如选择300个随机数，则可以由以下的语句得出新生成随机数的均值为0.4745，方差为1.9118，标准差为1.3827。可见，得出的随机数标准差与理论值相差较大，所以在进行较精确的统计分析时不能选择太少的样本点。

```
>> p=random('norm',0.5,1.5,300,1); mean(p), var(p), std(p)   %小样本统计分析
```

前面介绍过各种常见的分布函数，如正态分布、Gamma分布等，如果给定了分布，则可以用MATLAB统计学工具箱中的现成函数，如`normstat()`或`gamstat()`等函数直接求出该分布的均值和方差，分布类型标识后加后缀`stat`，这样就可以构造出一类求取均值和方差的函数。例如，`gamstat()`函数的调用格式为$[\mu,\sigma^2]$=gamstat(a,λ)，返回的变量为相关分布的均值和方差，还可由$[\mu,\sigma^2]$=fittest('gam',a,λ)求解。

例9-18 试求出Rayleigh分布($b=0.45$)的均值与方差。

解 由于需要求解Rayleigh分布，所以需要使用的函数名应该为`raylstat()`，可以通过下面的语句直接求出该分布的均值为$m=0.5640$，方差为$s=0.0869$。

```
>> [m,s]=raylstat(0.45)   %求Rayleigh分布的均值与方差理论值
```

9.3.2 随机变量的矩

假设x为连续随机变量，且$p(x)$为其概率密度函数，则可以由下面的式子定义出该变量的k阶原点矩和中心矩为

$$\nu_k=\int_{-\infty}^{\infty}x^k p(x)\mathrm{d}x,\quad \mu_k=\int_{-\infty}^{\infty}(x-\mu)^k p(x)\mathrm{d}x \tag{9-3-4}$$

可见，$\nu_1=\mathrm{E}[x]$，$\mu_2=\sigma^2[x]$。

例9-19 考虑例9-16中Gamma分布的原点矩和中心矩，并由前几项结果总结一般规律。

解 先用下面的语句求解原点矩：

```
>> syms x; syms a lam positive; p=lam^a*x^(a-1)/gamma(a)*exp(-lam*x);
   for n=1:5, m=simplify(int(x^n*p,x,0,inf)), end   %求各阶原点矩的理论值
```

得出的结果分别为

$$\nu_{1\sim5}=\frac{a}{\lambda},\ \frac{a}{\lambda^2}(a+1),\ \frac{a}{\lambda^3}(a+1)(a+2),\ \frac{a}{\lambda^4}(a+1)(a+2)(s+3),\ \frac{a}{\lambda^5}(a+1)(a+2)(a+3)(a+4)$$

可以总结为

$$\nu_k=\frac{1}{\lambda^k}a(a+1)(a+2)\cdots(a+k-1)=\frac{1}{\lambda^k}\prod_{m=0}^{k-1}(a+m)=\frac{\lambda^{-k}\Gamma(a+k)}{\Gamma(a)}$$

```
>> syms k; m=simplify(int((x)^k*p,x,0,inf))                    %求一般原点矩
```

同样,可以通过下面的语句求出原问题的中心矩(建议使用早期版本):

```
>> for n=1:7, s=simplify(int((x-1/lam*a)^n*p,x,0,inf)), end %求中心矩理论值
```

各个中心矩的数学表示如下,但好像这样的积分问题没有规律性的化简结果。

$$\mu_{1\sim7}=0,\ \frac{a}{\lambda^2},\ \frac{2a}{\lambda^3},\ \frac{3a(a+2)}{\lambda^4},\ \frac{4a(5a+6)}{\lambda^5},\ \frac{5a(3a^2+26a+24)}{\lambda^6},\ \frac{6a(35a^2+154a+120)}{\lambda^7}$$

若给定的随机数为一些样本点$x_1,x_2,\cdots,x_n$,则该随机变量的k阶原点矩与中心矩的定义分别为

$$A_k=\frac{1}{n}\sum_{i=1}^n x_i^k,\quad B_k=\frac{1}{n}\sum_{i=1}^n(x_i-\bar{x})^k \tag{9-3-5}$$

MATLAB语言的统计学工具箱提供了`moment()`函数,可以求出向量$\boldsymbol{x}$的中心高阶矩,但没有直接函数可以求出原点矩。其实,可以用下面的语句求出给定随机向量$\boldsymbol{x}$的r阶原点矩与中心矩为

```
Ak=sum(x.^k)/length(x), Bk=moment(x,k)
```

例9-20 仍考虑前面的随机数,可以用下面的语句得出随机数的各阶矩为

```
>> A=[]; B=[]; p=random('norm',0.5,1.5,30000,1); n=1:5;         %生成伪随机数
   for r=n, A=[A, sum(p.^r)/length(p)]; B=[B,moment(p,r)]; end    %求矩量
```

由数值方法可以求出其各阶原点矩分别为0.5081, 2.5155, 3.5457, 18.8911, 40.7912, 中心矩分别为0, 2.2689, 0.0133, 15.2391, 0.0865。

由下面的语句还可以求出各阶矩的理论值:

```
>> syms x; A1=[]; B1=[]; a=-inf; b=inf;                          %声明符号变量
   p=1/(sqrt(2*sym(pi))*3/2)*exp(-(x-1/2)^2/(2*(3/2)^2));        %概率密度函数
   for i=1:5,A1=[A1,int(x^i*p,x,a,b)];B1=[B1,int((x-1/2)^i*p,x,a,b)]; end   %矩量
```

得出的矩为$\boldsymbol{A}_1^{\mathrm{T}}=[1/2,5/2,7/2,149/8,653/16]$, $\boldsymbol{B}_1^{\mathrm{T}}=[0,9/4,0,243/16,0]$。可以看出,从生成的数据求出的各阶矩和理论值的拟合程度也是很好的。

9.3.3 多变量随机数的协方差分析

假设随机数$(x_1,y_1),(x_2,y_2),(x_3,y_3),\cdots,(x_n,y_n)$为二维随机变量对$(x,y)$的样本,则可以分别定义出二维样本的协方差$s_{xy}$与二维样本的相关系数$\eta$为

$$s_{xy}=\frac{1}{n-1}\sum_{i=1}^n(x_i-\bar{x})(y_i-\bar{y}),\quad \eta=\frac{s_{xy}}{s_{xx}s_{yy}} \tag{9-3-6}$$

由上述的式子还可以定义出矩阵$\boldsymbol{C}$为

$$\boldsymbol{C}=\begin{bmatrix}c_{xx} & c_{xy}\\ c_{yx} & c_{yy}\end{bmatrix} \tag{9-3-7}$$

式中,$c_{xx}=s_x^2$, $c_{xy}=c_{yx}=s_{xy}$,该矩阵称为协方差矩阵(covariance matrix)。

多个随机变量的协方差矩阵可以由上述定义扩展出来。MATLAB中提供了一个专门求解多元随机变量协方差均值的函数cov()。该函数的调用格式为C=cov(X)，其中，$\boldsymbol{X}$的各列均表示不同的随机变量的样本值。若$\boldsymbol{X}$是向量，则得出的是其方差，否则将返回协方差矩阵$\boldsymbol{C}$。

例9-21 试用MATLAB语言产生四个满足标准正态分布的随机变量，并求出其协方差矩阵。

解 用MATLAB给出的randn()函数可以生成一个标准正态分布随机数的矩阵。该矩阵有四列，表示四个不同的随机数变量。该矩阵有30000行，表示每个随机数变量均取30000个样本点。这样，由下面的语句可以立即得出这四个随机数变量的协方差矩阵为

$$\boldsymbol{R}=\begin{bmatrix}1.0064 & 0.0012589 & 0.004726 & -0.00051901\\ 0.0012589 & 1.004 & -0.00094545 & 0.004802\\ 0.004726 & -0.00094545 & 1.011 & -0.011895\\ -0.00051901 & 0.004802 & -0.011895 & 0.99476\end{bmatrix}$$

可见，该矩阵是对称矩阵，趋近于理论上的单位阵。

```
>> p=randn(30000,4); R=cov(p) %生成伪随机数,求协方差矩阵
```

9.3.4 多变量正态分布的联合概率密度函数及分布函数

假设有n个正态分布的随机变量$\xi_1,\xi_2,\cdots,\xi_n$，它们的均值分别为$\mu_1,\mu_2,\cdots,\mu_n$，可以构成一个均值向量$\boldsymbol{\mu}$，这些变量的协方差矩阵为$\boldsymbol{\Sigma}^2$，可以按下面的方式构造出随机数向量为$\boldsymbol{x}=[x_1,x_2,\cdots,x_n]^{\rm T}$，这样就可以定义出这些随机变量的联合概率密度为

$$p(x_1,x_2,\cdots,x_n)=\frac{1}{\sqrt{2\pi}}\boldsymbol{\Sigma}^{-1}\,{\rm e}^{-\boldsymbol{x}^{\rm T}\boldsymbol{\Sigma}^{-2}\boldsymbol{x}/2} \tag{9-3-8}$$

MATLAB语言的统计学工具箱中提供了mvnpdf()函数，利用该函数可以计算出多变量正态分布的联合概率密度值。该函数的调用格式为p=mvnpdf($\boldsymbol{X}$,$\boldsymbol{\mu}$,$\boldsymbol{\Sigma}^2$)，其中，$\boldsymbol{X}$为n列的矩阵，表示各个随机变量的取值，每一列表示一个随机变量，$\boldsymbol{\mu}$为每个随机变量均值构成的向量，$\boldsymbol{\Sigma}^2$为这些随机变量的协方差矩阵，这样生成的$\boldsymbol{p}$矩阵为列向量，表示每个随机变量组合的联合概率密度函数。

例9-22 试绘制出均值为$\boldsymbol{\mu}=[-1,2]^{\rm T}$，协方差矩阵为$\boldsymbol{\Sigma}^2=[1,1;1,3]$的二维正态分布的联合概率密度函数。若协方差矩阵的非对角线元素为0，试绘制出新的联合概率密度函数。

解 由于mvnpdf()函数只支持一个双列矩阵来表示$\boldsymbol{X}$，所以应该用适当的转换方法将其转换成两个列向量，再构成两列的矩阵，由该矩阵就可以求出联合概率密度向量，将该向量用reshape()函数还原成矩阵形式，最后用三维网格图的形式显示出来，如图9-12(a)所示。

```
>> mu1=[-1,2]; Sigma2=[1 1; 1 3];                        %输入均值向量和协方差矩阵
   [X,Y]=meshgrid(-3:0.1:1,-2:0.1:4); xy=[X(:) Y(:)];    %产生网格数据并处理
   p=mvnpdf(xy,mu1,Sigma2); P=reshape(p,size(X));        %求取联合概率密度
   surf(X,Y,P)                     %绘制联合概率密度的三维表面图
```

对协方差矩阵进行处理，则可以消除协方差矩阵的非对角元素。重新执行下面的语句可以计算出新的联合概率密度函数，如图9-12(b)所示。

```
>> Sigma2=diag(diag(Sigma2));      %消除协方差矩阵的非对角元素
   p=mvnpdf(xy,mu1,Sigma2); P=reshape(p,size(X)); surf(X,Y,P)
```

MATLAB的统计学工具箱还提供了mvnrnd()函数，用于产生多变量正态分布随机数。该函数的调用格式为R=mvnrnd(μ,Σ^2,m)，该函数可以生成m组满足多变量正态分布的随机变量，返回的$\boldsymbol{R}$为

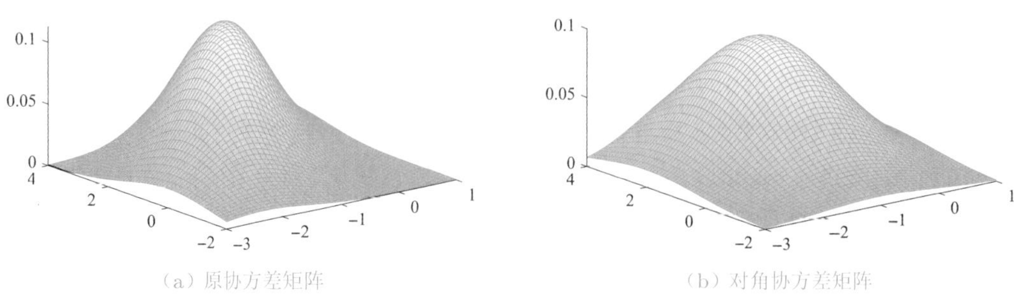

(a) 原协方差矩阵　　(b) 对角协方差矩阵

图 9-12　二维正态分布的联合概率密度函数

$m \times n$ 矩阵，每一列表示一个随机变量。

例 9-23　观察例 9-22 中给出的两种二维正态分布的伪随机数分布情况。

解　下面的语句可以得出两种分布下 2000 个点在 xy 平面上的分布情况，如图 9-13 (a)、(b) 所示。可见，若协方差矩阵为对角矩阵，则两个随机变量之间没有必然联系，所以从分布图看不出随机变量的分布偏向性，而协方差矩阵不是对角矩阵时，随机变量明显有偏向性。

```
>> mu1=[-1,2]; Sigma2=[1 1; 1 3]; R1=mvnrnd(mu1,Sigma2,2000);       %多变量伪随机数
   plot(R1(:,1),R1(:,2),'o'), Sigma2=diag(diag(Sigma2)); figure;   %随机样本分布
   R2=mvnrnd(mu1,Sigma2,2000); plot(R2(:,1),R2(:,2),'o')           %独立伪随机数分析
```

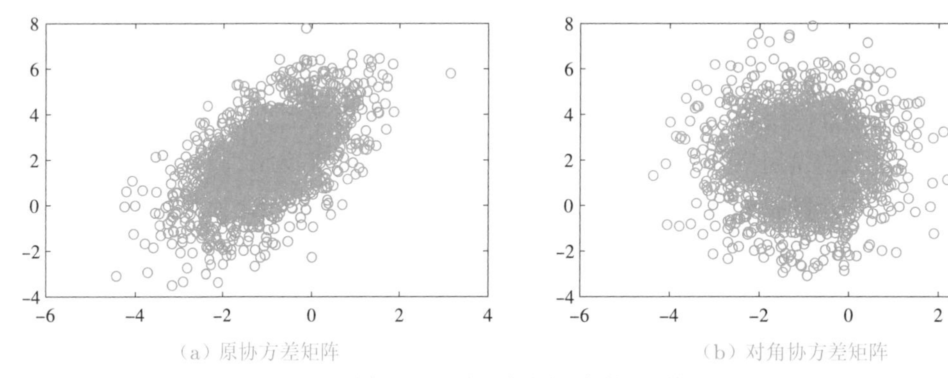

(a) 原协方差矩阵　　(b) 对角协方差矩阵

图 9-13　二维正态分布随机数分布情况

9.3.5 离群值、四分位数与盒子图

离群值是位于整体分布形式之外的观测值[120]。离群值可以由直接观测、直方图或数据分布图等手段检出。在多变量问题实际应用中，检出并移除离群值在统计分析中尤其有意义。

前面介绍过向量 $\boldsymbol{v}$ 的中位数，记作 q_2。以中位数为分界值就可以将向量分成两个子向量，比中位数小的子向量记作 $\boldsymbol{v}_1$，另一个子向量记作 $\boldsymbol{v}_2$。对两个子向量再分别取中位数则得出 q_1 和 q_3，这样，向量 $\boldsymbol{q} = [q_1, q_2, q_3]$ 称为四分位数（quartile），更确切地，三个四分位数分别称为数据集的第一、第二和第三个四分位数。中位数向量可以由 `q=quantile(v,3)` 直接求出，还可以定义出四分位距（interquartile range，IQR），其值为第一和第三个四分位数之间的距离，即 $\mathrm{IQR} = q_3 - q_1$，而超出 q_3 值 $1.5 \times \mathrm{IQR}$ 的，或低于 q_1 值 $1.5 \times \mathrm{IQR}$ 的值称为离群值。

数据向量 $\boldsymbol{v}$ 的盒子图可以由函数 `boxplot(v)` 直接绘制，下面将给出演示例子。

例9-24 考虑例9-9中的数据,试绘制盒子图并计算四分位数与离群值。

解 可以先将数据直接读入MATLAB工作空间,然后调用函数,得出盒子图,如图9-14所示。

```
>> A=load('c9dlamp.dat'); boxplot(A), q=quantile(A,3)    %盒子图与四分位数计算
```

在得出的盒子图中,可以看到中间有三条横线,表示三个四分位数$\boldsymbol{q}=[909.5,997,1108]$,此外,还有一些十字标志,表示数据集的离群值,通过局部放大可知,这些离群值为1425,521和529。另外,两条横线分别为$q_3+1.5\times\mathrm{IQR}$和$q_1-1.5\times\mathrm{IQR}$线。

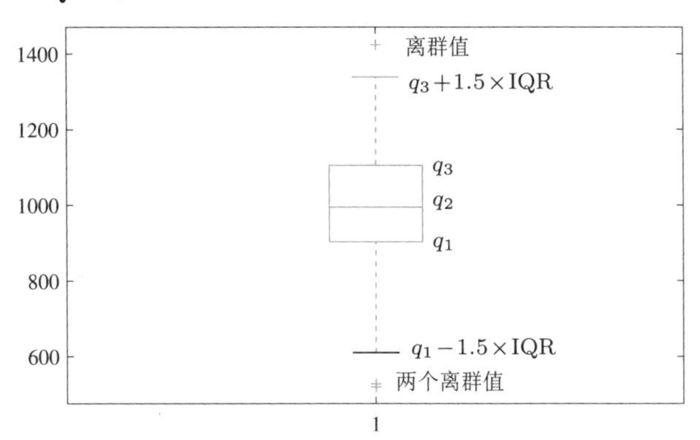

图9-14 标注四分位数与离群值的盒子图

在boxplot()函数调用时,如果$\boldsymbol{v}$是一个m列的矩阵,则将同时显示m个盒子图。

还可以使用MATLAB函数isoutlier()识别向量$\boldsymbol{v}$中的离群值,其调用格式为v_1=isoutlier(v),其中,$\boldsymbol{v}$为逻辑向量,逻辑值为1的位置对应的是离群值。可以使用$v(v_1)$命令提取其中的离群值。

例9-25 考虑例9-24中的数据,试用Grubbs算法找出离群值。

解 直接使用下面语句则可以直接检测出离群值向量为$\boldsymbol{v}_1=[521,529]^{\mathrm{T}}$。

```
>> A=load('c9dlamp.dat'); ii=isoutlier(A); v1=A(ii)    %检测离群值
```

对多变量问题而言,可以使用Antonio Trujillo-Ortiz编写的函数moutlier1()来检测离群值[121],其调用格式为moutlier1($\boldsymbol{X}$,α),其中,$\boldsymbol{X}$为由m列构成的矩阵,α为显著性水平。

例9-26 表9-3中给出了29支NBA球队的数据[120],试对此多变量问题检测出离群值。

解 先将数据输入MATLAB工作空间,然后直接调用moutlier1()函数,则可以检测出第14支球队的数据是离群值。

```
>> X=[447,149,22.8; 401,160,13.5; 356,119,49; 338,117,-17.7; 328,109,2; 290,97,25.6;
     284,102,23.5; 283,105,18.5; 282,109,21.5; 280,94,10.1; 278,82,15.2;
     275,102,-16.8; 274,98,28.5; 272,97,-85.1; 258,72,3.8; 249,96,10.6; 244,94,-1.6;
     239,85,13.8; 236,91,7.9; 230,85,6.9; 227,63,-19.7; 218,75,7.9; 216,80,21.9;
     208,72,15.9; 202,78,-8.4; 199,80,13.1; 196,70,2.4; 188,70,7.8; 174,70,-15.1];
   moutlier1(X,0.05)                  %找出多变量问题的离群值
```

可以在xz平面和yz平面绘制出散点图的投影,如图9-15所示,可以看出,第14支球队的值确实的离群值(xy平面离群值现象不明显)。

```
>> k=14; plot(X(:,1),X(:,2),'o')         %在xy平面的投影,没有特异性,本书不给出此图
   figure, plot(X(:,1),X(:,3),'o',X(k,1),X(k,3),'x')    %在xz平面的投影,图9-15(a)
   figure, plot(X(:,2),X(:,3),'o',X(k,2),X(k,3),'x')    %在yz平面的投影,图9-15(b)
```

表 9-3　一些 NBA 球队的数据(数据来源[120],单位:百万美元)

球队序号	球队价值	场馆价值	收　入	球队序号	球队价值	场馆价值	收　入
1	447	149	22.8	2	401	160	13.5
3	356	119	49	4	338	117	−17.7
5	328	109	2	6	290	97	25.6
7	284	102	23.5	8	283	105	18.5
9	282	109	21.5	10	280	94	10.1
11	278	82	15.2	12	275	102	−16.8
13	274	98	28.5	14	272	97	−85.1
15	258	72	3.8	16	249	96	10.6
17	244	94	−1.6	18	239	85	13.8
19	236	91	7.9	20	230	85	6.9
21	227	63	−19.7	22	218	75	7.9
23	216	80	21.9	24	208	72	15.9
25	202	78	−8.4	26	199	80	13.1
27	196	70	2.4	28	188	70	7.8
29	174	70	−15.1				

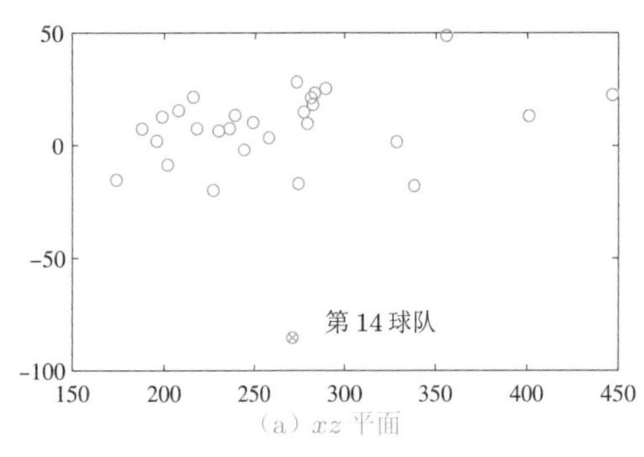

(a) xz 平面

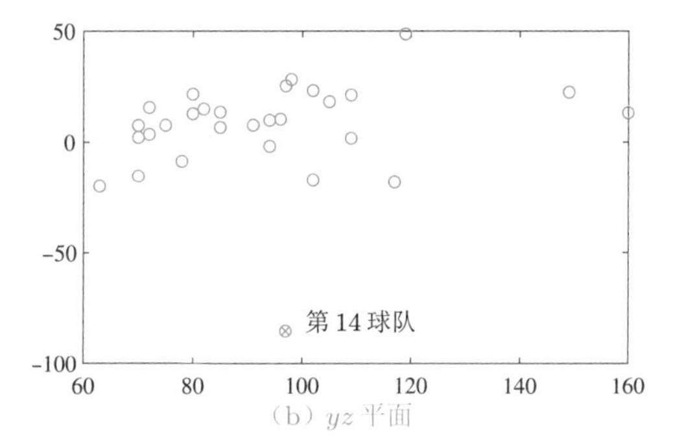

(b) yz 平面

图 9-15　三维散点图在各个平面上的投影

9.4　数理统计分析方法及计算机实现

9.4.1　参数估计与区间估计

若实测一组数据 $\boldsymbol{x}=[x_1,x_2,\cdots,x_n]^{\mathrm{T}}$,且已知数据满足某种分布,如正态分布,则可以用MATLAB语言统计学工具箱中的函数 normfit() 由极大似然法估计出该分布的均值 μ 及方差 σ^2,且同时估计出其置信区间 $\Delta\mu$ 及 $\Delta\sigma^2$,其调用格式为 $[\mu,\sigma^2,\Delta\mu,\Delta\sigma^2]=$normfit$(x,P_{\mathrm{ci}})$,其中,$P_{\mathrm{ci}}$ 为用户指定的置信度,如95%,利用该值,此函数会自动调用 norminv() 函数求出相关值,这样就可以得出所需的参数。可以预见,P_{ci} 的值越大(即越趋近于1),则得出的置信区间将越小,即得出的结果越接近于真值。

类似于其他概率分布的密度函数等,该工具箱还提供了其他分布的函数,如Gamma分布的参数估计函数 gamfit()、Rayleigh分布的参数估计函数 raylfit()、均匀分布的参数估计函数 unifit()、Poisson分布的参数估计函数 poissfit() 等,这些函数的调用格式很接近,在此不详细介绍。除此之外,在新版的MATLAB下还可以采用统一的拟合函数 fitdist()。

例9-27 试用gamrnd()函数生成一组$a=1.5,\lambda=3$的伪随机数，用参数估计的方法以不同的置信度进行估计，比较估计结果。

解 假设生成一组30000个数据，并选择置信度为90%，92%，95%，98%，可以用下面的语句得出不同置信度下的参数估计结果：

```
>> p=gamrnd(1.5,3,30000,1); Pv=[0.9,0.92,0.95,0.98]; A=[];    %生成伪随机数
   for i=1:length(Pv)                                          %对不同的置信度作循环运算
      [a,b]=gamfit(p,Pv(i)); A=[A; Pv(i),a(1),b(:,1)',a(2),b(:,2)'];   %参数估计
   end
```

为了便于理解，下面用表格的形式将得出的结果显示出来，如表9-4所示，表格的全部数据为上述程序中$\boldsymbol{A}$矩阵。可见，置信度选择不同，不会影响参数估计值，但会影响到置信区间的大小。事实上，在一般应用中通常选择95%的置信度。

表9-4 不同置信度下的参数估计结果

置信度	a参数估计结果			λ参数估计结果		
	$\hat{a}$	$a_{\min}$	$a_{\max}$	$\hat{\lambda}$	$\lambda_{\min}$	$\lambda_{\max}$
90%	1.506500556	1.505099132	1.507901979	2.991117941	2.987797191	2.994438691
92%	1.506500556	1.505380481	1.507620631	2.991117941	2.988463861	2.993772021
95%	1.506500556	1.505801226	1.507199886	2.991117941	2.98946084	2.992775042
98%	1.506500556	1.506220978	1.506780134	2.991117941	2.990455465	2.991780417

现在考虑随机数数目的不同选择，考虑选择300，3000，30000，300000，3000000个随机数，则可以通过下面语句计算出95%置信度下参数估计与置信区间的变化。同样，为了更好地显示估计结果，将以列表的形式显示，如表9-5所示。

表9-5 不同随机数个数的参数估计结果

随机数个数	a参数估计结果			λ参数估计结果		
	$\hat{a}$	$a_{\min}$	$a_{\max}$	$\hat{\lambda}$	$\lambda_{\min}$	$\lambda_{\max}$
300	1.548677954	1.540991679	1.55636423	2.91172985	2.896265076	2.927194623
3000	1.476057561	1.473908973	1.47820615	3.040589493	3.035438607	3.04574038
30000	1.503327455	1.502624743	1.504030167	2.976242793	2.974591027	2.977894559
300000	1.509546583	1.509323617	1.50976955	2.984774009	2.984252596	2.985295421
3000000	1.498005677	1.497935817	1.498075536	3.006048895	3.005882725	3.006215065

```
>> num=[300,3000,30000,300000,3000000]; A=[];          %不同伪随机数个数
   for i=1:length(num), p=gamrnd(1.5,3,num(i),1);      %不同格式伪随机数生成
      [a,b]=gamfit(p,0.95); A=[A;num(i),a(1),b(:,1)',a(2),b(:,2)'];   %区间估计
   end
```

由该表可见，当随机数生成中选择的点较少时，随机数参数的估计效果也不理想，所以在生成随机数时不宜生成太少的点，这在前面均值、方差分析与分布函数分析中已经介绍过了。但也不是随机数点选择得越多越好，因为随机数点选得太多，也不会使参数估计显著提高精度，所以在一般计算中选择30000个点即可。

9.4.2 多元线性回归与区间估计

假设输出信号y为n路输入信号$x_1,x_2,\cdots,x_n$的线性组合：

$$y=a_1x_1+a_2x_2+a_3x_3+\cdots+a_nx_n \tag{9-4-1}$$

其中,$a_1,a_2,\cdots,a_n$ 为待定系数。现在假设已经进行了 m 次实验,由实际测得

$$\begin{aligned}y_1&=x_{11}a_1+x_{12}a_2+\cdots+x_{1n}a_n+\varepsilon_1\\y_2&=x_{21}a_1+x_{22}a_2+\cdots+x_{2n}a_n+\varepsilon_2\\&\vdots\\y_m&=x_{m1}a_1+x_{m2}a_2+\cdots+x_{mn}a_n+\varepsilon_m\end{aligned}\tag{9-4-2}$$

则可以建立起如下的矩阵方程:

$$\boldsymbol{y}=\boldsymbol{X}\boldsymbol{a}+\boldsymbol{\varepsilon}\tag{9-4-3}$$

式中,$\boldsymbol{a}=[a_1,a_2,\cdots,a_n]^{\mathrm{T}}$ 为待定系数向量,因为每次实验的观测数据可能有误差,故不能完全满足式(9-4-1),每个方程右端均有误差 ε_k,所以 $\boldsymbol{\varepsilon}=[\varepsilon_1,\varepsilon_2,\cdots,\varepsilon_m]^{\mathrm{T}}$ 为误差构成的向量,$\boldsymbol{y}=[y_1,y_2,\cdots,y_m]^{\mathrm{T}}$ 为各个观测值,且 $\boldsymbol{X}$ 为测出的自变量值,即

$$\boldsymbol{X}=\begin{bmatrix}x_{11}&x_{12}&\cdots&x_{1n}\\x_{21}&x_{22}&\cdots&x_{2n}\\\vdots&\vdots&\ddots&\vdots\\x_{m1}&x_{m2}&\cdots&x_{mn}\end{bmatrix}\tag{9-4-4}$$

假设目标函数选择为使得残差的平方和最小,即 $J=\min\boldsymbol{\varepsilon}^{\mathrm{T}}\boldsymbol{\varepsilon}$,则可以得出线性回归模型的待定系数向量 $\boldsymbol{a}$ 的最小二乘估计为

$$\hat{\boldsymbol{a}}=(\boldsymbol{X}^{\mathrm{T}}\boldsymbol{X})^{-1}\boldsymbol{X}^{\mathrm{T}}\boldsymbol{y}\tag{9-4-5}$$

由第4章中介绍的线性代数知识可知,MATLAB语言可以由下面的语句求出最小二乘解,即 `a=inv(X'*X)*X'*y`,或更简单地,`a=X\y`。MATLAB语言的统计学工具箱还提供了多变量线性回归参数估计与置信区间估计的函数 `regress()`,其调用格式为 `[â,aci]=regress(y,X,α)`,可以求出所需的估计结果。其中,$1-\alpha$ 为用户指定的置信度,α 可以选择为0.02,0.05或其他的值。

例9-28 假设线性回归方程为 $y=x_1-1.232x_2+2.23x_3+2x_4+4x_5+3.792x_6$,试生成120组随机输入值 x_i,计算出输出向量 $\boldsymbol{y}$。以这些信息为已知,观察是否能由最小二乘方法得出待定系数 a_i 的估计值,并得出置信区间。

解 本例用于演示线性回归的方法及MATLAB实现,实际应用中应该采用实测数据。由下面的语句可以生成所需的矩阵 $\boldsymbol{X}$ 和向量 $\boldsymbol{y}$,并得出待定系数向量 $\boldsymbol{a}$ 的估计为 $\boldsymbol{a}_1=[1,-1.232,2.23,2,4,3.792]^{\mathrm{T}}$。

```
>> a=[1 -1.232 2.23 2 4,3.792]'; X=0.01*round(100*randn(120,6));   %截断小数点后两位
   y=0.0001*round(10000*X*a); [a,aint]=regress(y,X,0.02)            %回归分析
```

可见,因为输出值完全由精确计算得出,所以线性回归参数估计的误差为 1.067×10^{-5},可以忽略。用 `regress()` 函数还可以计算出98%置信度的置信区间分别为

$$\boldsymbol{a}=\begin{bmatrix}1\\-1.232\\2.23\\2\\4\\3.792\end{bmatrix},\quad \boldsymbol{a}_{\mathrm{int}}=\begin{bmatrix}1&1\\-1.232&-1.232\\2.23&2.23\\2&2\\4&4\\3.792&3.792\end{bmatrix}$$

```
>> yhat=y+sqrt(0.5)*randn(120,1); [a,ai]=regress(yhat,X,0.02)   %干扰信号回归分析
   errorbar(1:6,a,ai(:,1)-a,ai(:,2)-a)                          %绘制误差限图
```

假设观测的输出数据被噪声污染，则可以给输出样本叠加上N(0,0.5)区间的正态分布噪声，这时可以用下面语句进行线性回归分析，得出待定系数向量的估计参数及置信区间，用errorbar()函数还可以用图形绘制参数估计的置信区间，如图9-16(a)所示。新的估计结果为

$$\boldsymbol{a}=\begin{bmatrix}0.9296\\-1.1392\\2.2328\\1.9965\\4.0942\\3.7160\end{bmatrix},\quad \boldsymbol{a}_{\rm int}=\begin{bmatrix}0.7882 & 1.0709\\-1.2976 & -0.9807\\2.0960 & 2.3695\\1.8752 & 2.1178\\3.9494 & 4.2389\\3.5719 & 3.8602\end{bmatrix}$$

减小噪声的方差，假设方差为0.1，则可以得出新噪声下参数估计的结果，如图9-16(b)所示。显然估计出的参数更精确。

```
>> yhat=y+sqrt(0.1)*randn(120,1); [a,aint]=regress(yhat,X,0.02);   %修改干扰再回归
   errorbar(1:6,a,aint(:,1)-a,aint(:,2)-a)                           %重新绘制误差限图
```

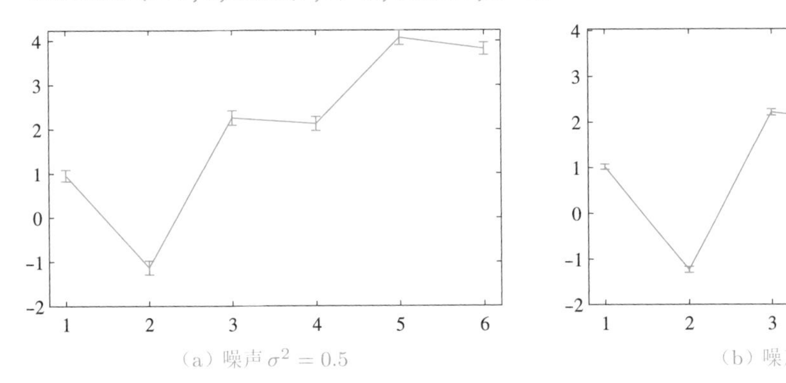

(a) 噪声 $\sigma^2=0.5$　　(b) 噪声 $\sigma^2=0.1$

图9-16　参数估计及置信区间图形表示

9.4.3 非线性函数的最小二乘参数估计与区间估计

假设有一组数据$x_i,y_i,i=1,2,\cdots,N$，且已知这组数据满足某一函数原型$\hat{y}(x)=f(\boldsymbol{a},x)$，其中，$\boldsymbol{a}$为待定系数向量，但由于误差的影响，可能存在误差，故该函数应该严格写成$\hat{y}(x)=f(\boldsymbol{a},x)+\varepsilon$，其中，$\varepsilon$称为残差，这样可以引入目标函数

$$J=\min_{\boldsymbol{a}}\sum_{i=1}^{N}[y_i-\hat{y}(x_i)]^2=\min_{\boldsymbol{a}}\sum_{i=1}^{N}[y_i-f(\boldsymbol{a},x_i)]^2 \tag{9-4-6}$$

用某种数学算法求出使得目标函数最小的参数$\boldsymbol{a}$。将估计出的$\boldsymbol{a}$代入原型函数，则可以得出残差$\varepsilon_i=y_i-f(\boldsymbol{a},x_i)$。类似于8.3.3节中介绍的最小二乘拟合，本节中介绍基于Gauss–Newton算法的最小二乘拟合及其MATLAB语言nlinfit()。所不同的是，此函数同时还可以求出残差对估计参数向量$\boldsymbol{a}$的Jacobi向量$\boldsymbol{j}_i$。这些可以用于非线性参数的区间估计函数nlparci()，得出95%置信度下的区间估计结果。这些函数的调用格式为

```
[a,r,J]=nlinfit(x,y,Fun,a0)    %最小二乘拟合
c=nlparci(a,r,J)               %由置信度为95%的置信区间
```

其中，$\boldsymbol{x}$和$\boldsymbol{y}$为实测数据；Fun为原型函数，可以由M函数表示也可以由匿名函数表示；$\boldsymbol{a}_0$为参数估计的初值。可见，该函数调用中的输入参数与lsqcurvefit()函数完全一致。该参数返回的$\boldsymbol{a}$向量为估计出

的参数，$\boldsymbol{r}$ 为此参数下的残差构成的向量，$\boldsymbol{J}$ 为各个 Jacobi 行向量构成的矩阵。得出了这些信息，就可以将其用于置信区间的估计，得出置信度为95%的置信区间 $\boldsymbol{c}$。下面将通过例子演示非线性函数参数估计与置信区间估计的问题求解。和前面介绍的`lsqcurvefit()`函数一样，该函数同样适用于多变量函数的参数估计与区间估计。

例 9-29 试用参数估计的方法重新求解例 8-26 中给出的最小二乘拟合问题，得出 95%置信度的置信区间，并在实测信号上叠加均匀分布的噪声信号再进行参数与区间估计。

解 假设原型函数为 $y(x)=a_1\mathrm{e}^{-a_2x}+a_3\mathrm{e}^{-a_4x}\sin a_5x$，其中，$a_i$ 为待定系数。可以由匿名函数直接描述此原型函数，表示成 $y=f(\boldsymbol{a},x)$，这样就可以人为指定一组 x_i 值并得出相应的 y_i 值，调用`nlinfit()`函数就可以得出参数估计，而`nlparci()`函数可以获得置信区间，估计的结果为 $\boldsymbol{a}=[0.120, 0.213, 0.540, 0.170, 1.230]^{\mathrm{T}}$，和理论值完全一致。

```
>> f=@(a,x)a(1)*exp(-a(2)*x)+a(3)*exp(-a(4)*x).*sin(a(5)*x);      %原型函数的描述
   x=0:0.1:10; y=f([0.12,0.213,0.54,0.17,1.23],x); format long   %生成样本数据
   [a,r,j]=nlinfit(x,y,f,[1;1;1;1;1]), ci=nlparci(a,r,j)          %非线性回归与区间估计
```

该函数的拟合结果比`lsqcurvefit()`函数的默认控制结果精确得多，但因为本函数不允许给出精度控制选项，所以也不能得出更精确的结果。可见这样得出的置信区间较小，结果比较精确。

现在假设给样本点数据 y_i 叠加上 $[0, 0.02]$ 区间的随机数，则可以给出如下的语句，得出由新样本数据估计出的参数及置信区间分别为

$$\boldsymbol{a}=\begin{bmatrix}0.12281531581639\\0.17072641296744\\0.55113088779121\\0.17347639675132\\1.2291686258648\end{bmatrix},\quad \boldsymbol{c}_{\mathrm{i}}=\begin{bmatrix}0.11857720435195 & 0.12705342728083\\0.16221631527879 & 0.17923651065609\\0.54465309442893 & 0.55760868115349\\0.17055714192171 & 0.17639565158094\\1.22755955648343 & 1.23077769524618\end{bmatrix}$$

```
>> y=f([0.12,0.213,0.54,0.17,1.23],x)+0.02*rand(size(x));
   [a,r,j]=nlinfit(x,y,f,[1;1;1;1;1]), ci=nlparci(a,r,j)
   errorbar(1:5,a,ci(:,1)-a,ci(:,2)-a)
```

这样可以绘制出参数估计及其置信区间，如图 9-17 所示。

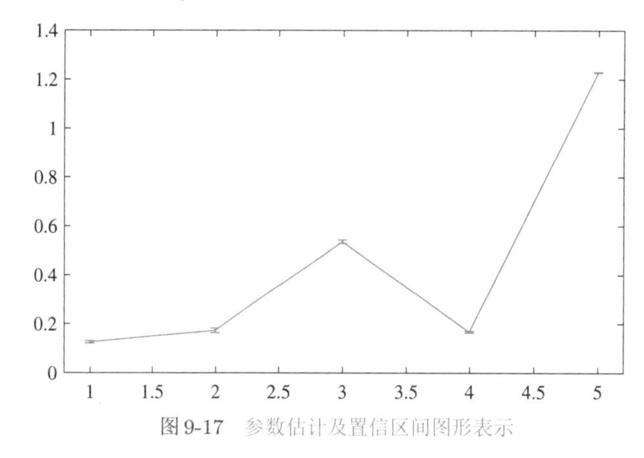

图 9-17 参数估计及置信区间图形表示

例 9-30 试利用`nlinfit()`函数求解多变量非线性回归问题。假设非线性函数为

$$f(\boldsymbol{a},\boldsymbol{x})=(a_1x_1^3+a_2)\sin(a_3x_2x_3)+(a_4x_2^3+a_5x_2+a_6)$$

解 假设a_i的值均为1，可以用下面的语句定义出函数f，产生一组数据$\boldsymbol{X}$，则可以计算出一组输出值作为观测数据。

```
>> a=[1;1;1;1;1;1]'; X=0.01*round(100*rand(120,4));          %保留两位小数
   f=@(a,x)(a(1)*x(:,1).^3+a(2)).*sin(a(3)*x(:,2).*x(:,3))+...  %描述原型函数
         (a(4)*x(:,3).^3+a(5)*x(:,3)+a(6)); y=0.0001*round(10000*f(a,X));
```

由这些观测数据可以用非线性回归参数估计函数求出a_i的值，并绘制出如图9-18(a)所示的原观测数据与拟合数据，可见拟合结果比较好。从估计的参数看，所得出的结果也是较精确的。

```
>> [ahat,r,j]=nlinfit(X,y,f,[0;2;3;2;1;2]); ahat       %参数估计
   y1=f(ahat,X); plot([y y1]), ci=nlparci(ahat,r,j)    %区间估计
   figure, errorbar(1:6,ahat,ci(:,1)-ahat,ci(:,2)-ahat)  %绘制误差限图形
```

得出的估计向量及置信区间分别为

$$\boldsymbol{a}=\begin{bmatrix}0.9999\\0.9999\\1.0001\\1\\0.9999\\1\end{bmatrix},\quad \boldsymbol{c}_{\rm i}=\begin{bmatrix}0.9997&1.0001\\0.9997&1.0001\\0.9998&1.0003\\1&1.0001\\0.9999&1\\1&1\end{bmatrix}$$

和前面的例子一样，用nlparci()函数也能求出置信区间，也可以用图形表示95%置信度的置信区间，如图9-18(b)所示。

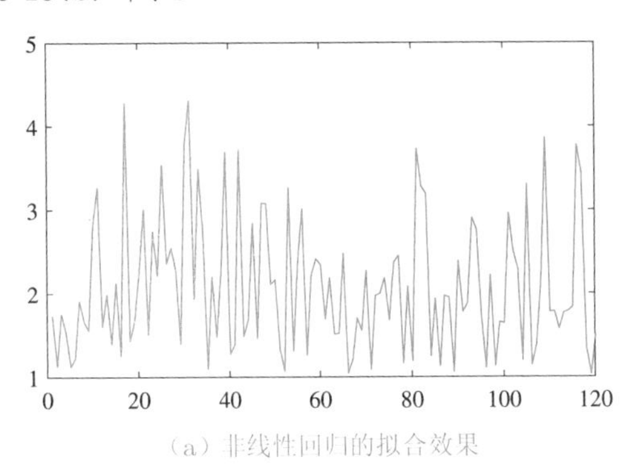

(a) 非线性回归的拟合效果

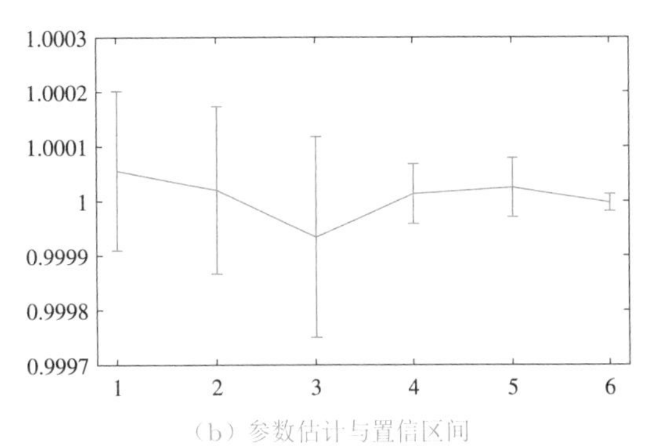

(b) 参数估计与置信区间

图9-18 多元非线性回归拟合与参数估计

9.4.4 极大似然估计

极大似然法（maximum likelihood estimation，MLE）是统计学中一种采用的参数与区间估计方法。正常情况下，如果已知一个统计模型，但模型中有待定常数，并已知一组实验数据，则可以用极大似然法估计待定常数及其区间。MATLAB提供了mle()函数来完成极大似然估计任务。这里只介绍其调用格式 $[\boldsymbol{p},\boldsymbol{p}_1]$=mle('norm',$\boldsymbol{X}$,$\alpha$)，其中，假设$\boldsymbol{X}$向量中的数据满足正态分布，$\alpha$为置信度，则返回的向量$\boldsymbol{p}$包含均值与方差，而$\boldsymbol{p}_1$返回参数的估计区间。

例9-31 假设工厂生产的一批灯泡的流明数各不相同。这里流明数可以认为是随机变量ξ，假设ξ满足正态分布$\mathrm{N}(\mu,\sigma^2)$。现在从表9-6中给出的全体样本流明数中随机提取120个样本，试用极大似然法估计这些数据的均值与方差。

解 为使得问题的叙述更加简单，假设这些实测值存于ASCII文件c9dlumen.dat中。可以先将其读入MATLAB的工作空间，然后直接使用mle()函数完成参数及其区间的极大似然估计。

表 9-6　试验样本的实测流明数

216	203	197	208	206	209	206	208	202	203	206	213	218	207	208	202	194	203	213	211
193	213	208	208	204	206	204	206	208	209	213	203	206	207	196	201	208	207	213	208
210	208	211	211	214	220	211	203	216	224	211	209	218	214	219	211	208	221	211	218
218	190	219	211	208	199	214	207	207	214	206	217	214	201	212	213	211	212	216	206
210	216	204	221	208	209	214	214	199	204	211	201	216	211	209	208	209	202	211	207
202	205	206	216	206	213	206	207	200	198	200	202	203	208	216	206	222	213	209	219

```
>> X=load('c9dlumen.dat');           %将使用数据读入MATLAB工作空间
   [p,p1]=mle('norm',X,0.05)        %用极大似然法估计均值与方差
```

得到的估计均值为208.817，其区间为[207.674, 209.96]，估计的方差为6.297，其区间为[5.612, 7.243]。

9.5　统计假设检验

先假设总体具有某种统计特征(如具有某种参数或遵从某种分布)，然后再检验这个假设是否可信，这种方法称为统计假设检验方法。统计假设检验在统计学中是有重要地位的。例如，有人提出这样的假设，某灯泡厂生产的某种型号的灯泡平均寿命在3000 h以上，如何检验这个假设是否正确。该方法的确切检验方法，即将所有灯泡使用到烧坏为止显然是没有意义的。在统计学中，可以随机选择一些样本来对该假设进行检验。

9.5.1　统计假设检验的概念及步骤

1. 显著性检验

可以假设一个产品的指标为μ_0，要想测试这个假设是不是正确，则应该从这批产品中随机选择n个样本，并计算出样本均值$\bar{x}$与样本标准差s。这样就可以在数学上提出一个如下假设：

$$\mathscr{H}_0:\quad \mu=\mu_0 \tag{9-5-1}$$

其含义为，这批产品的均值为μ_0。可以按下面的步骤来检验是否可以接受这个假设。

(1) 选取统计量。

$$u=\frac{\sqrt{n}(\bar{x}-\mu_0)}{s} \tag{9-5-2}$$

该统计量满足标准正态分布$N(0,1)$。

(2) 给出显著性水平，由于统计检验毕竟不是确切性检验，所以无论接受还是拒绝该假设都有可能出现错误。引入α的意义是判定出现“取伪”错误的概率。由于研究的是随机问题，当然不可能令$\alpha=0$。一般经常取$\alpha=5\%$或$\alpha=2\%$，用语言表示即为“可以有95%或98%的把握接受或拒绝该假设”。

(3) 有了α值，则可以用逆正态分布函数求出$K_{\alpha/2}$的值，使得

$$\int_{-K_{\alpha/2}}^{K_{\alpha/2}}\frac{1}{\sqrt{2\pi}}\mathrm{e}^{-x^2/2}\mathrm{d}x<1-\alpha \tag{9-5-3}$$

这可以通过MATLAB语句直接实现，$K_{\alpha/2}$=norminv($1-\alpha/2$,0,1)，也可以由下面的命令计算$K_{\alpha/2}$=icdf('norm',$1-\alpha/2$,0,1)。

(4) 做出决定：如果$|u|<K_{\alpha/2}$，则假设$\mathscr{H}_0$不能拒绝，否则可以有$(1-\alpha)\times 100\%$的信心拒绝假设$\mathscr{H}_0$。下面将通过例子来演示假设检验问题及其求解步骤。

例 9-32 已知某产品的平均强度为 $\mu_0=9.94$kg，现在改变制作方法，并从新产品中随意抽取200件，算得它们的平均强度为 $\bar{x}=9.73$kg，标准差 $s=1.62$kg，问制作方法的改变对强度有无显著影响[45]？

解 可以先做出假设，$\mathscr{H}_0$: $\mu=9.94$ kg，其数学含义是，改变制作方法后产品的平均强度没受影响。要解决这样的假设检验问题，则可以依照上述步骤给出下面的语句：

```
>> n=200; mu0=9.94; xbar=9.73; s=1.62; u=sqrt(n)*(mu0-xbar)/s    %生成统计变量
   alpha=0.02; K=norminv(1-alpha/2,0,1), H=abs(u)<K             %假设检验
```

执行上述语句，则得出中间结果 $u=1.8332$，$K=2.3263$，更重要的，$H=1$，即 $|u|<K$，这样，假设 $\mathscr{H}_0$ 不能被拒绝。换句话说，可以得出结论：新的制作方法并不影响产品的强度。

2. 两组数据是否有明显差异

另一种经典假设检验问题是，有两组数据，想检验这两种数据是否在统计学意义下有显著性差异。

可以从第一组数据中随机选择 n_1 个样本，并计算出其样本均值 $\bar{x}_1$ 与样本标准差 s_1，再从第二组数据中随机选择 n_2 个样本，假设其样本均值 $\bar{x}_2$ 与标准差 s_2。这样可以做出下面的假设：

$$\mathscr{H}_0:\quad \mu_1=\mu_2 \tag{9-5-4}$$

即，这两组数据没有显著性差异，可以按下面的步骤做假设检验。

（1）可以计算出统计量 t，并已知该统计量满足 t 分布。

$$t=\frac{\bar{x}_1-\bar{x}_2}{\sqrt{s_1^2/n_1+s_2^2/n_2}} \tag{9-5-5}$$

（2）选择一个显著性水平 α 并计算 T_0：T_0=tinv($\alpha/2,k$)，或 T_0=icdf('t',$\alpha/2,k$)，其中，$k=\min(n_1-1,n_2-1)$。

（3）做出决定：若 $|t|<|T_0|$，则假设 $\mathscr{H}_0$ 不能拒绝，否则，有 $(1-\alpha)\times 100\%$ 信心拒绝该假设。

例 9-33 有两组失眠病患者，将其随机地分成两组，A组和B组，每组10个病人，每组分别使用不同的药物进行治疗。治疗后分别测出延长睡眠的小时数，在表9-7中给出。现在想测试一下两种药物的药效是否在统计学意义下有显著性差异。

表 9-7 延长睡眠的小时数

A	1.9	0.8	1.1	0.1	−0.1	4.4	5.5	1.6	4.6	3.4
B	0.7	−1.6	−0.2	−1.2	−0.1	3.4	3.7	0.8	0	2

解 可以先做出假设 $\mathscr{H}_0$: $\mu_1=\mu_2$，两组药物的均值相同，即两组药物的疗效没有显著性差异。依照前面的假设检验步骤，可以给出下面 MATLAB 语句：

```
>> x=[1.9,0.8,1.1,0.1,-0.1,4.4,5.5,1.6,4.6,3.4];
   y=[0.7,-1.6,-0.2,-1.2,-0.1,3.4,3.7,0.8,0,2];            %输入检测参数
   n1=length(x); n2=length(y); k=min(n1-1,n2-1);            %获得向量长度并取小值
   t=(mean(x)-mean(y))/sqrt(std(x)^2/n1+std(y)^2/n2)        %计算统计量
   a=0.05; T0=tinv(a/2,k), H=abs(t)<abs(T0)                 %假设检验
```

得出 $t=1.8608$，$k=9$，$T_0=-2.2622$。因为 $H=1$，不能拒绝该假设。换句话说，这两种药物的疗效没有显著性差异。由于这两组样本是已知的，还可以绘制出盒子图，如图9-19所示。从得出的结果看，因为盒子的本体有重叠部分，所以上述结论是正确的。

```
>> boxplot([x.' y.'])    %绘制两个数据集的盒子图
```

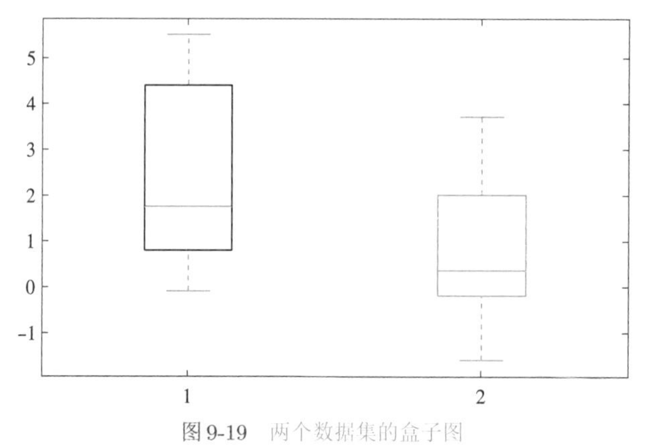

图9-19 两个数据集的盒子图

9.5.2 随机分布的假设检验

前面的例子介绍了假设检验的MATLAB求解。其实，MATLAB的统计学工具箱中还提供了多个假设检验的函数，例如正态分布均值的假设检验、正态分布性假设检验和任意分布函数的假设检验等。下面介绍这些检验和MATLAB统计学工具箱实现。

1. 正态分布的均值假设检验

已知某组数据符合正态分布规律，且已知其标准差为σ。假设其均值为μ，则可以采用MATLAB统计学工具箱的`ztest()`函数对该假设进行Z假设检验。该函数的调用格式为$[H,s,\mu_{\rm ci}]=$`ztest`$(\boldsymbol{X},\mu,\sigma,\alpha)$，其中，$H$为假设检验的结论，当$H=0$时表示不拒绝$\mathscr{H}_0$假设，否则表示拒绝该假设，$s$为该检验的显著性水平，$\mu_{\rm ci}$为其均值的置信区间。

若未知正态分布的标准差，也可以采用t检验法对其进行均值假设检验，调用`ttest()`函数对某正态分布的均值进行检验，其调用格式为$[H,s,\mu_{\rm ci}]=$`ttest`$(\boldsymbol{X},\mu,\alpha)$。

例9-34 试用正态分布随机数函数生成一组随机数，并对该随机数进行均值假设检验。

解 假设先由MATLAB语句生成一组400个$\mathrm{N}(1,2^2)$的正态分布随机数，由于已知标准差为2，可以引入假设$\mathscr{H}_0:\mu=1$，这样可以由下面的MATLAB语句进行检验，得出$H=0,p=0.4359,\boldsymbol{c}_{\rm i}=[0.845,1.3105]$，故可以接受该假设。

```
>> r=normrnd(1,2,400,1); [H,p,ci]=ztest(r,1,2,0.02)    %生成正态分布伪随机数并检验
```

现在试将假设设置为$\mathscr{H}_0:\mu=0.5$，则可以给出如下语句，得出$H=1,p=7.51\times10^{-9}$，表示应该拒绝$\mathscr{H}_0$假设。这里得出的置信区间和前面得出的仍然完全一致。

```
>> [H,p,ci]=ztest(r,0.5,2,0.02)    %Z检验
```

若认为标准差未知，则可以采用t检验对假设$\mathscr{H}_0:\mu=1$进行检验，假设检验可以由下面的MATLAB语句直接得出，由于得出的$H=0,p=0.4517$，故表示可以接受该假设。置信区间为$\boldsymbol{c}_{\rm i}=[0.8364,1.3195]$。

```
>> [H,p,ci]=ttest(r,1,0.02)         %直接进行t假设检验
```

2. 正态分布的假设检验

判定某变量是否为正态分布的传统方法是采用正态概率纸的形式实现的，这时的假设$\mathscr{H}_0$表示待检验的分布是正态分布。其实，这样的过程完全可以用计算机来实现。MATLAB统计学工具箱中提供了`jbtest()`和`lillietest()`两个函数，分别实现Jarque–Bera与Lilliefors假设检验算法[122]，可以直接

由随机样本判定该分布是否为正态分布。这两个函数的调用格式为

```
[H,s]=jbtest(X,α)          %Jarque–Bera 检验
[H,s]=lillietest(X,α)      %Lilliefors 检验
```

例9-35　考虑例9-31中给出的数据。试检验这些数据是否满足正态分布。

解　将该数据读入MATLAB的工作空间，调用现成的jbtest()函数或lillietest()函数，均能得出$H=0,p=0.7281$，表示可以接受该假设，即给出的数据满足正态分布。

```
>> X=load('c9dlumen.dat'); [H,p]=jbtest(X,0.05) %正态性检验
```

确定了该数据为正态分布数据，则可以直接用前面介绍的正态分布拟合函数normfit()求解问题，得出该分布的均值为208.8167，其置信区间为[207.6737, 209.9596]，方差为6.3232，其置信区间为[5.6118, 7.2428]。

```
>> [mu1,sig1,mu_ci,sig_ci]=normfit(X,0.05)       %正态分布参数与区间拟合
```

得出的最终结果与例9-31中采用极大似然法得出的很接近。

例9-36　试用统计学工具箱生成一组Rayleigh分布数据，用现成函数验证其是否为正态分布数据，显然这些数据不是正态分布的，所以假设检验结果应该是1。

解　给出下面的语句，先用MATLAB语句生成一组Rayleigh分布的随机数，然后调用jbtest()函数立即得出结果为$H=1,p=0$，即$\mathscr{H}_0$应该被拒绝。

```
>> r=raylrnd(1.5,400,1); [H,p,c,d]=jbtest(r,0.05)    %假设检验
```

对于正态性检验而言，除了用假设检验之外，还可以利用MATLAB提供的normplot()函数直观地检验。这里将通过例子演示该函数的使用。

例9-37　试用图形方法对例9-35、9-36数据的正态性进行直观检验。

解　将这两组数据分别读入MATLAB工作空间，直接调用normplot()函数即可绘制出正态性检验曲线，如图9-20(a)、(b)所示。可以看出，例9-35的数据比较接近给出的斜线，所以可以认定分布基本满足正态分布，而例9-36的数据明显偏离该斜线，因此不满足正态分布。可见，这样得出的结论与前面例子中的结论完全吻合。

```
>> X=load('c9dlumen.dat'); normplot(X);          %绘制正态性检验曲线
   figure, r=raylrnd(1.5,400,1); normplot(r)     %Rayleigh分布绘制正态性曲线
```

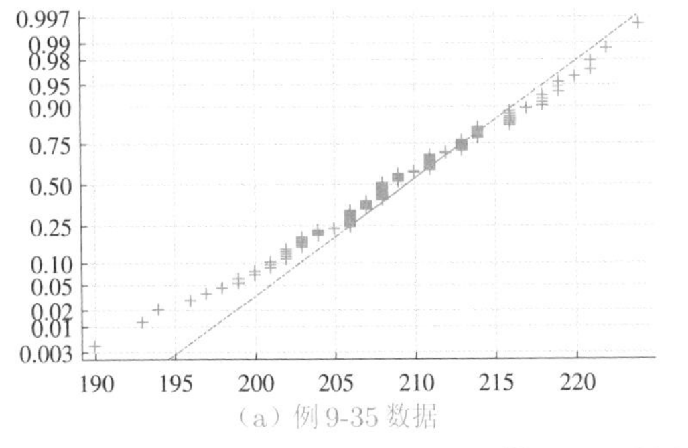

(a) 例9-35数据

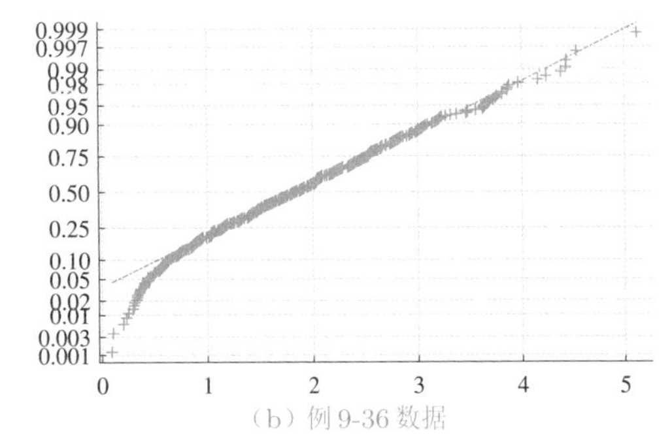

(b) 例9-36数据

图9-20　正态性检验的直观图解

3. 其他分布的Kolmogorov–Smirnov检验

前面的Jarque–Bera与Lilliefors假设检验算法MATLAB函数只能用于检验某分布是否为正态分布，却不能用于其他分布的检验。Kolmogorov–Smirnov检验是检验任意已知分布函数的一种有效的假

设检验算法。MATLAB的统计学工具箱中提供了 $[H,s]$=kstest($\boldsymbol{X}$,cdffun,α) 函数实现了该算法，其中，cdffun为两列的矩阵，第一列为自变量，第二列应该为要检验的分布函数在自变量处的值。在构造cdffun时可以用现成分布函数求取，也可以自己按需要检验的分布函数编写，所以可以用此算法检验是否为任意给定的分布。

例9-38 试对例9-36中生成的随机数进行假设检验。该随机数满足Rayleigh分布。

解 首先假设其满足Rayleigh分布，则由raylfit()函数可以得出两个参数 $b = 1.509$。

```
>> r=raylrnd(1.5,400,1); b=raylfit(r)   %生成伪随机数并检验其分布情况
```

这样就能构造出Rayleigh分布的分布函数为raylcdf(sort(r),b)。将其代入kstest()函数，就可以对前面的假设进行检验，得出 $H = 0, p = 0.87724898430408$。

```
>> r=sort(r); [H,p]=kstest(r,[r raylcdf(r,b)],0.05)   %排序，检验是否Rayleigh分布
```

由于 $H = 0$，所以可以认为通过假设检验，表明前面生成的数据确实满足Rayleigh分布。

类似于前面介绍的normplot()函数，对一些特定分布的检验也可以通过图形的方式实现。例如，对Rayleigh分布，可以由probplot('rayleight',x)绘图表示。目前支持的分布类型还包括正态分布('normal')、指数分布('exponential')、Weibull分布('weibull')等。

例9-39 试用图形方法重新求解例9-38中的问题。

解 可以给出下面的命令进行检验，得出的图形如图9-21所示。显然，用图形方法得出的结论与前面例子中的结论完全吻合。

```
>> r=raylrnd(1.5,400,1); probplot('rayleigh',r)   %检测是否满足Rayleigh分布
```

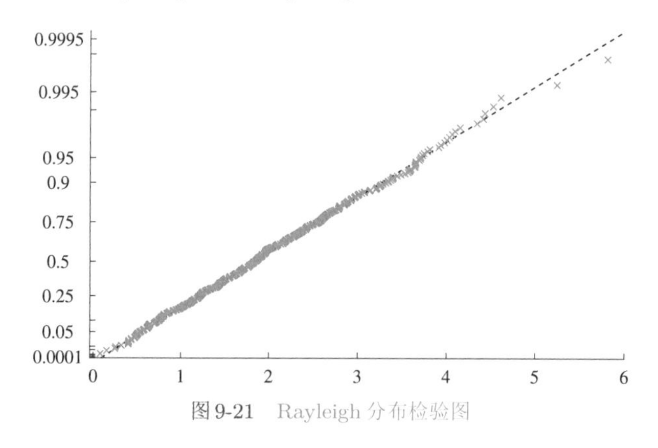

图9-21 Rayleigh分布检验图

9.6 方差分析与主成分分析

9.6.1 方差分析

方差分析(analysis of variance，ANOVA)是英国统计学家兼遗传学家Ronald Fischer提出的一种分析方法，在医学研究、科学试验和现代工业质量控制等众多领域有着广泛的应用。方差分析技术是假设检验的拓展。考虑有 N 组样本，假设这些样本的均值是相同的，即作出如下假设：

$$\mathscr{H}_0 : \mu_1 = \mu_2 = \cdots = \mu_N \tag{9-6-1}$$

如果采用前面介绍的假设检验方法，则需要对这些样本进行两两假设检验，这样非常麻烦和不便，

故应该引入新的方差分析方法进行分析与检验。

试验样本的影响方式不同，则采用方差分析方法也不同，一般采用单因子（one-way）、双因子（two-way）和n因子（n-way）方法。下面将分别介绍各种形式下的方差分析方法及其MATLAB实现。

1. 单因子方差分析

单因子方差分析就是指对一些观察来说，只有一个外界因素可能对观测的现象产生影响。假设需要研究N种药物对某病症的疗效，可以采用这样的方法。将病人随机地分成N组，每组有m个病人，这样将每个病人的疗效观测指标（如治愈需要的天数）记作$y_{i,j}$，其中，下标i表示第i组（$i=1,2,\cdots,N$），j表示某组内病人的编号（$j=1,2,\cdots,m$）。现在仿照MATLAB的冒号表达式记号，记第i组的所有病人观测指标为$y_{i,:}$，或各组的第j个病人观测指标为$y_{:,j}$，则这样得出的表示均为向量。还可以引入平均值的概念，例如用$\bar{y}_{i,:}$表示第i组内病人观测指标的平均值，用$\bar{y}_{:,:}$表示所有组内所有病人观测指标的平均值，则可以构造出如表9-8所示的标准方差分析表，由该表格中给出的数据找出所需的规律。

表9-8 单因子方差分析表

方差来源	平方和	自由度	均方值	F	p值
因子效应	$\text{SSA}=\sum_i n_i\bar{y}_{i,:}^2-N\bar{y}_{:,:}^2$	$I-1$	$\text{MSSA}=\text{SSA}/(I-1)$	MSSA/MSSE	$p=P(F_{I-1,N-I}>c)$
随机误差	$\text{SSE}=\sum_i\sum_k y_{i,k}^2-\sum_i n_i\bar{y}_{i,:}^2$	$N-I$	$\text{MSSE}=\text{SSE}/(N-I)$		
和	$\text{SST}=\sum_i\sum_k y_{i,k}^2-N\bar{y}_{:,:}^2$	$N-1$			

上面所采用的药物作为分组的依据，称为因子（factor），它们的差异（如这里采用药物的不同）称为因子的水平。因为这里始终将药物作为影响观测指标的因素，故称为单因子分析。这里仍然使用假设检验的方法进行方差分析，假设的$\mathscr{H}_0$为各组的平均观测指标是相同的。表格中比较重要的数值是最后两列，Fisher分布的值F和置信度为c时的概率值p，概率值可以通过逆分布函数求出。若得出的概率值$p<\alpha$，$1-\alpha$为置信度，则应该拒绝假设$\mathscr{H}_0$，否则不拒绝假设。

MATLAB的统计学工具箱提供了`anova1()`函数，可以用于对给出的数据进行单因子方差分析。该函数的调用格式为`[p,tab,stats]=anova1(X)`，其中，$\boldsymbol{X}$为需要分析的数据，该数据应该为一个$m\times n$矩阵，每一列对应于随机分配的一个组的测试数据，这样就会返回概率p，方差表数据`tab`，其内容如表9-8所示，`stats`为统计结果量，为结构体变量，包括每组的均值等信息。该函数还将自动打开两个MATLAB图形窗口，一个按表9-8的形式显示出该表的内容，另一个图形窗口将显示盒式图。

例9-40 设有5种治疗某病的药物，要比较它们的疗效，假定将30个病人随机地分成5组，每组6人，令每组病人使用同一种药物，并记录病人从使用药物开始到痊愈的时间，如表9-9所示，试评价这5种药的疗效有无显著差异。

解 根据给出的表格，可以按规则立即建立起$\boldsymbol{A}$矩阵，先求出各列的均值，并对各组数据进行单因子方差分析，得出如下的方差分析结果，$\boldsymbol{m}=[7.5,5,4.3333,5.1667,6.1667]$，$p=0.0136$。

```
>> A=[5,4,6,7,9; 8,6,4,4,3; 7,6,4,6,5; 7,3,5,6,7; 10,5,4,3,7; 8,6,3,5,6];
   m=mean(A), [p,tbl,stats]=anova1(A)   %求均值，并作方差分析
```

同时，`anova1()`函数还将自动打开两个图形窗口，分别绘制出如图9-22(a)、(b)所示的方差分析表和盒

表 9-9　治愈天数的实验数据表(例子及数据来源:文献[123])

病人编号	药物1	药物2	药物3	药物4	药物5	病人编号	药物1	药物2	药物3	药物4	药物5
1	5	4	6	7	9	2	8	6	4	4	3
3	7	6	4	6	5	4	7	3	5	6	7
5	10	5	4	3	7	6	8	6	3	5	6

式图。由于得出的概率值$p = 0.0136 < \alpha$,其中,$\alpha = 0.02$或0.05,故应该拒绝给出的假设,认为这些药物确实对治愈时间有显著影响。该结果和文献中由统计软件SAS求出的结果完全一致。事实上,从得出的盒式图可以看出,第三种药物的治愈时间显然低于第一种药物。

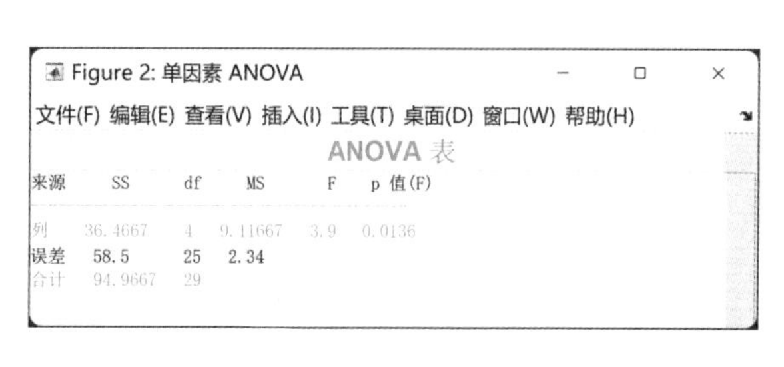

(a) 单因子方差表界面

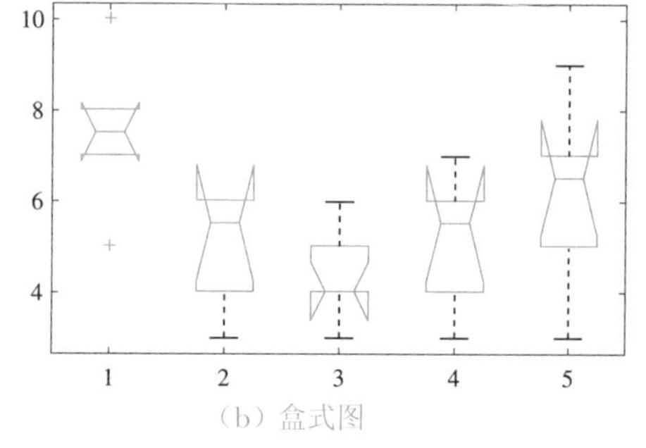

(b) 盒式图

图 9-22　单因子方差分析结果

2. 双因子方差分析

如果有两种因素可能影响到某现象的统计规律,则应该引入双因子方差分析的概念。这时观测量y可以表示为一个三维数组$y_{i,j,k}$,表示第一个因子取第i个水平,第二个因子取第j个水平时,组内第k个对象的观测指标。

根据双因子的特点,可以引入三个假设如下:

$$\begin{cases} \mathscr{H}_1: \alpha_1 = \alpha_2 = \cdots = \alpha_I, & \alpha_i\text{为第一因子单独作用的效应} \\ \mathscr{H}_2: \beta_1 = \beta_2 = \cdots = \beta_J, & \beta_j\text{为第二因子单独作用的效应} \\ \mathscr{H}_3: \gamma_1 = \gamma_2 = \cdots = \gamma_{IJ}, & \gamma_k\text{为两个因子同时作用的效应} \end{cases} \tag{9-6-2}$$

对双因子方差分析问题,可以构造如表9-10所示的分析表格。其中,交互效应的SSAB的值可以由式(9-6-3)求出。

$$\text{SSAB} = K\sum_{ij}\bar{y}_{i,j,:}^2 - JK\sum_{i}\bar{y}_{i,:,:}^2 - IK\sum_{j}\bar{y}_{:,j,:}^2 + IJK\bar{y}_{:,:,:}^2 \tag{9-6-3}$$

另外,三个概率的定义及意义为

$$\begin{cases} p_{\rm A} = P\left(F_{[I-1,\,IJ(K-1)]} > c_1\right), & p_{\rm A} < c_1\text{则拒绝假设}\mathscr{H}_1 \\ p_{\rm B} = P\left(F_{[J-1,\,IJ(K-1)]} > c_2\right), & p_{\rm B} < c_2\text{则拒绝假设}\mathscr{H}_2 \\ p_{\rm AB} = P\left(F_{[(I-1)(J-1),\,IJ(K-1)]} > c_3\right), & p_{\rm AB} < c_3\text{则拒绝假设}\mathscr{H}_3 \end{cases} \tag{9-6-4}$$

求解双因子方差分析问题的MATLAB统计学工具箱函数为`anova2()`,其调用格式与单因子方差分析函数`anova1()`很相近,为`[p,tab,stats]=anova2(X)`。

例 9-41　为比较三种松树在四个不同地区的生长情况有无差别,在每个地区对每种松树随机地选择五

表9-10　双因子方差分析表

方差来源	平方和	自由度	均方值	F	p值
主效应A	$\text{SSA}=JK\sum_i \bar{y}^2_{i,:,:}-IJK\bar{y}^2_{:,:,:}$	$I-1$	$\text{MSSA}=\dfrac{\text{SSA}}{I-1}$	MSSA/MSSE	p_A
主效应B	$\text{SSB}=IK\sum_i \bar{y}^2_{:,j,:}-IJK\bar{y}^2_{:,:,:}$	$J-1$	$\text{MSSB}=\dfrac{\text{SSB}}{J-1}$	MSSB/MSSE	p_B
交互效应	SSAB 见式(9-6-3)中的定义	$(I-1)(J-1)$	$\text{MSSAB}=\dfrac{\text{SSAB}}{(I-1)(J-1)}$	MSSAB/MSSE	p_AB
随机误差	$\text{SSE}=\sum_{ijk} y^2_{i,j,k}-K\sum_i\sum_j \bar{y}^2_{i,j,:}$	$IJ(K-1)$	$\text{MSSE}=\dfrac{\text{SSE}}{IJ(K-1)}$		
和	$\text{SST}=\sum_{ijk} y^2_{i,j,k}-IJK\bar{y}^2_{:,:,:}$	$IJK-1$			

株，测量它们的胸径，得出的数据在表9-11中给出（第三种树在第四地区的第一个数值16，原数据为18，但和后面分析结果对不上，故改），试判定树种或地区对松树的生长有无影响。

表9-11　松树数据（例子及数据来源：文献[123]）

松树种类	地区1					地区2					地区3					地区4				
1	23	15	26	13	21	25	20	21	16	18	21	17	16	24	27	14	17	19	20	24
2	28	22	25	19	26	30	26	26	20	28	19	24	19	25	29	17	21	18	26	23
3	18	10	12	22	13	15	21	22	14	12	23	25	19	13	22	16	12	23	22	19

解　因为要分析树种和地区两个因素对松树生长的影响，所以需要采用双因子方差分析方法。按下面的方式将表中数据输入MATLAB环境，然后调用anova2()函数，得出如图9-23所示的方差分析表格，该表格与文献[123]中的结果完全一致。

```
>> B=[23,15,26,13,21,25,20,21,16,18,21,17,16,24,27,14,17,19,20,24;
      28,22,25,19,26,30,26,26,20,28,19,24,19,25,29,17,21,18,26,23;
      18,10,12,22,13,15,21,22,14,12,23,25,19,13,22,16,12,23,22,19]; %输入数据
   anova2(B',5);                                                  %双因子方差分析
```

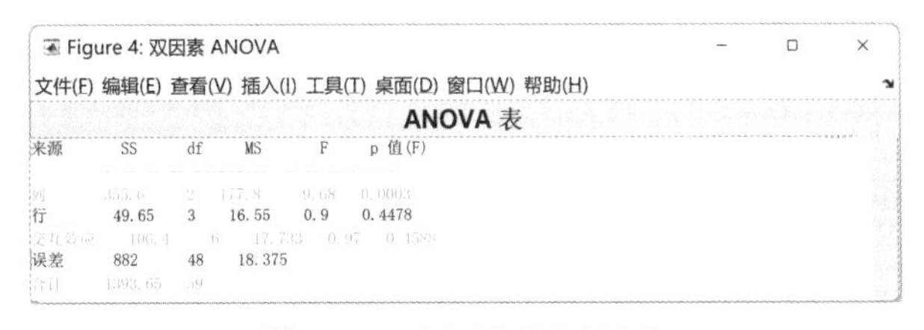

来源	SS	df	MS	F	p 值(F)
列	355.6	2	177.8	9.68	0.0003
行	49.65	3	16.55	0.9	0.4478
交互效应	106.4	6	17.733	0.97	0.4588
误差	882	48	18.375		
合计	1393.65	59			

图9-23　双因子方差分析表格

从得出的结果看，由于p_A的值很小，所以应该拒绝$\mathscr{H}_1$假设。可以认为，A因子对观测现象有显著影响，得出结论为树种对观测树的胸径有显著影响。

```
>> C=[]; for i=1:3, for j=1:4, C(i,j)=mean(B(i,[1:5]+(j-1)*5)); end, end
   C=[C; mean(C)];  C=[C mean(C')']    %求均值
```

计算出的各个均值为

$$C=\begin{bmatrix}19.6 & 20 & 21 & 18.8 & 19.85\\ 24 & 26 & 23.2 & 21 & 23.55\\ 15 & 16.8 & 20.4 & 18.4 & 17.65\\ 19.533 & 20.933 & 21.533 & 19.4 & 20.35\end{bmatrix}$$

可见,树种2的胸径最大,树种3的最小(见$\boldsymbol{C}$矩阵的各行)。由于另外两个概率$p_{\rm B}$和$p_{\rm AB}$的值很大,所以没有理由拒绝另外两个假设。故得出结论:地区对树的胸径无显著影响,不同区域对不同树种的胸径观测结果也无显著影响。

3. 多因子方差分析

类似于前面介绍的双因子方差分析,用MATLAB语言的统计学工具箱还可以进行三因子甚至多因子的方差分析,可以采用`manova1()`函数进行多因子方差分析,这里不再介绍。

9.6.2　主成分分析

主成分分析(principal components analysis,PCA)是现代统计分析中的一种有效方法。假设某一个现象受多个因素同时影响,则可以考虑采用主成分方法,由大量实测数据中识别出到底哪些因素对其发生起主要的作用,通过这样的方法可以忽略掉次要的因素,将原来问题的维数降下来,从而简化原来问题的分析。

假设某一事件的发生可能受n个因素$x_1,x_2,\cdots,x_n$影响,而实测数据共有m组,这样可以假设这些数据由一个$m\times n$矩阵$\boldsymbol{X}$表示。记该矩阵的每一列的均值为$\bar{x}_i$,$i=1,2,\cdots,n$,则主成分分析方法的一般步骤为:

(1)调用 $\boldsymbol{R}$=`corr`($\boldsymbol{X}$) 函数,由矩阵$\boldsymbol{X}$可以建立起$n\times n$协方差矩阵$\boldsymbol{R}$,使得

$$r_{ij}=\frac{\sqrt{\sum_{k=1}^{m}(x_{ki}-\bar{x}_i)(x_{kj}-\bar{x}_j)}}{\sqrt{\sum_{k=1}^{m}(x_{ki}-\bar{x}_i)^2\sum_{k=1}^{m}(x_{kj}-\bar{x}_j)^2}} \tag{9-6-5}$$

(2)由$\boldsymbol{R}$矩阵可以分别得出特征向量$\boldsymbol{e}_i$和对应的排序特征值$\lambda_1\geqslant\lambda_2\geqslant\cdots\geqslant\lambda_n\geqslant 0$,特征向量矩阵的每一列也都进行了相应的归一化,即$||\boldsymbol{e}_i||=1$或$\sum\limits_{j=1}^{n}e_{ij}^2=1$。这样的运算可以通过 [$e,d$]=`eig`($\boldsymbol{R}$) 直接获得,然而得出的特征值是按照升序排列的,应该反序,所以需要用函数 e=`fliplr`(e) 处理特征向量矩阵。

(3)计算如下定义的主成分贡献率和累计贡献率。

$$\text{主成分贡献率:}\gamma_i=\frac{\lambda_i}{\sum\limits_{k=1}^{n}\lambda_k},\quad \text{累计贡献率:}\ \delta_i=\frac{\sum\limits_{k=1}^{i}\lambda_k}{\sum\limits_{k=1}^{n}\lambda_k} \tag{9-6-6}$$

如果前s个特征值的累计贡献率大于某个预期的指标,如85%~95%,则可以认为这s个因素是原问题的主成分,这时,原来的n维问题就可以简化成s维问题了。

(4)建立新变量指标$\boldsymbol{Z}=\boldsymbol{XL}$,即

$$\begin{cases} z_1=l_{11}x_1+l_{21}x_2+\cdots+l_{n1}x_n \\ z_2=l_{12}x_1+l_{22}x_2+\cdots+l_{n2}x_n \\ \qquad\vdots \\ z_n=l_{1n}x_1+l_{2n}x_2+\cdots+l_{nn}x_n \end{cases} \tag{9-6-7}$$

其中,变换矩阵第i列的系数l_{ji}可以如下计算$l_{ji}=\sqrt{\lambda_i}e_{ji}$。这时,主成分分析方法可以由得出的矩阵

系数 l_{ij} 直接分析。通常情况下，如果取前 s 个成分作主成分，则 $\boldsymbol{L}$ 矩阵的 s 列以后各值应该趋于0，这样，式(9-6-7)中后 $n-s$ 个 z 变量就可以忽略，由一组 m 个状态变换后的新变量

$$\begin{cases} z_1 = l_{11}x_1 + l_{21}x_2 + \cdots + l_{n1}x_n \\ \qquad\vdots \\ z_s = l_{1s}x_1 + l_{2s}x_2 + \cdots + l_{ns}x_n \end{cases} \tag{9-6-8}$$

就可以表示原问题，即在适当的线性变换下，原来的 n 维问题就可以简化成 s 维问题。

假设已知某物理量受若干因素影响，而这些因素的值可以由传感器测出。但在实验研究中，往往这些传感器测出的量包含冗余信息，可以通过主成分分析的方法构造出一组新的数据，将高维的问题简化成低维问题。下面将通过例子介绍主成分分析方法及应用。

例 9-42 假设某三维曲线上的样本点由 $x = t\cos 2t, y = t\sin 2t, z = 0.2x + 0.6y$ 直接生成，试用主成分分析的方法对其降维处理。

解 可以由MATLAB语句生成一组数据，并将结果用三维曲线表示出来，如图9-24(a)所示。

```
>> t=[0:0.1:3*pi]'; x=t.*cos(2*t); y=t.*sin(2*t); z=0.2*x+0.6*y;   %生成三维数据
   X=[x y z]; R=corr(X); [e,d]=eig(R), d=diag(d), plot3(x,y,z)     %三维曲线绘制
```

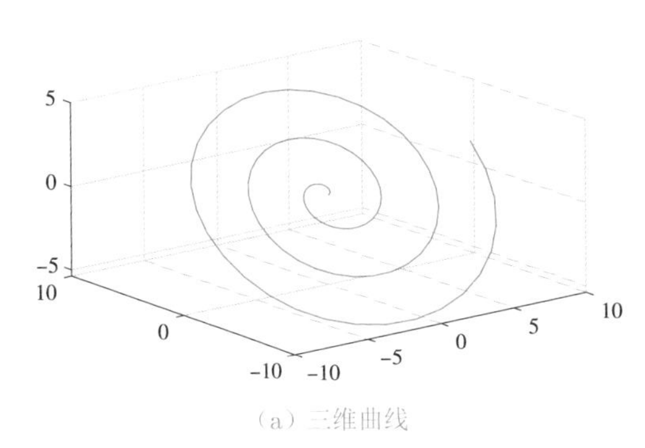

(a) 三维曲线

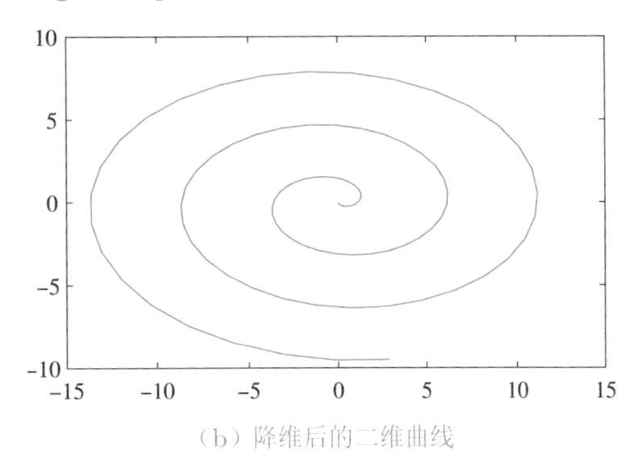

(b) 降维后的二维曲线

图9-24 三维曲线及主成分分析降维效果

将原来的三维图形压缩在某一个二维的平面上。由上述语句得出的结果为

$$\boldsymbol{R} = \begin{bmatrix} 1 & -0.0789 & 0.2536 \\ -0.0789 & 1 & 0.9443 \\ 0.2536 & 0.9443 & 1 \end{bmatrix},\quad \boldsymbol{e} = \begin{bmatrix} 0.2306 & -0.9641 & 0.1314 \\ 0.6776 & 0.256 & 0.6894 \\ -0.6983 & -0.0699 & 0.7124 \end{bmatrix},\quad \boldsymbol{d} = \begin{bmatrix} 0 \\ 1.0393 \\ 1.9607 \end{bmatrix}$$

可见，这样得出的 $\boldsymbol{d}$ 向量是按照升序排列的，而不是期望的按照降序排列的，所以应该对其进行反序处理，同时对 $\boldsymbol{e}$ 矩阵进行左右翻转，并最终得出 $\boldsymbol{L}$ 矩阵。由于前两个特征值的值较大，第三个特征值趋于0，可见，保留两个变量即可以有效地研究原始问题。由下面的语句：

```
>> d=d(end:-1:1); e=fliplr(e); D=[d'; d'; d']; L=real(sqrt(D)).*e %主成分分析
   Z=X*L; plot(Z(:,1),Z(:,2))                                      %某二维平面上的投影
```

可以得出

$$\boldsymbol{L} = \begin{bmatrix} 0.184 & -0.9829 & 0 \\ 0.9653 & 0.261 & 0 \\ 0.9975 & -0.0713 & 0 \end{bmatrix}$$

即引入新坐标系

$$\begin{cases} z_1 = 0.1840x + 0.9653y + 0.9975z \\ z_2 = -0.9829x + 0.2610y - 0.0713z \end{cases}$$

就可以将原三维问题降为二维问题。降维后的二维曲线如图9-24(b)所示,可见,这样得出的二维图形可以将原三维空间上的一个平面提取出来,该平面包含原图的全部信息。

9.7 习题

9.1 假设已知Rayleigh分布的概率密度函数为

$$p_{\rm r}(x)=\begin{cases} x\,{\rm e}^{-x^2/(2b^2)}/b^2, & x\geqslant 0\\ 0, & x<0\end{cases}$$

试用解析推导的方法求出该分布的分布函数、均值、方差、中心矩和原点矩。生成一组满足Rayleigh分布的伪随机数,用数值方法检验得出的解析结果是否正确。

9.2 某次外语考试抽样调查结果表明,学生外语考试成绩近似服从正态分布,且其均值为72分,并已知超过96分的人数占总数的2.3%,试求出考生外语成绩介于60与80之间的概率。

9.3 试生成满足正态分布 $N(0.5, 1.4^2)$ 的30000个伪随机数,对其均值和方差进行验证,并用直方图的方式观察其分布与理论值是否吻合。若改变直方图区间的宽度会得出什么结论?

9.4 某研究者对随机抽取的一组保险丝进行了实验,测出使保险丝熔断的电流值为10.4, 10.2, 12.0, 11.3, 10.7, 10.6, 10.9, 10.8, 10.2, 12.1A,假设这些值满足正态分布,试在置信水平 $\alpha\leqslant 0.05$ 的条件下求出这些保险丝的熔断电流及其置信区间。

9.5 假设在某固定气压下对水的沸点进行多次测试,得出一组数据为113.53, 120.25, 106.02, 101.05, 116.46, 110.33, 103.95, 109.29, 93.93, 118.67°C,并假设它们满足正态分布,试求出置信水平 $\alpha\leqslant 0.05$ 的条件下,该气压下水沸点的总体方差的置信区间。

9.6 甲、乙两位化验员独立地对某种聚合物的含氮量用相同的方法各取了十次测定,其测定值的修正样本方差 S_1^{*2}, S_2^{*2} 依次为0.5419, 0.6050,求总体方差比 σ_1^2/σ_2^2 置信度为0.90的置信区间。假定测定值总体服从正态分布。

9.7 假设通过实验测出某组数据如下表,试用MATLAB对这些数据进行检验。

① 若认为该数据满足正态分布,且标准差为1.5,请检验该均值为0.5的假设是否成立。

② 若未知其方差,试再检验其均值为0.5的假设是否成立。

③ 试对给出数据的正态性进行检验。

−1.7908	1.5803	1.5924	2.7278	−0.7177	−1.8152	2.8943	0.4704	−1.5161	0.7403	2.3831	2.3258
0.0903	2.0033	0.4887	0.9925	−2.5004	1.047	−0.0521	−0.8056	0.8041	4.6585	−1.1251	1.9318
3.9223	0.3238	−0.1215	1.0887	2.9135	−2.3273	−2.9145	5.3067	0.1872	−0.1190	−1.1234	3.4477
0.41351	2.5006	3.372	3.2303	−1.1022	−0.2812	0.5219	−0.0796	−2.1176	5.4782	0.0473	1.236
3.2618	5.6959	4.6927	−0.1180	0.4746	−1.6181	0.6606	−2.6714	3.1634	3.8942	0.4540	−1.0142
−1.0665	1.6804	−0.6758	0.2005	0.4982	−2.1428	1.2122	4.4827	0.4653	−3.8764	1.1275	0.1640
0.5169	0.4735	0.7327	−2.3586	−0.0612	−1.7976	1.6246	1.2325	1.7065	−3.2812	2.8812	−5.0103
−1.2615	2.5546	−1.3172	−3.2431	1.3923	−0.4038	3.3757	−2.0178	−1.112	−0.7905	1.8988	1.5649
1.8206	0.6259	2.031	−1.083	−0.0940	0.8908	−0.7326	1.8958	−0.9750	0.0819	−3.4389	0.7631
−0.0652	−1.9909	−4.8203	1.132	−3.2440	0.2387	1.0868	3.357	1.2073	0.5201	2.0690	−0.8300

9.8 假设测出某随机变量的12个样本为9.78, 9.17, 10.06, 10.14, 9.43, 10.60, 10.59, 9.98, 10.16, 10.09, 9.91, 10.36,试求其方差及方差的置信区间。

9.9 十个失眠者服用A、B两种药后,延长睡眠时间由下表给出,试判定两种药物对失眠疗效有无显著差异。

A	1.9	0.8	1.1	0.1	−0.1	4.4	5.5	1.6	4.6	3.4
B	0.7	−1.6	−0.2	−1.2	−0.1	3.4	3.7	0.8	0	2

9.10 假设两个随机变量A、B的样本点如下，试判定二者是否有显著差异。

A	10.42	10.48	7.98	8.52	12.16	9.74	10.78	10.18	8.73	8.88	10.89	8.1
B	12.94	12.68	11.01	11.68	10.57	9.36	13.18	11.38	12.39	12.28	12.03	10.8

9.11 假设测出一组输入值 x_1, x_2, x_3, x_4, x_5 和输出值 y 如下表，且已知 $y=a_1x_1+a_2x_2+a_3x_3+a_4x_4+a_5x_5$，试用线性回归方法估计出 a_i 的值及其置信区间。

x_1	8.11	9.25	7.63	7.89	12.94	10.11	7.57	9.92	7.74	7.3	9.48	11.91
x_2	2.13	2.66	0.83	1.54	1.74	0.79	0.68	2.93	2.01	1.35	2.81	2.23
x_3	−3.98	0.68	−1.42	0.96	0.28	−3.37	−4.58	−2.15	−2.66	−3.69	−1	0.98
x_4	−6.55	−6.85	−6.25	−5.34	−6.85	−7.2	−6.12	−6.07	−5.51	−6.6	−6.15	−6.43
x_5	5.92	7.54	5.39	4.65	6.47	5.1	6.04	5.37	6.54	6.55	5.8	3.95
y	27.676	38.774	23.314	23.828	35.154	21.779	25.516	29.845	32.642	28.443	31.5	23.554

9.12 假设测出一组输入值 x_i 和输出值 y_i 如下表，且已知原型函数如下，试估计出 a_i 的值及其置信区间。

$$f(x)=a_1\mathrm{e}^{-a_2x}\cos(a_3x+\pi/3)+a_4\mathrm{e}^{-a_5x}\cos(a_6x+\pi/4)$$

x	1.027	1.319	1.204	0.684	0.984	0.864	0.795	0.753	1.058	0.914	1.011	0.926
y	−8.880	−5.964	−7.106	−8.691	−9.251	−9.922	−9.890	−9.636	−8.588	−9.728	−9.023	−9.661

9.13 设从A、B两个不同的地区各取得某种植物的样品12个，测得植物中铁元素含量(μg/g)的数据如下表，假定已经知道这种植物中铁元素含量为正态分布，且分布的方差是不受地区影响的，检验这两个地区该种植物中铁元素含量的分布是否相同。

地区A	11.5	18.6	7.6	18.2	11.4	16.5	19.2	10.1	11.2	9	14	15.3
地区B	16.2	15.2	12.3	9.7	10.2	19.5	17	12	18	9	19	10

9.14 假设测出输入值 x_1,x_2,x_3,x_4,x_5 和输出值 y 如下表，且已知 $y=\mathrm{e}^{-a_1x_1}\sin(a_2x_2+a_3x_3)+x_4^3\cos(a_4x_5)$，试估计出 a_i 的值及其置信区间。

x_1	8.11	9.25	7.63	7.89	12.94	10.11	7.57	9.92	7.74	7.3	9.48	11.91
x_2	2.13	2.66	0.83	1.54	1.74	0.79	0.68	2.93	2.01	1.35	2.81	2.23
x_3	−3.98	0.68	−1.42	0.96	0.28	−3.37	−4.58	−2.15	−2.66	−3.69	−1	0.98
x_4	−6.55	−6.85	−6.25	−5.34	−6.85	−7.2	−6.12	−6.07	−5.51	−6.6	−6.15	−6.43
x_5	5.92	7.54	5.39	4.65	6.47	5.1	6.04	5.37	6.54	6.55	5.8	3.95
y	22.126	250.16	−144.11	−152.07	234.09	−318.04	54.401	−136.8	132.03	229.26	−19.048	−145.83

9.15 一批由同种原料织成的布，用不同的染整工艺处理，每台进行缩水率试验，目的是考察不同的工艺对布的缩水率是否有显著影响。现采用五种不同的染整工艺，每种工艺处理四块布样，测得缩水率的百分数见下表。试判定染整工艺对缩水率有无显著影响。

布 样	染整工艺数据					布 样	染整工艺数据				
1	4.3	6.1	6.5	9.3	9.5	2	7.8	7.3	8.3	8.7	8.8
3	3.2	4.2	8.6	7.2	11.4	4	6.5	4.2	8.2	10.1	7.8

9.16 假设可以通过实验测出如下表所示的数据,且这些数据满足$y(t)=c_1\mathrm{e}^{-5t}\sin c_2t+(c_3t^2+c_4t^3)\mathrm{e}^{-3t}$,试根据这些数据求出$c_i$参数的估计值与置信区间。

−0.2163	0.1201	1.8787	2.7393	2.7238	4.5219	5.0833	4.9699	5.5947	5.9073	6.0663	6.8166
6.4115	8.0106	7.0286	7.2988	7.8903	7.4742	7.4594	7.1308	7.7132	6.8981	7.9065	8.3289
7.1251	7.8416	7.9701	6.4669	6.4553	7.3657	6.7779	7.2148	7.1647	6.9958	7.1645	6.7303
6.8659	5.5421	6.005	5.8074	4.9543	5.7555	4.9696	6.077	4.8393	5.3799	5.1003	4.4062
3.6602	4.5961	4.0026	4.6994	4.5325	5.0136	4.3541	3.6301	4.0379	3.2414	3.637	3.5258
3.4556	3.2048	3.8218	2.2502	3.3167	3.4682	3.306	3.1518	2.8077	3.053	2.928	2.447
2.3194	2.2955	1.6433	2.2031	2.3206	2.3618	2.871	1.9203	2.3557	2.3935	2.4159	1.4025
1.9591	1.928	1.2625	1.3541	2.2263	1.5807	1.8039	1.6166	1.2197	1.2236	1.6922	0.9634
1.7978	1.6616	0.9371	1.1868	0.6982	0.1643	1.7327	0.9551	1.3536	1.2832	1.1538	0.6187
0.6252	0.8904	0.4639	0.5088	1.7534	1.0259	0.3708	0.9407	0.3794	0.2517	0.7789	1.3697
0.9413	1.1895	0.2620	0.6006	0.6850	0.1953	0.1281	1.2397	0.7663	0.4249	1.1374	0.8377
0.2146	1.3671	0.8302	1.4132	1.2313	0.3089	−0.0061	0.5926	0.4531	0.1861	0.8465	1.3317
0.3043	0.1444	0.435	0.8802	0.1123	−0.0704	0.4614	0.4798	0.7464	0.1975	0.4119	0.2611
0.4307	1.2299	0.1511	−0.2271	0.6736	−0.0204	0.4419	0.1029	0.6771	0.6788	0.2935	−0.6387
0.4480	1.1715	0.8777	−0.4282	0.3163	0.0085	−0.1691	−0.2801	0.4755	0.1106	0.3473	0.1298
0.0756	0.4880	0.6612	1.3478	−0.3922	−0.2301	0.7950	0.0762	−0.4245	0.4190	1.0331	0.6057

9.17 抽查某地区三所小学五年级男学生的身高由下表给出,问该地区这三所小学五年级男学生的平均身高是否有显著差别($\alpha=0.05$)?

学　校	实测身高数据 /cm					
1	128.1	134.1	133.1	138.9	140.8	127.4
2	150.3	147.9	136.8	126.0	150.7	155.8
3	140.6	143.1	144.5	143.7	148.5	146.4

9.18 下表记录了三位操作工分别在四台不同机器上操作的日产量,试检验:

①操作工之间的差异是否显著?

②机器之间的差异是否显著?

③交互作用是否显著($\alpha=0.05$)?

机　器	操作工1			操作工2			操作工3			机　器	操作工1			操作工2			操作工3		
M_1	15	15	17	19	19	16	16	18	21	M_3	15	17	16	18	17	16	18	18	18
M_2	17	17	17	15	15	15	19	22	22	M_4	18	20	22	15	16	17	17	17	17

第10章　数学问题的非传统解法

前面各章系统介绍了高等应用数学各个领域的数学问题计算机辅助求解方法。近几十年来，科学家们仿照人类思维方式或其他自然科学的研究成果，发展出了很多新的分支，用来解决数学和其他应用科学领域的问题。例如，仿照人类思维和语言规则提出的模糊逻辑和模糊推理，仿照生物神经网络提出的人工神经网络，仿照生物遗传学及进化过程的“适者生存”规律提出的遗传算法和进化理论等。这些理论在自动控制学科及其他科学与工程领域均有很好的应用前景。在10.1节中将首先介绍经典集合论问题的MATLAB语言求解方法，然后引入模糊集合的概念并介绍基于MATLAB语言的模糊集合与模糊推理的实现方法。10.2节引入粗糙集的概念并介绍粗糙集的基本理论，然后介绍其在条件约简等领域的应用。10.3节引入人工神经网络的数学表示及前馈式神经网络结构，介绍利用MATLAB语言进行神经网络结构设置、训练及网络泛化的全过程，利用MATLAB神经网络工具箱直接求解数据拟合问题的方法，还给出深度学习的入门知识。10.4节实现引入遗传算法、粒子群算法等基本概念和解题步骤，介绍其在无约束最优化与有约束最优化问题中的应用，并通过例子介绍利用MATLAB语言现成的工具求解最优化问题的方法。10.5节介绍小波理论和小波分析概述，并介绍如何用MATLAB语言的小波工具箱求解噪声滤波等。10.6节还将深入介绍分数阶微积分问题的求解方法。本章简要介绍这些理论的基本概念，但均侧重于介绍用MATLAB语言或相应的工具箱如何求解这些问题的方法。

10.1　集合论、模糊集与模糊推理

10.1.1　经典可枚举集合论问题及MATLAB求解

集合论是现代数学的基础。所谓集合，就是一些事物的全体，而其中每一个事物均称为集合中的一个元素。若事物a是集合A中的一个元素，则记$a \in A$，称为a属于A。若b不是A集合中的元素，则记$b \notin A$。所谓可枚举集合，就是该集合中的所有元素均可以一一列出的集合。在MATLAB中用向量或单元数组的形式就可以表示这样的集合。

例10-1　下面的语句均可以表示集合，集合定义中可以使用重复元素。

```
>> A=[1 2 3 5 6 7 9 3 4 11], B={1 2 3 5 6 7 9 3 4 11}     %两种方法均可表示集合
   C={'ssa','jsjhs','su','whi','kjshd','kshk'}             %字符串集合，可以为人名等
```

MATLAB语言提供了集合定义与基本运算函数。在表10-1中列出了进行集合运算的函数及解释，用这些函数可以对集合进行操作，这些函数还可以嵌套使用，建立较复杂的集合运算。遗憾的是，这些函数不能用于符号表达式的集合运算。

表10-1 MATLAB下集合运算的函数

运算名称	MATLAB语句	集合运算描述
并集运算	`A=union(B,C)`	求两个集合 B,C 的并集,数学记号为 $A=B\bigcup C$,运算后的结果重新排序
差集运算	`A=setdiff(B,C)`	求两个集合 B 和 C 的差集,记作 $A=B\backslash C$,即从集合 B 中剔除 C 中的元素剩下的元素,结果被重新排序
交集运算	`A=intersect(B,C)`	求两个集合 B 和 C 的交集,即 $A=B\bigcap C$,重新排序
异或运算	`A=setxor(B,C)`	集合 B、C 的异或运算,即从 $B\bigcup C$ 中剔除 $B\bigcap C$,数学表示为 $A=(B\bigcup C)\backslash(B\bigcap C)$,结果被重新排序
唯一运算	`A=unique(B)`	将 B 集合中的重复元素剔除,得出的是唯一的元素集合,结果被排序
属于判定	`key=ismember(a,B)`	判定 a 是否为 B 集合中的元素,如果是则返回 key 值为1,否则返回0,记作 key=$a\in B$。其实,在属于关系中,a 也可以为矩阵,这时返回的 key 为和 a 一样维数的矩阵,在满足属于关系的元素处为1,否则为0
判定空集	`key=isempty(a)`	判定集合变量 a 是否为空集,如果是则返回逻辑1,否则返回逻辑0

例10-2 假设给定三个集合 $A=\{1,4,5,8,7,3\}$,$B=\{2,4,6,8,10\}$,$C=\{1,7,4,2,7,9,8\}$,试演示集合的各种运算,并验证这些集合满足分配律$(A\bigcup B)\bigcap C=(A\bigcap C)\bigcup(B\bigcap C)$。

解 由给出的条件可以立即输入已知的 A, B, C 这三个集合, 然后调用集合运算的命令即可以得出 $D=[1,2,4,7,8,9]$,$E=[1,2,3,4,5,6,7,8,10]$,$F=[4,8]$,这些结果应该不难理解。

```
>> A=[1,4,5,8,7,3]; B=[2,4,6,8,10]; C=[1,7,4,2,7,9,8];    %集合定义
   D=unique(C)                          %求解唯一运算,可见从C中剔除了重复的7
   E=union(A,B), F=intersect(A,B)       %求出并集和交集
```

给出如下命令, 则可以发现分配律左侧的集合与右侧的集合求差集, 得出的结果为空集, 由此验证了分配律的正确性。

```
>> G=setdiff(intersect(union(A,B),C),union(intersect(A,C),intersect(B,C)))
```

现在可以演示 `ismember()` 函数在集合运算中的应用,由语句 `E=ismember(A,B)` 可以得出 $E=[0,1,0,1,0,0]$, 表明 A 集合中的第二和第四元素属于 B 集合, 因为这些位置处测试结果的值为 1。所以, 可以用语句 `G=A(ismember(A,B))` 提取出 A 集合中属于 B 的元素,即 $G=[4,8]$。

例10-3 假设 A 集合为字符串组 `{'skhsak','ssd','ssfa'}`,B 集合为 `{'sdsd','ssd','sssf'}`,试求它们的并集与交集,令 C=`{'jsg','sjjfs','ssd'}`,试验证分配律:

$$(A\bigcap B)\bigcup(C\bigcap B)=(A\bigcup C)\bigcap B$$

解 字符串构成的集合可以用单元数组的形式表示, 也可以进行集合运算, 所以直接用下面的语句求出它们的并集为 `F={'sdsd', 'skhsak', 'ssd', 'ssf', 'sssf'}`, 交集为 `D={'ssd'}`, 且 E 为空集, 表明等号两端的集合的差集为空集, 由此验证了集合的分配律。

```
>> A={'skhsak','ssd','ssfa'}; B={'sdsd','ssd','sssf'}; %集合输入
   F=union(A,B); D=intersect(A,B)                      %求并集与交集
   C={'jsg','sjjfs','ssd'};  %输入集合,可以由下面的集合运算验证分配律
   E=setdiff(union(intersect(A,B),intersect(C,B)),intersect(union(A,C),B))
```

子集与集合包含等概念是集合论中很重要的概念。所谓集合包含即集合 A 中所有的元素均为集合 B 的元素,记作 $A\subseteq B$,称为 B 包含 A,又称 A 是 B 的子集。若 $B\backslash A$ 非空,则称严格包含,记作 $A\subset B$。MATLAB中并未直接提供集合包含或子集的函数,但可以通过下面的命令判定包含和严格包含。

```
key=all(ismember(A,B))                                    %key= 1 则 A⊆B
key=all(ismember(A,B)) && ~isempty(setdiff(B,A))          %key= 1 则 A⊂B
```

例10-4 考虑例10-2中的集合，试判定$F\subset E$是否满足，并由A集合验证集合的自反律，即$A\subseteq A$。

解 可以用下面的语句进行判定，得出key= 1，表明F是E的子集。

```
>> A=[1,4,5,8,7,3]; B=[2,4,6,8,10];                          %输入集合
   E=union(A,B); F=intersect(A,B); key=all(ismember(F,E))    %验证自反律
```

事实上，$F=A\bigcup B$，$E=A\bigcap B$，当然$E\subset F$。下面的语句还可以验证$A\subseteq A$，即自反律。

```
>> key=all(ismember(A,A))&(length(setdiff(A,A))>0);    %验证 A⊄A
   key1=all(ismember(A,A)); [key,key1]                  %A⊆A当然成立
```

例10-5 Goldbach猜想是尚未严格证明的最古老的数论问题。该猜想为：任何大于2的偶数均能分解为两个质数的和。试用集合运算的方法验证小于2000的偶数均满足该猜想。

解 对有限偶数来说，可以由某范围内的两质数所有的可能的和构造出一个集合，然后判定是否有限偶数均属于该集合，如果不属于该集合的偶数为空集，则可以得出结论：测试的偶数均满足Goldbach猜想。根据上述思路，可以给出下面的MATLAB语句：

```
>> iA=1:1040; iA=iA(isprime(iA)); c=[]; for i=iA, c=[c i+iA]; end
   c=unique(c); c1=4:2:2000; c2=ismember(c1,c); key=c1(c2==0)
```

可见，这样得出的集合key为空集，故可以得出结论，[4,2000]的偶数均满足Goldbach猜想。

值得指出的是，这样的方法并不适合于大偶数的验证。目前已由并行计算机验证的最大范围为$[4,4\times 10^{18}]$，没有发现不满足该猜想的偶数[124]。

10.1.2 模糊集合与隶属度函数

由经典集合论可见，一个事物a要么属于集合A，要么不属于集合A，没有其他的属于关系。在现代科学与工程应用中，经常会出现模糊的概念，即某一事物a以一定程度属于集合A，该程度记作$\mu_{\rm A}(a)$，称为隶属度函数，其取值范围为$\mu_{\rm A}(a)\in[0,1]$。该思想是模糊集合理论的基础。

模糊集合的概念是控制论专家Lotfi A Zadeh教授于1965年引入的[125]。目前模糊逻辑已经广泛地应用于理、工、农、医等各种领域[126]。在自动控制领域中模糊控制也是很有吸引力的研究方向。

例10-6 Zadeh教授给出了年老与年轻的模糊表示及隶属度函数，假设论域$U=[0,120]$，则

$$\mu_{\rm O}(u)=\begin{cases}0, & 0\leqslant u\leqslant 50,\\ \dfrac{1}{1+\left[(u-50)/5\right]^{-2}}, & 50<u\leqslant 120,\end{cases}\quad \mu_{\rm Y}(u)=\begin{cases}\dfrac{1}{1+\left[(u-25)/5\right]^{-2}}, & 0\leqslant u\leqslant 25\\ 0, & 25<u\leqslant 120\end{cases}$$

这两个隶属度函数可以由下面语句直接求出并绘制出来，如图10-1所示。

```
>> u=0:0.1:120; mu_o=1./(1+((u-50)/5).^(-2)).*(u>50);      %设论域，计算隶属度函数
   mu_y=1./(1+((u-25)/5).^(-2)).*(u<25); plot(u,mu_y,u,mu_o)  %隶属度函数绘图
```

在本书前面的介绍中实际上也使用了模糊的概念，例如变步长方法中关于误差的描述是当“误差较大时……”，只不过在实际处理时没有使用模糊的方法去处理，而直接使用了确定性方法解决问题。

这里不加解释地直接引入文献[127]给出的示意图来表示精确性与意义性，如图10-2所示。可以看出，现实世界中的事物并非都是越精确越好。Zadeh教授指出，当问题的复杂性增加时，精确的描述将失

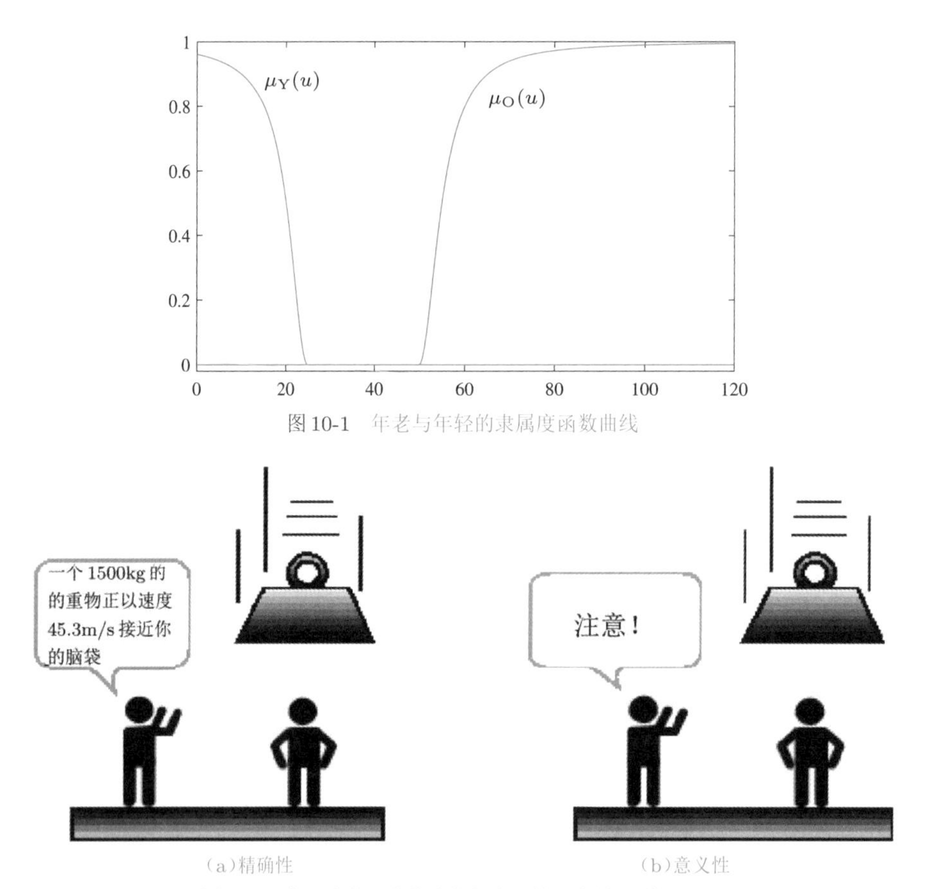

图 10-1　年老与年轻的隶属度函数曲线

图 10-2　在现实世界中精确性与意义性示意图（文献[127]）

去意义，而有意义的描述将失去精度。

在实际模糊集合与模糊推理系统中，可以选择各种各样的隶属度函数。下面将列出几种常用的隶属度函数。

1. 钟形隶属度函数

钟形隶属度函数的数学表达式为

$$f(x)=\frac{1}{1+\left|(x-c)/a\right|^{2b}} \tag{10-1-1}$$

MATLAB模糊逻辑工具箱中提供了函数 `gbellmf()`，可以求出隶属度函数的值。该函数的调用格式为 y=`gbellmf(`x,[a,b,c]`)`，其中，$\boldsymbol{x}$ 为任意给定的自变量值，由此可以求出 $\boldsymbol{x}$ 处的隶属度函数值 $\boldsymbol{y}$。

例 10-7　试绘制出不同参数组合下的钟形隶属度函数曲线。

解　先选定 $\boldsymbol{x}$ 向量，再分别改变 a,b,c 的值，可以得出如图 10-3 所示的隶属度函数曲线，从得出的曲线可以观察出隶属度函数对 a,b,c 参数的依赖关系。

```
>> x=[0:0.05:10]'; y=[]; a0=1:5; b=2; c=3;      %选择横坐标并设置参数
   for a=a0, y=[y gbellmf(x,[a,b,c])]; end      %计算钟形隶属度函数
   y1=[]; a=1; b0=1:4; c=3; for b=b0, y1=[y1 gbellmf(x,[a,b,c])]; end
   y2=[]; a=2; b=2; c0=1:4; for c=c0, y2=[y2 gbellmf(x,[a,b,c])]; end
   plot(x,y); figure; plot(x,y1); figure; plot(x,y2)     %绘制隶属度函数曲线
```

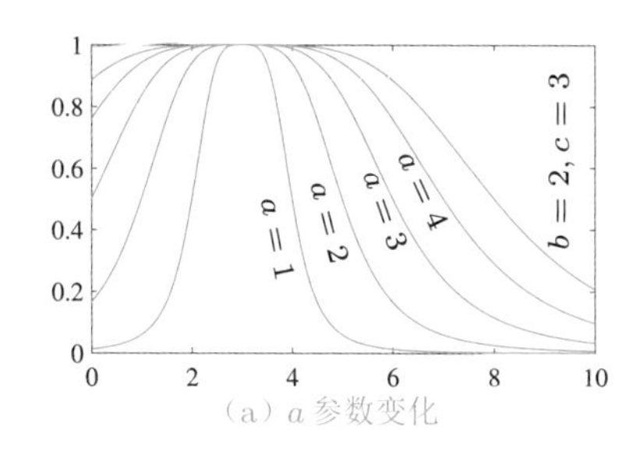

(a) a参数变化

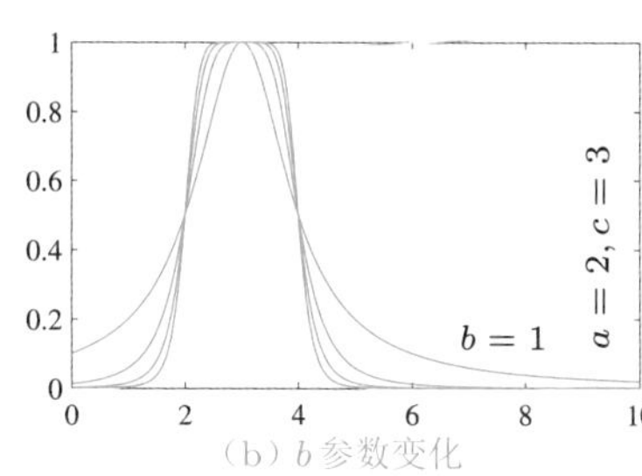

(b) b参数变化

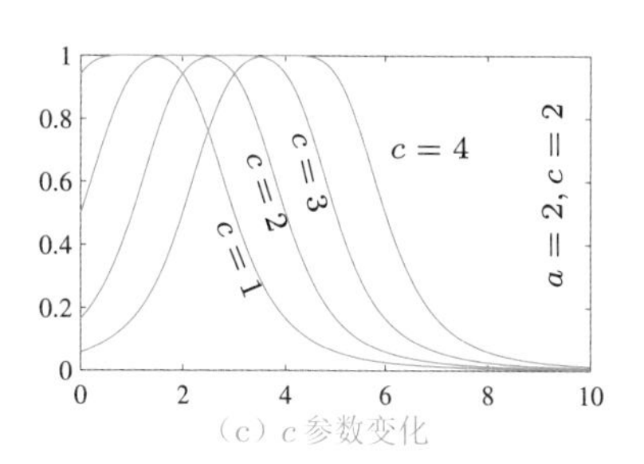

(c) c参数变化

图10-3 钟形隶属度函数曲线

从得出的曲线形状可以看出，当其他参数不变，只修改a值时，若a值小则曲线形状很窄，增大a值则曲线变宽，b参数增大将增加上升段和下降段的陡度，c参数只能用于平移曲线，不改变曲线的形状，可以通过这些参数的组合有意识地得出合适的隶属度函数。

2. Gauss隶属度函数

Gauss隶属度函数的数学表达式为

$$f(x) = \mathrm{e}^{-(x-c)^2/(2\sigma^2)} \tag{10-1-2}$$

MATLAB模糊逻辑工具箱中提供了`gaussmf()`函数，可以求取Gauss隶属度函数的值。该函数的调用格式为y=gaussmf(x,[σ,c])。

例10-8 不同c和σ参数的Gauss隶属度函数可以通过下面的语句绘制出来，如图10-4所示。该函数实际上和第9章定义的正态分布概率密度函数形状是一致的。可以看出，当c变化时，隶属度函数曲线形状不变，只作左右平移，σ增大时曲线变宽。

```
>> x=[0:0.05:10]'; y=[]; c0=1:4; s=3; for c=c0, y=[y gaussmf(x,[s,c])]; end
   y1=[]; c=5; sig0=1:4; for sig=sig0, y1=[y1 gaussmf(x,[sig,c])]; end;
   plot(x,y); figure; plot(x,y1)     %对不同参数绘制隶属度函数曲线
```

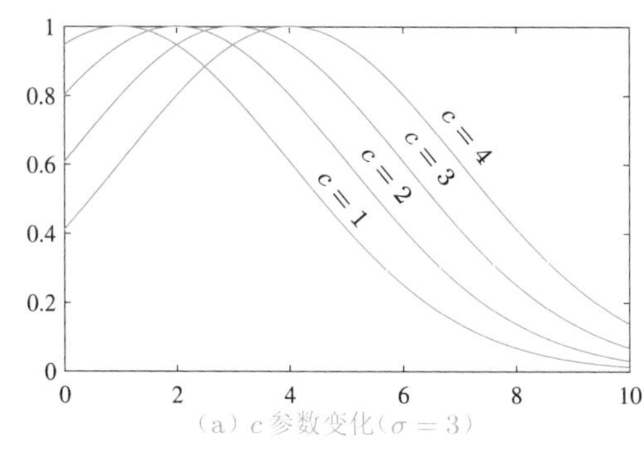

(a) c参数变化($\sigma=3$)

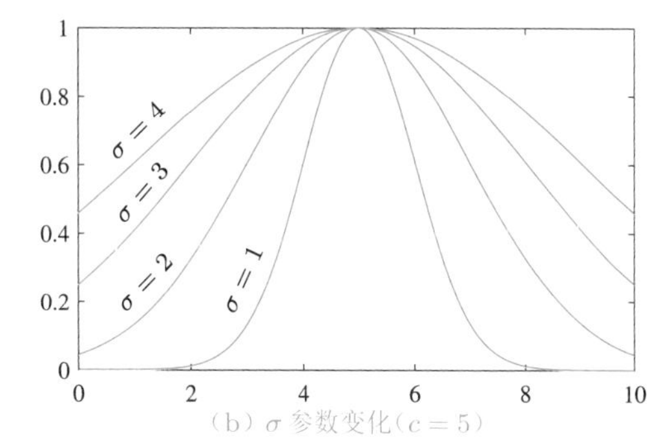

(b) σ参数变化($c=5$)

图10-4 Gauss隶属度函数曲线

3. Sigmoid型隶属度函数

Sigmoid型隶属度函数的数学表达式为

$$f(x) = \frac{1}{1+\mathrm{e}^{-a(x-c)}} \tag{10-1-3}$$

该隶属度函数可以用MATLAB函数`sigmf()`求出y=sigmf(x,[a,c])。

例10-9 Sigmoid函数在a和c变量的不同取值下隶属度函数形状如图10-5所示。可见，当c参数增加或

减小时,Sigmoid函数向右或向左进行平移,而隶属度函数的形状不变,当a参数增大或减小时,曲线变得更陡或更平缓。另外应该注意,该函数是单值的,故可以用于最右侧区间的隶属度函数描述,最左侧区间的隶属度函数可以用$1-f(x)$来表示。

```
>> x=[0:0.05:10]'; y=[]; c0=1:4; a=3;
   for c=c0, y=[y sigmf(x,[a,c])]; end
   y1=[]; c=5; a0=1:2:7; for a=a0, y1=[y1 sigmf(x,[a,c])]; end
   plot(x,y); figure; plot(x,y1)   %对不同参数绘制隶属度函数曲线
```

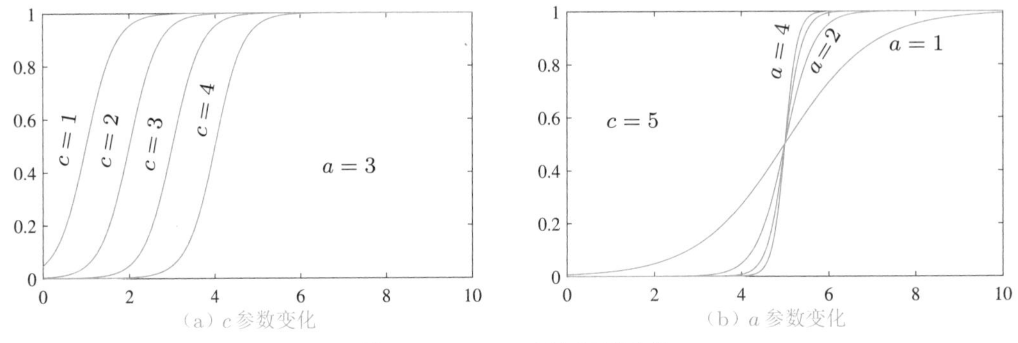

(a) c参数变化　　(b) a参数变化

图10-5　Sigmoid隶属度函数曲线

隶属度函数可以由MATLAB模糊逻辑工具箱中提供的隶属度函数编辑界面进行编辑。在MATLAB提示符下输入`mfedit`命令就可以打开隶属度函数编辑界面,如图10-6所示。其中给出了三个隶属度函数的原型,用户可以通过界面中的选项设置各种隶属度函数,可以由对话框右下栏目中的内容对当前隶属度函数的形状和参数进行编辑,也可以通过鼠标在隶属度函数示意图上可视地修改隶属度函数的参数。

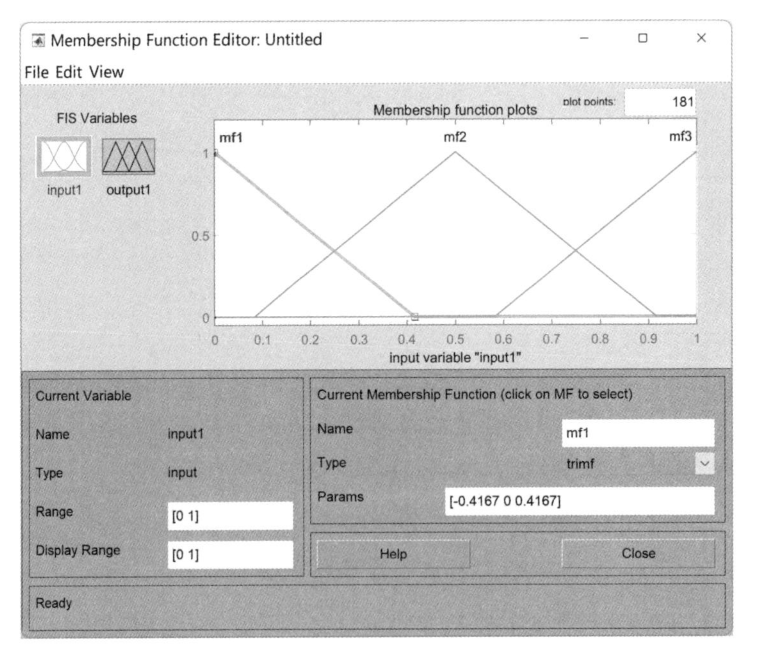

图10-6　隶属度函数图形编辑界面

如果想再添加一个隶属度函数，则可以选择Edit → Add Custom MF菜单，如图10-7(a)所示，设置完成后就可以在编辑区域内添加一个隶属度函数，对这个新添加的隶属度函数可以按前面的方式进行修改，例如可以改变成如图10-7(b)所示的形式。

(a) Edit 菜单

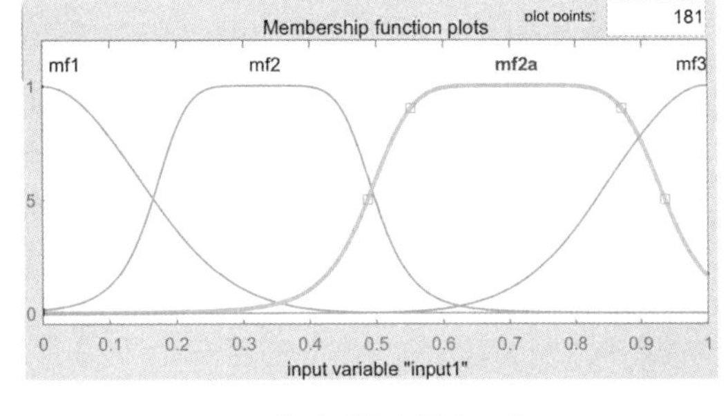

(b) 修改后的隶属度函数

图10-7 隶属度函数的编辑结果

10.1.3 模糊推理系统及其MATLAB求解

早期版本的模糊逻辑工具箱中提供了`newfis()`函数，可以构建出模糊推理系统的数据结构，其调用格式为`fis=newfis(name)`，其中，FIS为fuzzy inference system（模糊推理系统）的缩写，`name`为字符串，表示模糊推理系统的名称，通过该函数可以建立起结构体`fis`，其内容包括模糊的与、或运算，解模糊算法等，这些属性可以由`newfis()`函数直接定义，也可以事后定义。新版本可能逐渐取消该函数，而采用`mamfis()`或`sugfig()`函数，分别建立Mamdani模糊推理模型与Sugeno模糊推理模型。

定义了模糊推理系统`fis`后，可以调用`addvar()`函数添加系统的输入和输出变量，其调用格式为

```
fis=addvar(fis,'input',iname,vi)      %定义一个输入变量iname
fis=addvar(fis,'output',oname,vo)     %定义一个输出变量oname
```

其中，$\boldsymbol{v}_\mathrm{i}$及$\boldsymbol{v}_\mathrm{o}$为输入或输出变量的取值范围，即最小值与最大值构成的行向量。通过该方法可以进一步定义`fis`的输入输出情况，其隶属度函数可以用`addmf()`函数定义，也可以用`mfedit()`定义。

例10-10 假设某模糊推理系统有两个输入变量ip_1和ip_2，并有一个输出变量op，且假设ip_1的取值范围为$(-3,3)$，分为三个区间，隶属度函数选择为钟形函数；输入信号ip_2的取值范围为(5,5)，分为三个区间，隶属度函数选择为Gauss型函数；输出信号op的取值范围为$(-2,2)$，隶属度函数为Sigmoid型函数，则可以用下面的语句构造模糊推理系统原型，并用`fuzzy()`函数编辑此模糊推理系统。由`fuzzy()`函数可以打开模糊推理系统的程序界面，如图10-8所示。

```
>> fff=newfis('c10mfis');                    %建立模糊推理系统模型
   fff=addvar(fff,'input','ip1',[-3,3]);     %定义第一路输入
   fff=addvar(fff,'input','ip2',[-5,5]);     %定义第二路输入
   fff=addvar(fff,'output','op',[-2,2]);     %定义输出信号
   fuzzy(fff)                                %用fuzzy()函数可视地编辑模糊推理系统
```

在得出的界面下，选择Edit → Membership Functions菜单项，打开如图10-6所示的隶属度编辑界面。在得出的界面上选择ip_1图标，再选择Edit → Add MFs菜单项，打开如图10-9(a)所示的对话框，可以通过该对话框定义各个信号的隶属度函数。例如，通过编辑得出如图10-9(b)所示的输出隶属度函数。

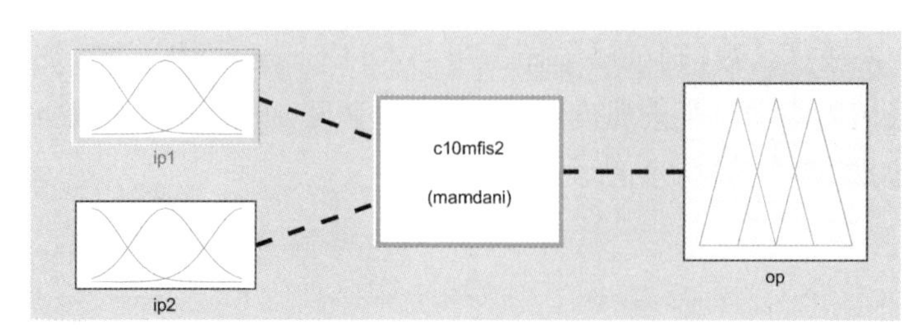

图 10-8　模糊推理系统编辑界面

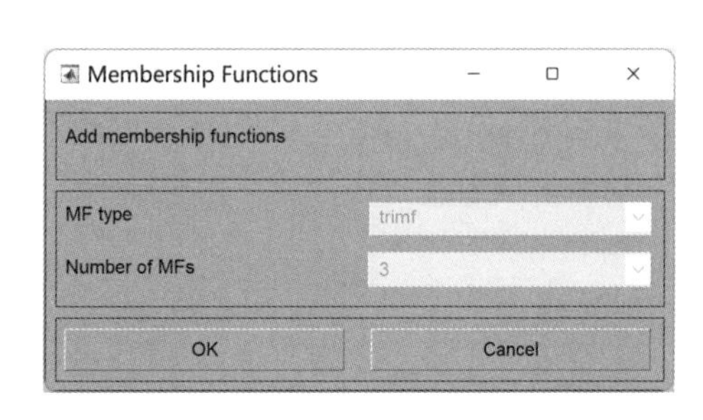

(a) 隶属度函数设置对话框

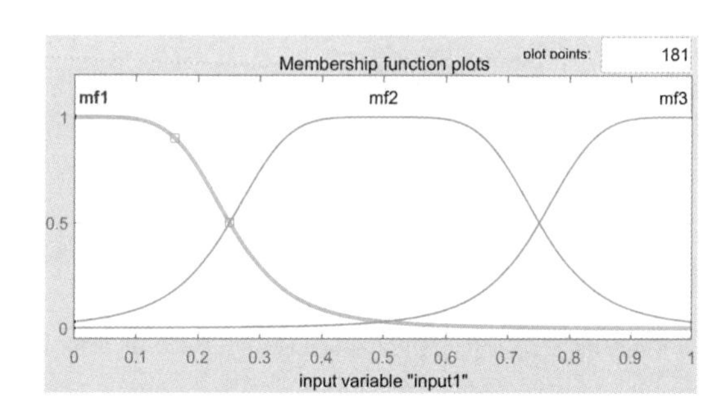

(b) 修改后的输出变量隶属度函数

图 10-9　隶属度函数的编辑结果

1. 模糊化

若将某信号用三个隶属度函数表示，则一般对应的物理意义是“很小”“中等”“很大”，若分为5段，则可以表示为“很小”“较小”“中等”“较大”“很大”，一个精确的信号可以通过这样一组隶属度函数模糊化，变成模糊信号。

2. 模糊规则

如果将多路信号均模糊化，则可以用 `if, then` 型语句表示出模糊推理关系。例如，若输入信号 ip_1 “很小”，且输入信号 ip_2 “很大”，则设置“很大”的输出信号 op，这样的推理关系可以表示成

if ip_1 为“很小” and ip_2 为“很大”, then op=“很大”

模糊推理规则可以通过 `ruleedit()` 命令生成的界面来设定，也可以从 `mfedit()` 函数界面的 Edit → Rules 菜单项编辑模糊推理规则，这将打开如图 10-10 所示的对话框。用该对话框可以逐条将推理规则输入系统中，每设定一条规则后，单击 Add rule 按钮，将规则添加到规则库中。如果想删除某条规则，则选中该规则，然后单击 Delete rule 按钮即可。

编辑后的规则还可以单击 Change rule 按钮进行修改。完成了模糊规则的编辑，则可以单击 Close 按钮关闭编辑窗口。模糊推理规则可以由 View → Surface 菜单项进行处理，得出如图 10-11(a) 所示的三维图形，表明从输入信号到输出信号的映射关系。

模糊规则还可以更简单地用数据向量表示，多行向量可以构成多条模糊规则矩阵。每行向量有 $m+n+2$ 个元素，m,n 分别为输入变量和输出变量的个数，其中，前 m 个元素表示输入信号的隶属度函数序号，次 n 个元素对应输出信号的隶属度函数序号，第 $m+n+1$ 表示输出的加权系数，最后一个元素表示输入信号的逻辑关系，1 表示逻辑“与”，2 表示逻辑“或”。例如对图 10-10 中的第三条逻辑关系，若用数据向量的形式可以表示为 $[3,2,1,1,1]$，当然用界面处理模糊规则矩阵更简洁方便。

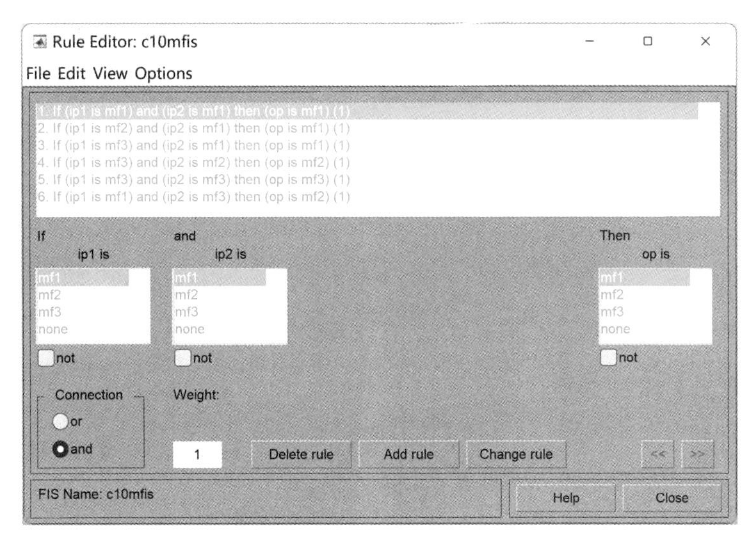

图10-10 模糊规则编辑对话框

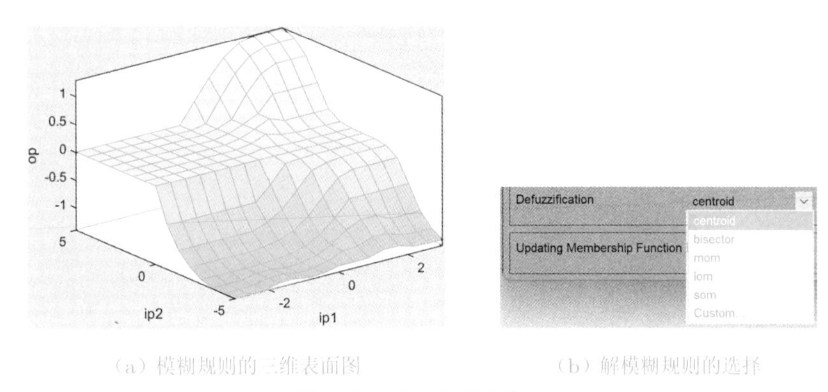

(a) 模糊规则的三维表面图　　(b) 解模糊规则的选择

图10-11 模糊规则图形表示

若用前面的规则生成一个规则矩阵 $\boldsymbol{R}$，则可以由下面的命令直接补加到模糊推理系统fis原有的规则后面，即 fis=addrule(fis, $\boldsymbol{R}$)。

3. 解模糊化

通过模糊推理得出模糊输出量op，此模糊量可以通过指定的算法精确化，亦称解模糊化（defuzzification）。模糊逻辑工具箱提供了多种解模糊化的算法，可以由图10-8所示的对话框Defuzzification栏目，即对话框中如图10-11(b)所示的部分选择解模糊化算法。

按照上述方式就可以建立起模糊推理系统的数据结构。可以由File菜单对模型进行处理，例如可以用File → Export → To Disk菜单项将其存成文件，后缀名为fis。用户可以将前面编辑的模糊推理系统存储成c10mfis.fis文件。该工作还可以通过writefis()函数完成。还可以由File → Export → To Workspace菜单项将其存入MATLAB工作空间，存储时应该给出变量名。

模糊推理问题还可以用MATLAB函数evalfis()求解，y=evalfis($\boldsymbol{X}$,fis)，其中，$\boldsymbol{X}$ 为矩阵，其各列为各个输入信号的精确值，evalfis()函数会对用户定义的模糊推理系统fis计算这些输入信号的模糊化结果，用该系统进行模糊推理，并将结果进行解模糊化，得出相应的精确输出信号 $\boldsymbol{y}$。

例10-11　假设已经按上述方式建立起了模糊推理模型，在xy平面内的$(-3,-5)\sim(3,5)$区域内进行网格分割，试用此模糊推理系统绘制出输出的三维曲面。

解　采用下面的语句可以先读入前面建立的模糊推理系统，并对感兴趣的xy平面区域进行网格分割，将网格数据转换成列向量，再由evalfis()函数求出曲面的z坐标值，这样就可以用下面的语句绘制出三维曲面，如图10-12所示。

```
>> fff=readfis('c10mfis.fis');                  %读入模糊推理系统文件
   [x,y]=meshgrid(-3:.2:3,-5:.2:5);             %进行网格分割
   x1=x(:); y1=y(:); z1=evalfis([x1 y1],fff);   %模糊推理
   z=reshape(z1,size(x)); surf(x,y,z)           %重新定维矩阵,绘制三维曲面
```

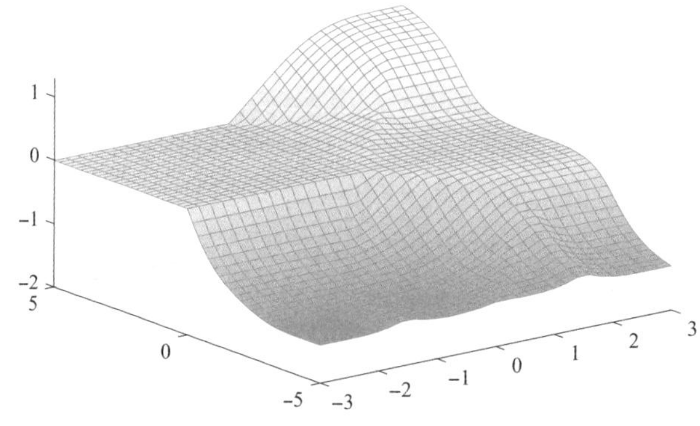

图10-12　由模糊推理得出的输出曲面

10.2　粗糙集理论与应用

10.2.1　粗糙集理论简介

粗糙集(rough set)是波兰数学家Zdzisław Pawlak为开发自动规则生成系统及研究软计算问题于1982年提出的。20世纪90年代初，人们才逐渐认识到粗糙集的重要性。1991年Pawlak教授出版了专著，奠定了严密的数学基础[128]。基于粗糙集的知识理论由于不需要预先给定某些特征或属性的数量，可从现有的数据出发给出知识的简化和相对简化、范畴的简化和相对简化方法，为处理不精确、不完全信息提供一种更符合人类认知的知识理论。粗糙集理论是一种处理不精确、不确定与不完全数据的新的数学方法。它能有效地分析和处理不精确、不一致、不完整等各种不完备信息，并从中发现隐含的知识，揭示潜在的规律。由于它在机器学习与知识发现、数据挖掘、决策支持与分析、专家系统、归纳推理、模式识别、知识约简、信息计算等方面的应用突出，现已成为一个热门的研究领域。

10.2.2　粗糙集的基本概念

设$X,Y\in U$，R是定义在U上的等价关系，则集合X关于R的下近似集定义为

$$\underline{\mathscr{R}}(X)=\bigcup\{Y\in U/R:Y\subseteq X\} \tag{10-2-1}$$

其中，$\underline{\mathscr{R}}(X)$是根据现有知识判断肯定属于$X$的对象组成的最大的集合，称为正区，记为$\mathrm{Pos}(X)$。类似地，也可以定义出集合$X$关于$R$的上近似集为

$$\overline{\mathscr{R}}(X)=\bigcup\{Y\in U/R:Y\cap R\neq\phi\} \tag{10-2-2}$$

其中，ϕ 表示为空集。$\overline{\mathscr{R}}(X)$ 是由所有集合 X 相交非空的等效类的并集，是那些可能属于 X 的对象组成的最小集合。

由上面的定义可以再给出边界集 c 定义为 $c = \mathrm{Bnd}(X) = \overline{\mathscr{R}}(X) - \underline{\mathscr{R}}(X)$。如果 $\mathrm{Bnd}(X)$ 是空集，则称 X 关于 R 是清晰的；反之，若 $\mathrm{Bnd}(X)$ 非空，则称 X 为关于 R 的粗糙集。

例 10-12 假设玩具积木集合 $U = \{x_1, x_2, x_3, x_4, x_5, x_6, x_7\}$，具有"颜色 R_1""形状 R_2""体积 R_3"这三种属性，且 $R_1 = \{0,1,2\}$，分别对应红色、黄色和绿色，"形状"的属性值取为 $R_2 = \{0,1,2\}$，分别对应方、圆、三角形。"体积"的属性关系，可以取为 $R_3 = \{0,1\}$，分别对应于"大物体"和"小物体"。

按照这样的属性关系，假设红色的积木有 $\{x_1, x_2, x_7\}$，绿色的有 $\{x_3, x_4\}$，黄色的有 $\{x_5, x_6\}$，则可以写出 $U|R_1 = \{\{x_1, x_2, x_7\}, \{x_3, x_4\}, \{x_5, x_6\}\}$。

10.2.3 信息决策系统

信息决策系统 T 可以表示为 $T = (U, A, C, D)$，其中，U 是对象的集合，即论域，A 是属性集合，如果属性集 A 可以分为条件属性集 C 和决策属性集 D，即 $C \cup D = A, C \cap D = \phi$，则该信息系统称为决策系统或决策表。

粗糙集理论中使用决策表来描述论域中对象。它是一张二维表格，每一行描述一个对象，每一列描述对象的一种属性。属性分为条件属性和决策属性，论域中的对象根据条件属性的不同，被划分到具有不同决策属性的决策类。表 10-2 为一张信息系统决策表的例子，$U = \{x_1, x_2, \cdots, x_n\}$ 为对象集，$C = \{s_1, s_2, \cdots, s_m\}$ 为条件属性集，$D = \{d_1, d_2, \cdots, d_k\}$ 为决策属性集，f_{ij} 表示第 i 个对象的第 j 个条件属性值，g_{ij} 是第 i 个对象的第 j 个决策属性值。

例 10-13 考虑例 10-12 中给出的玩具积木论域集合，假设有四个相关属性，颜色属性 a、形状属性 b、大小属性 c 和价位属性 d，且已知 $x_{1,2,4,5}$ 为黄色的，x_3 为红色的，$x_{6,7}$ 为绿色的；$x_{1,2,3}$ 为方形的，$x_{4,5,6}$ 为圆形的，x_7 为三角形的；$x_{1,3,5}$ 为大玩具，其余为小玩具；$x_{2,3}$ 价位较低，$x_{1,4}$ 价位中等，$x_{5,6,7}$ 价位较高。从实际销售情况看，$x_{3,4}$ 销售很好，$x_{1,2}$ 销售一般，而 $x_{5,6,7}$ 销售较差，试列出信息系统决策表。

解 设颜色属性中用 $\{0,1,2\}$ 分别表示红色、黄色和绿色，形状属性中 $\{0,1,2\}$ 分别表示方形、圆形和三角形，大小属性中 $\{0,1\}$ 分别表示玩具的小和大，价位属性中 $\{0,1,2\}$ 分别表示较低、中等和较高，在决策属性中 $\{0,1,2\}$ 分别表示销售较好、中等和较差，那么根据给出的表格可以立即得出信息系统决策表，如表 10-3 所示。粗糙集理论的一个重要应用是对已知各个条件进行约简，找出哪些属性对玩具销售情况影响大，哪些没有影响。

信息系统决策表在 MATLAB 下可以由一个矩阵 S 来表示，其中，前面各列表示 C 属性，后面各列表示 D 属性，这时上近似集 $\overline{\mathscr{R}}(X)$ 和下近似集 $\underline{\mathscr{R}}(X)$ 可以分别由自编的 `rsupper()` 和 `rslower()` 函数求出，其内容如下：

```
function w=rslower(y,a,T)
   z=ind(a,T); w=[]; [p,q]=size(z);   %下近似集运算
   for u=1:p, zz=setdiff(z(u,:),0); if ismember(zz,y), w=[w,zz]; end
end, end
function w=rsupper(y,a,T)
   z=ind(a,T); w=[]; [p,q]=size(z);   %上近似集运算
   for u=1:p
```

表 10-2 信息系统决策表

论 域	C				D		
U	s_1	s_2	$\cdots$	s_m	d_1	$\cdots$	d_k
x_1	f_{11}	f_{12}	$\cdots$	f_{1m}	g_{11}	$\cdots$	g_{1k}
x_2	f_{21}	f_{22}	$\cdots$	f_{2m}	g_{21}	$\cdots$	g_{2k}
$\vdots$	$\vdots$	$\vdots$	$\vdots$	$\vdots$	$\vdots$	$\vdots$	$\vdots$
x_n	f_{n1}	f_{n2}	$\cdots$	f_{nm}	g_{n1}	$\cdots$	g_{nk}

表 10-3 例 10-13 信息系统决策表

论 域	C 属性				D
U	颜色 a	形状 b	大小 c	价位 d	销 量
1	1	0	1	1	1
2	1	0	0	0	1
3	0	0	1	0	0
4	1	1	0	1	0
5	1	1	1	2	2
6	2	1	0	2	2
7	2	2	0	2	2

```
      zz=setdiff(z(u,:),0); z1=intersect(zz,y); if length(z1)~=0, w=[w,zz]; end
   end, end
```

这两个函数共用的支持函数 `ind()` 用于求取不可分辨关系，后面将给出其定义与MATLAB实现。计算边界集的函数可以采用MATLAB自带的 `setdiff()` 函数。这样，下近似集、上近似集和边界集可以分别通过下面的函数调用求取：

```
S_l=rslower(X,a,S)      %求出下近似集 S_l
S_u=rsupper(X,a,S)      %求出上近似集 S_u
S_d=setdiff(S_u,S_l)    %利用MATLAB的差集函数可以求出边界集 S_d
```

例 10-14 假设论域 $U=\{x_1,x_2,x_3,x_4,x_5,x_6,x_7,x_8,x_9,x_{10}\}$，关系为 $R=\{R_1,R_2\}$，且 $U/R_1=\{\{x_1,x_2,x_3,x_4\},\{x_5,x_6,x_7,x_8\}\{x_9,x_{10}\}\}$，$U/R_2=\{\{x_1,x_2,x_3\},\{x_4,x_5,x_6,x_7\}\{x_8,x_9,x_{10}\}\}$，若 $X=\{x_1,x_2,x_3,x_4,x_5\}$，试求出集合 X 的上近似集和下近似集。

解 根据题中已知条件，分别简记 U/R_1 和 U/R_2 中的三个子集为 $\{0,1,2\}$，则可以建立起表 10-4 中给出的信息系统决策表 $\boldsymbol{S}$。注意，这里为排版方便起见，将信息系统决策表进行了旋转。选择集合 $X=\{1,2,3,4,5\}$，并选择决策表中的第一和第二列构成 $\boldsymbol{a}$ 向量，则可以由下面语句计算出集合 X 的上下近似集和边界集。

表 10-4 信息系统决策表

论域 X	x_1	x_2	x_3	x_4	x_5	x_6	x_7	x_8	x_9	x_{10}
U/R_1 关系	0	0	0	0	1	1	1	1	2	2
U/R_2 关系	0	0	0	1	1	1	1	2	2	2

```
>> S=[0,0; 0,0; 0,0; 0,1; 1,1; 1,1; 1,1; 1,2; 2,2; 2,2]; %输入初始数据
   X=[1,2,3,4,5]; a=[1,2]; S1=rslower(X,a,S)             %下近似集计算
   S2=rsupper(X,a,S), Sd=setdiff(S2,S1)                  %上近似集和边界集计算
```

可以得出，$S_1=[1,2,3,4]$，$S_2=[1,2,3,4,5,6,7]$，$S_{\rm d}=[5,6,7]$。从决策表可见，$\{U/R_1,U/R_2\}$ 构成的集合总共有 $\{0,0\}$，$\{0,1\}$，$\{1,1\}$，$\{1,2\}$，$\{2,2\}$，选择的样本 $X=\{1,2,3,4,5\}$，涉及的 $\{U/R_1,U/R_2\}$ 集合只有 $\{0,0\}$，$\{0,1\}$ 和 $\{1,1\}$，所以，肯定属于样本集合 X 的只有 $\{1,2,3,4\}$，即 $\{x_1,x_2,x_3,x_4\}$，因为和 x_5 一样具有映射关系 $\{1,1\}$ 的还有 x_6，x_7，所以可以得出下近似集为 $\{x_1,x_2,x_3,x_4\}$。类似地，可能属于样本集合 X 的样本是 X 的上近似集，由于 x_6，x_7 和 X 集合中的 x_5 都为 $\{1,1\}$，所以上近似集中除了下近似集中的样本外还应

该包括x_5,x_6,x_7,这三个样本亦为边界集。此外,由于边界集非空,所以属于粗糙集。

在信息系统中,对于每个属性子集$R\subseteq A$,不可分辨关系为

$$\mathrm{Ind}(R)=\{(x,y)\in U\times U:r\in R:r(x)=r(y)\} \tag{10-2-3}$$

显然,Ind(R)是一个等价关系,在不产生混淆的情况下可以用R代替Ind(R)。不可分辨关系的MATLAB函数可以编写如下:

```
function aa=ind(a,x)
   [p,q]=size(x); [ap,aq]=size(a); z=1:q; tt=setdiff(z,a); x(:,tt(end:-1:1))=-1;
   for r=q:-1:1, if x(1,r)==-1, x(:,r)=[]; end, end
   for i=1:p, v(i)=x(i,:)*10.^(aq-[1:aq]'); end, y=v'; [yy,I]=sort(y); y=[yy I];
   [b,k,l]=unique(yy); y=[l I]; m=max(l); aa=zeros(m,p);
   for ii=1:m, for j=1:p, if l(j)==ii, aa(ii,j)=I(j); end, end, end
end
```

10.2.4 粗糙集数据处理问题的MATLAB求解

1. 利用粗糙集理论的约简

目前社会已经进入信息时代,人们获得信息越来越容易。但大量的未处理的信息使人们陷入"数据灾难""决策灾难",导致要么"疲于应付",要么"弃之不理"。对解决这类问题的研究,一般称为"从数据库中发现知识"与"数据挖掘"。

信息系统约简主要是使信息量减少,它将一些无关或多余的信息忽略掉,而不影响其原有的决策功能。可以设想将约简后的信息重新组合而产生新的决策规则,这类决策规则的前提信息和结论信息可能不同于约简前的任何一条决策规则,但它们能经推理而得到相同或相近的结果。因此这样的研究成果对数据挖掘以及数据库的进一步应用将产生新的影响。

所谓约简,即不含多余属性并保证分类正确的最小条件属性集。一个信息决策表可能同时存在几个约简。关系等价族R中所有不可约去的关系称为核,由它构成的集合称为R的核集,记成Core(R)。这里不详细介绍约简的具体算法,只介绍依据约简算法编写的几个MATLAB函数,如 `redu()`、`core()` 等。关于约简算法的详细讨论请见文献[129]。

假设信息系统决策表由矩阵$\boldsymbol{S}$表示,向量$\boldsymbol{c}$和$\boldsymbol{d}$分别为条件属性C和决策属性D的编号,则从C属性中相关的列中直接使得决策属性D成立的最少列的求取可以由约简函数`redu()`找出。这些函数的调用格式为

y=redu($\boldsymbol{c}$,$\boldsymbol{d}$,S)   %条件约简,找出从C属性中选定条件推出D的最小集合

y=core($\boldsymbol{c}$,$\boldsymbol{d}$,S)   %求取从C属性中选定条件推出D的核集

2. 粗糙集理论在信息约简中的应用举例

前面介绍了约简的基本概念和约简问题的MATLAB求解函数,这些函数在本书配套程序包中给出,可以直接使用。下面将通过两个实际应用的例子[129]来演示基于粗糙集运算的信息约简方法及MATLAB求解。

例10-15 0~9这10个数字的显示一般采用7段数码管来实现,这7段数码管排序如图10-13(a)所示。其

中某段数码管发光则记为1,否则记为0,这样每个数字显示对应的真值表如表10-5所示。试用粗糙集的方法对其进行约简,找出不必要的数码管。

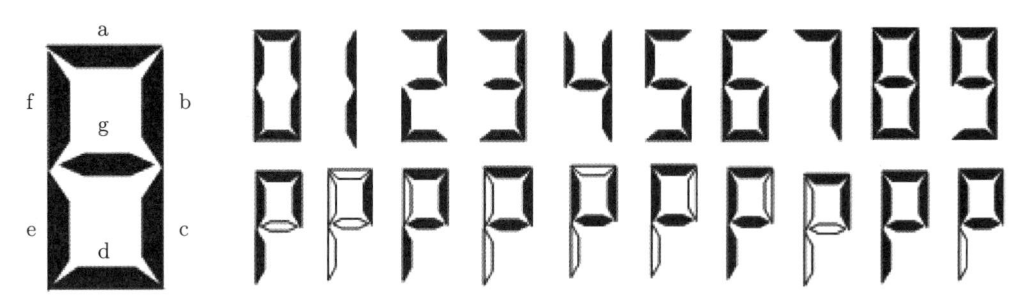

(a) 7段数码管　　(b) 约简示意图

图10-13　数码管显示及数码管约简结果

表10-5　数码管显示真值表

数码	C属性							D	数码	C属性							D
X	a	b	c	d	e	f	g	属性	X	a	b	c	d	e	f	g	属性
0	1	1	1	1	1	1	0	0	5	1	0	1	1	0	1	1	5
1	0	1	1	0	0	0	0	1	6	1	0	1	1	1	1	1	6
2	1	1	0	1	1	0	1	2	7	1	1	1	0	0	0	0	7
3	1	1	1	1	0	0	1	3	8	1	1	1	1	1	1	1	8
4	0	1	1	0	0	1	1	4	9	1	1	1	1	0	1	1	9

解　从人类对数字的直观理解看,这7段数码管当然全是必要的,缺少哪段都不易被人准确辨认出来。但如果考虑用计算机来识别数字,就不一定完全遵循数字的直观显示了,可以有一种内部的映射。若去掉某一段数码管后不影响辨认这10个数字,则得出的新映射关系就可以理解成原始7段数码管形式的一个约简。利用下面的MATLAB语句可以立即得出下面的约简结果,若最后一个语句调用redu()函数也将得到同样的结果。

```
>> C=[1,1,1,1,1,1,0; 0,1,1,0,0,0,0; 1,1,0,1,1,0,1; 1,1,1,1,0,0,1;
      0,1,1,0,0,1,1; 1,0,1,1,0,1,1; 1,0,1,1,1,1,1; 1,1,1,0,0,0,0;
      1,1,1,1,1,1,1; 1,1,1,1,0,1,1];      %已知真值表输入
   D=[0; 1; 2; 3; 4; 5; 6; 7; 8; 9]; X=[C D];
   c=1:7; d=8; Y=core(c,d,X)              %其中第一列至第七列为C属性,第八列为D属性
```

可见,$Y=[1,2,5,6,7]$段数码管是不能约简掉的,而3,4(即图10-13(a)中的c,d段)是可有可无的,去掉它们并不影响辨认数码管显示的数字,可以用图10-13(b)中的映射关系辨认数字。这样做虽然对人工辨认没有什么好处,但对机器辨认数字无疑会很方便,对机器视觉和手写体数字识别等领域是很有用途的。

例10-16　SARS是2003年给全球带来恐慌的疾病,其准确诊断是很困难的。这里给出从报刊提取出的一些数据,构成表10-6,试利用粗糙集理论对给出的12个条件进行约简,找出辅助诊断的最主要的条件。这里的数据有些不确切,数据样本也不完全,所以不能真正用于临床诊断。

解　根据题意,可以给出如下命令来进行条件约简,最后得出的条件为$Y=[3,4]$,表示第三列和第四列是诊断SARS的重要因素,即“血液检测呈阳性”和“高烧38°C”。

表10-6 SARS患者和正常人若干检测指标表

	C属性												D
U	干咳	呼吸困难	血液检测	高烧38°C	X射线	浓痰	白细胞多	寒战	肌肉酸痛	乏力	胸膜痛	头痛	SARS
1	1	1	1	1	0	0	0	0	1	1	0	1	1
2	0	0	0	0	0	0	0	0	0	0	0	0	0
3	1	0	1	0	0	0	0	0	0	1	0	0	0
4	0	0	0	1	1	1	1	0	1	0	1	1	0
5	1	0	0	1	1	1	1	1	0	1	1	0	0
6	0	1	0	1	1	1	1	1	1	0	0	1	0
7	1	0	0	0	1	1	1	0	0	1	1	1	0
8	1	1	1	1	0	0	0	0	1	1	0	1	1
9	1	0	1	1	1	0	0	0	1	1	0	1	1
10	1	1	1	1	0	0	0	0	1	1	0	1	1
11	1	0	1	1	1	0	0	0	1	1	0	1	1
12	1	0	1	1	1	0	0	0	1	1	0	1	1

```
>> D=[1; 0; 0; 0; 0; 0; 0; 1; 1; 1; 1; 1];
   C=[1,1,1,1,0,0,0,0,1,1,0,1; 0,0,0,0,0,0,0,0,0,0,0,0; 1,0,1,0,0,0,0,0,0,1,0,0;
      0,0,0,1,1,1,1,0,1,0,1,1; 1,0,0,1,1,1,1,1,0,1,1,0; 0,1,0,1,1,1,1,1,1,0,0,1;
      1,0,0,0,1,1,1,0,0,1,1,1; 1,1,1,1,0,0,0,0,1,1,0,1; 1,0,1,1,1,0,0,0,1,1,0,1;
      1,1,1,1,0,0,0,0,1,1,0,1; 1,0,1,1,1,0,0,0,1,1,0,1; 1,0,1,1,1,0,0,0,1,1,0,1];
   Y=redu(1:12,13,[C D])      %粗糙集约简
```

10.2.5 粗糙集约简的MATLAB程序界面

基于粗糙集约简的理论和方法，编写了MATLAB程序界面。在MATLAB提示符下输入`rsdav3`命令则将启动该程序界面，得出如图10-14所示的对话框，用户可以由其中的Browse按钮读入信息系统决策表，给出C属性和D属性所需的列号，则可以进一步进行分析。例如，单击Redu按钮可以进行约简，结

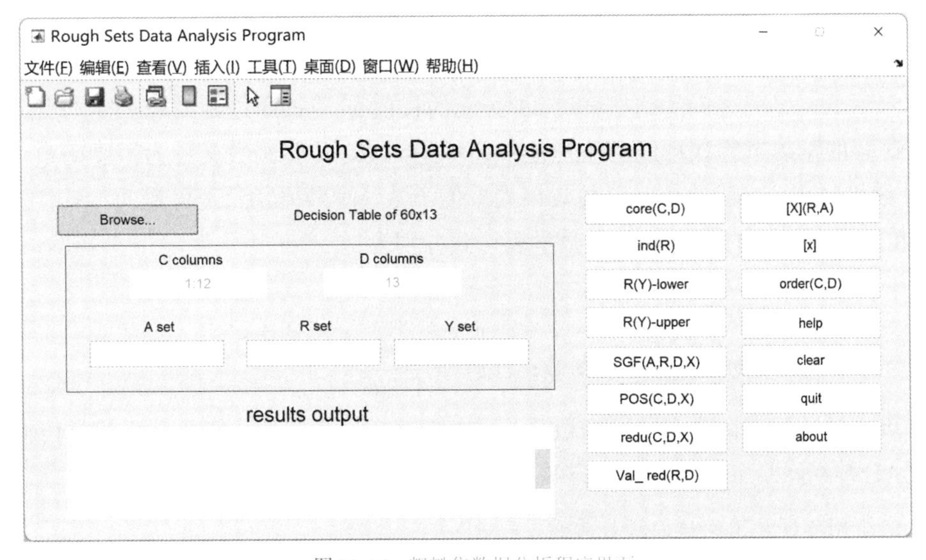

图10-14 粗糙集数据分析程序界面

果将在Results栏目显示出来。

10.3 人工神经网络与深度学习

人工神经网络是在对复杂的生物神经网络研究和理解的基础上发展起来的。人脑是由大约10^{11}个高度互连的单元构成，这些单元称为神经元，每个神经元约有10^4个连接[130]。仿照生物的神经元，可以用数学方式表示神经元，引入人工神经元的概念，并由神经元的互连可以定义出不同种类的神经网络。限于当前的计算机水平，人工神经网络不可能有人脑那么复杂。本节将首先介绍人工神经元和人工神经网络的数学结构，然后介绍神经网络的建立、训练与泛化的概念，以及MATLAB语言的神经网络工具箱(现为深度学习工具箱)在解决这些问题中的应用。

深度学习(deep learning)是人工智能领域的重要方法，也是近十年来发展非常迅速的研究领域。深度学习的大量模型是建立在人工神经网络基础上的，神经网络是由若干层神经元结构搭建起来的，"深度"可以理解为多层。

10.3.1 神经网络基础知识

1. 单个人工神经元的数学模型

单个人工神经元的数学表示形式如图10-15所示。其中，$x_1, x_2, \cdots, x_n$为一组输入信号，它们经过权值w_i加权后求和，再加上阈值b，则得出u_i的值，可以认为该值为输入信号与阈值所构成的广义输入信号的线性组合。该信号经过传输函数$f(\bullet)$可以得出神经元的输出信号y。

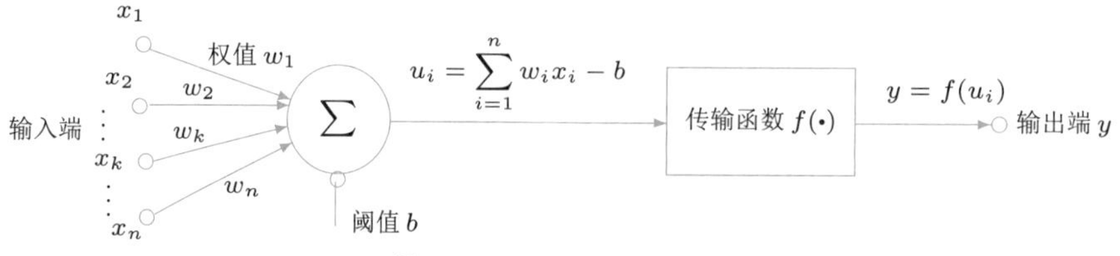

图10-15　神经元的基本结构

在神经元中，权值和传输函数是两个关键的因素。权值的物理意义是输入信号的强度，若涉及多个神经元则可以理解成神经元之间的连接强度。神经元的权值w_i应该通过神经元对样本点反复的学习过程而确定，而这样的学习过程在神经网络理论中又称为训练。传输函数又称为激励函数，可以理解成对u_i信号的非线性映射，一般的传输函数应该为单值函数，使得神经元是可逆的。常用的传输函数有Sigmoid函数和对数Sigmoid函数，它们的数学表达式分别为

$$
\begin{aligned}
&\text{Sigmoid 函数：} f(x) = \frac{2}{1+\mathrm{e}^{-2x}} - 1 = \frac{1-\mathrm{e}^{-2x}}{1+\mathrm{e}^{-2x}} \\
&\text{对数 Sigmoid 函数：} f(x) = \frac{1}{1+\mathrm{e}^{-x}}
\end{aligned}
\tag{10-3-1}
$$

当然也可以使用简单的饱和函数和阶跃函数作为传输函数。下面将通过例子介绍各类传输函数的形状及基于MATLAB神经网络工具箱的绘制方法。

例10-17　试绘制各种常用的传输函数曲线。

解　用下面的语句可以直接绘制出Sigmoid函数的曲线，如图10-16所示。

```
>> x=-2:0.01:2; y=tansig(x); plot(x,y)     %Sigmoid函数的曲线绘制
```

用logsig()语句取代前面的tansig()函数则得出对数Sigmoid函数曲线。另外,由其他函数可以绘制出其传输函数曲线,如图10-16所示,同时标出了绘制这些传输函数的MATLAB函数名。

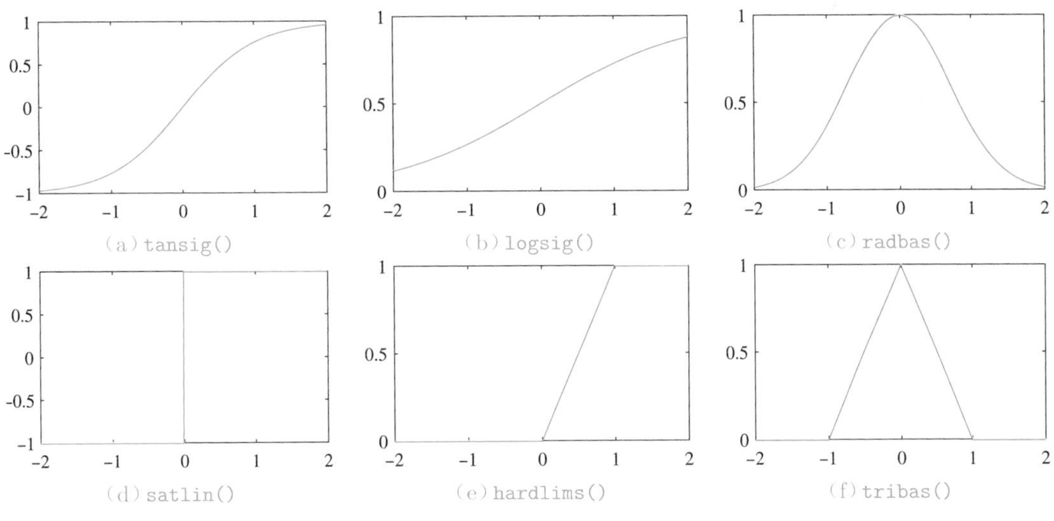

图10-16 各种传输函数曲线

2. 人工神经网络

由前面定义的人工神经元进行相互连接,则可以构成网络的形式,称为人工神经网络。在不引起歧义的时候可以简称为神经网络。采用不同的神经元连接方式,就可以构造出不同形式的神经网络。本节中只考虑前馈型神经网络的结构。在神经网络的训练过程中,训练误差是按与神经网络相反的方向进行传播的,所以这类网络又称为反向传播(back-propagation,BP)神经网络。图10-17中给出了BP网的基本网络结构示意图。该网络有一个输入层,有几个中间层,又称为隐层,而最后一个隐层又称为输出层。在文献中还有大量的神经网络类型,如Hopfield网络、自组织映射网络等。从应用角度看,MATLAB的神经网络工具箱提供了用于数据拟合的神经网络,可以用fitnet()来定义,事实上,这样的网络就是一个两层的前馈型神经网络,所采用的训练算法是Levenberg–Marquardt反向传播算法。对模式识别方面的应用,神经网络工具箱还提供了patternnet()函数,可以直接使用。

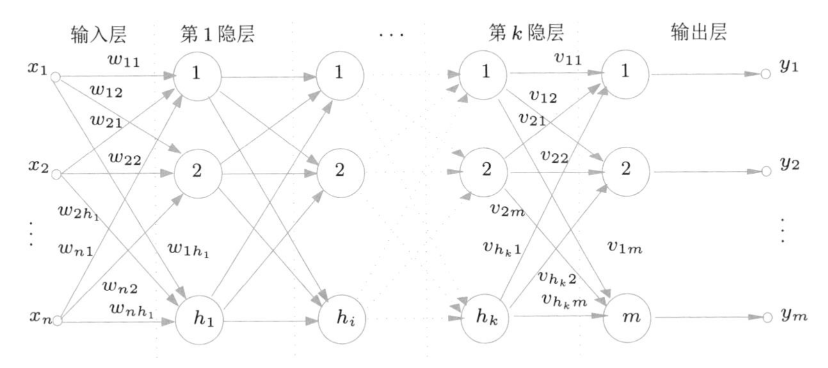

图10-17 前馈型神经网络的基本结构

10.3.2 前馈型神经网络

若想使用神经网络去解决问题，一般应该经过三个必要的步骤：第一步是建立起神经网络的结构；第二步是训练神经网络；第三步是神经网络的泛化。泛化实际上就是神经网络的仿真与检验。下面将分别介绍这三个步骤，侧重于介绍基于MATLAB工具的神经网络使用方法。

1. 建立神经网络的结构

以两层网络为例，$k=2$，m为输出端子的个数，n为输入端子路数，p为隐层节点个数。这时，神经网络示意图如图10-18所示。隐层节点在传输函数前后的值分别为

$$u_j=\sum_{i=1}^{n} w_{ij}x_i+b_{1j},\quad u_j'=F_1(u_j),\quad j=1,2,\cdots,p \tag{10-3-2}$$

其中，b_{1j}为隐层节点的阈值，而输出层传输函数前后的信号分别为

$$y_j'=\sum_{i=1}^{p} v_{ji}u_i'+b_{2j},\quad y_j=F_2(y_j'),\quad j=1,2,\cdots,m \tag{10-3-3}$$

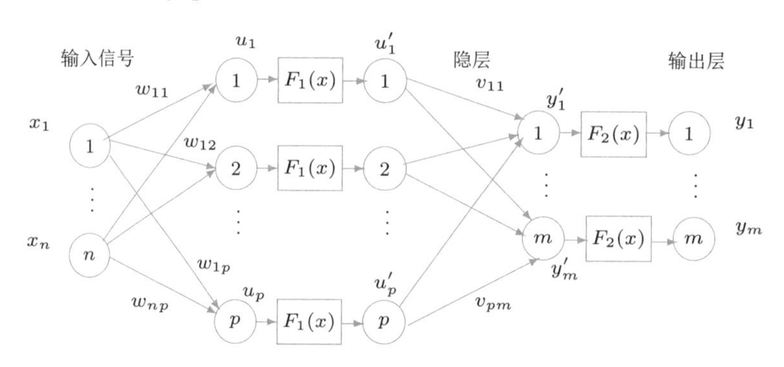

图10-18 单个隐层的前馈神经网络的基本结构

利用MATLAB语言的神经网络工具箱提供的现成函数和神经网络类，建立一个前馈的BP神经网络模型还是很容易的，可以使用`feedforwardnet()`函数，其调用格式为`net=feedforwardnet(`h,f`)`，其中，$\boldsymbol{h}=[h_1,h_2,\cdots,h_k]$为各隐层节点个数向量，$f$为训练用函数，默认值为`'trainlm'`，表示采用Levenberg–Marquardt反向传播训练算法。给了该命令就可以构造出神经网络数据对象`net`，该对象的一些重要属性在表10-7中给出。

前馈神经网络下的两个常用函数是`fitnet()`和`patternnet()`，其调用格式与`feedforwardnet()`函数完全一致，分别适用于数据拟合与模式识别。下面通过例子演示神经网络对象的建立。

例10-18 试建立两个前馈型神经网络，第一个网络含有一个隐层，该层有八个节点，第二个网络含有两个隐层，其第一层有四个节点，第二隐层有六个节点。

解 这两个前馈网络由下面的语句即可以直接建立起来：

```
>> net1=fitnet(8); net2=fitnet([4 6]);   %构造两个不同的拟合神经网络模型
```

除了神经网络结构之外，还可以用下面的语句格式直接设定其他参数，如：

```
net.trainParam.epochs=300,net.trainFcn='traingdm'
```

表10-7 神经网络对象的常用属性

属性名	数据类型	属性说明	默认参数
net.IW	单元数组	输入层到隐层的加权，其中net.IW{1}为输入层的加权矩阵	随机
net.numInputs	整型	输入路数，可以由输入、输出样本点的维数自动计算	
net.numLayers	整型	隐层数，可由feedforwardnet()函数调用时自动确定	
net.LW	单元数组	隐层与输出层加权，其中net.IW{i}为第i隐层到第$i+1$隐层的加权矩阵，若i是最末的隐层，则为最末隐层到输出层的加权矩阵	随机
net.trainParam.epochs	整型	最大训练回合数，当误差准则满足，即使未训练到此步骤也将停止训练，返回训练结果	100
net.trainParam.lr	实型	自学习的学习率	0.01
net.trainParam.goal	实型	训练误差准则，当误差小于此值时停止训练	0
net.trainFcn	字符串	训练算法，可选'traincgf'（共轭梯度法）、'train'（批处理训练算法）、'traingdm'（带动量的梯度下降算法）、'trainlm'等	'train'

2. 神经网络的训练

如果已知N组用于训练的实际样本点数据，其输入和输出之间关系对照如下：

$$\begin{array}{cccccccc} x_{11} & x_{12} & \cdots & x_{1n} & \Rightarrow & \hat{y}_{11} & \cdots & \hat{y}_{1m} \\ x_{21} & x_{22} & \cdots & x_{2n} & \Rightarrow & \hat{y}_{21} & \cdots & \hat{y}_{2m} \\ \vdots & \vdots & \ddots & \vdots & \vdots & \vdots & \ddots & \vdots \\ x_{N1} & x_{N2} & \cdots & x_{Nn} & \Rightarrow & \hat{y}_{N1} & \cdots & \hat{y}_{Nm} \end{array} \tag{10-3-4}$$

神经网络要解决的问题是通过已知数据，反复训练神经网络，得到两层的加权量w_{ij}, v_{ij}和阈值b_{ij}，使得神经网络的计算输出信号y_i与实际期望输出信号$\hat{y}_i$的误差最小。一种较合适的方式就是使得误差的平方和最小，即

$$\min_{\boldsymbol{W},\boldsymbol{V}} \sum_{l=1}^{N}\sum_{i=1}^{m}(y_{li}-\hat{y}_{li})^2 \tag{10-3-5}$$

其中，下标l为样本组数。

对于这样的无约束最优化问题，可以采用反复地求导、解方程来得出决策矩阵$\boldsymbol{W}$和$\boldsymbol{V}$，或采用共轭梯度法等算法来搜索最优值。给出权值$\boldsymbol{W}_{ij}$和$\boldsymbol{V}_{ij}$的初值$\boldsymbol{W}_{ij}^0$和$\boldsymbol{V}_{ij}^0$，则可以通过下面的递推算法修正权值，得出[131]

$$\boldsymbol{W}_{ij}^{l+1}=\boldsymbol{W}_{ij}^{l}+\beta e_j^l a_i^l,\quad \boldsymbol{V}_{jt}^{l+1}=\boldsymbol{V}_{jt}^{l}+\alpha d_t^l \gamma_j^l \tag{10-3-6}$$

其中，$i=1,2,\cdots,n, j=1,2,\cdots,p, t=1,2,\cdots,m$，$\alpha$和$\beta$为人为指定的速度常数。中间变量$a_i^l,\gamma_j^l,e_j^l,d_t^l$可以迭代求出。

若建立了神经网络模型net，则可以调用train()函数对神经网络参数进行训练。该函数的调用格式为[net,tr,$\boldsymbol{Y}_1$,$\boldsymbol{E}$]=train(net,$\boldsymbol{X}$,$\boldsymbol{Y}$)，其中，变量$\boldsymbol{X}$为$n\times M$矩阵，n为输入变量的路数，M为样本的组数，$\boldsymbol{Y}$为$m\times M$矩阵，m为输出变量的路数，$\boldsymbol{X},\boldsymbol{Y}$分别存储样本点的输入和输出数据。由样本点数据进行训练，则可得出训练后的神经网络net，且可以返回其他相关的内容，tr为结构体数据，返回训练的相关跟踪信息，tr.epochs为训练回合数，tr.perf为各步训练中目标函数的值。$\boldsymbol{Y}_1$和$\boldsymbol{E}$矩阵分别返回由神经网络计算出的输出和误差矩阵。在训练过程中将每隔25步自动显示一次训练指标。训练结束后还可以用plotperf(tr)语句绘制出目标值曲线。

如果在给出的最大训练回合数下无法得出满足要求的网络，则将给出错误的信息提示。用户可以再

调用该函数一次，这时将以上次的训练结果加权矩阵为初值继续训练，用户可以循环调用该语句。若误差在几次循环后仍无显著改善，则说明网络结构有问题，应修改网络结构。

3. 神经网络的泛化

神经网络训练完成后，可以利用该网络对样本区域内的其他输入量求解其输出值，这种求值的方法称为神经网络的仿真或泛化（generalization），可以理解为利用神经网络进行数据拟合，对新的输入点数据 $\boldsymbol{X}_1$ 调用 `sim()` 函数进行泛化，得出这些输入点处的输出矩阵 $\boldsymbol{Y}_1$，且 Y_1=sim(net, X_1)，用 Y_1=net(X_1) 也可得出一致的结果，其中，**net** 是实际的神经网络变量名。

神经网络是否成功不在于对样本点本身拟合误差的大小，关键在于其泛化效果。如果对样本点以外的其他输入点均有较好的拟合，则说明该神经网络结构合理，否则，训练出来的神经网络没有应用价值。下面将通过例子来演示神经网络及其在数据拟合中的应用及神经网络控制参数对训练的影响。

例 10-19　考虑用例 8-26 中给出的数据，试用神经网络对其进行拟合。

解　可以用下面的语句输入样本点数据，并选择前馈神经网络。设有两个隐层，因为最后一个隐层实际上为输出层，所以其节点个数应该与输出路数一致，故节点数为一。现在令第一隐层节点个数为五，则可以用下面的语句进行神经网络训练，得出神经网络的训练界面。选择更密集的输入数据进行泛化，则可以得出的泛化效果如图 10-19 所示。可见，这样得出的拟合效果是令人满意的，和理论曲线之间看不出任何差异。

```
>> x=0:.5:10; y=0.12*exp(-0.213*x)+0.54*exp(-0.17*x).*sin(1.23*x);         %样本点数据
   x0=[0:0.1:10];y0=0.12*exp(-0.213*x0)+0.54*exp(-0.17*x0).*sin(1.23*x0);%理论值
   net=fitnet(5); [net,b]=train(net,x,y); plotperform(b) %训练神经网络,并绘制拟合指标
   figure; y1=net(x0); plot(x,y,'o',x0,y0,x0,y1,':');     %网络泛化
```

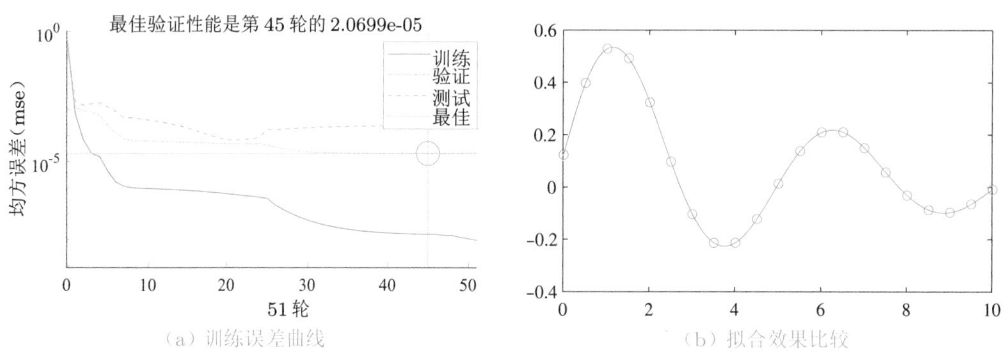

(a) 训练误差曲线　　(b) 拟合效果比较

图 10-19　神经网络的训练与拟合

可以用下面的语句显示出神经网络的权值:

```
>> w1=net.IW{1}, w2=net.LW{2,1}      %隐层权值和输出层权值的显示
```

得出输入层到隐层的加权为 $\boldsymbol{w}_1^{\rm T}=[7.5126,-3.6599,3.2436,3.4962,7.4063]$，而隐层到输出层的权值为 $\boldsymbol{w}_2=[0.1990,0.8973,1.5656,-2.0496,1.1474]$。

可以用 view(net)命令显示神经网络的结构，如图 10-20 所示。

选择不同的训练算法，将得出不同的误差曲线，如图 10-21(a)所示，还可以得出拟合曲线，如图 10-21(b)所示，这里可以直接用神经网络变量名就可直接实现网络的泛化。

```
>> n1=fitnet(5,'traincgf'); n1.trainParam.epochs=500; [n1,b1]=train(n1,x,y);
   n2=fitnet(5,'traingdx'); n2.trainParam.epochs=500; [n2,b2]=train(n2,x,y);
```

```
semilogy(b.epoch,b.perf,b1.epoch,b1.perf,'--',b2.epoch,b2.perf,':')
y2=n1(x0); y3=n2(x0); figure; plot(x0,y0,x0,y2,'--',x0,y3,':')
```

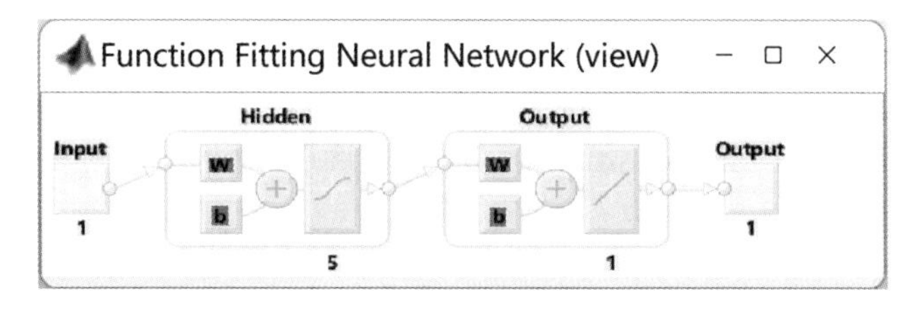

图10-20　前馈型神经网络的结构显示

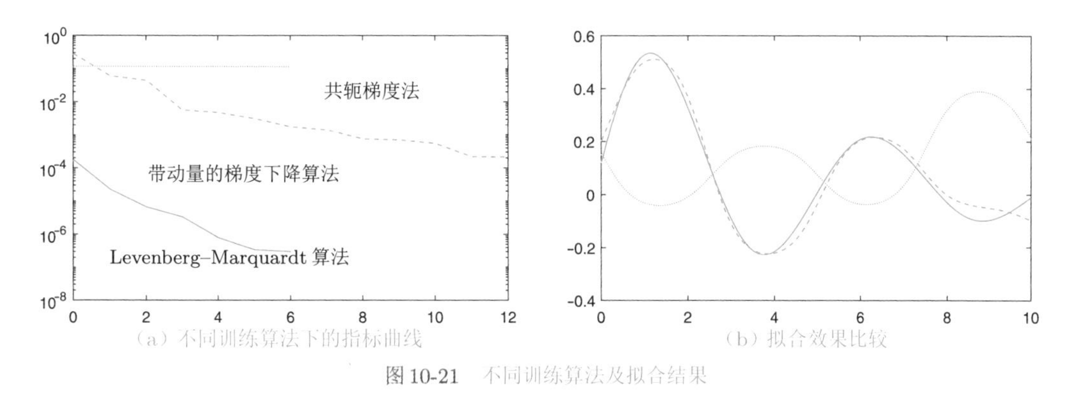

(a) 不同训练算法下的指标曲线　　(b) 拟合效果比较

图10-21　不同训练算法及拟合结果

从训练效果看，用其他算法很多步数难以达到的训练效果用Levenberg–Marquardt算法可以较少步就能得出满意的效果。其他训练算法得出的拟合效果也不很理想，所以建议采用默认的Levenberg–Marquardt训练算法。

若增加隐层节点个数，例如增加到15，则可以重新建立神经网络，并进行训练，从训练结果看，只用50步就能得出极小的拟合误差，如图10-22(a)所示，得出的曲线拟合结果如图10-22(b)所示。

```
>> n3=fitnet(15); [n3,b3]=train(n3,x,y);
   semilogy(b3.epoch,b3.perf); figure; y4=n3(x0); plot(x0,y4,x,y,'o')
```

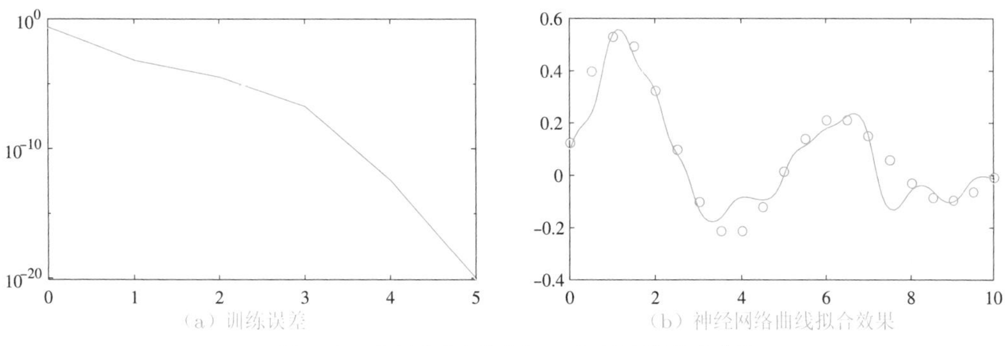

(a) 训练误差　　(b) 神经网络曲线拟合效果

图10-22　隐层节点个数选为15时神经网络拟合效果

从拟合结果看，似乎无限增大隐层节点个数就可以改进拟合效果。其实不然，增大节点个数会改善对样本点的拟合，但对其他点的函数拟合将得出如图10-22(b)所示的结果。显然，神经网络出现了问题：在样本点处的拟合确实更好了，但整体的泛化水平出现了恶化。这种现象又称为过拟合，故不能无限增加节点个数。如何选择节点个数至今没有公认的解析方法,只能根据实际情况用试凑方式选择。

例 10-20　考虑前面例子建立的神经网络模型,试在Simulink环境下构造一个仿真模型,观察在正弦信号激励这个神经网络得出的输出曲线。

解　可以用MATLAB函数gensim()自动生成一个神经网络的Simulink模块,这样,就能搭建起正弦信号激励神经网络的Simulink仿真模型,如图10-23(a)所示。对该系统进行仿真则可以得出如图10-23(b)所示的仿真结果。事实上,该仿真结果用下面的命令也可以得出。

```
>> t=0:0.01:2*pi;
   y=net(sin(t)); plot(tout,yout,t,y,'--')    %网络泛化
```

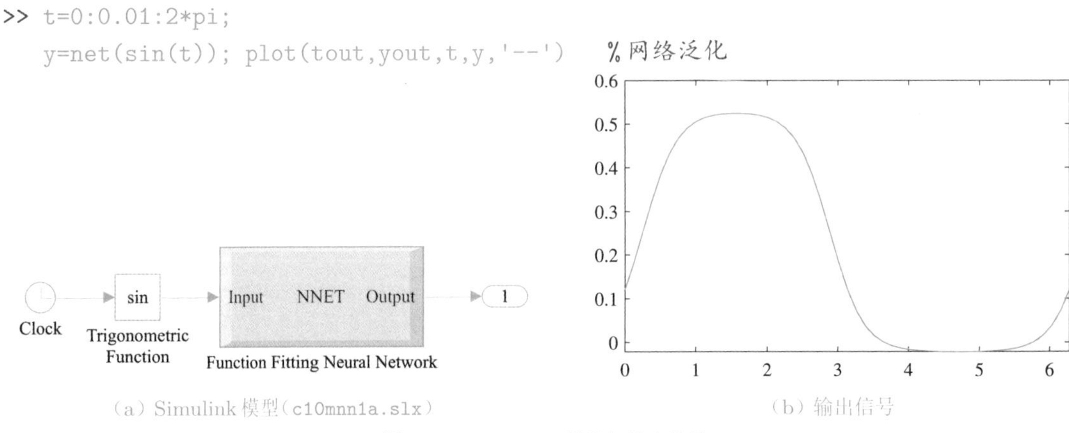

(a) Simulink模型(c10mnn1a.slx)　　(b) 输出信号

图10-23　Simulink模型与输出信号

例 10-21　试用神经网络对例8-8中给出的二元函数进行曲面拟合。

解　先考虑用下面的语句输入样本数据,选择两个隐层网络,每层均有10个节点,这样就可以用下面的语句对该网络进行训练,并得出如图10-24(a)所示的泛化结果。

```
>> [x,y]=meshgrid(-3:.6:3, -2:.4:2); x=x(:)'; y=y(:)';          %样本点数据
   z=(x.^2-2*x).*exp(-x.^2-y.^2-x.*y);     %注意这三个变量均应为行向量
   net=fitnet([10,10]); net.trainParam.epochs=1000;            %设置网络结构
   [net,b]=train(net,[x; y],z);                                %训练神经网络
   [x2,y2]=meshgrid(-3:.1:3, -2:.1:2); x1=x2(:)'; y1=y2(:)';   %准备泛化数据
   z1=sim(net,[x1; y1]); z2=reshape(z1,size(x2)); surf(x2,y2,z2)   %泛化曲面
```

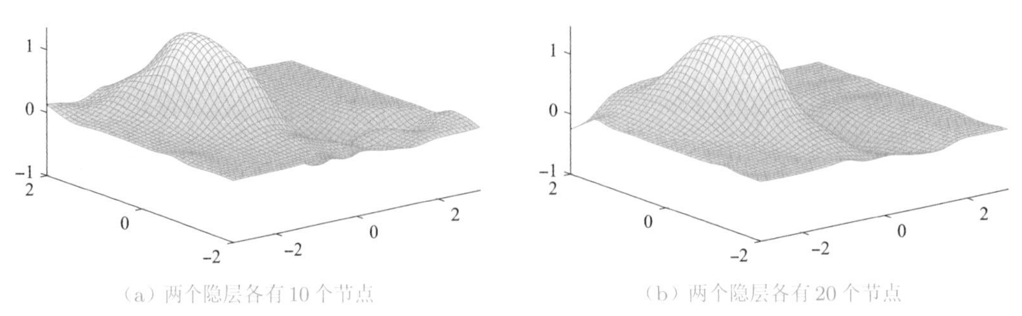

(a) 两个隐层各有10个节点　　(b) 两个隐层各有20个节点

图10-24　不同结构的拟合效果

这样的泛化效果不是很理想,部分点处有较大的波动,现在设定两个隐层都有20个节点,则可以得出如图10-24(b)所示的泛化效果。可见,泛化效果恶化,说明节点数选择过多。从总体拟合效果看,神经网络直接拟合效果比前面介绍的插值方法差。

```
>> net=fitnet([20,20]); [net,b]=train(net,[x; y],z);          %构造并训练神经网络
   z1=net([x1; y1]); z2=reshape(z1,size(x2)); surf(x2,y2,z2)  %网络泛化
```

如果选择单隐层网络或三隐层的网络,则可以得出如图10-25(a)、(b)所示的拟合效果。

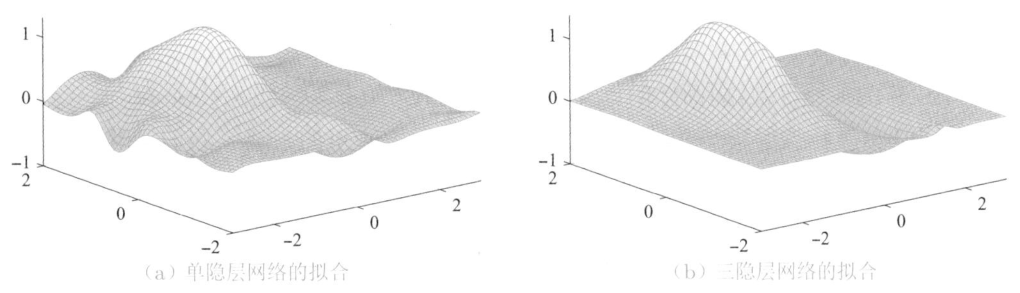

(a) 单隐层网络的拟合　　(b) 三隐层网络的拟合

图10-25　神经网络的二元函数拟合结果

```
>> net=fitnet(25);
   net.trainParam.epochs=1000; [net,b]=train(net,[x; y],z);
   z1=sim(net,[x1; y1]); z2=reshape(z1,size(x2)); surf(x2,y2,z2)
   N=fitnet([10 10 5]); N.trainParam.epochs=1000; [N,b]=train(N,[x; y],z);
   figure; z1=sim(N,[x1; y1]); z2=reshape(z1,size(x2)); surf(x2,y2,z2)
```

例10-22　考虑例8-5给出的比较夸张的插值问题。该例中曾成功地由5个已知的点拟合出正弦函数。试用神经网络求解同样的问题,看看能不能拟合出正弦函数。

解　可以尝试不同的隐层节点个数,不过不管怎样尝试都不能成功恢复出正弦函数,得到的结果如图10-26所示。

```
>> x=[0,0.4,1 2,pi]; y=sin(x);
   x1=0:0.01:pi; net=fitnet(10);                        %样本点数据与泛化点
   net=train(net,x,y); y1=net(x1); plot(x1,y1,x,y,'o')  %神经网络建模、训练与泛化
```

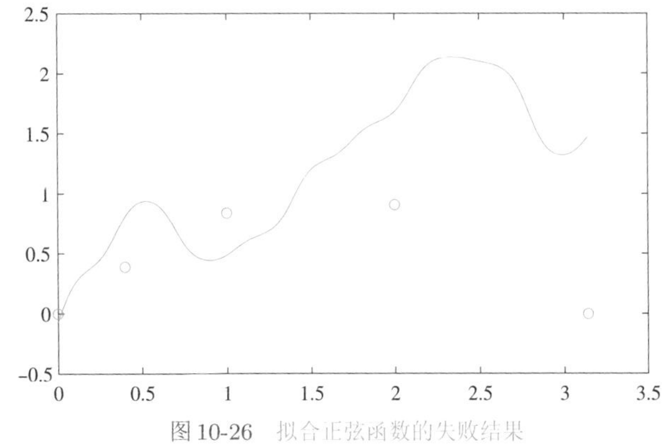

图10-26　拟合正弦函数的失败结果

在神经网络研究中,经常有人引用这样的理论结果,即三层BP网络可以按任意精度逼近给定函数。不过从这样普通的例子看,节点个数的选择对拟合效果至关重要,而节点个数究竟如何选择至今没有任何公认的方法,只能通过试凑的方法去选择。本例试用了神经网络工具箱中提供的全部训练算法,也无法得到接近于样条插值拟合效果的神经网络模型。

10.3.3 径向基网络结构与应用

径向基函数（radial basis function，RBF）是一类特殊的指数函数，其数学描述为

$$\psi(\boldsymbol{x}) = \mathrm{e}^{-b||\boldsymbol{x}-\boldsymbol{c}||} = \mathrm{e}^{-b(\boldsymbol{x}-\boldsymbol{c})^{\mathrm{T}}(\boldsymbol{x}-\boldsymbol{c})} \tag{10-3-7}$$

其中，$\boldsymbol{c}$为聚类中心点，而$b>0$为聚类调节参数。在神经网络工具箱中，`radbas()`函数可以计算出标准径向基函数$y_i=\mathrm{e}^{-x_i^2}$的曲线参数，而简单的计算语句能求出式（10-3-7）中的对应关系。

径向基网络是一类特殊的神经网络结构。考虑图10-18中给出的一般三层前馈网络结构，如果隐层的传输函数$F_1(x)$为径向基函数，输出层的传输函数$F_2(x)$为线性函数，则此结构的网络称为径向基网络。

例10-23　试绘制不同参数(c,b)下的径向基函数曲线。

解　取中心点$c=-2,0,2$，并假设$b=1$，则径向基函数曲线可以由下面的语句得出，如图10-27(a)所示。可见，这些曲线形状完全相同，不同的是它们有c单位的平移。

```
>> x=-4:0.1:4; cc=[-2,0,2]; b=1;                          %生成必要参数
   for c=cc, y=exp(-b*(x-c).^2); plot(x,y); hold on; end   %径向基函数曲线绘制
```

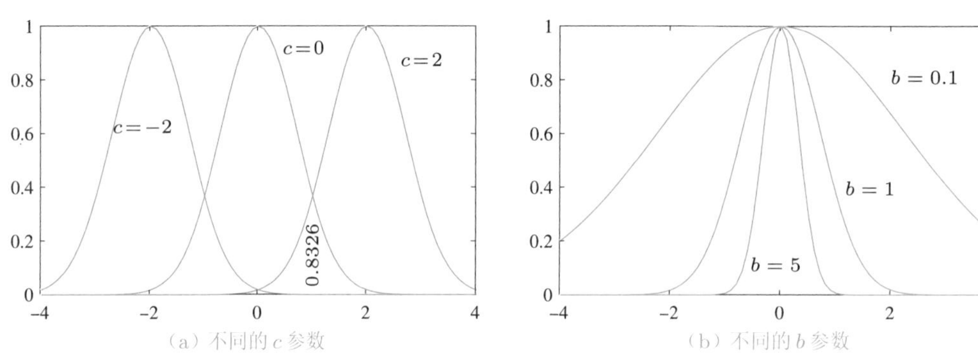

(a) 不同的c参数　　(b) 不同的b参数

图10-27　不同参数下径向基函数曲线

选择中心点$c=0$，并假设$b=[0.1,1,5]$，则径向基函数曲线如图10-27(b)所示。

```
>> x=-4:0.1:4; bb=[0.1,1,5]; c=0;                          %另一组参数
   for b=bb, y=exp(-b*(x-c).^2); plot(x,y); hold on; end   %解析解函数绘制
```

虽然网络结构都是前馈型的，但径向基网络的训练方式不是采用反向误差传播实现的，所以径向基网络不是BP网络。从MATLAB的神经网络工具箱使用看，径向基网络的使用要简单得多，只用两个函数`newrbe()`和`sim()`就可以实现神经网络的建立、训练和泛化全过程。下面还是通过例子来演示这些函数的使用。

例10-24　考虑用例10-19中给出的数据，试用径向基神经网络对其进行拟合。

解　用下面的语句输入样本点数据，用简单的语句对其泛化，立即可以得出如图10-28所示的泛化效果。可见，这样得出的拟合效果是令人满意的，和理论曲线之间看不出任何差异。从曲线拟合数据效果看，RBF网络明显优于前面介绍的BP网络。这里采用的隐层节点个数为21，两层的权值可以由`net.IW{1}`和`net.LW{1}`读出。

```
>> x=0:0.5:10; y=0.12*exp(-0.213*x)+0.54*exp(-0.17*x).*sin(1.23*x);   %样本点生成
```

```
x0=[0:.1:10];y0=0.12*exp(-0.213*x0)+0.54*exp(-0.17*x0).*sin(1.23*x0); %理论值
net=newrbe(x,y); y1=sim(net,x0);     %神经网络的建立、训练并泛化神经网络
plot(x,y,'o',x0,y0,x0,y1,':');       %神经网络拟合效果比较
```

例10-25 试用RBF神经网络拟合例10-21中的二维曲面。

解 前面曾演示过，采用一般BP网络不能很好地拟合本例中的二维曲面。下面给出用RBF网络结构重新进行拟合，可以给出下面的语句，得出的拟合效果在图10-29给出。可见，这样得出的拟合效果远远优于BP网络，但略差于二维样条插值效果。径向基函数网络自动选择的隐层节点个数为121。

```
>> [x,y]=meshgrid(-3:0.6:3, -2:0.4:2); x=x(:)'; y=y(:)';        %样本点数据
   z=(x.^2-2*x).*exp(-x.^2-y.^2-x.*y);     %注意这三个变量均应为行向量
   net=newrbe([x; y],z);                   %建立径向基网络模型
   [x2,y2]=meshgrid(-3:0.1:3, -2:0.1:2); x1=x2(:)'; y1=y2(:)';   %建立泛化点
   z1=net([x1; y1]); z2=reshape(z1,size(x2)); surf(x2,y2,z2)      %网络拟合效果
```

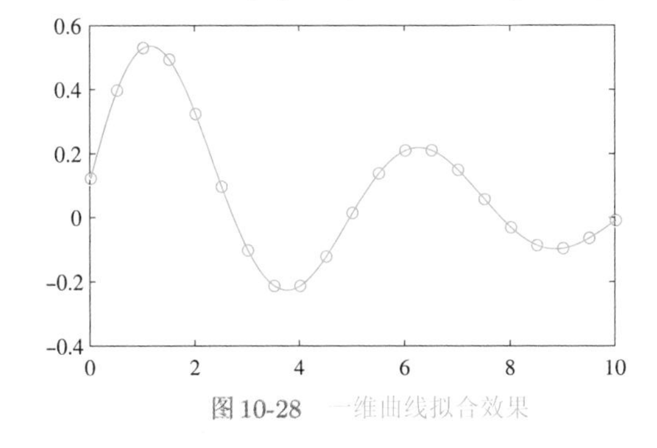

图10-28 一维曲线拟合效果

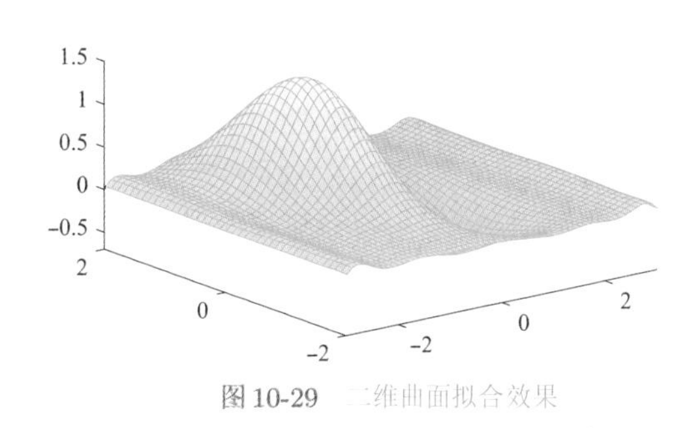

图10-29 二维曲面拟合效果

例10-26 重新考虑例10-22中的夸张拟合问题，试用径向基网络求解该问题。

解 可以由下面的命令直接构造出带有五个隐层节点的解析解网络(图略)，可以看出，拟合的精度还是很高的，如果将该神经网络用于数值积分，则得出的结果为$I = 1.9963$。从精度上看，比例8-16中三次样条初值的精度高，比B样条的精度低。

```
>> x=[0,0.4,1 2,pi]; y=sin(x); x1=0:0.01:pi; y0=sin(x1);       %样本点数据与理论值
   net=newrbe(x,y); y1=net(x1); plot(x1,y1,x1,y0,x,y,'o')      %神经网络拟合效果
   f=@(x)net(x); I=integral(f,0,pi)                             %神经网络的数值积分
```

10.3.4 深度学习简介

前面介绍的神经网络由于只采用一层或二层结构，所以可以称为浅层神经网络。由于计算机功能日益强大，可以构造出更多层的神经网络。例如，可以考虑搭建每层带有特定意义或目标的多层神经网络，来处理一些特殊的任务。若想让神经网络完成机器学习的任务，即模拟或实现人类学习的行为，获取新的知识和技能，则可以构建深层神经网络，这种神经网络称为深度学习神经网络。

卷积神经网络(convolutional neural network，CNN)是一种广泛用于深度学习领域的人工神经网络，该网络是含有卷积计算功能并具有深度结构的前馈型人工神经网络。MATLAB的深度学习工具箱提供了大量的深度学习模型，可以直接使用这些模型解决各种任务。本节不探讨深度学习的基本理论、结构与实现的底层信息，只通过例子演示利用深度学习技术实现手写数字的识别。

例10-27 MATLAB神经网络与深度学习工具箱的演示文件夹

```
C:\Program Files\MATLAB\R2022a\toolbox\nnet\nndemos\nndatasets\DigitDataset
```

提供了10000幅手写数字的图像，在该文件夹下有10个子文件夹，名为0~9，每个文件夹中存有1000幅图像，为对应子文件夹名的手写数字图像。每幅图像均为28×28灰度像素(存储格式为$28\times 28\times 1$三维数组)，文件的扩展名均为png。试随机选择其中的样本图像建立一个深度学习网络，并利用剩余图像测试深度学习网络的识别成功率。

解 用深度学习网络进行手写数字识别，使用步骤如下：

(1) 加载和浏览图像数据。可以先将文件夹的名字赋给字符串变量`dPath`，然后调用`imageDatastore()`函数将各个子文件夹的文件名读入结构体变量`imgs`。

```
>> dPath=[matlabroot '\toolbox\nnet\nndemos\nndatasets\DigitDataset']; %文件路径
   imgs=imageDatastore(dPath,'FileExtensions','.png',... %设置图像文件的扩展名
            'IncludeSubFolders',true,...                  %包含下级文件夹
            'LabelSource','foldernames')                  %将图像标签设置为子文件夹名
```

随机提取每种文件的75%作为训练样本，剩下的作为测试样本。提取的函数为`splitEachLabel()`，提取的结果分别由`imgTrain`和`imgTest`返回。

```
>> nFiles=750;   %每种文件随机提取个数
   [imgTrain,imgTest]=splitEachLabel(imgs,nFiles,'randomize');
```

(2) 定义网络架构。常用的卷积神经网络基本架构包括图像输入层、卷积层、批量归一化层、线性整流(rectified linear unit, ReLU)层、最大池化层、全连接层、softmax层。可以由下面的语句定义网络的各层。

```
>> layers=[imageInputLayer([28 28 1],'Name','imageinput')    %图像输入层
           convolution2dLayer(3,8,'Name','conv1','Padding','same')   %卷积层
           batchNormalizationLayer('Name','bn1')             %批量归一化层
           reluLayer('Name','relu1')                         %ReLU层
           maxPooling2dLayer(2,'Stride',2,'Name','pool1')    %最大池化层
           fullyConnectedLayer(10,'Name','fullc')            %全连接层
           softmaxLayer('Name','soft')                       %softmax层
           classificationLayer('Name','class')];             %分类层
```

其中，`convolution2dLayer()`函数中3表示3×3的滤波器尺寸，8是滤波器的个数；在`reluLayer()`函数、`batchNormalizationLayer()`函数和`maxPooling2dLayer()`函数中均采用了默认的设置。

(3) 指定训练选项。定义网络结构体后，指定训练选项。使用具有动量的随机梯度下降法(SGDM)训练网络，初始学习率为0.15。将最大训练轮数设置为4。一轮训练是对整个训练数据集的一个完整训练周期。通过指定验证数据和验证频率，监控训练过程中的网络准确度。每轮训练都会打乱数据。软件基于训练数据训练网络，并在训练过程中按固定时间间隔计算基于验证数据的准确度。验证数据不用于更新网络权重。打开训练进度图，关闭命令行窗口输出。

```
>> options=trainingOptions('sgdm',...        %求解器名称
      LearnRateSchedule='piecewise',...      %学习率变化的规则
      LearnRateDropFactor=0.15,...           %学习率下降参数
      LearnRateDropPeriod=5,...              %学习率下降周期
      MaxEpochs=20,...                       %最大训练轮数
      MiniBatchSize=128,...                  %最小批训练次数
      Plots='training-progress',...          %显示中间训练过程
```

```
    Verbose=0);                          %不在命令窗口显示训练进度
```

(4) 训练网络。可以调用深度学习工具箱提供的trainNeiwork()函数直接训练深度学习网络。在训练过程中,用前面随机提取的图像集imgTrain训练网络,并设置训练参数。通过1分24秒的等待,则得出所需的深度学习网络模型,并显示图10-30中所示的训练信息与曲线。

```
>> net=trainNetwork(imgTrain,layers,options)
```

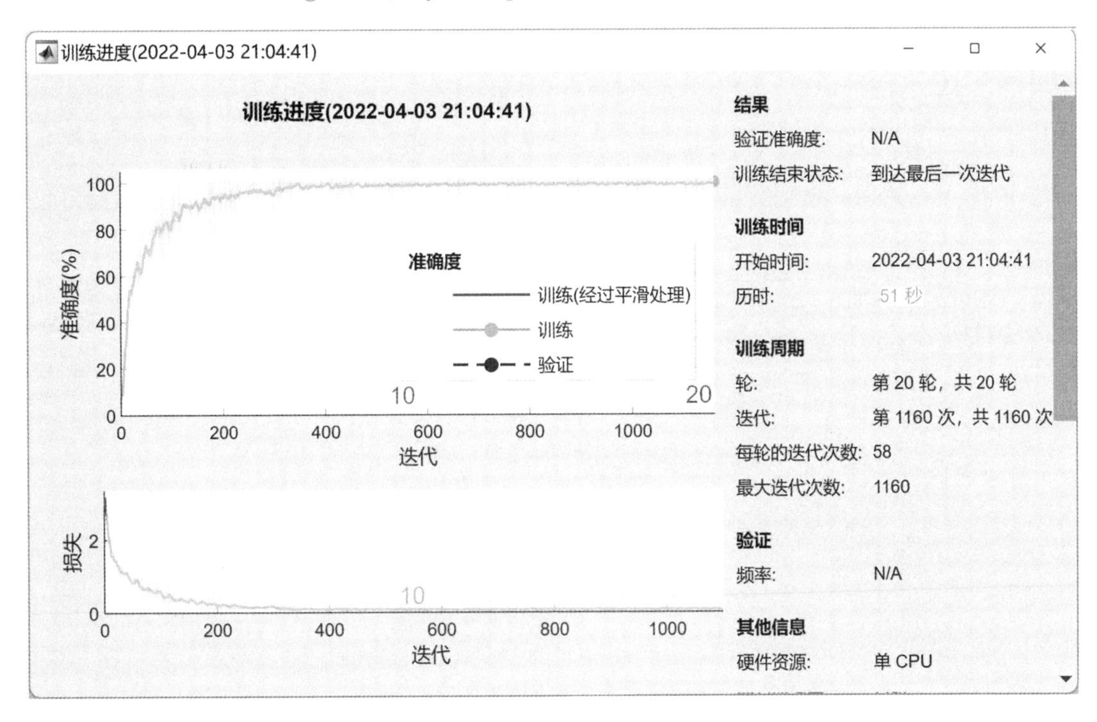

图10-30 网络训练的结果

(5) 预测新数据的标签并计算分类准确度。现在将另一组图像imgTest传入深度学习网络,并将结果与测试图像的标签相比较,则可以验证数字识别网络的准确度。

```
>> yTest=classify(net,imgTest);       %识别测试组的图像,得出各个识别结果
   yTags=imgTest.Labels;               %读入测试图像的已知标签
   accuracy=nnz(yTest==yTags)/length(imgTest.Files)     %评价识别的准确度
```

可以得出,在这个深度学习网络中,对测试组图像识别的正确率可以达到96.84%,可以将这里的关键数据存入文件待用。

```
>> save c10mdeep imgs layers options     %将图像、层信息和训练参数存入文件
```

例10-28 仍考虑例10-27中的数字识别问题。如果增加神经网络的层数,是否会改进识别效果?

解 可以将其中的卷积层、批量归一化层、ReLU层、最大池化层多复制几次,则可以重新构造网络结构,并得出新的网络模型net,其训练准确度曲线如图10-31所示。

```
>> load c10mdeep
   layers=[imageInputLayer([28 28 1],'Name','imageinput')            %图像输入层
          convolution2dLayer(3,8,'Name','conv1','Padding','same')    %第一组网络
          batchNormalizationLayer('Name','bn1')
```

```
        reluLayer('Name','relu1')
        maxPooling2dLayer(2,'Stride',2,'Name','pool1')
        convolution2dLayer(3,16,'Name','conv2','Padding','same') %第二组网络
        batchNormalizationLayer('Name','bn2')
        reluLayer('Name','relu2')
        maxPooling2dLayer(2,'Stride',2,'Name','pool2')
        convolution2dLayer(3,32,'Name','conv3','Padding','same') %第三组网络
        batchNormalizationLayer('Name','bn3')
        reluLayer('Name','relu3')
        maxPooling2dLayer(2,'Stride',2,'Name','pool3')
        convolution2dLayer(3,32,'Name','conv4','Padding','same') %第四组网络
        batchNormalizationLayer('Name','bn4')
        reluLayer('Name','relu4')
        maxPooling2dLayer(2,'Stride',2,'Name','pool4')
        fullyConnectedLayer(10,'Name','fullc')
        softmaxLayer('Name','soft')
        classificationLayer('Name','class')];
net=trainNetwork(imgTrain,layers,options);
```

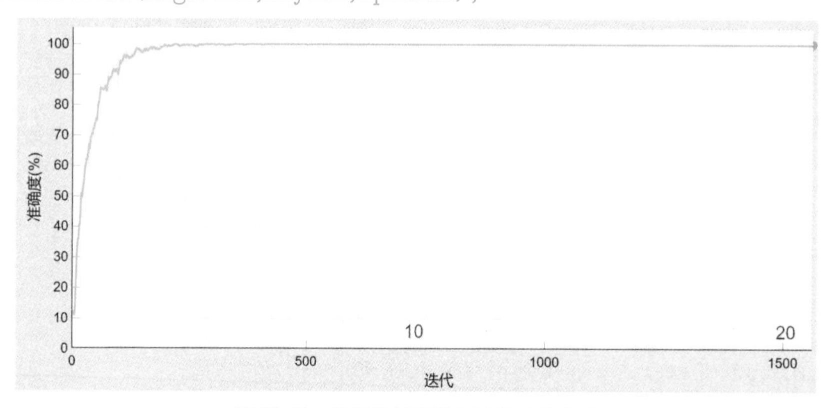

图 10-31　新网络模型的训练准确度曲线

利用新模型得到的识别率为99.72%，可以看出，增加了网络的层数，网络的最终识别率显著提高了。下面的例子还将用到这个网络框架，所以可以将相关的变量存入文件备用。

```
>> yTest=classify(net,imgTest);      %识别测试组的图像，得出各个识别结果
   yTags=imgTest.Labels;             %读入测试图像的已知标签
   accuracy=nnz(yTest==yTags)/length(imgTest.Files)    %评价识别的准确度
   save c10mdeep2 imgs               %若想进行重复实验，把训练与测试样本也存文件
```

例 10-29　重新考虑例 10-27 的深度学习方法，并将图 10-32 中的手写数字识别出来。

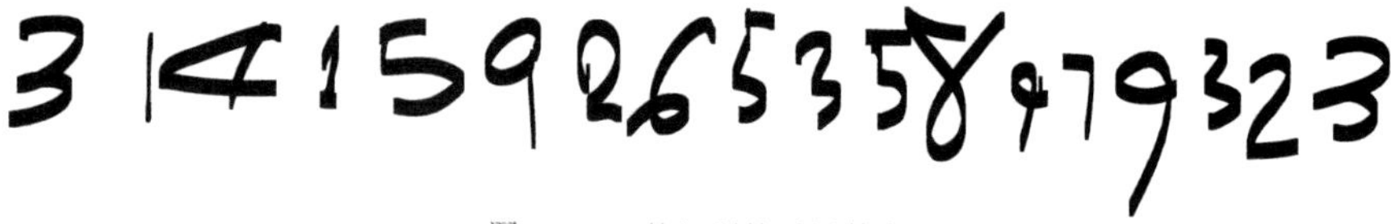

图 10-32　待识别的手写数字

解 读入例10-27的网络信息，用全部10000幅手写数字图片训练网络，得出网络对象net，可以将其存入文件备用。

```
>> load c10mdeep2                              %读入深度学习网络与数据
   net=trainNetwork(imgs,layers,options)       %用全部样本图像训练网络
   save c10mdeep3x net
```

将图10-32中的图像逐个手工提取出来，构造文件img1.png至img18.png，然后由下面语句可以将这些图像输入net网络，就可以得出识别的结果。尺度变化、反色后的文件存在img_1.png至img_18.png中。

```
>> key=[];
   for i=1:18
      ii=int2str(i); eval(['W=imread(''img' ii '.png'');'])  %读入原始图像
      W1=255-imresize(W,[28 28]);                    %将图像变成28×28像素尺寸，并反色
      eval(['imwrite(W1,''img_' ii '.png'');'])      %将处理后的图像存入图像文件
      key=[key classify(net,W1)];                    %识别每一帧图像
   end, key
```

得出的识别结果为[3,1,4,1,5,9,2,6,5,3,5,8,9,7,5,3,2,3]。对比图片中的值，可以发现，除了第15个数字“9”错误地识别成“5”，其余的都正确。值得注意的是，如果用全部样本重新训练网络，得到新的net对象，再运行下面的命令，则得出的识别结果有可能不同。即使相同的网络，手工分割的原始图像若有变化(例如，上、下、左、右的空白大小)，得出的识别结果也可能不同。如果想进一步改进深度学习网络，还应该更有针对性地添加训练样本，提升网络的实际应用水平。

10.4 进化算法及其在最优化问题中的应用

第6章曾经指出，如果使用传统的搜索方法求解最优化问题，有的时候会陷入局部极小值，所以应该考虑采用并行搜索的方法来求解全局最优解的问题。进化计算是求解全局最优解的有吸引力的方法，其中，遗传算法、粒子群优化算法等最优化求解方法是广泛应用的进化算法。本节侧重于介绍基于MATLAB的求解优化算法及其应用。

10.4.1 遗传算法的基本概念及MATLAB实现

遗传算法是基于进化论在计算机上模拟生命进化机制而发展起来的一类新的最优化算法，它根据适者生存、优胜劣汰等自然进化规则搜索和计算问题的解[132]。该领域最早是由美国Michigan大学的John Holland于1975年提出的。遗传算法的基本思想是，从一个代表最优化问题解的一组初值开始进行搜索，这组解称为一个种群，种群由一定数量、通过基因编码的个体组成，其中，每一个个体称为染色体，不同个体通过染色体的复制、交叉或变异又生成新的个体，依照适者生存的规则，个体也在一代一代进化，经过若干代的进化最终得出条件最优的个体。

简单遗传算法的一般步骤：

(1) 选择N个个体构成初始种群$\boldsymbol{P}_0$，并求出种群内各个个体的函数值。染色体可以用二进制数组表示，也可以用实数数组来表示，种群$\boldsymbol{P}_0$可以由随机数生成函数建立。

(2) 设置代数为$i=1$，即设置其为第一代。

(3) 计算选择函数的值，所谓选择即通过概率的形式从种群中选择若干个体的方式。

(4) 通过染色体个体基因的复制、交叉、变异等创造新的个体，构成新的种群 $\boldsymbol{P}_{i+1}$。

(5) 令 $i=i+1$，若终止条件不满足，则转移到步骤(3)继续进化处理。

和传统最优化算法比较，遗传算法主要有以下几点不同[79]：

(1) 不同于从一个点开始搜索最优解的传统的最优化算法。遗传算法从一个种群开始对问题的最优解进行并行搜索，所以更利于全局最优解的搜索，但遗传算法需要指定各个自变量的范围，而不像最优化工具箱中可以使用无穷区间的概念。

(2) 遗传算法并不依赖于导数信息或其他辅助信息来进行最优解搜索，而只由目标函数和对应于目标函数的适应度水平来确定搜索的方向。

(3) 遗传算法采用的是概率性规则而不是确定性规则，所以每次得出的结果不一定完全相同，有时甚至会有较大的差异。

本书研究的遗传算法使用的种群和个体表示均采用实值，这和经典遗传算法中采用的编码二进制值是不同的，所以无须对其进行编码和解码运算，且其求解问题的精度比二进制编码形式要高[133]。

10.4.2 MATLAB全局优化工具箱简介

MATLAB的全局优化工具箱主要提供了模式搜索算法`patternsearch()`函数、遗传算法求解函数`ga()`、模拟退火求解函数`simulannealbnd()`和粒子群优化求解函数`particleswarm()`。这4个函数都能直接求解带有决策变量边界受限的无约束最优化问题。另外，遗传算法求解函数与模式搜索算法函数号称能够处理有约束的最优化问题，而遗传算法函数还可以求解混合整数规划问题。

1. 遗传算法求解

遗传算法求解函数`ga()`的调用格式为

$[\boldsymbol{x},f_0,\texttt{flag},\texttt{out}]=\texttt{ga}(f,n,\boldsymbol{A},\boldsymbol{b},\boldsymbol{A}_{\rm eq},\boldsymbol{b}_{\rm eq},\boldsymbol{x}_{\rm m},\boldsymbol{x}_{\rm M},\texttt{nfun},\texttt{intcon})$

$[\boldsymbol{x},f_0,\texttt{flag},\texttt{out}]=\texttt{ga}(\texttt{problem})$

可见，该函数的调用格式与`fmincon()`函数很接近，并能通过设置`intcon`变元求解混合整数规划问题。不同的是，用户需要提供决策变量的个数 n，而无须提供搜索初值 $\boldsymbol{x}_0$。该函数还支持结构体的描述方法，相关的成员变量在表10-8中给出。

表10-8　ga()函数的结构体成员变量列表

成员变量名	成员变量说明
fitnessfcn	需要将该成员变量设置成函数句柄，用来描述适应度函数(等效于最优化问题的目标函数)
nvars	决策变量的个数 n
options	默认设置，可以用 optimset() 函数或 optimoptions() 函数设定
solver	应该设置为'ga'，以上这四个成员变量是必须提供的
Aineq 等	这类成员变量还包括 bineq、Aeq、beq、lb 与 ub，除此之外还有 nonlcon 与 intcon，这些成员变量的定义与其他求解函数是完全一致的

2. 模式搜索算法求解

模式搜索(pattern search)算法函数`patternsearch()`的调用格式为

$[\boldsymbol{x},f_0,\texttt{flag},\texttt{out}]=\texttt{patternsearch}(f,\boldsymbol{x}_0,\boldsymbol{A},\boldsymbol{b},\boldsymbol{A}_{\rm eq},\boldsymbol{b}_{\rm eq},\boldsymbol{x}_{\rm m},\boldsymbol{x}_{\rm M},\texttt{nfun})$

[x, f_0,flag,out]=patternsearch(problem)

与ga()函数相比,patternsearch()函数不支持intcon的使用,即不能求解混合整数规划问题,另外,该函数需要用户提供参考的初始搜索向量$\boldsymbol{x}_0$,不必输入n。如果最优化问题用结构变量problem表示,则与遗传算法不同的是,不能使用fitnessfcn成员变量,而应该使用objective成员变量描述目标函数。

3.粒子群优化算法求解

粒子群优化(particle swarm optimization,PSO)算法是文献[134]提出的一种进化算法,该算法是受生物界鸟群觅食的启发而提出的搜索食物,即最优解的一种方法。假设某个区域内有一个食物(全局最优点),有位于随机初始位置的若干鸟(或粒子),每一个粒子有到目前为止自己的个体最优值$p_{i,\mathrm{b}}$,整个粒子群有到目前为止群体的最优值g_b,这样每个粒子可以根据下面的式子更新自己的速度和位置。

$$\begin{cases} v_i(k+1)=\phi(k)v_i(k)+\alpha_1\gamma_{1i}(k)[p_{i,\mathrm{b}}-x_i(k)]+\alpha_2\gamma_{2i}(k)[g_\mathrm{b}-x_i(k)] \\ x_i(k+1)=x_i(k)+v_i(k+1) \end{cases} \tag{10-4-1}$$

其中,γ_{1i},γ_{2i}为$[0,1]$区间内均匀分布的随机数,$\phi(k)$为惯量函数,α_1和α_2为加速常数。

MATLAB全局最优化工具箱提供了particleswarm()求解函数,其调用格式为

[x, f_0,flag,out]=particleswarm(f, n, x_m, x_M,options)

[x, f_0,flag,out]=particleswarm(problem)

可见,particleswarm()函数只能求解带有决策变量限制的无约束最优化问题。如果用结构体描述最优化问题,则需要给出objective、nvars、lb或ub等成员变量,这些变量的说明见前面介绍的内容。

4.模拟退火算法求解

模拟退火(simulated annealing)求解函数simulannealbnd()的调用格式为

[x, f_0,flag,out]=simulannealbnd(f, $\boldsymbol{x}_0$, $\boldsymbol{x}_\mathrm{m}$, $\boldsymbol{x}_\mathrm{M}$,options)

[x, f_0,flag,out]=simulannealbnd(problem)

可以看出,该函数与particleswarm()的调用格式很接近,不同的是无须提供n,而应该给出一个参考的搜索初值向量$\boldsymbol{x}_0$。成员变量的使用与前面的函数也是很接近的,这里就不再赘述了。

10.4.3 无约束最优化的全局最优求解

前面介绍了MATLAB全局最优化工具箱中的几个求解函数,可以直接用于求解无约束最优化问题。此外,第6章编写的fminunc_global()函数也可以求解无约束最优化问题。这里通过例子对比测试这些求解算法与求解函数,力图得到客观的比较结果。

例10-30 考虑改进的Rastrigin多峰函数[25]。

$$f(x_1,x_2)=20+\left(\frac{x_1}{30}-1\right)^2+\left(\frac{x_2}{20}-1\right)^2-10\left[\cos 2\pi\left(\frac{x_1}{30}-1\right)+\cos 2\pi\left(\frac{x_2}{20}-1\right)\right]$$

其中,$-100\leqslant x_1,x_2\leqslant 100$。试比较作者编写的fminsearch_global()函数与全局优化工具箱中的4个函数,每个函数执行100次,观察是否为问题的全局最优解,并评价算法的耗时,从而给出有意义的结论。

解 可以给出下面的命令,对同样的问题而言每种算法函数都运行100次,观察找到全局最优解的成功率,具体对比在表10-9中给出。其中,耗时测试指的是单独运行某一函数100次耗费的总时间,运行时注释掉其他的求解函数。

```
>> f=@(x)20+(x(1)/30-1)^2+(x(2)/20-1)^2-...
     10*(cos(2*pi*(x(1)/30-1))+cos(2*pi*(x(2)/20-1)));                %目标函数
   A=[]; B=[]; Aeq=[]; Beq=[]; xm=-100*ones(2,1); xM=-xm; F=[]; tic
   for i=1:100, x0=100*rand(2,1);                                  %运行各种求解函数100次
     [x,f0]=ga(f,2,A,B,Aeq,Beq,xm,xM); F=[F; x(:)',f0];                %遗传算法
     [x,f0]=patternsearch(f,x0,A,B,Aeq,Beq,xm,xM); F=[F; x(:)',f0];  %模式搜索
     [x,f0]=particleswarm(f,2,xm,xM); F=[F; x(:)',f0];                 %粒子群算法
     [x,f0]=simulannealbnd(f,x0,xm,xM); F=[F; x(:)',f0];               %模拟退火算法
     [x,f0]=fminunc_global(f,-100,100,2,100); F=[F; x(:)',f0];         %全局搜索算法
   end, toc
   r=nnz(F(:,3)<1e-5)                   %求成功率。模拟退火方法选择误差限为1e-2
   f1=F(F(:,3)<1e-5,3); mean(f1)        %成功时的平均精度
```

表10-9 各种优化算法成功率比较

求解函数	ga()	patternsearch()	particleswarm()	simulannealbnd()	fminunc_global()
成功率/%	17	6	97	18*	88
耗时/s	9.63	2.87	2.61	19.64	30.70
平均精度	1.6756×10^{-10}	3.3404×10^{-9}	7.4780×10^{-10}	0.0018	8.6042×10^{-13}

可以看出,速度最快、成功率最高的是粒子群优化算法,作者开发的fminunc_global()函数的精度明显高于其他算法,成功率也比较高。虽然耗时多一些,不过在可接受的范围(求解一次平均耗时0.30 s),可以放心使用。遗传算法的成功率虽然不那么高,但正常情况下运行5~6次一般总可以得出问题的全局最优解,也不失为一种可以尝试的全局优化算法。模式搜索算法与模拟退火算法比较依赖初值的选择,这里有意识地选择了在[0,100]区间生成随机数,但得到全局最优解的成功率不高,如果将随机数范围设置为[0,1],则成功率几乎为0。另外,模拟退火算法比较的目标函数值是1e-2,如果也和其他方法一样采用1e-5误差限,则成功率为0,说明该方法精度很低。这两种方法不适合求解本例中的问题。

例10-31 对于下面给出的Griewangk基准测试问题($n=50$):

$$\min_{\boldsymbol{x}}\left(1+\sum_{i=1}^{n}\frac{x_i^2}{4000}-\prod_{i=1}^{n}\cos\frac{x_i}{\sqrt{i}}\right),\ x_i\in[-600,600]$$

试比较各种智能优化算法的优劣。

解 显然,这个无约束最优化问题的全局最优解为$x_i=0$,最优目标函数值为0。下面尝试一下各种智能优化算法与作者编写的fminunc_global()函数,在表10-10中列出得到的结果。与表10-9不同的是,由于这里测试的问题规模比较大,因此智能优化算法的结果不那么精确,所以在统计成功率时使用了不同的误差限ϵ。

```
>> n=50; f=@(x)1+sum(x.^2/4000)-prod(cos(x(:)./[1:n]')); tic      %目标函数
   A=[]; B=[]; Aeq=[]; Beq=[]; xm=-600*ones(n,1); xM=-xm; F=[];    %上下界约束
   for i=1:100, i, x0=600*rand(n,1);                              %运行各种求解函数各100次
     [x,f0]=ga(f,n,A,B,Aeq,Beq,xm,xM); F=[F; f0];                  %遗传算法
     [x,f0]=patternsearch(f,x0,A,B,Aeq,Beq,xm,xM); F=[F; f0];     %模式搜索算法
     [x,f0]=particleswarm(f,n,xm,xM); F=[F; f0];                   %粒子群算法
     [x,f0]=simulannealbnd(f,x0,xm,xM); F=[F; f0];                 %模拟退火算法
     [x,f0]=fminunc_global(f,-600,600,n,10); F=[F; f0];            %全局优化算法
```

```
end, toc
ee=1e-2; r=nnz(F<ee), f1=F(F<ee); mean(f1)                %适当缩小误差限ee
```

表10-10 各种优化算法成功率比较

求解函数	ga()	patternsearch()	particleswarm()	simulannealbnd()	fminunc_global()
$\epsilon=10^{-4}$	64%	2%	11%	0%	100%
$\epsilon=10^{-3}$	97%	2%	11%	0%	100%
$\epsilon=10^{-2}$	98%	6%	19%	0%	100%
平均精度	1.9838×10^{-4}	0.0066	0.0046	–	6.3109×10^{-12}
耗时/s	239.28	135.25	35.24	939.43	41.84

显然，这里最可靠的方法是作者开发的fminunc_global()函数，找到全局最优解的成功率为100%，其平均精度高出其他方法10个数量级！运行时间也可以接受(平均每次寻优只有0.42s)。遗传算法求解函数在这里排名第二，虽然误差限设为10^{-2}时成功率可以达到98%，但该方法的精度比较低、速度慢；例10-30中表现出众的粒子群优化算法在这样严苛的例子中只有19%的成功率，且精度明显低于fminunc_global()函数；模式搜索方法求解这个例子的成功率只有6%，不能实际应用；最耗时的模拟退火算法的成功率为0，运行100次找到的最小的目标函数值为6.5427，远大于理论值0，也不能求解这个问题。

即使$n=500$，用其他智能优化函数都不能得出全局最优解，而fminunc_global()函数照样能够求解，得出的目标函数为$f_0=5.2599\times10^{-11}$，单次运行耗时4.016s。

```
>> n=500; f=@(x)1+sum(x.^2/4000)-prod(cos(x(:)./[1:n]'));    %目标函数
   tic, [x,f0]=fminunc_global(f,-600,600,n,10); toc           %单次运行求解函数
```

10.4.4 有约束优化问题的全局最优求解

全局优化工具箱提供的四个求解函数中，只有ga()和patternsearch()函数支持有约束最优化问题的求解。下面将实测这两个函数的求解能力，并与本书编写的全局最优化求解函数做必要的比较。

例10-32 试利用全局优化工具箱中的函数重新求解例6-43中给出的有约束最优化问题。

解 现在尝试使用遗传算法求解函数ga()求解同样的问题。下面的代码运行9次ga()函数，耗时18.01s，得到了9组不同的结果，在表10-11中列出。遗憾的是，没有一次能得到由*标注的全局最优解，得出的目标函数值远大于全局最优的目标函数值，说明ga()函数求解失败。如果采用patternsearch()函数求解这个问题，则调用9次求解函数，得出的结果更差。

```
>> clear P; P.fitnessfcn=@(x)x(5); P.nonlcon=@c6exnls; P.solver='ga';
   P.nvars=5; P.options=optimoptions('ga'); F=[]; tic
   P.Aineq=[-1,0,0,0,-0.25; 1,0,0,0,-0.25; 0,-1,0,0,-0.5;
            0,1,0,0,-0.5; 0,0,-1,0,-1.5; 0,0,1,0,-1.5];
   P.Bineq=[-2.25; 2.25; -1.5; 1.5; -1.5; 1.5];    %描述约束条件
   for i=1:9                                        %连续运行9次ga()函数，记录结果
      [x,f0,flag]=ga(P); if flag==1, F=[F; x(:).' f0]; end
   end, toc
```

其实，文献[25]也给出了大量的实测例子，一般情况下，这些智能算法在默认的参数设置下都无法得出问题的全局最优解，有时甚至解比较离谱，而本书提供的两个全局最优解搜索函数表现良好，都能

表10-11　调用ga()函数得出的9组解

组　号	x_1	x_2	x_3	x_4	x_5	$f(\boldsymbol{x})$
1	1.7118	0.9806	11.9480	2.4541	12.5689	12.5689
2	0.0194	2.2527	10.48	0.63864	16.3616	16.3616
3	−2.0987	11.6811	−11.1412	0.0272	20.8280	20.8280
4	0.5110	5.5544	−0.6817	−0.5980	9.0191	9.0191
5	5.0060	1.1473	2.1174	1.1126	11.0331	11.0331
6	4.9042	1.4428	−1.4808	1.0877	10.736	10.736
7	0.7634	7.3772	3.9484	−2.8401	12.358	12.358
8	1.9921	2.7221	−6.1384	1.205	8.0358	8.0358
9	4.9178	1.3533	−0.3205	1.0962	12.2399	12.2399
*	2.4544	1.9088	2.7263	1.3510	0.8175	0.8175

得出问题的全局最优解，且精度极高。所以在求解实际问题时，建议采用这样的求解方法。

10.4.5　混合整数规划的全局最优求解

全局优化工具箱中能够求解混合整数规划问题的只有ga()函数，所以这里给出例子比较ga()函数的求解效果，并与第6章中给出的常规求解算法比较。

例10-33　试用遗传算法重新求解例6-55中的混合0−1规划问题。

解　仍可以采用例6-55中的方法描述0−1规划问题，然后调用遗传算法ga()函数直接求解0−1混合非线性规划问题，由遗传算法得出的结果在表10-12中给出。可见，对这个例子而言，虽然遗传算法可以得出问题的可行解，但无法得出问题的全局最优解。

```
>> clear P; P.intcon=4:6; xx=[]; P.nonlcon=@c6mmibp;
   f=@(x)5*x(4)+6*x(5)+8*x(6)+10*x(1)-7*x(3) ...
         -18*log(x(2)+1)-19.2*log(x(1)-x(2)+1)+10;    %目标函数
   P.ub=[2 2 1 1 1 1]'; P.lb=[0 0 0 0 0 0]'; P.Bineq=[0;0;0;1];
   P.Aineq=[-1 1 0 0 0 0;0 1 0 -2 0 0;1 -1 0 0 -2 0;0 0 0 1 1 0];
   P.solver='ga'; P.nvars=6; P.options=optimset; P.fitnessfcn=f;
   for i=1:5                                          %用遗传算法求解
      tic, [x,fm,flag]=ga(P), if flag==1, xx=[xx; x fm]; end; toc
   end
```

表10-12　调用ga()函数得出的5组解与全局最优解

组　号	x_1	x_2	x_3	y_1	y_2	y_3	目标函数	耗时/s
1	1.524	1.523	0.92792	1	0	0	7.0675	0.24
2	1.2036	1.2026	0.79207	1	0	0	7.2587	0.30
3	1.2958	1.2948	0.83309	1	0	0	7.1555	0.43
4	1.5044	1.5034	0.9198	1	0	1	15.069	0.28
5	1.9993	1.9983	1	1	0	0	8.2089	0.26
*	1.3010	0	1	0	1	0	6.0980	0.21

由这里给出的例子可以看出，因为遗传算法可以使用二进制编码，所以遗传算法可以用于求解某些

整数规划问题，不过经常不能得到原始问题的全局最优解；另外，在求解混合整数规划问题时遗传算法函数的效果很不理想。

对一般混合整数规划问题而言，建议尽量采用第6章介绍的相关直接搜索方法，如混合整数线性规划函数 `intlinprog()` 与一般非线性混合整数规划函数 `BNB20_new()` 函数，对非线性规划问题还可以仿照 `fmincon_global()` 函数的方法在外部再加一层循环，确保得出问题的全局最优解。

10.5 小波变换及其在数据处理中的应用

Fourier 变换是信号处理中一种重要的手段，但因其本身的局限性（例如，它只能将时域波形变换成频域表示，完全失去了与原来时域信号的对应关系），所以对某些特定的信号进行处理不是很理想。前面已经介绍过，Fourier 变换将给定的信号展开成不同频率的正弦信号之和。对平稳的信号来说，用 Fourier 变换的方式可以对信号进行较好的分析，但对非平稳的信号和暂变的信号，不适合使用 Fourier 变换进行分析。因为 Fourier 变换会略去重要的暂态信息，因此需要引入其他的变换方式解决这样的问题，如短时 Fourier 变换。20 世纪 80 年代逐渐兴起的小波分析技术弥补了这方面的不足，目前越来越广泛地应用于数据与信号处理以及图像处理等领域。

10.5.1 小波变换及基小波波形

所谓小波（wavelet），是指均值为0的一类波形。小波分析是将原来的信号分解为基小波波形经过平移与比例变化后的一系列波形。本节将介绍连续、离散小波变换的基本内容，并介绍几种常用的基小波函数波形。

1. 连续小波变换

连续小波变换的变换公式为

$$\mathscr{W}_{a,b}[f(t)]=\frac{1}{\sqrt{|a|}}\int_{-\infty}^{\infty}f(t)\overline{\psi_{a,b}(t)}\mathrm{d}t=W_\psi(a,b) \tag{10-5-1}$$

其中

$$\psi_{a,b}(t)=\psi\left(\frac{t-b}{a}\right), 且 \int_{-\infty}^{\infty}\psi(t)\mathrm{d}t=0 \tag{10-5-2}$$

$\psi(t)$ 称为基小波，$\psi_{a,b}(t)$ 为基小波通过平移、比例缩放构成的小波信号。

例 10-34 假设“墨西哥帽”基小波函数由 $\psi(t)=(1-t^2)\mathrm{e}^{-t^2/2}/\sqrt{2\pi}$ 给出，试绘制出不同 a,b 值变换下的小波函数。

解 因为基小波函数已给出，故可以用符号运算工具箱表示该函数，并用 `ezplot()` 函数将其绘制出来。利用符号运算工具箱中给出的 `subs()` 函数则可以将 t 变量替换成小波函数 $\psi_{a,b}(t)$ 所需的形式，并在原来坐标系下绘制出不同 a,b 参数下的小波函数曲线，分别如图 10-33(a)、(b)所示。

```
>> syms t; f(t)=(1-t^2)*exp(-t^2/2)/sqrt(2*pi);   %原函数的解析描述
   fplot([f,f(t-1),f(t+1)],[-4,4]);               %绘制基小波且绘制其平移
   figure, fplot([f,f(t/2),f(2*t)],[-4,4])        %小波缩放
```

从上面的例子可以看出，b 参数将向左右方向平移基小波信号，a 参数起到扩展或压缩基小波的作用。若 $a<1$，将压缩基小波信号的宽度，形成新的小波信号。小波分析是对各个 a,b 组合计算出系数，然后将这些小波信号乘以相应的系数再叠加起来，重构出原信号。和其他积分变换一样，重构原信号又称

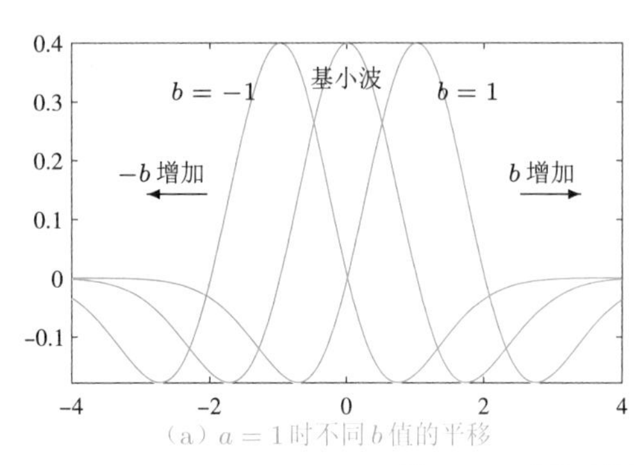

(a) $a=1$时不同b值的平移

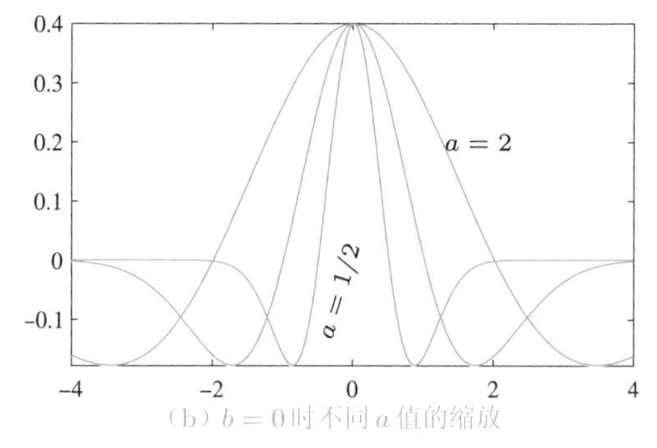

(b) $b=0$时不同a值的缩放

图10-33　墨西哥帽基小波在不同a,b下的波形

为小波反变换,或小波反演。

小波反变换的定义为

$$f(t)=\frac{1}{C_\psi}\int_{-\infty}^{\infty}\int_{-\infty}^{\infty}W_\psi(a,b)\psi_{a,b}(t)\mathrm{d}a\mathrm{d}b \tag{10-5-3}$$

其中

$$C_\psi=\int_{-\infty}^{\infty}\frac{|\hat{\psi}(\omega)|^2}{|\omega|}\mathrm{d}\omega \tag{10-5-4}$$

用连续小波变换的系数计算可以由`cwt()`函数完成。该函数的调用格式为

Z=cwt(y,a,基小波名称)　　　　%计算小波系数矩阵Z

Z=cwt(y,a,基小波名称,'plot')　　%直接绘制小波系数绝对值图

其中,基小波名称在后面将详细介绍,这里只使用墨西哥帽函数,其名称标记为`'mexh'`。

例10-35　试对信号$f(t)=\sin t^2$进行连续小波分解,并绘制出其系数图。

解　可以由下面语句生成$t\in[0,2\pi]$区间内的数据并绘制出时域数据曲线,如图10-34(a)所示。

```
>> t=0:0.03:2*pi; y=sin(t.^2); plot(t,y)    %原始信号生成
```

选择`'mexh'`基小波作为模板,可以绘制出小波系数$W_\psi(a,b)$的图形,如图10-34(b)所示。

```
>> a=1:32; Z=cwt(y,a,'mexh','plot');        %绘制绝对值图
```

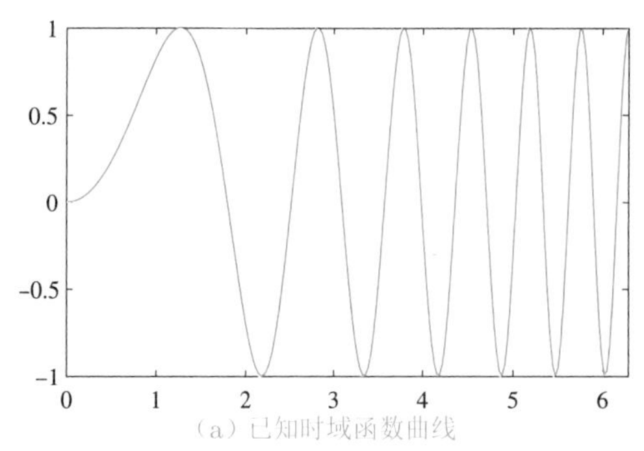
(a) 已知时域函数曲线

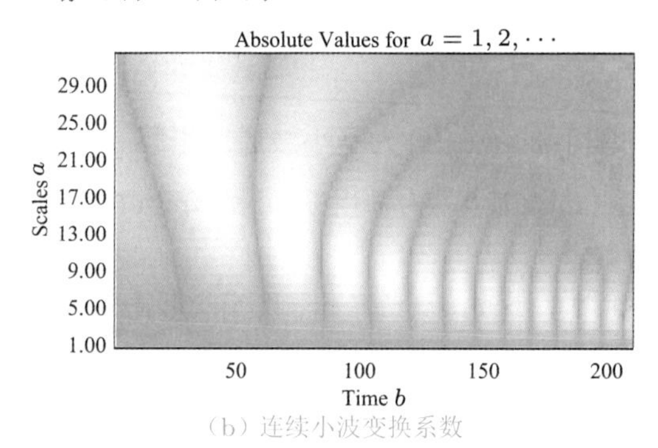

(b) 连续小波变换系数

图10-34　连续小波变换

还可以用下面的命令绘制小波系数的三维表面图,如图10-35所示。

```
>> surf(t,a,Z); shading flat; axis([0 2*pi,0,32,min(Z(:)) max(Z(:))]) %三维曲面
```

2. 离散小波变换

若$f(t)$信号取其离散值$f(k)$,且选择基小波函数$\psi(t)$,则结果平移与缩放的小波函数为$\psi_{a,b}(t)=$

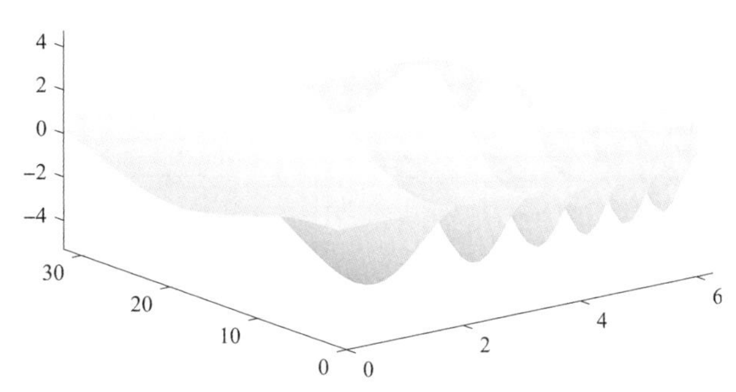

图10-35 连续小波变换系数的三维表面图表示

$\sqrt{2}\psi(2^m t-n)$，其离散形式可以写成 $\psi_{a,b}(k)=\sqrt{2}\psi(2^m k-n)$，这时可以定义出离散信号的小波变换为

$$\mathscr{W}n,m[f(k)]=\sqrt{2}\sum_k f(k)\overline{\psi(2^m k-n)}\mathrm{d}t=W_\psi(m,n) \tag{10-5-5}$$

离散小波反演公式为

$$f(k)=\sum_m\sum_n W_{n,m}(k)\psi_{m,n}(k) \tag{10-5-6}$$

MATLAB的小波工具箱中给出了 `dwt()` 函数，可以对给定的数据进行一次离散小波变换。该函数的调用格式为 `[cA,cD]=dwt(x,fun)`，其中，$\boldsymbol{x}$ 为原始数据，`fun` 为选择的基小波函数名，可以为前面介绍的 `'mexh'` 函数，还可以是后面将介绍的其他基小波波形。结果离散小波变换得出的cA是能近似描述原波形的小波系数，而cD为信号的细节信息，通常前者对应于低频，后者对应于高频的部分。cA和cD的长度均为原向量 $\boldsymbol{x}$ 长度的一半。

还可以调用 `x̂=idwt(cA,cD,fun)` 函数进行离散小波反变换，还原出 $\hat{\boldsymbol{x}}$ 向量。

例10-36 生成一组被噪声污染的信号数据，试对其进行离散小波分解，并对结果进行离散小波反变换，反演出原函数，再观察反演结果。

解 仿照例10-35中给出的信号模型 $f(t)=\sin t^2$，在其基础上叠加标准差为0.1的白噪声信号，则可以用下面的语句生成波形曲线，如图10-36所示。可见，该曲线被噪声污染较严重。通过离散小波变换，可以在同一图形窗口内绘制出近似波形和细节波形。可以看出，这样得出的波形在一定程度上降低了噪声，如果需要较好地降噪则需要多次进行小波变换。

```
>> x=0:0.002:2*pi; y=sin(x.^2); r=0.1*randn(size(x));          %生成信号与扰动信号
   y1=y+r; subplot(211); plot(x,y1), [cA,cD]=dwt(y1,'db4');    %离散小波变换
   subplot(223), plot(x(1:length(cA)),cA); subplot(224), plot(x(1:length(cD)),cD)
```

对得出的cA和cD向量还可以进行离散小波反变换。经过和原信号比较，得出的信号基本上还原了原始信号，误差达 10^{-11} 数量级。

```
>> y2=idwt(cA,cD,'db4'); norm(y1-y2)     %检验小波反变换对信号的还原精度
```

3. 小波工具箱中提供的基小波函数

小波工具箱中提供了大量的基小波模板，如Haar小波、Daubechies族小波、墨西哥帽小波、Bior族小波等，可以直接调用。用 `wavemngr()` 函数即可列出允许使用的基小波名称。该函数可以由下面的格式调用 `wavemngr('read',1)`。例如，Haar小波可以选择名称 `'haar'`，Daubechies族小波可以有 `'db1'`、

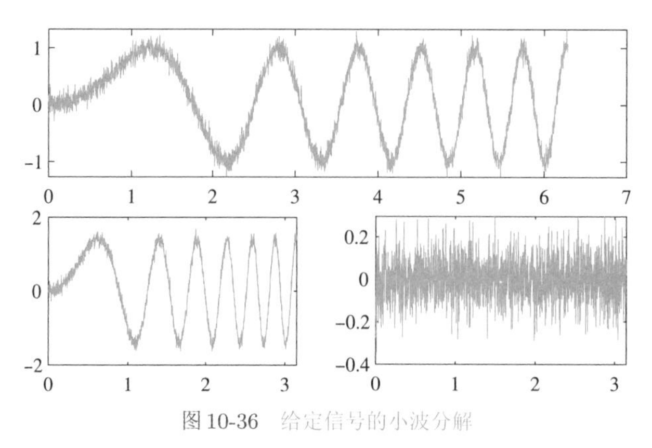

图 10-36　给定信号的小波分解

'db2' 等模板，Bior 族小波可以有 'bior1.3'、'bior2.4' 等，墨西哥帽小波可以选择 'mexh' 等。小波模板数据可以由 wavefun() 来计算。该函数的调用格式为

$[\psi,x]$=wavefun(fun,n)　　　　%Gauss 墨西哥帽等基小波函数

$[\phi,\psi,x]$=wavefun(fun,n)　　　　%Daubechies 族、Symlets 族等正交基小波函数

$[\phi_1,\psi_1,\phi_2,\psi_2,x]$=wavefun(fun,$n$)　　　　%Bior 族等基小波函数

其中，n 为迭代次数，其默认值为8。ψ 为基小波，ϕ 为小波导数，而Bior 小波中 ϕ 和 ψ 向量的下标1表示用于小波分解，2用于小波重建。

例 10-37　选择Daubechies 6 小波（'db6'），试绘制出不同阶次下的基小波波形。

解　用下面的语句可以立即绘制出该小波在2，4，6，8迭代次数下的波形，如图10-37所示。可见，当迭代次数为2时波形比较粗糙，增加迭代次数将得出相当平滑的波形，建议选择的迭代次数为8。

```
>> [a,y1,x1]=wavefun('db6',2);        %计算Daubechies 小波数据
   [a,y2,x2]=wavefun('db6',4);        %尝试不同的迭代次数
   [a,y3,x3]=wavefun('db6',6); [a,y4,x4]=wavefun('db6',8);
   plot(x1,y1,x2,y2,x3,y3,x4,y4)      %绘制Daubechies 小波波形
```

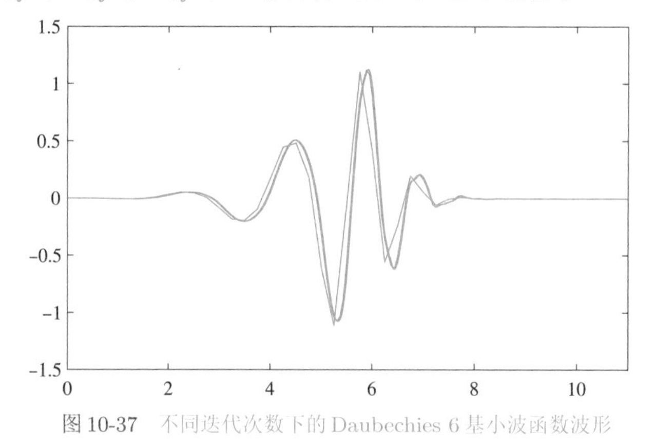

图 10-37　不同迭代次数下的Daubechies 6 基小波函数波形

10.5.2　小波变换技术在信号处理中的应用

与Fourier 变换技术以及基于该技术的频域方法类似，小波技术也可以用于信号处理和二维信号处理（如图像处理），且可以显示出传统频域分析方法难以实现的特性。本节将介绍基于小波变换技术的信

号分解与重建方法及MATLAB实现，并将通过信号噪声过滤的例子来演示小波在降噪中的应用。

通过小波变换方法对某给定信号进行分解，可以将给定信号S分解成两部分，即cA_1和cD_1，这时得出的cA_1和cD_1信号的数据量均为原数据S的一半，且cA_1保留原信号的低频信息或近似信息，而cD_1保留该信号的高频信息或细节信息。从信号的噪声过滤的角度看，cA_1信号有效的成分多，而cD_1多属于噪声信号。对cA_1信号再进行小波分解，则得出cA_2，cD_2。对cA_2再进行分解则得出cA_3和cD_3，如此还可以再进行多步分解，分解的过程如图10-38(a)所示。和前面介绍的单级小波分解类似，各个cA序列称为近似系数，而cD段称为细节系数。

MATLAB的小波分析工具箱提供了`wavedec()`函数，可以用于一维信号的小波分解。该函数的调用格式为$[\boldsymbol{C},\boldsymbol{L}]$=wavedec($\boldsymbol{x}$,$n$,fun)，其中，$\boldsymbol{x}$为原始信号，$n$为分解的步数，如取$n=3$，`fun`为所选基小波的名称，如`'db6'`，分解后可以得出$\boldsymbol{C}$和$\boldsymbol{L}$两个向量，其组成形式如图10-38(b)所示，即$\boldsymbol{C}$向量是按照如图10-38(b)所示的顺序将这些段短向量接成的和$\boldsymbol{x}$等长度的向量，且每个子段的长度由$\boldsymbol{L}$向量相应元素给出。

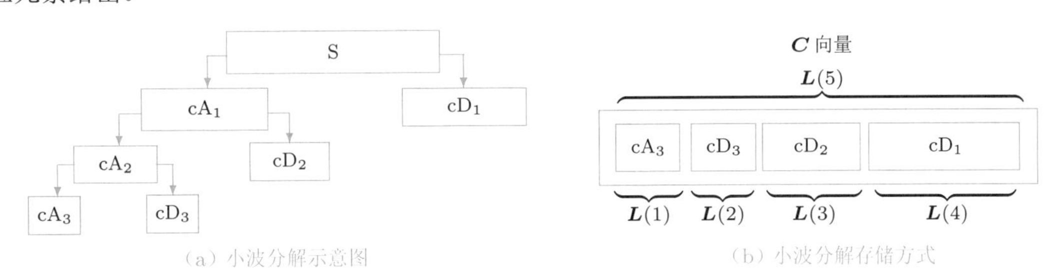

(a) 小波分解示意图　　(b) 小波分解存储方式

图10-38　小波分解示意图

由分解后的$\boldsymbol{C}$和$\boldsymbol{L}$向量提取近似系数cA和细节系数cD可以分别由函数`appcoef()`和`detcoef()`实现。其调用格式分别为

cA_n=appcoef($\boldsymbol{C}$,$\boldsymbol{L}$,fun,n)　　%提取近似系数

cD_i=detcoef($\boldsymbol{C}$,$\boldsymbol{L}$,i)　　%提取第i段细节系数

由得出的近似系数和细节系数重建原信号则可以略去部分噪声信息，可以使用`wrcoef()`函数进行信号重建。该函数的调用格式为$\hat{x}$=wrcoef(类型,$\boldsymbol{C}$,$\boldsymbol{L}$,fun,n)，其中，“类型”可以选择为`'a'`和`'d'`，用来确定是利用近似小波系数还是利用细节系数来进行原信号重建，若选择了近似系数，则可以较好地解决信号降噪问题。

例10-38　对例10-36中的数据进行三次小波分解，试用各种基小波函数对其进行降噪处理，并比较这些基小波函数对降噪效果的影响。

解　由例10-36中给出的数据信号可以绘制出如图10-36(a)所示的原信号波形曲线。

```
>> x=0:0.002:2*pi; y=sin(x.^2); r=0.1*randn(size(x)); y1=y+r; plot(x,y1)
```

对给定的数据进行三次小波分解，则可以用下面的语句绘制出如图10-39所示的相关各个子信号的波形，其中，作者根据需要对各个坐标系的宽度进行了手工调整。可见，每次分解都能滤去一部分噪声，故最终得出的cA_3含有的噪声成分较少。

```
>> [C,L]=wavedec(y1,3,'db6'); cA3=C(1:L(1)); subplot(141), plot(cA3)
   dA3=C(L(1)+1:sum(L([1 2]))); subplot(142), plot(dA3)
```

```
dA2=C(sum(L(1:2))+1:sum(L(1:3))); subplot(143), plot(dA2)
dA1=C(sum(L(1:3))+1:sum(L(1:4))); subplot(144), plot(dA1)
```

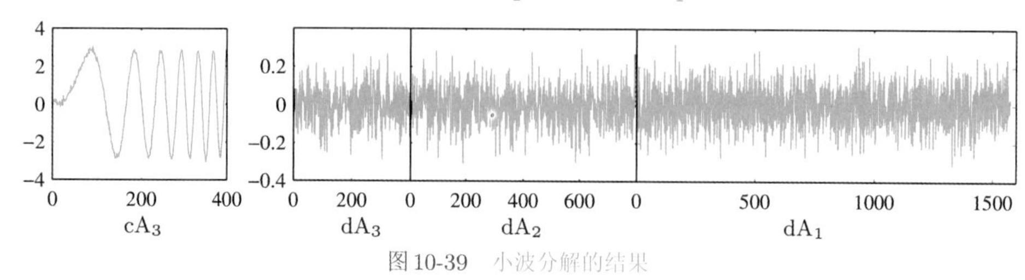

图10-39 小波分解的结果

现在仍采用 'db6' 基小波，则可以由下面的语句绘制出滤波后的近似波形，如图10-40 (a) 所示。若采用 'db2' 基小波，则可以得出如图10-40(b)所示的滤波近似波形。从得出的结果看，对本例来说，采用两种基小波在滤波效果上没有显著的差异。

```
>> A3=wrcoef('a',C,L,'db6',3); plot(A3); figure
   [C,L]=wavedec(y1,3,'db2'); A3=wrcoef('a',C,L,'db2',3); plot(A3)
```

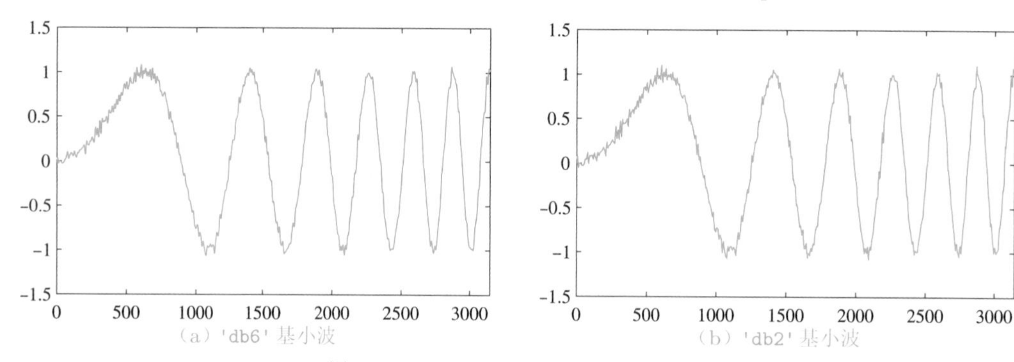

(a) 'db6' 基小波　(b) 'db2' 基小波

图10-40 不同基小波下小波分析降噪效果

其实，用下面的语句还可以得出另外两种常用基小波下降噪的效果，和图10-40(a)、(b)所示的结果很接近。故对本例来说，降噪效果仍无显著差异。

```
>> [C,L]=wavedec(y1,3,'bior2.6'); A3=wrcoef('a',C,L,'bior2.6',3); plot(A3)
   [C,L]=wavedec(y1,3,'coif4'); A3=wrcoef('a',C,L,'coif4',3); plot(A3)
```

例10-39 重新考虑例8-50中的数字滤波问题，试用小波对其进行滤波，并比较滤波效果。

解 用下面语句可以重复例8-50中给出的滤波器滤波结果，同样，采用四级 'db6' 小波，也可以进行降噪，这些降噪效果在图10-41中给出，图中有延迟的曲线为第8章的滤波方法得出的。可见，小波降噪方法不会产生数字滤波器那样的时间延迟，滤波效果也明显好于滤波器。

```
>> b=1.2296e-6*conv([1 4 6 4 1],[1 3 3 1]);
   a=convs([1,-0.727],[1,-1.488,0.564],[1,-1.595,0.677],[1,-1.78,0.871]);
   x=0:0.002:2; y=exp(-x).*sin(5*x); r=0.05*randn(size(x)); y1=y+r;
   y2=filter(b,a,y1);        %例8-50中给出的滤波方法
   [C,L]=wavedec(y1,4,'db6'); A4=wrcoef('a',C,L,'db6',4);
   plot(x,y,x,y2,x,A4)   %原未污染信号与污染信号的两种滤波效果
```

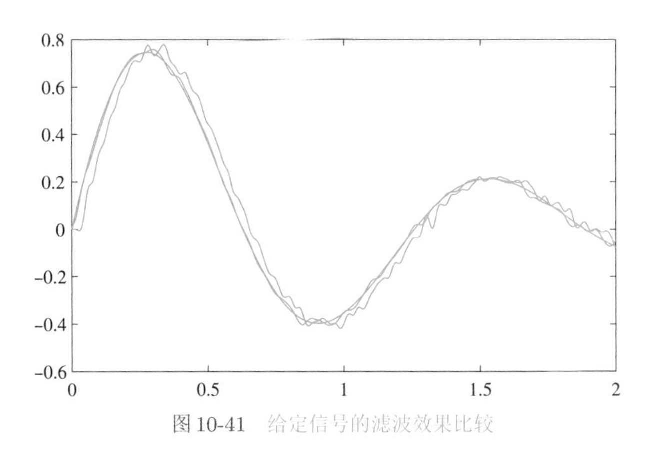

图10-41 给定信号的滤波效果比较

10.5.3 小波问题的程序界面

小波工具箱还提供了求解一维、二维小波变换问题的图形用户界面。在MATLAB命令窗口中输入命令`waveletAnalyzer`，可以启动该程序，得出如图10-42所示的程序界面。如果想解决一维小波变换问题，则单击Wavelet 1-D（一维小波分析）按钮，该程序将引导用户输入数据文件，选择小波并进行小波分析的全过程。该界面使用起来较容易，故不在这里详细介绍了。

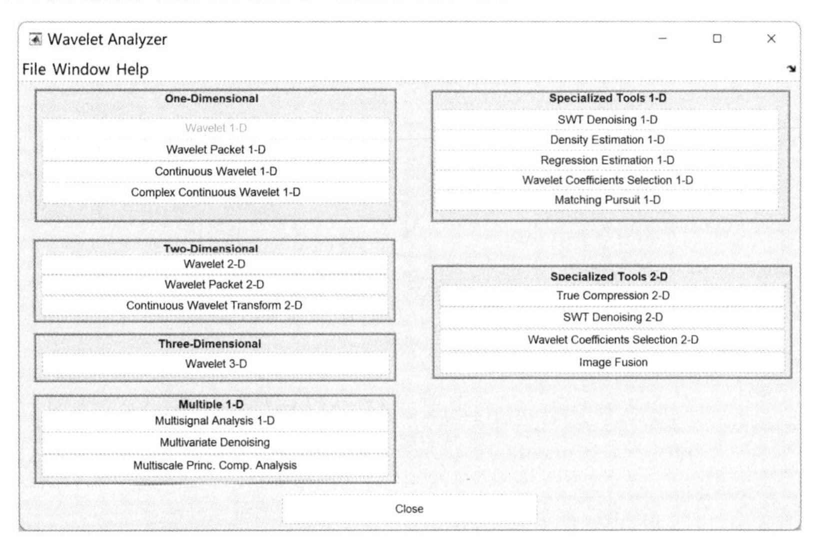

图10-42 小波分析程序界面

10.6 分数阶微积分学问题的数值运算

第3章详细介绍了微积分学的相关内容，其他一些章节还陆续介绍了基于MATLAB语言的微积分问题的数值解和解析解法。一般地，$\mathrm{d}^n y/\mathrm{d}x^n$表示$y$对$x$的$n$阶导数，但若$n=1/2$时会怎么样呢？这是300多年以前法国著名数学家Guillaume François Antoine L'Hôpital问过微积分学创造者之一Gottfried Wilhelm Leibniz的一个问题[135]，这标志着分数阶微积分研究的开始。严格说来，“分数阶”（fractional-order）一词是误用，正确的应该是非整数阶（non-integer-order），因为$\sqrt{2}$也可以用作微积分的阶次,而它不是分数。然而,"分数阶"一词流传很广,在这一领域的研究者中也一直使用分数阶一词,所以本书也沿用该关键词。分数阶微积分理论建立至今已经有300年的历史了,但早期主要侧重于理论研究,近年来在很多领域都已经开始应用分数阶微积分学理论,例如在自动控制领域出现了分数阶控制理论等新的分支。本节将介绍分数阶微积分的定义及各种计算方法,并介绍分数阶线性及非线性微分方程的求解方法。

作者编写了一个专门用于分数阶微积分与分数阶控制的MATLAB FOTF工具箱[50,51],该工具箱可以由下面的网站直接下载[136],本书工具箱给出更新的版本。

http://cn.mathworks.com/matlabcentral/fileexchange/60874-fotf-toolbox

10.6.1 分数阶微积分的定义

在分数阶微积分理论发展过程中,出现了很多种函数的分数阶微积分的定义,如由整数阶微积分直接扩展而来的分数阶Cauchy积分公式、Grünwald–Letnikov分数阶微积分定义、Riemann–Liouville分数阶微积分定义以及Caputo定义等,本节将先介绍这些定义及其等效关系,再给出分数阶微积分的各种性质。

分数阶微积分有各种各样的定义,常用的定义如下。

(1)分数阶Cauchy积分公式。该公式从简单整数阶Cauchy积分公式直接扩展而来。

$$\mathscr{D}^{\gamma}f(t)=\frac{\Gamma(\gamma+1)}{2\pi\mathrm{j}}\oint_{C}\frac{f(\tau)}{(\tau-t)^{\gamma+1}}\mathrm{d}\tau \tag{10-6-1}$$

其中,C为包围$f(t)$单值与解析开区域的光滑曲线。

(2)Grünwald–Letnikov分数阶微积分定义。该定义为

$${}_{t_0}^{\mathrm{GL}}\mathscr{D}_t^{\alpha}f(t)=\lim_{h\to0}\frac{1}{h^{\alpha}}\sum_{j=0}^{[(t-t_0)/h]}(-1)^j\binom{\alpha}{j}f(t-jh) \tag{10-6-2}$$

其中,t_0为初始时刻,且假设$t<t_0$时$f(t)\equiv0$,$\binom{\alpha}{j}$为二项式系数,其计算方法后面将介绍。

(3)Riemann–Liouville分数阶微积分定义。分数阶积分的定义为

$${}_{t_0}^{\mathrm{RL}}\mathscr{D}_t^{-\alpha}f(t)=\frac{1}{\Gamma(\alpha)}\int_{t_0}^{t}\frac{f(\tau)}{(t-\tau)^{1-\alpha}}\mathrm{d}\tau \tag{10-6-3}$$

其中,$\alpha>0$,且t_0为初始时刻。若令$t_0=0$,则微分记号可以简写成${}^{\mathrm{RL}}\mathscr{D}_t^{-\alpha}f(t)$。如果定义没有冲突还可以省去角标RL。Riemann–Liouville定义为常用的分数阶微积分定义。特别地,$\mathscr{D}$左右侧的下标分别表示积分式的下界和上界[137]。

由这样的积分公式还可以定义出分数阶微分。假设分数阶$m=\lceil\alpha\rceil$,则分数阶微分可以定义为

$${}_{t_0}^{\mathrm{RL}}\mathscr{D}_t^{\alpha}f(t)=\frac{\mathrm{d}^m}{\mathrm{d}t^m}\left[{}_{t_0}^{\mathrm{RL}}\mathscr{D}_t^{-(m-\alpha)}f(t)\right]=\frac{1}{\Gamma(m-\alpha)}\frac{\mathrm{d}^m}{\mathrm{d}t^m}\left[\int_{t_0}^{t}\frac{f(\tau)}{(t-\tau)^{1+\alpha-m}}\mathrm{d}\tau\right] \tag{10-6-4}$$

(4)Caputo分数阶微分定义。Caputo分数阶微分定义为

$${}_{t_0}^{\mathrm{C}}\mathscr{D}_t^{\alpha}f(t)=\frac{1}{\Gamma(m-\alpha)}\int_{t_0}^{t}\frac{f^{(m)}(\tau)}{(t-\tau)^{1+\alpha-m}}\mathrm{d}\tau \tag{10-6-5}$$

其中,$m=\lceil\alpha\rceil$为整数。类似地,Caputo分数阶积分定义与Riemann–Liouville积分完全一致

$${}_{t_0}^{\mathrm{C}}\mathscr{D}_t^{-\alpha}f(t)=\frac{1}{\Gamma(\alpha)}\int_{t_0}^{t}\frac{f(\tau)}{(t-\tau)^{1-\alpha}}\mathrm{d}\tau={}_{t_0}^{\mathrm{RL}}\mathscr{D}_t^{-\alpha}f(t),\quad \alpha>0 \tag{10-6-6}$$

10.6.2 不同分数阶微积分定义的关系与性质

可以证明[106]，对很广一类实际函数来说，Grünwald–Letnikov 分数阶微积分定义及 Riemann–Liouville 分数阶微积分定义是完全等效的，本书不再区分这两个定义。Caputo 定义和 Riemann–Liouville 定义的区别主要表现在微分与积分的次序上，其区别下面将给出具体关系。

若函数 $y(t)$ 的初值非零，且 $\alpha \in (0,1)$，则比较 Caputo 和 Riemann–Liouville 定义可见：

$$ {}_{t_0}^{\mathrm{C}}\mathscr{D}_t^{\alpha} f(t) = {}_{t_0}^{\mathrm{RL}}\mathscr{D}_t^{\alpha}\big(f(t)-f(t_0)\big) \tag{10-6-7}$$

其中，常数 $f(t_0)$ 的导数为 ${}_{t_0}^{\mathrm{RL}}\mathscr{D}_t^{\alpha} f(t_0) = f(t_0)(t-t_0)^{-\alpha}/\Gamma(1-\alpha)$，这时可以推导出 Caputo 微分定义和 Riemann–Liouville 定义之间的关系为

$$ {}_{t_0}^{\mathrm{C}}\mathscr{D}_t^{\alpha} f(t) = {}_{t_0}^{\mathrm{RL}}\mathscr{D}_t^{\alpha} f(t) - \frac{f(t_0)(t-t_0)^{-\alpha}}{\Gamma(1-\alpha)} \tag{10-6-8}$$

更一般地，如果阶次 $\alpha > 1$，记 $m = \lceil \alpha \rceil$，则

$$ {}_{t_0}^{\mathrm{C}}\mathscr{D}_t^{\alpha} f(t) = {}_{t_0}^{\mathrm{RL}}\mathscr{D}_t^{\alpha} f(t) - \sum_{k=0}^{m-1} \frac{f^{(k)}(t_0)}{\Gamma(k-\alpha+1)}(t-t_0)^{k-\alpha} \tag{10-6-9}$$

且前面介绍的 $0 \leqslant \alpha \leqslant 1$ 是上述公式的一个特例。

若 $\alpha < 0$，前面已经指出，Riemann–Liouville分数阶积分定义和 Caputo 积分定义是完全相同的，所以在实际应用中二者可以混用。

这里不加证明地给出分数阶微积分的性质[138]：

（1）解析函数 $f(t)$ 的分数阶导数 ${}_{t_0}\mathscr{D}_t^{\alpha} f(t)$ 对 t 和 α 都是解析的。

（2）$\alpha = n$ 为整数时，分数阶微分与整数阶微分的值完全一致，且 ${}_{t_0}\mathscr{D}_t^{0} f(t) = f(t)$。

（3）分数阶微积分算子为线性的，即对任意常数 a, b，有

$$ {}_{t_0}\mathscr{D}_t^{\alpha}\big[af(t)+bg(t)\big] = a\,{}_{t_0}\mathscr{D}_t^{\alpha} f(t) + b\,{}_{t_0}\mathscr{D}_t^{\alpha} g(t) \tag{10-6-10}$$

（4）对各阶导数初值均为零的函数 $f(t)$，分数阶微积分算子满足交换律，并满足叠加关系

$$ {}_{t_0}\mathscr{D}_t^{\alpha}\big[{}_{t_0}\mathscr{D}_t^{\beta} f(t)\big] = {}_{t_0}\mathscr{D}_t^{\beta}\big[{}_{t_0}\mathscr{D}_t^{\alpha} f(t)\big] = {}_{t_0}\mathscr{D}_t^{\alpha+\beta} f(t) \tag{10-6-11}$$

函数的分数阶积分表达式的 Laplace 变换为

$$ \mathscr{L}\big[\mathscr{D}_t^{-\gamma} f(t)\big] = s^{-\gamma}\mathscr{L}[f(t)] \tag{10-6-12}$$

在 Riemann–Liouville 定义下，函数分数阶微分的 Laplace 变换为

$$ \mathscr{L}\big[{}_{t_0}^{\mathrm{RL}}\mathscr{D}_t^{\alpha} f(t)\big] = s^{\alpha}\mathscr{L}\big[f(t)\big] - \sum_{k=1}^{n-1} s^{k}\ {}_{t_0}^{\mathrm{RL}}\mathscr{D}_t^{\alpha-k-1} f(t)\Big|_{t=t_0} \tag{10-6-13}$$

特别地，若函数 $f(t)$ 及其各阶导数的初值均为0，则 $\mathscr{L}\big[{}_{t_0}\mathscr{D}_t^{\alpha} f(t)\big] = s^{\alpha}\mathscr{L}\big[f(t)\big]$。

Caputo 定义下函数积分的 Laplace 变换与 Riemann-Louiville 定义下的完全一致。Caputo 定义下函数微分的 Laplace 变换满足

$$ \mathscr{L}\left[{}_{t_0}^{\mathrm{C}}\mathscr{D}_t^{\gamma} f(t)\right] = s^{\gamma}F(s) - \sum_{k=0}^{n-1} s^{\gamma-k-1} f^{(k)}(t_0) \tag{10-6-14}$$

从上述Laplace变换的性质可见,Caputo定义涉及整数阶导数的初值,比较接近于实际系统具有的性质,而Riemann–Liouville定义涉及分数阶导数的初值,这在现实系统中是难以提供的,所以Caputo系统更适合于具有非零初值的动态系统描述。

10.6.3 分数阶微积分的计算方法

1. 用Grünwald–Letnikov定义求解分数阶微分

求解分数阶微积分最直接的数值方法是利用Grünwald–Letnikov定义的方法。

$$ {}_{t_0}\mathscr{D}_t^{\alpha} f(t) = \lim_{h\to 0} \frac{1}{h^{\alpha}} \sum_{j=0}^{[(t-t_0)/h]} (-1)^j \binom{\alpha}{j} f(t-jh) \approx \frac{1}{h^{\alpha}} \sum_{j=0}^{[(t-t_0)/h]} w_j^{(\alpha)} f(t-jh) \tag{10-6-15}$$

其中,$w_j^{(\alpha)} = (-1)^j \binom{\alpha}{j}$ 为函数 $(1-z)^{\alpha}$ 的多项式系数,该系数还可以更简单地由下面的递推公式直接求出。

$$ w_0^{(\alpha)} = 1, \quad w_j^{(\alpha)} = \left(1 - \frac{\alpha+1}{j}\right) w_{j-1}^{(\alpha)}, \quad j = 1, 2, \cdots \tag{10-6-16}$$

若步长 h 足够小,则可以用式(10-6-15)直接求出函数数值微分的近似值,并可以证明[106],该公式的精度为 $o(h)$。所以,利用Grünwald–Letnikov定义可以立即编写出下面的函数来求取给定函数的分数阶微分函数。

```
function dy=glfdiff(y,t,gam)
   arguments, y(:,1), t(:,1), gam(1,1), end
   if strcmp(class(y),'function_handle'), y=y(t); end      %是函数句柄,则求信号采样值
   h=t(2)-t(1); w=[1,zeros(1,length(t)-1)];                %数据初始化,均变换成列向量
   for j=2:length(t), w(j)=w(j-1)*(1-(gam+1)/(j-1)); end  %计算二项式系数向量
   for i=1:length(t), dy(i)=w(1:i)*[y(i:-1:1)]/h^gam; end %计算函数的分数阶导数
end
```

该函数的调用格式为 y_1=glfdiff(y,t,γ),其中,t 为等间距时间向量;y 或者为输入信号的采样值,或者为输入信号的函数句柄;γ 为分数阶导数的阶次;得出的 y_1 向量为函数分数阶导数的采样值,且 γ 允许为负数,表示积分。

给定预期的精度 $o(h^p)$,文献[51]还给出了高精度Grünwald–Letnikov分数阶微积分的算法及求解函数**glfdiff9()**,其调用格式是 y_1=glfdiff9(y,t,γ,p)。限于本书的篇幅,不能给出详细的算法与程序实现,有兴趣的读者可以参见文献[51]。

例10-40 在整数阶微积分理论的框架下,常数的各阶导数均等于零,一阶积分为斜线,高阶积分分别为二次曲线、三次曲线等。试求出常数的分数阶微积分。

解 由下面语句可以先构造常数信号向量 y,再调用**glfdiff()**函数则可以直接得出函数的分数阶微积分曲线,如图10-43所示。可见,常数信号的分数阶微分与整数阶是有很大区别的。

```
>> t=0:0.01:1.5; gam=[-1 -0.5 0.3 0.5 0.7]; y=ones(size(t)); dy=[];
   for a=gam, dy=[dy; glfdiff(y,t,a)]; end, plot(t,dy)    %不同阶次导数计算
```

例10-41 考虑一个初值非零的函数 $f(t) = \mathrm{e}^{-t}\sin(3t+1)$,$t \in (0,\pi)$,试求出其分数阶导数。

解 这里只考虑由Grünwald–Letnikov定义来计算其分数阶微分函数。分别选择计算步长 $T = 0.05$ 和 $T = 0.001$,则可以得出在这两个计算步长下函数的0.5阶导数函数曲线,如图10-44(a)所示。可见,二者是很

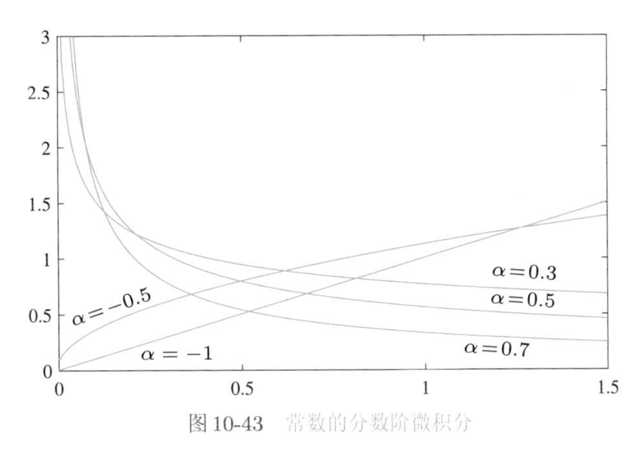

图10-43 常数的分数阶微积分

接近的，看不出任何区别。对本函数而言，由于采用了高精度算法，即使选择$T=0.05$也可以足够精确地求出函数的分数阶微分。

```
>> t=0:0.001:pi; y=exp(-t).*sin(3*t+1); dy=glfdiff9(y,t,0.5,6); plot(t,dy);
   t=0:0.05:pi; y=exp(-t).*sin(3*t+1); dy=glfdiff9(y,t,0.5,6); line(t,dy)
```

对不同的γ选值，可以调用下面的语句绘制出分数阶导函数的三维图，如图10-44(b)所示。

```
>> Z=[]; t=0:0.05:pi; y=exp(-t).*sin(3*t+1); gam0=0:0.1:1;
   for gam=gam0, Z=[Z; glfdiff9(y,t,gam,6)]; end
   surf(t,gam0,Z); axis([0,pi,0,1,-1.2,2.5])    %不同阶次导函数的曲面绘制
```

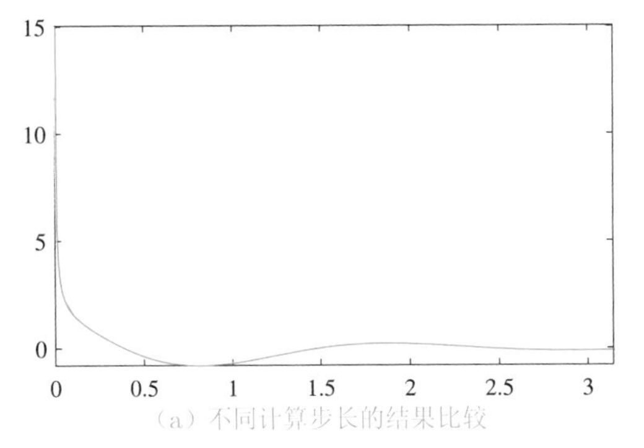
（a）不同计算步长的结果比较

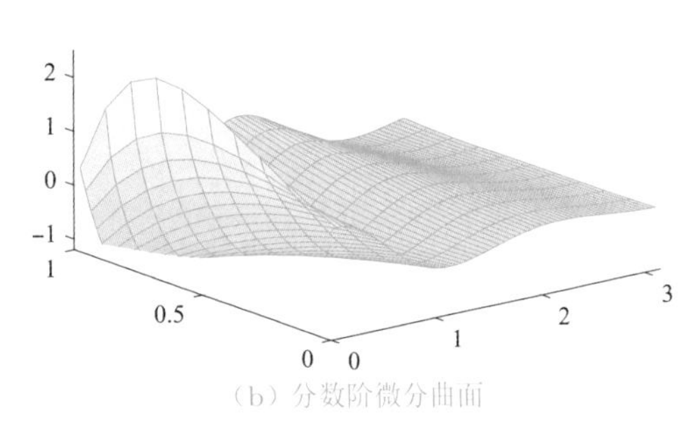
（b）分数阶微分曲面

图10-44 函数的分数阶微分

例10-42 试用不同定义求取函数$f(t)=\sin(3t+1)$的0.75阶微分，并比较得出的结果。

解 由Cauchy定义，可以立即求出0.75阶微分为${}_0\mathscr{D}_t^{0.75}f(t)=3^{0.75}\sin(3t+1+0.75\pi/2)$，而用Grünwald–Letnikov定义的微分可以由`glfdiff9()`函数得出。这样，由下面语句可以绘制出由这两个定义得出的分数阶微分曲线，如图10-45所示。

```
>> t=0:0.01:pi; y=sin(3*t+1);
   y1=3^0.75*sin(3*t+1+0.75*pi/2);                %Cauchy公式
   y2=glfdiff9(y,t,0.75,4); plot(t,y1,t,y2)       %两种定义的比较
```

比较两种定义得出的结果，可见用Cauchy积分公式定义的算法没有初始突变过程，在$t=0$区域以外二者几乎是一致的。这两个定义是有区别的，在$t\leqslant 0$时，Grünwald–Letnikov定义假设$y=0$，显然在$t=0^+$时刻y的值从0突变到$\sin 1$，所以这时分数阶微分值应该为∞，突变的影响亦将持续一段时间；而Cauchy积分公式则假设在$t\leqslant 0$时原函数仍然满足函数$y(t)=\sin(3t+1)$，所以在$t=0^+$时函数没有突变。

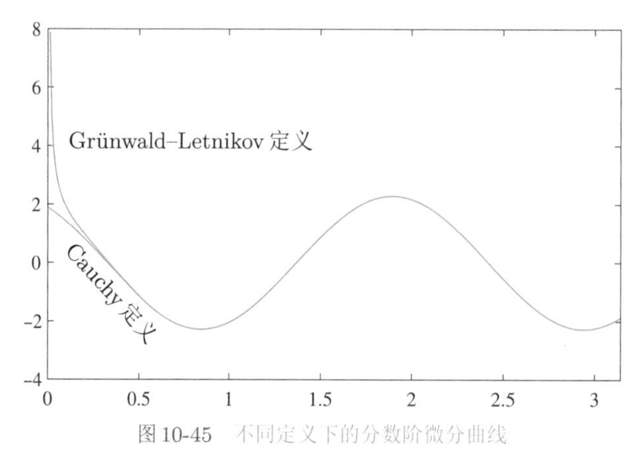

图 10-45　不同定义下的分数阶微分曲线

2. Caputo微积分定义的数值计算

由前面的介绍可见，Caputo分数阶积分与Grünwald–Letnikov定义完全一致，所以可以采用函数 `glfdiff9()` 直接求解。若 $\alpha>0$，通过式(10-6-9)的补偿公式可以计算出Caputo分数阶微分，还可以直接使用高精度Caputo微积分的数值计算函数 `caputo9()`，其调用格式为 y_1=caputo9(y,t,α,p)，其中，$\alpha\leqslant 0$，将直接返回Grünwald–Letnikov积分结果。可以给出 p 值，使得计算误差为 $o(h^p)$。

例 10-43　重新考虑例10-42的函数 $f(t)=\sin(3t+1)$，试绘制不同定义下0.3, 1.3, 2.3阶导数曲线。

解　可见在 $t=0$ 时刻函数 $f(t)$ 的初值为 $\sin 1$，故可以得出二者之差为 $d(t)=t^{-0.3}\sin 1/\Gamma(0.7)$，这样可以由下面语句计算出Grünwald–Letnikov定义和Caputo定义下的函数曲线，如图10-46(a)所示。可见，在初值非零时，二者差异还是很大的。

```
>> t=0:0.01:pi; y=sin(3*t+1); d=t.^(-0.3)*sin(1)/gamma(0.7); %补偿函数
   y1=glfdiff9(y,t,0.3,4); y2=caputo9(y,t,0.3,4);            %两种不同的导数
   plot(t,y1,t,y2,'--',t,d,':')                              %不同定义与补偿的曲线绘制
```

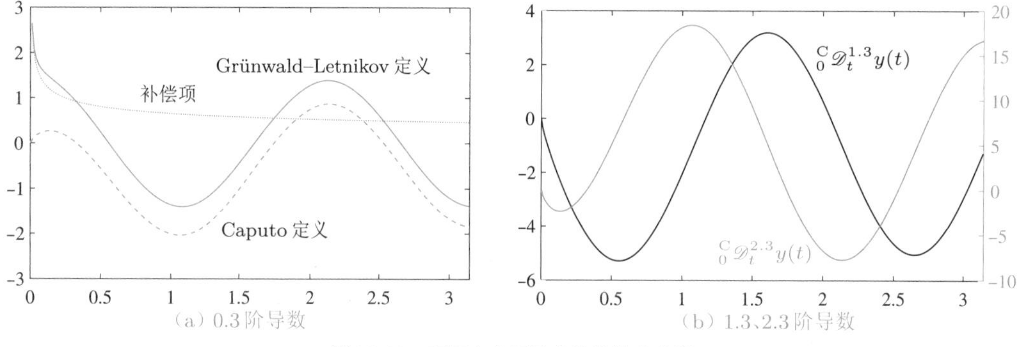

(a) 0.3阶导数　　(b) 1.3、2.3阶导数

图 10-46　不同定义下的分数阶微分曲线

这里给出的 ${}_0^{\rm C}\mathscr{D}_t^{2.3}y(t)$ 和 ${}_0^{\rm C}\mathscr{D}_t^{1.3}y(t)$ 求解命令如下所示，得出的分数阶导数如图10-46(b)所示。该求解函数的优势是无须事先求出 $y'(0)$ 和 $y''(0)$ 的值，可以由函数值直接计算分数阶导数。

```
>> y1=caputo9(y,t,1.3,4); y2=caputo9(y,t,2.3,4);
   yyaxis left, plot(t,y1), yyaxis right, plot(t,y2) %不同阶次
```

例 10-44　现在考虑函数 $f(t)=\mathrm{e}^{-t}$ 的0.6阶Caputo导数的计算，其解析解为 $y_0(t)=-t^{0.4}\mathrm{E}_{1,1.4}(-t)$，试测试不同的步长与 p 值，评价给出函数的求解精度。

解 选择计算步长 $h=0.01$，可以由下面的语句求出不同 p 取值下的分数阶导数，并与解析解相比得出相应的误差，如表10-13所示。可见，在 $p=6$ 时得出的结果最大误差可达 10^{-13}，高于现有其他算法很多个数量级，再进一步增加阶次 p，在双精度数据结构下不会改善计算精度，还有使计算结果变坏的可能。

```
>> t0=0.5:0.5:5; t=0:0.01:5; y=exp(-t); ii=[51:50:501]; %生成样本点
   y0=-t0.^0.4.*ml_func([1,1.4],-t0,0,eps); T=[];        %计算理论值
   for p=1:7, y1=caputo9(y,t,0.6,p); T=[T [y1(ii)-y0']]; end, max(abs(T))
```

表10-13 计算步长为 $h=0.01$ 时的最大计算误差

阶次 p	1	2	3	4	5	6	7
最大误差	0.0018	1.19×10^{-5}	8.89×10^{-8}	7.07×10^{-10}	5.85×10^{-12}	3.14×10^{-13}	7.33×10^{-13}

如果选择大步长 $h=0.1$，仍然可以在不同阶次 p 下计算指数函数的0.6阶Caputo导数数值解，得出的最大误差在表10-14中给出，可以看出，即使选择了这样大的步长，在 $p=8$ 时仍可以得到 10^{-10} 的误差级别。

```
>> t0=0.5:0.5:5; t=0:0.1:5; y=exp(-t); T=[];                 %重新生成样本点
   y0=-t0.^0.4.*ml_func([1,1.4],-t0,0,eps); ii=[6:5:51]; %计算理论值
   for p=3:9, y1=caputo9(y,t,0.6,p); T=[T [y1(ii)-y0']]; end, max(abs(T))
```

表10-14 计算步长为 $h=0.1$ 时的最大计算误差

阶次 p	3	4	5	6	7	8	9
最大误差	7.82×10^{-5}	5.98×10^{-6}	4.73×10^{-7}	3.74×10^{-8}	3.12×10^{-9}	4.94×10^{-10}	1.14×10^{-8}

3. Oustaloup滤波算法及其应用

前面介绍的各种分数阶微分运算的前提是被微分函数 $f(t)$ 为已知函数，但在实际应用中该信号经常是无法预先知道的，因为这些信号可能来自别的系统环节，所以应该采用其他形式来求取分数阶微分，例如通过构造滤波器的方式来对信号进行数值微积分处理。

信号的滤波器可以有连续和离散两种形式，分别用来拟合Laplace变换算子 s^γ 和Fourier变换算子 $(\mathrm{j}\omega)^\gamma$。从效果上看，函数的Riemann–Liouville分数阶数值微分相当于原来信号需要通过这样的滤波器得出的输出信号。

文献[138]中列出了多种连续滤波器的实现算法。这里只介绍其中的Oustaloup算法[139]。假设选定的感兴趣的频率段为 $(\omega_\mathrm{b},\omega_\mathrm{h})$，则可以构造出连续滤波器的传递函数模型为

$$G_\mathrm{f}(s)=K\prod_{k=1}^{N}\frac{s+\omega_k'}{s+\omega_k} \tag{10-6-17}$$

其中，滤波器零极点和增益可以由式(10-6-18)直接求出：令 $\omega_\mathrm{u}=\sqrt{\omega_\mathrm{h}/\omega_\mathrm{b}}$，则

$$K=\omega_\mathrm{h}^\gamma,\ \omega_k'=\omega_\mathrm{b}\omega_\mathrm{u}^{(2k-1-\gamma)/N},\ \omega_k=\omega_\mathrm{u}^{2\gamma/N}\omega_k',\ k=1,2,\cdots,N \tag{10-6-18}$$

根据上述算法，可以直接编写出如下的函数设计连续滤波器。这样，若 $f(t)$ 信号通过滤波器进行过滤，则可以认为输出信号是 $\mathscr{D}_t^\gamma f(t)$ 的近似。

```
function G=ousta_fod(gam,N,wb,wh)
```

```
   arguments, gam(1,1), N(1,1){mustBeInteger,mustBePositive}, wb(1,1), wh(1,1), end
   if round(gam)==gam, G=tf('s')^gam;    %如果阶次为整数则构造整数阶算子
   else, k=1:N; wu=sqrt(wh/wb);          %求出基准频率
      wkp=wb*wu.^((2*k-1-gam)/N); wk=wu^(2*gam/N)*wkp;   %计算出极点与零点
      G=zpk(-wkp,-wk,wh^gam);            %构造出整数阶传递函数近似模型
end, end
```

该函数的调用格式为 G_1=ousta_fod(γ,N,ω_b,ω_h)，其中，γ为分数阶的阶次，可以为正也可以为负(分别表示微分与积分)；N为滤波器的阶次；ω_b和ω_h分别为用户选定的拟合频率下限和上限。一般在该区域内滤波器能较好地逼近分数阶微分算子，而其外的区域将和微分算子相差很多。

例 10-45 假设$\omega_b=0.01\,\mathrm{rad/s}$,$\omega_h=1000\,\mathrm{rad/s}$，并选择滤波器阶次为$N=5$，试设计出连续滤波器，并对$f(t)=\mathrm{e}^{-t}\sin(3t+1)$信号计算0.5阶微分。

解 可以用下面的语句设计出滤波器：

```
>> G=ousta_fod(0.5,5,0.01,1000), bode(G)    %Oustaloup滤波器及其频域响应拟合
```

得出的Oustaloup滤波器模型为

$$G(s)=\frac{31.62s^5+6248s^4+1.122\times10^5s^3+1.996\times10^5s^2+3.514\times10^4s+562.3}{s^5+624.8s^4+3.549\times10^4s^3+1.996\times10^5s^2+1.111\times10^5s+5623}$$

上面的语句还可以直接绘制出该滤波器的Bode图，如图10-47(a)所示，在该图中还叠印了直线，表示$(\mathrm{j}\omega)^\gamma$的理论值。由下面的语句还可以绘制出由滤波器计算出来的分数阶微分曲线，同时也将绘制出由Grünwald–Letnikov定义计算出来的分数阶微分曲线，如图10-47(b)所示。可见，由滤波器计算出来的分数阶微分结果还是很精确的。

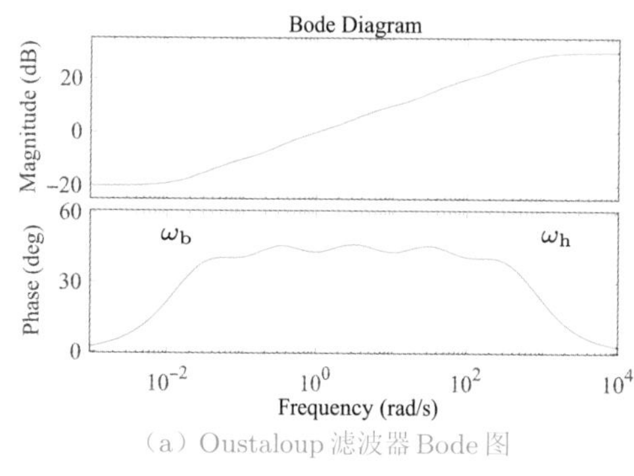

(a) Oustaloup滤波器Bode图

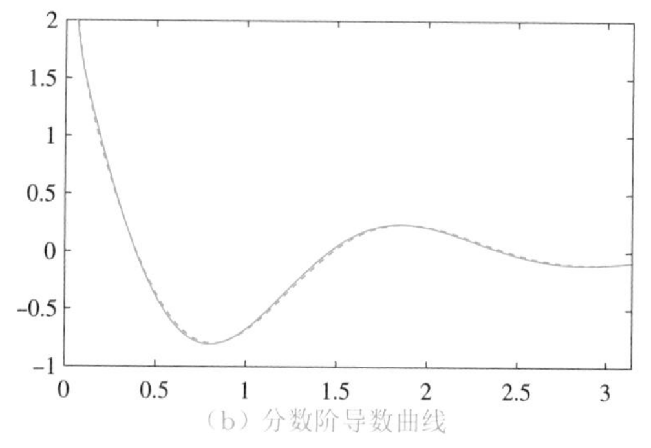

(b) 分数阶导数曲线

图10-47 函数的分数阶导数

```
>> t=0:0.001:pi; y=exp(-t).*sin(3*t+1);                  %生成输入信号
   y1=lsim(G,y,t); y2=glfdiff(y,t,0.5); plot(t,y1,t,y2)  %由滤波器近似输出信号
```

当然，用该算法还可以在更大的频率范围内拟合分数阶微分函数，这时需要适当增大拟合的阶次。下面给出在$(10^{-4},10^4)$频段内的拟合效果，如图10-48所示。可见，对这样大的频率范围，不再适合$N=5$的近似，而应该采用更大的N值，如$N=11$。

```
>> G=ousta_fod(0.5,5,1e-4,1e4); G1=ousta_fod(0.5,7,1e-4,1e4);
   G2=ousta_fod(0.5,9,1e-4,1e4); G3=ousta_fod(0.5,11,1e-4,1e4);   %设计滤波器
   bode(G,'-',G1,'--',G2,':',G3,'-.')        %不同参数滤波器的频域响应拟合比较
```

在计算量允许的前提下，实际应用中可以考虑选择更大的感兴趣频率范围和更高的阶次，如$(10^{-6},$

10^6) rad/s，$N=30$，这样的滤波器在事实上已经非常接近所期待的分数阶算子了。

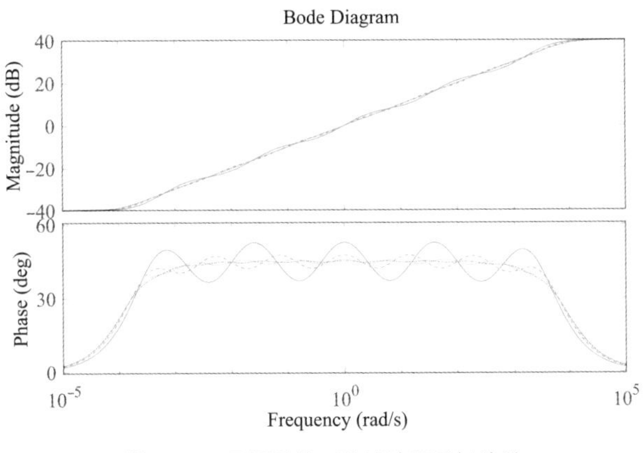

图 10-48　不同阶次下的滤波器近似效果

4. Caputo 导数的滤波器近似

前面介绍的 Oustaloup 滤波器可以用于生成 Riemann–Liouville 分数阶微积分信号，但不能直接得出 Caputo 导数信号，需要根据分数阶微分的性质重新构造。Caputo 分数阶导数有一个很有趣的性质

$$ {}_{t_0}^{\mathrm{C}}\mathscr{D}_t^{\gamma} y(t) = {}_{t_0}^{\mathrm{RL}}\mathscr{D}_t^{-(n-\gamma)} \left[y^{(n)}(t) \right] \tag{10-6-19} $$

其中，$n=\lceil\gamma\rceil$，其物理解释为：信号 $y(t)$ 的 γ 阶 Caputo 导数可以由整数阶导数 $y^{(n)}(t)$ 经过 $(n-\gamma)$ 阶 Riemann–Liouville 积分得出，换句话说，由整数阶导数 $y^{(\lceil\gamma\rceil)}(t)$ 经过 Oustaloup 积分器得出。

对式（10-6-19）两端再取 $(n-\gamma)$ 阶 Riemann–Liouville 导数，则可以得出

$$ {}_{t_0}^{\mathrm{RL}}\mathscr{D}_t^{n-\gamma} \left[{}_{t_0}^{\mathrm{C}}\mathscr{D}_t^{\gamma} y(t) \right] = y^{(n)}(t) \tag{10-6-20} $$

其物理解释为：对 γ 阶 Caputo 导数 ${}_{t_0}^{\mathrm{C}}\mathscr{D}_t^{\gamma} y(t)$ 再求 $n-\gamma$ 阶 Riemann–Liouville 导数，则可以得出整数阶导数 $y^{(n)}(t)$。换句话说，Caputo 导数通过 Oustaloup 微分器则可以得出整数阶导数。将在分数阶微积分与分数阶控制系统 Simulink 建模中讨论这两条性质的应用。

10.6.4　分数阶微分方程的求解方法

分数阶线性微分方程的一般形式为[106]

$$ \begin{aligned} & a_n\mathscr{D}_t^{\beta_n} y(t) + a_{n-1}\mathscr{D}_t^{\beta_{n-1}} y(t) + \cdots + a_1\mathscr{D}_t^{\beta_1} y(t) + a_0\mathscr{D}_t^{\beta_0} y(t) \\ = {} & b_1\mathscr{D}_t^{\gamma_1} u(t) + b_2\mathscr{D}_t^{\gamma_2} u(t) + \cdots + b_m\mathscr{D}_t^{\gamma_m} u(t) \end{aligned} \tag{10-6-21} $$

其中，初值为零的微分方程可以为 Riemann–Liouville 微分方程也可以是 Caputo 微分方程，二者完全一致；若初值非零则一般使用 Caputo 微分方程，本节将侧重于介绍两类微分方程的数值解方法。如果初始条件均为零，该线性微分方程还可以用下面的分数阶传递函数直接描述。

$$ G(s) = \frac{b_1 s^{\gamma_1} + b_2 s^{\gamma_2} + \cdots + b_m s^{\gamma_m}}{a_1 s^{\beta_1} + a_2 s^{\beta_2} + \cdots + a_{n-1} s^{\beta_{n-1}} + a_n s^{\beta_n}} \tag{10-6-22} $$

本节先探讨分数阶线性微分方程的数值解方法，然后介绍各类分数阶非线性微分方程的数值解法。

1. 一类分数阶线性系统时域响应解析解方法

类似于整数阶函数的部分分式展开法，求解一类线性系统时域响应解析解可以通过引入Mittag-Leffler函数来获得。如果微分方程右侧只含有输入信号本身，则由n项构成的分数阶微分方程的解可以表示为

$$y(t)=\frac{1}{a_n}\sum_{m=0}^{\infty}\frac{(-1)^m}{m!}\sum_{\substack{k_0+k_1+\cdots+k_{n-2}=m\\ k_0\geqslant 0,\cdots,k_{n-2}\geqslant 0}}(m;k_0,k_1,\cdots,k_{n-2})$$
$$\prod_{i=0}^{n-2}\left(\frac{a_i}{a_n}\right)^{k_i}t^{(\beta_n-\beta_{n-1})m+\beta_n+\sum\limits_{j=0}^{n-2}(\beta_{n-1}-\beta_j)k_j-1} \tag{10-6-23}$$
$$\mathrm{E}^{(m)}_{\beta_n-\beta_{n-1},\beta_n+\sum\limits_{j=0}^{n-2}(\beta_{n-1}-\beta_j)k_j}\left(-\frac{a_{n-1}}{a_n}t^{\beta_n-\beta_{n-1}}\right)$$

式中，$\mathrm{E}_{\alpha,\beta}(x)$为式(8-6-5)中定义的两参数Mittag-Leffler函数，m为整数。如果分数阶微分方程不是低阶微分方程，这里给出的解法没有太大价值，需要更通用的求解方法。

2. 零初值分数阶线性微分方程的解法

如果输入和输出信号$y(t)$和$u(t)$及其导函数在初始时刻的值均为零，等号右侧只有输入信号$\hat{u}(t)$本身，则微分方程可以简化为

$$a_n\mathscr{D}_t^{\beta_n}y(t)+a_{n-1}\mathscr{D}_t^{\beta_{n-1}}y(t)+\cdots+a_1\mathscr{D}_t^{\beta_1}y(t)+a_0\mathscr{D}_t^{\beta_0}y(t)=\hat{u}(t) \tag{10-6-24}$$

其中，$\hat{u}(t)$可以由某函数及其分数阶微分构成，可以事先计算出来。

$$\hat{u}(t)=b_1\mathscr{D}_t^{\gamma_1}u(t)+b_2\mathscr{D}_t^{\gamma_2}u(t)+\cdots+b_m\mathscr{D}_t^{\gamma_m}u(t) \tag{10-6-25}$$

考虑式(10-6-15)中给出的Grünwald–Letnikov定义，用离散方法可以将其改写成[140]

$${}_a\mathscr{D}_t^{\beta_i}y(t)\approx\frac{1}{h^{\beta_i}}\sum_{j=0}^{[(t-a)/h]}w_j^{(\beta_i)}y_{t-jh}=\frac{1}{h^{\beta_i}}\left[y_t+\sum_{j=1}^{[(t-a)/h]}w_j^{(\beta_i)}y_{t-jh}\right] \tag{10-6-26}$$

其中，$w_0^{(\beta_i)}$可以由下面的递推公式得出

$$w_0^{(\beta_i)}=1,\quad w_j^{(\beta_i)}=\left(1-\frac{\beta_i+1}{j}\right)w_{j-1}^{(\beta_i)},\quad j=1,2,\cdots \tag{10-6-27}$$

代入式(10-6-24)，则可以直接推导出微分方程闭式数值解为

$$y_t=\frac{1}{\sum\limits_{i=0}^{n}a_ih^{-\beta_i}}\left[\hat{u}_t-\sum_{i=0}^{n}\frac{a_i}{h^{\beta_i}}\sum_{j=1}^{[(t-a)/h]}w_j^{(\beta_i)}y_{t-jh}\right] \tag{10-6-28}$$

现在考虑式(10-6-21)中给出的一般形式。如果先对等号右侧的函数$u(t)$求分数阶导数，则显然可以将原方程变换成右侧为$\hat{u}(t)$的形式，这样套用上述公式就可以求出一般微分方程的数值解。在实际编程运算中，先求导可能导致计算误差，故可以考虑先求在$u(t)$激励下的$\hat{y}(t)$，再对得出的$\hat{y}(t)$按照等号右侧的方式求导。对线性系统来说这个方法是完全等效的。基于这个算法，可以编写出一个`fode_sol()`来实现任意输入的零初值分数阶线性微分方程的数值解法。

```
function y=fode_sol(a,na,b,nb,u,t)
   h=t(2)-t(1); D=sum(a./[h.^na]); nT=length(t); vec=[na nb]; W=[];
   D1=b(:)./h.^nb(:); nA=length(a); y1=zeros(nT,1); W=ones(nT,length(vec));
   for j=2:nT, W(j,:)=W(j-1,:).*(1-(vec+1)/(j-1)); end        %递推计算二项式系数
   for i=2:nT      %求方程左侧各个阶次下的系数,并计算输出信号
      A=[y1(i-1:-1:1)]'*W(2:i,1:nA); y1(i)=(u(i)-sum(A.*a./[h.^na]))/D;
   end
   for i=2:nT, y(i)=(W(1:i,nA+1:end)*D1)'*[y1(i:-1:1)]; end   %求解方程
end
```

该函数的调用格式为 y=fode_sol(a,n_a,b,n_b,u,t)，其精度为$o(h)$。时间向量和输入点向量分别由$\boldsymbol{t}$和$\boldsymbol{u}$给出。注意，当计算点需要很多时，这样的求解方法可能比较慢。这时。可以考虑高精度的数值求解函数 y=fode_sol9(a,n_a,b,n_b,u,t,p)，其精度为$o(h^p)$。

例10-46 试用数值方法求解下面的零初值分数阶线性微分方程并绘制输出函数曲线。

$$\mathscr{D}_t^{3.5}y(t)+8\mathscr{D}_t^{3.1}y(t)+26\mathscr{D}_t^{2.3}y(t)+73\mathscr{D}_t^{1.2}y(t)+90\mathscr{D}_t^{0.5}y(t)=90\sin t^2$$

解 由给出的方程可以写出$\boldsymbol{a}$和$\boldsymbol{n}$向量，从而直接调用编写的fode_sol()函数得出该微分方程的解，用绘图语句可以绘制出输出和输入信号的曲线，如图10-49所示。为提高得出数值解的精度，通常需要选择较小的h值，这里得出的结果精度较高，再进一步减小h的值，例如选择$h=0.001$，则得出的仿真结果与图中给出的结果看不出任何区别。

```
>> a=[1,8,26,73,90]; n=[3.5,3.1,2.3,1.2,0.5];                  %等号左边的系数与阶次
   t=0:0.002:10; u=90*sin(t.^2); y=fode_sol9(a,n,1,0,u,t,4);   %求解微分方程
   subplot(211), plot(t,y); subplot(212), plot(t,u)   %绘制系统的输出信号与输入信号
```

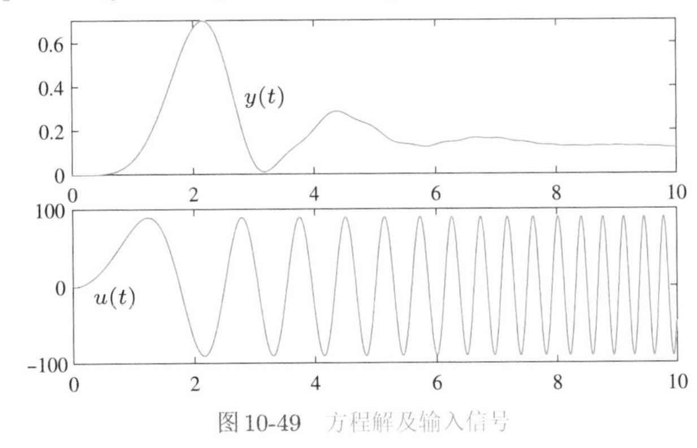

图10-49 方程解及输入信号

3. 非零初值线性Caputo微分方程的数值求解

如果微分方程中输入输出变量及其各阶导数的初值非零，则前面使用的方法不能求取方程的数值解，需要使用Caputo定义下微分方程的求解方法。

考虑下面给出的Caputo线性分数阶微分方程的一般形式

$$a_n{}^{\mathrm{C}}\mathscr{D}_t^{\beta_n}y(t)+a_{n-1}{}^{\mathrm{C}}\mathscr{D}_t^{\beta_{n-1}}y(t)+\cdots+a_1{}^{\mathrm{C}}\mathscr{D}_t^{\beta_1}y(t)+a_0{}^{\mathrm{C}}\mathscr{D}_t^{\beta_0}y(t)=\hat{u}(t) \tag{10-6-29}$$

为方便起见，假设$\beta_n>\beta_{n-1}>\cdots>\beta_1>\beta_0\geqslant 0$。等号右侧只含有$\hat{u}(t)$函数。如果实际方程等号

右侧含有输入信号 $u(t)$ 的分数阶导数,则可以仿照前面的方法先将其线性组合 $\hat{u}(t)$ 计算出来。

如果 $m=\lceil\beta_n\rceil$,则要使得方程有唯一解,应该已知 m 个初始值,$y(0),y'(0),\cdots,y^{(m-1)}(0)$。这样,可以引入辅助变量 $z(t)$:

$$z(t)=y(t)-y(0)-\frac{1}{1!}y'(0)t-\cdots-\frac{1}{(m-1)!}y^{(m-1)}(0)t^{m-1} \tag{10-6-30}$$

这时 $z(t)$ 信号及其前 $m-1$ 阶导数的初值均为0。这样,原Caputo方程变成了关于 $z(t)$ 的Riemann–Liouville方程,可以用前面的方法直接得出其高精度数值解,再加回补偿项,则可以得出原Caputo方程的数值解为

$$y(t)=z(t)+y(0)+\frac{1}{1!}y'(0)t+\cdots+\frac{1}{(m-1)!}y^{(m-1)}(0)t^{m-1} \tag{10-6-31}$$

基于这样的思想,文献 [50] 提出了求解高精度Caputo微分方程求解算法与函数 `fode_caputo9()`,其调用格式为 $\boldsymbol{y}$=fode_caputo9($\boldsymbol{a},\boldsymbol{n}_{\rm a},\boldsymbol{b},\boldsymbol{n}_{\rm b},\boldsymbol{y}_0,\boldsymbol{u},\boldsymbol{t},p$),其精度为 $o(h^p)$。

例10-47　试求解下面的Caputo分数阶微分方程:

$$y'''(t)+\frac{1}{16}{}_0^{\rm C}\mathscr{D}_t^{2.5}y(t)+\frac{4}{5}y''(t)+\frac{3}{2}y'(t)+\frac{1}{25}{}_0^{\rm C}\mathscr{D}_t^{0.5}y(t)+\frac{6}{5}y(t)=\frac{172}{125}\cos\frac{4t}{5}$$

初始条件为 $y(0)=1,y'(0)=4/5,y''(0)=-16/25,0\leqslant t\leqslant 30$,解析解为 $y(t)=\sqrt{2}\sin(4t/5+\pi/4)$。

解　由给出的初始条件构造出初始条件向量,则可以调用下面的语句直接求解Caputo微分方程,得出的解函数曲线从略。这样得出的数值解与解析解的最大误差为 3.11×10^{-6},说明求解方法是可靠的。

```
>> a=[1 1/16 4/5 3/2 1/25 6/5]; na=[3 2.5 2 1 0.5 0];    %输入方程左侧的系数与阶次
   b=1; nb=0; t=[0:0.1:30]; u=172/125*cos(4*t/5); y0=[1 4/5 -16/25];
   y1=fode_caputo9(a,na,b,nb,y0,u,t,5); y=sqrt(2)*sin(4*t/5+pi/4);    %求解方程
   max(abs(y-y1)), plot(t,y,t,y1)    %求解Caputo微分方程的数值解,并检验、绘图
```

4. 非零初值非线性Caputo微分方程的数值求解

这里主要探讨一般显式微分方程的数值求解问题。假设非线性Caputo微分方程的数学模型为

$${}_0^{\rm C}\mathscr{D}_t^{\alpha}y(t)=f\left(t,y(t),{}_0^{\rm C}\mathscr{D}_t^{\alpha_1}y(t),\cdots,{}_0^{\rm C}\mathscr{D}_t^{\alpha_{n-1}}y(t)\right) \tag{10-6-32}$$

其中,$q=\lceil\alpha_n\rceil$,则该分数阶微分方程必要的初始条件为

$$y(0)=y_0,\ y'(0)=y_1,\ y''(0)=y_2,\ \cdots,\ y^{(q-1)}(0)=y_{q-1} \tag{10-6-33}$$

求解这类方程有各种各样的算法与工具,如文献 [141] 介绍的预估校正算法等,不过该算法在任意 α_i 取值下效率很低,精度也不高,所以可以考虑作者提出的高精度预估校正算法[50]。其中,预估算法与校正算法的求解函数分别为

[$\boldsymbol{y},\boldsymbol{t}$]=nlfep(fun,$\boldsymbol{\alpha},\boldsymbol{y}_0,t_{\rm n},h,p,\epsilon$)　　%预估求解

$\boldsymbol{y}$=nlfec(fun,$\boldsymbol{\alpha},\boldsymbol{y}_0,\boldsymbol{y}_{\rm p},\boldsymbol{t},p,\epsilon$)　　%校正求解算法

这里,`fun` 为描述显式微分方程的MATLAB函数,可以是M函数也可以是匿名函数,$\boldsymbol{\alpha}$ 为方程的阶次构成的向量,$\boldsymbol{y}(0)=[y(0),\cdots,y^{\lceil\alpha\rceil-1}]$ 为已知的初值向量,$t_{\rm n}$ 为终止求解时间,h 为定步长,ϵ 为校正求解的误差容限,p 为算法阶次,使得整体误差为 $o(h^p)$,且 $p\leqslant\lceil\alpha\rceil$。在实际应用中,预估算法的作用是提供校正算法所需的初值,并不是很必要,若将其设置为零向量或幺向量也可以单独使用校正算法求解原方程。

例10-48 试求解下面Caputo定义下的微分方程[141]：

$$ {}_0^{\rm C}\mathscr{D}_t^{1.455}y(t)=-t^{0.1}\frac{{\rm E}_{1,1.545}(-t)}{{\rm E}_{1,1.445}(-t)}{\rm e}^t y(t){}_0^{\rm C}\mathscr{D}_t^{0.555}y(t)+{\rm e}^{-2t}-\left[y'(t)\right]^2 $$

其中，$y(0)=1, y'(0)=-1$，且已知其解析解为 $y(t)={\rm e}^{-t}$。

解 本例的原始来源是文献[141]，不过原模型是错误的，因为不能保证解析解为 ${\rm e}^{-t}$，需要将原模型的单参数Mittag–Leffler函数替换成现在的双参数函数。从现有文献可见，若想求解这一微分方程，用文献[141]算法可能耗时几小时，且精度极低，所以应考虑采用高精度预估校正方法直接求解。

对本例而言，原方程的向量 $\boldsymbol{\alpha}=[1.455, 0.555, 1]$，$\boldsymbol{y}_0=[1,-1]$，这样，Caputo微分方程的向量化的描述可以由匿名函数来实现，然后调用后面的函数就可以求出原微分方程的高精度数值解。

```
>> f=@(t,y,Dy)-t.^0.1.*ml_func([1,1.545],-t).*exp(t)./...
      ml_func([1,1.445],-t).*y.*Dy(:,1)+exp(-2*t)-Dy(:,2).^2;  %描述微分方程
   alpha=[1.455,0.555,1]; y0=[1,-1]; tn=1; h=0.01; err=1e-8;   %设置相关参数
   p=1; [yp1,t]=nlfep(f,alpha,y0,tn,h,p,err); p=2;             %求预估解
   tic, [y2,t]=nlfec(f,alpha,y0,yp1,t,p,err); toc              %求校正解
   max(abs(y2-exp(-t)))                                        %检验解的误差
```

该函数的运行时间只有2.33 s，最大误差为 3.9337×10^{-5}，精度与运行时间指标远远高于现有的任何其他方法。进一步地，若选择 $h=0.0001$，则最大误差可达 6.8857×10^{-9}，运行时间为62.05 s，该解的精度比任何现有方法都要高很多个数量级。

```
>> h=0.0001; p=1; [yp1,t]=nlfep(f,alpha,y0,tn,h,p,err); p=2;   %选择更小步长
   tic, [y2,t]=nlfec(f,alpha,y0,yp1,t,p,err); toc              %求校正解
   max(abs(y2-exp(-t)))                                        %检验解的误差
```

现在假设想避开预估方法，而将预估结果强行定义为幺向量，则可以用下面的语句直接求解原问题，得出的最大误差为 5.1289×10^{-9}，精度略高于前面的结果，耗时为132 s。

```
>> yp1=ones(size(yp1));   %跳过预估求解步骤，自己假定初值，如这里的幺初值
   tic, [y2,t]=nlfec(f,alpha,y0,yp1,t,p,err); toc, max(abs(y2-exp(-t)))   %校正解
```

现在仍采用较大的步长 $h=0.01$ 来求解微分方程，并选择 $p=4$，则可以由下面语句重新求解微分方程，耗时为48.7 s，最大误差为 1.7833×10^{-7}。

```
>> h=0.01; p=1; [yp1,t]=nlfep(f,alpha,y0,tn,h,p,err); p=4;   %选择大步长
   tic, [y2,t]=nlfec(f,alpha,y0,yp1,t,p,err); toc            %求校正解
   max(abs(y2-exp(-t)))                                      %检验解的误差
```

10.6.5 基于框图的非线性分数阶微分方程近似解法

如果给出的非线性分数阶微分方程是非线性的微分方程，特别地，该微分方程是整个系统中的一部分，则用常规求解方法不能得出原问题的数值解，必须使用基于框图的求解方法。前面介绍过，可以考虑Oustaloup滤波器或其他改进形式的滤波器，用高阶整数阶模块逼近原始的分数阶算子，这样就可以搭建起非线性分数阶微分方程的求解框图，最终得出微分方程的数值解。本节将分别介绍一般零初值问题和非零初值Caputo微分方程的数值求解方法。

1. 零初值非线性分数阶微分方程的求解

由前面的内容可见，对未知信号进行分数阶微分数值运算的一种有效途径是采用Oustaloup算法设计连续滤波器对信号进行滤波处理。另外，考虑到该滤波器分子和分母阶次一致，可能导致在仿真过程

中出现代数环，所以应该在其后面再接一个低通滤波器，将其截止频率设置为$\omega_{\rm h}$，这样可以建立起分数阶微分器模块，如图10-50(a)所示，通过适当选择频段和阶次可以较好地近似分数阶微分的效果。注意，虽然Oustaloup算法设计的滤波器理论上可以求取任意阶次的分数阶微积分，但从数值微积分精度看，该滤波器更适合求取一阶以内的分数阶微积分，所以应该将高阶微积分先进行整数阶微积分运算，再对结果进行滤波处理。注意，这里的方法只适用于零初值问题的求解，非零初值问题后面将介绍。

利用Simulink的模块封装技术[95]可以封装该模型，得出如图10-50(b)所示的分数阶微分器模块。双击该模块则可以打开如图10-50(c)所示的对话框，允许用户填写设计Oustaloup滤波器所需的参数。在模块封装初始化栏目填写下面语句，在使用模块前先自动设计出滤波器，并根据阶次正确显示图标。

```
wb=ww(1); wh=ww(2); k=isnumeric(gam);       %从对话框的编辑框读取相应的数据
if k==1, str=['{\it s}^{' num2str(gam) '}'];
else, str='{\it s}^{\gamma}'; end
if kF==1, G=ousta_fod(gam,n,wb,wh);          %改进的Oustaloup滤波器
elseif kF==2, G=new_fod(gam,n,wb,wh);        %生成滤波器传递函数模型
else, G=matsuda_fod(gam,n,wb,wh); end
T=1/wh; if kF1==1, G=G*tf(1,[T 1]); end      %如果需要，则加入低通滤波器
```

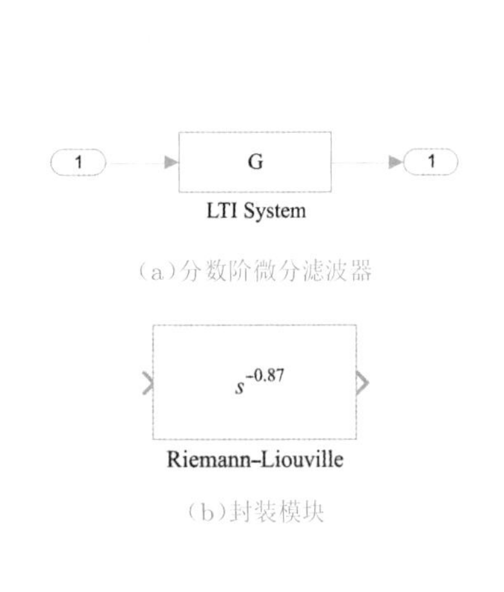

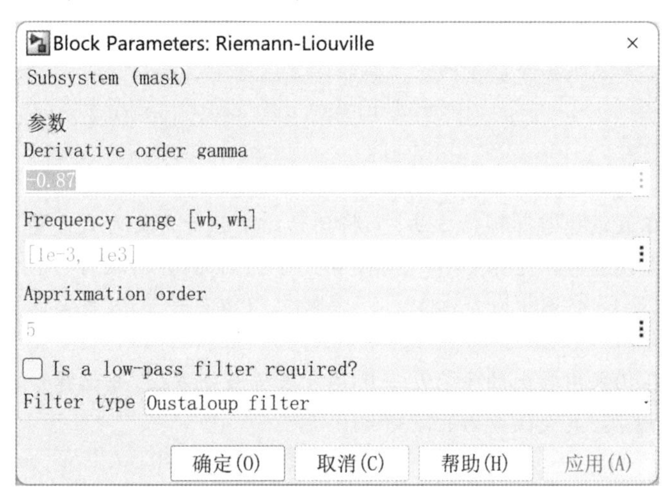

图10-50　Riemann-Liouville分数阶算子模块

在实际仿真过程中，由于搭建起来的系统一般为刚性系统，所以在选择求解算法时可以选择为ode15s或ode23tb等，因为这些算法可以保证较高的计算效率和精度。下面将通过例子演示该模块在分数阶微分方程近似求解中的应用。

例10-49　试用滤波器的思想求取例10-46中分数阶线性微分方程的数值解，并与该例中所用方法得出的结果进行比较。

解　求解分数阶线性微分方程问题不如例10-46中给出的方法直观。在建模求解之前，需要首先将微分方程转换为显式形式：

$$\mathscr{D}_t^{3.5}y(t)=-8\mathscr{D}_t^{3.1}y(t)-26\mathscr{D}_t^{2.3}y(t)-73\mathscr{D}_t^{1.2}y(t)-90\mathscr{D}_t^{0.5}y(t)+90\sin t^2$$

根据该方程可以搭建起如图10-51所示的Simulink仿真框图。对该框图进行仿真，则可以得出该微分方

程的数值解。将两种方法得出的数值解在同一坐标系下绘制，则得出的曲线与图10-49所示的曲线完全一致。

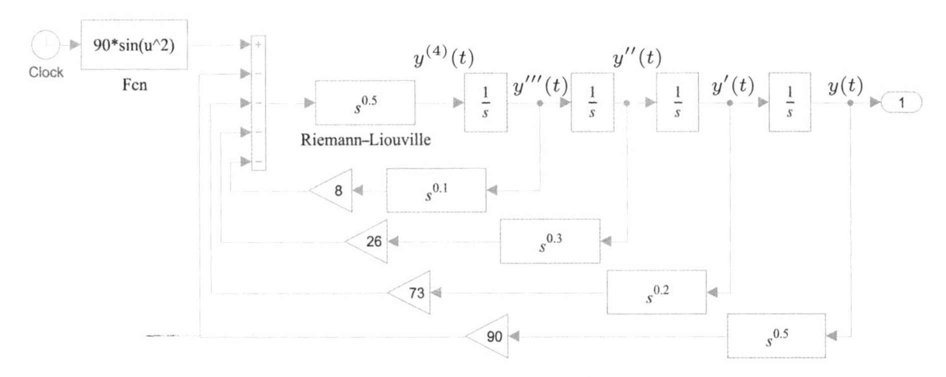

图10-51 微分方程求解的Simulink框图（文件名：c10mfode1.slx）

2. 非零初值的Caputo微分方程数值解法

前面介绍的Oustaloup滤波器模块只能用于零初值的Riemann–Liouville微分算子，如果想处理Caputo微分方程的建模问题，则需要下面的建模与求解步骤。

（1）用积分器链定义整数阶微分信号。如果微分方程中的最高阶次为α，则需要串联$q=\lceil\alpha\rceil$个整数阶积分器，如图10-52所示，这样将构造出所需的输出信号及其各个整数阶导数信号，此外，还可以将已知的初始条件依次写入各个积分器。

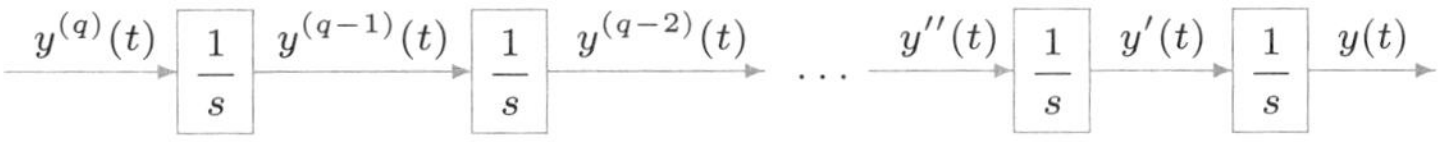

图10-52 整数阶积分器链

（2）构造所需的分数阶微分信号。利用式（10-6-19）中给出的性质，就可以利用Oustaloup滤波器搭建出任意阶次的分数阶Caputo导数信号。例如，如果需要${}^{\mathrm{C}}\mathscr{D}_t^{2.7}y(t)$，则可以从$y'''(t)$处引一个信号，将其馈入0.3阶Oustaloup积分器模块，则该模块的输出则为所需的Caputo导数信号。这里无须重新再考虑初值问题，因为所欲的初值在整数阶积分器模块中已经声明了。

（3）构造出整个分数阶系统的Simulink仿真模型。有了所需的整数阶与分数阶导数关键信号，则可以利用Simulink中搭建起整个系统的仿真模型了。在建模过程中，有的时候为了闭合某些通路，可以使用式（10-6-20）中的性质。例如，若想将${}^{\mathrm{C}}\mathscr{D}_t^{2.7}y(t)$信号与$y'''(t)$信号建立起来联系，则需要将该信号接0.3阶Oustaloup微分器模块，之后就可以与$y'''(t)$连接起来，闭合该仿真回路。建立起来模型后就可以对其仿真，得到原Caputo微分方程的结果。由于这里介绍的方法是基于框图的方法，所以理论上可以求解任意复杂的Caputo微分方程。

例10-50 试用Simulink重新求解例10-48中给出的非线性Caputo微分方程。

解 为方便起见，重新写出微分方程如下：

$$ {}_0^{\mathrm{C}}\mathscr{D}_t^{1.455}y(t)=-t^{0.1}\frac{\mathrm{E}_{1,1.545}(-t)}{\mathrm{E}_{1,1.445}(-t)}\mathrm{e}^t y(t){}_0^{\mathrm{C}}\mathscr{D}_t^{0.555}y(t)+\mathrm{e}^{-2t}-\left[y'(t)\right]^2 $$

其中，$y(0)=1$，$y'(0)=-1$。因为这里的最高微分阶次为1.455，所以$q=2$，需要两个串联的整数阶积分器先定义出$y(t)$，$y'(t)$与$y''(t)$信号。将两个初值分别写入相应的积分器。现在需要构造关键的${}_0^{\mathrm{C}}\mathscr{D}_t^{0.555}y(t)$

信号：由式(10-6-19)可见，该信号应该引自$y'(t)$，将其馈入0.445阶Oustaloup积分器，该积分器输出就是${}_0^{\rm C}\mathscr{D}_t^{0.555}y(t)$信号了。有了这些关键信号，就可以由底层模块搭建的方法将方程左侧搭建出来，即搭建出${}_0^{\rm C}\mathscr{D}_t^{1.455}y(t)$信号。现在需要闭合出仿真回路，由式(10-6-20)可知，如果将其馈入0.445阶Oustaloup微分器模块，则可以计算出$y''(t)$，而该信号正巧是积分器链的起点，所以应该将Oustaloup滤波器得出的信号与$y''(t)$直接相连，闭合仿真回路，如图10-53所示。为简单起见，将时间t函数的非线性运算归结成Interpreted MATLAB Fcn模块，其内容如下：

```
function y=c10mmlfs(u)    %描述微分方程的M函数
   y=u^0.1*exp(u)*ml_func([1,1.545],-u)./ml_func([1,1.445],-u);
end
```

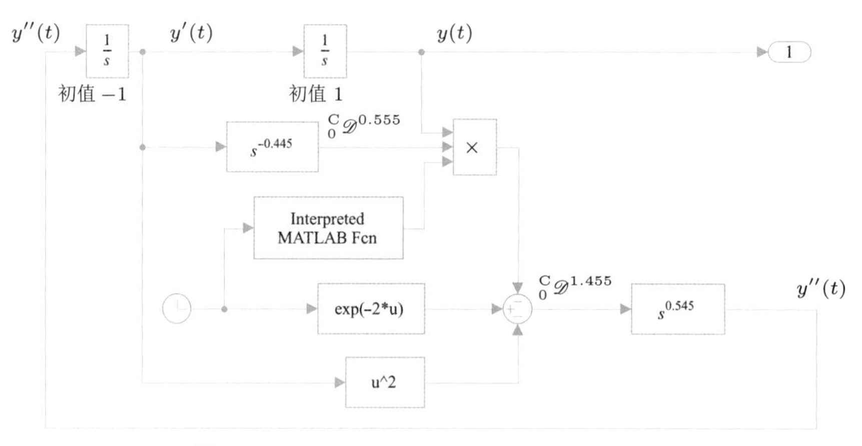

图10-53　一个新的Simulink模型(c10mexp2s.slx)

为Oustaloup滤波器选择如下的参数，则可以得出所需的仿真结果，与解析解e^{-t}相比，可以计算出最大的计算误差为4.9058×10^{-5}，运行的时间为0.68 s。

```
>> N=18; ww=[1e-7 1e4];                                  %选择Oustaloup滤波器的参数
   tic, [t,x,y]=sim('c10mexp2s'); toc, max(abs(y-exp(-t))) %解方程并检验结果
```

如果选择更高阶次并选择更大的频率响应拟合范围，例如，选择频率段$(10^{-8},10^{7})$ rad/s，并选择阶次$N=35$，则最大误差可以减小到1.353×10^{-7}，所需时间也只需4.7 s。虽然精度比例10-48中的高精度算法稍差，但求解时间低于高精度算法的1/10，由此可见该结果是相当高效的。

例10-51　试求解下面给出的隐式分数阶微分方程。

$$ {}_0^{\rm C}\mathscr{D}_t^{0.2}y(t)\,{}_0^{\rm C}\mathscr{D}_t^{1.8}y(t)+{}_0^{\rm C}\mathscr{D}_t^{0.3}y(t)\,{}_0^{\rm C}\mathscr{D}_t^{1.7}y(t)=u(t) $$

其中，$y(0)=1, y'(0)=-1/2$，且

$$ u(t)=-\frac{t}{8}\left[\mathrm{E}_{1,1.8}\left(-\frac{t}{2}\right)\mathrm{E}_{1,1.2}\left(-\frac{t}{2}\right)+\mathrm{E}_{1,1.7}\left(-\frac{t}{2}\right)\mathrm{E}_{1,1.3}\left(-\frac{t}{2}\right)\right] $$

已知隐式方程的解析解为$y(t)=\mathrm{e}^{-t/2}$。

解　可以首先将隐式Caputo微分方程转换成标准型形式：

$$ {}_0^{\rm C}\mathscr{D}_t^{0.2}y(t)\,{}_0^{\rm C}\mathscr{D}_t^{1.8}y(t)+{}_0^{\rm C}\mathscr{D}_t^{0.3}y(t)\,{}_0^{\rm C}\mathscr{D}_t^{1.7}y(t)-u(t)=0 $$

根据前面给出的建模方法，可以首先定义出关键信号$y(t), y'(t), y''(t)$，并构造出分数阶Caputo微分信号$\mathscr{D}^{0.2}y(t)$, $\mathscr{D}^{0.3}y(t)$, $\mathscr{D}^{1.7}y(t)$和$\mathscr{D}^{1.8}y(t)$，这样可以由前面构造的关键信号搭建起原微分方程标准型的左侧，

并将其输入Algebraic Constraint模块，则该模块的输出为$\mathscr{D}^{1.8}y(t)$，将其求0.2阶导数则将得出$y''(t)$，这样该信号就可以和积分器构造的$y''(t)$信号相连，搭建起完整的隐式Caputo微分方程模型，如图10-54所示。由于系统的初值在积分器链中已经表示了，所以这里其他的分数阶微分器使用零初值的Oustaloup滤波器等模块即可，Interpreted MATLAB Fcn模块的内容为

```
function y=c10mimpfs(u)                    %描述隐式微分方程的M函数
   y=1/8*u*(ml_func([1,1.8],-u/2)*ml_func([1,1.2],-u/2)+...
      ml_func([1,1.7],-u/2)*ml_func([1,1.3],-u/2));    %隐式微分方程
end
```

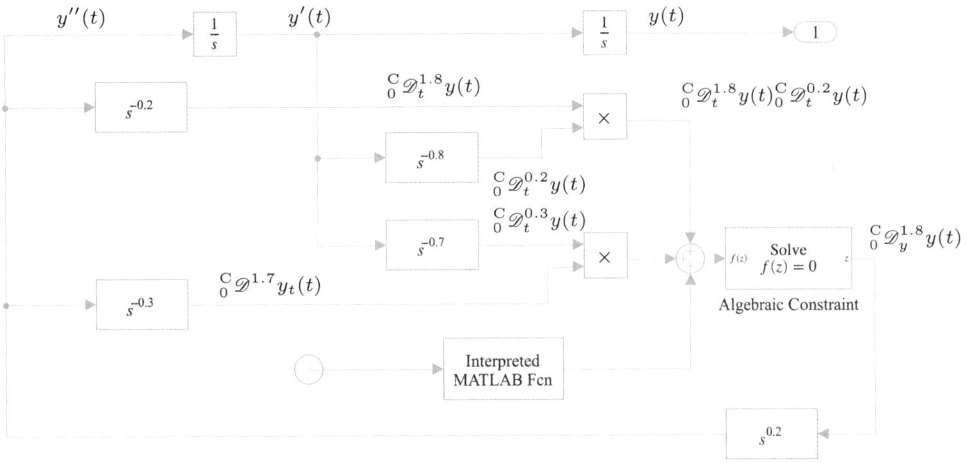

图10-54 隐式微分方程的Simulink模型(模型名:c10mimps.slx)

如下选择Oustaloup滤波器参数，则可以得出该隐式微分方程的数值解，最大误差为3.8182×10^{-5}，耗时334.8s。和其他模型相比，这个方程求解过程的耗时较长，这是因为系统中有代数环的存在，每步仿真均需求解一次代数方程的缘故。

```
>> ww=[1e-5 1e5]; n=30;
   tic, [t,x,y]=sim('c10mimps'); toc, max(abs(y-exp(-t/2)))
```

其实，通过前面给出的两个例子可以看出，理论上用这样的建模方式可以仿真任意复杂的分数阶Caputo常微分方程。如果选择的Oustaloup滤波器参数选择合理，可以容易高效地得出问题的数值解。

10.7 习题

10.1 考虑一个餐馆小费付费问题[127]。假设平均小费为15%消费，试根据服务水平(例如，可以分为好、中、差或更详细的分段)和食物质量(也可以根据实际情况分成若干段)建立起小费确定的模糊推理系统。

10.2 已知表10-15的样本点(x_i,y_i)数据，试利用神经网络理论在$x\in(1,10)$求解绘制出样本对应的函数曲线。还可以尝试不同的神经网络结构和训练算法，将基于神经网络的曲线拟合结果和前面介绍的分段三次多项式插值的算法进行比较。

表10-15 习题10.2的数据

x_i	1	2	3	4	5	6	7	8	9	10
y_i	244.0	221.0	208.0	208.0	211.5	216.0	219.0	221.0	221.5	220.0

10.3 假设已知实测数据由表10-16给出，试利用神经网络对(x,y)在$(0.1,0.1)\sim(1.1,1.1)$区域内的点进行插值，并用三维曲面的方式绘制出基于神经网络的插值结果。

表10-16 习题10.3的数据

y_i	x_1	x_2	x_3	x_4	x_5	x_6	x_7	x_8	x_9	x_{10}	x_{11}
0	0.1	0.2	0.3	0.4	0.5	0.6	0.7	0.8	0.9	1	1.1
0.1	0.8304	0.8273	0.8241	0.8210	0.8182	0.8161	0.8148	0.8146	0.8158	0.81853	0.82304
0.2	0.8317	0.8325	0.8358	0.8420	0.8513	0.8638	0.8798	0.8994	0.9226	0.9496	0.9801
0.3	0.8359	0.8435	0.8563	0.8747	0.8987	0.9284	0.9638	1.0045	1.0502	1.1	1.1529
0.4	0.8429	0.8601	0.8854	0.9187	0.9599	1.0086	1.0642	1.1253	1.1904	1.257	1.3222
0.5	0.8527	0.8825	0.9229	0.9735	1.0336	1.1019	1.1764	1.254	1.3308	1.4017	1.4605
0.6	0.8653	0.9105	0.9685	1.0383	1.1180	1.2046	1.2937	1.3793	1.4539	1.5086	1.5335
0.7	0.88078	0.9440	1.0217	1.1118	1.2102	1.311	1.4063	1.4859	1.5377	1.5484	1.5052
0.8	0.8990	0.9828	1.082	1.1922	1.3061	1.4138	1.5021	1.5555	1.5573	1.4915	1.3460
0.9	0.9201	1.0266	1.1482	1.2768	1.4005	1.5034	1.5661	1.5678	1.4889	1.3156	1.0454
1	0.9438	1.0752	1.2191	1.3624	1.4866	1.5684	1.5821	1.5032	1.315	1.0155	0.6248
1.1	0.9702	1.1279	1.2929	1.4448	1.5564	1.5964	1.5341	1.3473	1.0321	0.6127	0.1476

10.4 假设通过实验测出一系列数据，可以列出一个60×13的表格，由文件`c10rsdat.txt`给出，其中，每行为一个样本，前12列每列对应一个条件，最后一列表示某事件是否发生的标志，试用粗糙集的方法找出前12个条件中哪些条件对事件的发生起着重要的作用。

10.5 人工神经网络在曲线与曲面拟合方面的应用是很普遍的，试利用人工神经网络作为主要工具，重新求解第8章的例题与习题，并观察与样条插值相比神经网络在解决曲线曲面插值方面的优劣性。

10.6 De Jong最优化问题[79]是一个富有挑战性的最优化基准测试问题，其目标函数为

$$J=\min_{\boldsymbol{x}}\ \boldsymbol{x}^{\mathrm{T}}\boldsymbol{x}=\min_{\boldsymbol{x}}\ (x_1^2+x_2^2+\cdots+x_{20}^2)$$

若$-512\leqslant x_i\leqslant 512, i=1,2,\cdots,20$，试用遗传算法得出其最优化问题的解，并用普通的无约束最优化算法函数`fminunc()`求解同样的问题，比较两种方法所需的时间和精度。显然，该问题的全局最优解为$x_1=x_2=\cdots=x_{20}=0$。

10.7 试利用遗传算法求解下面的有约束最优化问题，并和传统数值方法进行比较。

$$\min\quad \frac{1}{2\cos x_6}\left[x_1x_2(1+x_5)+x_3x_4\left(1+\frac{31.5}{x_5}\right)\right]$$

$$\boldsymbol{x}\ \text{s.t.}\left\{\begin{array}{l}0.003079x_1^3x_2^3x_5-\cos^3 x_6\geqslant 0\\ 0.1017x_3^3x_4^3-x_5^2\cos^3 x_6\geqslant 0\\ 0.09939(1+x_5)x_1^3x_2^2-\cos^2 x_6\geqslant 0\\ 0.1076(31.5+x_5)x_3^3x_4^2-x_5^2\cos^2 x_6\geqslant 0\\ x_3x_4(x_5+31.5)-x_5[2(x_1+5)\cos x_6+x_1x_2x_5]\geqslant 0\\ 0.2\leqslant x_1\leqslant 0.5, 14<\leqslant x_2\leqslant 22, 0.35\leqslant x_3\leqslant 0.6\\ 16\leqslant x_4\leqslant 22, 5.8\leqslant x_5\leqslant 6.5, 0.14\leqslant x_6\leqslant 0.2618\end{array}\right.$$

10.8 遗传算法、粒子群算法等最优化方法的最大优势是寻找非凸无约束最优化问题的全局最优解，有时也可以将其用于有约束最优化问题的求解。试利用这些工具重新求解第6章中例题与习题，并观察这些所谓全局优化算法在求解实际最优化问题中的优劣。

10.9 小波分析技术是一种比较常用的信号滤波的工具。试用小波分析技术对第9章中的相关例题与习题重新求解，比较该方法与传统线性滤波器滤波效果的优劣。

10.10 假设由下面的语句可以生成噪声污染的信号：

```
>> t=0:0.005:5; y=15*exp(-t).*sin(2*t); r=0.3*randn(size(y)); y1=y+r;
```

试用小波分解与小波重建方法对该信号进行滤波处理,并和第8章习题中的结果进行比较。

10.11 给定信号 $f(t)=\mathrm{e}^{-3t}\sin(t+\pi/3)+t^2+3t+2$,试利用定义计算出该函数的0.2阶微分信号及0.7阶积分信号,并将结果信号用曲线表示出来。

10.12 分别为习题10.11给出的信号设计出连续滤波器,并对该信号进行分数阶微积分运算,和前面介绍出的较精确的数值结果相比较,研究所用方法的精度。

10.13 试对已知函数 $f(t)=\mathrm{e}^{-t}$ 求取0.5阶导数与1.5阶Riemann–Liouville与Caputo导数,可以采用不同的计算步长与计算程序直接计算,并评价得出结果的精度与速度。已知 $f(t)$ 的 α 阶Riemann–Liouville导数的解析解为 $t^{-\alpha}\mathrm{E}_{1,1-\alpha}(-t)$,Caputo导数为 $(-1)^m t^{\gamma}\mathrm{E}_{1,1+\gamma}(-t)$,其中,$m=\lceil\alpha\rceil$,$\gamma=m-\alpha$。

10.14 假设已知分数阶线性微分方程为[106]

$$0.8\mathscr{D}_t^{2.2}y(t)+0.5\mathscr{D}_t^{0.9}y(t)+y(t)=1,\quad y(0)=y'(0)=y''(0)=0$$

试求该微分方程的数值解。若将微分阶次2.2近似成2, 0.9阶近似成一阶, 则可以将该微分方程近似为整数阶微分方程,试比较整数阶近似的计算精度。

10.15 试求解下面的非线性单项Caputo微分方程[141]。

$$\mathscr{D}^{\alpha}y(t)=\frac{40320}{\Gamma(9-\alpha)}t^{8-\alpha}-3\frac{\Gamma(5+\alpha/2)}{\Gamma(5-\alpha/2)}t^{4-\alpha/2}+\frac{9}{4}\Gamma(\alpha+1)+\left(\frac{3}{2}t^{\alpha/2}-t^4\right)^3-y^{3/2}(t)$$

其中,时间区间为 $t\in(0,1)$,初始值为 $y(0)=0, y'(0)=0$。已知该方程的解析解为 $y(t)=t^8-3t^{4+\alpha/2}+9t^{\alpha}/4$。若令 $\alpha=1.25$,试评估MATLAB求解程序的精度与速度。

10.16 试搭建Simulink模型求解习题10.15中的单项Caputo微分方程。

10.17 试求解下面的零初值分数阶非线性微分方程,其中,$f(t)=2t+2t^{1.545}/\Gamma(2.545)$。如果该方程是Caputo微分方程,且已知 $y(0)=-1, y'(0)=1$,试重新求解该方程。

$$\mathscr{D}^2x(t)+\mathscr{D}^{1.455}x(t)+\left[\mathscr{D}^{0.555}x(t)\right]^2+x^3(t)=f(t)$$

10.18 设分数阶非线性微分方程由图10-55中的Simulink模型描述,试写出该微分方程的数学表达式,并绘制出输出信号 $y(t)$。

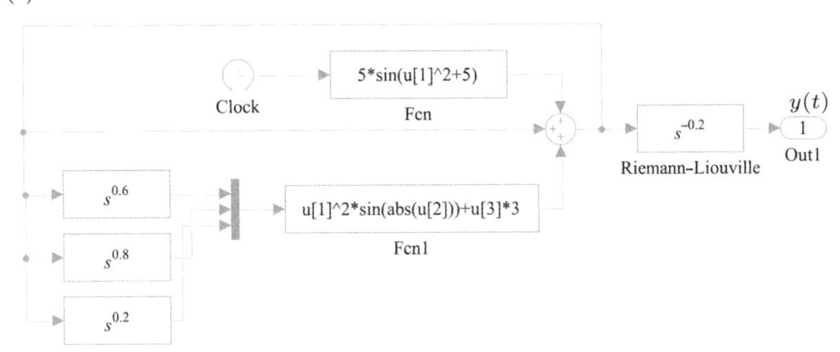

图10-55 非线性分数阶微分方程的Simulink描述 (文件名: c10mfodex.slx)

10.19 试求解Bagley–Torvik方程[141] $Ay''(t)+B\mathscr{D}^{3/2}y(t)+Cy(t)=C(t+1)$, $y(0)=y'(0)=1$,并验证该方程的解与常数 A,B,C 的取值无关。

10.20 文献[50]提出了5个微分方程求解的基准测试问题,前面已经求解了其中两个,试用Simulink直接求解剩下的三个问题,并与给出的解析解进行比较,评价求解效果。

① ${}_0^{\mathrm{C}}\mathscr{D}_t^{1.6}y(t)=t^{0.4}\mathrm{E}_{1,1.4}(-t), 0\leqslant t\leqslant 100, x(0)=1, x'(0)=-1$,其解析解为 $y(t)=\mathrm{e}^{-t}$。

② 线性非零初值的分数阶微分方程。

$$y'''(t)+{}_0^{\mathrm{C}}\mathscr{D}_t^{2.5}y(t)+y''(t)+4y'(t)+{}_0^{\mathrm{C}}\mathscr{D}_t^{0.5}y(t)+4y(t)=6\cos t$$

已知初值为 $y(0)=1, y'(0)=1, y''(0)=-1$,且 $0\leqslant t\leqslant 10$,其解析解为 $y(t)=\sqrt{2}\sin(t+\pi/4)$。

③ 分数阶非线性状态方程。

$$\begin{cases} {}_0^{\mathrm{C}}\mathscr{D}_t^{0.5}x(t)=\dfrac{1}{2\Gamma(1.5)}\left(\left[(y(t)-2)(z(t)-3)\right]^{1/6}+\sqrt{t}\right) \\ {}_0^{\mathrm{C}}\mathscr{D}_t^{0.2}y(t)=\Gamma(2.2)\left[x(t)-1\right] \\ {}_0^{\mathrm{C}}\mathscr{D}_t^{0.6}z(t)=\dfrac{\Gamma(2.8)}{\Gamma(2.2)}\left[y(t)-2\right] \end{cases}$$

其中,$x(0)=1$,$y(0)=2$,$z(0)=3$。该分数阶状态方程的解析解为 $x(t)=t+1$,$y(t)=t^{1.2}+2$,$z(t)=t^{1.8}+3$,且 $0\leqslant t\leqslant 10$。

参 考 文 献

[1] Wolfram S. The Mathematica book[M]. 5th ed. Champaign：Wolfram Media，2003.

[2] Monagan M B，Geddes K O，Heal K M，et al. Maple 11 advanced programming guide[M]. 2nd ed. Waterloo：Maplesoft，2007.

[3] Garbow B S，Boyle J M，Dongarra J J，et al. Matrix eigensystem routines—EISPACK guide extension[M]. New York：Springer-Verlag，1977.

[4] Smith B T，Boyle J M，Dongarra J J，et al. Matrix eigensystem routines—EISPACK guide[M]. 2nd ed. New York：Springer-Verlag，1976.

[5] Dongarra J J，Bunsh J R，Molor C B. LINPACK user's guide[M]. Philadelphia：Society of Industrial and Applied Mathematics，1979.

[6] Numerical Algorithm Group. NAG FORTRAN library manual[Z]. 1982.

[7] Press W H，Flannery B P，Teukolsky S A，et al. Numerical recipes，the art of scientific computing[M]. Cambridge：Cambridge University Press，1986.

[8] Anderson E，Bai Z，Bischof C，et al. LAPACK users' guide[M]. Philadelphia：SIAM Press，1999.

[9] Gomez C，Bunks C，Chancelier J-P，et al. Engineering and scientific computing with Scilab[M]. New York：Springer，1999.

[10] Majewski M. MuPAD pro computing essentials[M]. 2nd ed. Berlin：Springer，2004.

[11] The MathWorks Inc. MATLAB getting started[Z]. 2022.

[12] The MathWorks Inc. MATLAB mathematics[Z]. 2022.

[13] The MathWorks Inc. MATLAB graphics[Z]. 2022.

[14] The MathWorks Inc. MATLAB symbolic toolbox user's manual[Z]. 2022.

[15] The MathWorks Inc. MATLAB optimization toolbox user's manual[Z]. 2022.

[16] The MathWorks Inc. MATLAB splines toolbox user's manual[Z]. 2022.

[17] The MathWorks Inc. MATLAB statistics toolbox user's manual[Z]. 2022.

[18] The MathWorks Inc. MATLAB fuzzy logic toolbox user's manual[Z]. 2022.

[19] The MathWorks Inc. MATLAB neural network toolbox user's manual[Z]. 2022.

[20] The MathWorks Inc. MATLAB genetic algorithm and direct search toolbox user's manual[Z]. 2022.

[21] The MathWorks Inc. MATLAB wavelet toolbox user's manual[Z]. 2022.

[22] 薛定宇. 薛定宇教授大讲堂（卷Ⅰ）：MATLAB程序设计[M]. 北京：清华大学出版社，2019.

[23] 薛定宇. 薛定宇教授大讲堂（卷Ⅱ）：MATLAB微积分运算[M]. 北京：清华大学出版社，2019.

[24] 薛定宇. 薛定宇教授大讲堂（卷Ⅲ）：MATLAB线性代数运算[M]. 北京：清华大学出版社，2019.

[25] 薛定宇. 薛定宇教授大讲堂（卷Ⅳ）：MATLAB最优化计算[M]. 北京：清华大学出版社，2020.

[26] 薛定宇. 薛定宇教授大讲堂(卷V): MATLAB微分方程求解 [M]. 北京:清华大学出版社,2020.

[27] 薛定宇. 薛定宇教授大讲堂(卷VI): Simulink建模与仿真 [M]. 北京:清华大学出版社,2021.

[28] Xue D Y. Mathematics education made more practical with MATLAB[R]. Presentation at the First MathWorks Asian Research Faculty Summit,Tokyo,Japan,November,2014.

[29] Lamport L. LaTeX: a document preparation system — User's guide and reference manual[M]. 2nd ed. Reading MA: Addison-Wesley Publishing Company,1994.

[30] 薛定宇. 薛定宇教授大讲堂(卷I): MATLAB程序设计 [M]. 2版. 北京:清华大学出版社,2022.

[31] Gilbert D. Extended plotyy to three y-axes[Z]. MATLAB Central File ID: # 1017,2001.

[32] Bodin P. PLOTY4 support for four y axes[Z]. MATLAB Central File ID: # 4425,2004.

[33] Gilbert D. PLOTXX create graphs with two x axes[Z]. MATLAB Central File ID: # 317,1999.

[34] Atherton D P,Xue D. The analysis of feedback systems with piecewise linear nonlinearities when subjected to Gaussian inputs. // Kozin F,Ono T. Control systems,topics on theory and application[M]. Tokyo: Mita Press,1991: 23–38.

[35] Register A H. A guide to MATLAB object-oriented programming[M]. Boca Raton: CRC Press,2007.

[36] 薛定宇,陈阳泉. 高等应用数学问题的MATLAB求解 [M]. 3版. 北京:清华大学出版社,2013.

[37] 吉米多维奇. 数学分析习题集 [M]. 李荣涑,译. 北京:人民教育出版社,1979.

[38] Ďuriš F. Infinite series: convergence tests[D]. Katedra Informatiky, Fakulta Matematiky, Fyziky a Informatiky,Univerzita Komenského,Bratislava,Slovakia,2009.

[39] 陈传璋,金福临,朱学炎,等. 数学分析 [M]. 北京:人民教育出版社,1979.

[40] 薛定宇. 高等应用数学问题的MATLAB求解 [M]. 4版. 北京:清华大学出版社,2018.

[41] Magalhaes Jr P A A,Magalhaes C A. Higher-order Newton–Cotes formulas[J]. Journal of Mathematics and Statistics,2010,6(2): 193–204.

[42] Wilson H,Gardner B. Numerical integration toolbox (NIT) [Z]. 1995.

[43] Moler C B,Stewar G W. An algorithm for generalized matrix eigenvalue problems [J]. SIAM Journal of Numerical Analysis,1973,10: 241–256.

[44] Klema V,Laub A. The singular value decomposition: Its computation and some applications [J]. IEEE Transactions on Automatic Control,1980,AC-25(2): 164–176.

[45]《数学手册》编写组. 数学手册 [M]. 北京:人民教育出版社,1979.

[46] Beezer R A. A first course in linear algebra[M]. 2.99 ed. Washington: Department of Mathematics and Computer Science University of Puget Sound,2012.

[47] Moler C B, van Loan C F. Nineteen dubious ways to compute the exponential of a matrix[J]. SIAM Review,1979,20: 801–836.

[48] 黄琳. 系统与控制理论中的线性代数 [M]. 北京:科学出版社,1984.

[49] 薛定宇,陈阳泉. 高等应用数学问题的MATLAB求解 [M]. 北京:清华大学出版社,2004.

[50] Xue D Y. Fractional-order control systems—Fundamentals and numerical implementations[M]. Berlin: de Gruyter,2017.

[51] 薛定宇. 分数阶微积分学与分数阶控制 [M]. 北京:科学出版社,2018.

[52] Valsa J,Brančik L. Approximate formulae for numerical inversion of Laplace transforms [J]. International Journal of Numerical Modelling: Electronic Networks,Devices and Fields,1998,11(3): 153–166.

[53] Valsa J. Numerical inversion of Laplace transforms in MATLAB[Z]. MATLAB Central File ID: #32824,

2011.
[54] Callier F M, Winkin J. Infinite dimensional system transfer functions. // Curtain R F, Bensoussan A, Lions J L. Analysis and Optimization of Systems: State and Frequency Domain Approaches for Infinite-Dimensional Systems[M]. Berlin: Springer-Verlag, 1993.
[55] 宋叔尼，孙涛，张国伟. 复变函数与积分变换 [M]. 北京：科学出版社，2006.
[56] 西安交通大学高等数学教研室. 复变函数 [M]. 2 版. 北京：人民教育出版社，1981.
[57] 郑大钟. 线性系统理论 [M]. 2 版. 北京：清华大学出版社，2002.
[58] Garrity M. Implicit surface intersections [OL]. (2015). [2023-2-2]. https://blogs.mathworks.com/graphics/2015/07/22/implicit-surface-intersections.
[59] Nelder J A, Mead R. A simplex method for function minimization[J]. Computer Journal, 1965, 7: 308–313.
[60] Goldberg D E. Genetic algorithms in search, optimzation and machine learning[M]. Reading, MA: Addison-Wesley, 1989.
[61] D'Errico J. Fminsearchbnd [Z]. MATLAB Central File ID: #8277, 2005.
[62] Hillier F S, Lieberman G J. Introduction to operations research[M]. 10th ed. New York: McGraw-Hill Education, 2015.
[63] Henrion D. A review of the global optimization toolbox for Maple[Z]. 2006.
[64] Kuipers K. BNB20 solves mixed integer nonlinear optimization problems[Z]. MATLAB Central File ID: #95, 2000.
[65] Leyffer S. Deterministic methods for mixed integer nonlinear programming[R]. Department of Mathematics & Computer Science, University of Dundee, 1993.
[66] Cha J Z, Mayne R W. Optimization with discrete variables via recursive quadratic programming: Part 2—algorithms and results[J]. Transactions of the ASME, Journal of Mechanisms, Transmissions, and Automation in Design, 1994, 111: 130–136.
[67] Boyd S, Ghaoui L El, Feron E, et al. Linear matrix inequalities in systems and control theory[M]. Philadelphia: SIAM books, 1994.
[68] Willems J C. Least squares stationary optimal control and the algebraic Riccati equation[J]. IEEE Transactions on Automatic Control, 1971, 16(6): 621–634.
[69] Scherer C, Weiland S. Linear matrix inequalities in control[R]. Delft University of Technology, 2005.
[70] Löfberg J. YALMIP: A toolbox for modeling and optimization in MATLAB[C]. Proceedings of IEEE International Symposium on Computer Aided Control Systems Design. Taipei, 2004: 284–289.
[71] Löfberg J. YALMIP Toolbox[OL]. [2023-2-2]. http://control.ee.ethz.ch/~joloef/yalmip.php.
[72] 高雷阜. 最优化理论与方法 [M]. 沈阳：东北大学出版社，2005
[73] Cao Y. Pareto set[Z]. MATLAB Central File ID: # 15181, 2007.
[74] Bellman R. Dynamic programming[M]. Princeton: Princeton University Press, 1957.
[75] The MathWorks Inc. Bioinformatics users manual[Z]. 2022.
[76] 林诒勋. 动态规划与序贯最优化 [M]. 开封：河南大学出版社，1997.
[77] Dijkstra E W. A note on two problems in connexion with graphs[J]. Numerische Mathematik, 1959, 1: 269–271.
[78] Sturmfels B. Solving systems of polynomial equations[M]. CBMS Conference on Solving Polynomial Equations, Held at Texas A & M University, American Mathematical Society, 2002.

[79] Chipperfield A，Fleming P. Genetic algorithm toolbox user's guide[R]. Department of Automatic Control and Systems Engineering，University of Sheffield，1994.

[80] Ackley D H. A connectionist machine for genetic hillclimbing[M]. Boston，USA：Kluwer Academic Publishers，1987.

[81] Floudas C A，Pardalos P M. A collection of test problems for constrained global optimization algorithms[M]. Berlin：Springer-Verlag，1990.

[82] Chakri A，Ragueb H，Yang X-S. Bat algorithm and directional bat algorithm with case studies[M]. Yang X-S ed. Nature-inspired Algorithms and Applied Optimization. Switzerland：Springer，2018：189–216.

[83] Forsythe G E，Malcolm M A，Moler C B. Computer methods for mathematical computations[M]. Englewood Cliffs：Prentice-Hall，1977.

[84] Govorukhin V. Ode87 integrator[R]. MATLAB Central File ID：#3616，2003.

[85] Polyanin A D，Zaitsev V F. Handbook of ordinary differential equations—Exact solutions，methods and problems[M]. Boca Raton：CRC Press，2018.

[86] Bogdanov A. Optimal control of a double inverted pendulum on a cart[R]. Technical report，Department of Computer Science & Electrical Engineering，Oregon Health & Science University，2004.

[87] 武汉大学计算数学教研室，山东大学计算数学教研室. 计算方法[M]. 北京：人民教育出版社，1979.

[88] Liberzon D，Morse A S. Basic problems in stability and design of switched systems[J]. IEEE Control Systems Magazine，1999，19(5)：59–70.

[89] 孙增圻，袁曾任. 控制系统计算机辅助设计[M]. 北京：清华大学出版社，1998.

[90] Åström K J. Introduction to stochastic control theory[M]. London：Academic Press，1970.

[91] Shampine L F，Kierzenka J，Reichelt M W. Solving boundary value problems for ordinary differential equation problems in MATLAB with bvp4c[Z]. 2000.

[92] Ascher U M，Mattheij R M M，Russel R D. Numerical solution of boundary value problems for ordinary differential equations[M]. Philadelphia：SIAM Press，1995.

[93] The MathWorks. Using MATLAB [Z]. 2004.

[94] The MathWorks Inc. Simulink user's manual[Z]. 2007.

[95] 薛定宇，陈阳泉. 基于MATLAB/Simulink的系统仿真技术与应用[M]. 2版. 北京：清华大学出版社，2011.

[96] Enns R H，McGuire G C. Nonlinear physics with MAPLE for scientists and engineers[M]. 2nd ed. Boston：Birkhäuser，2000.

[97] 张化光，王智良，黄伟. 混沌系统的控制理论[M]. 沈阳：东北大学出版社，2003.

[98] Molor C B. Numerical computing with MATLAB[M]. MathWorks Inc，2004.

[99] Ascher U M，Petzold L R. Computer methods for ordinary differential equations and differential–algebraic equations[M]. Philadelphia：SIAM Press，1998.

[100] Hairer E，Nørsett S P，Wanner G. Solving ordinary differential equations I：Nonstiff problems[M]. 2nd ed. Berlin：Springer-Verlag，1993.

[101] Bellen A，Zennaro M. Numerical methods for delay differential equations[M]. Oxford：Oxford University Press，2003.

[102] Shampine L F，Thompson S. Solving DDEs in MATLAB[J]. Applied Numerical Mathematics，2001，37(4)：441–458.

[103] 李岳生，黄友谦. 数值逼近[M]. 北京：人民教育出版社，1978.

[104] Bosley M J, Kropheller H W, Lees F P. On the relation between the continued fraction expansion and moments matching methods of model reduction[J]. International Journal of Control, 1973, 18: 461–474.

[105] Abramowita M, Stegun I A. Handbook of mathematical functions with formulas, graphs and mathematical tables[M]. 9th ed. Washington D.C.: United States Department of Commerce, National Bureau of Standards, 1970.

[106] Podlubny I. Fractional differential equations[M]. San Diego: Academic Press, 1999.

[107] Shukla A K, Prajapati J C. On a generalization of Mittag-Leffler function and its properties[J]. Journal of Mathematical Analysis and Applications, 2007, 336: 797–811.

[108] Podlubny I. Mittag-Leffler function[Z]. MATLAB Central File ID: #8738, 2012.

[109] Seybold H J, Hilfer R. Numerical results for the generalized Mittag-Leffler function[J]. Fractional Calculus & Applied Analysis, 2005, 8(2): 127–139.

[110] Oppenheim A V, Schafer R W. Digital signal processing[M]. Englewood Cliffs: Prentice-Hall, 1975.

[111] Xue D. Analysis and computer aided design of nonlinear systems with Gaussian inputs[D]. Brighton: Sussex University, 1992.

[112] The MathWorks Inc. Signal processing user's guide[Z]. 2007.

[113] Davis P J. Leonhard Euler's integral: An historical profile of the Gamma function[J]. The American Mathematical Monthly, 1959, 66: 849–869.

[114] Waldschmidt M. Transcendence of periods: the state of the art[J]. Pure and Applied Mathematics Quarterly, 2006, 2(2): 435–463.

[115] Janicki A, Weron A. Simulation and chaotic behavior of α-stable stochastic processes[M]. New York: Marcel Dekker Inc, 1994.

[116] Veillette M. STBL: α-stable distributions for MATLAB[Z]. MATLAB Central File ID: # 37514, 2012.

[117] Ross M S. Introduction to probability and statistics for engineers and scientists[M]. 4th ed. Burlington, MA: Elsevier Academic Press, 2009.

[118] 赵选民，师义民. 概率论与数理统计典型题分析解集 [M]. 西安：西北工业大学出版社，1999.

[119] Landau D P, Binder K. A guide to Monte Carlo simulations in statistical physics[M]. Cambridge: Cambridge University Press, 2000.

[120] Moore D S, McCabe G P, Craig B A. Introduction to the practice of statistics[M]. 6th ed. New York: W H Freeman and Company, 2007.

[121] Trujillo-Ortiz A. Moutlier1 [Z]. MATLAB Central File ID: #12252, 2013.

[122] Conover W J. Practical nonparametric statistics[M]. New York: Wiley, 1980.

[123] 陆璇. 应用统计 [M]. 北京：清华大学出版社，1999.

[124] Weisstein E W. Goldbach conjecture [OL]. [2023-2-2]. http://mathworld.wolfram.com/GoldbachConjecture.html.

[125] Zadeh L A. Fuzzy sets[J]. Information and Control, 1965, 8: 338–353.

[126] 汪培庄. 模糊集合论及其应用 [M]. 上海：上海科学技术出版社，1983.

[127] The MathWorks Inc. Fuzzy logic toolbox user's manual [Z]. 2007.

[128] Pawlak Z. Rough sets—Theoretical aspects of reasoning about data[M]. Boston: Kluwer Academic Publishers, 1991.

[129] 张雪峰. 粗糙集数据分析系统应用平台的研究与程序开发 [D]. 沈阳：东北大学，2004.

[130] Hagan M T, Demuth H B, Beale M H. Neural network design[M]. PWS Publishing Company, 1995.

[131] 王旭, 王宏, 王文辉. 人工神经元网络原理与应用 [M]. 沈阳: 东北大学出版社, 2000.

[132] 邵军力, 张景, 魏长华. 人工智能基础 [M]. 北京: 电子工业出版社, 2000.

[133] Houck C R, Joines J A, Kay M G. A genetic algorithm for function optimization: A MATLAB implementation[Z]. 1995.

[134] Kennedy J, Eberhart R. Particle swarm optimization[C]. Proceedings of IEEE International Conference on Neural Networks. Perth, Australia, 1995: 1942–1948.

[135] Vinagre B M, Chen Y Q. Fractional calculus applications in automatic control and robotics[C]. 41st IEEE CDC, Tutorial workshop 2, Las Vegas, 2002.

[136] Xue D Y. FOTF Toolbox[Z]. MATLAB Central File ID: #60874, 2017.

[137] Hilfer R. Applications of fractional calculus in physics[M]. Singapore: World Scientific, 2000.

[138] Petráš I, Podlubny I, O'Leary P. Analogue realization of fractional order controllers[R]. TU Košice: Fakulta BERG, 2002.

[139] Oustaloup A, Levron F, Nanot F, et al. Frequency band complex non integer differentiator: characterization and synthesis[J]. IEEE Transactions on Circuits and Systems I: Fundamental Theory and Applications, 2000, 47(1): 25–40.

[140] Xue D, Zhao C N, Chen Y Q. A modified approximation method of fractional order system[C]. Proceedings of IEEE Conference on Mechatronics and Automation. Luoyang, China, 2006: 1043–1048.

[141] Diethelm K. The analysis of fractional differential equations: An application-oriented exposition using differential operators of Caputo type[M]. New York: Springer, 2010.

MATLAB函数名索引

本书涉及大量的MATLAB函数与作者编写的MATLAB程序、模型，为方便查阅与参考，这里给出重要的MATLAB函数调用语句的索引，其中黑体字页码表示函数定义和调用格式页，标注为∗的为作者编写的函数，标注‡的为可以下载的网上资源。

A

abs 33 57 80 143 **170** 197 348
acos 143
addrule **398**
addvar **396**
all 21 130 **392**
angle **170**
anova1 **382**
anova2 384
any 21 130 345
any_matrix* **112**
any_matrixfcn* 111
apolloeq* 268 269
appcoef **424**
are **142** 143 197
arguments **29** 111
asin 143
assignin 197
assignment_prog* 230
assume 15 16 84 164
assumeAlso 15 16 111 174 337
assumptions **15**
atan 64 89 143
atan2 177
axes 313
axis 47 48 90 189 264 317 421 430

B

balreal 282
bar **35** 36 283 306 361
besselh/besselj/besselk 167 **340**
beta **339**
binopdf 363
bintprog 228
binvar 235
biograph **244**
BNB20_new* **225** 226–229
bode 51
break 24–26 110 128 197 220 314 332
butter **350** 351
bvp5c **289** 290 291
bvpinit 289 291

C

c2d 282
c3ffun* 93
c6exinl* 226 227
c6exmcon* **220**
c6exnls* 221 222 419
c6fun3* 209
c6mdisp* 227
c6mmibp* 229
c7impode* **277**
c7mdde2/3/5/6.mdl* 303–305
c7mdde2/35//6.mdl* 303 304
c7mlor1a.mdl*/c7mlor1b.mdl* 302
c7mlor1a.slx*/c7mlor1b.slx* 302
c7mnlrsys.mdl* 306
c7mode1* 302
c7mrand.mdl* 306
caputo* 431
caputo9* **431**
case 205
cdf **355**
ceil **22** 23 226

char 159 254 255
charpoly 116 117
cheby_poly* **336**
cheby1/cheby2 **350**
chi2rnd **360**
chol/cholsym* **127** 128 152
clabel **45** 46
class 222
classdef 52
clear 418
coeffs **117** 142
collect 21 72 78 116 148 149 158
collect* 54 56 57
colormap 189
comet **35**
comet3 263
compan/compansym* **110** 111
compass **35**
cond **132**
conj 143 **170** 197
continue 134
contour 40 **45** 46 69 205
contour3 **41** **45** 46 208
contourf **45** 46
conv 30 31 349 350 426
convs 350 426
convs* 30 31
core* **402** 403
corr 386
corrcoef **346** 347
cos 143 147 148 158 163 164 180 203 348 417
cov **368**
cplxgrid **171** 172
cplxmap/cplxmap1* **171** **172**
cplxroot **171** 172
cputime 199 202
csapi **322** 323 **324** 325 326
curl **73**
cwt **421**
cylinder **45**

D

dde23 **284**
ddensd **287** 288
ddesd **285** 286 287
dec2mat 234
decic **277** 278 280
default_vals* 201
delete 42 314
det 110 **112** 113
detcoef **424**
diag **108** 109 146 147 149 216 282 287 304
diagm* **109** 145
diff 57 **67** **68** 69 71 72 74 89 90 254 275 290 325 326
diff_eq* **182**
dijkstra* 245 **246** 247
diophantine* **142**
disp 53 134 166 168
display* 53
divergence **73**
dlyap **138**
doc 69
double 14 66 67 69 89 **111** 115 138 191 235 236
dsolve **254** 255 256 258
dwt **422** 423

E

eig **121** **122** 129 386
elseif **25** 28 177
eps **14** 57 94 131 177 266 290
eq* 61
error 28 52 56 139 245
errorbar **35** 373–376
eval 112
evalfis **398** 399
exp 19 143 144 147 148 157 158 161
expand 21
expm **144** 145–147 200 257 274
eye **107** 115 116 118 119 123 185
ezimplot3‡ 47
ezplot 36 77 171 191 192
ezsurf 44 326

F

factor 21 **22** 23
factorial 30 64 173
feasp **234**
feather **35**
feedforwardnet **407**
fft 348
fft/fft2/fftn 164 165
fgoalattain **242**
figure 46 48 172 281 319
fill **35** 86 94
fill3 39
filter **349** 350 351

fimplicit **36** 202
fimplicit3 **46**
find 21 57 147 149 211 223
findsum* 27 28
fitnet 11 407 410–412
fitting_poly* **335** 336
fix **22** 23
fliplr 128 386
floor **22** 23 143 164 348
fmincon **219** 220–222 237
fmincon_global* **222**
fminimax **241**
fminsearch **204** 205
fminsearchbnd‡ **210**
fminunc **204** **205** 206 209 322
fminunc_global* 207–209 417 418
fnder **325** 326
fnint **326**
fnplt **322** 323–326
fnval **322** 326
fode_caputo9* 437
fode_sol* **436**
for **24** 25 28–30 48 53 56 115 134 197 207 348 417–419
format 81 118 175 177 375
fourier **162** 163
fpdf/fcdf/finv 358
fplot 67 77 256
fplot3 46
freqz **349** 350 351
frnd **360**
fseries* **79** 80
fsolve **195** 196 197 277
fsurf 40 42 **44** 66 206
full **111** 243
funm 200
funm/funmsym* **144** **147** 148
funmsym* 150
fuzzy 396

G

ga **415** 416–419
gamfit 372
gamma **337** 338 344 345 366 431
gamma_c **339**
gammainc **339**
gampdf/gamcdf/gaminv 357
gamrnd **360** 372
gamstat **366**
gaussmf **394**
gbellmf **393**
gcd **22** 23 **174** 175
get **34** 49 245
getedgesbynodeid 245
getframe 48
getlmis **234**
gevp **234**
ginput 313 314
glfdiff* **429** 430 433
glfdiff9* **429** 430 431
gradient **89** 90
graphshortestpath **244** 245
grid 32 40 263 264
griddata **318** 319 320 322
griddata3/griddatan 321

H

hankel/hankelsym* **108** 116 119 235 333 334
hessian **70**
hilb 23 **109** 113 114 118
hist **35** 283 306 **361**
hold 32 40 49 69 77 80 192 202

I

icdf **355**
icot 143
idwt **422** 423
if **25** 28 30 52 53 56 57 79 96 197 419
ifft/ifft2/ifftn 164 165
ifourier **162**
ilaplace **157** 159
imag 130 143 **170** 177 197 200
impldiff* **72**
ind* 400 402
Inf **14** 63 213 245 247 338 344 346 365
inline 93
int **74** **75** 76 95 98
int2str 112 201
int8/int16/int32 14
integral **93** 94–96 166 315 316
integral2 **97** 98 99
integral3 **99**
interp1 **312** 313–316
interp2 **317** 318
interp3/interpn 321
intersect **391** 392 401
intfunc* **96**

intfunc2* **97** 98
intlinprog 215 **224** 225 228 230
intvar 235
inv **117** 118 119 124 131 140 144 147 149 276 373
inv_pendulum* **271**
inv_z* **169** 170
invhilb **109** 118
INVLAP_new* **159** 160 161
INVLAP‡ **158**
isa 52
isequal 52
isfinite 345
ismember **391** 392 400
isosurface 203
isoutlier 370
isprime **22** 23 392
isstruct 207
iztrans **168** 182 185

J

jacobian **70** 73 209 220
jbtest 380
jordan 129 **130** 131 144 147 149
jordan_real* 130 131
julia* 189

K

kron **55** 56 **137** 138 139
kronsum* 55 56
kstest **381**

L

lagrange* **314**
laplace **156** 157 158
laplacian **71**
lasterr 26
latex 22 67 157
laurent_series* 179 180
lcm **22** 23
legendre **341**
length 30 48 52 53 56 57 112 173 197 266 348 401 429 436
lillietest **380**
limit **63** 64–66 82 173 174
line 191 204 314 320 334 356 361 430
linprog **211** 212–215 238–240
linprog_c* **239**
linspace 48 92 96 97 189 **289** 291 306
lmiterm **234** 235
lmivar **233** 234
load **38** 332
log 82 89 143 166 229 290 330 419
log10 143 345
loglog **35**
logm **144**
lorenz1* **264**
lsqcurvefit **331** 332 333 336 375
lsqlin **239** 240
lsqnonlin **237**
lu **125** 126
lyap/lyapsym* **136** 137 **139** 140
lyap2lmi* **231** **232**

M

mandelbrot* 189
max 89 211 266 275 313 402
mean 283 **366** 382 384 417 418
median 366
mellin_trans* 166
mesh **40**
meshgrid **40** 42 43 45 47–49 66 67 69 90 97 189 203 205 208 210 317 319–321 345 368 399 411 414
methods 52
mfedit 396 397
min 245 268 275 421
mincx **234**
minus* 54 55
mittag_leffler* **343** 344
ml_func* **344** **345**
mle **376** 377
MLF 345
moment **367**
more_sols* **197** 198–200
more_vpasol* **201** **202**
moutlier1‡ **370**
movie 48
mpower* 54 56
mpowersym* 149
mtimes* 54 56
mustBeReal 56
mvnpdf **368**
mvnrnd 369
myhilb*/my_fact*/my_fibo* 28–30
myout* 205

N

NaN **14** 211

nargin 27 28 30 52 96 139 173
nargout 28 53
nchoosek 57 185
ndgrid 223 224 **321** 324 326
net **409** 412
newfis **396**
newrbe 413 414
nlinfit **374** 375 376
nlparci **374** 375 376
nnz 107 417 418
norm 2 19 89 **114** 115 117 118 134 145 193 197 236 290
normfit **371** 380
normpdf/normcdf/norminv 356
normrnd 379
null **134** 135
num_diff* 88 89
num_integral* **91**
num2str 53
numden 21 72

O

ode113 262 266 274
ode15i **277** 278 280
ode15s 262 266 276 277 279
ode23 262 274
ode23s 262
ode23t 266 274
ode23tb 262 266
ode45 **261** 262–264 266–268 271 272 274 275
ode87‡ 262 266 273 274
odeset **262** 266 268 271 273–276 279 280 285 290
ones **107** 226 246 329 330 417 418
open_system **300**
opt_con1*/opt_con2* 219 220
opt_fun2* 220 221
optimize **235**
optimoptions 419
optimproblem **217** 218
optimset **195** 196 198 206 209 212
optimvar **217** 218
orth **123**
overpic 37

P

padefcn*/padefcnsym* **333 334**
paradiff* **71**
paretoset‡ **240**
partfrac **176**
partfrac* 176
particleswarm 415 **416** 417 418
patch 203
path_integral* **85 86** 87
patternnet 407
patternsearch 415 **416** 417 418
pause 48
pcode **31**
pcolor 189
pdebc **292**
pdefun **292**
pdepe **292** 293
pdf **355**
perms **22** 23
pfrac* **177**
pi **14** 32–34 39 44 48 64
pie **361** 362
piecewise **65** 95
piecewise* 163 164
pinv **119** 120 135 136
plot 11 **32** 33 34 64 89 171 200 279 280 290
plot3 **39** 40 263 264 302 319 386
plotperf **409**
plotyy 431
plus* 54
poisspdf/poisscdf/poissinv **355** 356
polar **35**
poles **173**
poly **115** 117
poly1* **115** 117
poly2sym **117** 142 182 334
polyfit **327** 328
polyval **116** 328 334
polyvalm/polyvalmsym* **116** 117
ppoly* **52** 53–57
pretty 157
primes 23
probplot **381**
prod 21 30 173 174 181 314 418
properties 52
psd 347
psd_estm* **348**

Q

quadndg 99 **100**
quadprog **216**
quadspln* **315** 316

quiver **35** 69

R

rand **107** 134 197 241 289 319 320 363 417 418
randi 110
randn **108** 283 348 350 353 364 368 373
random **360** 366 367
rank **113** 114 120 128 131 135 136
rat **22** 23 175
raylcdf/raylinv/raylpdf 358 361 362
raylfit 381
raylrnd **360** 361 380 381
raylstat 366
readfis 399
real 130 143 165 **170** 177 197 200 386
redu* **402** 404
regress **373** 374
rem **22** 184
reshape 55 137–139 201 215 272 345 368 399
residue **175**
residue/residuesym* **173** 174–177
rewrite 146
ric_de* **272**
rk_4* 260 269 274
rng **360**
roots 2 121
rot90 110 333 334
rotate **47** 48 49
round **22** 23 56 215 225 345 373 376
rref **119** 134 135
rsdav3* **404**
rslower*/rsupper* 400 **401**
ruleedit 397

S

save **38**
sc2d* **282**
sdpvar **235** 236
semilogx/semilogy **35** 36 410
set **34** 195 235 236 245 314
setdiff **391** 392 400–402
setlmis **233** 234
setxor **391**
shading 42 189 206 211 421
sigmf **394** 395
sign 33
sim 302–304 **409** 411 412 414
simplify 21 22 68 69 72 74 78 117 149 150 255
simulannealbnd 415 **416** 417 418
sin 11 32 34 36 48 66 **143** 203 257
sinh 98
sinm1* **145**
size 2 55 107 115 116 118 193 197 215
sketcher* **313**
slice **49**
solve **192** 194 **217** 218 270
solvesdp 235 236
sort 53 57 223 224 226 227
spapi **324** 325 326
sparse **111** **243** 244 246 247
sphere **44** 45
sqrt 14 19 42 49 64 65 89 94 95 143 145 181 246
ss 282
stairs **35** 36 184
stblpdf‡ 359
stblrnd‡ 364
std 366
stem **35** 36 164 170 182 347 356
stem3 40
strcmp 222
strrep 53
struct2cell 201
subplot 36 43 90 184 423 436
subs **21** 22 66 68 72 79 84 150 158 159 171 201
sum 25 81 215 218 225 279 348 363 364 367 418 425 436
surf **40** 41 42 45 47 48 66 67 69 211 293 317–320 399
surf_integral* **87** **88**
surfc/surfl 40 61
svd 17 **132** 282
switch/case **25** 26 205
switch_sys* 280 281
sylv_mat* **141** 142
sylvester **139** 140
sym **16** 19 23 81 **111** 113 114 117–119 126 201
sym2poly **117** 334
symprod **82** 83 84
syms 2 **15** 21 22 63–67 89 203
symsum **81** 82 169 344
symvar **63** 173 201

T

tan 32 33 64
tansig 406
taylor **77** **78**
tf 282
tic/toc 25 30 67 92 95 99 100 113 134 197 290

title 32
trace **113** 115
train 11 **408** 409–412
transport_linprog* **214** 215 225
trapz **91** 92 95 315 316
trnd **360**
try/catch **26** 139
ttest **379**

U

uint8/uint16/uint32 14
uminus* 54 55
union **391** 392
unique **391** 392 402

V

vander/vandersym* **110** 117
var 366
varargin 30 79 97 112 344
varargout 31
view 11 **43** 44 206 244
vol_visual4d* **49** 50 321
vpa **15** 75 94 95 98
vpasolve 2 **192** 193 195 199 **200** 201

W

waterfall 40 61
wavedec **424** 425 426
wavefun **423**
waveletAnalyzer **426**
wavemngr **423**
while **24** 27 145 197 220 314
wrcoef **424** 425 426
writefis 398

X

xcorr **347**
xlabel 32
xlim 43 164 165
xlsread **39** 315
xlswrite 39
xor **20**

Y

ylabel 32
ylim 338
yyaxis 34

Z

zeros **107** 110 116 185 197 198 200 215 348
zlim 42 69 172 208
ztest **379**
ztrans **168** 182 185

术 语 索 引

0–1 规划 191 223 228–230 236 424

Abel–Ruffini 定理 2 194 255
Adams 算法 260
alpha 稳定分布 359–361 365 366
ARMA 滤波器 350
ASCII 文件 377

𝒝

B 样条 323 325–327
Bagley–Torvik 方程 449
白噪声 282 283 306 307 349 427
半对数图 35 36
半正定矩阵 127
包含 392
饱和非线性 33 65 307 406
被积函数 73 74 85 87 100 317
本征奇点 178 181
Bessel 函数 167 340 341
Bessel 微分方程 308 340
Beta 分布 356
Beta 函数 337 340
闭环控制 161 262
比较运算 13 20 21
比例因子 360 365
闭式解 4 83 440
变换矩阵 123 130
边界集 401–403
边界条件 255 293
变精度算法 15 157
变量替换 21 73 157 181 205 222 228 425
边权值 244 247
变时间延迟方程 284 286–288 305 306
边值问题 9 254 289–292
标量场 73
表面图 40–42 318 369 426
标准差 349 366 367 379 380 427
标准正态分布 107 108 283 358 369 378
并集 296 392 401
并联连接 187
病态矩阵 132
饼图 362 363
Bode 图 438
Brown 运动 365 366
不定积分 73–75 327
不定式 14 82 212
部分分式展开 9 155 175–177 180 440
不可分辨关系 402 403
不连续性 75
不完全 Beta 函数 340
不完全 Gamma 函数 339 340
不稳定 272 281
补误差函数 337 338
Butterworth 滤波器 351 352

采样周期 165 182 186 283 307 349
残差 197 332 374–376
参数方程 39 44 71 85–88
参数估计 355 356 372–377 381
Caputo 定义 432 442
Caputo 微分方程 442 443 445–447
Cauchy 分布 360
Cauchy 积分公式 432 435 436
Cayley–Hamilton 定理 116 117
测度 114 131 132 136
侧视图 43 44
测试样本 416
查表法 355
差分方程 9 155 182–186 350
差集 296 392 402
插值 41 92 160 161 260 313–328 413 415

场 73
超几何函数 342 343
Chebyshev 多项式 59 335–337
Chebyshev 滤波器 351
乘方 19 56
程序调试 5 26 27
成员变量 225
χ^2 分布 356 359 361
Cholesky 分解 106 126–128 283
重积分 62 73 75 76 91 96–100
重极限 62 65
重奇点 173–176 180 181
重特征值 121 122 129 131 146
重载 118
初始搜索点 206 213 220 238 290
初值问题 9 187 254 259–262 264 289 290 443
Chua 电路 309
传递函数 161 283 302 304 307 437
串联连接 187
传输函数 406–408 414
次最优解 224 225
粗糙集 4 9 391 400–406
存在性 4 157 160 166 178
错误信息 61

D

D'Alembert 判定法 83
DAE 见 微分代数方程
待定系数 255 329–333 374–376
代码保密 31
代数环 443 447
代数余子式 3 113
代数运算 13
带通滤波器 350 352
单边极限 62–64
单变量函数 328
单纯形法 212
单位负反馈 161
单位矩阵 106 107 116 119 124 126 128 235
单位球面 44
单因子方差分析 355 383 384
单元数组 16 30 391 392 409
倒立摆 272 273
Daubechies 族小波 427 428
等高线 40 41 45 46 206 210
递归方法 3 29 30 71
低通滤波器 350 352 443
递推算法 115 184 365 409 434
点乘 20 247
点运算 19 21 39 40 42 93 116
迭代法 206
Dijkstra 算法 244 246 247
定步长算法 10 92 95 262 270 275 307
定步长 Runge–Kutta 算法 10 261 310
定积分 4 73–76 85 91 93–97 99 316–318 327
Diophantine 方程 141 142
Dirichlet 条件 297 299
动态规划 9 191 243–248
Duffing 方程 309
对称矩阵 106 108 119 121 126–128 136 137 232 234 235 273 369
对角矩阵 106 108 109 121 128 129 132 283 370
对数 143 144 146 302 331
对数图 35
对数正态分布 356
对象 16 34
多变量函数 326 328 333 376
多变量问题 370 371
多变量正态分布 356 369
多解方程 197–204
多目标规划 9 191 237–243
多目标线性规划 239 240
多维数组 16 57 107 367
多项式方程 2 191–195 255
多项式拟合 313 328 329 331
多因子方差分析 386
多元函数 62 65 76 78
多纵轴 34 35

E

EISPACK 5 7 106 121
二次型 142 151 217
二次型规划 191 217 220
二分法 59
二进制编码 424
二项分布 356 364
二项式系数 148 432
Euclid 距离 247
Euler 常数 76 82 83 339
Euler 公式 145
Euler 算法 254 259 260
Excel 文件 39 315 316

F 分布 355 356 358 359 361
发散 83 84 342

反常积分 75 102
泛化 391 406 410–412 414 415
返回变元 27
范数 106 114 115 117–123 237 238
反向传播 408
翻转 128 387
方差分析 9 355 373 382–386
仿射函数 233
方位角 43
仿真框图 305 307 444
非对称矩阵 128 137
非零初值 187 287 305 441 443 444
非满秩矩阵 114 120
非奇异矩阵 114 118 123 128 139 277 281
非线性规划 191 219–223 425
非线性回归 376 377
非线性混合整数规划 425
非线性矩阵方程 191 197
非线性微分方程 254 258 259 264 272 306 307 432
非运算 20
非整数阶 又见 分数阶
分布函数 又见 概率分布函数 358
分部积分法 73
分段函数 33 34 42 45–47 64 65 83 94 96
分块矩阵 233 234
分配律 392
分数阶 160 161 343 391 432
分数阶传递函数 161
分数阶微分方程 440 441 443 444
分数阶微积分 9 431–447
分支定界法 191 226
封闭曲线积分 155 180 181
FFT 5 又见 快速Fourier变换
Fibonacci序列 6 30 58 190
FIR滤波器 又见 有限长脉冲响应 350
FOTF工具箱 432
Fourier变换 155 161–165 425 428 437
Fourier级数 62 76 79–81 103
Frobenius范数 114
复变函数 4 9 170–177
浮点运算 14 109
负定矩阵 232
符号变量 15 16 21 23 44 63 64 67 70 78
符号运算 12 19
附加变量 263 265 303
俯视图 43 44 207
复数根 193 194 196 197 199 202
复数特征值 128 129 170 177
辅助变量 442

G

概率 4 355 364 378 383 384
概率分布函数 355–357 359
概率密度函数 284 307 355–359
概率选择 419 420
Gamma分布 355 356 358 359 361 366 367 372
Gamma函数 59 337–339 344 432 433
刚性微分方程 3 254 274–276 310 444
高阶导数 71 72 158 271
高通滤波器 350 352 354
Gauss白噪声 282 307
Gauss超几何函数 343
Gauss–Newton算法 375
个体 419–421
Goldbach猜想 393
共轭复数 18 130 143 170 197
共轭梯度 409 411
共轭转置 又见 Hermite转置 123 127
功率谱密度 348 349
工作空间 16–18 26 31 38 39 49 74 107 194 202 265 280 300 301 303 307 333 363 371 377 378 381 399
Grünwald–Letnikov定义 432–436 438 440
Grubbs算法 371
关键信号 445 446
关联矩阵 244 245 247
惯量函数 421
关联Legendre函数 342
广义积分 75
广义逆矩阵 106 119 120
广义特征值 122 234 235
广义Lyapunov方程 又见 Sylvester方程 12 139
归一化 351 386

H

Haar小波 427
Hadamard乘积 20
Hamming窗口 349
函数逼近 313 323
函数调用 16 17 30 36 40 71 72 77 81 91
行交换 123
行列式 3 106 112 113 115 123 127 151
行消去 123
Hankel变换 155 165–167
Hankel函数 又见 Bessel函数 341
Hankel矩阵 58 106 108 116 119 236

合并同类项 21 54–57 78 147 148 158 185
核集 403
合流超几何函数 343
盒子图 370 371 379 380
Heaviside 函数 162
Hénon 引力线 60
Hermite 多项式 336
Hermite 转置 又见 共轭转置 18 123 127
Hesse 矩阵 70
Hilbert 矩阵 3 23 28 106 109 113 114 117 118
Hilbert 逆矩阵 109 118
后向差分公式 88
互相关函数 347 348
互质 141
化简 3 21 22 54 72 74 76 117 368
化零空间 134 135
坏条件矩阵 109 132
幻方矩阵 151
回合数 409
混沌 309
混合整数规划 191 223–226 230
混合整数线性规划 425
火柴杆图 35 36 39 40
或运算 20 397

I

IIR 滤波器 又见 无限长脉冲响应 350
inline 函数 31 93 94 99
IRQ 又见 四分位距

J

Jacobi 矩阵 70 263 292
Jacobi 算法 121
Jarque–Bera 假设检验 380 381
迹 106 113 123
基本行变换 119 135
继承 61
基础解系 106 134 135
极大似然法 372 377 378
极点 156 173 174 176–179
积分变换 4 155–168 425
积分器链 445 447
基函数 336
集合 169 296 391–393
激励函数 又见 传输函数
机器学习 400 415
级数求和 9 25 62 76 81 82
计算步长 10 259–262 269 282 306
计算机数学语言 1–4 6 9 13 62 91 106
极限 9 62–67 82 175
极限环 309
基小波 425–430
极小极大问题 242 243
基因编码 419
基准测试问题 249 448
极坐标 35 171
假设检验 9 355 378–383
加速常数 421
间断点 64 94
降噪 427 429 430
交集 296 392
交替级数 83 84
阶乘 29 30 57
节点 244–248 325 408 410–413 415
截断 15
结构体 194 196 202 206–208 210 213 217 220 223 225
解模糊 397 399 400
阶梯图 35 36
截止频率 443
进化算法 208 419–425
近似解 99 259
近似系数 429
径向基函数 414 415
径向基网络 414 415
Jordan 变换 106 129–131
Jordan 标准型 129
Jordan 矩阵 129–131 144 146 147
句柄 34 40 42 45 47 97 99 159 223 286
局部最优 191 207 222
矩阵乘法 18 123 124
矩阵乘方 146 148–150 185
矩阵分解 106 113 125
矩阵函数 68 106 111 130 143–150
矩阵三角函数 145
矩阵微分方程 271–273
矩阵指数 144 146 275
卷积 156
卷积神经网络 415 416
决策变量 11 191 213 222–225 228 230 234 236 237
决策属性 401 403
绝对收敛 83 84
绝对值 56 57
Julia 图 189
均匀分布 85 107 108 189 355 356 361 364 365 372 376

K

开关结构 13 23 25 26 206
开环控制 161 262
可行解 211 229 232 234–236 241 243 424
可枚举集合 391
Kermack–McKendrick 模型 312
Kolmogorov–Smirnov 假设检验 381
空集 392 393 401
控制系统工具箱 136 138 139 142 237
Kronecker 乘积 137 139 153
Kronecker 和 55 153
Kronecker 积 55
块对角矩阵 234
快速 Fourier 变换 5 155 164 165
Kummer 超几何函数 343
Kursawe 基准测试问题 249

L

L'Hôpital 法则 101
Lagrange 插值 315 316 328
Lagrange 方程 271
Laguerre 多项式 335
LAPACK 6 106
Laplace 变换 155–161 177 433 437
Laplace 反变换 155–160
Laplace 算子 71 101 295
LaTeX 22 37 67 157
Laurent 级数 177–181 189
Legendre 多项式 335
Legendre 函数 341 342
类 54 56
累积误差 260
累极限 65 101
累加 59 81 145 149 284 315 345 346 349
类 Riccati 方程 198 199
Levenberg–Marquardt 算法 407 408 411
Leverrier–Faddeev 递推算法 115
Lévy 飞行 365 366
离群值 367 370–372
利润最大化 216
离散点 241 323 348
离散化 283 284
离散数学 13 22 23
离散 Fourier 变换 164
离散 Fourier 正余弦变换 155 164
离散 Lyapunov 方程 138–140
历史函数 285–287 312
隶属度函数 393–398
粒子群优化 391 419
连分式 334
联合概率密度 363 369 370
联合概率密度函数 42
联机帮助 12
联立方程 203
Lilliefors 假设检验 380 381
林士谔–Bairstrow 算法 2
零初值问题 254 444 447
零矩阵 106 107 135
LINPACK 5 7 106
Lissajous 图形 60
流程 27
留数 9 155 173–175 180 181
留数定理 155 180 181
Lorenz 方程 264 265 302 303
鲁棒控制工具箱 231 234 236
LU 分解 112 125 126
滤波器 313 349–352 430 437–439 443 444
论域 393 401 402
逻辑变量 20
逻辑运算 13 20
Lyapunov 不等式 232 233
Lyapunov 方程 106 136–140

M

M 函数 27–31 94 97 99 100 154 196 198 220 238 265 293
Maclaurin 级数 76 77
满秩矩阵 113 121
Mandelbrot 图 189
冒号表达式 13 17 383
Maple 语言 1 8 106 165
Mathematica 语言 1 8
Mellin 变换 155 165 166
Mellin 反变换 166
幂级数 76 77 145 154 169 329 333
幂零矩阵 146 148–150
Mittag-Leffler 函数 59 148 337 343–346 440
魔方矩阵 58 59
模糊规则 398 399
模糊化 397–399
模糊集合 4 391 393 394
模糊逻辑 9 391 393–400
模糊逻辑工具箱 394–397 399
模糊推理 9 391 394 397–400
模拟退火 420–423
墨西哥帽小波 425–428
Möbius 带 44

Monte Carlo 方法 355 364 365
Moore–Penrose 广义逆矩阵 119 120 136
目标规划问题 243
目标函数 3 11 191 197 204–206 209–214 217 220–222 224–230 234 236–243 322 323 332 374 375 409 420
MuPAD 语言 8

N

n-因子方差分析 又见 多因子方差分析
NAG 软件包 5
内核函数 110 112 113 164
Neumann 函数 又见 Bessel 函数 341
Neumann 条件 297 298
Newton–Leibniz 公式 75
Newton–Raphson 迭代法 59
逆分布函数 355 356 359
逆矩阵 106 117–119
匿名函数 31 93 94 96 97 99 100 443
NIT 见 数值积分工具箱 99
Numerical Recipes 软件包 5
Nyquist 频率 351 354

O

偶函数 347 348
Oustaloup 滤波器 437–439 443 444 446 447

P

Padé 近似 313 333–335
排序 56
抛物型偏微分方程 295
Pareto 解集 241
批量归一化层 416 417
偏导数 68–72 222 298 326 327
偏度参数 360
偏微分方程 254
偏微分方程工具箱 292 294–297
频度 362 363
频率段 446
频率混叠 165 349
Pochhammer 符号 342 343 345
Poisson 分布 355–357 361
PSO 又见 粒子群优化 421

Q

齐次方程 134 135 152
奇点 155 156 173 174 176–178 180 181
奇异矩阵 112 114 118–120 122 123 129 131 132 277 279
奇异值 114 131–133
奇异值分解 17 106 113 131–133 283
欠定方程 203
前馈 391 407 408 410 411 414
前向差分公式 88
切换微分方程 254 281 282
切面 48–50 322
切线 196
穷举方法 191 224–228 241
求和 24 91 181 406
球面 44 45
区间估计 373–376
曲面积分 9 62 87 88
曲线积分 9 62 85–87 155 180 181
曲线拟合 317 325 330 331 411 414
全局优化 9
全局最优解 191 207 224 225 228 229 249 419 420 424 425
全连接层 416
权值 245–247 406 409 410 414

R

Raabe 判定法 83
染色体 419 420
Rastrigin 函数 207 208
Rayleigh 分布 356 359 361 363 367 372 381 382
ReLU 层 416 417
人工神经网络 4 9 11 12 313 391 406–419
任意矩阵 111 126 146–148
Riccati 不等式 235
Riccati 方程 106 142 143 197 199 233 235
Riccati 微分方程 273 274
Riemann 曲面 171–173
Riemann–Liouville 定义 432 433 439 444 445
Romberg 算法 91
Rosenbrock 函数 209–211 227
Rössler 方程 309
Runge 现象 315
Runge–Kutta 算法 3 260 270 275 285 310
Runge–Kutta–Fehlberg 算法 262 276

S

三步求解方法 10–12 63
三次方根 19 172
三次样条 314 323–325 327
散点 171 319 320 322
散度 73 102 294
三对角矩阵 109
三角分解 又见 LU 分解 106 112 125
三维隐函数 46 47
Schur 补 233 235

Schur分解 139 197
删除 56
上近似集 400–402
舍入误差 260
深度学习 406 415–419
神经网络 见 人工神经网络
神经网络工具箱 391 406 408 413 414
升序阶乘 见 Pochhammer符号 343
时变差分方程 184
视角 13 43 44 47
试探结构 13 26
适应度 420
受控对象 283
收敛 83 84 179 337 343 345
手写数字 415 416 418 419
数据结构 13–16 56 171 323 399 437
数据挖掘 400 403
输入变元 27
属于 391–393 400
数值分析 1–4 62 81 91–95 261 270
数值积分 9 62 91–100 160 161 313 323 325 327 328
数值微分 9 62 88–90 323 325 326 434 437
数值线性代数 5 106
数值秩 113 114
数值Laplace变换 160
数值Laplace反变换 158 160
双重极限 101
双精度 14 30 59 81 94 111 115 132 202 437
双曲型偏微分方程 295 298
双线性变换 171 188
双因子方差分析 355 384–386
四分位数 370 371
四维图形 14 48–50 322
死循环 110 202
Sigmoid函数 395–397 406
Simpson算法 91
Simulink 412
softmax层 416
Stein方程 138 139
stiff方程 又见 刚性微分方程 274
算术运算 18–20 302
随机变量 355 363 364 366–370 377
随机过程 360 365
随机数矩阵 106–108 361
随机输入 307
随机梯度下降法 416
随机游走 365 366
随机整数矩阵 110
Sylvester方程 106 139–141
Sylvester矩阵 141 142

T

t分布 355 356 359 361
t检验 380
Taylor级数 62 76–78 174 178 283 329 330
特解 135 255
特殊函数 9 75 313 337–346
特殊矩阵 106 107 109
特征多项式 106 110 115–117 121 150
特征根 201
特征向量 5 106 121 122 386
特征值 5 6 106 113–115 121–123 128–131 175–177 234 254 386 387
特征值型偏微分方程 295
梯度 69 89 90 191 197 209 210 221 222 294 411
体视化 14 48 49 322
梯形法 91 317
条件收敛 83 84
条件数 113 132
条件属性 401 403
条件约简 391 403 404
条件转移结构 13 25 42
条形图 35 36
统计学工具箱 355 356 359 367–369 372 374
通解 106 255 340
通项公式 81 82 84 104 190
椭圆型偏微分方程 294 295

V

van der Pol方程 3 259 267 268 274
Vandermonde矩阵 106 110 116

W

网格数据 45 49 89 241 318 320–322 324 369 400
网格图 40 41 43 297 318 369
伪代码 31 32
伪多项式 54 56
伪多项式方程 200
微分代数方程 10 263 274 279–281
微分方程 4 254–312 337 432
伪逆 又见 Moore–Penrose广义逆矩阵 119 120
伪随机数 107 108 283 355 361 370 373
唯一解 4 106 133 137 139
Weibull分布 356
Welch变换 348
稳定性指数 360

误差函数 74 337 338
误差限 14 35 57 59 94 113 119 197 260 266
无理系统 161
无穷积分 75 95 160 167 181 338 339
无穷级数 76 81 82 160 164 177 337 339 343–345
无限长脉冲响应 350
无向图 244 247 253
无约束最优化 204–211 391 409

𝒳

细节系数 429
稀疏矩阵 106 110 111 244 245 247
下近似集 400–402
线性代数方程 5 106 133–136 139 191
线性规划 3 10 11 212–217 224–226 231 234 236 239 241
线性回归 313 328 355 374 375 389
线性矩阵不等式 9 191 231–236
线性组合 134 329 331 373 406 441
显著性差异 207 379 383 430
显著性水平 371 378 380
相伴矩阵 106 109–111 128
相对误差限 94 265 269 286
相关函数 347 348
相轨迹 264 309
香蕉函数 又见 Rosenbrock 函数 209
向量场 73
向量函数积分 95 160
向量化 25 302 303
向量化积分器 303 306
相平面 267 268 281 282 309
相容初始条件 278 279 281
相似变换 106 121 123 128
小波变换 9 313 425–431
小波反变换 又见 小波反演 426
小波反演 426 427
小波工具箱 391 427 431
小波系数 426 427 429
协方差矩阵 282 283 368–370 386
信息处理单元 11 27
信息决策系统 401–403
序列求积 9 82 83
旋度 73 102
旋转 19 37 42 43 47–49 402
学习率 409 416
循环结构 7 13 24 25 42 47 72 79 95 160 163 166 184 186 198 221 239 364
训练 391 406 408–415
训练样本 416 419

𝒴

YALMIP 工具箱 231 236 237
延迟微分方程 3 9 10 284–289 302 304 305
严格包含 392
验证 95 116–118 120 123 136–138 140 142 150
样本点 11 91 160 161 313–317 319–325 327–329 332 367–369 376 387 406 409–411 414
样本均值 367 378 379
仰角 43
样条插值 62 92 313–319 322–327 413 415
样条插值工具箱 314 323 325
幺矩阵 106 107 132
野点 见 离群值
遗传算法 208 391 419–425
异或运算 20 392
隐层 407–410 412–414
隐层节点 408 411 412 414 415
隐函数 13 36 37 71 72 191 192
引力线 35 60 69 299 300
因式分解 21
隐式微分方程 254 274 277–279 281
映射 79 155 156 171 398 402 404 406
友矩阵 又见 相伴矩阵 109
有理式近似 333–335 354
有限长脉冲响应 350
有限元法 4 295
有限 Fourier 变换 又见 离散 Fourier 正余弦变换
有向图 244–247 253
有约束最优化 191 211–217 220 391
域 61
与运算 20 397
源程序 26 31 32 160
源代码 5
原点矩 367 368
原函数 67 73–76 98 329 427
原型函数 147 278 318 320 330–333 347 348 375 376
圆周率 4 12 14 15 59
约简 391 400 401 403 404
约束条件 11 211 212 232 234 237 239–243
运输问题 215 216 226 231

𝒵

z 变换 9 155 168–171 182 183 185
z 反变换 168–170 182
增根 200
振荡 92 95 256 257 317

真值表 404
正定矩阵 122 127 137 232
正规矩阵 127
正交基 123
正交矩阵 123 132 283
正视图 43 44
整数线性规划 224 225
正态分布 108 355–358 361 365 367 369 372 375 380 381 395
正态性 381
正弦函数 412 413
正项级数 84
秩 106 113 114 123 131 132 135 136
直方图 35 39 284 307 362 363 370
置换 112 125
置换矩阵 125 126
直接赋值语句 16
质量矩阵 263 281
指派问题 230 231
质数 22 23 58 393
置信度 372–377 383
置信区间 372–377 380 381
质因数分解 22 23
中立型延迟微分方程 254 284 286 288 289
种群 419 420
仲数 见 中位数
中位数 367 370
中心矩 367 368
主成分分析 9
柱面 45 61
主调函数 27
主元素 125 126
主子行列式 127
转置 18 136 285
状态变量 184 254 259–269 271–274 277–280 282 283 285–290 292 302 303 305
状态空间 7 258
状态转移矩阵 148 258
准解析解 191–195 202 255
字符串 16 22 37 46 65 158 226 255 392 397 409
子矩阵 13 17 18 109 113 127 128 333
自相关函数 347 348
最大池化层 416 417
最大公约数 22 23 58 141 175 176
最大值 204 212 214 240 242 397
最短路径 244–247
最佳妥协解 239 240
最小二乘 19 106 136 238 240 241 313 328 330–332 355 374–376
最小二乘曲线拟合 331–333
最小公倍数 22 23 58
最优化 4 204–248
最优化工具箱 205 206 209 212 214 217 219 226 242 243 331 420
左右极限 又见 单边极限 63